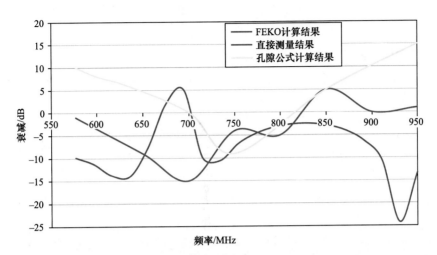

图 6-81 从 577~950MHz, 具有 200mm×30mm 孔隙, 尺寸为 540mm×370mm×330mm 屏蔽铜外壳的中心处, FEKO, 直接测量和孔隙耦合公式的衰减结果比较。孔隙耦合公式的损耗系数为 0.2

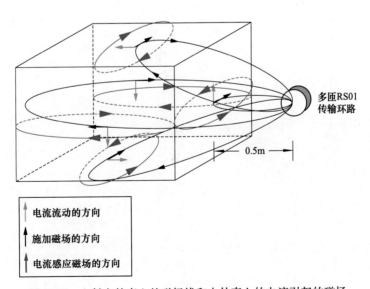

图 6-95 入射在外壳上的磁场线和由外壳上的电流引起的磁场

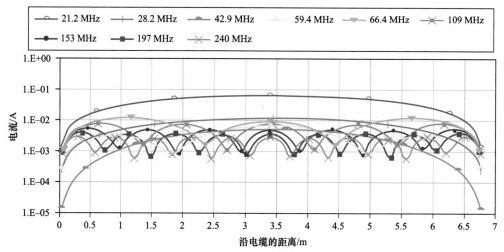

自由场中6.8m导线的NEC预测电流，行波入射辐照

图 7-72　在关注的频率上的编织导线的电流

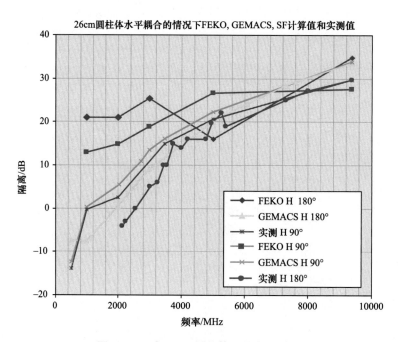

图 10-20　在 26cm 圆柱体上的水平隔离度

（资料来源：Weston，D.A.，Comparison of techniques for prediction of and measurement of antenna to antenna coupling on an aircraft，EMC Europe，York，U.K. © 2011，IEEE）

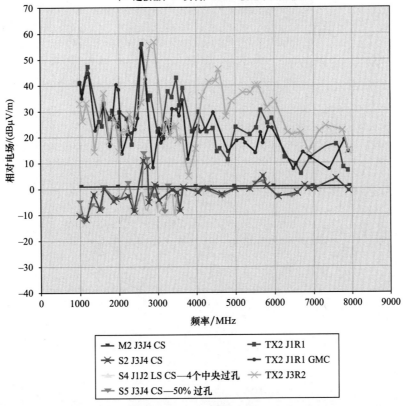

图 11-40 1~8GHz 100Ω 差分阻抗测试中，差分带状线和差分微带线（镜像平面）的辐射发射。归一化到 M2 J3/J4

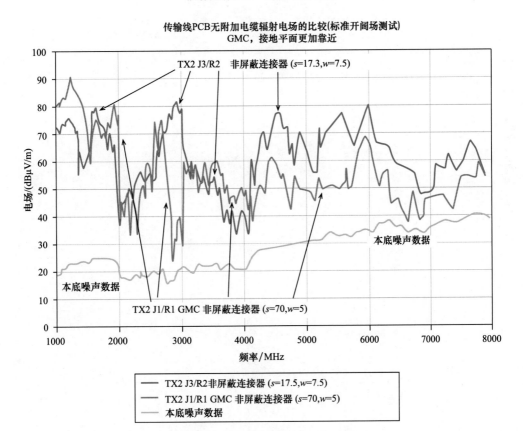

图 11-43 传输线 PCB 对比：1~8GHz

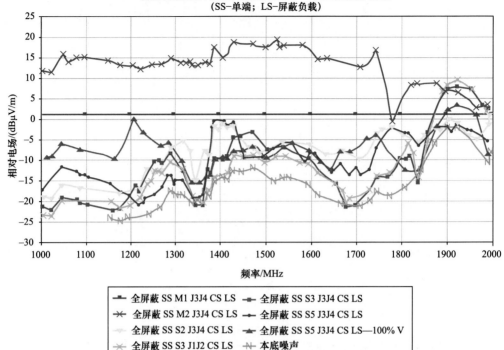

图 11-59 相对于 SS M1 J3/J4，PCB 旋转，不同单端带状线 PCB 的比较

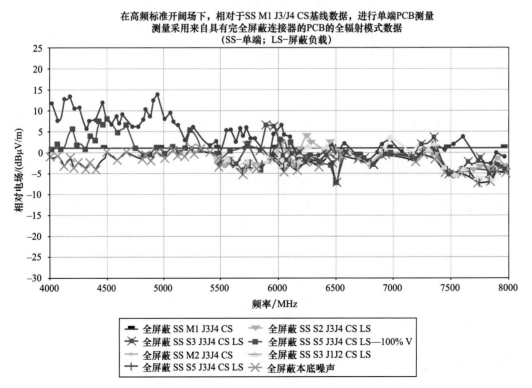

图 11-62 PCB 旋转，负载和连接器屏蔽不良的情况下不同单端带状线 PCB 相对于 SS M1 J3/J4 的比较

电磁兼容原理与应用
——方法、分析、电路、测量

（原书第 3 版）

Electromagnetic Compatibility：
Methods，Analysis，Circuits，and Measurement
Third Edition

［加拿大］ 大卫·A. 韦斯顿 （David A. Weston） 著

杨自佑 彭 聪 陈 倩 黄敏超 夏俊杰 译

机 械 工 业 出 版 社

本书的主要内容包括电磁兼容（EMC）的基本概念和原理，各种电磁干扰产生的机理和模型，减少干扰及提高抗扰度的方法，电磁场的生物效应与人体暴露限值，系统的 EMC 和天线耦合的分析，电磁干扰（EMI）的预估技术和计算机电磁建模的方法，以及各种民用与军用 EMC 标准的限值要求和测试方法。书中还提供了 69 个电路层级的 EMI 固化（EMI Hardening）解决方案，1130 个插图和表格，包括丰富的器件数据资料以及它们的正确安装和应用方法。本书的阐述从 EMC 技术的工程应用角度出发，所讨论问题的思路清晰，图文并茂，内容丰富、翔实、具体，便于实际应用。此外，本书还提供了一些可供选用的 EMI 诊断技术和费效比优良的解决方案，是一本非常实用的参考书。

本书适合从事电气和电子产品研发、设计、制造、质量管理、检测与维修工作的工程技术人员使用，也可供科研院所、检测机构、大型工程项目等专业技术人员作为 EMC 分析、测试和设计的参考书，还可作为电气与电子工程、精密仪器、通信和计算机技术、生物医学工程、人工智能等专业师生的教学参考书。

译 者 序

自20世纪90年代始，在通信和计算机技术的发展带动下，信息技术（Information Technology，IT）和互联网技术（Internet Technology，iT）有了突飞猛进的发展。在21世纪的近20年来，航空航天技术（Aeronautic and Astronautic Technology，AT）、机器人技术（Robot Technology，RT）、物联网（Internet of Things，IoT）、人工智能（Artificial Intelligence，AI）、自动驾驶（Autonomous Driving，AD）等一大批高新技术如雨后春笋般地涌现问世。

然而，上述这一切高科技创新技术无一不是与各种电磁波在自由空间的辐射和线缆间的传导及相互耦合等现象相联系着的。换言之，无论传统技术还是当代高新技术，各种电子电气装置、设备、系统和设施在运行中，对外界既不能产生过强的"干扰电平"，而同时又要能承受外界一定强度的"敏感度电平"，即它们的"干扰与抗干扰"性能之间应该能够相互兼容。为了解决上述兼容问题，大约从20世纪80年代开始，逐渐形成了一门新的技术学科——电磁兼容（Electromagnetic Compatibility，EMC）。目前，电磁兼容技术研究的频率范围是 $0 \sim 400\text{GHz}$。

电磁兼容是一门理论性和实践性都很强的技术学科。要解决实际的电磁兼容问题，不仅需要自身理论的发展与指导，更需要那些能切实排除上述各种装备中出现的干扰与抗干扰的措施、方法、经验等实际手段。这是从事电磁兼容工作应遵循的原则。

基于这样的理念和原则，译者认为加拿大著名的电磁兼容资深专家 David A. Weston 的著作 *Electromagnetic Compatibility：Principles and Applications，2nd edition* 是一本非常值得推荐的电磁兼容优秀书籍，该书由杨自佑、王守三（美籍华裔教授）翻译，并在2006年由机械工业出版社组织翻译出版发行，获得从事电磁兼容技术工作读者的普遍欢迎。为此，在该书修订和扩充内容的第3版 *Electromagnetic Compatibility：Methods，Analysis，Circuits，and Measurement，Third Edition* 于2017年在美国发行后，机械工业出版社决定再次进行组织翻译。

正如原书第3版原序言中所说的，第3版修改和更新了原书第1版、第2版中65%以上的内容，包括对原书中计算机建模程序的再审定，补充了印制电路板（PCB）层级的串扰计算方法，第5章中补充了许多有关信号滤波器和电源滤波器的设计方法，第10章中补充了关于天线与天线之间的耦合分析，在第9章中提供了全新的民用与军用电磁干扰（EMI）的测试方法和要求。此外，还收录了壳体缝隙耦合，通用串行总线（USB）及以太网（Ethernet）的连接器和电缆屏蔽方面的数据资料。

本书的主要内容包括 EMC 的基本概念和原理，各种电磁干扰（Electromagnetic Interference，EMI）产生的机理和模型，减少干扰及提高抗扰度的方法，电磁场的生物效应与人体暴露限值，系统的 EMC 和天线耦合的分析，EMI 的预估技术和计算机电磁建模的方法，以及各种民用与军用 EMC 标准的限值要求和测试方法。书中还提供了 69 个电路层级的 EMI 固化（EMI Hardening）解决方案，1130 个插图和表格，包括丰富的器件数据资料以及它们的正确安装和应用方法。本书的阐述从 EMC 技术的工程应用角度出发，所讨论问题的思路清晰，图文并茂，内容丰富、翔实、具体，便于实际应用。此外，本书还提供了一些可供选用的 EMI 诊断技术和费效比优良的解决方案，是一本非常实用的参考书。

本书适合从事电气和电子产品研发、设计、制造、质量管理、检测与维修工作的工程技术人员使用，也可供科研院所、检测机构、大型工程项目等专业技术人员作为 EMC 分析、测试和设计的参考书，还可作为电气与电子工程、精密仪器、通信和计算机技术、生物医学工程、人工智能等专业师生的教学参考书。

本书翻译工作由长期从事 EMC 工作的五人翻译团队完成。全书共有 12 章。其中杨自佑翻译原书序言、全书目录、第 1~3 章；彭聪翻译第 7 章和第 12 章；陈倩翻译第 6 章和第 8 章；黄敏超翻译第 5 章和第 11 章；夏俊杰翻译第 4 章；第 9 章和第 10 章的翻译由团队成员共同完成。全书译稿由杨自佑、彭聪负责审阅、修改、定稿。彭聪还负责全部翻译稿的版面布局和一些插图、表格的排列工作。此外，为了方便读者阅读和理解书中的电磁兼容术语、标准化组织和机构等缩写词的含义，杨自佑和彭聪还编写了缩略语表。

译者对机械工业出版社一贯、长期、积极支持 EMC 书籍的出版工作表示由衷的感谢！

由于 EMC 技术发展迅速，加之译者水平有限，书中错误和不妥之处，敬请专家、读者不吝赐教。

译者谨序

原　书　序

本书的第 3 版，对第 1 版和第 2 版的内容进行了修改和更新，增加了 65% 以上的内容，其中包括：重新审定了原书中的计算机建模程序，补充了印制电路板（PCB）层级的串扰计算方法；第 5 章中补充了许多有关信号滤波器与电源滤波器的设计方法；第 10 章中补充了关于天线与天线之间的耦合分析；第 9 章提供了全新的民用和军用方面的电磁干扰（EMI）的测试方法和要求。此外，还收录了壳体缝隙耦合，通用串行总线（USB）及以太网（Ethernet）的连接器和电缆屏蔽方面的数据资料。所有的电子和电气设备都是潜在的 EMI 源。同样地，这些设备在某些电磁环境电平下也可能达不到设计性能。EMI 产生问题的范围囊括了从简单的杂扰（如电信设备的静电干扰）或数字设备误比特率（Bit Error Rates）的增加一直到异常灾祸的发生（例如爆炸装置受到干扰而意外爆炸）。

使设备和系统达到电磁兼容的方法是首先对其运行所处的电磁环境进行评估（这种电磁环境评估通常是依据相应的标准或技术要求来进行的），然后再进行设计和制造，使这些设备和系统能在预定的工作环境中工作而自身不产生 EMI。

本书的读者对象是那些负责产品设计的工程师和系统工程师、技术专家、技术人员，或者是从事设计、维护和制定规范的那些工程经理。这些规范可以确保设备满足 EMC 要求并在给定的电磁环境下安全运行。

许多工程师往往都没有射频（RF）方面的经验。然而，运行中的数控设备或开关电源设备往往就是一个 RF 系统。因此，想要理解 EMC 就必须了解元器件和简单辐射体的高频特性以及电波理论。

为了使设计师在建造设备和系统时既考虑 EMC，又不至于过度设计，本书将讲解 EMI 预估技术。这是因为如果在设计研发过程中达到 EMC，可以避免在产品量产后为了解决 EMI 问题而产生的额外成本以及项目延迟。此外，鉴于 EMI 问题是普遍存在的现象，本书还提供了一些可供选用的 EMI 诊断技术和费效比优良的解决方案。

本书讨论了在给定的电磁环境中预期可能出现的典型的 EMI 源及其辐射发射和传导发射的特性，还探讨了减少电磁发射和降低设备对 EMI 敏感度的方法。有一些 EMI/EMC 书籍中的方程在理论上是完美的，但是它们往往并不能用来解决实际的 EMI/EMC 问题。大家会发现本书中的所有方程在 EMI 预估和 EMC 设计中极为实用。而且在大多数情况下，它们都经过了测量验证。读者可以从 www.emcconsultinginc.com 网站上免费获得关于包括壳体缝隙耦合、天线对天线耦合的预估方面的计算机程序。在大多数情况下，理论都是经过测量数据实证过的。当出现异常的情况时，本书也给出了一些最可能的原因。本书也提供了大量的参考文献，供读者对某个领域中的问题做进一步研究时使用。此外，全书中的预估和案例研究中都给出了如何应用这些方程的实例。所有的电波和电路理论在实际应用中都会受到物体尺寸和工作频率的限制，其中也包括寄生元件的影响。对于这些限制，本书也都做了分析。

对于那些让 EMC 背负"黑色魔法"名声的明显反常现象，例如，在进行 EMC 检测时，当加了屏蔽、滤波器或接地之后，EMI 发射电平或 EMS 敏感度反而增加的现象，本书也做了解释。导致这些明显无法解释的结果的主要原因是因为我们对其基础理论尚没有理解透彻。本书中所采用的写作方法是强调对于理论的理解，重点要放在其在 EMC 设计和 EMI 解决方案的实际实现中的实用性，包括后续的实施和维护。

本书目的是使书中所包含的信息具有实际的应用价值或是用以加深对于 EMC 原理的理解。例如，计算或公布衰减或屏蔽效能的数据，除了用于解释问题之外，几乎无用。因此，上述计算或数据必须结合在给定的环境中预计可能的最坏情况下的辐射或传导噪声电平来使用。所以必须对达成预期衰减或屏蔽效果的限制因素加以考虑。而后就可以预估对施加在系统或电路上的噪声电平或抗扰度电平进行预估了。其目的是避免那种简单化的食谱式方法的固有缺点，并将数学知识限制在实践工程师或技术员能理解使用的范围内。

书中还介绍了使用标准电子测量设备的实用而简单的测量技术。这些测量技术很适用于设备的 EMI 诊断测量以及对那些必须满足商用标准如 FCC、DO – 160、EN 及军用/航空航天标准 MIL – STD – 461 等 EMC 要求的设备做"快速查验"。同时也介绍了进行认证和合格 EMC 测试时，采用精密复杂的设备进行校正测量的技术和可能遇到的错误。

编著本书的基础是著者在 EMC 咨询方面的经验以及 12 年来所举办的 1~4 天的 EMC 专题研讨会的课程笔记。本书也解答了研讨会的与会者和客户们所提出的许多问题。

感谢 David Viljoen 先生，他为本书的第 1 版做了大量的工作，没有他的贡献，本书就不可能有今天的样子。

对于本书第 3 版的问世，我也要感谢 Jennifer Gale 和 Kerri McDougal 所做的研发工作和撰写的报告，本书中叙述的所有测量软件和分析软件都是 Lorne Kelly 编写的，也要感谢 Robert Gray 杰出的绘图和审查。还要特别感谢 Calvin Gale 以他的奉献精神和高学术水平完成了最近所有的研发任务及他对本书编写中的章节布局、内容写作及 EM 软件的使用和编辑所做的考虑。最后，我要特别感谢答应为本书提供图表的组织机构，尤其是加拿大航天局。

David A . Weston

目　　录

第1章

电 磁 兼 容

1.1 电磁干扰简介

本章将介绍在电磁干扰（Electromagnetic Interference，EMI）和一些 EMI 规范中涉及的几种重要的耦合模型。在随后的各章中还将更详细地论述这两个专题。此外，本章还提供了电磁环境中探测到的平均的和最坏情况下的电磁发射数据。

我们所关注的是电磁能量源附近的器件、设备、分系统和系统的辐射敏感度和传导敏感度的情况。

这些电磁能量源包括有意辐射体，如调幅（AM）、调频（FM）、电视（TV）发射机、手机基站、遥控玩具、小型 FM 发射机、加热器和通风机及无线控制的电器和便携式设备，如手机、对讲机、个人通信服务设备（PCS），无线局域网（LAN）设备（WiFi、蓝牙和 Zigbee 以及无绳电话）等。

此外，还有无意发射源，如信息技术设备（Information Technology Equipment，ITE），工、科、医（Industrial Scientific Medical，ISM）设备及对交流电源变压器和高压传输线缆产生的磁场敏感度的设备。

1.1.1 电磁干扰产生的影响

EMI 效应的特性和影响程度是极其不一样的，它可以从简单的杂扰到大灾难。一些常见的 EMI 潜在影响的例子如下：

- 干扰电视和无线电接收；
- 丢失数字系统或数据传输中的数据；
- 因内部设备、子系统或系统出现 EMI 而延误设备的生产；
- 医疗电子设备（例如婴儿监护仪，心脏起搏器）出现故障；
- 汽车微处理器控制系统的故障（例如制动或卡车防弯折系统）出现故障；
- 导航设备出现故障；
- 爆炸设备的无意引爆；
- 重要的生产过程（例如石油和化工业）控制功能出现故障。

在设备设计和生产之后再纠正清除发生的 EMI 问题，通常费用昂贵，并会导致项目延误，还可能影响到新产品的验收。最好的方法是在设备的设计和研发阶段，就遵循较好的电磁兼容（Electromagnetic Compatibility，EMC）工程实践经验。我们的目标是生产的设备能在预估测的或规定的电磁环境中运行，并且不干扰其他设备或者不严重地污染环境——即要达到EMC。

本书随后的一些章节中将要叙述 EMC 预估测方法，如将这些方法应用到设计阶段，它们将有助于达到 EMC 的目标。这些分析和建模方法同样也能应用到 EMI 的控制和问题解决中去，或用于存在规范外发射的地方。在发射衰减的区域内，很可能要应用测量和诊断的方法来加以补充分析。然而，在设计、电路实验板的试验和样机阶段，不能过分地强调尽早进行简单的 EMI 测量所具有的价值。

1.1.2 电磁干扰的耦合方式

有 EMI 就必然会存在发射源和耦合发射的路径，以及对接收到的噪声产生敏感的电路、设备或系统。图 1-1 ~ 图 1-3 所示为可能存在的两种耦合方式：辐射和传导。在近场情况下，辐射耦合既可能以磁场（H 场）耦合为主，也可能以电场（E 场）耦合为主；而在远场情况下，将通过电磁波来耦合，并且 E 场场强与 H 场场强比值固定。有关近场和远场更严格的定义将在 2.2.1 节中介绍。这里只要是说明，接近发射源的是近场，而离发射源一定距离的是远场就够了。

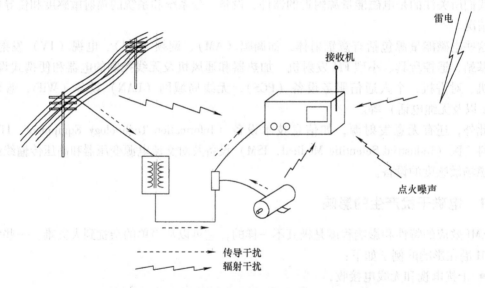

图 1-1 潜在的环境干扰源及其耦合到接收机的路径

对于相互非常接近的电路和导线，一般认为耦合或串扰是通过互感和电路间的电容产生的，不过通常只有其中一种耦合方式起着主导作用。但是，即使电路非常靠近，辐射耦合也有可能起着主导作用。噪声源可以是电源线、信号线、逻辑电路（特别是时钟和数据电路）或载流的接地线。传导路径可能是电阻性的，但也可能是有意或无意形成的感性和容性，而且传导路径往往是这些因素的综合作用形成的。电抗性元件常常会导致谐振。在谐振频率点还会伴随着电流增加或减少。

1.1.3 总结

下面要总结的是一些来自有意发射源和无意发射源的辐射电平和测得的频谱占用的情

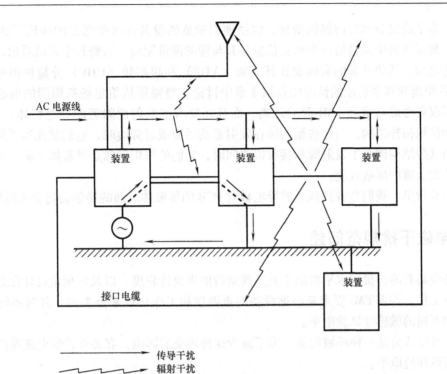

图1-2 系统内几种可能的干扰耦合方式

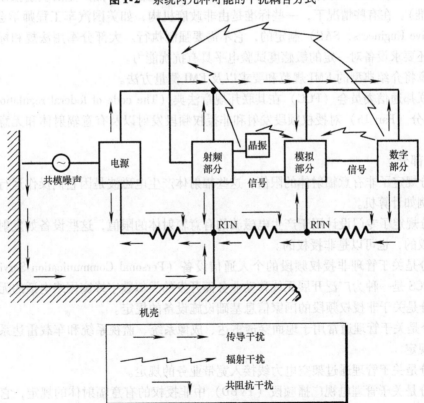

图1-3 设备（装置）内的几种耦合方式

况，这是为了给设备制造商提供指导，以使他们制造的设备在这些恶劣的环境下达到 EMC 的要求。数据资料中提供的一个重要信息是其与源的测量距离。从资料中可以看出，随着测量距离的增加，低频分量的衰减要比甚高频（VHF）和超高频（UHF）分量快得多。电场（E）随着距离和频率衰减的情况将在第 2 章中讨论。当要预估给定场所周围的电磁环境电平时，不仅要考虑与潜在 EMI 源的距离，而且还要考虑发射源附近的导电物体，如墙体、建筑物和接地拓扑结构。当这些结构体在发射源的后面或者旁边时，它们就充当了反射器的角色。当这些结构体介于发射源和接收机之间时，它们的作用就像是屏蔽体。第 6 章将要讨论结构体和土壤的屏蔽效能。

在第 6 章里，我们会看到孤立的导电板或 PCB 的屏蔽体后面的场强会高于入射场。

1.2 电磁干扰规范简述

设备应具有的抗扰度水平取决于其正确运行的重要性程度，以及它预定设计在怎样的电磁环境下工作。许多 EMI 要求是根据设备的重要性和工作环境来分类的。并对不同类别的设备施加不同的敏感度试验电平。

EMI 可以认为是一种环境污染。为了减少这种污染的影响，有必要控制电磁噪声产生的传导和辐射环境电平。

许多国家对数据处理设备、ISM 设备、汽车、家用电器等产品产生的发射强制采用商用规范（标准）。在有些情况下，一些标准是由非政府机构，如美国汽车工程师学会（Society of Automotive Engineers，SAE）制定的，它不需要强制执行。大部分军用法规和标准及某些商用规范还要求设备对一定的敏感度试验电平具有抗扰能力。

第 9 章将介绍典型的 EMI 规范和要求以及 EMI 测量方法。

美国联邦通信委员会（FCC）在其联邦规章法典（The code of federal regulations，CFR）的第 15 部分（Part 15）对授权频段发射和非授权频段发射以及有意辐射体和无意辐射体设定了限值。

第 15 部分

B 部分规定了非有意辐射体的限值，这些辐射体产生电磁波是因它们操作运行的性质本身所致，例如计算机。

C 部分规定了专门设计用于产生电磁波的有意辐射体的限值，这些设备如发射机，它们可以是授权的，也可以是非授权的。

D 部分是关于管理非授权频段的个人通信设备（Personal Communication Service，PCS）的规定。PCS 是一种为广泛开展无线移动业务而开发的类似数字蜂窝网络电话的无线电话。

E 部分是关于非授权频段的国家信息基础设施设备的规定。

F 部分是关于管理通常用于地面穿透雷达、成像系统、监视系统和车载雷达系统的超宽带业务的规定。

G 部分是关于管理通过架空电力线接入宽带业务的规定。

H 部分是关于管理电视广播频段（TVBD）中非授权的有意辐射体的规定，它们工作在广播电视频段中的可用频段上。

1.2.1　军用规范

设备制造商对于必须满足规定要求的条款能做出的选项是有限的。采购机构可以将军用规范要求修改成适合于特定的电磁环境的要求。但是，这很难执行。如果设备没有通过规定的军用规范要求，而在经过分析和测量之后，发现实际的电磁环境比规定的电平指标更良好，那么，采购机构就有可能免除对规范限值的要求。更令人满意的方法是事先就规定好切合实际的限值。但这种方法的困难在于规定的要求和设备使用的场地有关。也就是说，设备靠近发射天线或其他设备，或许多设备连接到同一电源的情况下，测试情况是各不相同的。在设备预备运行的场地位置是已知的情况下，可能很容易地将规范限值修改成适合于该环境的要求。

1.2.2　商用规范

当必须满足商用规范要求时，设备制造商是很难获准免除对规范限值的要求的，限值是不可改变的。迄今为止，只有欧盟（European Union，EU）成员国被要求进行抗扰度试验。所以直到设备在典型的环境中被发现有敏感度问题之前，那些想要在非欧盟（non‑EU）国家销售商品的制造商都会认为这是一个有利的贸易条件。

1.2.3　非管制的设备

对于没有适用规范的设备制造商来说，为了使消费者满意或因安全上的缘故，或者为了要把诉讼风险减到最小，需要实现 EMC。其选择的方法是针对实际的最坏环境来进行设计，或以现有的 EMI 标准来界定环境。我们是以在大量类似环境中所测得的最大环境电平或在所有的减缓因素都考虑到以后，将所预估的最大环境电平定义为实际的最坏环境。

在理想的情况下，规定的限值接近于实际最坏的电磁环境电平。然而，如同我们将在 1.3 节中所见到的，这往往并不是真实的情况。

1.3　电磁环境概述

本节中的资料，是为了对各种最坏的电磁环境加以比较，并为设备的设计师和编写采购规范的人员提供指南。

EMI 源可分为自然的和人为的，在大多数情况下，自然辐射源的电平都远低于人为辐射源的电平。大多数的无意发射占有很宽的频率范围，用一个定义不严格的术语，我们可以把它称为宽带发射。而人为的有意发射，例如无线电和电视广播，则称为窄带发射。该术语的严格定义是占有单一频率或伴随着边带上几个频率的发射。在 EMI 测量中所使用的以及在第 9 章中介绍的宽带（BB）和窄带（NB）的严格定义是与接收机带宽和 EMI 源的脉冲重复频率有关的。当在相同的距离进行测量时，有意辐射体例如信息技术设备的发射通常要远高于无意辐射体。

如同在 2.1 节中所述的，电场强度是用 V/m 来度量的。另一种度量单位是 $dB\mu V/m$。在早期版本的军用规范中，使用的宽带场强单位是 $dB\mu V/m/MHz$。此处将 1MHz 参考带宽（Reference Bandwidth）包括在场强单位里了。还有一种场强单位是 $dB\mu V/m/kHz$，其中的 1kHz 是参考带宽。

为了与其他的宽带噪声源加以比较，对于距噪声源 1m 处测得的设备的宽带发射，我们将任意选用军标 MIL – STD – 461F RE102 的限值。图 1-4 所示为适用于航天器的 RE102 限值线。对于宽带噪声，RE102 限值比商用规范限值更严格。例如，对于 ISM 设备、信息技术设备和通用设备标准中的 B 类设备（为更严格的限值）在 3m 测量距离时，其 30 ~ 88MHz 频段的欧盟（EU）限值是 40dBμV/m。而 FCC 在 30 ~ 80MHz 频段对 B 类设备的限值也是 40dBμV/m。当测量距离为 1m 时，限值为 49.54dBμV/m。

美国军标 MIL – STD – 461F 对于外部固定翼航空器和航天器以及陆基海军机动部队和陆军装备规定的限值是 24dBμV/m，转换到 3m 测量距离时是 14.5dBμV/m。而这些情况下的商用限值高于军标限值 25.5dB。

这些限值在 9.4 节中将有更详细的介绍。

本章余下的各节将叙述电磁环境中的辐射分量和传导分量。

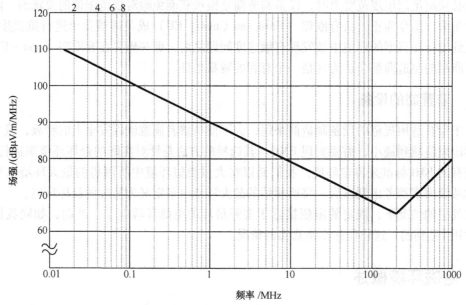

图 1-4　作为比较使用的 MIL – STD – 461F RE102 限值

1.3.1　自然电磁噪声源

自然电磁噪声源有
- 大气噪声——由雷暴时的放电产生；
- 宇宙噪声——来自太阳、月亮、星球、行星和银河。

大气噪声主要是由夏天时的局部雷暴和冬天时热带地区的雷暴产生的。来自雷暴的电磁发射，通过电离层天波可以传播到几千公里以外的地区，因而潜在的 EMI 影响不限于本地雷暴区。从时域上看，大气噪声显得很复杂，但它可表征为随机短脉冲背景下的一些大的尖峰脉冲，或为较高连续背景噪声下的一些较小脉冲。

图 1-5 中的曲线 D 描绘出了大气无线电噪声呈现在频域上的最大值和最小值。频率为 100kHz 时，场强电平范围可从最大值 108dBμV/m/MHz（0.25V）变化到最小值 – 6dBμV/m/MHz。图 1-5 中的曲线 E 还标绘出了在北极地区测到的大气无线电噪声场强，它每年大约有 7dB

的变化，而且每日变化和季节变化有规律性。根据在加拿大的测量，这种变化的每日和季节的变化范围是 91 ~ 106dBμV/m/MHz。与我们任意选择的，在 MIL – STD – 461 的早期版本中的 RE02 宽带参考限值相比较，大气噪声的上限值大致接近于 100kHz 时的 RE02 限值，而在 10MHz 时比限值低 20dB。

宇宙噪声是由天空背景射电噪声构成的噪声源的复合产物，它是由电离辐射和同步辐射（它经历每日的变化）以及太阳射电噪声形成的，太阳射电噪声随着太阳活动和太阳耀斑的增加而显著增加。次要的宇宙噪声源是月亮、木星和仙后星座 – A。在 30MHz 时，宇宙噪声的平均电平比 RE02 的限值低 34dB。

图 1-6 对大气噪声源和宇宙噪声源发射的相对强度和频率范围作了比较。图 1-5 中的 A 曲线表示正常的宇宙噪声强度的日平均上限值和下限值。另外还存在一些包括热背景辐射在内的较低电平的辐射源。图 1-5 中的 C 曲线给出来自地球表面的理论热背景辐射电平，为了加以比较，还提供了精心设计的接收机内部的热噪声电平。

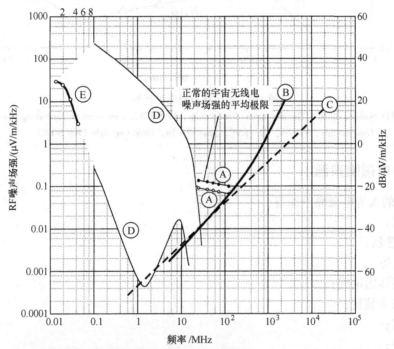

A：正常的宇宙无线电噪声场强的日平均上限值和下限值
B：精心设计的接收机内部相应的噪声场强
C：在 300K 温度时由黑体辐射产生的噪声场强（在一个极化平面）
D：大气噪声场强的上限值和下限值（国家标准局通报，No.462 及无线电传播单元报告 RPU-5）
E：在北极实测的大气无线电噪声场强

图 1-5 大气噪声、宇宙噪声和热噪声电平
（摘自 Cottony, H. V., Science, 111 (2872), 41, January 1950）

由脉动的天然大气噪声产生的 EMI 对无线电通信的影响常称为"天电"干扰。第二种瞬态 EMI 源是接收天线附近的沉积物的静电放电，它可能被不恰当地归为大气噪声。地上的静电放电是由表面堆积的电荷引起的，最终会造成电晕放电。为了避免静电荷的堆积以及保护接收机输入电路，可以采用的方法有：导电单元的正确接地和搭接、应用击穿电压高的介质、防静电的涂层和瞬态抑制器件等。

由于在宽广的频率范围内产生着各种自然发射，所以在高频/甚高频/特高频/超高频

（HF/VHF/UHF/SHF）的传输中，它们都可能引起 EMI。

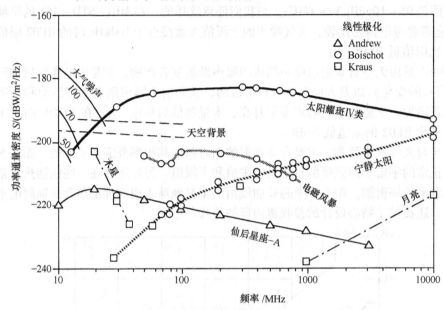

图1-6 宇宙噪声源电平比较

（摘自 Skomal, E. N., The dimension of radio noise, 1969 IEEE Symposium on Electromagnetic Compatibility, Vol. 69, C3 - EMC, June 17 - 19, 1969. Copyright 1969 IEEE）

1.3.2　人为电磁噪声源

一些主要的人为电磁噪声源有

- 弧焊机；
- RF 加热器；
- ISM 设备；
- 交流高压输电线；
- 汽车点火装置；
- 荧光灯；
- 微波炉；
- 医院设备；
- 高频电热设备；
- 通信发射机的有意辐射和杂散辐射；
- 电动机。

上述每一种人为电磁噪声源都将参考 RE102 规范限值来加以讨论。

1.4　工业、科学和医疗设备

1.4.1　FCC18 部分

ISM 设备属于非授权频段类别的设备，它们包括的频率有 2.4GHz（802.11b 和 802.11g）

和5GHz（802.11a）。这类设备也包括无绳电话（900MHz、2.4GHz和5GHz）以及微波炉（2.4GHz）。这些设备还包括非授权频段的玩具、无线安全系统、无线遥测和自动仪表读数系统等，所有这些设备都工作在902~928MHz的ISM频段内。

FCC也允许非授权频段的无线设备工作在某些ISM频段。在5.8GHz频段，最大各向同性有效辐射功率（EIRP）是53dBm（30dB输出功率加上23dB天线增益）。这将会在3m距离处产生25.8V/m的场强，在30m距离处产生2.58V/m的场强。

表1-1列出了为ISM设备分配的工作频段，除了搜索和救援频段外，ISM设备可允许工作在9kHz以上的任何频率上。

运行在这些频段的ISM设备的辐射功率不受限制。

在其他的频率上，规定了30m、300m和1600m距离上的辐射限值。

表1-1 工、科、医频段

ISM 频率	ISM 频率	ISM 频率	ISM 频率
6.78MHz	40.68MHz	5800MHz	122.5GHz
13.56MHz	915MHz	24.125GHz	245GHz
27.12MHz	2450MHz	61.25GHz	

1.4.2 从工业设备测得的场强

氩弧焊机进行RF弧焊时所使用的典型基波频率是2.6MHz。氩弧焊机发射时占有频谱范围是3kHz~120MHz，因此含有低于2.6MHz的频率。因此，它对收音机的典型EMI影响是"油煎"噪声。下面提供的是在距离为305m时[1]，对大量的射频稳弧焊机产生的辐射电平测得的数据。

频率	辐射电平
0.7MHz	75dBμV/m/MHz⊖
25MHz	82dBμV/m/MHz和80dBμV/m/MHz（10mV/m/MHz）
30MHz	70dBμV/m/MHz

这些电平是以宽带指标形式来表示的。即假定这些噪声确实覆盖在1MHz的频率范围上，并且在这整个频带上都具有相同大小的幅度，可是当采用MIL－STD－461F规定的10kHz带宽进行测量时，则原先25MHz的测量值82dBμV/m/MHz减小到只有42dBμV/m/MHz。这个值比应用于地面情况的MIL－STD－461F RE102的限值高18dB，显然当距离小于305m时，这个值还要更高。例如，在距一台弧焊机2m时，在30MHz时的电场电平近似等于124dBμV/m/MHz（1.5V/m）。当在这些频率上按距离外推时，根据频率和其他的准则，需应用l/d或$(l/d)^{1.5}$的定则（$d=$距离）。根据在14个制造厂的测量结果，在测量距离为1~3m时，由弧焊机发射出的场强峰值电平是0.1V/m[5]。可惜的是，这些测量结果都没有给出测量仪器的带宽，因此也就无法知道它们是窄带（NB）测量还是宽带（BB）测量。

在参考文献［5］中叙述的测量，氩弧焊机呈现显著发射的频率范围为14kHz~240MHz。但是，在几英里之外测量时，只有2.6~3MHz基波频率保持着显著的电平。在不同的地点对152台焊机所做的测量，形成54个不同的样本。在305m测到的最高发射电平是

⊖ 原文为75dBμMHz，但单位量纲有错。——译者注。

64dBμV/m。在 152 台焊机中，有 31 台产生的发射在 40dBμV/m 以上，而只有 6 台的辐射超过 54dBμV/m。有些焊机产生的辐射电平低至 0dBμV/m（1μV）。通常，低电平的发射体具有以下一个或多个特征：焊接引线短，接地阻抗低，导线屏蔽（包括电源线），机体在屏蔽建筑物中。相反，高电平的发射体具有下列一个或多个特征：接地不良，导线未屏蔽或靠近电源线，它能接收电磁发射并再辐射出去。

美国 FCC 在 CFR 第 47 号文件中的第 18 部分对工业加热器和低于 5.725MHz 的射频稳弧焊机，在距离其 1600m 处设定的限值为 10μV/m。应用先前的调查和 l/d 定则，将这个限值转换到 305m 的距离上得出的限值是 34.4dBμV/m。从这个调研中可以明显地看出许多现有的弧焊机设备不符合 FCC 限值要求。

由感应和介质射频加热器产生的场强基本上都是窄带的，具有的尖峰大约可延伸到 9 次谐波。感应加热器用于锻造、表面硬化、焊接、退火、悬浮区域精炼等，而介质加热器通常用于塑料封装。感应加热器的基波工作频率为 1kHz ~ 1MHz，而介质加热器则为 13MHz ~ 5.8GHz。在对 36 个感应加热器的测量中，在 30m 距离上的最小和最大辐射的变化从 30dBμV/m（31.6μV）~114dBμV/m（0.75V）[4]。由于这些辐射都属于窄带，所以在所使用的测量单位中省去 1MHz 的基准带宽。

迄今为止，我们已采用的是电平相对较低的军用宽带辐射限值（RE102）。

在 30m 距离处，对 4 个不同的制造商的 10 种不同型号的介质加热器产生的辐射进行测量时，得到基波（27MHz）的辐射最大值为 98.8dBμV/m（87mV），最小值为 75dBμV/m（5.6mV）；但在 6 次谐波（162MHz）时最大值降到 84dBμV/m（15.8mV），最小值降到 38dBμV/m（79μV）。

我们没有测量这些设备电源线上的传导噪声。然而却发现它们在 30m 处的辐射电平高于在办公室、电子实验室和计算机房中测得的典型环境电平值 0.15 ~ 0.9mV/m，可是它们并不会形成严重的 EMI 威胁。这一点可以通过存放在英国管理机构里的在 12 个月期间仓促调查的 35434 件投诉干扰对通信的影响事例来佐证。这项调查披露由 ISM 干扰源引起的投诉有 143 起，其中由医疗设备引起的投诉 11 起，由射频设备未调谐到指定频率而引起的投诉有 66 起……但没有一起投诉是由感应加热器设备引起的。

图 1-7 所示为在连续生产和不连续生产的 14 个工厂测到的由各种 ISM 设备产生的辐射噪声电平，这些工厂包括有汽车车间和模具车间、化工厂、重型设备制造厂、航空航天工业制造厂、报纸印刷厂、纸浆厂和金属冶炼厂。图中给出的电平单位是 V/m。至于测量仪器的带宽则没有给出数据，假定所用的带宽足够窄，以致仪器仅能截获到一根发射谱线，则图 1-7 中的电磁场电平在规定的最大发射的频率上将与相同场强的窄带发射机的发射量值相同。

当宽带场强用宽带单位表示时，其量值上要恒大于用窄带单位表示的相同场强值。这里我们使用术语宽带场（BB field）是不严格地表示场是由若干频率分量构成的。宽带测量单位使用基准带宽，典型值为 1MHz（例如 dBμV/m/MHz），而窄带测量单位不规定带宽（例如 dBμV/m）。但是在窄带测量中所使用的带宽总是小于 1MHz 或者测量超过 1GHz 时带宽采用 1MHz。在宽带噪声的宽带测量时，在接收机带宽中会捕获到许多随机的或与谐波相关的谱线。而在窄带测量时，在接收机带宽中只能捕获到一根谱线。

例如，假定宽带信号源产生间隔为 1kHz 的谐波谱线分布在 1MHz 的频率跨度上，且其

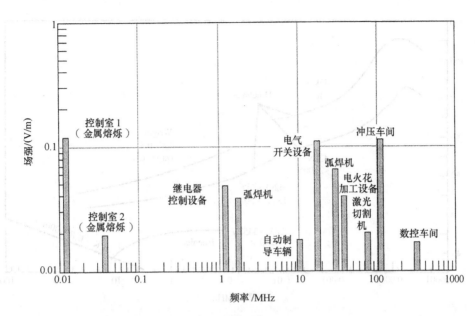

图 1-7 ISM 设备产生的噪声场强峰值电平

(摘自 Nielson，R.，Control Eng.，35（10），1988）

幅度恒定。为了便于我们举例，假设距该信号源某个距离上的场强为 50dBμV/m/MHz。若我们用 1kHz 测量带宽进行窄带测量，则只能测到一根谱线，以窄带方式表示，场强幅值减小到 −10dBμV/m。同样地，相干宽带噪声按 20dB 每十倍频程带宽的函数关系递减。因此，将窄带噪声源（例如 1.3.3 节的有意发射体）的量值与宽带噪声源的量值直接加以比较是不正确的。有关宽带测量与窄带测量的内容将在第 9 章中介绍，而宽带噪声源将在第 3 章中介绍。

设备和电缆对冲击宽带场或窄带场的敏感度，连同其他影响因素一起，取决于电缆和外壳的谐振效应，设备（包括信号接口）的带宽以及对电缆和结构设备的瞬态响应。这些因素将在以后的各章中研究。

1.4.3 由高压输电线路和其附近的电场和磁场产生的干扰

汽车行驶在高压输电线路下面或其附近时，车载 AM 广播接收设备经受 EMI 是一种常见的现象。图 1-8 所示为电力传输线路噪声的频谱占有情况，如同所预料的那样，噪声的最大值出现在工频 50Hz 或 60Hz 上。图 1-8 中的曲线来自于几个干扰源，括号中的数字表明测量点与输电线的距离（m）。

1.4.3.1 磁场

接近输电线（如图 1-9 所示）的磁场强度大小与距离远近，电流大小和导体结构配置有关。

参考文献［2］中，提供的 138kV、230kV 和 500kV 线路距离的平均值是 0m、10m、20m、30m 和 40m。这些值是在平均功率负载和平均塔高情况下获得的。对于 500kV 线路，在 0m 时的平均磁场强度是 81mG（6.43A/m），在 10m 时的平均磁场强度是 72mG（5.71A/m），在

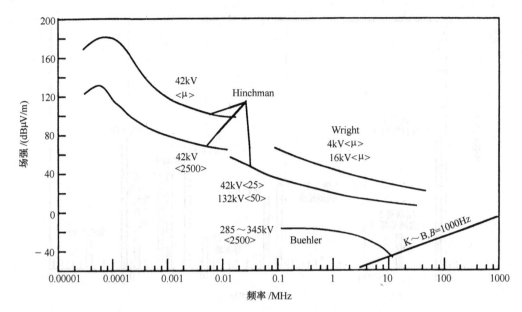

图1-8 输电线上的噪声分布（括号里的数字是测量距离，单位为m）⊖⊖⊖

（摘自 Skomal, E. N., The dimension of radio noise, 1969 IEEE Symposium on Electromagnetic Compatibility, Vol. 69, C3 - EMC, June 17 - 19, 1969. Copyright 1969 IEEE）

20m 时的平均磁场强度是51mG（4.04A/m），在 30m 时的平均磁场强度是33mG（2.6A/m），在 40m 时的平均磁场强度是21mG（1.7A/m）。参考文献［14］中，在 275 或 400kV 线路下面引用的最大磁场强度是100μT（997mG，79.4A/m）而典型的磁场强度是10μT（99.7mG，7.94A/m）。

尽管高斯是磁通密度的一种严格测定，可是当考虑空气中的磁场时，由于空气的磁导率是常数1，所以在高斯（G）、特斯拉（T）和安培/米（A/m）之间可以进行简单的转换。这样，根据参考文献［14］，线路正下方的最大磁场强度是100μT = 79.3A/m = 10G。

现在我们考查一下，距离500kV、3000MW 三相输电线路的某个距离上的最坏（最大磁场）情况。这个线路每相都有三根分导线。考虑到电晕，这些分导线之间的距离是17m，并且我们已经假定每相之间有相同的距离。由于线路的下垂，在铁塔跨距的中间，线路会最接近地面。在典型的情况下，这个下垂的高度是9m。

我们考虑的上述输电线路如图 1-10 所示，每一线路都具有最大的电流。但由于各分导线之间的电流有120°的相位移，所以电流的变化是各不相同的。

图中显示的是以 3 根垂直的线路来代替水平的线路，但是它们的合成场强是非常近似的。

任意一相中的最大电流等于线路的最大传输功率除以三根线，除以三相，除以峰值电

⊖ 图中的 Hinchman, Buehler, Wright 估计为地名。——译者注

⊖ 尖括号内的数字表示观测点相对于干扰源的距离，单位为英尺（ft, 1ft = 0.3048m）。符号 < μ > 表示在导线正下方。——译者注

⊖ 距离单位前后有矛盾。——译者注

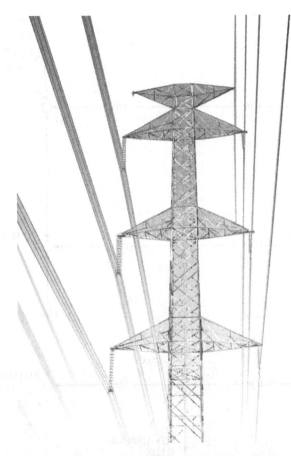

图 1-9 典型的大功率输电线路和铁塔

压，再乘以 3 的平方根。

即 $[(3000 \times 10^6/3/3)/500 \times 10^3] \times 1.732 = 1154A$，对于最坏的情况，我们假设这是在离建筑物最近的子导线里的电流。而距离第一根分导线 17m 处的第二根分导线中的电流是 770A（由于有 120°的相位移），在同一时刻第三根分导线里的电流则是 384A。图 1-10 表明每相分导线之间的距离和线中的电流。

一根无限长导线产生的磁场可以用公式 $H = I/2\pi d$ 来表示，式中，I 是电流，单位是 A；d 是导线之间的距离，单位是 m。

应用这个公式可以计算出与场源有不同距离的某点的合成磁场 H（由来自所有导线产生的磁场叠加而成）。随着导线离地面高度的增加以及测量点与源的距离的增加，磁场会减小。从上述磁场的公式可以看出，磁场的减小与距离成反比（$1/d$），虽然这个结论对于合成磁场来说并不严格成立。表 1-2 表明所有导线分别沿地面的距离为 5m、10m、20m 和 30m 时的最坏情况（磁场最高）。在参考文献 [14] 报道了在电力线正下方的磁场强度是 79.4A/m，不过建筑物通常是不会处在电力线正下方的。

虽然跨距中心（最低点）两边的线路对地高度是逐渐增加的，表 1-2 还是假设导线沿着线路长度上的下降的距离是恒定的。然而，由于线路之间的跨度通常为 400m，而最长的建筑物被认为是 61m，所以计算上的任何误差都认为是微不足道的。

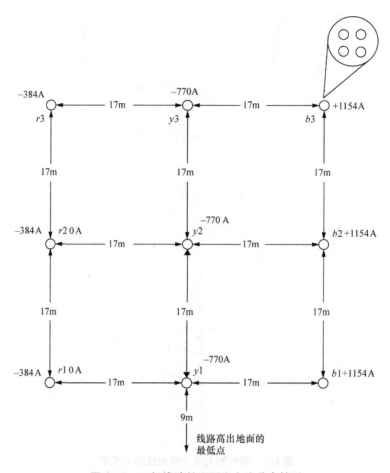

图1-10　三相线路的配置和电流分布情况

表1-2　由3000MW 输电线路产生的最强磁场

离最近传输导线的距离/m	磁场强度/（A/m）	磁场强度（磁通密度）/T
5	11.5	1.445×10^{-5}
10	8.5	1.07×10^{-5}
20	3.85	4.85×10^{-6}
30	1.55	1.95×10^{-6}

　　输电线路产生的电场和磁场将导致在导电的建筑物上出现电流。导体的趋肤深度定义为：通过导体的电流仅为63.2%时电流渗透到导体的深度，趋肤深度与导电物质的磁导率（μ）和电导率（σ）以及电流频率（f）有关。对于金属铝，在60Hz 时的趋肤深度是11mm，而#18 规格铝材厚度是1.02mm。#18 规格钢材厚度是1.2mm，趋肤深度是6.3mm。因此，在50/60Hz 时，铝或钢建筑物内部的电流与其外面电流是一样。

　　即使建筑物内部的电流几乎与外面的电流是一样的，可是由于场的抵消作用，在某些频率以上仍然会出现内部磁场的衰减。有关这些机理将会在6.5.1节中叙述。

　　然而，在50/60Hz 时，由重叠的钢板和铝板所建造的大型建筑物的实际衰减效应近似于零。即使对于较小型的建筑物其衰减作用也可忽略不计。这样，建筑物内部的磁场强度和外界的磁场强度实际上是一样大小的。

但是，如同在 6.1.4 节中所述的，这两类建筑物都能有效地屏蔽入射电磁波的电场分量。

1.4.3.2 电场

除了在 1.4.3.3 节描述的水平极化电场之外，由于线路和地面之间，或者线路与靠近线路的导电建筑物之间的电位差，在输电线路下面或靠近电力线路的电场会构成一个垂直电场。根据参考文献 [3]，对于 400kV 输电线，距离线路 10m 处的最大电场是 11kV/m，与我们所举例计算的 6.2kV 输电线路类似。由于在线路与地面/建筑物之间有电容存在，所以垂直电场会引起位移电流（displacement current）。根据 11kV/m 的场强，在边长为 61m 的大型金属建筑物中的位移电流估计是非常低的，大约是 0.15A。而且，随着与输电线距离的增加垂直电场迅速地减小。

虽然金属建筑物几乎不能使磁场衰减，但是却能非常有效地使电场衰减，特别是对 50/60Hz 的低频电场。6.2 节的图 6-5 描述了一个无限大平板对电场的衰减程度，而 6.3.1.2 节的分析表明，对于一个外壳来说，即使采用的是铝箔或镀铝的聚酯薄膜材料也是屏蔽低频电场的有效措施。

1.4.3.3 靠近输电线路的金属建筑物所感应的电流

鉴于任何时变电流不仅产生磁场而且也产生电场，所以当电流流过某条线路时，它会产生水平极化的电场和环绕该线路的磁场。

问题是入射的磁场会在导电建筑物中引发涡流，以致于导电的门打开或关闭时可能会产生电火花。参考文献 [15] 提供了一个简单的公式来计算导电平板里的这个电流。公式中已知的输入数据有磁场变化的幅度和变化率、材料的厚度、金属的导电率、金属板的长宽比和表面积。

对于矩形平板，其总电流 I 的计算公式为

$$I = \frac{-1}{4\sqrt{\pi}} \times \frac{\sqrt{\gamma_e}}{[1.5(\gamma_e + 1)] - \sqrt{\gamma_e}} \times \frac{(\gamma + 1)\sqrt{\gamma}}{(\gamma^2 + 1)} \sigma h S B(t)$$

式中　γ—— 长度/宽度，即长宽比；

　　　σ——电导率（S/m）；

　　　h——材料厚度（m）；

　　　S——金属板面积（m^2）；

　　$B(t)$——均匀时变磁场（T/s）。

通过输入与参考文献 [15] 提供的相同的输入数据到 Excel 电子计算表格，对这个公式进行验证，得到了相同的结果。

图 1-11 所示的是小型建筑物的末端数据（门最可能的位置）：

高度 $= 2.44m$；

宽度 $= 2.62m$；

钢的电导率 $= 1 \times 10^7 S/m$；

长宽比 $= 2.62/2.44 \approx 1.07$；

距离 10m 处的入射磁场强度 $= 6 \times 10^{-4} T/s$；

面积 $= 6.4m^2$。

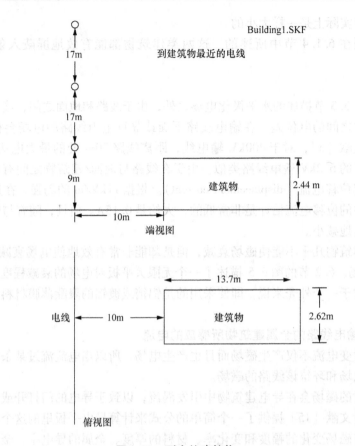

图 1-11 更小的建筑物

假设门缝与墙面有相同的电导率，那么与高压线路距离 10m 的建筑物门上流经的电流是 16A，而距离 30m 时，就减小到 2.9A。

对于大型建筑物，输入的数据如下：

高度 = 18.2m；

宽度 = 60.9m；

钢的电导率 = 1×10^7 S/m；

长宽比 = 3.35；

距离 10m 处的入射磁场强度 = 6×10^{-4} T/s；

面积 = 1108m²。

在建筑物一侧预估的总电流是 366A，门的高度几乎肯定小于 18.2m，并且假定其高度是 3m。

于是，在距离高压线路 10m 处的预估的电流是：366A × 3m/18.2m ≈ 60A。

在 30m 处，预估的电流减小到 10.9A。

由于假设门缝与实心钢有相同的电导率，所以估算的电流是属于最坏的情况。实际上，门缝可能具有至少 1mΩ/m = 1000S/m 的电阻。

由 1mΩ 门缝电阻产生的电流是可以忽略不计的。可是，对于具有新铰链和新门闩的新门而言，其电阻低于 1mΩ 是有可能的。因此，使用最坏情况下的数据是明智的。

测量是在存在 60Hz 电流的钢板与钢板及铝板与铝板接触发生电火花的情况下进行的，测量的结果见表 1-3 所示。

表 1-3 当电流流过移动金属表面时，火花的级别

火花长度（cm）或火花级别	电流大小/A	火花长度（cm）或火花级别	电流大小/A
钢板表面对钢板表面		钢板表面对铝板表面	
	2.5	轻微火花	10.5
	5	2.5	23
	10~13	10~13	28.2

倘若拖车距离输电线路 10m，并且假定是在非常糟糕的情况下，预计会发生闪耀的火花，因此，为了安全起见，建筑物至少应该离开输电线路 30m。由于所考虑的输电线路是高压和大功率设施，所以对于较低功率和较低电压的输电线路这个距离可能要小些。对于大型建筑物，同时考虑最坏的情况时，距离应该大于 50m。如果焊缝、铰链和门闩的电阻是 $1m\Omega$ 或更大时，那么两者中任何一种建筑物距输电线路的距离可以为 10m。但是对于 3000MW 的输电线路，为了人身安全起见，推荐的距离至少是 22m。

除了磁场引起的电流之外，建筑物与输电线路靠近时会被充电。这时如果一个人触摸建筑物时，他会感受到令人不快的电击。然而，这通常不会比天气干燥时通过摩擦起电（静电放电）带来的放电冲击更大。

1.5 车辆、荧光灯、微波炉的噪声和家庭及办公室里的磁场干扰

点火噪声电平的大小取决于车辆密度和邻近度。在时域里，点火噪声可以用短时（ns）脉冲串来表征，脉冲串的持续时间从微秒（μs）到毫秒（ms）。脉冲串的重复率取决于发动机每分钟转数（RPM，per rotation minute），发动机的缸数，汽车的数量。当在靠近马路边测量时，这些脉冲串的幅度和辐射方向随着车辆的流量变化而变化。在大都市区域，点火噪声是电磁环境噪声的主要来源。在三个城市的路边上进行点火噪声测量，交通流量为 30 辆/min，测量的平均值从 100MHz 时的 60dBμV/m/MHz 降到 1GHz 时的 50dBμV/m/MHz。点火噪声也出现在 10kHz 及以上频率上，在 10kHz 测到的电平高达 80dBμV/m/MHz。

荧光灯和气体放电管产生的脉冲无线电噪声在波形特性上类似于输电线路产生的噪声。在屏蔽室内将灯开启来测量 10kHz ~1MHz 的灯管噪声电平，而将灯关闭来测量环境噪声。荧光灯的最大发射是在 300kHz，测到的值是 89dBμV/m/MHz，而标准 RE02 BB 在 300kHz 的限值是 98dBμV/m/MHz。因此，尽管环境电平低于规范限值，但是所有的后续测量还是在荧光灯关闭的状态下进行的。进行 MIL-STD-461 的测量时，环境电平至少应低于限值 6dB。屏蔽室内其余的白炽灯并不会使电磁环境电平增高。图 1-12 所示的曲线描绘出在距离为 1m 时测到的荧光灯具的平均辐射电平。

工作在 ISM 频段 915MHz 上的烤箱的场强辐射是在距离实验室 3.05m 和 305m 处测量得到的。但我们也在配置有 385 个烤箱的大型公寓外进行了测量。对一个烤箱和近似的烤箱上进行了测试。在距离实验室 3.05m 处测到的最大场强是 1.5V/m，在 305m 处是 11mV/m。由

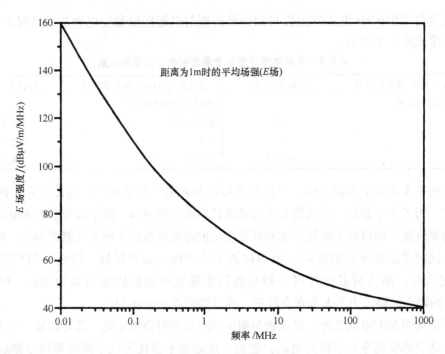

图1-12 荧光灯产生的辐射场强平均值

于受到建筑物结构的屏蔽以及地面和附近建筑物反射的影响，在大型公寓外测到的场强已经发生了变化。距离两栋大楼组成的公寓区152m处，频率为920MHz时测到的最大场强是8.9mV/m[6]。

除了射频电磁场之外，始终存在着输电线路的工频磁场。为了了解磁场对健康的潜在危害性，我们在家庭和办公大楼里也进行了许多测量。在办公大楼第一层的一个房间里的磁场强度大到足以引起计算机的显示屏发生畸变。这些显示器容易受大小为1.3~3A/m磁场的影响。这一楼层在60Hz频率上的磁场强度，可以从最低0.016A/m变化到最高3A/m。在同一幢楼的第5层，磁场强度从0.00485A/m变化到0.0485A/m。在同一幢大楼的地下室里靠近电力变压器处，测得的最大磁场强度是1.63A/m。调查也在家中的一些位置上进行，测量结果见表1-4所示。

表1-4 在家中测得的磁场大小

在家中测量 磁场的位置	测得磁场的 大小/(A/m)	在家中测量 磁场的位置	测得磁场的 大小/(A/m)
距烤箱顶20cm	4.86	距120~250V自耦变压器	46.2
距烤箱门20cm	0.4	距高保真（Hi-Fi）设备	0.1
距电动食品搅拌机20cm	4	厨房中心：除电冰箱外，所有设备关闭	0.1
距配电面板20cm	0.82	距烤面包片机20cm	0.81

有一种减小电源线上60Hz磁场的方法是保持任意两相线路的相线和中线或A、B、C相线和中线紧紧靠近或最好适当地绞合在一起。2.1.3节将详细讨论双绞电缆降低磁场的效果。另一种替代的方法是让将电缆穿入高导磁率的导管中。我们对壁厚约为1.2mm（15/

32in.）的镀锌冷轧无缝钢导管进行了测试，在 60Hz 情况下可以得到约 16dB 的衰减。6.2 节将详细叙述低频磁场屏蔽。

1.6 医院的电磁环境

随着医院经受的 EMI 问题的不断增加，人们对医院内的电磁环境也日益关注。我们对 10 家美国医院的若干场所进行了测试，其中包括：手术室、重症监护室（ICU）、化学实验室、特殊手术室和理疗设施等。在上述的多数场所，测得的电场强度都高达 3V/m/MHz。这里需要强调的是测量结果是以宽带单位表示的。如果测量时采用窄带带宽，则测量结果就要使用窄带单位表示，但是大部分发射的幅度都会减小。但是在 70kHz 时仍有峰值，且在 1～5MHz 其值保持在 3V/m。

图 1-13 所示为对 10 家医院的调查中，在所有场所测得的最强场强电平的综合曲线图[7]。

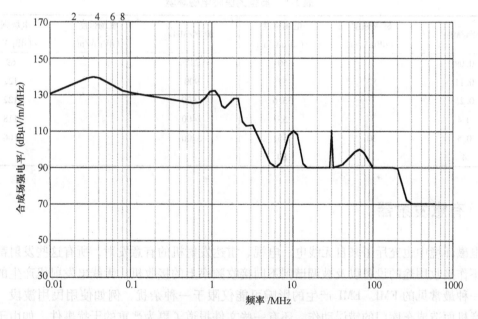

图 1-13 医院综合最强场强的电平

（摘自 Cottony, H. V., Radio noise of ionospheric origin, Science, 111 (2872), 41, January 1950. Copyright 1975 IEEE）

当将这些无意的人为高电平辐射源与我们的标准 RE102 的限值进行比较时，我们会发现这些干扰源的场强要高出 RE102 的限值达 60dB（即 1000 倍）。

FCC 规定在 ISM 频段工作的医用透热设备在 300m 处的场强限值是 25μV/m。

透热疗法就是利用电介质来加热，而电外科手术则是使用电动设备来做切割和凝固组织等方面的外科手术，并通过使用交变电流来直接加热组织。最常用的频率是 333kHz、350kHz、2.2MHz 和 4MHz。电外科手术设备通常可以产生 80～400W 的正弦波或持续时间达几十微秒的脉冲波。

在电外科手术中，透过身体的高频高压和大电流会在手术房间内产生电磁场。

作为一种最坏的情况，外科医生的双手可能会暴露在0.75A/m的磁场和400V/m的电场中。在患者接地平板上，最大的电场是450V/m，最大的磁场是5.8A/m。这些数据摘自参考文献［11］。测量时从源到检测器的距离分别是5cm和50cm。此外，还在更远的距离上，对两台设备以及若干其他工作模式进行了测量。其中一个设备场强降低了0.133V/m，而另一个设备的场强降低了0.2V/m。没有在3m和30m距离上进行测量。我们假定，在一定的距离上，场强是按照1/r的规律减小的，式中r是距离；可以非常近似地认为，在3m处时的场强是75V/m，而在30m处时的场强是7.5V/m。场强的减小，可能是由于传播途中墙的阻挡。

令人惊讶的是，十分灵敏的电子设备（如心脏监护仪）对这些高场强不敏感。

电场和磁场的测量是在医院的走廊、婴儿室外、CT和MRI扫描仪、设备急诊单元和手术室等场所进行的。这些场强测量是使用窄带方式进行的。电场和磁场的测量数据见表1-5所示。

表1-5　典型的医院电磁环境

频率/MHz	磁场强度/(dBμA/m)	电场强度/(dBμV/m)	频率/MHz	磁场强度/(dBμA/m)	电场强度/(dBμV/m)
0.09		50	217		69
0.11	52	51	900		122
0.25		33.6	1800		122
0.4		55	2400		118
0.5	30	55	5300		106
4		80			

1.7　有意发射器

电磁环境中也充斥了来自无线电、电视、雷达发射机的有意发射，所有这些发射都可以干扰不作接收用途的设备以及被调谐到不同接收频率上的接收机。无线电发射机产生的电磁场是一种最常见的EMI。EMI产生的影响可能仅限于一种杂扰，例如使用民用波段（CB）的收音机而造成车库门的错误动作。还有一些文件报道了更为严重的干扰事件，如由于非直接的EMI干扰（因通信的干扰）而造成一艘军舰的毁坏或者直接由于EMI干扰（航空器接近大功率发射机飞行）导致的机毁。

无线电发射机属于窄带运行的设备，其基波连续波（CW）的谐波的发射是有限的。如果这些谐波也被调制，则会导致边带发射。然而除了这些与基波有关的一些频率发射之外，发射机还可能发射本振频率以及在其他各级产生的宽带噪声。来自发射机的杂散信号、宽带信号和谐波相关的噪声的合成值通常要比基波值低70dB。来自发射天线的辐射场强与距离，发射机输出功率，天线的方向性，天线与测量点之间的相对高度，以及反射或插入的吸波材料和结构体等有关。测量是在加拿大的两个大城市（蒙特利尔和多伦多）的市中心进行的[7]。从大量接近地面的测量中计算出了沿通常的发射机和接收机的距离上的典型场强值。计算结果见表1-6所示。在固定的100m距离上的典型最大电场E如图1-14所示。

表 1-6　典型的环境场强

频率/MHz	场强[1]/(V/m)	频率/MHz	场强[1]/(V/m)
0.5 ~ 1.6	0.6	88 ~ 108	0.15
26.9 ~ 27.4	<0.1	108 ~ 174	0.05
54 ~ 88	0.07	174 ~ 216	0.07

资料来源：Adams，J.，Electric feld strengthmeasured near personal transceivers，IEEE Electromagnetic Compatibility Symposium Record，National Institute of Standards and Technology，1993

① 在大城市市中心的典型场强源自广播发射机。

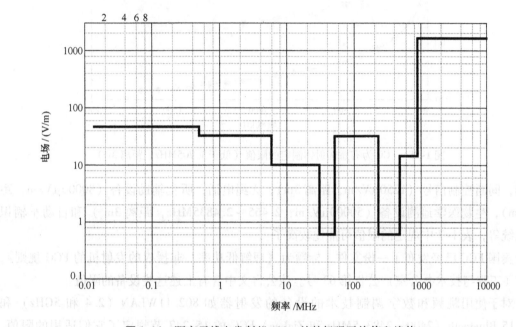

图 1-14　距离无线电发射机 100m 处的场强平均值和峰值

1.8　低功率有意辐射体

归类于低功率有意辐射体的发射机包括无绳话机、婴儿监护仪、车库开门器、无线家庭安全系统、无钥匙汽车进入系统等。

美国 FCC 在 CFR 的第 47 部分的分部 B 中规定，非授权频段的发射机禁止对授权频段的发射机造成干扰，并且必须承受它受到的任何干扰。

一般来讲，分部 B 规定的限值是针对有意辐射体的。并且这些限值是对 300m 和 3m 距离作出规定的。为了归一化限值电平，这些限值要被转换到距离为 3m 和 30m 的限值，如图 1-15 和表 1-7 所示。

测量所用的检波器可以是平均值检波器也可以是准峰值检波器，这两种检波器的差别将在 9.2.2 节中叙述。

然而，对于电缆定位设备，6dB 带宽等于或大于 10% 的载波频率时的电话公司电子探

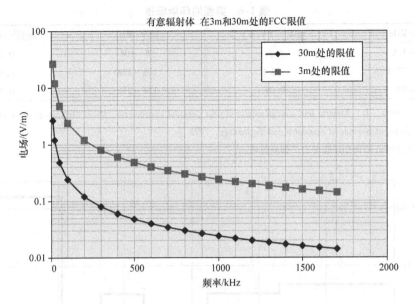

图1-15 FCC 为有意辐射体制定的限值（低于 1.705MHz，距离 3m）

测器，间断控制信号（1250μV/m，距离 3m）；无绳电话；听觉辅助设备（80000μV/m，距离 3m），生物医学遥测设备（50000μV/m，2.465 ~ 2.4835MHz，距离 3m）和自动车辆识别系统等；表1-7 中规定的限值可能比较高了。

美国 FCC 已经发布了一份文件，标题为《理解低功率，非授权的发射机的 FCC 规则》，OET（工程与技术办公室）公告第 63 号。该公告文中含有上述这些设备的限值。

对于使用跳频和数字调制技术的设备的发射器如 802.11WLAN（2.4 和 5GHz）和 802.15 Bluetooth（2400 ~ 2483.5MHz 和 Zigbee）FCC 的 15.247 节规定了它们适用的限值。蓝牙功率很低，2.4 ~ 2.835GHz 的典型值为 100mW。

表1-7 FCC 对 1.705MHz 以上频率的场强限值

频率/MHz	3m 处的场强/(μV/m)	频率/MHz	3m 处的场强/(μV/m)
1.705 ~ 30	30	216 ~ 960[①]	200
30 ~ 88[①]	100	960 以上	500
88 ~ 216[①]	150		

从 dBμV/m 转换到 V/m 可见表1-8。

① 除了边界防护系统可用于 54 ~ 72 和 76MHz 频段之外，有意辐射源的基波辐射不应落入 54 ~ 72、76 ~ 88、174 ~ 216 或 470 ~ 806MHz 这些频段内。但是，属于 15.231 节中定期工作的设备或 15.341 节中的生物医学遥测设备等是可以运行在这些频段的。

表1-8 距离手机 20cm 处产生的场强

手机品牌	电场场强/(dBμV/m)	电场场强/(V/m)
Motorola 1730	146	20
LG TG800	141 ~ 145.6	11 ~ 19
Nokia	136.7	7

除了某些例外，从 2400 ~ 2483.5MHz，902 ~ 928MHz 和 5725 ~ 5850MHz 的最大峰值传导输出功率限值为 1W。最大天线增益是 6dBi。假定没有损耗，在 3m 处的最大电场强度（E）是 3.64V/m，在 30m 处是 0.364V/m。

PCS 是一种非常类似于数字蜂窝电话的无线电话。非授权的 PCS 设备的限值列在 FCC 条款 15.301 ~ 15.323 中。表 1-7 所列的是允许的最高发射的一般限值。使用 DECT 6.0 标准的无绳电话使用的是 PCS 频段。DECT 的运行频率为 1.88 ~ 1.9GHz，功率通常为 250mW。

作为 2G 数字蜂窝网络的全球移动通信系统（GSM），其 900MHz 的最大输出功率是 8W，1800MHz 时是 4W。假定天线增益是 0dBi，8W 时在 3m 处的电场是 5.17V/m，而在 30m 处是 0.524V/m。

4W 时在 3m 处的电场是 3.65V/m，而在 30m 处是 0.36V/m。

宽带码分多址（WCDMA）属于 3G 移动通信系统，其工作在通用移动通信频段（2.0GHz），最大功率是 2W。假定天线增益是 0dBi，在 3m 处的电场是 2.58V/m，而在 30m 处是 0.26V/m。

对于 800 和 1900MHz 的 PCS 频段码分多址（CDMA）移动发射机的功率限制是 1W。假定天线增益是 0dBi，在 3m 处的电场是 1.8V/m，而在 30m 处是 0.18V/m。

TETRA/TETRAPOL 在 380 ~ 676MHz 运行的典型功率是 10W（rms）。

无线局域网（WLAN）在 2.4 ~ 2.835GHz 运行的典型功率是 100mW，在 5.15 ~ 5.725GHz 运行时通常是 1W。

FCC 对来自超宽带工作的发射机如探地雷达、墙壁成像系统、穿墙成像系统和医学成像系统的辐射控制限值列入在 FCC Part 15 的分部分 F 中。

这些发射机在 3100 ~ 10600MHz 的最大有效全向发射功率（EIRP）是 −41.3dBm，即 7.4×10^{-8}W。则在 3m 处的电场强度仅为 4.97×10^{-4}V/m（0.497mV/m）。

我们对手机辐射关注的是人头部受到的辐射功率有多大。FCC 对此的限值是 2.7.3 节中规定的特定吸收率（SAR）。

在距离人头部 2.5cm 处手机产生的功率与 41V/m 的场强入射到头部时被头部吸收的功率是相同的[10]。

为了计算靠近手机的电子设备上的入射场的大小，我们使用一个校正过的蝶形天线测量距离手机 20cm 处的电场。由于发射的传输连接极差，所以无法获得手机发射的最大功率，从 3 家生产商的品牌手机获得的测量结果如图 1-16 所示。

通过在 10 ~ 50cm 内改变距离，对电场的变化进行测量，以预估 5cm 和 2.5cm 处的电场。

若将距离外推至 5cm，电场近似为 148dBμV/m = 25V/m，而在 2.5cm 时，等于 148.3dBμV/m = 26V/m。

距一个 5W 收发器的距离为 12cm 时，收发器（对讲机）在 823MHz 产生的场强可高达 55V/m[8]。

从距离某个设备 1m 处对两个不同的对讲机在不同的频道进行测试，获得的最大电场是 9.5V/m。在 20cm 处，161 ~ 161.5MHz 上预估的电场是 47.5V/m，在 5cm 处是 62V/m。

通用移动无线电业务中继器的输出频率为 462.55 ~ 462.725MHz。在天线高出地面 60ft（18.3m）时其功率限值是 50W。假定天线的增益是 0dBi，则在天线正下方的电场近似为

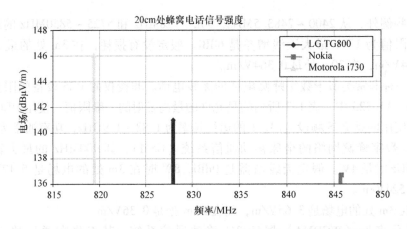

图1-16 在距离天线20cm处测得的3种品牌蜂窝电话的场强值

12V/m。

家庭无线电业务的工作频率是467.562～467.7125MHz。最大有效辐射功率（ERP）是5W，所以，应用2.1.1节中的公式可以算出3m处的电场是3.83V/m，而30m处是0.38V/m。

FCC对TVBD（电视卫星广播）发射控制列入在分部分H中。最大限值与图1-15和表1-7中的一般要求相同。

1.9 高功率有意辐射体

高功率有意辐射体包括调频（FM）、调幅（AM）、电视（TV）和个人通信业务（PCS）发射器。

在架设接收天线或安装可能敏感设备之前，往往需要进行射频电磁环境的调研。在调研测量中遇到的一些峰值发射器的例子，其一是在Goose Bay、Labrador的一个现场实测到的雷达信号，其频率为1280MHz，电平为－21dBW/m²（即电场为1.73V/m）；其二是在澳大利亚的Alice Springs测到的AM无线电发射机辐射到附近接收设备上的电场为4V/m，其频率为4.83MHz；以及在香港的一个推荐的场地，在建议的接收设备位置上测到12MHz频率上的电场为3.75V/m。在许多公寓和办公大楼的屋顶上都装有天线。一幢公寓大楼的屋顶上安装了Bell蜂窝电话天线，在880MHz，在两幢公寓测到的电场分别是7.86V/m和6.48V/m。在这相同的两幢公寓的阳台上，最大的电场分别是12V/m和12.9V/m。

在调查一幢公寓顶层阳台上安装的蜂窝电话天线产生的场强时，测到900MHz的场强为45V/m。加拿大卫生部制定的公众辐射限值是47.5V/m。因此，尽管这个场强值是低于安全限值，但是处在该幢公寓阳台上的居民和任何便携式电子设备都会暴露在此高电平场强下。

在有业余无线电发射机且天线安装在屋顶的家庭住宅内测到的环境电平是30V/m。据参考文献［10］的数据，在美国15个不同的城市，对一些公寓大楼进行了环境电平测量。所有城市的居民平均暴露值是0.137V/m，99.9%的居民暴露在1.94V/m以下的场强中。因此，我们可以得出结论：具有V/m量级的环境场强并不常见，但是发生在公寓和办公大楼的EMI正在不断地增多。所以即使设备的通带远离干扰频率，具有V/m量级的场强仍然是设备的潜在干扰源。这种类型的 EMI 案例将在第 12 章中叙述。

2007 年在英国对靠近发射机的场地所进行的电场和磁场额外附加测试表明，它们的电场电平大小相近。人们应当关注这些场强大小对于广播业界的工作人员的健康效应。参考文献 [12] 叙述了这些测试。受测的发射机类型包括：

模拟信号 TV；

数字信号 TV；

全国 FM 广播；

地方 FM 广播；

数字声频广播。

发射机位置和场强大小见表 1-9。

表 1-9 靠近发射机的最坏（最高）场强

发射机	位置	电场/(V/m)	磁场/(A/m)
超高频电台	两天线之间	60～100	
甚高频电台	天线结构外 1m	95	0.4
电信天线	寻呼机天线附近	350	0.57
电信天线	VHF/UHF 天线附近	270	0.62
电信天线	GSM 天线之前	72V	
调幅发射机	近窗的 250kW 发射机	300	1.0
中频发射机	距窗 5cm 的发射机	160	
中频发射机	近防护栏	430～700	
甚低频/低频发射机（60kHz）	主建筑物外	200～400	0.3～1.4
雷达站	户外现场大道	240～560 峰值	
全向信标	塔杆围栏外，距防护栏 0.5m	70～120	

资料来源：Cooper, T. G. et al., Occupational Exposure to Electromagnetic Fields at Radio Transmitter Sites, Health Protection Agency, Didcot, U. K., 2007

这些场强是在我们认为的一般公众区域边界以外，靠近发射机附近的区域里进行测量的。

然而，如同我们先前讨论过那样，一般公众区域仍可能会暴露在屋顶安装的蜂窝电话基站天线的高辐射场强下。

1.10 电源线的传导噪声

电磁环境并不限于电磁场，也不限于传输媒介中的信号与噪声。因此在表征电磁环境时，也必须考虑设备电源线上的传导噪声。例如，机械车间地面上距离数控机床很远的计算机，可能不受辐射场强的影响，但却对传导噪声敏感。所以，要达到 EMC，除了不受电磁场的影响，还必须不会受到主要存在于电源线以及存在于信号接口和各种接地中的噪声的影响。为了对不作 EMC 要求的设备的敏感度进行预估，需要知道一些有关的数据，如给定的电磁环境中的电源上预计的噪声最大幅值，频率含量和波形类型（例如连续波或尖脉冲）等。

在对 10 所医院所做的调查中，测量了从医疗设备流到电源线已知负载上的传导噪声电流。参考文献［11］没有给出负载的阻抗值，但典型值是50Ω。为了减小在60Hz测到的负载电流幅值，测量设备中设置了一个400Hz高通滤波器，并用电流探头测量其谐波。图1-17所示为在10所医院的所有区域内测到的最大传导噪声电流的合成值[7]。在对医院的其他电磁环境的测量中，在AC电源线上测到了高达3000V的电压尖脉冲。

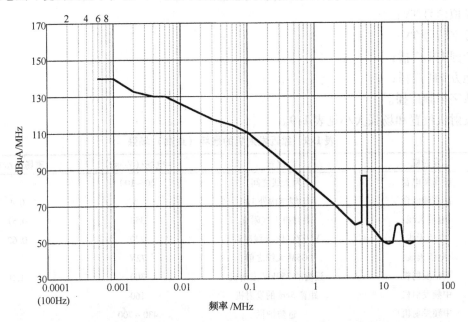

图1-17 在10所医院的AC电源线中实测到的合成传导噪声电流

(摘自 Cottony, H. V., Radio noise of ionospheric origin, Science, 111 (2872), 41, January 1950. Copyright 1975 IEEE)

遗憾的是能够从传导噪声电流或电压的测量中获得的数据是有限的。一种替代的方法是使用第9章规定的敏感度试验电平来对相关类型的设备（即军用设备、ISM设备或车载设备）进行测试。在这些类型的设备的敏感度试验电平还没有被制定出来之前，可以采用与诸如数字仪表、家用器具、便携工具等设备的传导发射限值的有关的法规来预估电源线传导噪声电平。当电源线的阻抗是特定的或是处于最坏情况时，以及有若干个设备在共用同一个电源线时，例如在实验室环境下，几台计算机、手持工具、射频干扰源和冰箱可能会共用一个公共电源，这时用作预估的发射限值必须做出某些修正。图5-28表明在最坏情况下，交流120V、60Hz的电源阻抗随频率变化的情况。从所有的电源中取合成的噪声电流值，则可以计算出最坏情况下的电源阻抗两端产生的合成噪声电压。从而得出敏感度试验/设计电平值。

参 考 文 献

1. E.N. Skomal. The dimension of radio noise. *1969 IEEE Symposium on Electromagnetic Compatibility*, Vol. 69, C3-EMC, June 17–19, 1969.
2. H.V. Cottony. Radio noise of ionospheric origin. *Science*, January 1950, 111(2872), 41.
3. H.V. Cottony and J.R. Johler. Cosmic radio noise intensities in the VHF band. *Proceeding of the IRE*, September 1952, 40(9), 1050–1060.
4. R. Nielson. Ethernet performance in harsh industrial environments. *Control Engineering*, 1988, 35(10).

5. A.S. McLachlan. Radio frequency heating apparatus as a valuable tool of industry and a potential source of radio interference. *Seventh International Zurich Symposium and Technical Exhibition on Electromagnetic Compatibility*, Zurich, Switzerland, 1987.
6. A. Tell. Field strength measurements of microwave oven leakage at 915 MHz. *IEEE Transactions on Electromagnetic Compatibility*, May 1978, EMC-20(2), 341–346.
7. Government of Canada Department of Communications. EMCAB 1, Issue 2.
8. J. Adams. Electric field strength measured near personal transceivers. *IEEE Symposium on Electromagnetic Compatibility Record*, National Institute of Standards and Technology, 1993.
9. P. Bernardi, M. Cavagnaro, and S. Pisa. Evaluation of the SAR distribution in the human head for cellular phones used in a partially closed environment. *IEEE Transactions on Electromagnetic Compatibility*, August 1996, 38(3), 357–366.
10. D.D. Holihan. A technical analysis of the United States environmental protection agency's proposed alternatives for controlling public exposure to radiofrequency radiation. *IEEE Electromagnetic Compatibility Symposium Record*, 1987.
11. R.J. Hoff. EMC measurements in hospitals. *1975 IEEE International Symposium on Electromagnetic Compatibility*, 1975.
12. T.G. Cooper, S.M. Mann, R.P. Blackwell, and S.G. Allen. *Occupational Exposure to Electromagnetic Fields at Radio Transmitter Sites*. Health Protection Agency, Didcot, U.K., 2007.
13. Understanding Electric and Magnetic Fields. BC Transmission Corporation at https://www.bchydro.com/BChydro/customer-portal/documents/corporate/community/understanding-electric-magnetic-fields2013.pdf. Accessed August 9, 2016.
14. Electric and Magnetic Fields, National Grid EMF overhead power lines. https://www.nationalgridus.com/non_html/shared_env_emfs.pdf. Accessed August 9, 2016.
15. Siakavellas N.J. Two simple methods for analytical calculations of eddy currents in thin conductive plates. *IEEE Transactions on Magnetics*, 33(3), 1997.

第2章

电场与磁场、近场与远场、辐射体、感受器、天线

根据一些研讨会听众的反馈来判断，本章内容可能是最不受设计工程师和系统工程师欢迎的。

尽管涉及的设备含有数字电路、模拟电路、射频电路和控制电路，但工程师们一般对接口电缆，PCB 印制线，导线等产生的辐射和耦合的概念并不熟悉。原因可能是他们很难把互连线设想为天线或电路元件或很难明白导线之间可能存在的潜在串扰。当设备呈现出 EMI 或不符合 EMC 要求时，通常出于管理上的需要，工程师要在预定计划的压力下寻求应急措施，这时本章内容就显得尤为重要。为了进行简单的 EMC 预估或有效地解决 EMI 问题，有必要了解辐射和耦合原理，包括频率依从关系和谐振效应。

如果缺乏这些知识，甚至在选择有效的诊断试验，或在评估辐射或传导干扰源时都会存在困难。本章的标题可能意味着出于某种原因，辐射体和感受器有点不同于天线。当然这是不正确的。当要求对天线下定义时，一位天线工程师会回答说："有什么不是天线呢？"。这不完全是在说笑话，电视机修理技师过去常这样说，在高场强的场合下就连一根潮湿的细绳也可以被看作是天线。

一位研究人员考察过叶子和冷杉球果的谐振频率和接收特性。将它们模拟为对数周期天线，以探索在它们表面流动的射频电流是否是由于电磁场作用的结果。本章对辐射体、感受器和天线之间做出区分，不过是为了将有意设计的辐射和接收设备与未经设计的辐射和接收设备区别开来。我们将会看到许多天线理论应用到非有意设计的天线上，例如，用于研究入射场在结构体上引起的电流大小以及载流导体产生的辐射等。许多好的书籍中都有关于电波理论和天线的内容，那么为什么还需要本章呢？因为在距 AC 电源一定距离上的电磁场的大小是随时间而变化的。所以为了进行 EMI 分析或就满足限值而论，在测量或预估场强的大小时，我们只需要峰值数值。因此，本章所提供的场的公式采用了消除与时间相关的项的方法来加以简化。在 EMC 方面，我们对高效率的谐振天线以及由于其阻抗与终端阻抗不匹配而引起的，对非谐振结构体的无意辐射和耦合感兴趣。很多有关天线的书籍都局限于对高效和相对窄带的天线的分析。但是，那些为天线而推导出的许多公式却完全可以应用于任何导电结构体中。

本章中的公式可用在后面几章的预估方法中，并且给出了量值（即它们可以直接应用）。而关于这些公式的推导则省略了。但可以在参考文献中找到。为了尽可能简单，由导线和电缆产生的辐射和耦合以及电缆之间的串扰公式使用了 BASIC 语言编成计算机程序并附在本章和其他章的末尾。从网站 www.emcconsultinginc.com 也可以下载到用 C + 或 C + + 编写的这些程序。但是，我们仍然需要了解如何正确应用模型及理解其应用的局限性。

此外，本章还将使读者能够制作、校准和正确地使用简单的磁场探头和电场天线，并介绍一些术语的含义，例如应用 EMI 测量天线时需要了解其增益和天线系数等。

2.1　静态场和准静态场

分析静电场和静磁场对于理解载流导线附近和自由空间中的电磁波是有益的。此外，频率较低时以及在靠近场源的地方，常常存在一个耦合作用很强的无功近场或准静态场，这些场可以用以下的直流分析来计算。

2.1.1　直流电场

若在电容器平行板之间施加电压 V_0（见图 2-1），则其极板之间就有电场存在。

这个电场强度 $E(\text{V/m})$ 的大小为

$$E = \frac{V_0}{h} \tag{2-1}$$

式中　h——两个平板之间的距离（m）。

因此 E 是每单位长度上的量值。例如，若施加在相距 10cm 的两个板上的电压是 10V，则两个平板间的场强将是 100V/m。与电场强度相关联的是电场的电力线，它与电场相切并与电场强度

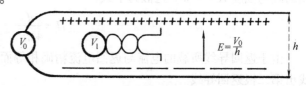

图 2-1　电容器平行板间的剖面图

大小成正比。在电场中插入一个小偶极子就可以测量电场强度（见图 2-1）。与探头的两个导电臂相切的电场力分量使导体中的电子移动，于是探头的两臂之间就呈现出电压。

在细小探头里感应的电压基本上与探头的半径大小无关，而与探头的长度成正比。实际上，连接到探头的导线会扰动电场，而式（2-1）不是严格正确的。在两块无限大的平行板之间的电场是均匀的，由平板之间的电场就可得出下式：

$$V_1 = Eh_d \tag{2-2}$$

式中　E——电场强度（V/m）；

　　　h_d——偶极子有效长度。

在非均匀的电场中，电场探头测到的是其覆盖的场的平均强度。所以 h_d 应尽可能小。上述电场探头是接收天线的最简单的例子。电力线是起于正电荷而止于负电荷。如图 2-1 所示，或它们起于正电荷而止于无穷远或起于无穷远而止于负电荷；而对于时变场，它们形成闭合线，既不起始于也不终止于电荷。

2.1.2　直流磁场

电流总是被磁场所包围着。在载有恒定电流的甚长导线周围的磁场强度 H（A/m）由式（2-3）给出，并用图 2-2 表示。

$$H = \frac{I}{2\pi r} \tag{2-3}$$

由于不存在磁荷，所以载流导线是被闭合的磁力线所环绕的。像电场一样，磁场强度亦为每单位长度上的量值。例如，距离 10A 载流导线 10cm 处的磁场强度为 16A/m，则在 1m 距离处就减小到 1.6A/m。以另一种方式来表达，即若距离载流导线为 10cm 处的磁力线周长为 0.628m，那么磁场强度为 10A/0.628m = 16A/m。式（2-3）可以通过将载流导线分割

成许多无穷小的长度（电流元）来求得。这样总的磁场强度是在测量点两边的无限延伸出去的所有电流元所贡献的磁场强度之和。当导线的长度不是无限长但远大于测量距离 r 时，则在通常可接受的小误差情况下仍然可以使用式（2-3）来计算磁场强度。若导线改变了方向，那么这个公式还可以用来计算由电流环路产生的磁场强度。

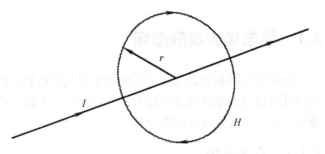

图 2-2　载流长导线周围的磁场

实际上，很难找到短的孤立载流导线。一个例外的情况是一根导线通过一个屏蔽层进入到某个空间，经过一小段距离之后，再通过第二个屏蔽层离开该空间。从这个特定的例子得到的磁场强度 H（A/m）近似为下式：

$$H = \frac{I}{4\pi r^2} \tag{2-4}$$

由于返回导线所载的电流与返回电流精确相等而方向相反，所以通常可以从电源线附近找出第二根返回导线。

这种结构配置如图 2-3a 所示。因为两根导线在环路平面内的场强大小是不相等的，由于 x 轴与环路平面相切，所以必须对 x 轴，z 轴上的两个场强值 H_x 和 H_z 加以计算。

可以在参考文献 [1] 和其他有关电磁理论的教科书中找到下述的 H_x 和 H_z 公式的推导：

$$H_z = \frac{I}{2\pi}\left(\frac{x + S/2}{r_1^2} - \frac{x - S/2}{r_2^2}\right) \tag{2-5}$$

$$H_x = \frac{I}{2\pi}\left(\frac{z}{r_1^2} - \frac{z}{r_2^2}\right) \tag{2-6}$$

所有的距离，如 x、z、r_1 和 r_2 都以 m 为单位。

从式（2-5）和式（2-6）可以看出，两导线的中心处 x 轴上的场强为零，而在 z 轴上的场强是中心两边任一导线产生的 z 分量数值的两倍。通过以上叙述也能看出，两导线在它们的中心处产生的场强，在 x 轴方向上是反相的，而在 z 轴方向上是同相的。

当用磁场测量探头在两导线周围探测时，导线周围在 x 轴和 z 轴方向上改变探头的位置和方向，可以看到被测磁场的变化。

在靠近传输 50Hz～20kHz 交流电源的双线电缆导线的地方存在潜在的强磁场源。而导线彼此靠得越近，合成的磁场就越小。当导线分隔开时，例如，沿着外壳内部走线时，磁场最大。电流环路产生的磁场强度的正确预估方法由式（2-7）给出。

2.1.3　双绞线

为了将导线产生的磁场减到最小，人们采用双绞线。双绞线的每一个环产生的磁场是反向的，因此趋向于抵消。在与所有双绞线的环等距离的某个环的正中心下的某测量点，假定所有的环大小相等，则总的磁场强度为零。可是实际的情况是环并不会都与测量点等距离并且各环的大小并不精确相等。图 2-4 表明合成的场强和它们的方向。任何位置的合成场强和

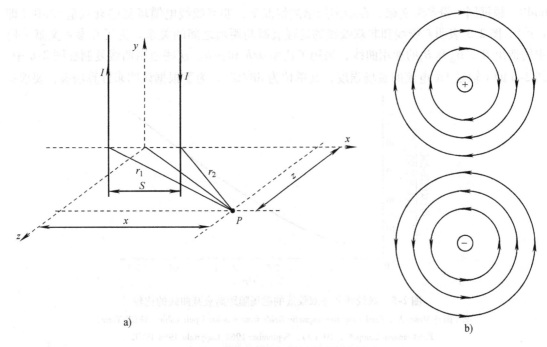

a)

图 2-3　双线线路的配置及周围磁场分布

a) 双线线路的配置　b) 双线线路周围的磁场分布

方向都可以通过计算每一个环产生的单个场强再用合成的方法来求得。于是总场强可以用矢量积的图解法或矢量分析法来估计。

　　由于双绞线的螺旋形状，双绞线产生的磁场包含径向分量 x，沿着双绞线的轴向分量 z 以及切向分量 ϕ。距双绞线某个距离 p 处的场强不仅与 p 有关，而且与双绞线的螺距 h（绞合一环的距离）以及双绞线的中心与双绞线的一根导线的中心距离有关。

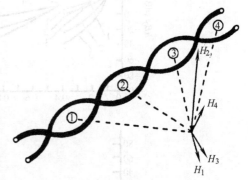

**图 2-4　双绞线的单个环路的
合成磁场及其方向**

　　在非常靠近双绞线的距离上，其场强也许高于两线线路的场强。但是，随着距离 p 的增加，该场强就迅速地衰减。根据参考文献 [2] 中的测量值，得知双绞线产生的磁场强度比非双绞线或中心导线不同心或其中流过不平衡电流的同轴电缆产生的磁场强度衰减得更快；前者按照函数 $1/r^3$ 的关系衰减，后者按照函数 $1/r^2$ 的关系衰减。

　　本章普遍使用了 $1/r^n$ 项，为了说明其意义，我们设想在距双绞线 1cm 处测量磁场强度，而求 10cm 处的磁场强度。在测量点和预估点之间的距离变化比是 10cm/1cm = 10，因此场强的衰减比是 $1/10^3 = 1/1000$。

　　根据参考文献 [3]，对 3in（1in = 2.54cm）的大绞合螺距（即每英寸仅绞合 1/3）的双绞线电缆的测量和预估，在距离 2p 的情况下，双绞线电缆的场强衰减大约是 $1/r^{10}$，即

60dB。根据同一份参考文献，在距离加倍的情况下，非双绞线电缆场强的衰减是12dB（即 $1/r^2$）。图2-5表明双绞线和非双绞线的场强衰减与距离之间的关系。为了在参考文献［4］中构造出 B_r，B_ϕ 和 B_z 的通用曲线，采用了比率 a/h 和 p/h。这些通用曲线复制在图2-6中。图2-6的 y 轴是1A电流的磁场强度，其单位为 dB/G$^\ominus$。为了根据该图来计算场强，要求：

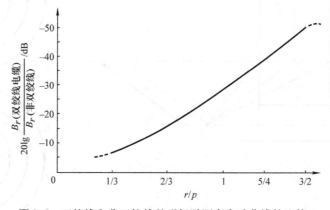

图2-5 双绞线和非双绞线的磁场随距离衰减曲线的比较

（摘自 Moser J.，Predicting the magnetic fields from a twisted pair cable，IEEE Trans. Electromagn. Compat.，10（3），September 1968. Copyright 1968 IEEE.）

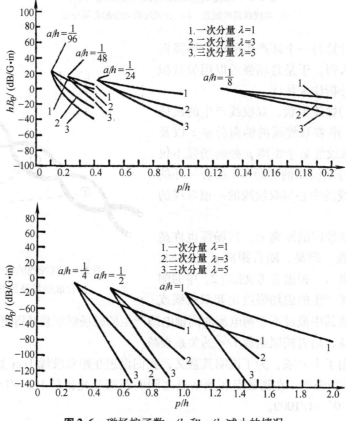

图2-6 磁场按函数 a/h 和 p/h 减小的情况

$\ominus$　1G $= 10^{-4}$T，后同。

1）求出比率 a/h 的分贝数。

2）再加上比率 p/h 的分贝数。

3）对于 B_r 和 B_z，将 20lg（$1/2.54h$）（cm）或 l/h（in）的计算结果加到步骤2）得到的分贝数上；而对于 B_ϕ，将 20lg（$1/2.54\ p$）[（cm）或 l/p（in）] 加到步骤2）得到的分贝数上。

4）对实际的电流 I 加以修正，将 20lg I/l 的计算结果加到在步骤3）得到的分贝数上。

当环路或导线以某个角度与双绞线相交，且需要求出环线或导线上的感应电压时，需要关注某些点或靠近双绞线的点的场强大小。当所关注的不是入射到一点而是入射到某段的双绞线电缆或导线上的电磁场时，需要关注在感受器导线里的感应电流。这些电流也趋向于抵消，但由于双绞线源和感受器导线之间的距离和方向的变化，环的面积不相等和环的个数为奇数等因素，所以这些电流不能完全抵消。此外，由于双绞线的终端接法，可能存在一些大环，因此也必须考虑其末端效应。评估串扰时，在距双绞线的给定距离上，可以采用第4章中的电缆串扰公式和计算机程序来评估的某段双绞线沿长度方向上产生的最坏磁场。该程序可以用来预估地平面上的单导线，双线线路或屏蔽电缆的耦合情况。

从 20kHz ~ GHz[⊖]（即在距源很长距离上准静态场公式都有效的频率以上）双绞线产生的敏感度和辐射在 2.2.6 节中叙述。

2.1.4　由环路产生的直流场和准静态场

在直流和低频时，一个环在距其同轴线上（即在 x 轴方向上）非常近的某点上产生的径向磁场（单位为 A/m）由式（2-7）的 H_x（A/m）给出：

$$H_x = \frac{Ir^2}{2(r^2 + d^2)^{1.5}} \tag{2-7}$$

式中　d——距该环的距离（m）；

　　　r——该环的半径（m）；

　　　I——环路的电流（A）。

图 2-7 表明该环与测量点的位置。在 p 点 y 轴上的磁场分量抵消了，所以 H_y 为零。

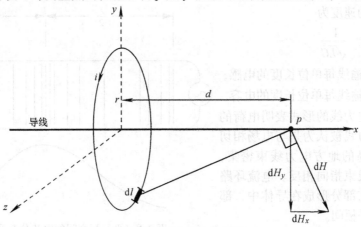

图 2-7　环路产生的磁场

⊖　原书如此。——译者注

2.2 导线上和自由空间中的电波

将正弦波发生器连接到长度大于波长 λ 的平行导线上，沿着导线长度方向上就产生了波。平行导线可以看成是由一系列串联的小电感和一系列与之并联的小电容连接而成。因此，我们预期沿着导线长度方向上传输的电压会有延迟。波形如图 2-8 所示。

正弦波的波峰之间的距离称为波长 λ。若波沿着导线移动，在相邻的波峰之间的时间为 t，则波的速度 v 为

$$v = \frac{\lambda}{t}$$

波的频率 f 为

$$f = \frac{1}{t}$$

因此，波的速度 v 为

$$v = \lambda f$$

在自由空间即空气中，波的速度恒为 $3.0 \times 10^8 \text{m/s}$，而频率 f（MHz）和波长 λ（m）之间的关系为

$$f = \frac{300}{\lambda}$$

$$\lambda = \frac{300}{f^{\ominus}}$$

介质中波的速度由下式确定

$$\frac{1}{\sqrt{\mu \mu_r \varepsilon \varepsilon_r}}$$

式中　μ——自由空间的磁导率，$\mu = 4\pi \times 10^{-7} \text{H/m} = 1.25 \mu\text{H/m}$；

　　　μ_r——相对磁导率；

　　　ε——自由空间的介电常数，$\varepsilon = 1/(36\pi) \times 10^{-9} \text{F/m} = 8.84 \text{pF/m}$；

　　　ε_r——相对介电常数。

在传输线中波的速度为

$$\frac{1}{\sqrt{LC}}$$

式中　L——传输线每单位长度的电感；

　　　C——传输线每单位长度的电容。

图 2-8 以电力线的形式表明电荷的分布情况。电力线被认为是与电场相切的。电荷密度高的地方电力线束密集，而相邻的电力线束指向相反。电流环路也是存在的，它部分形成在导体中，部分存在于两块平板间。

因此，磁场是环绕着平行板存在

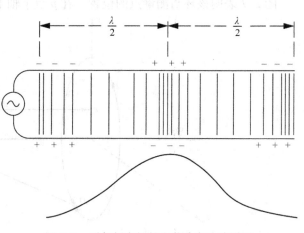

图 2-8 平行板之间的电荷分布及波形图

的。在两个导体之间的空间流动的电流称为位移电流（Displacement Current），我们将会在

　　$\ominus$　原书此处为 λ，应为笔误。——编辑注

7.13.3.1 节中看到，在考虑线路上的共模电流
（Common – mode Current）时，位移电流是重要的
因素。图 2-8 中的开路传输线，由于到达线路末
端的波产生反射，导致沿着传输线上产生驻波
（Standing Wave）。若两根导线不是平行的而是相
当发散的结构，则电力线分布将如图 2-9 所示。

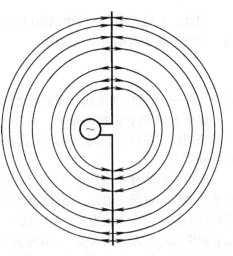

图 2-9　发散结构导体的电力线分布

2.2.1　辐射

　　图 2-10 中描绘的偶极子天线称为短天线。电
荷到达天线末端的时间远小于周期，换一种表述，
即天线的长度远小于波长。在双线传输线的导线
中激励天线的电流大小相等，但相位差 180°，因
而在传输线上产生驻波。当天线长度小于波长时，
沿着天线的每一臂长上的驻波电流是同相的，从
而两臂的辐射场将得到加强。当发射开始时，电力线开始减弱，经过半个周期，减小到零。
在这期间，抵达 P 点的电力线相互抵消；然而部分电力线却传播到 Q 点，在首个半周期结
束时，这束电力线与天线分离。这束电力线继续移动，新的电力线占取了它们的位置。电力
线的构造间隔保持 $\lambda/2$，其覆盖面积随着它与天线距离 r 的增加而增大。可以证明该面积等
于 $\pi\lambda r$。

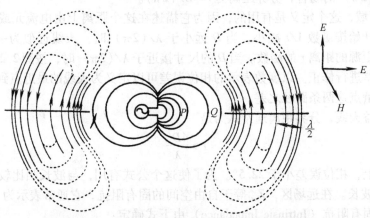

图 2-10　短偶极子天线周围的电力线及磁力线分布

　　根据电力线概念，电力线的密度与电场强度成正比。由天线发出的电力线数与电荷成正
比，因此也与信号发生器的电流成正比。脱离天线的那部分电力线数与天线的长度 2l 成正
比。天线的赤道平面内存在着电场和磁场（见图 2-10）。在该赤道平面内的磁场强度为下式
（以 A/m 为单位）：

$$\frac{2Il}{\pi\lambda r}$$

　　径向电场与静态电场或准静态电场有相同的方向，它们的大小（单位是 V/m）通过下
式计算：

$$\frac{2Il}{4\pi r^2}$$

因此，它随着距离 r 的增加而以函数 $1/r^2$ 的速率减小。而在子午线（即在天线双臂的平面）内的电场强度则由下式给出：

$$\frac{2IlZ_w}{\pi\lambda r}\cos\theta$$

式中　θ——天线臂的方向和测量点之间的夹角。

比率 E/H 具有阻抗的量纲，通常称为波阻抗（wave impedance）Z_w。即在上述表达式中所采用的。在自由空间，电场强度和磁场强度取代电路终端的电压和电流。因此，$E = Z_wH$ 和 $H = E/Z_w$。

E 和 H 的物理量纲是每单位长度的电压和电流。比值 E/H 视靠近辐射源的程度而定。在非常接近辐射源的地方，场含有径向分量，它就称为感应场（Induction Field）。离开辐射源较远的地方，有些场按 $1/r^3$ 速率减小。这个区域就称为菲涅耳区（Fresnel Region）。离开辐射源更远的地方，场强按 $1/r$ 速率减小，这个区域就称为远场区（Far－Field Region）或弗朗荷费区（Fraunhofer Region）。在菲涅耳区和弗朗荷费区的场都会辐射。在低频和靠近偶极子天线时，存在感应场即准静态场（Quasi－Static Field），但它不会辐射。

产生远场条件的距离，连同其他因素，都与天线的尺寸有关。在天线尺寸 D 小于 $\lambda/2$ 时，则近场/远场的分界距离由下式确定：

$$r = \frac{\lambda}{2\pi} \tag{2-8}$$

在 $D > \lambda/(2\pi)$ 的场合，分界距离为 $r = D/(2\pi)$。

在 EMC 领域，这个定义是有用的，因为它描述在这个距离上由电流元或电流环路产生的磁场和电场开始按函数 $1/r$ 减小。当 D 远小于 $\lambda/(2\pi)$ 时，天线近似为一个点（辐射）源，而相位是距源的距离 r 的函数。当 D 的尺寸接近于 $\lambda/(2\pi)$ 时，按照 2.2.2 节所述，可能要对相位误差进行修正。以度数表示的相位误差可以定义为天线的最近点到测量点和天线的最远点到测量点这两条路径之差。

对于高增益天线，分界距离通常认为是

$$r > \frac{4D^2}{\lambda}$$

在该距离上，相位误差小于 22.5°。为了使这个公式有用，与波长相比较，天线的口径尺寸 D 宜大于波长。在远场区，Z_w 等于自由空间的固有阻抗，它通常表示为 $R_C Z_C$，n 或 p。

自由空间固有阻抗（Intrinsic Impedance）由下式确定：

$$\sqrt{\frac{u_0}{\varepsilon_0}}$$

它等于 376.7Ω，或非常接近于 120π 即 377Ω。如我们已经了解的 μ_0 是自由空间的磁导率（$4\pi\times10^{-7}$H/m）。ε_0 是自由空间的介电常数 [$1/(36\pi)\times10^{-9}$ F/m]。

在距短天线很远的距离处，相位差可以忽略不计而合成的场可称为平面波（plane wave），其电场强度正比于

$$\frac{2\times377Il}{\pi\lambda r}$$

对于平面波，其在自由空间中的电场强度和磁场强度始终是同相的，而且互相垂直，也与传播方向垂直。由天线发出的电波的相位往往很复杂，而在天线的近场或感应场倍加复杂。

在 EMC 的问题里面，不论是 PCB 线、设备内部、设备之间的还是系统的接线和电缆，无意电磁发射源主要来自于电流环路或电流元。因此，我们应集中精力研究电流环路和电流元产生的场以及电流环路和短导线中电磁场感应出的电流。

2.2.2　电流元辐射体

对于 EMC 而言，电流元（current element）定义为电气长度短（即 $l < \lambda$）的载流导线，其一端连接到电流源上，另一端与地断开或至少通过一个高阻抗来与地连接。严格地说，电流元在两端都应该与地断开。在 EMC 预估中，将没有连接信号发生器或没有电流返回路径的孤立导线作为辐射体模型可能会受到极大的限制。然而，实际的例子是将屏蔽电缆作为辐射体模型。电流沿着中心导体（即电缆芯线）流过，再沿着屏蔽层内侧返回。在所举的例子中，屏蔽电缆的每一端都连接到屏蔽良好的壳体上。若电缆的屏蔽层不完善，则沿着内侧流动的一小部分电流将会透过屏蔽层扩散到外界去。若电缆的长度小于波长 λ，则沿着屏蔽层外侧流动的电流在与屏蔽壳体端接的两个末端处将会减小到零且在整个电缆长度上保持相对恒定。

后面将会讨论，若电缆一端或者两端均连接到返回路径时，可以用电流元模型来分析某些电缆和测量距离的配置。而且，当电流元与平面导体或接地平面的距离远大于波长时，电流元模型是严格有效的。当距离更近的时候，也可以应用电流元公式，但应修正平面导体的反射效应，这将在 9.3.2 节中加以讨论。当电流元与接地平面接近的距离远小于波长 λ 而且电流元的长度等于或大于 λ 时，则可以应用 7.13 节中的传输线辐射公式。

假定电流元中的电流在其整个长度上保持恒定。则当对电气长度短（即 $l < 0.1\lambda$）且两端与地断开的导线或电缆应用电流元公式时，它的电流分布情况如图 2-11a 所示，而短导线产生的电磁辐射近似等于电流元辐射值的一半。图 2-11b 表示一段导线谐振时（即 $l = 0.5\lambda$）其电流分布呈正弦形的情况，而其电磁辐射近似等于电流元辐射值的 0.64。当一段导线的长度大于波长时，如图 2-11c 所示，一种特别有用且更准确的方法是将该段导线分割成许多电流元，再计算由所有的电流元产生的合成场强。当其距导线距离远比波长小得多时，而欲求该距离上的场强大小时，则可以不加修正地应用电流元公式。这是因为在距计算点相当的距离上，这些电流元对总场强所起的作用小到可

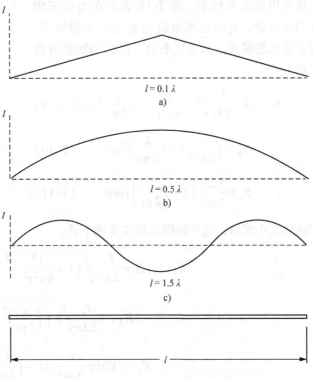

图 2-11　沿长度为 l 的导线上的电流分布
a) $l = 0.1\lambda$　b) $l = 0.5\lambda$　c) $l = 1.5\lambda$

以忽略不计。甚至在导线的一端或两端被端接的情况下，只要返回电流的路径距导线的电气距离足够大，则仍然可以近似地应用电流元公式。如同经常遇到的情况那样，若返回路径很靠近导线，则可以使用传输线或电流环路场强公式中的任何一个。在计算场强时，必须要知道导线中的电流大小。可以通过计算得出该电流，然而，比较简单的方法是用电流探头进行测量。

因此，从先前的讨论中可以看出，电流元作为一个模型有比最初认识到的更多的实际应用。

2.2.3 电流环路

电流环路是用来预估辐射和耦合的有用模型。将底架上的两个设备单元或叠加在一起的两个设备连接起来的电缆通常会构成环路。同样，电缆沿着接地或电缆槽走线，然后与设备连接，通常也会构成环路。在外壳内的接线（或 PCB 上的印制线）也常形成环路。电流环路模型的另一个用途是用来设计简单天线，既可以用它来构成磁场源，也可以用它来测量磁场。

2.2.4 球面波

为了理解球面波（spherical wave），即那些在天线或电流元或电流环路附近存在的波，我们应该使用球面坐标系。图 2-12 表示在电流元附近的场矢量，有时也称电流元为无穷小偶极子。对于非耗散媒质，如空气来说，简化的场强方程式如下：

$$E_\theta = \mathrm{j}Z_w \frac{I_s}{2\lambda r}\left(1 - \frac{\lambda^2}{8\pi^2 r^2} - \mathrm{j}\frac{\lambda}{2\pi r}\right)\sin\theta \quad (2\text{-}9)$$

$$H_\phi = \mathrm{j}\frac{I_s}{2\lambda r}\left(1 - \mathrm{j}\frac{\lambda}{2\pi r}\right)\sin\theta \quad (2\text{-}10)$$

$$E_r = \frac{Z_w I_s}{2\pi r^2}\left(1 - \mathrm{j}\frac{\lambda}{2\pi r}\right)\cos\theta \quad (2\text{-}11)$$

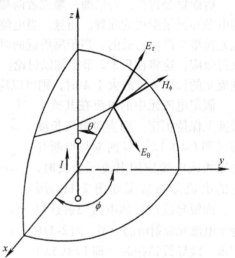

图 2-12 电流元附近的场矢量图

按幅值大小表示，这些场强方程式变成下式：

$$|E_\theta| = 120\pi\frac{I_s}{2\lambda r}\sqrt{\left(1 - \frac{\lambda^2}{8\pi^2 r^2}\right)^2 + \left(\frac{\lambda}{2\pi}\right)^2}\cdot\sin\theta \quad (2\text{-}12)$$

$$|H_\phi| = \frac{I_s}{2\lambda r}\sqrt{1 + \left(\frac{\lambda}{2\pi r}\right)^2}\cdot\sin\theta \quad (2\text{-}13)$$

$$|E_r| = 120\pi\frac{I_s}{2\pi r^2}\sqrt{1 + \left(\frac{\lambda}{2\pi}\right)^2}\cdot\cos\theta \quad (2\text{-}14)$$

在电流元的远场区，我们假定 $r/\lambda \gg \pi/2$，并考虑 Z_w 为自由空间的固有阻抗（377Ω），则场强方程式简化为下式：

$$E_\theta = j\left(\frac{60\pi I_s}{\lambda r}\right)\sin\theta \qquad (2\text{-}15)$$

$$H_\phi = j\left(\frac{I_s}{2\lambda r}\right)\sin\theta \qquad (2\text{-}16)$$

$$E_r = 60\,\frac{I_s}{r^2}\cos\theta \qquad (2\text{-}17)$$

可以看出，在远场，E_θ 和 H_ϕ 是主要的辐射分量，对于作为感应分量（即无功分量）的 E_r，在距电流元充分远处便很快地衰减。

在环路中感应的开路电压为 V_{ab}：

$$V_{ab} = -j2\pi f\mu_0 H_\phi S \qquad (2\text{-}18)$$

式中　μ_0—— 空气或真空中的磁导率，$\mu_0 = 4\pi\times10^{-7}\mathrm{H/m}$；

　　　S—— 环的面积；

　　$\mu_0 H_\phi$——磁通密度，$B = \mu_0 H_\phi$。

H_ϕ 的值可由图 2-13 中 P_0 处的电流元中的电流 I_s 求出，而由式（2-10）和式（2-18）可求得 V_{ab}：

$$V_{ab} = -j\omega\mu\left(\frac{jBI_s}{4\pi r}\right)\left(1+\frac{1}{j\beta r}\right)S \qquad (2\text{-}19)$$

式中，$\beta = 2\pi/\lambda$。如按幅值大小来表示，则 V_{ab} 的值如下式所示：

$$|V_{ab}| = 2\pi f\mu\left(\frac{\beta I_s}{4\pi r}\right)\sqrt{1+\left(\frac{1}{\beta r}\right)^2}S \qquad (2\text{-}20)$$

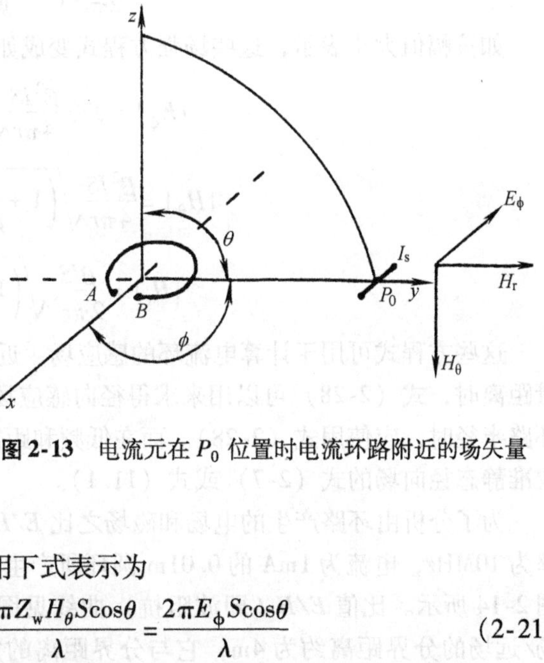

图 2-13　电流元在 P_0 位置时电流环路附近的场矢量

2.2.5　环路的接收性能

根据式（2-18），该环路的接收性能可用下式表示为

$$V = 2\pi f\mu_0 H_\theta S\cos\theta = \frac{2\pi Z_w H_\theta S\cos\theta}{\lambda} = \frac{2\pi E_\phi S\cos\theta}{\lambda} \qquad (2\text{-}21)$$

式中　θ——表示与环路平面垂直的法线和磁场强度 H_θ 之间的夹角，如图 2-13 所示。

式（2-21）表明环路的开路接收性能。当要预估负载两端形成的电压或环路中的电流时，必须考虑环路的阻抗和电压两端的阻抗。第 7 章关于电缆耦合一节将对场在导线或电缆形成的环路中感应的 EMI 电压作进一步研究。

接地平面上的导线环路或导线与其在接地平面的电磁镜像所形成的环路电感由下式给出：

$$L = \frac{\mu_0}{\pi}\left[l\ln\frac{2hl}{a(l+d)} + h\ln\frac{2hl}{a(h+d)} + 2d - \frac{7}{4}(l+h)\right] \qquad (2\text{-}22)$$

式中　a——导线的半径（m）；

　　　l——导线的长度（m）；

h——或是两导线之间的距离或是考虑地平面内的电磁镜像时，导线距地平面以上距离的两倍。而 d 与 h 和 l 之间的关系为

$$d = \sqrt{h^2 + l^2}$$

环路和负载的阻抗大小为 Z

$$Z = \sqrt{Z_L^2 + 2\pi f L^2}$$

向环路施加电流并假定沿着环路电流是均匀分布的 [即 $S^{\ominus} \ll \lambda$]，在环路周围任意点的场强分量可由下式求出：

$$E_\phi = \frac{R_c \beta^2 IS}{4\pi r}\left(1 + \frac{1}{j\beta r}\right)e^{-j\beta r}\sin\theta \tag{2-23}$$

$$H_\theta = \frac{\beta^2 IS}{4\pi r}\left(1 + \frac{1}{j\beta r} - \frac{1}{\beta^2 r^2}\right)e^{-j\beta r}\sin\theta \tag{2-24}$$

$$H_r = \frac{j\beta IS}{2\pi r^2}\left(1 + \frac{1}{j\beta r}\right)e^{-j\beta r}\cos\theta \tag{2-25}$$

如按幅值大小表示，这些场强方程式变成如下形式：

$$|E_\phi| = 377\frac{\beta^2 IS}{4\pi r}\sqrt{1 + \frac{1}{\beta^2 r^2}}\sin\theta \tag{2-26}$$

$$|H_\theta| = \frac{\beta^2 IS}{4\pi r}\sqrt{\left(1 + \frac{1}{\beta^2 r^2}\right) + \frac{1}{\beta^2 r^2}}\sin\theta \tag{2-27}$$

$$|H_r| = \frac{\beta IS}{2\pi r^2}\sqrt{\left(1 + \frac{1}{\beta^2 r^2}\right)}\cos\theta \tag{2-28}$$

这些方程式可用于计算电流环的感应场、近场和远场的场强，例如，当环的半径小于测量距离时，式 (2-28) 可以用来求得径向感应场/近场场强的近似值。当测量距离大于 6 倍环路半径时，应使用式 (2-28)。而在低频和距离比环的半径更小时，应使用规定的直流场或准静态径向场的式 (2-7) 或式 (11.1)。

为了分析由环路产生的电场和磁场之比 E/H，如图 2-13 所示，由信号发生器驱动的频率为 10MHz，电流为 1mA 的 0.01m 圆环所产生的电场和磁场的值与环距离 r 之间的关系如图 2-14 所示。比值 E/H（即波阻抗）曲线见图 2-16。可以看出，对于小电流环来说，近场/远场的分界距离约为 4m，它与分界距离的定义 $\lambda/2\pi = 30\text{m}/6.28 = 4.7\text{m}$ 对应得很好。对于小电流环，波阻抗由下式给出

$$Z_w = \frac{Z_c 2\pi r}{\lambda} \leqslant 377\Omega \tag{2-29}$$

（例如在 0.01m 处，$Z_w = 7.9\Omega$，这时的场称为磁场或低阻抗场）。

同样地，由图 2-14 和图 2-15 可以看出，在近场，H_θ 按函数 $1/r^3$ 规律减小，与 H_r 减小的情况一样；而 E_ϕ 则按函数 $1/r^2$ 规律减小的（这里 r 为距离）。若我们分析一个小偶极子（即 $l \ll \lambda$），或电流元，则会发现 E_θ 会遵循 $1/r^3$ 规律变化，而 H_ϕ 会遵循 $1/r^2$ 规律变化。那时，波阻抗 Z_w 将为

⊖ 原书未对 S 进行说明，似乎应为环路周长。——译者注

$$Z_{\mathrm{w}} = \frac{Z_{\mathrm{c}}\pi r}{\lambda} \geqslant 377\Omega \qquad (2-30)$$

于是这个场被称为电场或高阻抗场。根据图 2-16 靠近 $\lambda/2\pi$ 过渡区时，波阻抗会增加到 377Ω 以上，这是错误的。反而因过渡区的存在，从 $1/r^2$ 到 $1/r$ 以及从 $1/r^3$ 到 $1/r$ 的过渡不是突变的。在屏蔽室里对放置在高出地板 $1\mathrm{m}$ 的绝缘台上的单根载流电缆和多芯电缆所做的许多测量都已证实，对于电缆结构来说，电流元是一个正确的模型。这些测量也表明过渡区是存在的。根据大量的测量数据值可以看出，电缆周围产生的磁场 H_θ 近似按函数 $1/r^2$ 规律减小到某个距离，随后又按函数 $1/r^{1.5}$ 规律减小到某个距离，再以后则按 $1/r$ 规律减小。

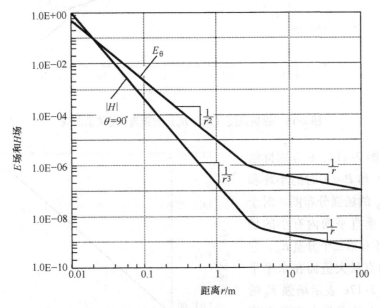

图 2-14 电场、磁场与距离 r 的关系曲线

第 9 章的 9.3.2 节讨论了一些测量技术，并根据电缆电流的大小，将预估的电平与实测的电平及其随距离的减小情况加以比较。当环在电气上是小环时（即其周长远小于波长），适用的场强方程式是式（2-26）、式（2-27）和式（2-28）。

对于大环，在周长接近半波长时，环上就有驻波产生，环上各处的电流不再是恒定的。在比值 P/λ 为 0.5，1.5，2.5…的频率点上（式中，P 为环的周长，单位为 m），环呈现并联谐振（又称反谐振 anti - resonance）电路的特性，此时，输入电流和环产生的辐射大大下降。

在比值 p/λ 为 1，2，3…频率点上，环呈现串联谐振电路的特性，而电流仅受到直流电流和辐射电阻的限制。

在（串联）谐振时，环的输入阻抗最小而在反谐振（并联谐振）时输入阻抗最大。例如，当环的周长 P 等于波长 λ 时，其输入阻抗近似为 100Ω。而当 $P=2\lambda$ 时，其输入阻抗近似为 180Ω。在第一次出现反谐振条件下，当 $P=0.5\lambda$ 时，其输入阻抗近似为 $10\mathrm{k}\Omega$；而当 $P=1.5\lambda$ 时，其输入阻抗范围在 $500\sim4000\Omega$ 之间，取决于环的半径与导线半径的比值。

此外，若大环平面产生的辐射和小环平面产生的最大辐射减小，图 2-13 的场强辐射图

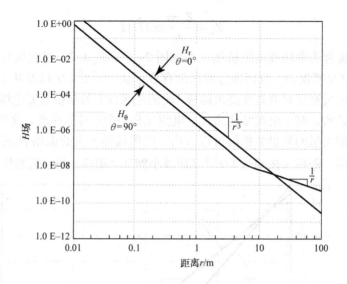

图 2-15 磁场强度（H_θ、H_r）与距离 r 的关系曲线

也将有变化。图 2-17a、b 分别标绘出了 $P = 0.1\lambda$ 和 $P = \lambda$ 时的小环和大环的场强 E_ϕ 的场强分布图。对于大环，除了在垂直平面内有小的场强 E_ϕ 以外，还有第二个分量 E_θ，它在垂直平面内有最大值而在水平平面内为零。图 2-17c 表示场强 E_θ 的辐射图。表 2-1 给出具有正弦电流分布的大环在垂直平面（与环的平面成 90°，$\theta = 0°$）场的方向性。当环的半径与导线的半径为 30，$P = 0.6\lambda$ 时，环的功率增益为 1.14，而 $P = 1.2\lambda$ 时，功率增益为 3.53。

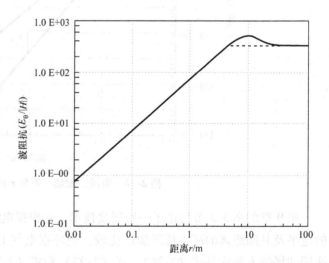

图 2-16 波阻抗与距离 r 的关系曲线

表 2-1 大环的场强 E_θ 的方向性

P/λ	方向性	P/λ	方向性
0.2	0.7	1.2	1.58
0.4	0.9	1.4	1.67
0.6	1.12	1.6	1.58
0.8	1.3	1.8	1.25
1.0	1.5	2.0	0.75

根据参考文献 [5]，图 2-18 显示大环的辐射电阻与小环或矩形环的辐射电阻 31200 $(\pi a^2/\lambda^2)^2$ 的比较结果。

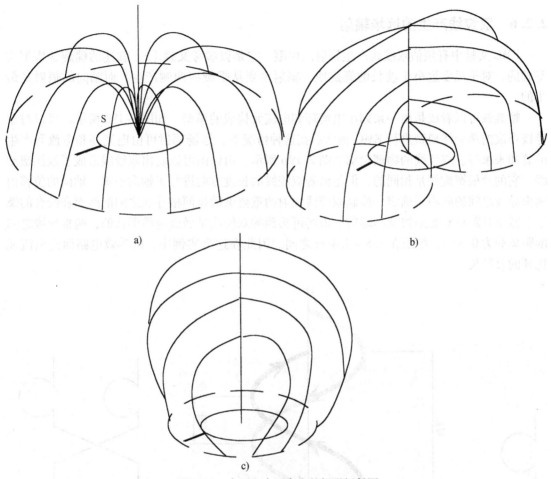

图 2-17　小环和大环产生的场强辐射图

a) 小环产生的 E_ϕ 辐射图，$P < 0.1\lambda^{\ominus}$　b) 大环产生的 E_ϕ 辐射图，$p = \lambda$　c) 大环产生的 E_θ 辐射图，$P = \lambda$

正弦电流时的辐射电阻

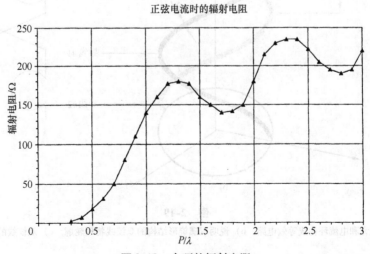

图 2-18　大环的辐射电阻

2.2.6 双绞线产生的远场辐射

EMC 文献中有预估双绞线产生辐射的模型，它是以参考文献 [5] 叙述的螺旋线模型为基础的。对于尺度远小于波长的螺旋线，辐射主要从螺旋线两侧产生，而轴向的辐射是最小的。

螺旋线可以看成是由一系列小电流环和电流元构成的模型，如图 2-19a 所示，可以对单导线形成的螺旋线模型进行 EMC 预估。在这种情况下，远场辐射可由电流环和电流元产生的总和来求得。双绞线的物理轮廓如图 2-19b 所示。由该图可以看出双绞线形成了双线螺旋线，它的两根螺旋线是相同的，但是沿着双绞线的长度方向进行了轴向平移。轴向的位移由两根导线之间的间距来确定。控制双绞线辐射的重要参数是两根导线之间的间距和绞合的螺距。减小其距离和螺距将减小辐射。市场可买到的双绞线是做成电缆形式的，两根导线之间的距离约为 0.3cm，螺距在 3.8 ~ 4.4cm 之间。因此在这个实例中，就等效电路而论电流元比环的直径长。

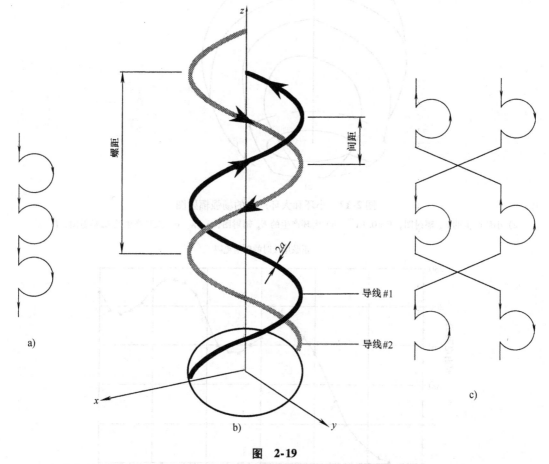

图　2-19

　a）由电流元和电流环构成等效电路　b）说明双螺旋形结构的双绞线物理轮廓　c）双绞线的等效电路

因为两根螺旋线处在轴向的同一平面内，所以流过的电流方向是相反的，其等效电路如图 2-19c 所示。假定双绞线的偶数个螺旋具有的总长度小于 0.5λ，则从等效电路可以看出由电流元和电流环产生的场强在离源相当远的地方趋于抵消。根据双绞线的结构外形，这是意料之中的。对双绞线的测量已经证实其远场辐射低于非双绞线。

当双绞线的总长度大于 0.5λ 时，在沿双绞线长度上的某一点，两根导线中的电流改变了方向，电流环和各电流元产生的场不能完全抵消。在螺距等于波长的极限情况下，相邻两个环和电流元的轴向辐射趋向于叠加，辐射电平高于非双绞线电缆。对于大多数双绞线来说，这种情况会发生在 GHz 频率范围上，这个频率通常大于无意辐射源的频率，例如逻辑电路和变频器的辐射频率范围，但不也排除例外的情况。

双绞线产生的主要辐射源不是来自电流环和电流元而是来自共模电流，它必然流过电缆的两根导线。一种共模电流源是位移电流，它在两根导线之间的空间流过，这种辐射源与其他的源将在 7.13 节中论述。

同样，当电磁场切割绞合电缆时，感应的差模电流具有相对低的值，而共模电流与非绞合电缆的电流完全一样。以后的几章要论述由入射场产生的差模电压和共模电流的计算方法以及不平衡输入阻抗对所产生的噪声电压的影响。

2.3　辐射功率

除了电场和磁场以外，我们不妨考虑天线的发射功率和接收功率。辐射功率定义为每单位面积的平均功率通量并以 W/m^2 来表示。就理想的、无损耗的、各向同性的天线来说，它在各个方向辐射的功率都是相等的，并且必须通过空间的每一个区域。辐射功率和电场及磁场之间的关系是用坡印廷（Poynting）矢量叉积来表示的：

$$\vec{P} = \vec{E} \times \vec{H} \tag{2-31}$$

坡印廷矢量只不过是用来表征电磁能量从空间中的一处转移到另一处的一种方便的表示方法。当应用于天线时，它并不是在每一种情况下都很严密的。已经表明在远场情况下，比值 E/H 是一个常数，称之为波阻抗。在远场情况下，电场和磁场相互垂直并和传播方向垂直。因此

$$P = EH = \frac{E^2}{Z_w} \tag{2-32}$$

因为在远场情况下，电场和磁场各自都是按因子 $1/r$ 衰减的，功率是按因子 $1/r^2$ 衰减，于是辐射功率密度 $W(W/m^2)$ 可表示为

$$W = \frac{P_{in}}{4\pi r^2} \tag{2-33}$$

$1/4\pi r^2$ 一项可以想象为功率通量是以球面的形式从源传播出去的。若辐射图确实是球面形的，那么辐射源将是各向同性辐射体。然而实际的天线并不是各向同性辐射体；方向性最小的辐射体是电流元和电流环，它们都有相同的辐射图。

天线增益是天线"方向性"的量度，在天线术语中，术语方向性（directivity）专用于描述在无损耗情况下，波束峰值辐射功率与相同输入功率时各向同性辐射情况下的功率之比。在天线的欧姆（电阻）损耗低而电缆/天线阻抗匹配的情况下，天线方向性 D 和天线增益 G 实际上是相同的。天线增益定义为下列参数之比：

$$\frac{4\pi W_{max}}{P_{in}}$$

式中 P_{in}——天线输入功率。

理想的各向同性天线的增益为1。在天线的近场，无论是辐射功率的公式还是天线增益的公式都不成立。在近场，接收天线的接收功率同样不是恒定的，增益也不等于远场的增益，因为天线辐射的近场成分在远场区时是同相的，而在近场区可能相互抵消。增益为 G 的天线在距离 r 处的辐射功率密度（W/m^2）如下式所示：

$$P_d = \frac{(G-L)P_{in}}{4\pi r^2} \tag{2-34}$$

若以分贝表示辐射功率密度，则为

$$10\log(G-L) + 10\log(P_{in}) - 10\log(4\pi r^2)$$

式中 P_d——功率密度；

G——天线增益；

L——电缆损耗和阻抗不匹配损耗；

P_{in}——天线输入功率；

$G = P_d 4\pi r^2 / P_{in}$；

$P_d = EH = E^2/377$。

EIRP（Effective Isotropic Radiated Power）称为各向同性有效辐射功率，认为它是理论上的各向同性天线（它在各个方向的辐射功率都相等）在最大天线增益方向上产生的峰值功率，以获得辐射功率的衡量标准：

$$EIRP = P_t - L + G$$

式中 P_t——天线发射的功率；

L——发射机电缆和天线电缆不匹配产生的损耗；

G——天线增益。

于是

$$P_d = EIRP/4\pi r^2$$

$$W = \frac{GP_{in}}{4\pi r^2} \tag{2-35}$$

对于给定的输入功率送入到天线的电压为

$$V_{in} = \sqrt{P_{in}R_{in}}$$

式中 R_{in}——天线的输入阻抗或辐射阻抗。

使用 V_{in} 并假定天线输入阻抗是50Ω并等于辐射电阻，则由天线产生的场强 E 为

$$E = \frac{V_{in}}{r\sqrt{628/Z_w G}} \tag{2-36}$$

式中 r——距天线的距离（m）。

辐射电阻定义为天线阻抗中产生天线辐射功率的那部分阻抗。在谐振天线的情况下，例如偶极子天线，其天线输入阻抗等于辐射电阻。对于调谐偶极子，输入阻抗等于 $70 \sim 73\Omega$，对于调谐单极子，它等于 $30 \sim 36\Omega$，其数值与所用导体的半径有关，并且假定导体的半径比天线长度小。我们使用术语调谐是指把天线调节到使天线谐振的相关频率上。

对于电气尺寸小的偶极子或单极天线，在其一臂的长度 l 远小于 $\lambda/4$ 时，输入阻抗主要

呈现容性并高于谐振阻抗值。那时辐射电阻仅是输入阻抗的一小部分。

天线的有效面积（A_e）定义为天线负载电阻上接收的功率（P_r）与每单位面积的入射波功率（W）之比。若天线阻抗与负载阻抗匹配，则 $P_r = WA_e$。

接收天线的有效捕获面积或天线口径（A_e）与天线的实际面积和天线效率有关。矩形口径天线，如喇叭天线的实际面积是长×宽。对于圆天线如蝶形天线，其面积是 πr^2。有效口径是实际口径×口径效率 η_a。例如，对于蝶形天线 η_a 约为 0.5。因此，根据增益，有效面积可以表示为

$$A_e = \frac{G\lambda^2}{4\pi} \tag{2-37}$$

于是

$$G = \frac{4\pi A_e}{\lambda^2} \quad 和 \quad P_r = \frac{WG\lambda^2}{4\pi} \quad P_d = (P_r 4\pi)/(G\lambda^2)$$

$\lambda^2/4\pi$ 项并不意味随着频率的增加波的幅度在减小，它表示频率越高，产生给定功率通量的面积就越小。

增益公式也必须包括对损耗的修正。在规定的天线口径效率情况下，修正应包括天线输入端的驱动传输线和天线输入端阻抗的失配引起的反射损耗。在没有规定口径效率或实际增益的情况下，用式（2-37）可以用来确定天线的增益，为了求得实际增益（G_{re}），必须计算因传输线与天线的失配而引起的任何损耗。$G_{re} = GL$，式中，L 是损耗。这个损耗可用传输线/天线反射系数 K 和公式 $L = 1 - K^2$ 求出。即

$$K = \frac{1 - Z_{ant}/Z_L}{1 + Z_{ant}/Z_L} \tag{2-38}$$

式中　Z_{ant}——天线输入阻抗；

　　　Z_L——连接到天线的传输线阻抗。

对于自由空间中处于远场区的两个天线，在极化匹配以及忽略电缆平衡－不平衡变换器和阻抗失配的损耗的情况下，将包含了天线输入功率的发射功率方程式（2-34）与接收功率方程式（2-37）结合起来，就可以求出如下式所示的接收功率：

$$P_r = \left(\frac{G_t P_{in}}{4\pi r^2}\right)\left(\frac{G_r \lambda^2}{4\pi}\right) \tag{2-39}$$

它可以简化为下式：

$$P_r = P_{in} G_t G_r \left(\frac{\lambda^2}{4\pi}\right)^2 \tag{2-40}$$

式中　P_r——接收设备输入端的接收功率；

　　　P_{in}——发射天线的输入功率；

　　　G_t——发射天线的增益；

　　　G_r——接收天线的增益。

若我们以 dBW 为单位来表示接收功率，而以 dB 来表示天线增益，则式（2-40）变为下式：

$$P_r = P_t + G_t + G_r - 20\log\left(\frac{4\pi r}{\lambda}\right) \tag{2-41}$$

当接收机输入阻抗已知时（假定电缆阻抗与终端阻抗匹配），则利用公式 $V = \sqrt{P_r Z_{in}}$ 可以很容易地将接收功率转换成接收机输入电压。在基本的天线至天线的 EMC 预估中，该功率公式在计算自由空间传播损耗时很有用。对这个预估，还必须考虑到由于无意的耦合特性而产生的一些额外因素。这些额外的因素将在第 10 章中论述，其中有

- 视线外耦合；
- 天线极化损耗和对准损耗；
- 大气介入产生的效应；
- 频率未对准产生的损耗。

2.4 测量单位

单位 dBW 用来描述功率，以下是一些常用单位的定义。

dB：分贝（dB）是表示两个功率电平之比的无量纲数，它定义为

$$dB = 10\log\frac{P_2}{P_1}$$

两个功率电平是互为相对的。若功率电平 P_2 高于 P_1，则 dB 为正，反之为负。因为

$$P = \frac{V_2}{R}$$

当电压是在相同或相等的电阻两端测得时，则分贝数的计算如下：

$$dB = 20\log\frac{V_2}{V_1}$$

严格的电压分贝定义是没有意义的，除非所考虑的两个电压出现在相等阻抗的两端。因为在某个频率以上波导阻抗随频率变化时，分贝校正仅限于功率电平。

dBW：高于 1W 的分贝（dBW），它是表示相对于 1W 基准电平 P_1 的功率电平的量度。同样地，若功率电平低于 1W，则 dBW 是负的。

dBm：在 50Ω 电阻上高于 1mW 的分贝。dBm = 1mW = 225mV（即 $225\text{mV}^2/50Ω = 1\text{mW}$）。因为接收机内的功率电平通常不高，因此 dBm 用来量度低功率。

dBμV：高于 1μV 的分贝是以 1μV 为基准电压，以分贝为单位的无量纲电压比值，通常用于量度 EMI 电压。

μV/m：即微伏每米，是用来表示电场强度的单位。

dBμV/m：高于 1μV/m 的分贝（dBμV/m），也是用于量度场强的测量单位。

μV/m/MHz：即微伏每米每兆赫，是用于量度宽带场强的测量单位。

dBμV/m/MHz：高于 1μV/m/MHz 的分贝。

μV/MHz：即微伏每兆赫，是频域里宽带电压分布的单位。这个单位的应用是基于假定电压是均匀地分布在所关注的宽带上。

记住以下的对数关系式是有用的，它们在本章中用来将量值转换为分贝数：

$$\log(AB) = \log A + \log B$$

$$\log\left(\frac{A}{B}\right) = \log A - \log B$$

$$\log(A^n) = n\log A$$

本书附录 B 和附录 C 表明了电场、磁场和功率密度之间的转换关系。

2.5　天线的接收性能

根据互易定理，接收天线在用于发射时，它的某些特性，如方向图形状和回波损耗仍保持相同。同样，两个天线不需要完全相同，不管是发射还是接收天线，它们之间的功率传输都是一样的。在应用互易定理时，一个重要的考量是在场源情况下，它应用于施加于电压的端子，而在感受器的情况下，它应用于测量电压的端子。接收天线用作再辐射时的方向图与它用作发射天线时是不同的。在 EMI 问题中，常常需要了解设备、电缆或导线上的电流，应记住即使当两个结构体相同，在辐射结构体上的电流分布也常与感受器结构体上的不同，而功率电平很肯定是相等的。下面将要解释电场耦合到接收天线的情况。

假定场强以一定的入射角入射到接收天线上，它将使接收天线两端产生电压。这个开路电压 V 正比于天线的有效高度，有时也称为有效长度，它极少等于天线的实际高度；于是，$V = h_{eff}E$。对于口径天线，天线负载上产生的功率与入射功率的比值称为天线的有效口径。

当天线的输入阻抗等于负载阻抗时，天线接收到的电压被一分为二。当天线阻抗高于负载阻抗时，分压大于 2。需要在天线增益的公式中考量由于天线/负载阻抗失配引起的损耗，即是公式中的 h_{eff} 这一项。

第二个潜在的损耗来源是由于波阻抗和天线辐射电阻之间的失配，这个损耗在确定天线有效高度时考虑。因此，线天线（Wire Antenna）的实际长度和入射场的波长两者决定了辐射电阻，因此也决定了它产生的电压。

2.5.1　功率密度转换为电场强度

在 EMI 测量中，通常需要得到电场场强和磁场场强的值，在离辐射场源很远处，可以根据该处的功率密度求出这些场强值。由远场中的功率密度 P_d（W/m²）转换成测量点处的电场强度 E 的关系式为

$$P_d = \frac{E^2}{Z_w} \tag{2-42}$$

于是

$$E = \sqrt{Z_w P_d} = \sqrt{377 P_d} \tag{2-43}$$

2.5.2　根据天线增益将功率密度转换为电场强度

接收天线经常作为测量设备应用在 EMI 测量中，以获得功率密度或入射的电场强度 E。利用式（2-23）及根据天线负载电阻上产生的接收功率，可以求出功率密度 P_d 为

$$P_d = \frac{4\pi P_r}{\lambda^2 G_r} \tag{2-44}$$

式中　P_d——接收天线处的功率密度；

P_r——进入接收机的功率；

G_r——接收天线的增益。

于是

$$P_r = \lambda^2 G_r P_d / 4\pi$$

利用功率密度公式 $P_d = E^2/Z_w$ 可以求出电场强度 E 的值；这样，电场强度 E 和功率密度 P_d 之间的关系是 $E = \sqrt{P_d Z_w}$。应用表示 P_d 的式（2-44）并假定（波阻抗）$Z_w = 377\Omega$，则在远场的电场强度 E（V/m）可根据式（2-24）得出

$$E = \frac{68.77}{\lambda}\sqrt{\frac{P_r}{G_r}} \tag{2-45}$$

假定场强测量仪的输入阻抗为 50Ω，并且该仪器测得的电压是 V，则 P_r 可以从下式求出：

$$P_r = \frac{V^2}{50}$$

于是电场强度 E（V/m）可表示为

$$E = \frac{9.7V}{\lambda}\sqrt{\frac{1}{G_a}} \tag{2-46}$$

Friis 传输方程提供了在两个天线之间的接收功率和传送功率之间的比率。它是一种用来对天线间耦合电磁分析程序进行完备性检查的有用手段。

该方程的假定条件是在自由空间里。如果两个天线都具有导电的表面，那么必须对从导电表面反射的电场进行修正，即从直接辐射的场强中加上或减去反射场强。在 10.2.9.3 节会提供一个公式来计算直射场强和反射场强的合成值。假设接收天线在远场，并忽略电缆与天线的失配损耗，则 Friis 传输方程为

$$P_r/P_t = G_t G_r (\lambda/4\pi r)^2$$

$$P_r = G_t G_r (\lambda/4\pi r)^2 P_t$$

以 dB 表示则为

$$10\log P_t + 10\log G_t + 10\log G_r + 20\log(\lambda/4\pi r)$$

2.5.3 天线系数

天线系数（Antenna Factor）AF 或 K 是一个重要的校准术语。它定义为电场强度 E 与天线负载阻抗两端产生的电压 V 之比。如下式所示：

$$AF = \frac{E}{V} \tag{2-47}$$

式中　AF——天线系数值；

　　E——电场强度（V/m）；

　　V——测量天线负载阻抗两端产生的电压（V）。

产生的电压由下式给出：

$$V = \frac{Eh_{eff}}{(Z_{ant} + Z_L)/Z_L} \tag{2-48}$$

于是，对于天线，式中的 $Z_{ant} = 50\Omega$，$V = Eh_{eff}/2$；对于谐振偶极子，式中的 $Z_{ant} = 72\Omega$，$V = Eh_{eff}/2.46$；对于谐振单极子，式中的 $Z_{ant} = 42\Omega$，$V = Eh_{eff}/1.84$。

h_{eff}的公式是：

$$h_{\text{eff}} = \frac{Z_{\text{ant}} + Z_{\text{L}}}{Z_{\text{L}}} \sqrt{\frac{A_{\max} R_{\text{r}}}{Z_{\text{w}}}} \tag{2-49}$$

式中　$A_{\max}$——天线最大有效口径，$A_{\max} = \dfrac{G\lambda^2}{4\pi}$。 $\tag{2-50}$

其中，对于谐振偶极子 $A_{\max} = 0.135\lambda^2$，对于小偶极子 $A_{\max} = 0.1191\lambda^2$；$Z_{\text{w}}$ 为波阻抗；R_{r} 为辐射电阻。

在谐振时，辐射电阻等于天线阻抗，根据参考文献 [5]，

对于短偶极子有　　$R_{\text{r}} = 197\left(\dfrac{2H}{\lambda}\right)^2$

而对于单极子有　　$R_{\text{r}} = \dfrac{197(2H/\lambda)^2}{2}$

H 是偶极子的一臂长度或单偶极子棒的实际高度。式（2-50）中的增益必须包括任何 Z_{ant} 至 Z_{L} 之间的阻抗失配的损耗校正。当 Z_{ant} 高于 Z_{L} 时，这是正确的。然而，当负载阻抗高于天线阻抗时，负载两端产生的电压与 Z_{ant} 和 Z_{L} 匹配时的电压大小相同或更高，即发生反射。在确定 AF 时，关心的正是比值 E/V 而不是反射功率。因此，当负载阻抗高于天线时，反射系数 K［由式（2-38）给出］设定为零，而增益不变。

$Z_{\text{ant}} + Z_{\text{L}}$ 包括在求解 V 的式（2-48）中和求解 h_{eff} 的式（2-49）中，于是式（2-49）可以表示为

$$V = E \sqrt{\frac{A_{\max} R_{\text{r}}}{Z_{\text{w}}}} \tag{2-51}$$

假定天线与终端阻抗是匹配的，则

$$V = \frac{h_{\text{eff}} E}{2} \tag{2-52}$$

在有些教科书中，忽略了天线至负载之间的失配或研究的是未端接的天线，在那种情况下，$V = h_{\text{eff}} E$。假定 $R_{\text{r}} = Z_{\text{ant}} = Z_{\text{term}}$（即天线终端阻抗），则对于偶极子有

$$h_{\text{eff}} = 2\sqrt{\frac{A_{\max} Z_{\text{term}}}{Z_{\text{w}}}} \tag{2-53}$$

于是，对于 $Z_{\text{term}} = 50\Omega$ 和 $Z_{\text{w}} = 377\Omega$

$$h_{\text{eff}} = \frac{\lambda \sqrt{G}}{4.87} \tag{2-54}$$

对于单极子，其有效高度是式（2-53）和式（2-54）给定值的一半。对于天线系数和天线高度，利用式（2-46）~式（2-54），可求出下面的天线系数：

$$\text{AF} = \frac{9.73}{\lambda \sqrt{G}} \tag{2-55}$$

若以分贝（dB）表示天线系数 AF，则得出下式：

$$\text{AF}_{\text{dB}} = 20\log\left(\frac{9.73}{\lambda}\right) - G$$

而根据式（2-55），天线增益 G 为

$$G = \left(\frac{9.73}{\text{AF} \cdot \lambda}\right)^2$$

或

$$G = 20\log\left(\frac{9.73}{\lambda}\right) - \text{AF}_{\text{dB}}$$

对于一些固定增益的天线，图 2-20a 标绘出了天线增益 AF 和频率之间的关系曲线。一个固定增益的天线例子是调谐半波谐振偶极子，这种天线的两臂实际长度可调整到保证两臂的总长度几乎等于半波长 $\lambda/2$。

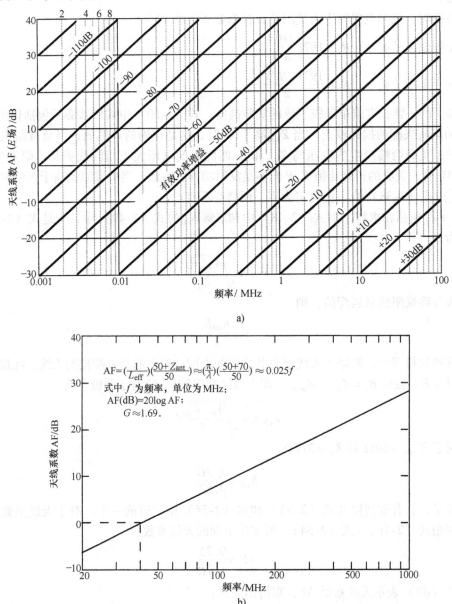

a)

b)

图 2-20 a）固定增益天线的 AF $-f$ 关系曲线　b）$\lambda/2$ 偶极子和 50Ω 接收机时的 AF $-f$ 关系曲线

例如，半波偶极子的有效高度 h_{eff} 为

$$h_{\text{eff}} = \frac{\lambda}{\pi}$$

对于单极子，有效高度为

$$h_{\mathrm{eff}} = \frac{\lambda}{2\pi}$$

式中　在自由空间天线两臂的实际高度 $h = \lambda/2$（假定其电流分布呈正弦形且是未端接的天线）。

当天线的实际高度远小于 $\lambda/2$ 时，其电流分布不呈正弦形而呈三角形，最大电流在中心而两端电流为零，有效高度是偶极子两臂实际长度的一半。对于单极子，h_{eff} 是单极子杆实际长度的一半。

对于真正的电流元或无穷小偶极子，$h_{\mathrm{eff}} = h$，当天线的实际长度不是但是接近 $\lambda/2$ 时，可应用的公式为

$$h_{\mathrm{eff}} = \frac{\lambda}{\pi} \tan\left(\frac{H}{2}\right)$$

式中　$H = \beta h = 2\pi h/\lambda$；

h——偶极子的实际长度或单极子杆的长度。

单极子的 H_{eff} 是式（2-56）给出值的一半。对于未端接的天线，先前所述的 h_{eff} 值不包括因阻抗失配而引起的损耗，因此式（2-49）引用了增益和最大有效面积，其应用就会更加通用，尤其是在用于 EMC 预估时。

考察下面的例子：在 100MHz，半波偶极子的有效高度是 $3\mathrm{m}/3.142 = 0.955\mathrm{m}$。根据式（2-47）和式（2-48），假定是在远场条件下，且 $Z_{\mathrm{term}} = 50\Omega$，$R_{\mathrm{r}} = Z_{\mathrm{ant}} = 70\Omega$，则

$$\mathrm{AF} = \frac{2.4}{h_{\mathrm{eff}}} = 2.5$$

用分贝表示为 8dB。图 2-20b 表明 $\lambda/2$ 偶极子的 AF 与频率 f 的关系曲线；这里包括了天线阻抗（70Ω）和端接阻抗（50Ω）之间的失配所引起的损耗。用于 EMI 测量的天线的制造商通常会公布增益和 AF 图表，而通信用的天线一般只提供增益校正图表。宽带天线制造商公布的天线系数图表是在开阔场或是在半电波暗室中测定的。在这两种情况下，图表的值都对开阔场地面或半电波暗室地板的反射效应予以修正。然而，如同在 MIL – STD – 462 EMC 试验方法中所推荐的，若天线在屏蔽室内使用，则天线放置在距离受试设备（Equipment Under Test，EUT）和接地平面各 1m 处，实际的天线系数就可能与公布的图表数据大相径庭。这个误差主要是来自于天花板、墙壁和地板的反射，屏蔽室中的驻波以及由于邻近接地平面效应在天线上引起的容性负载等因素。9.5.1 节叙述了减小这些误差的方法。

在有大的驻波（standing wave）的情况下，视其区域（壳体或空腔），电场和磁场的比值可能从接近于零变化到非常大的值（理论上从零到无穷大）。实际上，在屏蔽室内测到的磁场值比电场值更恒定。

图 2-21 表示一种测量天线系数的方法，图中的试验配置使用了两个相同的天线。接收电压的路径有两条，一条路径是直接经由匹配网络进入到 50Ω（$V_{50\mathrm{dir}}$），而第二条路径是辐射路径（$V_{50\mathrm{rad}}$）。因为是两个相同的天线，所以 $G_{\mathrm{t}} = G_{\mathrm{r}}$，应用式（2-39），两个增益的积由下式给出：

$$G_{\mathrm{t}} G_{\mathrm{r}} = \frac{P_{\mathrm{rad}}}{P_{\mathrm{dir}}} \left(\frac{4\pi r}{\lambda}\right)^2$$

式中　P_{rad}——接收机测到的辐射功率;

　　　P_{dir}——直接连接测到的功率。

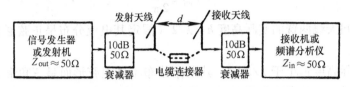

图 2-21　用双天线法确定 AF 的试验配置图

因为 $G_t = G_r$,所以天线的实际增益 G_{re} 为

$$G_{re} = \sqrt{\frac{P_{rad}(50)}{P_{dir}(50)}\left(\frac{4\pi r}{\lambda}\right)^2}$$

　　现在,有

$$\frac{P_{rad}}{P_{dir}} = \frac{V_{rad}(50)^2}{V_{dir}(50)^2}$$

式中　$P(50)$——进入 50Ω 的功率;

　　　$V(50)$——50Ω 两端产生的电压。

　　因此,有

$$G_{re} = \frac{V_{rad}(50)}{V_{dir}(50)}\frac{4\pi r}{\lambda}$$

根据式(2-29),可得

$$AF = \frac{9.73}{\lambda\sqrt{G_{re}}}$$

　　若这个校准是在后续将执行 EMI 测量的屏蔽室内做出的,且接收天线位置已被标记和固定,则经测定的 AF 将会在很大程度上补偿掉由于测试位置固有反射引起的误差。

　　因为已经用这种方法确定了实际的增益,就不需要进一步对波阻抗与负载阻抗的失配进行补偿。而且也能获得天线近场的天线系数 AF。因此,当使用校正过的天线做 EMI 测量时,重要的是必须复用在测量 AF 时的两个天线之间的距离来进行测量,因为距离不同,AF 的校正数据也是无效的。由于天线阻抗和负载之间的失配所引起的任何损耗也包括在实测的 G_{re} 中,所以确保信号发生器能在天线阻抗的两端产生与 50Ω 负载两端相同的电压是很重要的。若不是这样,那么原因就出在天线的高输入阻抗上。于是在进行辐射路径的测量时,应当包含发射天线馈送电缆信号发生器端的 50Ω 负载,而在进行直接测量时应将其移除。这样就能保证在辐射路径测量和直接路径测量中信号发生器的负载是近似相等的。当天线阻抗高时,接收天线和发射天线的连接电缆要短且长度相等。为了达到最高的准确度,在用天线测量时要使用同一根电缆。任何由电缆引起的衰减都不应包括在双天线测量法中,电缆应被单独校准。

　　在屏蔽室内对调谐偶极子用相同双天线试验法(two – identical – antenna test method)得到的天线系数 AF,连同制造商的 AF 曲线都标绘在图 2-22 中。根据在较窄的频率范围内所标绘出的 AF 曲线,即图 2-23,可以明显地看出谐振、反谐振和反射的效应。而且可以用 AF 曲线来计算场强的大小,它用制造商提供的曲线计算的场强有更高的准确度。AF 曲线

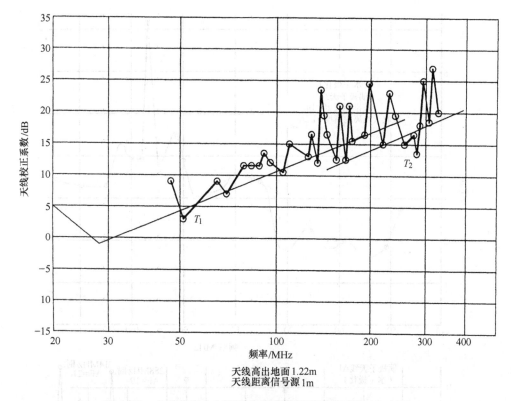

天线高出地面1.22m
天线距离信号源1m

图 2-22　在屏蔽室中实测到的调谐偶极子天线系数 AF（dB）

的精确度对屏蔽室中的天线的精确位置以及在场地上的设备或人员十分敏感。在双天线测试布置中，在接收天线位置上方使用铅锤有助于达到良好的重复性。应根据实用性来选择其定位。例如，MIL - STD - 462 测试规定测量天线距离 EUT（受试设备）的距离为 1m，EUT 放置在距离试验台边缘 0.05m 处，试验台上覆盖着接地平面，且该平面与屏蔽室墙搭接。于是，在进行 MIL - STD 测量时，在距离接地平面边缘 0.95m 处沿桌子长度方向上设置一个或更多个校准点是很有用的。

　　天线校准和后续使用该天线进行的测量应在没有设备和人员的房间内进行，或两者至少要在屏蔽室中保持有相同的布置。

　　若使用相同双天线试验法（the two - identical - antenna test method）来校准的天线将要被使用在开阔试验场（OATS）或电波暗室（Anechoic Chamber）内，那么校准应该在开阔试验场进行。这个场地最好没有接地平面，而且在两个天线之间的区域上应覆盖铁氧体瓷砖和发泡吸波塑料的复合体，以吸收地面的反射波。为降低天线馈电电缆的影响，应将天线置于水平极化位置且馈电电缆垂直布置。如图 2-21 所示，测量配置应包含 6 ~ 12dB，50Ω 的衰减器。为了减小天线与地面的耦合，两个天线应高出地面至少 4m。为了消除天线与天线之间的耦合，两个天线之间的距离应为 10m。

　　其他的天线校准的替代方法有标准开阔场（OATS）法和标准偶极子校准法，美国国家标准学会（American National Standards Institute，ANSI）制定的标准 ANSI C63.5 规定了这些替代方法，而本书 9.4.1 节中也有相关叙述。若适当构造，可以设计覆盖 25 ~ 1000MHz 频

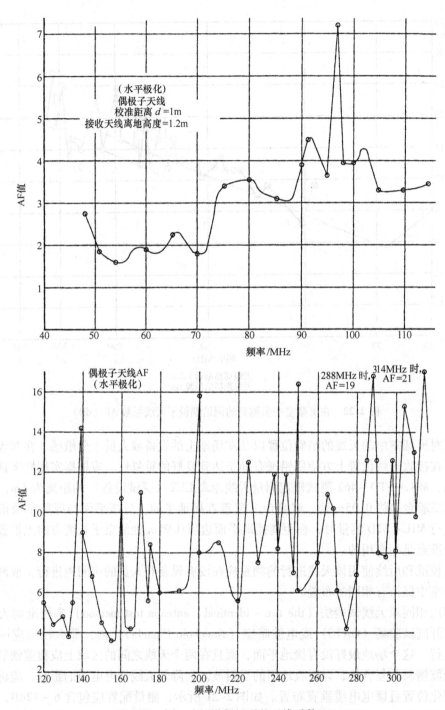

图 2-23 同一个调谐偶极子的天线系数 AF

率范围的 4 个标准偶极子，其天线系数理论上在 0.3dB 以内。一种替代试验法是使用 9.5.2.2 节中叙述的 GTEM 小室[⊖]。天线系数也可以用感应电动势法（Induced emf method），

⊖ GTEM 小室——Giga Hertz Transverse Electromagnetic Cell。——译者注

数字电磁编码（Numerical Electromagnetics Codes，NEC）法，MININEC 法，复杂系统分析通用电磁建模（GEMACS）法或场地衰减法等来计算。在感应电动势法中，两个天线之间的互耦可用 S. A. Schelkunoff 和 H. E. King 给出的公式来计算。这些公式通常用发射天线和接收天线的镜像来替代接地平面。NEC 法、MININEC 法和 GEMACS 法使用矩量法（Moment of Method，MOM）来计算两个天线之间的耦合，对于 GEMACS 法，则混合使用 MOM 法和几何衍射理论法 GTD（Geometrical Theory of Diffraction），并可以将接地平面包含在内。参考文献［16］将这些分析方法的准确度与 OATS、电波暗室和 GTEM 小室内对对称偶极子、喇叭天线和波导天线的测量值进行了比较。当对称偶极子处在水平极化状态时，场地衰减模型和测量值之间的最大偏差是 3dB。测量值和感应电动势法、MOM 法、MININEC 法及其他计算法之间的最大偏差是 2.7dB。

2.5.4　孤立导线/电缆的接收性能

　　孤立电缆（isolated cable）定义为两端与地断开并与接地平面有一定距离的电缆。尽管这种结构形式作为实际的应用是有限的，一个虽不常见但却实际的配置的例子是在 EMI 的情况下，一段屏蔽电缆受到的耦合。将该电缆的一端连接到直升机上，而另一端连接并拖曳直升机下方一个箱体内的设备。由于直升飞机在空中飞行，所以该电缆在两端都与地隔离。在第 7 章将详细论述更常见的电缆结构，但是，为了知识的完备性，这里需要考察一下对孤立电缆的耦合问题。当电缆在两端都与地断开时，波的电场分量以 90° 的角度与电缆轴线相切时，电缆中不感应电流。当入射到电缆上的波的磁场分量以 90° 的角度与电缆相切，而波的电场分量与电缆平行时，电缆就感生电流。其电流的大小取决于电缆的长度和阻抗以及入射场的波长。若电缆长度小于 0.1λ（即非谐振），那么电缆导线中的每秒平均电流由下式近似表示：

$$\frac{4\pi fBl}{Z_c}\left(\frac{\pi}{\lambda}\right)^2 \frac{(l/2)^2 - \frac{1}{2}l^2}{2}$$

式中　f——频率（Hz）；

　　　B——磁通密度；

　　　l——导线的物理长度。

$$Z_c = \sqrt{R^2 + 2\pi fL^2}$$

式中　R——导线的总电阻；

　　　L——导线的总电感。

　　表 5-1 和表 4-2 分别提供了单导线以及屏蔽电缆的编织线的电阻值和电感值。

　　当电缆长度等于 $\lambda/2$ 时，电缆发生谐振，这时可以应用谐振短路偶极子（有时也称为寄生单元）半波振子的谐振特性。在谐振偶极子端接其辐射电阻并忽略损耗的情况下，接收功率的一半传递给负载，另一半从天线再辐射出去。与匹配的偶极子相比较，缩短的谐振偶极子有 4 倍的功率再辐射出去。不考虑负载时谐振偶极子的辐射电阻近似为 70Ω。因此从偶极子产生的辐射功率是 $70I^2$。因为短路偶极子的再辐射功率是匹配偶极子的 4 倍，所以其电流是匹配偶极子的 2 倍。

　　前一节叙述的偶极子接收特性可以用来求出偶极子负载中的电流 I。而在相同的频率下，相同长度的孤立导线（即短路偶极子）中的平均电流值是$2I \times 0.64$。

2.5.5 作为测量设备和用于电磁兼容性预估的单极子天线

几乎没有实际的电缆、导线或结构的配置看上去像偶极子天线，因此在EMC预估中将它作为模型不是特别有用。单极子天线原则上是高出接地平面的一根垂直导线，而接地平面有时也称为地网（counterpoise）。在EMC预估中会用到单极子的接收性能，但较少用到它的发射性能。在不导电的桌子上方走线并连接到金属壳体的电缆，只要它的远端不连接到地，就可以表征为单极子天线。因此，当电缆与房间地板呈现水平的状态时并不会改变此天线模型的有效性。若该电缆的远端端接了一个小的金属外壳，那么该天线模型类似于一个顶部加载的单极子天线。若是电缆的远端形成环状下降到导电地板上，就像在屏蔽室中遇到的那种情况，或是电缆端接在接地的设备上，那么单极子模型就不适用了。相反，此时应当使用7.7节中叙述的环路耦合的模型。模拟作为杆状单极子天线的电缆可以是屏蔽层端接在外壳上的屏蔽电缆，或端接在外壳内部的双线电缆抑或多线电缆。无论是哪一种情况，为应用单极子模型，我们需要知道端接阻抗。分析单极子天线接收特性的另一个很好的理由是它可以用来作为EMC测量天线且结构简单。在1m^2地网上方的长41in（约1m）的单极子天线或杆状天线就是一种很普通的测量天线。当它不用作谐振天线时，其有用频率范围是$14 \sim 30\text{MHz}$。当将杆的长度从1m调节到大约0.2m时，就可以用来作为谐振单极子，其覆盖的频率范围为$75 \sim 375\text{MHz}$。若要覆盖$300 \sim 1500\text{MHz}$，更方便的方法是加工制作一个有较小地网（通常为$30\text{cm} \times 30\text{cm}$）的单极子，其杆长能从$30\text{cm}$调节到$5\text{cm}$。对于EMC预估和EMC测量，需要利用单极子的谐振和非谐振特性。当电缆或杆的长度等于$\lambda/4$时（这里，λ是入射场的波长），天线就会产生谐振，其输入阻抗为$35 \sim 42\Omega$，增益为1.68。当杆长远小于λ时，其增益与电流元相同，等于1.5，但天线的输入阻抗增高了。

对于短单极子，其输入阻抗近似为

$$Z_0 = 10H^2 - \text{j}\,\frac{30}{H}\left(\frac{\omega - 2}{1 + \dfrac{2\ln 2}{\omega - 2}}\right)$$

或以幅值大小来表示为

$$|Z_0| = \sqrt{(10H^2)^2 + \left[\frac{30}{H}\left(\frac{\omega - 2}{1 + \dfrac{2\ln 2}{\omega - 2}}\right)\right]^2}$$

式中，

$$\omega = 2\ln\left(\frac{2h}{a}\right)$$

而h是杆的实际长度，a是杆的半径。并规定$\beta h = 2\pi h/\lambda$。因为βh接近于1，其天线阻抗趋向于变为谐振阻抗。在$\beta h = 1.5$，2.5，3，3.5，4，$4.5\cdots$时，单极子谐振，根据参考文献[6]，图2-24和图2-25分别提供了$\beta h = 0.5 \sim 7$时的偶极子的电抗和电阻曲线。单极子的电抗和电阻是偶极子相应值的一半。单极子的阻抗幅值是

$$Z_0 = \sqrt{Z_{0\text{im}}^2 + Z_{0\text{re}}^2}$$

式中　$Z_{0\text{im}}$——天线的电抗；

　　　$Z_{0\text{re}}$——天线的电阻。

谐振单极子的最大开路增益是 1.68，短单极子是 1.5。应用式（2-38），可得到由于天线与负载的失配引起的反射系数，从而可以求得真实的增益 G_{re}。根据式（2-50）和利用 G_{re}，可以确定（天线最大有效口径）A_{max} 的值。再应用 A_{max} 及式（2-50）中的波阻抗及辐射电阻，可以求出负载两端的电压，由此可计算出负载电流。单极子杆中的平均电流等于短单极子负载电流的一半，也是谐振单极子负载电流的 0.64 倍。

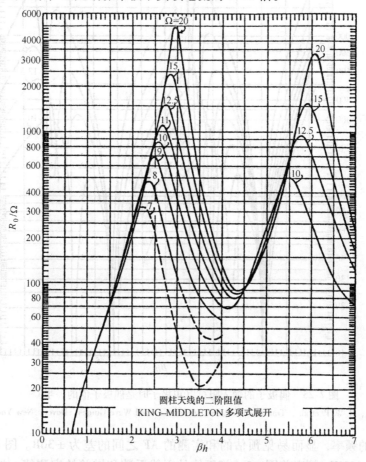

图 2-24　偶极子的输入电阻（单极子时是偶极子的一半）[一]

（摘自 King, R. W. P. et al., Transmission Lines, Antennas, and Wave Guides, Dover, New York, 1965.）

下面考量一下小型可调谐杆状天线在 550MHz 时的天线系数的计算实例。该天线的天线系数 AF 计算公式如下：

$$\frac{E}{V} = \frac{1}{h_{eff}} = \frac{1}{\lambda/2\pi}$$

所以，在 550MHz，该天线的天线系数 AF = 1/（0.545/12.56）= 23 = 27dB[二]。

图 2-26 标绘出了在 300～800MHz 频率范围内可调谐单极子的天线系数 AF。校准是用双天线试验法在屏蔽室中进行的。在 550MHz 时，实测的 AF = 26.2dB，而预估的 AF 是

[一]　原书图中纵坐标和文字说明却是电抗，与图名不一致，原书疑有误。——译者注

[二]　天线系数为分贝时，20lg23 = 27dB。——译者注

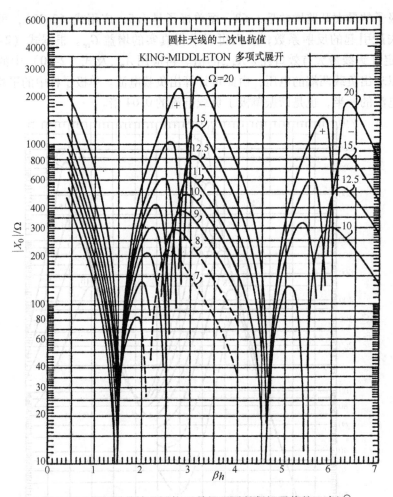

图 2-25 偶极子的输入阻抗（单极子时是偶极子值的一半）⊖

（摘自 King, R. W. P. et al., Transmission Lines, Antennas, and Wave Guides, Dover, New York, 1965. ）

27dB。在其他的频率，显而易见预估的和实测的 AF 之间的差为 ±3dB。图 2-27 和图 2-28 表明在 10kHz ~ 30MHz 频率范围，1m 杆天线的天线系数和增益的实测值，校准是在距第二个相同的天线 1m 处进行的。下面我们考量一下，在天线阻抗近似为 500Ω，距离为 1m，波阻抗近似为 900Ω 的情况下，20MHz 的单极子的天线系数。根据式（2-38），反射系数（reflection coefficient）K 为

$$K = \frac{1 - 500/50}{1 + 500/50} = \frac{-9}{11} \approx -0.818$$

则损耗是：$1 - (-0.818)^2 \approx 0.33$，所以增益是 $1.5 \times 0.33 = 0.495$⊖。

式（2-49）中的第一项出现在 AF 的公式中，但在所举的例子中，它在两个公式中被省略了。所以，根据式（2-47）和（2-51），AF（E/V）= $1/0.065 \approx 15.4$。根据图 2-27 实测的单极子天线系数图，可知 20MHz 时的 AF = 6.2，AF 的预估值与实测值之间的差是 8dB。

⊖ 原书图中纵坐标和文字说明却是电抗，与图名不一致，原书疑有误。——译者注

⊜ 原书为 0.496，计算值应为 0.495，疑原书有误。——编辑注

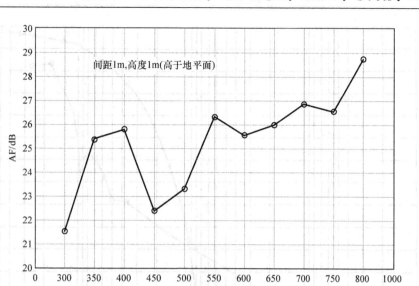

图 2-26 谐振单极子的天线系数 AF 实测值（dB）

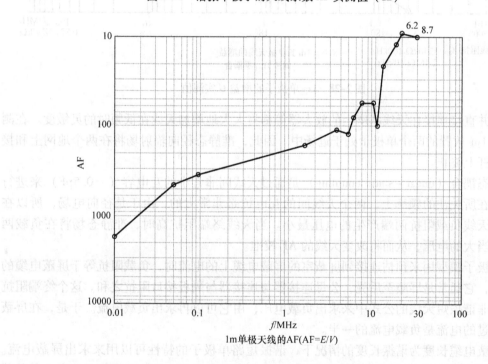

图 2-27 1m 单极子的天线系数 AF 实测值（量值）

由于测量是在屏蔽室中进行的，所以实测的 AF 值与预估的 AF 值之间有差别是在预料之中的，这是由于天线的杆接近导电的天花板以及反射所造成的。另一个潜在的误差来源是在近场进行测量而导致的，因近场辐射的电场的弯曲将会导致其与接收天线的耦合减小了。

由于天线输入阻抗和 50Ω 负载阻抗之间的失配大，所以例子中的单极子既不是有效的电场测量天线也不是有效的通信天线。包含着高输入阻抗的设备，例如 FET、缓冲器或放置

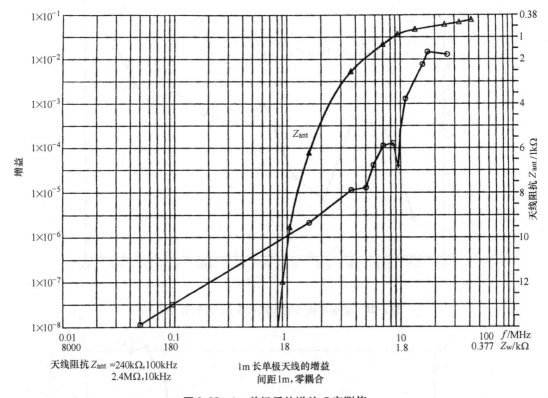

天线阻抗 Z_{ant} =240kΩ,100kHz
2.4MΩ,10kHz

1m 长单极天线的增益
间距1m,零耦合

图 2-28 1m 单极子的增益 G 实测值

在地网下并直接连接在天线基座上的放大器等都将大大地增加天线在低频时的灵敏度。在测量中相距 1m 放置的两个单极子处于近场中。因此，准静态径向辐射场将在两个地网上和接收天线的杆上终止。

准静态耦合（quasi‑static coupling）是通过天线间非常小的互电容（≈0.5pF）来进行的。因此在所关注的频率上，两个天线间的互电抗是非常大的，由于是径向电场，所以在 50Ω 接收天线负载阻抗两端产生的电压最小。当天线终端阻抗高时，准静态场将在负载两端产生相当大的电压，从而将改变天线的 AF 校准。

当单极子模型用来预估连接到屏蔽室的屏蔽电缆上的电流时，负载阻抗等于屏蔽电缆的终端阻抗，它通常是屏蔽至后壳，公母连接器与连接器与隔板接口阻抗之和。这个终端阻抗可以用在非谐振短天线的公式中来求出负载电压，由它可以再求出负载电流。于是，在屏蔽电缆上流过的电流是负载电流的一半。

在屏蔽电缆长度为谐振长度的情况下，谐振短路单极子的特性可以用来求出屏蔽电流。首先，用接入匹配负载的谐振天线的接收性能来求出负载电流。匹配天线的平均电流是负载电流的 0.64 倍，而短路谐振天线（电缆屏蔽层）上的电流是匹配天线电流的两倍。

若设置一个简单电路，它由 MOSFET 构成输入级，后面跟随着输入阻抗为 100kΩ 的单晶体管增益级，用 9V 电池供电。则在 10kHz 和 100kHz 时，测到的增益分别增加到了 83dB 和 78dB。10kHz 时的本底噪声是 55dB，100kHz 时的本底噪声是 42dB，因此，使信号噪声比增加了 28 ~ 36dB。

2.6 简单易做的电场天线和磁场天线

本节提供许多用于测量电场和磁场天线的简单易做的设计方法。当考察时变波（time – varying waves）时，因为始终会存在电场和磁场，所以两者都要测量。于是设计测量天线的一个重要方面是使天线能区分出电场和磁场。因此，设计用于测量磁场的天线应当排斥电磁波的电场分量的影响。

尺寸较小的天线的优点是可以很容易地测到接近于源的诸如外壳、小孔和电缆的局部电场和磁场。较大的偶极子天线和商用宽带天线在测量来自所有场源的综合场强方面也有相当的优势。第 9 章将论述采用这两类天线的测量方法。

2.6.1 屏蔽环形天线

连接到屏蔽电缆的简单环形天线相对于电缆的屏蔽层是不平衡的，因此能感应电场和磁场。一种用来减小电场影响的措施是将环屏蔽起来。

图 2-29 是屏蔽环形天线的示意图，图 2-30 是直径为 11cm 和 6cm 的屏蔽环形天线照片。环形天线是用半刚性电缆制成的，有若干不同的直径。环的电感和中心导线与外层护套之间的电容决定了屏蔽环形天线的谐振频率下限。用于制造环的半刚性电缆的电容越小，有用的频率响应就越高。图 2-31 和图 2-32 分别表明有用频率上限大于 15MHz 的 6cm 环形天线和有用频率上限为 10MHz 的 11cm 环形天线的校准曲线。当端接 50Ω 负载时，6cm 和 11cm 环形天线的接收性能接近于预估性能。因此，只有为了确定频率上限或需要最大准确度的场合才需要校准。需要谨慎的是，除非仔细地控制测量方法，否则其准确度可能会低于单独使用预估特性的准确度。在低频时，单环天线的灵敏度是不够的，这时可以制造多匝屏蔽环形天线。多匝环形天线可以用导电带绕成线匝屏蔽起来。该导电带连接到同轴连接器的外表面上，如图 2-29 所示。屏蔽层必须在环的周长上留有一个间隙，以避免环的屏蔽层阻

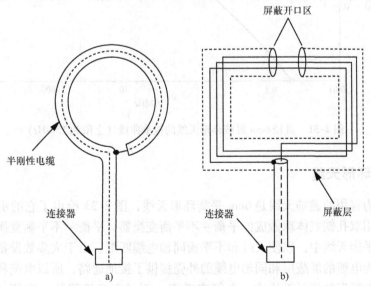

图 2-29 屏蔽环形天线

a）单匝屏蔽环形天线 b）多匝屏蔽环形天线

挡磁场。由于多匝环天线有较高的电感和绕组间电容，所以多匝环天线比单匝环天线的谐振频率更低。

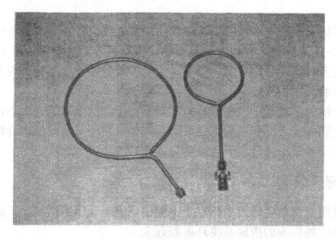

图 2-30 屏蔽环形天线照片

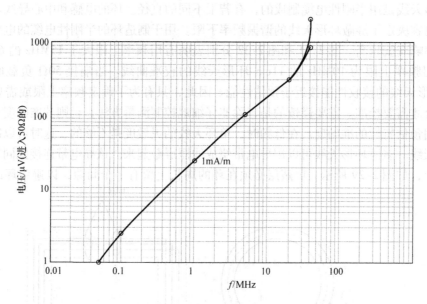

图 2-31 直径 6cm 屏蔽环形天线的校准曲线（上限为 15MHz）

2.6.2 平衡环形天线

第二种极为有用的磁场天线是 6cm 平衡环形天线，图 2-33 绘出了它的示意图。平衡环形天线有一个用双孔铁氧体珠做成的平衡－不平衡变换器。平衡－不平衡变换器用在许多电场和磁场型的平衡天线中，以使天线和不平衡同轴电缆匹配。由于大多数设备的外壳都与安全接地相连，为电缆的屏蔽层和同轴电缆的外壳提供了接地通路，所以电缆和相关的设备都是不平衡的。在平衡的环形天线内，电场在平衡－不平衡变换器的一次侧（环形天线侧）感应出大小相等而方向相反的电压，因此，理论上，电场在平衡－不平衡变换器的二次侧两

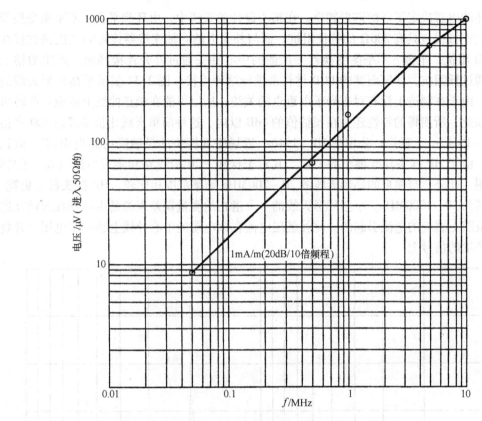

图 2-32　直径 11cm 屏蔽环形天线的校准曲线（上限为 10MHz）

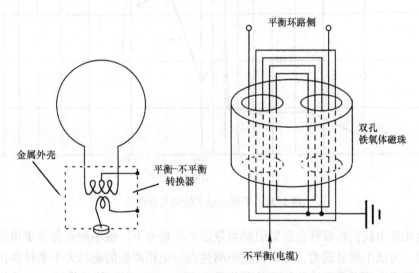

图 2-33　平衡环形天线的原理图和平衡 - 不平衡变换器结构图

端感应的电压为零。

　　实际上，在平衡 - 不平衡变换器的绕组以及环与罩住平衡 - 不平衡变换器的金属外壳之间都存在一些容性不平衡。任何的不平衡都将导致电场感应电压不能完全抵消。此外，这些电容连同环的电感决定了环的谐振频率。在精心设计的天线中，由环到平衡 – 不平衡变换器的一次侧的连接线应具有 200Ω 的特征阻抗。而与外壳上的同轴连接器连接的二次侧的接线应具有 50Ω 阻抗。平衡 – 不平衡变换器一次侧的中心抽头通过外壳连接到地。理想的情况下，应该通过低阻抗，如短而宽的 PCB 材料来进行这种连接。图 2-34 表示平衡环形天线的校准曲线。由于在制造上没有对布局予以重点的关注，所以可能在校正曲线上造成一些转折点。尽管如此，所测得的特性还是在预估值的 4dB 以内。这种简单天线比价格高出 100 多倍的 Hewlett – Packard（惠普）公司的 HP 11940A 近场磁场探头的灵敏度约高出 46dB。应该补充说明，由于 HP 探头具有很窄的尖端，其对于探测 PCB 板线路和集成电路（IC）的辐射极其有用。此外，与简单的环形天线的 20 ~ 200MHz 频率范围相比较，HP 探头覆盖更宽，其频率范围为 30 ~ 1000MHz。小型环形天线的一个潜在的测量误差来源是由电场在同轴互连电缆的屏蔽层上感应的电流引起的。此屏蔽层电流在该电缆的中心导线上感应出电压，并叠加在天线产生的信号上。

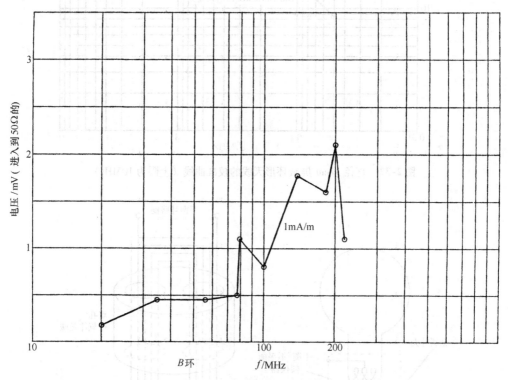

图 2-34 平衡环形天线的校准曲线

在其他几章中我们将看到在反射引起测量误差的场合下，磁场测量通常更可靠。于是我们可以知到，为减小测量误差，可以根据距测量点一定距离处的磁场大小来计算出该处的电场的大小。例子中的磁场天线的校准的单位是 mV/mA/m。而一种替代的方法是使用磁场天线系数，规定的单位是 H（A/m）/V。

2.6.3 蝶形电场天线

平衡环形天线上的平衡 – 不平衡变换器也可以用来将宽带电场"蝶形"（"bow tie"）天

线与同轴电缆匹配。图 2-35 表示频率范围为 20~250MHz 和 200~600MHz 的蝶形天线的原理简图。图 2-36 表示具有电压比 2/1 和阻抗比 4/1 的 20~250MHz 和 200~600MHz 的蝶形天线的输入阻抗曲线图（引自参考文献［7］）。

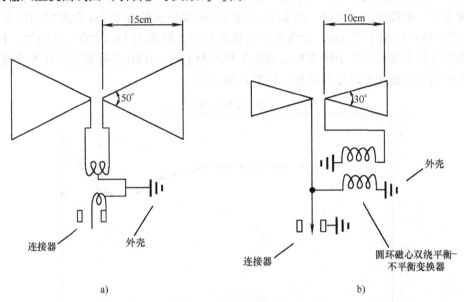

图 2-35 蝶形天线
a) 20~250MHz 蝶形天线 b) 200~600MHz 蝶形天线

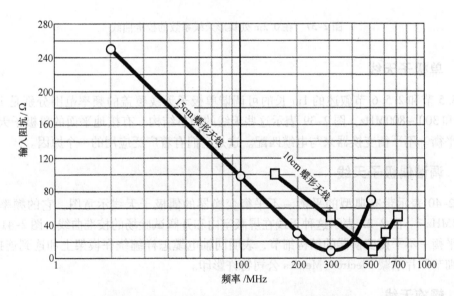

图 2-36 15cm 和 10cm 蝶形天线输入阻抗校准曲线
（摘自 Brown, G. H. and Woodward, O. M., Jr., RCA Rev., 13 (4), 425, December 1952.）

蝶形天线可用于测量非常靠近 EUT 的辐射和辐射敏感度（抗扰度）试验的电场电平。小型蝶形天线的振子长度是 10cm，虽然设计用于 200~600MHz，但校准范围是 25~1000MHz。与所有小尺寸天线一样，在低频时，其天线系数高。无论在校准时还是在使用时，都必须很小心地操作，以确保耦合到馈送电缆的场强不会高于耦合到天线的场强。为了减小这种耦合，可以采用双层编织屏蔽电缆，在电缆上安上许多铁氧体平衡 - 不平衡变换器；在监视敏感度试验电平时，对于水平极化的场和天线，电缆应垂直放置；而对于垂直极化的场和天线，电缆应水平放置。图 2-37 给出 10cm 蝶形天线在 0.2m 距离时的校准曲线；图 2-38 给出高出接地平面 1m，天线水平极化条件下，距离为 1m 时的校准曲线。在矩形 PCB 上构造这种天线，将两个蝶形单元刻蚀在 PCB 材料上，BNC 连接器安装在天线的中心，平衡 - 不平衡变换器置于连接器附近，如图 2-38 所示。

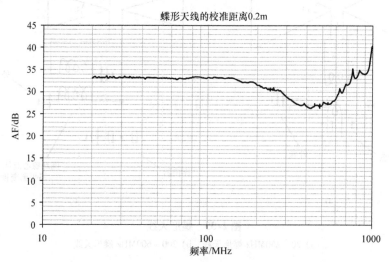

图 2-37 在 0.2m 处蝶形天线系数的校准曲线

2.6.4 单极子天线

2.5.5 节和 2.5.6 节叙述的 1m 长的可调谐单极子天线覆盖的频率范围分别是 14kHz ~ 30MHz 和 300 ~ 800MHz，图 2-39 表示这些天线的简单结构。有接地平面的单极子天线不需要使用平衡 - 不平衡变换器来与电缆匹配。这是它们有着广泛应用的一个原因。

2.6.5 调谐偶极子天线

图 2-40 表示带有典型的平衡 - 不平衡变换器的偶极子天线示意图，它的频率范围是 40 ~ 300MHz[⊖]。图 2-22 表示这种天线在屏蔽室内和开阔试验场的校准曲线。图 2-41 提供了类似的平衡 - 不平衡变换器的结构细节，表明同轴电缆怎样缠绕在模架上和连到连接器上。该结构细节照片承蒙 Electro - Metrics 公司特许影印。

2.6.6 螺旋天线

图 2-42 表示结构相对简单的螺旋天线，它覆盖的频率范围为 800MHz ~ 18GHz。较大的天线长 26.5cm，底座的直径为 12cm，到顶部逐渐缩小到 10cm。较大的天线绕成螺旋对数周期型，天线底座和螺旋线之间的角度约为 20°。较大天线的螺旋线匝间的距离并不重要，

⊖ 原书中即是如此，二者不致。——编辑注

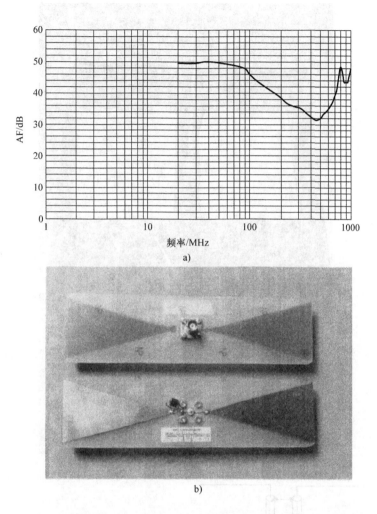

图 2-38 校准距离 1m、高出地面 1m 时的蝶形天线的 AF 校准曲线

a）校准距离 1m 时的 AF 校准曲线 b）蝶形天线的外观

如图 2-42 所示，较低螺旋线匝间的距离和下一个较高螺旋线匝间的距离比值约为 1.25。一个重要的准则是用双天线试验法来校准时，两个天线要制作得尽可能相似。

图 2-43 表示 26.5cm 长的对数周期螺旋天线的校准曲线。根据最低的和最高的螺旋线周长，该天线的设计频率范围是 1 ~ 4.77GHz。从校准曲线可以看出该天线可用到 800MHz，最近的重校准已可以做到 4GHz。

为了简化构建 3 ~ 18GHz 的两个较小的天线，只要从顶部到底部改变螺旋线的直径即可。中型的螺旋线天线的最大周长是 8.96cm，而最小周长是 3.49cm；于是设计的频率范围是 3.34 ~ 8.6GHz。中型天线上的螺旋线之间的距离是固定的 0.476cm（3/16in）。小型天线设计的频率范围是 8 ~ 18GHz。支撑螺旋线的材料在高频时应显示出低介电常数和低损耗的特性。聚苯乙烯发泡材料是一种很好的选择。但例子所示的天线是缠绕在环氧树脂浸渍过的卡片纸板上，且天线的校准数据合格。

图2-39 1m长的谐振单极子天线

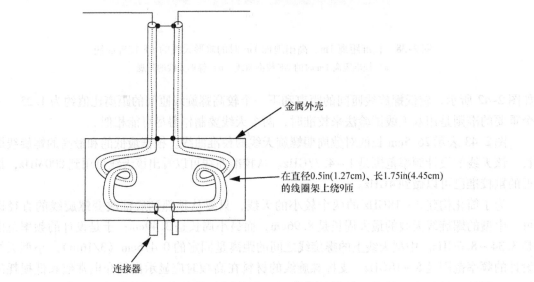

图2-40 30～500MHz⊖平衡-不平衡变换器结构示意图

图中标注：金属外壳

在直径0.5in(1.27cm)、长1.75in(4.45cm)
的线圈架上绕9匝

连接器

⊖ 原书中即是如此，二者不致。——编辑注

图 2-41　类似的平衡–不平衡变换器的结构细节
（感谢 Electro – Metrics Corporation，New York）

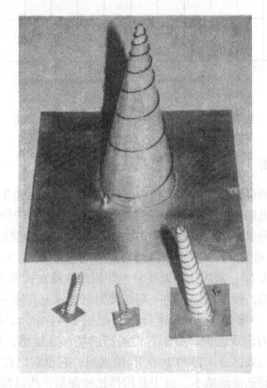

图 2-42　螺旋天线（覆盖的频率范围为 800MHz ~ 18GHz）

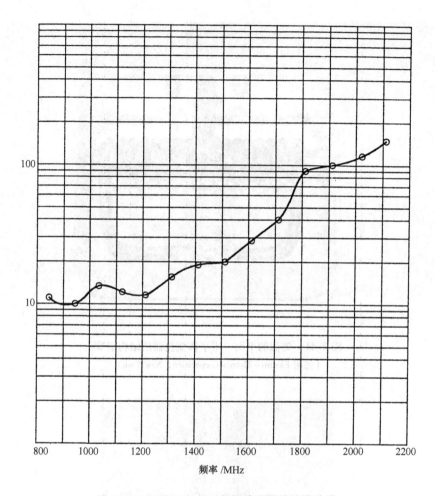

图 2-43　26.5cm 长的对数螺旋天线的校准曲线

2.6.7　小型螺旋天线

　　缠绕在环形铁心上的电感线圈最好不包含着铁心内的磁场，如 2.5 节中所述，缠绕在铁心上的任何电感线圈在电磁场的辐射下都会感生电流。因此，在应用某些滤波器时必须将电感线圈屏蔽好，以使这种辐射耦合效应减到最小。但这种耦合效应却被应用于螺旋天线中，被绕制于 Micrometals 公司的 T12 - 3 小型铁粉心螺旋管上。T12 - 3 小型铁粉心的直径仅有 3.18mm，而 A_L 值为 6nH/N^2；制作这个天线时，使用磁铁线在铁粉心环上绕上 10 圈。将螺旋管安装在黄铜管的末端，使电感线圈的一端连接到黄铜管上，另一端连接到黄铜管的中心导线上。在黄铜管的另一端焊上 SMA 连接器，如图 2-44 所示。这种螺旋天线在 20 ~ 1000MHz 频率范围内没有出现谐振。由于它对局部的场非常敏感，所以常用它来测量 PCB 上单根的线的发射或者用来区分来自 PCB 和 IC 的发射。它也常用在非常靠近源的场合，那里的场强随距离的增加而迅速地减小。由于是用作比较测量，所以校准这种天线是没有意义的。若是进行定量测量，则应在距离约 0.2m 处使用平衡环状天线和蝶形天线。

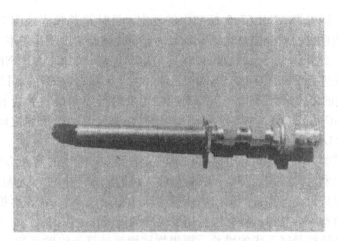

图 2-44　小型螺旋天线

2.6.8　0.1 ～ 1000 MHz 磁场探头

图 2-50 显示一种磁场探头，它非常适用于探测外壳的缝隙或孔洞的磁场泄露，但也可以把探头尖端平放在电缆上来使用。它在 0.1 ～ 1000 MHz 范围作为校准时所使用的测试夹具，如图 2-55h⊖所示。近场探头的校准曲线如图 2-45 所示，以显示探头的频率响应，因为探头通常用于相对测量，也就是说在测量修改之前或之后，所以磁场的绝对电平并不重要。图 2-46a 和 2-46b 表明探头的结构和示意图。

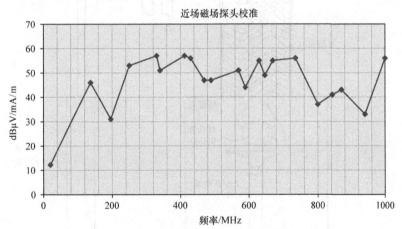

图 2-45　近场磁场探头校准曲线

2.6.9　校准

在制作双天线时应注意使它们尽可能相似，因此推荐用 2.5.3 节中叙述的双天线试验法。替代的天线校准方法有开阔试验场（Open Area Test Site, OATS）法和基准偶极子（Reference dipole）校准法，ANSI 63.5 标准规定了这两种替代法，9.4.1 节对此进行了叙

⊖　原书此图号疑有误，似为图 2-57h。——编辑注

述。若制作精确，则根据 ANSI 63.5 标准中的规定，设计覆盖频率范围 25 ~ 1000MHz 的 4 个参考偶极子天线系数的理论偏差在 0.3dB 以内。替代试验法则使用了本书 9.5.2.2 节中叙述的 GTEM 小室。此外，天线系数也可以用感应电动势法，NEC、MININEC 或 GEMACS 法或根据场地衰减来进行计算。在感应电动势法中，两个天线之间的互耦可用 S. A. Schelkunoff 和 H. E. King 提出的公式来计算。这些公式通常用发射天线和接收天线的镜像来替代地平面。而 NEC、MININEC 和 GEMACS 法则使用 MOM 法来计算两个天线之间的耦合；对于混合使用 MOM 法和 GTD 法的 GEMACS 法，则将地平面包含在内。

　　一种替代的试验方法是使用经过增益校准的发射天线。施加的输入功率经过测量并且是可控的，因此在距发射天线某个距离，放置接收天线的地方产生的电场是已知的。于是使用电场的值和校准时从天线上测得的输出电压就可以求得天线系数 AF，再根据该天线系数得到被校准天线的增益。第二种试验方法是用受校准的天线作为发射天线，并用校准过的接收天线的天线系数来计算受试天线的增益，再根据该增益计算天线的系数。如 2.5.3 节所述，可以使天线间保持 10m 的距离来减小两个天线之间的互耦影响，地面反射波的影响也应减到最小或将其计算出来。

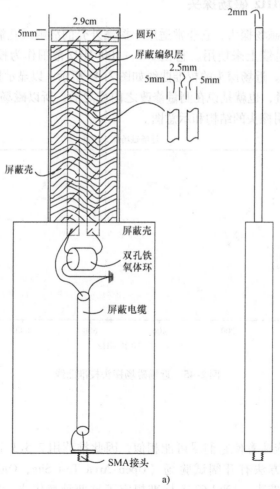

图 2-46 0.1 ~ 1000MHz 磁场探头结构及原理图

a）探头结构图

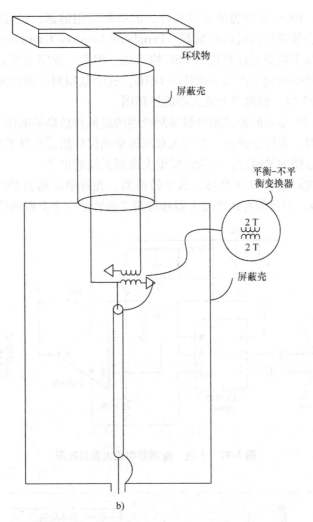

环状物

屏蔽壳

平衡-不平
衡变换器

2 T
2 T

屏蔽壳

b)

图 2-46 0.1~1000MHz 磁场探头结构及原理图（续）

b）探头原理图

9.6.7.8 节中说明了一种用于校准磁场天线的方法。虽然该校准方法是用于 RS01 发射天线的，但若制作了标准的发射环天线，则该方法与校准环形接收天线的方法相同。

当用小天线来测量电场时，它所连接的导电电缆将成为天线的一部分并使被测场失真。即使使用小直径电缆并套上吸收器或铁氧体平衡－不平衡变换器也是如此。

尺寸较小的小天线可以用于测量金属壳体的屏蔽效能或在靠近发射源的地方进行测量。

通过将天线连接到小型数字电路上并驱动光纤电缆上，可以消除其所连接的导电电缆的影响。将此天线连接到具有 1.73kΩ/1.45pF 的高输入阻抗以及大动态范围的 RF/IF 检波器上，再在其后连接一个运算放大器，这样靠近天线的电路就可以非常小。电路的直流（DC）电源和放大器的直流输出通过一根 #30AWG 导线连接到一个小外壳上。这个盒子包含一个光纤发射器和 A/D 转换器以及一个 9V 电池和稳压器。

该天线是一个翼展尺寸为 10cm 的蝶形天线，用于测量圆柱体和盒子中的孔隙耦合和导电涂层的电场屏蔽，有关这两方面的内容都将在第 6 章中介绍。

对于这些测试，10cm 是理想的天线尺寸，但如果适用的话，也可以使用更大的天线。光纤电缆的远端是连接到外围接口控制器（Peripheral Interface Controller，PIC）的光纤接收器，编写程序使其结果输出到计算机的 USB 输入端。因此，数字电平表示由该天线所测到的电平。检测器的频率响应范围是 10MHz ~ 1GHz，这个范围对于前面提到的测试来说是足够了。图 2-47 表明天线、检测器和放大器的原理图。

图 2-48 和图 2-49 显示的是能用检测器测量到的最低和最高的电场电平，不过当需要测量更高电平的场强时，要注意使用一个输入衰减器来确保检测器自身不对所测量的场敏感。

为了增加测量电路的灵敏度，可能需要增大蝶形天线的尺寸。

我们还使用了相同的 A/D 转换器、数字转换器、光纤驱动器和 PIC 设计了一个频率范围为 10kHz ~ 10MHz，并且带有运算放大器和检测二极管的一个类似的检测器。

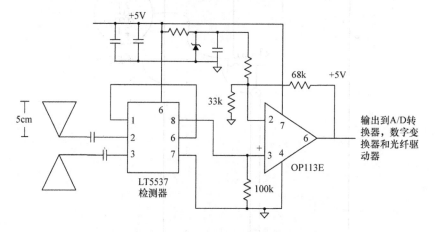

图 2-47 天线、检测器和放大器原理图

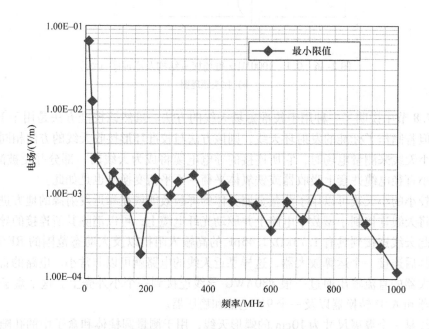

图 2-48 由图 2-47 的电路检测到的电场的最低电平

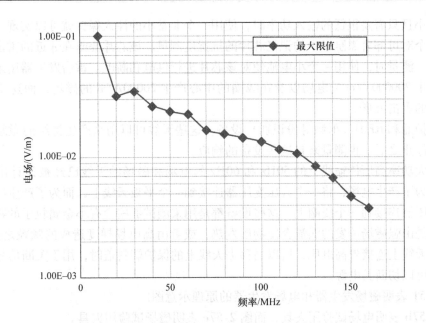

图 2-49 由图 2-47 的电路在饱和前检测到的电场的最高电平

探头的顶端包有环氧树脂以起到保护作用，如图 2-50 所示。

探头可以测量表面电流和磁场。如果载有 RF 电流的电缆连接到屏蔽良好的金属外壳上，那么由这些电缆电流产生的电磁场将会在金属外壳上感应出电流来。这种情况如图 9-23 所示。这些电流可以用磁场探头来探测，不过研究这些发射源的人员可能会误认为辐射是由外壳产生的。尽管如此，若在连接器周围，以及空隙和接缝处测得的发射值高于壳体的发射值，则可以有把握地认为泄漏来自这些位置。

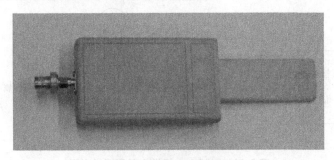

图 2-50 磁场探头的外壳

MIL – STD – RS103、DEF STAN DRS02 或 DO – 160 标准中的辐射敏感度试验要求产生极高电平的电场（200～500V/m），所以需要若干大功率放大器和大型天线，当对整个的 EUT（受试设备）进行试验时，它们都要能够承受住这样大的功率。

此外，当必须暴露整个 EUT 时，模拟使之承受间接雷击的电场和磁场时也需要大功率设备。有时候，一些附加在 EUT 上的极少量屏蔽或完全未屏蔽的元器件，如传声器、扬声器、发光二极管阵列、小键盘、内存芯片、印制板等可以单独进行试验。这些器件连接在与电场或磁场隔离的 EUT 或模拟器上，以对敏感度试验进行监视。这种类型测量的优点在于当器件很小且只需要很低的输入功率时，使用一个非常小的注入探针就可以实现。

有一个对可部署黑匣子中的记忆芯片的抗扰度测量。该芯片暴露在邻近的雷击所产生的辐射场中。测量时，使用一个小电池使对该芯片进行供电和断电。雷击发生器用来使小型平板天线产生 200000V/m 的电场以及在线圈的中心产生 20000A/m 的磁场，而这个场的波形接近典型的雷击波形。

对于护照和 RFID（射频身份识别）设备，这些天线可以用来产生持续的激励场，然后在激励场停止之后，再测量来自这些设备的响应。

模拟大功率高压传输线上的 50Hz 和 60Hz 的电场和磁场的天线已经被设计出来并进行了测试。为了产生电场，将一个升压变压器连接到一个平板天线上，而为了产生磁场，将一个降压变压器连接到一个线圈上。这些设备都是用来测试那些含有小金属粒子的物质的。人们关心的是由强磁场诱发的涡流会使物质发热，或者由高电场梯度造成的颗粒之间的击穿。由于平板天线上连接着高电压，所以当移去天线上的保护塑料盖时，用于关断信号发生器的接近开关可以切断其电源。

图 2-51 表明磁场发生器和电场发生器的原理示意图。

图 2-57b 表明电场试验用夹具，而图 2-57c 表明磁场试验用夹具。

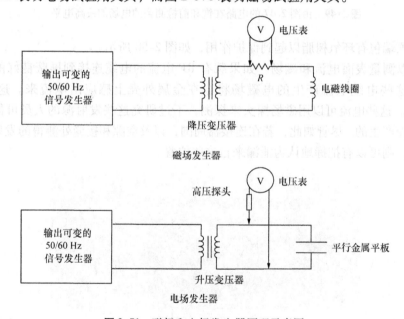

图 2-51 磁场和电场发生器原理示意图

电场天线可以产生高达 45000V/m 的电场强度，而磁场天线可以产生高达 800A/m 以上的磁场强度。

当需要某个特定频率的大电流来产生强磁场时，则注入线圈就可能成为谐振电路的组成部分。微调电容器是长度可以切割的两根平行绝缘导线之间的电容，而固定电容器是高压类型的。降压变压器用来与更靠近功率放大器的电路进行匹配。线圈的长度是 6.8cm，宽度是 11.5cm，高度是 1.2cm，为卡或护照留的空隙是 6mm。

图 2-52 是谐振电路中注入线圈设备的原理图，图 2-57a 是磁场探头图。

当需要给定的高电平电场时，使用升压变压器可以降低功率放大器所需要输出的电压。

　　当磁场天线需要大电流时，可以使用降压变压器，而且可以将负载与功率放大器更紧密地匹配。

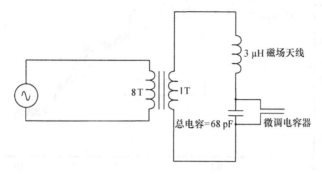

图 2-52　谐振电路中注入线圈的原理图

　　使用壶形铁氧体心（ferrite pot core）制作了一个合适的变压器。其中一侧是一圈而另一侧是三圈。根据它是哪一侧连接到信号源来决定它是作为升压变压器还是降压变压器。图 2-53 表明变压器的原理电路和一次电感量与二次电感量，而图 2-57i 是该变压器照片。

　　图 2-54 和图 2-55 表明该变压器的测试情况和结果。

　　该变压器作为升压变压器时的负载是 450Ω，作为降压变压器时的负载是 5.6Ω。

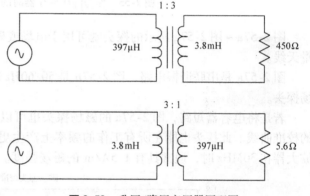

图 2-53　升压/降压变压器原理图

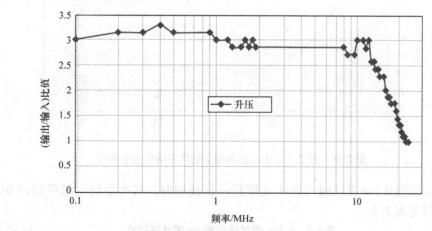

图 2-54　作为升压变压器时的频率响应曲线

　　测得的结果如图 2-52 和图 2-53 所示 ⊖。

　　⊖　图 2-52 和图 5-53 是原理图，不是测量结果图，疑原书此处图号有误。——译者注

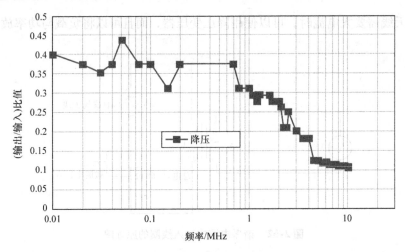

图 2-55 作为降压变压器时的频率响应曲线

图 2-57a ~ 图 2-57g 所示的探头既可用于电场或磁场的注入，也可用作为电场或磁场测量天线。

图 2-57a 是串联谐振电路，图 2-57b 是 50/60Hz 时电场探头，而 2-57c 是 50/60Hz 时磁场探头。

若是将电容器短路，图 2-57a 的磁场探头也可以作为宽带注入探头，图 2-56 是该探头的校准曲线。此探头也能在所有工作的频率上产生更高的磁场。例如，最大功率为 75W 的放大器在 30MHz 时，通常具有 1.5A/m 的磁场强度。

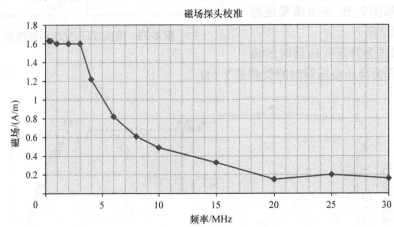

图 2-56 图 2-57a 中的磁场探头的频率响应校准曲线

图 2-57e 中的 0.1m 带状线与升压变压器一起使用时，其产生的电场可高达 614V/m，其校准情况可见表 2-2。

表 2-2 **0.1m 带状线和 8mm 带状线校准**

频率/MHz	场强 E_{rms}/(V/m)	频率/MHz	场强 E_{rms}/(V/m)
0.3 ~ 30	614	10	184
3.6	510	15	123
5	370	30 ~ 300	62.4

图 2-57d 显示在没有变压器的情况下，进行相同的校准所使用的 8mm 带状线天线，此时，最大的电场强度要受到上部平板和下部接地平板之间的最大的击穿电压的制约。理论上，击穿可能发生在 1500V（方均根值），但要取决于上部带状线边缘的形状、湿度和灰尘颗粒的情况。

如图 2-57f 所示，0.1m 直径的高频磁场注入环已经校准过，在 10 ~ 300MHz 能产生 0.49 ~ 0.1163A/m 的磁场强度，虽然 30MHz 以上可能有更高的电平，但一般为 2A/m。

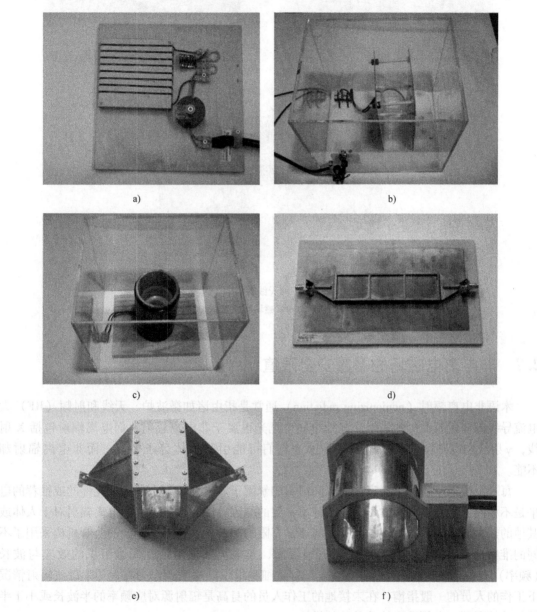

a)　　　　　　　　　　　　　　　　b)

c)　　　　　　　　　　　　　　　　d)

e)　　　　　　　　　　　　　　　　f)

图 2-57　各种天线等设备
a）磁场谐振探头　b）50/60Hz 电场平板天线　c）50/60Hz 螺线天线　d）8mm 带状线天线
e）10cm 带状线天线　f）高频磁场天线

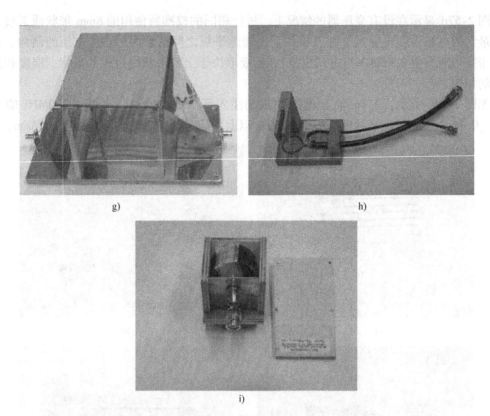

g)   h)

i)

图 2-57 各种天线等设备（续）

g）16cm 带状线天线   h）0.1～1000MHz 磁场探头的校准夹具   i）升压/降压变压器

2.7 非电离电磁场的暴露安全限值

术语非电离辐射（nonionizing radiation）通常是指由诸如微波炉、天线和射频（RF）大电流导线等辐射源产生的辐射。红外线和可见光也属于非电离辐射。而电离辐射包括 X 射线，γ 射线和电磁粒子。这样命名是因为它们可能引起气体分子电离，而非电离辐射却不能。

每一个国家或同一个国家内的不同组织的暴露于非电离辐射中的最大允许的或推荐的电平是不相同的。与电离辐射不同，这种不一致的原因可能是由于有关非电离辐射对于人体或其他的热血动物的生物效应的数据资料还是有限的。此外，还由于不同的监管机构采用了不同的准则来获得安全的暴露电平。一般说来，非电离辐射对活性细胞组织的效应与波长（频率）有关，细胞组织的电导率决定了穿透细胞组织的深度。作为在大功率微波辐射情况下工作的人员的一般指南，在未接地的工作人员的身高是辐射源对应频率的半波长或小于半波长的情况下，必须采取特殊的防护措施。

警告：尽管已经做出了所有的努力来查证在本节中发布的安全电平的适用性和准确性，但它们也只能作为参考信息资料。若要应用任何这些限值，必须与其责任组织接触，以便获得当前的频段和安全电平。用于受控环境和射频工作人员一些单独的限值也需如此。

2.7.1　对人体的临床研究

自从本书第 1 版出版以来，已经出版了许多关于人体暴露在电磁场中的书籍和文章，特别是由电力线产生的 50 ~ 60Hz 的电磁场。那些资料中有许多是相互矛盾的，而评论这些资料的工作则远远超出了本书的范围。有关这个专题的信息资料可以从互联网和标准 IEEE C95.1—1991 的文件所采用的数据库中获得。

2.7.2　加拿大的限值

在早期的限值里，Health Canada（加拿大卫生部）和 IEEE American National Standard（美国国家标准）都将限值限制在 RF 场和微波场与生物系统的交互作用产生的热效应上。

基础代谢率（Basal Metabolic Rate，BMR）或一般人静止时的能量消耗是 100W，假定人体能很容易地适应 100% 地增加 BMR（即额外增加 100W 能量），则人在活动期间这个数值（BMR）可能加倍甚至到 3 倍。在西欧、美国和加拿大最早广泛采用的限值是 10mW/cm²，它的根据是一般的人体截面积的一半暴露在场强为 10mW/cm² 的入射波里。这样选择是因为它是一个足以用另外的 100W 来增加耗散的电平。

利用充满盐水的人体模型，经过计算和实验，发现接地的平均身高的男子在 31 ~ 34MHz 发生谐振（该谐振频率适合于高度为 6ft 的短单极子天线）。当然，对应于儿童的谐振频率应该更高。考虑到谐振效应和其他的频率效应以及反射的可能性（摘自参考文献 [8]），加拿大的公众暴露限值的频率范围取在 3MHz ~ 100GHz 连续的频率范围内，暴露限值电平修改降到 1mW/cm²。在这个文件（摘自参考文献 [10]）的最新版本中，在 30 ~ 300MHz 范围，该暴露限值（功率限值）进一步降低到 2mW/m²（0.2mW/cm²）；在 300 ~ 1500MHz 范围，暴露限值是 f（MHz）/150（mW/m²）；在 1500 ~ 300000MHz 范围，暴露限值是 10mW/m²。

参考文献 [10] 中没有提供限值的详尽推导，其中用于公众的限值复制在表 2-3 中。参考文献 [10] 对射频工作人员和非射频工作人员规定了不同的暴露限值。当对任何一个 0.1h 的时段和空间上作平均时，辐射量都不应当超过功率限值。

表 2-3　加拿大安全法规 6，1999：对非 RF 工作人员（公众）的暴露限值

1	2	3	4	5
频率 /MHz	电场强度方均根值 /(V/m)	磁场强度方均根值 /(A/m)	功率密度 /(W/m²)	平均（暴露）时间 /min
0.003 ~ 1	280	2.19		6
1 ~ 10	280/f	2.19/f		6
10 ~ 30	28	2.19/f		6
30 ~ 300	28	0.073	2①	6
300 ~ 1500	1.585$f^{0.5}$	0.0042$f^{0.5}$	f/150	6
1500 ~ 15000	61.4	0.163	10	6
15000 ~ 150000	61.4	0.163	10	616.000/$f^{1.2}$
150000 ~ 300000	0.158$f^{0.5}$	4.21 × 10⁻⁴$f^{0.5}$	6.67 × 10⁻⁵f	616.000/$f^{1.2}$

注：1. 频率为 f，单位为 MHz。

2. 10W/m² 功率密度等于 1mW/cm²。

3. 磁场强度 1A/m 对应于 1.257μT 或 12.57mG。

① 功率密度限值应用于频率大于 100MHz。

当电磁辐射是由表 2-3 第一栏中的多个频段的一些频率构成时，针对第二栏、第三栏或第四栏中给定的限值，应确定某个频段实际辐射（功率密度或场强的二次方）的份额，当做时间平均和空间上的平均时，所有频段的所有辐射份额之和不应超过 1。

若在 0.1h 的时段内，场强变化相当大（超过 20%），则时间平均值只需要根据多次测量结果来计算即可。否则，单次测量就足够了。参考文献 [10] 提供了时间平均值的计算公式。空间平均值是指暴露场的均匀性。对于产生空间上、高度上不均匀场的便携式发射机和其他设备，可能要超过表 2-3 中的电平，但不应超过下列值：

条件/（W/kg）	SAR 限值
对整个身体质量取平均的 SAR[①]	0.08
对于头、颈和躯干，对任何 1g 细胞组织取平均的局部 SAR	1.6
在四肢中，对 10g 细胞组织取平均的局部 SAR	4

① SAR（Specific Absorption Rate，特定吸收率）：平均的每公斤人体组织吸收的电磁辐射能量（W）。

虽然不是加拿大安全法规的要求，但建议只要有可能，对于眼睛部位的平均 SAR 不应超过 0.2W/kg。

此外，对接触电流也设立了限值。对于自由站立的个体（不与金属物接触），因电磁辐射在人体中感应的电流不应超过表 2-4 第二栏中规定的值。人可能接触到的物体不应被表 2-4 第一栏所列频段内的电磁辐射激励电流达到这样的程度，即流过具有人体阻抗的电路的电流像用接触电流表测到的程度一样，即不应超过表 2-4 第三栏所给出的值；在电磁辐射是由表 2-4 第二栏的一个以上的频段的频率构成的情况下，在第二栏或第三栏（无论哪一个适用）中表明的是在每一个频率上测到的电流的二次方与那个给定频率上的限值的二次方之比值。

表 2-4　加拿大安全法规 6 对非射频工作人员（公众）的感应电流和接触电流限值

1	2		3	4
频率/MHz	感应电流方均根值/mA		接触电流方均根值/mA	平均时间
	通过		手持并通过每个脚	
	两脚	每个脚		
0.003 ~ 0.1	900f	450f	450f	1s
0.1 ~ 110	90	45	45	0.1h (6min)

注：1. 频率为 f，单位为 MHz。

2. 上面所述的限值可能并不足以保护人员免受惊吓反应和灼伤和因与带电体的断续接触而产生的瞬时火花放电。

2.7.3　美国标准

一种现行的标准包含在参考文献 [9]，即标准 IEEE C95.1 - 1991 中。根据补充的资料，现行的一些标准包括了 1982 ~1998 年版本在限值方面的修改。1988 ~1991 年的这些修订版本扩大了频率范围，规定了防止射频（RF）休克或灼伤的有关人体感应电流的限值，放宽了低频磁场暴露限值，以及在高频下的暴露限值和平均时间，它们在 300GHz 与现有的红外线最大允许暴露限值（Maximum Permissible Exposure Limit，MPE）相兼容。

不同的 MPE 限值应用于受控环境时，承受暴露的人是那些意识到暴露具有潜在危害的人，例如 RF 工作人员；而对于不受控制的环境，承受暴露的公众个人并不知晓他们处在有危害的电磁环境中或如何控制暴露发生。下面是适用于不可控环境的限值（表 2-5 有变动内容）。

表 2-5　干预电平（当无线电频率安全计划不可用时，允许公众的最大暴露限值）

1	2	3	4	5	
频率范围/MHz /MHz	电场强度 (E)[①] /(V/m)	磁场强度 (H)[①] (H)[①]/(A/m)	功率密度 (5) 电场、磁场/(mW/cm²)	平均时间[②]/min $\lvert E^2\rvert$、S 或 $\lvert H^2\rvert$	
0.1 ~ 1.34	614	$16.3/f_M$	$(1000, 100000/f_M^2)$[③]	6	6
1.34 ~ 3	$823.8/f_M$	$16.3/f_M$	$(1800/f_M^2, 100000/f_M^2)$	$f_M^2/0.3$	6
3 ~ 30	$823.8/f_M$	$16.3/f_M$	$(1800/f_{M2}, 100000/f_M^2)$	30	6
30 ~ 100	27.5	$158.3/f_M^{1.668}$	$(29400000/f_M^{3.336})$	30	$0.0636f^{1.337}$
100 ~ 400	27.5	0.0729	2	30	30
400 ~ 2000	—	—	$f_M/200$	30	
2000 ~ 5000	—	—	10	30	
5000 ~ 30000	—	—	10	$150/f_G$	
30000 ~ 100000	—	—	10	$25.24/f_G^{0.476}$	
100000 ~ 300000	—	—	$(90f_G - 7000)/200$	$5048/\left[(9f_G-700)f_G^{0.476}\right]$	

注：1. 资料来源：IEEE C95.1 IEEE Standard for safety levels with respect to human exposure to radio frequency electro-magnetic fields, 3kHz to 300GHz, 1991

　　2. f_M 是以 MHz 为单位的频率。

　　3. f_G 是以 GHz 为单位的频率。

① 对于全身性的均匀暴露，如在远场某些平面波下的暴露，则暴露的场强和功率密度要与本表中的 MPE 值比较。而对于非均匀暴露，则暴露场的平均值可以这样获得，对场强二次方在空间上平均或将功率密度在与人体的垂直横截面（投影面积）相当的面积或根据频率（参见 IEEE Std C95.1 表 8 和表 9 的注）在更小的面积上平均，以这样获得的暴露场平均值再与本表中的 MPE 值进行比较。

② 左栏是对 $\lvert E^2\rvert$ 的时间平均值；右栏是对 $\lvert H^2\rvert$ 的时间平均值。若频率大于 400MHz，则对功率密度 S 做时间平均。

③ 在较高频率时，这些平面波等效功率密度值通常方便与 MPE 值做比较，并且在有些使用的仪器上有显示。

所有这些份额的总和不应超过 1。对于人体暴露在 0.1 ~ 300000MHz 频率范围内脉冲场情况下，依据电场的 MPE 的峰值（瞬时）是 100kV/m。

对于暴露在脉冲持续时间小于 100ms 的脉冲 RF 场及单个脉冲的情况，将用表 2-5（电场等效功率密度）的 MPE 乘以平均时间再除以 5 倍的脉冲宽度的时间来给定其 MPE，即

$$\text{峰值 MPE} = \frac{\text{MPE} \times \text{平均时间(s)}}{5 \times \text{脉冲宽度(s)}}$$

对于脉冲重复频率至少是 100ms 的情况下，在任何周期等于平均时间的期间，允许最多有 5 个这样的脉冲。若在任何周期等于平均时间的期间，有 5 个以上这样的脉冲，或若脉宽大于 100ms，则正常的平均时间计算法仍适用，只是在任何 100ms 期间里，能量密度要受到先前公式的限制，即

$$\text{峰值 MPE} \times \text{脉冲宽度 (s)} = \frac{\text{MPE} \times \text{平均时间 (s)}}{5}$$

在 100kHz 和 6GHz 之间的那些频率上，若暴露条件可以通过适当的技术表明，对整个人体取平均的话，则在整个身体上产生的 SAR 值低于 0.08W/kg，而任何 1g 立方体细胞组织取

平均的话，其上所受到的空间 SAR 峰值不超过 1.6W/kg，则在不可控的电磁场强中，MPE 可能会被超过，但手、腕、脚、踝除外，在这些部位，对任何 10g 细胞组织取平均的话，所受到的空间 SAR 峰值不应超过 4W/kg，并且人体中感应的电流应符合表 2-4 的规定值。

暴露限值的第二个来源是包含在文件 47 C. F. R. 1. 1310 FCC 的 RF 暴露指南，见参考文献 [17]。表 2-6 中所列出的要求应该用于评估人体暴露在 1307（b）款规定的 RF 辐射情况下环境对人的影响。但便携式设备的情况除外，它们应当按照文件 47 C. F. R. 的 2. 1093 款的规定进行评估。有关符合这些限值的更多信息可在 FCC 的 OET/OET Bulletin Number 65，"Evaluating Compliance with FCC – Specified Guidelines for Human Exposure to Radio frequency Radiation（公告第 65 号：符合 FCC 规定的人体暴露于射频辐射的指南之评估）"文献中获得。FCC 的限值通常是根据"the National Council on Radiation Protection and Measurements（NCRP）"（国家辐射防护和测量委员会（NCRP）出版的《Biological Effects and Exposure Criteria for Radiofrequency Electromagnetic Fields（射频电磁场的生物效应和暴露标准）（NCRP 第 86 号报告 17. 4. 1、17. 4. 1. 1、17. 4 和 17. 3；NCRP 版权，1986，Bethesda，MD，20814)》制定的。有关在 100~1500MHz 频率范围的限值通常也是根据 ANSI（美国国家标准学会）推荐的 IEEE 标准《IEEE Standard for Safety Levels with Respect to Human Exposure to Radio Frequency Electromagnetic Fields，3kHz ~300GHz，ANSI C95. 1 – 1992（关于人体暴露在 3kHz ~300GHz 射频电磁场中的安全等级的指南 – ANSI/IEEE C 95. 1 – 1992)》中的 4. 1 节相关内容制定的。

表 2-6　国际非电离辐射防护委员会有关公众暴露在时变电场和磁场中的参考保护电平

频率范围	电场强度/（V/m）	磁场强度/（A/m）	B 场/μT	等效平面波功率密度 S_{eq}/（W/m²）
1~8Hz	5000	$3.2 \times 10^4/f^2$	$0.04/f^2$	—
8~25Hz	5000	$4000/f$	$0.005/f$	—
25~50Hz	5000	160	2×10^{-4}	—
50~400Hz	$2.5 \times 10^5 f$	160	2×10^{-4}	—
0.4~3kHz	$2.5 \times 10^5 f$	$64000/f$	0.08	—
0.003~10MHz	83	21	2.7×10^{-5}	—
10~400MHz	28	0.073	0.092	2
400~2000MHz	$1.375 f^{1/2}$	$0.0037 f^{1/2}$	$0.0046 f^{1/2}$	$f/200$
2~300GHz	61	0.16	0.20	10

注：1. f 如频率范围一栏中所指明的。

　　2. 只要基本限制满足且不利的间接影响排除在外的话，则可以超出规定的场强值。

　　3. 对于 100kHz~10GHz 之间的频率，S_{eq}，E_2，H_2 和 B_2 是在任何 6min 期间内平均值。

　　4. 对于频率高达 100kHz 时的峰值（见 the ICNIRP Guidelines for limiting exposure to time – varying electic，magnetic and electromagnetic fields 中的表 4[⊖]）。

　　5. 对于频率超过 100kHz，频率在 100kHz 和 10MHz 之间的峰值（见 the ICNIRP Guidelines for limiting exposure to time – varying electric，magnetic and electromagnetic fields 中的图 1、图 2），场强的峰值是通过 100kHz 时 1.5 倍峰值和 10MHz 时 32 倍峰值之间的插值法获得的。对于超过 10MHz 的频率，建议按照脉宽取平均，其峰值等效平面波功率密度不超过 1000 倍的 S_{eq} 限制，或场强不超过上表中场强暴露电平的 32 倍。

　　6. 对于超过 10GHz 的频率，S_{eq}，E^2，H^2 和 B^2 是在任何 $68/f^{1.05}$ 分钟期间内取平均获得的，频率 f 单位为 GHz。

　　7. 频率 <1Hz 的 E 场值未提供，它们是有效的静电场，在场强 <25V/m 将不会产生可感觉到的表面电荷，由火花放电引起的应力和干扰都应避免。

　⊖　未见到"the ICNIRP Guidelines for limiting exposure to time – varying electric，magnetic and electromagnetic fields"在本书中提供。原书可能疏漏。——译者注

2.7.4　欧洲和其他标准

至少在 1977 年以前，东欧一些国家制定的基本观点似乎是由微波辐射引起的任何效应，无论是主观上的、客观上的或可逆转的，都应当避免，因而俄罗斯等的标准限值低到 $1\mu W/cm^2$（即为加拿大限值电平的 1/2000）。

在 1997 年 5 月，匈牙利标准协会发布以欧洲先行标准（ENV50166 – 1/2）作为匈牙利先行标准 MSZ ENV 50166 – 1/2。匈牙利国会的基本政策就是经批准有效的 EU 标准（欧盟标准）应当考虑作为匈牙利的国家标准。

俄罗斯的限值已经保持了 40 多年不变，其限值建立在暴露强度和时间的基础上：$10\mu W/cm^2$ 持续 8h，$100\mu W/cm^2$ 可达 2h，$1000\mu W/cm^2$ 每个工作日可达 20min。

1998 年 8 月波兰发布了新的公众暴露限值，虽然加大了限值，但在相同的频率范围（0.1Hz ~ 300GHz）仍然低于欧洲电工标准化委员会（European Committee on Electrotechnical Committee，CENELEC），国际辐射防护协会（International Radiation Protection Assoiation，IRPA）或美国国家标准学会（American National Standards Institute，ANSI）的建议限值。但太急剧地增大公众暴露限值肯定有困难，至少在起初是这样。

欧洲委员会已经建议对 SAR 做出基本的限制，以防止整个人体的热应力和细胞组织的局部过热。设定基本的限制是考虑到与个人敏感度，与环境条件有关的不确定度以及公众的年龄和健康状况不同的事实。在 10MHz ~ 10GHz 对整个人体的 SAR 限值是 0.08W/kg；对头部和躯干的局部 SAR 限值是 0.08W/kg，对于四肢是 4W/kg。欧洲电工标准化委员会（CENELEC）在 1994 年 11 月底接受了 ENV 50166 并暂行使用 3 年，它已延长到 2000 年。

在 1997 年德国实施了第 26 个电磁场法令（the 26th EMF Ordinances），法令是根据 IRPA、WHO（World Health Organization，世界卫生组织）和 ICNIRP（International Commission on Non – Ionizing Radiation Protection，国际非电离辐射防护委员会）的指南制定的。电磁场法令限制的频率范围是 10 ~ 300000MHz，限制电平见表 2-6。

在英国，国家放射性防护委员会（National Radiological Protection Board，NRPB）修订了 1993 年的建议，并发布了新的 8 号建议。

在日本，邮电省（Ministry of Posts and Telecommunications，MPT）颁布了修订过的条例（Radio Radiation Protection for Human Exposure to Electromagnetic fields from 10kHz ~ 300GHz）。规定了人暴露在 10kHz ~ 300GHz 电磁场中的无线电辐射防护限值。这些指南包含的限值电平是加拿大安全法规 6 和 IEEE C 95.1 标准的混合产物，但又与两者不同。1997 年，MPT 稍微修订了该指南，对于公众环境将 1g 细胞组织的局部 SAR 限值从 1.6W/kg 修改为对 10g 细胞组织时的 2W/kg。

澳大利亚标准委员会制定了一个澳大利亚与新西兰联合标准，并于 1998 年发布了草案 NZS/AS 2772 Part 1。目前 UHF 参考电平保持在 $200\mu W/cm^2$，它比 ICNIRP 更保守，ICNIRP 允许在 900MHz 时为 $450\mu W/cm^2$。

意大利对公众的限值电平是：从 100kHz ~ 3MHz 为 60V/m 和 0.2A/m，从 3MHz ~ 3GHz 为 20V/m 和 0.5A/m，从 3 ~ 300MHz 为 40V/m 和 0.1A/m。这些限值是对 8min 取平均值的。对任何频率，"警戒电平"是 6V/m 和 0.016A/m。

2.7.5 ICNIRP、CENELEC、IRPA 和 CEU 限值

1998 年，国际非电离辐射防护委员会（ICNIRP）出版了在时变电场、磁场和电磁场的暴露限制指南。他们推断从 10MHz 至几 GHz 频率范围内产生的任何生物和健康方面的效应都会和人体温度升高超过 1℃ 的响应相一致。这种程度的温度升高是个体暴露在中等环境条件下对整个人体的 SAR 约为 4W/kg 的情况下约达 30min 所造成的结果。选取整个人体的平均 SAR 为 0.4W/kg 来作为暴露限制值可以为职业暴露提供足够的保护。对于公众暴露引入的另外一个安全系数是 5，于是给定整个人体的平均 SAR 限值为 0.08W/kg。取较低的公众暴露限制值是考虑他们的年龄和健康状况与职业人员有差别这个事实。参考电平（E、H 和功率密度）可利用外推法从基本的 SAR 值求得。对于公众的这些参考电平由表 2-6 提供。ICNIRP 与 IRPA 一同提出了基本的辐射限制指南，表 2-7 提供了对于职业人员的暴露限值。

由 CENELEC 提出的指导性限制值规定在欧洲先行标准 ENV 50166 中，而由 IRPA 和欧共体委员会（Commission of European communities，CEU）的指导性限值则由表 2-7 提供。这些 SAR 值只能应用于职业人员全工作日的暴露限制，包括暴露在 50/60Hz 的电磁场下的限值。

但是，和其他组织一样，该委员会不考虑下列影响：

1）药品；

2）环境中的化学媒介物或物理媒介物；

3）调制的微波效应；

4）可能的非常长期的非热效应；

5）高电平低重复率的场源。

表 2-7 CENELEC ENV 50166、IRPA 和 CEU 推荐的在一个工作日的工作人员（非公众）暴露限制指南

（a）电源频率 50/60Hz	CENELEC	IRPA	CEU
感应电流密度头和躯干/（mA/m^2）	10	10	10
电磁强度/（kV/m）	10	10	19.6, 12.3, 6.1
磁通密度/mT	1.6	0.5	0.64, 0.4, 0.2
接触电流/mA	3.5		1.5
（b）高频	CENELEC	IRPA	CEU
频率范围/Hz	10×10^4	10×10^7	10×10^5
比吸收率 SAR（6min）（W/kg）	3.0×10^{11}	3.0×10^{11}	3.0×10^{11}
全身	0.4	0.4	0.4
四肢（对 10g 细胞组织取平均）	20	20	20
头和躯干（对 10g 细胞组织取平均）	10	10	10
峰值比吸收率 SA（mJ/kg）	10		10
接触电流 [0.1~3（100）MHz]/mA	35	(50)	50

2.7.6 电磁场电平的测量

宽带各向同性探头是一种用来测量 EM 场的设备。但是，这种设备要在远场校准（即用近似平面波照射）。

在近场测量时使用恰当的探头是很重要的，磁场探头或电场探头适用于大多数仪器。由

点源产生的辐射其近场/远场的转折点规定为 $\lambda/2$，但是，对于天线而言，其转折点取决于天线口径。例如，对于特定的螺旋天线（见参考文献 [11]）其转折点在 25ft，它的工作频率为 250 ~ 400MHz。按先前章节所论述的和仅作为应用指南，用偶极子产生的场主要是电场，它是载流电缆产生的场；而由环产生的场主要是磁场。在对于一种螺旋形天线，在接近该天线的地方，既不是电场为主也不是磁场为主；因此，电场探头或磁场探头都可以用来测量[11]。下面举例说明使用恰当探头的重要性：若使用磁场探头来测量偶极子的近场，它探测到的值记录的最大磁场电平（即 0.073A/m），如果我们假设该测量位置处的波阻抗 $Z_w = 6000\Omega$，那么该处电场强度将是：

$$6000\Omega \times 0.073A/m = 438V/m（即为推荐电平的 16 倍）$$

潜在的有害场可由似乎不大可能的或至少意想不到的场源所产生。在 EMI 的研究过程中，已经测到屏蔽盒（没有缝隙）和它的电源电缆产生的宽带电场是 200V/m。类似地，在含有等离子源的器械附近，也已测到 30MHz 时的窄带磁场高达 7A/m。

2.7.7　直流（DC）场和工频场（Power Frequency Field）

那些生活在工业社会的人们不断地暴露在电力线，电器和高压传输线产生的频率在50 ~ 60Hz 范围内的电场和磁场中。为了提高效率，架空电力线路提升电压已经有许多年了，最近已经从 345kV 提升到 765kV。由于公众的关心，许多有关可能产生危害的研究课题已经在进行中。

较早的研究表明 60Hz 的电场和磁场可能影响生物系统，但是，由于最近对人体效应的研究产生了相矛盾的结果，因此，作者认为在本书出版的时候得不出结论。Health and Welfare（加拿大保健与福利组织）不规定 10kHz 以下磁场的最大暴露限制。在那方面研究的接触已经形成了一份标题为"暴露于 60Hz 磁场的过渡性指南"的报告供 IRPA（国际辐射防护协会）参考，并发表在 1990 年的《有害辐射防护学》期刊上。在 24h 内推荐的最大暴露限值是 1000mG = 79.36A/m。（以高斯或特斯拉为单位的磁通密度限值，在相对磁导率为 1 的情况下，可以转换成磁场强度。关系式是 $1T = 7.936 \times 10^5 A/m$ 和 $1T = 10^4 G$。因此，$1G = 79.36A/m$）。

ICNIRP 已经提出了静磁场中的暴露限值指南。这些指南已经形成的静磁场中的暴露限值列在表 2-8 中。指南声明应阻止装有心脏起搏器的人无意地进入到可以包容大多数的躯干的具有足够大场强的且具有的磁通密度大于 0.5mT（396A/m）的容积区内。一些报告（参考文献 [12 - 14]）已经提出在接近视频显示终端（VDT）的极强的 LF 和 DC 电场（可达10000V/m）的问题。而有一份报告（参考文献 [13]）指出，从大量的 VDT 测到的电离辐射是处在无意义的低电平状态。有几家制造商已经生产出导电抗静电塑料，这种材料可以放在环绕阴极射线管屏幕的镶嵌玻璃的沟缘下边。这种材料的一个缺点是当屏幕弯曲时，材料会形成皱褶。使用这种材料的另一个缺点是会反光，若这种材料是防反光的，则可减小反光。除非抗静电材料连接到监视器内的某些金属构件上，这些构件再连接到 AC 安全接地上，否则抗静电材料会无效。一般来说，这种材料只有一边是导电的，当作接地连接时，选择使用正确的那一边是很重要的。

表 2-8 国际非电离辐射防护委员会对暴露①于静磁场的限值

暴露特征	磁通密度	暴露特征	磁通密度
职业性的②		公众④	
全工作日（时间加权平均）	200mT $(1.58 \times 10^5 A/m)$	连续暴露	40mT $(3.17 \times 10^4 A/m)$
头部与躯干	2T	身体的任何部位	
四肢③	8T		

① ICNIRP 建议：这些限值应该看成是对空间暴露的峰值限值。

② 对于具体的工作应用，如果环境受到控制并采取了适当的工作措施来控制活动引起的影响，那么最多暴露 8T 就是合理的。

③ 还没有获得基础的暴露限值超过 8T 的信息。

④ 由于具有潜在的间接不利影响，ICNIRP 认识到需要实施切实的政策，以防止植入式电子医疗设备和植入含有铁磁材料对人体的伤害，以及来自飞行物体存在的危害性，这就有可能要将暴露限值大大降低，如只有 0.5mT。

更好的是防闪光/抗静电屏幕，它们专用于制造各种不同的监视器。这些屏幕可以从电脑附件供应商处购买到，根据一家制造商的广告，这种屏幕可将场强减少 80% ~ 90%。

2.8 计算机程序

以下的计算机程序是用 Microsoft's QuickBASIC 3.0 版本编写的。不像其他普通版本汇编的 BASIC，QuickBASIC 的编辑者不需要行号并允许使用字母数字标号。

这些程序编入了本章和第 7 章中的一些方程式，可用于 EMC 预估、问题解决以及用 PC 做天线校准。这些程序可免费从 EMC 咨询公司得到。

2.8.1 计算导线辐射的计算机程序

这些程序可以用来计算导线或电缆产生的辐射电场、磁场或功率，具体要视程序中所应用的方程式而定。这些方程式包括电流元、电偶极子、电流环路和接地平面上的导线等产生的辐射。这些方程式可以用来模拟下述电缆布置：

1) 电气短导线/电缆，它们距接地平面有一定的距离或需要非常接近某些场。该导线/电缆的一端或两端必须断开。

2) 构成环路的导线或电缆具有返回导线或在接地平面里有它的电磁镜像。导线的长度、导线之间的距离和返回路径都必须远小于波长。模拟接地平面以上的导线或电缆时，要输入导线或电缆高出接地平面以上距离的两倍以表示框形天线的宽度。

3) 导线/电缆和返回路径构成了传输线，返回路径可以是导线或由接地平面里的导线/电缆的电磁镜像来形成。当导线/电缆只有一端接地时，其长度必须是谐振长度，即为波长的 1/4，3/4，5/4，…；当导线/电缆是两端接地时，其长度必须是波长的 1/2，1，3/2，……波长。两根导线/电缆之间的距离必须远小于波长。当返回路径是接地平面里的电磁镜像时，使用其高出接地平面以上距离的两倍时，要输入两导线之间的距离。

2.8.1.1　用于计算电流元（电偶极子）的电场、磁场和波阻抗的计算机程序

```
'Initialize constants
C=3E+08
PI=3.14159
'Initialize input variables
F=2000: CUR=1: R = 1: THETA=90
GOTO ComputeCurrentElement:
CurrentElementMenu:
CLS
PRINT
PRINT "CURRENT ELEMENT
PRINT "Schelkunoff & Friis, Antennas, Theory and Practice
PRINT "Wiley, 1952, p120
PRINT
PRINT "INPUTS:"
PRINT "[F] FREQUENCY (F):",F;" Hz"
PRINT "[C] LOOP CURRENT (1): ",CUR;" amps"
PRINT "[D] DISTANCE FROM ELEMENT:",R;" meters"
PRINT "[A] ANGLE:",THETA;" degrees"
PRINT "[X] End program"
PRINT "Which variable do you wish to change (F,C,etc)?"
PRINT
PRINT "OUTPUTS:"
PRINT "MAGNETIC FIELD      :",HH,"A/m"
PRINT "ELECTRIC FIELD      :",EE,"V/m"
PRINT "WAVE IMPEDANCE      :",ZW,"Ohms"
CurrentElementLoop:
SEL$=1NKEY$
IF LEN(SEL$)>0 THEN LOCATE 12,1: PRINT SPACE$(70): LOCATE 12,4
IF (SEL$="F") OR (SEL$="f") THEN INPUT" Enter frequency ",F
IF (SEL$="C") OR (SEL$="c") THEN INPUT" Enter loop current ",CUR
IF (SEL$="D") OR (SEL$="d") THEN INPUT" Enter distance from element ",R
IF (SEL$="A") OR (SEL$="a") THEN INPUT" Enter angle ",THETA
IF (SEL$="X") OR (SEL$="x") THEN END
IF LEN(SEL$)>0 THEN GOTO ComputeCurrentElement:
GOTO CurrentElementLoop:
ComputeCurrentElement:

LAMBDA=C/F : BETA=2*PI/LAMBDA
ERE=1-LAMBDA^2/(4*PI^2*R^2): EIM=LAMBDA/(2*PI*R)
EMAG = SQR(ERE^2 + EIM^2)
ET =377*CUR/(2*LAMBDA *R)*EMAG*SIN(THETA *PI/180)
XMAG=SQR(1 +(LAMBDA/(2*PI*R)Y2)
HH = CUR/(2*LAMBDA*R)*XMAG*SIN(THETA *PI/180)
ER =377*CUR/(2*PI*R"2)*XMAG*COS(THETA *PI/180)
IF THETA=90 THEN ZW=ET/HH ELSE ZW=O
EE = SQR(ET^2 + ER^2)
GOTO CurrentElementMenu:
```

2.8.1.2　用于计算电流环路（框形天线）的电场、磁场和波阻抗的计算机程序

```
'Initialize constants
C=3E +08: RC=377: PI =3.14159
'Initialize variables
F=20000: 1=1: L=1: W=1: R=1: THETAD=90
GOTO ComputeCurrentLoop:
CurrentLoopMenu:
CLS
```

```
PRINT
PRINT "ELECTRIC FIELD FROM FRAME ANTENNA"
PRINT "Schelkunoff, Antennas, Theory and Practice, pg. 320"
PRINT
PRINT "INPUTS:"
PRINT "[F] FREQUENCY:",F;" Hz"
PRINT "[C] LOOP CURRENT:",!;" amps"
PRINT "[L] LENGTH OF FRAME ANTENNA:",';" m"
PRINT "[W] WIDTH OF FRAME ANTENNA:",W;" m"
PRINT "[D] DISTANCE FROM FRAME TO MEAS. PT.:",R;" m"
PRINT "[A] ENTER FRAME ANGLE:",THETAD;" degrees"
PRINT "[X] End program
PRINT "Which variable do you wish to change (F,C,etc)?"
PRINT
PRINT "OUTPUTS:"
PRINT "ELECTRIC FIELD=",EPHI;" V/m"
PRINT "MAGNETIC FIELD=",HMAG;" A/m"
PRINT "WAVE IMPEDANCE=",ZW;" Ohms"
'
CurrentLoopLoop:
SEL$=1NKEY$
IF LEN(SEL$)>0 THEN LOCATE 13,1
IF LEN(SEL$)>0 THEN PRINT SPACE$(70)
LOCATE 13,4
IF (SEL$="C") OR (SEL$="c") THEN INPUT" Enter loop current", I
IF (SEL$="F") OR (SEL$="f") THEN INPUT" Enter frequency ",F
IF (SEL$="L") OR (SEL$="1") THEN INPUT" Enter length of frame antenna ",L
IF (SEL$="W") OR (SEL$="w") THEN INPUT" Enter width of frame antenna ",W
IF (SEL$="D") OR (SEL$="d") THEN INPUT" Enter distance ",R
IF (SEL$="A") OR (SEL$="a") THEN INPUT" Enter frame angle ",THETAD
IF (SEL$="X") OR (SEL$="x") THEN END
IF LEN(SEL$)>0 THEN GOTO ComputeCurrentLoop:
GOTO CurrentLoopLoop:
ComputeCurrentLoop:
S=L*W
BETA=2*PI*F/C
THETAR=THETAD*PI/180
EPHI = RC*BETA^2*1*S*SQR(1 + (1/(BETA*R)^2))*SIN(THETAR)/(4*PI*R)
HTHETA       BETN2*1*S*SQR((1-
(1/(BETA*R)^2))^2+(1/(BETA*R)^2))*SIN(THETAR)/(4*PI*R)
HR=BETA*I*S*SQR(1+1/(BETA*R)^2)*COS(THETAR)/(2*PI*R^2)
HMAG=SQR(HTHETA^2+HR^2)
IF THETAD=90 THEN ZW=EPHI/HMAG ELSE ZW=O
GOTO CurrentLoopMenu:
```

2.8.1.3 用于计算谐振传输线辐射的计算机程序

```
WireAboveGroundPlane:
'CLS:LOCATE 4,1
'PRINT "RADIATION FROM A TRANSMISSION LINE"
'PRINT
'PRINT" P=30*BETA^2*BB^2*1^2"
'PRINT " H=SQR(P*K/(4*PI*RA2*ZW})"
'PRINT" BETA=2*PI*F/C
'PRINT" PI=3.14159
'PRINT" K =DAVID'S CONSTANT= 1.5
'PRINT" SPEED OF LIGHT IN VACUUM, (C = 3E08 m/s)"
```

```
'PRINT
'GOSUB Spacebar:
GOTO ComputeWireAboveGroundPlane:
WireAboveGroundPlaneMenu::
CLS: PRINT
PRINT "WIRE ABOVE A GROUND PLANE
PRINT
PRINT "INPUTS:"
PRINT
PRINT "[F] FREQUENCY (F):",F;" Hz"
PRINT "[R] DIAMETER OF WIRE (D):",D;" metres"
PRINT "(C) LINE CURRENT (I):",I;" amps"
PRINT "[D] DISTANCE FROM WIRE TO MEAS. PT.:",R;" metres"
PRINT "[H] DISTANCE BETWEEN CONDUCTORS"
PRINT" OR HEIGHT ABOVE GROUND PLANE:",BB;" metres"
PRINT "[X] Exit to Main Menu"
PRINT "Which parameter would you like to change (A,B, .. )?"
PRINT
PRINT "OUTPUTS:"
PRINT
PRINT "POWER= ",P;"W/m^2"
PRINT "MAGNETIC FIELD= ",H;" A/m"
PRINT "ZW= ",ZW;"Ohms"
PRINT
PRINT
WireAboveGroundPianeLoop::
SEL$=1NKEY$
IF LEN(SEL$)>0 THEN LOCATE 12,1
IF LEN(SEL$)>0 THEN PRINT SPACE$(70)
LOCATE 12,4
IF (SEL$="F") OR (SEL$="f") THEN INPUT" Enter frequency ",F
IF (SEL$="C") OR (SEL$="c") THEN INPUT" Enter loop current ",1
IF (SEL$="R") OR (SEL$="r") THEN INPUT " Enter diameter of wire ",D
IF (SEL$="D") OR (SEL$="d") THEN INPUT" Enter distance ",R
IF (SEL$="H") OR (SEL$="h") THEN INPUT" Enter distance or height ",BB
IF (SEL$="X") OR (SEL$="x") GOTO MainMenu:
IF LEN(SEL$)>0 GOTO ComputeWireAboveGroundPlane:
GOTO WireAboveGroundPlaneLoop::
ComputeWireAboveGroundPlane:
GOSUB CheckVariables:
K=1.5
LAMBDA=C/F
IF R>LAMBDA/(2*PI} THEN
    ZW=377
ELSE
    ZO= 138*(LOG((4*BB)/D)/LOG(1 0))
    ZW=(R/(LAMBDA/(2*PI}})*(ZO-377)+377
END IF
P=30*BETA^2*BB^2*I^2
H=SQR(P*K/(4*PI*R^2*ZW))
GOTO WireAboveGroundPlaneMenu:
```

2.8.2　用于计算电场/磁场耦合到导线/电缆中的电流的计算机程序

这些程序根据入射的电场或磁场来计算受扰导线/电缆中的电流。程序中所用到的方程包括下述的电缆布置：

1）形成环路的导线/电缆具有返回导线或在接地平面里有它们的电磁镜像。在模拟接地平面以上的导线时，要输入导线高出接地平面的高度。对于导线/电缆输入该高度下两导线之间距离的一半。在高度（H）或长度（L）远小于波长时，应用矩形环路的电感并将（I）输入到程序中。当负载阻抗设定为零时，也可以用（I）来计算环形天线的接收性能。在长度远大于高度而高度又小于半波长时，应用传输线理论并将（T）输入到程序中。

2）在电缆长度小于 1/4 波长的场合，使其在一端与地断开，将另一端接到金属外壳上。

将（M）输入到程序中。可以用（M）来计算非谐振单极子天线的接收性能。

在本书第 4 章末提供了两导线或电缆之间的耦合和串扰的计算机程序。

2.8.2.1　用于计算环路（I）接收性能的计算机程序

```
'Initialize constants
C=3E+08: RC=377:PI=3.14159
'Initialize variables
Z0=50: Z1 =50: H = 1: LL=1: A=.006: F=20000: IO=1
GOTO INDcompute:
InductanceInputs:
CLS
PRINT "LINE CURRENTS USING INDUCTANCE"
PRINT "Equation 8 from Taylor & Castillo, IEEE, Vol. EMC-20, No. 4, Nov. 1978"
PRINT "INPUTS:
PRINT "[F] FREQUENCY",,F;"Hz
PRINT "[S] SOURCE IMPEDANCE",,Z0;"Ohms
PRINT "[T] LOAD IMPEDANCE",,Z1 ;"Ohms
PRINT "[Z] HEIGHT",,,H;metres
PRINT "[L] LENGTH",,,LL;"metres
PRINT "[D] DIAMETER OF WIRE",,A;"metres
IF XX$="?" THEN
    PRINT "[C] CURRENT IN TERMINATION (Amps or?):","?= Refer to OUTPUT"
    PRINT "[H] MAGNETIC FIELD",MF;"Amps/m"
ELSE
    PRINT "[C] CURRENT IN TERMINATION (Amps or ?):", 10;" Amps
END IF
PRINT "[X] End program"
PRINT "Which parameter would you like to change (A,B, .. )?"
PRINT
PRINT
PRINT "OUTPUT:"
PRINT "INDUCTANCE OF RECTANGULAR LOOP= ",L;"Henrys"
PRINT "FLUX DENSITY = ",B;"Webers/mA2"
MF=B/UO
IF XX$="?" THEN PRINT "CURRENT IN TERMINATION (Amps) = ",IO;"A"
IF XX$<>"?" THEN PRINT "MAGNETIC FIELD = ",MF;"A/m"
INDLoop:
SEL$=1NKEY$
IF LEN(SEL$)>0 THEN LOCATE 13,1: PRINT SPACE$(70):LOCATE 13,1
IF (SEL$="S") OR (SEL$="s") THEN INPUT "Enter source impedance ",Z0
IF (SEL$="T") OR (SEL$="t") THEN INPUT "Enter source impedance ",Z1
IF (SEL$="8") OR (SEL$="b") THEN GOTO CNGEXX::
IF (SEL$="Z") OR (SEL$="z") THEN INPUT "Enter height ",H
```

```
IF (SEL$="L") OR (SEL$="1") THEN INPUT "Enter length ",LL
IF (SEL$="D") OR (SEL$="d") THEN INPUT "Enter diameter of wire ",A
IF (SEL$="F") OR (SEL$="f") THEN INPUT "Enter Frequency ",F
IF (SEL$="C") OR (SEL$="c") THEN GOTO CNGEXX:
IF (SEL$="H") OR (SEL$="h") THEN INPUT "Enter magnetic field ",MF
IF (SEL$="X") OR (SEL$="x") THEN END
IF LEN(SEL$)>0 THEN GOTO INDcompute:
GOTO INDLoop:
CNGEXX:
INPUT "Enter CURRENT IN TERMINATION (Amps or ?): ",XX$
IF XX$="?" THEN
    LOCATE 13,1
    PRINT "Current value for MAGNETIC FIELD is:";MF;"Amps/m"
    INPUT "Enter new value:";MF
    GOTO INDcompute:
END IF
IO=VAL(XX$)
GOTO INDcompute:
CNGEMF:
    LOCATE 13,1
    PRINT "Current value for MAGNETIC FIELD is:";MF;"Amps/m"
    INPUT "Enter new value:";MF
GOTO INDcompute:
INDcompute:
    UO=4*PI*.0000001
    D=SQR((2*H)^2+LL^2)
    AA=LL*LOG(4*H*LL/(A*(LL+D)))
    BB=2*H*LOG(4*H*LLI(A*(2*H+D)))
    CC=2*D-7/4*(LL+2*H)
    L=UO/PI*(AA+BB+CC)
    ZZ= SQR((2*(ZO+ Z1) Y2 + (2*PI*F*LY2)

    IF XX$="?" THEN
        B=MF*UO
        IO= B*2*PI*F*4 *H*LL/ZZ
ELSE
        B= IO*ZZ/(2*PI*F*4*H*LL)
    END IF
GOTO InductanceInputs:
```

2.8.2.2　用于计算传输线（T）接收性能的计算机程序

```
'Initialize constants
C=3E+08: RC=377:PI=3.14159
'Initialize variables
IO=1: EO=1: ZI=SO: H=1: F=20000: A=.003: IsItCurrent=1
GOTO ComputeTransmissionLine:
TransmissionLineInputs:
CLS
PRINT "LINE CURRENTS USING TRANSMISSION LINE THEORY"
PRINT "Taylor & Castillo: Eqn. 6,10 from IEEE, Vol. EMC-20, No. 4, Nov,
    1978"
PRINT
IF lsltCurrent= 1 THEN
    PRINT "[A] WIRE CURRENT (Amps or ?) :";10
ELSE
    PRINT "[A] ELECTRIC FIELD (V /m or ?) :";EO
```

```
END IF
PRINT "[R] RESISTANCE OF LINE:"; ZI;"Ohms"
PRINT "[H] HEIGHT :";H;"metres"
PRINT "[F] FREQUENCY :";F;"Hz"
PRINT "[D] DIAMETER OF WIRE :";A;"metres"
PRINT "[X] End program
PRINT "Which parameter would you like to change (A,B, .. )?"
PRINT
PRINT
PRINT "OUTPUT:"
IF lsltCurrent=1 THEN PRINT "ELECTRIC FIELD (V/m) = ";EO;" V/m"
IF lsltCurrent=0 THEN PRINT "WIRE CURRENT = ";10;" Amps"
PRINT "CHARACTERISTIC IMPEDANCE = ";ZC;"Ohms"
TLoop:
SEL$=1NKEY$
IF LEN(SEL$)>0 THEN LOCATE 10,1: PRINT SPACE$(70): LOCATE 10,1
IF (SEL$="A") OR (SEL$="a") THEN GOTO ALTERXXX:
IF (SEL$="R") OR (SEL$="r") THEN INPUT "Enter impedance of line ",ZI
IF (SEL$="H") OR (SEL$="h") THEN INPUT "Enter height ",H
IF (SEL$="F") OR (SEL$="f") THEN INPUT "Enter frequency ",F
IF (SEL$="D") OR (SEL$="d") THEN INPUT "Enter diameter ",A
IF (SEL$="X") OR (SEL$="x") THEN END
IF LEN(SEL$)>0 THEN GOTO ComputeTransmissionline: ·
GOTO TLoop:
ALTERXXX:
LOCATE 10,1
IF lsltCurrent= 1 THEN GOTO ALTERXXX2:
INPUT "ELECTRIC FIELD (V/m or?): ",XXX$
IF XXX$="?" THEN
    PRINT "Current value for WIRE CURRENT is:";IO;"Amps"
    INPUT "Enter new value:",IO
    IsItCurrent= 1
ELSE
    EO=VAL(XXX$)
END IF
GOTO ComputeTransmissionline:
ALTERXXX2:
LOCATE 10,1
INPUT "WIRE CURRENT is (Amps or?): ",XXX$
IF XXX$="?" THEN
    PRINT "Current value for ELECTRIC FIELD is:";EO;"V /m"
    INPUT "Enter new value:",EO
    IsItCurrent=0
ELSE
    IO= VAL(XXX$)
END IF
GOTO ComputeTransmissionline:
ComputeTransmissionline:
UO=4*PI*.0000001
LE= (UO/PI)*LOG(H/ A)
K=2*PI*F/C
ZC1 = (ZI/1000 +2*PI*F*LE)*2*PI*F*LE/(K^2)
ZC=SQR(ZC1)
IF IsItCurrent= 1 THEN EO=IO*ZC/4/H
IF IsItCurrent=0 THEN IO=4*EO*H/ZC
GOTO TransmissionlineInputs:
```

2.8.2.3 用于计算非谐振单极子天线接收性能的计算机程序

```
CLS
PRINT "Open circuit voltage or current into a load caused by an E field
PRINT "incident on a short length of wire/cable (length << lambda) located
PRINT "at least 1 m from a ground plane and terminated to ground at one end
PRINT "only.
GOSUB Spacebar:
'Initialize constants
C=3E+08: Pl=3.14159
'Initialize variables
E0=1: F=2000: H=1: A=.001: RL=50: ZW=377
GOTO Compute:
Inputs:
CLS
PRINT " INPUTS:
PRINT" [A] Electric field",EO;"V/m"
PRINT " [B] Frequency",F;"Hz"
PRINT " [C] Length of wire",H;"metres"
PRINT " [D] Diameter of wire",A;"metres"
PRINT" [E] Load Resistance",RL;"Ohms"
PRINT " [F] Wave lmpedance",ZW;"Ohms"
PRINT " [X] End program
PRINT" Please select variable you wish to change (A,B,etc)
PRINT"
PRINT " OUTPUTS:"
IF 2*PI*H/LAMBDA<1 THEN GOSUB Outputs1:
IF (2*PI*H/LAMBDA>1) AND (2*PI/LAMBDA<2.75) THEN GOSUB Outputs2:
IF 2*PI*H/LAMBDA>2.75 THEN GOSUB Outputs3:
LOCATE 9,3
SelectLoop:
SEL$=1NKEY$
IF LEN(SEL$)>0 THEN PRINT SPACE$(80)
LOCATE 9,3
IF (SEL$="A") OR (SEL$="a") THEN INPUT "Enter electric field",EO
IF (SEL$="8") OR (SEL$="b") THEN INPUT "Enter Frequency",F
IF (SEL$="C") OR (SEL$="c") THEN INPUT "Enter Length of wire",H
IF (SEL$="D") OR (SEL$="d") THEN INPUT "Enter Diameter of wire",A
IF (SEL$="E") OR (SEL$="e") THEN INPUT "Enter Load Resistance",RL
IF (SEL$="F") OR (SEL$="f") THEN INPUT "Enter Wave lmpedance",ZW
IF (SEL$="X") OR (SEL$="x") THEN END
IF LEN(SEL$)>0 THEN GOTO Compute:
GOTO SelectLoop:
Compute:
SEL$=""
LAMBDA=C/F
BETA=2*PI/LAMBDA
HH=BETA*H
OMEGA=2*(LOG(2*H/ A))/LOG( 1 0)
RR = 197 .5*( (2*H)/LAMBDAY2
ZORE=10*(HW2)
TEMP1 =(OMEGA-2t2
TEMP2=2*(LOG(2)/LOG(10))
ZOIM=(30/HH)*(TEMP1/(1 + TEMP2))
ZO=SQR(ZORE^2 + ZOIM^2)
K=(1-(ZO/RL))/(1 +(ZO/RL))
ALPHA=1-K^2
```

```
G=1.5*ALPHA
Amax=G*(LAMBDA^2/(4*PI))
HE1 =(Amax*RR)/(2*ZW)
HE2=(EO*LAMBDA)/(2*PI)*TAN(PI*H/LAMBDA)
IF RL>1000000! THEN VO=EO*HE2 ELSE VO=EO*HE1
IF RL>1000000! THEN HE=HE2 ELSE HE=HE1
VL=EO*HE1
IL=VL/RL
IS=VO*TAN(2*PI*H/LAMBDA)/60
GOTO Inputs:
Outputsl:
PRINT " Open circuit voltage",ABS(VO);"Volts"
PRINT " Short circuit current",ABS(IS);"Amps"
PRINT " Effective height (He)",ABS(HE);"metres"
PRINT " Self impedance (Zo)",ABS(ZO);"Ohms"
PRINT " Current in load (IL)",ABS(IL);"Amps"
PRINT " Voltage across load (VL)",ABS(VL);"Volts"
RETURN
Outputs2:
PRINT " **RESONANT**
PRINT " See Transmission Lines, Antennas and Waveguides
PRINT" (pp. 98,166) PRINT "
PRINT " Omega=";OMEGA
PRINT " Beta=";HH
PRINT " Open Circuit Voltage-";VO
RETURN
Outputs3:
PRINT "
PRINT " The frequency and length of wire are such that:"
PRINT " 2 *PI*H/LAMBDA>2.75
PRINT
PRINT " This program is not applicable for such conditions.
RETURN
Spacebar:
LOCATE 15,1
PRINT "Press the spacebar to continue or X to end
SpacebarLoop:
Spcbr$=INKEY$
IF Spcbr$=CHR$(32) THEN GOTO Returner:
IF (Spcbr$="x") OR (Spcbr$="X") THEN END
GOTO SpacebarLoop:
Returner:
```

可以从网站 www. emcconsultinginc. com 找到这些方程和天线增益及天线系数的计算机程序。

参 考 文 献

1. M. Zaret. *Outline of Electromagnetic Theory*. Regents, New York, 1965.
2. J.E. Bridges. Study of low-frequency fields for coaxial and twisted pair cables. *Proceedings of the 10th Tri-Service Conference on Electromagnetic Compatibility*, Chicago, IL, November 1964.
3. J. Moser. Predicting the magnetic fields from a twisted pair cable. *IEEE Transactions on Electromagnetic Compatibility*, September 1968, 10(3).
4. S. Shenfield. Magnetic fields of twisted wire pairs. *IEEE Transactions on Electromagnetic Compatibility*, November 1969, 11(4).
5. A. Richtscheid. Calculation of the radiation resistance of loop antennas with sinusoidal current distribution. *IEEE Transactions on Antennas and Propagation*, November 1976.

6. R.W.P. King, H.R. Mimno, and A.H. Wing. *Transmission Lines, Antennas, and Wave Guides*. Dover, New York, 1965.

7. G.H. Brown and O.M. Woodward Jr. Experimentally determined radiation characteristics of conical and triangular antennas. *RCA Review*, December 1952, 13(4), 425–452.

8. Health aspects of radio frequency and microwave exposure. Part 2. Health and Welfare Canada, 78-EHD-22, Ottawa, Ontario, Canada, 1978.

9. IEEE C95.1. IEEE standard for safety levels with respect to human exposure to radio frequency electromagnetic fields, 3 kHz to 300 GHz, 1991.

10. Safety Code 6. Canada Health and Welfare, 99-EHD-237, 1999.

11. N. Sultan. Private Communication, formerly with Canadian Astronautics.

12. B. Spinner, J. Purdham, and K. Marha. The case for concern about very low frequency fields from visual display terminals: The need for further research and shielding of VDT's. From the Canadian Centre for Occupational Health and Safety, Hamilton, Ontario, Canada.

13. K. Marha. Emissions from VDTs: Possible biological effects and guidelines. Canadian Centre for Occupational Health and Safety, Hamilton, Ontario, Canada.

14. K. Marha. VLF—Very low frequency fields near VDTs and an example of their removal. Canadian Centre for Occupational Health and Safety, Hamilton, Ontario, Canada.

15. E.B. Larsen. NBS, calibration and meaning of antenna actors and gain for EMI antennas. ITEM, 1986.

16. H. Garn. A comparison of electric field-strength standards for the frequency range of 30–1000 MHz. *IEEE Transactions on Electromagnetic Compatibility*, November 1997, 39(4), 397–403.

17. Code of Federal Regulations 47. Chapter 1, Part 1, 1.1310. October 1, 1997; S.A. Schelkunoff and H.T. Friis. *Antennas Theory and Practice*. Wiley, New York, 1952.

第 3 章

典型的噪声源及其辐射和传导发射特性

3.1 噪声源简介

发射机、脉冲发生器、振荡器、数字逻辑电路、开关电源和变换器、继电器、电动机及线路驱动器等都是一些典型的电磁发射源。大多数无意发射都是由许多频率分量构成的，通常起因于开关噪声和瞬态噪声。设计工程师一般用示波器或逻辑分析仪测量时域内的数字信号和脉冲信号。然而，EMI 规范和 EMI 测量却是在频域中进行的。傅里叶分析或拉普拉斯变换都可以用来计算包含在脉冲噪声（频谱占有率）里的各个频率分量的幅度，但也可以用频谱分析仪或测量接收机来测量各频率分量，特别是在复杂波形的情况下，用这种方法进行测量比较容易，而且更准确。

在实验电路板试验期间和得到设备的第一个样机时，就达到设备内的 EMC 和满足 EMC 规范方面而言，评估电路产生的各个频率分量和电平都是重要的。同样这类信息在 EMI 研究中用于确定干扰源时也是有用的。假定手边没有频谱分析仪，最好是根据时域信号特性，用一些简单的方法来评估频率占有率。本章举例说明常见波形的频率占有率，用简单的公式来计算幅度-频率特性，介绍"快速变换法"，提供对电压变换器（它是普通的噪声源）所做的测量案例研究。

3.1.1 单脉冲和周期性脉冲产生的谐波相关噪声

对于周期性脉冲，它的低频频谱是由脉冲重复频率（PRR）和它的谐波构成的。图 3-1 表示对称梯形周期脉冲串波形，图中 $t_0 + t_r = T/2$，图 3-2 表示在 $1/T$，$3/T$，和 $5/T$ 处谱线包络的近似图（在 $2/T$ 和 $4/T$ 处谱线的幅度为零）。

图 3-3 表示 $t_0 + t_r = T/5$ 时的脉冲谱线。在图 3-2、图 3-3 和图 3-4 中所表示的 $\sin x/x$ 包络的负幅度可以倒置过来，如同在以后所有的图中所表示的那样。因为我们仅关注幅度和频率以及随着频率增加频线幅度减小所构成的近似包络。

频谱分析仪将负的幅度倒置过来，并根据分辨率带宽和扫描时间的设定值将这些谱线显示出来。当脉冲串未调制时，扫描从 0Hz 开始。

脉冲宽度可由旁瓣上对应于 $1/(t_r + t_0)$ 处的频率求出，而 PRR 对应于两根谱线之间的间隔 $1/T$，如图 3-3 所示。对于图 3-1 所示的脉冲波形，假定 $t_r + t_0 = 0.5\,\mu s$（即 $T/2$），则旁瓣频率将为 2MHz（即 $1/0.5\,\mu s$）。

对于如图 3-1 所示的占空比为 50% 的对称脉冲波形，用频谱分析仪来求脉冲重复率 PRR，

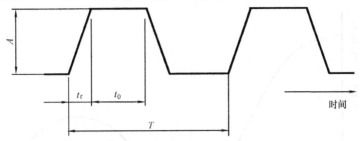

根据傅里叶分析，n 次谐波的幅值由下面公式求出

$$C_n = 2A \cdot \frac{(t_0 + t_r)}{T} \frac{\sin[\pi n(t_0 + t_r)/T]}{\pi n(t_0 + t_r)/T} \frac{\sin(\pi n t_r/T)}{\pi n t_r/T}$$ 正弦函数的幅角以弧度为单位

图 3-1　对称梯形周期脉冲

（摘自 Kann, E., Design guide for electromagnetic interference (EMI) reduction in power supplies, MIL – HDBK – 241B, Power Electronics Branch, Naval Electronic Systems Command, Department of Defense, Washington, DC, 1983.）

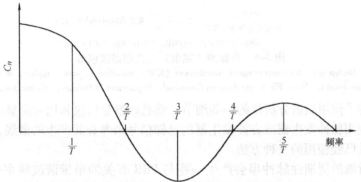

图 3-2　梯形脉冲 $t_r + t_0 = T/2$ 的低频谐波频谱

（摘自 Kann, E., Design guide for electromagnetic interference (EMI) reduction in power supplies, MIL – HDBK – 241B, Power Electronics Branch, Naval Electronic Systems Command, Department of Defense, Washington, DC, 1983.）

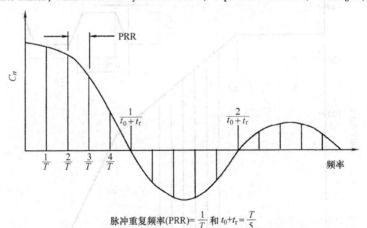

脉冲重复频率(PRR)$= \dfrac{1}{T}$ 和 $t_0 + t_r = \dfrac{T}{5}$

图 3-3　梯形周期脉冲（窄带）的低频谐波频谱

（摘自 Kann, E., Design guide for electromagnetic interference (EMI) reduction in power supplies, MIL – HDBK – 241B, Power Electronics Branch, Naval Electronic Systems Command, Department of Defense, Washington, DC, 1983.）

是我们会犯的一个常见错误。为了方便起见，函数 sin x/x 包络只表示在图 3-2 中，但它并不能在频谱分析仪测量中显示出来；因此旁瓣的位置不能从频谱分析仪上显明出来。在各旁瓣位置上的谱线幅度都为零，而在 $3/T$ 处的负谱线被频谱分析仪倒置（为正）。这样，通常取两个正谱线之间的间隔作为 PRR，它等于 $2/T$，即 PRR 是受测信号（频率）的两倍。本

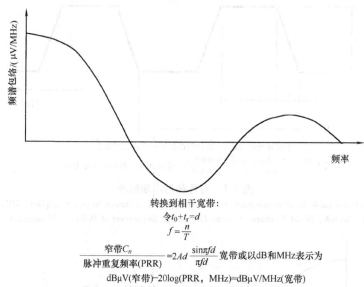

转换到相干宽带：

令 $t_0 + t_r = d$

$$f = \frac{n}{T}$$

$$\frac{窄带 C_n}{脉冲重复频率(PRR)} = 2Ad \frac{\sin \pi fd}{\pi fd} \quad 宽带或以dB和MHz表示为$$

dBμV(窄带)−20log(PRR, MHz)=dBμV/MHz(宽带)

图 3-4 单脉冲（宽带）的低频谐波包络

（摘自 Kann，E.，Design guide for electromagnetic interference（EMI）reduction in power supplies，MIL − HDBK − 241B，Power Electronics Branch，Naval Electronic Systems Command，Department of Defense，Washington，DC，1983.）

书 9.2.2 节叙述了使用频谱分析仪的一些细节。熟悉频谱分析仪和用它来显示周期性脉冲串的最好方法是应用脉冲发生器或方波发生器的已知信号来考查其产生的谱线，这是惠普公司的客户支持人员已经使用的一种方法。

图 3-1 中所画的周期性脉冲串会产生一些与 PRR 有关的窄带谐波频率分量。在图 3-1 中波形图的下面表示出可用来求第 n 次频率的谐波幅度的公式。应用这个公式的例子是计算图 3-5 中所示的 1MHz 晶体管 – 晶体管逻辑（TTL）电路时钟脉冲的谐波分量。

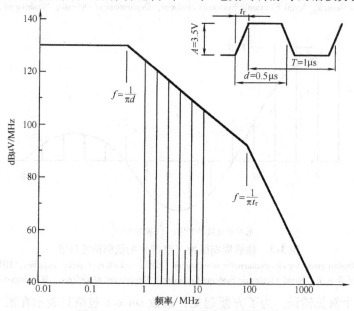

图 3-5 1MHz TTL 时钟脉冲的高频频谱

单脉冲和低重复频率的脉冲串会产生与脉冲宽度有关的相干宽带噪声。这种噪声相干是因为其产生的各个频率与脉冲的上升时间、下降时间以及宽度有关。相干的定义是指信号或发射里的邻近频率成分是幅度和相位相关的或能很好地确定它们之间的关系。

单脉冲或有时用在商用 EMC 规范中规定最大重复频率为 10kHz 的低重复率脉冲可界定为宽带。通常低于 10kHz 的脉冲源就认为是宽带的。

一般可接受的宽带（噪声）定义是与测量带宽有关：即噪声具有的频谱宽度比接收机或频谱分析仪的额定带宽要宽。第 9 章将相当详细地论述窄带噪声和宽带噪声的定义和测量方法。

表示在图 3-4 中的公式允许将周期性脉冲产生的窄带谐波幅度转换成由单脉冲产生的以 μV/MHz 计量的宽带相干的幅度。

图 3-5 表示梯形周期性脉冲串的高频频谱。它的第一个转折点在 $1/(\pi d)$ 处，第二个转折点在 $1/(\pi t_r)$ 处。在低于 $1/(\pi d)$ 的一些频率处的幅度等于 $(2A) \times d/T$。

图 3-5 表示上升时间和下降时间为 3.5ns 幅度为 3.5V 重复频率为 1MHz 的时钟脉冲的高频频谱图，它是典型的 TTL 电平。我们要用这个 1MHz 时钟脉冲作为例子来计算谐波幅度并把它们转换成相干宽带等效电平。应该注意由于 PRR 相对较高，该时钟脉冲几乎肯定归为窄带噪声源，第 9 章将给出这个定义。根据下面的公式，可以计算出窄带谐波幅度：

$$C_n = (2A)\frac{(t_0 + t_r)}{T} \frac{\sin[\pi n(t_0 + t_r)/T]}{\pi n(t_0 + t_r)/T} \cdot \frac{\sin(\pi n t_r/T)}{\pi n t_r/T} (\text{正弦幅角单位为弧度})$$

应用这个公式，一次谐波（基波）的窄带幅度（C_n）是 2.226V。下面应用图 3-4 中的公式来求解等效宽带幅度：由窄带 C_n/PRR，我们得到 2.226V/1MHz = 2.226μV/Hz。为了以普通的宽带单位 dBμV/MHz 来表示宽带电平，我们将 2.226μV 转换成 dBμV（即 6.9dBμV），因为 1Hz 转换到 1MHz 基准带宽，所以还要加上 120dB 修正值，结果等效宽带幅度为 127dBμV/MHz。

使用 dBμV（窄带）和以 MHz 为单位的 PRR 的第二个公式表示如下：dBμV（窄带）−20log（PRR MHz）。在 1MHz（一次谐波）的幅度等于 2.226V，以 dBμV 表示，它是 127dBμV。因此宽带电平是 127dBμV −20log 1 = 127dBμV/MHz。在其他谐波时的宽带幅度如下：二次谐波时为 53dBμV/MHz，三次谐波时为 117dBμV/MHz，七次谐波时为 110dBμV/MHz，八次谐波时为 53dBμV/MHz，按包络变化所作的图绘在图 3-6 中。

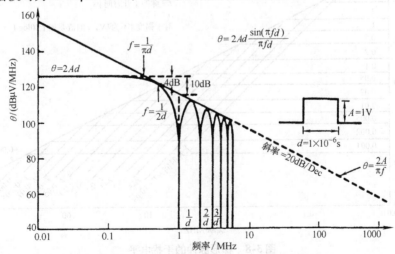

图 3-6 幅度 1V、脉宽 1μs 的矩形脉冲的干扰电平

（摘自 Kann, E., Design guide for electromagnetic interference (EMI) reduction in power supplies, MIL - HDBK - 241B, Power Electronics Branch, Naval Electronic Systems Command, Department of Defense, Washington, DC, 1983. ）

图 3-7 ~ 图 3-13 表明计算方波脉冲、矩形脉冲和许多其他单脉冲或低重复频率脉冲波形的频谱占有率的一些公式。这些图中的曲线是由频线包络的顶点（最大值）连接而成，如图 3-6 所示。这些图也包含了一些有助于达到限制脉冲产生低频和高频发射幅度的设计信息。例如图 3-8 表明可以用减小梯形脉冲持续时间的方法来减少其低频分量。但是，当减小脉冲宽度时，其最大上升时间和下降时间要受到脉冲宽度的限制。增加上升时间和下降时间会减小转折点的频率并降低高频分量的幅度。

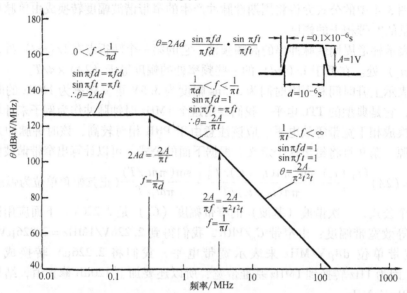

图 3-7 幅度 1V、脉宽 1μs 的梯形脉冲的干扰电平

（摘自 Kann, E., Design guide for elec-tromagnetic interference (EMI) reduction in power supplies, MIL-HDBK-241B,

Power Electronics Branch, Naval Electronic Systems Command, Department of Defense, Washington, DC, 1983.）

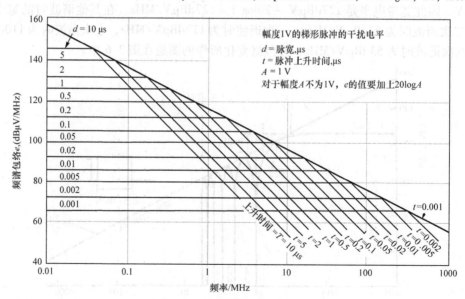

图 3-8 梯形脉冲的干扰电平

（摘自 Kann, E., Design guide for electromagnetic interference (EMI) reduction in power supplies, MIL-HDBK-241B,

Power Electronics Branch, Naval Electronic Systems Command, Department of Defense, Washington, DC, 1983.）

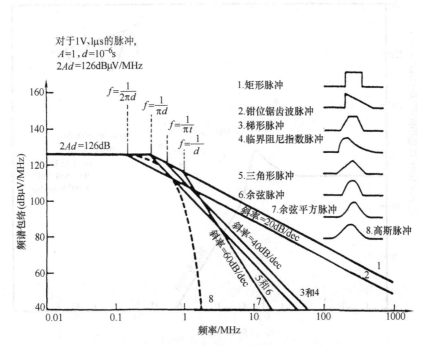

图 3-9 8 种常见脉冲波形的干扰电平（dBμV/MHz 与 f 的关系曲线）

（摘自 Kann，E.，Design guide for electromagnetic interference（EMI）reduction in power supplies，MIL – HDBK – 241B，
Power Electronics Branch，Naval Electronic Systems Command，Department of Defense，Washington，DC，1983.）

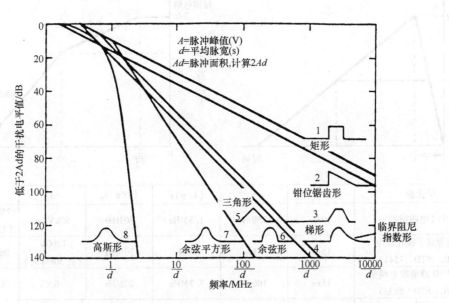

图 3-10 各种脉冲波形的干扰电平（低于 2Ad 的 dB 值与 f 的关系曲线）

（摘自 Kann，E.，Design guide for electromagnetic interference（EMI）reduction in power supplies，MIL – HDBK – 241B，
Power Electronics Branch，Naval Electronic Systems Command，Department of Defense，Washington，DC，1983.）

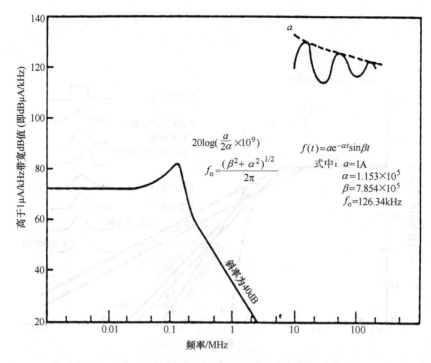

图3-11 阻尼正弦波脉冲的归一化频谱

（摘自 Kann, E. , Design guide for electromagnetic interference (EMI) reduction in power supplies, MIL – HDBK – 241B, Power Electronics Branch, Naval Electronic Systems Command, Department of Defense, Washington, DC, 1983. ）

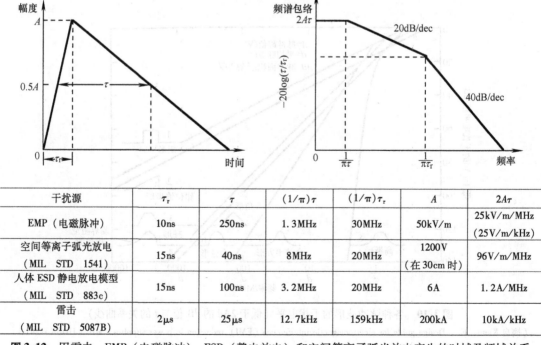

干扰源	τ_r	τ	$(1/\pi)\tau$	$(1/\pi)\tau_r$	A	$2A\tau$
EMP（电磁脉冲）	10ns	250ns	1.3MHz	30MHz	50kV/m	25kV/m/MHz （25V/m/kHz）
空间等离子弧光放电 （MIL STD 1541）	15ns	40ns	8MHz	20MHz	1200V （在30cm时）	96V/m/MHz
人体 ESD 静电放电模型 （MIL STD 883c）	15ns	100ns	3.2MHz	20MHz	6A	1.2A/MHz
雷击 （MIL STD 5087B）	2μs	25μs	12.7kHz	159kHz	200kA	10kA/kHz

图3-12 因雷击、EMP（电磁脉冲）、ESD（静电放电）和空间等离子弧光放电产生的时域及频域关系

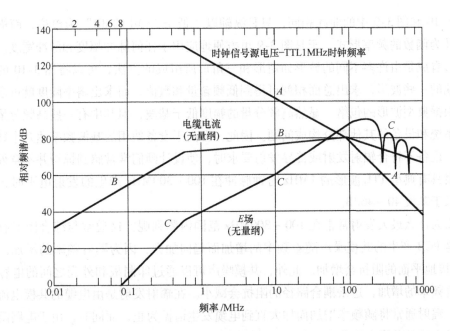

图 3-13　1MHz TTL 时钟脉冲产生的相对频谱及接口电缆合成共模电流和电场

小结：对于任何脉冲波形，其低频干扰电平只取决于脉冲面积，而其较高频率的电平则取决于 PRR 和斜率的陡度（上升时间和下降时间）。

图 3-9 画出了 8 个普通脉冲波形在超过转折点频率时的幅度降低率。高斯脉冲的波形轮廓最圆，但超过转折点后随着频率的增加，却显示出最陡的幅度下降斜率。因此控制高频分量幅度的因素并不仅仅是上升时间。

与纯梯形脉冲相比较，逻辑脉冲或类似脉冲由于随后高频发射的减少，其波形在上升沿/下降沿的起始和末端可能常常显示变圆。相反，具有上冲或下冲的脉冲或跃变部分比整体边缘有更快电压变化率 dV/dt 的脉冲将产生更大幅度的高频辐射。只要有可能，脉冲的边缘就应呈圆形，并增大上升时间和下降时间。就装有逻辑电路的 PCB 而言，这几乎是不可能的，在以后几章叙述的其他降低发射的方法或许可以应用。

但是，对于时钟线或具有高扇出（即驱动许多逻辑输入电路）数据总线，实用的办法是用含有串联电阻或串联电阻并联电容器相结合的方法来减缓或变圆脉冲边缘。但把电阻加到 TTL 型逻辑电路将会减小高电平电压和增加低电平电压，因此必须限制电阻值，它通常为 100Ω 或更小，以确保逻辑电路正确运行并把直流 DC 噪声抗扰度保持在某个电平上，也可以用铁氧体珠代替电阻，但它会引入一些电感。假定在信号重复频率的条件下脉冲边缘减缓的程度不致使脉冲达不到最高和最低电平，则含有的铁氧体珠将不会降低高、低逻辑幅值。但采用铁氧体珠的一个缺点是可能引起谐振并在逻辑电平上出现峰值。此外将 1～10Ω 电阻与电感器串联或将电阻与电感器并联将会降低电感器 Q 值和使峰值减到最小。第 5 章将会论述铁氧体珠的特性、谐振、峰值和电阻值的选择以便把这些效应减到最小。

图 3-10 和图 3-9 中的曲线相同，只是纵轴以"低于 2/Ad 的 dB"为单位，而横轴画成以脉宽 d 为函数的频率形式。于是图 3-9 可方便地应用于任何脉冲幅度和脉冲宽度。通过将某个波形看成是由许多不同的波形如矩形和三角形所组成的方法，可以将图 3-10 的曲线应用于其他的一些波形，求出总面积就可得到低频含量和数值，而求出斜率陡度就可求出高频含量。根据典型波形的包络，显然高频分量的幅度低于基波，但其中有一些高频分量幅值可能会对系统和设备的其他部分构成问题。因此，在高于设备使用的基波频率达几个数量级的频率上，设备不符合辐射发射或传导发射要求时，使设计师们常常感到惊讶并不意外。但当我们考察具有典型 TTL 波形的 1MHz 时钟脉冲在 100～300MHz 产生的发射电平时，发现它们实际低于基波 40～46dB。

那么为什么最大发射常常在 100～300MHz 范围内测到呢？这通常与综合因素有关。因素之一是 PCB 产生的共模噪声随着频率的增加而趋向加大，因为随着频率的增加，PCB 的印制线/接地平面的阻抗会增加。此外，共模噪声可以通过印制板和外壳之间的电容进行耦合，随着频率的增加，这条耦合路径的阻抗会减小。在辐射发射是由电缆的共模电流产生的情况下，辐射通常将随频率增加而加大直到电缆发生谐振为止，而同时，由于电路阻抗的增加，驱动电流的共模电压将会增加。在使用屏蔽接口电缆的情况下，屏蔽效能通常会随着频率的增加而降低，而由屏蔽外层上的电流产生的辐射则会加大。以后的几章将要论述这些耦合机理，包括 PCB 的影响和电缆谐振。

如图 7-92[⊖]中举例说明的，考察从一台设备上引出并端接在第二台设备上的无屏蔽电缆的简单模型。我们假定每一台设备中的共模电压都产生电流，并且频率每增加十倍，它与外壳的耦合就会引起电流增加 26dB。电缆电流的频率分量的包络如图 3-13 所示，这样作图是为了与图 3-5 的信号源电压进行比较。频率每增加 10 倍，电缆产生的辐射发射大约增加 20～30dB，视频率而定，直到电缆长度达到谐振频率为止，在那以后发射呈水平状或下降，如同第 7.13 节所论述的情况。这一点也可以应用第 2 章给出的环路公式来进一步证实。为了加以比较，距电缆固定距离处的合成 E 场频率分量包络也画在图 3-13 中。要强调指出所画出的电流和 E 场都是无量纲的。

图 3-13 表明在 50～500MHz 频率范围内最大的 E 场在幅度上可以高出基波 36dB，有些情况通常在实践中可以观察到。电路和电缆时常发生谐振，我们会看到在一个或多个频率上测到的场强高于周围频率的场强。

有时脉冲噪声的重复频率与谐振频率相重合，就产生正弦波或阻尼正弦波。当以这种方式产生连续正弦波时，它导致的发射在性质上就认为是窄带发射。发现单个噪声源同时产生窄带发射和宽带发射的情况并不罕见。

迄今为止我们已经假定噪声源是逻辑电压变换。虽然这个电压在确定辐射发射和由逻辑电路产生的串扰电压和传导噪声电压方面起着重要作用，但电流脉冲常常才是主要的发射源。

⊖ 疑图号有误。——译者注

　　大电流尖脉冲在逻辑信号互连线和返回互连线中流动，当输出器件改变状态，并对负载器件的输入电容充电/放电时，就从基极/发射极结或二极管中迁移电荷。因此，在变换中，输出器件上的负载主要是容性的，而辐射发射源通常是低阻抗（即主要为磁场源）的，但要视互连线的几何形状和逻辑电路形式而定。即使电流脉冲是主要的发射源，在 EMC 预估中也不应当忽视由电压变换产生的那些发射，尤其是低电容高阻抗负载。

　　于是，在预估 PCB 印制线产生的辐射发射或在信号功率连接线或返回连接线上的电压降时，必须知道电流尖脉冲的典型幅值。表 3-1 给出各种逻辑电路类型产生的开关电流和单输入负载时的上升时间和下降时间。

　　如表 3-1 所示，对于扇出为 1 使用电流脉冲，由 74 系列 TTL 输出器件上最多有 15 个扇出端，所以电流峰值为 97mA。大规模集成电路通常含有缓冲时钟和数据输入电路，可是，在逻辑变换中测到的输入电流峰值仍高达 500mA。在变换时当噪声源是一些电流尖峰而在稳态逻辑电平期间电流相对较低，峰值电流脉冲宽度短（对于 TTL 通常是 7nS），图 3-5 中在 $f = 1/\pi d$ 处的第一个转折点从 636kHz 移到 45MHz。同时，低频幅度降低了 37dB。因此，这提供了另一个理由来说明在高频（高于基频）时有相对高的发射幅度。

表 3-1　不同类型逻辑电路的开关瞬态期间的输入电流，输出波形的上升和下降时间及典型的输入电容

特性	CMOS TTL	CMOS 5V[①]	CMOS 10V[①]	CMOS 15V[①]	TTL 74L	TTL 74S	TTL 74H	ECL 10K	ECL 100K
传输延迟/ns	10	150	65	50	33	3	6	2	0.75
近似的上升和下降时/ns	3.5	100	40	30	7	1.7	2	1.8	0.75
输入电流脉冲/mA（扇出 = 1）	6.5	0.16	0.9	1.6	1	—	9.2	16	14
最大输入电容（pF）	6	4	4	4	6	4	6	0.1[②]	0.1[②]

① B 型 CMOS。
② 与 PCB 布局有关。

3.1.2　阶跃函数的频谱占有率

　　根据拉普拉斯变换，可以求出由阶跃函数（即由控制线或开关改变状态而引起的单次事件）产生的电压幅度，对于所关注的频率 f 高于 $1/t_r$ 的情况，电压幅度近似由下式给出：

$$V = \frac{0.05 V_1 - V_2}{t_r f^2} \quad 当 f > \frac{1}{t_r} 时$$

式中　V_1——初始电压；

　　　V_2——阶跃后的电压；

　　　t_r——上升时间（s）；

　　　f——频率（Hz）。

合成曲线（V 作为 f 的函数）的包络以正比于频率二次方的速率下降（40dB/dec），幅度单位是 V/Hz，为了将此单位表示成普通的宽带单位 dBμV/MHz，以 dBμV 表示的幅值必须加上 120dB，若式（3-1）得出的值为 0.1μV/Hz，那么这个值可以转换成单位 dBμV/Hz

$$0.1\mu V/Hz = 20\log\left(\frac{0.1}{1}\right) = -20dB\mu V/Hz$$

然后再转换成 dBμV/MHz

$$-20dB\mu V/Hz + 120dB = 100dB\mu V/MHz$$

3.2 傅里叶变换法和计算机程序

"实习工程师倾向于避免应用复杂的数学方法。在 EMC 工作中，这种倾向暴露出来是不情愿在研究复杂波形时（参考文献 [2]）使用傅里叶变换。"本书是为那些从事实际工作的工程师编写的，而对作者来说，这种不情愿的情绪是很好理解的。本章前几节中的图表和公式，对于获得比较简单的波形的频率占有率是很有用的。但是，所需要的是对实际中常遇见的复杂波形也能以简单的方法来得到同样的信息。这种方法之一是根据 Toia（参考文献 [2]）提出的"快速变换法（Quick Transform Procedure）。"这是一种图解法，它能从复杂的时域波形中求出谐波及其幅值。以下将简单地回顾一下这种方法。为了应用该方法，几乎可以肯定，读者必须参考 Toia（参考文献 [2]）的论文。

按这种方法，时域波形在时间上按周期画在 x 轴上，波形的幅值画在 y 轴上。然后画出时间导数尖脉冲，根据许多 δ 链的简单特性构造谐波表。总的来说快速变换法涉及的步骤如下：

1）画出时变波形简图。

2）若波形不含有尖峰脉冲，就画出它的时间导数。

3）继续画出时间导数直到尖峰脉冲出现为止。记下画出的最高价导数，简记做 m。

4）在表格中，用已知的 δ 函数链频谱特性（即对于正向链，所有的频率都出现并有相同的幅度；而对于负向链，有相同的幅度，但在时间上有不同的位置）记下每一个谐波的相对幅度和相位。

5）将表格的频谱分量作矢量相加。

6）对每一个谐波用 n^m $(2\pi/T)$ 去除 n 次（nth）谐波的幅度。

7）对每一个谐波用 $(n \times 90°)$ 去延迟 n 次（nth）谐波的相位。

8）从简图中去掉尖峰脉冲，若有剩余数，就继续本程序。

参考文献 [2] 给出了比方波更复杂的波形例子，同时也给出不含尖脉冲的平滑波形的例子。虽然快速变换法有缺点，但它仍然是一种有用的方法，能将数学问题化为加法问题。

有许多程序可用在能运行快速傅里叶变换（Fast Fourier Tranforms，FFT）的大型计算机和个人计算机上。典型的程序能对实数数据矢量进行 FFT 来表示在时域里每隔一定时间的测量值。变换的结果是频域里的复数系数矢量。由于相位信息保持不变，因此，反傅里叶变换可以用来将频域再变回到时域，实数数据包含幅值和相位或时间信息。该程序也接受包含实数幅值和虚数幅值的复数数据，于是相位信息隐含在复数数据里。反傅里叶变化可以将表示频域数据的合成矢量变回到表示时域数值的矢量。

AC – DC 变换器、DC – DC 变换器和开关电源是单元级的普通噪声源，如 3.3 节所述。

3.3 案例分析 3.1：由 DC – DC 变换器产生的噪声电平

本节提供关于 DC – DC 变换器产生的噪声的波形幅度和类型的资料，包括频域分量。然后将用于军事和太空应用的两种典型高可靠性变换器的发射与军用标准 MIL – STD – 461F 对传导和辐射的限值进行比较。在调查中，从两种变换器上测量输入噪声电压和输出噪声电压，并在最坏的情况下，即最高噪声电平时的参数。一个变换器的额定功率为72W，第二个变换器的功率为50W。研究表明不同制造商的变换器的噪声特性和幅度大小非常相似，区别仅限于变换器的基频开关频率和发射的最大频率。正如预想的那样，这两种变换器都产生了相干谐波的相关辐射，覆盖了从基频一直到599MHz。

对1#变换器的开关重复率是在接近500kHz的范围内测量的。

3.3.1　通用测试配置和方法

两台变换器，一台具有28V输入和24V输出，另一台具有24V输入和5V输出，进行了以下的测试：

输入端产生的传导发射；

输出端产生的传导发射；

连接到输出端的2m长电缆产生的辐射发射。

根据MIL-STD-46F CE102规定的方法和限值对传导发射进行测试。对于辐射发射，则按照军标MIL-STD-461 RE102进行测试。CE102规定了被测设备在其输入端连接经过校准的线路阻抗稳定网络（LISN）的阻抗上产生的噪声电压限值。

每台变换器都安装在包含负载电阻的屏蔽外壳中。两台转换器都将输入和输出电源线隔离开来。最初的测量中没有将输入电源连接到外壳，因为这种浮动接地方案在军事和太空应用中很普遍，而较少见到输入回路接地到外壳的方式；不过，这种配置方式是针对CE102和RE102测量用的。除了用示波器测量共模噪声电压之外，输出电源也是被隔离的。

第一台24V-24V变换器的制造商建议将变换器连接到接到机箱底架的PCB接地平面上。该变换器有一个五面是金属的外壳。通过将此外壳直接安装到PCB板的接地层上，以使得用小型探头测量六面体的外壳时，可以减少变换器外壳的辐射。此外，需要在输入电源线上连接一个10μF的电容，这在通过LISN的阻抗供电时尤为重要。

在军标MIL-STD-461A的早期测试中，在测试过程中发现，变换器外壳与PCB接地平面的电气连接质量是影响输出噪声高频分量衰减程度的一个重要因素。滤波器包含在输出功率中，但不包括在输入功率中。将变换器壳体用合适的压力紧固在PCB接地平面上，则电路中效率最低的输出滤波器的噪声电压为40mV。如在较高的紧固压力下，噪声电压可降至5mV。对于最有效的滤波器GK2AA-SO8而言，高频分量减小到0.25mV，而这个剩余电平可能归因于输入和输出布线之间的辐射耦合所致。

使用军标MIL-STD-461F CE102测试方法对没有输入滤波器的两个现有变换器上的输入端传导噪声进行测量。此电压是在LISN阻抗的两端测得的。

进行CE102的测量是使用频谱分析仪在频域上进行的。

同时也使用示波器在时域上进行测量。CE102和RE102的测试设置和测试设备分别如图3-14和图3-15所示。

由于被测电平非常高，因此对于CE102的测量不需要前置放大器。

因为要测试变换器发出的噪声类型，所以要加大频谱分析仪的分辨率带宽。如预期的那样，测量的电平也增加了，这表明此噪声可以归为宽带。

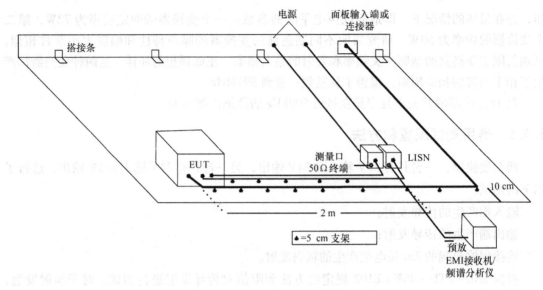

图 3-14 CE102 试验布置

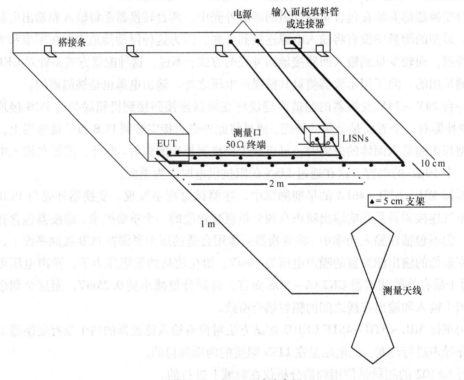

图 3-15 RE102 试验布置

3.3.2 根据输入功率测试结果对 +24V/ -24V 变换器的传导发射（CE102）和辐射发射（RE102）情况小结

对于必须符合军用标准 461 - F 的电力变换器，其传导发射（CE102）和辐射发射

（RE102）的测试结果如表 3-2 ~ 表 3-6 所示。变换器的金属外壳连接到底架接地。

　　虽然大部分军事和空间应用都要求输入电源与底架接地隔离，但在某些情况下，输入电源的返回路径是与底架连接的。为了确定这种连接是否会对传导发射和辐射发射产生影响，要将输入电源的返回路径连接到底架后反复进行测量。这些传导和辐射发射的测量结果分别见表 3-7 ~ 表 3-9 和图 3-16 ~ 图 3-21 所示。

　　那些将变换器放置在难以与底架接地的 PCB 上的用户，通常不将变换器外壳连接到底架接地上；并用这样的配置来进行发射的测量，结果见表 3-10 ~ 表 3-13 和图 3-22 ~ 图 3-24 所示。

　　表 3-14 表明变换器外壳和返回底架连接与隔离的发射和仅变换器外壳连接到底架时的发射情况的比较。

　　1#变换器的制造商提供了电力线滤波器的原理图，其设计目的是确保变换器能满足军标 MIL – STD – 461C 的传导发射和辐射发射限值，尽管没有规定设备的类别。

　　当必须满足更严格的要求时，可以按照 5.2.1 节叙述的要求设计定制的 EMI 滤波器。

表 3-2　最坏情况下的发射与限值的比较

频率单位	类型	频率	修正值/(dBμV)	限值/(dBμV)	裕量/dB
MHz	CE	1.580	107.0	60.0	-47.0
MHz	CE	0.792	106.0	60.0	-46.0
MHz	CE	1.176	106.0	60.0	-46.0
MHz	CE	1.990	103.0	60.0	-43.0
MHz	RE V	77.000	57.2	24.0	-33.2
MHz	RE H	63.507	56.7	24.0	-32.7
MHz	RE	15.130	52.5	24.0	-28.5
MHz	RE	17.100	52.4	24.0	-28.4
MHz	RE	17.800	50.4	24.0	-26.4
MHz	RE	2.337	43.8	24.0	-19.8
MHz	RE	156.974	38.4	27.9	-10.5
MHz	CE	0.392	71.0	62.1	-8.9
MHz	RE	65.200	31.4	24.0	-7.4
MHz	CE	0.150	75.7	70.5	-5.2
MHz	CE	9.580	64.0	60.0	-4.0
MHz	RE	300.000	33.7	33.5	-0.2
MHz	RE	411.000	31.0	36.2	5.2
kHz	CE	122.400	47.0	72.2	25.2
kHz	CE	39.800	45.0	82.0	37.0
MHz	CE	2.390	0.0	60.0	60.0

注：CE – 传导发射；RE – 辐射发射；RE V – 辐射发射/垂直极化；RE H – 辐射发射/水平极化。

表 3-3 测试结果表

Sheet 3-3   Date 15-1-2015

Customer R&D   Equipment converter   SN

Specification MIL-STD-461F   Test CE102–28 V limit

Equipment MIL-STD/FCC LISN

BW 1 kHz   VBW   Reference   Span

Notes: Converter case connected to chassis ground plane

Plot	Frequency (kHz)	Measured (dBμV)	Corrected (dBμV)	Limit (dBμV)	Margin (dB)
	39.800	45.0	45.0	82.0	37.0
	122.400	47.0	47.0	72.2	25.2

Test result sheet 3–1, 10–150 kHz.

表 3-4 测试结果表

Sheet 3-4   Date 15-1-2015

Customer R&D   Equipment converter   SN

Specification MIL-STD-461F   Test CE102–28 V limit

Equipment MIL-STD/FCC LISN

BW 9 kHz   VBW   Reference   Span

Notes: Converter case connected to chassis ground plane

Plot	Frequency (kHz)	Measured (dBμV)	Corrected (dBμV)	Limit (dBμV)	Margin (dB)
	0.792	106.0	106.0	60.0	−46.0
3–16	1.176	106.0	106.0	60.0	−46.0
	1.580	107.0	107.0	60.0	−47.0
	1.990	103.0	103.0	60.0	−43.0
	2.390		0.0	60.0	60.0

Test result sheet 3–2, 150 kHz–10 MHz.

3.3.3 在 24V –5V 变换器输出端的差模和共模传导噪声

我们将在本书中都采用共模和差模电压或电流这几个术语。差模和共模概念常常难以被理解。但是当试图分析它们的成因来源或应用将其减小的方法时，先理解这两种噪声模式的差异是非常重要的，这些内容将在第 5 章和第 11 章中叙述。

我们将使用一个隔离的 DC – DC 变换器来说明不同模式的噪声电压，因为众所周知，这类变换器是产生这两类噪声的发生器。图 3-25 中的变换器所具有的两个输出端都与外壳及底架隔离。如果一个或另一个输出端连接到底架接地，并且假设与接地连接的是一个极小的低阻抗，那么就不会存在共模电压。在每一个输出连接端与底架之间都存在着共模电压。在图 3-25 中，这个共模电压仅存在于较低的连接端与底架之间。此外，两个输出端之间存在差模电压。因此，图 3-25 中变换器输出连接端出现的总噪声电压是连接端与底架之间的共模噪声电压与两个输出端之间的差模噪声电压之和。

用示波器测量 24V –5V 变换器输入端的共模和差模噪声电压以及变换器输出端的共模和差模噪声电压，这些测量的波形显示在图 3-26 和图 3-29 中。输入阻抗就是 LISN 的输入阻抗。

表 3-5 测试结果表

Sheet 3-3 _____   Date 18-1-2015 _____

Customer R&D _____   Equipment converter _____   SN _____

Specification MIL-STD-461F _____   Test RE102–ground navy mobile and army _____

Equipment 1 m mono, EMC 0.25–1 GHz preamp _____

BW 9 kHz _____   VBW _____   Reference _____   Span _____

Notes: Converter case connected to chassis ground plane

Plot	Frequency (MHz)	Measured (dBµV)	Antenna Factor (dB)	Preamp Gain (dB)	Corrected (dBµV/m)	RE102 Limit (dBµV/m)	Margin (dB)
3–17	2.337	71.9	4.4	−32.5	43.8	24.0	−19.8
	17.800	74.0	8.6	−32.2	50.4	24.0	−26.4

Test result sheet 3–3, 2–30 MHz.

表 3-6 测试结果表

Sheet 3-6 _____   Date 15-1-2015 _____

Customer R&D _____   Equipment converter _____   SN _____

Specification MIL-STD-461E _____   Test RE102–ground navy mobile and army _____

Equipment LPB, EMC 0.25–1 GHz preamp _____

BW 120 kHz _____   VBW _____   Reference _____   Span _____

Notes: Converter case connected to chassis ground plane

Plot	Frequency (MHz)	Measured (dBµV)	Antenna Factor (dB)	Preamp Gain (dB)	Corrected (dBµV/m)	RE102 Limit (dBµV/m)	Margin (dB)
	65.200	52.0	12.2	−32.8	31.4	24.0	−7.4
3–18	156.974	59.4	12.0	−33.0	38.4	27.9	−10.5
	300.000	54.0	12.9	−33.2	33.7	33.5	−0.2
	411.000	48.0	15.8	−32.8	31.0	36.2	5.2

Test result sheet 3–4, 30 MHz–1 GHz.

表 3-7 测试结果表

Sheet 3-7 _____   Date 15-1-2015 _____

Customer R&D _____   Equipment converter _____   SN _____

Specification MIL-STD-461F _____   Test CE102–28 V limit _____

Equipment MIL-STD/FCC LISN _____

BW 9 kHz _____   VBW _____   Reference _____   Span _____

Notes: Converter and input power return connected to chassis ground plane

Plot	Frequency (MHz)	Measured (dBµV)	Corrected (dBµV)	Limit (dBµV)	Margin [dB]
3–19	0.150	75.7	75.7	70.5	−5.2
	0.392	71.0	71.0	62.1	−8.9
	9.580	64.0	64.0	60.0	−4.0

Test result sheet 3–5, 150 kHz–10 MHz.

表 3-8 测试结果表

Sheet 3-8						Date 18-1-2015	

Customer R&D   Equipment converter   SN

Specification MIL-STD-461F   Test RE102–ground navy mobile and army

Equipment 1 m mono, EMC 0.25–1 GHz preamp

BW 9 kHz   VBW   Reference   Span

Notes: Converter and input power return connected to chassis ground plane

Plot	Frequency (MHz)	Measured (dBμV)	Antenna Factor (dB)	Preamp Gain (dB)	Corrected (dBμV/m)	RE102 Limit (dBμV/m)	Margin [dB]
3–20	15.130	79.1	5.5	−32.1	52.5	24.0	−28.5
	17.100	77.0	7.5	−32.1	52.4	24.0	−28.4

Test result sheet 3–6, 2–30 MHz.

3.3.4 变换器输出功率的辐射发射

变换器次级产生的辐射发射电平取决于变换器输出端和负载之间接线的几何形状。

军标 MIL – STD – 461F（RE102）辐射发射测试配置（10kHz – 18GHz）要求接口电缆线路应包含在测试配置中，并且要求任何电缆位于距接地平面前沿 5cm，并高出接地平面 5cm，布线长度至少 2m。

表 3-9 测试结果表

Sheet 3-9						Date 15-1-2015	

Customer R&D   Equipment converter   SN

Specification MIL-STD-461E   Test RE102–ground navy mobile and army

Equipment LPB, EMC 0.25–1 GHz preamp

BW 120 kHz   VBW   Reference   Span

Notes: Converter case connected to chassis ground plane

Plot	Type	Frequency (MHz)	Measured (dBμV)	AF (dB)	Preamp Gain (dB)	Corrected (dBμV/m)	RE102 Limit (dBμV/m)	Margin (dB)
	H	63.507	76.6	12.9	−32.8	56.7	24.0	−32.7
3–21	V	77.000	76.6	13.4	−32.8	57.2	24.0	−33.2

Test result sheet 3–7, 30 MHz–1 GHz.

在 RE102 测试配置中，具有 2m 长电缆的 2#变换器的输出电缆产生的辐射发射情况见表 3-15 和表 3-16 及图 3-30 和图 3-31 所示。

在较早的对变换器的测量中，辐射发射的测试配置与基本的 RE102 配置相符。

辐射发射主要是流经双线/三线中的共模电流产生的。因此，通过测量共模电流并利用谐振传输线的辐射方程，可以预估出距离线路 1m 处的电场。另外，还可以将 4Nec2d MOM 程序与在远端与地隔离的电缆一起使用（这个程序的应用与电缆的布置情况将在本书 7.8 节中叙述）。

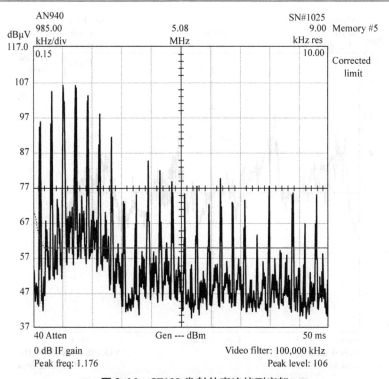

图 3-16 CE102 发射外壳连接到底架

（承蒙 EMC Consulting Inc. ，Merrickville，ON. 允许复制）

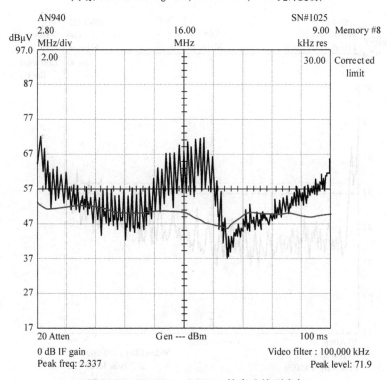

图 3-17 RE102 2–30MHz 外壳连接到底架

（承蒙 EMC Consulting Inc. ，Merrickville，ON. 允许复制）

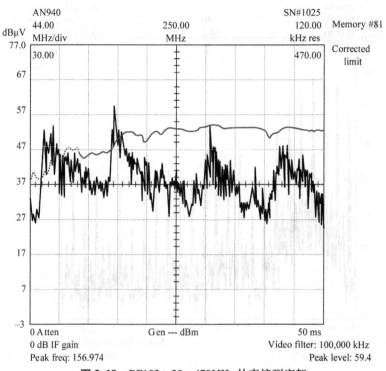

图3-18 RE102 30–470MHz 外壳接到底架

（承蒙 EMC Consulting Inc.，Merrickville，ON. 允许复制）

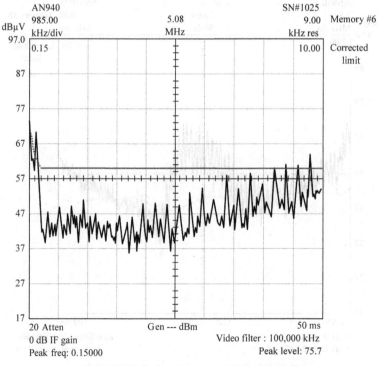

图3-19 CE102 外壳和输入电源返回线接到底架

（承蒙 EMC Consulting Inc.，Merrickville，ON. 允许复制）

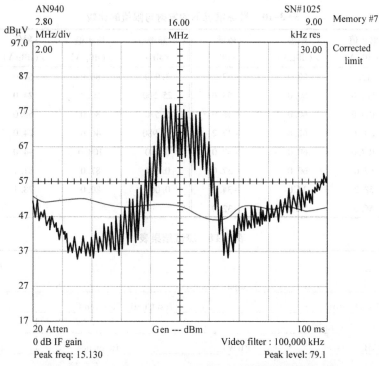

图 3-20　RE102 2～30MHz 外壳和输入电源返回线接到底架

（承蒙 EMC Consulting Inc.，Merrickville，ON. 允许复制）

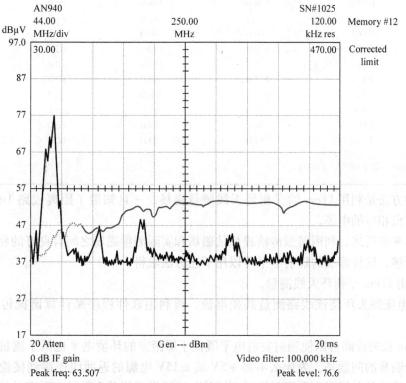

图 3-21　RE102 30～470MHz 外壳和输入电源返回线接到底架

（承蒙 EMC Consulting Inc.，Merrickville，ON. 允许复制）

表 3-10　最坏情况下的发射与限值的比较

频率 /MHz	修正值 /(dBμA)	限值 /(dBμA)	裕量 /dB	频率 /MHz	修正值 /(dBμA)	限值 /(dBμA)	裕量 /dB
0.747	113.5	60.0	-53.5	3.970	88.0	60.0	-28.0
0.747	113.0	60.0	-53.0	25.500	50.2	24.0	-26.2
1.540	108.0	60.0	-48.0	5.570	84.0	60.0	-24.0
0.364	110.0	62.8	-47.2	59.980	46.6	24.0	-22.6
1.120	107.0	60.0	-47.0	0.010	108.0	94.0	-14.0
2.310	97.0	60.0	-37.0	0.044	87.0	81.1	-5.9
2.393	58.2	24.0	-34.2	0.062	80.0	78.1	-1.9
2.000	56.0	24.0	-32.0				

表 3-11　测试结果表

Sheet 3-11　　　　　　　　　　　　　　　　　　　　　　　　　　　　Date 9-1-2015

Customer R&D　　　　　　　　　　　Equipment converter　　　　　　　　SN

Specification MIL-STD-461F　　　　　　　　Test CE102–28 V limit

Equipment MIL-STD/FCC LISN

BW 1 kHz and 9 kHz　　　　　VBW　　　　　　Reference　　　　　Span

Notes: Case isolated

Plot	Frequency (MHz)	Measured (dBμV)	Corrected (dBμV)	Limit (dBμV)	Margin (dB)
	0.010	108.0	108.0	94.0	-14.0
	0.044	87.0	87.0	81.1	-5.9
	0.062	80.0	80.0	78.1	-1.9
	0.364	110.0	110.0	62.8	-47.2
3.22	0.747	113.0	113.0	60.0	-53.0
	1.120	107.0	107.0	60.0	-47.0
	1.540	108.0	108.0	60.0	-48.0
	2.310	97.0	97.0	60.0	-37.0
	3.970	88.0	88.0	60.0	-28.0
	5.570	84.0	84.0	60.0	-24.0

Test result sheet 2–2, 10 kHz–10 MHz.

　　第二种方法是利用 11cm 的平衡环天线测量磁场。一旦知道了距离线路 1m 处的磁场，就可以计算出相应的电场。

　　如同第 9 章所述，利用谐振传输线预估磁场和实际测量磁场之间有良好的相关性。

　　综合所述，该传输线的辐射电平可以用下述方法求得

　　1）利用 11cm 平衡环天线测量。

　　2）用电流探头环绕该线路测量共模电流，再利用软件程序来计算谐振传输线的辐射电平。

　　屏蔽 2m 长的线路可以使辐射发射电平既低于屏蔽室的环境电平也低于测量仪器的灵敏度。有一个明显的问题是，为什么不将 +5V 或 ±15V 电源的返回线连接到接地平面上，从而可以减少线路的共模噪声和辐射发射？诚然，这样做可能是实际的，并可致使辐射发射显著减少。但是，在使用许多变换器并将返回线路连接在一起时，会生成多个返回到底架的连

接。这可能违反了接地方案的规定，或导致在共同返回路径与底架之间形成许多环路而产生不可接受的高电平的射频电流。

表 3-12 测试结果表

Sheet 3-12   Date 9-1-2015

Customer R&D   Equipment converter   SN

Specification MIL-STD-461F   Test RE102–ground navy mobile and army

Equipment 1 m mono, EMC 0.25–1 GHz preamp, 1 m H&S, 2 m H&S

BW 9 kHz   VBW   Reference   Span

Notes: Case isolated

Plot	Frequency (MHz)	Measured (dBμV)	Antenna Factor (dB)	Preamp Gain (dB)	Cable Atten (dB)	Cable Atten (dB)	Corrected (dBμV/m)	RE102 Limit (dBμV/m)	Margin (dB)
	2.000	79.0	9.4	−32.5	0.0	0.1	56.0	24.0	−32.0
2–23	2.393	81.0	9.6	−32.5	0.0	0.1	58.2	24.0	−34.2
	25.500	65.0	17.5	−32.4	0.0	0.1	50.2	24.0	−26.2

Test result sheet 2–3, 150 kHz–30 MHz.

表 3-13 测试结果表

Sheet 3-13   Date 9-1-2015

Customer R&D   Equipment converter   SN

Specification MIL-STD-461F   Test RE102–ground navy mobile and army

Equipment Equipment LPB, EMC 0.25–1 GHz preamp, 1 m H&S, 2 m H&S

BW 120 kHz   VBW   Reference   Span

Notes: Case isolated

Plot	Frequency (MHz)	Measured (dBμV)	AF (dB)	Preamp Gain (dB)	Cable Atten (dB)	Cable Atten (dB)	Corrected (dBμV/m)	RE102 Limit (dBμV/m)	Margin (dB)
3.24	59.980	65.9	13.4	−32.8	0.0	0.1	46.6	24.0	−22.6

Test result sheet 2–4, 30 MHz–1 GHz.

在该案例中，有一个要求是在距离设备相当远处设置单点接地。另一项附加要求是设置一个与该设备底架隔离的参考地，以链接其他每一台设备。该参考地是用来将信号地与单点接地连接起来。而 +5V 和 ±15V 的返回线要与信号地连接，因此它就必须与底架隔离以满足接地隔离的要求。这种接地方式将在第 8 章的接地一节中叙述。

在某台仪器中共使用了 17 个类似的变换器，在组成这台仪器的一个装置的隔间里有 5 个位置互相靠近的变换器。在调研的基础上，为了保证设备内部的电磁兼容性，并限制普通的 +28V 电源的传导噪声电平，决定对变换器的输入输出端滤波。在本书第 5.2.5 节关于电力线滤波器后续的案例研究中，叙述了在测试六种不同的滤波器时对滤波器的选择和达到需要的衰减或增益的情况。

数字逻辑电路和变换器是常见和主要的噪声源，它们都是先前一些章节的重点内容。然而，所提供的公式和图表也能够运用于设备内其他的噪声源，如步进电机、示波器偏转驱动器、继电器和开关等。

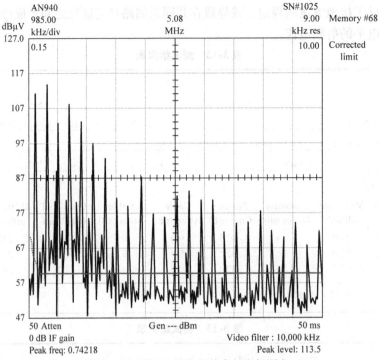

图 3-22 CE102 变换器外壳与底架隔离

（承蒙 EMC Consulting Inc. ，Merrickville, ON. 允许复制）

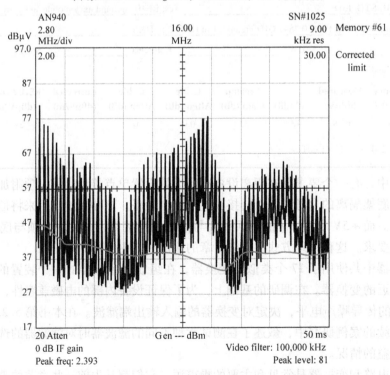

图 3-23 RE102 2～30MHz 变换器外壳与底架隔离

（承蒙 EMC Consulting Inc. ，Merrickville, ON. 允许复制）

带有电刷的直流电机是"有名的"低频辐射和传导发射噪声源,这是由于电刷的电弧作用造成的。然而,在有些情况下,直流无刷电机有更高的噪声电平。直流无刷电机内有一块开关电源 PCB,它依次将电源切换到吸引磁铁的线圈上。这个脉冲就是噪声的来源。为了满足标准 MIL – STD461 和 DEF STAN 的要求,有时需要将电机和通到电机的导线屏蔽起来。对于任何设备(例如子系统和系统层级)外部的 EMC 预估,可以从来源于自工科医(ISM)设备(见第 1 章)的典型或最大的电平和发射机载波频率的典型电场电平来寻求外部电磁环境。

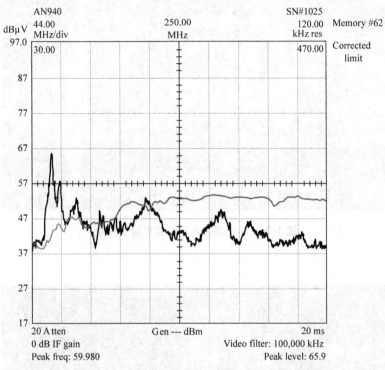

图 3-24 RE102 30 ~ 470MHz 变换器外壳与底架隔离

(承蒙 EMC Consulting Inc. , Merrickville, ON. 允许复制)

表 3-14 变换器外壳对底架接地方案的发射的比较

测试	变换器外壳和返回线连到底架	变换器外壳底架隔离
CE102	很低	有一点高
RE102 2 ~ 30MHz	较高	很高
RE102 30 ~ 470MHz	63.5MHz 较高,其他频点低	与外壳单独与底架相连的情况类似

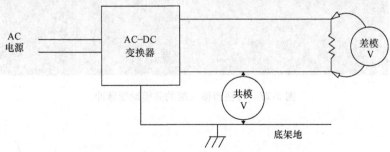

图 3-25 转换器输出共模和差模电压的图解

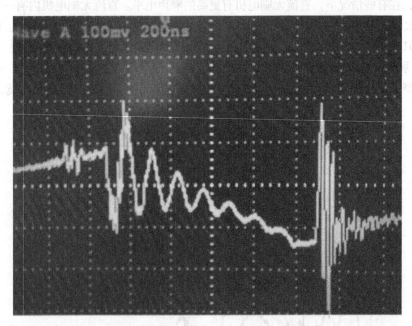

图 3-26 转换器输入端的差模瞬变脉冲

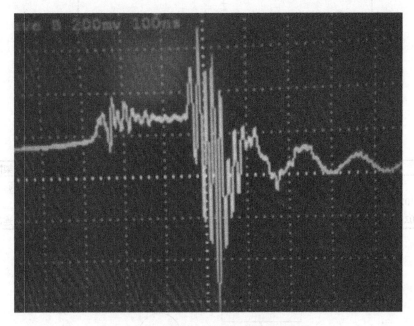

图 3-27 转换器输入端的共模瞬变脉冲

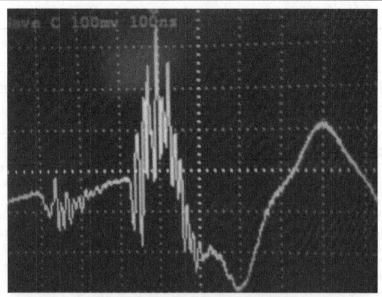

图 3-28　转换器输出端的共模瞬变脉冲

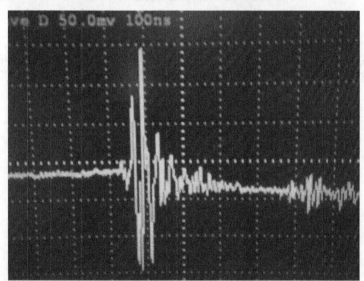

图 3-29　转换器输出端的差模瞬变脉冲
表 3-15　测试结果表

Sheet 3-15								Date 2-2-2015

Customer R&D　　　　　　　　　Equipment 2nd converter　　　　　　　　SN _____

Specification MIL-STD-461F　　　　　　　　　　　Test RE102–ground navy mobile and army

Equipment 1 m mono, EMC 0.25–1 GHz preamp, 1 m H&S, 2 m H&S

BW 9 kHz　　　　　　　VBW _____ Reference _____ Span _____

Notes: Converter #2　output power cable 2 m long in RE102 test setup

Plot	Frequency (MHz)	Measured (dBμV)	Antenna Factor (dB)	Preamp Gain (dB)	Cable Atten (dB)	Cable Atten (dB)	Corrected (dBμV/m)	RE102 Limit (dBμV/m)	Margin (dB)
	8.000	63.0	15.6	−31.9	0.0	0.1	46.8	24.0	−22.8
2–1	28.541	76.3	18.2	−32.5	0.0	0.1	62.1	24.0	−38.1

Test result sheet 2–1, 2–30 MHz.

表 3-16　测试结果表

Sheet 3-16 _____   Date 2-2-2015 _____

Customer R&D _____ Equipment 2nd converter _____ SN _____

Specification MIL-STD-461F _____ Test RE102–ground navy mobile and army _____

Equipment LPB, EMC 0.25–1 GHz preamp, 1 m H&S, 2 m H&S

BW 120 kHz _____ VBW _____ Reference _____ Span _____

Notes: Converter #2　output power cable 2 m long in RE102 test setup

Plot	Frequency (MHz)	Measured (dBμV)	AF (dB)	Preamp Gain (dB)	Cable Atten (dB)	Cable Atten (dB)	Corrected (dBμV/m)	RE102 Limit (dBμV/m)	Margin (dB)
	62.400	57.0	12.9	−32.8	0.0	0.1	37.2	24.0	−13.2
2–2	96.573	65.3	9.9	−32.8	0.0	0.1	42.5	24.0	−18.5
	163.000	51.0	10.7	−33.0	0.0	0.1	28.8	28.2	−0.6
	223.000	47.5	11.9	−33.1	0.0	0.1	26.4	30.9	4.5
	292.000	47.0	12.8	−33.2	0.0	0.1	26.7	33.3	6.6

Test result sheet 2–2, 30 MHz–1 GHz.

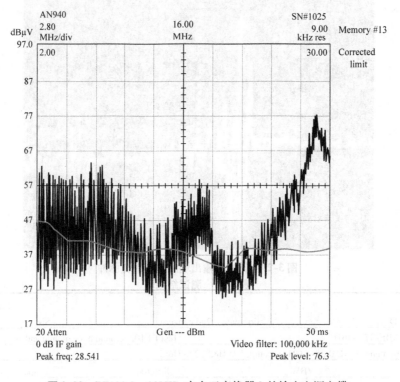

图 3-30　RE102 2～30MHz 来自于变换器 2 的输出电源电缆
（承蒙 EMC Consulting Inc.，Merrickville, ON. 允许复制）

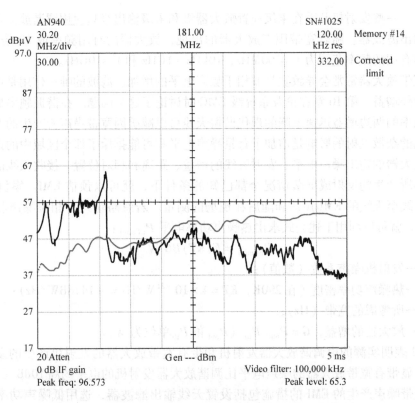

图 3-31　RE102 30～330MHz 来自于变换器 2 的输出电源电缆

（承蒙 EMC Consulting Inc. , Merrickville, ON. 允许复制）

3.4　发射机产生的噪声

　　发射机通常用来产生一个特定的频率或一些邻近的频率，当发射机用来传送信息时，要应用一种或多种调制方法来产生边带（即在载波两边的频带）。例如，当应用幅度调制时，上边带是载频加调制频率，下边带是载频减调制频率。除了希望发射所用的频率以外，发射机还产生许多不希望有的杂散发射。这些发射包括载波、边带以及主振荡器的谐波。此外，发射机还产生非谐波相关的频率分量和宽带非相干噪声。

　　宽带非相干噪声包括热噪声，有时称为高斯噪声或白噪声，并假定热噪声显示出均匀的功率频密度。另一种噪声源称为闪烁噪声或 $1/f$ 噪声。热噪声，$1/f$ 噪声和爆玉米花噪声是模拟电路和视频电路中特别关注的噪声；第 5.5.1 节将叙述它们的典型电平和评价方法。靠近天线的设备和电缆的主要潜在 EMI 源是在载频上，尤其是当设备场所的 E 场达到 V/m 的程度时。对于可调谐不同频率并在天线后装有滤波器的接收设备，可以达到对载波和由发射机产生的边频的抗扰度。研究案例 10.2 叙述包括接收机在内的设备由于靠近发射机而产生的 fEMI 问题。当发射机获得执照时，发射机申请的频率将明确地拒绝给那个区域的接收机。此外，由于发射机会产生杂散发射，某些信道可能遭到拒绝。参考文献 ［3］提供一些典型的发射机输出的杂散频谱。

在过去，一些发射机几乎在末级前置放大器级和末级输出级只使用调谐放大器，因而具有有效的输出滤波器。随着宽带固态放大器的出现，放大器的有用频率成 10 倍频地扩展。例如放大器有用的频率范围为 1 ~100MHz，10kHz ~1GHz 和 1 ~10GHz。

使用宽带放大器常常会导致宽带非相干噪声电平的增加。滤波的唯一作用是可以减小发射天线的带外增益，第 10 章在论及系统级 EMC 时讨论了这个问题。在谐振频率显示高增益而在谐振频率的两边增益迅速下降的现代谐振天线可以减缓因宽带噪声所产生的 EMI。宽带噪声和其他的杂散发射的影响是增加了背景噪声电平和可能排斥了那个区域中的许多另外的信道。在放大器的输出噪声电平、发射天线的增益、距离和相对位置、接收天线的增益、建筑物或地形所产生的反射或屏蔽情况全都已知的条件下，就可以预估 EMI。案例研究 10.2 举例说明天线至天线的 EMI 预估和随后在现场的测量。若忽略输入 – 相位噪声和内部产生的 1/f 噪声，就可以利用下述公式求出热噪声功率电平 $P_{n(out)}$：

$$P_{n(out)} = F(KT)BG \text{ W}$$

式中　F——发射机噪声系数（数值）；

KT——热噪声功率密度（在 290K，$KT = 4 \times 10^{-21} \text{ W/Hz} = -144\text{dBW/Hz}$）；

B——所考虑的宽带（Hz）；

G——放大器的增益，$G = P_{out}/P_{in}$（P_{out} 和 P_{in} 单位为 W）。

图 3-32 表明实测的由调谐放大器发射机和带有宽带放大器的发射机产生的发射机宽带噪声，很明显带有宽带放大器的噪声电平比调谐放大器发射机的电平约高 10dB（功率）。减少发射机宽带噪声产生的 EMI 的措施包括设置天线输出滤波器，选用低噪声功率放大器或有相应较高电平和较低噪声输入的低增益放大器。

参 考 文 献

1. E. Kann. Design guide for electromagnetic interference (EMI) reduction in power supplies, MIL-HDBK-241B. Power Electronics Branch, Naval Electronic Systems Command, Department of Defense, Washington, DC, 1983.

2. M.J. Toia. Sketching the Fourier transform: A graphical procedure. *1980 IEEE International Symposium on Electromagnetic Compatibility*, New York, 1980.

3. P.N.A.P. Rao. The impact of power amplifiers on spectrum occupancy. Theoretical models and denied channel calculations. *IEEE International Conference on Electromagnetic Compatibility*, London, U.K., 1984.

第4章

PCB 印制线、导线、电缆间的串扰和电磁耦合

4.1 串扰和电磁耦合简介

串扰（Crosstalk）可以定义为来自邻近信号通路对某个信号通路的干扰。术语串扰一词常限于使用在邻近的电路、导线上，其耦合通路是以电路的互电容和互电感为特征的。本章通篇使用这个有限制性的定义。无论干扰源是有意信号还是噪声都可以进行串扰预估。因此串扰在本章中有更广的意义，它可以描述有意信号或噪声对一个信号通路的耦合情况。本章中电磁耦合（Electromagnetic Coupling）和串扰（Crosstalk）这两个词是可以互换使用的。然而，一般来说，电磁耦合包括导体对导体的电场、磁场或电磁场的耦合，而且导体之间距离并不需要很近。

正如所有的 EMC 预估或 EMI 调研所做的那样，第一步要做的是识别发射源，以判定干扰路径是属于传导的、辐射的还是串扰的。若在传输信号导线的邻近导线中有瞬变大电流或快速上升的电压出现，则 EMI 调研的首要目标是串扰，在预估分析中也是一个备选对象。举例来说，一根电缆中既有对中继电动机、电灯等的控制信号或驱动信号电平的导线，抑或也有数字传输信号、模拟信号、射频信号、视频信号的导线，那么数字信号、电源和模拟信号共享一根电缆就可能导致串扰。同样地，当一条传送控制或逻辑电平的 PCB 印制线非常靠近采用低电平的第二条印制线时，靠近的距离长度超过了 10cm 或更多，则也可能发生串扰。第 11 章的案例研究 11.1（11.12 节是关于 PCB 布局的案例研究）介绍一个关于 PCB 板上逻辑电源印制线和模拟信号印制线相互靠近距离为 6cm 时的串扰例子。

长电缆若有若干串行通道或传输高速数据用来并行数位，或用来传送遥测信号时，也将是串扰预估或 EMI 调研的首选对象。

如图 4-1 所示邻近的电缆或导线之间的串扰既可以是由互电容产生的电场耦合引起的，也可以是由互电感产生的磁场耦合引起的，第三种形式的耦合是通过共阻抗引起的。有关这方面的内容将在 8.3.3 节中叙述。这里非常重要的一点是要区别 EMI 是由共阻抗产生的，还是由电磁耦合或串扰引起的。下面是一个共阻抗或串扰都有可能引起干扰的例子：假定有一根驱动白炽灯的大电流导线，与邻近的信号导线共用相同的返回路径。当两个返回线路以灯的电缆末端作公共连接时，则 EMI 既可能是由串扰引起的，也可能是由于电灯的大电流流经返回路径的 DC 电阻而产生较大的电压降所引起的。

在将 EMI 归咎于由串扰所致之前，非常重要的一点是要确定在干扰源末端感受器线路上无噪声干扰，还要确定在离干扰源线路的远端输入电路不会产生噪声。

在接口上造成数据接收错误的另一种可能性是由于线路与负载阻抗不匹配而产生的反

射，这也可能被误认为是串扰。

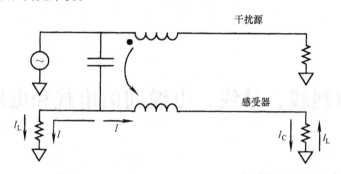

图 4-1 电场（容性）串扰和磁场（感性）串扰

一种确定是否由串扰引起 EMI 的实用方法是把干扰源和感受器导线分开。若这不易实现，那么一种可行的方法是将干扰源波形的边缘暂时减缓或把频率降低。若产生间隙性的 EMI 并怀疑是串扰引起的情况下，可以用增加干扰源信号的幅度、频率、速率或通过变压器或电容器注入另外的噪声源的方法来加以证实。此时，若 EMI 趋势是增加的，则可能有串扰源存在。

在以下几节的串扰例子中，若给定频率或上升时间，则串扰值是可以计算的，或能够在表格、图表中查到。通常在频率给定情况下，对于产生上述串扰而言，该串扰的上升时间由 $1/\mu f$ 给定，同样，若规定了上升时间，则频率可以从 $1/\mu t^{\ominus}$ 求出。

本章中的串扰预估假定使用无损耗传输线。传输线上的损耗之一是趋肤效应（*skin effect*，即电流主要在导体表面流过），载流导线的趋肤效应可以用导线的 AC 电阻表征。在非常靠近的两根导线所载电流方向相反的情况下，电流将会被限制仅在导线的一小部分横截面上流动。于是在导线靠近区域的电流向离开的方向聚集，这将使 AC 电阻增加 0.6～0.7 倍。第二个损耗机理是使导线隔离的介电材料。实际上，在电缆传输线中（例如对绞屏蔽线）的损耗可能主要是趋肤效应所致。

由于排除了传输线损耗，所以串扰预估中产生误差的主要因素是电缆长度和快速上升时间，然而由忽略损耗所造成的误差通常远小于预估产生的误差。例如，60m 长的电缆，上升时间为 100ns 的干扰源由于忽略损耗而引起串扰预估的误差仅仅是 7%，而本章提供的预估方法所引起的误差却不会小于 15%。

正如 4.4.6 节中所述，当干扰源和感受器电路不是很接近的情况下，可以很方便地用本书 2.2.4 节和 2.2.5 节中关于电磁场产生和接收的公式来预估它们的耦合。

当考虑串扰发生在 PCB 印制线路之间，电缆内的导线之间和邻近的导线与电缆之间时，确定这些耦合主要是电场耦合（容性的）还是磁场（感性的）耦合是非常重要的。若两种耦合模式都不占优势，则必须分别地分析这两种耦合，或如 4.4.1 节所述，更方便的方法是可以将干扰源和感受器电路之间的特性阻抗和感受器电路与地线之间的阻抗用在串扰预估中，两种耦合模式中哪一种是主要的则取决于电路阻抗、频率和其他因素。估计电路阻抗的粗略准则是：

⊖　原文未说明 μ 的含义。——译者注

当干扰源和感受器电路阻抗乘积小于 $300^2\Omega$ [一]，则主要是磁场耦合。

当阻抗乘积大于 $1000^2\Omega$ 时，则主要是电场耦合。

当阻抗乘积在 300^2 和 $1000^2\Omega$ 之间，则磁场或电场耦合能否起主要作用，要取决于电路的几何尺寸和频率。

然而，这些准则并不能适用于所有的情况（例如，位于接地平面上方的 PCB 两印制线之间的串扰），当接地平面上方的线路特性阻抗相对较低，（例如 100Ω）而在感受器印制线上的负载阻抗和干扰源阻抗高于特性阻抗，则串扰主要是容性的。

4.2　导线和电缆间的容性串扰和电场耦合

图 4-2 所示的是平行的信号线的四线排列形式。若电路是不平衡的（即在每个电路中返回导线处在同一地电位），为了预估，四线布置可以由接地平面上方的两线布置来取代。如图 4-2 所示，可将连接第一个电路的导线与接地平面之间的电容称为 C_1，连接第二个电路的导线与接地平面之间的电容称为 C_2。当每根导线与其接地平面之间的距离相等时，则 $C_1 = C_2$，$L_2 = L_1$。此电容可以按式（4-8）由接地平面上方的导线电感求出，如参考文献 [1] 所表明的，这个电容 C（pF/m）为

$$C = \frac{3.38}{L_1}$$

$$C = \frac{3.38}{0.14\log\left(\dfrac{4h}{d}\right)} \qquad (4-1)$$

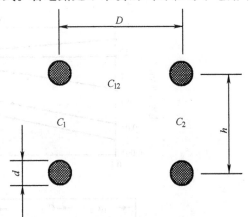

图 4-2　4 线电容性排列形式

式中　h[一]——导线超过接地平面的高度；

　　　d——导线的直径。

高度和直径可以用任何单位表示，只要两者的单位相同。

按照参考文献 [1]，两线电路间的互电容 C_{12}（pF/m），可以按式（4-9）由互电感（M）及接地平面上的导线电感公式（4-8）来算出：

$$C_{\mathrm{m}} = \left[\frac{0.07\log\left[1 + \left(\dfrac{2h}{D}\right)^2\right]}{0.14\log\left(\dfrac{4h}{d}\right)0.14 \cdot \log\left(\dfrac{4h}{d}\right)}\right] \times 3.28 \qquad (4-2)$$

式中　D——两个电路之间的距离；

　　　h——导线超出接地平面的高度[二]；

　　　d——导线的直径。

〇　此处未对所示的物理量的单位做出解释。——译者注

〇　此处的 h 不能表明超过接地平面高度，而是代表导线间的距离。——译者注

〇　此处原文有误，h 应为导线之间的垂直距离。——译者注

在这些计算中，D、h、d可以用任何相同的测量单位。图4-3表示了电路的几何尺寸怎样影响AWG22导线的自电容和互电容，AWG22的线径为0.8mm（0.032 in）。对于小的h/D值，C_{12}随着导线超出接地平面高度h的增加而缓慢增加。对于大的h/D值，C_{12}大体上保持不变化，然后随着导线高度而减小。可以看出，感受器电路的自电容C_2在耦合中起着重要作用。这点可以考虑用耦合系数K来表明：

$$K = \frac{C_{12}}{C_2} + C_{12} \tag{4-3}$$

从图4-3中可以看出，C_2是随着高度的减少而增加，从式（4-3）中可以看出K随着C_2的增加而减小。因此，串扰电平可以通过下列方法来减小：

1）降低接地平面上方的导线高度或减小同一个电路中导线间的距离；

2）增加两个电路之间的距离。

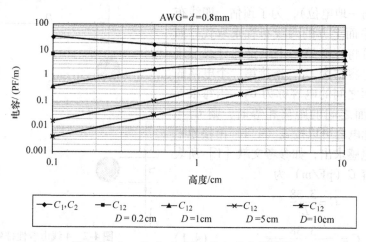

图4-3 C_1、C_2和C_{12}随h和D的变化情况

（摘自 Mohr, R. J. , Coupling between open wires over a ground plane, *IEEE Electromagnetic Compatibility Symposium Record*, Seattle, WA, July 23 – 25, 1968. ）

图4-4a表示两个不平衡电路之间出现的容性串扰情况，其等效电路如图4-4b所示。干扰源电路的自电容在串扰中没有起作用，因此可以忽略。感受器电路的自电容C_2，与感受器电路的源阻抗R_S和负载阻抗R_L并联。

当导线的长度大于波长时（即$l \gg \lambda$），则电压将沿着导线长度上变化而不是常数，就需要更复杂的分析。然而，对于简单的情况，若波长使得电压在整个导线长度上可以假设为常数。则串扰电压V_c由下式给出：

$$V_c = V_1 \frac{Z_2}{Z_1 + Z_2} \tag{4-4}$$

式中 $Z_2 = XC_2$，与R_L和R_S并联：

$$Z_1 = XC_{12} = \frac{1}{2\pi f C_{12}}$$

总电阻R_t等于R_L与R_S的并联值：

$$R_t = \frac{1}{1/R_L + 1/R_S} \tag{4-5}$$

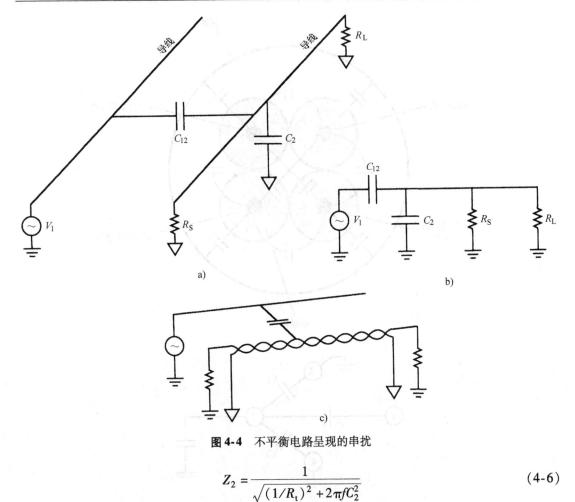

图 4-4　不平衡电路呈现的串扰

$$Z_2 = \frac{1}{\sqrt{(1/R_t)^2 + 2\pi f C_2^2}} \tag{4-6}$$

　　若图 4-4a 的感受器导线由双绞线替代，其中一根导线的两端与接地平面相连，如图 4-4c 所示，那么其容性串扰与感受器导线是非双绞线的情况相同$^\ominus$。假定感受器的非双绞线导线很接近，若与接地平面上的单根导线相比，则非双绞线的串扰将减少。原因很简单，因为导线很接近而导致电容 C_2 增加。

　　如图 4-8 所示若双绞线对与一个平衡电路相连，那么容性串扰理论上为零。实际上，串扰电平对双绞线对的不规则性是很敏感的，并且干扰源和感受器的距离沿导线的长度方向上在变化。与平衡电路相连的双绞线通常比非双绞线显示出更低的串扰电平。正如以后在四路导线电缆串扰估计中所讨论的那样，在一个与平衡电路相连的非双绞线中产生的串扰电平，取决于干扰源导线与感受器两根导线之间的相对距离。若干扰源和感受器导线之间的距离已知，或可以假定处在最坏的情况，那么可以计算导线的互电容和自电容，建立等效电路和预估容性串扰。当串扰发生在屏蔽电缆中的导线之间，则中心导线和屏蔽层之间的电容可能成为评价串扰电平的重要因素。例如，考虑一个与两个不平衡电路连接的四导线屏蔽电缆，其中返回导线与电缆的屏蔽层相连于某一点（即两根返回导线和屏蔽层有相同的电位），电缆

$\ominus$　这是因为一根导线连接到地，感应的电压接近于零，而第二根导线连接到源和负载阻抗上，感应到串扰电压。——译者注

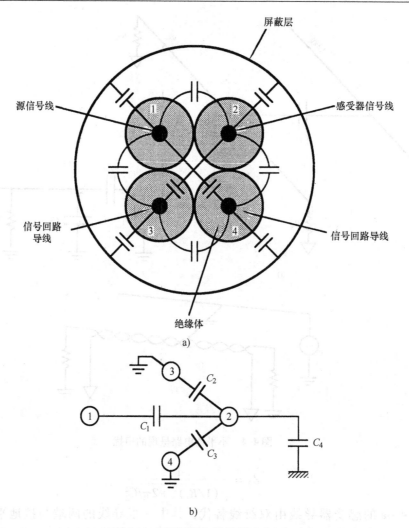

图 4-5 四线屏蔽电缆结构形式

配置和电容分布情况如图 4-5a 所示，不平衡配置的等效电路如图 4-5b 所示。在这个设置中，导线 1 是干扰源信号线，导线 2 是感受器信号线，导线 3 和导线 4 是信号返回线。这种配置的串扰系数 K 为

$$K = \frac{C_1}{C_1 + C_2 + C_3 + C_4} \tag{4-7}$$

式中 C_1——耦合线对信号线间的互电容；

C_2——与 C_3 感受器信号线和信号返回线之间的电容；

C_4——屏蔽电容。

用电容 C_2、C_3、C_4 之和代替 C_2，式（4-4）~式（4-6）即可适用于屏蔽电缆。下面举一个 4 导线屏蔽电缆的实际串扰例子。

本例中的电缆包含 20 号线规（27×34AWG）的双绞线，线径为 0.89mm（0.035in），绝缘厚度为 0.4mm（0.0156in），绝缘导线间的轴间对角间距大约是 0.2mm（0.008in）。聚乙烯绝缘材料的相对介电常数为 2.3，导线 1 和 2、2 和 4、4 和 3、3 和 1 之间的互电容为

11pF, 对角的 1 和 4、2 和 3 的互电容为 5pF。导线对屏蔽层的电容为 20pF。假定电缆用于两个不平衡电路, 如图 4-4a 所示, 感受器源阻抗和负载阻抗均为 20kΩ, 假定 AC 1V 加于干扰源电路, 与频率对应的串扰如图 4-6 所示。在本例电路中, 可以看出串扰电压随频率线性增加直到大约 160kHz 之后斜率减小, 在 1MHz 串扰电压呈水平状。随着感受器电路的负载电阻和干扰源电阻减小到 2kΩ, 高频转折点在 10MHz, 高于转折点的串扰幅度由串扰系数给出, 与频率无关。在本例中串扰系数 K 由式 (4-7) 算出:

$$K = \frac{11\text{pF}}{11\text{pF} + 11\text{pF} + 5\text{pF} + 20\text{pF}} = 0.234$$

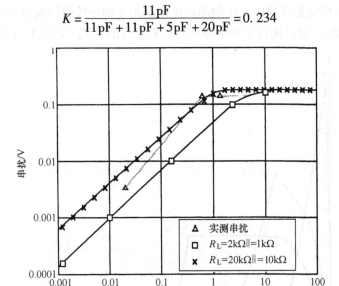

图 4-6　不平衡电路中四线屏蔽电缆中实测的和预估的串扰

因此, 最大串扰电压是 $1\text{V} \times 0.234 = 0.234\text{V}$, 即为施加在干扰源电路电压的 23%。当 $R_L = 10\text{k}\Omega$ 时, 相对于理论值的四线电缆的串扰实测值如图 4-6 所示。

当干扰源电压是阶跃函数, 其上升或下降时间等于或小于感受器电路时间常数的 0.2 倍, 串扰的峰值电压可以由串扰系数求出。时间常数是电缆电容量之和乘以感受器电路阻抗和干扰源电路阻抗的并联。因此, 在本例中, 时间常数是

$$\tau = \frac{20\text{k}\Omega \times 20\text{k}\Omega}{20\text{k}\Omega + 20\text{k}\Omega}(11\text{pF} + 11\text{pF} + 5\text{pF} + 20\text{pF}) = 0.47\mu\text{s}$$

当阶跃函数的上升或下降时间大于时间常数, 串扰的峰值电压大约是 $K\tau/t$。串扰电压的上升或下降时间在本例中定义为 10% 的电压电平 90% 的电压电平之间的时间, 大约可以给定为 2τ, 串扰电压的持续时间等于干扰源的上升时间 t_r。图 4-7 表明在 $\tau = 0.47\mu\text{s}$, $R_L = R_S = 20\text{k}\Omega$, 和 $t = 0.1\mu\text{s}$、$2\mu\text{s}$、$5\mu\text{s}$ 和 $10\mu\text{s}$ 条件下实测的串扰电压。

多芯电缆是难以采用等效电路法处理的。比较简单的方法是用已知的数据, 包括感性串扰和容性串扰, 如 4.4.2 节中所述。在多心屏蔽电缆中容性串扰最坏情况的例子是当两导线位于电缆中央 (即离屏蔽层最远), 被其他信号线包围, 假定两根位于中央的 24AWG 信号线与一个平衡电路相连, 在一根有 50 条导线的电缆中被其他 24AWG 的信号线包围, 导线间的互电容是 14pF, 串扰系数大约 25%。如在 4.4.2 节中所述, 这些非常高的串扰电平

通过正确选择电缆可以大大地减小这些非常高的串扰电平。这些选择包括双绞线，交叉双绞线和屏蔽双绞线。如图4-8所示，使用平衡电路，在理论上可将串扰减少到零。然而，当在平衡电路中使用上述例子中的四线电缆，我们从图4-9a的等效电路中，可以发现情况并不如此。这个配置中实测的耦合系数是0.1，即10%，仅仅比不平衡电路改善了13%。在干扰源电路中使用导线1和4，在接收电路中使用导线2和3，理论上的串扰值是零，而实测串扰系数是6.8mV，即0.68%。图4-9b中表明了这种配置和为什么导线2和3中的电压应该是零，事实上，在感受器导线中产生的串扰电压是由于四导线间的电容不平衡引起的。如在4.4.2节中所讨论的，通过使用平衡电路和包括双绞线的电缆，串扰有可能大大地减小。

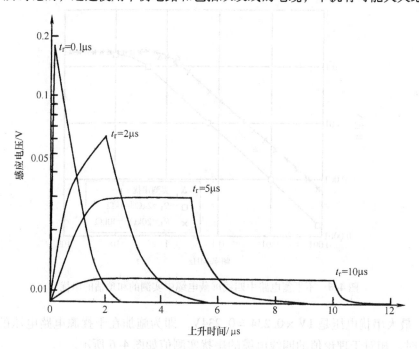

图4-7 上升时间分别为0.1μs、2μs、5μs和10μs时的串扰感应电压

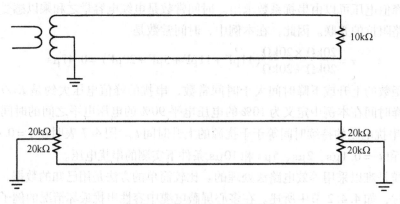

图4-8 平衡电路的结构形式

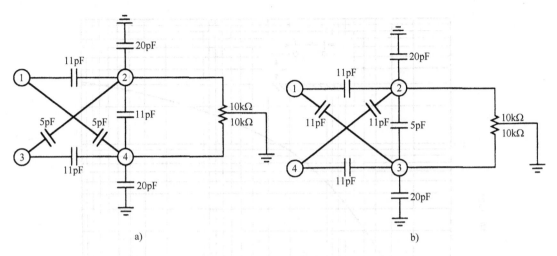

图 4-9　电缆的等效电路

a）在平衡电路中四线电缆的等效电路　b）用于干扰源和感受器电路的对角导线的电缆等效电路

4.3　导线和电缆间的感性串扰和磁场耦合

在高频时，通常主要是容性耦合。然而，若干扰源导线和感受器导线两者之一或两者都是屏蔽的，而且一般情况下屏蔽在两端接地，那么耦合的将是磁场。同样在低频时，当遇到低电路阻抗时，串扰很可能是感性的。在接地平面上方的导线电感 L（μH/ft）为

$$L = 0.14\log\left(\frac{4h}{d}\right) \tag{4-8}$$

式中　h——超出接地平面的高度；

　　　d——导线直径。

接地平面上方两根导线的互电感 M（μH/ft）为

$$M = 0.07\log\left[1 + \left(\frac{2h}{D}\right)^2\right] \tag{4-9}$$

式中　D——两根导线之间的距离。

图 4-10 和图 4-11 表明作为 h/D 和 h/d 函数的互感和自感。当高度远远大于直径，但电缆的直径也大时，如 5.1.2 节所述，导线的电感可能受到导线远离接地平面距离的限制。

图 4-12 是一个说明非屏蔽的导线间磁场耦合的实际电路。这里，电缆电容可以忽略，线长小于波长。发生器电压 e_1 使发射环路中产生电流 i_1。电流 i_1 由电压 e_1、干扰源阻抗 R_s、L_1 的感抗和负载电阻 R_b 决定。

在受扰环路中的感应电压 e_2 为

$$e_2 = j\omega M i_1 \tag{4-10}$$

而感受器负载阻抗 R_d 两端的电压为

$$V_d = 2\pi f M i_1 \frac{R_d}{R_c + R_d} \frac{1}{\left(1 + \dfrac{j\omega L_2}{R_c + R_d}\right)} \tag{4-11}$$

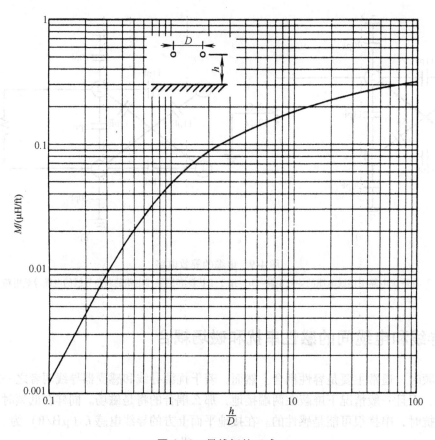

图 4-10 导线间的互感

（摘自 Mohr, R. J., Coupling between open and shielded wire lines over a ground plane, *IEEE Trans. Electromagn. Compat.*, 9 (2), 34–45, September 1967. Copyright 1967 IEEE. ）

最后一项在下面的讨论中用因子 aL_2 替代，得出下式：

$$V_d = 2\pi fMi_1 \frac{R_d}{R_c + R_d} aL_2$$

式（4-11）以幅值形式表示则为

$$|V_d| = 2\pi fMi_1 \frac{R_d}{R_r + R_d} \frac{1}{\sqrt{1 + \frac{\omega^2 L_2^2}{(R_c + R_d)^2}}} \tag{4-12}$$

从式（4-12）我们看出负载电压并不仅由干扰源和负载电阻分压，还要由受扰导线电感 L_2 的感抗分压。干扰源电压 e_1 可能是一个正弦波，这种情况下在感受器环路中，感应的开路电压 e_2 为

$$e_2 = 2\pi fMi_1 \tag{4-13}$$

或是一个瞬态干扰，则 e_2 为

$$e_2(t) = M \frac{I_1}{\tau} Ae^{-t/\tau} \tag{4-14}$$ ⊖

⊖ 式（4-14）中并没有系数 a。——译者注

式中　M——电路间的互电感；

　　　i_1——干扰源 AC 电流；

　　　I_1——干扰源瞬态电压峰值；

　　　τ——干扰源电流时间常数；

a 和 A——与感应电压分压有关的系数。

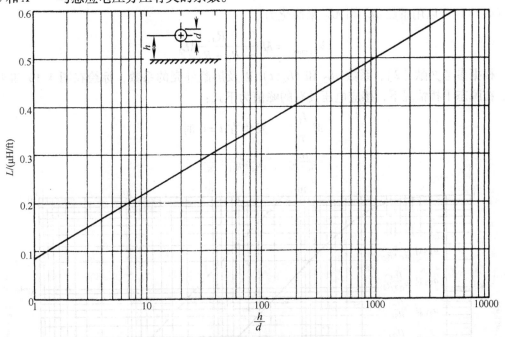

图 4-11　高出接地平面的导线电感

（摘自 Mohr，R. J.，Coupling between open and shielded wire lines over a ground plane，*IEEE Trans.*

Electromagn. Compat.，9（2），34 –45，September 1967. Copyright 1967 IEEE.）

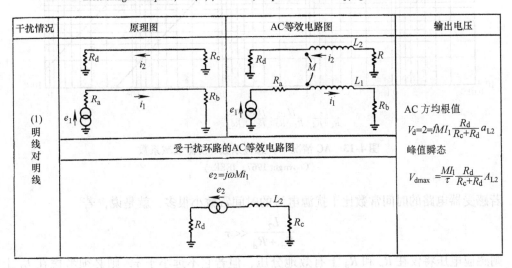

干扰情况	原理图	AC等效电路图	输出电压
(1)明线对明线	受干扰环路的AC等效电路图 $e_2=j\omega Mi_1$		AC 方均根值 $V_d=2fMI_1\dfrac{R_d}{R_c+R_d}a_{L2}$ 峰值瞬态 $V_{dmax}=\dfrac{MI_1}{\tau}\dfrac{R_d}{R_c+R_d}A_{L2}$

图 4-12　磁耦合原理图和等效电路

（摘自 Mohr，R. J.，Coupling between open and shielded wire lines over a ground plane，*IEEE Trans.*

Electromagn. Compat.，9（2），34 –45，September 1967. Copyright 1967 IEEE.）

在使用屏蔽电缆情况下，系数 a 和 A 必须包括在式（4-15）和式（4-16）中以计及屏蔽的额外衰减。对于瞬态干扰，感受器负载电阻两端的峰值电压为

$$V_{d(\max)} = M \frac{I_1}{\tau} \frac{R_d}{R_c + R_d} \frac{1}{1 - \dfrac{L_2}{(R_c + R_d)\tau}} \left[e^{-t/\tau} - e^{-(R_c + R_d)t/L_2} \right] \qquad (4-15)$$

式（4-15）可以用系数 aL_2 和 AL_2 来简化为

$$V_{d(\max)} = M \frac{I_1}{\tau} \frac{R_d}{R_c + R_d} AL_2$$

根据参考文献［2］，系数 aL_2 和 $AL_2(t)$ 以及屏蔽外壳的系数，标绘在图 4-13 和 4-14 中。在瞬态干扰情况下，感应电压具有的峰值为下式：

$$M \frac{I_1}{\tau} \qquad 发生在 t = 0 时$$

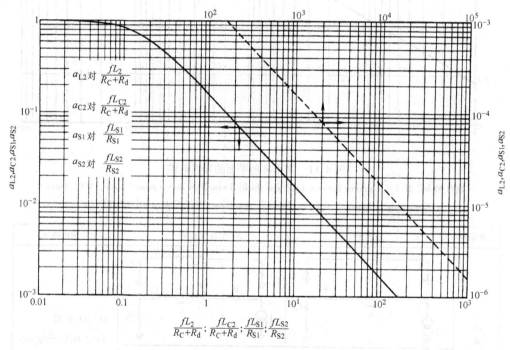

图 4-13　AC 情况下，感应系数和屏蔽衰减系数

（Copyright 1967，IEEE.）

若感受器电路的时间常数比干扰源电流的时间常数小很多，就是说，若

$$\frac{L_2}{R_c + R_d} \ll \tau$$

则感应电压将仅在 R_c 和 R_d 上有效地分压，但若它不远小于 τ，则必须考虑在 L_2 上的电压降。

在耦合是由无屏蔽的载流导线耦合到屏蔽导线的情况下，则在受扰电路中的返回电流要通过接地平面，按下面的系数衰减：

$$衰减系数 = \frac{1}{1 + j\left(\dfrac{\omega L_S}{R_S}\right)} \tag{4-16}$$

式中　L_S——屏蔽电感；

　　　R_S——电阻。

因此，在高频情况下，受扰的屏蔽电缆中大部分感应电流的返回路径是通过屏蔽层的。

高出接地平面 2in 的几种类型的屏蔽电缆的一些屏蔽电感值 L_S，已经根据参考文献 [2] 和电缆直径求出，并列在表 4-1 中。表 4-1 中还有电缆芯线电感 L 的值和两者的电缆电感差值 $L_C(L_C = L_i - L_S)$，以及长度为 1ft 的屏蔽层电阻，表 4-2 表明无屏蔽导线对屏蔽导线的耦合等效电路图。为了方便，电流 i_1 用屏蔽电缆衰减系数表示为衰减形式：

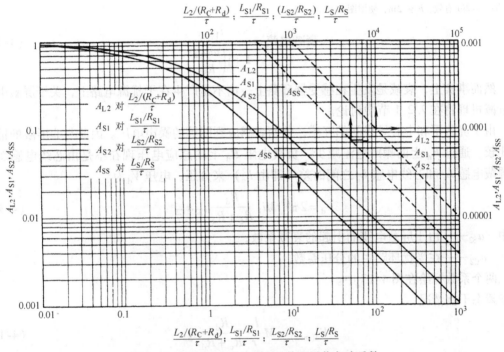

图 4-14　瞬态情况下的感应系数和屏蔽衰减系数

（Copyright 1967, IEEE.）

表 4-1　同轴电缆和屏蔽导线参数

类型 RG（　）/U 单层编织	Z_0/Ω	d_s/in	d_i/in	L_s[①]/(μH/ft)	L_i[①]/(μH/ft)	L_c/(μH/ft)	R_S/(mΩ/ft)	L_S/R_S[①]/μs
8A	50.0	0.285	0.086	0.20	0.27	0.07	1.35	150
58C	50.0	0.116	0.035	0.26	0.33	0.07	4.70	55
141	50.0	0.116	0.036	0.26	0.33	0.07	4.70	55
122	50.0	0.096	0.029	0.27	0.34	0.07	5.70	47
188	50.0	0.060	0.019	0.30	0.36	0.07	7.60	40
29	53.5	0.116	0.032	0.26	0.33	0.07	4.75	55
59A	75.0	0.146	0.022	0.24	0.36	0.12	3.70	65
180	95.0	0.103	0.011	0.26	0.40	0.14	6.00	43
A″	—	0.057	0.023	0.30	0.36	0.06	16.00	19
B″	—	0.056	0.030	0.30	0.34	0.04	6.20	48

（续）

类型 RG（ ）/U 双层编织	Z_0/Ω	d_s/in	d_i/in	L_s[①]/(μH/ft)	L_i[①]/(μH/ft)	L_c/(μH/ft)	R_s/(mΩ/ft)	L_s/R_s[①]/μs
9B	50.0	0.280	0.085	0.20	0.28	0.08	0.80	250
5B	50.0	0.181	0.053	0.23	0.31	0.08	1.20	190
55A	50.0	0.116	0.035	0.26	0.33	0.07	2.55	100
142	50.0	0.116	0.039	0.26	0.33	0.07	2.20	118
223	50.0	0.116	0.035	0.26	0.33	0.07	2.55	100
13A	75.0	0.280	0.043	0.20	0.32	0.10	0.95	210
6A	75.0	0.185	0.028	0.23	0.34	0.11	1.15	200

注：A″ 和 B″ 是屏蔽的连接线。

① $h = 2$in 有效，$h \neq 2$in，使用图 4-17。

$$衰减电流 = \frac{i_1}{1 + j\left(\dfrac{\omega L_{S2}}{R_{S2}}\right)} \tag{4-17}$$

然而事实上，衰减是发生在感受器环路上，而不是产生在干扰源电路上，关于屏蔽电缆的衰减机理将在 7.2.1 节中讨论。

由于屏蔽层和中心导线间的互感，使两者感应到同等的噪声电压。因此与非屏蔽的情况相比较，通过 R_d 上的噪声电流减少。负载电阻 R_d 上的感应电压现在不是由芯线电感而是由屏蔽电感 L_s 和芯线电感 L_i 之间的差（即由 L_c）来分压，电压 V_d 为

$$V_d = 2\pi^{\ominus} f M i_1 \frac{R_d}{R_c + R_d} a_{S2} a_{C2} \tag{4-18}$$

式中　a_{S2}——由于屏蔽电缆而引起的衰减系数；

　　　　a_{C2}——在受扰环路中的分压系数。

两个系数标绘在图 4-13 中。

对于瞬态干扰情况：

$$V_{d(\max)} = M \frac{I_1}{r} \frac{R_d}{R_c + R_d} A_{S2} \tag{4-19}$$

AS2 标绘在图 4-14 中。

表 4-2 中包括了屏蔽对非屏蔽和屏蔽对屏蔽耦合模式的另外一些等效电路，以及 ac_{RMS} 和瞬态峰值电压的公式。图 4-15 表明受扰环路中感应电压与频率对应关系的计算值和实验值。按照公式中的表达式 $2\pi f M$，明线对明线耦合模式的感应电压值随频率呈线性增大。明线对两种屏蔽电缆的感应电压也在此画出。这里，当高于某个频率时，大部分感应电流是在屏蔽层上流动的；屏蔽层上的感抗是很高的，因此 $2\pi f M$ 这一函数项通过下面另一函数项来平衡。

$$\frac{1}{1 + j\left(\dfrac{\omega L_S}{R_S}\right)}$$

且感应电压趋向稳定。

$\ominus$ 原书为 τ，疑原文有误。——编辑注

表 4-2 明线和屏蔽导线的感应干扰概况

干扰案例	原理图	AC 等效电路	输出电压

（1）明线对明线

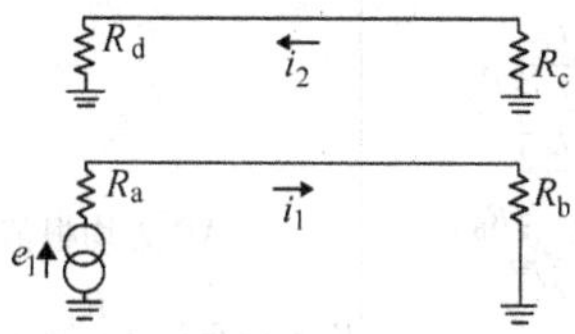

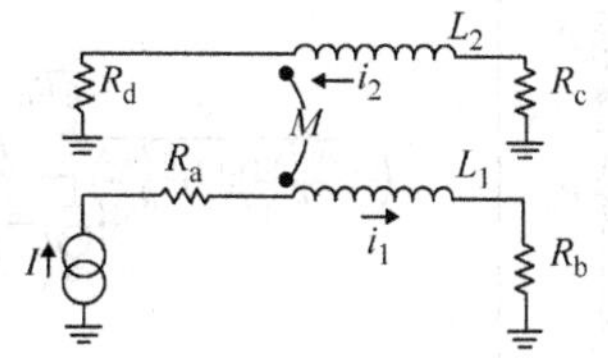

原理图：

AC 等效电路：

受扰环路的 AC 等效电路：

$$e_2 = jwMi_1$$

输出电压：

AC 方均根值

$$V_d = 2\pi f m i_1 \frac{R_d}{R_c + R_d} a_{L2}$$

峰值瞬变脉冲

$$V_{dmax} = \frac{MI_1}{\tau} \frac{R_d}{R_c + R_d} A_{L2}$$

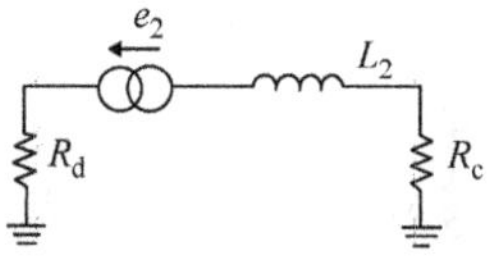

（2）屏蔽线对明线

原理图：

AC 等效电路：

$$\frac{e_1}{1+j\frac{wL_{S1}}{R_{S1}}}$$

受扰环路的 AC 等效电路：

$$e_2 = jwMi_1 \frac{1}{1+j\frac{wL_{S1}}{R_{S1}}}$$

输出电压：

AC 方均根值

$$V_d = 2\pi f m i_1 \frac{R_d}{R_c + R_d} a_{S1} a_{L2}$$

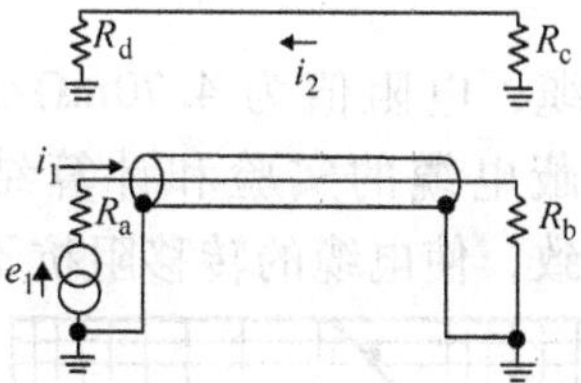

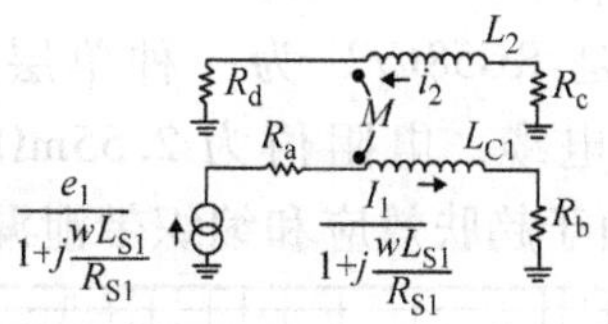

峰值瞬变脉冲

$$V_{dmax} = \frac{MI_1}{\tau} \frac{R_d}{R_c + R_d} A_{S1}$$

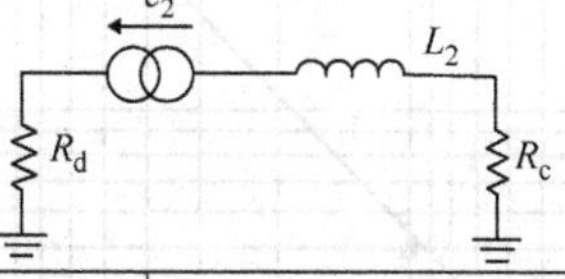

（3）明线对屏蔽线

原理图：

AC 等效电路：

$$\frac{e_1}{1+j\frac{wL_{S2}}{R_{S2}}}$$

受扰环路的 AC 等效电路：

$$e_2 = jwMi_1 \frac{1}{1+j\frac{wL_{S2}}{R_{S2}}}$$

输出电压：

AC 方均根值

$$V_d = 2\pi f m i_1 \frac{R_d}{R_c + R_d} a_{S2} a_{C2}$$

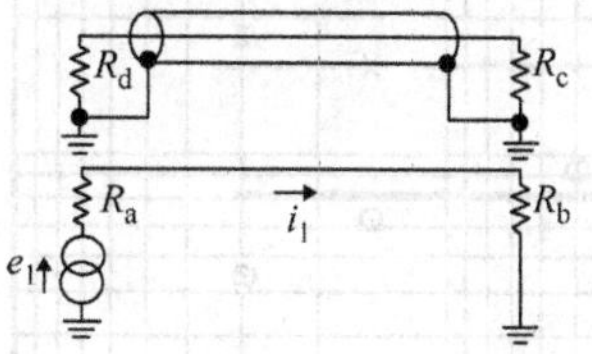

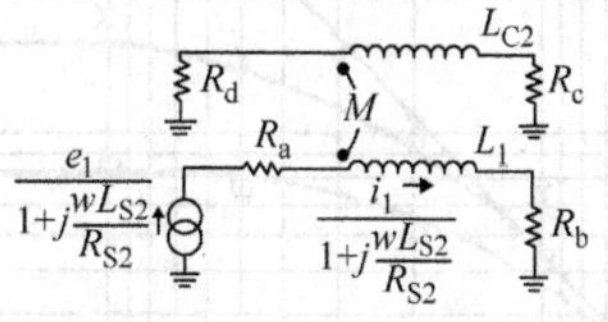

峰值瞬变脉冲

$$V_{dmax} = \frac{MI_1}{\tau} \frac{R_d}{R_c + R_d} A_{S2}$$

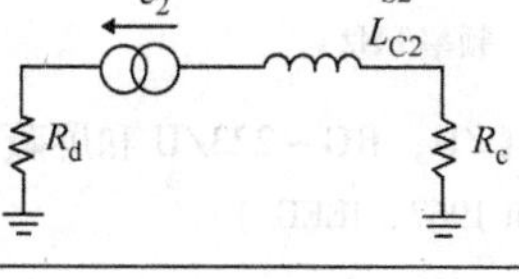

（续）

干扰 案例	原理图	AC 等效电路	输出电压
（4） 屏蔽 线对 屏蔽 线	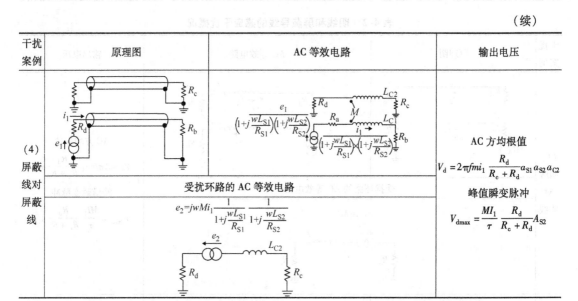		AC 方均根值 $V_d = 2\pi f m i_1 \dfrac{R_d}{R_c + R_d} a_{S1} a_{S2} a_{C2}$ 峰值瞬变脉冲 $V_{dmax} = \dfrac{MI_1}{\tau} \dfrac{R_d}{R_c + R_d} A_{S2}$

（来源 Mohr, R. J., Coupling between open and shielded wire lines over a ground plane, IEEE Trans. Electromagn. Compat., 9 (2), 34–45, September 1967. Copyright 1967 IEEE.）

两种屏蔽电缆的差别是 RG58C/U 为一种单层编织电缆，电阻值为 4.70mΩ/ft，而 RG223/U 是一种双层编织电缆，电阻值为 2.55mΩ/ft。屏蔽电缆的实验和计算结果在 200kHz 开始有差异。这是由于趋肤效应和编织带泄漏因子所致，使电缆的转移阻抗不再等

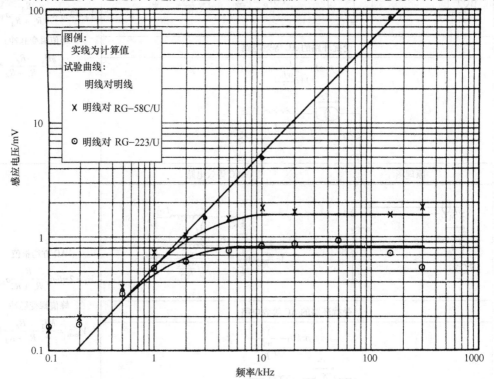

图 4-15 明线到明线，RG-58C/U，RG-223/U 和屏蔽电缆的耦合

（Copyright 1967，IEEE.）

于直流电阻。先前的一些公式在 200kHz 以上可用于屏蔽电缆，因可以通过将它们模拟为无屏蔽电缆，从而求出屏蔽层上的电流。于是负载电阻和干扰源电阻就是屏蔽终端阻抗。电流可以从低阻抗两端产生的电压求出，一旦电流已知，如 7.2.2 节所述，转移电压 V_i，就可以根据电缆的转移阻抗求出。

在感性串扰计算中，并没有考虑感受器电路的电流对干扰源电路的影响。当两个电路没有紧密耦合时，这样少许的误差只是因为忽略了干扰源磁场和感受器磁场的相互作用。但是，当存在紧密耦合时，由感受器电路呈现的附加负载就可能反射回到干扰源电路。这时在低的负载阻抗和干扰源阻抗或屏蔽电缆的情况下，若将这里提供的一些公式应用于紧耦合的感受器电路，就可能导致预估的电流高于干扰源电流！

用军标 MIL-STD-462 RS02 的试验配置进行试验得出的测量值可以作为感受器电路的电流值的一个很近似的限值。例如，在该配置中用干扰源电缆缠绕着接收器电缆的距离达 2m 情况下，在进行 RS02 试验时，在感受器电路中大约就能测出 50% 的干扰源电流。

表 4-3 中比较了前面考虑的两种屏蔽电缆的瞬态感应电压的实测值和计算值。图 4-16 表明不同上升时间的瞬态电流的感应波形。应该注意到两种电缆的电感是相同的；不同的仅仅是直流阻值（见表 4-1）。

表 4-3　因瞬时电流引起用线对同轴电缆的感应干扰及计算值与实测值的比较

电缆类型	计算值[①]			实测值[①]	
	$\tau/\mu s$	e_m/mV	$t_m/\mu s$	e_m/mV	$t_m/\mu s$
明线对同轴电缆 RG58C/U	1	2.7	4	2.7	3
	18	1.8	31	1.9	28
	34	1.5	44	1.6	40
	50	1.3	55	1.4	50
RG223/U	1	1.6	4.6	1.6	5.5
	18	1.2	39	1.2	35
	34	1	58	1	50
	50	0.9	72	0.9	65
同轴电缆对同轴电缆 RG58C/U	0.2	1.16	50	1.2	50
	8	1.08	60	1.2	50
	17	1.06	77	1.1	60
	26	1	89	1	70
	54	0.86	108	0.8	80
RG223/U	0.2	0.65	80	0.7	70
	8	0.64	96	0.7	80
	17	0.61	114	0.6	80
	26	0.6	133	0.6	90
	54	0.54	167	0.56	130

①　$l = 24$in，$h = 2$in，$D = 1$in，$I = 1$A；e_m 指感应电压，t_m 指脉宽。

由于有许多计算公式和众多的衰减系数以及在计算受扰电路负载电阻上的感应电压时，会涉及大量有关的电缆数据，所以这种预估要借助于使用计算机程序，例如本章末（第

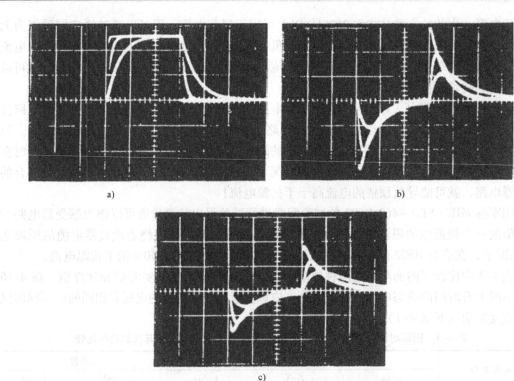

图 4-16 感应电压在示波器上的波形

印制线，明线对同轴电缆，在 x 轴上 $100\mu s/cm$，波形的上升时间分别为 $0.8\mu s$、$13\mu s$ 和 $50\mu s$

（Copyright 1967，IEEE.）

a）明线在 50Ω 上的输入电压，在 y 轴上 $20V/cm$　b）RG58C/U 的开路感应电压，在 y 轴上 $1mV/cm$

c）RG233/U 的开路感应电压，在 y 轴上 $1mV/cm$

4.4.6 节）所介绍的一种程序。http：//www. emcconsultinginc. com 提供这些程序 C + 或 C + + 版本。使用这些公式的限制是：

1）当电缆长度可与 0.4 倍的波长相比较时；

2）对于屏蔽电缆，当频率超过 200kHz 之后，它可以作为非屏蔽电缆处理，并可计算出屏蔽电流。

4.4 感性串扰和容性串扰的合成

参看图 4-1，我们可以看出，在靠近线路干扰源电压端（近端）的感受器电阻中的电流是容性耦合感应电流与电感性感应电流的叠加，反之，在感受器电路远端的电阻上，容性耦合电流和感性感应电流要趋于抵消。当分别考虑了容性和感性耦合模式之后，我们就可以找出这种差异的原因。如 4.4.3 节中所述，由于线对地的电容是沿线路长度而分布的，所以由容性耦合在感受器电路产生的感应电压导致电流从两个方向流入线路。当考察感性耦合时，我们可以把干扰源的导线看成变压器的一次侧（初级），而把感受器的导线看成变压器的二次侧（次级）。变压器的耦合电压是沿感受器导线长度出现的，其产生的电流在由近端和远端的电阻组成的负载中流动。因此由电感感应的电流只在感受器电路的一个方向流动。

当标为 Z_{12} 的耦合阻抗等于 $\sqrt{L_{12}/C_{12}}$，且等于 $\sqrt{RL_S RL_N}$ 时，通过远端感受器负载电阻的容性和感性感应电流就会完全被抵消。

如 4.2 节和 4.3 节所述，将感性和容性耦合公式联立在一起，将得出以下的对交流耦合和瞬态耦合都适用的感受器电路任意一端的总的干扰表达式：

对于 AC 耦合

$$V_c = 2\pi f M I_1 \left(\frac{R_c}{R_c + R_d} \right) \times \left[(3.38 \times 10^{-6}) \left(\frac{R_b R_d}{L_1 L_2} \right) - 1 \right]$$

$$V_d = 2\pi f M I_1 \left(\frac{R_d}{R_c + R_d} \right) \times \left[(3.38 \times 10^{-6}) \left(\frac{R_b R_c}{L_1 L_2} \right) + 1 \right]$$

对于瞬态耦合

$$V_{c(pk)} = \left(\frac{M I_2}{\gamma} \right) \left(\frac{R_c}{R_c + R_d} \right) \times \left[(3.38 \times 10^{-6}) \left(\frac{R_b R_d}{L_1 l_2} \right) - 1 \right]$$

式中　V_c、V_d——分别为 R_c 和 R_d 两端的 AC 电压；

　　$V_{c(pk)}$、$V_{d(pk)}$——分别为 R_c 和 R_d 上的瞬态峰值电压；

　　　　　　f——干扰源频率（MHz）；

　　　　　M——互感（μH/ft）；

　　L_1、L_2——干扰源和感受器导线的自感（μH/ft）；

　　　　　I_1——干扰源电路中的 AC 电流（A）；

　　　　　I_2——干扰源电路中电流峰值（A）；

　　　　　γ—— 干扰源电流的时间常数（μs）。

4.4.1　运用接地平面上方的 PCB 印制线和导线的特性阻抗预估串扰

当接地平面上方的一对导线受到同一个电动势激励时，其中每根导线对地的特性阻抗称为偶模阻抗 Z_{oe}。但若以不同的电动势激励，则每根导线对地的特性阻抗称为奇模阻抗 Z_{oo}，它与 Z_{oe} 的值不同。对于一些不同导线配置时的绝缘导线和地之间的特性阻抗 Z_o，可以从附录 A 中求出。当这些导线用一个大约是它们的特征阻抗 Z_o 来端接时，则 Z_{oo} 和 Z_{oe} 的幅值可以用来计算 AC 电压的串扰系数 C。下面是其关系式（摘自参考文献 [3]）

$$C = \frac{\dfrac{Z_{oe}}{Z_{oo}} - 1}{\dfrac{Z_{oe}}{Z_{oo}} + 1} \tag{4-20}$$

考虑图 4-17 所示的配置，它在微波行业里被称作敞开式耦合带状线。对于非微波工程师来说，耦合带状线可实际应用在带状电缆或多导线 PCB 的串扰预估中，在那些结构里信号导线埋在均匀介质中，并夹在两接地平面之间。由于难于探测线路板上的信号，无疑地这种配置在 PCB 线路中并不太实用。然而，将电路印制线夹在闭合的带状线中，对于减少印制板的辐射却是很有效的方法。当电源和接地之间为低阻抗，通常采用去耦电容器时，就可以扩展这种模型的用途，即把信号印制线夹在一个与电源线连接的平面和接地平面之间。根据式（4-20）仅能求出在耦合带状线的近端串扰，因为容性或感性耦合电压在远端完全被抵消。

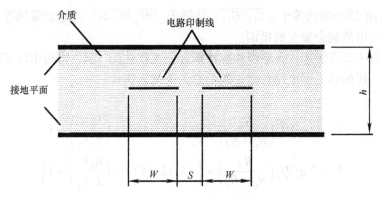

图 4-17 耦合带状线结构形式

耦合带状线的特性阻抗可以通过下列关系式求出：

$$Z_o = \sqrt{Z_{oo} Z_{oe}}$$

环氧玻璃树脂 PCB 的相对介电常数大约是 4，带状电缆绝缘层的相对介电常数大约为 2~5。典型的 PCB 的尺寸是线宽 W 为 0.02in (0.5mm)，线距 S 为 0.03in (0.75mm)，单层板高度 h 为 0.034in (0.86mm)，在多层板中一层的高度是 0.005in (0.12mm)。对于 S/h 和 W/S 一些不同的比率和 $\varepsilon_r = 4$ 和 2，可以从表 4-4 中求得近端串扰系数 C。

表 4-4 带状线结构的 Z_{oo}、Z_{oe} 和串扰系数 C

W/h	S/h	$\varepsilon_r = 4$				$\varepsilon_r = 2$	
		Z_{oe}	Z_{oo}	C	Z_{oe}	Z_{oo}	C
0.3	0.01	360	104	0.55	253	73	0.55
0.3	0.10	340	172	0.38	239	121	0.38
0.3	0.50	284	236	0.09	200	166	0.09
0.5	0.01	266	92	0.48	187	65	0.48
0.5	0.10	244	140	0.27	172	99	0.27
0.5	0.50	216	186	0.08	152	130	0.08
1.0	0.01	154	74	0.35	108	52	0.35
1.0	0.10	150	100	0.20	106	70	0.20
1.0	0.50	138	124	0.05	97	87	0.05

一个更普通的 PCB 配置，其中印制线在 PCB 材料的表面，可以按表 4-5 中的耦合微带线来模拟。表 4-5 表明相对介电常数为 2 和 4 时的阻抗 Z_{oo} 和 Z_{oe} 及串扰作为系数 C 时的数据。从公式 (4-20) 及表 4-4 和表 4-5 中可看出，串扰系数与 ε 值无关，可以简单地由比率 W/h 和 S/h 求出。

表 4-4 和表 4-5 提供了近端串扰的一些数据。与带状线不同，在微带线中远端串扰不等于零，这是由于空气和 PCB 材料组成了不均匀的介质。虽然远端串扰通常低于近端串扰并可能为零，但并不总是这样，这要取决于印制线的布局印制线，因为布局印制线能影响 Z_{oo} 和 Z_{oe} 以及感受器电阻和干扰源负载电阻值。就微带线而言，远端串扰的典型值是近端串扰的 1.5~0.37 倍（摘自参考文献 [4]）。

表4-5　对于上升时间为50ns、幅值2.5V的瞬态脉冲，耦合微带的参数及串扰的预估值和实测值

	预估串扰/mV	实测的串扰 */mV	预估串扰（μWavc SPICE 程序）/mV
50Ω 终端 VNEXT（max）	4.98	4.5	5.2
VFEXT（max）	−2.35	−2	−2.25
1000Ω 终端 VNEXT（max）	24.3	25	29
VFEXT（max）	24.1	25	22
每单位长度的参数 $C_{11} = 137.7\text{pF/m}$ $C_{12} = 5.15\text{pF/m}$ $L_{11} = 0.314\mu\text{H/m}$ $L_{12} = 0.036\mu\text{H/m}$	$C_{21} = 5.15\text{pF/m}$ $C_{22} = 137.7\text{pF/m}$ $L_{21} = 0.036\mu\text{H/m}$ $L_{22} = 0.314\mu\text{H/m}$		

表4-6　耦合微带的 Z_{oo}，Z_{oe} 和串扰系数 C

W/h	S/h	$\varepsilon_r = 4$			$\varepsilon_r = 2$		
		Z_{oe}	Z_{oo}	C	Z_{oe}	Z_{oo}	C
0.2	0.01	360	104	0.55	253	73	0.55
0.2	0.05	202	56	0.56	310	86	0.56
0.2	0.20	190	77	0.42	292	119	0.42
0.2	0.50	171	98	0.27	263	150	0.27
0.2	1.00	157	116	0.15	240	177	0.15
0.5	0.05	141	45	0.52	216	69	0.52
0.5	0.20	136	60	0.38	208	93	0.38
0.5	0.50	125	73	0.26	191	113	0.26
0.5	1.00	116	85	0.15	177	130	0.15
1.0	0.05	97	37	0.45	149	56	0.45
1.0	0.20	95	47	0.33	145	73	0.33
1.0	0.50	89	60	0.23	137	86	0.23
1.0	1.00	84	63	0.14	129	96	0.14
2.0	0.20	61	28	0.37	94	43	0.37
2.0	0.50	61	35	0.26	92	53	0.26
2.0	0.50	58	40	0.18	88	61	0.18
2.0	1.00	55	43	0.12	85	66	0.12

　　比较表4-4 和表4-6 表明，对同样尺寸的 h、S 和 W，带状线配置呈现的串扰较小，这是因为增加了中心导线和接地平面间的电容。对于这两种配置，增加印制线之间的距离（印制线的宽度）或减少印制线与地之间的高度都将会减少串扰。增加印制线路之间的间距和插入与地连接的屏蔽用印制线，也会降低串扰电平。然而，测量结果表明，屏蔽导线的存在仅使串扰减小了 6~9dB。屏蔽导线越宽，越能减小串扰。式（4-20）不限于使用在 PCB 上，还可以用在线对线的串扰预估。接地平面上的线对的奇模阻抗和偶模阻抗也可以从下式中求出：

$$Z_{oo} = 276\log\left(\frac{2D}{d}\right)\sqrt{\frac{1}{1+\left(\frac{D}{2h}\right)^2}}$$

$$Z_{oe} = 69\log\left(\frac{4h}{d}\right)\sqrt{\frac{1}{1+\left(\frac{2h}{d}\right)^2}}$$

式中　h——接地平面以上的高度；

　　　D——导线之间的距离；

　　　d——导线的直径。

h、D 和 d 必须用同样的单位。使用式（4-20）就可以求出串扰。

4.4.2　双绞线、交叉绞合双绞线、屏蔽双绞线和带状电缆中的串扰

用双绞线和屏蔽双绞线来替代用于平衡和不平衡电路中的非双绞线，则在电缆中测到的高电平串扰可以大大减小。为了减少诸如因脉冲性能下降等引起的反射问题，通信用的长电缆和有较高上升和下降时间的传输数据用的电缆，通常要端接电缆线的特性阻抗。这些端接的电缆是关注的焦点。运用正确的设计，并端接合适的通信信号接口，电缆的特性阻抗将延伸到设备内部的底板上，甚至延伸到安装接口电路的 PCB 的印制线上。许多不同的电缆和 PCB 配置的特性阻抗都可以通过附录 A 的许多公式算出。已建立了一个统计模型，用于预估交叉绞合复式双绞线电缆的近端和远端的串扰并与实测的串扰作比较（摘自参考文献 [5]）。在制造交叉绞合复式双绞线电缆的过程中将许多扭双绞线随机定位在该电缆中。相对于线对围绕一个固定点旋转的较为典型的结构，交叉绞合优越之处在于同样的线对在沿着交叉绞合电缆的长度方向上并不总是非常接近。假定一组线对的扭绞次数相同（就是扭绞周期在同一电缆中对所有扭绞线对是相同的），对于 10 对交叉绞合电缆来说，近端串扰隔离度在 60 ~70dB 之间，远端串扰隔离度在 45 ~57dB 之间。

以分贝为单位的串扰可定义为串扰感应电压与干扰源电压之比（的对数），这时串扰是负的，也可定义为干扰源电压与串扰感应电压之比（的对数），这时串扰是正的，并可以更精确地称之为串扰隔离度，这里使用后者的定义。

通过对电缆中的双绞线采用不同扭绞次数，可以大大减小串扰。但是，这种结构在民用电缆中很少使用。在无屏蔽双绞线电缆和屏蔽双绞线电缆中对串扰进行测试所获得的实测数据是有用的（摘自参考文献 [6]）。在美国政府文件 CR - CS - 0099 - 000 中的 CR - CS 测试方法，就应用于这项测试中。由于 CR - CS 方法用于平衡电路配置中的电缆，因此测试结果仅对平衡电路有效。

图 4-18 复制了 19 对屏蔽电缆和非屏蔽电缆及 27 对屏蔽电缆和非屏蔽电缆的近端串扰和远端串扰的平均值。B 类屏蔽电缆的线对特性阻抗为 50Ω，其聚丙烯绝缘层厚度为 0.01in，C 类电缆，线对的特性阻抗为 100Ω，泡沫聚乙烯绝缘层厚度为 0.023in。

带状电缆或扁平电缆具有一个稳定的特性阻抗，并且可以根据电缆的类型，调节导线之间的距离，所以有较低的串扰。承蒙 Belden Cable Company 公司的特许，这里公布和复制下列不同类型的扁平电缆或带状电缆的串扰。

确定电缆的特性阻抗有两种方法。一种方法是将一根导线与地相连，邻近的一根导线用

于信号传输（GS 配置），另一种方法是将信号导线夹在两个接地导线之间（GSG 配置）。典型的不平衡串扰是以百分比形式表达的，上升时间在 3 ~ 7ns 之间。在频域，不平衡串扰等于脉冲串扰时的频率可以非常近似地以 $f = 0.5 \pi t$ 的关系式求得。

Belden 9L280XX 系列是一种间距为 0.05in 的扁平屏蔽电缆，其 GS 特性阻抗为 150Ω，而其 GSG 特性阻抗为 105Ω。可以买到 10 ~ 64 芯导线的电缆，电缆尺寸和相邻导线的不平衡脉冲串扰结果复制在图 4-19 中。在频域内的平衡串扰如图 4-20 所示。

9L283XX 系列是一种间距为 0.05in 的扁平电缆。其 GS 阻抗为 45Ω，而其 GSG 阻抗为 50Ω，可买到 9 ~ 64 芯导线的电缆。电缆尺寸和相邻导线的脉冲串扰复制如图 4-21 所示中。

9GP10XX 系列是一种间距为 0.05in 有铜接地层的扁平电缆，可买到 20 ~ 60 芯导线的电缆，其中一根导线是接地的。电缆的 GSG 阻抗为 60Ω。电缆的尺寸和不平衡脉冲串扰如图 4-22 所示。

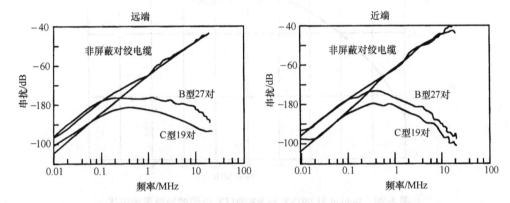

图 4-18　屏蔽和非屏蔽多对电缆的近端串扰和远端串扰的平均值

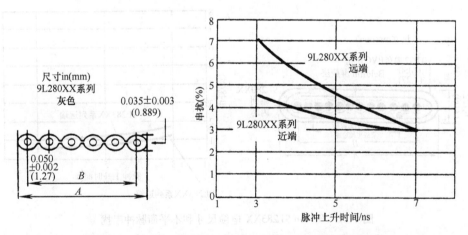

图 4-19　Belden 9L280XX 扁平电缆尺寸和不平衡脉冲串扰

9L320XX 系列是一种间距为 0.025in 有 41 根或 53 根导线的电缆，其 GS 阻抗是 135Ω，而其 GSG 阻抗是 93Ω。电缆的尺寸和脉冲串扰复制如图 4-23 所示。

9V280XX 是一种扭绞变化的扁平电缆，电缆中的导线扭绞成 18in 长的线对，接下来的 2in 扁平部分是为了端接，再接下来又是 18in 的扭绞。该电缆的节距为 0.05in，可以买到

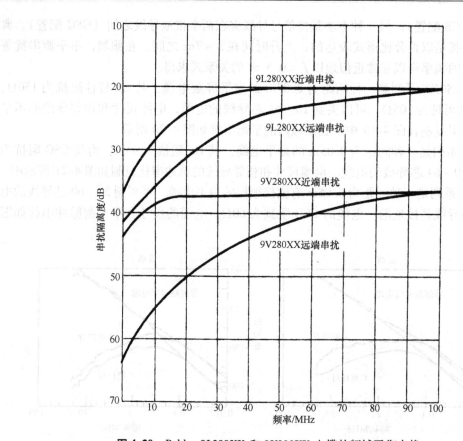

图 4-20 Belden 9L280XX 和 9V280XX 电缆的频域平衡串扰

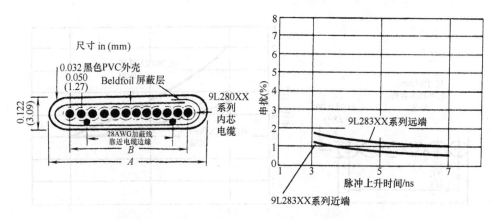

图 4-21 Belden 9L283XX 电缆尺寸和不平衡脉冲串扰

5～32 芯导线，其尺寸和脉冲串扰如图 4-24 所示。其频域的平衡串扰如图 4-20 所示。

可以买到含有 4～25 根同轴芯线的带状同轴电缆。Belden 9K50、9K75 和 9K93 系列电缆的特性阻抗分别为 50Ω、75Ω 和 93Ω。对于上升时间为 3ns、5ns 和 7ns 的干扰，这些类型电缆的近端串扰和远端串扰小于 0.1%。

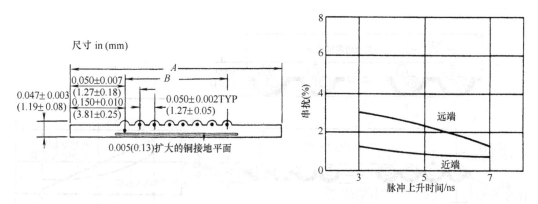

图 4-22 Belden 9GP10XX 电缆尺寸和不平衡脉冲串扰

4.4.3 相对于干扰源上升时间有长传输延迟的导线串扰

由于应用含有发射极耦合逻辑电路（Emitter – Coupled Logic，ECL），肖特基和砷化镓技术等高速逻辑电路在不断地增加，设计者已认识到在设计传输线互连时，以它们的特性阻抗来端接的重要性。当逻辑电路的上升时间等于或小于线路的传输延迟时，则其串扰预估与本章迄今的描述有些不同，这些被端接的高速（电路）源的传输线是本节的重点。

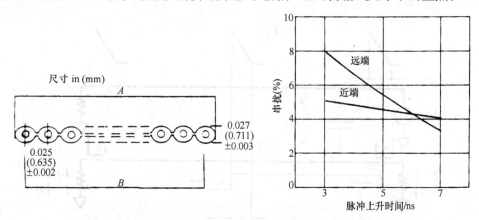

图 4-23 Belden 9L320XX 电缆不平衡脉冲串扰

两条平行 PCB 印制线的传输延迟 t_{pd}（ns/ft）由下式给出：

$$t_{pd} = 1.017 \sqrt{0.475\varepsilon_r + 0.67}$$

式中，ε_r 为 PCB 相对介电常数。因而，对于典型的环氧树脂 PCB，其介电常数为 4～5，传输延迟（t_d）为 1.62～1.77ns/ft，大约是 TTL 上升时间的一半，等于肖特基 TTL 的上升时间，而大约是 ECL100K 上升时间的两倍。

图 4-25 表明两根耦合线间的感性和容性串扰。考虑一个正脉冲，上升时间为 t_r，其持续时间远大于线上的传输延迟，这个脉冲刚开始沿着源的导线传输。一个容性感应正电压在感受器的线中产生返回近端（N）的电流，同时也在线中向远端（F）开始传播。感性感应电压是负的，产生向 N 方向的电流，因此与容性感应电流叠加。同样，感性感应电流 I_L 要从流向远端的容性感应电流 I_c 中减去。当干扰源导线和感受器导线以它们的特性阻抗端接

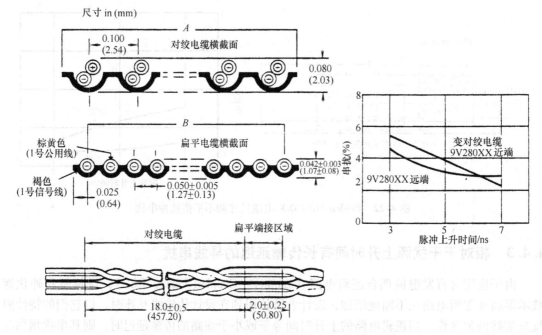

图4-24 Belden 9V280XX 电缆尺寸和不平衡脉冲串扰

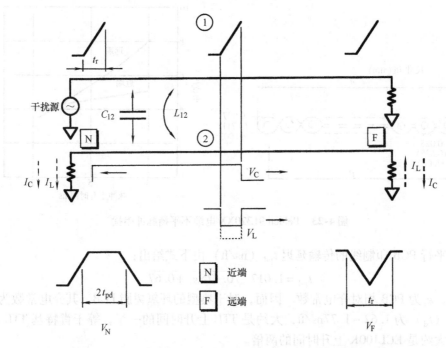

图4-25 传输延迟大于 t_r 情况下导线中的近端串扰和远端串扰

时，I_L 大于 I_C，因此向 F 方向传播的电压，即前向电压具有负极性。当脉冲沿干扰源导线方向进一步传输时，假定两根线上的传输延迟是相同的，则在感受器导线上感应的电压累积地叠加在前向串扰电压上，而该前向电压也在感受器导线的远端方向上传输。因此负极性的

前向串扰电压 V_L，随着线长成正比例地增加，其脉宽约等于干扰源电压的上升时间。因向线的 N 端传输的反向电压产生连续、恒定的电流，因此在近端端接阻抗上产生的电压是恒定的，无论线长多少，或是脉宽大于干扰源电压的上升时间。当干扰源电压到达干扰源导线的末端，前向串扰电压到达感受器导线的 F 端，即出现在 F 终端阻抗上。然而，反向串扰电压必须仍然向导线的 N 端传输，在时间上等于导线的传输延迟时间。因此，N 端端接电阻上的电压持续时间等于导线传输延迟时间的两倍。这是因为电压产生在干扰源电压沿导线传播时的瞬间直至最后的反向电压由导线的远端返回时为止。

在输入电压脉冲的持续时间等于逻辑电路的上升时间，甚至其电压电平高于逻辑阈值时，逻辑电路通常都不能响应这样的输入电压脉冲。只有当输入脉冲的持续时间几倍于逻辑电路的上升时间时，才会有输出响应。原因在于近端串扰比远端串扰更可能产生 EMI 现象。在互感、互电容、线上传输延迟已知的情况下，参考文献 [7] 提供了一种计算高速数字接口电路串扰的方法。下面介绍替代这种计算方法的一种计算机程序。

4.4.4　计算串扰的计算机程序

许多最新的计算机辅助设计（Computer - Aided Design，CAD）PCB 布局程序的确能计算串扰，这些程序包括 11.10 节中叙述的 "incases" 和 "applied simulation technology"。

除了完备的 PCB 布局程序外，其他的程序可用于处理 PCB 印制线上的高速传输特性，诸如阻抗、串扰、振铃、时间延迟，一种这样的程序是 GREENFIELD 2 TM，此外，EESOF 的 μWave SPICE 程序，也提供串扰、延迟和振铃的计算。这个程序用于汇编在本节中提供的包括许多 PCB 布局的近端串扰和远端串扰电压及脉冲上升时间的表格。Clayton R. Paul 建立了一种简单的模型，可以与 SPICE 或 PSPICE 软件一起使用，预估在耦合传输线上的串扰。SPICE 可以提供对有规定特性阻抗和传输延迟的传输线的瞬变分析，但不是耦合传输线的分析。由 C. R. Paul 建立的模型，使 SPICE 软件的分析能力延伸到耦合线，还允许对埋设在非均匀介质中的线路建模，诸如一块 PCB 上的印制线（参考文献 [11]）。把串扰预估与 PCB 上的实测串扰值加以比较，就显示出极佳的预估准确性。

为了检查对串扰电压的影响，一些 PCB 的配置和干扰源阻抗和感受器电路阻抗要先用 μWave SPICE 建模，初始配置在参考文献 [9] 中叙述，并表明在图 4-26 中，图中 PCB 印制线长度为 7860mil（20cm）；线宽 W 和线间距离 S 为 100mil（2.5mm）；PCB 材料的相对介电常数为 5，印制线超过接地平面的高度为 62mil（1.6mm）。预估的近端串扰和远端串扰电压，回路耦合参数（参考文献 [9]），实测的电压（参考文献 [10]）和用 μWave SPICE 预估的串扰均表示在表 4-5 中。干扰源信号上升时间是 50ns，峰-峰值电压为 2.5V，干扰源电路的端接阻抗为 50Ω，感受器电路端接阻抗在例 3 中为 50Ω，在例 4 中为 1000Ω，结果在预估串扰（参考文献 [9]）与实测串扰（参考文献 [10]）之间有很好的相关性，而在用 μWave SPICE 的预估值与实测值之间有一个可接受的相关性，在下列用 μWave SPICE 标绘的图中，v [1] 是近端干扰源波形，v [2] 是远端干扰源波形，v [3] 是近端感受器波形，v [4] 是远端感受器波形。

图 4-27 表示正确端接（50Ω）的干扰源电路和感受器电路的波形，其中干扰源上升时间为 2ns，峰值电压为 0.8V。正如所预估的，正的近端串扰幅度大约是负的远端串扰的两倍。

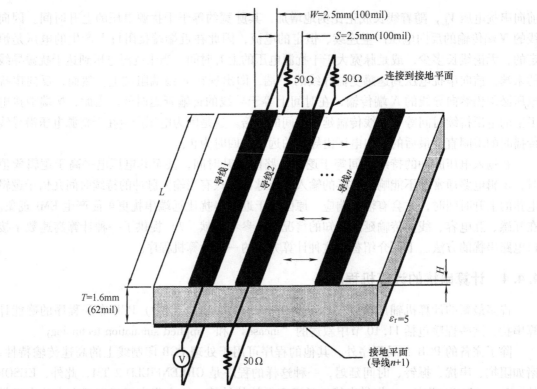

图 4-26 PCB 上印制线形成的耦合微带结构形式

耦合的 PCB 20 cm

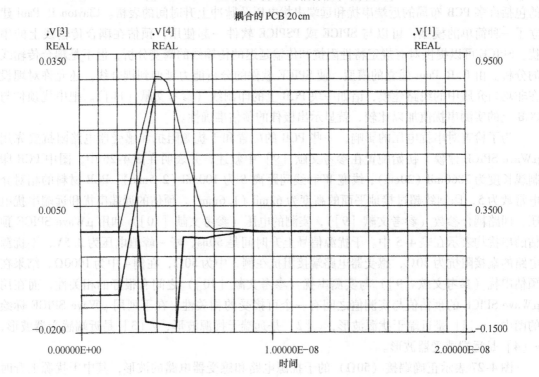

图 4-27 正确端接（50Ω）的干扰源电路和感受器电路的波形

（$V_s = 0.8\,\text{V}$, $t_r = 2\,\text{ns}$, $W = 100\,\text{mil}$, $S = 100\,\text{mil}$, $l = 7860\,\text{mil}$, $h = 62\,\text{mil}$, $t = 0.001\,\text{mil}$, $R_L = R_s = 50\,\Omega$ 情况下的串扰）

若把两条印制线间的距离 S 减小到 13mil（0.33mm），就不仅增加了串扰电压，而且也增加了近端和远端串扰电压的脉宽，如图 4-28 所示。脉宽的增加是由于两根印制线接近引起了微带特性阻抗的改变。

若保持 50Ω 的端接阻抗，但是使干扰源印制线和感受器印制线不靠近接地平面，也会改变导线的特性阻抗，从而导致近端串扰和远端串扰的幅度和脉宽的增加，见表 4-7 中所示。图 4-29 表示各个波形。干扰源导线远端的电压上升时间因受到导线和负载阻抗不匹配引起的反射影响而下降。

如干扰源线路的特性阻抗与干扰源负载阻抗（50Ω）匹配，但感受器负载端接阻抗是 1000Ω，与线路不匹配，这种情况如图 4-30 所示。从图中可以看出，虽然远端串扰初始是负的，但它改变了符号，在幅度上等于近端串扰。由于显而易见的多重反射，串扰在 30ns 脉宽时，远端串扰就远大于阻抗匹配情况下的值。

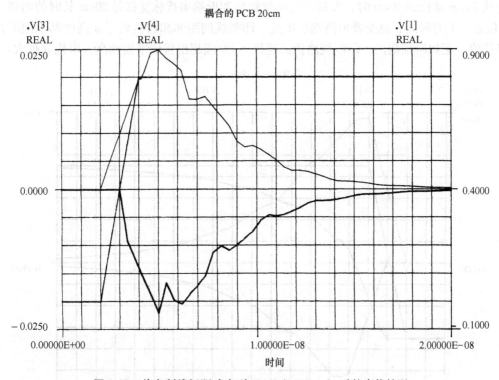

图 4-28　将印制线间距减小到 13mil（0.33mm）后的串扰情况

表 4-7　耦合微带的串扰值

W/mil	S/mil	L mil	(cm)	H/mil	R_{L1}/Ω	R_{L2}/Ω	t_r/ns	N_E/V	F_E/V
干扰源电压 = 0.8V		R_o = 50Ω,	ε_1 = 5						
100	100	7, 860	20	62	50	50	2	+0.03	−0.019
100	13	7, 860	20	62	50	50	2	+0.13	−0.11
100	13	7, 860	20	62	1000	1000	2	+0.23	+0.2
100	100	15, 720	40	62	50	50	2	+0.03	−0.027
100	100	7, 860	20	62	1000	1000	2	+0.6	−0.3
									+0.5

（续）

W/mil	S/mil	L		H/mil	R_{L1}/Ω	R_{L2}/Ω	t_r/ns	N_E/V	F_E/V
		mil	(cm)						
100	500	7,860	20	62	50	50	2	+ 0.0024	− 0.0025
100	100	7,860	20	62	50	50	4	+ 0.02	− 0.01
100	100	7,860	20	62	50	50	8	+ 0.01	+ 0.005
100	100	7,860	20	500	50	50	2	+ 0.12	− 0.08
100	100	7,860	20	5,000	1000	1000	2	+ 0.4	+ 0.06
干扰源电压 = 3.6V，$R_o = 50\Omega$，$\varepsilon_r = 5$									
100	100	7,860	20	62	50	50	2	+ 0.14	− 0.08

在串扰脉宽为 30ns 时，它对模拟信号线路产生 EMI 的电位不高。然而，当脉冲重复频率为兆赫兹（MHz）时，产生 EMI 的可能性就非常大了。在考查原先的匹配配置时，将线的长度从 20cm 延长到 40cm 时，发现远端串扰幅度和近端串扰脉宽都是 20cm 长时的两倍。表 4-7 包含了上升时间、感受器电路端接阻抗、印制线间距和超过接地平面高度都不同时预估的串扰值。正如所预期的，印制线路彼此越接近和/或超出接地平面越高，串扰就越大。

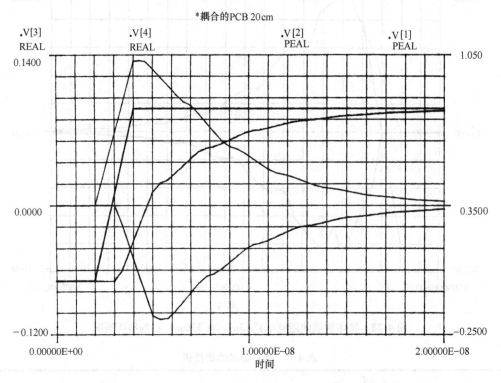

图 4-29 $S = 100$mil，$W = 100$mil，$H = 1000$mil 情况下的串扰

迄今为止，在评价减缓串扰的因素中，用无源负载端接的微带模型是非常有用的，例如在耦合印制线下使用接地平面，增加印制线间的距离，使端接阻抗与线路阻抗匹配等。另外感受器电路端接阻抗为 1000Ω 时的串扰，可以用于预估逻辑电路对模拟电路的串扰，因为模拟电路的输入阻抗和源阻抗常常接近于 1000Ω。当干扰源电压不是 0.8V 时，串扰电压可以按比例变化。例如，一个上升时间为 2ns 而逻辑电压为 3.6V 的信号，感受器电路两端的

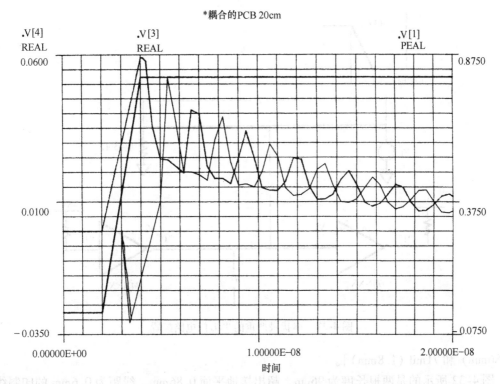

图 4-30 W = 100mil, S = 100mil, H = 62mil, Z = 50Ω 但感受器负载电阻变为 1000Ω 时的串扰情况

端接阻抗为 1000Ω, 在 l = 20cm, W = 2.5mm, S = 2.5mm 的情况下, 远端串扰电压是 (3.6/0.8) × 0.6V = 2.7V。

在参考文献 [10] 中进一步提供了有关 PCB 的串扰建模的信息。参考文献 [13] 叙述了可以用于多条 PCB 印制线的串扰建模的有限元法, 既可用于微带结构也可用于带状线结构。

在预测与 IC 门电路相连的导线串扰时, 线路干扰源阻抗和负载阻抗并不相同, 而且是复数 (即实数部分和虚数部分)。此外, 它们随输入电压或输出电压电平而变。考虑图 4-31 中所示的感受器电路, 图中, TTL 门的输入与线路的近端相连, 而 TTL 门的输出与远端相连。对于干扰源电压阶跃的正向跳变幅度, 图 4-31 的配置可以认为是串扰最严重的情况。TTL 门的输入引起流出门的电流, 在线的远端, 由驱动门吸收。于是, 当 TTL 与低阻抗断开时, TTL 输入端趋向升至 "1" 电平。因此, 在有效地与逻辑电路电源而不是与地相连的阻抗上产生了正向近端串扰电压。以接地作为参考的远端阻抗是低的, 因为它是由晶体管的 "导通" 阻抗构成的。

μWave SPICE 程序的一个优点是可以对离散的、逻辑的和模拟的 IC 以及电抗性负载直接建模, 而 GREENFIELD 仅提供 SPICE 接口。图 4-31 中所示最坏情况的串扰配置是用 μWave SPICE 建模的。为了确定这是否是真正的最坏情况的配置, 可将驱动器门电路与输入门电路位置互换, 再将该串扰值与负向干扰源电压阶跃的串扰预估值作比较。此时可以发现图 4-31 的确是真正的最坏状况。这个配置可以用于印制线宽固定为 12mil (0.3mm), 而印制线间距离是可变化的场合, 这个距离的变化值相当于两种不同板的厚度 [即 34mil

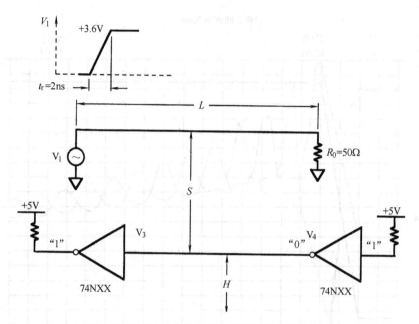

图 4-31 串扰最严重的 TTL 门电路配置

（0.86mm）和 71mil（1.8mm）〕。

图 4-32 所示的是两根长度为 96cm，超出接地平面 0.86mm，线距为 0.6mm 的印制线的

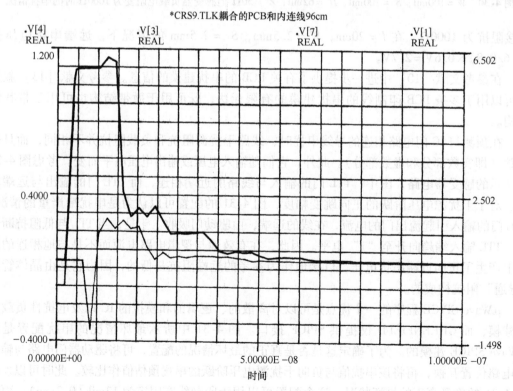

图 4-32 在 $S = 0.6$mm，$l = 96$cm，$h = 0.86$mm，$V_s = 5$V，$t_r = 2$ns 的情况下，TTL 门电路的串扰

近端和远端串扰波形。近端串扰的幅度高于远端串扰，远端串扰具有正向和负向的电压跳变幅度，它与不匹配的负载阻抗情况是一样的。远端的正向跳变幅度由驱动器输出电路的"导通"晶体管钳位在 0.4 ~ 0.6V 之间，在 μWave SPICE 的标绘图中，v（摘自参考文献 [7]）是近端 TTL 门的输出。表 4-8 表明印制线长至 192cm，间距近达 0.3mm 的线路的近端和远端的串扰概况。感受器印制线通常夹在两根或更多的干扰源印制线之间，对于数据总线尤其是这样，表 4-8 说明了这种配置的影响，在这种情况下，远端串扰电压和近端串扰电压分别近似等于单根干扰源印制线时相应串扰的 1.62 倍和 1.76 倍。当感受器印制线处在两根干扰源印制线外面的情况下，远端串扰电压和近端串扰电压则分别近似等于单根干扰源印制线时相应串扰的 1.62 倍和 1.76 倍。

图 4-33 表示线距为 0.3mm 时，直至印制线长度达 384cm 才有 EMI 干扰发生的情况。输入电压为 1.7V，脉宽为 45ns。测得的输入电流尖峰值是 11mA，这样在 EMI 发生时输入的噪声能量是 0.87nJ，这个值由 tIV 给定（式中 t 是脉宽，I 是电流，V 是电压）。在线长为 192cm 时，输入电平大大高于电压为 1V 的 TTL DC "1" 电平；但脉冲宽度仅为 26ns 时，TTL 来不及响应。若我们对更快类型的逻辑电路进行建模，则 EMI 发生前允许的线长几乎肯定要小于 384cm。近端串扰电压与线长无关，线长为 96cm，脉宽为 13ns 时，串扰电平为 1.7V，它可以使许多快速类型逻辑电路翻转。

表 4-8　在微带配置中 TTL 信号印制线上的串扰

H/mm	L/cm	S/mm	N_E/V	$N_E/(t_{Pw}/\text{ns})$	F_E/V	F_E (t_{Pw}/ns)
0.86	96	0.3	+1.7	13	-0.37	4
					+0.38	13
0.86	96		+1.0	13	-0.46	4
					+0.2	13
0.86	96	7.2	+0.65	13	-0.35	4
					—	—
0.86	96	2.5	+0.42	13	-0.25	4
			+0.70			
					+0.05	13
0.86	96	12.5	+0.008	13	-0.0035	4
					+0.0015	13
0.86	192	0.3	+1.7	26	-0.8	4
			(2.1 pk)		+0.38	26
0.86	384	0.3	+1.7	47	-0.82	4
					+0.4	47
1.8	96		+2.3	13	-0.3	4
					+0.35	13
1.8	96	1.2	+1.1	13	-0.3	4
					+0.15	13
1.8	96	2.5	+0.4 ~ +0.6	—	-0.25	4
					+0.05	13
两根干扰源印制线，感受器在外部						
0.86	96	0.3	+2		-0.6	
					+0.4	
两干扰源印制线，感受器在内部						
0.86	96	0.3	+3		-0.6	
					+0.6	

当把接地平面从干扰源印制线和感受器印制线下面移开时，干扰源导线与负载阻抗之间就产生了不匹配，这导致了在远端端接阻抗上产生的干扰源电压的上升时间增加和串扰脉冲宽度的增加，这种情况如图 4-34 所示，图中印制线长 96cm，线距 2.5mm，5V 干扰源电压的上升时间为 2ns。

4.4.5　PCB 印制线之间的串扰和 PCB 上器件间的耦合

我们可能经常需要对与电源线滤波器或信号线滤波器相连接的短 PCB 印制线（或印制面）之间，或者运算放大器或 RF 电路的输入端与输出端之间的串扰进行分析。参考文献［14］提供了计算接地平面上方平行的 PCB 印制线（也就是微带线）之间的互电容的公式。同时它还提供没有接地层的印制线之间的耦合，但略去了信号的返回路径的影响。通常，如果信号返回路径与信号印制线靠近的话，则参考文献［14］中的公式便无效了。

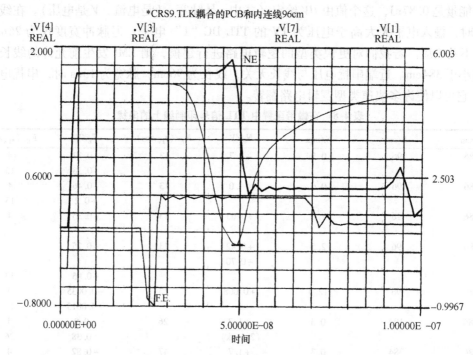

图 4-33　感应到 TTL 信号印制线的串扰

（在 $S = 0.3mm$，$h = 0.86mm$，$l = 384cm$，$V = 5V$，$t_r = 2ns$ 的情况下）

在有接地平面的微带线里，电（通）力线不局限于印制线和接地平面之间，它们相反却是电（通）力线的展伸，在参考文献里将这种展伸称为边缘因子（fringing factor）。对于平行的印制线而言，既存在电感边缘因子，也存在电容边缘因子。参考文献［14］根据接地平面上的印制线的间隔距离 d 与高度 h 之比 $(d/w)^{\ominus}$ 和基质的相对介电常数为 4.5，而在一个图中表明了这种边缘因子的影响，表 4-9 的数据再次表明 d/w 对于电容边缘因子和电感边缘因子的影响。对于给定印制线宽度的情况下，若印制线之间距离增加，则这些边缘因子

　　⊖　根据文中所述的给定印制线宽度的描述，推论 d/w 之比应该是两印制线间隔距离 d 与其宽度 w 之比，而不是间隔距离 d 与高度之比。——译者注

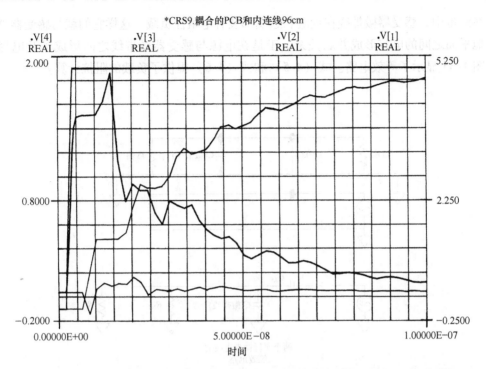

图 4-34　TTL 信号印制线感应的串扰（接地平面从干扰源和感受器印制线下移出时）

也增加。

根据参考文献〔14〕，两平行微带线之间的互电容由下列两式给定：

$$0.0276 * e_r * K_{L1} * K_{C1} * (w/d)^2 \text{（单位为 pF/cm）} \tag{4-21}$$

$$0.07 * e_r * K_{L1} * K_{C1} * (w/d)^2 \text{（单位为 pF/in）} \tag{4-22}$$

式中　e_r——相对介电常数；

　　　K_{L1}——电感边缘因子；

　　　K_{C1}——电容边缘因子；

　　　w——印制线宽度；

　　　d——两印制线间的距离。

式（4-21）和式（4-22）只有在 $2h/d$ 小于 0.3 的情况下才够精确，h 是高度而 d 是两印制线之间的距离。

表 4-9　两平行印制线的边缘因子

d/w	K_{C1}	K_{L1}	d/w	K_{C1}	K_{L1}
1.0	1.6	2.0	8.0	4.9	7.3
1.5	1.8	2.2	9.0	5.3	7.9
2.0	2.1	2.8	10	5.7	8.5
3.0	2.7	3.6	11	6.1	9.1
4.0	3.1	4.4	12	6.5	9.7
5.0	3.6	5.2	13	7.0	10.3
6.0	4.1	6.0	14	7.4	10.9
7.0	4.5	6.6			

来源：复制于 Walker, C. S., Capacitance, Inductance, and Crosstalk Analysis, Artech House Inc., Norwood, MA, 1990. With permis–sion. Copyright by Artech House, Inc.

在测量中，感受器微带线在近端和远端都装有电阻性负载。这样它们就与感受器微带线和接地平面之间的电容形成并联关系，于是在电源与感受器微带线之间形成了互电容分配器。图 4-35 显示了等效电路。式（4-5）和式（4-6）提供了负载的阻抗计算。

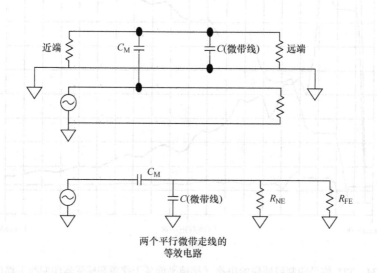

图 4-35　两条平行的微带印制线的等效电路（感受器印制线的近端和远端接电阻器）

微带线电容的计算由下面两个公式给出：

$$0.0884 * e_r * K_{C1}(w/h)（单位为 pF/cm） \tag{4-23}$$

$$0.225 * e_r * K_{C1}(w/h)（单位为 pF/in） \tag{4-24}$$

式中　e_r——有效介电常数；

K_{C1}——表 4-10[14] 中的电容微带线边缘因子。

图 4-36（互电容）表示带有相关参数的微带线。而耦合因子 $K_{L1} * K_{C1}$ 和微带线电容等参数在表 4-11 中给出。

除了电容性耦合之外，两条微带印制线之间还存在互电感，而感性串扰为主还是容性串扰为主则取决于频率和负载阻抗。

图 4-36 表示所制作的两块 PCB 的几何结构形状，间距 $d = 1\text{mm}$ 和 $d = 1\text{cm}$。

我们使用信号发生器对多块 PCB 进行了测试，信号电平设定为 0dBm，电源微带线的负载是 50Ω。图 4-35 表明感受器微带线上的几个负载，R_{NE} 是近端负载，R_{FE} 是远端负载，它们的值见表 4-12 所示。

3Ω 的 R_{NE} 表示的是在低频时的低阻抗驱动器输出阻抗，此时的串扰电平高于占输出阻抗主导地位的 50Ω 的串扰电平。因此，保持感受器阻抗低并不一定能减小串扰。

图 4-37 表示在 $d = 1\text{mm}$ 时微带线在这些负载下的近端串扰电平，图 4-38 表示在 $d = 1\text{mm}$ 时微带线在这些负载下的远端串扰电平。在这些同样的负载下，$d = 1\text{cm}$ 时的微带线的近端串扰显示在图 4-39 而远端串扰显示在图 4-40 中。

图中表示的测量电平单位为 –dBm，这表明测量电平呈衰减趋势。

表 4-10　微带线边缘因子

2h/w	K_{C1}	2h/w	K_{C1}
1	1.5	8	4.9
2	2.1	9	5.3
3	2.5	10	5.7
4	3.1	11	6.0
5	3.6	12	6.4
6	4.0	13	6.9
7	4.5	14	7.3

来源：复制于 Walker, C. S., *Capacitance, Inductance, and Crosstalk Analysis*, Artech House Inc., Norwood, MA, 1990. With permission. Copyright by Artech House, Inc.

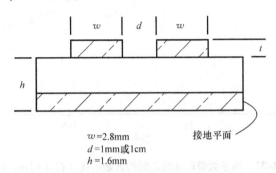

w=2.8mm
d=1mm或1cm
h=1.6mm

接地平面

图 4-36　产生耦合的微带线几何尺寸

表 4-11　图 4-36 给出的几何尺寸中的互电容，微带线电容和耦合因子

d/mm	互电容 /pF	互耦合因子 K_{L1}	互耦合因子 K_{C1}	微带线电容 /pF	微带线互耦合因子 K_{C1}
10	1.143	3	3	10.9	1.6
15	0.9	3.8	5.6	10.9	1.6
20	0.71	4.4	6.8	10.9	1.6
25	0.646	5.3	8	10.9	1.6
30	0.57	6.1	8.8	10.9	1.6

表 4-12　测试中感受器微带线上所使用的近端与远端负载

R_{NE}/Ω	R_{FE}/Ω	R_{NE}/Ω	R_{FE}/Ω
3	50	50	3
50	50	50	50
1000	50	50	10000

当两条印制线的距离分别为 1mm 和 10mm 时，测量到的产生耦合的微带线远端和近端衰减基本上是完全相同的。同样的，$d=1cm$ 时的近端和远端串扰也是非常相似的。在 400MHz 时，容性串扰在这两种配置中都占优势。超过 400MHz 以上时，对于印制线之间的距离为 1cm 时的微带线而言，其远端衰减略微增加一些，即感应电压减少了而近端衰减稍微减小一点，也就是说，感应电压增加了。这表明容性串扰和感性串扰都存在。在 700MHz 以上，容性串扰显然占了主导地位。

对于印制线之间的距离为 1mm 的微带线，其远端和近端衰减大体上是相同的。然而，

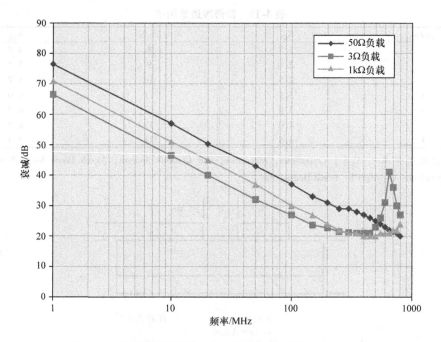

图 4-37 两条微带印制线之间的近端串扰（在 $d=1\text{mm}$ 时）

在 60MHz 和远端负载为 3Ω 时，其近端衰减增加了。若串扰既有感性又有容性，则与预期的相反。

由两条印制线之间的互电容与感受器微带线电容以及远端电阻 R_{NE} 和远端电阻 R_{FE} 构成了一个电压分压器。阻抗和电阻值可按先前给出的式（4-5）和式（4-6）计算。在图 4-37 ~ 图 4-40 中的衰减里也包含了 0dBm 信号在源的印制线和感受器印制线上的衰减。

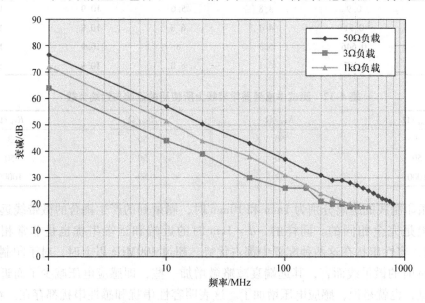

图 4-38 微带印制线之间的远端串扰（在 $d=1\text{mm}$ 时）

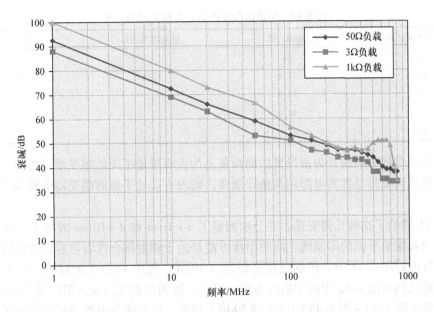

图4-39　微带印制线之间的近端串扰（在 $d=1\text{mm}$ 时）

对于相距 10cm 的印制线，由于分压器造成的总衰减是 24.8dB。在 800MHz 时信号衰减为 11.2dB。表 4-13 给出了 $d=1\text{cm}$ 时的衰减测量值和 $d=1.5\text{cm}$、2cm、2.5cm 和 3cm 时的理论衰减值。

在源和感受器印制线之间添加屏蔽印制线并保持二者之间的距离，这样做只能使串扰减少 6 ～ 9dB。

将 $d=1\text{mm}$，$w/h=1.75$，$s/h=0.625$ 的微带线，与表 4-6 中的 $w/h=2$ 和 $s/h=0.5$ 的类似几何结构的微带线的测量衰减情况进行比较，在 800MHz 以上二者的相关性是很好的。

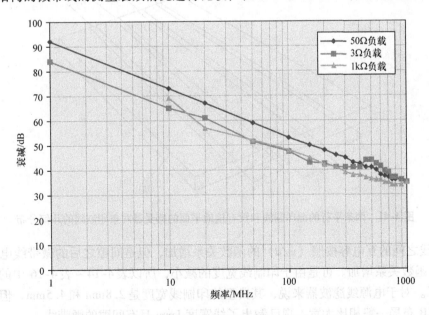

图4-40　在微带印制线之间的远端串扰（在 $d=1\text{cm}$ 时）

表 4-13 两条微带线的理论上和实测的衰减

微带线间距/cm	衰减/dB	近端实测/dB	远端实测/dB
1	36		
1.5	37.9	37.8	35
2	39.8		
2.5	40.6		
3.0	41.6		

有两条平行的印制线是为源设置的而两条是为没有接地平面的感受器设置的。

另一种几何安排是源的电路用两条印制线，而没有接地平面的感受器电路采用另两条印制线。

图 4-41 描绘了这种几何安排。并分别测量了 $d = 1mm$ 和 $d = 10mm$ 时的串扰电平。

一些没有接地平面的印制线之间的串扰可能是由于辐射耦合或者电容性或电感性耦合所造成的。我们对图 4-41 中的印制线用矩量法（MOM）程序 4NEC2 来建模，所采用的几何配置是即将见到的图 4-60 中的印制线布置。可是，源的印制线的输入阻抗是 700Ω，而耦合电平近似低于图 4-42 ~ 图 4-45 中所示的 20dB。早先，在对闭合电路乃至用单极子天线附在金属外壳上时，采用 NEC 法（Numerical Electromagnetic Code，数字电磁编码），也曾见过这般误差，如同在 12.4 节所叙述的。

通常，有必要知道那些处在或者接近 PCB 印制线间隔之间的直线印制线间的耦合情况。我们已经对长度为 10.5cm 的微带线的间隔之间的耦合进行了测量，测量条件如下：间隔距离从 1 ~ 30mm，印制线高出接地平面 1.6mm，印制线的宽度分别为 1mm、2.8mm 或 4.8mm，基底的材质相对介电常数是 4.2。

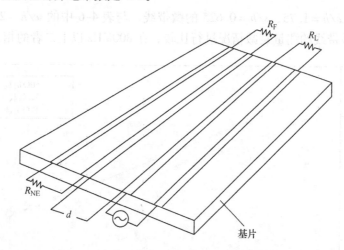

图 4-41 两条平行的源印制线和没有接地平面的感受器两条印制线的几何分布

印制线之间的互电容按照 $(w/d)^2$ 的函数关系增加，但是间隙之后的微带线电容是按照 (w/h) 的函数关系增加。可是由于印制线宽度的减小，所以表 4-14 ~ 表 4-16 中的边缘因子 K_{C1} 增大了。对于电源线滤波器来说，其典型的印制线宽度是 2.8mm 和 4.5mm，但是与现代的数字 PCB 布局一般相比太宽，现已制出了线宽度 1mm 且有间隙的微带线。

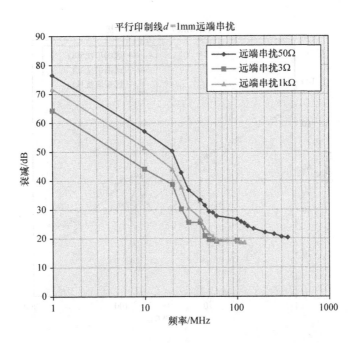

图 4-42 印制线间隔 1mm 时的远端串扰衰减情况（平行的印制线）

在测试期间，输入电平是 0dBm 而输出电平是负的；这种状况在图 4-46 ~ 图 4-48 中以输出电平衰减的趋势显示出来。

该微带线加载一个 50Ω 负载，这就与印制线和间隔后的接地平面之间的（微带）电容形成了并联关系，并与跨间隔之间的互电容构成了一个分压器，其等效电路如图 4-49 所示。图 4-50 表明受测试的具有间隔的微带线。式（4-5）和式（4-6）提供了负载阻抗的计算。

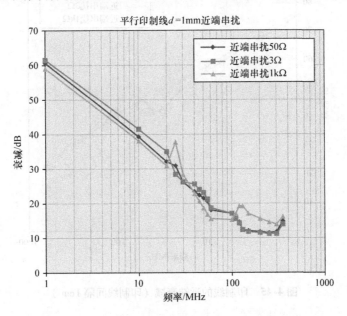

图 4-43 平行印制线的近端衰减曲线（印制线间隔 1mm）

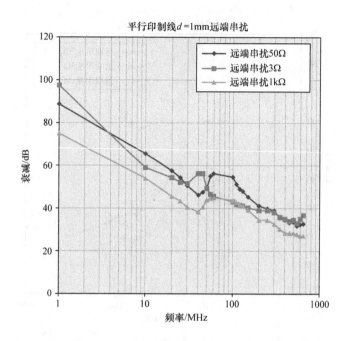

图4-44 平行印制线的远端衰减曲线（印制线间隔1cm）

随着频率的增加，互电容的容抗减小到50Ω以下，在某个频率上衰减开始平坦恒定。我们对式（4-23）作了修正，以便计算微带线间的互电容近似值。

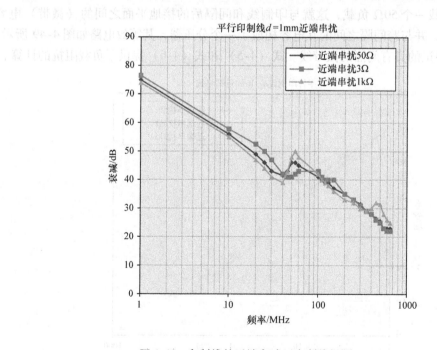

图4-45 印制线的近端衰减（印制线间隔1cm）

表 4-14　1mm 宽的微带线在式（4-21）和式（4-23）中对应的参数数据

微带线间隔	K_{C1}	互电容/pF	微带线电容/pF
10	5.7	0.0036	1.91
15	7.7	0.0032	1.75
20	9.3	0.0022	1.75
25	11.5	0.0018	1.75

表 4-15　2.8mm 宽的微带线在式（4-21）和式（4-23）中对应的参数数据

微带线间隔	K_{C1}	互电容/pF	微带线电容/pF
10	3	0.0148	5.35
15	3.7	0.012	4.9
20	4.5	0.008	4.9
25	5.3	0.0065	4.34
30	5.9	0.0058	4.34

对于这种配置，可采用图 4-51 ~ 图 4-53 中所示的边缘因子 K_{C1}。

对于距离 d（参见图 4-41 中所示）我们计算了尺寸为 $w \times w$ 的正方形之间的电容。还要再加上区块 $d+2w$，$d+4w$，$d+6w$ 直到印制线的总长度都被计算到为止的电容。这个计算过程以式（4-25）来表示。

根据图 4-50 所示的尺寸数据，这个公式只有在 $d \geqslant 1\text{cm}$ 才有效。

表 4-16　4.5mm 宽的微带线在式（4-21）和式（4-23）中对应的参数数据

微带线间隔	K_{C1}	互电容/pF	微带线电容/pF
10	2.2	0.028	8.32
15	2.8	0.024	8.32
20	3.2	0.015	8.32
25	3.8	0.012	7.61
30	4.2	0.011	7.61

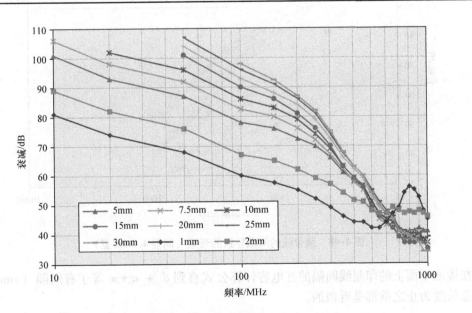

图 4-46　微带线的间隙引起的衰减（间隔 1mm）

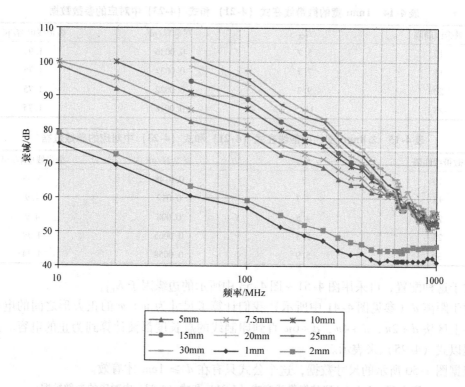

图 4-47 微带线的间隙导致的衰减（间隔 2.8mm 宽）

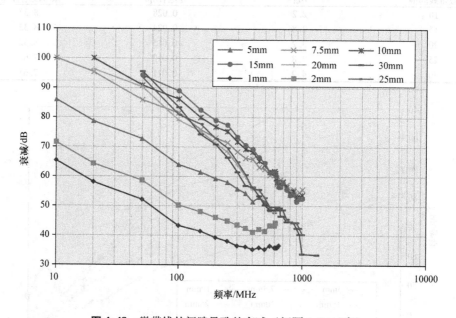

图 4-48 微带线的间隙导致的衰减（间隔 4.8mm 宽）

在接地平面上的印制线间隔的互电容计算公式直到 $d + n * w$ 等于有间隔（mm）的印制线总长度为止之前都是近似的。

$$Cm = 0.07 * e_r * K_{C1} * (w/d)^2 * w/25.4 + 0.07 * er * K_{C1} * (w/d + 2 * w)^2 * w/25.4 +$$

$$0.07 * e_r * K_{C1} * (w/d + 4 * w)^2 * w/25.4 + 0.07 * er * K_{C1} * (w/d + 6 * w)^2 +$$

$$0.07 * e_r * K_{C1} * (w/d + 8 * w)^2$$

$$(4-25)$$

式中　d——印制线的间隔（mm）；

　　　w——印制线的宽度（mm）；

　　　e_r——（印制板）基底材质的相对介电常数。

$K_{C1} = 10\text{mm} = 3$，$15\text{mm} = 3.7$，$20\text{mm} = 4.5$，$25\text{mm} = 5.3$，$30\text{mm} = 5.9$。

在高频时，互电容和微带线电容构成了一个分压器，它对输入端试验电平的衰减作出一个限制。如果没有电阻性负载存在，那么这个限制在低频时就会出现。式（4-25）提供了微带线的电容，在这种情况下，它是间隔后的微带线长度。

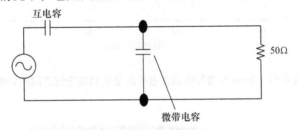

图 4-49　测试微带线的等效电路

对于 1mm、2.8mm 和 4.5mm 宽的印制线，边缘因子 K_{C1}，互电容和微带线电容值显示在图 4-51 ~ 图 4-53 中。

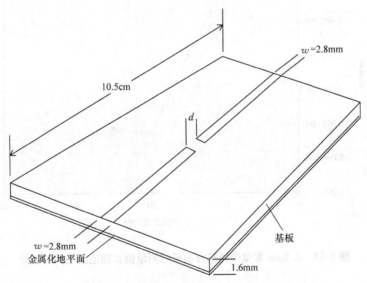

图 4-50　测试有间隙（隔）的微带线

随着印制线宽度的减小，我们看到互电容随 $(w/d)^2$ 和间隙后的微带电容随 (w/h) 的函数关系而降低。然而，对于三种宽度的印制线，边缘因子的增加继而随频率增大而衰减的趋势是相似的，这种情况在图 4-46、图 4-47 和图 4-48 中显示出来。图 4-51、图 4-52、图

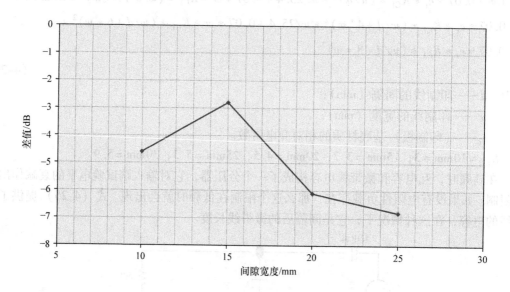

图4-51 1mm宽微带线耦合电平测量值和理论值之间的差值

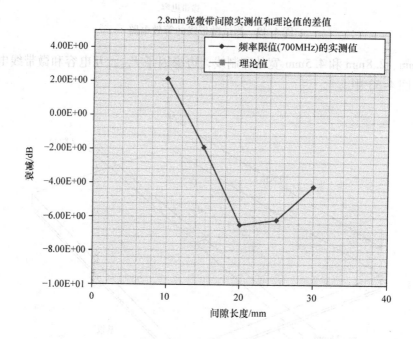

图4-52 2.8mm宽微带线耦合电平的测量值和理论值之间的差异

4-53分别展示了1mm宽印制线，2.8mm宽印制线和4.5mm宽印制线时的测量值与计算值之间的比较。

图4-54展示了用式（4-25）计算所得的电平与2.8mm宽印制线在700MHz测量时所获得的电平之间的比较。

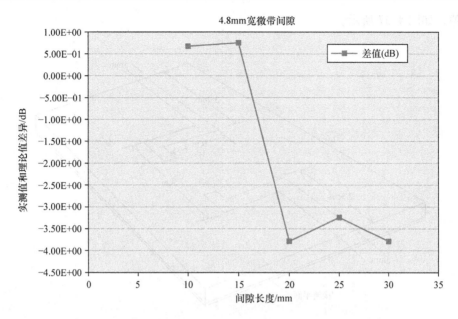

图 4-53　4.5mm⊖宽微带线耦合电平测量值和理论值之间的差异

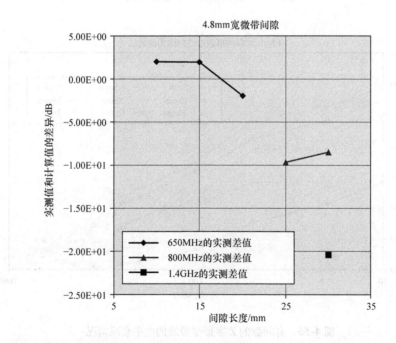

图 4-54　电平测量值与计算值的差值〔印制线 4.8mm 宽，应用公式（4-25）〕

如图 4-55 所示，如果间隔位于具有 Z 字形截面的微带线中，则间隙之后的微带互感电容会增加，因为印制线并行部分之间也存在电容耦合。这会导致较低的衰减，即增加了耦合，且由电容分压器效应引起的均衡在较低的频率下发生。图 4-56 说明了这一点。

另一种几何形状是没有地平面的情况，信号返回印制线与信号印制线平行，它们之间有

⊖　原书即是如此，图名中为 4.5mm，图上为 4.8mm。——编辑注

一个间隙，如图4-57所示。

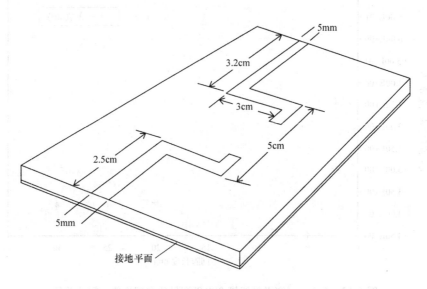

图4-55 有间隙的 Z 字形微带线

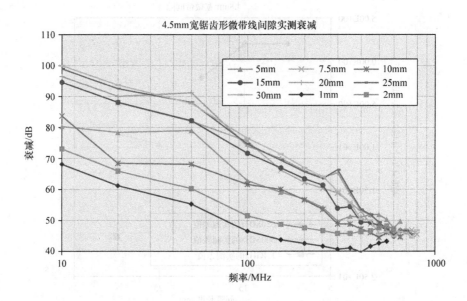

图4-56 有间隙的 Z 字形微带线的电平衰减情况

电路测量时，0dBm 的信号施加到印制线上，印制线负载为50Ω。间隙长度和频率的衰减如图4-58所示，对于2.8mm 宽的 d =2mm PCB 和图4-59 对于5mm 宽的 d =4mm PCB。

由于电容分压器效应，衰减并未平坦化，并且衰减远低于使用互电容和微带电容预测的衰减。这意味着耦合是辐射所致的而不是电感性或电容性串扰。

计算耦合电平的一种方法是使用电磁建模程序。4NEC2 中的 MOM 程序用于模拟具有间隙和无接地层的两条平行印制线。由于导线长度限制在 MOM 公式中固有的半径，所以使用

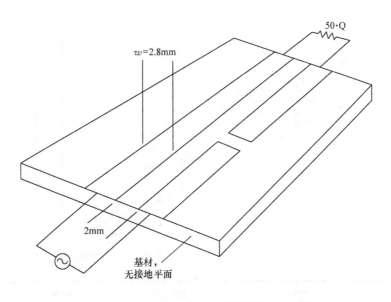

图 4-57 有间隙的两条平行印制线的几何形状

细导线来模拟微带。两根导线用于模拟 2.8mm 厚的印制线。源极和负载处的导线不能像实际 PCB 那样短，因此构成印制线的其中一条导线在负载和源极端逐渐变细，如图 4-60 所示。

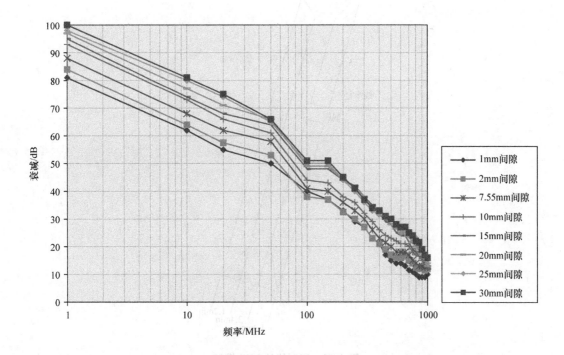

图 4-58 2.8mm 宽印制线，间隙 $d = 2$mm 的电平衰减

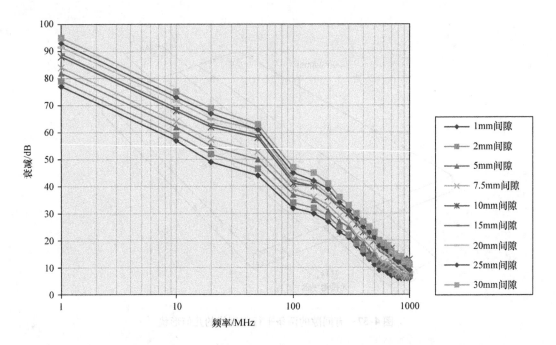

图 4-59 5mm 宽印制线，间隙 d =4mm 的电平衰减情况

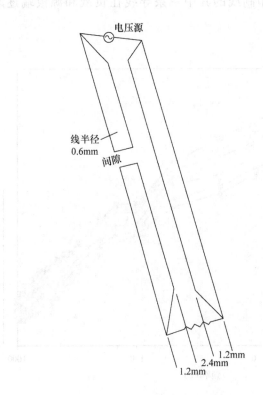

图 4-60 印制线的 NEC 模型

NEC 输入文件 2cm 的描述如下：

CM	相邻的 PCB 印制线 — 2cm 的间隙						
CE							
GW	1	10	− 0.053	0.0	0.0	− 0.01	0.0	0.0	0.0002
GW	2	1	− 0.053	0.0	0.0	− 0.048	0.0024	0.0	0.0002
GW	3	10	− 0.048	0.0024	0.0	− 0.01	0.0024	0.0	0.0002
GW	4	10	0.01	0.0	0.0	0.053	0.0	0.0	0.0002
GW	5	10	0.01	0.0024	0.0	0.048	0.0024	0.0	0.0002
GW	6	1	0.053	0.0	0.0	0.048	0.0024	0.0	0.0002
GW	7	20	− 0.048	0.0044	0.0	0.048	0.0044	0.0	0.0002
GW	8	1	− 0.048	0.0044	0.0	− 0.053	0.0068	0.0	0.0002
GW	9	1	0.053	0.0068	0.0	0.048	0.0044	0.0	0.0002
GW	10	20	− 0.053	0.0068	0.0	0.053	0.0068	0.0	0.0002
GW	11	1	− 0.053	0.0	0.0	− 0.053	0.0068	0.0	0.0002
GW	12	1	0.053	0.0	0.0	0.053	0.0068	0.0	0.0002
GW	13	1	− 0.01	0.0	0.0	− 0.01	0.0024	0.0	0.0002
GW	14	1	0.01	0.0	0.0	0.01	0.0024	0.0	0.0002
GE							
LD	0	12	0	0	50	0.0	0.0
FR	0	0	0	0	700	0.	
EX	0	11	1	0	0.23	0.0	
XQ							
PQ							
EN							

实测的感应电平与 NEC 软件预测的电平值的比较如图 4-61，图 4-62 中表示二者的差值。

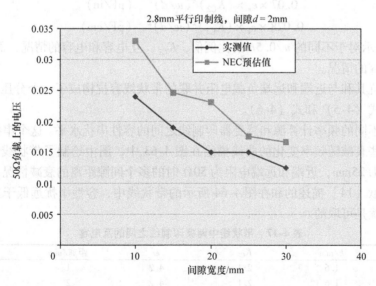

图 4-61　实测的电平和 NEC 预测电平值（用互电容计算）之间的比较

4.4.5.1　带状线耦合

如图 11-5 所示，带状线 PCB 的几何结构就是在两个接地平面之间再嵌入一条印制线所呈现的结构。当两条相邻的印制线嵌入时，它被称为平衡带状线。

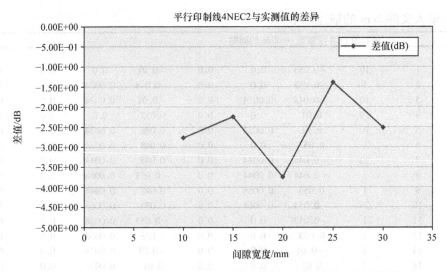

图4-62 实测的电平和 NEC 预测电平值（用互电容计算）之间的差值

在平衡带状线中，两条印制线和印制线与两个接地层之间的带状线电容之间呈现互电容[⊖]。

带状线电容的方程式近似为下式：

$$0.45 \times e_r \times K_{C2}(w/0.5h) \quad (pF/in)$$

$$0.177 \times e_r \times K_{C2}(w/0.5h) \quad (pF/cm)$$

互电容的公式如下式：

$$0.07 \times e_r \times (K_{C2})^2 (w/d)^2 \quad (pF/in)$$

$$0.028 \times e_r \times (K_{C2})^2 (w/d)^2 \quad (pF/cm)$$

表 4-17 表示对于不同的 $w/0.5h$ 的比例值，K_{C2}，互电容和电容的情况，而表 4-18 表示出了带状线电容的情况。

互电容电抗其和与近端和远端负载电阻并联的带状线容抗构成了一个分压器。计算负载阻抗的公式是式（4-5）和式（4-6）。

可以针对不同的频率计算源和感受器印制线之间的容性串扰水平。这个串扰电平的倒数就是衰减，这些衰减随频率变化的曲线描绘在图 4-63 中，图中绘制了带状线长度为 10cm，印制线宽度为 1.25mm，近端和远端电阻为 50Ω 时的多个间隙距离的衰减情况。

在参考文献〔14〕描述的和在图 4-64 所示的带状线中，容性串扰远低于感性串扰，因此计算感性串扰是可取的。

表4-17 带状线中两条印制线之间的互电容

W/mm	h/mm	K_{C2}	er	距离/mm	互感电容
0.8	1.6	2.1	4.2	1	0.332
0.8	1.6	2.1	4.2	2	0.083
0.8	1.6	2.1	4.2	5	0.013
0.8	1.6	2.1	4.2	10	0.0033

表 4-18　带状线电容数值

W/h	h/mm	w/mm	K_{C2}	er	电容/(pF/cm)
3.35	1.6	5.36	1.2	4.2	5.98
2	1.6	3.2	1.3	4.2	3.86
1	1.6	1.6	1.6	4.2	2.37
0.5	1.6	0.8	2.1	4.2	1.56
0.25	1.6	0.4	3.2	4.2	1.19
0.166	1.6	0.266	4.2	4.2	1.04
0.125	1.6	0.2	5.1	4.2	0.95
0.1	1.6	0.16	6.1	4.2	0.91
0.083	1.6	0.1328	7	4.2	0.86

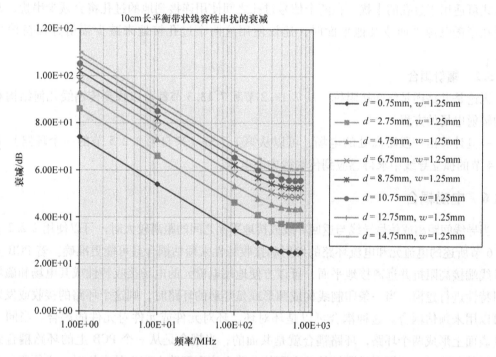

图 4-63　干扰源和感受器印制线之间的容性串扰电平的倒数
（带状线长度为 10cm，多条间隙长度）

　　参考文献 [14] 提供了互电感和印制线电感的公式，根据参考文献 [14] 中所示的并再次在图 4-64 中画出的几何结构，可以用式 (4-10) 和式 (4-12) 来预测该结构的感应电压。

　　预测的电压显著地低于参考

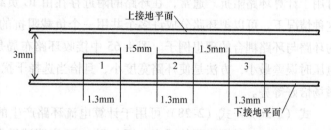

图 4-64　参考文献 [14] 中带状线的尺寸

文献 [14] 中的建模预测的和测量的电压。预测所得的 28.6dB 串扰电压更接近于使用表 4-4 中的数据对相似但不完全相同的几何结构所预测的 22.6dB 串扰电压。

　　参考文献 [14] 描述了一个 2m 长的带状线 PCB，其尺寸如图 4-64 所示。在仿真中，施加的电压为 2V（方均根值），将其减小到 1V（方均根值）时，源极印制线和相邻印制线之间的感应电压在 15MHz 时为 0.033V，即 – 29dBV。理论上，由于衬底是均匀的，与微带不同，远端串扰应该为零。参考文献［14］表明，对于两条以上的印制线，这是不正确的。从印制线 1 到 2 的远端串扰低于近端，但从印制线 1 到 3，远端串扰是相同的。

当中心印制线（2）两端加载 50Ω 时，印制线 3 的串扰电压低于 27dB。但中心印制线两端接地时，串扰电压大约为 25dB。只有中心印制线一端接地而另一端开路，串扰电压才增加。

过孔（通孔）是另一个潜在的串扰来源。4.2 节和 4.3 节中有关导线互电感和互电容的等公式可适用于过孔的串扰。在两个信号过孔之间使用连接到地的过孔将会减少串扰，并且当过孔穿透电源平面或其他平面时，建议使用这两个过孔接地来减少辐射并保持信号完整性。

4.4.5.2 辐射耦合

无论是开路还是终端接阻抗，从 7.13.2 节和 7.13.3 节都可以找到传输线几何结构和回路的辐射电场的方程。

一旦计算出一段距离处的电场，可以从第 7.7 节（来自第 2.2.5 节的一个环路）和第 2.5.4 节的孤立导线中求得感应到传输线中的电压。

4.4.6 电磁耦合

当导线间距离或信号导线与返回导线或接地平面之间的距离较大时，可以使用 2.2.2 节 ~ 2.2.6 节所述的电流元和电流环路的发射和接收特性来预估耦合且可能更准确。若 PCB 上的信号线端接高阻抗并远离接地平面，可以方便地用电流元的电场接收特性或其电场和磁场的辐射特性进行建模。当一条印制线构成圆形或是矩形的环路时，则这个环路的接收或发射特性可以用来预估耦合。这种耦合可以是环对环、环对元件或元件对元件的耦合。当同一个 PCB 表面上形成两个环路，环路耦合就是共面的，当耦合是从一个 PCB 上的环路耦合到第二个板的环路时，则耦合是同轴的。在预估环路电流和环路上产生的电压时，必须要包含环路的阻抗和负载阻抗。第 7 章介绍了电磁场对电缆的耦合情况，提供了环路的电感公式，它可用于计算环路阻抗。通常，在环路的附近存在由 IC 负载或去耦电容形成的并联阻抗。在这种情况下，可以把环路分成许多个共用一个负载阻抗的环路。图 4-65 表明一个标有尺寸的环路与环路耦合的理想例子。图 4-65 中接收环路布局是经过最优化的，以便在预估接收电压时误差最小，方法是使环路宽度小，且恰当选择干扰源环路半径使源环路产生的电场和磁场恰好等势。

式（2-26）~ 式（2-28）可用于计算电流环路产生的辐射，而式（2-21）则给出了环路的接收特性，适用于预估感应电压。图 4-66 表明感受器环路在一端短路而另一端开路的情况下耦合电压的实测值和计算值（摘自参考文献［11］）。大约在 70MHz 处的谐振通常是由电缆与干扰源环路阻抗不匹配引起的。在驱动器输出阻抗和接收器输入阻抗在环路的两端构成负载的情况下，更符合实际的情况可按式（2-22）求得。

如我们在第 2 章中已经了解的，电和磁的准静近场（quasi – static near field）分布是极端不均匀的，场的分布随着离干扰源的距离按函数 $1/r^2$ 或 $1/r^3$ 减小。当接收环路是圆形或矩形，且面积大于干扰源环路时，越过接收环上的场的不均匀性和与接收环路相切的入射场的角度变化将导致预估环路接收电压的误差。

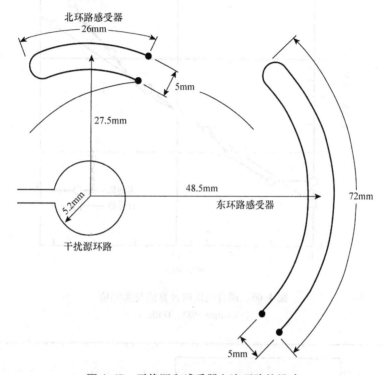

图 4-65 干扰源和感受器电流环路的尺寸

已经计算了同轴和共面取向的环路的误差（摘自参考文献［12］）。图 4-67 给出了在接收环路终端上的开路电压的误差，它是比率 R/R_0 的函数。式中 R_0 是两个环路的中心之间的距离，R 是接收环路的半径，假定干扰源环路小得多，则误差可以定义为

$$e = \frac{V_{near} - V_{uniform}}{V_{uniform}}$$

式中　V_{near}——在不均匀的近场中感应的电压；

$V_{uniform}$——在均匀场中环路中感应的电压。

实测电压必须按下列公式修正：

$$V = \frac{V_{near}}{1 + e}$$

当误差为负时，属于环路同轴取向的情况，$V > V_{near}$；

当误差为正时，属于环路共面取向的情况，$V < V_{near}$。

4.4.7 评价屏蔽和非屏蔽电缆（导线）对电缆（导线）间耦合的计算机程序

下列计算机程序用 Microsoft 的 QuickBASIC 3.0 版写出，与第 2 章中的程序一样，没有行编号，字母数字标签用于标明子程序等。

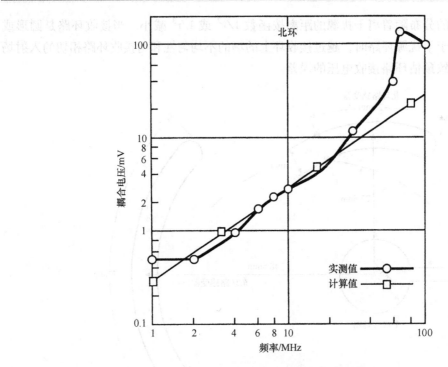

图4-66 耦合电压的计算值与实测值

（Copyright 1985，IEEE.）

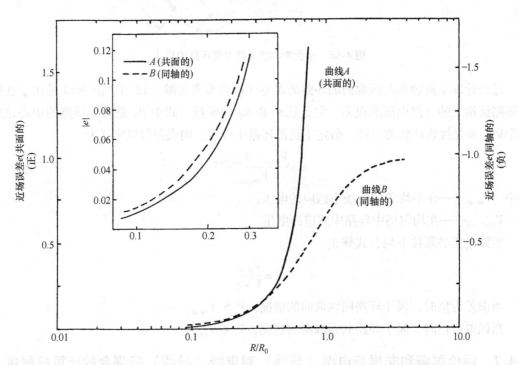

图4-67 作为 R/R_n 的函数的同轴环路和共面环路的近场耦合误差

（Copyright 1989，IEEE.）

可向 EMC Consulting Inc. 购买这一程序。

```
'Initialize constants
C=3E-f08: RC=377:PI=3.14159
'Initialize variables used in EMC program
1 = 1: F=100000!: L=1: W=1: R = 1: THETAD=90: CUR = 1: THETA=90
BB = 1: CCABLE$="RG5B/U": VCABLE$="10AWG": ACOTEXT$="AC": ICAC = 1
VARIABLE1$="Frequency": VARIABLE2$="Current": VAR1 = F: VAR2 = ICAC
UNITS1$="Hz": UNITS2$="Amps": RCC = 200: D = 1: LW=1: ZO = 200: ZI = 50:
LL=1: A=.006: IO=1: EO=1: RL=50: RD=50: H = 1: ZW=377
CZ1=50: DS1=.181: DI1=.053: RS1=1.2: CZ2 = 1: DS2 =.1019: DI2 =.1019: RS2 = 1.018
ICP = 1: TR =.001
H = H*39.37    'Convert from meters to inches
D = D*39.37
LW=LW*3.28     'Convert from meters to feet
GOTO ComputeCoupling:
WireToWireMenu:
CLS
PRINT "WIRE TO WIRE COUPLING-RJ. Mohr, IEEE, Vol.EMC-9 No.2, Sept, 1967:
PRINT "'Coupling Between Open and Shielded Wire Lines Over a Ground
Plane'"
PRINT
PRINT" [A] CULPRIT wire: ",, CCABLE$
PRINT "   [B] VICTIM wire:" „ VCABLE$
PRINT "   [T] Type of analysis:" „ACOTEXT$
PRINT "   [1] ";VARIABLE1$;" = ":LOCATE 7,43:PRINT VAR1;UNITS1$
PRINT "   [2] ";VARIABLE2$;" = ":LOCATE 8,43:PRINT VAR2;UNITS2$
PRINT " [S] Source Impedance:"„RCC;" ohms"
PRINT " [L] Load Impedance:"„RD; " ohms"
PRINT " [H] Height above ground plane:",H;" inches"
PRINT " [D] Distance between wires:",D;" inches"
PRINT " [C] Coupled Length:"„LW;" feet"
PRINT " [X] End program"
PRINT " Which parameter would you like to change (A,B,C...)?"
PRINT "- - - - - - - - - - - - - - - - - - - - - - "
PRINT " ";OUTtext$
PRINT " ";IDTEXT$;" = ";OUT1;"V"
PRINT  "- - - - - - - - - - - - - - - - - - - - - - "
IF PEAKI>ICAC THEN
PRINT "TIGHTLY COUPLED, VICTIM SHIELD CURRENT APPROACHES CULPRIT
CURRENT"
'IF UTU$="Y" THEN LOCATE 21,1: PRINT "VICTIM SHIELD CURRENT =",PEAKI END
IF
'Test for f>200kHz
FTEST=F/1000/100
IF FTEST>2 THEN
PRINT "* WARNING, METHOD NOT VALID ABOVE 200kHz FOR SHIELDED CABLES *"
'PRINT "Victim shield current calculated using unshielded-unshielded
coupling
PRINT "Load and source impedance are the victim shield termination
impedance"
END IF
IF (CCABLE$=VCABLE$) AND (CCNUM<16) THEN
PRINT " *PROGRAM ASSUMES SAME CABLE FOR SHIELDED TO SHIELDED
CASE*
```

```
END IF
CouplingInputLoop:
SEL$=INKEY$
IF LEN(SEL$)>0 THEN LOCATE 15,1
IF LEN(SEL$)>0 THEN PRINT SPACE$(70)
LOCATE 15,4
IF (SEL$="A") OR (SEL$="a") THEN GOSUB CulpritCable:
IF (SEL$="B") OR (SEL$="b") THEN GOSUB VictimCable:
IF (SEL$="T") OR (SEL$="t") THEN
INPUT "Enter A for AC or T for Transient ",ACOT$
IF (ACOT$="a") OR (ACOT$="A") THEN ACOT$="A" ELSE ACOT$="T"
END IF
IF (SEL$="S") OR (SEL$="s") THEN INPUT "Enter source impedance ", RCC
IF (SEL$="L") OR (SEL$=l) THEN INPUT "Enter load impedance", RD
IF (SEL$="H") OR (SEL$="h") THEN INPUT "Enter height above ground plane", H
IF (SEL$="D") OR (SEL$="d") THEN INPUT "Enter distance between wires", D
IF (SEL$="C") OR (SEL$="c") THEN INPUT "Enter coupled length", LW
IF (ACOT$="A") AND (SEL$="1") THEN INPUT "Enter frequency", F
IF (ACOT$="A") AND (SEL$="2") THEN INPUT "Enter current", ICAC
IF (ACOT$="T") AND (SEL$="1") THEN INPUT "Enter peak current", ICP
IF (ACOT$="T") AND (SEL$="2") THEN INPUT "Enter risetime", TR
IF (SEL$="X") OR (SEL$="x") THEN GOTO WireToWireExit:
IF LEN(SEL$)>0 THEN GOTO ComputeCoupling:
GOTO CouplingInputLoop:
CulpritCable:
GOSUB Database:
PRINT "Choose the CULPRIT wire from the above list [Number]:";CCNUM
INPUT X$:IF LEN(X$)>0 THEN CCNUM = VAL(X$)
RESTORE
FOR N = 1 TO 27
READ CCABLE$,CZ1,DS1,DI1,RS1
IF CCNUM=N THEN GOTO ComputeCoupling:
NEXT N
PRINT "Must be a number from 1 to 27"
GOTO CulpritCable:
VictimCable:
GOSUB Database:
PRINT "Choose the VICTIM wire from the above list [NUMBER]:";VCNUM
INPUT X$:IF LEN(X$)>0 THEN VCNUM = VAL(X$)
RESTORE
FOR N = 1 TO 27
READ VCABLE$,CZ2,DS2,DI2,RS2
IF VCNUM = N THEN GOTO ComputeCoupling:
NEXT N
PRINT "Must be a number from 1 to 27"
GOTO VictimCable:
RETURN
ComputeCoupling:
IF ACOT$="A" THEN
ACOTEXT$="AC"
VARIABLE1$="Frequency"
VAR1=F
UNITS1$="Hz"
VARIABLE2$="Current"
VAR2=ICAC
```

```
UNITS2$="Amps"
OUTtext$="Peak AC Voltage"
ELSE
ACOTEXT$="Transient"
VARIABLE1$="Peak Current"
VAR1=ICP
UNITS1$="Amps"
VARIABLE2$="Interference signal rise time"
VAR2=TR
UNITS2$ = "sec"
OUTtext$="Peak Transient Voltage"
END IF
THAU=TR/2.2
RS1C=RS1*LW*.001
RS2C = RS2*LW*.001
M=7E-08*LOG(1+(2*H/D) 2)/LOG(10)*LW
IF CCNUM<16 THEN
IF VCNUM<16 THEN
VCABLE$=CCABLE$
CZ2 = CZ1: DS2 = DS1: DI2 = DI1: RS2=RS1
GOTO ShieldedToShielded:
ELSEIF VCNUM > 15 THEN
GOTO ShieldedToOpen:
END IF
ELSEIF CCNUM>15 THEN
IF VCNUM<16 THEN
GOTO OpenToShielded:
ELSEIF VCNUM>15 THEN
GOTO OpenToOpen:
END IF
END IF
OpenToOpen:
IF ACOT$="T" THEN GOTO OpenToOpenTransient:
IDTEXT$="AC UNSHIELDED-UNSHIELDED Coupling"
LS2=1.4E-07*LOG(4*H/DI2)/LOG(10)
AL2=1/(SQR(1+(2*PI*F*LS2/(RCC + RD))^2))
VD=2*PI*F*M*ICAC*(RD/(RCC + RD))*AL2
PEAKI=VD/RD
OUT1=VD
GOTO WireToWireMenu:
OpenToOpenTransient:
IDTEXT$="Transient UNSHIELDED-UNSHIELDED Coupling"
LS2= 1.4E-07*LOG(4*H/DI2)/LOG(10)
TM=THAU*LOG((RCC + RD)*THAU/LS2)/((RCC + RD)*THAU/LS2-1)
AAL2 = 1/(1-LS2/((RCC + RD)*THAU))*(EXP(-TM/THAU)-EXP(-(RCC+RD)*TM/LS2))
VDMAX=M*ICP/THAU*RD/(RCC + RD)*AAL2
OUT1=VDMAX
GOTO WireToWireMenu:
OpenToShielded:
IF ACOT$="T" THEN GOTO OpenToShieldedTransient:
IDTEXT$="AC UNSHIELDED-SHIELDED Coupling"
LC2=1.4E-07*LOG(4*H/DI2)/LOG(10)*LW
LS2 = 1.4E-07*LOG(4*H/DI2)/LOG(10)
AS2=1/(SQR(1 + (2*PI*F*LS2/(RS2C))^2))
AC2 = 1/(SQR(1+(2*PI*F*LC2/(RCC + RD))^2))
VD=2*PI*F*M*ICAC*(RD/(RCC + RD))*AS2*AC2
```

```
OUT1=VD
GOTO WireToWireMenu:
OpenToShieldedTransient:
IDTEXT$="Transient UNSHIELDED-SHIELDED Coupling"
LS2 = 1.4E-07*LOG(4*H/DS2)/LOG(10)*LW
TM=THAU*LOG(THAU/(LS2/RS2C))/(THAU/(LS2/RS2C)-1)
AAS2 = 1/(LS2/RS2C/THAU-1)*(EXP(-RS2C*TM/LS2)-EXP(-TM/THAU))
VDMAX-M*ICP/THAU*RD/(RCC + RD)*AAS2
OUT1=VDMAX
GOTO WireToWireMenu:
ShieldedToOpen:
IF ACOT$="T" THEN GOTO ShieldedToOpenTransient:
IDTEXT$="AC SHIELDED-UNSHIELDED Coupling"
LS1 = 1.4E-07*LOG(4*H/DI1)/LOG(10)
AL2=1/(SQR(1+(2*PI*F*LS2/(RCC+RD))^2))
AS1 = 1/(SQR(1 + (2*PI*F*FS1/RS1 C) 2))
VD = 2*PI*F*M*ICAC*(RD/(RCC + RD))*AL2*AS1
OUT1=VD
GOTO WireToWireMenu:
ShieldedToOpenTransient:
IDTEXT$="Transient SHIELDED-UNSHIELDED Coupling"
LS1 = 1.4E-07*LOG(4*H/DI1)/LOG(10)
TM=THAU*LOG(THAU/(LS1/RS1C))/(THAU/(LS1/RS1 C)-1)
AAS1 = 1/(LS1/RS1C/THAU-1)*(EXP(-RS1C*TM/LS1)-EXP(-TM/THAU))
VDMAX=M*ICP/THAU*RD/(RCC + RD)*AAS1
OUT1=VDMAX
GOTO WireToWireMenu:
ShieldedToShielded:
IF ACOT$="T" THEN GOTO ShieldedToShieldedTransient:
IDTEXT$="AC SHIELDED-SHIELDED Coupling"
LS2 = 1.4E-07*(LOG(4*H/DS2)/LOG(10))*LW
LS1 = 1.4E-07*(LOG(4*H/DS1)/LOG(10))*LW
AS1 = 1/(SQR(1 + (2*PI*F*LS1/(RS1C*RS1 C))))
AS2 = 1/((1 + (2*PI*F*LS2/RS2C^2))^5)
AC2 = 1/((1+(2*PI*F*LS2/((RCC + RD))^2))^.5)
VD=2*PI*F*M*ICAC*(RD/(RCC + RD))*AS1*AS2*AC2
OUT1=VD
GOTO WireToWireMenu:
ShieldedToShieldedTransient:
IDTEXT$ = "Transient SHIELDED-SHIELDED Coupling"
LS2=1.4E-07*LOG(4*H/DS2)/LOG(10)*LW
E2#=0
TM = LS2/RS2C
TransientConvergence:
DD#=1-THAU*RS2C/LS2
E#=EXP(-RS2C/LS2*TM)
E2NEW#=M*ICP*RS2C/LS2*((THAU*RS2C/LS2/DD#^2)*(EXP(-TM/THAU)-E#)+TM*(RS2C/
LS2)/DD#*E#)
IF E2NEW#-E2#>0 THEN TM=TM +.05*LS2/RS2C ELSE GOTO
OutOfConvergenceLoop:
E2#=E2NEW#
GOTO TransientConvergence:
OutOfConvergenceLoop:
VDMAX=RD/(RCC + RD)*E2#
OUT1=VDMAX
GOTO WireToWireMenu:
```

```
Database:
CLS:PRINT " DATA BASE": PRINT
PRINT "Number RG#/U Type Number ##AWG Type
PRINT "[1] RG5B/U [16] 10AWG"
PRINT "[2] RG6A/U [17] 12AWG"
PRINT "[3] RG8A/U [18] 14AWG"
PRINT "[4] RG9B/U [19] 16AWG"
PRINT "[5] RG13A/U [20] 18AWG"
PRINT "[6] RG29/U [21] 22AWG"
PRINT "[7] RG55A/U [22] 24AWG"
PRINT "[8] RG58C/U [23] 26AWG"
PRINT "[9] RG59A/U [24] 28AWG"
PRINT í£[10] RG122/U [25] 30AWG"
PRINT "[11] RG141/U [26] 32AWG"
PRINT "[12] RG142/U [27] 34AWG"
PRINT "[13] RG180/U"
PRINT "[14] RG188/U"
PRINT "[15] RG223/U":PRINT ""
RETURN
'CABLE DATA FOR PROGRAM
'RG(#)/U,Char. Imp..Shield Diameterjnner Conducter Diameter.Resistance
'
   DATA RG5B/U,50,.181,.053,1.2
   DATA RG6A/U,75,.185,.028,1.15
   DATA RG8A/U,50,.285,.086,1.35
   DATA RG9B/U,50,.280,.085,.8
   DATA RG13A/U,75,.280,.043,.95
   DATA RG29/U,53.5,.116,.032,4.75
   DATA RG55A/U,50,.116,.035,2.55
   DATA RG58C/U,50,.116,.035,4.7
   DATA RG59A/U,75,.146,.022,3.7
   DATA RG122/U,50,.096,.029,5.7
   DATA RG141/U,50,.116,.036,4.7
   DATA RG142/U,50,.116,.039,2.2
   DATA RG180/U,95,.103,.011,6.0
   DATA RG188/U,50,.06,.019,7.6
   DATA RG223/U,50,.116,.035,2.55
   DATA 10AWG,1,.1019,.1019,1.018
   DATA 12AWG,1,.0808,.0808,1.619
   DATA 14AWG,1,.0641,.0641,2.575
   DATA 16AWG,1,.0508,.0508,4.099
   DATA 18AWG,1,.0403,.0403,6.510
   DATA 20AWG,1,.0320,.0320,10.35
   DATA 22AWG,1,.0253,.0253,16.46
   DATA 24AWG,1,.0201,.0201,26.17
   DATA 26AWG,1,.0159,.0159,41.62
   DATA 28AWG,1,.0126,.0126,66.17
   DATA 30AWG,1,.0100,.0100,105.2
   DATA 32AWG,1,1,.203,
   DATA 34AWG,1,1,.160,
   DATA ***
WireToWireExit:
H = H/39.37 'Convert from meters to inches
D = D/39.37
LW=LW/3.28 'Convert from meters to feet
GOTO ENDER:
```

```
Spacebar:
PRINT "Press the spacebar to continue"
SBLOOP:
SPCBR$=INKEY$
IF SPCBR$=" " THEN GOTO Returner:
GOTO SBLOOP:
Returner:
CLS
RETURN
ENDER:
END
```

参 考 文 献

1. R.J. Mohr. Coupling between open wires over a ground plane. *IEEE Electromagnetic Compatibility Symposium Record*, Seattle, WA, July 23–25, 1968.
2. R.J. Mohr. Coupling between open and shielded wire lines over a ground plane. *IEEE Transactions on Electromagnetic Compatibility*, September 1967, 9(2), 34–45.
3. G.L. Matthaei, L. Young, and E.M.T. Jones. *Microwave Filters, Impedance-Matching Networks and Coupling Structures*. Artech House, Dedham, MA, 1980.
4. J.A. Defalco. Predicting crosstalk in digital systems. *Computer Design*, June 1973, 12(6), 69–75.
5. N. Holte. A crosstalk model for cross-stranded cables. *Proceedings of the International Wire and Cable Symposium*, Cherry Hill, NJ, 1982.
6. J.A. Krabec. Crosstalk and shield performance specifications for aluminum foil shielded twisted pair cable (MIL-STD-49285). *Proceedings of the International Wire and Cable Symposium*, Arlington, VA, 1987.
7. A. Feller, H.R. Kaupp, and J.J. Digiacomo. Crosstalk and reflections in high speed digital systems. *Proceedings of the Fall Joint Computer Conference*, 1965.
8. C.R. Paul. A simple SPICE model for coupled transmission lines. *Proceedings of the IEEE International Symposium on Electromagnetic Compatibility*, Atlanta, GA, 1988.
9. R.L. Khan and G.I. Costache. Considerations on modeling crosstalk on printed circuit boards. *Proceedings of the IEEE International Symposium on Electromagnetic Compatibility*, Zurich, Switzerland, 1987.
10. C.R. Paul and W.W. Everett. Modeling crosstalk on printed circuit boards. RAdc-TR-85-107. Rome Air Development Center, Griffiss AFB, New York, Phase Report, July 1985.
11. W.J. Adams, J.G. Burbano, and H.B. O'Donnell. SGEMP induced magnetic field coupling to buried circuits. *IEEE Electromagnetic Compatibility Symposium Record*, Wakefield, MA, 1985.
12. S. Iskra. H field sensor measurement error in the near field of a magnetic dipole source. *IEEE Transactions on Electromagnetic Compatibility*, August 1989, 31(3), 306–311.
13. R.L. Khan and G.I. Costache. Finite element method applied to modeling crosstalk problems on printed circuit boards. *IEEE Transactions on Electromagnetic. Compatibility*, February 1989, 31(1), 5–15.
14. C.S. Walker. *Capacitance, Inductance, and Crosstalk Analysis*. Artech House Inc., Norwood, MA, 1990.

第5章

元器件，减小发射的方法及抗扰度

5.1 元器件

5.1.1 电磁兼容使用的元器件简述

为达到 EMC 而使用的元器件不外乎用增加电流通路阻抗的方法来减小噪声电流或以减少并联通路阻抗的方法来减小噪声电压。在滤波器的设计中，常常会把元器件的这两种功能加以组合利用。

所有的元器件和互连线都会存在诸如电感、电容和电阻之类的非有意（寄生）电路单元，而且大多数情况下，是这些单元的组合。为了保证正确选取和运用这些元器件，我们需要了解这些寄生单元的量值大小及其在一定频率范围内的特性。有些元器件具有损耗特性，能够把 RF 噪声能量转换为热量。通常，损耗的方法可能更优于将 RF 噪声能量旁路到替代路径的方法。所有的元器件及互连线都会产生谐振现象，所以了解谐振效应对于实现 EMC 或是解决 EMI 问题是至关重要的。

在 EMC 领域，元器件的其他用途是减缓波形的边沿（从而减少发射）和将电压钳位到特定电平从而抑制瞬变。

5.1.2 导线、PCB 的印制线和接地平面的阻抗

在 EMC/EMI 的评估中，经常容易犯的错误是没有考虑导线的阻抗，当导线用作接地或电缆屏蔽终端连接时，尤其会忽略导线阻抗。导线会显现出固有阻抗（或称为内阻抗），这个内阻抗是由内部磁通引起的内电感、电流趋向在导线表面流动，称为趋肤效应（skin effect）引起的 AC 电阻和直流电阻三部分组成。另外，由于外部磁通的作用，导线还会呈现外电感，这种外电感通常称为自感（self-inductance）或部分电感（partial inductance）。当它是非有意出现时，也称之为寄生电感（parasitic inductance）。当频率高到一定程度时，导线的 AC 电阻会高于导线的直流电阻，并且该 AC 电阻会按频率的二次方递增。而此时，内电感却开始按频率的二次方递减。外电感则与频率无关。

根据定义，电感必须形成一个电流流动的回路，因为载流回路的电感是穿过回路表面的总磁通和产生磁通的回路中电流的比率。电线或元器件直到它是回路的一部分才有电感。该回路可能是包含电阻电容的电路的一部分，其主要电感可能是导线和接地平面的电感。虽然电感只由完全回路来定义，但参考文献 [8] 中描述了将部分电感值划分给了电流环的某一

段（如接地面）和 PCB 布局的信号布线电感。

在由多根导线形成环路的情况下，环路的每一边都具有部分电感和两边之间都具有部分互感。总电感量是 1、2、3 和 4 边减去双边之间两个互感之和。

因此

$$L_t = L_1 + L_2 + L_3 + L_4 - M_{1-2} - M_{3-4}$$

计算导线的电感如式（5-1）~ 式（5-4）所示，对于高出接地平面上的导线电感如式（4-8）所示，而式（4-9）表示在接地平面以上的两根导线间的互感。

具有圆截面的导线通常用作电路互连线。在圆导线的情况下，随着频率增大，使趋肤深度接近于导线半径时，此时的频率就是 AC 电阻开始增加和内电感开始减小的起始频率。

下面是铜导线的 AC 电阻公式：

$$R_{AC} = (0.244d\sqrt{f} + 0.26)R_{DC}$$

式中　d——导线直径（cm）；

　　　f——频率（Hz）；

　R_{DC}——直流电阻（Ω）。

由于自感，即使是在低频的情况下，导线呈现的感抗也会大于其电阻。导线自感（外电感）通常高于内电感。离接地结构至少 15cm 的圆导线的电感（μH）为

$$L = 0.002l\left[2.303\log\left(\frac{4l}{d}\right) - 0.75\right] \tag{5-1}$$

式中　l——导线长度（cm）；

　　　d——导线直径（cm）。

式（5-1）假定导线的相对磁导率 μ_r 为 1。当 μ_r 不等于 1 时，其自感（μH）由式（5-2）给出：

$$L = 0.002l\left[2.303\log\left(\frac{4l}{d}\right) - 1 + \frac{\mu_r}{4}\right] \tag{5-2}$$

比较矩形导线和圆导线的电感可以发现，当圆导线直径等于方形导线的边长时，方形导线会显现出较低的自感和交流电阻。当方形和圆形导线具有相同的横截面积时，它们的电感相同。方形导线的电感（μH）近似为

$$L = 0.002l\left(2.303\log\left(\frac{2l}{w+t}\right) + 0.498\right) \tag{5-3}$$

式中　w——导线宽度（cm）；

　　　t——导线厚度（cm）。

式（5-3）大致适用于矩形导线。对于 PCB 接地平面或类似接地平面，当 $t < 0.025w$，其电感（μH）可近似等于

$$L = 0.002l\left(2.303\log\left(\frac{2l}{W}\right) + 0.5\right) \tag{5-4}$$

注：全部对数以 10 为底数。

互感（μH）为

$$0.002\left[1 \times 2.303 \times \log(1 + \sqrt{(l^2+d^2)/d}) - \sqrt{(l^2+d^2)+d}\right] \tag{5-5}$$

式中　d——导线之间距离（cm）；

　　　l——导线的长度（cm）。

可以看出，用厚度近似等于圆导线直径但宽度远大于其直径的带状线来替代圆导线，可以得到较低的电感。表 5-1 列出了一些具有圆形横截面的铜直导线的阻抗。在频率为 10Hz 时，其阻抗等于导线的 DC 电阻；但是即使频率低至 10kHz，由于自感的存在，其阻抗仍然显著地大于其 DC 电阻。表 5-1 的阻抗值可以用于远离接地的导线且其工作频率低于导线长度为 1/4 波长（$\lambda/4$）时对应的频率。在实际使用中，导线、PCB 印制线和接地母线等往往紧靠近接地导电结构或是其他导线。由于邻近效应而引起的对导线电感的一种影响是减小了电感，如图 4-11 所示。

表 5-1　圆直铜线的阻抗

频率	导线阻抗/Ω							
	AWG #2，$d=0.65$cm				AWG #10，$d=0.27$cm			
	1cm	10cm	1m	10m	1cm	10cm	1m	10m
10Hz	5.13μ	51.4μ	517μ	5.22m	32.7μ	327μ	3.28m	32.8m
1kHz	18.1μ	429μ	7.14m	100m	42.2μ	632μ	8.91m	116m
100kHz	1.74m	42.6m	712m	10	2.66m	54m	828m	11.1
1MHz	17.4m	426m	7.12	100	26.6m	540m	8.28	111
5MHz	87.1m	2.13	35.5	500	133m	2.7	41.3	555
10MHz	174m	4.26	71.2		266m	5.4	82.8	
50MHz	870m	21.3	356		1.33	27	414	
100MHz	1.74	42.6			2.66	54		
150MHz	2.61	63.9			4.0	81		
10Hz	529μ	5.29m	52.9m	529m	1.33m	13.3m	133m	1.33
1kHz	531μ	5.34m	53.9m	545m	1.38m	14m	144m	1.46
10kHz	681μ	8.89m	113m	1.39	1.81m	21m	239m	2.68
100kHz	4.31m	71.6m	1.0	12.9	6.1m	90.3m	1.07	14.8
1MHz	42.8m	714m	10	129	49m	783m	10.6	136
5MHz	214m	3.57	50	645	241m	3.86	53	676
10MHz	428m	7.14	100		481m	7.7	106	
50MHz	2.14	35.7	500		2.4	38.5	530	
100MHz	4.28	71.4			4.8	77		
150MHz	6.42	107			7.2	115		

下面给出仅仅根据 1oz⊖ 铜箔导体的固有阻抗即金属阻抗的数据，并已在最近的出版物中公开发表的方形接地平面阻抗数据，其值（单位 Ω/sq⊖ 在 6.1.3 节中解释）为

10Hz	0.812mΩ/sq
10MHz	1.53mΩ/sq
100MHz	3.72mΩ/sq

AC 电流从平面的一端流向另一端时，平面会呈现阻抗，若是忽略平面的自感，阻抗就会减到最小。表 5-2 所示为一组接地母线与一块 1oz（厚度 0.03mm）的铜接地平面根据式（5-4）得出的理论阻抗值和实测阻抗值。当测量出现差异时，由于对频率为 2MHz、10MHz

---

⊖　oz：盎司（Ounce），1oz＝28.3495g，美制质量单位。——译者注

⊜　本书中也表达为 Ω^2。——译者注

和 20MHz 的电流加以控制，所以这些结构两端电压的预估值和实测值之间有很好的相关性。在进行该测量布置时，必须确保那些使电流流入和流出受试导线的导线是屏蔽的并且远离受试导线。在实际的 PCB 的布局中，电流可能会流入一个非常靠近接地平面的导线，然后又返回该接地平面。在这种配置下，返回电流趋向被限制在电源导线下面的接地平面内。可以预料，这种电流聚集的现象会导致接地平面阻抗的增加，反之，频率约在 2MHz 以上，电源导线远离接地平面时，接地平面的阻抗会比较低。

在参考文献 [9] 中，利用麦克斯韦方程式可以确定接地平面上方有信号线的接地平面电感值。当接地平面用作信号返回线路时，接地平面电感值（μH）为

$$L_{\text{ground}} = (0.2 \times l) \times \ln\left(\frac{h \times \pi}{w} + 1\right) \tag{5-6}$$

式中　l——印制线（即电流返回路径）下方的接地平面长度（m）；

　　　h——接地平面的厚度（m）；

　　　w—— 接地平面的宽度（m）。

假定印制线的厚度远小于接地平面宽度，那么将上式中接地平面的宽度（w）换为印制线的宽度，就可以求出接地平面上方印制线的电感值。式（5-6）常常用于计算接地平面上方 1cm 和 1mm 有印制线时，接地平面的阻抗。在接地上方为 1cm 时，阻抗计算值近似等于实测值。但是在接地上方 2mm 时，实测值就不能很好地与计算值相一致。其原因就是在测试时，有辐射耦合到测试装置的探头中，从而导致接地平面两端有较高的实测电压。

表 5-2　接地母线和 1oz 铜接地平面的阻抗

频率/MHz	实测阻抗/Ω[①]	计算阻抗/Ω	接地平面上方 1cm 实测的阻抗[②]/Ω	接地平面上方 1cm 计算的阻抗/Ω	接地平面上方 1mm 印制线计算的阻抗/Ω
1oz 铜接地平面，12.6cm（长）×10cm（宽）					
2	0.312	0.45	——	——	——
10	1.67	2.25	0.64	0.43	0.045
20	2.46	4.5	1.14	0.86	0.09
50	——	——	1.76	2.15	0.225
10oz 铜接地平面，3.2cm（长）×3.2cm（宽）					
10	0.36	0.47	——	——	——
20	0.56	0.94	——	——	——
12.6cm（长）×2cm（宽）×3mm（厚）编织物					
10	2.84	4.77	——	——	——
20	7.3	9.5	——	——	——
12.6cm（长）×0.8cm（宽）×1.5mm（厚）镀锡铜线					
10	5.5	6.2	——	——	——
20	14.3	12.4	——	——	——

① 电源导线远离接地平面时实测的阻抗。

② 电源导线在接地平面上方 1cm 时实测的阻抗。

造成接地平面阻抗减小的原因是电源导线与接地平面之间的互感，它有利于返回电流在接地平面内流动。表 5-2 表明电源导线位于一块 12.5cm（长）×10cm（宽）的接地平面上方 1cm 和 1mm 时的阻抗，与电源导线远离该接地平面时的阻抗减小情况的比较，在第 7 章关于电缆屏蔽的内容中会进一步讨论由于用于电源线路或信号线路的导线与返回导线相互靠

近而使阻抗减小的情况。

在第 12 章研究案例 12.1 中将说明在任何 EMC 预估或 EMI 调研中，把导线阻抗产生的影响考虑在内的重要性。为了判定接地连接的必要性，一种通常的做法是用一根大约 3ft 的长导线将线路或结构暂时接地。如果通过接地并没有测到显著的变化，那么原因就在于导线的阻抗太高，它可以高达 300Ω，以至不能有效地起到接地的作用。

导线阻抗对元件性能的影响也可能是有益的。例如，由于导线自感的作用，滤波器中的高频衰减可能会高于预估值。但有时也可能是有害的。例如将低阻抗的接地连接线替换成小线径高阻抗的接地线，就可能会导致增加外壳的辐射。因此，从 EMC 的观点来看，所有的导线都应视作为阻抗元件。

在空间应用的设备中，需要各个结构之间既有高热阻，同时又有低阻抗的搭接。一种可以采用的方法就是在结构之间相互靠近时，使用短路传输线以增加两个结构之间的寄生电容。图 5-1 所示为一个应用实例。减小 PCB 印制线间的距离增加使线路邻近部分被填涂的长度以便减小线路阻抗和增加寄生电容。但此时的热阻也会减小。计算短路传输线的阻抗公式为（取自参考文献 [1]）

$$Z_{\mathrm{sc}} = Z_0 \tan(\pi l f \sqrt{\varepsilon_{\mathrm{r}}}/150) \tag{5-7}$$

式中　Z_0——短路传输线的特性阻抗；

　　　l——短路传输线的长度；

　　　f——传输信号的频率（MHz）；

　　　ε_{r}——短路传输线导线间的材料相对介电常数，$\sqrt{\varepsilon_{\mathrm{r}}}$ 可以用（3×10^8）$\sqrt{LC}$ 来替代。

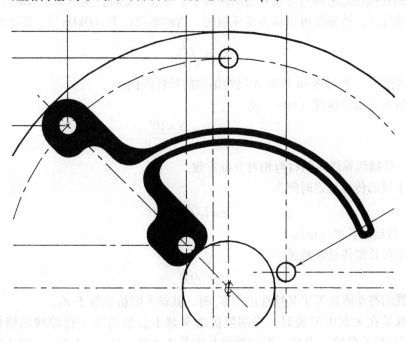

图 5-1　短路传输线接地

图 5-1 所示的几何图形及电容器和特性阻抗为 215Ω 的短路传输线的实测阻抗与相同长度的直印制线的实测阻抗所作的比较如下表：

频率/MHz	阻抗/Ω		频率/MHz	阻抗/Ω	
	短路传输线	直印制线		短路传输线	直印制线
15	—	19	287	—	350
54	20	—	364	200	—
63	—	50	1000	—	125
108	40	—	1100	51	—
162	—	447	1200	10	—

作为互连线的导线常常只是包含了返回路径在内的更大电路的一部分。通常，在负载两端或是在导线和接地结构之间的有意电容或是寄生电容，可能会与导线电感一起形成串联谐振电路。串联谐振电路的输入阻抗很低，但是根据电路不同的 Q 值，输出电压就可能会大大高于输入电压。当负载电阻高，Q 值就高。在图 5-54 中将给出串联谐振电路 Q 值的计算公式。由于大电流高电压的出现，串联谐振非常容易产生高电平的辐射或传导发射。

与地接近的导线也可能会形成一个准并联谐振电路，它会形成一个较高的线路阻抗，这些现象都可以借助网络分析仪来测量观察。当导线和返回路径之间的距离不是远小于导线长度时，那么该电路可以模拟为环路。实际上，决定谐振频率的是接地结构的寄生电容或串联在环路中的负载两端的寄生电容。然而，假定环路离开接地结构足够远并且端接了低电阻，则这个距离与环的周长相同时也会谐振。当环路周长为谐振长度时，如 2.5.5 节所述，输入阻抗值会从很高变为很低。附录 D 提供了 LC 电路在有电阻和无电阻影响的情况下的谐振频率和谐振阻抗。

当返回路径或接地结构与导线靠近的距离小于导线长度时，就形成了传输线。在大多数实际应用的情况下，传输线可以认为是无损的，当频率约高于 100kHz 时，其特性阻抗为

$$Z_0 = \sqrt{\frac{L}{C}}$$

附录 A 提供了一些导线和 PCB 印制线结构的特性阻抗。

波沿传输线传播的速度（m/s）是

$$v = \frac{1}{\sqrt{LC}} \text{ 或 } \frac{3 \times 10^8}{\sqrt{\varepsilon_r}}$$

式中 ε_r——传输线导线间的材料相对介电常数。

传输线上波的传播延迟时间为

$$\tau = l\sqrt{LC}$$

式中 l——传输线长度（m）。

传输线单位长度传播常数是

$$\gamma = \sqrt{LC}$$

当传输线的终端阻抗等于其特性阻抗 Z_0 时，其输入阻抗也等于 Z_0。

当传输线是在无意中形成时，终端阻抗通常都不会恰巧等于传输线的特性阻抗。式 (5-7) 给出了短路线的输入阻抗。当短路线长度等于 $\lambda/4$、$3\lambda/4$、1.25λ…输入阻抗的理论值是无穷大；当短路线长度为 $\lambda/2$、λ、1.5λ…其输入阻抗为零。在线的长度为 $\lambda/4$ 或其倍数所对应的频率上，由于有意增加短路线输入端电容，短路传输线的实测阻抗比较低。

开路传输线的输入阻抗为

$$Z_{oc} = \frac{Z_o}{\tan\left(\dfrac{\pi l f \sqrt{\varepsilon_r}}{150}\right)}$$

理论上，当线长等于 $\lambda/4$ 时，其输入阻抗为零：当线长等于 $\lambda/2$ 时，其输入阻抗为无穷大。当线长等于 $\lambda/4$ 或 $3\lambda/4$ 等时，若终端阻抗大于其特性阻抗，则输出电压高于输入电压。

当传输线终端阻抗 Z_t 不等于特性阻抗 Z_o 时，其输入阻抗 Z_i 为

$$Z_i = Z_o \frac{Z_t + Z_o \tan(\pi l f \sqrt{\varepsilon_r}/150)}{Z_o + Z_t \tan(\pi l f \sqrt{\varepsilon_r}/150)}$$

对于数字和模拟电路而言，PCB 上的低阻抗配电和返回路径都是重要的。例如，线路上的噪声电流流过较低阻抗的连接线，在其上只会产生较小的电压。为了在数字逻辑电路中达到低阻抗配电，所采用的方法是置入一些去耦电容的同时，又用一个 "Q Pac" 汇流条，它含有的 $+V_{CC}$ 和 0V 的印制线，既可以垂直于 PCB 焊接，又可以在 ICs 下面水平地焊接。使用这种汇流条并不能完全放弃使用去耦电容器，它通常靠近 ICs 安装，以便减小电流环路的面积。然而，汇流条至少可以减少使用该类去耦电容器的数量。

5.1.3 一般布线导则

这些布线导则对于设计工程师而言非常有用，可以结合到 EMC 控制计划中去。但它不能取代详细的预估。这些预估在可能是关键设计和布局时是必须进行的。然而，对于下列导则也会存在许多例外的情况！

5.1.4 电路分类

介于装置和子系统之间的电路应该分为一类。例如，下表就是可以采用的分类方案：

电路类别	信号类型	电路类别	信号类型
I	数字，低电流控制，滤波可控电源	III	大电流控制，继电器开关
II	模拟或视频	IV	AC 和 DC 未滤波线路电压

5.1.5 布线隔离

不同的 EMC 分类线束应该彼此分隔开。在无法用金属屏障将其隔离时，则至少要保持如下的最小间距：

III 类线束和 II 类线束之间至少保持 10cm 的间距；

其他类别线束之间至少保持 5cm 的间距。

在 "无噪声" 线和 "噪声" 线之间应尽量保持最大间距。这一点对于滤波器的布线尤其重要，其输入线和输出线必须尽可能地隔离开来。

5.1.6 内部单元/设备的布线

在 PCB 上、板间的和单元间的互连线形成的电流环路面积应尽可能地小。设计目标是最大环路面积小于 $4cm^2$。较大的环路应该细分为更小的环路，以便使它们产生的场相互抵

消。环路和导线应该成直角正交，以减少耦合。模拟电路布线、数字电路布线和射频电路布线不应捆绑在一起，而且应该彼此尽量远地分开。电源线应是双绞线，在某些情况下应是对绞屏蔽线。需要特别注意的是，双绞线对之间的距离至少要大于 1.5 倍的扭绞长度，以提供适当的隔离。

扭绞长度定义为每英寸完全扭绞个数的倒数，为了符合这个隔离导则，每个扭绞线对通常需要使用分开的线束。若不可以增加距离，则可以相应增加每英寸的扭绞数，由此来减小扭绞长度。

5.1.7 外部单元/设备的布线

作为互连设备的电路应该对有高压的线路返回线施行扭绞，以提供最小的环路耦合和最大的场强对消。不论信号电路还是电源电路应该与各自的返回线相互扭绞，并且在安全允许的前提下，使它们处在连接器相邻的插脚上。多条线路共用一个公共返回线的，应该把它们作为一组进行扭绞。在可能的情况下，应该使每英尺扭绞数大于 16。单元之间的连线应走最直的路线。因为干扰耦合就是长度的直接函数。平衡电路和准平衡电路要应用双绞线，以减小磁场耦合，以及用在需要直流大电流激励的电路中，以减小直流磁场。共模电流引起的耦合不可以用扭绞的方法来减小，而只能用减小干扰源或屏蔽的方法来减小耦合。

5.1.8 导线屏蔽

当装置单元/子系统的设计者用导线屏蔽的方法来满足发射要求或保护敏感电路时，这些屏蔽应该覆盖在双绞线或双绞线组上而不是单独的导线上。该屏蔽应环绕后盖同心地连接，以便将电缆终端的射频（RF）电动势减到最小。若使用一种外部屏蔽（如对绞屏蔽线），则屏蔽层两端都应该接在底架上。对强电场敏感的电路，可能要增加一层内部静电屏蔽，它只在模拟信号源终端连接到信号地，但是要与底架隔离。屏蔽层不可传送电流，但用于 RF 的同轴电缆是例外。

高压和高频大功率电路很可能成为电场发生源。而低频大电流电路则很可能成为磁场发生源，这些电路均应屏蔽，以控制发射。小电流高阻抗输入的灵敏电路很可能对电场敏感。所以应该屏蔽。如在第 7 章所描述的，屏蔽效能是屏蔽厚度、电导率和覆盖百分比的正函数。

当电路是用变压器耦合，那么对一次/二次绕组屏蔽可以减少共模干扰。从 100Hz ~ 1MHz 频段，使用连接到外壳地的单层屏蔽可以减小共模干扰约达 20dB。若使用三层屏蔽的单变压器 第一层连接到输入地，第二层连接到外壳地，第三层连接到输出地，那么共模噪声在 20kHz 减少高达 80dB，在 1MHz 也可达到 35dB。必须将屏蔽连接到无噪声地，例如底架上，因为若使用单层屏蔽，它就要连接到噪声信号地，那么共模耦合就可能会随着接好的屏蔽而增加。

应保持整条电缆的屏蔽连续性。当一条屏蔽线通过一个连接盒时，在盒内的线也应屏蔽。屏蔽线的非屏蔽部分应尽量保持最短。可以用连接器的外围屏蔽终端金属附件或是连接器后盖上的导电环氧树脂封装达到这个目的。

5.1.9 射频屏蔽

在必须承载强 RF 电流的地方和已确定可能出现 EMI 发射问题的地方，应当遵守下述的屏蔽建议，像在三同轴电缆情况一样，采用第二屏蔽层承载 RF 返回电流，或如同在双股电缆中一样，RF 返回路径可以是第二根中心导线。三同轴屏蔽电缆的多点连接将会引入接地电流环路或共模电流，因此不适合用来屏蔽灵敏的输入电路。然而，当连接线至接地平面的距离小于 λ/4 时，却可能会减少大功率 RF 发射。若三同轴电缆的多点接地不可行，那么，也许可能采用近似连续的 RF 接地。三同轴电缆的近似连续 RF 接地可以通过适当布置电缆，使其外层绝缘护套靠近机壳或某些结构，以通过形成三同轴电缆和结构之间的有效电容来实现。

如果可能，连接灵敏 RF 输入电路的电缆应使用半刚性电缆。若不可行，那么只能使用三同轴电缆。并使外层屏蔽两端都连接到底架上。内层屏蔽则可用于信号电流返回。当这种电缆用于外接至一个装置或不可避免的靠近一个大功率 RF 发射器（例如，一个天线），则该电缆也要尽可能地靠近一个金属接地平面。

5.1.10　用于控制发射和提高抗扰度的元器件

5.1.10.1　电容器

电容器通常是由两个平行板来形成的。当将电压施加在两个平板之间时，板间就存在着位移电流和电场。在施加电压的情况下，负电荷将从电容器板的一侧转移到板的另一侧。于是板的一侧带负电荷，而另一侧则带正电荷，尽管板的净电荷为零。当电压移除后，电容器上中的电荷分布仍保持不变。

如果一个原子的电子多于质子，它就是带负电荷的，但是如果一个原子的质子多于电子，它就是带正电荷的。在包含许多电子的物体中，其所含的电荷就是所有原子所带正，负电荷的算术和。电荷 Q 的单位是库仑（C）。

电容，电压与电荷的关系是

$$Q = CV$$

当通过电容器（如静电放电枪）实施静电放电（ESD）以及向电容器充电时，电容越高，电容器上的电压就越低。这种电容分压器效应在 ESD 保护中很有用。

电容器串联值可以表示为 $1/C_t = 1/C_1 + 1/C_2 + 1/C_n$，电容器并联值可以表示为 $C_t = C_1 + C_2 + C_n$。

板极间的电场建立后，电流减小为零。在所有电容器中，平行板电容器的电感最低，因此，它在 PCB 的实际应用中是将内嵌式电容作为去耦电容器的一部分。内嵌式电容器使用了电源平面与接地平面之间形成的固有电容。为了使电容量最大化，这些平面应该尽量靠近。一个平行板电容器的电容（F）为

$$C = e \times w \times (l/d)/100 \tag{5-8}$$

式中　l——板一边的长度（cm）；

　　　w——板另一边的宽度（cm）；

　　　d——两平板间的间距（cm）；

　　　e——板材的介电常数 $= e_r \times 8.84 \times 10^{-12}$；

　　　e_r——相对介电常数。

附录 F 包含了普通材料的相对介电常数。

电容器可用于滤波、控制脉冲的上升时间和下降时间以及在高频时提供低阻抗通路。理

想电容器的阻抗随频率的增加而线性减小。实际的电容器 AC 等效电路如图 5-2 所示。它包括一个等效串联电阻（ESR）和一个等效串联电感（ESL）。在某个频率，当其阻抗等于 ESR 时，电容器就如同一个串连谐振电路。超过谐振频率时，由于 ESL 的作用，电容器阻抗将随频率的增加而增加。电容器的引线长度是评价电容器自感量和随之的谐振频率的重要因素。下面是一些低感电容器的典型自感量的例子。

金属化聚酯引线长度 = 6mm（每根），$L = 12$nH。

多层薄膜 MKT 轮辐式聚酯（聚酯薄膜 – Mylar）电容器

引线间距/mm	7.5	10	15
自感/nH	5	6	7

聚丙烯电容器［径向（引线）］

电容器本体高度 h/mm	9	12	15
自感/nH	15	17	20

高可靠性聚酯薄膜（Mylar）电容器
引线长度 = 3mm（每根），$L = 20$nH。

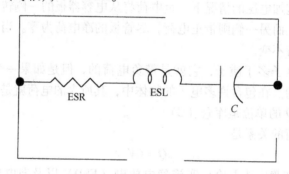

图 5-2 电容器的交流等效电路

引线长度各 1.6mm 的陶瓷 CCR 系列电容器的自谐振频率（SRF）的测量值如下：

电容	自谐振频率（SRF）/MHz	L/nH	电容	自谐振频率（SRF）/MHz	L/nH
1μF	1.7	9	820pF	38.5	21
0.1μF	4	16	680pF	42.5	21
0.01μF	12.6	16	560pF	45	22
3300pF	19.3	16	470pF	49	22
1800pF	25.5	16	390pF	54	22
1100pF	33	21	330pF	60	21

电容器的等效串联电阻（ESR）由电容器的 Q 值给出，该值通常引用的频率为 1MHz。电容器 Q 值则由 X_c/ESR 给定，式中 X_c 等于 $1/(2\pi fC)$，f 的单位为 Hz，C 的单位为 F 或 f 的单位为 MHz，而 C 的单位为 μF。因此频率为 1MHz 时，典型的 30pF 的电容器具有的 Q 值为 931，其 ESR 为 5.7Ω。而频率为 1MHz，典型的 0.01μF 电容器的 Q 值为 168，其 ESR 为 95mΩ。

当要衰减的噪声电压覆盖的频率范围比较宽，那么单个电容器的阻抗可能还不够低，尤其是在电容器谐振频率以上和以下的频率点上。此时，要并联使用两个、三个甚至是四个不同电容量的电容器，才可以确保并联后的电容器在很宽的频率范围内有较低的阻抗。例如，将一个 $10\mu F$ 的钽电容器，一个 $1\mu F$ 的瓷介电容器，一个 1000pF 的瓷介电容器和一个 2000pF 的瓷介电容器全部并联起来，将可以确保从 350Hz ~ 100MHz 之间的阻抗均低于 50Ω。只有当各电容器引线非常短时，其对谐振频率的影响才是有效的。如在 5.1.2 节所见，即使其引线长度非常短，由引线自感引起的阻抗也是相当大的。因此，用于连接电容器的引线电感将会降低电路中电容器的谐振频率，因而就增加了高频阻抗。当在某一特定频率出现 EMI/EMC 问题时，应该选择电容器的电容值，使电容器的谐振频率和它的引线自感与出现问题的频率相对应，以得到可能的最低的阻抗。在设计蜂窝电话时，当去耦电容器在发射频率上产生谐振时，可以使用这种方法。

在特定频率或窄带频率上，电缆发射超过辐射发射限值或传导发射限值时，通常建议在底架上增加一个共模（Common Mode）电容。选择电容器电容使谐振频率与问题频率近于相同，结果发现发射的减少量十分惊人。然而，位置选择十分重要，电容器应该尽可能靠近外壳上的电缆出口处。如果可以从制造商提供的数据或表 5-3 或表 5-4 中确定其电感值，那么给定谐振频率的电容可以由下式计算得出：

$$C = 1/(39.4 \times f^2 \times L)$$

在长度较短的非屏蔽电缆产生的辐射发射情况下，160MHz 处的辐射比限值高出 14.3dB。辐射源为 5V 电源的其中一根电线，虽然 5V 电源在电源板上经过了很好的滤波。将这些电线连接到一个小 PCB 的引脚上，并通过螺丝钉将该 PCB 固定在底架上。其中一根电线和引脚通过螺钉下的一根印制线连接到底架上。可以将一个 0805 电容器直接连接到 5V 引脚和底架引脚之间，其引线电感可以忽略不计。

从表格 5-4 可得，0805 的 220pF 的电感为 1.27nH，470pF 电容的电感为 1.26nH。因此，在 160MHz 所需的电容量是：

$$780pF = 1/\left[39.4 \times (160e^6)^2 \times 1.27e^{-9}\right]$$

使用 720pF 电容器，辐射降低到指定限值以下 8.7dB，减少了 23dB。

表 5-3　用编织线作接地连接的电容器特性

谐振频率/MHz	电容/pF	衰减/dB	Q	电感/nH	电容种类
250	82	52	6.2	4.95	0603 多层陶瓷电容器
225	110	52.5	5.42	4.57	0603 多层陶瓷电容器
230	110	52	5	4.37	0402 A 类多层陶瓷电容器
192	150	53	5	4.6	0603 多层陶瓷电容器
158	220	52	3.64	4.6	0603 A 类多层陶瓷电容器
154	220	54	4.7	4.9	0603 多层陶瓷电容器
105	470	54	3.23	4.9	0603
109	470	54	3.11	4.55	0402 A 类多层陶瓷电容器
108	470	53	2.8	4.62	0402 B 类多层陶瓷电容器
92.3	1000	38	2.71	3	0603
47.9	2200	58	2.4	5.03	0603 A 类多层陶瓷电容器
48.7	2200	57	2.1	4.86	0603 A 类多层陶瓷电容器（重复）[1]
54	2200	47	5.97	3.96	0603 B 类多层陶瓷电容器
53.6	2200	48	6.76	4.02	0603 B 类多层陶瓷电容器（重复）[1]

(续)

谐振频率/MHz	电容/pF	衰减/dB	Q	电感/nH	电容种类
60.7	2200	42	2.98	3.13	0603
54.8	2200	47	5.89	3.84	0402 B 类多层陶瓷电容器
45	3300	42	2.68	3.8	0805 多层陶瓷电容器
43.9	3300	48	5.5	3.99	0603 A 类多层陶瓷电容器
40.4	3300	59	21.3	4.72	0603 B 类多层陶瓷电容器
39.6	3300	60	24.3	4.96	0063 B 类多层陶瓷电容器（重复）[1]
33	4700	60	20.5	4.96	0063 B 类多层陶瓷电容器
33	4700	60	20.5	4.96	0603 C 类多层陶瓷电容器
39	4700	46	3.45	3.55	0805
36.6	4700	51	6.55	4.03	0402 B 类多层陶瓷电容器
31.2	6800	52	5.96	3.83	0603
27.8	10000	49.5	3.41	3.28	0603
82.5	750	55	29.8	4.97	1812 云母
70.7	1000	58	35.8	5.08	2220 云母

① 重复 = 来自同一制造商的相同容值的不同样本。

电容器也可以与串联电感器一起使用来产生谐振，见后续有关 *LC* 的共模（Common Mode）滤波器中使用 Laird（Steward）4 线共模扼流圈或铁氧体磁环线圈的描述。

为了说明附加电感对电容器谐振频率的影响，我们测量了 *Q* 值，并确定了芯片尺寸对器件自感的影响。

在测量中，电容器的电感值是根据电容值和谐振频率推导得出的。

表 5-4　测试装置中附加电感可忽略不计的电容器特性

谐振频率/MHz	电容/pF	衰减/dB	Q	电感/nH	电容种类
301	220	65	86	1.27	0805 多层陶瓷电容器
207	470	62	41	1.26	0805 多层陶瓷电容器
94.4	2200	48	3.8	1.29	0805 多层陶瓷电容器
86	3300	49	3.15	1.04	0805 多层陶瓷电容器
68	4700	49	2.8	1.17	0805 多层陶瓷电容器
190	1000	44	2.64	0.7	0603 多层陶瓷电容器
97	2200	65	27	1.23	0603 多层陶瓷电容器
109	2200	54	6.64	0.97	0603 多层陶瓷电容器
87	3300	50	3.51	1.03	0603 A 类多层陶瓷电容器
93	3300	49.5	3.09	0.89	0603 多层陶瓷电容器
67	4700	66	20	2.01	0603 B 类多层陶瓷电容器
62.2	4700	66	21.7	1.4	0603 C 类多层陶瓷电容器
81.4	4700	52	3.31	0.820	0603 多层陶瓷电容器
195	470	60	35	1.42	0402 多层陶瓷电容器
201	470	63	47.6	1.34	0402 多层陶瓷电容器
104	4700	50	2.1	0.5	0402 多层陶瓷电容器
80	3300	50	3.8	1.2	0402 多层陶瓷电容器

Q 值是谐振时由衰减派生出的直流电阻求得的。当 Q 值较高时，如前两个例子所示，可以合理准确地确定谐振频率，而当 Q 值较低时，这就不那么容易确定了。

测量时，一个电容器通过一个微带线和一根长 2cm，宽 5mm 和厚 0.4mm 的编织线接地。在信号发生器输入端的 PCB 含有了一个串联的 50Ω 电阻，并且与对地的电容器并联的负载阻抗也是 50Ω。

根据式（5-3），编织接地线大约使电容器自感量增加了约 2.5nH。

对来自不同制造商的若干个 0603 型电容器进行了测试，这些电容器被标记为 A、B 或 C。

从表 5-3 可以看到，总电感量从 3.13nH 变化到 4.97nH。

我们从表 5-4 中看到，Q 值在 20~86 之间或者在 2~3.8 之间。为了排除异常情况，使用新的样品进行了重复测试，得到了相同的结果。在 B、C 生产厂家生产的 0603 型 4700pF 电容器中，Q 值为 20.1 或 21.7，电感量为 1.19nH 或 1.4nH。

Q 值最低的电容器为非多层陶瓷类型，而原来预计这些电容器的电感量应该最高。

为了消除接地编织线的电感，在带状线的顶部覆盖了一个铜箔作为屏蔽层，再将该铜箔连接到更低的接地平面上。在这个屏蔽层上切出一个小孔，电容器位于孔内并被焊接在信号印制线和屏蔽层之间。因此，测量是在不增加过孔的情况下进行的。

表 5-4 显示了谐振频率、Q 值和电感量。正如预期的那样，对于给定的电容器大小，其谐振频率较高，而电感量较低，见表 5-3。

电感量在 0.5~1.42nH 之间变化不等时。对于测量更精确的高 Q 值样品，电感量变化范围为 1.19~1.42nH。

在所有的测量电感中，没有发现三个封装尺寸之间的预期差异。

从测量结果看，宜测量若干个电容器的 Q 值和谐振频率，再从中选择最合适的。

AVX 公司生产"CU"系列 C0G（NPO）射频（RF）/微波芯片电容器，具有超低 ESR，设计用于通信市场和超高频（UHF）应用场合（300MHz~3GHz）。

01005 封装的电容范围是 0.5~6.2pF，0201 封装的电容范围为 0.5~22pF。

对于 4pF 的电容器，在 1GHz 下典型的 Q 值是 290，01005 封装 6.2pF 的电容器的谐振频率为 4.5GHz，0201 封装 4.7pF 电容器的谐振频率是 4.8GHz，以及 0201 封装 22pF 的电容器的谐振频率是 2.2GHz。

当 PCB 没有整体接地平面和没有电源平面时，PCB 上的去耦电容器的串联谐振频率可用来确定电源与接地之间的阻抗。然而，在 PCB 上，由于电源与地之间存在电容，该电容能够帮助电源线实现显著的去耦，所以由于并联谐振产生的阻抗可能会比没有去耦电容的裸 PCB 的更高。这是由于 PCB 电容与合成去耦电容器、印制线和过孔的电感并联而产生的。

在某些情况下，增加连接到电容器的电感从而降低给定谐振频率的电容值是有益的。

例如，电子书写板位于工作频率为 1MHz 的 AM 无线发射机附近。在板上绘图时，由于 EMI，板上会显示一条波浪线。该设备正在生产中，因此有可能进行最低限度的修改。该电路包括从书写板输入的设备模拟输入端的电容器。

增加这个电容值，波浪线消失了，但在板上画的线滞后于笔，因此笔和线之间存在一个间隙。电容器是一种引脚式器件，通过增加引脚长度抬高电容器，引脚电感也随之增加。这意味着电容值可以降低而在 1MHz 处谐振。使用一个容值较低的电容器可以解决书写入线条的滞后问题。

在生产过程中，发现了一个有趣的结果：一旦去掉电容引脚的额外垫高，滞后问题就会复现；而恢复引脚垫高的话，问题就可以得到解决。

PCB 印制线应通到电容器的连接点，然后如图 5-3 所示正确连接，又从那里继续走线。若如图 5-3 所示错误的连接，PCB 印制线电感与电容器自感相串联，这样将会降低谐振频率。比较好的连接是如图 5-4 所示的表面贴装片状电容器，它不使用通路而直接跨接在两条印制线之间。若必须使用通路，则应保证其有较大的直径。如图 5-4 所示，当连接这些电容器的印制线布线适当，表面贴片电容器就可能会有相当低的电感。

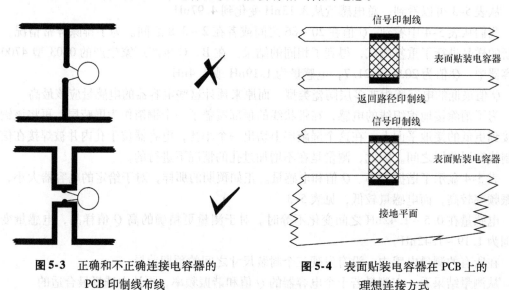

图 5-3　正确和不正确连接电容器的　　　图 5-4　表面贴装电容器在 PCB 上的
　　　　　　PCB 印制线布线　　　　　　　　　　　　　　理想连接方式

理论上讲，片状电容器的总电感由它的长宽比和其两电极之间的互感耦合决定。因此，一个 1210 封装的片状电容器的电感小于一个 1206 封装的片状电容器的电感。由 AVX 制造的 0805 封装的 NPO 类型的瓷介片状电容器，其电容值可以为 $0.5 \sim 0.033\mu F$，对于电容值为 1000pF 的该类电容器，谐振频率为 150MHz，因而其自感量为 1.2nH，一只 100pF 0805 电容器的谐振频率为 380MHz，自感量为 1.76nH。谐振频率和谐振点以上的阻抗会随片状电容的尺寸而变化，因而 1210 封装的片状电容器在谐振点以上比 1206 片状电容器的阻抗低，尽管这在表 5-5 的测量中并不明显。陶瓷材料成分也会影响谐振阻抗，所以，NSPO 1000pF 的 0805 片状电容器在 150MHz 谐振频率上的阻抗为 0.1Ω。然而，X7R 陶瓷材料的 1000pF 的片状电容器具有相同的谐振频率，但是其阻抗却为 0.4Ω。

表 5-5　从电容器到过孔焊盘 10Mil 距离的典型电容器结构的连接电感

从板到平面的距离	0805 典型通桶之间 148Mil/nH	0603 典型通桶之间 128Mil/nH	0402 典型通桶之间 106Mil/nH
10	1.2	1.1	0.9
20	1.8	1.6	1.3
30	2.2	1.9	1.6
40	2.5	2.2	1.9

（续）

从板到平面的距离	0805 典型通桶之间 148 Mil/nH	0603 典型通桶之间 128 Mil/nH	0402 典型通桶之间 106 Mil/nH
50	2.8	2.5	2.1
60	3.1	2.7	2.3
70	3.4	3.0	2.6
80	3.6	3.2	2.8
90	3.9	3.5	3.0
100	4.2	3.7	3.2

资料来源：Archambeault, B., Diepenbrock, J., IBM, RTP, NC PCB power decoupling Inyths debunked，可以在网上找到。

AVX 已经制造出低电感电容器，即低电感片状阵列（LICA）电容器：LICA 的自谐振率和近似电感量与其他电容器设计值的比较如图 5-5 所示。

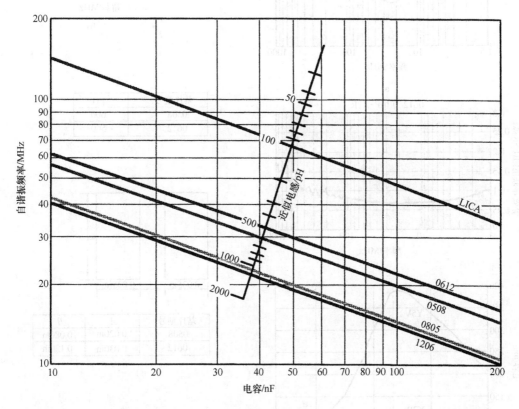

图 5-5　LICA 与其他片状电容器的自谐振频率和电感的关系曲线（承蒙 AVX 公司特许复制）

多层片状（MLC）电容器是由含有两组补偿的单块陶瓷片及向陶瓷电介质的两个相反表面延伸的交叉平面电极构成。MLC 电容器最大的好处就是它的低 ESR 和低 ESL，这使它使用在开关电源的输入滤波器和输出滤波器上非常理想。高值 MLC 电容器具有的电感约为 3nH。与低 ESR 钽电容器的 ESR 为 0.1Ω 相比较而言，由 AVX 制造的 24μF 的 MLC 电容器，在 50kHz 谐振频率上的 ESR 为 0.001Ω。0.1μF 的低感 MLC 电容器，其谐振频率为 25MHz，谐振时的 ESR 为 0.06Ω。0508 封装的 0.1μF 片电容器的典型电感量为 0.6nH，而 0612 封装的相应值则为 0.5nH。因而这些 0.1μF 的低电感 MLC 电容器是用作去耦电容器的理想选择。

微波电容器设计成具有极高的谐振频率，因此自感十分低。虽然串联谐振频率点总是比较低，但是并联谐振频率也是存在的。图 5-6 表明阻抗随电容值、片状电容尺寸和陶瓷配料不同而变化的情况。

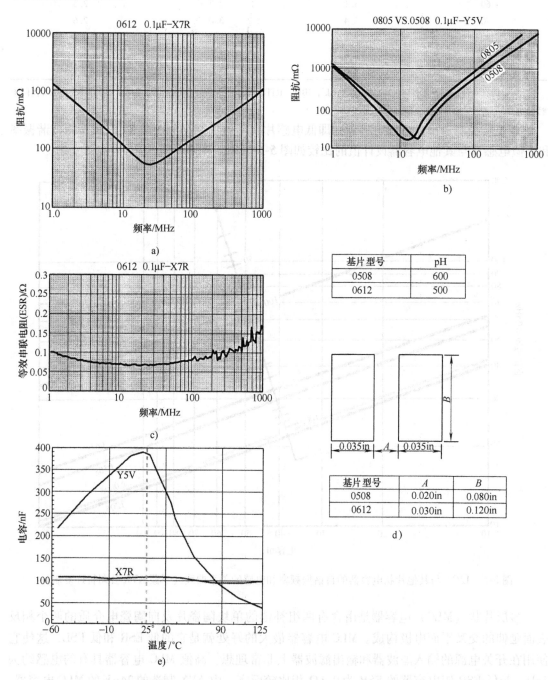

图 5-6　电容器阻抗随电容值、基片尺寸和陶瓷成分的变化情况（承蒙 AVX 公司特许复制）
a）阻抗随频率变化的曲线　b）阻抗随频率变化的曲线　c）等效串联电阻（ESR）随频率变化的曲线
d）推荐的焊接区　e）电容随温度变化的典型曲线

对于电容为 100pF 的 AVX AQ11 - 14 电容器，其串联电感为 0.4nH，在 100MHz 时的 ESR 为 0.034Ω，在 500MHz 时的 ESR 为 0.062Ω，图 5-7 表明单层电容器（SLC）的串联谐振频率，它的串联电感难以置信地低至 0.035nH。ATC 制造的低 ESR 的微波电容器的串联电感为 0.129nH，对于一个 20pF 的电容器，500MHz 时的 ESR 为 0.04Ω，1000MHz 时的 ESR 为 0.055Ω。

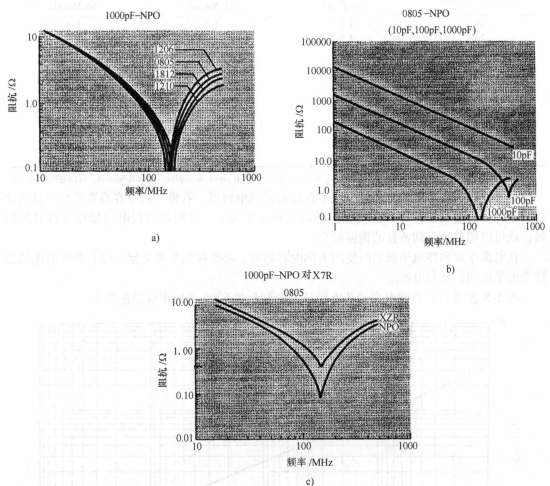

图 5-7 AVX SLC 单层电容器的串联谐振频率随电容值的变化情况（承蒙 AVX 公司特许复制）
a）在不同基片尺寸时，阻抗随频率变化的曲线　b）在频率变化时，阻抗随电容值变化的曲线
c）在陶瓷成分变化时，阻抗随频率变化的曲线

KEMET 的 CBR 系列电容器是另一种具有超高 Q 值、低 ESR 的电容器。对于一个 30pF 的电容器在 0201 封装中串联谐振频率（SRF）为 1.7GHz。对于 0603 型封装，30pF 的串联谐振频率为 1GHz，0805 型封装，30pF 为 1GHz 和 100pF 为 600MHz。对于 0603 型封装和 47pF 的电容器，在 150MHz 下的 Q 值为 600 和在 1.2GHz 下为 35，而在 150MHz 下，ESR 是 0.03Ω，在 1.2GHz 下为 0.08Ω。

AVX 生产 0.01uF/10V 的 85°C 宽带电容器，为 0201 型封装。其非谐振插入损耗在 0.4～40GHz 范围内小于 0.5dB。通孔的典型值为 2.5～10nH，其结果取决于布线长度，布线长度会增加电容器的寄生电感。

当电路板到接地平面的距离不同，而从电容焊盘到过孔焊盘的距离为 10mil 的情况下，型号 0805、0603 和 0402 封装的电容器的连接电感见表 5-5，从电容焊盘到过孔焊盘 50mil 距离情况见表 5-6。表 5-5 和表 5-6 中的数据来自参考文献［12］。

表 5-6　从电容器到过孔焊盘 50Mil 距离的典型电容器结构的连接电感

从板到平面的距离	0805 典型过孔管之间 148Mil/nH	0603 典型过孔管之间 128Mil/nH	0402 典型过孔管之间 106Mil/nH
10	1.7	1.6	1.4
20	2.5	2.3	2.0
30	3.0	2.8	2.5
40	3.5	3.2	2.8
50	3.9	3.5	3.1
60	4.2	3.9	3.5
70	4.5	4.2	3.7
80	4.9	4.5	4.0
90	5.2	4.7	4.3
100	5.5	5.0	4.6

资料来源：Archambeault, B., Diepenbrock, J., IBM, RTP, NC PCB power decoupling myths debunked，可以在网上找到。

实验发现，两个电容值和谐振频率近似的片状电容器，若将一只电容器置于另一只的顶端或是并排靠近安装，那么会发现上限谐振频率消失了。然而将两只电容器相互移开足够远，就可以明显地看到各自的谐振频率。

在电源平面和接地平面之间使用去耦电容器时，必须按照参考文献［12］中所描述的那样考虑平面间的分布电容。

图 5-8 表明 SLC 微波电容器其电容从 1pF 到超过 5000pF 的串联谐振频率。

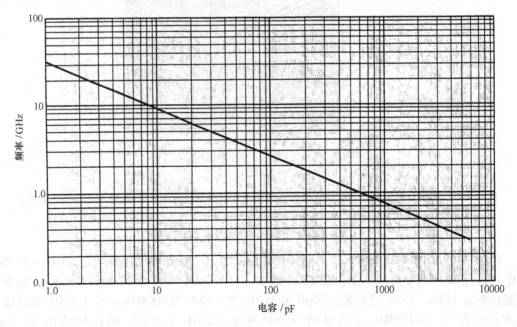

图 5-8　单层电容器的串联谐振频率（承蒙 AVX 公司特许复制）

图 5-9 所示为一个长度 l 较短和宽度 w 较大的长宽反向（LW Reverse）电容器。从图 5-10所示的频率特性中，可以看到在一定频率以上，长宽反向电容器的阻抗比的相同容

量的传统电容器的阻抗低，并且还
具有更好的特性。通过使用数量比
常规电容器更少的长宽反向电容
器，即可达到与其相同的性能。减
少电容器安装数量能够降低成本和
减少安装空间。

　　穿心电容器显示的特性最接近
于理想电容器的特性。图 5-11 ~
图 5-14 所示为管形和圆盘形穿心
电容器的构造和插入损耗。这些插
入损耗只有当同时使用一个 50Ω
的串联电阻时才是有效的。当噪声
电压源阻抗较低时，该衰减量会大

图 5-9　LW 反向电容的外观（由 AVX 提供）

大减小，并且在谐振时，它会受到电容器 ESR 的限制。在这种情况下，就需要有一个串联
电阻和/或串联电感以获得足够的衰减。当源阻抗与负载阻抗都较低时，这种电容器可能就
不是起有效衰减作用的合适元件了。当用一个电容器来衰减低频噪声或是低阻抗源发出的噪
声，其电容值可能需要一百至几百微法。

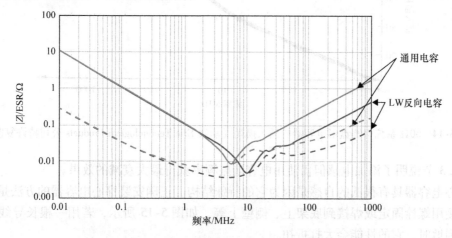

图 5-10　LW 反向电容和通用电容的 |Z| /等效串联电阻

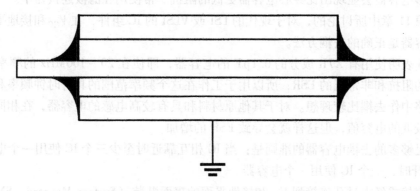

图 5-11　管形穿心瓷介电容器结构简图

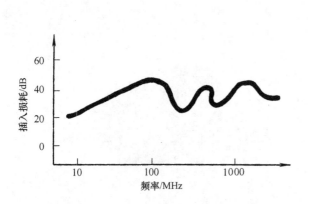

图 5-12 典型的穿心电容器的插入损耗
（承蒙 Erie Technological Products 公司特许复制）

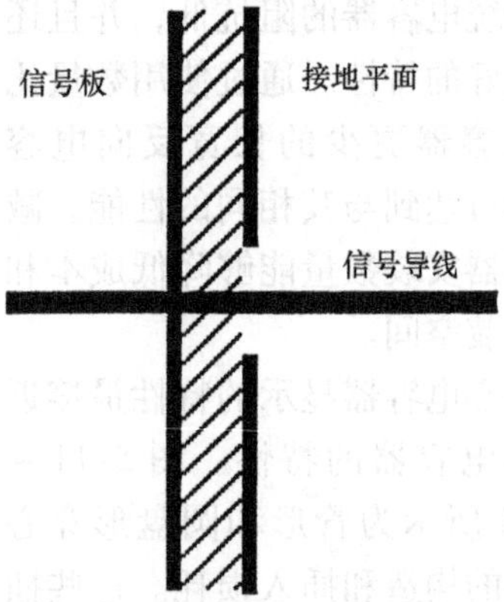

图 5-13 圆盘形电容器的典型结构

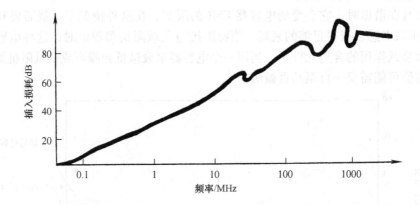

图 5-14 50Ω 系统中圆盘形电容器的插入损耗（承蒙 Erie Technological Products 公司特许复制）

5.2.3 节说明了添加电感但仍使用电容谐振频率获得最大衰减的效果。

穿心电容器具有很低的自感是因为它的特殊结构。正确安装穿心电容器的方法是把它的外壳直接用螺栓固定或焊接到底架上、侧壁上等。如图 5-15 所示，若用一根长导线将其外壳连接到地时，它的性能会大打折扣。

圆盘形电容器会显现出比穿心电容器更低的阻抗。常使用在滤波连接器中。

如在第 11 章中所讨论的，对于现代的 LSI 或 VLSI 的 IC 组件，在 V_{CC} 和接地平面之间使用片状电容器是正确的去耦方法。

图 5-6 表明使用有 X7R 成分的 0.1μF 的电容器，即使在 20～100MHz 的频率范围内也会具有低的阻抗和非常低的 ESR，所以用于工作在这个频率范围的具有时钟频率和数据频率的数字电路中作去耦比较理想。对于其他原材料和具有较高电感的电容器，在相同的频率范围宜使用较低的电容值，但这样就会导致 ESR 的增加。

使用足够多的去耦电容器的准则是：当 IC 相互靠近时至少三个 IC 使用一个电容器，当 IC 相互分开时，一个 IC 使用一个电容器。

对于直接或经由过孔连接到 V_{CC} 和接地平面的表面贴装（Surface Mounted，SM）电容器

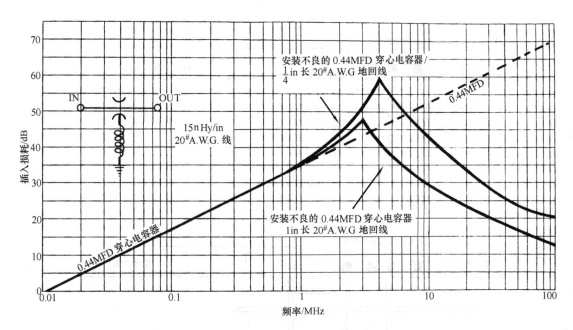

图 5-15 引线对穿心电容器性能的影响（承蒙 Erie Technological Products 公司特许复制）

来说，在该电容器和 IC 的 V_{CC} 引脚上加一段印制线，如果该线足够长，那么就可以减小来自 IC 的辐射和接地反射。这条附加的印制线不会降低电容器的谐振频率。虽然对这种实用方法有争议，但是在许多实际情况下确有裨益。在电容器和器件的 V_{CC} 引脚间增加一个电阻将会增加 IC 的 V_{CC} 上的反射，但却可以减小接地反射和来自 IC 的发射。图 5-16a 表明推荐的去耦电容器连接图，而图 5-16b 表明使用电阻器的情况。

正确选择去耦电容器值对减小电源和返回路径的噪声电压以及减小电源和返回路径连线的辐射方面至关重要。考虑一种情况，电源印制线和返回路径印制线的总电感是 100nH，合成的串联电阻是 10mΩ。在电源端和返回路径上连接两个 TTL 电路。下面表格所示的是去耦电容器对电源和返回路径连线上 5ns 电流脉冲 $i_{S/R}$ 和 5ns 负电压尖脉冲 $V_{S/R}$ 幅度产生的影响，负电压尖脉冲是由于同一时刻 TTL 门电路状态翻转产生的。在门电路翻转时，0.1μF 的去耦电容器提供 14mA 的保持电流，在电源接线中，电流的减小会使电路的辐射减小。

$C/\mu F$	ESL/nH	$i_{S/R}/mA$	$V_{S/R}/V$
—	—	16	0.15
0.0003	22	16	0.13
0.1	16	2	0.03

下面的举例说明去耦电容器或充电电容器位置靠近需要或提供瞬态电流的 IC 的重要性。一个 MOSFET 模拟开关将 3V 电源连接到有 5800pF 电容的装置上。当该模拟开关将这个 3V 电源提供给负载装置时，可以在该 3V 电源上观察到一个很大的瞬变电压。图 5-17a 所示即为该电路和其瞬变电压。瞬变的原因是储存电容位于模拟开关大约 10cm 远。将该电容器移至模拟开关的引脚处，如图 5-17b 所示，瞬态电压就减小，负载装置工作正常。

如图 5-18a 所示，穿心电容器用在设备间隔之间或是穿透滤波器的外壳作为电源接线。然而，如图 5-18b ~ d 所示，低阻抗穿心电容器也可以用于射频接地。接地平面可能是一块

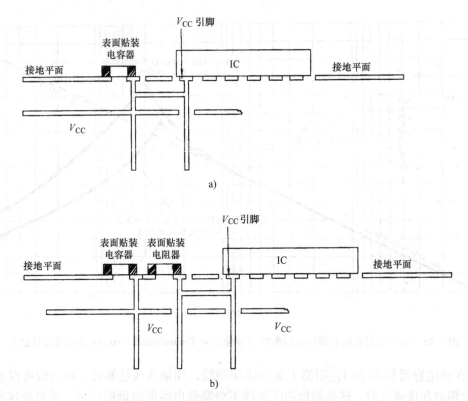

图5-16 在 V_{CC} 引脚和去耦电容器之间增加印制线和电阻的情况

a）在 V_{CC} 引脚和去耦电容器之间增加印制线的情况

b）在 V_{CC} 引脚和去耦电容器之间增加电阻的情况

敷铜的 PCB 或是屏蔽室的金属壁，并且仅仅在穿心电容器的一个接线端作电气连接。在无法使用穿心电容器时，如图 5-19a 所示，也可以使用轴向引线电容器或径向引线电容器。图 5-19b 和 c 表示电容器的错误连接方式。这是因为电源与信号地之间的导线阻抗减弱了电容器的功效。而在图 5-19a 中，噪声电流流过串联导线阻抗会提高电容器的功效。事实上，导线电感与此电容器形成了一个 T 型滤波器。图 5-3 和图 5-4 所示的是电容器的正确和不正确的 PCB 布线。Erie 公司已制造出一种三线电容器，它在其导线上配置磁珠以便大大提高导线电感。若不按图 5-4 所示为电容器布线，那么 MLC、SLC 和微波片状电容器将不可能有极低的自感。

电容值为 2pF ~ 2μF 的微型穿心电容器可以通过购买取得。用于 AC 和 DC 电源线的穿心电容器在额定电压为 DC 600V/AC 400V 和电流 100A 时，电容值可能高达 10μF，尺寸为 7cm × 82cm。穿心电容器的电流额定值是指穿过滤波器和其终端螺栓的载流能力。一个 100V、15μF、50A 的穿心电容器或穿心滤波器，可以方便地用作电源终端。若在现存的设计中不能用穿通方式，则可能要用一个 PCB 来连接端子和电源金属外壳之间的电容器。图 5-20 所示的图形展示了这种方法，它可能达到最低的阻抗。

电容器不会耗散噪声能量，而只会将其旁路到另一通路，通常是接地。当接地阻抗高时，会在接地上出现附加的噪声电压。若屏蔽外壳的连接不完善，那么该外壳会增加辐射。

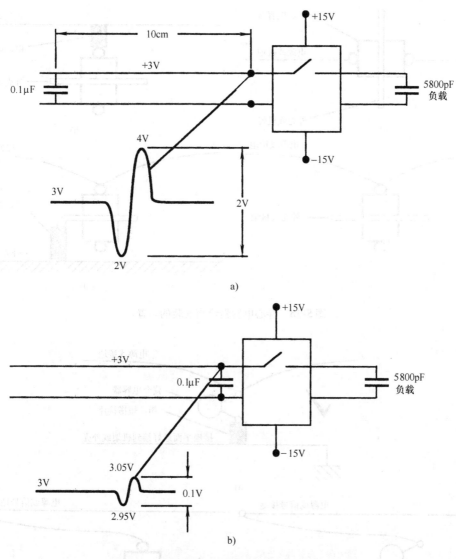

图 5-17 储存电容器远离和接近模拟开关的情况

a)远离模拟开关 b)接近模拟开关

因此, 为了减小共模电压, 在电源或信号地与机壳之间引入电容器时可能会对 EMC 有副作用。

5.1.10.2 电感器

在这里, 我们可能认为电感器只是一个孤立的元件, 但在现实中, 存在电感是需要一个供电流流动的环路的, 而电感器只不过是环路的一个部分。当在电感计上测量电感时, 两个测试探针短路在一起, 于是电感计的内部电感被抵消了。

理想电感器的阻抗随着频率的增加而线性地增加。图 5-21 所示为一个实际电感器的交流等效电路, 它含有串联的电阻和并联的电容。在某个频率上, 电感器会成为一个并联谐振电路, 而具有很高的阻抗。在谐振点以上的频率, 由于并联电容的影响, 其阻抗递减。

绕制在铁粉模压结构件上的一组重负载干扰脉冲扼流圈的电感 (*L*)、电阻 (*R*)、DC

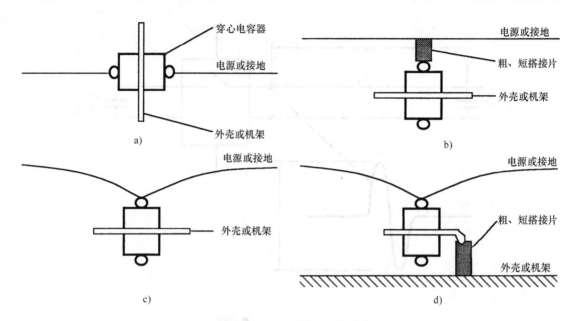

图 5-18 穿心电容器恰当安装的布置

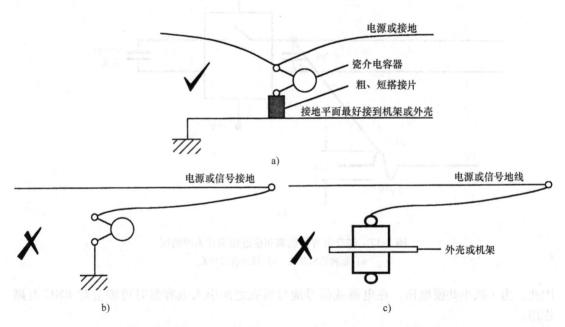

图 5-19 轴向引线、径向引线和穿心电容器的正确和不正确的连接

a) 电容器的标准正确连接 b) 电容器的不正确连接 c) 穿心电容器的不正确连接

载流容量（I_{DC}）和谐振频率（f_0）等参数数据如下表所示。

$L/\mu H$	R/Ω	f_0/MHz	I_{DC}/A	$L/\mu H$	R/Ω	f_0/MHz	I_{DC}/A
3.35	0.010	45	20	125	0.080	2.6	3.5
8.8	0.021	28	10	500	0.260	1.17	2.0
68	0.054	5.7	5.0				

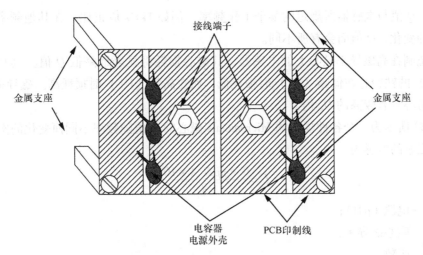

图 5-20 连接接线端子和外壳的电容的低阻抗连接

如同在 5.2 节对电源线滤波器的叙述，使用铁粉磁心常常优先于铁氧体磁心，因为虽然它的初始磁导率比铁氧体材料的低，但在强 DC 磁化力和强 AC 磁通密度情况下，它仍然会保持较高的磁导率。

通常情况下，绕组都采用电磁线，其上涂覆或覆盖了电气绝缘材料。当焊接有聚氨酯（polyurethane）或在较高的温度使用的聚酯酰亚胺（polyester – imide）绝缘时，必须去除这种绝缘材料。当扼流圈内温度较高时，可使用温度上限为 220℃的芳香族聚酰亚胺（aromatic

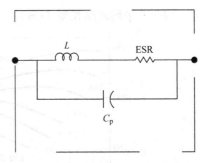

图 5-21 电感器的 AC 等效电路

polyimide）带。最常见上限温度为 220℃的聚酰亚胺（polyimide）薄膜，或温度上限为 175℃的聚乙烯醇缩醛（polyvinyl acetal）薄膜。聚酯/酰胺酰亚胺（Polyester/amide – imide）的适宜温度为 200～220℃，它具有良好的韧性和耐化学性。

当在大电流应用场合使用超大直径/低线规的电磁线时，导线变得很难弯曲。然后在导线外，常常使用一个覆盖着玻璃/玻璃聚酯带或热收缩套管的柔性粘合编织物套管。根据不同的型号，热收缩等级为 135℃或 150℃。

利兹线是由许多细长的绝缘导线制成的，它们在两端连接起来，以减少趋肤效应和导线的交流电阻。它通常应用的频率可高达 1MHz。

在信号滤波器电路中，电感器的 Q 值通常是更为重要的。但是，如果电力线滤波器在设计里利用了串联或并联谐振电路，则可能需要对 Q 值提出要求。

对于空芯电感器，Q 值可能很高。它是由式（5-9）的比率决定的：

$$2\pi f L/R \tag{5-9}$$

对于有磁导率的磁心，Q 值是

$$2\pi f L/R_{\mathrm{DC}} + R_{\mathrm{ac}} + R_{\mathrm{d}} \tag{5-10}$$

式中　R_{DC}——绕组的直流电阻；

　　　R_{ac}——与磁心损耗相关的电阻；

　　　R_{d}——与绕组介质损耗相关的电阻。

因此，Q 值与电感器所规定的某个工作频率，例如 1kHz 成正比。在其他频率下，由于磁心损耗的变化，Q 值而会有所不同。

对于绕制在高磁导率磁心上的电感器，其磁心损耗将显著地降低 Q 值。具有高磁导率（高达 100）的铁粉心在低频（LF）时损耗低，而在高频（HF）时损耗高。磁导率为 $4 \sim 35$ 的羰基铁粉心具有较高的 Q_s 值。

图 5-22 所示为一个各种规格的 Micrometals 磁心的 Q 值随频率不同而变化的例子。

绕线磁芯的电感为

$$L = \frac{0.4\pi\mu N^2 A \times 10^2}{l}$$

式中　L——电感（μH）；

　　　μ——磁心磁导率；

　　　N——匝数；

　　　A——有效横截面积（与截面积相同）（cm^2）；

　　　l——平均磁路长度（cm）。

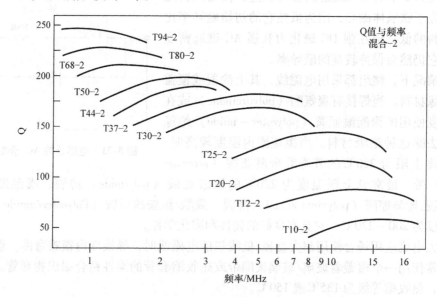

图 5-22　各种规格的 Micrometals 磁心的 Q 值随频率而变化的情况

（由 Micrometals 公司提供）

N 匝的电感量 L_N

$$L_N = A_L \times N^2 \times 10^{-3}$$

式中　A_L——标称电感量（nH/N^2）；

　　　L_N——电感量（μH）。

平均磁路长度 L（cm）为

$$L = \pi(OD - ID)/\ln(OD/ID)$$

式中　OD——磁心的外径（cm）；

　　　ID——磁心的内径（cm）。

平均磁路长度如图 5-23 所示。

虽然，电感器绕成如图 5-24 所示的共模扼流圈形式，但由于磁心材料的磁导率（高），扼流圈匝数（多），由此而使得扼流圈的电感可以很大，即使有很大的 DC 电流通过，磁心材料亦无饱和之忧。由于电源线和返回线是以双线方式一同穿过该电感器，因此，电源线和返回线产生的 DC 磁通在磁心材料中趋于相互抵消。共模扼流圈的缺点是当双线并绕穿过磁心时，它不能显著地衰减差模噪声电流。当电感器用于 AC 和 DC 电源线时，若导线是漆包线，漆层的绝缘可能不能满足要求。在制造过程中，漆层若被磨损了，就会出

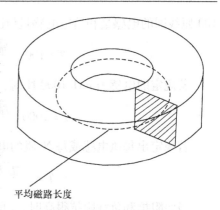

平均磁路长度

图 5-23 平均磁路长度

现这种情况。为了提高绝缘性能，应在这些电磁线外套一层聚四氟乙烯管或使用聚四氟乙烯绝缘的导线。若将共模绕组分散绕在磁心的圆周上，则可以增加绝缘性能和差模（泄漏）电感。需要意识到，将很高电感量的共模（Common Mode）线圈绕在高磁导率的磁心上，并使用于大 DC 电流的电源上，则线圈的泄漏电感足以使磁心的磁导率减小。这是因为 DC 磁通不能完全抵消，除非是用双线并绕的方法并且使电源线和返回线靠得相当近。当绕组分开绕在环形磁心上，可能会产生一些泄漏电感。这样会增加一些差模电感量，但会使磁心电感对 DC 电流更敏感，还会劣化高频信号。

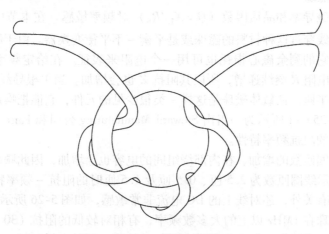

图 5-24 共模扼流圈

因此，使线圈用分段来绕制，每段绕组有不同的电感和电容，从而可以增加电感器的有用频率范围。另一个办法就是用一组串联的独立电感器，每个电感器都有各自不同的电感量和谐振频率。当已知某个或某些有问题的频率时，可以选择电感器（组）或通过附加电容来改变谐振频率，以便匹配有问题的频率，从而得到最大的阻抗。

可以采用类似于电阻器的建模形式来构建 RF 电感线圈的模型。可用酚醛（空心）、铁心或铁氧体作为其内心。其电感量可从 $0.022\mu H$（谐振频率为 50MHz，DC 电阻为 0.01Ω，载流量为 3.8A）～10mH（0.25MHz，72Ω 和 48mA）。

磁心材料的磁导率常引用的是每 100 匝或每匝的电感量。可以用下列公式来求得已知每

100 匝线圈的电感量和给定电感量情况下，所需的匝数为

$$T = 100 \sqrt{\frac{需要（给定）的电感量（\mu H）}{每 100 匝的电感量（\mu H）}}$$

若规定的电感为 mH/1000 匝时，则所需的匝数为

$$T = 1000 \sqrt{\frac{需要（给定）的电感量（mH）}{每 1000 匝的电感量（mH）}}$$

若规定出每匝电感或每 N^2 匝的电感时，则所需的匝数为

$$T = \sqrt{\frac{需要（给定）的电感量（\mu H）}{每匝的电感量（\mu H）}}$$

当源阻抗和负载阻抗很高时，电感器的衰减量可能不足。这时利用高值电阻或串联电阻器与并联电容器的组合或串联电感器与并联电容器的组合可能效果会更好。这类滤波器将在 5.2 节中叙述。

电感器可用于减少噪声电流也可用于减少地电流或电源电流。然而，一个低损耗高 Q 值电感器不会消耗掉噪声能量而是将其转化为电感器两端的噪声电压。因此，加入电感器可能会增加噪声源的噪声电压。当噪声源是数字逻辑电路或是一个负载开关，并且电感器在电源线中，有可能增加在逻辑电路或负载两端的噪声电压，进而可能导致 EMI。当电感器与负载或 PCB 去耦电容形成滤波器时，这个 LC 的组合可能产生插入增益，详见 5.2 节有关滤波器的描述。

5.1.10.3　铁氧体磁珠

铁氧体材料的磁导率和品质因数（$Q = X_L/R_S$）对频率敏感。在本节中，假定只有一根或是有限匝数的导线穿过这种材料的磁珠或是平衡 – 不平衡变换器。由于频率增加，磁珠的电抗亦增加，所以它的剩余磁心损耗也可用一个电阻来表征。在给定频率以上，感抗（磁导率）X 递减，但电阻 R 继续递增，所以其阻抗 Z 也会增加。当单根导线穿过磁珠中心时，我们称单根导线为半匝。铁氧体磁珠是这样一类很少见的元件，它能把噪声能量在元件内部转化为热能。图 5-25a ~ f 所示为一组由 Steward Manufaturing 公司和 Faire Rite Products 公司生产的铁氧体材料的阻抗频率特性。

由于磁心内线圈匝数的增加，在内部绕组间的电容也会增加，因此频率较高时，阻抗会减小。图 5-25c 表示线圈匝数为 2.5 匝、0.5 匝及 1.5 匝时的阻抗 – 频率特性。铁氧体的磁导率，除了与频率有关外，还对线上的 DC 电流非常敏感，如图 5-26 所示。

由于铁氧体磁珠在 1MHz 以上的大多数频率，有相对较低的阻抗（30 ~ 800Ω），所以它在低阻抗电路中或与旁路电容结合使用时有很好的效果。同时在低频时，它的较小损耗和 Q 值可能产生如 5.2 节所描述的谐振效应。

穿过磁珠的单根导线的电感为

$$L = \frac{\mu_r \mu_0 0.01s}{2\pi} \ln\left(\frac{r_2}{r_1}\right)$$

式中　s——磁珠长度（cm）；

　　　r_1——内径（cm）；

　　　r_2——外径（cm）；

　　　μ_0——真空磁导率，$\mu_0 = 4\pi \times 10^{-7} H/m$；

　　　μ_r——相对磁导率。

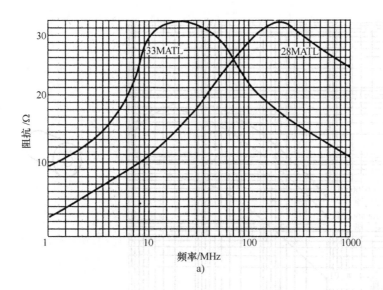

a)

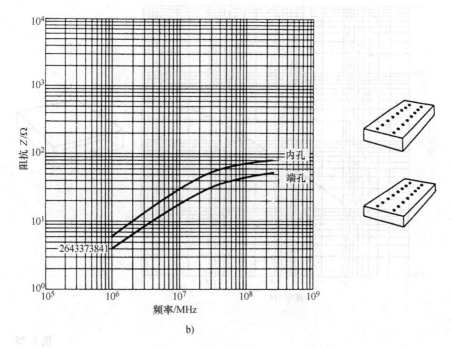

b)

图　5-25

a）不同铁氧体材料的阻抗频率特性和构形　　b）磁珠实际尺寸相似、材料类型不同时对阻抗特性的影响

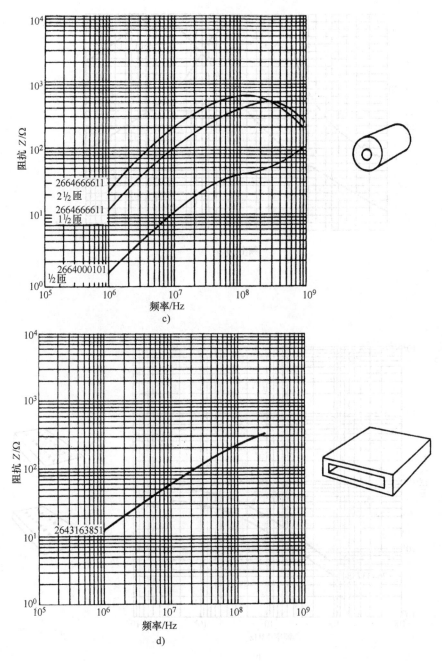

c)

d)

图 5-25

c)、d) 低频 75 材料

（承蒙 Steward

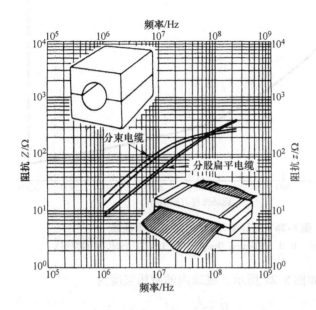

e)

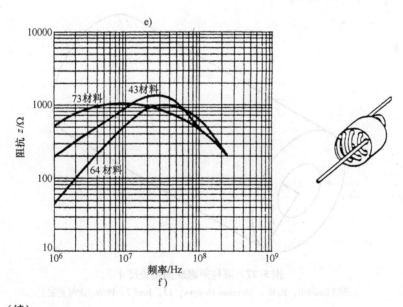

f)

（续）

e)、f) 低频75 材料

公司许可复制）

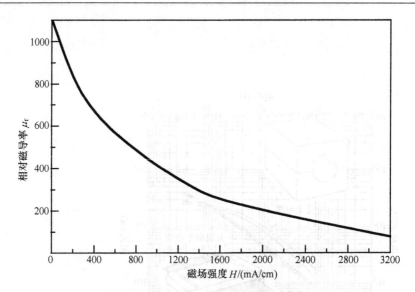

图 5-26 磁导率与直流电流的关系曲线

（承蒙 Cowdell，R. B.，Electron. Design，12，June 7，1969. 许可复制）

在此公式中的物理参数如图 5-27 所示。磁珠内的磁场强度为

$$H = \frac{I}{P}$$

式中　I—— 磁化电流（mA 或 A）；

　　　P—— $r_2 - r_1$（cm 或 m）。

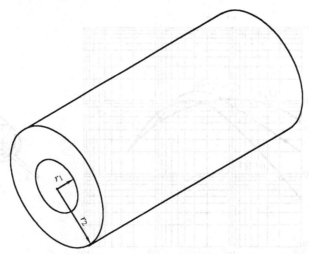

图 5-27 圆柱形磁珠的相关尺寸

（承蒙 Cowdell，R. B.，Electron. Designs，12，June 7，1969. 许可复制）

如果想得到以奥斯特（Oe）⊖为单位的磁场强度，可以将以 A/m 表示的磁场强度除以 79.6。

⊖　$1Oe = 1000/4\pi A/m \approx 79.6 A/m$。——译者注

如同从图 5-28 中所看到的，一根导线上的铁氧体磁珠数也会影响高频性能。虽然有多个磁珠的导线低频阻抗高于只有单个磁珠的导线低频阻抗，但是在较高频率时的阻抗却大大减小了。

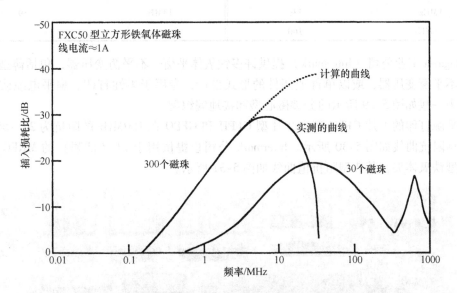

图 5-28　导线上 30 和 300 个铁氧体磁珠的插入损耗效应
（承蒙 Cowdell, R. B., Electron. Designs, 12, June 7, 1969. 许可复制）

一种由 Capcon 国际公司制造的称为"耗损套管"的材料，在微波频段非常有用。这种材料是柔性的，从 –55 ~ +250℃ 的温度范围都可应用。内径可从 0.04 ~ 1.25in，有屏蔽型和非屏蔽型。规格为 1in 长的该种非屏蔽型材料在 1GHz 时的衰减为 45dB，在 9GHz 时为 100dB；对于长度为 1ft 的该种材料，在 1GHz 时的衰减为 100dB，即使在高达 100GHz 时，也为 100dB。虽然这种材料在千兆赫的频段理应有很多的应用，但还未证明在实际使用中的效果如何。一个实例是，将 1/4in 长的该种材料放置在用于差分信号传输的一对导线上，这时它可以起到平衡不平衡变换器的作用，可在 2.5 ~ 10GHz 的频段抑制共模电流。它的效能不如 1/4in 的双线并绕的平衡不平衡变换器和扭绞磁导线平衡不平衡变换器，因为磁导线仅以一匝穿过一个材料的最高额定有效频率仅为 3GHz 的两孔磁心。

Fair Rite 公司已经推出了一种新型的 75 LF（低频）材料。一个圆形电缆磁芯的例子是 2675540002，其外径为 14mm 和内径为 6.35mm 内径，长度为 28.6mm。磁芯 26750230002 的性能参数如图 5-25a 和表 5-7 所示。

一种新产品是薄实心或柔性的铁氧体片。理论上讲，在较低的频率，它起到屏蔽作用，并在更高的频率起到吸收效果。最常见的应用是将它们粘贴在 IC 逻辑电路或 PCB 上的高电平辐射区域。虽然有效时它们确实减少了辐射，但在许多情况下，衰减是很低的或甚至可以忽略不计。Fari Rite 公司提供一种柔性纸，纸的材料分六个等级和四个厚度标准。柔性纸一面为 0.01mm 厚的 PET（聚酯类）薄膜，另一面为 0.02mm 厚的胶带。这些纸的磁导率为 20 ~ 220μm。20μm 材料的磁导率保持在 300MHz，然后在 1GHz 时降至 1。220μm 材料的磁导率在 30MHz 为 100、100MHz 为 30、10MHz 为 10、200MHz 和 1GHz 为 1。

表 5-7　**Fair – Rite 2675540002 磁芯的阻抗**

频率	阻抗/Ω	频率	阻抗/Ω
100kHz	18	1.5MHz	95
1MHz	139	13MHz	59
1.1MHz	160		

Kitagawa 工业公司（Intermark）提供许多铁氧体平衡—不平衡变压器，包括薄型长方形平衡—不平衡变压器，或以单件或两件的形式设计，专用于柔性打印、扁平电缆或带状电缆，其中一些如图 5-29 所示的分裂磁心型和接地编织型。

小平版打印的 1 片 GFPC 型和 2 片型 GFPH 和 GFPO 在 100MHz 的阻抗为 20 ~ 50Ω，具有的典型阻抗曲线如图 5-30 所示。Intermark 公司也提供用于 LF（低频）的 MRFC 范围内的分割型铁氧体夹，其典型阻抗值曲线如图 5-31 所示。

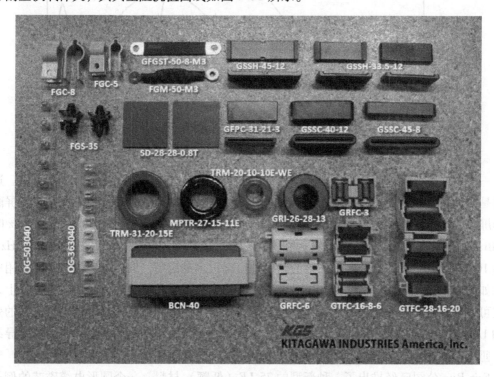

图 5-29　Kitagawa 工业（Intermark）铁氧体产品

Kitagawa Industries（北川工业）（Intermark）公司也提供一种 SD 烧结的固体铁氧体瓦。

在用通用模拟电路仿真器（Simulation Program with Integrated Circuit Emphasis，SPICE）中对电路进行建模时，通常需要铁氧体珠的 SPICE 模型。

一些制造商提供了他们产品的 SPICE 模型。

然而，他们用一个简单的模型来模拟往往是高度的不准确，特别是在高频情况下。

铁氧体磁珠或表面贴装（SM）磁珠的一个简单等效电路如图 5-32 所示。

另一个简单的模型如图 5-33 所示。

参考文献 [13] 描述了一种用频率相关元件对铁氧体磁珠进行 SPICE 模拟的方法，该元

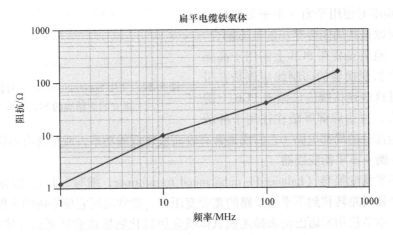

图5-30　GFPC 扁平电缆铁氧体的典型阻抗特性

（由 Kitagawa 工业，San Jose，CA（Intermark）提供）

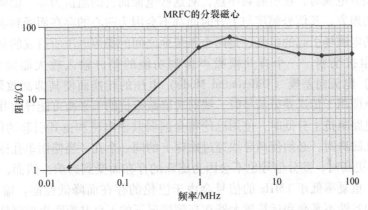

图5-31　低阻抗 MRFC 分裂磁芯的典型阻抗特性

（由 Kitagawa 工业，San Jose，CA（Intermark）提供）

件是一个具有跨导的电压控制电流源，但这又会再次导致高频时的显著误差。参考文献 [14] 中采用的第二种处理方法是将测量数据包含在与频率相关器件。

Spectrum Software（www.spectrum-soft.com/news/winter2011/ferritebead.shtm）公司提供了一个集成的原理图编辑器和混合模拟/数字模拟器，软件名为 Micro-Cap。它在其软件中使用了更复杂的铁氧体模型，如图5-34 所示。该程序用于创建铁氧体磁珠模型的基本模板，然后再利用 Micro-Cap 软件来模拟阻抗随频率变化的关系。最后使用"模型"程序对铁氧体磁珠的阻抗进行优化。

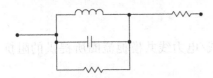

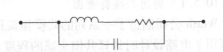

图5-32　铁氧体磁珠的简单 SPICE 模型　　　　**图5-33**　另一种铁氧体磁珠的简单 SPICE 模型

在 GHz 频率时使用平衡－不平衡变换器带来的一个问题是其周围会存在的电磁耦合。理想情况下，通道安装在 PCB 上的用于高频的平衡－不平衡变换器的印制线应该是在带状线里，并且这些连接线应该循着 PCB 上的局部屏蔽走线，这些局部屏蔽往往用于屏蔽

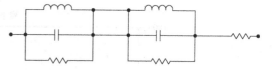

图 5-34 使用 Spectrum Software 对铁氧体磁珠建立的更精确的 SPICE 模型

具有不同功能部分的局部电路（它们或是含有较高或较低的功率，或是含有不同的频率）。

5.1.10.4 平衡－不平衡变换器

平衡－不平衡变换器（balanced－unbalanced transformer，缩写 balun，俗称巴伦）是一种将能量从平衡线路转移到不平衡线路的宽带变压器。通常应用它使平衡的天线和不平衡的电缆相匹配。本节使用术语巴伦来描述铁氧体或金属氧化物磁珠或环形磁性体的特殊用途，在这个应用中，它通常被称为扼流圈（chock），尽管在许多人的心目中，扼流圈只是一个多圈电感器。这里要讨论的一个简单的例子是一个巴伦的磁心，有两根导线穿过它的中心。当两根导线载有差分电流时，在所有频率点，对这些电流而言的阻抗是零。因而，在由信号引起的差分电流的地方，其信号幅度与上升时间都不会因为磁心的存在而受到影响。但是，无论是由于入射的电磁场引起的电流还是两个系统地之间的噪声电压所造成的共模电流都可以被巴伦的串联阻抗削弱。一个有共模噪声抑制功能的差分输入放大器常常会由于共模（Common Mode）电流向差模（Differential Mode）电压的转换而使其抑制效果降低。例如，当屏蔽双绞线电缆用于传送差分信号时，线对对屏蔽阻抗的不平衡可能导致共模噪声转变为差模噪声。当电路阻抗十分低时，使用巴伦将会削弱共模电流和由其引起的任何差模噪声。当使用一个多孔磁珠时，必须使两导线穿过磁珠上的同一个孔。当使用单孔磁珠时，即使频率高达 1GHz 或更高时，差分信号也不会因为磁珠的存在而受到影响。然而，当两根线分别穿过不同孔时，重复率低于 1MHz 的信号会由于巴伦的存在而降低性能。输入线上和 PCB 印制线上对地的容性不平衡和运算放大器在高频情况下的不良共模噪声抑制性能会使放大器的高频共模噪声抑制性能降低。这时在输入线一侧加装巴伦来减少共模电流，可以解决这个问题。当差分电路的输入阻抗太高时，可将两只电容值尽可能接近的电容器，置于巴伦之后的每个输入端和地之间可能是解决问题的方法。

图 5-35 表示巴伦的用法。在这种场合，输入端是不平衡的，并且流入地的共模电流只会引起较低的电压，然而流入高输入阻抗放大器的电流会产生一个高得多的电压（即差模电压被放大）。图 5-35a 的配置表示，减小源的共模电流幅度也是一个可行的选择方案。此外，线圈匝数增加 1~5 匝也能改善巴伦的性能。图 5-35b 中，接在屏蔽电缆中的巴伦的效果会比图 5-35a 的配置中的要高。这是因为在谐振频率以下，屏蔽层到设备外壳连接线的阻抗较低。

5.1.10.5 共模扼流圈

5.1.10.5.1 商用共模扼流圈

Wurth 公司制造了一系列的共模扼流圈。这些信号线/电力线共模扼流圈所提供的阻抗值可用于电路设计时计算共模衰减的程度。

表 5-8 显示了这些扼流圈的直流电流额定值、电感值、漏感量、电阻值和典型的阻抗值。Wurth 公司还出版了一份名为"电感器三部曲"的设计指南，内容包括基本原理、元

件、滤波器电路和应用。

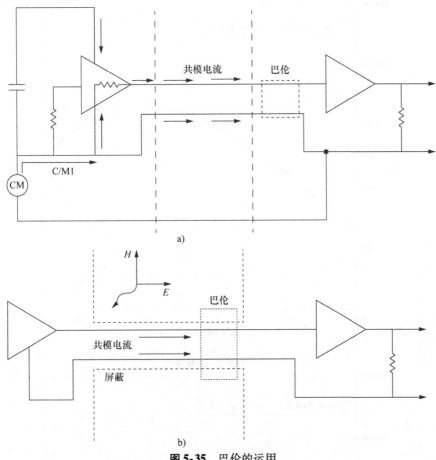

图 5-35 巴伦的运用

表 5-8 已公布的电感数据

Wurth 器件号	额定电流/A	直流电阻/Ω	电感/μH	漏电感/nH	典型阻抗/Ω
WE – SL2. 744 224	1. 2	0. 13	2 ×250	60	1800
WE – SL2. 744 226	1. 6	0. 08	2 ×10	850	920
WE – SL2. 744 227	1	0. 16	2 ×51	85	5500
WE – SL2. 744 222	0. 8	0. 32	2 ×1000	90	6000
WE – SL2. 744 220	0. 5	0. 75	2 ×4700	180	20000

来源：承蒙 Wurth Industries，Pune，India 许可复制。

这些扼流圈的阻抗随频率的变化如图 5-36a~e 所示。

这些扼流圈的大小尺寸如图 5-37 所示。

当用 50Ω 负载测量时，阻抗高达 3000Ω 的扼流圈将在没有直流电流流过的情况下可呈现出高达 35dB 的衰减。通常，这些扼流圈被用来减少电线/电缆上的共模电流。分别测量了在短路、0. 23m、0. 49m 和 0. 62m 长的电线上，由开关电源在小型 PCB 上产生的共模射频电流。在三种不同长度的电源线输出的直流电流均为 0. 5A。测量是在对比方式下进行的，即共模 RF 电流是在没有 WE – SL2 744 226 扼流圈与有该扼流圈的情况下测量的，不同的测量值可参见表 5-9~表 5-11 所示。

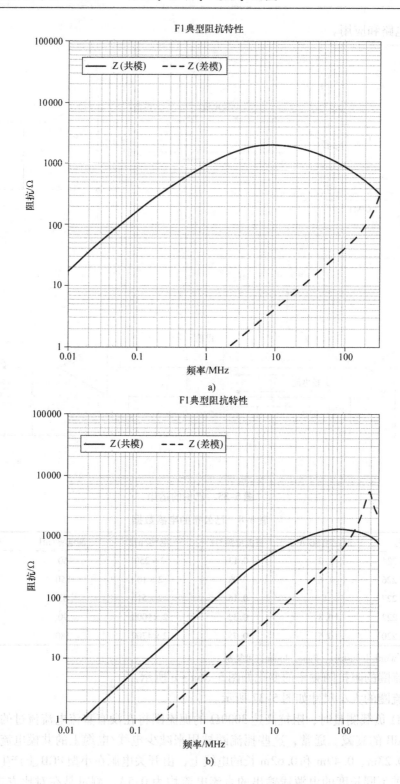

图 **5-36**

a) WE – SL2. 744 224 Wurth 共模（CM）扼流圈阻抗　b) WE – SL2. 744 226 Wurth 共模（CM）扼流圈阻抗

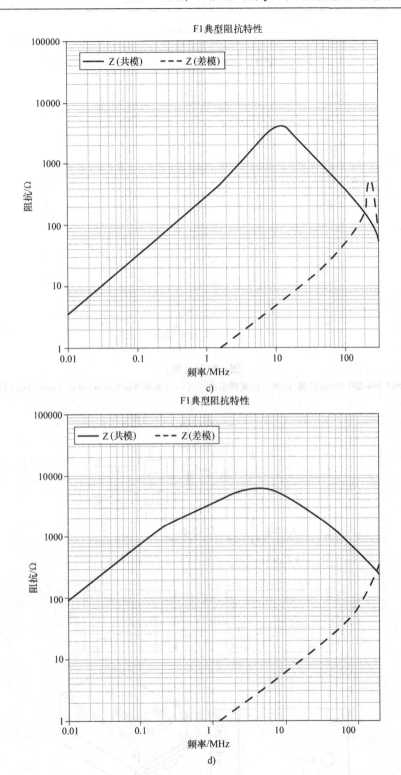

c) WE – SL2. 744 227 Wurth 共模（CM）扼流圈阻抗　　d) WE – SL2. 744 222 Wurth 共模（CM）扼流圈阻抗

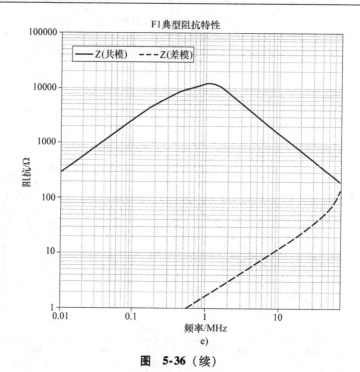

e)

图 5-36（续）

e）WE - SL2. 744 220 Wurth 共模（CM）扼流圈阻抗 　　（a~d 承蒙 Wurth Industries，Pune，India 许可复制）

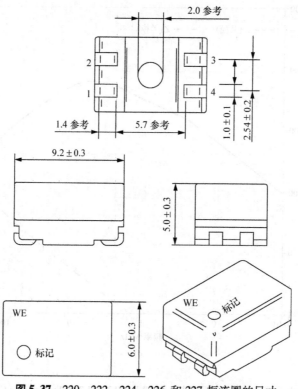

图 5-37 220、222、224、226 和 227 扼流圈的尺寸

（承蒙 Wurth Industries，Pune，India. 许可复制）

如果 PCB 包含在导电外壳里，则在外壳内部流动的 RF 电流较低，此时如在扼流圈到外壳的电缆侧的一条线路上添加一个电容器和在扼流圈到外壳上的另一条线路上添加第二电容器，就可以提高衰减的水平，方法如图 5-38 所示。但是，如果高的 RF 电流是在外壳中流动，那么这些电流可以被注入到输出电缆上，并且如果这样，则扼流圈的抑制效果就会受到打折。

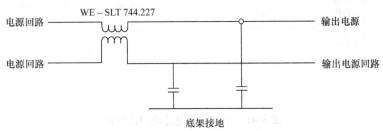

图 5-38 在扼流圈回路中增加共模电容器

如图 5-39 所示，电感器也可以用作差分电感器。但无论是共模或是差模（电流），电感器的阻抗都会随着通过电感器的直流电流的变化而改变。

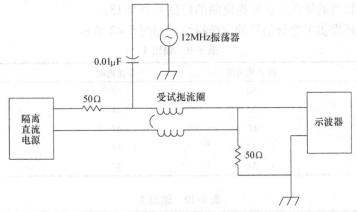

图 5-39 差模直流和共模交流测试布置

如图 5-40 所示的测试设置，这两个并联电感器在 12MHz 频率下进行了差模测试。共模电感器的阻抗从 0A 时的 393Ω 下降到 0.8A 时的 50Ω。当电感器串联连接如图 5-41 所示时，电感器的阻抗从 0A 直流时的 2867Ω 下降到 0.6A 时的 55Ω。

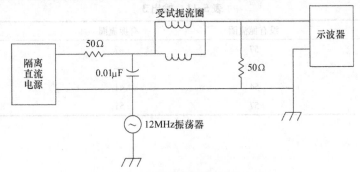

图 5-40 并联共模电感的测试布置

当连接成为一个共模扼流圈时，直到电流达到 0.26A，其阻抗都可保持不变。但在 0.55A 时降低到 83Ω，即使额定为 1A 也是如此。

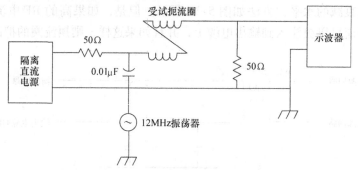

图 5-41 串联共模电感的测试布置

这些测试结果见表 5-12[⊖]。

阻抗随直流电流的变化见表 5-12。

共模扼流圈的另一家制造商是 Murata（村田）公司。DL W21SN_HQ2 扼流圈系列具有与 Wurth 扼流圈相似的特性。这些扼流圈的特性见表 5-13。

Murata 公司还提供了差分信号的衰减特性，如图 5-42 所示。

表 5-9 输出 1

频率/MHz	没有扼流圈	有扼流圈	差值/dB
31.6	50	48	—
134.6 ~ 166	70	47	23
177	60	47	13
202	57	47	10
277 ~ 281	51	47	4

表 5-10 输出 2

频率/MHz	没有扼流圈	有扼流圈	差值/dB
26.9 ~ 31.6	47	47	—
134.6	57	45	12
269	57	环境电平	>30

表 5-11 输出 3

频率/MHz	没有扼流圈	有扼流圈	差值/dB
28 ~ 31.64	57	47	10
88.8	67	—	>30
134.6	54	41	13
202 ~ 270	57	51	6

⊖ 疑原文有误，似应为表 5-9 ~ 表 5-11。——编辑注

表 5-12 共模和差模直流电流对 WE – SLT 744. 227 扼流圈的影响

直流电流下的测试配置	直流电流/A	阻抗/Ω
共模并联	0	393
共模并联	0. 1	389
共模并联	0. 2	389
共模并联	0. 3	302
共模并联	0. 4	238
共模并联	0. 5	150
共模并联	0. 6	117
共模并联	0. 7	73
共模并联	0. 8	50
共模串联	0	2867
共模串联	0. 1	2523
共模串联	0. 2	1164
共模串联	0. 3	543
共模串联	0. 4	302
共模串联	0. 5	83
共模串联	0. 6	55
差模	0	320
差模	0. 26	320
差模	0. 4	283
差模	0. 55	83

表 5-13 Murata 扼流圈的特性

器件编码	共模阻抗 (100MHz/20℃)/Ω	额定电流 /mA	额定电压 (DC)/V	绝缘电阻 (最小)/MΩ	耐压（DC) /V	直流阻抗 (最大值)/Ω	工作温度 范围/℃
DLW21SN501SK2#	500（1 ± 25%）	250	50	10	125	0. 5	- 40 ~ + 85
DLW21SN670SQ2#	67（1 ± 25%）	400	50	10	125	0. 25	- 40 ~ + 85
DLW21SN900SQ2#	90（1 ± 25%）	330	50	10	125	0. 35	- 40 ~ + 85
DLW21SN121SQ2#	120（1 ± 25%）	370	50	10	125	0. 30	- 40 ~ + 85
DLW21SN181SQ2#	180（1 ± 25%）	330	50	10	125	0. 35	- 40 ~ + 85
DLW21SN261SQ2#	260（1 ± 25%）	300	50	10	125	0. 40	- 40 ~ + 85
DLW21SN371SQ2#	370（1 ± 25%）	280	50	10	125	0. 45	- 40 ~ + 85
DLW21SN670HQ2#	67（1 ± 25%）	320	20	10	50	0. 31	- 40 ~ + 85
DLW21SN900HQ2#	90（1 ± 25%）	280	20	10	50	0. 41	- 40 ~ + 85
DLW21SN121HQ2#	120（1 ± 25%）	280	20	10	50	0. 41	- 40 ~ + 85
DLW21SR670HQ2#	67（1 ± 25%）	400	20	10	50	0. 25	- 40 ~ + 85

来源：由 Murata 提供。

另一家共模扼流圈的制造商是 Coilcraft。它们的额定电流高达 3. 16A 和电感量可达 900μH，但尺寸较大。关于电流额定值、电感值、尺寸、典型的差模和共模衰减和阻抗值的信息见表 5-14 和图 5-43、图 5-44 所示。

EPCOS 公司和松下公司制造的共模扼流圈的封装如图 5-45 中#9 所示。

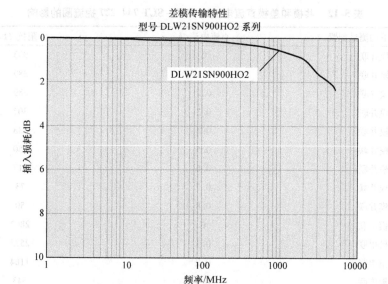

差模传输特性
型号 DLW21SN900HO2 系列

DLW21SN900HO2

图 5-42 差模特性（承蒙 Murata 提供）

表 5-14 Coilcraft 的共模电感数据

器件号码	最小电感/μH	最大直流电阻/Ω	绝缘电压(方均根值)/V	有效电流[○](方均根值)/A
LPD3015 – 391MR_	0.31	0.071	100	1.45
LPD3015 – 103MR_	8.0	1.04	100	0.38
LPD3015 – 104MR_	80.0	8.54	100	0.13
LPD3015 – 334MR_	264	27.7	100	0.07
LPD4012 – 331NR_	0.23	0.042	100	1.87
LPD4012 – 103MR	8.0	0.638	100	0.48
LPD4012 – 104MR_	80.0	4.76	100	0.18
LPD5010 – 681ME_	0.54	0.070	100	1.95
aLPD5010 – 103ME_	8.0	0.78	100	0.50
LPD5010 – 104ME_	80.0	8.0	100	0.15
LPD5030 – 102NE_	0.70	0.042	100	2.60
LPD5030 – 103ME_	8.0	0.21	100	1.05
LPD5030 – 104ME_	80.0	1.79	100	0.35
LPD5030 – 105ME_	800	16.5	100	0.11
MSD7342 – 252ML_	2.00	0.033	200	2.17
MSD7342 – 103ML_	8.00	0.10	200	1.24
MSD7342 – 104ML_	80.0	0.77	200	0.45
MSD7342 – 824ML_	656	660	200	0.15
MSD1260 – 472ML_	3.76	0.036	500	3.16
MSD1260 – 103ML_	8.0	0.060	500	2.45
MSD1260 – 104ML_	80.0	0.321	500	1.06
MSD1260 – 105KL_	900	3.06	500	0.34

○ 原文疑有误，经查询 Coilcraft 公司相关资料，此处数值为双绕组等效有效电流，故做出相应修改。——译者注

（续）

器件号码	最小电感/μH	最大直流电阻/Ω	绝缘电压（方均根值）/V	有效电流[⊖]（方均根值）/A
MSD1278 – 472ML_	3.76	0.040	500	3.16
MSD1278 – 103ML_	8.0	0.058	500	2.56
MSD1278 – 104ML_	80.0	0.30	500	1.13
MSD1278 – 105KL_	900	2.87	500	0.37

来源：由 Coilcraft 公司提供。

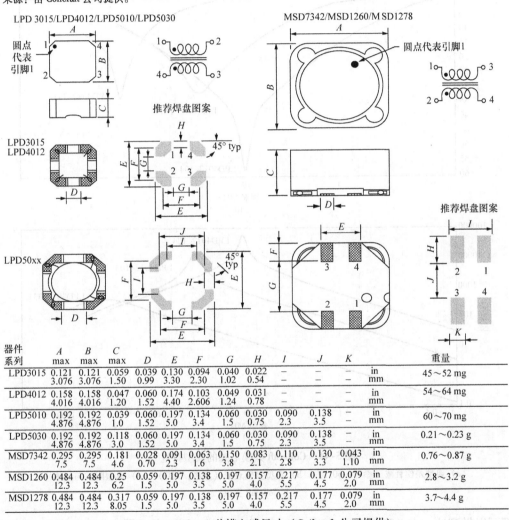

器件系列	A max	B max	C max	D	E	F	G	H	I	J	K		重量
LPD3015	0.121 3.076	0.121 3.076	0.059 1.50	0.039 0.99	0.130 3.30	0.094 2.30	0.040 1.02	0.022 0.54	– –	– –	– –	in mm	45～52 mg
LPD4012	0.158 4.016	0.158 4.016	0.047 1.20	0.060 1.52	0.174 4.40	0.103 2.606	0.049 1.24	0.031 0.78	– –	– –	– –	in mm	54～64 mg
LPD5010	0.192 4.876	0.192 4.876	0.039 1.0	0.060 1.52	0.197 5.0	0.134 3.4	0.060 1.5	0.030 0.75	0.090 2.3	0.138 3.5	– –	in mm	60～70 mg
LPD5030	0.192 4.876	0.192 4.876	0.118 3.0	0.060 1.52	0.197 5.0	0.134 3.4	0.060 1.5	0.030 0.75	0.090 2.3	0.138 3.5	– –	in mm	0.21～0.23 g
MSD7342	0.295 7.5	0.295 7.5	0.181 4.6	0.028 0.70	0.091 2.3	0.063 1.6	0.150 3.8	0.083 2.1	0.110 2.8	0.130 3.3	0.043 1.10	in mm	0.76～0.87 g
MSD1260	0.484 12.3	0.484 12.3	0.25 6.2	0.059 1.5	0.197 5.0	0.138 3.5	0.197 5.0	0.157 4.0	0.217 5.5	0.177 4.5	0.079 2.0	in mm	2.8～3.2 g
MSD1278	0.484 12.3	0.484 12.3	0.317 8.05	0.059 1.5	0.197 5.0	0.138 3.5	0.197 5.0	0.157 4.0	0.217 5.5	0.177 4.5	0.079 2.0	in mm	3.7～4.4 g

图 5-43　Coilcraft 共模电感尺寸（Coilcraft 公司提供）

松下扼流圈的范围从 82mH，0.8A，0.892Ω 到 15mH 10A，0.0085Ω，而 EPCOS 扼流圈的范围从 3.3mH，1.8A，0.14Ω 到 100mH，0.35A，4.5Ω。

EPCOS 的扼流圈被描述为电流补偿的 D 型磁心双扼流圈。

5.1.10.5.2　设计定制的共模扼流圈

当共模扼流圈中的电源电流在一根导线上流动，从另一根导线返回时，假设 100% 的电

⊖　原文疑有误，经查询 Coilcraft 公司相关资料，此处数值为双绕组等效有效电流，故做出相应修改。——译者注

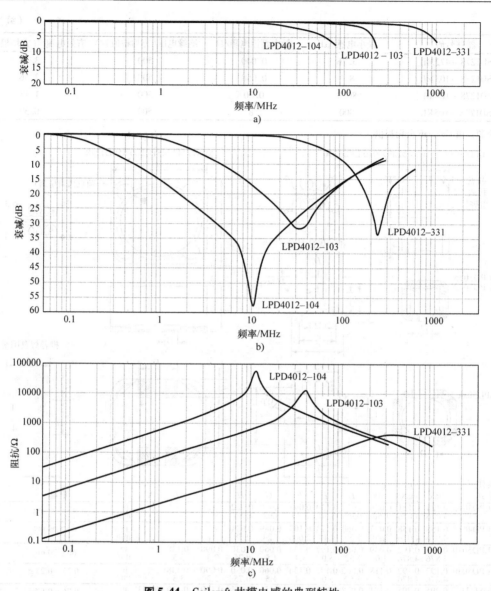

图 5-44 Coilcraft 共模电感的典型特性

a) 典型差模衰减（参考：50Ω）　b) 典型共模衰减（参考：50Ω）　c) 典型阻抗与频率

（由 Coilcraft 提供）

流都可以做到这一点，那么理论上讲，磁心的磁通量将为零，并且磁导率不变。在实际应用中，扼流圈的漏感意味着某些差模电流的流动，在高磁导率下，它将会导致磁心的饱和。

解决办法是扼流圈用双线并绕，并使两根导线始终保持非常接近。

共模扼流圈的最常用磁心是高磁导率铁氧体。

铁氧体磁心与金属磁心相比有一个缺点，那就是铁氧体的脆性，但铁氧体非常坚硬，而且非常耐磨。

Magnetics 是铁氧体磁心的制造商。表 5-15 概述了最适合用于 EMI 滤波器的不同磁心材料的特性。

表 5-15 磁心材料的特性

材料			电感，变压器，功率 EMI 线滤波器					EMI/RFI 滤波器和宽带变压器		线性滤波器和传感器		
			L	R	P	F	T	J	W	C	E	V
初始磁导率	μ		900% ±25%	2300% ±25%	2500% ±25%	3000% ±20%	3000% ±25%	5000% ±20%	10000% * ±25%	900% ±25%	2000% ±25%	2300% ±25%
最大可用频率（50%衰减）	f	（MHz）	3	≤1.8	≤1.8	≤1.5	≤1.5	≤0.7	≤0.5	<8	<3	<1.5
相对损耗系数×10^6，25℃								≤15100kHz	<710kHz	10 在 300kHz	3 在 100kHz	≤5100kHz
居里温度	T_C	℃	>300	>210	>210	>210	>220	>145	>135	>200	>160	>170
1194A/m（0.150e），25℃	B_m	G	4200	470	4700	4700	5300	4300	3900	3800	3600	4400
下的磁通密度		mT	420	4700	470	470	530	430	390	380	360	440

第 5 章 元件，减小发射的方法及抗扰度 237

居里温度是失去磁性的临界温度。

虽然磁心材料在更高的频率还有点有用，但它的最高可用频率是其磁导率下降到 50% 时对应的频率。例如，虽然 W 材料的最大可用频率为 ≤0.5MHz，但使用这种材料的线圈在 1MHz 时仍有显著的电抗。其原因是由于磁导率随频率的增加而减小，但电抗却随频率的增加而增大，从而使两者的作用趋于抵消。

共模扼流圈可以绕制在环形磁心或罐型磁心上。罐型磁心的优点是扼流圈被屏蔽起来了。

就像铁粉磁心一样，铁氧体磁心的磁导率随交流磁通水平的增加而增大，直到达到临界磁通后，磁导率的增加就迅速下降至 0%。

例如，一个磁心的磁导率在 1000Gs（0.1T）磁通量下增加 25%，和 2000Gs（0.2T）增加 40% 而在 3000Gs（0.3T）时增加下降为 0%。

依据 Magnetics 的铁氧体磁心手册，磁导率和磁通密度随温度变化，磁导率随磁通密度的变化，如图 5-46 ~ 图 5-48 所示。

通常，带有开关电源（SMPS）的设备的输入端电流在开关频率下为差模电流，在高频时为共模电流，但也有例外情况的。在一个大电流设计的例子中，问题频率出现在 0.2MHz，电流是共模，在一个额定电流为 20A 直流滤波器中，需要一个 4.8mH 的共模电感器。相对磁导率为 10000 的 Magnetics 公司生产的 W 材料在这个频率下仍然非常有效。

试验发现，在 3 个由 Magnetics 公司生产的 W44932 – TC 磁心材料上以双线并绕 7 匝就能提供了 4.8mH 的电感量。对共模电容的最大值有一个限制，即要求 4.8mH 在 15kHz 时达到谐振。由于采用了双线并绕，在达到 20A 直流时，磁心性能并没有变化。将三个磁心面对面地粘贴三次，与单个磁心相比，可达到所需要的这个电感量（4.8mH）。采用的编织线型号是 Belden 8668 型，它的额定电流为 36A，20A 时的预测温升为 66℃，取磁心的居里温度和热收缩套管的温度上限保守地设置为 105℃，这意味着最高环境温度必须为 39℃，这是可以接受的。磁心损坏前的最高温度为 65℃。

与所有电感器一样，非屏蔽的共模扼流圈作为接收天线发挥作用。如果它放置在开关电源附近，则磁性材料中的磁场会耦合到共模扼流圈，并在线路中产生共模电流。这一机理将导致（开关电源产生的发射）超过 MIL – STD – 461F CE 102（传导发射标准）的限值。

当电感器接近高噪声源时，建议使用屏蔽的电感器。

通常，带开关电源的设备的输入端电流在电源开关频率下为差模（D/M）；在高频时为共模（C/M），但是也有例外。在一个大电流设计的例子中，问题频率是 0.2MHz，而电流是共模（C/M）。

5.1.10.6 商用电源电感器

下面这些电感器都有大量的实用信息，如大小尺寸，额定指标和性能参数等。

图 5-45 所示为这些样品的实例。表 5-16 列出了这些电感器的一些特性参数。

图 5-45 所示的一些电感器的规范如下：

（1）Delevan 4922 系列表面贴片电感器范围为：0.22μH，7A，0.008Ω ~ 22000μH，0.05A，160Ω。

（2）Delevan 5500/R 系列电感范围：3.9μH，11.9A ~ 100000μH，0.11A，76Ω。

（13）Coiltronics FP3 系列电感范围：0.1μH，19A，$I_{饱和}$（10%）= 27A，$I_{饱和}$（15%）= 34.7A，1.21mΩ ~ 14.9μH，2.22A，$I_{饱和}$10% = 2A，$I_{饱和}$155 = 2.5A。

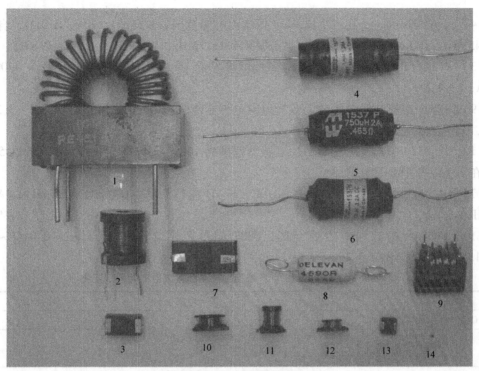

图 5-45　商用电感器

表 5-16　图 5-45 中电感器的特性

照片中的数字	厂家	L	I	R/Ω	自谐振频率 (SRF)	Q
1	Pulse	120μH, 0A	16A	0.012		
		60μH, 16A				
2	Unknown	250μH		0.2		
3	Vishay	2700μH	0.2A	11.29	1.0MHz	
4	Hammond	1mH	1A	0.83		7.4, 1kHz
5	Hammond	750μH	2A	0.46		10, 1kHz
6	Hammond	500μH	3.2A	0.26		11.6, 1kHz
7	Delevan	1800μH	0.157	16		
8	Delevan	22000μH	0.19A	18		
9	EPCOS	10mH +10mH C/M	1.1A	0.4		
10	Coilcraft	1000μH, 1.1A 1μH, 28.8A	见 L	0.062		
11	Coilcraft	1000μH, 0.8A 10μH, 8A	见 L	0.141		
12	Coilcraft	6800μH, 0.15A 1500μH, 0.3A	见 L	0.184		
13	Coiltronics	4.7μH	3.25A 10% sat 3.5A 15% sat 4.2A	0.04	50MHz	
14	ACT 0605 封装 (见表 5-17)	600Ω	1A (见表 5-17)	0.2		

（4，5，6）Hammond 高占空比 Hash 扼流圈电感范围：3.35μH，20A，0.01Ω，自谐振频率45MHz，500μH，2A，0.26Ω；自谐振频率1.17MHz，1000μH，1.25A，0.83Ω。

（3）Vishay IHSM－5832 表面贴片电感器范围为 1μH，9A，0.01Ω ~ 4700μH，0.14A，23.1Ω。

（9）EPCOS 电流补偿 D 型磁心双扼流圈电感器范围：100mH，0.35A，4.5Ω ~ 3.3mH，1.8A，0.14Ω。

（10，11，12）Coilcraft 表面贴片电感器范围为 10000μH，在0.09A ~ 1.2μH 在5.4A，1μH 在7.5A ~ 0.18μH 在14.3A。

（7）Pulse 电感器范围为40μH 在0A DC，17μH 在17A DC，0.065Ω，688μH 在0A DC，400μH 在3.6A，0.13Ω。

（14）ACT 大电流和电力线 0603，0805 阻抗范围 Z = 12Ω，1.5A，0.05Ω ~ Z = 600Ω1.5A，0.1Ω，见表5-17。

表 5-17　ACT 0603 和 0805 表面贴电感随直流电流的阻抗变化

电流/mA	阻抗/Ω	电流/mA	阻抗/Ω
ACT CBC0603－600－102			
0	89	150	8.6
6	12.5	300	0
ACT CBC0805－600－102			
0	99	150	19
2.8	63	300	6.5
6	33	400	2.8

看来，对于 ACT 0603 和 0805 电感器如此小的器件竟然有这样一个非常高的额定电流，但这并不意味着它们在这个电流上能达到它们的额定阻抗。

在直流电流下，我们测量了其中两个电感器在 11 ~ 12MHz 的阻抗变化，从表5-17 中可以看出，当电流低到 2.8mA 时，电感器阻抗出现了显著地减小。

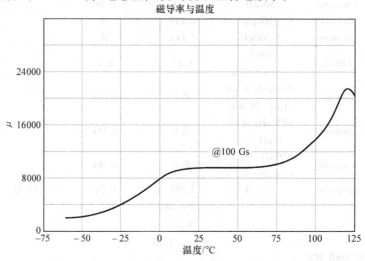

图 5-46　磁导率与温度（由 Magnetics 提供）

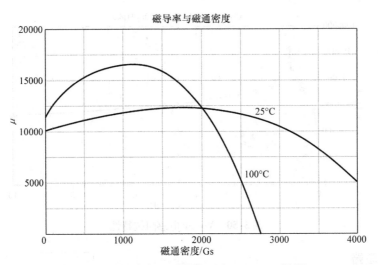

图 5-47　磁导率与磁通密度（由 Magnetics 提供）

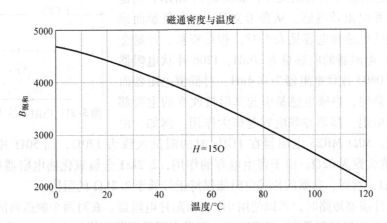

图 5-48　磁通密度与温度（由 Magnetics 提供）

为了获得 Coiltronics 公司和 Vishay 公司的电感器的自谐振频率（SRF），我们测量了这些电感器的阻抗，如图 5-49 和图 5-50 所示。

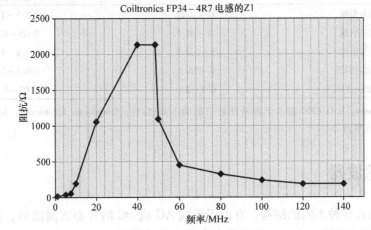

图 5-49　Coiltronics 的电感阻抗

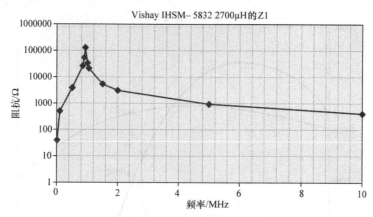

图 5-50 Vishay 电感阻抗特性

5.1.10.7 电阻器

电阻器也是和频率有关的元件，如图 5-51 所示。它也会呈现出电容和电阻及电感。从参考文献［10］复制而来的几类电阻器的电感和电容见表 5-18。根据资料，普通金属膜（MR25）电阻器的电感量为 20nH，1206 片状电阻器则为 2nH，而 0603 片状电阻器为 0.4nH。对低值电阻器而言，当频率较高时，串联电感是引起其阻抗改变的主要部分。对于高值电阻，却是并联电容起最大作用。例如，由

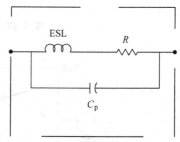

图 5-51 电阻器的 AC 等效电路

于电感的存在，50Ω MR25 电阻器在 1GHz 时的阻抗大致为 170Ω，而 50Ω 片状电阻器在 1GHz 时的阻抗大致为 62Ω。由于寄生电容的作用，2.2kΩ 金属氧化物电阻器在 1GHz 的阻抗大致为 320Ω，然而，典型的片式电阻能保持正好低于 2.2kΩ 的阻抗。

当一个元件需要短路时，可以使用 0Ω 表面贴片电阻器。在对两个制造商的规格为 0603 和 0805 的 0Ω 电阻器的测量中，直到 1GHz 都没有测量到阻抗值，这表明电感量几乎为零或只有极低的电感量。

表 5-18 不同类型电阻器的寄生电容和电感值

电阻类型	电感/nH	电容/pF
线绕，轴向引线	100~1000	0.5~1
复合，轴向引线	2~10	0.05~0.3
碳膜，轴向引线	5~200	0.3~1
金属膜，轴向引线	5~200	0.3~1
金属氧化物，片状	0.5~2	0.05~0.1

（来源：Johansson，L. O. EMC 基本无源器件和它们的 EMC 特性，Compliance Engineering，Knowfield，Victoria，Austrilia，1998 年 7 月/8 月。）

5.2 电源滤波器

电源滤波器有多种不同的结构，有用于单线 AC 或 DC 的穿心式滤波器，也有用于单线或双线 DC 线，或两相和三相 AC 线的装在底架上的滤波器。与电源的连接可以通过一个整

体式 AC 线插座、连接器或端子来完成。图 5-52 所示为典型的电源输入滤波器的外观。标准滤波器的电流额定值一般为 0.2 ~ 200A，额定电压值为 DC 50V ~ AC 440V。

图 5-52　典型的电源输入模式（由 Corcom 提供）

一些开关电源（SMPS）制造商特别为那样一些电源提供输入滤波器。这些滤波器可以是有源的，并且有一类型号的滤波器还专门设计成可以满足瞬态抗扰度和 0.15 ~ 30MHz 传导发射要求的标准，例如 Bellcore，FCC，ESTI 和欧洲标准（EN）。而另一类型号的滤波器，可以将共模和差模发射衰减到能符合军用标准 MIL – STD – 461F 的要求。

但是，这些滤波器的设计并不能满足辐射发射的要求，因此，当它与非屏蔽输入电源引线一起使用时，通常需要附加一个高频滤波器。制造商通常为每个开关电源都设计一个滤波器，因此，如果若干个开关电源连接到同一条电源线上，并且需要额外的高频滤波器，则应考虑使用单个自定制的输入滤波器。如前所述，这些滤波器在设备中的位置对其性能至关重要。

如果开关电源上的负载包含大电流瞬变，则这些瞬变电流可以从负载反射到开关电源的输入电源上，而滤波器必须将这些瞬变电流衰减。若使用自定制的滤波器，可以根据预测的瞬态特性进行设计。

电源滤波器的衰减一般根据军用标准 MIL – STD – 220A 规定的 50Ω 信号源阻抗和 50Ω 负载阻抗进行测量。标准 MIL – STD – 220A 允许进行共模衰减或差模衰减测量，并且不要求在电源电流通过滤波器时进行衰减测量。通常使用一个小尺寸的高磁导率共模电感器就能很容易地得到高电平的共模衰减。而制造商提供的数据表中也不会指出规定的衰减是差模噪声衰减还是共模噪声衰减。

对于小尺寸的滤波器和电流为 5A 或大于 5A 的滤波器，假定它的制造商宣称该滤波器在低频段（10～50kHz）的电平衰减大于 20dB，那么这个衰减可能仅仅是指对共模噪声而言的。当制造商没有提供大于 30MHz 的衰减指标时，那么可能存在两种假设。第一种是这个滤波器专门用于满足民用传导发射要求，如 FCC 第 15 部分要求的最高测试频率为 30MHz。第二种可能是该滤波器在靠近 30MHz 或低于 30MHz 时有并联谐振，所以在 30MHz 以上，其衰减性能线性下降。

H. M. Schlicke 很恰当地告诫我们，要将一些通常使用的滤波器书籍丢在一边。因为这些书籍里面所描述的滤波器性能都是高度理想化的和在简化各种条件下得到的，这对于许多 EMC 所面临的情况而言是无效的（取自参考文献 [3]），图 5-53a 表明了负载阻抗和源阻抗可能偏离 50Ω 有多远。图 5-53 的曲线是基于用在家庭、工厂、实验室和海运舰船上的成百上千个插座和装置的统计数据而得到的。我们看出阻抗变化可从 0.1Ω 到超过 1000Ω，除了共模负载以外，低 Q 值是主要的因素。

10MHz 以上，AC 电源的源阻抗的其他测量值，在 15MHz 时最大值为 1000Ω，平均值为 100Ω，最小值为 25Ω，400MHz 时最大值减小到 100Ω，平均值为 40Ω，最小值为 10Ω。一种更符合实际的供测试和分析的滤波器信号源阻抗和负载阻抗分别为 1Ω 和 100Ω。

在标准 MIL – STD – 461 CE01 和 CE03 传导发射测量中，低于 50kHz 时的设备电源源阻抗通常就是连接到受试设备（Equipment Under Test，EUT）输入端的电源输出阻抗。高于 50kHz 时这个阻抗要受到在电源线与接地平面之间 $10\mu F$ 电容器阻抗的限制，而受试设备就安装在该接地平面上，位于返回线路和该接地平面之间。随着发射频率的增加，源阻抗随之减小。因此，在为必须满足标准 MIL – STD – 461 要求而采购或设计滤波器时，这些滤波器必须在电源阻抗正常变化范围以及 $10\mu F$ 电容器在 RF 时的甚低阻抗情况下也能正常发挥功能。在准备用 $10\mu F$ 电容器进行测试的滤波器上附加电容值低于 $10\mu F$ 的共模或差模电容器是没有意义的，因为试验配置中的高品质 RF 的 $10\mu F$ 电容器将会承载大电流，而这些噪声电流正是试验的测试对象。增加低值的共模电容器（大约 $0.1\mu F$）是没有意义的，因为在滤波器和 $10\mu F$ 测试电容器之间的电源线在高频时将显示出相当高的阻抗。滤波电容器会分流滤波器内的 RF 电流。根据试验配置来设计一个电源滤波器，并把 $10\mu F$ 电容器包含在设计的滤波器中就是一个实例。这是肯定有效的，因为规定的试验配置理应是大量现实的典型情况。作为 $10\mu F$ 电容器的替代品是最新版标准 MIL – STD – 461 CE01 和 CE03 测量方法中建议的（电源）线路阻抗稳定网路（LISN），它在某规定的频率以上的阻抗是 50Ω。

本节旨在对滤波器的设计或选用方面提供帮助，以使其充分满足工作的需要，但不是超裕量的设计。例如，对于数字逻辑电路和变流器产生的脉冲噪声，需要的衰减电平可能只要

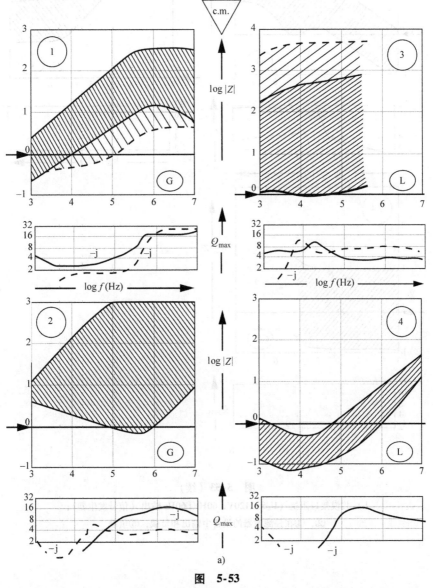

图 5-53

a) 差模接口阻抗（U.S) 120V，60Hz①未稳压输出（信号发生器）；②稳压输出（信号发生器）；
③60Hz 负载（顶部稀疏的阴影区代表高压、小电流电源；中间区域适合电动机；④稳压电源

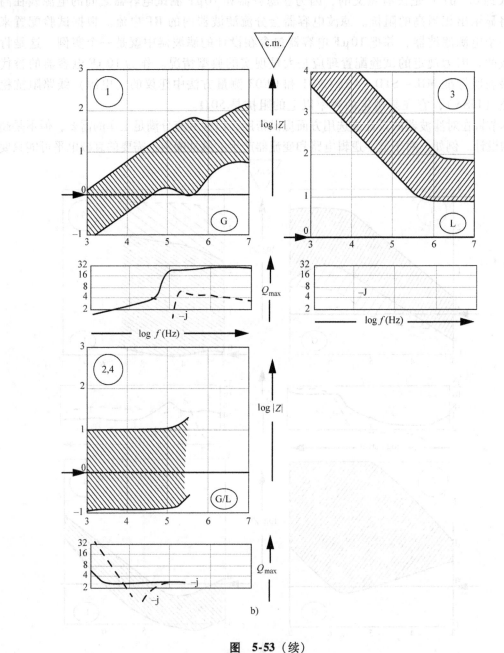

图 5-53（续）

b）共模接口阻抗（U.S）120V，60Hz①60Hz 输出（信号发生器）；
②，④在强滤波器的设备中输出和负载；③负载

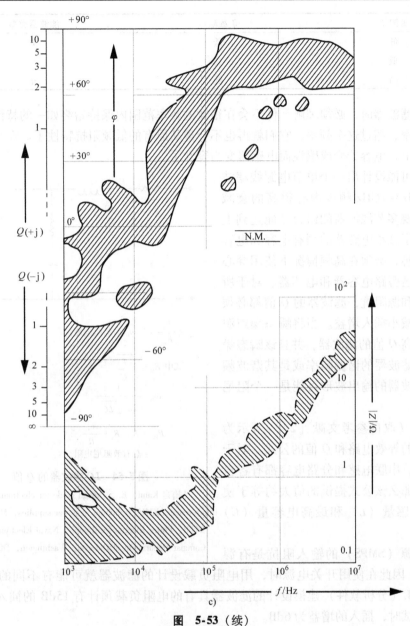

图　5-53（续）

c）DC 电源加载和不加载时的阻抗和 Q 值

依照指定的发射类型和电平以及敏感度试验电平来仔细选择滤波器就可以达到设计要求。当设计或采购一个设备用的滤波器时，明智的做法是等到试验电路板或工程模型出来，然后在对发射的电平和类型进行测试以及其对敏感度电平的响应进行测试后再作选择。那样，滤波器才可能符合最小尺寸、最小重量和最合适的 EMC 设计方案。一般而言，串联电感器常用于低的源阻抗和负载阻抗的场合。因而，下列类型的滤波器最适合源阻抗和负载阻抗的各种组合：

源阻抗	负载阻抗	滤波器类型
低	低	T
低	高	L
高	低	π

在设计滤波器时，必须理解元件不会在很宽的频率范围内保持始终如一的特性。元件有固有谐振频率，超过这个频率，它们就再也不会遵从原有的低频阻抗特性了。在它们的固有谐振频率以上，电容器变成感性而电感器变为容性了。

通常不可能设计出一个单节电源线滤波器能在10kHz~1GHz频段内有很高的衰减量。一般需要多节滤波器的组合才能达到上述要求。为了减小电感器的固有电容和电容器的固有电感，必须在高频情况下使用穿心电容器、低值旁路电容器和电感器。对于所有负载阻抗和源阻抗，滤波器的Q值都必须相当低，以减小插入增益。当将瞬态噪声源施加于一个高Q值的滤波器，并且该瞬态噪声正好处于滤波器的谐振频率或是其谐波频率上时，滤波器的输出波形可能是一个阻尼的正弦波！

图5-54（取自参考文献[2]）所示为单节滤波器的等效电路和Q值的公式。对于多节滤波器，串联电感和分路电容都有各自不同的值，那么该公式提供的值大约等于使用最高的电感量（L）和最高电容量（C）时的值。

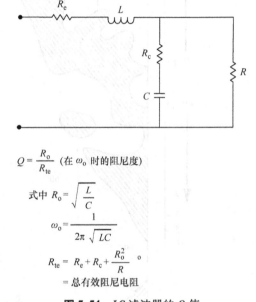

$$Q = \frac{R_o}{R_{te}} \quad (在\ \omega_o\ 时的阻尼度)$$

$$式中\ R_o = \sqrt{\frac{L}{C}}$$

$$\omega_o = \frac{1}{2\pi\sqrt{LC}}$$

$$R_{te} = R_e + R_c + \frac{R_o^2}{R} \quad 。$$

$$= 总有效阻尼电阻$$

图5-54 *LC滤波器的Q值*

（摘自Kami，E.，Design guide for electromagnetic interference（EMI）reduction in power supplies，MIL－HDBK－241B，Power Electronics Branch，Naval Electronic Systems Commar Department of Defense，Washington，DC，1983.）

开关电源（SMPS）的输入阻抗是有源的（阻抗），因此在使用开关电源时，用电阻负载设计的滤波器就可能有不同的Q值。例如，用SPICE（分析软件）建模设计的滤波器具有的电阻负载预计有15dB的插入增益，而在用电源测试时，插入的增益为6dB。

在设计和选用滤波器时，使用诸如SPICE类的交流电路和瞬变电路的分析软件是十分有价值的。该程序使滤波器和噪声源的建模得到实现，特别是在分析复杂的负载阻抗和源阻抗时十分有用。例如，研究一个500μH电感、2μF电容和72Ω负载构成的单节滤波器。由一个低阻抗信号源提供AC波形的响应，其峰值（谐振）在5kHz。在该点，它的插入增益是13dB。将该滤波器改换为一个具有等效电感和电容的三节滤波器将不会改变插入增益，但是最大增益点的位置发生了改变（即2~6.3kHz）。当加入具有100μH电感、1μF电容的第二节滤波器时，初始的谐振点出现在4kHz。而第二谐振点出现在20kHz。在选用滤波器时，必须考虑负载电容值的大小。例如，当电源承载多个PCB上的去耦电容器的情况下，用在电源输出端上的低Q值滤波器可能会显示出高Q值。

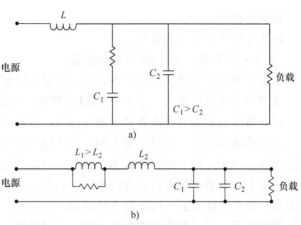

减少如图 5-54 中的滤波器的 Q 值，可以通过增加一个电阻或跨过电感 L 放置一个电阻来增加 R_e 或 R_c 的值来实现。增加 R_c 是最好的选择，因为这样不会降低滤波器的衰减性能。在大电流、低电压的电源情况下，可能不能承受附加电阻 R_e 上的电压降。然而，在低电流和电压在 12V 以上的应用场合，0.5 ~ 1V 的电压损失是可以接受的。图 5-55a 所示为另一个可行的选择。它将第二个电容值更大的电容器与一只阻值相当大的电阻器串联，然后并联在现有的电

图 5-55　用附加电容器和阻尼电阻的方法来减小滤波器的 Q 值和用在附加电感器上并联电阻的方法来实现衰减

容器上。由 PCB 上的去耦电容器所形成的综合电容往往高于滤波电容器的最高值。在这种情况下，一个带有阻尼电阻器的附加串联电感器与那个滤波器并联是十分有效的，纵然会使那个电感器的滤波失去效果，如图 5-55b 所示。那个电感器的唯一目的是减小 DC 电压降和在滤波器谐振频率点产生一个比电阻更高的阻抗。若在滤波器设计中不能考虑阻尼，则应确保谐振频率不高于开关电源频率（典型值为 100kHz）的 1/10，但至少要高于 AC 电源频率的 10 倍。此外，若已知共用电源线的高电平噪声源的频率，就应力图使滤波器谐振频率远离这些频率点。

所有滤波器在按标准 MIL – STD – 220 的试验中性能良好的原因是输入衰减器有效地提高了 Re 的值，因而减小了滤波器的 Q 值。虽然铁氧体磁珠在高频段有较低的 Q 值，但它对含有去耦电容器的 PCB 的电源作滤波用时，在低频时合成的 LC 电路的 Q 值仍可能会形成一个正弦波施加在 PCB 上。在这时，增加一个串联电阻器或用一个电阻器来替代磁珠可能是解决问题的方法。

民用滤波器的制造商始终都愿意提供元件值和其滤波器的原理图。根据对这些信息和最小、最大负载阻抗和源阻抗的了解，可以利用图 5-54 的公式或电路分析程序来选择低 Q 值滤波器，因而使其插入增益达到最小或没有增益。当滤波器要用于与外壳地隔离的电源或负载时，要设计出有共模衰减和低 Q 值的滤波器是十分困难的。在这种应用情况下，负载电阻（由于隔离的要求）不能在共模 LC 组合电路中起到阻尼作用。于是由于滤波器的高 Q 值的原因，可能会产生电平很高的无阻尼正弦波。一种解决的方案是将谐振频率移到负载最不敏感或是传导发射限值最大的频率上。

有损耗传输线或耗散型滤波器工作在高频段（500MHz ~ 10GHz）有良好的性能并有将噪声能量转化为热的显著优越性。在集总参数的 π 型或 L 型滤波器中，噪声能量通过电容器流入结构体或电源地或信号地。这样又可能产生 EMI/EMC 问题。在使用 T 型滤波器的地方，电容器接地电流的值会减小，由于 T 型滤波器的输入阻抗或输出阻抗，会有一个潜在的缺点，例如由逻辑电路产生的噪声能量，通常会在负载（噪声源）两端产生较高有时甚至是不可接受高电平的噪声电压。常见的有损耗元件和滤波器有

铁氧体磁珠；

铁氧体磁棒；

EMI 抑制性套管（有孔的）；

"有损耗传输线"式 EMI 吸收滤波器。

有损耗滤波器的缺点是它们在低频时通常性能较差。

本节余下部分提供了一套滤波器通用指南。电源滤波器的输出线与电源线应屏蔽并分开，最好将滤波器安装在设备外壳的外面或在设备外壳的屏蔽隔间的里面。

选择滤波器的第一步是选择类型，对于输入电源，它有内置的连接器；对于负载，它有连接终端。对于这种类型的滤波器，其外壳可以固定在设备外壳的外部或是固定在设备外壳内的后壁上，只要连接器可以穿过壁上的小孔。当滤波器必须置于设备外壳内时，应使用屏蔽电缆，使其屏蔽层的一端连接在滤波器的外壳上，另一端连接在设备外壳的壁上，并且在可行的情况下，尽量靠近连接器的后端。在设计滤波器时，输出端应该使用穿心电容器或是带有低值电感的穿心电容器。

变流器是从 AC 到 DC 或 DC 到 DC 的变换器，逆变器是由 DC 转换为 AC。如在第 2 章中所指出的，变流器/逆变器是主要的噪声源。用于有逆变器的电源调节器的滤波器，应作专门的设计和选择。它们在与逆变器一同使用时，要使其与逆变器的特性相匹配。

滤波器都应设计成能阻尼自谐振，因为自谐振会产生许多脉冲型噪声问题。只要有可能，滤波器频率响应的谐振峰值就不应大于 3dB。

当装有 AC 电源滤波器时，必须要考虑由于滤波器的电感器和电容器作用，使功率因数可能要变化。当负载是电抗性时，应该考虑负载和滤波器组合的功率因数。还可能需要恰当地选择滤波器的电感量和电容量，以便达到一个可行的功率因数。其次要考虑的是由于并联滤波器电容而引起的流向接地的工频电流。用于 AC 电源上的电容器应该为适当的 X 型或 Y 型的，其电压和频率额定值应适合 AC 电源电压的额定值。一些 X 或 Y 型电容器的额定值为 AC 250V，60Hz，它不可用于 250V，400Hz 的情况。一些 EMC 的要求对用于 AC 电源的滤波器电容值有限制。当给 DC 电源滤波器供电的电源是通过一个继电器或是接触器来开断，并且滤波器的输入元件是一个电感器时，比较好的方法是在电源线和外壳接地之间加接一个二极管或整流器来钳制由于输入电源中断引起的电压尖峰。

在滤波器的电容器连接到其金属外壳的场合，为了减小共模噪声电压，那么滤波器的外壳必须通过低阻抗连接线连回到噪声源的接地上去。

用于开关电源或变流器的滤波器必须要采取一定的措施，否则会降低电源的稳定性。线性调压器电源的输入功率随输入电压的增加而增加。而变流器则不同，其输入功率保持相对恒定。图 5-56 所示的曲线比较了它们的输入特性并表明变流器的输入特性表现为负阻。

当欲在变流器的输入端加入滤波器或加入滤波器后可能导致变流器电源电压调整率即负载调整率、稳定性判据等的变化，可以根据参考文献 [2] 中的附录 B 来检查。

电源滤波器的用途还不局限于减小传导噪声电平。当屏蔽电缆发出的辐射超过了MIL－STD RE02，DO160 或其他类似的辐射发射电平限值时，要减小从电缆发出的辐射，就需要用滤波器或是减小噪声源的电平。在第 7 章中，我们会看到与单层编织屏蔽电缆相比，使用双层编织网、金属箔编织网或三层编织网屏蔽电缆只能有限地降低辐射。市场上可以买到的相对便宜的电源输入滤波器。常常用于减小150kHz～30MHz 频段的传导发射，并且滤波器的衰减电平也通常规定在这个频段范围。但是这些电源滤波器确实还能在更高的频率范围提

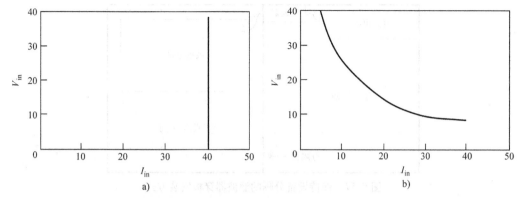

图 5-56　线性式调压器与开关式调压器的输入特性

a) 线性式调压器　b) 开关式调压器

供显著的衰减电平，若这样衰减还不够，就可以确定噪声是共模噪声，那么就只能是在设备内部导线上增加铁氧体的平衡 - 不平衡变换器。同时，连接器的转移阻抗和它至外壳的接口也会对电缆辐射起到一定作用。例如有一种情况是装在一个封闭外壳或底架内的设备。在共用电源线上产生噪声，而该电源线又连接到第二个底架内的设备上。屏蔽电缆的编织层内部的综合噪声电流会扩散到外部或者会通过缝隙耦合到外部，从而产生超过规范的辐射发射电平。解决的方案是采用一个或多个滤波器。当噪声源仅存在于一个封闭外壳内的设备上时，可能只需要一个滤波器就够了。若两个封闭外壳内的设备都会在共用电源线上产生噪声，则有可能使用一个滤波器仍然能满足要求。该滤波器应该为 L 型或 T 型。可能的话，该滤波器应置于含有最高噪声源的封闭外壳或底架里。而该滤波器里的电感器将成为没有滤波器的第 2 个封闭外壳内设备的负载。

第 2 个封闭外壳内产生的共模噪声电流会从电源线上流出并在屏蔽电缆的内部返回，由于滤波电感器呈现的高阻抗作用，该共模噪声电流的幅度会减小。

可以将一些滤波器设计得极其有效地来抑制开关电源的输出噪声。从而使得开关电源可以用于过去只能由线性电源才能提供足够低的噪声的那些敏感电子设备中。现在，这种高水平的滤波技术已常用于卫星通信、激光、声呐航标和微波模拟器等领域。

此外，使用这类滤波器，单一的开关电源就可以用于数字控制台和小信号模拟电路及 RF 电路中。在这种情形下，电源输出直接用于数字控制台并把滤波器置于电源和敏感电路之间。这类滤波器通常能将变流器开关频率下的噪声尖脉冲（高达 40V）和纹波（高达 15V）衰减到输出仅仅只有 $30\mu V$。测量一组不同公司制造的开关电源均没有发现可以测到的高频分量。要使置于底架上的滤波器能充分达到衰减效能，只有将它直接安装在分隔间的壁上或是在输入和输出连接线上使用屏蔽电缆。图 5-57 所示为在一台设备的"有噪声隔间"和"无噪声隔间"之间使滤波器安装在分隔间壁上保持隔离的情况。为了达到最大滤波衰减效能，PCB 的安装支架必须通过 PCB 上具有着不同电平的带状线来连接滤波器的输入端和输出端。这些滤波器的效能可以通过以下方式来测量：将滤波器安装在屏蔽室墙上，信号源设在屏蔽室外，测量设备置于屏蔽室内。屏蔽室的作用是将输入试验信号与滤波器输出电平隔离开来。

若在电源返回路径中出现共模噪声，那么该返回路径应该滤波。图 5-58 所示为典型滤

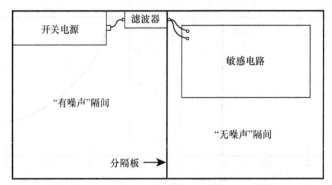

图 5-57 保持设备分隔的滤波器穿板安装方式

波器的拓扑图。若在未滤波的电源返回路径和经过滤波的电源返回路径之间不存在阻抗,那么只需要差模滤波就够了,即使用如图 5-58 所示的单线和两线差模滤波器。此外,若电源返回路径在电源以及加载的 PCB 或更可能用信号接口连接到底架上或更可能通过信号接口来连接,那么在返回路径中加入滤波便是多余的。然而,若开关电源返回路径与开关电源附近的底架隔离,那么在电源返回路径采用滤波不仅是可能的,而且应该是构成滤波的一部分,如图 5-58 所示的两线差模滤波器和共模滤波器及三线差模滤波器和共模滤波器。由于电压额定值和泄漏电流限值的要求,以及不允许采用无极性电容器,即便那是在直流电源线上,因此共模电容器的值常常受到限制。这是由于共模直流电压是未知的。这样就排除了使用高值钽电解电容器或铝电解电容器的情况。除非它们是无极性的或是背对背安装的。幸运的是共模电感器磁心的磁导率不受电源电流的影响,尤其是电感用双线并绕时。通常,用于差模电感器中的高磁导率铁氧体磁心会使电感量增大($500\mu H \sim 10mH$),从而可以优化选择共模元件的谐振频率。

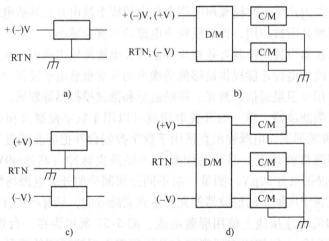

图 5-58 二次电源线的滤波数和衰减方式

a) 单线 D/M(D) b) 双线 D/M 和 C/M(2D/C) c) 双线 D/M(2D) d) 三线 D/M 和 C/M(3D/C)

滤波器可以含有多级电路,它可以仅有差模电路或仅有共模电路,抑或两者兼有。

电路设计师可能对差模和共模的概念并不熟悉,因此,有关这些概念的电压和电流可参见图 5-59 所示。

单级滤波器的各种例子如图 5-60a～d所示，所设计的这些滤波器既能减少设备的辐射发射，又能提供输入噪声的差模衰减。

Tusonix 公司生产的一种表面贴装的 π 型滤波器可用于电源线或信号线滤波。这种4700 系列的滤波器采用100 – 8200pF 的电容器，其典型电感量为100nH。所有的滤波器都会因为输入端和输出端的耦合作用而使其性能有所降低。Tusonix 公司设计的滤波器是需要屏蔽的，通常放置在一个 PCB 支架的屏蔽隔间里，如图 5-61 所示。屏蔽滤

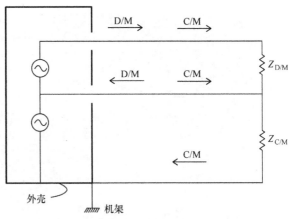

图 5-59　线路阻抗稳定网络的例子，负载阻抗上的差模和共模电压以及在负载阻抗中的差模和共模电流

波器和非屏蔽滤波器的插入损耗分别如图 5-62 和图 5-63 所示，对于 8200pF、5000pF 和 2000pF 的电容器，在1GHz 以上可能具有的插入损耗为70dB。当不使用屏蔽时，插入损耗降到30dB。

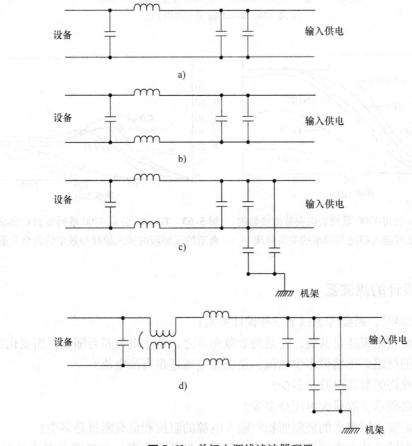

图 5-60　单级电源线滤波器配置

a）不平衡差模　b）平衡差模　c）差模＋共模　d）差模和增强共模

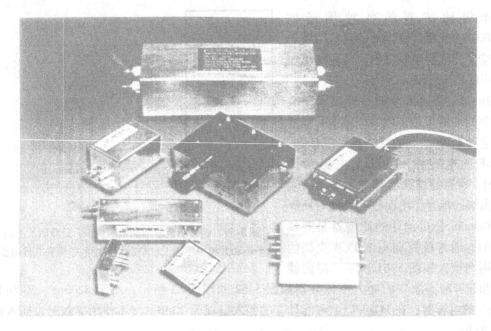

图 5-61　插件化的终端和装在 PCB 上的滤波器外形

（承蒙 EMC Consulting 公司提供）

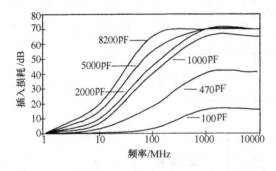

图 5-62　Tusonix 公司 4700 系列表面安装滤波器的
典型的有屏蔽时插入损耗与频率的关系曲线

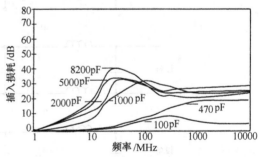

图 5-63　Tusonix 公司 4700 系列表面安装滤波器
典型的无屏蔽时插入损耗与效率的典型关系曲线

5.2.1　定制设计的滤波器

在设计滤波器时，需要考虑以下一些设计要素：

1）射频电流是差模还是共模，还是两者兼而有之，这个电流是否随频率而变化？

2）线圈中的绕组必须携带多少电流，是交流电流还是直流电流？

3）电感器允许的最高温升是多少？

4）电容器必须承受的最大电压是多少？

5）滤波器需要占用多大的底座面积？输入电源的阻抗和负载阻抗是多少？

6）需要预测的是什么类型的负载电流，即是来自开关电源，电机驱动器或者射频电源
电路的瞬态电流？

7）是否需要对冲击电流有限制？

8）对共模电容量有限制吗？

理想情况下，滤波器应该是围绕它将要应用的测试装置进行定制设计，也就是说，对于 MIL – STD – 461 来说，这个测试装置的配置是：一条长 2m 的电力电缆，高出地面 5cm，距边缘 10cm，连接到 MIL – STD – 461 的 LISN。在商用电磁干扰测试中，不使用桌面接地板，取而代之的是使用一个不导电的桌子，桌面上的电缆向下延伸到安装在接地平面上的 FCC 型 LISN（Line Impedance Stabilization Network，线路阻抗稳定网络）。该电缆与搭接到接地平面的垂直导电表面相距 0.40cm。

如果与开关电源一起使用，则应在 MIL – STD 或商业标准的测试配置中测试电源的发射。传导发射可以被描述为差模的情况可以按下述操作来鉴别，先将电流探头卡住电源线，然后再卡住返回线，再环绕两根电缆卡住。如果用探头测到的单根电缆周围的电平高于两根电缆周围的电平，则源的发射性质主要是差模的，如果围绕着两根电缆探测的电平比单根电缆高出约 6dB，则源的发射性质是共模的。产生 6dB 差异的原因是，一半的共模电流和所有的差模电流都是用电流探头卡在一个线缆上来测量的，而用电流探头卡住两条线缆进行测量的电流则完全不含差模电流但却含有着全部的共模电流。

当直流电流流经磁导率大于 1 的磁心上的电感器时，采用 Micrometals 磁心材料的磁导率会降低，如图 5-64a 所示。虽然将直流电流流经磁心的情况下称为饱和，但电流导致导磁率下降的情况是非常普遍的。在对滤波器进行建模时，应将滤波器的衰减变化和滤波器谐振频率随直流电流的变化情况作为分析的一部分。

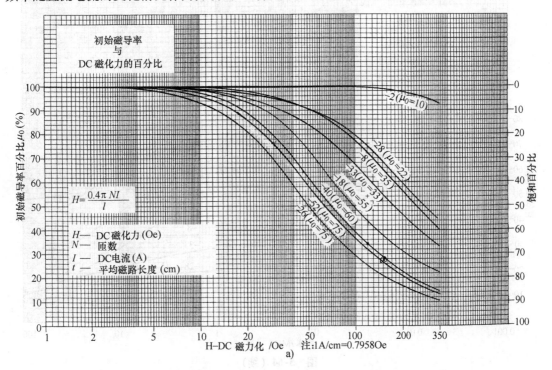

图 5-64

a）金属氧化物环形磁心的磁导率与 DC 磁化力关系曲线

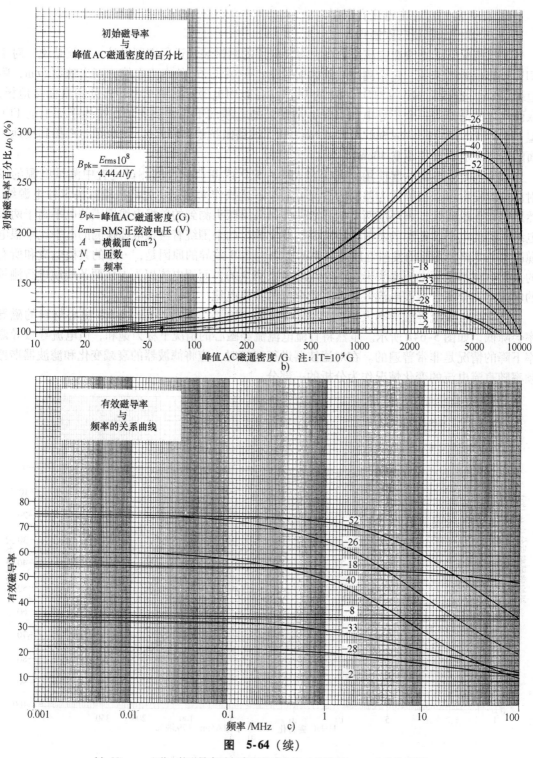

图 **5-64**（续）

b）Micrometal 磁心的磁导率随频率变化的曲线（承蒙 Micrometal 特许复制）

c）Micrometal 磁心的磁导率随频率变化的曲线（承蒙 Micrometal 特许复制）

在许多情况下，在最大直流电流情况下显示出一个已知的磁导率变化的电抗器是最佳的。例如，在 Micrometals 公司的 T68 – 52d 铁心上有 30 圈的 22 号电磁线，其电感是

$$L = 30^2 \times 80nH = 72\mu H$$

线圈的最大电流为 3A，电阻为 0.055Ω，温升为 13℃。磁路长度为 4.25cm，根据图 5-64a 的磁化力为

$$(0.4 \times 3.142 \times 30 \times 3/4.25)Oe = 26.6Oe$$

磁导率的变化为 16%，因此，3A 时电感量为 72μH 的 84%，即 60μH。

当磁心磁导率仅变化到 88% 时，匝数为 20，无直流电流的电感量为 32μH。在 3A 直流电流下，电感量为 32μH 的 88%，即 28μH。

如果只允许电感量改变到 95%，则最大匝数为 11，无电流电感量仅为 9.7μH。

显然，如果从空载变为满载时，电感量变化 16% 是可以接受时，那么在低电流下具有较高电感量是有利的。

当交流电流流经同一磁心时，初始磁导率上升，在较高的磁通密度水平下，磁导率会迅速下降，如图 5-64b 所示。在对滤波器建模时，还应考虑到这种增加的磁导率，以便使滤波器在预期的输入电流范围内有效。

有气隙的磁心将会减少交流电流的阻抗变化，但也会显著降低磁导率。

如果能保持相当恒定的电流，这种随着交流电流而增加的磁导率对于实现在给定磁心尺寸和匝数下获得更高的电感量是有用的。

传统观点认为，开关电源的干扰随着负载电流的增加而增加，尽管经常是这样，但并不总是如此。这意味着，滤波器应该显现出在轻或重负荷的情况下都有足够的衰减。

滤波器将会在某些频率上产生谐振，如果可能的话，应该将滤波器的谐振频率选择在 EMI 法规限制不适用的频率区域内。例如，欧洲（EN）和 FCC 的传导干扰限制从 0.15MHz 开始，则滤波器的谐振频率应在 0.15MHz 以下。MIL – STD – 461 CE 101 和 CE 102 覆盖 30Hz ~ 10MHz 的频率范围，因此谐振频率将不应在此频率范围内。如果在没有滤波器的情况下对 EUT 进行了传导发射测量，那么谐振频率应该选择在一个干扰非常低或不存在的频率上，至少是产生高干扰的频率的 1/10。

当按 MIL – STD – 461F 测试时，传导发射 CE 102 的发射限值在 10kHz 时较高，然后随频率的增加而减小。同样，传导发射 CE 101 的限值通常在较低的频率下更高，因此，滤波器的谐振频率越低越好。传导敏感度 CS 101 的限值从 10kHz 以下均相同，因此，将滤波器的谐振频率选择在 10kHz 以下不会因谐振而引起感应电压。在 CE 101、CE 102 和 CS 101 设置中，对于滤波器的 Q 值也将因此建议考虑在 SPICE 建模中。在现实中，许多因素意味着谐振频率必须更高，这也限制了可以使用的电感值和电容值。例如，MIL – STD – 461F 对海军装备共模电容值的限制为：60Hz 为 0.1μF，对潜艇直流动力设备：400Hz 为 0.02μF，对海军飞机直流供电设备的每条线路对地为 0.075μF/kW。对于小于 0.5kW 的直流负载，滤波电容不得超过 0.03μF。

如果滤波器设计用于交流电源的，则必须考虑在电力线频率下滤波器的电容中流动的电流。如果电容量很大，这个电流就会加到电力线电流中，则电容器就会发热。对于共模电容器，底架或安全接地中的交流电流可能会对电路产生不利影响。

在图 5-65a 的简单单级滤波器中，采用图 5-54 中的方程，用负载电阻、电感量和电感

器的电阻来计算滤波器的 Q 值。源位于滤波器的输入端,负载为输入电压除以电流等于 3Ω。

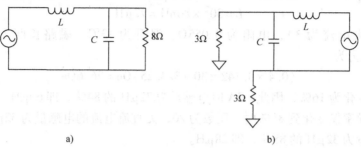

a)   b)

图 5-65

a) 源在有 8Ω 负载的滤波器输入端   b) 源在有 6Ω LISN 阻抗的滤波器负载端

在图 5-65b 中,源现在位于负载端,阻抗大约是 LISN 的阻抗为 6Ω。通过改变 LC 值,我们可以看到 Q 值的变化,仅从 7.5dB 变到 14.3dB,因此很难使 Q 值随元器件值的变化而显著降低。相反,可以使用图 5-55a 和 b 中描述的阻尼电阻。

使用通用模拟电路仿真器软件 SPICE 和包含寄生成分在内的这些 L 和 C 组合的衰减图如图 5-66 所示。谐振处的插入增益与表 5-19 中的 Q 值完全相同。当 $10\mu H$ 电感器的衰减量足够时,则可在较小的 T50 – 52B 磁心上绕 15 圈。磁化力(磁场强度)为 17.7Oe,电感量为 90%,即 $9\mu H$。

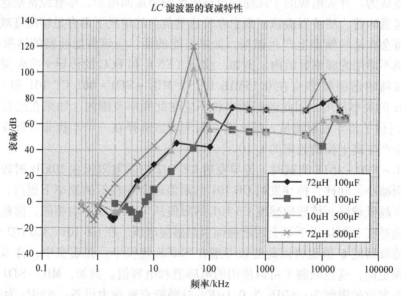

图 5-66 使用 SPICE 的衰减图(负衰减 = 插入增益)

在为滤波器设计共模线圈时,交流电和直流电流会沿一个方向流过铁心,然后在另一个方向返回。这意味着理论上磁通密度为零,磁心的磁导率无变化,无饱和现象发生。但实际上,由于漏感,通常会产生一些磁通,而磁心的磁导率可能会发生变化,如表 5-12 所示的 WE – SLT 744. 227 扼流圈的磁心磁导率发生变化的情况。

应该计算滤波器在问题频率处所需的衰减量。虽然看起来衰减量越大越好,但经验表明，如果安全裕度太高，经理和客户们会抱怨过度设计而浪费成本了。

表 5-19 简单滤波器的 Q 值

F/Hz	RL	RC	Ro	L/μH	C/μH	R	Rt	Q	Q/dB
839	0.055	0.001	0.038	72	500	8	0.074	5.13	14
1500	0.055	0.001	0.53	45	200	8	0.15	5.8	15.3
2130	0.055	0.001	0.75	56	100	6	0.15	5	14
1880	0.055	0.001	0.85	72	100	6	0.18	4.8	13.7
2770	0.055	0.001	0.57	33	100	6	0.11	5.2	14
3390	0.055	0.001	0.47	22	100	6	0.09	5	14
5040	0.055	0.001	0.32	10	100	6	0.07	4.35	12.8
3560	0.055	0.001	0.22	10	200	6	0.064	3.5	11
2250	0.055	0.001	0.14	10	500	6	0.059	2.4	7.5
2250	0.055	0.001	0.14	10	500	8	0.058	2.42	7.7

在生产一个滤波器时，根据工程经理的建议，两个电感器被任意移除了。幸运的是，滤波器随后未能满足 EMI 的要求，这也证明电感器是必需的。教训是听了工程师的话。

一旦你有了完美的滤波器，重要的就是要考虑它安装在什么位置了。和房地产一样，这是一个"位置、位置、再位置"的问题。

遇到一种情况，有一个满足所有 EMI 标准要求的滤波器，当我们把研制样机就置于被测设备外壳外的电力线上时，则安装在电源板上的这个滤波器却令人遗憾地未能满足传导干扰和辐射干扰要求。问题是源自从电源连接器到电路板的线缆没有屏蔽，电源印制线在背板上与信号印制线一起并行走线，而且在电路板上滤波器元件又暴露在开关电源的电磁场中。

虽然在电源连接器和背板之间采用了屏蔽电缆，但超出限值的干扰仍然存在。只有安装在输入电源连接器后面的金属外壳中的滤波器才能满足所有电磁干扰发射要求。

当携带着电源的印制线和返回滤波器元件的印制线很长时，滤波器周围就会出现甚高频（VHF）串扰/辐射耦合。为了验证这一点，PCB 布局和测试电路如图 5-67 所示。

测试源是信号发生器，负载是频谱分析仪的 50Ω 输入阻抗。在第一次测量中，电感前的布线长度为 5cm，电容器后的布线长度为 3.3cm。图 5-68 所示为这两种测量结果。可以看出，随着布线的加长，某些频率下的衰减降低了 10~14dB。

具有高电感量的共模扼流圈通常有许多匝数，并且在低频段趋于谐振，之后，在较高频率时其阻抗降低。

5.2.2 带谐振电容器的共模滤波器

如果在高频下需要一个小的共模扼流圈，并且绕组可以是电力线导线，一个解决方案是在 Laird 技术公司（Steward）28B0500－100 宽带固体铁氧体铁心上进行双线并绕电源线和返回线，电源线和返回线都是三匝。磁心尺寸分别为 13mm 外径，8mm 内径和 6.3mm 高度。三匝的电感量是 8.9μH。这个磁心如图 5-69 所示。

阻抗的频率特性如图 5-70 所示。

通过在每条线路上增加一个 1000pF 电容，衰减范围从 10MHz 增加到 100MHz，如图 5-71 所示。在 96MHz 的谐振不是由于电感器的自容，而是由 1000pF 电容器的 3.8nH 电

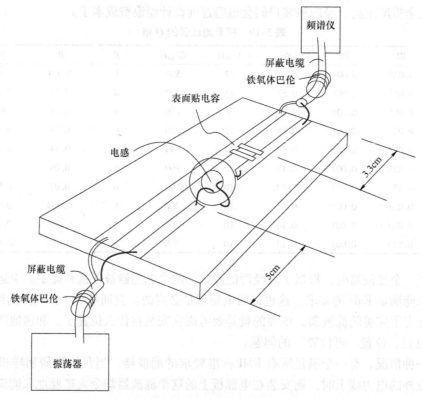

图 5-67 长走线的滤波器测试设置

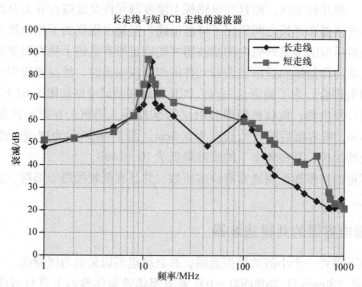

图 5-68 长走线与短 PCB 走线的滤波器衰减对比

感和电感产生的一些小效应所致。当单独测量时，电感器确实稍微改变了电容器的谐振频率到 92.7MHz。因此，仅通过改变电容器的容值就可以改变电路的谐振频率（最大衰减频率）。

当需要表面贴装或通孔形式安装的共模电感时，可用 Laird 技术公司（Steward）的四线

EMI 滤波器阵列 29F0430 – 2SR – 10，如图 5-69 所示，其连接方式如图 5-72 所示。

图 5-69　2 个共模电感器照片

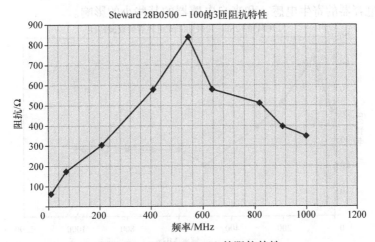

图 5-70　28B0500 – 100 的阻抗特性

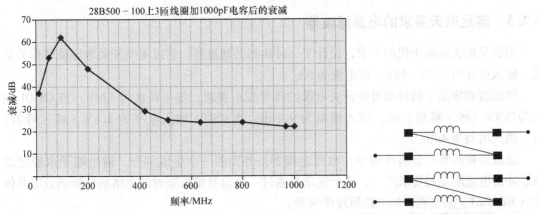

图 5-71　28B500 – 100 加 1000pF 电容后的衰减

图 5-72　作为共模扼流圈的 29F0430 – 2SR – 10 四线电感的连接图

一条线[⊖]的总电感量为 9μH，阻抗频率如图 5-73 所示。

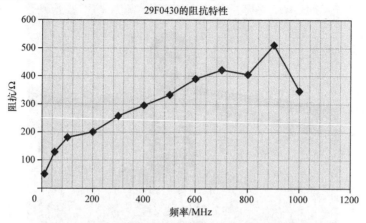

图 5-73 四线 29F0430 - 2SR - 10 的阻抗特性

如图 5-74 所示，在每条线路上增加 1000pF 电容器会增加低频段的衰减。同样，82MHz 的谐振是由于电容器的寄生电感，和来自电感器的某些小的影响。

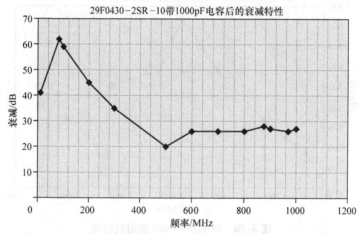

图 5-74 四线 29F0430 - 2SR - 10 带 1000pF 电容后的衰减特性

5.2.3 满足航天要求的电源滤波器

为满足航天电磁干扰的要求，设计了一种典型的滤波器，它以 4 个开关电源模块作为负载。输入电压可从 28 ~ 42V，而电流为 9A。

该滤波器满足了两种型号的开关电源的传导发射要求，安全裕度为 12dB。当 CS101 输入为 0.9V（峰 - 峰值）时，插入增益为 9.8dB，当 CS101 输入电平为 3.8V（峰 - 峰值）时，插入增益为 4dB。

滤波器被封装在金属外壳中，电源连接器是外壳的一个组成部分，输出端子未经过滤波。冲击电流限制是要求之一，这个要求是通过一个自身难以辐射的金属氧化物场效应晶体管（MOSFET）来实现，如电路原理图所示。

⊖ 疑为四线。——译者注

滤波器原理图如图 5-75 所示。为了限制涌流电流的运行，负载的输入端通常是开关电源，它必须是要被隔离的，这通常是对航空设备设计的一个要求。

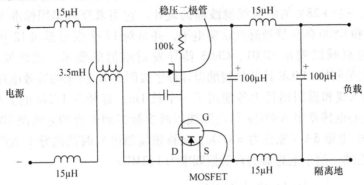

图 5-75　具有浪涌电流限制的满足空间 EMI 要求的滤波器

5.2.4　滤波器的低频和高频元件的分置

当滤波器不能并入连接器或位于连接器附近，但又必须位于电源 PCB 上时，则应将滤波器的低频部分置于 PCB 上而将其高频部分置于连接器上。

在开关电源的开关频率上输入的射频电流为差模，这是经常的但并非总是如此，而在高频时射频电流则是共模的。滤波器的电路原理图如图 5-76 所示。

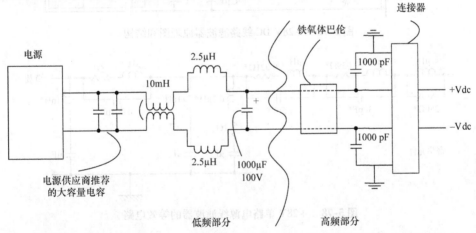

图 5-76　PCB 上使用差模、共模低频元器件以及在连接器上使用共模高频元器件

2.5μH 的差模电感是在最大电流 18A 时的电感量。

差模元件的谐振频率为 2.25kHz，共模器元件的谐振频率为 7.12kHz，两者频率均远低于开关电源的开关频率。

10mH 共模电感器，一些 2.5μH 电感器和 1000μF 元件安装在 PCB 上，铁氧体巴伦（平衡-不平衡变换器）和 2 个 1000pF 电容位于连接器上，并通过电力线布线将它们分开。所有相同的背板都不用于电源线，布线和 PCB 的元件都远离高电平的干扰源，以减轻辐射耦合。

5.2.5 案例分析 5.1：滤波器设计

我们将研究一个 +28V 的电源线滤波器的设计。它用来衰减军用标准 MIL - STP - 461 中 CS01、CS02 和 CS06 的传导敏感度试验电平，并可对 17 个变流器和 12 块逻辑板上的瞬变噪声提供充分衰减以满足 CE01、CE03 传导发射限值的要求。该滤波器的原理图如图 5-77 所示。它是利用 SPICE 计算机辅助设计程序按图 5-78 所示的等效电路图来进行设计的。在 +28V 输入线和返回路径上各使用了一个长 1in，直径为 1/2in 的大型铁氧体磁珠。第一个环形铁粉心电感器用 AWG18 号电磁线以减少绕组间电容的方法绕 70 匝而成。线圈电容为 30pF、DC 电流 6A（磁化力 = 81Oe，又称磁场强度）时的磁导率能产生最小的电感量为 230μH 的电感。这个电感器的自谐振频率为 1.2MHz。

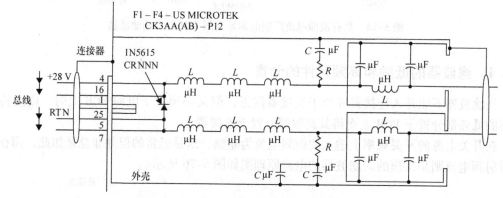

图 5-77　+28V DC 线路滤波器原理图和结构

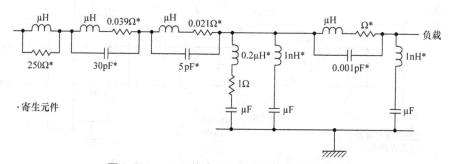

图 5-78　+28V 单路电源线滤波器的等效电路

图 5-64a 表示磁心磁导率如何随 DC 电流的增大而降低（磁心磁导率也可能会随着高电平的 AC 电流的增大而升高）。如果磁心磁导率在最大电流时减少到低于 50% 时，建议使用对 DC 电流较不敏感的初始磁导率较低的磁心。虽然铁粉心在高频时显示出较高磁导率，但对其他一些材料而言，其磁导率却是降低了。图 5-64c 表明一些 Micrometals 磁心在高频时磁导率下降的情况。

第二个电感器的电感量为 30 ～ 42μH，自谐振频率（SRF）为 17MHz，以某种方式绕到使其自电容低至 3pF。穿心电容器为一只 Capcon LMP - 50 500 或是一只 USμTeK GK3AA - P11，两个穿心电容器在高频段（最高达 1GHz）都具有高的衰减电平。

该滤波器按军用标准 MIL - STD 中的 CS01、2、6，CE01、3 和军用标准 MIL - STD - 220

中的试验设备配置来进行分析，这些配置以及用 SPICE 计算出的衰减特性即瞬变响应，如图 5-79 ~ 图 5-86 和附近的图表。在传导发射 CE01 的配置中，分析了一个典型负载噪声波形的瞬态响应。试验的布置如图 5-81 所示，滤波器的性能概况如下列的图表所示。

MIL—STD—462—CS01 传导敏感度试验电平（5V（方均根值）输入，30Hz ~ 1.5kHz）

频率/Hz	参考输入时的输出/dB	输出/V
30	0.0	5.0
960	2.4	6.6
1.3k	0.0	5.0
1.5k	−2.0	4.0
50k	−40	0.05

MIL—STD—462—CS02 传导敏感度试验电平（1V（方均根值）输入）

频率/Hz	参考输入时的输出/dB	输出
50k	−50	10mV
400M	−99	11μV

MIL—STD—220A 插入损耗（衰减）试验

频率/Hz	插入损耗/dB	频率/Hz	插入损耗/dB
100	4	100k	40
500	15	1M	80
1k	21	100M	90
10k	28	1G	94

图 5-79　用 "SPICE" 程序分析 + 28V 电源滤波器对 CS01 和 CS01 输入电平响应的试验配置图

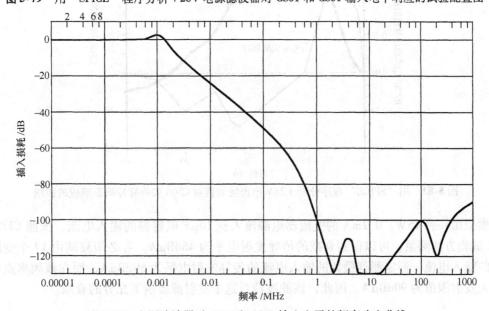

图 5-80　电源滤波器对 CS01 和 CS02 输入电平的频率响应曲线

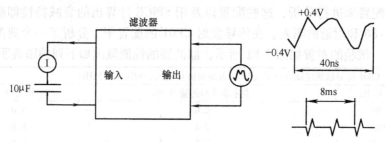

图 5-81 按照 CE01 和 CE03 的试验装置用"SPICE"程序分析 +28V 电源线滤波器对变流器产生噪声的布置

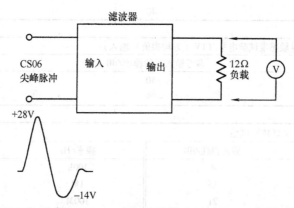

图 5-82 用"SPICE"程序分析 +28V 电源滤波器对 CS06 +28V 尖峰脉冲的响应的布置

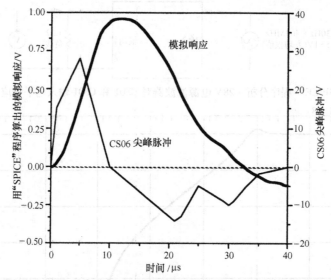

图 5-83 用"SPICE"程序分析 +28V 电源滤波器对 CS06 尖峰脉冲瞬态响应的曲线

模拟由一台 15W，0.2mA 的变流器电源流入到 10μF 电容器的输入电流，依照 CE01 和 CE02 试验方法测量，可以得到衰减的传导发射电平为 46dBμA。若必须衰减由 17 个变流器产生的输入电流。假定测到最坏的输入电流的传导发射电平为 59dBμA，而在该频率点规定的最大发射限值为 90dBμA。因此，该滤波器对这个发射源提供了充分的衰减。

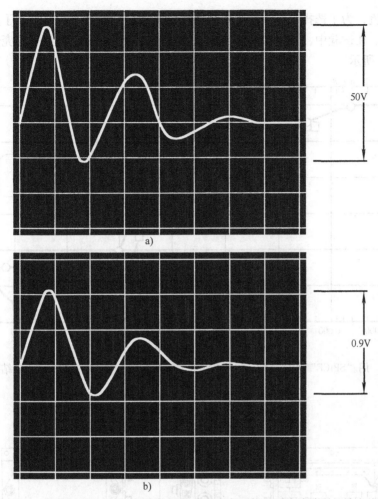

图 5-84 实测的 CS06 输入到滤波器的波形和实测的电源线滤波器的输出响应

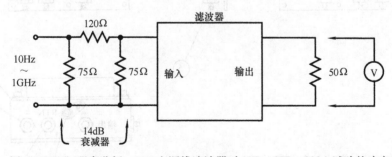

图 5-85 用"SPICE"程序分析 +28V 电源线滤波器对 MIL—STD—220A 试验的响应的配置图

我们可以看出用于真实试验设备中的滤波器衰减显示出 2.4dB 的插入增益，然而在军用标准 MIL – STD – 220A 试验中，在同一频率点的预期衰减却为 21dB。

5.2.6　案例分析 3.1（续）

在第 3 章案例分析 3.1 的第一部分提供了由 + 5V 和 ±15V DC – DC 变流器产生的实测

波形和噪声电流，为了选择一个市场上可以买到的适用的滤波器，我们测试了六种不同的小型穿心滤波器。在试验中，这些滤波器穿越一个安装着变流器的小型封闭外壳连接在其周边上。如图 5-87 所示。

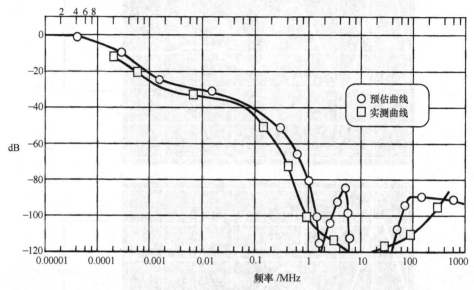

图 5-86 用"SPICE"程序分析 +28V 电源线滤波器对 MIL—STD—220A 试验的结果曲线

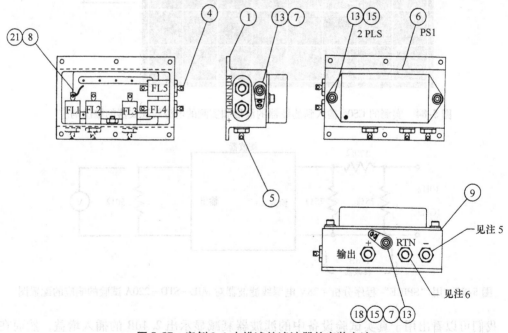

图 5-87 案例 3.1 中描述的滤波器的安装方法

（承蒙 Canadian Astronautics Ltd. , Ottawa Ontario, Canada. 许可复制）

电路中有滤波器和无滤波器时的输入噪声电流是根据标准 MIL – STD – 462 中的 CE01 和 CE03 来测量的。另外，对有滤波器的电源的差模和共模噪声进行了频域和时域的测量。试验设备在 3.3.1 中叙述。根据军用标准 MIL—STD—220A 实测而公布的最小插入损耗见表 5-20。

在对滤波器 1、2、3 和 6 按 CE01 和 CE03 进行输入噪声电流的测试中，仅在靠近主发射频率的某些频率点，输入噪声电流有所减小，这个发射主频率为 250kHz（变流器开关频率的 2 倍）。只有滤波器 4 和 5 减小了靠近开关频率处的发射，并且在或靠近 36MHz 处的噪声电流。那些没有滤波器的噪声电流的幅度和频率分量表明在 3.3.3 节的示波图 1 ~ 4 中。

表 5-20　按 MIL—STD—220A 测得的最小插入损耗

滤波器	电流/A	频率						
		30kHz	150kHz	300kHz	1MHz	10MHz	1GHz	10GHz
1	3	9	25	45	70	70	70	—
2	15	15	25	34	44	60	70	—
3	15	20	32	36	46	64	80	80
4	1	18	50	66	80	80	80	80
5	1	15	31	42	63	70	70	

表 5-21 提供了这 6 个滤波器的性能概况。只有滤波器 4 和 5 在 250kHz 处可以提供任何的共模插入损耗。其余的滤波器呈现的插入增益可高达 12dB。在时域中实测到大多数的滤波器输出是 250kHz 的无阻尼或有阻尼的正弦波。关于这些可以买到的滤波器的测量值突显了根据制造商公布的数据来选择合适的滤波器的困难所在。然而利用图 5-54 中的公式并使用像在测量设备中用的 12.5 ~ 25Ω 负载电阻，就可以准确地预估那些滤波器显示的插入增益。

表 5-21　当滤波器用在 15W +5V 变流器输入和输出端实测的插入损耗

滤波器	输入端损耗/dB			输出端损耗/dB	
	CE01	CE03	D/M	C/M	
	210kHz	36MHz	206 ~ 263MHz	@250kHz	宽带
1				−11	30
2				−12	
3				−5	
4	38	30	6.5 ~ 3.8	8.7	39
5	18	34	0	27	
6				−2.6	42

5.2.7　交流电源滤波器

当与交流电源一起使用时，铁粉心的磁导率在高交流磁通密度下会增加，这种增加适用于所有频率，而不仅仅是电源频率。这意味着电感量可能高于预期值，因此任何滤波器的谐振频率都会降低。图 5-64b 所示为 Micrometals 磁心的磁导率随交流磁通密度的变化情况。

在 20A，230V 交流电源滤波器的设计中，使用两个 100μH 电感器，一个在火线上，第二个在零线上，然后并联两个 1μF 差模安全电容器，将提供高的差模衰减，特别是在 100kHz 时。根据对该滤波器的设计进行的测量，高频时发射为共模，因此采用 3.2mH 共模扼流圈和 0.01μF 共模电容器。

对于100μH电感器，使用了2个T157-52 Micrometals磁心，并用10号美规电磁线或等效的绝缘编织线绕22匝。由于磁导率的增加，20A时的电感量约为140mH，8.2A时为250mH。这意味着谐振频率可以降低36%。

5.2.8 输出电源滤波器

由于开关电源的尺寸小、效率高且温升低，在几乎所有的应用中，开关电源正在替代线性电源。当开关电源上的输出负载是数字逻辑电路时，与由逻辑电路产生的噪声相比，在IC电源上的附加纹波通常可忽略且没有EMI的影响。然而当负载电路是非常低电平的模拟电路、控制电路或RF电路时，则开关电源的输出噪声可能是不可接受的。一个替代的方案是采用线性电源，但是即使这样也因整流器整流要产生宽带噪声。在SMPS的输出电源线处有时需要具有非常高衰减强度的滤波器，其在降低开关电源输出噪声方面是非常有效的。在卫星通信、激光、声呐浮标和微波模拟器中已经出现了这种高衰减强度滤波的典型应用。

如同前述，这些滤波器可以衰减40V的噪声峰值和将高达1.5V的纹波降至只有30μV输出纹波。此外，通过使用这些滤波器，一个开关电源可同时用于数字板和低信号电平的模拟电路和射频电路。在这种情况下，电源输出直接用于数字板，并且滤波器被放置在电源和敏感电路之间。这些滤波器通常会在变流器的开关频率处，将噪声尖峰（高达40V）和纹波（高达1.5V）衰减至只有30μV的输出纹波。当对不同厂家的开关电源进行测量时，没有测到高频分量。底架安装的滤波器，只有当它直接安装在分隔舱壁上，或对于输入和输出的连接采用屏蔽电缆时，才可以实现全衰减效能。图5-57显示了用一个舱壁来安装滤波器，以保持一个设备中的"嘈杂的隔间"和"安静的隔间"之间的隔离情况。PCB安装方式必须是通过在不同的层面的带状线来实现输入和输出的连接以达到最大的滤波效果。这些滤波器的有效性是这样来检测的：将它们安装到屏蔽室的墙壁上，在室外放置信号源和在室内安放测量装置来测量的。屏蔽室的作用是将输入测试信号与滤波器输出电平隔离开来。

在MIL-STD-220A测试中，这些滤波器的典型性能见表5-22。

表 5-22 MIL-STD-220A 测试中的典型滤波器性能

模式	依据 MIL-STD-220A 的最小插入损耗/dB				
	20kHz	100kHz	1MHz	10MHz	100MHz
差模	80	90	100	100	80
共模	25	50	100	100	80

该滤波器的典型示意图如图5-88所示。

该滤波器包含在如图5-61所示的金属外壳中。

滤波器的额定值为28V，4A。100μH电感器由在T68-52B磁心上用#20AWG美规电磁线绕制成，19μH电感器由#20AWG美规电磁线在T50-52B磁心上绕制成。在3.6A时滤波器的一条线上的电压降为0.5V。

穿心电容器为Tusonix 0.12μF 70V P/N 4151-000。

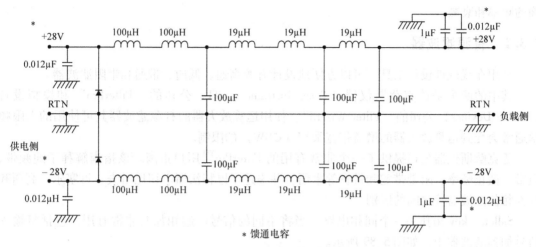

图 5-88 差模滤波器和共模滤波器的电路原理图

5.3 信号滤波器

民用滤波器的频率覆盖范围可以从音频到几十吉赫。设计这些滤波器是为了使用在一些指定的负载阻抗上，它们通常为 50Ω、75Ω、125Ω 或 600Ω。这些滤波器可以是有源的或是无源的，类型有：LC 高通、低通、带通、频带分段、天线分离、带阻或陷波、可调陷波、可调预选器、窄带螺旋谐振、梳状线、叉指式腔体谐振器和数字电子滤波器等。可以选用的滤波器幅度和延迟响应有：均衡延迟低通、贝塞尔、巴特沃斯、椭圆、切比雪夫、过渡高斯低通、过渡高斯线性、相位带通、高斯线性、相位带通和均衡延迟带通。这些不同类型的滤波器的优缺点在滤波器设计书籍中有详述。在 Allen Avionics 公司出版的精密 LC 滤波器的样本中有简单滤波器的描述。除了书籍之外，还有计算机程序和列线图可以方便地利用，确保除了复杂的和变化的源阻抗和负载阻抗以外的所有情况都可以通过它们进行适当的设计。一般情况下，单节或双节 LC 电路是没有必要的，用简单的 RC 滤波器就将足够了。

在高于电路最大工作频率的一些频率上，可以加入一个 RC 滤波器来增加控制电路、模拟电路、视频电路或数字接口电路的抗扰度而不会有 LC 滤波器遇到的谐振问题。对于差分电路或平衡输入电路，在每一条输入电路中的电阻和电容值都必须匹配以使在输入端的共模噪声变换为差模噪声为最小。

对于所有的滤波器而言，应使输入布线/PCB 印制线和输出布线/PCB 印制线之间的辐射耦合尽可能降至最小的程度。对于表面贴装式滤波器，为了减小输入印制线和输出印制线之间的耦合，可以将印制线以带状传输线方式嵌入 PCB 中。无论是什么类型的滤波器，在要求将滤波器设计有高插入损耗的应用场合时，其元件应该置于一个金属壳内。这个金属壳有一个中心隔间和穿心电容器或是直接将穿心电容器装在金属壳壁上以使壳体外有"干净"的信号。"有噪声"的输入信号应通过屏蔽电缆连接，或者在环境存在噪声时，"干净"的信号应该屏蔽。

市售的滤波器可能不适合可用的备用空间。例如，许多 μWave 滤波器虽然可以非常有效地使用调谐腔，然而结构上很大，如 10.2.6.1 节中所描述的滤波器。也可能无法获得精确的频率和衰减。

5.3.1 有源滤波器

利用在线软件设计工具，可以方便地设计有源高通、低通、带通和带阻滤波器。

其中的两个是德克萨斯仪器（Texas Instrument，TI）公司的"FilterPro"和模拟设备（Analog Devices）公司的"Filter Wizard"。使用运算放大器的有源滤波器其可使用的上限频率通常会受到运算放大器的增益带宽乘积（GBW）的限制。

德克萨斯仪器公司提供了一个非常有用的 FilterPro™ 用户指南。该指南解释了通频带、阻带、截止频率、阻带带宽和带宽等术语，并描述了巴特沃斯、切比雪夫、贝塞尔、高斯和线性相位滤波器等之间的区别。

Sallen – key 拓扑是一个同相电路，当将不同的信号一起相加时非常有用，包括将输入信号加到滤波器中，如图 5-89 所示。

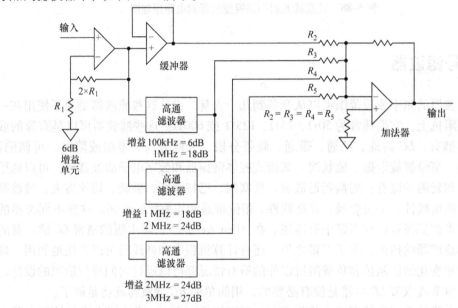

图 5-89　复合高通滤波器原理图

纹波可能是重要的参数之一。这是截止频率后增益的变化所致。德克萨斯仪器工具允许选取高斯滤波器 6dB 纹波，12dB 的纹波，线性相位 0.5°，线性相位 0.05°、巴特沃思、贝塞尔、切比雪夫滤波器 1dB 纹波，和切比雪夫滤波器 0.5dB 纹波。

指定的元件值通常是非标准值，因此，可能需要一些电阻器串联，电容器并联，如图 5-90 所示。

用电路分析工具（如 SPICE）对滤波器进行建模通常是很有用的，因为它可以对频率响应作一个完整性的检查。

图 5-90 所示为一个典型的 30dB 放大器的原理图，在 -1dB 时，其通带频率为 100kHz，即 29dB。0dB 增益时，频率约为 9kHz。频率响应如图 5-91 所示。

如果使用 Filter Wizard 通带频率可增加到 10MHz，增益为 30dB，然后发送信息说没有运算放大器可利用了，而使用 FilterPro 软件则显示运算放大器的增益带宽乘积（GBW）

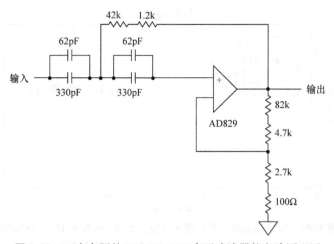

图 5-90 一个实用的 30dB 100kHz 高通滤波器的电路原理图

为 1.5GHz。

如果在 10MHz 需要 30dB 的增益，则可以使用三个串联电路，每个电路的增益为 10dB，可以使用 AD8039 运算放大器。

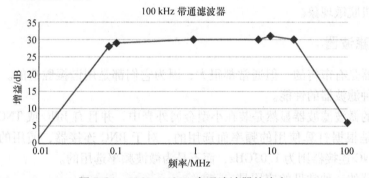

图 5-91 30dB 100kHz 高通滤波器的响应

虽然一些稳定的电路一直在使用德州仪器公司的 FilterPro 软件测试，但当使用 Analog Devices 公司的软件设计时，一个 Texas 的设计产生振荡了而另一个导致信号失真的设计显示是可行的。这些滤波器不应该不经过制作和对原型样品测试就在最后的电路中使用，如老话说得好，"振荡器不震荡了，放大器却要振荡了"。

如果在高通滤波器中，在滤波器增益为 0dB 的以下的较低频率上，若需要增加滤波器输出，则可以使用图 5-89 中的电路。举个例子，假设高通滤波器在其通带中的增益需要改变。

在这里，从 DC 至 100kHz 的增益为 6dB，在 1MHz 为 18dB，在 2MHz 为 24dB，在 3MHz 27dB。

该电路见图 5-89，其频率响应如图 5-92 所示。

5.3.2 无源滤波器

许多滤波器包括在了并联谐振电路、抑制器或串联谐振电路、接收器中。并联谐振电路

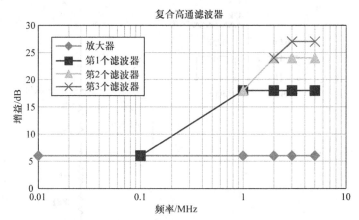

图 5-92 复合高通滤波器的频率响应，增益 = 6dB 在 DC ~ 100kHz，
18dB 在 1MHz，24dB 在 2MHz 和 27dB 在 3MHz

在谐振时具有较高的阻抗，串联谐振电路谐振时具有较低的阻抗。电容器的阻抗与其寄生电感或自电感形成串联谐振电路，其阻抗参见图 5-6。

在接收机输入端使用低通、带通和带阻滤波器可以有效地降低接收机的压缩、产生的寄生响应和接收机脱敏现象。

5.3.3 微波滤波器

微波滤波器是有市售的，但通常都很大，因为它们都是用谐振腔造的。在 10.2.6.1 节描述了一个这种滤波器的性能。

这里描述的微波滤波器显然是装在小型金属外壳中，并且有 BNC 或 TNC 连接器。选择这样的连接器是根据打算使用的频率而选用的。对于 BNC 连接器，使用的频率通常高达700MHz，而 TNC 连接器则为 1.03GHz，而不是为微波频率选用的。

微波滤波器的一种常见的应用是衰减特定的发射频率，以避免影响LF、HF、VHF（甚高频）和 UHF（超高频）通信，这就需要一个带阻滤波器。

对于如图 5-93 和图 5-94 所示的设计用在天线上连接的滤波器，由于连接器和电缆而产生的额外衰减是典型的。在某些情况下，由于连接天线和接收器的电缆而造成的衰减在微波频率上表现出如此大的衰减，因此就可能不需要滤波器了。该电缆产生衰减的情况如 10.2.6.6 节所述。

图 5-93 8.3GHz 带阻滤波器

图 5-93 所示的滤波器是一个带阻滤波器，调谐到 8.3GHz，其衰减特性如图 5-95，图 5-94 所示的带阻滤波器调谐到 9.375GHz，其衰减特性如图 5-96 所示。

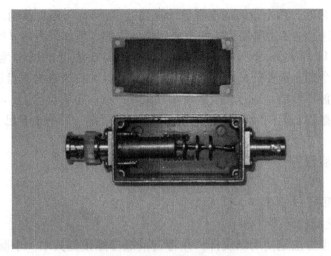

图5-94 9.375GHz带阻滤波器

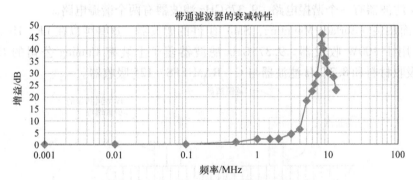

图5-95 8.3GHz带阻滤波器的衰减特性

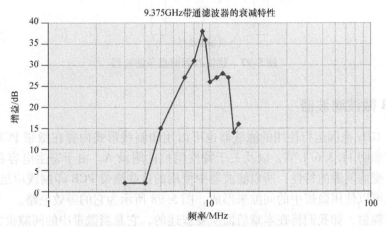

图5-96 9.375GHz带阻滤波器的衰减特性

这些滤波器包括在谐振时显示高阻抗的并联谐振电路（抑制器）。电容形成在两个盘之间，并且电感是连接两个盘的引线电感。导线的电感见式5.1[⊖]。

⊖ 疑原文有错，查表5-1是圆直铜导线的阻抗值，此处应为式（5-1）电感计算公式。——译者注

当 d 比 A 小得多时，两个盘间的电容量计算公式（5-11）[一]相当精确，其中 d 是盘间距离，A 是面积，但这忽略了边缘场和场的不均匀性的影响。但如果距离 d 变大，就像滤波器一样，那么式（5-11）[二]就不那么精确了。目前有许多方法可以精确地计算电容，但式（5-11）[三]只需要一个圆盘直径的起始点就足够了。该设计允许通过将圆盘进一步分开或更接近的移动来调整滤波器性能。通过将板进一步移近到一起，电容会增大，电感会减小，这将使得调整不那么敏感了，但同时也提供了充足的调整，可能是因为电容已不再与盘间距离 d 成正比。

两个盘间的电容量为

$$C = 8.84 \times 10^{-12} A/d \tag{5-11}$$

式中　A——圆盘面积 πr^2，其中 r 是圆盘的半径（m）；

　　　d——圆盘之间的距离（m）。

一种可能的调谐方法是使用螺纹杆，并将黄铜螺母焊接到其中一个圆盘上，如图 5-97 所示。然后可以调节移动，一旦调谐好就焊接到该位置。

8.3GHz 滤波器有一个谐振电路，9.375GHz 滤波器有两个谐振电路。

不像表面贴装（Surface Mounting，SM）组件的滤波器，这些可以在 LF、HF、甚高频和超高频段，用于 100W 收发器。9.375GHz 滤波器盖子上装有 Cuming 公司的 C‑RAM‑GDSS0.06 吸收材料和 8.3GHz 滤波器与 C‑RAM FFS‑125 吸收器。

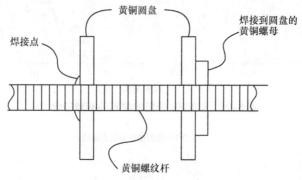

图 5-97　建议的调谐盘条滤波器

5.3.4　PCB 微波滤波器

在频率为 GHz 范围运行使用的滤波器也可以用印制线形式内置在微带 PCB 中。有关微带的描述，请参阅 11.3.6.1 节，以及关于特性阻抗的附录 A。由于寄生电容和场耦合对结构的影响会改变滤波器的特性，所以滤波器中使用的这些微带 PCB 印制线应远离导电结构。一个滤波器也可以使用微带中的间隙来形成，图 5-98 所示为它的等效电路。

关于微带辐射，如我们将在本章后面所要叙述的，它是当微带中的间隙很大，两个布线之间的辐射耦合就会发生，并且可以起主导作用。由于耦合电容 C_g 的存在，有间隙的微带线的耦合会随着频率的增加而增大，并起到高通滤波器的作用。这种间隙可以用电容器代

[一]　疑原文有误，查式（5-10）是计算电感器的 Q 值公式。此处式（5-10）应为式（5-11）。——译者注

[二]　同注[一]。

[三]　疑原文有误，查式（5-1）是计算圆直导线的电感量的公式。此处式（5-1）应为式（5-11）。——译者注

替，且通常是在较低的频率上，但即使是微波电容器也会表现出电感，在谐振频率上成为串联谐振电路。如第 5.2.2 节所述，这种由寄生成分引起的谐振也可能有用。

对于一些大间隙，C_g 变得非常低，并且其阻断性相当于开路。在这种情况下，辐射耦合便占主导地位。

如图 5-99 所示的 PCB 印制线宽度阶梯式中的跃变也相当于开路，该等效电路也如图 5-99 所示。由于形成了这两个电感，这个印制线宽度跃变便形成为一个低通滤波器。

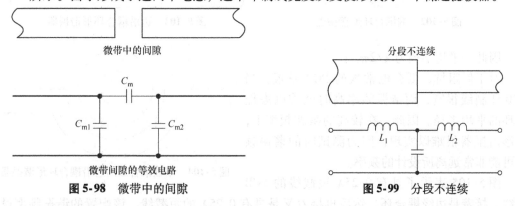

图 5-98 微带中的间隙

图 5-99 分段不连续

图 5-100 所示为一个交叉节，可以用作陷波滤波器。

交叉结可以认为是两个 T 形结并联。被认为是一种短截线的 T 形结，当其长度为四分之一波长时，如图 5-101 所示，它在滤波器中很有用。

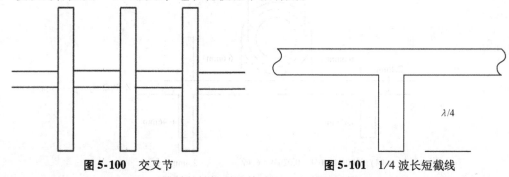

图 5-100 交叉节

图 5-101 1/4 波长短截线

对于微波频段的频率，1/4 波长短截线通常为开路。在这种情况下，开路 $\lambda/4$ 的短截线当作为一个 LC 串联谐振器。

从理论上讲，短截线的阻抗为零，短截线衰减器充当了陷波滤波器。它不仅在短截线为 0.25λ 时呈衰减，而且当短截线为 0.75λ 和 1.25λ 时，以及在其他奇数谐波时也会衰减。

环形谐振器是一种短路传输线，在该传输线周围形成驻波图形。环形谐振器可以像图 5-102 所示的那样被端部耦合，也可以像图 5-103 所示的以边缘耦合。边缘耦合谐振器之间的间隙很重要。当间隙较小时，损耗较小，但谐振腔中的场会受到影响。随着间隙的扩大，场受到的影响较小，但损耗将更大。

要是增加环接近激励导线周长，如图 5-104 所示，这样应该可以改善耦合，但确实增加了不连续性，而且据我们所知，这一点还没有人尝试过。

端部耦合谐振器的作用类似于带通滤波器，当其中值周长为 1，2，3…倍波长时，边缘耦合谐振器起到了带阻滤波器的作用。

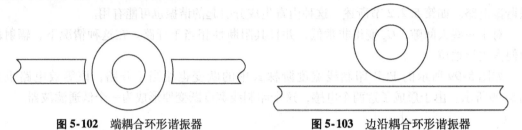

图 5-102 端耦合环形谐振器　　　　**图 5-103** 边沿耦合环形谐振器

因此，平均半径为 $\lambda/2\pi$。

对于低阻抗、低介电常数的 PCB 基板，当 PCB 印制线很宽，而谐振频率高时就难以去控制环的平均半径。因此，在较高的微波频率下，环形谐振器很难以实现，因为测试时的谐振频率可能非常远离所设计的频率。

图 5-104 增强耦合后的边沿耦合环形谐振器

图 5-105 表示了具有 0.25λ 短截线的 PCB 布线，接着是边缘耦合环，然后再接着又是具有 0.25λ 的短截线。该配置的谐振频率设计为 11.6GHz。

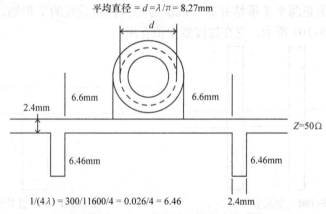

平均直径 = $d = \lambda/\pi = 8.27\text{mm}$

$Z=50\Omega$

$1/(4\lambda) = 300/11600/4 = 0.026/4 = 6.46$

图 5-105 11.6GHz 的 PCB 陷波滤波器

用 RogersRT/Duroid 5880 基板制作了一种滤波器，其介电常数为 2.2，特别适用于 HF 精确带状线和微带线 PCB。

利用 "Line Calc" 应用程序，在 2.4mm 布线宽度下对 50Ω 阻抗微带线进行了计算。

图 5-106 显示了类似的 14GHz 滤波器的性能。阻带很窄，但尺寸是关键的。

通过在不同频率上谐振的短截线和环，可以获得更宽的带宽，如图 5-107 所示。

5.3.5　连接器型滤波器

一个带有线电感器和调谐电容器的小 PCB 可以在更低的频率上使用，这个例子是一个 1.03GHz 的陷波滤波器，如图 5-108 所示。

金属化是在焊接环路和微调电容器的一个端子的一侧进行的。在 PCB 的另一边，两条

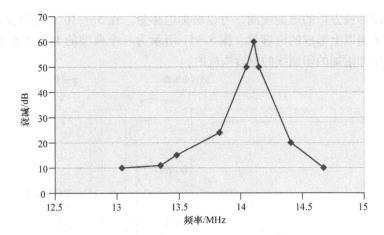

图 5-106　14GHz 陷波滤波器的测试性能

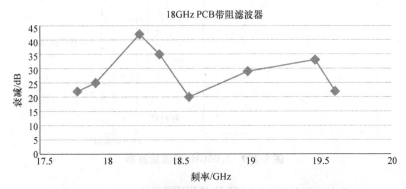

图 5-107　具有不同谐振频率的短截线和环的陷波滤波器

印制线连接在环路的另一端和微调器的另一端，并连接到连接器引脚。照片中的管子里装满了吸收体。

这个陷波滤波器的结构如图 5-109 所示。

无论使用为高频应用而设计的空气介质的微调电容器，还是使用用于甚高频（VHF）到 μWave（微波）的陶瓷介质的微调电容器都是很重要的。我们测试了塑料介质微调器，但因 Q 值太低，没有出现谐振峰值。

图 5-108　1.03GHz 滤波器

滤波器的性能如图 5-110 所示。

其他长度小于 0.1λ 的非谐振 PCB 印制线可以用作电感器和电容器。

在 5.1.2 节，式（5-4）中给出了在接地平面以上的长直的 PCB 印制线形成的电感量。

通过制作一个圆形或方形的螺旋线圈，可以增加电感量。在 5.1.10.1 节中叙述了两个平行印制线在接地平面以上形成的电容量，图 5-111 所示为一个典型的 PCB 带阻滤波器，它是由螺旋线的电感和附加的印制线的电容构成的。

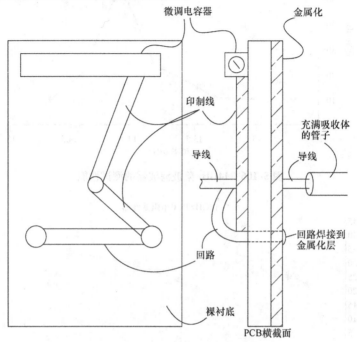

图 5-109 1.03GHz 陷波滤波器

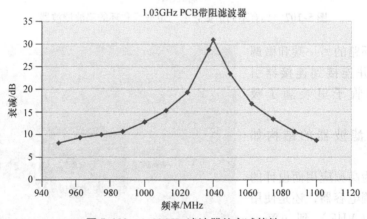

图 5-110 1.03GHz 滤波器的衰减特性

虽然即使是微波电容也有寄生电感（见5.1.10.1节），但添加 SM 电容器可以增加两条布线之间的电感量，所以在设计滤波器时必须考虑到这一点。

5.3.6 低频无源高通、低通、陷波和带通滤波器

连接器型的滤波器的设计、制造和测试覆盖了 2～512MHz 的频率范围。这些滤波器是由电感器和电容器组合而成的，而这些滤波器中所使用的元件是非常关键的。它的 Q 值不

仅取决于电感器所使用的导线的 DC 电阻，也取决于铁心在
高频时的损耗。铁氧体是有固有损耗的，而有时，为电源或
功率方面的应用所设计的电感器要具有更高的 Q 值。

以下是滤波器设计中常使用的一些电感器：

B82496C356J 56nH；

MLG1005SR24 0.24μH，多层；

MLF1608DR33M 330nH，多层；

MLF1608DR33M 0.33μH 多层；

LMQ21NNR47KIOD　0.47μH；

L‑14Cl2NJV14T　12nH；

744765119A　19nH；

MLG1005SR12J　120nH；

ATFC‑0402‑7N2‑BT　7.2nH，薄膜；

SD6020‑4R1‑R　4.1μH。

图 5-111　PCB 带阻滤波器

表 5-23 显示了一些电感器的自谐振频率及其在滤波器中的使用情况。

表 5-23　滤波器中使用电感器的自谐振频率

滤波器	寄生电容	电感/nH	自谐振频率/GHz
200	0.206	12	3.2
200	0.0864	47	2.5
2	0.878	1000	0.17
2	1.72	4100	0.06
30	0.423	240	0.5
30	0.0725	56	2.5
406	0.12	5.9	6
406	0.135	24	2.8
512	0.235	4.7	4.8
512	0.144	19	3

对于高频滤波器，电容器也需要呈现出低电感量和高 Q 值，应选择专门为 μWave 设计
用的电容器。一种电容器是 GQM 系列单片陶瓷电容器 0.1～100pF。另外，GRM 系列的容
值可以达到 1800pF。

对于较高的容值，COG 电容器可耐受高温，容值可以达到 0.1μF。

在网址 www‑usres.cs.york.ac.uk/~fisher/cgi‑bin/lcfilter 中提供了一个优秀的无源滤
波器设计软件，所有的设计都可使用这个软件。

所有的滤波器，带内插入损耗都小于 1dB。

在 406MHz 以上测量的衰减不像图 5-112 中预测的那样高。

这不是因为软件有错误，而是因为设计计算中没有包括电容器的寄生电感、电感器的寄
生电容和元件自身的 Q 值。

设计和测试的滤波器如下所示：

2MHz 低通滤波器；

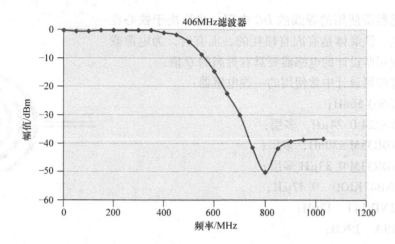

图 5-112 406MHz 低通滤波器的衰减特性

30MHz 低通滤波器；

108 ~ 110MHz 带通滤波器；

136 ~ 174MHz 带通滤波器；

156 ~ 163MHz 带通滤波器；

200MHz 低通滤波器；

406MHz 低通滤波器；

700MHz 高通滤波器。

用该软件设计的 2MHz 和 30MHz 低通滤波器的测量衰减图 5-113 和图 5-114 显示了该滤波器在较高频率下由于寄生参数效应而衰减的情况，图 5-115 显示了 30MHz 低通滤波器的照片。136 ~ 174MHz 带通滤波器的衰减特性如图 5-116 所示。这些图显示的是电平从 0dBm 开始减少。因此， −90dBm 等于 90dB 的衰减值。PCB 对于所有低通滤波器都是通用的，因此只有参数值的改变。

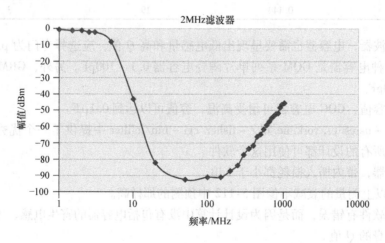

图 5-113 2MHz 低通滤波器的幅值衰减特性

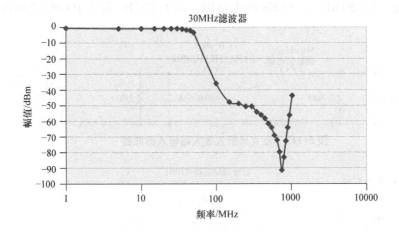

图 5-114 30MHz 低通滤波器的幅值衰减特性

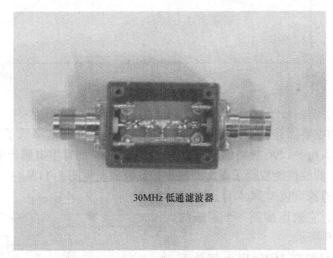

图 5-115 TNC 连接器的 30MHz 低通滤波器

5.3.7 滤波器设计实例

在 50V/m 场强下，按照美国军标 RS103，我们测试了一种含麦克风和麦克风前置放大器的头盔，频率范围为 14kHz ～ 18GHz。RS103 信号以 1kHz 的频率进行幅度调制，并且这个调幅波可以被听到。在 30MHz 和其他频率下，也可以听到 1kHz 的音调。

我们对图 5-117 所示的滤波器进行了测试，前置放大器在 0.014 ～ 350MHz 之间免测试。该滤波器的频率衰减响应如图

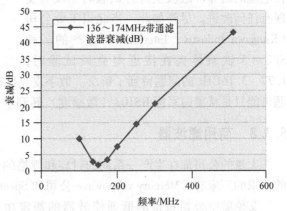

图 5-116 136 ～ 174MHz 带通滤波器的衰减特性

5-118 所示。然而，从 350MHz ~ 18GHz 频率范围，在 1.77GHz 和 3.16GHz 之间听到 1kHz 的音调。

图 5-117 麦克风前置放大器输入滤波器

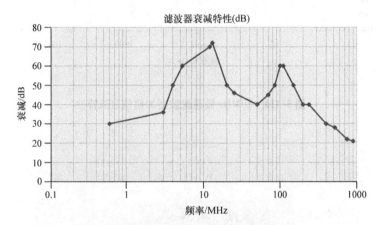

图 5-118 麦克风滤波器衰减特性

用一个 10pF 的电容器连接在滤波器的输入端与接地之间。这降低了 1kHz 的音调，却也消除了它。一个 5.6pF 1206 规格的电容器应在 2GHz 与它的寄生电感产生谐振，当它取代了 10pF 电容器时，滤波性能取得了重大的改进，其原理图见图 5-117。

剩下的问题被追踪到麦克风本身。麦克风有一个金属外壳，它被连接到一个屏蔽的外壳上，如图 5-119 所示。

大多数铁氧体材料在 1GHz 以上都是无效的，当几个由 25 和 28 种材料制成的珠子在电缆的短非屏蔽段上进行试验时，没有发现有任何改进。尽管如此，当北川工业公司（Kitagawa Industry，InterMark）生产的一种SFC - 3 铁氧体夹在接近麦克风试验时，

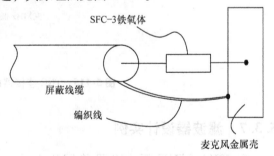

图 5-119 麦克风中的铁氧体

1.77 ~ 3.16GHz 的问题得到了解决。数字麦克风是较适用的，通常是更具有抗扰度，虽然问题可能只是从美国军标 RS103（敏感度）转到了美国军标 RE102 上（辐射发射）！

5.3.8 商用滤波器

大量的公司都在生产一系列的封装和规格的信号滤波器。其中一些性能符合表 5-24 中的要求的厂家有：Mercury microwave 公司和 Spectrummicrowave 公司。

艾伦航空公司报价的低通滤波器的额定功率为 200W，带有 BNC 连接器，适用于收发器。

表 5-24　滤波器规格

通带	DC ~30MHz	30 ~ 600MHz	118 ~ 137MHz
通带插入损耗	1dB（最大）	1dB（最大）	1dB（最大）
噪声抑制	40dB（最小）100MHz 60 ~ 80dB 在 1030MHz	20dB（最小）1030MHz	40dB（最小）1030MHz
功率容量	150W（CW）	150W	20W
工作温度	0 ~ 60℃	0 ~ 60℃	0 ~ 60℃
封装	连接器化 BNC 或 TNC	连接器化 BNC 或 TNC	连接器化 BNC 或 TNC

5.3.9　案例分析 5.2

案例分析 5.2 说明了一个简单的 *RC* 滤波器的效能。在这个案例中，我们有一台 50kW 的发射机，发射频率为 48MHz 或是 22MHz。发射机的位置距离一个 10 ~14kHz 的奥米伽（Omega）时间码接收天线 40m 远。测到入射至该时间码棒状天线上的电场强度为 4V/m。天线在基座处连到一个高输入阻抗的前置放大器上。在 50kHz 以上前置放大器的增益锐减，通常这个前置放大器可以起到一个有效滤波器的作用，然而，干扰发射机在前置放大器输入端产生的电压峰 - 峰值大约为 26V，这个值已经超出了前置放大器的电源电压。干扰电压在前置放大器第一级受到压缩和时间码信号的幅度调制，从而破坏了其信号完整性。

10kHz 时的天线阻抗为 1.18MΩ，而此时的前置放大器输入阻抗为 3MΩ；因此一个标准的 50Ω 低通滤波器不能用在这个场合。图 5-120 所示的 *RC* 滤波器在 22MHz 的衰减可达 22dB，在 483MHz 可达到 28dB。该滤波器放在一个位于天线基座和前置放大器之间的小金属壳内。滤波器内部的输入输出部分要隔离开以避免辐射耦合。由于高电平的干扰信号和前置放大器的高输入阻抗和低电容的缘故，这种耦合几乎是不可避免的。穿心电容器是一种标准型式，它没有有意的电容。然而，实测的寄生电容为 1.5pF，这是由于在设计滤波器时，同时考虑了前置放大器的 1.5pF 的输入电容所致。滤波器中有一个 4.7pF 的附加电容器，因而图中所示的电容量大约为 7.7pF，时间码信号频率为 10kHz 时，插入损耗为 0.3dB 是可接受的，所以用加入滤波器的方法解决了 EMI 问题（注意小数点！）。

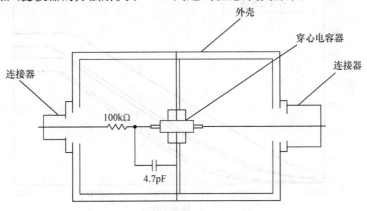

图 5-120　信号线滤波器及构造

5.3.10 滤波连接器

滤波连接器是一种具有滤波作用的连接器，它含有 T、L 或 π 型结构的滤波器中固有的元件如电容器或电容器和电感器，或仅含有整体铁氧体构成的平衡－不平衡变换器。滤波连接器可用于最大电流为 15A、电压为 DC 200V 或 AC 120V 的信号滤波或电源滤波。市场有售的连接器类型包括 D 型和大多数的军用型号，如由 Amphenol 和 ITT Cannon 公司制造的 MIL－C－389999、5015、83723、26482、TKJL、TKJ、TKJA 以及 Erie 公司制造的 BNC 和 TNC 类型。可以买到适合用在电源线和控制线上的滤波连接器，它们在低频时有适当的衰减电平，而在1MHz、10MHz 或 100MHz 有最小的衰减，以至于信号中的脉冲衰变可以忽略不计。

API 技术公司（Spectrun Control）生产 Micro D 系列 400、500 和 700 Filtercon 或滤波器适配器，这取决于在 0.13MHz、0.16MHz、0.26MHz、0.64MHz、1.3MHz、2.8MHz、3.4MHz、6.4MHz 和 130MHz 下的良好信号脉冲性能。

700 系列的典型性能曲线如图 5-121 所示。

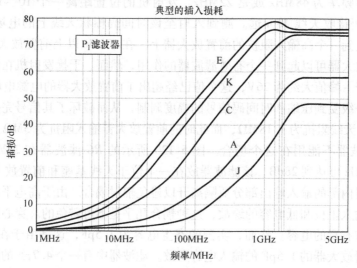

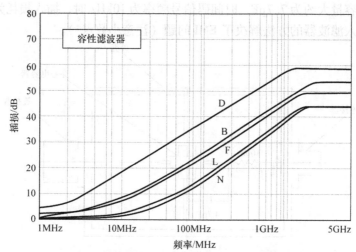

以上曲线表示在Spectrum Control协助下，实施的恰当基本接地

图 5-121 API Technologies（Spectrum Control）700 系列的性能

API Micro D 系列的性能见表 5-25。

表 5-25 API Micro D 滤波连接器的性能

滤波器编号	类别	电容		绝缘强度电压/V	直流工作电压/V $-55°$~$+125℃$	最小插入损耗—分贝（dB）50W 系统，参照 MIL – STD – 220（空载）							
		容值/pF	容差（%）			5MHz	10MHz	20MHz	50MHz	100MHz	200MHz	500MHz	1GHz
高性能													
01	FT	100	±20	300	100	—	—	—	—	1	6	14	20
02	FT	470	±20	300	100	—	—	2	8	14	20	28	34
03	FT	820	±20	300	100	—	2	6	13	19	25	33	39
04	FT	1500	±20	300	100	—	5	10	18	24	30	38	44
05	FT	4700	±20	300	100	8	14	20	28	34	40	48	54
标准性能													
10	COB	100	±20	300	100	—	—	—	—	1	6	14	20
11	COB	470	±20	300	100	—	—	2	8	14	20	28	32
12	COB	820	±20	300	100	—	2	6	13	19	25	32	32
13	COB	1500	±20	300	100	—	5	10	18	24	30	32	32
14	COB	4700	±20	300	100	8	14	20	28	32	32	32	32

注：Quell 公司生产的 EE 密封滤波器是一种薄橡胶片，很容易滑过 D 型、ARINC 型和圆形连接器的连接器引脚，包含 1pF ~ 1μF 电容器。

这种滤波连接器的一个缺点是当其用在平衡电路和差分电路中时，其电容值有 20% 左右的误差。这实际上会使其输入端产生不平衡并将共模噪声转变为差模噪声。

有一些滤波适配器，它们插入在已有的非滤波插头和插座之间，它们用来作诊断测试或解决 EMI 问题非常有用。在美国军标 MIL – STD – 462 辐射发射（RE02）试验的试验装置中，屏蔽室里的受试设备可能受控于室外的试验装置、计算机或地面设备。当进入屏蔽室的接口电缆与室外的试验装置连接上了但却没有和受试设备（EUT）相连时，RE02 的限值经常被超过。其原因通常是由试验装置信号线或电源线上的共模噪声从接口电缆上形成了辐射。而这些接口电缆通常是屏蔽的。解决的方案是在试验装置上使用 D 型连接器和必要时使用滤波适配器。

当滤波连接器太昂贵或因受空间限制而无法应用时，或对于差分电路必须仔细地匹配电容，则可以采用图 5-122 的滤波器盒中的配置，可以从 TRW 和 Metatech 公司买到含有滤波器表面贴装（SM）元件的柔性薄片，它可以套在现有的连接器的插脚上。

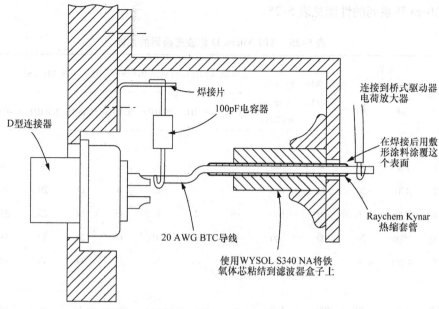

焊接片

100pF电容器

连接到桥式驱动器
电荷放大器

D型连接器

在焊接后用敷
形涂料涂覆这
个表面

Raychem Kynar
热缩套管

20 AWG BTC导线

使用WYSOL S340 NA将铁
氧体芯粘结到滤波器盒子上

图5-122 滤波器盒子封闭 D 型连接器后部的示意图

5.4 减小发射的方法

5.4.1 信号和电源的生成特性

对于信号的脉宽和上升时间以及电源的控制和变换，必须要选择使其不超过需求的频谱范围，这就意味着在所需的信号特性的限制范围内，要使脉冲宽度尽量窄，而上升时间和衰落时间尽量长。

应尽量减小二极管和其他半导体装置开关时的充电及电容器的快速充、放电所产生的强电流脉冲，通常的方法就是加入串联阻抗。

为了提高效率，开关晶体管和整流二极管的上升时间和下降时间常常要尽可能满足最快的开关时间。这将产生难以置信多的发射频谱。选用柔性的快速恢复整流管和降低晶体管的上升时间和下降时间（以牺牲效率为代价）将会显著地抑制高频（大于1MHz）分量。

只要有可能，在使用具有高 dV/dt 或 dI/dt 特性的晶闸管和双向晶闸管的地方改用晶体管或功率 MOSFET，这样可以减慢从"关"至"开"的瞬变。

图5-123 所示的加热器开关电路，在 Q16 基极和集电极之间没有附加的 $0.01\mu F$ 密勒电容器时，开通时间 $1.5\mu s$，关断时间 14ms。该电容器可以减慢开关速度，达到开通 4ms，关断 4ms。图5-124 所示为在线路上的宽带传导噪声电平的减小情况。

宽带噪声常常由工作在 AC 电源频率（工频）状态下的线性电源产生，它在电源的输入端和输出端都会出现。产生噪声电压/电流的原因是由于整流器从导通状态转换到不导通状态的转换产生的。使用快速恢复的整流器会加速这种转换。然而，关断期间从整流器的半导体结吸取电荷仍然需要一些时间。在电荷交换时间里，在 AC 输入端会出现短路状态。使用图5-125a 所示的串联电感将会十分有效地减小造成宽带噪声的输入电流尖峰脉冲。

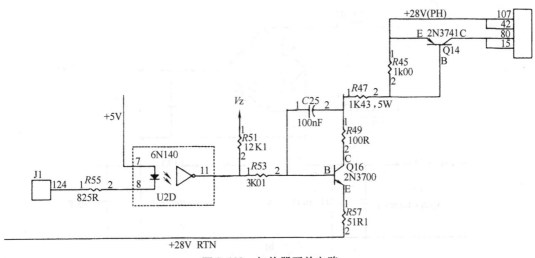

图 5-123 加热器开关电路

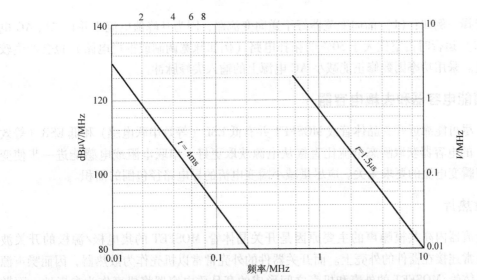

图 5-124 由于加入电容器 $C2$（$0.01\mu F$）使宽带发射减小的情况

在整流桥和平滑电容器之间加入一个串联电感器可以使电源与负载切换产生的电流尖峰脉冲隔离开来或减少输入端的纹波电流，如图 5-125b 所示。折中的选择是加入电感器，减小平滑电容器两端产生的最大电压。还可以通过在电感器两端增加一个电容器来降低输入电源频率（工频）的纹波从而形成工频并联调谐电路。

显然，在非常高的开关频率下，增加上升时间和下降时间是不可能的。例如，开关频率在 MHz 范围的变流器设计的趋势是要求有短的上升时间和下降时间以保证较高的效率。

然而，对于设计者而言，仍然有适当的方法用于减小噪声产生的辐射和传导发射。下面讨论四种有关的方法。

5.4.2 电路拓扑

所有的开关电源拓扑都会产生传导发射和辐射发射。但其中有些拓扑相对其他拓扑而言

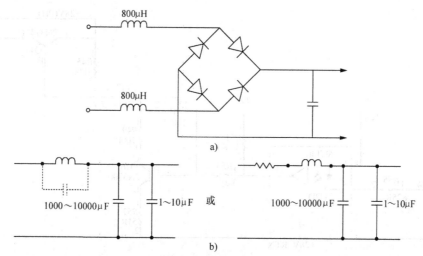

图 5-125 在整流桥和电容器之间使用电感器来减小纹波和瞬态电流尖峰脉冲的原理图

是更好的选择。例如：（1）前向变流器好于逆向变流器，因为其峰值电流小并且二次 AC 电流更小。（2）运行时占空比大于 50% 的拓扑电路（例如脉宽调制或推挽电路）也会产生较低峰值电流。采用功率因数修正能减小 AC 电源上的输入尖峰脉冲。

5.4.3 储能电容器和去耦电容器

从一个尽可能靠近开关晶体管或 MOSFET 并有低 ESL（等效串联电感）和低 ESR（等效串联电阻）的电容器获取瞬态电流比直接从电源获取更好。串联电阻或电感能进一步使变流器电源与瞬变电流的要求无关。应尽量减小瞬变电流的导电路径包围的面积。

5.4.4 散热片

引起变流器内高共模噪声的主要原因是开关晶体管/MOSFET 的集电极/源极的开关波形。它们通常连接在器件的外壳上。而开关器件的外壳常常以机壳作为散热器，因而噪声源通过开关晶体管/MOSFET 的外壳和机壳之间形成的高品质电容器将机壳作为参考地。而散热器绝缘材料这时充当电容器的介质。减小器件与机壳之间的电容器，可以用氧化铍散热器绝缘材料（电容量 18pF，安装后 41pF）来代替云母绝缘材料（电容量 150pF，安装后 156pF）来实现。更好地解决办法是使用嵌有屏蔽的绝缘材料。将该绝缘层连接到开关器件的返回路径上，这时容性耦合的瞬态电流会流回到电源而不会流向机壳，同时共模噪声电压也显著地减小。

5.4.5 电路布局

采用较短的低阻抗连接线使较高瞬态或载有射频电流的导线和器件限制在一个较小的区域，就会减小传导发射和辐射发射，电路应尽可能远离机壳以减小容性耦合。对于高电平的辐射源，可能需要使用一个小型的附加机壳来屏蔽噪声源，或对使用的穿心电容器或滤波器实施隔离。使用继电器或半导体器件来切换感性负载时，在切断的瞬间可能产生高电压。电压的幅度大小由电流变化率 $V = L(\mathrm{d}I/\mathrm{d}t)$ 来决定。当 $\mathrm{d}I/\mathrm{d}t$ 很高时，产生的高电压可能以容性方式耦合至电路导线、机壳内部或半导体器件的电容两端。使用继电器切换感性负载时，产生的电弧可能会损坏继电器的触头。图 5-126 所示的缓冲电路可以用来减小产生的电压，省略掉与图 5-126b、d 中二极管串联的电阻能减小产生的电压但将导致较大的瞬态电流流过二极管，从而又可能产生 EMI 问题。当变流器或白炽灯切换负载产生冲击电流时，可能需要使用一个串联电感器来减小瞬变的幅度。

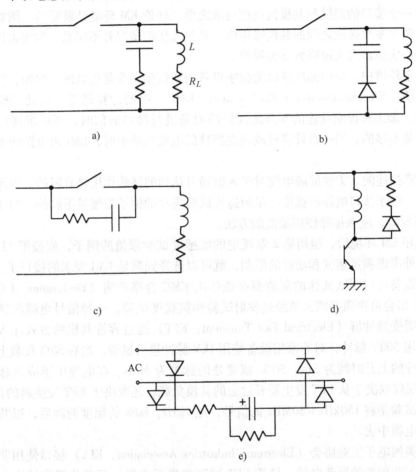

图 5-126　缓冲电路

在 EMI/EMC 研究中不难发现，切换负载时，产生的 EMI 问题或是发射超过规范限值的问题往往是由于电压和电流的组合瞬变所致。然而，下面关于负载的实例就可能不会产生类似的问题。有一台商用设备，它由装在非屏蔽机壳内的单块 PCB 上的 TTL 和 CMOS 混合逻辑电路组成。仅当蜂鸣器响起时才不符合 FCC 辐射发射的要求。产生这个问题的根本原因在于压电蜂鸣器。当接通蜂鸣器开关的晶体管在某一音频被关断后，蜂鸣器会在大于 30MHz 的一个频率上产生谐振，蜂鸣器上会有 100V（峰-峰值）的电压。在蜂鸣器边上并联一个电阻就可以衰减谐振，然而虽然可以得到一个可接受的干扰电平，却降低了音频输出。本书第 11 章讨论可减少发射的 PCB 布局和更多减小电路噪声电平的方法。

5.5 噪声抗扰度

5.5.1 接口电路噪声抗扰度

在决定一个接口的差模和共模抗扰度要求之前，评价 EM 环境是重要的。例如，分开相当大距离的两个系统接地之间的共模噪声电压达到几伏的情况并不罕见。但可以用正确的接地安排及精心实施而大大地降低这类噪声。

在办公室环境中，采用标准接口的数字设备的通信错误率是很低的。然而，当一台处于良好电磁环境（Electromagnetically Environment，EME）中的计算机与一台处于糟糕电磁环境中（例如，加工和控制设施的车间地面）的设备进行接口通信时，则标准接口的抗扰度要求可能还是不够的。当一台计算机放置在糟糕的电磁环境中时，EMI 由电源线上的瞬变产生的。

如第 7 章描述的，柔性屏蔽电缆对于入射场可达到的屏蔽作用是有限的。因而在辐射敏感度试验中，由于接口电路抗扰度不足而造成试验失败的例子是屡见不鲜的。当接口的通带内有 EMI 问题时，应该排除使用滤波的方法。

在估计好 EM 环境后，运用第 2 章规定的敏感度试验限值的例子，或按第 11 章讲述的方法，再另外考虑满足速度和功耗的限制，就可以选择到满足 EMI 要求的接口了。

将商业设备出口至欧共体的制造商必须作出 EMC 合格声明（Declaration of Conformity，DOC），而作出合格声明必须先要经过发射试验和抗扰度试验。一种信号电缆的试验就是将一个电快速瞬变脉冲群（Electrical Fast Transient，EFT）通过容性共模的方式注入电缆，对家用设备使用 500V 脉冲，对非家用设备使用 1kV 脉冲进行试验。当在 50Ω 负载上进行测量时，EFT 脉冲的上升时间为 5ns，50% 幅度处的脉宽为 50ns。在电缆中感应的脉宽远大于50ns。这不仅仅取决于从 EFT 发生器看过去的共模负载，还取决于 EFT 发生器的设计参数。

另一个试验是将 150kHz ~ 80MHz 的信号，经 1kHz，80% 的幅度调制后，以共模大电流方式注入到电缆中去。

标准的美国电子工业协会（Electronic Industries Association，EIA）接口使用非屏蔽电缆或屏蔽终端工艺较差的屏蔽电缆，导致 EFT 试验常常不合格，而在共模信号注入试验中失败会少一些。保证接口具有足够的抗扰度是很重要的。低频不平衡输入可能需要高频滤波。平衡的输入线应有相等的线路长度、对极快速的脉冲能对地呈现相等的阻抗。

标准的 TTL、CMOS 和 ECL 逻辑电路的抗扰度见表 5-26 所示。可以通过使用低阻抗驱动器和终端网络提高标准逻辑电路的抗扰度，例如图 5-127 所示的施密特触发接收器。

表 5-26 标准的 TTL、CMOS 和 ECL 逻辑电路的抗扰度

	TTL64	HTL	CMOS 5V	CMOS 10V	COMS 15V	TTL 74L	TTL 74H	ECL[①] 10k	ECL[①] 100k
典型的传输延迟/ns									
tPHL	12	85	150	65	50	30	8	2	0.5
tPLL	17	130	150	65	50	35	9	2	0.5

（续）

	TTL64	HTL	CMOS 5V	CMOS 10V	COMS 15V	TTL 74L	TTL 74H	ECL[1] 10k	ECL[1] 100k
DC—噪声容限（最小）									
VNL/V	0.4	5	1	2	2.5	0.4	0.4	0.155	0.155
VNH/V	0.4	4	1	2	2.5	0.4	0.4	0.125	0.125
典型的输出									
阻抗/Ω									
低	30	140	400	400	400	30	30	8	8
高	140	1.6k	400	400	400	510	55	6	6
典型的噪声能									
量抗扰度									
ENL/nJ	1.7	60	1	3.7	7.2	—	—	—	—
脉宽/ns	20	125	155	70	50	—	—	—	—
ENH/nJ	1	5	0.9	3.1	8.5	—	—	—	—
脉宽/ns	25	145	280	90	75	—	—	—	—

① $R_L = 50\Omega$。

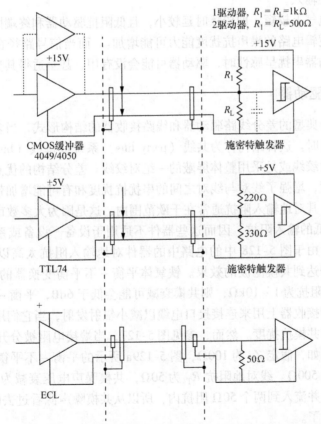

图 5-127 标准的 TTL、CMOS 和 ECL 线路驱动器/接收器

标准线路驱动器和接收器 RS – 232、RS – 423A、RS – 422A、RS – 485、RS – 449、RS –

530、IEEE（188 – 1978）（GPIB）、10BASE TX、100BASETX、155Mbit/sATM 和 MIL – STD – 1553 接口。

可以买到的线路驱动器和接收器 IC 有下列部分或全部特点：

内置终端电阻器；

输入端钳位二极管；

输出端钳位二极管；

大电流输出；

单独频率响应控制；

输入迟滞；

大的 DC 噪声容限；

高共模噪声抑制比；

符合 EIA 标准；

符合 GPIB 标准；

单端传输；

差分数据传输；

输入端门限基准输入。

当信号路径在电气上较短，即传播时延较小，且低阻抗驱动器和终端网路造成的串扰为容性时，标准数字逻辑电路的噪声抗扰度能力可能增加。而当信号路径在电气上较长或由于使用了低阻抗驱动器串扰呈感性时，驱动器可能会没有用，甚至适得其反。

5.5.2 接收器和驱动器

图 5-128 所示为典型的差分线路驱动器和线路接收器的结构形式，当多个收发器共享如图 5-128 所示的线路时。这种结构称为共线（party line）系统或母线（bus）系统。传输线通常是各自屏蔽的对绞线或是采用整体屏蔽的一组对绞线。差分结构的优点是在 5MHz 以下有较高的共模抗扰度，增强了线对与线对之间的串扰抗扰度和有可能增加带内共模噪声滤波作用。图 5-128 中，其对地输入阻抗通常在千欧范围内，这是因为大多数市售的线路接收器的 IC 都具有相对较低的输入阻抗，因而这些器件不适用于设备—设备或系统—系统之间接地的隔离。相反地，由于图 5-128 中的电路中的器件对地输入阻抗太高以至于不能使用平衡 – 不平衡变换器来达到共模滤波的效果。铁氧体平衡 – 不平衡变换器的阻抗大约为 50 ~ 1000Ω，若共模输入阻抗为 1 ~ 10kΩ，则共模衰减可能会低于 6dB，平衡 – 不平衡变换器经常接在线路驱动器和接收器上用来连接接口电缆以减小辐射发射，当它们用在图 5-128 的电路时，只能略微增加共模抗扰度。然而，参见图 5-127，当端接电阻被分开来，就可以得到很大的共模衰减。例如，假定 Z_0 为 100Ω，图 5-129a 所示的平衡 – 不平衡变换器的阻抗在一个较宽的频段上为 500Ω。线对地阻抗 R_T 为 50Ω，共模噪声电压衰减为 21dB。共模噪声电流分配在两导线上并流入到两个 50Ω 阻抗内，所以从共模噪声源看过去的总阻抗为 25Ω。因而电源抗扰度提高了。

噪声电压通常为共模电压，这是因为驱动器和接收器接地之间有接地噪声电势和信号电缆上有共模注入而产生的。

应选择输入端有良好的对地平衡和在带内频率上显示出高的共模噪声抑制能力的差分接

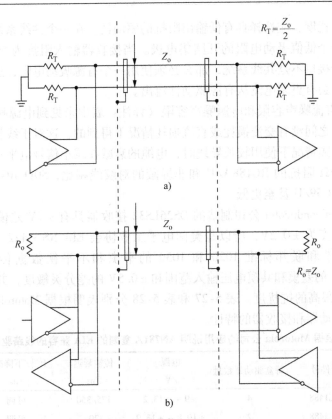

$$R_T = \frac{Z_o}{2}$$

a)

b)

图 5-128 典型的差分线驱动器和接收器

收器。在带外信号成为一个问题时，如图 5-129b 所示，可以在电路中对于低频噪声加上高通滤波器，而对于高频噪声加上低通滤波器。

单端系统的带内噪声抗扰度远低于差分输入系统，因为不平衡的输入阻抗使共模引起的噪声在接收器的输入端转变为差模噪声。为了抑制带外噪声，可以在单端接收器输入端增加滤波。

接收器的差分输入阻抗通常与输入频率和输入信号有关。在接收器输入端加一个端接电阻往往可以减少反射并改善信号质量和提高电路的抗扰度。抗扰度之所以得到提高是因为低于信号电平并加在非畸变信号上的噪声脉冲电压与叠加在畸变信号上的噪声脉冲相比，不大可能会超过接收器输入端的开关阈值。对于

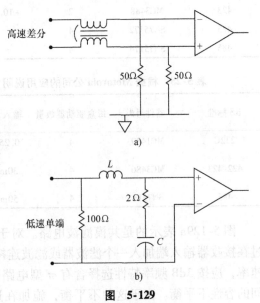

高速差分

50Ω 50Ω

a)

低速单端

L

100Ω 2Ω

C

b)

图 5-129

a）增加差分接收器共模输入噪声抗扰度的方法

b）低速单端接收器输入滤波器

$45 \sim 460\Omega$ 的输入阻抗而言，产生超过阈值的电压的噪声所需要输入功率远比输入阻抗为 $1 \sim 10\text{k}\Omega$ 时要高。通过端接电阻使抗扰度提高在一定程度上补偿了因为加载导致的信号电平

衰减。为了保持抗扰度，应选择具有低输出阻抗的驱动器。在一个共线系统中，驱动器的输出端常常是带有一个低值吸动电阻的开路集电极。当接收器输入阻抗为 50Ω 时，吸动电阻不宜超过 20Ω。若接口不是共线系统，那么必须使用一个有源吸动电阻，这是因为当一个高输出电平被下拉，会有更多电流从有源驱动器流出。

表 5-26 中的直流噪声容限和电源噪声容限（译注：表中未见到电源噪声容限）是假定在驱动器和接收器之间没有交流损耗或直流损耗情况下得到的，这对于线长非常短的情况下是正确的。但在高频情况下使用较长导线时，电缆的衰减在减小信号电平和降低信噪比方面起到重要作用。50Ω 阻抗的 RG188A/U 和非屏蔽的对绞线相比，50Ω RG58/V 有更大的衰减，但是比 75Ω RG59/U 甚至更低。

由 National Semiconducotor 公司制造的 DS26LS32 接收器具有 ±7V 差模或共模电压输入范围，而输入灵敏度为 ±0.2V，所以是美国电子工业协会 EIA RS－422，RS－423，RS－499，RS－530 标准和联邦标准 1020 和 1030 的平衡和不平衡数据传输的理想产品。DS26LS32 有 ±15V 的差模和共模电压输入范围和 ±0.5V 的差分灵敏度，并且虽然它不符合 EIA 标准，但却有很高的抗扰度。表 5-27 和表 5-28 分别表明根据 Motorola 公司的 AN781A 应用说明复制的驱动器和接收器的特性。

表 5-27　根据 Motorola 公司的应用说明 AN781A 复制的 EIA 兼容的线路驱动器特性

RS 标准	器件号	每盒驱动器数量	电源 /V	传输延迟 /ns	上升/下降时间 /ns	Hi—Z 输出注解
232C	MC1488	4	±9 ~ ±13.2	175/350	可调	无翻转
232C	MC3488	2	±10.8 ~ ±13.2	20	可调	无翻转
422	MC3487	4	+5	20	20	翻转
423	MC3488	2	+10.8 ~ 13.2	—	可调	无翻转
485	SN75172	4	+5	25/65	75	翻转
485	SN75174	4	+5	25/65	75	翻转

表 5-28　根据 Motorola 公司的应用说明 AN781A 复制的 EIA 兼容的线路接收器特性

RS 标准	器件号#	每盒驱动器数量	输入（滞后）	输入门限	传输延迟	注解
232C	MC1489	4	0.25 ~ 1.15	3V	85ns	
422/423	MC3486	4	30mV 典型	200mV	35ns	输入范围 ±7V C/M
485	SN7513	4	50mV 典型	200mV	35ns	

图 5-129a 表示的是共模滤波电路。对于低频单端信号，例如 RS－232C 而言，可以通过在接收器输入端加入一个滤波器或滤波连接器来增加它的高频抗扰度。为了适合信号数据速率，应按 3dB 频率特性选择含有 π 型电路的滤波连接器。滤波连接器的唯一问题是引脚间的容性不平衡。由于这种不平衡，施加在连接器上的很高电平的共模噪声被转化为差模噪声。

图 5-129b 表示一个用于低速单端接收器的滤波器。输入阻抗保持在 100Ω 以下，以便在翻转发生之前增加在通带频率内所需的输入噪声功率。选择 L 和 C 的值以便得到一个低通滤波器，其频率响应不会降低信号质量，但在可接受的限值范围内能增加信号的上升时间

和下降时间。因为接收器的输入阻抗高，所以需要增加一个 2Ω 的电阻以衰减滤波器的谐振。谐振频率应该远离最大的信号时钟频率。

在差分接收器的输入端有通带内差模噪声或在单端接收器输入端有共模噪声化为差模噪声而引起问题的情况下，解决问题的办法是在接口上使用屏蔽电缆。若电缆已经屏蔽了，那么很重要的一点是确保用低阻抗将屏蔽终端连至设备外壳或使用双层编织屏蔽电缆，或至少是金属箔/编织屏蔽电缆。

线路驱动器通常具有驱动大量接收器和具有吸收和供出电流的能力，通常为 40mA，最大 200mA 负载阻抗普遍在 $78 \sim 250\Omega$ 之间。接口可以使用阻抗为 $80 \sim 130\Omega$ 对绞线或阻抗为 $70 \sim 120\Omega$ 的对绞屏蔽线。DS26S31 线路驱动满足 EIA RS－422、RS－530、RS－499 和联邦标准 1020 的所有要求。在输出电流为 －20mA 时，DS2653 可以提供的最高输出电压为 2.5V 和在输出电流为 20mA 时，可提供最低输出电压为 0.5V。输出短路电流限制在 －30mA 和最大 －150mA 之间。表 5-26 表示了 EIA 标准接口的特性。制定 RS－499 标准是为了给 RS－232C 互连线提供新的限定。RS－499 用的是 37 针连接器，使用了 30 条线，而 RS－232 使用 25 针连接器，使用了 20 条线。RS－449 没有规定电气特性，因为这些都已经在 RS－232 中有规定而且 RS－423 还将沿用。RS－530 几乎和 RS－422 特性一样，但对 DB25－RS－232 格式使用不同的信号。

为了减少含有许多接口电路的电缆串扰，如同过渡时间一样，要规定最大的 dV/dt。

任何接口的最大电缆长度由电缆衰减特性决定：较高的电阻要缩短电缆最大允许长度，而较高的电容在较大波特率时也要缩短电缆最大长度。要求的抗扰度和最大误码率也限制了电缆长度或是波特率。RS－232、RS－422 和 RS－423 推荐的最大电缆长度仅仅是建议而已：使用高品质电缆和采用信号波整形、信号畸变补偿或接口调节技术就有可能使用较长的电缆。这些方法也可以用于改善抗扰度。表 5-29 中 RS－422 的最小/最大电缆长度是基于使用线规为 24AWG 对绞线电缆和平衡接口得到的。

表 5-29 EIA 标准接口

规 格		RS－232C 1969	RS－423A 1978	RS－422A 1978	RS－485 1983
一般参数	类型	单端	单端	差动	差动
	线长	15m（50ft）	1200m（4000ft）	1200m（4000ft）	根据应用情况（4000ft）
	最大频率	20kbaud	10m（33ft）处为 10Mb	100kbaud	10baud
	过渡时间	$<4\%\gamma$ 或 <1ms（在"0"和"1"之间未定义区域）	小于 0.3γ 和 300μs（终值的 10%～90% 对应的时间）	>20ns 或 $<0.1\gamma$（终值的 10%～90% 对应的时间）	$<0.3\gamma$（54Ω，50pF 负载终值的 10%～90% 对应的时间）
驱动器	驱动器个数	1	1	1	32
	开路输出	3.0V $< |V_0| < 15$V	4.0V $< |V_0| < 6$V	$|V_0| <6$V $|V_{0a}|$ $|V_{0b}| <6$V	1.5V $< |V_0| <6$V
	V_t（负载输出）	5V $< |V_0| < 15$V	$|V_t| > 0.9 |V_0|$ 450Ω 负载	>2V 或 $1/2 V_0 < |V_t| <6$V 100Ω，平衡	1.5V $< |V_t| <5$V
	短路电流 I	<500mA	<150mA	<150mA	<250mA
	输出阻抗 Z	—	$<50\Omega$	$<100\Omega$，平衡	—
	驱动负载	$3 \sim 7$kΩ	460Ω	100Ω	54Ω

（续）

规格		RS－232C 1969	RS－423A 1978	RS－422A 1978	RS－485 1983
接收器	接收器数量	1	10	10	32
	输入电压范围	+15V	+12V	－7V～+7V	－7V～+12V
	接收器最小响应	> ±3.0V	200mV，差动	200mV，差动	200mV，差动
	输入电阻	3～7kΩ，2500pF	4.0kΩ，最小	4.0kΩ，最小	15kΩ，动态 12kΩ（+12V） 8.75kΩ 在－7V时
	平衡接收器 C/M 电压	—	—	$7.0V$，$V_{cm}<7V$	$7.0V$，$V_{cm}<7V$
	DC 噪声容限	2V	3.4V	1.8V	1.3V
	电源噪声容限	1.3mW	25mW	32mW	31mW

表 5-30 表示典型的双向仪器的总线（IEEE 488，GPIB）的收发器到 V_{cc} 的输入端电阻 2.4kΩ 和到地的电阻 5kΩ 都不提供低阻抗输入，因此无论是线—线的容性耦合还是入射电场的耦合都高于低（50～130Ω）输入阻抗接收器的预期值。

表 5-30　典型的双向仪器设备总线收发器特性（IEEEE－488，GPIB）

GPIB 输入 （接收器）	GPIB 输出 （驱动器）	逻辑状态	电压或电缆	
			最小	最大
电压低		"1"	－0.6V	+0.8V
电压高		"0"	+2.0V	+5.5V
	电压低	"1"	0.0V	+0.4V
	电压高	"0"	+2.4V	+5.0V
弱电流		"1"		－1.6mA
强电流		"0"		+50μA
	弱电流	"1"	+48mA	
	强电流	"0"		－5.2mA

注：1. 端接的输入阻抗为 1.6kΩ，输入滞后 600mV；

　　2. 典型噪声容限：高对低为 1.5V，低对高为 1.2V。

虽然 GPIB 是一种单端传输线，但电缆和接收器对磁场的抗扰度却惊人地高。使用一根带有塑料后壳的 6.7m 单层屏蔽 GPIB 电缆，电缆至少有 1m 长暴露在 0.7A/m 的场强中，在 30MHz 接收器输入端检测到的差模噪声大约为 600mV（也就是超过接收器噪声阈值 200mV）。若将 GPIB 电缆换成有金属后壳（称为 EMI 加强型）的双层编织的单层金属箔屏蔽电缆，差模感应电压可减小到 150mV（即 －12dB），于是接收器就对这种被削弱了的共模和差模合成噪声具有抗扰能力。经过测试表明局域网以太网对高电平电场（20V/m，10kHz～1GHz）具有抗扰能力（第 4 章参考文献 [4]）。

MIL－STD－1553B 数据总线在 1Hz～2MHz 之间有 10V（峰－峰值）的共模抗扰度，对变压器耦合的短截线有 140mV（方均根值）（高斯特性的，1kHz～4MHz）的差模抗扰度，而对直接耦合的短截线有 200mV（方均根值）的差模抗扰度。

10BASE—TX 接口以 10Mbit/s 的速率传送 ≈2.5V（峰值）的按曼彻斯特编码的数据流。对于 100BSAE—TX 接口，则以 100Mbit/s 的速率传送 1V（峰值）的按 MLT—3 编码的数据流。一个适合 10BSAE—TX 或 100BSAE—TX 的接收器电路是 National Semiconducotr 公司制造的 DP83223 TWISTER 高速网络收发装置。DP83223 允许链接最长达 100m 的对绞屏蔽线（Type—1A STP）和 5 类数据级的非屏蔽对绞线（Cat—5 UTP）或类似的电缆。该接收器规定信号检测保持阈值最大为 700mV。信号检测阈值是图 5-130a 所示的 RJ45 连接器在 RXI ± 输入端为保持信号检测差分输出所需要的峰 – 峰值差分信号幅度的一种量度。信号检测去保持阈值最小是 200mV，而信号去保持阈值规定为 5-130 所示 RJ45 连接器 RXI ± 输入端为使信号检测差分输出去保持所需要的峰 – 峰值差分信号幅值的量度。因此典型的滞后值为 200mV。RXI 差分输入电阻为 7 ~ 9kΩ，但没有规定共模阻抗。National Semiconductor 公司为 100BSAE—TX 物理介质依从（PMD）电路推荐的是如图 5-130 所示的典型接收器电路 DP83223。数据流通过一个隔离变压器从 RJ45 – 8 媒介连接器交流耦合到 DP83223 双绞线接收器上。然后，DP83223 均衡接收器信号对由于双绞线电缆的不理想传输线特性引起的信号退化进行补偿。要适当选择示意图中的电阻值以便与 0.4dB 左右的插入损耗相配，在电缆长度为 0m 和标准输入 2V 的情况下，它与 12.1Ω 和 37.9Ω 分压器一起会导致从 RXI 输入端看去，最终大约有 1.45V 的峰 – 峰值的差异。电缆长度为 0m 时，RXI 输入端的抗扰度为 0.75V，而在 RJ45 输入端就是 1.03V。0.01μF 的电容器用来作为共模噪声滤波器。这个电容器和 37.9Ω 电阻器及隔离变压器初级到次级的电容一起将决定接收器输入端产生的共模电压电平的大小。若能使用一个初、次级之间有连接到地的静电屏蔽的隔离变压器将可以显著地减小电容性耦合。由 National Semiconductor 公司推荐的另一种接收器电路如图 5-130b 所示，要求它能提供完全的自动协商解决问题能力。在该电路中共模终端紧随在 RJ45 连接器后面。在 RJ45 连接器一侧的变压器绕组对共模电流呈现出较低的阻抗，这是由于共模电流以不同相的方式流过变压器。因此接收器总的共模阻抗为一个 49.9Ω 电阻器加 0.01μF 电容器。产生一个指定电压所需的共模噪声功率几乎肯定远高于图 5-130a 所示的，在该图中，通过初、次级之间的电容器的共模输入阻抗应该是高的。图 5-130b 电路的问题在于接收器对地阻抗是未知的并有可能较高。这就意味着隔离变压器和普通的电感器都不具有像图 5-130a 电路一样的有效抑制共模噪声的能力。粗看一下，图 5-130b 中变压器和共模电感器应该能有效地衰减流出接口的共模噪声电流，但是实际上只是当连接到外壳的 0.01μF，2kV 的电容器靠近 RJ45 连接器时才是对的。绝不可以将 0.01μF 电容器连接到数字地。这样将会把共模噪声施加到其他地方，并且会通过 0.01μF 和 49.9Ω 电阻器泄露到对绞线电缆上去。

DP83223 驱动器传输电流从 38.2 ~ 41.8mA，这是呈现在 TX0 ± 输出端到一个 50Ω 标准差分负载的总差分电流的量度。调节图 5-130a 中的电阻 R_{ref} 达到标准指定的差分 TX0 ± 输出电压幅度 2.0V，这可以在 RJ45 传输引脚上测到。

DP83223A Twister 收发器也可以用于数据传输率高达 155Mbit/s 的二进制或三级信令的传输。TheATM Forum physical Subworking Group 已经起草了一个工作文件，规定在 100Ω CAT—5 UTP（非屏蔽对绞线）或 150Ω（屏蔽对绞线）电缆线路上用于 155Mbit/s STS—3C 传信的协议，而 DP83223A Twister 收发器符合这个文件要求。图 5-130c 提供了一个用于 100UTP 或 150ΩSTP 电缆的典型电路。在 150Ω 型接收器里的升压变压器与 100Ω 接收器输入电阻和 100 ~ 150Ω STP 电缆的发射器输出阻抗相匹配。当通过一个 75Ω 电阻向隔离变压器接收器一侧的中心抽头注入共模噪声时，那么接收器必须在 0 ~ 150MHz 频段内具有 1V

（峰－峰值）的共模噪声抗扰度。用 1V 的共模试验电平试验时，误码率应该小于 1×10^{-10}。用 100Ω STP 负载时的发射器差分输出应介于 960～1060mV 之间，用 150Ω STP 负载时，其应该介于 1150～1300mV。通道参考模型是用来表征发射器和接收器之间的链接，接收器不仅要执行功能，而且要满足链接衰减和这种模式下有最大 20mV 的近端串扰要求。对于 5 类 100Ω STP 系统，通道参考模型规定为 90m 长的 5 类 UTP 电缆，10m 长 5 类软电线和四类 5 个连接器。对于 150Ω STP，通道参考模型规定为 90m 长的 STPA 电缆，10m 长 STPA 接插线和四个 STPA 连接器。当使用 5 类电缆和每条线的参考地都是低噪声地，并且传输信号的不平衡（共模）减到最小时，这个非屏蔽的 UTP 系统能满足 FCC 限值和 CISPR B 类限值。如图 5-130a 所示，使用所有这些接口，都可以在发射器上以加装平衡－不平衡变换器的方式来减小流出电缆的共模噪声电流。也可以通过在接收器上加装平衡－不平衡转换器的方法来

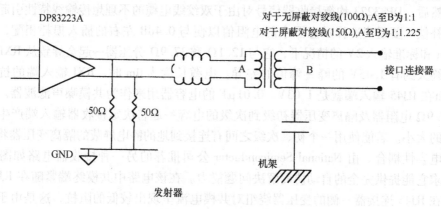

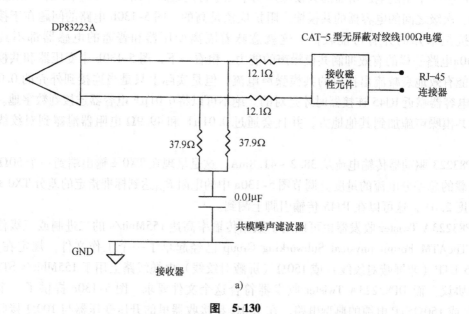

图 5-130

a）100Base—TX 驱动器和接收器连接到 Cat—5UTP100Ω 电缆

（译注：UTP 为无屏蔽双绞线英文缩写，STP 为屏蔽双绞线英文缩写）

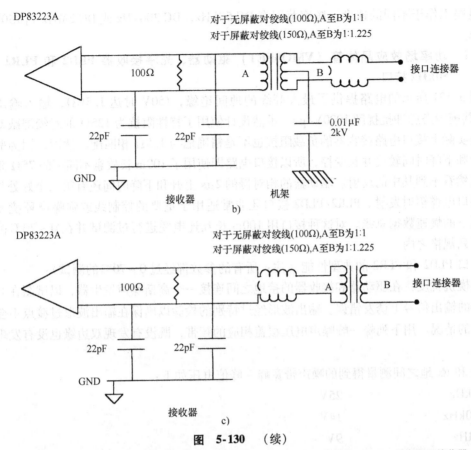

图 5-130 （续）

b）用于完全支持自动协商的 100Base—TX 驱动器和接收器 c）ATM 推荐的 155Mb/s 发射器和接收器，
采用的器件为 National Semiconductar DP83223 （承蒙 National Semicanductor 公司特许复制）

提高接收器的共模抗扰度，如图 5-130c 所示。还可以通过将电缆中所有不使用的线对通过
一只电容器连接到低噪声的底架接地的方法来增加接收器共模抗扰度和抑制接口上的共模电
流。由于电缆上有共模电流，这种配置对抑制辐射干扰也有效。

在预估有很高电平的 EM 环境或有多个接口的电路要求地与地之间的绝缘阻抗为兆欧的
情况下，就必须使用具有极高输入阻抗和高抗扰度的接口电路或光纤链路。

已有可售的光纤链路产品，它们可以提供将单个串行的 TTL 数据通道转变为光纤链路
而且可以在接收器端，再将其转换回到 TTL 电平信号。另外一些光纤链路带有一些可用于
GPIB 或 RS－232 数据总线相关电子装置，辐射噪声或传导噪声不能通过光纤链路。然而，
如果 EM 环境非常严酷，那么减小通过机壳上光纤电缆孔的辐射耦合也是非常重要的。可以
通过使电缆孔径处于波导截止频率以下区域来达到这种衰减，可见第 6 章关于屏蔽的叙述。

下面是有关非光纤模拟接口电路和数字接口电路的例子。这些接口的一般要求是：

1）低功耗；

2）非常高的共模抗扰度（用于高噪声环境或长距离情况下）；

3）良好的输入隔离和某些情况下，有良好平衡的差分输入和输出电路。

对于 0V 所有的电路有短路保护，有些电路指定保护或短路保护到 +10V、200mA。

这些电路工作于不同的速度，频率范围有 DC 50kHz，DC 200kHz 或 DC 2MHz 到 150kHz ~ 17MHz。

5.5.2.1 功率场效应晶体管（VMOSFET）驱动器、光耦接收器 PLD2 和 PLR2 DC—50kHz 接口

图 5-131 所示的电路提供了最大等级的地间绝缘，150V 时达 1.5GΩ，输入输出电容 1pF，共模瞬态脉冲抗扰度 1000V/μs。虽然设计使用了特性阻抗为 125Ω 的对绞屏蔽双线电缆，但实际上接口电路接收器的负载阻抗也不是精确地与 125Ω 相匹配。然而，因为驱动器的上升和下降时间较慢并且受控，所以接口电路即使用了 100m 长故意不匹配的 75Ω 阻抗电缆，仍然看不到其中的反射。驱动器的相对慢的 2μs 上升和下降时间还有第二个好处是可以减少接口电缆辐射发射。PLR2/PLD2 接口还非常适用于重要的控制线或强噪声环境或长距离情况下的慢速数据总线。对这种接口用 100m 长互连电缆进行过测试并在 0 ~ 70℃ 范围保持在下列规格之内。

接口 PLD2 和 PLR2 的典型性能（注：所有的参数都经过 0 ~ 70℃ 的测试）：

共模抗扰度：在驱动器和接收器的接地之间连接一个高斯噪声发生器，以试图在 LM139 比较器的输出信号上诱发错误。输出波形经过特别的检验以确保在输出波形过渡点不会发生双边缘的情况。用下列峰—峰噪声电压覆盖相应的频带，既没有发现双边缘也没有发现抖动的现象。

Tx 和 Rx 地之间测量得到的噪声带宽峰－峰值电压如下：

20kHz	25V
500kHz	14V
5MHz	9V

最大速度：100kHz，当 $C_1 = 0.01μF$，电缆长 100m 时；

驱动器输出：单端输出到 300Ω 阻抗；

PLDS/C 对 +10V 和地的短路提供保护；

接收器输入：光耦合器 PLR2，短路保护至 +10V。

5.5.2.2 变压器耦合 10MHz 接口 HAD –1 和 HAR –1

如图 5-132 所示，HAD –1 和 HAR –1 接口是用变压器耦合的，因此，数据/时钟必须达到一定的脉冲信号传号—空号比，以避免输入变压器的饱和。CLC103 AM 装置将不再使用，取而代之的是 IC 视频放大器，其后带有许多高速视频缓冲器 IC，它们是专用于驱动同轴电缆而设计的。这种接口适合于脉宽调制或是在长距离上传输的曼彻斯特（Manchester）编码数据。

5.5.2.3 功率场效应晶体管 VMOSFET 驱动器、差分输入接收器、2MHz 接口、HD1、HR1 和 DHR1

图 5-133 所示的电路可为长距离高速数据传输提供高抗扰度。良好的平衡输入端与大约 10pF 并联和 1kΩ 串联到地，可提供 1MΩ 的隔离以及有 +10V 的共模电压能力表征了这个电路的特性。

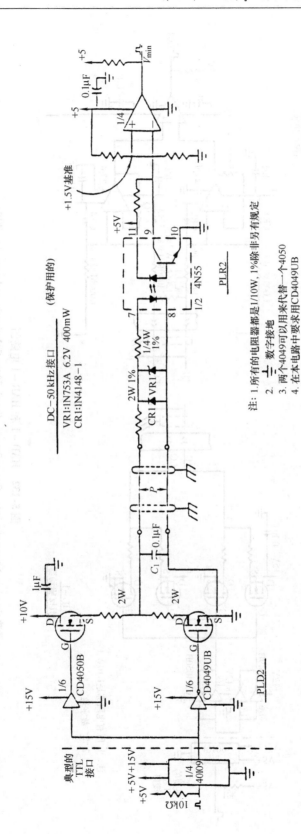

图 5-131 接口 PLR2 和 PLD2 电路（承蒙 Canadian Astronantics Ltd. 和 Canadian Space Agency 特许复制）

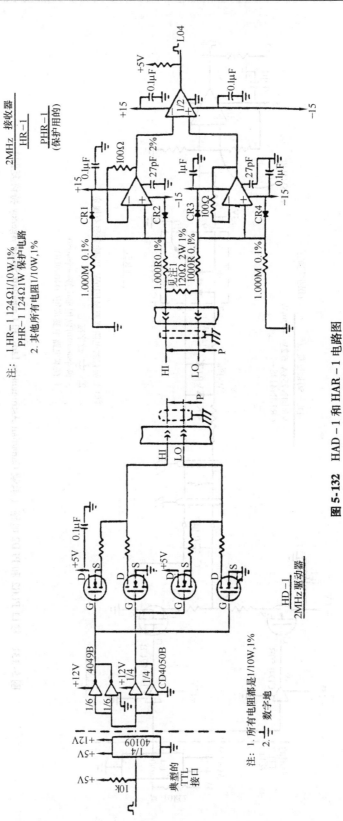

图 5-132 HAD-1 和 HAR-1 电路图

（承蒙 Canadian Astronautics Ltd., Ottawa Ontario, Canada 和 the Cadadian Space Agency 许可使用）

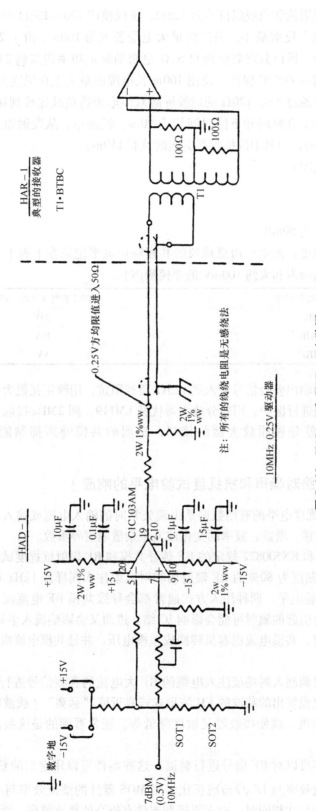

图 5-133　HAD－1 和 HAR－1 电路图

（承蒙 Canadian Astronautics Ltd., Ottawa Ontario, Canada 许可使用）

由于这个电路的源阻抗和负载阻抗均为 125Ω，所以使用 $120\sim130\Omega$ 对绞屏蔽双线电缆是很重要的，以确保线上反射最小。测试的最大电缆长度为 $100m$。由于 2N6661VMOSFET 固有的大电流承载能力，所以只需要将两只 62Ω 电阻的额定功率提高到 $2W$ 就可以达到对 $+10V$ 的 S/C 保护和对地的 S/C 保护。使用 $100m$ 长电缆的最大工作速度为 $2MHz$，能够确保足够的安全裕量。当通过 $3m$，120Ω 的对绞屏蔽双线电缆将负载连接到接收器输入端时，实测到的驱动器输出的上升时间和下降时间均为 $20ns$。经测量，从发射器输入到接收器输出的总延迟时间为 $180ns$，而其中因接收器引起的就有 $150ns$。

差模噪声电压抗扰度；

高速时为 $2.5V$；

低速时为 $2.5V$；

输入噪声功率抗扰度 $50mW$。

共模噪声电压抗扰度：发生双边缘现象的共模噪声电平记录在下表中（产生双边缘现象是因为同时存在共模噪声和大约 $100mV$ 的差模噪声）。

宽带噪声电压电平	噪声带宽电压（峰—峰值）
20kHz	20V
500kHz	10V
5MHz	8V

高于接地的驱动器输出差分信号进入到 125Ω 负载阻抗，用额定瓦数为 $2W$ 的 62Ω 电阻器对 $+10V$ 和对地短路进行保护。用差分放大器代替 LM119，则 $2MHz$ 接收器可以用作模拟接收器。已经制造出差分视频放大器的接口，实测的共模噪声抑制能力在 $30MHz$ 时为 $40dB$。

5.5.3 典型集成电路对噪声和抗扰度试验电平的响应

描述有关 IC 的抗扰度电平的有用数据是出现失常时的输入电压或输入功率，也就是器件故障或一些如 DC 偏移、增益、频率的变化或发生杂散响应等参数。

在标准 EN500821 和 EN500822 规定的 RF 传导共模和 RF 辐射抗扰度试验中，设备暴露在载波频率为 $1kHz$ 调制度为 80% 的 RF 辐射场和对电缆注入同样经 $1kHz$ 和 80% 调制度的 RF 共模（大电流）试验电平。两种注入方式通常都会导致共模 RF 电流流过 PCB。先不论电流的共模特性。电流引起的辐射可能会影响 IC 结。进而又会影响流入半导体结中的电流。此外，当电路不平衡时，共模电流也容易转换成差模电压。并且共模电流也能在装置内引起噪声电压。

杂散响应通常是对调制入射场或注入电缆的 RF 大电流的音频信号进行解调。在 RF 电路中，杂散响应以接收或发出的载波的 FM 波形式或靠近或"远离"（载波频率）的响应或增加宽带噪声的形式出现，或使接收器灵敏度降低等。通常看到的是这些问题引起的组合作用。

任何半导体器件都可以对 RF 信号进行整流，这些器件可以用它们的整流效率来表征。例如，双极器件的整流效率与 $1/\sqrt{2\pi f}$ 成正比。而 MOS 器件的整流效率与 $(1/2\pi f^2)$ 成正比。因此，发射极周长尺寸相同时，由于双极型器件有较高的整流效率，所以其整流作用比

MOS 器件更灵敏。

整流效应也是器件的 f_T 的函数（f_T 是器件小信号增益等于 1 时的频率）。频率高于 f_T 时，由于器件的整流效应，EMI 表现为音频整流后的波形，器件的输出就是输入 RF 信号的包络。

此外，远高于器件 f_T 以上的频率可能仅通过该器件发射出来，并可能引起该器件在这条链路上进一步出现 EMI 问题。

如果 PCB 没有置于一个屏蔽机壳内，那么标准 EN50082 的辐射抗扰度试验场强就直接入射到 PCB 上。假定有一条 18cm 长的 PCB，布局呈现为一条传输线（没有接地平面）和一条 18cm 长的微带线 PCB（信号印制线位于接地平面上）。如果入射 E 场的幅度为 3V/m 并经过 1kHz 和 80% 的调制，那么它对于典型数字和模拟装置有何影响？第一步是预估在传输线和微带线 PCB 布线上感应的功率电平和电压电平。表 5-31 所示即为根据测量 18cm 长的微带线和 18cm 长的传输线增益后计算所得的感应功率。表 5-32 所示为根据感应功率、结构和负载阻抗所得的感应电压。负载阻抗会影响电路中感应电压的大小。计算所得微带线负载阻抗在 30MHz 为 50Ω，在 160MHz 为 47Ω 而在 1GHz 为 40Ω，这大致符合射频电路和视频电路的情况，但是对模拟电路而言可以肯定太低了。表 5-32 所示为对于约为 50Ω 负载和一个与 0.4pF 电容器并联的 10kΩ 负载所感应的电压。与 0.4pF 负载并联的 10kΩ 电阻在 30MHz 阻抗为 10kΩ，在 160MHz 为 2kΩ，在 1GHz 为 390Ω。

表 5-31 在 3V/m 入射场下的微带布排在 PCB 上的传输线上感应功率

f/MHz	功率/W	
	Tx 传输线	微带线
30	9.6×10^{-8}	9.6×10^{-10}
160	84×10^{-6}	8.4×10^{-8}
1000	89×10^{-6}	1.1×10^{-6}

表 5-32 在微带和布排在 PCB 上的传输线中的感应电压

f/MHz	Tx 传输线	微带
在 50Ω 负载中感应的电压		
30	2.3mV	0.26mV
160	20mV	1.4mV
1000	6.3mV	9mV
在 10kΩ//0.4pF 时的感应电压		
30	31mV	0.26mV
160	320mV（520mV）[1]	13mV
1000	80mV	19mV

① 这是通过使用高级电磁分析程序获得的确定值。

5.5.4 数字逻辑电路的噪声抗扰度

逻辑电路噪声抗扰度通常用 DC 电压来表达，它对于非脉冲低频感应噪声的抗扰度而言，是一个有价值的量度。一个器件的电压抗扰度常常表征为电压值。在这个电压作用下，器件变得敏感，因此，低于此电压的电平就是器件能达到的抗扰度。

在感应噪声是由持续时间等于或仅仅稍大于逻辑电路的上升时间和下降时间（它是 PCB 上逻辑印制线间的典型串扰）的电压尖脉冲组成的场合下，该噪声的输入能量是一个有用的抗扰度判据。另外，也常常要求逻辑电路对 RF 信号具有抗扰度。输入噪声能量抗扰度（对于有指定脉冲宽度时它定义为电压乘以电流，也就是改变逻辑电路输出状态所需的能量）在比较不同逻辑类型的抗扰度时，它是一个重要指标。通常，在引发输出响应之前，对于短脉冲，要求电压远高于 DC 抗扰度电平。表 5-26 即表示出一些逻辑电路的 DC 噪声容限、噪声能量抗扰度和信号线阻抗或并联输入/输出阻抗。

表 5-26 中表示的噪声能量的抗扰度仅在规定的脉宽时才有效。例如，根据第 4 章中对 TTL 门电路的串扰的预估，对 2.5V、80ns 的脉冲产生的响应，在 TTL 门电路输入端产生 16mA 的电流。因此，该 TTL 门对于脉宽为 80ns 的脉冲的输入噪声能量抗扰度是 0.24nJ。然而，根据表 5-26，脉宽为 20ns 时的输入噪声能量抗扰度就是 17nJ。

根据测量，可以确定型号为 CD4013B 的 CMOS 门电路和型号为 54ALSS74A 的先进的低功率肖特基管对 1.2~200MHz 的 RF 正弦信号的抗扰度（取自参考文献 [6]）。RF 信号注入到 IC 电路的 VCC 引脚、数据输入引脚和时钟引脚。在其注入到数据和时钟引脚的情况下，RF 信号与数据波形和时钟波形混合，所以 RF 信号会叠加在这些波形之上。这些 IC 包含在一个进行 IC 功能试验的试验装置中。同时，增加注入 IC 的 RF 电压的电平直至功能试验程序不能进行为止。表 5-33 表明了发生翻转时（也就是 IC 正常运行方式发生变化）的 RF 电压。每种器件均有两个进行 RF 翻转的敏感度试验。

表 5-33　CMOS 和 ALS 器件的 RF 翻转电压

	ALS 74		CD4013	
	S/N1	S/N4	S/N1	S/N2
f/MHz				
V_{CC}引脚翻转电压/V				
1.2	0.44	0.34	0.006	0.006
5	0.4	0.4	0.4	0.28
10	0.44	0.4	0.44	0.4
50	0.44	0.4	1.1	1.1
100	0.6	0.4	1.1	1.1
200	0.44	*	*	*
数据引脚翻转电压/mV				
1.2MHz	0.0011	0.0010	0.0004	0.0005
5MHz	0.0022	0.0022	0.0009	0.0012
10MHz	0.0017	0.0031	0.0024	0.0028
50MHz	0.0044	0.0040	0.0120	0.0140
100MHz	0.0070	0.0100	0.0220	0.0400
200MHz	0.0070	*	*	*
时钟引脚翻转电压				
1.2MHz	0.0008	0.0008	0.00044	0.00035
5MHz	0.0008	0.0008	0.0015	0.0012
10MHz	0.00085	0.00085	0.0028	0.0040
50MHz	0.0022	0.0020	0.0170	0.0200
100MHz	0.0044	0.0040	0.0200	0.0440
200MHz	0.0070	0.0055	*	*

* 表示不翻转。

图 5-134 所示为具有不同 f_T 值的数字器件在发生翻转所需要的输入功率的计算值和实测值。

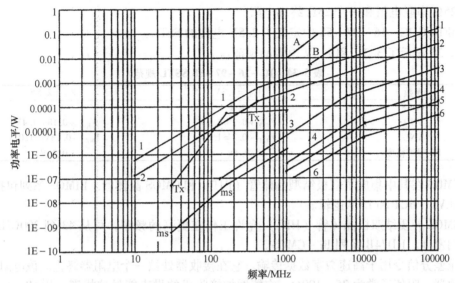

图 5-134 A = 实测的 TTL 电平，B = 实测的 ECL10k 电平，1 = 计算的 TTL 电平，f_T = 350MHz，

2 = 计算的 ECL 电平，f_T = 350MHz，3 = 计算的 VHSIC I TTL 电平，f_T = 350MHz，

4 = 计算的 VHSIC I TTL 电平，f_T = 5GHz 5 = 计算的 VHSIC I ECL 电平，f_T = 5GH，

6 = 计算的 VHSIC II ECL 电平，f_T = 5GHz，Tx = 感应到 18cm 长的 PCB 传输线的

功率，E = 3V/m，ms = 感应到 18cm 长 PCB 微带的功率，E = 3V/m

表 5-28 表示的传输线和 PCB 微带线感应的功率计算值，也绘在图 5-134 中。预估的感应功率远远低于使 TTL 或 ECL 10k 发生翻转实际所需的感应功率；然而，对于 VHSIC TTC 或 ECL 而言，3V/m 场强感应到传输线或 PCB 微带线上的功率就有可能使其发生翻转。标准 TTL 和第一代 VHSIC 的主要区别是 TTL 的发射极周长为 12.5μm，而 VHSICI 器件的发射极周长是 1.25μm。第二代 VHSIC 的线宽仅为 0.5μm。为了减小在 3V/m 场强下 VHSIC 发生翻转的概率，应减小微带的长度或使用带状线 PCB 布局。

逻辑集成电路的引脚开路会降低抗扰度。例如，在 7420 器件的输入端施加 2V、2ns 宽的脉冲，输出脉冲为 2.2V，脉宽为 10ns。对不需要使用的输入端实施钳位后输出脉冲减小为 1V，脉宽为 8ns。对于标准饱和逻辑类型器件，当辐照场强为 3V/m 时，感应到 18cm 长的 PCB 的功率将不会导致相应的翻转。

一些最新的逻辑类型器件有：ABT、LVT、LCX、LVX、LVO、AC、ACT、ACQ、ACTQ、VHC、HC、HCT、GTLP 和 FAST。它们没有相应的 RF 抗扰度或噪声能量抗扰度数据；然而，我们却可以看出发射极周长尺寸对确定抗扰度有重要作用，若有许多器件可适用于某一应用场合，并且有潜在的抗扰度问题，则可以进行噪声能量抗扰度的比较试验。进行这个试验是在不同的输入脉宽情况下，改变高、低输入端电压电平值，并且记录发生翻转时的能量大小。

当信号路径是电短路径时，即传播延迟很短，且当串扰因使用了低阻抗驱动器和终端网络而呈容性时，则标准数字逻辑电路的抗扰度可能增加。相反，若信号路径是电长的或串扰是电感性的，那使用低阻抗驱动器就可能是无益的或起反作用了。

SSTL 差分输入逻辑接口标准适用的工作频率可高达 200MHz。一个典型的输出缓冲器将有一个 25Ω 串联电阻和一个 25Ω 终端电阻。

在 JEDEC JC – 16 – 97 – 58 中定义了 2.5V 电源的 SSTL。

表 5-34 显示了 3.3V 和 2.5V 电源的规范。

表 5-34 JC – 16 – 97 – 58 SSTL 规范

参数	$V_{CC} = 3.3V$	$V_{CC} = 2.5V$
VREF	1.5	1.25
VNH	$V_{REF} + 0.2 = 1.7V$	$V_{REF} + 0.18 = 1.43V$
VNL	$V_{REF} - 0.2 = 1.3V$	$V_{REF} - 0.18V = 1.07V$
DC 噪声裕度	0.4V	0.36V

BiCMOS 在其中集成了双极结型晶体管（BJT）和 CMOS 晶体管。BIMOS 系列包括 ABT、ALB、ALVT、BCT 和 LVT 逻辑。

BiCMOS 异质结双极晶体管（HBT）允许工作在更高的频率，可从 43 到 300GHz 以上，取决于门密度。HD74B 系列 Bi – CMOS。

低压差分信令用于高速数字数据传输。它在接收器处被一个电阻器终止。该电阻器用于输入接收器，阻值通常为 25 ~ 100Ω，它能增加接收机的噪声能量抗扰度 = $V^2 / R * t$，t 是改变 IC 的状态所需的脉冲持续时间。

在改变状态之前，器件的传播延迟并没有直接告诉我们最大的脉冲宽度是多少，而只是一个指示。

通常，驱动器上的电流源会在终端电阻上产生电压。当电流源产生正电流和负电流时，在电阻器上产生一个差分电压。例如，一个 ± 3.5mA 电流和一个 100Ω 电阻，电压为 350mV。

其他类型的器件有低压 TTL（LVTTL）、低压 CMOS（LVCMOS）、低压正发射极耦合逻辑、高速收发逻辑（HSTL）和 HMC 逻辑。

肖特基逻辑系列包括高级 ALS、AS 和低功耗 LS。

表 5-35 显示了直流噪声裕度、输出阻抗和典型传播延迟。器件的动态特性如图 11-6 所示。

USB 工作的差分信号有三种速度。全速 1.1 是 12Mbit/s，高速 2.0 是 480Mbit/s 和超高速 3.0 是 5Gbit/s。

全速和高速规格的 USB 驱动程序的特性见表 5-36，接收器见表 5-37。

如 7.16 节所述，USB 电缆和连接器的屏蔽效能是有限的，在 6 ~ 1100MHz 频率范围内变化在 0 ~ 37dB 之间。

USB 3.0 在 $V_{CC} = 1.8V$ 处的超速规格见表 5-38。

在 DIX 以太网和 IEEE 802.3 中规定以太网信号网络是针对 LAN 和较大的网络而设计的。10base5 以 10Mbit/s 的速度使用 RG8 电缆，每段可通信 500m/1640ft，最多 5 段。

以太网 10base2 在 185m/606ft 的距离上使用细同轴电缆，10baseT UTP 在 100m/328ft 的距离上使用双绞线（T）未屏蔽的 100 ~ 150Ω 电缆。

所使用的电缆种类和带宽见表 5-39，其中 UTP 是非屏蔽的双绞线，STP 是屏蔽的双绞线。

在 1Gbit/s 速度下，千兆以太网 1000 BASE – T 可以使用非屏蔽或屏蔽双绞线。

如 7.16 节所述，屏蔽的以太网电缆和 RJ 45 连接器组合在 30MHz ~ 1.2GHz 频率范围内仅能达到的屏蔽效能最大为 35dB 和最小为 0dB。

表5-35　现代数字集成电路的噪声抗扰度

	典型传播延迟	直流噪声裕度（最小）	典型输出阻抗（Ω）		注释
			低	高	
LVT TL/LVCMOS 3.3V	1.5~4.4ns	1.2V	23	100	
HSTL 3~3.6V	0.85ns	0.2~1.3V		130	差分输出为50Ω
LVP ECL 3.3V	0.1~0.6ns	0.55V	51.5	136	共模范围最小为0.6V
					差分输出为50Ω
74LVT(BiCMOS)D 触发器 3.3V	2.9~3.9ns	1.2V	20.8	0.6	
74LVT BC 缓冲器(BiCMOS)5V	3.2ns	1.2V	66.7	83	带30输出电阻
HD74 BC 缓冲器(BiCMOS)5V	6ns	1.2V	8.6	866	
HMC 3.3V	98ps	0.1~2V 差分			差分输出或单端输出 可以装载50Ω 输入端为50Ω
AVC	0.2ns	1.8V	V_{cc} 1.1 267	100	
			1.4 175	66.7	
			1.65 150	56.3	
			2.3 194	61.1	
			3.0 192	58.3	
GTLP	1.5	1.2		125	
AC $V_{cc}=3.3V$	5.6				
$V_{cc}=5V$	4.3				
CBT	0.13ns $V_{cc}=2.3~2.7V$	1V	低=4.2~40 $V_{cc}=2.3~2.7V$		总线开关
	0.2ns $V_{cc}=3~3.6V$		4~15 $V_{cc}=3~3.6V$		
ABT	1~4.5ns	1.2	低67		
			高94d		
ALVT	0.5~3ns	1V@V_{cc} (2.5±0.2)V	21　88 $V_{cc}=(25±0.2)V$		主要总线接口
		1.2V@V_{cc} (3.3±0.3)V	8.6　63 $V_{cc}=(3±0.3)V$		
ALVC	1.5~5.3ns $V_{cc}=2.3V$ $V_{cc}=2.3~2.7V$	1V	23*~83	41*~100	主要总线接口
	1.5~4ns $V_{cc}=3.3V$	1.2V			*一些驱动器
	$V_{cc}=2.7~3.6V$				
ABTE	1.5~6.4ns	1.2V	8.6	8.6	
GTL	2~6.6ns	$H=1.5V$	A port　23	28.6	背板驱动器
		$L=0.24$	B port　5	28.6	总线收发器
		0.1V			GTL/GTL 到 LVTTL 的转译
BCT	0.5~10.8ns	1.2V			
AC	1.5~8ns	$V_{cc}=3V$, $H=V_{cc}=4.5V$ 1.4V, $L=1.5V$	67	167	线驱动器
		$V_{cc}=4.5$, $H=V_{cc}=3V$ 2.11V,	8.3	8.3	缓冲线驱动器
		$L=2.25V$　$V_{cc}=5V$	4.2	4.2	
ALS	1~10.5	1.2V	10.5~33.3	150~162	
LS	8~40ns	1.2V	21	216	
AHCT	3.8~10ns	1.2V	55	70	

表 5-36 USB 驱动器特性

驱动器	VoH	VoL	交叉电压	输出阻抗	上升时间	下降时间
低速驱动器	2.8~3.6V	0~0.3V	1.3~2.0V	40.5~49.5	75~300ns	75~300ns
全速驱动器	2.8~3.6V	0~0.3V	1.3~2.0V	40.5~49.5	4~20ns	4~20ns
高速驱动器	380~440mV	−10~10mV			500ps	500ps

表 5-37 USB 接收器特性

接收器	电压低到高/V	电压高到低/V	HS 噪声探测器阈值/mV	HS 断开检测阈值/mV	数据线上拉电阻/kΩ	数据线下拉电阻/Ω
全速/低速接收器	0.8~2.0	0.8~2			1.425	14.25~24.8
高速接收器			100~150	−10~10	1.425	14.25~24.8

表 5-38 USB 3.0 超速特性

Vin H 最小	Vin L 最大	VoH 最小	VoL 最大	差分阻抗
1.17V	0.63V	1.35V	0.45V	72~120

表 5-39 线缆决定的速率和带宽

类别	屏蔽或非屏蔽	速率/(Mbit/s)	带宽/MHz
3	UTP	10	16
4	UTP	20	20
5	UTP	1000	100
6	UTP~STP	1000	250
6a	STP	10000	500
7	SSTP	10000	600

以太网特性见表 5-40。

如在 7.16 节中描述的,以太网电缆和连接器的屏蔽效能是有限的,在 6~1100MHz 频率范围内从 0 变化至 50dB 以上,还取决于制造商。

IEEE 1394 火线接口的特性见表 5-41。

表 5-40 以太网特性

以太网	描述	电压范围	上升和下降时间
10M 速率	输入差分接受电压	585~3100mV	
双绞线以太网	输入差分抑制电压	0~585mV	
	V_{out}差分峰值	2200~2800mV	
100M 速率	输入差分接受电压	200~1000mV	
双绞线以太网	输入差分抑制电压	0~200mV	
	输出差分峰值	950~1050mV	
1000M 速率	发射器的差分输入电压	500~2400mV	
双绞线以太网	接收器的差分输出电压	5500~2000mV	
	上升和下降时间		100~250ps
	输入输出差分负载	100Ω	

表 5-41　火线接口[①]（Firewire）特性

特性	电压/V	输出阻抗/W	差分输入阻抗	注释
差分输出电压	172 ~ 265			输出负载 = 56Ω
共模信令 S200		36 ~ 102		
共模信令 S400		14 ~ 32		
接收器			4 ~ 7kΩ	
SP200 速度信号阀值	49 ~ 131			
SP400 速度信号阀值	314 ~ 396			

① 一种高速串行输入/输出技术采用的接口。

5.5.5　模拟视频和射频电路间的噪声和抗扰度

5.5.5.1　热噪声

模拟视频和射频电路会产生非相干的噪声，这种非相干噪声是由电阻、半导体和 IC 的热噪声和半导体的 $1/f$ 噪声引起的。模拟电路的噪声可以模拟为输入噪声电流和输入噪声电压。通常制造商会提供它在 1kHz 的参数。单位分别为 nV/$\sqrt{\mathrm{MHz}}$ 和 pA/$\sqrt{\mathrm{MHz}}$。电阻中的方均根热噪声电压由下式给出：

$$E_{\mathrm{nt}} = \sqrt{4kTR\mathrm{BW}}$$

式中　k——玻耳兹曼常数，$k = 1.38 \times 10^{-23}$；

　　　　T——绝对温度（K）；

　　　　BW——所用电阻器的信号链的带宽；

　　　　R——电阻值（Ω）。

放大器的输出端噪声可以通过计算每个输入端的各电阻器的总电阻和计算由各电阻器产生的热噪声电压、规定的放大器最大输入噪声电流在各个电阻上产生的噪声电压和规定的输入噪声电压来求得。图 5-135 所示为以放大器输入端为参考的噪声源。噪声源认为是非相干的。噪声源的方均根总和可以先求出每个噪声源的二次方和再求方均根而得到。该噪声以放大器输入作为参考，所以输出噪声为输入噪声乘以放大器的增益。

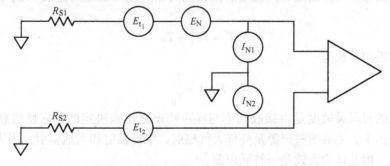

图 5-135　以放大器的输入端为参考的噪声源

在级联（即一连串的）放大器中，最大输出噪声可通过先求出每一级放大器的噪声，然后乘以该链中保有的增益而得到。输出端噪声源的总和 N_{t}，又是下列二次方和的方均根：

$$N_1 = \sqrt{(N_1 G_1 G_2)^2 + (N_2 G_2)^2}$$

式中　N_1——以输入端为参考的第一级的总噪声；

　　　G_1——第一级的增益；

　　　G_2——第二级的增益；

　　　N_2——以输入端为参考的第二级的噪声。

运算放大器的 $1/f$ 噪声仅在很低的频率时才显著。因为它通常在 6Hz 和最坏在 30Hz 时就变为热噪声电平。

RF 工程师通常很少使用方均根值噪声电压来描述射频电路中固有元件的感应噪声；而更经常地使用噪声功率。在计算 RF 电路或接收机产生的总噪声功率时，只需要将各个噪声功率乘以放大器各级的功率增益然后除以各级的损耗后再进行代数相加即可得到。有一种衡量噪声的指标是噪声系数，它定义为

$$F = \frac{N_0/N_i}{P_0/P_i}$$

式中　P_0/P_i——接收机有效功率增益；

　　　N_0/N_i——有效输出噪声功率和有效输入噪声功率之比。

有效功率是噪声源在共轭负载上产生的功率密度。当比值 N_0/N_i 等于增益时，那么接收机不贡献噪声并且 $F = 1$。

在噪声系数的测量中，经常使用噪声发生器作为噪声源，那么噪声系数由下式给出：

$$F = \frac{P_{i(1/1)}}{kT_0 \mathrm{BW}}$$

式中　$P_{i(1/1)}$——产生载波 – 噪声功率比（功率输入/噪声输入）为 1 时,需要噪声发生器产生的有效功率；

　　　BW——带宽（Hz）；

　　　T_0——大约为 290K （约 17℃）；

　　　k——玻耳兹曼常数，$k = 1.38 \times 10^{-23}$ （译注：单位为 J/K）。

按照 IEEE 规定，表征电路噪声可用噪声指数，它是用分贝为单位来表示的噪声系数（因而，$F(\mathrm{dB}) = 10\log F$），按照 IEEE 的规定，它与噪声系数为同义语。另一种测量 RF 电路噪声和接收机噪声的方法是噪声温度。接收机的噪声温度以绝对温度 K 为单位。由下式给出

$$T_r = FT_0 - T_0$$

因此，其噪声系数为

$$F = 1 + \frac{T_r}{T_0}$$

接收系统的极限灵敏度是由接收功率与噪声功率之比来决定的，它使信息可满意地接收。在卫星通信中，主要的噪声源是外部大气辐射、宇宙辐射和大地辐射。因为噪声会大量入射到天线上，因此认为天线是一种噪声源。

接收系统的总噪声温度是由天线噪声温度和直至调解器的接收系统的噪声温度构成。无源元件如连接器、电缆和滤波器会将损耗引入接收系统并增加有效噪声温度，由于损耗 L 引起的有效噪声温度为

$$T_e = \left[\left(1 - \frac{1}{L} \right) L \right] T_0$$

输出噪声为

$$N_0 = \left(1 - \frac{1}{L}\right) T_0$$

常用以描述卫星通信系统灵敏值的是增益除以温度（G/T），它的定义为

$$\frac{G}{T} = \frac{(P_0 - N_0)/(P_{in} - N_{in})}{FT_0 - T_0}$$

一旦天线噪声温度已知，就可以利用接收机的噪声系数和输入损耗来求得 G/T。在级联接收机中，不管计算 G/T 时，它在级联中的位置如何，G/T 都是一个常数。

举个例子，我们计算一个位于连接电缆和输入滤波器的天线和接收机的输入端之后上的系统的 G/T。假定天线噪声温度 T_a 为 50K，电缆损耗为 0.15dB（1.035），滤波器损耗为 0.3dB（1.072），接收机的噪声系数为 0.5dB（1.122），总损耗为 0.45dB（1.109），由于天线和损耗，接收机输入端的噪声温度为

$$T_i = \frac{T_a}{L} + \left(1 - \frac{1}{L}\right) T_0 = \frac{50}{1.109}K + (1 - 0.902)290K = 45K + 28.24K = 73.24K$$

由于接收机产生的噪声温度为

$$T_r = (1.122 \times 290)K - 290K = 35.38K$$

于是，总噪声温度为 73.42K + 35.38K = 108.8K

天线增益为 30dB，从中减去滤波器损耗和电缆损耗，得到增益为

30dB - 0.45dB = 29.55dB（901）。因此 G/T 为 901/108.8 = 8.28/K = 18.3dB/K

通常设计工程师会按最高工作温度下，对放大器最坏的情况下的最大固有噪声进行仔细地估算，但是都往往会忽略 EME 引起的噪声，而在该环境下，电路必须功能正常。例如，当该电路位于一个含有数字电路或由开关电源供电的封闭壳体内，感应噪声可能高于固有噪声几个数量级。

5.5.5.2 模拟/视频和 RF 电路间的耦合方式

当模拟/视频/RF 电路与数字电路在同一块电路板时，发生 EMI 的概率就高。第 11 章案例 11.1 考察了同一块板上的数字逻辑电路和模拟电路之间的耦合方式。当必须将模拟电路的噪声限制到固有噪声电平时，势必要仔细地进行设计和布局。理想的情况是向模拟电路供电的电源应为该模拟电路专用而不与数字电路共用。应该使用线性电源而不是开关电源。在主电源来自向一组不同电路供电的开关电源的场合，那么应该专用一个线性电源向最敏感的模拟电路供电。例如，当开关电源提供 ±15V 电源时，那么这个电压可用 ±(10～12)V 的线性电源。线性电源的输入和输出之间的辐射耦合必须予以控制以减少电源输出端的高频噪声。然而，也可以用含有合适的辅助电源线滤波器的开关电源来为最敏感的电路供电。

作为对大型和低效率的线性电源的替代，已经设计出了穿板式安装和 PCB 上安装的滤波器，从而能在重要应用的场合使用开关电源。这些滤波器能将开关电源的共模和差模噪声减小到常常只有 30μV 的低频纹波。有了这类滤波器，可以使开关电源的噪声电平低于线性电源的平均噪声电平。如在第 4 章讨论的，应检测导线之间、电缆之间和 PCB 印制线间的串扰电势。

在很严酷的 EM 环境中，有必要用穿心滤波器来隔离模拟电路和数字电路。对模拟电路噪声的效应计算可以简单地看作是电路增益和带宽的函数，对带内频率的噪声来说，这是正

确的。

在频率较高（即在这些频率上放大器的开环增益为零）时潜在的 EMI 不可忽视。由于输入端二极管、晶体管结或是很高的 RF 电平等会使输入级饱和而造成非线性，从而导致对 AM 或 FMRF 信号的解调。在 RF 源未经调制的场合，DC 偏移或增益将可能受到影响。

模拟电路对远离带外的 RF 噪声不具有抗扰度能力。例如，1.5GHz 大功率放大器（HPA）的输出电平受到检波器输出的控制。该检波器置于屏蔽壳体内，但是 f_T 为 10kHz 的运算放大器置于这个壳体之外。由 HPA 产生的未调制场受到运算放大器输入电路的整流，这样就改变了输出功率电平。解决这个问题的方法是在运算放大器下面配置一个接地平面，并且在运算放大器的每一个输入引脚和接地平面之间都连接一个在 1.5GHz 有低阻抗的表面贴装微波电容器。这种解决方案在许多类似的 EMI 场合都有效。

另一个对 RF 敏感的模拟电路的例子是一只增益为 20 的 741 运算放大器，由于射频干扰直接注入倒相或不倒相的输入端，在输入功率为 −20dB（22.5mV）时，其第一级输出电平即产生了变化：当输入功率为 0dB（225mV）时，它开始饱和（也就是接近于干线电压）。

一个普通的 EMI 解调实例是当 CB（民用）无线电台工作在靠近电唱机的场合，CB 无线电台通信的 RF 调幅波常会被电唱机放大器的输入级解调。因而，收听者就可能会听到通信信号。非线性电路分析程序（NCAP），已用于预估双极，JFET 双极和 MMOSFET 双极型 IC 的 EMI 解调制效应（取自参考文献 [7]）。

在模拟电路或视频电路的引脚上增加电容器对在有问题频率上的负载阻抗有减小的作用。其与串联电阻或电感结合可形成 L 型滤波器，特别当噪声源阻抗较低时，其衰减量会很高。但一般增加电容器并不会减少电路的 EMI 响应。这可能有许多的原因，最通常的原有如下几点：电路的不同元件或不同部分都会产生敏感；针对问题的电容器容值或类型不对；噪声源的阻抗太低；电容器离整流半导体的接点太远（应直接连接到器件的引脚上）；器件周围的接地阻抗不够低等。当电容器的谐振频率处在或靠近有问题的频率时，其效果最好。

不同的模拟器件有不同的抗扰度电平，可以根据实测数据来进行比较。被测试的模拟器件为 741、OP27、LM10、LF355 和 CA081 运算放大器。这些器件连接成增益为 10 的倒相放大器。所用的输入电阻阻值为 10kΩ，反馈电阻阻值 100kΩ。在某些频率以上，由于低阻抗的电容，器件的输入电容会衰减 RF 干扰的电平。或者在 RF 源和器件的输入引脚之间串一个电阻，则电阻/输入电容将会起到滤波器的作用。

图 5-136（取自参考文献 [11]）比较了 741 器件的倒相输入响应和不倒相输入响应的情况。图 5-136 标绘了 $1/x$，式中 x 是电路响应。因此分贝值越高，电路响应越低。提供图 5-136、图 5-139 和图 5-140 是为了作比较。如图 5-137 所示，在运算放大器周围增加附加电容器将会减小电路对 RF 干扰的响应。另一个共模和差模噪声滤波器如图 5-138 所示。

图 5-139 比较了在几个位置，C_1 和 C_2 不同容值时器件的解调输出的情况。

在各图中响应值越低，滤波的效率就越高。图 5-140 比较了不同器件对于固定幅度解调响应情况下的输入 RF 电压。在此，对于标准响应而言若 RF 电压电平较高，有更大抗扰度性能的就是运算放大器。

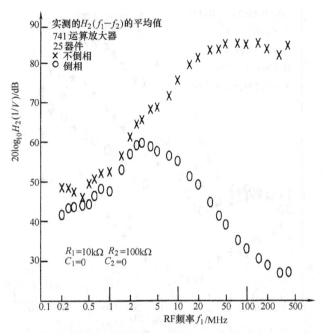

图 5-136　器件 741 倒相输入和不倒相输入情况下的 $20\log 1/x$ 值的比较，
式中 x 是运算放大器的响应，无量纲（IEEE 版权所有，1991）

大多数无线电设计都有性能规范。它包括相位噪声，频率调制和寄生响应。例如，商业航空系统要求规定所有的固定激励（不会随载波频率改变的那些激励）和所有保持在载波频率 42kHz 频段之内的激励都必须至少低于载波 70dB（-70dBc）。任何在 42kHz 频段外的随载波频率变化的激励应限制在 -55dBc。其他的通信要求（如那些用于电子战模拟器的设备）设定的寄生限值大约为 -60dBc，标准 EIA/TIA-250C 要求对于短程通信链接，从 300Hz~4.2MHz，视频信号对周期噪声之比为 67dB，对于卫星链接为 63dB，而对于长程通信链接则为 58dB。

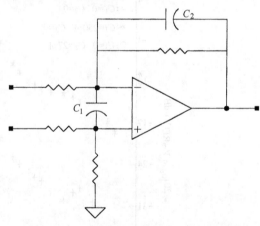

图 5-137　在运算放大器电路上附加电容器

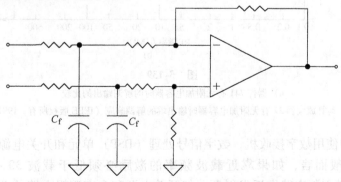

图 5-138　运算放大器的倒相输入端的共模和差模滤波器

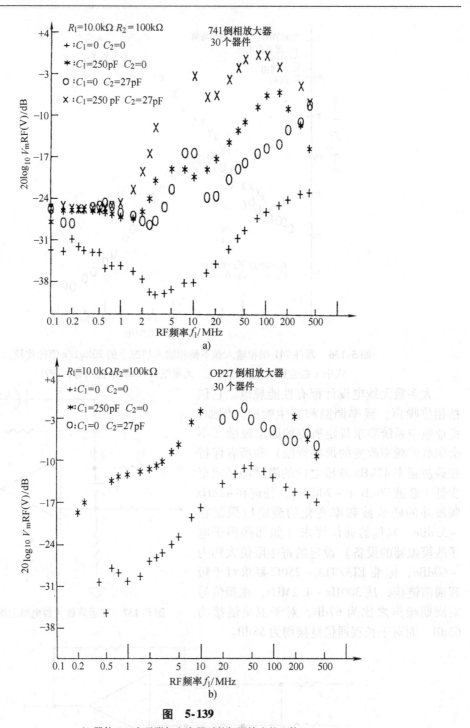

图 5-139

a）器件 741 有无附加电容器时的解调输出的比较

b）运算放大器 27 有无附加电容器时输出端的解调响应（IEEE 版权所有，1991）

在 RF 电路中使用数字接收机，数字信号处理（DSP）单元和开关电源将增加达到这个要求的难度。一般而言，如果靠近载波频率的激励必须低于载波 30～40dB（－30～－40dBc），并且若射频电路靠近发射源，如开关电源和含有逻辑电路的 PCB，那么在进行

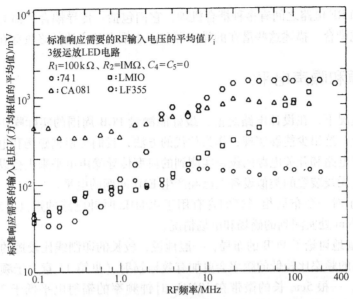

图 5-140　不同的器件的标准输出响应需要的输入电压

(IEEE 版权所有，1991)

无线电兼容性设计中必须当心，在规范要求激励为 –50 ~ –70dBc 时，尤其是当信号电平较低时，更要特别注意。下面的导则是根据射频电路位于高电平发射源附近 2cm，并且激励电平必须在 –30 ~ –40dBc 之间仍可以达到兼容性要求而提出的。

带内的高电平激励通常由时钟频率和数据频率信号产生，这往往会使选定的通道与不可用点（拒用通道）之间的通信不可靠。若有其他通道适用，那么，可以选用这些通道。另一个可替代的方法是将时钟频率移至带外或如后面所述使用摆频、扫频或跳频。另一个问题是有开关电源或具有高频分量的低重复率的数据电路等产生的宽带噪声接收机减敏现象。一个例子是配备新型数据终端的消防车和救护车会发现当其在山区时，与基站的无线电话通信无法实现。然而，当数据终端关闭之后，无线电话通信就恢复正常了。产生这个问题是由于在山区时，无线电接收电平变低，而数据终端的宽带发射干扰被车载天线接收到，从而引起接收系统减敏，导致了通信无法实现。

在使用 PCMCIA 无线网卡的地方，将网卡装在一台计算机（PC）内，由于计算机产生的宽带噪声导致接收机的灵敏度降低。Motorola 公司已经开发了一种仪器，它与频谱分析测量不同，它可对无线装置提供精确的测量，该仪器考虑了无线协议、PC 卡片天线及网卡与主机，通常是笔记本电脑之间相互作用的影响。该设备能测定需要多大的 RF 电平才能实现成功的信息处理。它效仿无线广域网的运行，当无线网卡插入主机的 PC 卡缝中时，利用打包数据来决定无线网卡的接收灵敏度。正如设备所能覆盖的区域一样，若主计算机噪声很大，那么接收一个信息就需要更强的 RF 信号。这也可以表达为减小了网络覆盖的区域。因而在所使用的无线电频段上若 PC 的发射大大地低于 B 级要求，则 PC 制造商相应就会有相当的竞争优势。带嵌入无线装置的专用数据终端的制造商已经能设计出同时能嵌入无线装置和外部天线的计算机，并且这两者之间的耦合会极其低。同时这种终端甚至在增加网络覆盖率和减少拒用通道方面有更多的优点。

在噪声源和 RF 电路之间有多种耦合机理，它们包括：传导耦合、辐射耦合、串扰耦合和公共接地阻抗耦合。描述这些潜在的噪声源和减小耦合的方法始终贯穿在本书中。

5.6　噪声源和噪声电平

在理想的境况下，在设计电路之前，最好能测量 PCB 周围的实际噪声源的 RF 发射电平。但是实际上，这很少能够实现：作为替代的方法，我们可根据磁场和电场的典型平均电平和对含有数字电路和开关电源的设备实测到的典型传导噪声电平来进行设计。其中特别要注意那些在含有无线装置的类似设备上已经产生 EMI 问题的电平。

表 5-42 表示对一个布局相当好的含有用于 40MHz 时钟电路的短（2.54cm）微带的数字 PCB 在距离 3cm 处实测到的磁场和电场情况。

第 11 章详细地讨论了 PCB 的布局，一般地说，较长的印制线比较短的印制线会更有效地辐射，而较高的频率比较低的频率会更加有效地辐射（见第 11 章关于频率和印制线长度的限制）。例如，一根 5cm 长的微带在 10MHz 时钟频率的辐射电平低于 2.54cm 印制线在 40MHz 时钟频率的辐射电平。与微带相比，使用带状线在 20~600MHz 频率上将发射电平从前者减少 15dB 提高到后者减少 25dB。实际使用中，在应用带状线的 PCB 布局有上、下接地平面的地方，要围绕 PCB 以 3cm 间隔点焊在一起，则 PCB 产生的辐射通常是 IC 的发射在起主导作用。若 PCB 位置靠近无线装置，而 PCB 仍然需要设计且其要受无线装置制造商的控制，那么就应该遵循第 11 章描述的良好的 PCB 布局方法。其次需要注意的是要在 PCB 数字电路部分和靠近 PCB 的数字电路部分增加一个低值去耦电容器，使其与所有现有的 0.01~1μF 的电容器相并联。应该适当选取这个附加去耦电容器，使其在无线装置的中心频率产生谐振。对于无线装置的 PCB 数字电路部分，如 DSP，在进行布局时应考虑以下几点：

1）保持振荡器、时钟和数据总线印制线及高速 LSI 芯片尽量远离 RF 部分。适当放置 IC 使其互连线尽量短。使振荡器靠近使用时钟的 IC。具有快速数据总线和时钟的 LSI 器件及开关电源尽量远离信号连接器和电源连接器及扁平电缆。

表 5-42　接近典型数字 PCB 的 E 场和 H 场的电平

f/MHz	E_θ/(mV/m)	H_ϕ/(mA/m)
距 PCB 微带（2.54cm）布局 3cm 处的发射，40MHz 时钟频率		
100	25	0.23
360	83	1.0
950	8.5	—
5cm 长的扁平电缆，10MHz 时钟频率		
360	301	3.6

2）沿数字电路部分使用带状线。如果不可能，使用局部的带状线来嵌入任何通向无线装置部分的数字接口和电源接口印制线。

3）遵循 11.8 节的接地规则，并避免在直接位于信号和时钟印制线之下的接地平面上有槽缝，如图 5-141 所示。

4）使 DSP 部分中 IC 之间的印制线尽可能短。尽可能将源与负载间和共享公共时钟或总线的负载间路径长度减到最小。

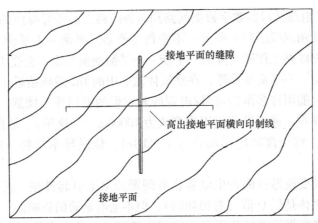

图 5-141 有缝隙的接地平面，缝隙由数据总线和时钟线正下方的一排通孔构成

5）如可行，尽量使热信号线靠近信号返回平面，除了 IC 上较短和必要部分外，不要使这些印制线在层间迂回穿过接地平面。

6）尽可能减小负载，以减小印制线上的驱动电流，通常是在负载端使用缓冲器或在源端串联电阻。

7）减少状态变化同步的信号印制线数目。

8）设计逻辑电路和软件，使在数据总线上间歇地流通数据，同时尽可能降低占空因数，避免连续传输。若数据传输包和接收包之间有相当大的间隙，那么，若可能，应在数据传输中停止所有不必要的计算机操作。

9）如果以摆频、扫频或跳频方式来设计数字时钟，那么出现带内激励的情况会减少。另一种办法是，如果时钟由 DCO \ VCO 或锁相环产生并且无线装置的调谐频率已知，则可选择时钟频率来产生无线频率带外或调谐通道外的激励。

10）用一个有独立外壳接地平面的机壳来整体屏蔽 RF 部分，如在 5.5.2 节和第 11 章所述。

5.6.1 射频和无线电

表 5-42 中的电平可能对 RF 电路产生问题，这种情况可以用在 70kHz 和 28MHz（重复频率为 70kHz）呈现激励的接收机来举例说明。这些激励源是一个开关电源，它可以对板上的 RF 部分产生入射磁场，在 70kHz 为 13mA/m，在 28MHz 为 0.2mA/m。问题就在 RF PCB 上有 2cm×2cm 的 PCB 印制线环路，它把振荡信号连接到混频器。经计算，在这个 2cm 环路中电流在 70kHz 时为 30μA，在 28MHz 时为 17μA。对混频器和振荡器信号印制线的屏蔽只能部分地有效，在 70kHz 时则完全不是这样。可能解决这个问题和其他敏感性问题的方法是保持 PCB 信号印制线靠近在一起，以求将环路面积减到最小，最好将振荡器印制线嵌入带状线内。减少 70kHz 时对环形回路的直接耦合是使振荡器呈容性耦合，以使电容器对 RF 呈现低阻抗而对音频和开关电源基波频率和低次谐波频率呈现高阻抗。虽然特定的 RF 电路对入射场的敏感度是难以预估的，但是使用 RF 工程师常用的良好的 PCB 布局方法和用局部的屏蔽方法来避免产生自身的兼容性问题即由高电平 RF 信号耦合到低电平信号，也将会增加其对外部源场的抗扰度。

一种减少与 RF 电路接口的数字数据线路和时钟线路上的传导噪声的有效方法是在数据线路和返回线路上使用双线绕制的平衡 – 不平衡变换器。平衡 – 不平衡变换器将会减小 共模电流但不会使数据线路工作速度降低。平衡 – 不平衡变换器也不会受 DC 电流的影响，因为两条线都穿过平衡 – 不平衡变换器，在铁氧体磁心中的 DC 磁场接近于零。为了减小低频电流，铁氧体应尽可能用许多匝的信号/电源线和它们的返回线来绕制。对于低频 NZR$^{\ominus}$数据噪声和开关电源噪声，通常推荐使用典型值为 $10000\mu_0$。（这里 μ_0 是自由空间的磁导率）的高磁导率铁氧体。对于高频应用场合（ > 5MHz），低磁导率材料一般也会达到较大的衰减。

当平衡 – 不平衡变换器匝间寄生电容在有问题频率上引起谐振，就可以得到最大的衰减。虽然大多数铁氧体是低 Q 值（有损耗的），但不会有显著的影响。

若数字控制线和数据线通过 D 形子连接器连接到导电外壳内的 RF 元件或辅助配件上，使用滤波连接器或滤波适配器可以减少共模和差模噪声。

50 ~ 400Hz 的 AC 电源和它们的谐波频率也会产生激励。通常诊断为以 FM 的形式出现在载波上。因为缺乏高磁导率钢或高 μ 金属，所以对这些频率几乎没有屏蔽效能。最好的途径是尽可能将 RF 电路移到远离变压器、AC 风扇和交流布线的地方。所有的电源布线应该扭绞以抵消产生的磁场。作为一个极端的办法，AC 场可以通过使用流过 AC 电流的线圈来抵消。该线圈的取向应设法抵消入射到敏感元件或敏感电路的 AC 场。也可以使用在 RF 有低阻抗而在工频有高阻抗的耦合电容。有一种情况是由半刚性电缆和置于金属外壳内的 RF 电路形成的环路所拾取的 AC 电源电流，通过该半刚性电缆上的夹紧装置旁路至底架上。这个措施减少了流入安装在金属外壳上的 SMA 连接器的 AC 电源电流。

5.6.2　屏蔽

过去的经验已经表明，当 RF 电路与逻辑电路非常靠近开关电源所产生的场时，就常常可能存在或确实存在 EMI。当屏蔽与信号滤波和电源滤波同时采用时，屏蔽效果就可能非常好。然而，当信号和电源的连接是从有噪声的外部环境未经滤波而进入到电路的屏蔽部分时，其结果是根本没有增加抗扰度。因而单单对一个电路进行屏蔽是远远不够的，如同在滤波一节中所述的一样，还必须在屏蔽接口上附加滤波。

所有转接不归零数据的数字逻辑电路都会辐射低音频分量的场，然而小而薄的屏蔽外壳对这些频率的衰减为 0dB。唯一有效的方法是设计"良好的" RF（射频）PCB 布局和在射频各级之间使用低值电容耦合。第 11 章详细叙述了 PCB 的屏蔽方法；然而，一般而言，小而薄的外壳在开关电源 100kHz 频率附近其屏蔽效能是很不够的。任何屏蔽的薄弱环节是在分离的屏蔽部件之间的缝隙。对于安装于 PCB 上的屏蔽，这个弱点是屏蔽外壳和板反面接地平面之间的电气连接。当构成的外壳采用屏蔽栅栏，并有凸缘卡进它里面，因对接地平面的连接仅依赖于栅栏材料里的翼片，所以屏蔽效果会大打折扣。解决这个问题最好的方法是使用上部封闭的接地平面，以在板的栅栏材料侧形成一个约 3 ~5mm 宽的环路。这个上部环路不连接到任何（数字/RF/模拟）接地平面上，只是把环路的四周连接到下部的 PCB 接地平面上，这样以形成完整的封闭体。过孔是用来将上部环路向下与下部的接地平面拼合连接上，并且这些过孔应该每隔大约 3mm 设定一个。此外，如果屏蔽栅栏上的叶片不能对形成完整封闭的下部接地平面提供充分低的接触阻抗，那么，栅栏可以焊接在上部环路上。这种构造形式如图 5-142 所示。

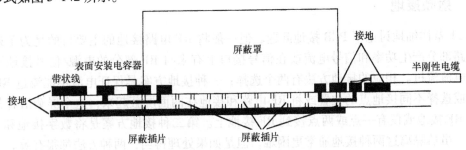

用每 1~3mm 间隔将上层接地印制线
与下层接地印制线连接

（不要依赖屏蔽罩插片进行连接!）

图 5-142 到外壳的滤波电容器部位，RF 信号的连接线通过屏蔽体进入到 RF 电路部分

一些通常用于屏蔽的材料类型是 0.1~0.25mm 厚的铜铍合金或 0.2~0.5mm 厚的镀锡钢皮。这些具有低接触阻抗接缝（前已述及）的屏蔽材料对磁场的屏蔽效能见表 5-43。然而，表 5-43 的数据（译注：表中未给出衰减单位 dB）仅在封闭壳体完全由所示的材料构成的前提下才是适用的。在 PCB 安装有许多封闭壳体的情况下，形成封闭的环路是由封闭壳体 PCB 接地平面来完成的。然而，一般对于这种下部封闭壳体接地平面不需要为埋设通路而花费更多的钱。对于 1GHz 以下的频率，接地平面都可以有许多小尺寸（2mm）的孔隙而不会过多地降低其屏蔽效能。无论如何，都要避免在封闭壳体的接地平面上有长缝（2cm），因为这将开始更多的降低屏蔽效能。但是，有一个例子是，为热补偿器而增加的小孔洞，它们环绕在连于印制板上的同轴连接器的焊接处片的周围，这样也导致带外的激励。在这个例子中，在 1.96GHz 有 -50dBm 的射频信号通过一个外接同轴连接器引入到 RF 部分。当围绕在连接器接头片边的小孔洞用铜垫片填充焊接时，激励就可减小到规范以内了。这类屏蔽的一些制造商是：Boldt Metal Industries，A. K Stamping 公司，印记采用 Flexlan，Orin and Insul—Fab 制造的叠片。

当 GHz 的 RF 电流通常在半刚性的电缆，数据电缆和屏蔽得很好的封闭壳体上流动时，在电流会成为一个问题并且不可能使用附加的屏蔽的场合，那么在封闭体或电缆上使用吸波材料可能十分有效。可以买到橡皮薄板形式的 GHz 吸波体，它可以缠绕，粘贴和用 Velcro 带来固定。作为一个替代的方法，环氧树脂也可以固定这些配件。

表 5-43　0.127m×0.101m×0.01m 的外壳的磁场屏蔽效能

f	0.5mm 厚镀锡钢板	0.2mm 厚镀锡钢板	0.2mm 厚铍铜	1oz 铜 PCB 材料
4kHz	6	4	0	0
10kHz	14	14	1	0
100kHz	33	33	25	10
1MHz	47	47	46	34
10MHz	54	54	54	52
100MHz	56	56	56	56

5.6.3 射频接地

第 11 章详细地讨论了 PCB 接地问题。但一般将 RF 电路接地的主要目的是为了避免在数字电路部分产生功率和信号电流或在信号接口上有来自 RF 部分的电源/信号接地平面上的共模电流流过。相应的接地方法有两个选择：一种接地方案是保证电流不能流过 RF 接地平面，或选择不同接地点的位置或将 RF 电路和接地在两面屏蔽起来，这个屏蔽沿着其周边连接于 RF 接地或仅有一点或两点接到 RF 接地上。第二种接地方案是将数字接地和 RF 接地隔离。虽然隔离这两种接地通常更困难，但是如果处理得当，两种方法都很有效。

隔离接地的方案目的是使以数字接地为基准的所有信号和电源连接都与 RF 接地隔离。同轴电缆上的 RF 信号必须与数字电路的返回路径保持隔离，因为它们要离开印制板或设备。这种接地方案将会给数字接地和射频接地之间提供 DC 隔离并允许 RF 接地连接至底架上。通常 RF 接地连接到底架某处是不可避免的。这是因为当同轴电缆与外界连接的时候。同轴电缆的屏蔽要连接至底架或建筑物接地上去。例如，位于建筑物外或进入设备机架内的天线电缆上的屏蔽层必须在设备机架进口处接地。这就提供一个二次雷击电流的保护连接，可以保证天线电缆屏蔽层上拾取的 RF 电流不会进入到设备壳体内。

图 5-143 所示为用于典型的无线 PCB 的屏蔽接地隔离方案。其中电源必须是隔离类型的。若电源是开关电源，其输出端纹波和尖峰脉冲将会由图 5-143 中的滤波器衰减掉。RF 共模电流仍将在 TX I 和 Q 型变压器的绕组电容间流过。解决方法是如图 5-143 所示的加装一些电容器。

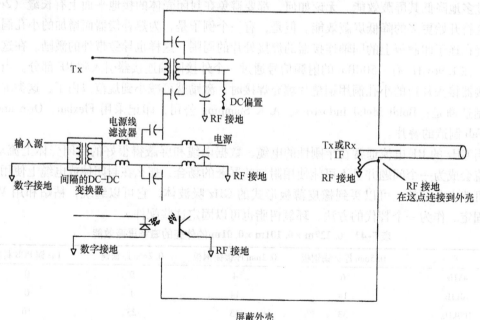

图 5-143 在数字接地和 RF 接地之间有隔离的接地方案

若不能加装这些电容器，有一种减小耦合的方法就是在 I 信号入口处的和数字接地和进入机壳内的 Q 信号之间及数字接地和机壳之间加装电容器，然后将它们依次连接到机架上。若需要经受高压试验，则这个电容可能要用陶瓷电容，且要有 3~6kV 的额定耐压。若能实施高压试验，那么隔离的开关电源的初次级之间也应有足够的额定耐压，并且还包括初级电源返回线到次级电源返回线耐压，同样也必须包括 I 与 Q 型变压器的耐压。光电隔离器应位于屏蔽层外而不是在屏蔽机壳内，因为 LED 的印制线也会产生辐射。

若信号或控制接口中有一个必须以数字接地为基准，或是电源接地不可能与 RF 接地隔离开来，则必须采用第二接地方案。在这种情况下，RF 接地连接到数字接地上，并且两者都将连至设备机架上，然后再连接至安全接地。

在这个方案中，公共接地连接的物理位置很重要。在考察的设备中，数字接地连接至设备底架接地及在数字信号和 I、Q 信号连接到 RF 部分位置的 RF 接地。其结果是共模噪声电压和辐射发射引起的 RF 电流都趋向于通过底架而不是通过 RF 接地平面流回源。在这种情况下，信号返回路径不能直接连接到底架，就需要隔离或滤波了。若不可能将 DC 连接线连接至设备底架接地，则可以使用一个或多个高品质电容器来提供 RF 接地。

在完全隔离接地的方案中，在可能的情况下，PCB 的接地平面可用作屏蔽壳体的一部分，PCB 的接地平面和 RF 接地平面应该分开并且彼此尽量分开得远。实际上，必须要将屏蔽壳体与进入 RF 部分的屏蔽电缆的屏蔽层进行连接 例如，在该例中的 TxIFO/P 和 RxIF。将屏蔽带入 RF 部分而不将其与屏蔽壳体连接则会适得其反，因为在设备内的数字部分和开关电源产生的电磁耦合会在屏蔽层产生 RF 电流以及类似 AM 和 FM 发射机等外部源也将在无噪声的屏蔽的 RF 部分的内部产生再辐射。将 RF 接地平面与屏蔽壳体隔离的原因是电磁环境会在屏蔽壳体上形成射频电流。在完美的屏蔽壳体情况下，这些 RF 电流可能仅仅局限于其外表面。然而，在实际使用的屏蔽壳体中，由于接缝之间存在接触阻抗，那么在接触阻抗上会产生一个电压，从而导致内部电流流过接地平面。甚至在图 5-144 所示的方案中，其中数字接地和 RF 接地通过一个平衡－不平衡变换器来连接，RF 接地只应在一点连接到屏蔽壳体上。

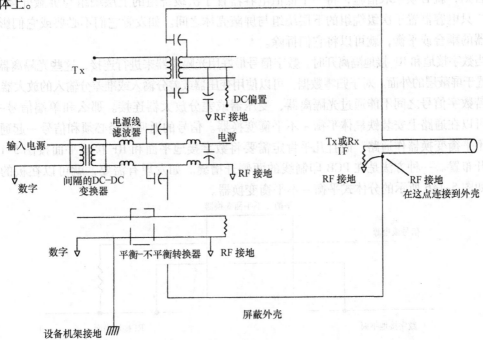

图 5-144　通过平衡－不平衡变换器使 RF 接地与数字接地联系在一起的接地方案

在该接地方案中，RF 接地和数字接地仅在一点连接在一起。这时，很重要的是确保 RF 接地平面不处在数字部分电源的返回电流通过连接器流回到电源的路径上。如果 RF 接地平面处在数字部分和用于电源和返回路径的连接器之路径上时，那么 RF 接地平面应和这个通路隔离。一个替代方法是，将 RF 接地沿着其周边连接到全封闭屏蔽壳体，这样 RF 噪声电流就可以通过屏蔽层返回到源了。还如第 11 章 PCB 布局部分所述的，PCB 不同部分和电源及信号连接器位置的摆放对达到 EMC 也起到至关重要的作用。

一些最新的 RF 电路是五花八门的。其中一个是由 Mini – Circuits® 公司生产的 HELA—10。这个器件带宽为 50～100MHz，增益为 10～13dB，NF 为 35～47dB 而输出在 26～30dBm 之间。为了在不平衡输入和要提供不平衡输出的场合使用这种器件，必须同时在该器件的输入和输出端使用 50Ω 或 75Ω 阻抗的平衡 – 不平衡变换器。这些变换器也可以从 Mini – Circuits 公司买到，它们至少在某些频率范围能提供共模噪声抑制和 RF 隔离。

若对于接地有什么忠告，那么就是在接地方案中应有一些灵活性，特别对试验电路板，样机或首产的样品更是如此。例如，若母板和底板中有底架平面，那么这块 PCB 的布局应允许该底架平面可以与任何模拟/射频/数字接地直接连接或断开，并且允许该底架平面可以在板周围的几个位置，通过低阻抗直接连接或通过电容器连接到任何或所有剩余的接地点。

5.6.4　滤波

不论采用隔离接地方案还是公共接地方案，屏蔽壳体内的 RF 电路和外部电路之间的每一个连接必须有一定水平的滤波或共模隔离。在高频信号进入 RF 部分的情况下，相应有多个选择。对于平衡变压器耦合的信号，在 Tx、I 和 Q 的例子中，寄生耦合几乎肯定是通过变压器绕组间的电容而成为共模干扰。若能买到有内部静电屏蔽的变压器，就要使用这种变压器。否则，就必须采取措施，将一个低值电容器置于次级绕组的上层绕组与屏蔽壳体之间，将第二只电容器置于次级绕组的下层绕组与屏蔽壳体之间。如发觉它们不必要或它们影响了变压器的耦合或平衡，就可以将它们拆除。

当数字接地和 RF 接地隔离开时，数字信号最好用光隔离器来进行连接，这些光隔离器应牢固地置于屏蔽层的外面。对于归零数据，可以使用变压器或差分输入或准差分输入的放大器。

若数字信号之间不能通过光隔离器，变压器或差分放大器连接。那么和单端信号一样，它们可以在通路上安装铁氧体平衡 – 不平衡变换器。信号的返回路径必须和信号一起通过平衡—不平衡变换器作通路，而且几乎肯定需要将数字接地平面和 RF 接地平面按图 5-145 所示分开布置。一种方法是在 PCB 印制线的两侧开槽缝。如发现有需要，就可以在板的两侧安装如图 5-146 所示的分体式平衡 – 不平衡变换器。

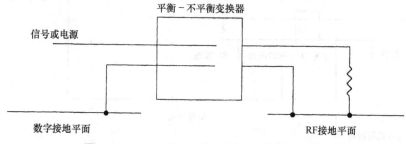

图 5-145　通过平衡 – 不平衡变换器作接地连接

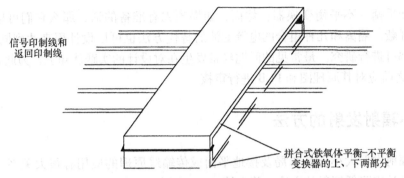

图 5-146 分体式铁氧体平衡 – 不平衡变换器的 PCB 安装工艺

除了对共模 RF 电流呈现出阻抗外，平衡 – 不平衡变换器也会起到接收天线和发射天线的作用，并且其最好的位置是在屏蔽层外。除非一些高电平的发射源在平衡 – 不平衡变换器的附近，这种情况下，它应就置于屏蔽层内但仍然要保持数字接地和 RF 接地的分离，见图 5-145。

虽然将信号指定为输出信号，但共模电流仍能流过输出连接线并在屏蔽内部产生再辐射或在接地平面上产生 RF 电流。因此，在输出端也应进行滤波、隔离或平衡 – 不平衡转换。在所举的例子中，当数字接地和 RF 接地连接在一起时，至变压器初级的 RX1 和 RX2 连接应通过平衡 – 不平衡变换器作通路，如图 5-145 所示，使接地平面之间通过平衡 – 不平衡变换器来连接。比较好的方法是将 RX1 和 RX2 的屏蔽层连接到壳体上。在这种情况下，就不需要平衡 – 不平衡变换器了。如 RX1 和 RX2 的接地与 RF 接地隔离，那么这个变换器将会使共模 RF 电流减少。若需要，还可以将 RF（容性）底架接地与数字接地连接。

如 5.2 节所述，若设计得当，在 PCB 上安装开关电源调压器和滤波器可以将开关电源噪声通常具有的 400mV 的短尖峰脉冲和 100mV 的纹波，在忽略 HF 分量的情况下，减小到大约只有 5mV 的纹波。在要求极低纹波的地方，如卫星通信，雷达模拟器和激光电源上已设计制造出在 PCB 上安装的小型屏蔽滤波器，经测试，它可以使纹波减少到 $30 \sim 300\mu V$ 之间。大电感量的差模 SM 电感器只能置于屏蔽壳体之外，而且随后直接接一些电容器到屏蔽壳体上，参见图 5-142。共模铁氧体也应该置于屏蔽壳体之外并覆盖在所有电源线和返回线上。然而，若共模铁氧体靠近高电平噪声源，那么 RF 电流就会感应到铁氧体中。在这种情况下，应将铁氧体屏蔽起来或将其移入屏蔽体内。屏蔽体内的元件应为较小尺寸的差模电容器和线性调节器。在这种结构下，屏蔽的作用是用来将使滤波器输入元件和输出元件之间的辐射耦合减到最小。

由于 RXIF 输入同轴电缆要进入设备并且要与屏蔽壳体相连接，如图 5-142 所示，所以要将同轴屏蔽层连接至底架上。必须使 RF 接地平面也连接至同一位置。RXIF 输入滤波器应能衰减较宽范围内的噪声，包括 60Hz 及其谐波。这一点通常只要简单地用一个耦合电容器就可以在工频和开关电源频率上得以实现，它在 $400 \sim 900MHz$ 频率范围有低的串联阻抗而在低频时又有高的串联阻抗。为了使其可以奏效，必须使耦合电容器后面的输入滤波器和放大器在低频时也保持约 50Ω 的低输入阻抗。Tx IF O/P（运算放大器）的连接也必须包含类似的滤波器。

如遵循前述的导则，那么设备达到 EMC 目的的概率就会极高。一些附加的元件可能是不必要的，如平衡 – 不平衡变换器；然而，如果预先有准备的话，那么它们可以轻易地移除。接地、屏蔽、隔离和几种组合的电源滤波的替代方法也可以设计用来达到同样的目标。对这些方法都可进行研究。最常见的问题经常发生在对设计的实践认知上，为此，在授权进行 PCB 布局之前应对其原理图和 PCB 进行审核。

5.7　减小辐射发射的方法

PCB 的辐射发射大小与其布局及接地平面或传输线原理的应用有很大关系。应用 PCB 布线和电路设计来降低辐射的方法，将在第 11 章中讨论。而对于降低线缆辐射发射的方法将在第 7 章中讨论。

5.8　瞬态脉冲防护

典型的瞬态脉冲（瞬变）是由于雷电、静电放电、电力线浪涌和邻近设备或电缆的高压击穿引起的。

它们的特点是测试要求不同：

IEC61000 – 4 – 2 人体的静电放电模型（HBM）；

IEC 61000 – 4 – 4 电快速瞬变脉冲群（EFT）抗扰度试验；

IEC61000 – 4 – 5 浪涌（冲击）抗扰度试验。

这些文件是符合在 EMC 指令和医疗指令下欧盟国家使用的统一标准。

其他有关瞬态干扰的规范是：

The Bellcore TR – NWT – 001089 浪涌波形参数：10/1000，10/360，2/10，10/560，10/160μs；

FCC 第 68 部分波形参数：10/560μs，10/160μs；

MIL – STD – 461C 波形参数：0.15，5，10μs；

MIL – STD – 461F CS106 波形参数：5μs。

DO – 160 规范中 10μs 尖峰和雷击引用了 0.1，6.4，120 和 500μs 的尖峰脉冲和阻尼正弦波。

对瞬态脉冲进行防护是最常见的要求，以保护设备在得电、断电或两者兼而有之时免受损害。

另一项更困难的要求是，在瞬态干扰停止后，设备继续工作时没有误差或有可接受的误差。很少要求设备在瞬变期间继续工作。更常见的情况是，它应该失效，或是安全的，或当瞬态干扰停止后，能恢复正常运行。

从系统的角度来看，在瞬变后恢复正常工作的一种方法是要设法使设备更"皮实"。即对被视为故障共同原因的情况采用复位电路和电力线监测，但这仅对瞬变有效。另一种选择是确保软件在瞬态干扰发生后能恢复正确的功能，而不会丢失或改变数据，从而无须人工干预，例如手动复位等。

可能仍然需要元件来保护其免受损坏。一个非常简单而有许多应用是电容器。

保护电路和保护方法是用于防护由直接静电放电（Electrostatic Discharge，ESD）、电快速瞬变脉冲群（Electrical Fast Transient, EFT）、雷击或电磁脉冲（Electro Magnetic Pulse, EMP）产生的瞬态脉冲。对于由雷击产生的较低电平的二次效应 EMP 和电源线传导瞬态也需要进行保护。当 AC 电源进入建筑物或插座上，需要对其进行保护。可以买到内置瞬态保护的电源板和电源线滤波器。

大多数暂态保护装置在某些开关电压以上就变成低阻抗。所产生的钳位电压可能过高，以致无法避免损坏，特别是在许多场合，钳位电压是开启电压的两倍或更高。此外，返回到地面的路径必须是有一个低阻抗，以避免更高的电压。在瞬态大电流的情况下，如闪电，可能有极大的电流可以流动，PCB 的印制线和布线的额定电流必须相对应，否则它们可能会熔断。

如果瞬态保护应用在信号接地与外壳或安全接地之间，则应根据高共模电压的回路中线路的电阻和阻抗进行设计。共模电容器可以降低这种电压，并且必须能够承受它。

当一个设备装置连接到地时，电流在任何电感上都会产生一个电压，这个电压是 $v = L(\mathrm{d}i/\mathrm{d}t)$，它可以出现在负载上。

所有设备都应以低电感连接到外壳和地线。

5.8.1　瞬态保护器件

气体放电管可以承受很高的电流，最高可达 50000A，它们具有很小的电容，因此它们是保护射频电路的理想器件。通常情况下，当雷电电流高于其额定值时，它们就会发生保护失效，即击穿，并在雷击后继续导电。这意味着设备在雷击期间受到保护，尽管设备气体放电管需要更换。它的击穿电压在 200 ~ 10000V 之间，这取决于规定的击穿电流和上升速度。因此，它们经常与滤波器或二次保护装置一起使用，例如压敏电阻器、瞬态电压抑制器（TVSS）或二极管。它们既可以单独使用，也可以和同轴管中的滤波器组件一起使用，其中两端都有射频连接器。因此，它们可以直接连接在同轴电缆，经金属壳搭接到外壳。气体放电管的一个缺点是，它是一种撬棒式装置，如果用于高于其电弧电压（通常为 20V）的直流电源，它将不会熄弧，直到电源关闭、熔丝熔断或断路器断开。

在交流电源上，空气放电管会随着电流反向而熄弧。

金属氧化物压敏电阻（MOV）是由氧化锌或其他金属氧化物颗粒制成。每个晶界相当于一个击穿电压为 2 ~ 3V 的 PN 结。这导致了数百个串联和并联的连接，导致了大电流的钳位能力，高达 70000A 和大电容。它比 TVS 慢，钳位电压在 36 和 1800V 之间。然而，正如所有的保护装置一样，这是高度依赖于峰值电流。对于 ESD 或 EFT 事件的钳位，MOV 动作太慢，但有用于雷电和浪涌保护。MOV 可以承受有限数量的浪涌，之后可能会退化。钳位电压到击穿电压约为 4 倍。

晶闸管浪涌保护器件（TSPD）是一种"撬棒"型器件。这意味着，在触发后，它会进入低开启状态，这将为相对芯片的大小提供更高的浪涌电流能力。对于一个 1500W 的双向钳位，它可以处理 10/1000μs 波形 5A 浪涌电流，等效尺寸的 TSPD 可以在相同的浪涌持续时间内流过 200A 电流。

TSPD 可以用于信号和通信线路，但当用于直流电源时，它们在暂态过后不久就会出现短路。可重新复位的熔断器可用于中断低于维持电流的电流，或在线路中加入谐振电路将流经 TSPD 的电流进行反向。在 25°时维持电流一般在 50 ~ 250mA，在 100°时保持电流在 30 ~

150mA。"Islatrol" 商标的电力线滤波器带有有源跟踪，设计用于尖峰和瞬态抑制，它是由 "Control Concepts" 制造的。MCG 电子制造的器件可在数据线上提供电压小于 1kV、上升时间为 10s 或更长、脉冲持续时间为 1000μs 的保护。可以保护的数据线包括调制解调器、RS-232、RS-422、RS-423、20mA 环路、电话、视频和高速线路。

可以买到的单极和双极瞬态电压抑制器（TransientVoltage Suppressors，TVS）的类型有双列直插封装（Dual In-line Package，DIP），表面贴装（Surface Mounting，SM），径向引线（Radial）或轴向（Axial）引线型以及模块型等。从 Protek devices 公司可以买到表面贴装的器件，其额定峰值功率为 1500W，钳位电压从 9.2~189V。General Instrument 公司的先导器件可以承受 5000W 的峰值功率达 1ms。开关速度快至 10ps，钳位电压从 6.4~122V。Protek 的模块式 TVS 达可以承受 1ms 脉宽的脉冲峰值功耗达 15000W，钳位动作时间为次纳秒级。California Micro 公司制造的 17 和 18 通道的 ESD 保护阵列可以通过多个二极管将 ESD 电流脉冲转移到正负电源上。

双向开关二极管 Sidactor 是一种瞬态浪涌抑制器，为改进后的 TO-220、TO-92 和表面贴装式的 SM DO-214AA 封装。根据厂家数据，它有下列特性：双向保护，击穿电压从 27~720V，钳位速度为纳秒级，浪涌电流能力最大 500A。AVX Transgard® TVS 也有贴片式封装（0603-1210）或药丸状的结构，对于 1206 芯片峰值电流为 150A。金属氧化物压敏电阻（MOV）具有高峰电流抑制能力（Siemens 早期制造的盘型的 MOV 对于持续时间非常短的电流可达 70000A），但它比 TVS 慢 15ns。MOV 最低钳位电压比 TVS 高，并且因为 Siemens 盘形 MOV 覆盖了 36~1815V 的范围。所以它的优点是比 TVS 有大得多的最大钳位电压。1100V MOV 对 8/20μs 脉冲的峰值钳位电流为 2500A，但是必须限制持续电流，使其 Sidactor 平均功耗不要达到 0.4W。这取决于压敏电阻的尺寸，平均功率应在 0.01~0.6W 之间。双向开关二极管、TVS 及许多种二极管和齐纳二极管已经可以足够快地抵御来自 ESD 和 EFT 的试验电平：除非在快速脉冲源和将用变阻器进行保护的电路之间使用一个滤波器，否则因压敏电阻的速度不够快而不足以保护电路。晶闸管和三端双向晶闸管也可把电路瞬态脉冲钳制到一个非常低的电平；然而，与 TVS 比较，这些器件速度通常相对较慢。ABB 公司基于二极管的结构生产了一种固态瞬态浪涌抑制器。它设计用在电话传输线上进行雷击防护。以 DIP 或 SOIC-16 封装的最小器件有 150A 脉冲能力，击穿电压为 60~80V，响应时间为纳秒级。ABB 公司也制造出一种硅单向瞬态脉冲抑制器，它由一个集成了快速齐纳管的 PNPN 晶闸二极管构成，而齐纳管在过载时呈短路失效模式。对于 8/20μs 脉冲，其峰值电流为 500A，静态转折电压为 75V，在 $dV/dt = 1.5\text{kV}/\mu s$ 时，动态转折电压为 95V。在 2A 时的导通电压为 3V，导通时间为 20ns。这对于雷击防护已足够，但对 EFT 和 ESD 保护来说却太慢了。ABB 公司的较大电流器件对于 8/20μs 的脉冲可以承受 1000A 的电流，在 20A 时导通电压为 6V，转折电压 280V，$dV/dt = 1.5\text{kV}/\mu s$ 时的动态转折电压为 375V。

由制造商 ON Semiconductor 公司制造的 TVS 二极管的电容量可低至 0.35pF，钳位电压在 16A 时低至 8V，适用于在数据速率大于 10GB/s 下的电路 ESD 保护，如 USB3.0，USB3.1 和 HDMI（高清晰度多媒体接口-译注）。

表面贴装（SM）器件可用于以太网、视频等雷击防护，这其中就包括了 Littelfuse 公司的 SR70 器件，它包含四个二极管，适用于双通道。它适用于电快速瞬变脉冲群（EFT）5/50ns 80A，静电放电保护（ESD）±30kV 接触放电，±30kV 空气放电，雷击 8/20μs，40A。

Littelfuse 公司提供 ZA 压敏电阻系列，具有工作电压交流 4~460V 和直流 5.5~615V 和峰值电流在 5.5V（钳位电压）下 250A（8×20μs），在 22V（钳位电压）下 2000A。

其提供的 CH 压敏电阻系列为表面贴装型，工作电压为交流 14~275V 和直流 18~369V，峰值电流（8×20μs）从为 250 到 500A。

Microsemi 公司还提供压敏电阻，规格为交流 4~460V，直流 5.5~615V 和雷击 8×20μs，50~2000A。

Microsemi 公司也提供单片倒装芯片 TSPD 阵列，关断电压 5~85V，击穿电压 8~12V，在 1A 时钳位 3V，8A 时钳位 6V，和导通时间 5.0ns 的 30A 峰值电流。MicroSermi 公司的 TVS RT65KP48A，其峰值功率容量为 65000W，最大关断/工作电压为 48V，钳位电压为 17.7V。它是一种单向器件，设计用于满足 RTCA/D0－60E 的第 22 部分，并与第 16.6.2.4 节的 A 类中的 46.3V、B 类中的 60V 和 Z 类中的 80V 兼容。

Microsemi 公司还提供 500W 表面贴 TVS，其关断电压为 5~170V 和击穿电压为 64~189V，最大钳位电压 9.6~275V，和峰值脉冲电流 52~1.8A。

型号 ESDOP8RFL 的 ESD 保护器件包含两个二极管，其表面贴装尺寸为 1.2mm×0.8mm×0.39mm。

在 1GHz 下，它的线路低电容值为 0.8pF，0.4nH 的超低串联电感值，钳位电压在 2A 时为 3V，在 10A 时为 11.5V。

当 ESD 接触放电 20kV，EFT 5/50ns 40A，雷击浪涌 8/20μs 波形，电流为 10A 时。对于诸如 HDMI、S－ATA 和 Gbit 以太网之类的 RF 天线和/或超高速线路，它是理想的 ESD 保护器件。可用于 D 型、ARINC 和圆形连接器中的连接器引脚的 ESEEAL 滤波器密封件。

这些器件通常都可以与 1pF~1F 电容器一起使用，但它们也可与宽范围的 AVX Transguard@ 电压抑制器一起使用。API Industries 公司（频谱控制）生产的 USB－E ESD 保护用的 USB 连接器，其中包含线与地之间的二极管。工作电压为 5V 直流，最大电流 1A，钳位电压在 1A，8/20μs 时，为 9.8V。

表 5-44 列出了许多器件的特性。

表 5-44　保护器件的特性

器件类型	厂商	应用	击穿电压	峰值钳位电压	峰值电流	上升时间和电容量	峰值功耗
瞬态电压抑制器 LCD05C/SMADA05LCC	Protek	静电和雷击	6V 双向	24V@45A 10kV 人体静电模型下 8/20μs 波形 34.8V	45A@5V	10kV 人体静电模型下 $T_{on}=5ns$	8/20μs 800W
表面贴瞬态电压抑制器	Microsemi	静电和雷击	6V 双向或单向	9.6V@52A	10/1000μs =10A 52A@5V 1.8A@170V	取决于电路架构	8/20μs 800W
表面贴瞬态电压抑制器	Microsemi	静电和雷击	18.9~311V	对于 17V 器件，464A@17V 关断 关断电压＝ 32.3V@464A	电压到 33A@280V 关断电压		15000W
表面贴瞬态电压抑制器	Protek	10M 基带双绞线，USB，双向静电和雷击单向和双向	18.9~311V 6V	6V 压敏电阻在 5A 时为 20V 23V 压敏电阻在 20A 时为 50V	250A 8/20μs 6V 2000A 8/20μs 当 23V	6V 压敏电阻 8/20μs 6V = 1400pF 675V = 30pF	10/1000μs 0.8J 当 6V 120J 当 23V

5.9 雷击防护

直接雷击可以模拟为一个典型峰值电流为 20000A 的恒流源。然而，大约有 10% 的雷击峰值电流可达 60000A 或更大。若有一个 200000A 的雷击发生在飞行器的金属框架上，即使假定雷击不直接作用于安装于外部的元件上，但所有安装于框架外部接近于表面的电子元件就会暴露在高达 318000A/m 的磁场和高达 250000V/m 的电场中。首选的保护方案是把直接的雷击转移到电缆、天线或设备配线箱上去。避雷针或标杆之间串接的金属条在避雷针或金属条下方从顶部导体至地面的延伸形成了一个弧形，即所谓的保护区域。8.6.1 节详述了这种形式的雷击防护。

当天线、控制器、AC 或 DC 电源、电话线和其他电缆不能由避雷针保护时，就需要使用初级雷击避雷器。它是设计用来保护设备输入端的。压敏电阻和气体放电避雷器可以承受高达 60000A 的电流。在这样高的电流下，它们仅仅起到一次保护的作用后，就失效了（也就是永久短路损坏了）。这就意味着必须在此后更换避雷器件。然而，避雷器的费用与修理接收/发射设备相比，成本是较低的。图 5-147 所示为雷击中，一般保护器件处理浪涌电流的能力与器件上电压的关系。气体放电避雷器的雷击电压。取决于该瞬变的上升时间。图 5-148 所示为对于极快气体间隙，DC 击穿电压从 75 ～ 7500V 时，击穿电压与瞬变梯度的关系。这些快速避雷器被 Fischer Custom Communications 公司用于各类不同产品中，有引线型式的也有装入同轴电缆连接器中的型式。这在稍后的部分会有详述。

简单电容器的一种用途是在 RF 电路的输入端作为耦合电容器。如果输入频率足够高并且输入阻抗为 50Ω 或 100Ω，则图 5-149 所示的与气体放电管组合的网络充当高通滤波器，并且相对慢的闪电脉冲被衰减。即使雷电沿着长电缆激励，但所产生的阻尼正弦波通常为低频。假设 1000pF 耦合电容器，上升时间为 1μs 的 1000V 峰值将在图 5-149 中所示的 50Ω 负载电阻器上产生 50V 的电压。如果上升时间较慢，则该电压将下降。如果 50V 过高，则必须使用具有较低冲击电压和较快动作的气体放电管。例如，Fischer Custom Communicatios 提供了具有 75V 的冲击电压的气体放电管。在 1000V/μs 的上升时间内，峰值电压将是 200V，在 50Ω 负载上的电压将是 10V。1000pF 将在 RF 信号中添加一些衰减，但是对于 150MHz 以上的频率来说，其是可以接受的。电容器电压额定值必须足够高以承受气体放电管的冲击电压。

图 5-149 所示为具有串联耦合电容器的气体放电电路。

与并联保护装置相比，电容器解决方案的优点在于，没有高电流被分流到地，尽管电缆和 PCB 走线必须能够维持 1000V 或更大的电压。在电容器之后并入额外的二极管，较高的电流流动，但量值受电容器和二极管组合的时间常数的限制。

对于单个频率的信号，可以引入带通滤波器。图 5-150 所示的原理图是为 10MHz 中频信号设计的，该信号是由安装在建筑物外桅杆上面的收音机提供的。该电路可以无衰减地通过 10MHz 的信号，而 1000V 的瞬态电压降到 5.5V。

在雷击电压到达之前，气体放电避雷器中的电流非常低，但在此之后，电流增大到毫安级并且电压跌落至辉光放电的电压。随着电流持续增加，就会发生弧光放电并且电压继续跌

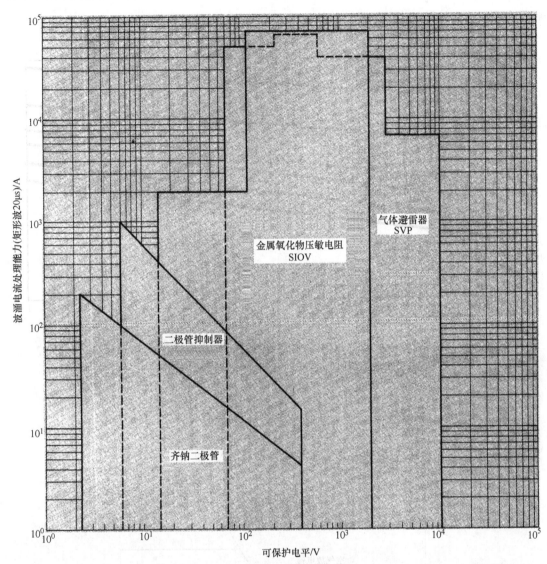

图 5-147　浪涌电流处理能力与可达到的电压保护电平之间的关系（承蒙 siemens Ltd. 特许复制）

落至弧光放电电压（大约 20V）。假定电源电流小于弧光电流，并且电源电压小于辉光电压，一旦雷击停止，通过避雷器的电流会减少直至避雷器熄灭。当其用于 AC 电源时，气体放电器件直到 AC 电压波形换相时才会熄灭。在 DC 电源上，避雷器直到电源断开或由于短路使接触器、断流器或熔断器开路时才会熄灭。一种解决在 20～40V 电源作用下避雷器不熄灭的方法是将两只避雷器串联在电源两端使用。这种方法的缺点是，直到雷击电压达到时，避雷器两端产生的尖峰电压和弧光电压是单个避雷器电压的两倍。

　　设计用来对付上升时间快得多的 EMP 脉冲的新型空气放电避雷器也可以用作雷击防护。它具有更短的雷击响应时间和雷击电压，许多雷击防护器件特别为同轴电缆或对绞线电缆制造并且能装在隔板上以便固定在建筑物的进口处。同轴型通常具有规定的特性阻抗，如在所关注的频段上为 50Ω 或 75Ω。它有两种基本类型。Fischer Custom Communications 公司制造了一种范围在纳秒以内的 Spikeguard 瞬变保护器，用于保护雷击和 EMP。它们在整个 UHF

频段有快速响应，并且由传输线、气体放电元件和硅元件构成。

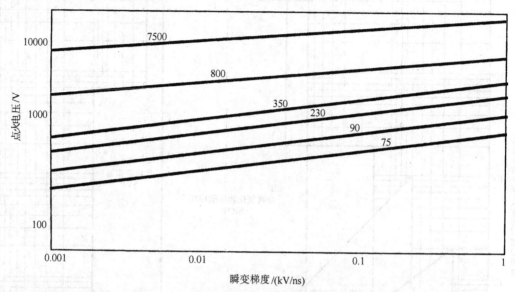

图 5-148 DC 击穿电压从 75～7500V 的气体放电避雷器的点火电压与上升时间的关系曲线
（承蒙 Fisher Cusfom Commanioatians Inc 特许复制）

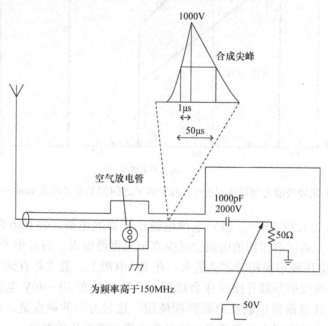

图 5-149 串联耦合电容气体放电管的天线雷击保护

可以买到有金属外壳的 Spikeguard Lightning 避雷器，它可嵌入到天线，控制器或电话电缆中。其外壳附带了接地连接片，可以把它安装在天线塔或接地棒上。Spikeguard 避雷器和 N 型、UHF 及 C 同轴连接器的典型的 VSWR（电压驻波比）特性为：100MHz 为 1.2:1，200MHz 为 1.4:1，300MHz 为 1.6:1 和 400MHz 为 1.8:1。

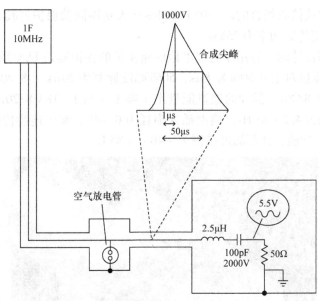

图 5-150 信号防雷保护

FCC - 350 系列抑制器件的额定电流峰值为 20kA，可持续时间为 10μs，击穿电压从 90V ~ 20kV。对于 1kV 或更高的 DC 击穿电压，因为达到击穿电压的时间约为 2ns，所以过冲瞬态电压的上升时间至少为 1kV/ns。射频插入损耗约为 0.2dB。FCC - 450 系列抑制器件的 Spikeguard 是为输出功率高达 100W 的接收机和发射机提供瞬间保护而设计的，它们的钳位时间在几个纳秒以内，对于脉冲宽度为 10μs 的瞬态脉冲，其耗散功率为 15kW，而对于 1ms 的瞬态脉冲，其耗散功率为 1.5kW。其他类型的 Spikeguard 可以保护 1kW 和 2kW 的高频发射机。FCC - 550 - 10 - BNC 混合型抑制器设计用来对信号和工作电压小于等于 6V 的数字或模拟控制电路作瞬态保护。它可以将上升时间约为 100kV/μs，1 MV/μs 的脉冲瞬态钳位在 10 ~ 20V 之间。与不大于 10pF 电容并联，其并联阻抗等于或大于 5MΩ，它们通常会 BNC 插头装在一起。

其他类型的 FCC - 550 抑制器的导线连接设计用来作为 1V 的控制器，模拟和数字信号电路的保护，它能将几千伏的瞬态脉冲限制到只有 8.5V。这些抑制器的串联阻抗为 80Ω。与不超过 500pF 电容并联，其并联阻抗为几千欧姆，只是阻抗接近 0Ω 时不能抑制瞬变。550 系列的标称钳位电压可规定在 8.5 ~ 200V 之间。

Fischer 公司也有设计用在 60 ~ 400Hz 的 AC 电源线上进行保护的 Spikeguard。

Polyphaser 公司生产的避雷器和瞬态滤波器也称为"保护器"，可以用在接收或发射天线电缆和天线控制电缆上，也可以用在双绞线、组合器和 AC 电源上。可以根据指定的频段选择使用保护器，如用于基带（DC：50MHz）HF/VHP/UHF 50 ~ 550MHz，450 ~ 900MHz 和其他更窄频段的保护器，像对 800 ~ 980MHz 的蜂窝/传呼组合器之类的保护。800MHz 及以上的 DC 阻塞非气体管类型的称为微波滤波器。Polyphaser 公司还生产：电话半导体保护器、电机控制、GPS 和 PCS 1.2 ~ 2GHz 杆顶预放保护器 DC 注入/DC 路径保护器，IBM 双通道串行保护器和一系列的 GPS/PCS/蜂窝/传呼/微波保护器。这些保护器有阻塞 DC 的或允许 DC 通过的，有的是全天候用于户外安装的，或非全天候用于室内安装的各种型式，并且还有仅用于传输和/或接收场合的。一种 Polyphaser 大功率同轴保护器具有从 DC 到 220MHz 的频率范围并且额定传输功率为 25kW。

Polyphaser 公司设计的一种用于无线本地回路保护的保护器是 LSX 系列，如图 5-151 所示。LSX 系列可以提供对上升时间为 8μs，50% 幅度脉宽为 20μs（8/20μs）、幅度为 20kA 的脉冲的保护。3kA 8/20μs 脉冲的通过能量小于等于 0.5μJ。3kA 8/20μs 脉冲的让通电压为 3V，其频率范围为 4.2~6GHz，典型插入损耗为 0.1dB，额定连续传输功率是 10W。该保护器含有 DC 阻塞功能，使用温度范围为 -40~+85℃。

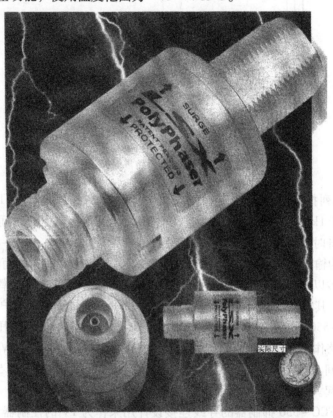

图 5-151 Polyphaser 公司制造的避雷器

另一种多用途的这类 Polyphaser 保护器是 PSXD 系列，它可以提供对上升时间 8μs，50% 幅度时的脉宽为 20μs（8/20μs），脉冲幅度为 30kA 脉冲的浪涌保护。3kA 8/20μs 脉冲的通过能量小于等于 0.5μJ，3kA 8/20μs 脉冲的通过电压为 3V。频率范围是 1.7~2.3GHz，典型插入损耗为 0.1dB，额定连续传输功率是 500W。该保护器含有 DC 阻塞功能，使用温度范围为 -40~+85℃。Polyphaser 公司也制造一系列的接地系统、电缆接地系统和电缆入口面板，也向通信站提供包括雷击防护和接地解决方案在内的课程和出版物。

除了 MOV 以外，EPCOS（Siemens）公司也制造一系列的气体放电管，来提供雷击防护。C. P. Clare 公司制造了从迷你型到小型的气体放电避雷器，相关数据和相应说明可以在网站 www.cpclare.com 上找到。

气体放电避雷器的优点是自身电容低，允许它们使用在高频场合。由于避雷器的旁路效应，使用时一定要使其与机壳之间保持低阻抗接地连接，例如，为了防止雷击，需要使用一根 16mm 直径的杆，当遭受峰值电流 20000A，上升沿为 2μs 的雷击时，由于它的自感为 1.22μH/m，所以感应电压为 12kV/m。尽管有低阻抗接地，然而鉴于沿着地的电势梯度，仍然有一些电流不可避免地要流过连接在避雷器上的电缆屏蔽层或流过避雷针保护的天线连接电缆上。

案例 8.1 描述了一种接地方案，它能减少因雷击而引起的电缆感应电流。将内连电缆在大型铁氧体磁心上绕 1~4 匝可以增大电缆阻抗，进而减小电缆电流的幅度。若可能，应使该磁心尽量靠近被保护的设备，但当然是在所用避雷器之后。

在避雷器击穿和电压钳位之前的雷击电压可能会损坏发射机、接收机和电话设备。半导体器件或压敏电阻器可以用来将气体放电避雷器或雷击二次效应感应的电压钳制到安全电平。

一些一次避雷器和二次瞬态保护装置的组合如图 5-152 所示。当二次保护装置，如齐纳二极管、二极管和瞬态吸收齐纳二极管安装在 PCB 上，那么从 PCB 返回壳体的接地通路的阻抗应较低，并且必须能承载强瞬态电流。电路中保护装置的位置非常重要。当该器件置于电容器和电感器之后时，器件上建立的电压可能会高于施加的瞬态电压并形成阻尼正弦振荡。当使用能产生美国军标 MIL‑STD‑461 CS06 规定的尖峰脉冲的信号发生器来行试验时，则瞬态保护齐纳二极管上产生的电压会呈现出高于设备规定电压 2~3 倍的前向电压。甚至当流过设备的电流小于最大额定值时也是如此。

表面贴装器件可用于以太网、视频等的防雷保护等。

Microsemi 公司提供了一个单片倒装芯片 TSPD 阵列，关断电压 5~8.5V，击穿电压 8~12V，1A 时 3V 钳位，8A 时 6V 钳位，峰值电流 30A，开启时间为 500ns。

Microsemi 公司的 TVS，RT65KP48A 的峰值功率为 65000W，最大关断/工作电压为 48V，钳位电压为 17.7V。它是一种设计满足 RTCA/DO‑60E，22 章规定的单向器件，与第 16.6.2.4 节中的 A 类器件兼容时，适用于 46.3V，B 类器件兼容时，适用于 60V，与 Z 类器件兼容时，适用于 80V。

Microsemi 公司提供了 500W 的表面贴装 TVS，关断电压为 5~170V，击穿电压为 6.4~189V，最大钳位电压 9.6~275V，峰值脉冲电流 52~1.8A。

ESDOP8RFL ESD 保护器件，在 1.2mm×0.8mm×0.39mm 表面贴装封装内含有两个二极管。它具有在 1GHz 下的 0.8pF 的低的线电容，0.4nH 超低的串联电感量，钳位电压在 2A 时为 3V，10A 时为 11.5V。20kV 的 ESD 接触放电，40A 的 5/50ns EFT，10A 的 8/20μs 雷击电流。它是理想的 ESD 保护器件，适用于超高速线缆如 HDMI、S‑ATA 和 Gbit 以太网。

用于 D 型、ARINC 和圆形连接器引脚的 EESeal 滤波器密封。这些都是正常可用的 1pF 到 1μF 电容器，但它们也可适用于各种的 AVX Transuard® 电压抑制器。

API Industries 公司（频谱控制）制造 USB‑E 系列 ESD 保护 USB 连接器，其中在线路和接地之间含有二极管。工作电压为 5V 直流，最大电流 1A，在 8/20μs 下 1A 时，钳位电压为 9.8V。

在高频接收机或接口电路的输入端使用半导体和压敏电阻的缺点是它们都有较高的固有电容。这个电容并联在输入端并可能减弱信号。因此当因高电容而不能使用这些器件时，则可以使用低值隔直电容器。一般接收机的输入阻抗为 50~75Ω，天线通过一根特性阻抗为

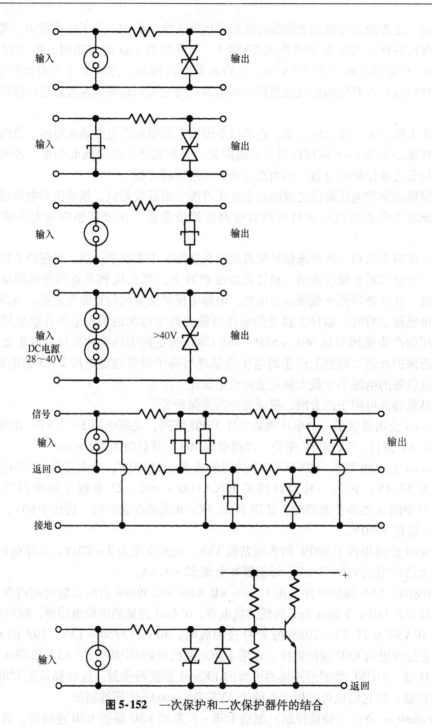

图 5-152 一次保护和二次保护器件的结合

50～70Ω 的屏蔽电缆与它相连。用一只额定耐压为 1000V 或以上的电容器与接收机的输入端串联，RF 信号实际上不会衰减，而瞬态幅度却可以相当大地减小。作为一个例子，考察一个输入阻抗为 50Ω、工作于 40MHz 或更高频率的接收机。使用一只 1000pF 的串联电容器，假定受到典型的上升时间为 2μs，峰值电压为 1000V 的雷击时，接收机输入端的电压可以减至 25V。可以在此电容器后装两只低电容二极管作为附加保护，其中一只二极管连接在输入端和返回路径之间，另一只二极管连接在输入端和电源之间。与并联保护器件相比，电容器方案的优点是没有大电流旁路到地面上。然而，它要求电缆和 PCB 印制线必须有 1000V 或更高的耐压能力。由于配合使用二极管，较大的电流幅值受到被电容器和二极管组合的时间常数的限值。

标准 RTCA/DO‒160D 对机载设备的要求包含在 23 节的直接雷击效应试验和 22 节的雷击感应瞬态脉冲敏感度试验。在 22 节中的试验目的是模拟飞机或直升飞机内电缆中感应的电流和电压。不同的试验电平施加于由金属和复合表皮板构成的机身保护下的电缆以及大部分表面积被金属网或金属箔保护的碳纤维复合机身内的设备上。对于这类飞机，孔缝是主要的感应瞬态脉冲源。在其他的飞机中（即如碳纤维复合材料），其机身结构电阻也是产生感应瞬态脉冲的重要来源。DO‒16D 详述了引脚直接注入试验和电缆束感应试验，引脚直接注入试验有五个不同的试验等级。电缆束感应试验也有五个不同的试验等级，它还规定了脉冲和阻尼正弦波两种试验波形。所有脉冲波形都是双指数形的。电流波形 1 上升至峰值电流的时间为 6.4μs，幅度从峰值减至 50% 的下降时间为 6.9μs。电压波形 2 的最大上升时间为 100ns，幅度降至峰值 50% 的下降时间为 6.4μs。电压/电流波形 3 是一个阻尼正弦波。电压波形 4 上升时间为 6.4μs，幅度降至 50% 的下降时间为 69μs。电流/电压波形 5a 上升时间 40μs，5b 上升时间为 50μs，幅度降至 50%，5a 的下降时间为 120μs，5b 的下降时间为 500μs。电压波形规定在开路条件下，而电流波形规定在短路条件下形成的。有其他负载情况下的电压和电流可以通过计算得出。

表 5-45 表明引脚注入方式下的 1 级和 5 级电流和电压试验等级。而表 5-46 表明电缆束注入的试验等级。

表 5-45 注入引脚的最低和最高试验电平

等级	波形		
	波形 3：阻尼正弦波	波形 4：6.4μs/69μs	波形 5A：40μs/120μs
	V_{oc}/I_{sc}	V_{oc}/I_{sc}	V_{oc}/I_{sc}
1	100/4	50/10	50/50
5	3200/128	1600/320	1600/1600

表 5-46 注入电缆束的最低和最高试验电平

等级	波形				
	波形 1：6.4μs/69μs	波形 2：100ns/6.4μs	波形 3：阻尼正弦波	波形 4：6.4μs/69μs	波形 5A：40μs/120μs
	V_L/I_T	V_L/I_T	V_L/I_T	V_L/I_T	V_L/I_T
1	50/100	50/100	100/20	50/100	50/150
5	1600/3200	1600/3200	3200/640	1600/3200	1600/5000

在众多的测量和分析中，基于电缆束感应试验电平在屏蔽电缆中所感应的电流和电压相对比较高。例如，采用波形 1（6.4μs/70μs 脉冲）4 级试验，其开路试验电平为 750V，短路试验电平为 1500A。在对 9m 长的 RG108A/U 屏蔽双绞线电缆进行试验中，电缆负载端内部（中心导线）上的开路电压为 264V。短路电流为 825A。该电流为共模形式，并且如果电缆束中的导线连接至许多电路，该电流将会分到各电路中去，其数值大小取决于每个电路对

底架或对安全接地的阻抗。传统的小型二次瞬态脉冲抑制器或者不能承载试验电流，或者其两端的电压会升高，达到接近 264V 的水平。在瞬态脉冲抑制器之前的每条线上需要增加一些串联阻抗。这些串联阻抗的最小值取决于试验等级、电路间电流如何分配及抑制器的峰值电流处理能力。虽然高值的共模电感器也是有效的，但最普遍的串联阻抗是电阻器。对于脉冲和音频电路，隔离变压器也可以提供较高的共模阻抗。如使用变压器，由于低瞬态电流主要通过变压器匝间电容来耦合，那么标准的硅二极管和肖特基二极管就能提供足够的保护。

所需的电压保护等级取决于被保护的电路的最大额定电压。在某些情况下，用肖特基二极管就可以将电压限制到安全的电平。图 5-153 ~ 图 5-155 所示的保护措施主要用来保护电路，在施加雷击试验电平时，预期将会破坏其数据。若数据的完整性很重要，那么变压器耦合可能是最好的方法；然而，这仅仅能被用于"归零"型的数据通信。

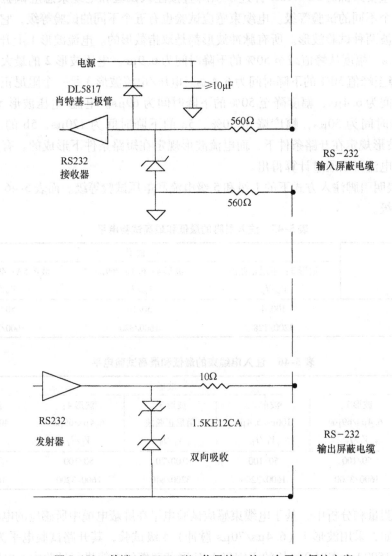

图 5-153 单端（RS232 型）信号接口的二次雷击保护方案

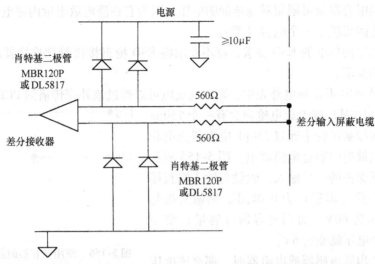

图 5-154　差分输入数据电路的二次雷击保护方案，电路的共模输入电压必须限制接近电源电压和接地

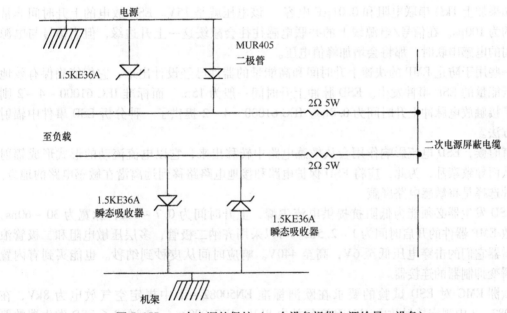

图 5-155　二次电源的保护（一个设备提供电源给另一设备）

5.10　静电防护

　　一旦一个 IC 安装在 PCB 上以后，那种认为即使 IC 的输入端没有连接到连接器上，它也不会受静电放电的影响是荒谬的。没有其他的保护方法比采取正确的步骤能更好地防止 ESD 事件的发生，例如，使用接地带、抗静电包，接地垫和去离子器。安装在 PCB 上的并且输入引脚接至一个印制板插座的集成电路对 ESD 的敏感程度不亚于没有安装在板上的 IC。在输入端和器件间加入串联电阻和在输入端和接地之间加入电阻或二极管/齐纳二极管可以容易地达到对 CMOS 逻辑电路和 FET 输入运算放大器的附加保护。

简单的对地电容器就可限制对地施加的电压，因为它在静电放电枪内部电容器和被保护的设备输入端之间提供了一个电容（器）。

商业标准和军用标准的 ESD 要求，都不要求将 ESD 枪直接接触到连接器的引脚，尽管这可能是客户的要求。

但是，如果 PCB 不在导电外壳中，则空气放电可以通过该外壳传播到 PCB 上。

人体模型（HBM）静电放电枪内含有一个 150pF 电容器，在直接接触试验中通过 330pF 电容器充电和放电，并在空气放电中通过电弧放电。图 5-156 所示为一个由电容器保护的信号输入，假设与输入端直接接触 4kV，电容器（容量）为 $0.01\mu F$，则输入端与底架之间的电压为 60V，而当电容器（容量）变为 $0.1\mu F$ 时，这个电压就变为 6V。

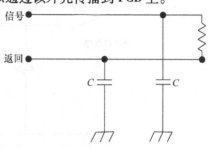

图 5-156 使用电容器的静电放电保护

如加上一个串联电感器或电阻器时，那么该电压就可能低得多。如果高值电容要改变电路的工作状态，则可以使用其他的瞬态保护器件。

如果加上 $1k\Omega$ 串联电阻和 $0.01\mu F$ 电容，该电压就是 15V。ESD 放电的上升时间非常快，约为 100ps。在信号/电源线上的并联电感往往会减缓这一上升边缘，但当信号与电源线之间的电感串联时，那将会增加峰值电压。

一些用于防止 EMP 的快速上升时间和高能量的器件已经设计出来，它们能确保有效地防止低能量的 ESD 事件发生。ESD 脉冲上升时间一般为 15ns，而标准 IEC 61000 – 4 – 2 则规定了接触放电脉冲上升时间为 0.8ns。IEC 61000 – 4 – 2 提供了一种分析 ESD 事件中辐射场的方法。

有时候，ESD 电流影响作用会从敏感电路中转移出来，它以电流流动的形式形成辐射场，从而导致紊乱，为此，应将 ESD 保护电路和接地电路路移到远离潜在敏感电路的地方。另一种选择是将敏感电路屏蔽。

ESD 发生器必须能为低阻抗提供电流尖峰，上升时间为 0.7～1ns，脉宽为 30～60ns，大多数 EMP 器件的开启时间为 1～2.5ns。可以采用齐纳二极管，多层压敏电阻和二极管浪涌避雷器它们的击穿电压低至 6V，高至 440V。响应时间从皮秒到纳秒。也能买到有内置 ESD 瞬变抑制器的连接器。

欧洲 EMC 对 ESD 试验的要求在欧洲标准 EN50082 – 1 中规定空气放电为 8kV，在 EN50082 – 2 中规定接触放电 4kV 和空气放电 8kV。IEC1000 – 4 – 2 详述了 ESD 发生器的要求，通过 150pF 的电容充电到试验电压，然后通过 330Ω 电阻放电而完成一个单次放电过程。IEC1000 – 4 – 2 试验步骤要求将 EUT（受试设备）置于一个导电的桌面上，它称为 EUT 下面的水平耦合板（HCP）。在接地平面（参考平面）上方放置一张不导电的桌子。EUT 和 HCP 中间用一个 0.5mm 厚的绝缘板隔离开。EUT 放置在距垂直耦合板（VCP）0.1m 处，该 VCP 也与 HCP 绝缘隔离开。HCP 通过一根两端各有一只 $470k\Omega$ 电阻的电缆连接到参考平面上，以防止电荷的累积。VPC 也同样通过另一根相同配置的电缆连接到参考平面。ESD 发生器的放电回路电缆，应该通过靠近 EUT 的一点连接至参考平面（桌子下的接地平面）。图 9-31⊖所示为该试验的布置。在对 HCP 或 VCP 作空气 ESD 放电或接触 ESD 放电中，合成

⊖ 疑有误。——编辑注

电流产生的电场耦合到 EUT。若 EUT 的外壳是没有金属暴露的（如紧固件），则不论是对 EUT 的直接放电还是空气放电，围绕不导电的壳体周围的电荷是均衡的，就不会探测到显著的放电电流。当对金属外壳放电时，可以在放电头的放电等离子区内看到快速释放的电流。放电中最普通发生的问题是放电接近填有非导电材料/元件的金属壳体的孔缝处，例如 LCD 显示器，LED 的触摸按钮，键盘等。放电产生的场，可以通过孔缝耦合到 PCB 元件上去。对固定不导电元件的金属紧固件，放电也可能会产生敏感度问题。同样，对与外壳隔离的连接器引脚甚至是连接器外壳放电也会产生 ESD 问题。产生的电流主要是共模电流，它是由直接放电或由放电产生的电场感应所产生的。在数字或模拟装置输入引脚上加装电容器，可以十分有效地提高其抗扰度，即使这个抗扰度是在一个较低的水平上的。如果电容位于 PCB 和底架之间，那么就要求它有相对较高的值，以便有效地减小感应电压。虽然发生器中的 330Ω 电阻会减慢电容的放电时间，但是其充电电流瞬时峰值非常高，电压也非常高。例如，在 4kV 直接放电中，10pF 的电容器可以充电至 3750V，100pF 电容器可充电至 2400V，1000pF 的电容器可充电至 520V，0.01μF 电容器可充电至 59V，0.1μF 电容器可充电至 5.9V。

若该电容器没有连接在 PCB 接地和底架之间，而是用在一个器件的输入/输出引脚之间，那么，由于共模电流或入射的电场感应出的差模电压可以急剧减小。为了增加对 RF 干扰的抗扰度，电容器应尽量靠近被保护的汇接点。电容器的另一个用途是，减缓出现在慢速瞬态脉冲保护器件上的电压并为其提供钳制电压的机会。

现在许多装置设备可以使用表面贴装包来应对 ESD 和雷击防护。

Littelfuse SM712 器件具有两条线路，每个线路都包含串联着的二极管和齐纳二极管，并且适用于标准 RS – 485。ESD 保护有 +/ –30kV 空气放电，+/ –30kV 接触放电，8/20μs = 4.5A，EFT（电快速瞬变脉冲群）5/50ns 50A。电容为 75pF，不适合高速数据。

Littelfuse SP724 器件含有四个双极晶闸管/二极管钳位电路，带有典型的 3pF 电容、ESD 8kV 接触放电、15kV 空气放电、8/20μs 3A 雷击浪涌，钳位电压分别为 + V_{CC}、+ V_{be} 和 – V_{CC}、– V_{be}，峰值电流 8A 为 1μs，2.2A 为 100μs。

Littelfuse Surgector 器件是晶闸管浪涌抑制器，设计用于电信保护，如尖端电路和环形电路，最高电压（V_{max}）为 77 ~ 400V，最大电流（I_{max}）为 10 × 1000μs 脉冲电流为 50 ~ 100A，对于 2 × 10μs 脉冲，电流为 320 ~ 500A。

Microsemi SRLC 05 器件适用于 10MHz Base T 以太网接口和数据速率为 900Mbit/s 的 USB 接口，反向截止电压为 5V，击穿电压为 5.6V，钳位电压在 1A 时为 8V，钳位电压在 5A 时为 11V，电容为 4 ~ 6pF。

一种适用于高速应用的 Littelfuse 器件为 SP0504S，它包含四个二极管到 V_{cc}，四个二极管到地，以及在 V_{cc} 和接地之间的一个齐纳二极管。规格为 ESD = ±12kV 接触放电，±12kV 空气放电，电容为 0.85pF，雷击浪涌 8/20μs = 4.5A，EFT 5/50ns 40A。

另一种适用于高速数据和射频的低电容是 Littelfuse 器件的 DP5003，它包含共模滤波和保护二极管，三个共模扼流圈和四个二极管保护两个差分线路部分，规格为带宽 >4GHz，电容 0.8 ~ 1.3pF，在 100MHz 时，共模阻抗 $Z = 32\Omega$，接触放电 ±15kV，属于欧洲标准 EN61000 – 4 – 2 第 4 等级的接触放电。

Microsemi 的 TVSF0603 FemtoFarad ESD 是静电抑制器件，具有较小的 0603 封装，其超

低电容为 0.15 ~ 0.25pF，能够承受 15kV/45A 的静电放电试验，可用于高速数据、射频电路和移动设备。

AVX 公司制造的 Antenna Guard ™是设计用于保护接收机的输入电路或是发射机的输出电路免受因天线耦合的 ESD 事件造成的损害。在这些天线保护芯片中，0603 封装的芯片，电容小于或等于 12pF，0402 封装的芯片，电容小于或等于 3pF。天线保护器芯片在无线产品中典型的高增益 FET 的 ESD 保护和 EMI 滤波中也特别有用。Antenna Guard 也可以和一只电感器一起组成一个低通滤波器。Antenna Guard 中的压敏电阻，可以在 300 ~ 700ps 之间接通，并对 15kV 空气放电 ESD 事件提供典型的瞬时抑制。使其电平减至绝大多数 FET 的输入预放大器可以承受的残留电平。

5.11 电磁脉冲防护

位于建筑物、船舶和车辆外部的屏蔽电缆上电磁脉冲（Electro Magnetic Pulse，EMP）的主要效应是在电缆屏蔽层有大电流流过并且在连接于电缆上的器件的输入端上产生高电压。一种保护方式是使用电缆屏蔽接地适配器，使大电流旁路到接地上。例如，将电缆穿过建筑物的金属墙，可以使用一种快响应时间约为 1ns 气体放电避雷器来保护屏蔽电缆中的信号和电源。对低频信号线和电源的二级保护可以通过类似于雷击防护的快响应半导体器件来完成。Polyphaser 公司提供了一种用于 DC 遥控/电话线路和音调遥控/专用线路的 EMP 或雷击防护器件。Reliance Comm/Tec 公司制造的一种建筑物入口终端，内有为 6、12 或 15 对线对尖端和环形电路提供 EMP/雷击防护的器件。

由于 EMP 事件产生的极快的上升时间，使得高频接收机，发射机和预放抗 EMP 比抗雷击浪涌更困难。一种防护方法是使用四分之一波长短路线设计成与输入端形成三通（T 形），从而为非信号的频率分量提供对地的低阻抗通路。图 5-157 所示为是带有去耦线的 900MHz 三通示意图。去耦线是一根同心的同轴线，与长度等于波长四分之一的信号线串联，可以在

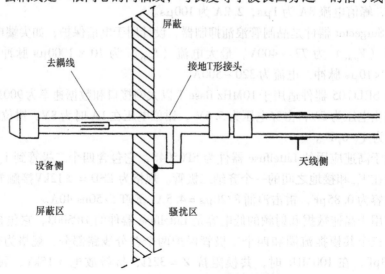

图 5-157 T 形接头和去耦线连接简图和结构

（承蒙 Les Cables de Lyon Alcated 公司特许复制）

没有四分之一波长的短路线的情况下起到防护雷击的作用。三通和去耦线的频率范围是 25MHz～18GHz。

由 EMP 事件在电缆中产生的感应电流在美国军用标准 MIL–STD–461F CS116 中表征为一个阻尼正弦波，其具有的频率分量可以从 10kHz 扩展到 100MHz。最大的共模电流是 10A，它被直接注入到电缆中（试验方法 CS116）。防护 CS116 试验电平的方法可以通过采用滤波器和/或半导体瞬态抑制器件达到。

对高频接收机，发射机和预放大器的 EMP 保护比雷击防护困难得多，这是因为 EMP 事件的上升时间很快，一种解决方法是用短路的四分之一波节和输入端并联构成 T 形节，短路的四分之一波节在非 T 型节预定的信号频率上可以提供较低的对地阻抗。图 5-157 表示 T 形节与耦合线的组合的示意架构及 900MHz T 形节的构造。去耦线是一根与信号线串联的同轴电缆，其长度等于信号波长的 1/4，并且可以在没有短路的 1/4 波节的情况下作保护用，T 型节和去耦线的频率限制范围从 25MHz～18GHz。EMP 事件在车辆、船舶、航空器或建筑物的表面屏蔽的内部电缆上感应的电流已在标准 MIL–STD–461C 中描述为一个频谱分量从 10kHz～100MHz 的阻尼振荡波。最大共模电流为 10A，它直接注入了引脚和终端（试验 CS10）或电缆（试验 CS11），对 CS10 和 CS11 试验电平的保护可以通过使用滤波器或用于二次雷击防护的半导体瞬态脉冲抑制器来实现。

参 考 文 献

1. R.K. Keenan. *Digital Design for Interference Specifications.* The Keenan Corporation, Vienna, VA, 1983.
2. E. Kami. Design guide for electromagnetic interference (EMI) reduction in power supplies, MIL-HDBK-241B. Power Electronics Branch, Naval Electronic Systems Command, Department of Defense, Washington, DC, 1983.
3. H.M. Schlicke. *Electromagnetic Compossibility.* Marcel Dekker, New York, 1982.
4. R.B. Cowdell. Don't experiment with ferrite beads. *Electronic Design*, June 7, 1969, 12.
5. Schematics of high immunity interface circuits, PLR2, PLD2, HD-1, HR-1, HAD-1, and HAR-1. CAL Corporation.
6. D.J. Kenneally. RF upset susceptibilities of CMOS and low power Schottky D-type, flip flops. *IEEE International Symposium on Electromagnetic Compatibility*, Denver, CO, May 23–25, 1989.
7. T.F. Fang and J.J. Whalen. Application of the Nonlinear Circuit Analysis Program (NCAP) to predict RFI effects in linear bipolar integrated circuits. *Proceedings of the Third Symposium Technical Exhibition on Electromagnetic Compatibility*, Rotterdam, the Netherlands, May 1–3, 1979.
8. D.S. Britt, D.M. Hockanson, F. Sha, J.L. Drewniak, T.H. Hubing, and T.P. Van Doren. Effects of gapped groundplanes and guard traces on radiated EMI. *IEEE International Symposium on Electromagnetic Compatibility*, Austin, TX, August 18–22, 1997.
9. F.B.J. Leferink and M.J.C.M. van Doom. Inductance of printed circuit board ground plates. *IEEE International Symposium on Electromagnetic Compatibility*, Dallas, TX, August 9–13, 1993.
10. L.O. Johansson. EMC fundamentals: Passive and their EMC characteristics. *Compliance Engineering*, July/August 1998, 15(4), 24–39.
11. H.G. Ghadamabadi and J.J. Whalen. Parasitic capacitance can cause demodulation RFI to differ for inverting and non-inverting operational amplifier circuits.
12. B. Archambeault and J. Diepenbrock. IBM, RTP, NC PCB power decoupling myths debunked. Available on the internet. https://ewh.ieee.org/r3/enc/emcs/archive/2012-10-10b_Decouplingmyths.pdf.
13. Creating ferrite bead models. www.spectrum-oft.com/news/winter2011/ferritebead.shtm.
14. C. Rostamzadeh, F. Grassi, and F Kashefi. Modeling SMT ferrite beads for SPICE Simulation. *IEEE Electromagnetic Compatibility Symposium*, Long Beach, CA, 2011.

第6章

电磁屏蔽

6.1　反射、吸收和屏蔽效能

6.1.1　理想导体的反射

　　当电磁波照射到金属板上时，电场分量会在金属板中感生电流。有的电磁屏蔽理论认为这个电流的密度为 $2H_o$ 即 $2E_o/Z_w$。而另外的电磁理论认为，这个电流等于 H_o。图6-1表明入射的电磁波和感生电流，假定金属板是理想导体，从图中可以看出，由感生电流产生的磁场强度要抵消金属板后面的磁场强度需要将金属板前的磁场强度增加一倍。从图6-1也可以

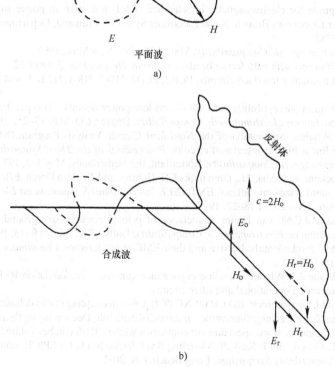

图6-1　射入到理想导体的平面波
a）平面波　b）合成波

看出在金属板前会产生驻波。

没有一种金属是理想导体（即显示出零阻抗），因此电磁波的全反射是不可能的。

6.1.2 传输线理论应用于屏蔽

自 1938 年 Schelkunoff 引入了波阻抗的概念后，虽然用电波理论可以预测导电金属板获得的屏蔽水平（见参考文献 [1]），但应用传输线理论来解释屏蔽作用却能显著地使问题更简单化。应用传输线理论，可以用入射波阻抗与金属阻抗的不同来解释反射。

图 6-2 表示波阻抗为 Z_w 的入射波照射到金属屏蔽板近侧面的情况，金属屏蔽板呈现的金属阻抗为 Z_m，或者说它的壁垒阻抗为 Z_b，它们会在下一节叙述。当波阻抗高于金属阻抗时，由于阻抗不匹配，有一部分入射波会从屏蔽板的近侧面产生反射。当剩余的电波通过屏蔽板传播时，就会产生衰减。一小部分电波穿过屏蔽板内部继续入射到较远的侧面，由于金属阻抗与空气阻抗的不匹配而再次产生反射。剩余的电波从屏蔽体的远侧面传播到空间。内部电波的第二次再反射

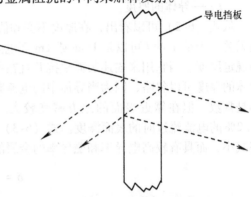

导电挡板

图 6-2 导电板引起的传输损耗

发生在金属体的较近侧面与空气的分界面上，而有一小部分返回波则脱离了屏蔽板较远侧面。当透过屏蔽板的吸收值大于数值 5 时，这一小部分返回波是微不足道的。因为脱离了金属板的再反射波认为是与已经透过金属板传播的波同相位的，因此两个波是叠加的。

如在参考文献 [2] 中所讨论的，有些著者认为从入射波的较远侧侧面离开屏蔽板的波阻抗是 377Ω，或与入射场的阻抗相同。另一些著者则认为在屏蔽板的较远侧面不存在反射系数：即波阻抗与壁垒阻抗相同，波阻抗仅在离屏蔽板 $\lambda/2\pi$（m）的距离处才接近 377Ω。在稍后讨论的镀铝聚酯薄膜（Mylar）的测量结果表明，在屏障材料中的电流与磁场的值是一致的，并且由屏障材料发出的波的阻抗与屏障材料的阻抗相同，或在镀铝聚酯薄膜（Mylar）情况下是 2Ω。

包装工程师和设计人员常把以下的一些公式用于具有缝隙的小型机箱的计算，但对于我们将在 6.2.1 节详述的情况，这些公式是完全不适用的。

对于带有缝隙的六面体外壳的屏蔽问题，6.3.10 节所叙述的分析方法更适合。但若是带有小孔径的外壳的屏蔽问题，则应使用 6.4.1 节中描述的分析方法。

6.1.3 金属阻抗、趋肤深度、壁垒阻抗

金属阻抗由电阻和电感组成并且是其电导率、磁导率、厚度和金属中的电流频率的函数。当金属的厚度远大于趋肤深度时，金属阻抗（$\mu\Omega^2$）为

$$Z_m = 369 \sqrt{\frac{\mu_r f}{G_r}} \tag{6-1}$$

式中 μ_r——铜的相对磁导率；

G_r——铜的相对电导率；

f——频率（MHz）。

我们使用 Ω^2 来描述表面阻抗或表面电阻。经常有读者会问每平方[⊖]是什么意思？它是英寸、厘米、还是米？导体电阻的公式是：

$$R = \frac{\rho l}{wt} \tag{6-2}$$

式中　l——导体的长度；

　　　ρ——电阻率；

　　　w——导体的宽度；

　　　t——导体的厚度。

从式（6-2）可以看出，在厚度不变和假定 $l = w$ 的情况下，电阻是定值，与 l 和 w 的量值无关，于是 w 和 l 可以是 1mm 或 1m 而电阻值是相同的。用 Ω^2 来描述表面电阻时，就应当规定厚度。当它用来描述表面阻抗并且在所有关注的频率上厚度都远大于趋肤深度时，则导体的厚度可以忽略，因为当导体中的电流频率增加时，在金属的整个趋肤深度上电流密度不是常数，但在靠近表面的地方密度较大。金属的趋肤深度定义是在某特定的频率上有63.2% 的电流流过时的表面深度。式（6-3）表明随着频率的增加，任何金属的趋肤深度都将减小，而具有较高电导率和磁导率的金属的趋肤深度（m）较低，其表达式为

$$\delta = \frac{1}{\sqrt{\pi f \mu G}} \tag{6-3}$$

式中　μ——金属的磁导率，$\mu = \mu_0 \mu_r$；

　　　G——电导率（S/m）；

　　　f——频率（Hz）。

对于铜，$\mu_r = 1$，$G_r = 1$[⊖]

$$\delta = \frac{0.066}{\sqrt{f}} \text{（单位为 mm）}$$

式中　f——频率（MHz）；

对于任何金属有：

$$\delta = \frac{0.066}{\sqrt{f \mu_r G_r}} \text{（单位为 mm）}$$

式中　f——频率（MHz）。

表6-1 表明一些常见金属在某些频率上的趋肤深度。

由于趋肤效应，在评价屏蔽效能时可能需要用金属的壁垒阻抗代替金属阻抗。金属的壁垒阻抗是金属厚度与趋肤深度之比的函数，此外，这个阻抗还与频率有关。任何金属的壁垒阻抗（$\mu\Omega^2$）公式为

$$Z_b = 369 \sqrt{\frac{\mu_r f}{G_r}} \frac{1}{(1 - e^{-t/\delta})} \tag{6-4}$$

⊖ Ω^2 在某些情况下也被表达为 Ω/sq（sq 为英文 square 的缩写，意思是"平方"），所以才会有这里提到的"每平方"的说法。译者将遵照原书著者的习惯将表面阻抗和表面电阻的单位表述为 Ω^2。——译者注

⊖ 原文为 $\mu_r = G_r = 1$，为避免概念混淆，将它们分列，表达为 $\mu_r = 1$，$G_r = 1$。——译者注

式中 f——频率（MHz）；

t 和 δ 单位相同，当 $t/\delta \ll 1$ 时：

$$Z_b = \frac{1.414}{0.058 G_r t} \tag{6-5}$$

式中 t——厚度（mm）；

G_r——相对电导率（S/m）。

因为任何金属都不是理想导体，图 6-1 中金属板中的电流并不局限于其表面而是渗透到金属中去的。纯导体的阻抗一般低于入射波的阻抗，但非常靠近屏蔽体的电流环路可能是个例外。

表 6-1 某些常见导体的趋肤深度

导体	电导率/ [×10⁷S/m]	相对电导率 （G_r）	相对磁导率 （μ①）	随频变化的趋肤深度/mm				
				1kHz	1MHz	10MHz	10MHz [×10⁻³]②	1GHz [×10⁻³]②
铝	3.54	0.6	1	2.7	0.085	0.027	8.5	2.7
铜	5.8	1	1	2.0	0.066	0.02	6.6	2.0
金	4.5	0.7	1	2.5	0.079	0.025	7.9	2.5
锡	0.87	0.15	1	2.4	0.170	0.054	1.7	5.4
镍	1.3	0.23	100	0.43	0.014	0.0045	1.4	0.44
4% 硅铁	0.16	0.029	500	0.55	0.017	0.0055	1.7	0.55
热轧硅钢	0.22	0.038	1500	0.27	0.0087	0.0027	0.87	0.27
高磁导率合金	0.16	0.029	20000	0.087	0.0027	0.00087	0.27	0.087

① 在 10kHz 和 $B = 0.002$Wb/m² 的情况下。

② 方括号内的式子表示某数的指数部分，例如：3.54×10^7S/m 或 3.54×10^{-5}S/cm。（此处为适应读者习惯，将原书中的导纳的单位 Mho（姆欧）改为 S – Siemens，即西门子）——译者注

6.1.4 实际导体的反射

根据 6.1.1 节对反射的解释，对于磁场而言，似乎在电场分量小于磁场分量的场合下，磁场反射将完全小于电场反射，这一点也得到了传输线理论的证实。场的阻抗随着距离和频率而变化，如式（6-1）所示，反射板的金属阻抗是频率、磁导率和电导率的函数，当金属厚度 $t \gg \delta$ 时，以分贝表示的电场反射损耗（dB）公式为

$$R_e = 353.6 + 10\log\left(\frac{G_r}{f^3 \mu_r 2.54 r_1^2}\right) \tag{6-6}$$

式中 f——频率（Hz）；

r_1——距电场源的距离（cm）。

磁场反射损耗（dB）公式为

$$R_m = 20\log\left[\frac{0.181}{r_1}\sqrt{\frac{\mu_r}{G_r f}} + 0.053 r_1 \sqrt{\frac{G_r f}{\mu_r}} + 0.354\right] \tag{6-7}$$

式中 f——频率，（Hz）；

r_1——距磁场源的距离（cm）。

平面波的反射损耗（dB）公式为

$$R_p = 168.2 + 10\log\left[\frac{G_r}{\mu_r f}\right] \tag{6-8}$$

当发射源既不是低阻抗电流环路也不是高阻抗电压源，但场源却显示出特性阻抗 Z_c（例如传输线），则可以用电路阻抗来计算近场的反射。用电路阻抗计算反射损耗（dB）的公式为

$$R_e = 20\log\left[\frac{Z_c}{(1.48 \times 10^{-3})\sqrt{\dfrac{\mu_r f}{G_r \times 10^6}}}\right] \tag{6-9}$$

式中 f——频率（Hz）。

6.1.5 电磁波的吸收

图 6-3 表明通过厚金属板中电流密度的变化。由远表面进入到空间的辐射与那个表面上的电流成正比。因此，电流的减小是由于入射波在金属里被有效地吸收了。有关吸收的损耗与波阻抗无关，而正比于金属的厚度，反比于趋肤深度，吸收损耗的公式为

$$A = (3.338 \times 10^{-3})t\sqrt{\mu_r f G_r} \tag{6-10}$$

式中 A——吸收损耗（dB）；

t——金属屏蔽体的厚度（mils）（$1\text{mil} = 1/1000\text{in} = 0.0254\text{mm}$）；

f——频率（Hz）。

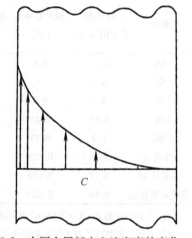

图 6-3 在厚金属板中电流密度的变化
（摘自 Broaddus, A. and Kunkel, G., Shielding effectiveness test results of aluminized mylar, *IEEE EMC Symposium Record*, 1992.）

6.1.6 再反射的修正

当在金属厚度中的吸收损耗不是远大于 5 时，在金属内部的再反射非常显著，再反射增益应包括在总屏蔽效能公式中，我们常用术语"再反射损耗"或"修正系数$^\ominus$"来描述再反射效应，但是，因为这个系数始终是负数，所以它要从总屏蔽效能中减去，才能得到有效的增益。

再反射损耗 R_r 始终是一个负数，以分贝为单位表示其大小为

$$R_r = 20\log\left\{1 - \left[\left(\frac{Z_m - Z_w}{Z_m + Z_w}\right)^2 (10^{-0.1A}(e^{-j0.227A}))\right]\right\} \tag{6-11}$$

式中 Z_m——金属阻抗（Ω）；

A——吸收损耗（dB）；

r——距场源的距离（m）。

对于磁场，当 $r < \left(\dfrac{\lambda}{2\pi}\right)$ 时，$Z_w = 377\left(\dfrac{2\pi r}{\lambda}\right)$；

对于电场，当 $r < \left(\dfrac{\lambda}{2\pi}\right)$ 时，$Z_w = 377\left(\dfrac{\lambda}{2\pi r}\right)$；

$\ominus$ 如同在 6.1.2 节中所讨论的，对镀铝聚酯薄膜的测量值中，壁垒阻抗是 2Ω，没有观察到反射系数。

对于平面波，$Z_w = 377\Omega$。

再反射损耗是波阻抗 Z_w 与金属阻抗 Z_m 之比以及吸收损耗 A 的函数。对于厚度小于趋肤深度的金属薄膜，应该用金属壁垒阻抗 Z_b 代替 Z_m。当 Z_w 远大于 Z_m 或 Z_b 时，再反射损耗仅是吸收损耗的反函数。

Kunkel[31,32] 叙述了电磁屏蔽的测量方法并用电路理论和波动理论对电磁屏蔽原理加以比较。

得出的结论是，本节叙述的对"公认的屏蔽效能"方程式的阐释已使 EMC 业界相信，在金属壁垒内存在着一个针对波的反射因子，它使电场和磁场有均等的衰减，然而测量原理和波动理论则并不支持这种阐释。

6.2 屏蔽效能

屏蔽效能（SE）定义为在距场源给定距离处，没有插入屏蔽体前的场强与插入屏蔽体后的场强之比。导电壁垒的总屏蔽效能（以 dB 表示）是反射损耗（dB）、吸收损耗（dB）和再反射损耗（dB）三者之总和，因此，SE 由下式确定：

$$SE = R + A + R_r \tag{6-12}$$

式中 R、A、R_r 单位为 dB。

图 6-4 的列线图表明磁场反射损耗与频率，距离和相对电导率与相对磁导率之比（G_r/μ_r）的关系。

图 6-5 的列线图表明电场反射损耗与频率，距离和比值（G_r/μ_r）的关系。图 6-6 的列线图表明平面波反射损耗与频率，距离和比值（G_r/μ_r）的关系。图 6-7 的列线图表明吸收损耗与频率，厚度和乘积 G_r/μ_r 的关系。所有这些列线图都是摘自参考文献 [3] 中。图 6-4 ~ 图 6-6 中的列线图提供的最小的 G_r/μ_r 之比为 1×10^{-6}[⊖]，所以可以求出具有低磁导率和极低电导率材料的屏蔽效能，如石墨。

在选择屏蔽板的位置和类型时，以下规则是有用的（虽然并不绝对正确）：

吸收损耗随着频率、屏蔽板厚度、屏蔽板磁导率和电导率的增加而增加，所有这些量的增加都会增加屏蔽板厚度与趋肤深度之比。

假定屏蔽厚度大于趋肤深度，则下列规则是正确的：

① 10kHz 以上，反射损耗通常随着电导率的增加和磁导率的减小而增加（即随着金属阻抗减小而增加）。

② 电场反射随着频率的减小和与源距离的减小而增加，这两种情况都增加了波阻抗与金属阻抗之比。

③ 磁场反射随着频率的增加和与场源距离的增加而增加，这是因为波阻抗相应增加了。

④ 平面波反射随着频率的减小而增加，因为金属阻抗减小了。

传输线理论应用于屏蔽有一个缺点，即在近场时波阻抗随着距离而变化，所以近场时的屏蔽效能（SE）与场源和屏蔽体之间的距离是有关的。如在参考文献 [4] 中所讨论的，这导致的结果是它与基本的互易定律相矛盾。考虑有一个环形发射（Tx）天线，它与第二个

⊖ 原书中是 10^6，似有错，根据列线图，应为 10^{-6}。——译者注

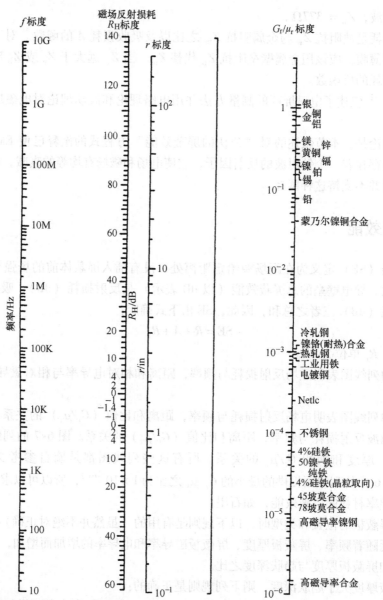

图6-4 磁场反射损耗列线图（摘自 Broaddus, A. and Kunkel, G., Shielding effectiveness test results of aluminized mylar, *IEEE EMC Symposium Record*, 1992. Reprinted from EDN, September 1972. © 1972. Cahners Publishing Company, Division of Reed Publishers, New York. ）

环形接收（Rx）天线相距一个固定的距离。若将一个屏蔽体放置在这两个天线之间的某个距离上，但不在中间。根据互易定律，认为当 Tx 和 Rx 的场源及负载阻抗都相等时，两个方向的传输应该相等。因此，Tx 天线可用作 Rx 天线，反之亦然，那么二者所接收到的信号应该没有变化。相反地，当对屏蔽运用传输线理论分析时，屏蔽效能却与屏蔽体在两个环形天线之间的位置有关。California State University 的 Lyle E. McBride 在其私人通信中描述了一些试验观察，在测量屏蔽效能时若环形 Rx 天线开路，则 Schelkunoff 假设是正确的，但如果环形 Tx 天线与环形 Rx 天线的阻抗匹配时，屏蔽效能就与屏蔽体位置无关。因此看来，屏蔽效

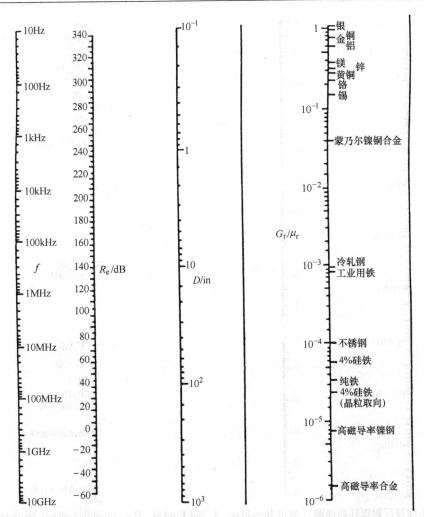

图 6-5 电场反射损耗列线图（摘自 Broaddus，A. and Kunkel，G.，Shielding effectiveness test results of aluminized mylar，*IEEE EMC Symposium Record*，1992. Reprinted from EDN，September 1972. © 1972. Cahners Publishing Company，Division of Reed Publishers，New York.）

能的测量值似乎并不是一个固有的电磁参数而是与测试配置有关的参数，在 6.6.2 节中将进一步讨论这个问题。参考文献 [1] 比较了位于两个圆形环天线之间的铜、铝和钢质屏蔽体的磁场屏蔽效能的预估值，并且注意到了在测量中，屏蔽效能与两个环天线之间的距离具有小而不变的相关性。和参考文献 [5] 的著者一样，在参考文献 [1] 中，著者应用传输线理论，对屏蔽体几乎移到与环形 Rx 天线相重合的位置时的屏蔽效能做了预估。

参考文献 [5] 的著者计算了由磁偶极子产生的磁场波阻抗，若半径小，它就近似等于电流环的波阻抗，它是磁场反射损耗式（6-7）中采用的波阻抗的三分之一，并可从式（2-29）得到。

根据参考文献 [5]，电偶极子的波阻抗是电场反射损耗式（6-6）中所用的波阻抗的 3 倍，并可从式（2-30）得到。因此，我们可以预计由式（6-6）计算的电场损耗低，而由式（6-7）计算的磁场损耗高。

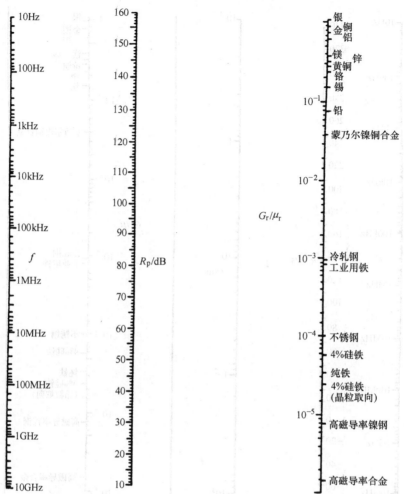

图 6-6 平面波反射损耗列线图（摘自 Broaddus，A. and Kunkel，G.，Shielding effectiveness test results of aluminized mylar，*IEEE EMC Symposium Record*，1992. Reprinted from EDN，September 1972. © 1972. Cahners Publishing Company，Division of Reed Publishers，New York.）

如烹调用的铝箔六面体外壳也总能提供充分的屏蔽，除非场源是低频强磁场。屏蔽性能降低的最大缘由通常是存在着结合点和孔隙，而不是外壳，除非材料确实具有低的电导率。

也许实践工程师最关心的问题是如何应用这里提供的公式和列线图来准确地预估屏蔽效能，尤其是磁场的屏蔽效能。先前的屏蔽效能公式是假设屏蔽体的尺寸为无限大，然而实际的外壳尺寸却是有限的。

表 6-2 显示了根据式（6-7）和式（6-9）~式（6-12）预估的厚度为 1/16in 和 1/8in 的铜、铝和钢质屏蔽体的屏蔽效能，其与参考文献［1］给出实测的磁场衰减值作比较，比对结果存在合理的相关性。注意在预估时，Tx 环与屏蔽体之间的距离与在获取该实测数据试验中，Tx 环与 Rx 环之间的距离是相同的。这些测量是在大的平板上进行的，而不是在六面体外壳上进行。

虽然这不是最精确的分析但预估的准确度是足够的。一种更严密的方法是应用参考文献［1］中叙述的波矢量方程的精确解法，但数学上更复杂并且需要使用计算机来求解。

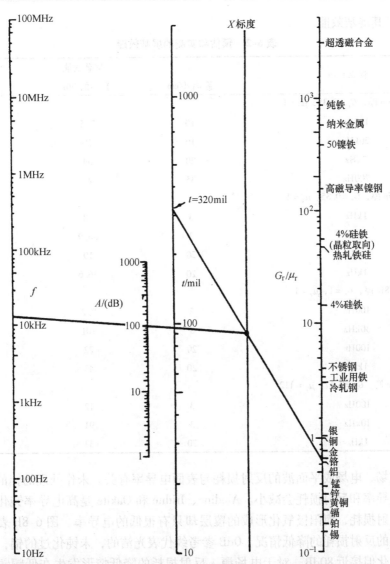

图 6-7 吸收损耗列线图（摘自 Broaddus，A. and Kunkel，G.，Shielding effectiveness test results of aluminized mylar，*IEEE EMC Symposium Record*，1992. Reprinted from EDN，September 1972. ⓒ 1972. Cahners Publishing Company，Division of Reed Publishers，New York.）

对于低频（即 <1kHz）磁场的屏蔽，建议尽可能只采用具有高磁导率的材料。事实也确实如此，在接近于磁场源的材料中，主要的损耗机理是吸收，并且只有采用高磁导率的材料才可能达到显著的衰减。但是，在距磁场源 38cm 处的 30mil 厚的铜板（$\mu_r = 1$，$G_r = 1$），在频率低于 3kHz 时的总屏蔽效能（吸收和反射）却大于 30mil 厚硅钢板 [$\mu_r = 1500$，$G_r = 0.038$（$\mu_r G_r = 57$）] 的总屏蔽效能。

原因是在距磁场源 38cm 处，铜板的反射大于钢板的反射。相对磁导率为 200，镀以铜、锌、镍、锡或铬的 20~50μm（20μm = 0.0008in = 0.02mm，50μm = 0.002in = 0.05mm）的薄板可以从下述公司购买到：Iron - Shield Company，Harrington，IL60010 - 0751。这种材料将表面的高电导率和中等磁导率的优点结合起来，并可被锻压成各种非导电的材料。

图 6-8a 表明了其屏蔽效能。

表 6-2 预估和实测的屏蔽效能

频率 f	屏蔽效能		
	距离 d/cm	预估的/dB	实测的/dB
铝，1/16in 厚，$G_r = 0.35$，$\mu_r = 1$			
100Hz	10	7.5	5
20kHz	10	50	42
2kHz	20	34	25
200Hz	35	21	12
铝，1/8in 厚，$G_r = 0.35$，$\mu_r = 1$			
1kHz	3	18	15
30kHz	3	66.9	65
100Hz	20	19	10
1kHz	20	36.6	28
铜，1/8in 厚，$G_r = 1$，$\mu_r = 1$			
100Hz	3	9.2	8
30kHz	3	101	98
100Hz	20	22	17
1kHz	20	43	38
钢，1/16in 厚，$G_r = 0.17$，$\mu_r = 112$			
100Hz	3	12	16
10kHz	3	91	102
1kHz	20	33	32

　　材料对磁场、电场或平面波的反射损耗与表面电导率有关。未作处理的铝的表面会生成氧化铝，其电导率和反射损耗会减小。Alodine、Iridite 和 Oakite 是高电导率钝化覆层，不会显著地减小反射损耗，而阳极氧化形成的覆层却只有很低的电导率。图 6-8b 表明由这些类别的覆层引起的反射损耗的降低情况。0dB 参考线代表光洁的，未钝化过的铝，它的反射损耗随着频率变化但接近 80dB。对于电场源，反射损耗的降低情形发生在低频频率上，而对于平面波则发生在高频频率上。

　　绝缘涂料，如涂覆在金属表面的大多数的生漆和清漆并不会影响反射，然而某些类型的含有碳、石墨或导电微粒的油漆将会减小反射损耗。

　　为了屏蔽 DC~60Hz 的磁场，通常在变压器和 CRT 管四周采用高磁导率的板和材料，这些材料可以从下述公司购买到：

Eagle Magnetics Co. Ltd. , P. O. Box 24283, Indianapolis, IN 46224；

Magnetic Shield Corporation, 740 North Thomas Drive, Bensenville, Illinois 60106 - 1643；

Mμ Shield, P. O. Box 439, Goffstown, New Hampshire 03045；

这些材料显示的相对磁导率为 20000~300000，电阻率为 12~60μΩ/cm³。

表 6-3 表明在 DC 和 60Hz 时，高磁导率材料的屏蔽效能和磁导率与入射磁场之间的关系。表下的那些公式在计算 SE 时是有用的，举例说明 3in ×3in ×3in 的五边形盒子包围磁场源的情况。表 6-3 和那些公式是经 Eagle Magnetic Company 同意而复制的。磁导率高于 1000

的材料往往对频率和材料内部的磁通密度敏感。在高磁通密度下材料发生饱和，磁导率随着频率增加而减小。在屏蔽低频强磁场时，推荐采用高磁导率的材料，例如钢。第一层屏蔽的钢是用于吸收磁场，在不饱和情况下，它的吸收水平要达到使第二层高磁导率的钢不饱和的水平。为了说明正确选择屏蔽材料对于屏蔽的重要性，我们可举下面的例子：为了达到高水平的屏蔽，花费很高的费用来建造镍铁高磁导率合金屏蔽室。但因为镍铁高磁导率合金的磁

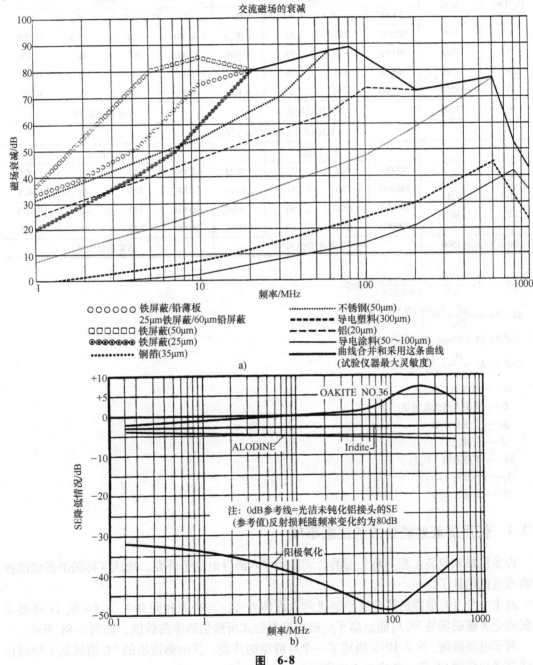

图 6-8

a) 各种类型的屏蔽体的电场衰减和磁场衰减举例（承蒙 Iron Shield company 特许复制）

b) 铝表面覆层引起反射损耗降低的情况

导率随着频率的增加而迅速地下降，而且这种材料的电导率很低，以致于在兆赫区间的频率上，这种屏蔽室的屏蔽效能远远低于用价格低廉的冷轧钢板造的屏蔽室的屏蔽效能。

表6-3　屏蔽效能和磁导率与外界场强、频率和材料厚度的关系

EAGLE AAA0.025in（厚度）

H_1/Oe	B/G	DC（直流）				60Hz			
		μ（EFF）	G（AttRat）	SE（D_b）	H_0	μ（EFF）	G（AttRat）	SE（D_b）	H_0
1	150	90000	375	52	0.0028	30000	125	41	0.008
5	750	140000	565	55	0.008	40000	167	44	0.030
10	1500	200000	835	58	0.012	45000	188	46	0.053
25	3750	300000	1250	63	0.020	30000	125	41	0.200
50	7500	非常接近饱和				非常接近饱和			

EAGLE AAA0.031in（厚度）

		DC（直流）				60Hz			
1	121	90000	465	53	0.0021	25000	127	42	0.0079
5	605	140000	710	57	0.0071	34000	173	45	0.028
10	1210	200000	1020	60	0.0099	36000	183	46	0.055
25	3025	300000	1520	62	0.0165	26000	132	43	0.190
50	7500	非常接近饱和				非常接近饱和			

公式1：$B = \dfrac{2.5DH_1}{2T} = \dfrac{2.5 \times 3 \times 1}{2 \times 0.025} = 150\text{Gs}$

公式2：$G = \dfrac{\mu T}{2L} = \dfrac{90000 \times 0.025}{2 \times 3} = 375$

公式3：$SE = 20\log G = 20\log 375 = 52\text{dB}$

公式4：$H_0 = \dfrac{H_1}{G} = \dfrac{1}{375} \approx 0.0027\text{Oe}$

式中　H_1——内部场（Oe）；

　　　B——屏蔽承受的磁通量；

　　　μ——有效磁导率；

　　　G——衰减比；

　　　SE——屏蔽效能（D_b）；

　　　H_0——外部场（Oe）；

　　　T——厚度（in）。

6.2.1　使用屏蔽效能公式的注意事项

许多机械和包装工程师将先前的公式应用于六面导电电子外壳，造成实际的屏蔽效能被过高或过低估计了。

对于一个没有缝隙的薄金属箔制成的六面体外壳，与外壳相距0.2~0.5m的Tx环形天线的理论屏蔽磁场的SE可能远高于从磁场反射公式所预估的屏蔽效能，如图6-89所示。

对于电场屏蔽，6.3.10节描述了一个有缝隙的外壳，其中测量出的SE值远低于使用传输线公式预估的SE值，如表6-4中所示。

表 6-4 电场屏蔽效能与有缝隙外壳的传输线屏蔽效能公式的比较

使用传输线的 SE 值

频率/MHz	式（6-12）	SE 的测量和预估
200	207	83
500	274	63
700	308	60

6.2.1.1 有间隙与无间隙的金属隔离板

当场源和感受器靠近在一起时，例如几块相邻的 PCB，那么在场源和感受器体之间测到的耦合可以从 10MHz 的 13.8dB 变化到 0dB，而在 820MHz 时变化到 5.7dB，更详细的叙述可参见 11.9 节。尽管是作为在 EMI 整改中的一种尝试，但用金属板对场源进行隔离已证明是有效的。隔离板这个术语意味着它不与 EUT 外壳的内部金属表面或任何信号地、电源地接触。可以用一个连接在金属隔离板和底座$^{\ominus}$之间的高阻值电阻器来防止 ESD 事件的发生。

当场源与金属隔离板相距一定距离时，如在辐射抗扰度/敏感度测试中，会在整个金属板的表面上感生出射频（RF）电流，并引起再次辐射，而且在金属板后面达到的屏蔽效能的水平是有限的，是零或负值。

如果一个板被分成两半，中间有一个间隙，那么在非常靠近间隙处，离天线最远的板的一边的电场强度可能比没有板的时候更高。在间隙的更后面，仍然可以测量到衰减后的场强。

对于一块 30cm 宽、60cm 高和具有垂直极化入射场的金属板，在 300MHz 测量 SE，在板后面 5mm 为 0dB，在板后 2cm 处为 4dB，在板后 4cm 处为 6dB，7cm 处为 10dB。

在 240MHz 测量 SE，在 5mm 处为 10dB，在 2cm 处为 10dB，在 4cm 为 12dB，在 7cm 为 15dB。

在 0.6m×0.3m 金属板的中心有一条 2mm 宽的槽口，在 300MHz 频段，槽口后面 5mm 处的增益为 7dB，2cm 处为 -1.5dB，4cm 处为 -3dB，7cm 处为 -5dB。也就是说，具有槽口的板显示出的增益非常接近于槽口位置处的增益，只是在其后面有一些有限的衰减。在 240MHz 频段，槽后 5mm 处的增益为 3dB，2cm 处为 0dB，4cm 处为 -1dB，7cm 处为 -3dB。

这意味着在 240MHz 频段，有槽和无槽的板之间的增益差异在 7 和 13dB 之间变化，而在 300MHz 频段的差异在 7 和 3dB 之间$^{\ominus}$。

有槽口宽度为 4mm 的金属板与没有金属板的情形相比，在 300MHz 时，5mm 处的增益为 5dB，在 2cm 处为 0dB，在 4cm 为 3.5dB，在 7cm 为 3dB。在 240MHz 频段，靠近板的高度为 0.5λ 的地方，增益在 5mm 处为 10dB，2cm 处为 6dB，4cm 处为 3dB，7cm 处为 1dB。

对于一个 0.5m×0.5m 的无槽口的金属板，当频率为 600MHz 时，5mm 处衰减为 6dB，5cm 处为 8dB，2cm 处为 8dB，4cm 处为 8dB，板后 7cm 处的衰减为 9dB。

在 300MHz，0.5m 高度所对应的半波长（0.5λ）上，没有看到有衰减；电场比没有金属板要高一些，而在金属板后 5mm 处增益为 11dB，2cm 处为 8dB，4cm 处为 5dB，7cm 处为 2dB。

$\ominus$ 从所指的信号地，电源地等对象而言，使用底座似乎比机座更贴切一点！——译者注

$\ominus$ 疑原书 dB 数值之差不对，此处未做更正。——译者注

当测量的金属板只有 20cm × 20cm 时，则无论在 300MHz 还是在 240MHz，既测量不到衰减也测量不到增益。

暴露于 20V/m 辐射抗扰度试验的 EUT，在 12V/m，300MHz 时就失效了。其最敏感的一面被尺寸约 0.3m × 0.3m 的垂直的金属板所覆盖，且与基板没有电气上的连接。两块板和承载它们的框架经阳极氧化处理并因此被隔离，但在基板和垂直金属板之间存在间隙。打磨掉基板和垂直板之间的边缘的阳极氧化层，再用导电铝带胶覆盖间隙，并对两块板进行电气连接，则 EUT 能通过 35V/m 入射场对 EUT 板侧的电场辐射试验，屏蔽性能提高了 9.3dB。

在 EUT 的敞开侧，未被金属平板覆盖，并且场入射于线路和 PCB 上，EUT 能通过 29V/m 的电场辐照。

6.3 新型屏蔽材料：导电漆和热塑性塑料、塑料涂层和胶水

随着非导电材料如塑料和树脂等在计算机及其周边设备的外壳上应用的增多，为了实现屏蔽，导电涂层和导电可塑材料的应用也相应增多。导电热塑材料可以用尼龙、聚丙烯、聚乙烯、热塑橡胶、SMA、ABS、聚碳酸酯、PES、聚苯乙烯、乙缩醛等为基底材料来加工得到。填料可以是碳质纤维、炭黑、金属化玻璃、镀镍碳质纤维或不锈钢纤维。填料与基底材料的比例越高，电导率就越高，直至达到一个极限，但是基底材料的物理特性的改变也会越大。最常见的变化就是材料变脆了，跌落下来会更容易破碎。导电热塑料掺入了碳来提供静电防护，其电导率通常低于导电涂层的电导率。导电热塑料的表面电阻率在 $10\Omega^2 \sim 1M\Omega^2$，其体电阻率在 $1\Omega/cm^3 \sim 1M\Omega/cm^3$ 之间。导电涂层可以通过火焰喷涂法、热喷法或等离子火焰喷涂法来喷涂或喷镀。图 6-9 表明以镍为基底漆的表面电阻与漆膜厚度的关系曲线。从图中可以看出在 1.5 ~ 3mm 的厚度范围内，电导率随着厚度的增加而增加。这种漆和其他导电涂料的制造商是 Acheson Colloids Company，Post Huron，MI48060。

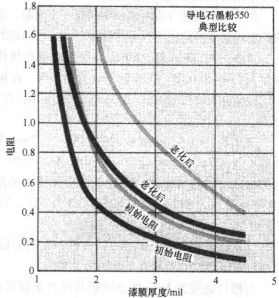

图 6-9 表面电阻与镍基漆膜厚度的关系曲线
（承蒙 Acheson Colloids Company，Port Huron，MI. 允许复制）

材料的屏蔽效能常常用军标 MIL – STD – 285 测试方法来测量，这种方法将 Tx 天线放在一个小型屏蔽外壳内，再将此外壳放置在一个屏蔽室内。将小型屏蔽外壳的一个平面拆去，然后用一块受试材料的面板覆盖上。Rx 天线放置在屏蔽室内，与受试材料面板的距离为 1m。屏蔽效能的定义是没有受试材料面板时测到的场强与用受试材料面板封闭外壳开口时测到的场强之比。当用环形天线作为 Tx 天线和 Rx 天线时，测量的是磁场屏蔽效能，而用单极子天线，偶极天线或宽带天线进行测量时，测量的究竟是电场或平面波的屏蔽效能，这取决于频率。

　　如参考文献［37］所示，使用 MIL – STD – 285 标准来测量可以显示屏蔽性能[⊖]与转移阻抗数据的良好相关性。同一著者在参考文献［34］中描述的另一种测量方法，是将 DTL – 83528 测量结果与转移阻抗进行比较，并证明了 DTL – 83528 测量结果是天线位置的函数，因此该结果可能是夸大了或是错误的。

　　表面电阻高（即电导率低）的屏蔽材料对于低阻抗磁场的屏蔽效能很差，常常为 0dB，而对于高阻抗电场的屏蔽效能却非常高。参考文献［2］叙述了镀铝聚酯薄膜（Mylar）的测试情况，薄膜的表面电阻为 $1.4\Omega^2$，厚度约 2×10^{-8}m（5μm）[⊖]，在 10MHz 时，它的趋肤深度是 0.008[⊜]。在 2.44m×3m×2.44m（高）的外壳内的（样品尺寸是 59cm×59cm）。这个装置对于电场和磁场的屏蔽效能都进行了测试。屏蔽效能既能用电场源（单极子天线），又能用磁场源（环形天线）进行测量。在两种场源情况下，磁场的屏蔽效能从 50kHz ~ 10MHz 都是 0dB。在用偶极子天线作场源的情况下，电场的屏蔽效能如图 6-11a 所表明的，在 100kHz 时为 90dB，在 500kHz 时为 72dB，在 1MHz 时为 65dB。在 5MHz 时为 51dB，在 10MHz 时为 43dB。用环形天线作场源的电场屏蔽效能，如在图 6-11b 所表明的，在 100kHz ~400kHz 范围为 0dB，在 1MHz 为 9dB，而在 10MHz 为 28dB。

　　导电涂料、油漆和加强导电的（复合）材料制造商常常会公布预估的或实测的屏蔽效能，但是并没有说明这些数据是仅对电场有效的。图 6-10 表示表面电阻为 $5\Omega/m^2$ 和 $20\Omega/m^2$ 的稀薄透明导电涂料预估的屏蔽效能，这种涂料通常用于显示器或阴极射线管（CRT）前面作为 EMI 屏蔽视窗。图 6-10 表明 $5\Omega^2$ 低电阻涂料的屏蔽效能理论值远高于图 6-11a 和图 6-11b 中所表明的 $1.4\Omega/m^2$ 镀铝聚酯薄膜（Mylar）材料的电场屏蔽效能实测值。

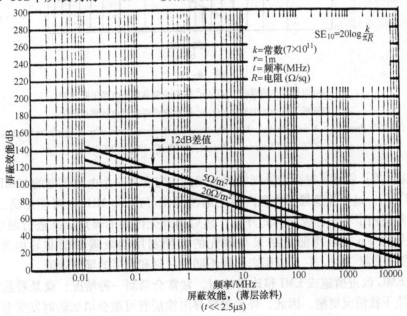

图 6-10 薄涂层（<<2.5μm）的屏蔽效能理论值

　　⊖ 增加"屏蔽性能"一词是因为 MIL – STD – 285 标准是测量屏蔽效能的！——译者注
　　⊖ 原文此处数量和单位相关的错误甚多。——译者注
　　⊜ 原文未标明单位，应为 mm。——译者注

图 6-10 中的理论值忽略了视窗周围金属材料的终端效应，这种效应包括在实测值中，并假定测量的是高阻抗电场。

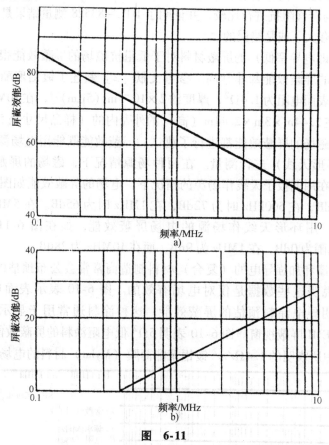

图 6-11

a) 用电偶极子作场源时 1.4Ω/m² 镀铝聚酯落膜的电场屏蔽效能

b) 用环形天线作场源时 1.4Ω/m² 镀铝聚酯落膜的电场屏蔽效能

（摘自于 Broaddus, A. and Kunkel, G., Shielding effectiveness test results of aluminized mylar, *IEEE EMC Symposium Record*, 1992. © 1992, IEEE. ）

参考文献［6］叙述了对小型外壳的测试情况，它含有一个电池供电的 10MHz 振荡器来驱动两个 TTL 门。这个振荡器噪声源产生的谐波频率可达 200MHz 并可能更高。加工 12 个经过电镀的并使用了不同合成塑料的外壳，然后用外壳内部的噪声源来进行测试，电场 Rx 天线放在距外壳 3m 处。将测量结果与原先的作控制用的聚碳酸酯非导电外壳作比较。表 6-5 摘自参考文献［6］，它可以用来比较不同的材料和涂层的屏蔽效能。

在应用 EMC 改进措施或 EMI 整改措施时，常常会遇到一种情况，就是看起来的改善措施有时反而使干扰情况更糟。因此，外壳喷涂导电涂层有可能会增加辐射发射电平。因为在某种程度上这个外壳包围这个场，会使 PCB 上的共模电流增加。连接到 PCB 上的任何非屏蔽电缆中的共模电流也会增加，从而导致辐射增加，尤其是当电缆长度等于谐振长度时。当将设备放在导电的外壳内时，除了连接到外壳的非屏蔽电缆产生的发射将增加外，在有些频率上，外壳自身产生的辐射也可能会增加。作为一个例子，假设在金属底座上安装了一块 PCB 和一个开关电源，该底座连接了不止一个的电源接地和信号接地。底座用塑料外壳包裹着，外壳里面用石墨涂覆。石墨与金属底座有电气连接，由于外壳的门是关闭的，所以在门的两半部分上的石墨之间存在着电气连接。该设备必须满足 FCC Part15 对 A 类（工业）设备的要求。

表 6-5 材料评价

样品	材料	屏蔽效能/dB（70～300MHz）	相对成本
1	玻璃填充的聚碳酸酯	0（控制）	1.0
2	镀铜聚碳酸酯	25～30	2.25
3	聚碳酸酯，含 10% SS[①]/10% 玻璃	20～30	5.0
4	聚碳酸酯，含 10% 镍石墨	20～30	4.1
5	聚碳酸酯，含 10% NiC（镍碳）纤丝	10～20	3.9
6	聚碳酸酯，含 7% SS 纤丝	25～35	4.3
7	聚碳酸酯，含真空淀积铝	25～35	2.5
8	云母	19～25	4.6
9	聚碳酸酯，含 7% SS 纤丝	21～31	3.1
10	镀镍聚碳酸酯	19～27	2.25
11	聚碳酸酯含 10% SS 纤丝	20～32	5.0
12	含特种碳，聚碳酸酯	12～21	2.9

[①] SS 表示不锈钢。（摘自：Bush, D. R., A simple way of evaluating the shielding effectiveness of small enclosures, *IEEE EMC* Symposium Record.）

我们在外壳的门打开和关闭的情况下测量外壳产生的电场辐射。石墨的作用相当于 PCB 上源辐射的吸收体；因此，可以预期，因外壳门的关闭，电场的电平会有一些小的衰减。但是，由于石墨涂层中的电流作用，由外壳产生的辐射在某些频率上又抵消了吸收。石墨中的电流是由外壳的金属底座中的噪声电流所致，由于有多个接地连接，石墨涂层作为其中有些接地连接的替代路径。测到的开门和关门的影响如下：开门情况下，在 48MHz 辐射增加 4.5dB，在 107MHz 辐射增加 4.7dB，在关门情况下，在 88MHz 辐射增加 6dB。在这个例子中，结合各种改进措施，使得辐射电平低于 FCC 限值。在电缆进入外壳的情况下，使用铁氧体平衡 - 不平衡变换器（磁珠）可以降低连接到设备的非屏蔽电缆产生的辐射。通过改进 PCB 上的接地方法可以减小外壳和电缆产生的辐射，包括减少 PCB 到金属底座的电源接地数及附加去耦电容器。石墨涂层既能保持对 ESD 的防护又能保持需要的屏蔽效能。

Emerson Cuming 公司生产范围广泛的导电表面涂层材料，一些产品列举如下：

① Eccocoat CC2 是含银清漆，具有最大为 $0.1\Omega^2$ 的表面电阻率。（涂层厚度 0.025mm）。

② Eccocoat CC40A 是加银弹性导电涂料，厚度为 0.025mm（1mil）时的表面电阻率在 $0.001\Omega^2 \sim 0.05\Omega^2$ 之间。

③ Eccocoat CC35U 是含水风干的加镍丙烯酸涂料，在 2mil 厚（0.05mm）涂层时的表面电阻率为 $1\Omega^2$。

Evershield of West Lafayette（IN）公司，也生产涂料，包括：

① 加镍以两部分氨基甲酸乙酯为基底的涂料，表面电阻率为 $1.5\Omega^2$（厚度 2mil）

② 含铜丙烯酸，表面电阻率为 $0.3\Omega^2$（厚度 1mil）。

③ 含石墨丙烯酸，表面电阻率为 $7.5\Omega^2$。

④ 含银聚氯乙烯（PVC），表面电阻率为 $0.01\Omega^2$（厚度1mil）。

⑤ 含银丙烯酸，表面电阻率为 $0.04\Omega^2$（厚度1mil）。

根据表面电阻可求出电导率（S/cm）如下式所示：

$$G = \frac{1}{R/\sqrt{\dfrac{2.54t}{1000}}} \tag{6-13}$$

式中　t——屏蔽涂层厚度（mil）。

制造商为这些材料提供的屏蔽效能曲线始终是关于电场衰减的，而它是最容易屏蔽的场型。对银和镍填料油漆进行军标 MIL—STD—285 的型式试验已表明屏蔽效能是表面电阻率的反函数。因为试验的掺银油漆具有的表面电阻率只是镍的电阻率的 1/10，因此测到的屏蔽效能要大 20dB。若油漆厚度从 2mil 增加到 4mil，可使屏蔽效能再增加 6dB，但 6mil 厚的镍只能产生 1~2dB 较小的屏蔽效能。有关试验结果更多的信息可以从 Chomerics，Woburn，MA 公司获得。

图 6-12（摘自参考文献［7］）表明与实心黄铜相比较的火焰喷镀的 22 号铜丝网、面板在 TEM 小室内测得的磁场屏蔽效能。对于未规定厚度的火焰喷镀铜丝网的表面电阻是 $0.0006 \sim 0.001\Omega^2$。受试面板安装在 $0.6\text{m} \times 0.6\text{m} \times 0.2\text{m}$（深）的外壳上，外壳再安装在 TEM 小室的底板上。当小室用信号源激励时就在试验外壳和面板的外面引起电流。将磁场探头放在受试外壳和外壳内的第二个小室的外面。面板的磁场衰减定义为外部场与内部场之比。

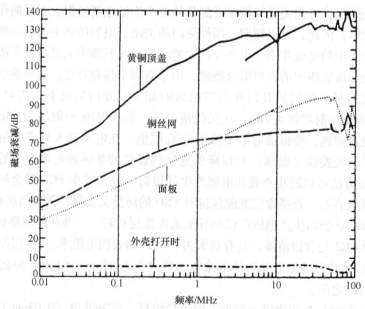

图 6-12 火焰喷涂良好的面板，22 号铜丝网和实心黄铜盖的磁场衰减情况

（摘自于 Hoeft, L. O. et al. , Measured magnetic field reduction of copper sprayed panels,

IEEE EMC Symposium Record, San Diego, CA, September 16 – 18, 1985. © 1985, IEEE.）

由于大多数导电涂料都很稀薄并具有相对高的表面电阻，所以无论是它们的屏蔽效能还是载流能力都不如纯金属那样高。因此，高的表面电阻涂料虽然可以应用在满足 FCC、

EN55022/11、CS108 或类似的商用辐射发射要求方面有应用，但它们可能不适用于更严格的军用标准的要求，并且肯定不适用于那些必须防止的 EMP 或非直击雷击的场合。

具有接近纯金属的表面电阻的非电镀铜涂层可用于军用塑料外壳，以满足 MIL‑STD‑461 和 DEF STAN EMI 要求。

6.3.1　导电涂层的磁屏蔽效能

导电涂层通常能有效地屏蔽静电场以及波阻抗接近 377Ω 的电磁场；然而，除了具有接近纯金属的表面电阻率的涂层之外，它们通常不能有效地屏蔽磁场。

非常靠近含有逻辑电路的 PCB 表面的场主要是磁场，接近开关电源的场通常也是磁场。开关电源在工作频率低至 100kHz 时，尽管通常时钟工作于较高的频率，但数据却包含了非常低的频率分量。

因此，对于靠近小型外壳内表面的场源来说，即使频率低至 100kHz 时，外壳的磁场屏蔽效能的水平也是非常重要的。

我们对于一些带有导电涂层的基板进行了磁场屏蔽效能的测试。

一般制造商会提供添加了导电涂层的基板，但有一种情况，是将非导电的基板交给制造商来进行电镀。应尽可能说明需要电镀的涂层厚度，因为它是一个非常重要的参数。然而，对于一些样品来说，并不总能找到这些数据。而且在一个基板上，涂层很薄且不均匀，当被置于光照下时，某些区域会闪光。

可以预料，这种材料性能不佳。

我们无法控制电镀质量，但可以告知制造商在可能的情况下尽可能地提供最好的表面处理材料，即最厚实的实用涂料。

以下列出了测试过的涂层，光洁度和电镀类型的列表：

覆铝。真空沉积的镀铝层，0.0005in 厚。

化学镀铜。化学镀铜然后依次为铜板和镍板，测试的 5 种组合如下：

化学镀铜加：

① 闪光电镀铜 + 亮镍板 0.001in；

② 闪光电镀铜 + 亮镍板 0.002in；

③ 闪光电镀铜 + 化学镀镍板 0.001in；

④ 电镀铜 0.001in + 镍闪光（电镀）0.0002in；

⑤ 电镀铜 0.002in + 镍闪光（电镀）0.0002in。

具有导电特性塑料。长度互锁的镀镍碳纤维在热塑性树脂中的均匀分散，0.09in 厚，固体重量为 30%。

1#导电银漆。喷涂银漆，厚度 <0.5mil，固体重量为 47% ±1.5%。

2#导电银漆。喷涂银漆，厚度为 0.4 ~1.0mil，固体重量为 47%。

银导电涂层。喷涂 0.5 ~1.5mil 厚的银导电涂层，固体重量为 50.8% ±0.5%。低挥发性有机化学成分。

镀银‑铜导电 EMI 涂层。喷涂镀银‑铜导电涂层，厚度为 0.6 ~ 0.8mil，固体重量为 35%。

银涂层，铜导电漆。喷涂银涂层、铜漆，厚度 <1mil，固体重量为 29% ±1.5%。

镍漆。喷涂镍片涂层，厚度不详，19%镍，固体重量为27%。

锡/锌合金保形涂层。作为熔融金属施加高纯度 80% 锡/ 20% 锌合金，并冷却至低孔隙率，厚度为 0.001in 的层状膜。

测试是按 IEEE – STD – 299 标准的型式试验进行的，将具有孔隙的外壳的辐射磁场与该孔隙被一块导电的基板封住之后的辐射磁场进行比较。然而，由于提供的导电基板较小，所以使用了比 IEEE – STD – 299 规定的更小的外壳 (8.5in×4.5in×3.5in)。使用小外壳可以更容易地在外壳内部达成更高的电流流动。测量是用来做比较用的，没有基板的测量作为参考测量。屏蔽效能（单位 dB）是以参考测量值（单位 dBμV）与再次对基板所做的测量值（单位 dBuV）之间的差值。

在 100kHz~10MHz 和 10~156MHz 的较低频率范围内使用不同的 Rx 天线进行了两组测量。IEEE – STD – 299 测试的不是固有的电磁参数，如转移阻抗；相反，采用的测试方法会影响结果。例如，在一个小的外壳内使用小型环状 Tx 天线，外壳上的内部电流将影响环路产生的磁场。因此，我们预期孔隙被导电基板封闭和打开时由环路产生的磁场稍微会有不同。同时，我们也可以预期 Rx 天线的性能取决于所使用的天线的类型，以及它在外壳有、无基板时的接近程度有关。在这种类型比较的测试中可重现性是非常重要的。因此，在测试能够找出 Tx 和 Rx 环天线的确切位置是至关重要的。

从一个测试到下一个测试，基板和外壳之间的压力应尽可能地保持不变，因为这将会改变测试的结果。

为了确保可重复性，对相同的基板测量了 3 次，当比较第一组与第二组的基板测试结果时，在高达 80MHz 时的相关性都是不错的。在 80MHz 以上时，屏蔽效能的谷值和峰值出现在了不同的频率上，但同一组中不同基板的屏蔽效能之间的比较却是有效的。如果选择了不同的频率，也可以将第 1 组与高于 80MHz 以上的第 2 组进行比较。例如，在第 1 组测试中，镀银铜涂层的屏蔽效能在 115MHz 时为 47dB，第 2 组的屏蔽效能在 100MHz 时为 49.7dB。表 6-6 显示了前一次测试和下一次测试之间镀银铜漆的测试结果的比较。

表 6-6　同一基板上的测试结果比较

f/MHz	第 1 组测试镀银铜漆的 SE/dB	第 2 组测试镀银铜漆的 SE/dB	Δ/dB
1.0	20	18.5	1.5
10.0	39	36.9	2.1
80.0	45	44.1	0.9
115/100	47	49.6	2.7

所以，在低于 80MHz 时，测量结果在最大误差为 3dB 的范围内是可信的。

因此，如果任何两个基板之间的屏蔽效能值差别在 3dB 以内，我们就应该推定它们的屏蔽效能实际上是相同的。

第 1 组测试结果显示，1mm 的铝板比其他任何所测试的涂层的屏蔽效能明显更好。使用铝板达到的最大屏蔽效能在 55MHz 时为 74dB，比其他任何涂层所获得的最大屏蔽效能要高出 24dB。即使是 0.15mm 厚的铝箔也比最好的导电涂层的屏蔽效能要稍好一些，那是实际应用中一种导电银色涂层。使用镀银铜漆和锡/锌纯金属合金涂层效果差不多。发现最差的涂层是镍漆，其最大屏蔽效能仅为 9dB。关于第 1 组中测试的所有基板的磁屏蔽效能的比较，参见图 6-13。

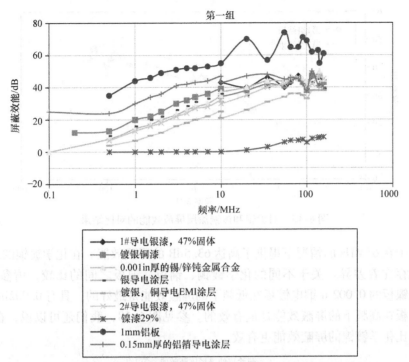

图 6-13 第 1 组测试中所有基板的磁屏蔽效能

在第 2 组中测试了 8 个新的基板, 连同第一组中测试的 3 个基板—1mm 铝 (基) 板, 锡/锌纯金属合金涂层基板以及镀银铜漆基板。通过对纯金属合金和镀银铜漆的第 1 组和第 2 组的测量结果对比, 表明了测试结果具有可重复性。屏蔽效能的变化量在 10MHz 以下是 6dB, 频率更高时可高达 8dB。这意味着当比较第 1 组和第 2 组的基板时, 任何小于 8dB 的差异都是无效的。

关于这些对比, 参见图 6-14 和图 6-15。

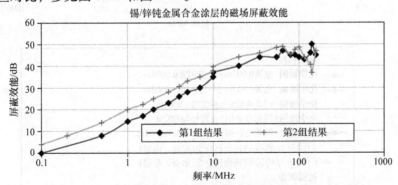

图 6-14 对锡/锌纯金属合金涂层屏蔽效能的对比结果

如图 6-16 所示, 1mm 铝板的屏蔽效能仍然是第 2 组测试的所有基板中最高的。然而, 在第 2 组中有一些导电涂层的基板, 其屏蔽效能性能几乎和铝板一样好。即使不能优于铝板在低频率 (最高达 1MHz) 的性能, 四种化学镀铜的涂层, 以及铜板和镍板, 还是有同样不错的屏蔽效能性能。在高频的情况下, 所有 5 个化学镀铜的基板至少提供了 50dB 的屏蔽效

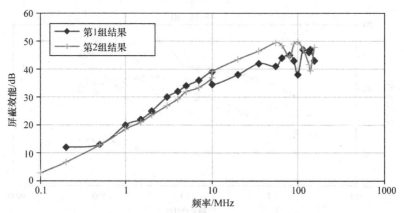

图 6-15 对镀银和镀铜涂层屏蔽效能的对比结果

能，其中一个在 65MHz 的情况下提供了高达 63.5dB 的屏蔽效能。在化学镀铜的基板之间的屏蔽效能也存在着差异。关于不同的化学镀铜、铜板、镍板之间的比较，请参见图 6-17。而具有闪光镍板的 0.002in 铜电镀板在低频下的屏蔽效能是最好的，具有 0.002in. 亮镍板的闪光铜电镀板在高频下的屏蔽效能是最有效的。参见图 6-18，我们还可以说，在 20MHz 以下光亮镀镍比化学镀镍的屏蔽效能更有效。

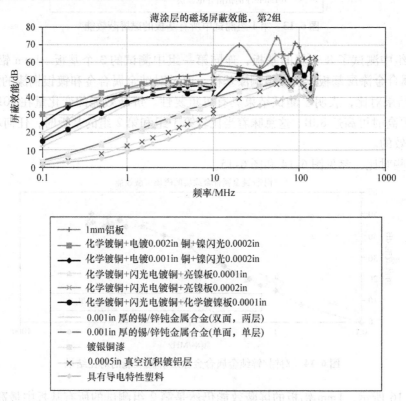

图 6-16 第 2 组测试中所有基板的磁屏蔽效能

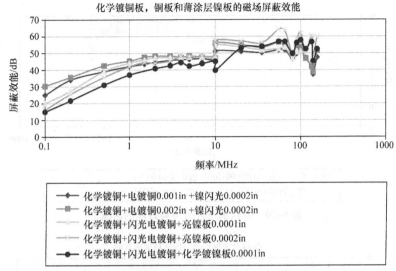

图 6-17 化学镀铜、铜板、镍镀层板之间磁屏蔽效能的差异

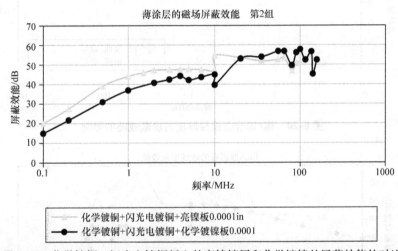

图 6-18 化学镀铜、闪光电镀铜板上的亮镍镀层和化学镀镍的屏蔽效能的对比

　　来自第 2 组的最差的导电涂层是具有导电特性的塑料，它在 100MHz 时屏蔽效能的峰值为 41.3dB。这是我们所能预料到的，因为这个基板缺少一个导电的金属表面，使它不能与外壳进行良好的电气接触。

　　图 6-19 和图 6-20 显示了关于基板的屏蔽效能性能的一个重要的方面，即应用越厚的基板就会产生更多的衰减。在图 6-19 中，在第二层电镀铜的厚度增加的 0.001in 的情况下，在某些频率上，基板的屏蔽效能增加了 5dB。图 6-20 显示了在使用双层的锡/锌合金的涂层时，屏蔽效能有着显著的改善。在 1.5MHz 频段下，屏蔽效能的改进达到了 16dB。

　　当选择一种用于 EMI 屏蔽的涂层时，要记住涂层材料对化学降解的敏感性是非常重要的。随着时间的推移，某些金属会逐渐氧化，进而改变材料的屏蔽性能。如图 6-21 所示，使用钢丝绒清除铝板上的氧化表面，显著提高了屏蔽效能。这就强调了选择化学稳定的电镀材料的重要性。

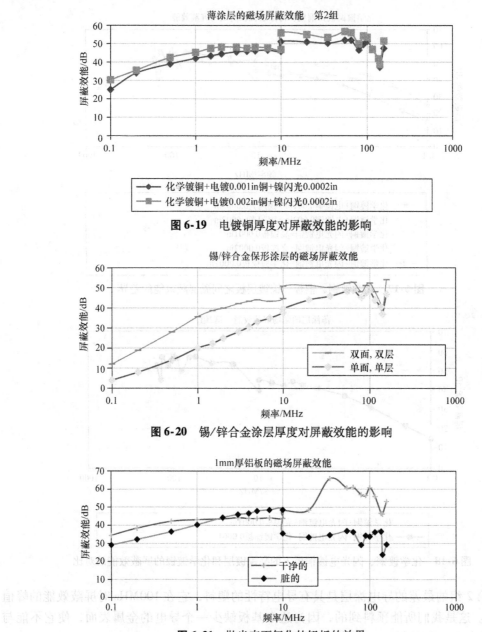

图6-19 电镀铜厚度对屏蔽效能的影响

图6-20 锡/锌合金涂层厚度对屏蔽效能的影响

图6-21 抛光表面氧化的铝板的效果

6.3.2 屏蔽效能和表面电阻率之间的相关性

这里叙述的屏蔽效能测试要求具备屏蔽室和测试设备，并且在执行过程中要非常地小心。对材料的表面电阻率和屏蔽效能的测量结果表明，相关性很接近，但并不完美。因此，生产厂家可以进行更简单的表面电阻率测试，以便对所使用的材料的有效性有一个很好的了解。

表6-7显示了1MHz频段下不同材料的表面电阻率和屏蔽效能的比较。

表 6-7 屏蔽效能和表面电阻率的比较

材料	表面电阻率/Ω^2	1MHz 下的 SE/dB
喷涂镀银铜漆	10m	20
1#导电银漆	52m	7
镀银、铜导电 EMI 涂层	23m	16
2#导电银漆	26m	13
铝箔	3.3m	30
1mm 铝板	33μm	44
喷涂镍漆	11	0

由此得出的结论是，不同导电涂层的屏蔽效能性能变化很大，一些涂层的屏蔽效能几乎达到与固体铝一样的水平。

从测量结果可以看出，由 Artcraft 提供的一类具有铜电镀层和镍镀层的化学镀铜材料显示出最好的屏蔽效能，几乎与 1mm 铝板具有相同的屏蔽效果。

在一个随行调查中，有人问到："导电涂层塑料外壳能满足 MIL – STD – 461 对 EMI 的要求吗？"这些测量是在非常小的外壳上进行的，专业人员通常把它的尺寸设计为 11cm × 7cm × 5.5cm。

从该报告看到，EMI 的合格性测试是在包含 RF 和数字电路的设备上进行的，这些电路被放置在一个 42cm 宽，14cm 深，50cm 高的塑料外壳中。这一外壳的里外两面都实施了 Artcraft 的电镀铜和亮镍板电镀。该设备满足了海军移动设备和陆军设备最严格的 RE102 的要求。

6.3.3 导电涂层的电场屏蔽效能

在所有的基板测试中都使用了一个外壳。该外壳的一侧有个大孔，每个基板在测试期间都保持着对着它，以便将每个基板的涂层面都暴露于外壳的外部。用两块木条将每个基板封紧压住这个孔，再用螺栓和这两块木条一起把基板的每一边紧紧地固定在外壳的内侧。在这个外壳内，为了检测发射信号，使用了一个小的蝶形天线。将这个天线连接到一个光纤发射器上，它可以解析来自天线的信号，然后将光缆通过从外壳中穿过来的一根小管（低于截止频率的波导）在另一端将信号发射出去以激励外壳。这种电缆还可连接到一个光纤接收器上，它可以在不影响测试的情况下从某个距离上监测外壳中的信号。

在测试期间使用了 13 种不同类型的基板涂层。下面是对每一种涂层的描述：

① 铝涂层。真空沉积的铝涂层，厚度为 0.0005in；

② 1#导电银漆。喷涂银导电涂层，厚度 <0.5mil，固体重量为 47% ±1.5%；

③ 银涂层，铜导电漆。喷涂银涂铜漆，厚度为 1mil，固体重量为 29% ±1.5%；

④ 镍漆。喷涂镍鳞片漆，厚度未知，19% 镍，固体重量为 27%；

⑤ 银导电涂层。喷涂银导电漆，0.5~1.5 密耳 mil 厚，固体重量为 50.8% ±0.5%。低挥发性有机化学成分；

⑥ 2#导电银漆。喷涂银漆，厚度为 0.4~1.0mil，固体重量为 47%；

⑦ 镀银，铜导电 EMI 涂层。喷涂镀银，铜导电漆，厚度为 0.6~0.8mil，固体重量为 35%；

⑧ 1#锡/锌合金保形涂层。高纯度80%锡/ 20%锌合金用作熔焊金属，并在平板的一面冷却至厚度为0.001in，具有低孔隙率的层状膜；

⑨ 2#锡/锌合金保形涂层。高纯度80%锡/ 20%锌合金用作熔焊金属，并在平板的一面冷却至厚度为0.002in，具有低孔隙率的层状膜；

⑩ 3#锡/锌合金保形涂层（2#的第二个样品）。高纯度80%锡/ 20%锌合金用作熔焊金属，并在平板的两面冷却至厚度为0.002in，具有低孔隙率的层状膜；

⑪ 具有导电特性塑料。长度互锁的镀镍碳纤维在热塑性树脂中的均匀分散，厚度为0.09in，固体重量为30%；

⑫ 化学镀铜层。化学镀铜后接铜板和镍板。闪电电镀铜 +化学镀镍板0.001in；

⑬ 1mm 铝。1mm 厚金属铝片安装在一块平板上。

在20~400MHz 的范围内测试每个基板。在20~30MHz 之间，使用单极子天线将信号发射到测试外壳。在测试期间将外壳放置在离单极天线15cm 处。从30~400MHz，使用一个带状天线将信号发射到外壳。外壳被放置在带状天线的中间，并置于地平面上方8cm 的地方。

当测试每个频率跨度时，要使用一块在两侧都不具有导电涂层的基板进行初始测试，这样除了没有导电涂层以外，对这块基板的测试将不受任何其他因素的影响。

在测试期间，逐渐增加输入到天线的信号，直到外壳中的信号刚刚达到略高于最小可检测电平的极限，这就确保了对数检波器在其高动态范围内运行。在每次测试完成时，这个数值都是相同的。然后将没有加涂层的基板测试结果与每个基板的测试结果进行比较，以找到基板的最终衰减情况。通过从测试的每个基板的结果中减去没有涂层的作为参考测试板块的结果，找到其衰减情况。这些衰减情况见表6-8。

表6-8 每个测试频率下的各个基板的衰减记录（dB）

测试基板	频率/MHz										
	20	25	30	225	275	300	320	340	360	380	400
铝涂层	—	50	45	41	38	40	41	39	35	44	
1#导电银漆	—	55	60	42	32	36	41	34	29	45	38
银涂铜导电漆	50	42	40	41	44	44	44	43	41	50	43
镍漆	54	47	43	42.5	48	46	47	44.5	38	47	>51
银导电涂层	—	53	52	38	36	40	40	40	38	46	42
2#银导电银漆	50	45	40	41	44	43	43	40	36	43	34
镀银，铜导电 EMI 涂层	53	50	50	37	36	37	39	39	38	45	45
1#锡/锌保形涂层	48	42	40	41	37	39	40	38	35	50	43
2#锡/锌保形涂层	>54	50	52	38	39	38	41	40	40	50	39
3#锡/锌保形涂层	53	40	55	38	36.5	48	31	41	43	>58	44
具有导电特性塑料	37	40	40	36	37	37	34	34	32	37	27
化学镀铜涂层	>53	55	60	39	43	42.5	45	43	40	45	37
1mm 铝板	>53	>58	63	46	44	46	50	52	48	53	44

在测试完成后，绘制每个平板在测试频率范围内的衰减。这些结果如图 6-22 ~ 图 6-27 所示。

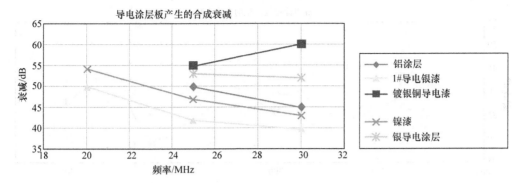

图 6-22 从 20~30MHz 测试的所有导电板产生的衰减

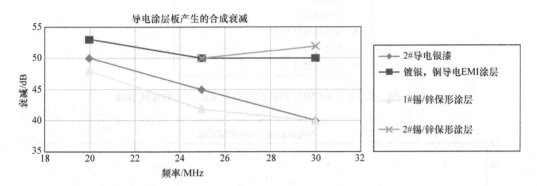

图 6-23 从 20~30MHz 测试的所有导电板产生的衰减

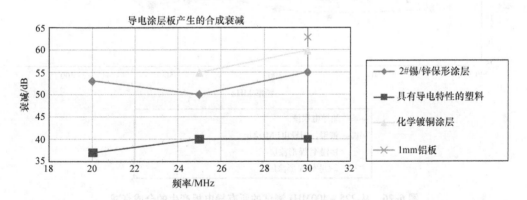

图 6-24 从 20~30MHz 测试的所有导电板产生的衰减

6.3.4 导电涂层塑料外壳和铝在满足 MIL－STD－461 标准要求方面的对比

安装在车辆、船舶和飞机上的军用电子设备通常被放置在坚固耐用的金属外壳中，因此在正确使用这些设备的情况下，可以保障它们的屏蔽效能达到非常高的水平。MIL－STD－461 EMI 的测试要求，如 RE02／RE102、RE01/RE101、RS01/RS101 和 RS03/RS103 等，可以组合使用金属外壳和正确端接的屏蔽电缆，或经过滤波的输入/输出线和电源线轻松地满足要求。

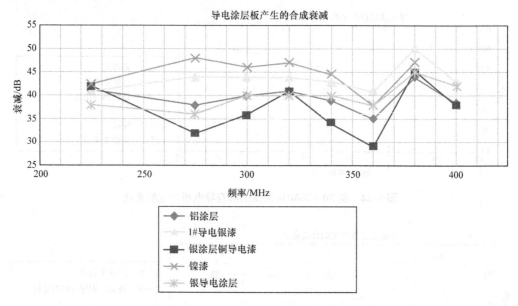

图6-25 从225~400MHz测试的所有导电板产生的合成衰减

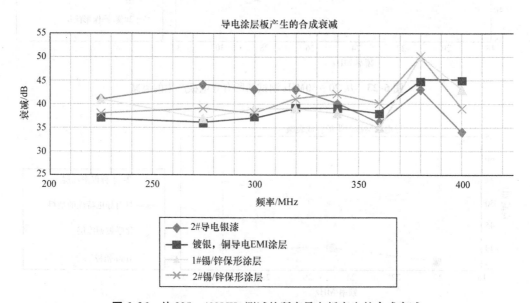

图6-26 从225~400MHz测试的所有导电板产生的合成衰减

对于通信、无线电话或其他监控设备等个人携带的设备来说，非金属外壳的重量轻，是一个很大的优点。非固体金属屏蔽外壳的另一个应用是处置爆炸物时穿的防爆炸服，通常由凯夫拉（Kevlar）纤维、玻璃纤维和其他纤维材料制成。在这些防护服中使用防弹钢，以提供防爆保护，通常被限定在某些部位，以使重量尽可能地低。其中一些防护服包含冷却系统、音频系统和通信的电子设备，这些电子设备是屏蔽的主要对象。

在不使用任何防护罩的情况下，要满足 MIL-STD-461 标准中 EMI 的要求，对电子产品的设计提出了极高的要求。在使用高灵敏度的模拟或高频数字电子或 DC-DC 转换器的地

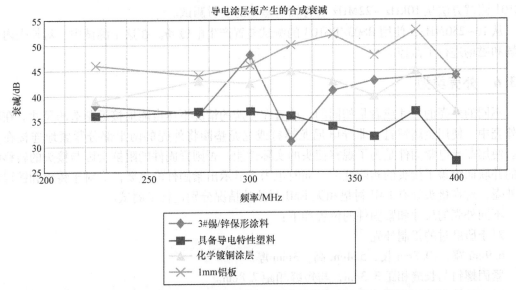

图 6-27　从 225 ~ 400MHz 测试的所有导电板产生的合成衰减

方，在没有屏蔽的情况下这些电子产品可能根本就无法满足对发射和敏感度要求。

传统上，导电涂层塑料或玻璃纤维外壳已被用于商业产品中，通常是因为模制的塑料外壳在美学上比金属外壳更加美观，同时也能降低重量和节省成本。

通过正确的 PCB 布局，电缆上的共模滤波、扩频时钟或低时钟频率和数字频率，有时可以在不需要屏蔽外壳的情况下满足商业 EMI 要求。然而，随着逻辑电路的复杂性和速度的提高，在非导电外壳上使用导电涂层正在成为一种常见的满足辐射发射限值的做法，即使在商业设备中也是如此。

为了确保符合欧洲的 EMC 指令、医疗指令或汽车指令，通常从 80MHz~1GHz 的情况下，设备必须对 3、10 或 20V/m 的场强具备抗扰度，但在医疗指令的情况下，最高频率要求为 2.5GHz。为了满足模拟、RF 或电话设备的抗扰度要求，使用屏蔽外壳也可能是必需的。

经验表明导电涂层本身是非常有效的。但是外壳的两部分之间的连接处或者外壳与盖子之间的连接处，却是 SE 的薄弱环节，这种情况将会在本书中多次出现。这是由于交界面上的接触压力差，接触面面积较小，以及由于在成形件或涂层上的不均匀所造成的缝隙。

在本节中只叙述了一组测量值，这些测量值是对具有塑料导电涂层、铸造金属或研磨金属等不同类型小型外壳测量的结果。

尽管测量的重点是放在对 MIL STD 敏感度测试电平会敏感电路上，但在这项研究中所描述的 SE 措施在减少来自噪声源电路的辐射上同样有效。

6.3.5　塑料涂层外壳与金属外壳的测试

一个研磨过的塑料外壳在里面和外面涂上一层镍真空沉积的薄膜。

该外壳有一个可放置衬垫的凹槽，并且在这个凹槽两侧的外壳两个部分之间有导电接触。

外壳两部分的镀层厚度分别为 0.001in（0.0254mm）和 0.002in（0.0508mm）。在 10kHz~250MHz 频率范围内对这个组合的外壳进行相关的 SE 测试。并使用 10 ~ 100kHz 的

RE101 测试方法从 10kHz ~ 22MHz 进行辐射磁场的发射测试。

从 10~250MHz，使用 RS03/RS103 的测试装置产生电磁场。在这个测试中，对外壳内的电场和磁场进行了监控。

6.3.6 外壳类型

不同的外壳的尺寸或者是相同的，或者在外购的情况下尽可能地接近制造的尺寸。在所有外壳中，使用金属螺钉，非导电尼龙螺钉或尼龙垫圈将外壳的两半部分紧紧地连接在一起。使用非导电紧固件是为了观察接头的实际性能，否则紧固件的阻抗会因与接头的转移阻抗的并联而掩盖了接头的实际性能，同时也为了显示出紧固件的重要性。对于铸铝和镀镍塑料外壳，对在接头处有 EMI 衬垫和无 EMI 衬垫的情况分别进行了测试。

不同外壳的尺寸和紧固件的位置如下：

对于研磨过的铝制外壳

6.9cm 宽，10.8cm 长，5.4cm 高，3mm 厚。

紧固螺钉与长缝相距 3.3cm，与短缝相距 7.8cm。

对于镀镍研磨的塑料外壳

7.1cm 宽，11.5cm 长，5.4cm 高。

内部和外部涂有 0.001in（0.0254mm）或 0.002in（0.0508mm）厚的镀层。

紧固螺钉与长缝相距 3.5cm，与短缝相距 6cm。

对于铝箔覆盖的塑料外壳

8.2cm 宽，12cm 长，5.7cm 高。

锡箔厚度大约为 0.0005in.（0.0127mm）。

四个角分别都有一个紧固螺钉。

对于铸铝外壳

12cm 宽，12cm 长，6cm 高，3mm 厚。

四个角分别都有一个紧固螺钉。

6.3.7 测试的执行

在以下章节中提供了外壳测试的概要以及场源和频率范围的类型。

6.3.7.1 磁场辐射敏感度试验 RS101：10 ~ 100kHz

① 0.001in 厚镍的真空沉积塑料外壳，非导电螺钉。

② 0.002in 厚镍的真空沉积塑料外壳，导电螺钉。

③ 由于接头表面存在不均匀的间隙，铸铝外壳有四个不导电的固定螺钉。

④ 由于接头表面存在不均匀的间隙，铸铝外壳有四个导电的固定螺钉。

⑤ 带导电安装螺钉的铸铝外壳；接头处有金属网衬垫。

⑥ 带导电安装螺钉和有缝隙的铸铝外壳；接头处有 Gore（戈尔）衬垫⊖。

⑦ 装有银垫片的铝箔覆盖的塑料外壳。

⑧ 尺寸与①和②相同的研磨金属外壳，非导电螺钉。

⑨ 带导电螺钉的研磨金属外壳。

⊖ 一种带状密封衬垫。——译者注

6.3.7.2　磁场测试：100kHz～10MHz

① 0.002in 镍厚的真空沉积的塑料外壳，导电螺钉，电流流过缝隙。

② 0.002in 镍厚的真空沉积的塑料外壳，导电螺钉，电流平行于缝隙。

③ 由于接头表面存在不均匀的间隙，铸铝外壳有四个导电的安装螺钉。

④ 带四个导电固定螺钉和有缝隙的铸铝外壳，Gore 衬垫。

⑤ 带四个导电固定螺钉和有缝隙的铸铝外壳，金属网衬垫。

⑥ 装有弹性银衬垫的铝箔覆盖的塑料外壳。

⑦ 尺寸与①和②相同的研磨金属外壳，导电螺钉。

6.3.7.3　使用电场和磁场探头的 RS103 磁场辐射敏感度试验

① 0.002in 镍厚的真空沉积的塑料外壳，导电螺钉，无衬垫。

② 0.002in 镍厚的真空沉积的塑料外壳，导电螺钉，装有弹性银衬垫。

③ 由于接头表面存在不均匀的间隙，铸铝外壳有四个导电的固定螺钉。

④ 四个不导电安装螺钉和有缝隙的铸铝外壳，Gore 衬垫。

⑤ 尺寸与①和②相同的研磨金属外壳，导电螺钉。

材料的屏蔽效能取决于趋肤深度，而趋肤深度由材料的电导率、磁导率和频率所决定，如式（6-1）所示。即使是一种很薄的高导电材料，比如铝箔，在大约 10MHz 以上也应该有高的屏蔽水平。对于较厚的纯导体来说，这个频率要低得多。然而，含有电子元器件所使用的外壳必然存在缝隙，并且如本报告所述的测量结果所显示的，缝隙是外壳中的薄弱环节。

依据多年来在军事、商业、科学、工业、空间、医疗和汽车设备的 EMI 测试方面的经验，在辐射敏感度测试中，辐射发射和敏感度总是来自于电缆。当电子元器件放置在导电外壳里，外壳的孔径尺寸相对较小，且孔径与外壳尺寸的比例也保持相对较低。要想知道在不会影响到屏蔽效能的情况下，孔径可以有多大，请参见图 6-105。

本报告中叙述的 RS03 测试装置中的电缆是作为对外壳屏蔽效能测量限制的一个很好的例子。

被测试的外壳被安装在一个带状线天线下，只有电缆的末端连接到被电场照射的外壳上。为了测量电缆拾取的电平以及外壳上的最高屏蔽效能，使用了预估屏蔽效能衰减电平最高的研磨屏蔽外壳，并在外壳内安装了一个 50Ω 的 SMA 终端，而不在外壳内部使用电场探头或磁场探头。同轴电缆是无孔半柔性电缆，镀金 SMA 连接器规定的屏蔽效能要大于 90dB，同时使用高频和低频铁氧体平衡－不平衡变换器（balun）来覆盖带状天线外的电缆。尽管采取了这些预防措施，测量到的屏蔽效能最低是 23dB，最高为 58dB。使用实心铜管来覆盖同轴电缆，并且用铍金属簧片将铜管的末端连接到被测试的外壳，则由受测试装置耦合限制的而非外壳限制的屏蔽效能上升到了 50～76dB。

之所以提到这一点原因是，无论导电塑料外壳的效果如何好，仍然有必要将屏蔽电缆的屏蔽层以低阻抗的方式连接到塑料外壳的导电表面。如果使用非屏蔽电缆，那么就有必要将共模滤波电容器以低阻抗的方式端接到导电塑料外壳的表面，这些连接通常会对机械/包装工程师构成工程上的巨大挑战，而不是在于塑料外壳的设计上的挑战。通常是这些连接而不是外壳限制了对入射场的屏蔽。

6.3.7.4　RS101 标准的屏蔽效能试验装置

在这个测试装置中，每个外壳中都包含一个直径为 2.37cm，用 18#AWG 电磁线缠绕的

22 匝线圈作为 Rx 天线。一个 SMA 座被焊接到黄铜板上，并且每个外壳都有孔，通过四个 2 – 32 紧固件将黄铜板安装在该孔上并固定在适当位置。使用两端具有 SMA 连接器的半柔性电缆组件，把外壳上的 SMA 座子连接到电波暗室壁的隔板上的 SMA 连接器上。根据制造厂家的说法，该电缆组件在高达 18GHz 的情况下，屏蔽效能仍大于 90dB。此外，Rx 天线电缆上还放置了低磁导率、高频以及高磁导率、低频环形铁氧体环形平衡 – 不平衡转换器，以减少由测试场在电缆中感生的电流。对于这种测试装置，电缆实现了足够高的衰减，以避免限制对外壳 SE 的测量。在这样低频的情况下，外壳的低屏蔽效能使得 Tx 环路和 Rx 电缆之间的耦合也变得无关紧要了。

此外，同轴电缆对低频磁场的耦合程度是中心导体相对于屏蔽层的偏心度的函数。当中心导体正好位于同轴屏蔽层的中心时，耦合到电缆的磁场将接近于零，并且电缆耦合最小。与其他的测试一样，测量针对的是 Tx 环天线电缆和 Rx 天线电缆之间的耦合，并且测量单独终止于外壳。距离外壳 5cm 处 Tx 环路天线，外壳内的 Rx 环路天线被 SMA 的 50Ω 负载所替代。Tx 环路天线和 Rx 电缆之间的耦合低于测量系统的本底噪声，测量系统包括一个 20dB 的前置放大器。

所使用的 Tx 天线是 MIL – STD – 462 和 MIL – STD – 462D 中规定的 20 匝直径为 12cm 的 Tx 环。

Tx 环路天线已经事先使用 MIL – STD – 461D 和 MIL – STD – 651A – F 中规定的 51 匝直径为 4cm 的 Rx 环路天线，在相距 Tx 环路天线 5cm 距离的地方进行了校准。

在外壳测量过程中，Tx 环路天线被放置在距离被测外壳 5cm 处，并围绕外壳移动。正如预期的那样，当 Tx 环路天线与外壳中的 Rx 环路天线同轴时，可以看到最大耦合。测试装置如图 6-28 所示。

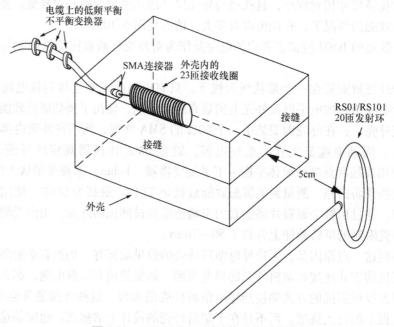

图 6-28 RS01/RS101 测试装置的屏蔽效能

在没有外壳的情况下，使用 Tx 环路和 Rx 环路在适当的距离间隔进行测量。这个测量值将作为非屏蔽外壳时的参考电平，用来对所有外壳的测量值进行比较。

然后将 Rx 环路天线放置在被测试的每个不同外壳中重复测量。在参考电平与外壳内部放置环路天线时的测量电平之间的差就是外壳的屏蔽效能。

因此，以 dB 为单位的屏蔽效能为 20log（参考电平/外壳内部测量电平）。

在 RS101 测试中不同外壳的屏蔽效能的测试情况总结如图 6-29 所示。

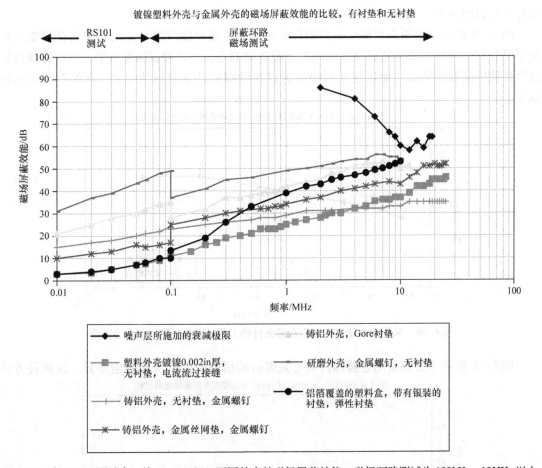

图 6-29 在 RS101 测试中，从 10～100kHz 不同外壳的磁场屏蔽效能，磁场环路测试为 100kHz～10MHz 以上

6.3.7.5 有衬垫和无衬垫的磁场屏蔽效能的测试结果

由于塑料导电涂层上的薄电镀和塑料外壳上的薄铝箔，预计低频屏蔽效能将受到限制，在 10～100kHz 频率范围内为 2～12dB，如图 6-29 所示。测得的 0.001in 和 0.002in 厚的镀镍中的屏蔽效能实际上是相同的，图 6-29 只提供了 0.002in 厚的镀层的测量结果。

如铸造金属外壳的厚度为 3mm，屏蔽效能应该非常有效；然而，由于缝隙不良，屏蔽效能在相同的频率范围内仅为 15～24dB。在铸件外壳中添加一个金属网衬垫，屏蔽效能却减少了 12～15dB。这一影响可能会令人惊讶。实际上，错误地添加衬垫与根本不加衬垫相比，通常会导致屏蔽效能的退化。例外情况是当缝隙存在很大的间隙时，这个间隙可以用导电衬垫来填充。有关这方面的情况参考文献 [1] 进一步进行了探讨。

具有 Gore 衬垫的铸造金属外壳可以将 SE 提高 21 ~ 35dB。

没有衬垫的研磨外壳的缝隙有最好的 SE，在 10 ~ 100kHz 的频率范围内，其屏蔽效能为 31 ~ 49dB。

6.3.7.6 紧固件的作用

用于密封外壳的紧固件类型在屏蔽效能中起着一定的作用。一个导电紧固件可以为缝隙提供一个替代的电流路径，并且还会使缝隙配对的两半之间产生的压力高于通常用非导电紧固件所获得的压力。

图 6-30 显示了使用金属螺钉的铸铝合金外壳的磁场屏障效能与使用同样的金属螺钉但使用尼龙衬垫与外壳盖绝缘状况下的磁场屏蔽效能的差异。该测试结果表明，当螺钉桥接缝隙时会使屏蔽效能增加。使用尼龙衬垫的螺钉在缝隙处产生同样的压力，就没有产生这种效果。

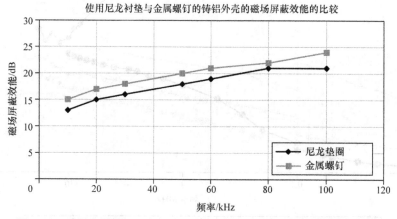

图 6-30 采用金属螺钉和紧固在尼龙衬垫上的尼龙螺钉的铸铝合金外壳

图 6-31 显示了分别采用金属螺钉和尼龙螺钉的研磨外壳的屏蔽效能差异。这两种方式

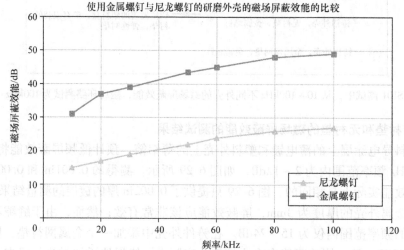

图 6-31 使用金属螺钉与尼龙螺钉的研磨外壳

在缝隙上的压力会有所不同，并且通过螺钉有效地桥接缝隙，任何位置的屏蔽效能的差异值都在 15~20dB。

厚度为 1/16in（1.59mm）厚铝外壳的经验是使金属紧固件间距不超过 1in（2.54cm），以产生有效的 EMI 密封。对于研磨的外壳来说，紧固件之间的间距可以达到 2.5in（6.35cm）。

6.3.7.7 磁场屏蔽效能的预测工具

一个没有孔径的外壳的低频磁场的屏蔽效能取决于它的尺寸，导电材料的厚度，材料的电阻率和磁导率，以及在孔隙的间隙和 DC 电阻的大小，如 6.5.3~6.6.3 节中所描述的那样。

由于在外壳的四个角仅分别使用一个紧固件和铸件本身的缺陷，铸造金属外壳会在缝隙中存在小的间隙。先前提到的屏蔽效能的测量方法是用无衬垫的缝隙，在缝隙中间使用金属丝网衬垫和由 Gore 制造的弹性衬垫。与此同时，通过一个单独的 0.12m 长的缝隙对 DC 电阻进行测量的。测量时使用尼龙紧固件，因此唯一的电气接触部位在缝隙处。这些 DC 电阻的测量结果示于表 6-9 中。

表 6-9 铸铝外壳中缝隙的 DC 电阻

铸铝外壳		
无衬垫	金属丝网衬垫	Gore 衬垫
	DC 电阻/mΩ	
1.0	2.16	0.06

式（6-25）~式（6-30）是用来计算预测金属外壳的磁场屏蔽效能，可以通过网址 emcconsultinginc.com 在线获得计算机程序。

计算需要输入以下数据：

- 外壳尺寸；
- 缝隙的长度和缝隙的数量；
- 缝隙的接触阻抗；
- 缝隙电感；
- 缝隙的 DC 电阻；
- 材料的相对电导率；
- 材料的相对磁导率；
- 材料的厚度；
- 孔的数量（如有的话）；
- 孔的直径。

表 6-10 显示了预计的屏蔽效能与测量的屏蔽效能的比较，它们存在非常好的相关性。

测量是用金属螺钉进行的，因此，外壳的 DC 电阻要比表 6-9 显示的要低。接触电阻（它乘以 $\sqrt{f}$），以亨利（H）为单位的电感和直流电阻数据都被设置为与测量的测试结果相匹配。它的值如下所示：

表6-10 测量的与预计的磁场的屏蔽效能

f/kHz	铸造金属，无衬垫		铸造金属，金属丝衬垫		铸造金属，Gore衬垫	
	预计	测量	预计	测量	预计	测量
10	6	13	6	—	20	21
20	11	15	11	—	25	25
30	14	17	13	13	27	28
50	18	19	15	16	31	30
60	19	20	16	15	32	32
70	19	21	16	15	32	33
80	20	22	17	16	33	34
90	20	22	17	16	33	34
100	22	22	18	17	34	35

铸造金属外壳，无衬垫

$R_c = 1e-6$

$R = 1m\Omega$

$L = 1e-9H$

铸造金属外壳，金属丝网衬垫

$R_c = 5e-9$

$R = 1m\Omega$

$L = 3e-9H$

铸造金属外壳，Gore衬垫

$R_c = 1e-9$

$R = 0.2m\Omega$

$L = 4e-10H$

正如在其他测量中所看到的，即使有孔存在，添加金属丝网衬垫也会增加缝隙的电感，并且当使用衬垫材料填充缝隙中的小孔时，增加带有导电颗粒的衬垫可以降低电感。

表6-11列出了带有金属螺钉并且里外两面都有镍涂层的塑料外壳的SE的测量值与预计值。在这里，当接头电阻的 R 值设定为 $1.0m\Omega$，R_c 为 $1e-6$，$L = 1e-9$ H 时，预计值最为接近测量值，如表6-11所示。

表6-11 具有0.001in厚镍涂层的塑料外壳的屏蔽效能的预计值和测量值

f/kHz	预测的屏蔽效能/dB	实测的屏蔽效能/dB
30	2	4
50	6	6
60	8	7
100	12	11

这些公式可于收集不同类型的外壳、衬垫和紧固件的间距的测量数据，然后用于预计具有不同尺寸的外壳的磁场SE。

6.3.7.8　磁场屏蔽效能测试（100kHz～≥10MHz）

当一个人射的磁场或电磁波的磁场分量照射到一个小的外壳上时，它会在外壳的外表面形成电流。在现实中，我们通常不能控制电流穿过外壳缝隙处的方向，并且电磁波一般都是垂直和水平极化的，并且可能由于反射而具有不同的入射角。

在本报告中描述的所有磁场测试中，天线的取向是为了确保最大电流流过外壳的缝隙，有一个例外情况是 Tx 天线的取向要使电流沿缝隙长度的方向流动。

当一个人射场在一个小的外壳表面产生电流时，一些电流会通过缝隙扩散，并且在外壳内部产生电流。这种内部电流导致小外壳内产生内部磁场。不管入射波阻抗如何，在这些频率下，磁场屏蔽效能都是最重要的，但通常电场屏蔽效能却要高得多。

在这个测试装置中，一个小的屏蔽环形天线被放置在被测试的外壳内部，一个直径为 6cm 的屏蔽环形天线被放置在距离外壳 5cm 处。

Tx 天线和 Rx 天线均被定向于同轴线上以实现最大的耦合，并且在没有任何外壳的情况下，在两个天线之间进行参考测量。然后在相同的距离和使用相同的天线以相同的输入电平重复测试。

这些测量是在 100kHz 以及 10～18MHz 频率范围之间进行的。

不同外壳的相对屏蔽效能随频率的增加而变化。例如，镀镍的塑料外壳比没有衬垫的铸造外壳在 4MHz 以上具有更高的屏蔽效能。这是因为铸造外壳在缝隙处有很小的间隙，而镍涂层的塑料外壳则没有。此外，在本测试设置中，带有金属丝网衬垫的铸造金属外壳比没有衬垫的铸造外壳具有更高的屏蔽效能水平，并且它随着加载频率的增加而增加。在 4MHz 以上，带有 Gore 衬垫的铸造金属外壳的屏蔽效能与研磨外壳的屏蔽效能水平接近。最令人惊讶的结果是随着频率的增高，铝箔覆盖的塑料外壳（带掺银弹性衬垫）具有相当好的屏蔽效能。

图 6-29 包含了屏蔽环路测试中的磁场的屏蔽效能数据。

0.001in 厚的和 0.002in 厚的镍镀层的测试结果几乎相同，0.002in 厚的测试结果如图 6-29所示。

外壳材料的电导率通常足够高，在相对较薄的镀镍塑料外壳中，缝隙是薄弱环节。这一点在图 6-32 中表示得很明显，它显示了这种外壳的磁场屏蔽效能，感应电流横穿缝隙，而

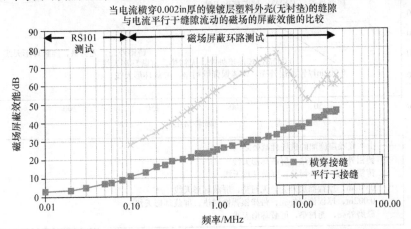

图 6-32　横穿缝隙的感应电流与沿缝隙长度方向流动的电流产生的磁场屏蔽效能的比较

不是沿着缝隙的长度方向流动。当电流不横穿缝隙时，在4MHz频率的屏蔽效能为40dB，由此证明在这个外壳中，缝隙是薄弱环节。

6.3.7.9 应用 RS103 标准测试外壳（10~250MHz，电场辐射敏感度）

在这个测试中，外壳被放置在带状线天线的平板上。带状线用于辐射敏感度测试的优点是，它对于给定的输入功率可以产生一个强场，且该场强的均匀性非常好，而且该场强的大部分被限制在平板之间，这就意味着连接到被测试外壳的电缆上的耦合减少了。尽管使用了铁氧体平衡-不平衡转换器、屏蔽电缆以及连接器，这种装置能测量的最大屏蔽效能值还是有限的。在所有的测试中，测试外壳的屏蔽效能极限值的方法是在其内部使用一个50Ω电阻来端接电缆终端，以呈现出预估的最大屏蔽效能值并测量辐射场强对电缆的耦合。

只有将测试电缆放置到坚实的铜管中，并且将铜管端接到被测试的外壳上时，外壳才能呈现出足够高的最大屏蔽效能。

在任何开放型的传输线内，其终端以特性阻抗来端接时，只要传输线内介质的相对介电常数为1，则任何开路传输线的波阻抗都为377Ω。这就是平面波的波阻抗，并且带状线天线还会以这个阻抗产生频率高达250MHz的横电磁波。

在外壳内部使用小型屏蔽环形天线和小型电场探头来测量电场和磁场的屏蔽效能。正如之前很多次看到的那样，所有外壳的电场屏蔽效能都要比磁场屏蔽效能高得多。当小外壳内的电子电路具有高阻抗时，电场的屏蔽是很重要的。然而，当存在电线或PCB回路时，如果端接的是低阻抗甚至中等阻抗，则磁场的屏蔽就是最重要的了。

图6-33显示了从10~250MHz频率范围内的磁场屏蔽效能。最高的衰减是通过带有

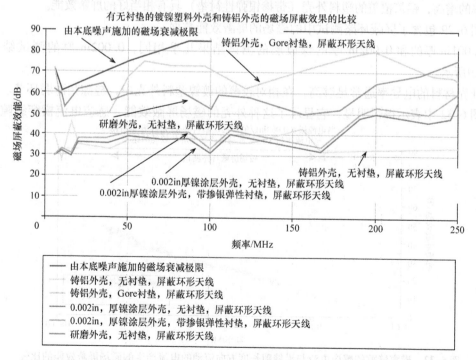

图6-33 使用RS103测试装置和一个小型的屏蔽环形天线来监测磁场屏蔽效能

Gore 衬垫的铸铝外壳实现的。但是，如果没有衬垫，铸造外壳达到的衰减最低。

第二高的衰减是由没有衬垫的研磨外壳实现的，这证明在某些情况下，可以不需要 EMI 衬垫。在镀镍的塑料外壳上增加一个衬垫只会稍微增大屏蔽效能，但在这个外壳上即使没有衬垫，在超过 170MHz 时，它的屏蔽效能和没有衬垫的铸造外壳相比相差甚微甚至会更好。在镀镍的塑料外壳的边缘有一个凹槽，但是因为衬垫太厚了，尽管它有足够的压力来确保接触，但涂层并没有与凹槽两侧的材料接触。使用导电衬垫且使其两面有电气接触，则屏蔽效能可能会有略微的改善。

图 6-34 显示了电磁场的屏蔽效能，其中场源是一个电磁波，测量天线是一个小型的探头。在这里，镍涂层的塑料外壳具有最高的衰减水平，而带有 Gore 衬垫的研磨外壳则略低一些。使用没有衬垫的铸铝外壳实现了最低的衰减水平，而在 150MHz 以上，研磨外壳的情况下，带衬垫的铸造外壳和镍涂层的塑料外壳的屏蔽效能则非常相似。

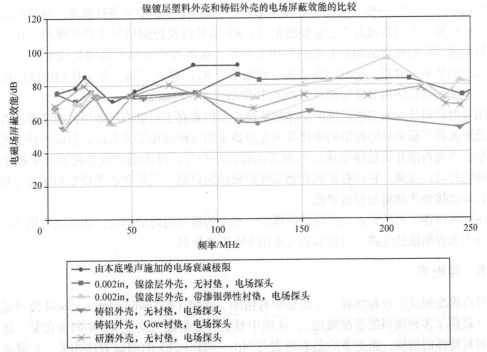

图 6-34 使用 RS103 测试装置和小型电场探头测量的电磁场屏蔽效能

镍的真空镀膜导致其表面电导率非常接近于纯金属。也可以预料电镀和等离子体火焰喷涂的塑料将具有非常高的导电率。我们必须考虑到本报告中描述的镀镍塑料外壳的屏蔽效能测量值与导电涂层的屏蔽效能一样高。

RS101 辐射敏感度测试是从 30Hz 的频率开始的，在这个频率下，即使研磨外壳具有的屏蔽效能也小到可以忽略不计。

由于趋肤深度的影响，与固体金属相比，使用薄导电涂层时，在 10 ~ 100kHz 频率范围间，实现 RS01/RS101 测试的抗扰度更为困难一些。图 6-33 显示了该频率范围内具有较低的屏蔽效能。然而，即使使用研磨的外壳，其屏蔽效能在 10kHz 的情况下被也会被限制在 32dB。因此，为了实现 30Hz ~ 1kHz 的 RS01/ RS101 试验电平的抗扰度，可能必须使用导电涂层塑料外壳来达成同样的电路级别的屏蔽预防措施，就如同使用金属外壳一样。

在 10 ~ 100kHz 甚至更高，当使用导电涂层的外壳时，可能需要额外的防护设计。这包括减少 PCB 走线和布线中的环路面积，以及使用平衡差分输入电路和低频情况下的高阻抗负载。

6.3.7.10　应用 MIL - STD - 461 对一些测量所做的比较

我们不妨可以提前推测一下，从 10 ~ 250MHz，在电磁场测试过程中感应进外壳的电场表明，有涂层外壳和研磨外壳的屏蔽效能处于相同的水平，并且镀镍外壳的屏蔽效能甚至更高。因此，针对采用 1kHz 的方波进行幅度调制的 RS103 测试电平，要使两种外壳都能对产生的电场具有抗扰度，应对这两种类型的外壳进行相同的电路设计。对于磁场屏蔽（在 RS03/RS103 测试期间，外壳内也会引起磁场），导电涂层外壳的屏蔽效能比研磨铝外壳的屏蔽效能低近似 20dB。这意味着可能需要对前者外壳内的电路作一些额外的电路级别的"抗扰度设计"。众所周知，任何半导体结都将会对调幅的 RF 信号进行整流，并且可以在音频信号中听见这个电平或者它会在模拟信号、RF 信号以及控制信号中产生噪声。在电路级别进行调幅解调的最常见和最有效的解决方案是，在潜在的敏感电路和集成电路（IC）的输入端使用低值电容器。此电容器必须尽可能靠近 IC 的输入引脚，并连接到连续的接地平面上，不使用或仅使用非常短而且宽的 PCB 印制线方式接地。

用导电塑料外壳来实现足够的总体屏蔽的主要困难在于对电缆屏蔽层，滤波连接器的外壳以及滤波器平板至导电涂层的连接等究竟应该采用何种端接工艺方法。目前一种工艺是使用安装在外壳内部并接触导电涂层的铜质或黄铜小垫片。屏蔽电缆或连接器外壳被垫片隔离。该垫片可以很薄，它具有扩展和增加接触面积的效果，但是它必须被施加压力与导电涂层有良好地接触才能增加有效屏蔽。

由此可以得出的结论是，在设计中增加一些小的额外的防护措施，如可以使用导电涂层塑料外壳来容纳敏感电路，以使其能与军用 EM 环境兼容。

6.3.8　导电布

导电聚酯制成的布和纸对于屏蔽是很有用的。承蒙 TW Trading International 公司提供图 6-35（提供了多种面料的屏蔽效能）。从图中看到屏蔽效能有高达 26dB 的变化量，这不是衡量材料特性的指标，而更多的是表明它与 MIL - STD -285 的测试方法相关。在测试方法中，测试室和屏蔽室呈现出室内共振，室内反射导致了测试天线入射场发生大幅度变化。具有最低屏蔽效能（T 1500 NS）的材料是聚酯基材镀镍（重量的 14.8%）的黑色极薄材料。具有最高屏蔽效能（T 2200 C）的材料是聚酯基材镀铜（重量的 30%）的有光泽材料。因此，EMC 的壁纸、百叶帘、地毯和乙烯基材料等均可以作为有效的屏蔽材料使用，所以建造一个完备的屏蔽室是完全可行的！

STM 公司生产的导电布包括柔软的轻纺布、梭织塔夫绸、Tricoat 结布、棉麻结布、无纺布以及通常使用耐用尼龙做基底的针织布。

这些材料可用于作衬垫、胶带、电缆包布、窗帘、门、帐篷以及外壳。表面涂层可以是银、镍或铜。

6.3.15 节描述了使用导电布所做的测试。

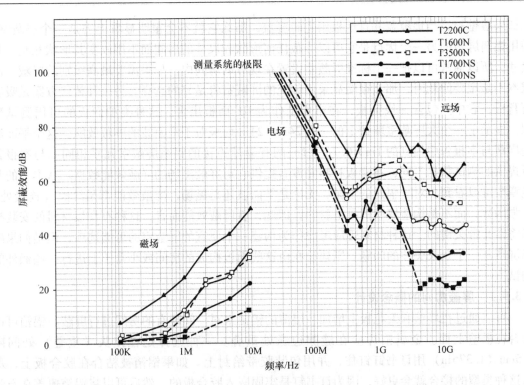

图 6-35　导电织物的屏蔽效能

6.3.9　用铝箔屏蔽的医院房间

　　某地一家医院关注对一些敏感设备的屏蔽，并考虑安装一间屏蔽室。正在考虑中的房间是有在两个表面都有镀锌钢板的典型的复合木芯板，带有 RF 屏蔽门，蜂窝通风面板以及用于 AC 电源，电话和任何其他信号的滤波器，满足 MIL - STD - 285 或 IEEE 299 - 1997 中对屏蔽效能的要求 。

　　由于日程安排很重要，所以购买了一个房间并将其安装成屏蔽室。然而，有两个问题令人关注：（1）屏蔽室实际需要多大的屏蔽效能? 以及（2）现有的房间是否能改成一间屏蔽室? 如果能的话，房间内的改造费用是否比传统意义的屏蔽室费用更低? 这个报告并没有给出第一个问题的答案，因为诸如电磁环境的水平和设备对电力线传导噪声的敏感程度，电场、平面波或磁场等因素仍然不为人所知。另一个决定性因素是频率，因为有些频率易使设备敏感。相反，报告描述了使用薄铝箔覆盖房间的概念设计方案，并对磁场、平面波的屏蔽效能以及对电场的屏蔽效能进行了预估和测量。尽管最终的成本必然取决于房间的大小、当地劳动力的成本，以及对墙壁和天花板所需的装修类型，但报告也提供了一些估算的成本。值得重申的是，这种类型的房间能达到所预期的屏蔽水平是否足够，这取决于对电磁环境的防护水平以及被屏蔽设备的敏感度要求。这可以通过使用铝箔对敏感设备的局部屏蔽或通过分析来确定，尽管这是比较困难的。这种敏感度几乎肯定会随着场源的类型和频率的变化而变化。需要提醒的是，医疗设备往往对荧光灯的发射敏感，如果传统的屏蔽室或铝箔屏蔽室设有荧光灯，同样重要的是还需要考虑包括诸如白炽灯之类的替代照明灯，并且荧光灯应使用单独的开关电路。除了成本之外，使用铝箔屏蔽具有比通常的屏蔽室更美观的优点，实际上如果墙壁被适当地覆盖并且地板用瓷砖覆盖，那么它就不会很明显看上去是一个屏蔽室。使用铝箔屏蔽的另一个优点是它可以屏蔽任何形状和尺寸的房间而不用改变其形状和减小其尺寸，所以通常可以把一个标准屏蔽室设置在现有的房间内。如果需要最高级别的屏蔽，而成本不是主要问题时，那么很明显采用传统的屏蔽室将是好的选择。另一种替代方案是吸音石膏板，它中间包含一块钢板，在市面上作为 RF 面板出售。这种类型面板的可用测试数据，显示了一个大屏蔽室墙壁上的一块 24in×24in 面板对于平面波的屏蔽效能。这个平面波的屏蔽与本报告中提到的 1m×0.7m×1m 的有缝隙连接的铝箔屏蔽室几乎相同。与本报告所提供的测试数据不同，石膏板材料并没有提供它对屏蔽磁场的屏蔽效能数据。从本书的其他章节可以看到，对于辐射的场源，无论是平面波还是磁场，屏蔽效能都是缝隙（连接处）的强函数，而不是构造墙壁的导电材料，因此，就屏蔽效能而言，这种石膏板材料的安装技术将是非常关键的。这种材料理应考虑作为构建一个便宜的屏蔽室的可能选项，但是如果磁场屏蔽是一个令人关注的问题，则建议在由这些面板构成的房间或小盒子上进行一些额外的测试。

6.3.9.1 屏蔽房间的概念设计

可以通过在墙壁和天花板上增加一层薄的铝箔来对一间现有的房间进行屏蔽。铝箔可以粘合在板壁上面。金属箔片应在缝隙边缘处重叠。一种选择是在接头（重叠）处间隔 3.5cm（1.375in）用订书钉钉住，并用包装胶带给封上。如果铝箔被粘合在胶合板上，那么这种类型的接合就会更好，因为订书钉是牢固嵌入胶合板的。然后可以将铝箔覆盖在石膏板或装饰板上。另一种方法是，使用薄的或厚的铝板或电镀钢带在缝隙处施加一定的压力。如果使用薄的条带（0.7mm 厚），那么为了确保缝隙处有足够的压力，接头应该穿过木质捆绑条或板条。在这个测试的样本中，紧固件被固定在外壳的木质框架上，间距为 15.24cm（6in）。实施这项工艺可能需要拆除石膏板，以及增加额外的捆扎带或胶合板，从而增加额外成本。本报告中的测量结果表明钉接的缝合接头和金属带接头之间的屏蔽效能并没有明显的差异。

由于存在易磨损和撕裂的问题，地板不能使用薄铝箔。一个建议是将薄铝板铺设在地板上，在这种情况下，墙上的铝箔将与房间周围的面板相接触。由于在铝面板的连接点的两侧都使用铝带或电镀钢条，且面板两边都有搭接条，所以并不需要将面板重叠以达成良好的接触。围绕墙壁的底部，铝箔被放置在铝面板的上面部分，并被上面的条带紧紧地夹在地板上。然后铺设在地板上的瓷砖将会保护该接头。

房间门可以选用 MRI（核磁共振成像）屏蔽室的屏蔽门。这不会使屏蔽室达到最高水平的屏蔽效能，但它看起来就像任何普通的门，而且也很美观。

屏蔽房间的概念设计如图 6-36 所示。

本报告中描述的铝箔厚度为 0.003in（0.076mm）。

铝带或电镀钢条可能需要定制。一旦铝箔铺在墙壁和天花板上，它可能会被装饰面板或油漆覆盖。装饰面板看起来更美观，并能防止薄铝箔被损坏。如果在地板上铝面板下面的区域，在铝带之间，使用与带条厚度相当的材料进行填充并粘在一起，那么地板砖将与地板牢牢的贴在一起。图 6-36 展示了在铝板顶部与上部金属条之间的这种薄的填充材料。

构建这样一间大小为 20ft×20ft 的屏蔽室，包括一扇门和两个通风面板，以及劳动力成本和材料成本，但不包含电源和信号滤波器的费用，总的成本大约在 $12000 加元～

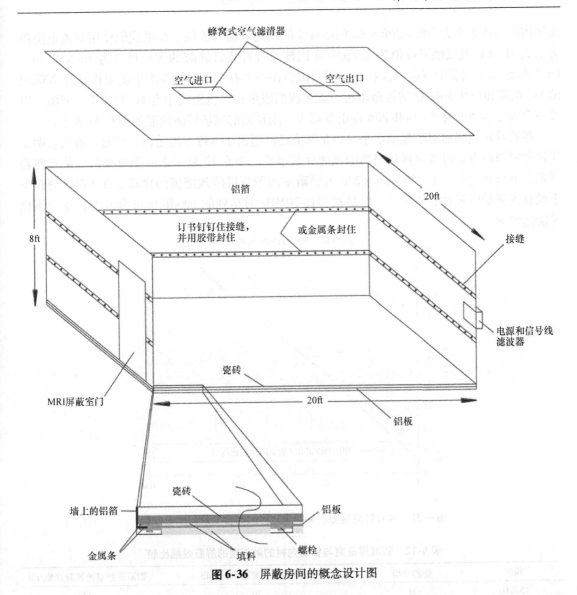

蜂窝式空气滤清器

空气进口 空气出口

铝箔

订书钉钉住接缝，
并用胶带封住

或金属条封住

20ft

接缝

8ft

电源和信号线
滤波器

瓷砖

MRI屏蔽室门

20ft

铝板

墙上的铝箔 瓷砖 铝板

金属条 填料 螺栓

图 6-36 屏蔽房间的概念设计图

＄14000加元。然而，这个估算将取决于当地的劳动力成本，生产的铝带的成本（如果使用了）以及地板砖和墙面的类型。这个费用估算还不包括地板材料以及制造的成本。建筑师或机械工程师可能会建议另一种设计，包括使用 RF 石膏板材料，或者甚至可能会说之前的设计是不切实际的！相比之下，符合 MIL–STD–285 或 IEEE 299 规定的屏蔽效能的使用典型镀锌钢板的 20ft×20ft 屏蔽室的标准造价为 ＄45000 加元，因此，即使装修精美的屏蔽室，铝制屏蔽室的造价也可能要比普通的屏蔽室低得多。为了评估这样一个屏蔽室的性能，构建并测试了这样一个 1m×0.7m×1m 的样板室。这个小屏蔽室的测试结果被用来预估大小为 20ft×20ft 的屏蔽室的性能。

6.3.9.2 外壳测试

我们可以用尺寸大小为 1m×0.7m×1m，厚度为 0.076mm 的铝箔制成的屏蔽盒的数据来确定屏蔽室的常规的屏蔽效能。利用前面各节中所提到的公式和测试数据，可以获得在墙面使用铝箔的大小为 20ft×20ft×8ft 的屏蔽室的预测屏蔽效能值。如果我们使用直流电阻值为 1.2μΩ/m 以及接触阻抗值为 2.2μΩ/m 铝箔与带有装订缝隙的大小尺寸为 1m×0.7m×1m 的屏蔽盒中测量的屏蔽效能相当，则我们会在一个有 6 米宽缝隙的屏蔽室内获得 200μΩ 的 DC 电阻和与 0.366μΩ 的接触阻抗。如果我们假定在电流路径中有 10 个这样的缝隙，以及一个大小为 20ft 宽 8ft 高和 20ft 深的屏蔽室，则预测的磁场屏蔽效能如图 6-37 所示。

尽管确定预测的屏蔽效能水平是否足够高已经超出了本练习的范围，但是它确实表明了用这种模拟的方法可以达到相当高的预测屏蔽水平。表 6-12 显示了一个典型的屏蔽室明确规定的屏蔽效能与一个 20ft×8ft×20ft 的屏蔽室的预测屏蔽效能值的比较。在 1MHz 的频率下没有去测量屏蔽效能的水平，但是根据在 30MHz 时达到的 100dB 的屏蔽效能，这应该也是能达到的。

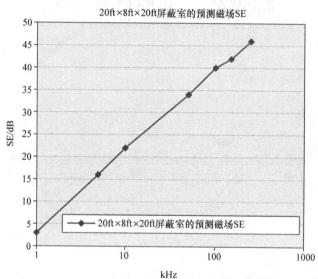

图 6-37 具有钉缝缝隙的铝箔覆盖房间的预测磁场屏蔽效能

表 6-12 标准屏蔽室与铝箔内衬的屏蔽室的屏蔽效能比较

频率	场的类型	标准屏蔽室规定的 SE/dB	铝箔屏蔽室的预测性能/dB
150kHz	H	70	42
1MHz	E	100	100?
30MHz	E	100	100
400MHz	平面波	100	60
1000MHz	平面波	100	42

6.3.10 有缝隙的外壳对平面波的屏蔽效能

在 6.1.2 节中描述了预测屏蔽效能的经典方法，它是基于对无限大导电材料薄板的传输线类型的分析而得出的。在这种方法中运用的机理是认为，入射波的反射是基于波阻抗和金属材料阻抗的差异以及通过导电材料对入射波的吸收而产生的。在这类的方法中忽略了缝隙和孔的存在，并且预测了非常高的平面波的屏蔽效能。举一个例子，我们会在 6.5.1 节描述的那样考虑使用 0.075mm（3mil）厚的铝箔，它为具有相对磁导率为 1 的薄导电箔的"神奇的"低频磁场的屏蔽效能提供了解释。

基于波阻抗和金属阻抗的差异，以及与场源相距 1.83m 时的这种薄型材料的屏蔽效能见表 6-13。

表 6-13　0.076mm 厚的铝箔对电场和平面波的屏蔽效能预估

频率/MHz	SE/dB	频率/MHz	SE/dB
30	131	200	207
50	146	300	233
100	172	500	274
150	191	700	308

除了焊接或有焊缝的外壳外，表 6-13 中的屏蔽效能水平几乎是不可能实现的。大量的测试结果表明，对于无可见孔但有缝隙的外壳，其屏蔽效能为 100～40dB。在这些测量中，其屏蔽效能随着频率的增加而减小，而不是随着频率的增加而增加，如图 6-37 所示。如果一个外壳有孔，那么这可能是一个薄弱环节，特别是孔径为谐振长度的那些频率处。除了提供简单的公式外，在 6.4 节中描述了谐振对孔径耦合的影响。关于屏蔽的书籍似乎忽略了这一方面，经验表明，在外壳没有孔的情况下，缝隙总是薄弱环节。本报告试图用 6.5.1 节中提供的测量数据来解释带有接缝的外壳其屏蔽电场和平面波的原理，以及外壳在谐振频率以下时的一种有效的分析方法。

6.3.11　有缝隙的外壳的电场耦合机理

当磁场源、电场源或平面波的磁场分量入射到外壳上时，在面向这些场源的外壳壁上会产生电流。根据经典场论，该电流会产生一个磁场，并且叠加到入射场中，其强度是入射磁场的两倍。在外壳壁上流动的电流密度等于以 A/m 为单位的总磁场除以外壳的宽度。

6.5 节描述了外壳对磁场的屏蔽，在此对于外壳没有缝隙的情况下所考虑的频率是很高的。在趋肤深度小于材料厚度的一些频率上，大部分电流是在面向场源的表面上流动，而在表面内流动的很少。当电流遇到缝隙时，它会流过缝隙的电感、DC 电阻以及接触阻抗。因此会在该阻抗上产生电压，从而导致电流在外壳内表面上流动。于是缝隙之间的电压差和外壳内表面的电流就会产生一个通过外壳传播的电场。另一个尚未被说明的参数是穿过缝隙的电容。即使在 900MHz 的情况下，此电容的容抗也可能达到欧姆数量级，这远远高于由于缝隙处的电感和接触阻抗引起的测量阻抗，所以我们在这里忽略了这一情况。图 6-38 说明了这种电场耦合机理。

6.3.12　容积 1m×0.7m×1m、厚 0.075mm 的铝箔外壳内部电场的预测

如假设有一个电场源与一个有 1m×1m 壁面的外壳距离为 0.5m，我们就可以预测在源中给定电流时的入射磁场。利用相同的源和电流，我们就可以在没有外壳的情况下，预测与源距离为 0.8m 处的磁场。如果我们可以计算出距外壳内壁 0.3m 的电场，则我们可以按下式求出此铝箔外壳的电场屏蔽效能为

$$20\log\left[\frac{E\ \text{场在}\ 0.8\text{m}\ \text{处，无外壳}}{E\ \text{场在外壳内壁}\ 0.3\text{m}\ \text{处}}\right]$$

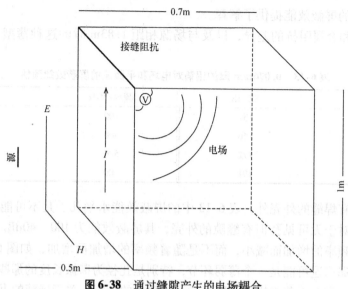

图 6-38 通过缝隙产生的电场耦合

我们将任意取 0.072A 的电流输入到 0.262m 长的导线中形成电流元，以代表一个电短天线，从而就可计算出距离为 0.5m 处的磁场和电场，见表 6-14。由于屏蔽效能是一个相对数，所以我们可以选择任何数字的输入电流，只要对屏蔽和非屏蔽的情况分析相同即可。

表 6-14　产生在外壳 1m×1m 壁面上的电场和磁场

频率/MHz	入射外壳上的磁场/（mA/m）	入射外壳上的电场/（V/m）
30	6.3	6.88
50	6.7	3.8
100	8.7	2.27
150	11	3.1
200	13.9	4.3
300	19.8	6.8
400	25.4	9.2
500	32	11.6
600	36	13.4
700	36	13.4
800	36	13.4
900	36	13.4

如果我们以 6.3.9.1 节所述的 1.0m×0.7m×1.0m 的外壳中的装订缝为例，那么最接近对应测量的磁场屏蔽效能的缝隙阻抗的电感测量值为 $2e^{-12}$ H，以及接触阻抗值为 $3e^{-6}\sqrt{f}\Omega$。然后，我们可以用频率来计算总的缝隙阻抗。根据在外壳上入射的磁场，我们可以计算出电流密度和缝隙两边的电压。表 6-15 显示了基于电流和频率的缝隙两边的电压。

6.3.13　预测外壳内部的电场

我们可以使用 4NEC2d 数值电磁编码对外壳内部进行建模。理想情况下，我们会使用补块来制作外壳的正面、顶部和底部。然而，不可能在极端的边缘打一个补块。另一种替代方案是用导线来构造外壁，但经验表明，这并不能准确地模拟导电表面。相反，可以用一根单线来模拟一个非常简单的没有边或背面的半封闭外壳模型，如图 6-39 所示。实际上，外壳上将表现出共振，导致电场强度以及空间上都有非常大的变化。从 9.5.1 节我们得知，$1m \times 0.7m \times 1m$ 外壳的最低谐振频率为 212MHz，因此在这个频率以上，使用简单的模型，在实际的外壳中很难预测电场。尽管如此，当我们将测量值与超过 200MHz 的预测场进行比较时，我们发现很好的相关性，并且在所有频率上，肯定比图 6-37 中的预测要好得多。

表 6-15　缝隙的阻抗以及缝隙两边的电压

频率/MHz	缝隙阻抗	缝隙感抗	R_c	$R_c * ft^2$	穿过缝隙的电流	缝隙的总阻抗	缝隙两边的电压
3.00E+07	2.00E-12	0.0003768	0.000003	1.64E-02	1.25E-02	1.68E-02	2.10E-04
5.00E+07	2.00E-12	0.000628	0.000003	2.12E-02	1.34E-02	2.18E-02	2.92E-04
1.00E+08	2.00E-12	0.001256	0.000003	3.00E-02	1.71E-02	3.13E-02	5.34E-04
1.50E+08	2.00E-12	0.001884	0.000003	3.67E-02	2.20E-02	3.86E-02	8.50E-04
2.00E+08	2.00E-12	0.002512	0.000003	4.24E-02	2.74E-02	4.49E-02	1.23E-03
2.50E+08	2.00E-12	0.00314	0.000003	4.74E-02	3.32E-02	5.06E-02	1.68E-03
3.00E+08	2.00E-12	0.0003768	0.000003	5.20E-02	3.70E-02	5.57E-02	2.06E-03
3.50E+08	2.00E-12	0.004396	0.000003	5.61E-02	4.48E-02	6.05E-02	2.71E-03
4.00E+08	2.00E-12	0.005024	0.000003	6.00E-02	5.08E-02	6.50E-02	3.30E-03
4.50E+08	2.00E-12	0.005652	0.000003	6.36E-02	5.70E-02	6.93E-02	3.95E-03
5.00E+08	2.00E-12	0.00628	0.000003	6.71E-02	6.32E-02	7.34E-02	4.64E-03
5.50E+08	2.00E-12	0.006908	0.000003	7.04E-02	7.18E-02	7.73E-02	5.55E-03
6.00E+08	2.00E-12	0.007536	0.000003	7.35E-02	7.18E-02	8.10E-02	5.82E-03
6.50E+08	2.00E-12	0.008164	0.000003	7.65E-02	7.18E-02	8.46E-02	6.08E-03
7.00E+08	2.00E-12	0.008792	0.000003	7.94E-02	7.18E-02	8.82E-02	6.33E-03
7.50E+08	2.00E-12	0.00942	0.000003	8.22E-02	7.18E-02	9.16E-02	6.58E-03
8.00E+08	2.00E-12	0.010048	0.000003	8.49E-02	7.18E-02	9.49E-02	6.81E-03
8.50E+08	2.00E-12	0.010676	0.000003	8.75E-02	7.18E-02	9.81E-02	7.05E-03
9.00E+08	2.00E-12	0.011304	0.000003	9.00E-02	7.18E-02	1.01E-01	7.27E-03
9.50E+08	2.00E-12	0.011932	0.000003	9.25E-02	7.18E-02	1.04E-01	7.50E-03
1.00E+09	2.00E-12	0.01256	0.000003	9.49E-02	7.18E-02	1.07E-01	7.71E-03

数值电磁编码（NEC）程序用于预测 z 为 -0.5 的位置处的电场，并且 y 为 0.3，即距离前端线 0.3m，前端线的一半。这与小单极天线的位置相对应，用于测量从 30 ~ 200MHz 的电场，以及用来测量从 200 ~ 1000MHz 的蝶形天线的电场。在 6.3.9.2 节中描述了使用铝箔屏蔽的屏蔽室的测量的结果。对与天线长度相对应的若干位置的电场进行了计算，并在其中发现了很大的变化，计算出平均值。我们预测距离场源 0.8m 处没有外壳时的电场，去除以与外壳内侧边缘距离 0.3m 处电场，再取所得商数的 20log 即可以获得预测的屏蔽效能（参见 6.3.12 节中的屏蔽效能计算公式）。将 30 ~ 900MHz 的预测屏蔽效能与图 6-40 中的测量值进行比较，发现其相关性对于这样一个简单的模型来说是非常好的，尽管这可能仅仅意味着在测量和分析跟踪中存在的误差！图 6-40 至少表明了具有缝隙的外壳的屏蔽效能远低于没有缝隙的外壳的屏蔽效能。

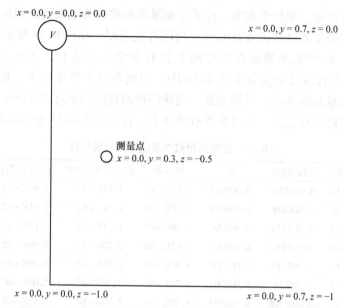

图 6-39 4NEC2d 计算机程序中研究的问题所使用的几何图形

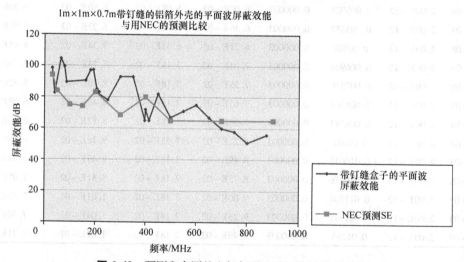

图 6-40 预测和实测的电场与平面波屏蔽效能的比较

6.3.14 无缝隙的小外壳对电场和平面波的屏蔽

由薄铝箔构成的外壳在缝隙处的箔片中重叠，用胶带和订书钉缝合在一起，并且我们认为屏蔽的薄弱环节是缝隙。由于我们无法焊接薄铝箔，所以第二个外壳用由相同的厚度为 0.075mm（3mil）的铜箔构成，每个缝隙焊接在一起。预测的屏蔽效能的水平非常高，并且只受测试装置的限制。在最初的测量中，屏蔽效能非常低。人们发现，用 EMI 衬垫密封的黄铜门泄漏得很厉害。图 6-105b ~ d 显示了在许多情况下，未封装的缝隙往往比具有 EMI 衬垫的缝隙更好（显然，本书的著者还没有把本课程学得足够好！）！把门移开，将铜箔夹在铜板后面。在测试这个配置时，可以发现在任何位置，屏蔽效能都在 65 ~ 118dB 之间，如图 6-41 所示。为了减少连接到位于外壳内部的测量天线的电缆与位于电波暗室内部的 Tx

天线的电缆之间的耦合，将功率放大器在室内移动，并通过一盒吸收材料在一定程度上屏蔽了 Tx 天线。电波暗室内部的 Rx 天线电缆被放进在一端固定在电波暗室壁上的铜管内加以屏蔽，铜管的另一端焊接在铜外壳上的黄铜板上。

剩余的耦合发生在从电波暗室的门到暗室外的 Rx 天线电缆上。尽管从暗室到前置放大器的电缆非常短，但还是覆盖着编织层。图 6-42 是测试装置的草图。

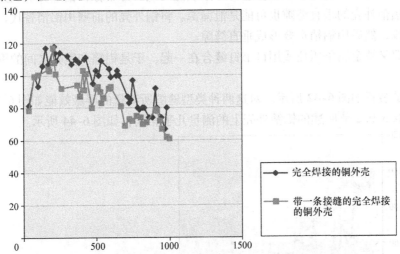

图 6-41 焊接的铜外壳和有一个缝隙的铜外壳的测量屏蔽效能的比较

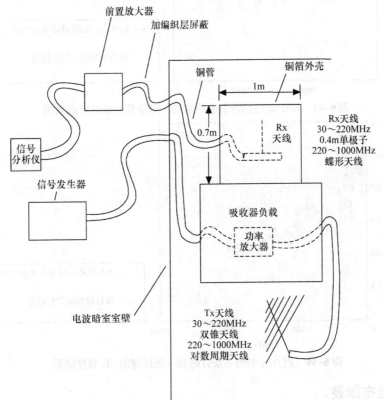

图 6-42 测试装置草图

通过打开电波暗室门可以确定耦合的来源，在这个打开的位置点上耦合显著地增加。

为了证明缝隙的确是屏蔽的薄弱环节，可在感应电流路径中的一个缝隙（从外壳一侧到另一侧的水平缝隙）用重叠的铜箔替代，并用金属条固定在适当的位置。图 6-41 显示了在 35MHz～1GHz 频率范围内的由于缝隙而导致的屏蔽效能的减少，并明确显示了缝隙阻抗对外壳的屏蔽效能有不利的影响。但它对屏蔽效能的减少并不像铝箔外壳那么大。一种可能的解释是，铝箔外壳的垂直缝隙也可能是泄漏源。将铜外壳的前壁用铝箔替代，并在外壳顶部设置一小段，然后用铝箔重叠形成垂直缝隙。

这个缝隙又被金属条压住或用订书钉缝合在一起。于是铝箔和铜壳之间的垂直缝隙被缝合在一起了。

这个测试装置如图 6-42 所示。对这两种类型缝隙所测量的屏蔽效能如图 6-43 所示。其测量值与第 6.3.9.2 节所述的铝箔外壳上的测量几乎相同，如图 6-44 所示。

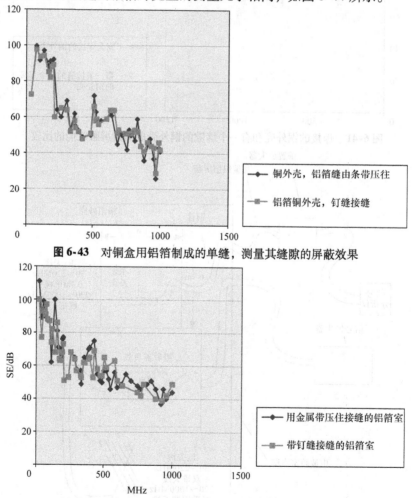

图 6-43　对铜盒用铝箔制成的单缝，测量其缝隙的屏蔽效果

图 6-44　铝外壳中的一条钉缝和一条压缝的 SE 测量结果

6.3.15　导电布服装

导电布的一个应用方面是为保护军事人员免受与工作有关的电磁场的影响而制作的服

装。本次调查的目的是为了确定一个导电布服装在屏蔽电磁场辐射方面的有效性。

该套装包含脸部的一个孔眼，当脸部突出超出套装时，该套装对于入射到脸部的平面波没有明显的屏蔽效果。

在这个测试中，将脸部孔眼任何的布折叠在一起，并用塑料夹牢牢固定。可惜的是，没有关于该服装的生产商和使用导电纤维制造服装方面的信息。

所使用的屏蔽效能测试方法仅仅是对套装内－外接收平面波源的场强的直接比较。使用一个带状线天线作为平面波源。又使用放置在带状天线内的蝶形天线来测量接收 40 ～ 400MHz 的场强，然后连接到一个能将 RF 信号数字化的设备上，再将其传送到光纤电缆上。这样做的优点是，使周围的场不会耦合到光纤电缆里，因此，我们消除了电缆从测试中拾取场强信号的途径还可以防止 RF 电流穿透到接有屏蔽电缆的套装中。在此研究之前，已通过实验验证了不存在该耦合。然后将来自光纤电缆的数据校准作为参考测量值，其单位为 dBμV/m。然后使用聚苯乙烯框架来固定蝶形天线，使其无论在屏蔽和非屏蔽测量时都保持位置的一致性。再将蝶形天线和数字化装置密封在有拉链的服装内。仅将一个非常小的开口留在衣服的颈部，以方便光纤电缆穿过；但是，为了测试，需要将佩戴者面部的大开口夹住。而那个小的开口不会明显降低 10GHz 以下的屏蔽效能。在测试的过程中，要使用木块将这套衣服在带状天线的接地平面抬升起来，但木块也要安装得足够低，以使放上这套衣服后并不会触及到带状天线的上平板。因此，衣服和带状线之间没有接触。该测试装置如图 6-45 所示。

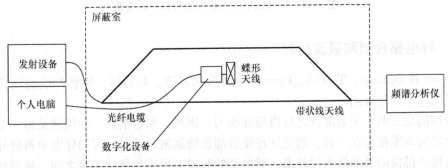

图 6-45 基本的测试装置

表 6-16 中列出了屏蔽和非屏蔽情况下的接收场强测量结果，以及每个频率下计算出的屏蔽效能。可以看到，这套衣服在 400MHz 的屏蔽效能最小值是 27dB，最大值是在 50MHz 的 55dB。图 6-46 提供了屏蔽效能与频率的关系图。

表 6-16 实验结果

频率/MHz	非屏蔽接收场强 /（dBμV/m）	屏蔽接收场强 /（dBμV/m）	屏蔽效能/dB
40	151.6	101.1	50.5
50	151.2	96.2	55
75	146.7	106.2	40.5
100	143.5	111.3	32.2
200	140	91	49
300	128.8	99.3	29.5
400	116.4	89.4	27

导电铜布套装在 40~400MHz 平面波电磁场下，对大部分人体提供了很高的屏蔽效能。只有在脸部，屏蔽效能几乎为零。该服装其中一个应用是在 40~760MHz 时，避免用户暴露于 120V/m 下。加拿大对一般公众的安全法规 6 的限值是从 10~300MHz 的场强 28V/m，在 760MHz 时增加到 44V/m。因此，该套装可能会将 120V/m 场强降低到低于该频率范围的安全限制。因此，在人暴露于入射场地时，可以考虑穿戴导电布套装来提供一些对人体的保护。这样就只有脸部需要一些额外的防护了。

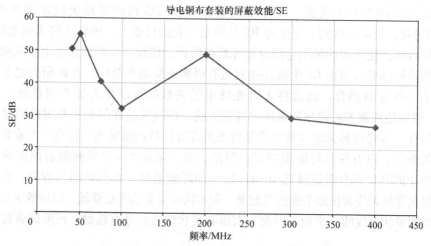

图 6-46 导电铜布的屏蔽效能与频率的关系

6.3.16 导电黏合剂和吸波材料

Emerson 和 Cumings，Tecknit，Chomerics 等公司制造。具有银，银镀铜或铜颗粒的硅胶或环氧基的导电胶粘合剂。

黏合剂需要在两个表面配合之后再施加压力。因此，黏合剂的一种用途是将一个外壳的两个面板之间紧紧粘合在一起。当必须在接合部位施加密封剂时，可用导电填料将外壳周围的缝隙或接合部位的外部都密封起来。导电基的润滑剂可用于移动表面之间，例如触点，旋转轴或琴式铰链，以确保它们之间的低电阻连接。

在一些 EMI 情况下，特别是在非常高的频率下，通过导电非常好的表面的反射来屏蔽并不是最好的解决方案，因为入射场会仅仅被反射到别的地方。另一种改善方法是利用一种吸收材料，将入射的电磁场转化为材料内部的热能。微波吸收材料有弹性泡沫、刚性片材和原料、浇注树脂、布、塑料片和铁氧体瓦。

在 50MHz~50GHz 的频率范围内具有明显衰减作用的唯一材料是铁氧体瓦。其他材料的衰减作用主要是在 3~20GHz 的频率范围内。在 PCB 上一个屏蔽的插槽的辐射实例中，发射源是 2.4GHz 的大电流驱动器。可以看到在 2.4GHz、4.8GHz、7.2GHz 和 9.6GHz 频率点上有高电平辐射发射。在孔或 PCB 上添加许多磁性和介电损耗材料并不能显著减少辐射发射。然而，在孔隙上增加低频的铁氧体板，在所有频率上通常可减少 20dB 的辐射。在另一种情况下，10GHz 的表面电流在控制电缆上流动到数字衰减器中时会产生 EMI，在电缆和衰减器壳体上放置橡胶基的微波吸收器可使 EMI 电平显著降低。从测量可以看出，在千兆赫兹的频率下，这些波是从波源以垂直方向和水平方向发射，这可能是造成在 PCB 表面上放置吸收体无效的一个原因。

铁氧体瓦的一个应用是将其放置在丝网或蜂窝状 EMI 排气孔之后，以使其具有足够的间隙允许空气自由流动。空气通风口过滤器通常在频率为 1GHz 以上时失去屏蔽效果，而铁氧体片将有效吸收通过过滤器的任何辐射。需要者可以从以下制造商处获得微波吸收器件：

Emerson and Cuming

ETS Lindgren

Western Rubber Supply Inc.

6.4　缝隙、接合处、通风口和其他孔隙

不充分的屏蔽极少是由于导电材料的性能引起的，而常常是由于存在缝隙和孔隙所造成的。因此，当测量来自用导电胶铜带连接的铝膜做成的应急屏蔽罩的辐射时，主要的辐射源不是来自铝膜而是来自铜带缝隙。在用导电材料做成的外壳上有缝隙时，外壳的 SE 会受到不利的影响。

为了通风、电缆进入或观察显示等原因，壳体上有有意地保留了缝隙，或是无意留下了缝隙，例如外壳面板、门和连接器周围的缝隙或接合处的间隙。辐射源靠近孔隙以及场源是电场还是磁场，决定了在评估有孔隙的外壳的衰减作用时应采用的预测方法和改善屏蔽效能时所需要采取的措施。当大的外壳如机箱内的场源尺寸较小时，可以根据场源产生的波的电场分量来计算通过孔隙的耦合。图 6-47 表明通过孔隙的电场耦合。若是小外壳，则外壳内部的阻抗相对较低，在外壳内侧上的电流可能通过缝隙产生如图 6-48 所表明的磁场耦合。在外壳内侧的电流可能由连接到外壳上多路电源接地和信号接地产生，噪声电流可以是直接注入外壳中的，或是经由 PCB 走线或靠近外壳的非屏蔽电缆通过磁场感应产生。当有孔隙时，在外壳内表面的电流可以通过外壳单点接地、PCB 上采用多个接地平面（它们连接到信号接地或电源接地，因此减小了对外壳的耦合）和在外壳内部采用屏蔽电缆等方法将其减到最小。

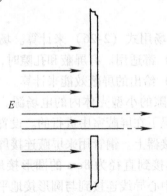

图 6-47　透过孔隙的电场耦合

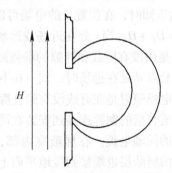

图 6-48　透过孔隙的磁场耦合

6.4.1　透过薄材料上孔隙的电场耦合

当孔隙的面积远小于 λ/π，而孔隙的直径远大于材料的厚度时，若外壳很大，则孔隙的屏蔽效能可由下列公式求出。图 6-49 表明场源的大小和从源到屏蔽体的距离 D_1 及从屏蔽体

到测量点 d 的距离 D。辐射源被认为是一个小环，它产生的电场按函数 $1/r^2$ 减小直到 $\lambda/2\pi$ 的距离为止，此后它按函数 $1/r$ 减小（式中 r 是小环到测量点的距离）。

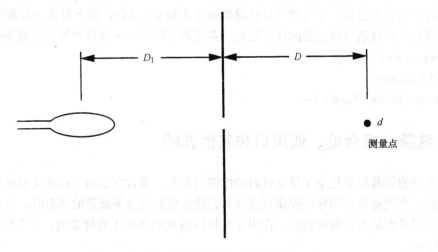

图 6-49 场源至孔径和孔径至测量点的尺寸

总屏蔽效能定义为无屏蔽和孔隙时的电场与有屏蔽和孔隙时的电场之比，当源到孔隙的距离 D_1 远小于孔隙到测量点的距离 D 时，测量点 d 处在远场中，若孔隙面积 A 远小于 λ/π⊖，则根据参考文献 [8]，屏蔽效能由下式给出：

$$\text{SE} = \frac{\text{无屏蔽和孔隙时在 } d \text{ 点的 } E \text{ 场}}{\text{有屏蔽和孔隙时在 } d \text{ 点的 } E \text{ 场}} = \frac{\lambda D_1}{A} \tag{6-14}$$

式中　A——孔隙面积（m^2）；

　　　d——测量点。

假定位置 d 处在远场，则电场由下式给出：

$$E = E_0 \frac{A}{D\lambda} \tag{6-15}$$

式中　E_0——入射到孔隙上的场强。

当 E_0 未知时，在位置 d 的电场可以按环产生的电场用式（2-26）来计算。场源的距离给定为 $r = D_1 + D$。当 r 处在近场或远场时，式（2-26）都适用。有屏蔽和孔隙时，在位置 d 的场强 E 是用没有屏蔽和缝隙的场强减去由式（6-14）给出的屏蔽效能来计算。

当测量点 d 处在远场时，式（6-14）适用于有孔隙的小型壳体内的电场源。测量电场源产生的电场辐射是在有或没有带孔隙的屏蔽体的情况下在屏蔽室中进行的。设置在屏蔽室内部的实质管壁的铜管连接到安装在屏蔽室墙上的转接器上。铜管用来屏蔽连接屏蔽室外信号发生器的同轴电缆。在屏蔽室内部，铜管的末端焊接到直径为 8cm 的圆形接地平面上，同轴电缆的屏蔽层也端接到接地平面上。同轴电缆的中心导线连接到与圆形接地平面构成单极天线的 5cm 长棒上。对单极天线辐射的 100MHz ~ 4GHz 的远场测量是在屏蔽室内进行的。构造一根长 7.5cm，直径 7.5cm 的铜管，它有一个直径 2.54cm 的孔隙。铜管的一端有一个焊接的盖子，而其另一端打开着，在铜管的周边焊着用铜铍合金做的指压簧。指压簧在压力

⊖　孔隙面积 A 远小于 "λ/π"，疑原书有量纲上的错误。——译者注

下被连接到单极天线接地平面上，这样，除了 2.54cm 的孔隙外，单极杆天线被铜管罩有效地屏蔽。将铜管放置在适当的位置，从 100MHz ~ 4GHz 重复进行远场测量。实测的屏蔽效能表明与在无阻尼室内所做的测量有预期的偏离，但是，实测的平均屏蔽效能与式（6-14）所预估的屏蔽效能的偏离在 100MHz 时在 5dB 以内，在 400MHz 时在 15dB 以内，在 2GHz 时在 5dB 以内。而在 3GHz 和 3.6GHz，出现了负的屏蔽效能，这是因为外壳发生了谐振。

当 d 处在近场时，即

$$d < \frac{\lambda}{2\pi} \tag{6-16}$$

$$E = \frac{E_0 A}{D^2 \lambda} \tag{6-17}$$

上述公式既适用于矩形孔隙也可用于圆形孔隙，当孔隙小于相应的波长时，准确度在 1dB 以内。

多缝隙的作用与这些孔隙与测量距离之间的距离有关。当测量点 d 距孔隙的距离 D 大于孔隙的面积，而源到孔隙距离 D_1 远小于 D 时，则认为辐射是相关叠加的，屏蔽效能为

$$屏蔽效能 = \frac{\lambda D_1}{NA} \tag{6-18}$$

式中　N——孔隙数目。

可是，在距离非常接近的情况下，由孔隙产生的辐射可以认为是非相关叠加的，屏蔽效能近似等于下式：

$$屏蔽效能 = \frac{\lambda D_1}{0.316 NA} \tag{6-19}$$

屏蔽效能是用一个面积为 0.39m × 0.31m，深度为 0.185m 的外壳内的电场源来测量的。外壳的表面具有 225 个直径为 4mm 的孔隙。测得的屏蔽效能高于式（6-19）预估的屏蔽效能，在 100MHz 高 9dB，300MHz 高 10dB，400MHz 高 0dB。屏蔽效能反比于孔隙数目与孔隙面积的乘积。因此，用极好的导体将孔隙分隔开也不能非常有效地增加电场屏蔽。例如，用孔隙为 0.7mm 的细密金属丝网来覆盖直径为 4mm 的一些空隙。测到的屏蔽效能的增加量为 2 ~ 7dB，它接近于用式（6-19）预估所得的屏蔽效能。

由于互易性，式（6-14）也可适用于平面波入射到有孔隙的小型外壳上，在这种情况下，平面波磁场分量的和电场分量的屏蔽效能的水平一般是不同的。在参考文献［9］中叙述的一种方法将外壳看作为波导，并假定传播的模式为单 TE_{10} 波。在高于和低于截止频率时，对这种模式加以分析并计算电场屏蔽效能和磁场屏蔽效能，它们是频率、孔隙大小、孔隙个数、外壳尺寸、壁的厚度和在外壳内的位置的函数。此外，还分析由于在外壳内部的附加的电子组件和 PCB 引起的阻尼效应和谐振频率的变化。

在一个空的矩形外壳上的矩形缝隙可以表示为一个阻抗。辐射源可以表示为由电压 V_0 和阻抗 Z_0（ ≈377Ω）构成。外壳可以表示为一个短波导，它的特征阻抗和传播常数分别为 Z_g 和 K_g。图 6-50 表明外壳的尺寸和等效电路。

为了证实该方法的有效性，将外壳一个壁面切出孔隙，并将探头放置在外壳内的一定区域里。用屏蔽环形天线测量磁场而用单极天线测量电场。

外壳是放置在屏蔽室内，用在整个工作频率范围内的辐射场都具有近似 377Ω 阻抗的带

状天线、对数周期天线或双对数天线来产生入射场。图 6-51 表明在一个孔隙为 100mm × 5mm，容积为 300mm × 120mm × 300mm 的外壳的中心的计算和实测的电场屏蔽效能。屏蔽效能的理论值和实测值之间有很好的相关性，因为场源放置在阻尼很差的屏蔽室内，实测

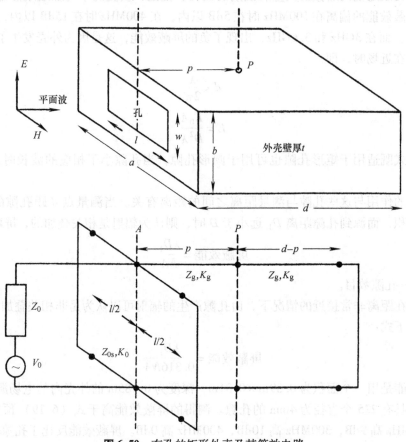

图 6-50 有孔的矩形外壳及其等效电路

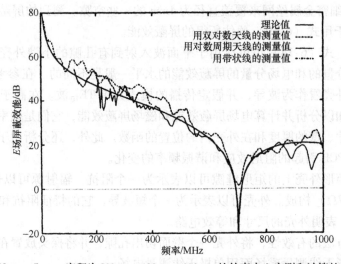

图 6-51 在孔隙为 100mm × 5mm，容积为 300mm × 120mm × 300mm 的外壳中心实测和计算的 SE（© 1998, IEEE.）

的屏蔽效能随着使用不同的源天线而变化几乎是肯定无疑的。在 50~500MHz 频率范围内应用式 (6-14)，将预估的屏蔽效能与图 6-51 和图 6-52 包含的数据加以比较，表 6-17 说明这个比较，高于 400MHz 时应用式 (6-14) 所得的屏蔽效能预估值高于这些图中表明的屏蔽效能。这是因为高于 400MHz，外壳接近于谐振。

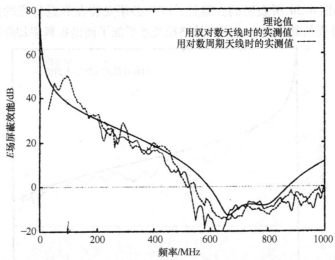

图 6-52 在孔隙为 200mm × 30mm，容积为 300mm × 120mm × 300mm 的
外壳中心计算和实测的 SE（© 1998，IEEE.）

表 6-17 用简单公式 (6-14) 和相对简单的方法（摘自参考文献 [9]）所获得的 SE 的比较

频率 f/MHz	屏蔽效能/dB 参考文献 [9]	屏蔽效能/dB 公式 (6-14)	Δ/dB
有 100mm × 5mm 孔隙的 300mm × 120mm × 300mm 的外壳			
50	60	65	5
100	55	59	4
200	49	53	4
400	38	47	9
500	32	45	13
有 200mm × 30mm 孔隙的 300mm × 120mm × 300mm 的外壳			
50	47	43.5	3.4
100	40	37.5	2.5
200	30	31.4	1.4
400	20	25.5	5.5
500	12	23	11
有 100mm × 5mm 孔隙的 483mm × 120mm × 483mm 的外壳			
50	60	47.6	12
100	56	63.1	7.2
200	50	57	7
300	42	53.6	11.6

　　随着频率的增加，屏蔽效能会减小，因为越接近孔隙电场电平就越高，屏蔽效能随着离开孔隙的距离而增加。因此，在 PCB 上的敏感电路应尽可能放置在远离孔隙的位置。

300mm×120mm×300mm 的外壳大约在 700MHz 谐振，此时屏蔽效能是负的，即场得到增强。图 6-52 表明外壳相同但缝隙尺寸加大到 200mm×30mm 时的屏蔽效能。在测量结果中可以清楚地看到出现谐振和负的屏蔽效能。图 6-53 表明孔隙为 100mm×5mm，容积为 222mm×55mm×146mm 的外壳的屏蔽效能。外壳中加入 PCB 后既改变了谐振频率也对外壳有了阻尼作用，如图 6-54 所表明的。但是，PCB 必须安装在靠近外壳的内壁才是有效的。若把 PCB 固定在外壳的其他壁上，则有效路径长度增加了而谐振频率却降低了！要试图利用

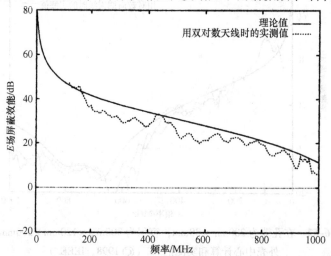

图 6-53 在孔隙为 100mm×5mm，容积为 222mm×55mm×146mm 的外壳中心实测和计算的屏蔽效能

（摘自于 Robinson，M. P.，Benson，T. M.，Chrisopoulus，C.，Dawson，J. F.，Ganley，M. D.，Marvin，A. C.，Porter，S. J.，and Thomas，D. W. P.，Analytical formulation for the shielding effectiveness of enclosures with apertures. *IEEE Transactions on Electromagnetic Compatibility*，40（3），August1998. © 1998，IEEE.）

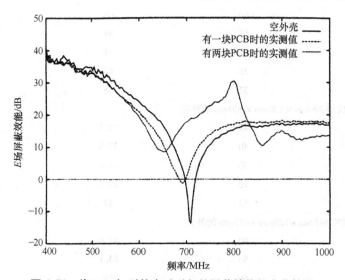

图 6-54 将 PCB 加到外壳后引起的屏蔽效能的变化情况

（摘自于 Robinson，M. P.，Benson，T. M.，Chrisopoulus，C.，Dawson，J. F.，Ganley，M. D.，Marvin，A. C.，Porter，S. J.，and Thomas，D. W. P.，Analytical formulation for the shielding effectiveness of enclosures with apertures. *IEEE Transactions on Electromagnetic Compatibility*，40（3），August1998. © 1998，IEEE.）

PCB 来把外壳分成一些较小的隔间。对容积为 300mm×300mm×120mm 的外壳，在有一个、两个和三个 160mm×4mm 孔隙的情况下进行测量。为了进行这些测量，用有单个孔隙的盒子来作为校准器，它可以帮助消除屏蔽效能曲线中的屏蔽室谐振现象。增加孔隙的数目，发现会减小屏蔽效能。表 6-18 表明在 400MHz 计算的屏蔽效能的降低情况与在 200～600MHz 频率范围内实测值的比较。

表 6-18　在每个孔尺寸不变的情况下，与一个孔相比，因孔隙多而使屏蔽效能减小的情况

孔隙数	SE/dB	
	理论值（400MHz）	实测值（200～600MHz）
1	0	0
2	5.6	3.7～4.4
3	8.8	6.6～7.7

采用解析算法预计到电场屏蔽效能和磁场屏蔽效能 S_H 将因孔隙分隔成一些更小的孔隙而得到增加。因此要保持总面积相同而增加孔隙数。图 6-55 表明将面积分割成 1 个、2 个、4 个和 9 个孔隙的情况下，每一种情况下孔隙总面积都是 6000mm²，在容积为 300mm×300mm×120mm 的外壳中心测到的屏蔽效能。如所预估的，具有更多但更小的孔隙会改善屏蔽效能。在参考文献 [9] 中讨论了这种分析方法的实际应用和测量情况，对于电场分量，分析的情况是：

① 细长的孔隙比圆形或正方形的孔隙更不利于屏蔽，因为对于典型尺寸的外壳，理论预估出孔隙的长度增加一倍，屏蔽效能要减小 12dB，而孔隙的宽度增加一倍，屏蔽效能只减小 2dB 左右；

② 孔隙的数量增加一倍，屏蔽效能减小 6dB 左右；

③ 将孔隙分隔成两个较短的孔隙，屏蔽效能增加 6dB 左右；

④ 在各子谐振频率点，外壳各尺寸加大一倍，而保持孔隙尺寸和数量不变的情况下，预估屏蔽效能增加 6dB 左右，所以推荐采用较大型的外壳；

⑤ 外壳和孔隙大小都加大一倍，预估屏蔽效能减小 6dB 左右；

⑥ 外壳加大一倍谐振频率降低一半，为了避免负的屏蔽效能，较小的外壳或充满电子元件的外壳更可取。

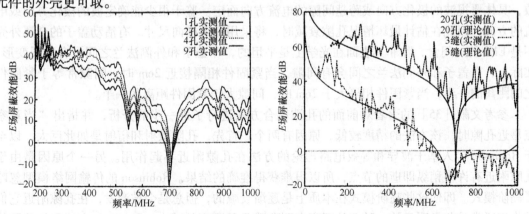

图 6-55　在容积为 300mm×300mm×120mm 的外壳有 1、2、4 和 9 个较小孔隙，但总面积保持不变（即孔隙较小）情况下，在外壳中心实测的屏蔽效能

参考文献［9］应用相对简单的方法来处理有矩形孔隙的矩形外壳的屏蔽效能问题。参考文献［23］应用矩量电场积分方程法（MOM EFIE）描述了严格的全波复合电场和磁场边界的模拟程序。这种方法也表明在装有铁氧体瓦的全电波暗室中的测量结果和在除导电地板外其他五面都采用吸波锥体的半电波暗室中的测量结果有非常好的相关性。尽管在预估和实测结果之间有良好的相关性，但在参考文献［23］中叙述的屏蔽效能比参考文献［9］叙述的用简单方法获得的 SE 约高出 5 ~ 8dB。用来进行比较的外壳尺寸是 500mm × 500mm × 500mm，并有一个 50mm × 200mm 的孔隙。对于这个相对较大的外壳，表 6-19 比较了用这两种方法和式（6-14）得到的屏蔽效能。

表 6-19　一个有 50mm × 200mm 孔隙的 500mm × 500mm × 500mm 外壳的屏蔽效能的三种计算方法的比较

频率 f/MHz	MOM EFIE 法（参考文献[23]）/dB	波导法（参考文献[9]）/dB	式（6-14）/dB
50	24	17	43
100	24	17	37.5
200	26	18	31.5
300	28	23	28

与磁场屏蔽不同，对于电场屏蔽而言，有孔隙的材料其厚度并不会影响屏蔽效能。在实际中使用厚材料通常很不方便，而将薄材料在孔隙或缝隙处折弯形成法兰也能达到相同的效果。

在参考文献［24］中，应用靠近孔隙的线电流源来介绍屏蔽效能的有限差分时域分析法。在单个 25mm 圆形孔隙的情况下，将屏蔽材料的厚度从 1mm 增加到 12mm，该分析法预估屏蔽效能将增加 24dB。这比在式（6-21）中表示的用低截止效应波导预估的屏蔽效能约高 12dB。

当最大的孔隙尺寸大于 1/4 波长时，孔隙能起到喇叭天线或隙缝天线的作用并能有效地辐射。例如，6ft × 6ft 的外壳的后面板以 6in 间距用螺钉连接到壳体的框架上。框架和外侧板用漆涂覆，由一些螺钉头穿透油漆实现的电气连接是不可靠的。在 1m 距离处，用天线对着螺钉之间的狭缝测到的电场高于移去壳体的所有四外侧板时测到的电场。这样，外壳和狭缝的作用犹如有增益的天线。

在高频情况下，孔隙的屏蔽效能甚至不是间隙宽度的函数，但却是间隙长度和深度的函数，具体要视波的极化方向或跨越间隙的电流方向而定。鉴于很少能确定波的极化方向或电流的方向，因此在估计最坏情况孔隙衰减时，将采用最大横向尺寸。有活动盖子的金属外壳不是 EMI 的封闭盒，除非其表面在光学上是平坦的，在盖子和外侧法兰之间没有出现变形。实际上，在盖子和外侧法兰之间会有间隙，当紧固件相隔接近 2cm 时，间隙常等于紧固件之间距离的一半，当紧固件相隔大于 2cm 时，间隙大于紧固件距离的一半。

参考文献［35］的著者对前面的孔隙耦合方法进行了进一步的分析，并指出"当观察点靠近孔隙时，该方法的精度较低，原因有两个。首先，孔隙散射和衍射是如此巨大，以至于 Robinson 等人基于波导和等效电路理论的方法在孔隙附近不起作用。另一个原因是由于孔隙附近有许多稍纵即逝的节点，所以很难获得准确的结果。Robinson 的传输网络模型忽略了高阶模式。即使这些高阶模式在本质上是逐渐衰减的，但总是会被激发，在孔隙附近它们的作用通常是非常明显的。随着从观察点到孔隙 P 的距离的减小，Robinson 方法和精确数值方法之间的 SE 的相对误差会增加。"

参考文献［35］使用 TLM 和 FEM 分析来确定了这些公式的准确性。

参考文献［35］中的最小距离 p 为 34mm，几乎与频率无关，外壳的深度低于外壳的第一共振频率对应的波长。

在第 6.4.2 节中叙述的从 20～30MHz 的孔隙耦合测量中，实际衰减要远低于使用参考文献［9］中的公式所预测的衰减。从 575～950MHz，相关性更好。

另外，参考文献［35］指出，在参考文献［9］Robertson 等人的论文中，孔隙必须集中在外壳的正面。

参考文献［9］中的一些公式的一个输入量是未知的损耗因子。

使用参考文献［9］中的一些公式，用 C#编写的计算机程序可从 EMC 咨询网站 emcconsultinginc. com 获取。

6.4.2　孔隙耦合的测量值与参考文献［9］中的公式和 FEKO 程序计算值的比较

我们测量了一个具有孔隙的外壳内部的电场减小情况。

这个外壳最初的尺寸是宽 37cm，高 33cm，深 37cm。此外，还对深度为 54cm 时的外壳也进行了测量。

测量用的电磁波是用单极天线和对数周期性天线来产生的，其中电波方向垂直于含有孔隙的外壳壁一侧。所以，电场相对于外壳壁的角度是 0°。这个电场方向在图中被作为参考 0°，并且由将要从外壳表面移去的天线产生。

将外壳放置在带状线天线下方，且包含孔隙的外壳壁要朝向天线的顶板。现在电场相对于外壳壁和孔隙呈 90°。

这个（90°）入射角可以由安装在外壳外的单极子天线产生或由相对外壳产生垂直极化波的其他天线产生。

单极天线和对数周期 Tx 天线都位于距孔隙 15cm 处，所有的测量数据都如图 6-56～图 6-75 所示。

外壳是由铜材焊接起来的，旁边有一个加上衬垫的密封门。

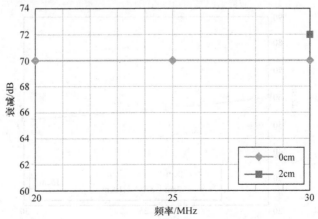

图 6-56　具有 1cm 孔径的外壳衰减，电场与孔径成 90°

在第 2 章中所描述的连接到一个对数检波器、放大器、数字转换器和光纤驱动器上的小型蝶形天线，被用作 Rx 天线（系统）。将光纤电缆穿过铜管，形成一个低截止波导，焊接到外壳壁上。测量是在没有孔隙的外壳上进行的，以测量到获得最大的衰减水平。

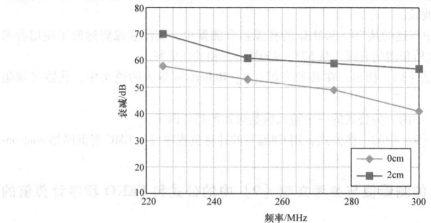

图 6-57 具有 1cm 孔径的外壳衰减，电场与孔径成 90°

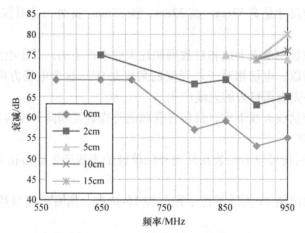

图 6-58 1cm 孔径的衰减，电场处在 0°

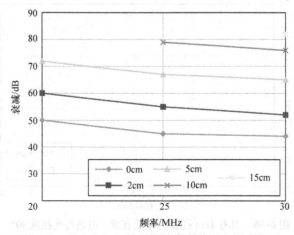

图 6-59 具有 1.5cm 孔径的外壳衰减，电场处在 0°

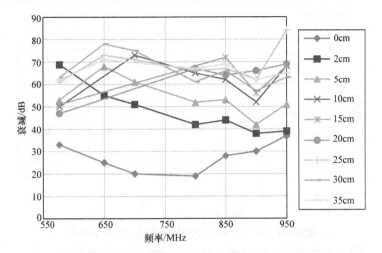

图 6-60 具有 1.5cm 孔径的外壳衰减。电场处在 0°

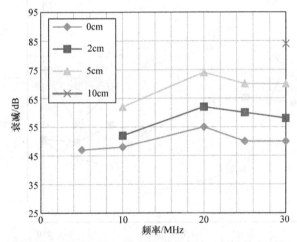

图 6-61 具有 1.5cm 孔径的外壳衰减。电场处在 90°

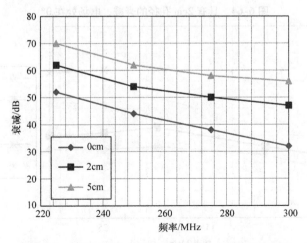

图 6-62 具有 1.5cm 孔径的外壳衰减。电场处在 90°

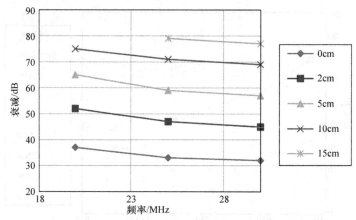

图 6-63 具有 2cm 孔径的外壳衰减，电场处在 0°

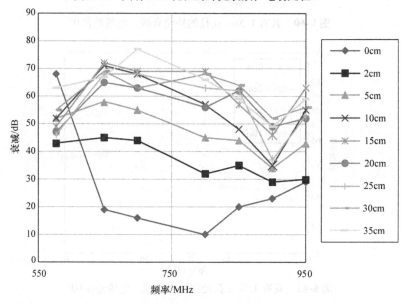

图 6-64 具有 2cm 孔径的衰减，电场处在 0°

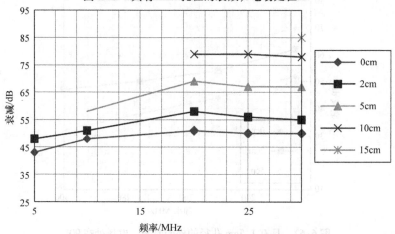

图 6-65 具有 2cm 孔径的衰减，电场处在 90°

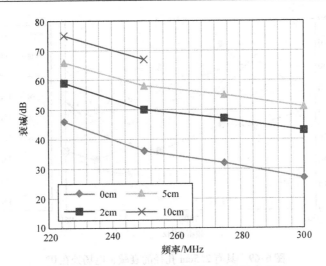

图 6-66 具有 2cm 孔径的衰减，电场处在 90°

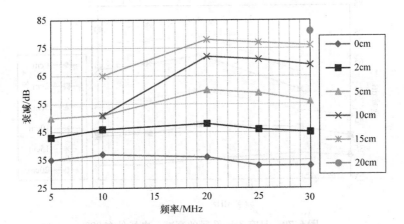

图 6-67 具有 2.5cm 孔径的衰减，电场处在 90°

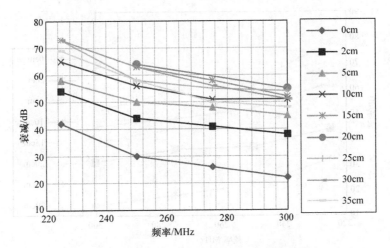

图 6-68 具有 2.5cm 孔径的衰减，电场处在 90°

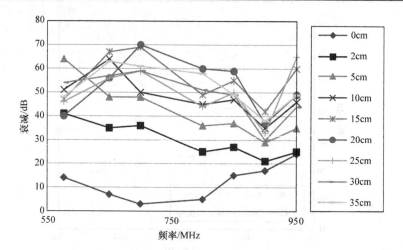

图 6-69 具有 2.5cm 孔径的衰减，电场处在 0°

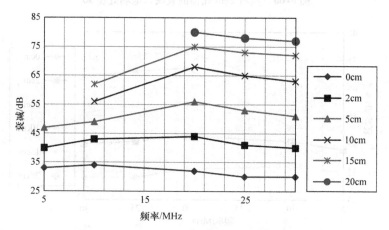

图 6-70 具有 3cm 孔径的衰减，电场处在 90°

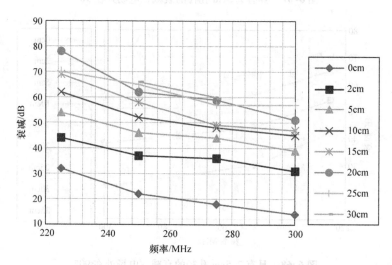

图 6-71 具有 3cm 孔径的衰减，电场处在 90°

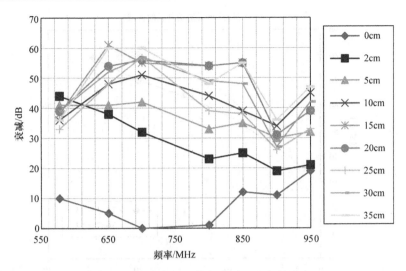

图 6-72　具有 3cm 孔径的衰减，电场处在 0°

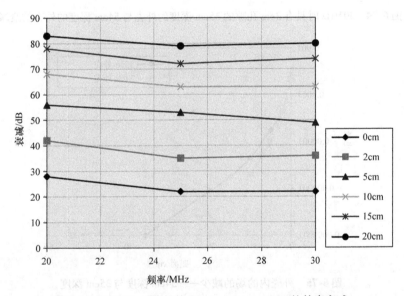

图 6-73　具有 3cm 孔径的 37cm×37cm×54cm 的外壳衰减

　　这个蝶形天线直接安装在 0cm 孔隙处，然后从最初的 0cm 处移动至最大 35cm 处。

　　测量是在没有外壳的情况下用距离 Tx 天线 15cm 处的小型 Rx 天线进行的。由于检波器的对数性质，使得 Tx 天线的输入电平被降低了，使得在所有测试中涉及的频率上，Rx 天线接收到的电平正好在可检测到的最小电平之上。这样就可获得检波器的最大动态范围，并以此用作为参考电平。然后将该最小参考电平用于外壳的所有测量对比中。因此，屏蔽效能是在没有外壳的 Tx 天线的输入电平与外壳内的 Rx 天线所需的输入电平之差。

　　为了观察外壳内部的电场是如何随着外壳内的深度变化而改变的，将另一个外壳的深度从 35cm 增加到 54cm。从 20～30MHz，孔径 3cm，体积为 37cm×33cm×54cm 的外壳内的场强衰减如图 6-73 所示。图 6-74 则显示了随着两个外壳之间距离的增加场强衰减增加的比较，而场强随外壳深度不同的减少情况则如图 6-75 所示。

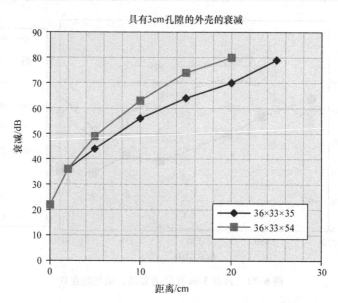

图6-74 30MHz时具有3cm孔隙的35cm深度的外壳与54cm深度的外壳的衰减

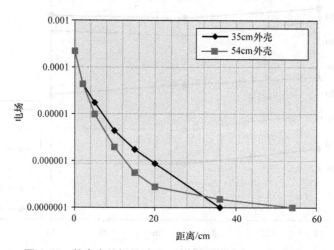

图6-75 外壳内的场的减少——54cm深度与35cm深度

通过比较图6-59～图6-61和图6-70至图6-74的0°和90°入射场之间的低频衰减时，发现衰减之差最大为5dB。

除了Rx天线直接在孔隙处的一些测量之外，在测量中没有看到在谐振频率下预测的屏蔽效能有急剧下降的情况。该谐振集中在750MHz，与预测外壳将在760MHz发生第二次谐振情况相当。

当外壳内的电场较高或者高于没有外壳时的场强时，不会在3cm×3cm的孔隙下观察到外壳的谐振。只有当测量点处在孔径口时，在750MHz时——即外壳的理论共振频率——衰减才为0dB。

在参考文献［9］的公式中，天线和外壳之间的距离不包括在输入数据中。在测量中，当频率在20～30MHz和575～950MHz之间变化时，这段距离从0.1～1m之间变化。屏蔽效能的定义是在孔径至测量点的距离保持不变的前提下，没有外壳时所测得的电平和在有孔隙的外壳时所测得的电平之差。在可接受的测量误差范围内，测量距离从 0.1～1m 范围内变化时测量的衰减水平应保持恒定。

因此，近场和远场中天线与外壳之间的距离都不会影响通过孔隙产生的衰减。

随着 54cm 深的外壳中的孔径从 3cm×3cm 增加到 3cm×200cm，重复进行测量。

此外，使用参考文献［9］中的公式的计算机程序以及 FEKO 程序中的外壳模型来预测屏蔽效能。

在计算机程序 FEKO 中建模了一个尺寸为 540mm×370mm×330mm 的屏蔽铜外壳。一个 30mm×200mm 的孔隙位于其一侧，其前面有一个 Tx 天线，如图 6-76 所示。对外壳的衰减在外壳内部与距离孔隙不同的距离（包括 0cm，2cm，5cm）和外壳的中心进行测量。将这些用 FEKO 计算的结果与使用同样尺寸设计的屏蔽外壳进行的测量进行了比较。

图 6-77～图 6-80 显示了这个比较。

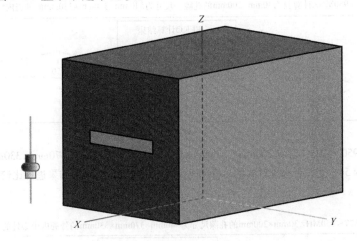

图 6-76　用 FEKO 建模。具有 200mm×30mm 的孔径，尺寸为 540mm×370mm×330mm 屏蔽铜外壳

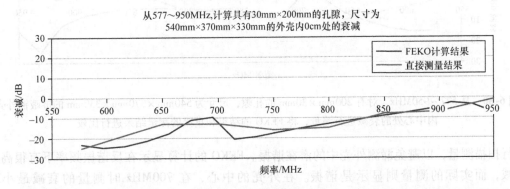

图 6-77　从 577～950MHz，对有 200mm×30mm 的孔隙，尺寸为 540mm×370mm×330mm 的屏蔽铜外壳内 0cm 处的衰减进行测量，将 FEKO 的结果和直接的测量结果进行比较

在 577～950MHz 范围内，用 FEKO 计算的结果和直接测量结果之间，显示出有大约 10dBm 的差异。在 695MHz 和 930MHz 的频率下，计算的结果与直接测量结果相比，这些差异显得很大。在测量中以 10kHz 为步长进行重复测量。调整频谱分析仪以 10kHz 步长频率

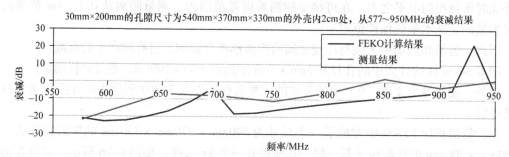

图 6-78 从 577～950MHz，对有 200mm×30mm 的孔隙，尺寸为 540mm×370mm×330mm 的屏蔽铜外壳
内 2cm 处的衰减进行测量，将 FEKO 的结果和直接的测量结果进行比较

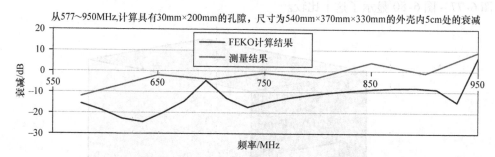

图 6-79 从 577～950$^\ominus$MHz，对有 200mm×30mm 的孔隙，尺寸为 540mm×370mm×330mm 的屏蔽铜外壳
内 5cm 处的衰减进行测量，将 FEKO 的结果和直接的测量结果进行比较

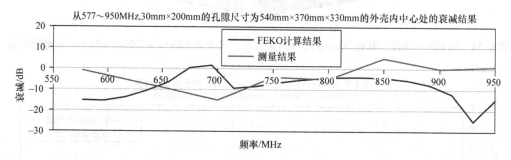

图 6-80 从 577～950MHz，对有 200mm×30mm 的孔隙，尺寸为 540mm×370mm×330mm 的屏蔽铜外壳
内中心处的衰减进行测量，将 FEKO 的结果和直接的测量结果进行比较

进行扫描测量，以避免漏测外壳中的潜在谐振。FEKO 的计算显示在反谐振频率下有很高的
衰减，而实际的测量则显示是谐振。在外壳的中心，在 700MHz 时测量的衰减最小为
−15dB，而在用 FEKO 预测时，在 950MHz 预测的衰减为 −25dB。在外壳内部 5cm 处，FE-
KO 的预测结果与测量结果之间的差异最大，在内部的 0cm 处的差异最小。

在用 FEKO 计算，测量以及先前讨论过的孔隙耦合公式的屏蔽外壳的衰减结果之间也进
行了一个比较。对外壳中心衰减的比较如图 6-81 所示。在 FEKO 结果的曲线中的 695MHz

和 930MHz 频率上出现了与两条迹线走向不同的异常现象。通过孔隙耦合公式计算的结果与 FEKO 的计算结果相比较，具有比直接测量结果有更相似的趋势；然而，在频率范围的两端都可以看到有 10 ~ 15dB 的差异。

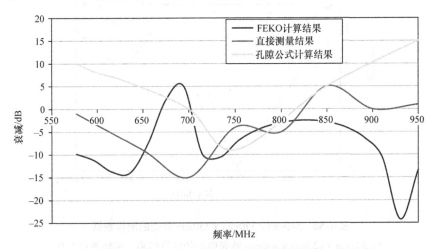

图 6-81　从 577 ~ 950[⊖]MHz，具有 200mm × 30mm 孔隙，尺寸为 540mm × 370mm × 330mm 屏蔽铜外壳的中心处，FEKO，直接测量和孔隙耦合公式的衰减结果比较。孔隙耦合公式的损耗系数为 0.2（参见彩色插图）

在与测量结果最接近的方程中使用的损耗系数是在频率为 20 ~ 30MHz 时，在外壳中心处，FEKO 计算的结果显示比测量值要低 22dB 的衰减，用参考文献 [9] 中的孔隙耦合公式计算，结果显示比测量值高 48dB。在 20 ~ 30MH 时，在外壳内部为 5cm 处，FEKO 计算的衰减比测量值低 20 ~ 22dB，用孔隙耦合公式计算结果要高 20 ~ 27dB。

参考文献 [35] 提到孔隙耦合公式并没有能精确地接近孔径，但是我们看到即使在孔径的中心，这些公式的计算结果在低频下也是不准确的。

图 6-82 显示了测到的屏蔽外壳衰减值和对较小屏蔽外壳用孔隙耦合公式计算的衰减结果有接近的趋势，而这两个外壳都有 200mm × 30mm 的孔隙。然而，当这些最初的测量结果与具有相同尺寸的外壳的计算结果进行比较时，如图 6-83 所示，却并没有看到这种接近的趋势。在孔隙耦合公式中的损耗系数会明显地改变共振时的衰减和频率。图 6-83 显示了在 685MHz 时的 SE 为 27dB，以及在损耗系数为 0 时，衰减为 - 2dB 处的谐振。图 6-84 显示，当损耗系数为 0.2 时，谐振时的屏蔽效能为 - 9.5dB，在 685MHz 时屏蔽效能为 2dB。

6.4.3　厚型材料中的波导低截止效应

上一节曾分析了直径远大于材料厚度的孔隙的屏蔽效能。本节要分析材料厚度接近或大于间隙尺寸的情况。

选择一个波导的尺寸使信号频率高于截止频率且在波导中的衰减可忽略不计。当入射到波导中的平面波频率低于波导的截止频率时，平面波沿着波导通过时就会衰减。这种效应用来描述平面波在厚材料的孔隙中获得的额外的衰减。

⊖　原文为 977。——译者注

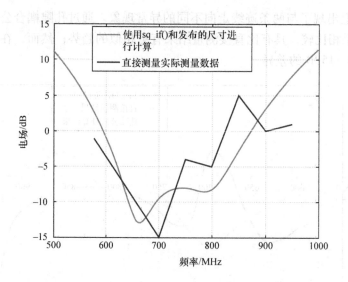

图 6-82 540mm×370mm×330mm 外壳的测量数据
与 300mm×120mm×300mm 外壳中心的计算结果，损耗系数为 0

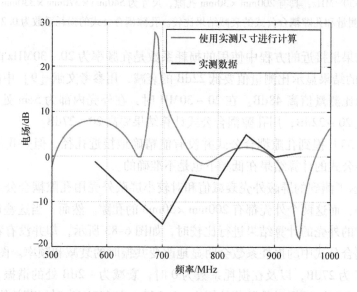

图 6-83 540mm×370mm×330mm 外壳的测量数据与
540mm×370mm×330mm 外壳中心的计算标绘图，损耗系数为 0

间隙对于平面波和电场的额外衰减 A（dB）可以近似为下式：

$$A = 0.0018fl\sqrt{\left(\frac{f_c}{f}\right)^2 - 1} \tag{6-20}$$

或者

$$A = 0.0018fl\left(\frac{f_c}{f}\right) \quad 当 \frac{f_c}{f} > 1 时$$

式中 f——工作频率（MHz）；

f_c——截止频率（MHz）；

l——用于对接件的材料其厚度重叠部分的间隙深度（cm）。

对于矩形间隙，

$$f_c = \frac{14980}{g}$$

式中 g——最大间隙的横向尺寸（cm）。

对于圆孔，

$$f_c = \frac{17526}{g} \tag{6-21}$$

当 $f_c \gg f$ 时，

$$A = \begin{cases} 27\dfrac{l}{g}\mathrm{dB} & \text{对于矩形间隙} \\[2mm] 32\dfrac{l}{g}\mathrm{dB} & \text{对于圆形间隙} \end{cases}$$

当 $l \ll g$ 时，应用波导公式表示的衰减趋向于零，由于薄材料的孔隙所造成的衰减将如式（6-14）所描述的情况。因此式（6-20）不给出金属的总屏蔽效能，但是给出由于波导的低截止效应而增加的衰减。

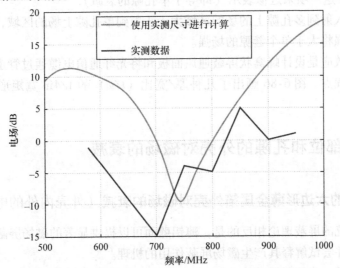

图 6-84 540mm×370mm×330mm 外壳的测量数据与
540mm×370mm×330mm 外壳中心的计算标绘图，损耗系数为 0.2

对于正方形孔阵列，如用于面板的通风孔，当 $f_c \gg f$ 时，附加的衰减 A（dB）为

$$A = 20\log\left(\frac{c^2 l}{d^3}\right) + \left(\frac{32t}{d}\right) + 3.8 \tag{6-22}$$

对于 $l_1 \times l_2$ 矩形阵列；

$$l = \sqrt{l_1 l_2}$$

图 6-85 表明 c、d 和 l 的尺寸。在这种情况下，附加的衰减 A 定义为与如要被移去的总面积 $l \times l$ 所获得的衰减相比较之后，由该矩形阵列孔所增加的衰减。根据式（6-22），对于入射场，多孔面板显示出比单孔面板有更大的衰减。这种明显的不正常现象可以作如下解释：假定孔径为定值，如在（场强）公式（6-15）中所表明的，则被多孔所覆盖的较大面积上的场强（V/m），将高于单孔较小面积上的场强（故多孔板能产生较大的衰减）。

式（6-22）这种形式或类似形式的公式，通常可以在 EMC 文献中找到，它表明只要

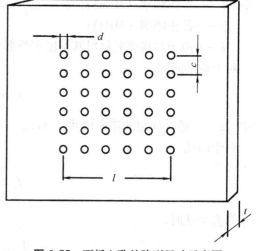

图 6-85 面板上孔的阵列尺寸示意图

$f_c \gg f$ 就会存在不随频率而变的恒定衰减。但是，在参考文献 [10] 中叙述的，在 2cm 厚的整块金属板上的多孔衰减的测量表明随着频率的变化，测到的衰减变化可多达 30dB，并且低于预估的电场或平面波场强 15dB。式（6-20）和式（6-22）并不适用于磁场的衰减计算。

此外，在式（6-22）中的多孔隙理论补偿不能被实测结果所证实，测试结果表明多孔隙衰减可用 $32t/d$ 这一项来近似表示（即等于单孔隙的衰减）。

另一方面，入射到多孔隙上的场的区域大于入射到单孔隙上场的区域，因此在那些孔隙远边上呈现的场强将大于单个缝隙的场强。

波导低截止效应是设计蜂窝状屏蔽通风面板和将光纤通信电缆通过管道连接到屏蔽室里时的可以利用的优点。图 6-86 画出了几种厚/宽比（t/w）的 1/4in 宽矩形蜂窝板的理论衰减曲线。

6.5 有接合部位和孔隙的外壳对磁场的衰减

6.5.1 有缝隙的六边形薄金属箔外壳对磁场的衰减（外壳内外的电流几乎相等）

与预期和传统的屏蔽理论相反的是，薄铝壁面可以提供显著的磁场屏蔽。本节将研究有关的测量数据，并尝试解释其产生磁场屏蔽作用的机理。

为了这些测试，建造了尺寸为 $1m \times 1m \times 0.7m$ 的外壳。盒子框架由木材构成，铝箔壁厚 0.076mm（0.003in.）。外壳的四个壁被连续的箔片覆盖，其中端部被夹紧在两根黄铜条之间，并用螺钉固定在木质支撑上。外壳余下的两个面被单张箔片覆盖。在缝隙处，箔边缘重叠并每 3cm 用订书钉缝合到木制框架上，然后用包装胶带覆盖。在盒子的一侧，铝箔覆盖在黄铜板上。在黄铜板和铝箔上设置一个矩形孔，并用一个门将其盖上。这扇门四周有一个 Spira$^\ominus$ 衬垫。

$\ominus$ 公司品牌名称。——译者注

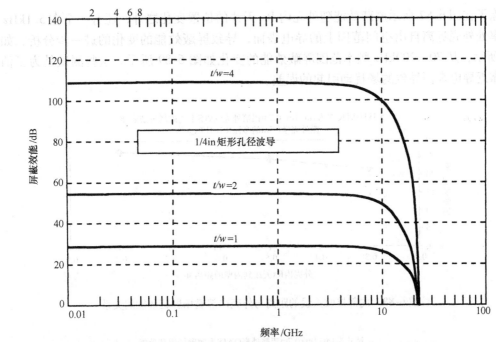

图 6-86 对于一些不同的厚宽比（t/w），低截止波导的理论衰减曲线

在第一组测量中，使用多匝的 RS101 磁场回路作为 Tx 天线，其中心距铝箔外壳的前表面 0.5m。调整环路方向，使得入射在箱体的前表面上的磁场线是水平取向的，从而产生垂直于外壳壁上流动的电流。使用一个 13cm 的磁场环路作为外壳内的 Rx 天线，并与外壳前壁相隔 0.3m、0.5m 和 0.8m 的距离安装。

从 400Hz～200kHz，在这三个距离中的每个距离处的测量由壳体内的 Rx 天线接收磁场。使用一个电流探头来监测进入 Tx 天线的信号，以确保在所有测试中都产生大小相同的场强。将这些测量值与在相同距离但没有屏蔽外壳所进行的参考测量值进行比较。参考测量值与屏蔽测量值之差就是屏蔽效能。

使用另一种的比较表面电流的技术也得到了类似的屏蔽效能值。在此测量中，一个 560 匝的表面电流探头被放置在由发射天线所照射的外壳的内外壁上相同的对应位置上。在外壳的外壁和内壁上测量所的电流的比值就是屏蔽效能。两个屏蔽效能测试的结果如图 6-87 所示。

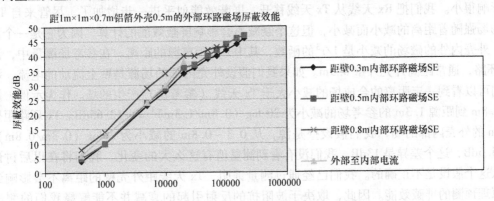

图 6-87 测量铝箔外壳与表面电流的磁场屏蔽效能

除了在图 6-87 所示屏蔽效能随外壳内 Rx 天线的位置变化之外，还有一个在 5.1kHz 标定频率处外壳远离自由空间范围上的导电表面，导致屏蔽效能的变化的进一步分析，如图 6-88 所示，从 70～200kHz 频率范围屏蔽效能的变化如图 6-89 所示。这些测试是为了消除由于靠近导电表面导致的场扰动引起的误差。

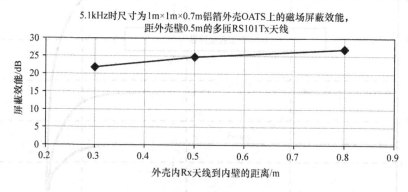

图 6-88 内部接收天线的距离与外壳内部磁场屏蔽效能的关系

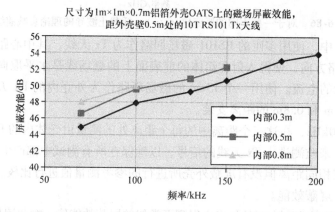

图 6-89 从 70～200kHz 范围内移动接收天线对屏蔽效能的影响，自由空间范围内在构造物外部进行的测量

与互易原理相反，我们观察到，我们从铝箔外壳测量的屏蔽效能受外壳内 Rx 天线位置的影响很小。我们把 Rx 天线从 Tx 天线移开，屏蔽效能似乎进一步增加了。尽管来自 Tx 天线的场强随着距离的减小而减小，但这个衰减不会影响屏蔽效能的计算，因为它是一个比较值。外壳内外的磁场的减小是 $1/r^3$ 的函数，其中 r 是距离源的距离。在参考场测量中，源是 Tx 环路，通常距离外壳外壁 0.5m。如果我们假设外壳内部的场源是壁上流动的电流，那么我们可以看到一定距离的合成场的减小大于 Tx 天线（参考场）产生的场。作为示例，从距源 0.8m 到距源 1.3m 的参考场的减小为 20 log $(0.8m/1.3m)^3 = -12.65dB$。Tx 环路距外壳 0.5m 的外壳内部的场，我们假设壁是源，从 0.3～0.8m 的减小为 20log $(0.3m/0.8m)^3 = -25.6dB$，这个差异是 13dB。我们没有看到测量值有这么大的变化，我们将在以后讨论为什么这个假设是不正确的。我们已经通过测量证明，Tx 天线距外壳壁的距离不会影响到互易原理预测的屏蔽效能。因此，取决于波阻抗的反射引起的衰减并不能解释我们的测试结果。这种源位置的独立性与使用典型的磁场屏蔽方法的结果非常不同，该方法使用了一

种传输线路的类比，涉及入射波阻抗和金属阻抗之间的差异，以及通过金属的吸收来实现屏蔽效能。

将外壳和 Tx 环路置于屏蔽室内，测量的屏蔽效能的变化随着 Rx 天线位置的变化要大得多。将外壳置于屏蔽室和构造物外，并远离导电表面，这种影响就非常轻微。我们和其他研究人员已经看到在其他测量中与互易原理有明显的矛盾，并且提出了在互易原理中没有看到的对源位置依赖性的许多解释。这些解释是基于入射场的实际波阻抗。参考文献〔33〕在某种程度上解释了这种效应。

我们还发现，在 10kHz 以上，实验室以外的屏蔽效能测量值与实验室内测量值的差异如图 6-90 所示。

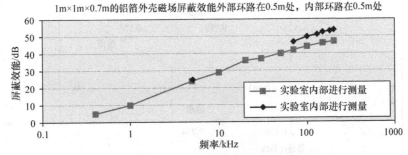

图 6-90　实验室内和实验室外测量的屏蔽效能比较

为了了解入射到外壳上的场和引入外壳的涡流，对外壳外部的电流进行了深入地研究。

使用一个 560 匝的表面电流探头作为外壳所有面上的测量传感器，并且也可以在没有外壳的情况下，在同样的相对位置采集空间的磁场电平。分别以垂直和水平方向放置探头以获得最高的采集电平。然后将探头在空间观测到的最高测量电平值标定为 1，并将其他所有测量电平值与之比较。图 6-91 中显示了 5kHz 时在空气中的相关采集到的电平的草图，图 6-92 中显示了 5kHz 时在外壳上采集到的电平的草图。

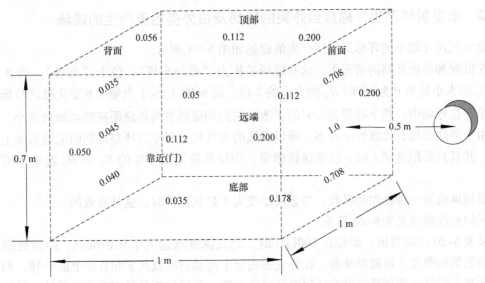

图 6-91　5kHz 时表面电流探头在空间采集到的相关电平

检查空气中的采集到的电平，有人可能会质疑测量的有效性，因为有些值似乎没有按照 $1/r^3$ 的规律递减。然而我们必须要记住，当我们远离环路平面时，我们不仅要考虑 H_θ，更要考虑 H_r。通过计算这些位置的复合场，我们发现除了顶面以外，其他所有"面"的测量都非常准确。

根据经典场理论，面向 Tx 天线的外壳外部的总磁场是入射场的两倍。在面向 Tx 环路的壁上的测量值显示高于入射场，但并不是精确的两倍关系。该增量场与倍增场之间相差 19dB，这恰好是 5kHz 时屏蔽效能的水平。按照空间场的测量方法在大型的导电壁上进行了相同的测试，其结果相似。在外壳所有其他表面上的相关场的大小都非常接近于没有外壳情况下的场的大小，如图 6-91 和图 6-92 所示。

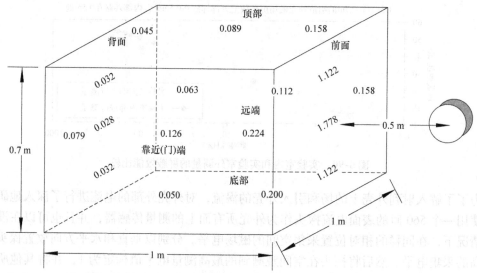

图 6-92 5kHz 时表面电流探头在外壳上采集到的相关电平

6.5.2　由发射环产生并感应到外壳的磁场及由外壳电流产生的磁场

由电气尺寸较小的环形天线所产生的磁场如图 6-93 所示。

在低频和靠近环路的情况下，这些磁场被称为"准静态场"，位于"近场"。当 θ 为 0° 时，H_r 的大小是当 θ 为 90° 时 H_θ 的大小的 2 倍。图 6-93 显示了当角度 θ 变化时这些场的相对大小。在近场中，两个场都是 $1/r^3$ 的函数，它们的值随着离环路距离的增加而减小。

由于环路的周长比波长小得多，所以天线的电气尺寸很小，环路周围的电流实际上是恒定的，并且只要距离和 z 和 y 位置保持恒定，围绕环路周围产生的 H_θ 和 H_r 就是等幅且恒定的。

磁场屏蔽的一种机理是吸收，当金属厚度大于趋肤深度时，这是有效的。

铝的趋肤深度见表 6-20 所示。

从表 6-20 可以看出，即使在 100kHz 时，趋肤深度远远大于 0.076mm，即为被测外壳使用的铝箔的厚度。这就意味着，在外壳的内壁上流动的电流几乎和外部电流一样。而且直观地看来，铝箔外壳似乎并没有任何磁场屏蔽效能，当然也就是没有吸收电磁波。其机理是入射场在铝中形成的涡流接续产生了磁场。

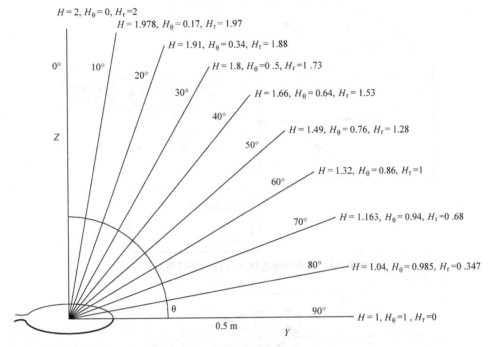

图 6-93 由环形天线产生的磁场

表 6-20 铝的趋肤深度

频率/Hz	趋肤深度/mm	频率/Hz	趋肤深度/mm
400	4.3	40000	0.43
1000	2.7	50000	0.38
5000	1.2	60000	0.35
10000	0.85	70000	0.32
20000	0.6	100000	0.27
30000	0.49		

图 6-94 显示了磁场线切割外壳的情况。由涡流产生的外壳内的磁场线与入射场反相，如图 6-95 所示，因此会"消耗"入射场。

由于外壳两侧的电流相位相同，由两侧的电流产生的磁场会相互排斥，所以该磁场不会进入外壳，如图 6-96 所示。这一点可以通过旋转 Rx 天线 90° 来验证的，如图 6-97 所示。在这种情况下，在外壳内部产生的磁场（由外壳正面、顶部和底部的电流引起）不会以直角切割环路，而是存在于环路的平面内，但不感应任何电压。由于在这些面上流动的电流产生的磁场不会穿透外壳，所以 Rx 环形天线上的采集到的电平应该可以忽略不计，这一点可以通过测量来确认。

由于外壳内部产生的场与入射场相反，两者将相互抵消，理论上屏蔽效能将无限高。这就解释了为什么即使距离源的距离不同，入射场与外壳内部的场也不会因此以不同的速率降低。然而，在测量中还是存在着很小的差异的。

电流会流过环路电感、铝箔的电阻，以及当存在缝隙时，跨过该缝隙的接触阻抗和电感。由于铝的趋肤深度比铝箔的厚度大得多，所以电流会流过箔的整个厚度，而不需要对趋

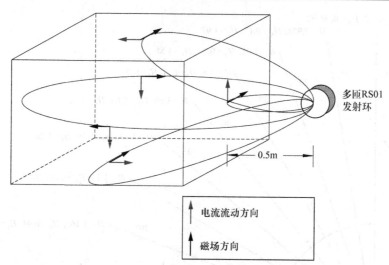

图 6-94 来自环形发射天线的磁场线切割外壳

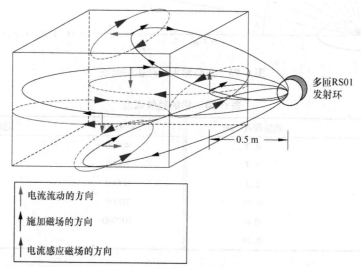

图 6-95 入射在外壳上的磁场线和由外壳上的电流引起的磁场（参见彩色插图）

肤深度进行修正。铝箔片外壳在产生内部场的电流路径上的总 DC 电阻的公式为

$$R_s = \frac{2L_2 + 2D}{GL_1 t}$$ （6-23）

式中　L_2——外壳的高度；

　　　D——外壳的深度；

　　　L_1——外壳的宽度；

　　　G——电导率（S/m）；

　　　t——材料的厚度。

使用式（6-29）计算外壳的屏蔽效能，铝的电导率为 3.54e + 7 S/m，计算所得的铝箔外壳的电阻为 1.3μΩ。在低频时，缝隙的阻抗低于铝箔的直流电阻。只有在 10kHz 以上时，我们看到屏蔽效能不再单调地增加。通过使用 1.3μΩ 的电阻和 2.2μΩ 的接触阻抗，来自式

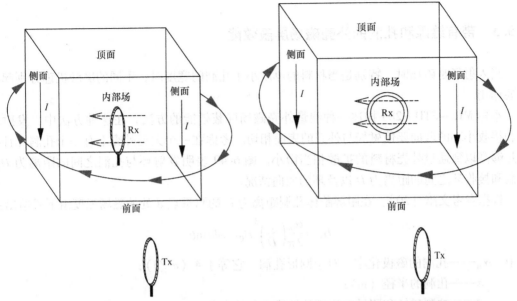

图6-96　由电流在外壳两个侧面产生的磁场
不会进入外壳，电流在前面、顶面、背面和
底面的流动产生内部磁场

图6-97　内部场在 0°切割接收天线。
壁上的电流产生的场不会穿透外壳

（6-29）的预测屏蔽效能明显接近图 6-98 所示的测量值。通过将直流电阻和接触电阻设置为等于材料直流电阻的非常低的值，我们可以得到无缝外壳可达到的理论最大值，其在 5kHz 时为 26dB。

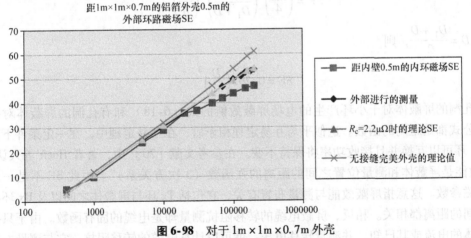

距1m×1m×0.7m的铝箔外壳0.5m的
外部环路磁场SE

- ■ 距内壁0.5m的内环磁场SE
- ◆ 外部进行的测量
- ▲ $R_c=2.2\mu\Omega$时的理论SE
- ✕ 无接缝完美外壳的理论值

图6-98　对于 $1m \times 1m \times 0.7m$ 外壳
磁场屏蔽效能的测量值与理论值

在趋肤深度大于材料厚度的这些频率下，缝隙的类型不是那么重要。例如，与这里描述的夹在黄铜板之间的缝隙相比，在 $1m \times 1m \times 1m$ 的铝箔外壳中采用金属条覆盖的缝隙也具有相似的磁场屏蔽效能（参见 6.3.4 节）。然而，缝隙的类型却会大大地改变其平面波屏蔽效能。

6.5.3　带有缝隙和孔洞的外壳磁场屏蔽效能

当入射场是磁场时，特别是当材料的厚度小于孔洞的宽度时，不同的屏蔽机理分别起着主要作用。

军标 MIL – STD – 285 描述一种测量外壳磁场屏蔽效能的方法，在这种方法中，发射小环和接收小环的取向要使磁场与外壳的表面相切。考虑在一个大型外壳上有一个孔洞并且频率足够高以致通过外壳材料的扩散相当微小。图 6-49 表明发射环与孔洞之间的距离为 D_1，孔洞和接收环之间的距离为 D 以及环的取向情况。

根据参考文献 [20]，在距屏蔽体孔洞距离为 D 的测量点 d 处的磁场强度由下式给出：

$$H_\theta = \frac{\alpha_m}{2\pi}\left(\frac{1}{D}\right)^3 H_0 \cos\phi\sin\theta$$

式中　α_m——孔洞的磁极化率，对于圆形孔洞，它等于 4 $(a^3/3)$；

　　　　a——孔洞的半径（m）；

　　　　θ——被测磁场和测量电流环的轴线之间的夹角；

　　　　ϕ——与外壳表面成 90°孔洞中心线和测量位置的夹角。

因此，当磁场以 90°角与测量环相切并且测量环位于孔洞的中心线上（即 $\varPhi = 0°$），则测到的磁场 H_θ 是最大值。假定耦合到 Rx 环上的磁场最大，则有孔洞的屏蔽体的屏蔽效能由下式给出：

$$SE = \left(\frac{3\pi}{4}\right)\left(\frac{D_1}{D_1 + D}\right)^3\left(\frac{D}{a}\right)^3$$

若 $D_1 = D = \dfrac{D_1 + D}{2}$，则

$$SE = 0.295\left(\frac{D}{a}\right)^3$$

有孔洞的屏蔽体对于小环产生的电场屏蔽效能的式 （6-18） 和有孔洞的屏蔽体对磁场衰减的公式都是距离的函数。这似乎与互易定理相矛盾，在互易定理中，在一定条件下，Tx 环和 Rx 环可以互换并且接收功率将保持不变。在参考文献 [20] 中，著者 Hoeft 等人认为："屏蔽效能是屏蔽体和测量位置之间的距离的强函数 （3 次方关系）"。因此 SE 不是一个固有的电磁参数。这意指屏蔽效能与测量布置有关，它包括 Tx 环与屏蔽体之间以及 Rx 环与屏蔽体之间的距离都相关。相反，屏蔽电缆的转移阻抗测量却是电缆的固有函数。由于只要测量屏蔽体的电流或其已知，并测量转移电压，就可以计算电缆的转移阻抗，它与测量方法无关。电缆转移导纳的测量则不同，它与电场源及测量装置的几何结构有关，因而它不是一个固有的电磁参数。

在参考文献 [20] 中，将用公式预估得到的屏蔽效能与实测的值作了比较。在测量中，距离 d 固定在 0.406m （16in），孔洞半径从 0.0076m （0.3in） 变化到 0.05m （2in）。比较表明：在预估的屏蔽效能和实测的屏蔽效能之间有非常显著的相关性。

根据参考文献 [11]，外壳缝隙和孔洞对磁场的衰减是这样考虑的：我们假定磁场 H_{out} 照射到外壳的外表面，导致外壳内部产生磁场 （H_{in}）：

$$则外壳对磁场的衰减 = \frac{H_{out}}{H_{in}} \qquad (6\text{-}24)$$

外壳壁的电阻或缺陷（如接合部位，孔洞或衬垫）的阻抗可以用图 6-99 中的 Z_s 来表示。外壳内部可以模拟为一个宽的单匝电感器的电感，它可以表示为

$$L = \frac{\mu_0 A}{l_1} \qquad (6\text{-}25)$$

式中　A——外壳内部的面积 = 高度 × 深度 = $l_2 \times d$；

　　　l_1——外壳的宽度。

外壳内部的感抗（$2\pi f L$）在图 6-99 中表示为 Z_{in}。入射到外壳的磁场在外壳表面产生电流。在低频情况下外壳的厚度小于趋肤深度，主要的耦合模式是由于电流通过外壳壁的扩散，因此在低频情况下 Z_s 主要是外壳壁的 AC 电阻 R_s（Ω），可表示为

$$R_s = \frac{12 e^{-t/\delta}}{G_t l_1} \qquad (6\text{-}26)$$

式中　t——外壳的厚度（m）；

　　　G_t——电导率（S/m）；

　　　δ——趋肤深度（m）。

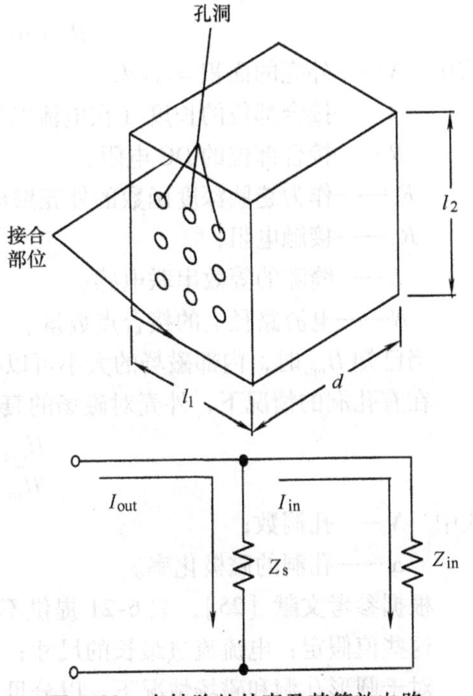

电导率由下式给出：

$$G = G_0 G_r$$

式中　$G_0 = 5.8 \times 10^7 \mathrm{S/m}$，趋肤深度（m）按下式计算：

$$\delta = \frac{1}{\sqrt{\pi f \mu G}}$$

式中　μ——磁导率（H/m），按下式计算：

$$\mu = \mu_0 \mu_r$$

式中　$\mu_0 = 4\pi \times 10^{-7} \mathrm{H/m}$

孔洞

l_2

接合部位

l_1 d

I_{out} I_{in}

Z_s Z_{in}

图 6-99　有缺陷的外壳及其等效电路

当金属体有许多孔洞时，金属体的电导率要因孔洞而减小。于是电导率变为

$$G \times \frac{面板面积(l_1 \times l_2) - 孔洞总面积}{面板面积} \qquad (6\text{-}27)$$

当存在孔洞或接合部位时，Z_s 的附加分量有以下几项：

1）接合部位的 DC 电阻 R，对于铆钉接头其典型值为 $15 \sim 30\mu\Omega$，但对于未电镀的金属可高达 $1.5\mathrm{m\Omega}$。

2）接触阻抗 R_c，它具有 AC 电阻的特性，并含有 $\sqrt{f}$ 项。接触阻抗与表面平滑度和表面光洁度有关。对于铆接部位，R_c 的典型值为 $0.06\sqrt{f}\mu\Omega$，对于未电镀的金属可高达 $0.25\sqrt{f}\mu\Omega$。

3）含有间隙的接头的另一分量是间隙的电感 L，它可能具有的典型值为 $0.5 \times 10^{-12}\mathrm{H}$。

此外，用来紧固外壳壁的螺钉显示为电感。虽然为复阻抗，但接合部位的总阻抗可以用

简单的串联等效电路来模拟并可用下式来近似给出：

$$R_s + lN(R + R_c\sqrt{f} + 2\pi fL) \tag{6-28}$$

式中 l——接合部位的长度；

　　　　N——在电流路径上的接合部位的数量。

当接合部位装有衬垫时，在 R_s 后的表达式用所关注的频率上的衬垫转移阻抗来替代。

外壳的衰减表达为 H_{out}/H_{in}。这个式子等效于比例 I_{out}/I_{in}，它由下式给出：

$$\frac{j\,\dfrac{2\pi f\mu_0 A}{l_1}}{R_s + lN(R + R_c\sqrt{f} + 2\pi fL)} \tag{6-29}$$

式中 A——外壳的面积 $= l_2 \times d$；

　　　　l——接合部位的长度（在电流路径上的接合点或缝隙）；

　　　　R——接合部位的 DC 电阻；

　　　　R_s——作为趋肤深度函数的外壳壁电阻；

　　　　R_c——接触电阻；

　　　　L——缝隙的等效串联电感；

　　　　N——电流路径上的接合点数量。

当已知 H_{out} 时，内部磁场的大小可以根据式（6-29）来计算。

在有孔洞的情况下，外壳对磁场的衰减的限值由下式给出：

$$\frac{H_{out}}{H_{in}} = 0.445\,\frac{A}{N\alpha l_1} \tag{6-30}$$

式中 N——孔洞数；

　　　　α——孔洞的磁极化率。

根据参考文献 [25]，表 6-21 提供不同形状孔洞的最坏情况下的磁极化率。

这些值假定：电流流过最长的尺寸；且那些孔洞均小于 $1/6\lambda$，同时材料是无限薄。

对于圆形孔洞和磁场情况下，以分贝为单位的近似的厚度修正值是 $32t/d$，而对于正方形孔洞则是 $27.3t/l$，式中 t 是厚度，d 是直径，而 l 是最长的尺寸。

随着频率的增加，根据式（6-29）计算的外壳衰减亦将增加，直到衰减受到孔洞数的限制，即式（6-30），那时，频率变化而衰减却恒定不变。

表 6-21   在无限大的薄壁上，不同形状的孔洞在最坏情况下的磁极化率

孔洞形状	磁极化率 α
直径为 d 或半径为 r 的圆	$\dfrac{d^3}{6}$ 或 $4\left(\dfrac{r^3}{3}\right)$
长轴为 a，短轴为 b 的窄长缝	$\dfrac{\pi}{3}\dfrac{a^3}{ln(4a/b)-l}$
边长为 l 的正方形	$0.259l^3$
长度为 l 宽度为 w 的矩形 $l = \dfrac{4}{3}w$	$0.2096l^3$
$l = 2w$	$0.1575l^3$
$l = 5w$	$0.0906l^3$
$l = 10w$	$0.0645l^3$

假定金属丝网的屏蔽性能和有正方形孔眼的薄钢板一样，则式（6-30）可以应用于单层金属丝网的衰减计算。丝网的实测值表明计算值都低于实测值 4～6dB。

一种可以用来有效地屏蔽视频显示器产生的磁场辐射的屏蔽体是非常精细的黑色金属丝网。这种型式的金属丝网通常每英寸有 100 个细孔（OPI），于是，可以看清显示的图像，但显示亮度将减小并且可能导致产生网纹图形。

主要薄弱环节是外壳和金属丝网之间的接触问题，因为有接触阻抗存在。具有 100 OPI 的镀铜不锈钢丝网测到的表面电阻率是 $1.5m\Omega^2$，而具有 100 OPI 的铜丝网测到的表面电阻率是 $3.3m\Omega^2$。

6.5.4　外壳的磁场衰减举例

为了密封防潮或增加接合部位的热导率，接合部位可能需要应用绝缘化合物。图 6-100 表明试样的结点阻抗，试样是用 2in 宽的背垫条将两块 12in×24in 的铝片在 3in 中心处铆接做成的。在用背垫条铆接之前，要用密封胶加在接头处，这种构造称之谓完全搭接试样。图 6-101 表明接头本体试样的结点阻抗，该试样在铆接后，外露的接头处要用密封胶涂覆。图 6-101 和图 6-102 是从参考文献［22］中复制下来的，它们描述外壳的磁场衰减实验和理论上的分析。完全搭接试样的 DC 电阻实测值是 $35\mu\Omega$，而接头本体试样的 DC 电阻实测值是 $15\mu\Omega$。

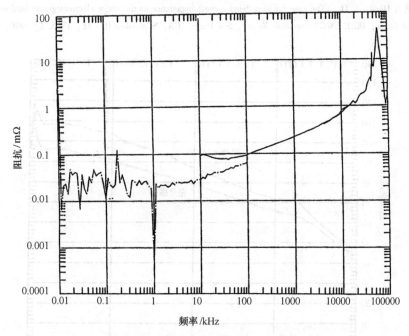

图 6-100　完全搭接接头试样的接头阻抗实测值

（摘自 Hoeft, L. O., The case for identifying contact impedance as the major electromagnetic hardness degradation factor, *IEEE EMC Symposium Record*, San Diego, CA, September 16－18, 1986. © 1986, IEEE.）

图 6-102 表明两种试样对磁场的衰减情况，它们固定在相对电导率为 0.6，厚度为 1.58mm，容积为 0.6m×0.6m×0.2m 的黄铜盒上。

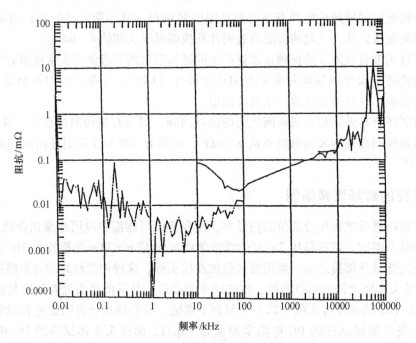

图 6-101 缝隙本体接头试样的接头阻抗实测值

（摘自 Hoeft, L. O. , The case for identifying contact impedance as the major electromagnetic hardness degradation factor, *IEEE EMC Symposium Record*, San Diego, CA, September 16 – 18, 1986. © 1986, IEEE. ）

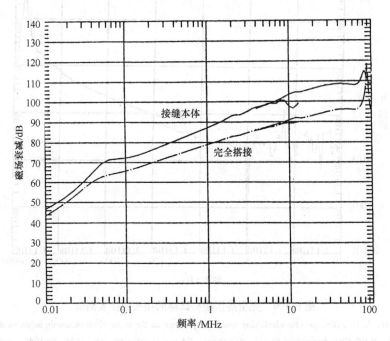

图 6-102 完全搭接接头和缝隙本体接头的表面磁场衰减实测值

（摘自 Hoeft, L. O. , The case for identifying contact impedance as the major electromagnetic hardness degradation factor, *IEEE EMC Symposium Record*, San Diego, CA, September 16 – 18, 1986. © 1986, IEEE. ）

下面给出两种试样的等效阻抗，将它们应用在式（6-29）中，则与曲线吻合。

	$R/\mu\Omega$	$R_c/\mu\Omega$	$L/10^{-12}\mathrm{H}$
接头本体	40	$0.03\sqrt{f}$	0.1
完全搭接	50	$0.10\sqrt{f}$	0.5

图 6-103 表明紧固件的间距对转移阻抗的影响。在这个例子中，在大型电缆通道中的横向螺钉数从没有螺钉变化到每 2in 间距一个螺钉。转移阻抗是以一种类似于用来测量磁场衰减的测量配置在 TEM 小室中测量得到的。转移阻抗是安置在 TEM 底板上的试验外壳内侧缝隙两边产生的电压除以外壳外部电流的量度并呈现在受试接头的两端。

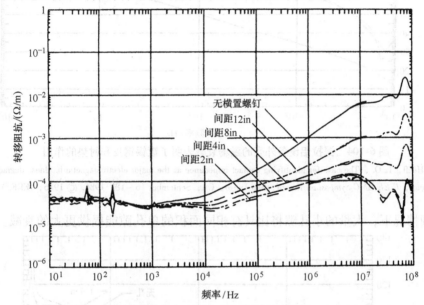

图 6-103　横向螺钉间距对大型电缆管道转移阻抗影响的实测值

（摘自 Hoeft, L. O. et al. ，Predicted shielding effectiveness of apertures in large enclosures as measured by MIL – STD – 285 and other methods，*IEEE National Symposium on EMC*，Denver，CO，May 23 – 25，1989. ⓒ 1986，IEEE.）

如图 6-104 所表明的那样，接头的接触阻抗和 DC 电阻与表面光洁度有关。未电镀的铝显示其对磁场衰减水平最低，而镀锡钢皮（马口铁）几乎和导电衬垫一样有效。镀锡钢皮是一种极好的选择，因为它有延展性并有助于金属变形来填塞接头里的小间隙。

具有不同光洁度的缝隙的等效阻抗分量如下表所列数据：

	$R/\mu\Omega$	$R_c/\mu\Omega$	$L/10^{-12}\mathrm{H}$
镀锡钢皮	30	$0.015\sqrt{f}$	0.5
未镀锡钢皮	1500	$0.250\sqrt{f}$	0.5
加衬垫的镀锡钢皮	30	$0.001\sqrt{f}$	忽略不计

图 6-105 表明孔隙对磁场衰减的影响。我们见到在大小为 24in × 24in × 8in 的外壳上大至 4in 的孔仍然能产生 50dB 的磁场衰减。这个例子解释了为什么实际中常见到的通风孔径为 1in 的薄金属外壳在接近磁场源，如开关电源变流器时，还能提供有效的屏蔽。在实际中，屏蔽水平是将外壳放在适当的位置和再移去的情况下用测量场强的方法来确定的。

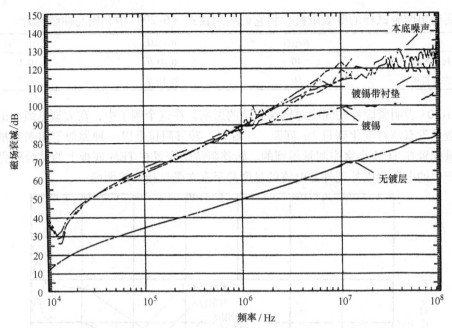

图 6-104　深拉铝设备外壳的磁场衰减表明了镀锡钢皮和衬垫的作用

（摘自 Hoeft, L. O., The case for identifying contact impedance as the major electromagnetic hardness degradation factor, *IEEE EMC Symposium Record*, San Diego, CA, September 16 – 18, 1986. © 1986, IEEE.）

在高频情况下，大量的小孔隙将比具有相同面积的单孔隙能提供更大的衰减。图 6-106

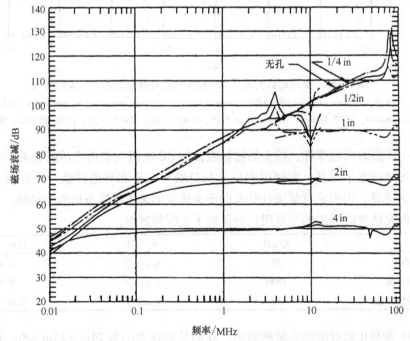

图 6-105　磁场衰减与孔洞大小的关系（外壳尺寸为 24in×24in×8in）

（摘自 Hoeft, L. O., The case for identifying contact impedance as the major electromagnetic hardness degradation factor, *IEEE EMC Symposium Record*, San Diego, CA, September 16 – 18, 1986. © 1986, IEEE.）

表明了这种情况。含有 36100 个 1/8in 孔隙的 0.6m×0.6m×0.2m 的铝板的电导率低于具有单个 4in 孔隙的铝板的电导率，因此，频率低于 30kHz 时，多孔隙样品显示出的衰减较低。

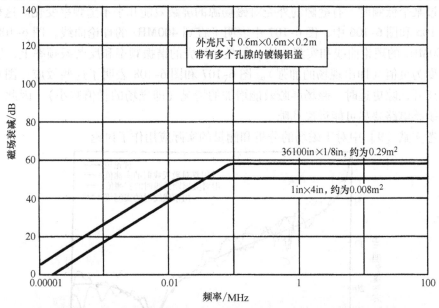

图 6-106 面积相同情况下，多个小孔与单个大孔之间的磁场衰减情况

通过通风孔减小耦合的方法包括采用金属丝网和蜂窝状通风孔滤波器。所公布的这些滤波器的衰减曲线常常是理论上的曲线，实际可获得的衰减可能比较低。蜂窝状通风孔滤波器的最好形式是将构成蜂窝状的金属片用弧焊或锡焊焊在一起。一种更普通的方法是将金属片段通过珠状或点状导电胶进行电气连接。此外，金属片段的边缘常常与机框相连，在机架框里蜂窝仅被弹簧压力夹住。在这些样品中，接触阻抗可能原先就高，由于腐蚀作用，它还会随着时间而进一步增加。许多在市场上可以买到的蜂窝状滤波器的磁场衰减特性非常差，因其电导率低，因此蜂窝的趋肤深度相当大。由于磁场通过不良的蜂窝状通风面板进行耦合，从而经常发生设备不能通过军标 MIL - STD - 461 RE02 或类似的辐射试验的情况，在磁场源接近通风面板的情况下尤其如此。

有一种蜂窝状滤波器，它的过滤器小室是用铬酸盐处理过的铝板做成而并用非导电胶搭接起来。其电气接触是通过铬酸盐漆面相对高的电阻来实现的。测到的蜂窝滤波器的屏蔽效能在 100kHz 时是 15dB，在 14MHz 时是 3dB。用电镀镉的方法，该蜂窝滤波器具有的屏蔽效能在 100kHz 时是 20dB，在 14MHz 时是 55dB。用钢或黄铜制成的蜂窝滤波器可以有更高的磁场屏蔽效能。为了有最佳的屏蔽效能，钢质小室用点焊焊在一起，然后将镀锡钢皮或黄铜小室锡焊在一起。当需要的磁场衰减时，可以用丝网屏蔽空气滤波器来替代蜂窝状滤波器。丝网必须用低电阻清漆钝化，以便减小趋肤深度，因此滤网的屏蔽效能达到最佳。

接头的阻抗与紧固方法有关。当精心地控制焊接时，缝隙的最低阻抗接近于基底金属的阻抗。其次的优选方法是锡焊。铆接的缝隙在铆钉处提供低阻抗通路，因为铆钉头攻入到金属表面中去。螺钉显示出 1~3nH 的电感，它取决于从钉头到攻入的金属的螺纹长度。波普（POP）空心铆钉的阻抗不低，有些样品的阻抗高于螺钉的阻抗。

在外壳谐振频率上有孔隙的外壳对磁场屏蔽效能会发生显著的变化，即使那时孔隙不是谐振长度也会如此。如在参考文献［9］中所描述的，当场源是外部平面波时，对外壳所做的电场屏蔽效能分析也可以应用于对磁场分量的屏蔽效能分析。按在式（6-30）中所预估的，在超过某个低频时，有缝隙的外壳对磁场源的屏蔽效能几乎不随频率变化。这种情况表明在图 6-105 和图 6-106 中，图 6-107 中表明了直到 400MHz 的理论曲线，图 6-108 中表明了直到 500MHz 的理论曲线和实测曲线。但是在外壳的谐振频率和反谐振频率上，屏蔽效能或增加或变为负值（即出现场的加强）。图 6-107 和图 6-108 表明了这些效应。图 6-108 表明测量点离开孔隙更远时，磁场屏蔽效能增加的情况（即磁场的量值减小）。因此，配置在 PCB 上的敏感电路要尽可能远离孔隙。

在参考文献［9］中对于磁场的分析和测量的实际应用作了讨论。

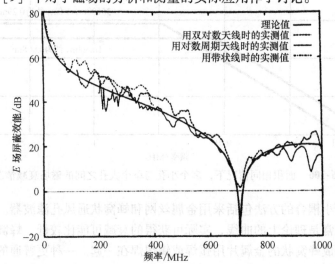

图 6-107　在孔隙为 100mm×5mm，容积为 300mm×120mm×300mm 的外壳中心实测和计算的 S_H 值

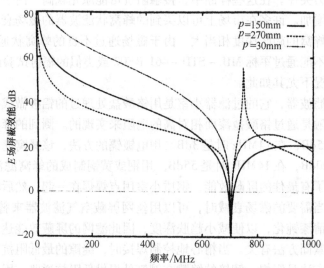

图 6-108　在孔隙为 100mm×5mm，容积为 300mm×120mm×300mm
的 3 个位置计算的 S_H 值和去外壳中心实测的 S_H 值

6.5.5 外壳内的磁场源的实测衰减

若磁场源在外壳内时，为了保证在这种情况下计算磁场衰减的方法是准确的，要进行以下的试验。

在一个有许多孔隙的外壳内，放置一个矩形环来产生磁场。外壳的大小为 36cm × 25.4cm × 5cm（深），在壳外冲出 21 个大小为 1.5cm × 1.5cm 的孔隙和一个 8cm × 2.7cm 的孔隙。

在商用和军用 EMC 要求中，常常要规定电场辐射的最大电平。如同在第 2 章中所分析的，环形天线既产生电场分量又产生磁场分量，并且两者都可以被预估和测量。当波通过有缺陷的外壳耦合时，磁场分量和电场分量的衰减并不总是相同的，因此波阻抗发生了变化。在本案例中，环距离外壳的内表面只有 5mm，在外壳的内部和外部波阻抗都低。因此假定壳外产生的辐射场波阻抗与环放置在壳外时产生的场的波阻抗是相同的。

将单极天线放置在距离环天线 1m 处，用环形天线在外壳的里面和外面测量电场。假定单极天线是在 377Ω 的远场阻抗条件下校准的。为了预估距环形天线 1m 处场的波阻抗，要对单极天线的天线系数进行修正，在壳外实测的环形天线产生的电场与用式（2-9）的预估值相差在 6dB 以内。

用环形天线在壳内感应电流，根据天线的位置，它跨越的最大尺寸是 8cm，因此在式（6-30）中用这个尺寸是有效的。当按照式（6-30）来计算时，衰减的上限值由 8cm × 2.7cm 的单个孔隙来支配。21 个 1.5cm 的孔隙在衰减上限值中占 65dB，而单个大孔隙在衰减上限值中占 42dB。实测的衰减是根据环在壳外时的电场与环在壳内实测的电场之比来计算的。预估的衰减与实测的衰减相比较，显示出异乎寻常的良好相关性，数据如下：

频率/MHz	衰减/dB	
	预估值	测量值
12.0	42	45
17.0	42	40
24.0	42	40
27.6	42	48

6.6 衬垫理论、衬垫的转移阻抗、衬垫类型和表面处理

6.6.1 衬垫理论简述

填塞缝隙的一种方法是使用导电的衬垫材料。在缝隙必须密封的情况下，对有些衬垫材料的形状是有要求的。

图 6-109 表明通过一块有缝隙的金属板的电流密度，其缝隙用比金属板的电导率和磁导率低的衬垫封住。在该衬垫两端产生的电压可能引起电流并在外壳内产生占优势的磁场。另外当外壳阻抗高时，在该衬垫两端的电压可能产生占优势的电场，大型外壳在高频情况下常常是这种情况。

像在前几节中讨论的无衬垫的接头所具有的阻抗一样，衬垫的阻抗也具有电阻、接触阻抗和电感等分量。衬垫材料的一个附加分量是在多数衬垫中所采用的导电粒子或网孔之间的电容，它可能成为阻抗的主要分量。

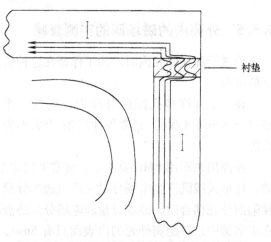

图 6-109　通过用衬垫封闭的孔隙的电流密度

6.6.2　衬垫测试方法

为了评估在实际应用中的各种不同的波阻抗情况下的衬垫性能，常采用电场、磁场以及平面波的测试方法。这些方法通常采用一个或多个金属腔体，在屏障的一侧是场源，而在屏障的另一侧是测量天线/探头。能量经过含有受试衬垫的缝隙穿过屏障进行耦合。衬垫通常放在屏障内缝隙上方的一个盖板的下面。穿过缝隙耦合的场强是在有盖板和无盖板，以及盖板下有衬垫和无衬垫的情况下测量的，或者在有些情况下，在用绝缘衬垫和绝缘紧固件替代导电衬垫的情况下进行测量的。正如在以后所讨论的那样，在有导电紧固件和导电压缩挡块的情况下可以显著地改变衬垫的测量结果。同样地，在这些测试中，天线的位置极大地影响着通过天线耦合的试验信号。因此，我们极力建议测量天线要沿缝隙和外壳四周移动。

至少有 10 种方法可以用来测试，为减小或防止接合处电磁泄露而添加衬垫后的屏蔽性能。尽管目前在研究非标准的混响室测量法方面已做出了相当大的努力，但在这 10 种测量方法中，也只有 4 种被认为是标准化的。这些方法都只作为替代法来讨论。标准 IEEE Std 1302 – 1998 "IEEE Guide for the Electromagnetic Characterization of Conductive Gaskets in the Frequency Range of DC to 18GHz" 详细叙述了 4 种标准化的测量方法以及 5 种替代法。

MIL – DTL – 83528E 是衬垫材料、导电屏蔽衬垫、电子、弹性体和 EMI/RFI 的通用规范，并指定了使用 IEEE 299 标准用于测量屏蔽效能。表 6-22 对标准化的衬垫测量方法进行了比较，也指出每一种测量方法的可重复性。标准 ARP 1173 – 1998，DEF Stan 59 – 103 和军标 MIL – G – 83528B 指出典型的可重复性在 6 ~ 20dB 之间。它表明即使用这些方法对衬垫材料进行比较测量，也应该在相同的位置和用相同的相对天线位置情况下进行。标准 ARP 1173 – 1998，DEF Stan 59 – 103 和军标 MIL – G – 83528B 都是通过孔隙所做的相对传输测量，标准 ARP 1705 – 1981 是转移阻抗测试标准。标准 ARP 1173 – 1998 在盖板和法兰之间采用了金属垫片以便建立一个附加的参考测量。在这种参考测量和在适当位置用装衬垫的盖子进行的测量之间的差称之谓"屏蔽增量"。与军标 MIL – G – 83528B 测量程序类似的一些改进方法也在采用。在标准 IEEE Std 299 – 1997 的测量装置中，参考测量是在自由空间中没有测试外壳的情况下进行的，并且与用衬垫平板覆盖有空隙的外壳时的测量进行比较。这种方法可产生非常高的实测屏蔽效能。在军标 MIL – G – 83528B 中（已被 MIL – DTL – 83528 替代），在测量小室中将 Tx 天线和 Rx 天线与开孔形成一条直线来确定参考电平。这种方法得到的参考电平和屏蔽效能比用标准 IEEE Std 299 – 1997 得到的更低，但却高于标准 ARP 1173 – 1998 中的"屏蔽增量"。ARP 1173 – 1998 已被 ARP 1705 – 2012 "同轴测试程序测量

EMI 衬垫材料的射频屏蔽特性"所取代。图 6-110 中画出了标准 ARP 1705 – 2012 中的测量装置。

表 6-22　标准的衬垫测量技术比较

	测量技术			
	ARP 1705 – 2012	ARP 1173 – 1988	Def Stan 59 – 103 (17 – Sep – 93)	MIL – G – 83528B (2011)
测量原理	电流注入	孔隙衰减	孔隙衰减	孔隙衰减
测量的参数	转移阻抗	E/H/平面波衰减	E/H/平面波衰减	E/H/平面波衰减
测量单位	dB/Ωm	dB	dB	dB
试验样品配置	环形	长方形	环形	长方形
样品尺寸	101.6mm 直径	300mm×300mm	409mm 直径	610mm×610mm
频率范围	测试夹具 1705A DC ~2GHz 测试夹具 1705B DC >2GHz	400Hz ~10GHz	10kHz ~18GHz	20MHz ~10GHz
典型动态范围	60 ~150dB	60 ~100dB	60 ~120dB	60 ~120dB
典型可重复性	±2dB	± (6 ~20) dB	± (6 ~20) dB	± (6 ~33) dB

（来源：Hoeft, L. O. and Hofstra, J. S., Experimental and theoretical analysis of the magnetic field attenuation of enclosures, *IEEE Transactions*, 30 (3), August 1988, ⓒ 1988, IEEE. ）

　　一种替代的测量方法是使用两个混响室或搅拌模室。像在所有其他的通过孔隙测量传输情况中所见到的一样，用小室测量遇到的一个问题是小室的谐振。这些谐振将显著地影响实测的屏蔽效能。在 MSG 方法里，在每一个小室里都使用桨叶轮来搅乱电磁场，使受试衬垫暴露在各个角度和各种极化的电磁场中。通过选择，使一个桨叶轮的旋转速率比第二个桨叶轮要高，则在一个小室内部最大耦合场的测量值是另一个小室的调谐器位置的函数。屏蔽效能定义为传输到孔隙上方只有一个盖板的第二个小室的功率与通过嵌在盖板和小室壁之间的

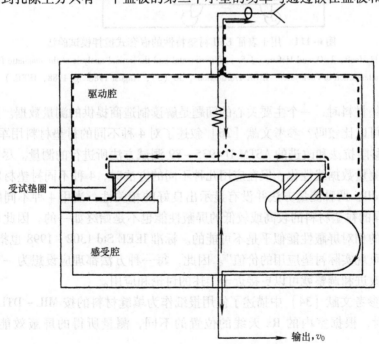

图 6-110　ARP 1705 – 2012 试验布置

受试衬垫的孔隙耦合的功率之比。像在图 6-111 中所表明的，当使用两个大室时，测量频率可以降低到 200MHz，然而在嵌套搅拌模试验法中，由于是较小的测量室的缘故，故较低的频率限制在 500MHz。

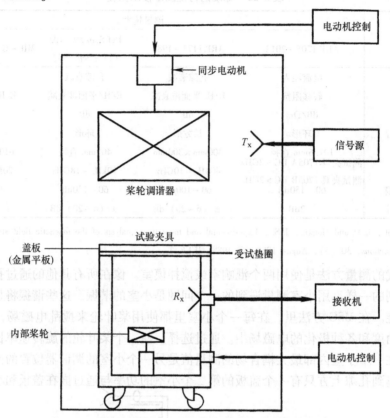

图 6-111　用于表征 EMI 衬垫特性的嵌套式搅拌模试验法

（摘自 Hoeft，L. O. and Hofstra，J. S.，Experimental and theoretical analysis of the magnetic field attenuation of enclosures，*IEEE Transactions*，30（3），August 1988. © 1988，IEEE.）

在选择衬垫材料时，一个主要关心的问题是解读制造商提供的测量数据。用各种测量方法得到的结果可以比较吗？参考文献［26］叙述了对 4 种不同的衬垫材料用军标 MIL－G－83528 MSC 转移阻抗法和改进的 ASTM D 4935－89 测试方法所进行的测量。尽管试图将测量方法标准化和测量数据线性化，但在应用几种不同的方法时，4 种不同衬垫材料的屏蔽性能之差仍高达 50dB！两种测量方法并没有显示出良好的相关性，当用 4 种不同的测量方法测量时，4 种不同的衬垫材料的较高或较低的屏蔽性能也不是始终如一的。因此用不同的测量方法评定衬垫的相对屏蔽性能似乎是不可能的。标准 IEEE Std 1302－1998 也指出："任何方法都不大可能重现实际衬垫应用的价值"。因此，每一种方法都理应设想为一个平台，据此可作出少量的改进和调整就可以更接近于上述的讨论和应用。

Kunkel 在参考文献［34］中描述了使用报纸作为填缝材料的按 MIL－DTL－83528 的测试。在 2GHz 时，根据室内的 Rx 天线的位置的不同，测量所得的屏蔽效能从 60～93dB 不等！

小室的磁场屏蔽效能的大小也取决于小室尺寸的大小。

转移阻抗确实可为衬垫提供极好的和可重复的相对质量指标；但是，除非测量装置能模拟所关注的设备的材料和尺寸，否则，如在几种测量方法的比较中所表明的那样，测量结果可能会产生误导。

符合标准 ARP 1705 – 2012 的转移阻抗测量装置，如图 6-110 所示，它表明试验装置有两个空腔。两个空腔之间的间隙用被受试衬垫密封的金属平板封住。使产生的电流流过金属平板的一个面的阻抗，再经过衬垫材料，在驱动空腔的壁面上返回。输出电压从金属平板的反面取出，实测的电压与驱动电流之比称之谓转移阻抗 Z_t。这里所叙述的测量装置，其封闭的压力是利用压缩空气来获得的，这样就不必测量紧固件阻抗的影响。决定 Z_t 值的因素有许多，其中包括衬垫材料的成分，它的厚度和宽度，屏蔽接合处啮合表面的阻抗以及加在衬垫上的压力等。

在现代衬垫材料测量中压缩衬垫的另一种方法是，当衬垫容易被压缩时，在传感腔内使用垫片；而当衬垫必须在给定的压力下进行测试时，则采用泡棉和垫片组合。

6.6.3　衬垫材料的有关性能

根据参考文献［14］，图 6-112a ~ d 表明一些市场上可以买到的衬垫材料在不同封闭压力和频率下的转移阻抗。提供这些曲线图的目的是为了表明封闭压力对于转移阻抗的重要性：压力越大，转移阻抗越低。此外，样品 2 表明随着频率的增加，转移阻抗亦增加，它是

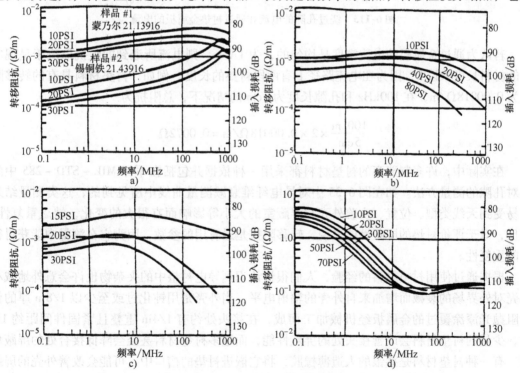

图 6-112　一些衬垫材料的结构阻抗⊖

（摘自 Faught，A. N.，An introduction to shield joint evaluation using EMI gasket transfer impedances，
IEEE International Symposium on EMC，New York，September 8 – 10，1982. © 1982，IEEE. ）

⊖　PSI = lb/in² ——译者注

转移阻抗以电感性为主导的特征。在针型丝网衬垫中，金属丝网垂直地插入在氯丁橡胶泡沫塑料中，它呈现为电感。图 6-112 中的衬垫是填充石墨的，衬垫具有很高的 DC 电阻并且在 0.10 ~ 1MHz 的范围，其转移阻抗至少是其他衬垫的 1000 倍。填充石墨的衬垫很少提供任何附加的屏蔽水平，当导电紧固件的间隔至少为 5cm 时，更是如此。图 6-112d 所表明的转移阻抗减小是表征衬垫的转移阻抗以电容性为主导，它与导电粒子嵌在合成橡胶里的情况相同。但是，甚至在 10MHz 以上，填充石墨的衬垫的转移阻抗仍比图 6-112a 中所示的电感性蒙乃尔（monel）丝网的转移阻抗高出 15 倍。

在确定对电流呈现的阻抗时衬垫材料的尺寸是重要的，因此衬垫转移阻抗用 Ω/m 为单位来表示。图 6-113b 表明电流绕过孔隙的情况，图 6-113a 表明用衬垫金属板封闭孔隙后电流的情况。

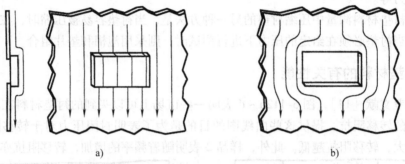

图 6-113　绕过孔隙的电流和通过衬垫金属板的电流

若认为通过金属板的电流密度是均匀的，为 $1A/m$，则电流所遇到的阻抗取决于呈现电流的材料长度乘以 2，因为在电流路径上有两段衬垫的长度。例如，衬垫材料具有的转移阻抗为 $0.00018\Omega/m$，在 100kHz 和孔隙长度为 5cm 的情况下，总阻抗为

$$\frac{100cm}{5cm} \times 2 \times 0.00018\Omega/m = 0.0072\Omega$$

在实际中，许多制造商的衬垫材料都采用一种依据并包括在军标 MIL – STD – 285 中的相对孔隙的测量方法。如在图 6-35 中对导电纤维衰减测量曲线中所见到的，这类测量结果容易受到天线类型、位置、实验外壳和屏蔽室的大小等影响而有很大的变化，缺乏重复性。相反，对于评价衬垫的屏蔽性能来说，转移阻抗是最有用的参数，因为它在测量中能获得很高的重复性。

根据通过使用衬垫材料的经验，人们很快认识到导电衬垫中的夹杂物也许会意外地减小外壳对外界场的衰减而增加来自外壳的辐射电平。当外壳是用钝化过或至少以 1/8in 厚的低电阻抛光漆涂覆过的金属板经机械加工而成，在接头处约有 1/4in 重叠且紧固件间距约 1in 时，少量的衬垫材料会改善接头处的屏蔽性能，而过多衬垫材料甚至会降低接合处的屏蔽性能。有一种衬垫材料是掺银的人造薄橡胶，将它嵌进衬垫的槽口中，可能会改善外壳的屏蔽性能，这可以根据测量接头处的 DC 电阻来判定。当掺银导电衬垫是以 O 形环形式放进一个啮合面的槽口中，接合处的电阻是最低的。但是，已有报道，对掺银硅合成橡胶的贮藏寿命测量表明，接合处的电阻会随着时间而增加。对于这些测量中的材料，在温度和湿度不作控制的情况下贮藏了一年，记录到 DC 电阻增大 5000 倍，转移阻抗增大 1200 倍。参考文献

[14] 提供了在机械加工的外壳接合处测到的转移阻抗值，其中金属对金属的接合处在 50MHz 时的转移阻抗是 $80\mu\Omega/m$；当接合处加上 1/4in 宽、1/6in 厚的掺银衬垫时，在 50MHz 时转移阻抗是 $7\mu\Omega/m$，但是在 1MHz 时，掺银衬垫的转移阻抗稍高于金属对金属的转移阻抗。参考文献 [27] 叙述了在经环境暴露以后，EMI 屏蔽材料和法兰啮合材料性能下降的情况。参考文献 [27] 叙述的测量方法类似于军标 MIL – G – 83528B 的孔隙比较法。用这种方法对两种类型的填料：①掺银填铜硅铜衬垫（Ag – Cu gasket）和②镀银填铝硅铜衬垫（Ag – Al gasket）做了测试。以间距为 2.4in（0.98cm）或 2.667in（1.05cm）的不锈钢螺栓及弹簧衬垫来提供压缩，并用导电或非导电的压力挡块来限制加在衬垫上的压缩。从测量中获得这样一组有趣的数据：若 Ag – Cu 衬垫放在适当的位置，并使用导电压缩挡块，或移去衬垫，让紧固件之间留下孔隙，则直到 10GHz 屏蔽效能水平都是一样的！这另外说明加上衬垫材料也许并没有益处而可能仅仅是为了对环境密封而不是为了屏蔽。但是，若用非导电压缩挡块来替代导电压缩挡块，相对屏蔽水平降低可达到 60dB。

将两条掺银合成橡胶窄条加到钢板金属外壳的接合处，在 50MHz 时，金属对金属接合处的转移阻抗从 $200\mu\Omega$ 增加到填缝处的 $2m\Omega$ 以上。在薄钢板金属外壳中的衬垫没有受到足够压缩并且与金属的接触表面积小，它可能是造成有衬垫比没有衬垫时转移阻抗高的原因。无论如何，在薄金属之间用不可压缩的材料如硅酮合成橡胶来封闭缝隙总不是一种好方法。当紧固件间距大于 1in 时，尤其是这样。因为转移阻抗可能并不低，事实上，还可能高于没有衬垫时的转移阻抗。

那些加工形状适合隔板连接器法兰和外壳壁之间配合的衬垫是很有用的。下面介绍一种使用连接器衬垫的经验。

连接器的衬垫是用泡沫硅酮材料加工的，具有垂直的蒙乃尔（monel）合金丝（针型衬垫材料）。那些合金丝穿入到外壳和连接器法兰的金属表面里。在该例中，连接器安装在一个大型机架上。连接器是军标 MIL – STD 型的，具有导电的镀镉涂层。在不使用时，镀镉盖子上的螺钉将连接器覆盖上。当盖子在一定位置时，用小型磁场探头测量连接器和盖子的辐射。取下衬垫，依靠连接器和外壳之间金属与金属的接触，可减少辐射电平 7 ~ 13dB。最可能产生磁场的是共模噪声电流，它通过连接器触针的电容流向外壳电容，并通过衬垫材料中少量的垂直合金丝所呈现的阻抗扩散。将电缆连接到连接器上并测量 30 ~ 100MHz 范围内电缆的电场辐射，与没有衬垫材料相比较，表明有衬垫材料时，电场辐射增加量在 6 ~ 10dB 之间。在这个实例中，辐射显著的减少是通过在外壳内对导线附加屏蔽层来达到的。该屏蔽层连接到外壳的内外侧，便增加了导线对外壳的电容，它能有效地将噪声电流分流到外壳而减少连接器中的电流。在另一些试验中，有衬垫材料时电缆辐射的增加是由于电缆屏蔽层内侧和外壳内外侧的电流在衬垫两端间的电压降造成的。

图 6-114a ~ f 进一步说明了选择适当的衬垫的重要性以及避免使用衬垫的重要性，这些图选自参考文献 [16]。在转移阻抗试验装置中，试验面板面积 $20cm^2$，它包括了一个 $10cm^2$ 的孔径。用 8 个 #10/32 的螺钉向受试衬垫施加压力。除了衬垫材料以外，还对试验号为 101/201 和 102/202 的非导电氯丁橡胶板样品作了试验。在图 6-114b 中，可以在氯丁橡胶垫片的试验中看出紧固件间距对转移阻抗的影响。正如预计的那样，紧固件的数目越多，转移的阻抗就越低。在法兰上只有两个螺钉情况下，缝隙谐振大约为 380MHz，测到的转移阻抗增加到 $1000\Omega/cm$。黄铜板的电阻比铝板低，所以铜板和无衬垫或垫片的转移阻抗比铝

板低。在图 6-114c 中，在 1MHz 以下，蒙乃尔（monel）合金 195、203 和 204 衬垫并没有比氯丁垫片好多少，在 100MHz 以下，两种材料也不比裸露的铝 - 铝接合好。在图 6-114 中，从 0.1MHz ~ 1GHz 掺银橡胶 Xecom 和针型衬垫都比裸露的铝 - 铝接合处更差。不锈钢螺簧几乎和无衬垫的转移阻抗相同。因此，这些垫片材料中没有一种可以被推荐用于裸露的金属对金属的接触使用。根据图 6-114e，与黄铜板一起使用的掺银橡胶衬垫 Xecom 直到 60MHz以上才显示出比不使用衬垫好的表现，而在 650MHz，它的转移阻抗比完全没有衬垫情况下的转移阻抗要低 27%。如图 6-114f 所表明的，与没有衬垫相比，唯一显示转移阻抗显著减少的衬垫是 Sn/Be/Cu（锡/铍/铜）螺簧，无论是单排的还是双排的。对于铝板或黄铜板来说，在 100MHz 时，Sn/Be/Cu（锡/铍/铜）螺簧衬垫具有的转移阻抗是无衬垫黄铜板的1.7%，是无衬垫铝板的 0.3%。当间隙必须填塞时，螺簧和 Be/Cu（铍/铜）指压簧是选用的衬垫，甚至在需要环境密封的场合，在衬垫下的长度方向上，两种类型的衬垫都备有橡胶条或泡沫条。

在寿命测量中，不锈钢螺簧在贮存一年后，转移阻抗的增加量是极小的，虽然镀锡铍螺簧衬垫的转移阻抗增加最多可以乘以系数 8，但一年后的转移阻抗仍然是不锈钢螺簧材料转移阻抗的 1/100。图 6-104 说明没有衬垫的外壳啮合表面电阻与磁场衰减之间有密切的关系。然而，参考文献 [28] 发现使用衬垫时，用屏蔽和表面处理过的铱板、锡板、镉板或镍板等作盖板，经过一年老化后，表面接触电阻的变化对转移阻抗，从而对衰减只有很小的影响。此外，在用铍铜改善 SE 时，衬垫材料是非常重要的考虑因素，像在其他的研究中所见到的，显著优于其他的试验材料。

试验编号		衬垫材料	宽度/cm	厚度/cm	方形	圆形
有黄铜	有镀铬铝					
面板1	面板	实心黄铜板	·	0.32	·	·
·	2	实心(镀铬)铝板		0.25	·	·
100	200	没有使用衬垫	·	·	·	·
101	201	氯丁橡胶(非导电)板	0.64	0.24	×	
102	202	氯丁橡胶(非导电)板	0.64	0.48	×	
103	203	蒙乃尔丝网(压紧)	0.64	0.48	×	
104	204	蒙乃尔丝网(压紧)	0.64	0.32	×	
105	205	硅泡沫内芯覆蒙乃尔	0.64	0.32		×
106	206	不锈钢螺簧	0.36	0.36		
107	207	镀锡铍铜	0.36	0.36		×
108	·	浇两层锡的铍铜簧	0.72	0.36		×
109	209	展延的蒙乃尔包层	1.0	0.36		
110	210	掺银橡胶	2.5	0.16		
·	300	0.32cm铝蜂窗	15.0	1.25	×	

图 6-114

a）衬垫测试样品

（摘自 Madle, P. J., Transfer impedance and transfer admittance measurement on gasket panel assemblies and honeycomb air vent assemblies, *IEEE International Symposium on EMC*, 1976. © 1976, IEEE.）

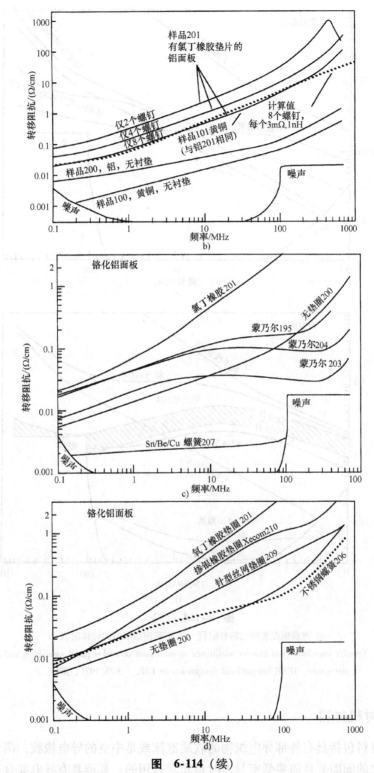

图 6-114（续）

b）无衬垫和有氯丁橡胶衬垫时的转移阻抗　c）有铝面板时的转移阻抗　d）有铝板时的转移阻抗

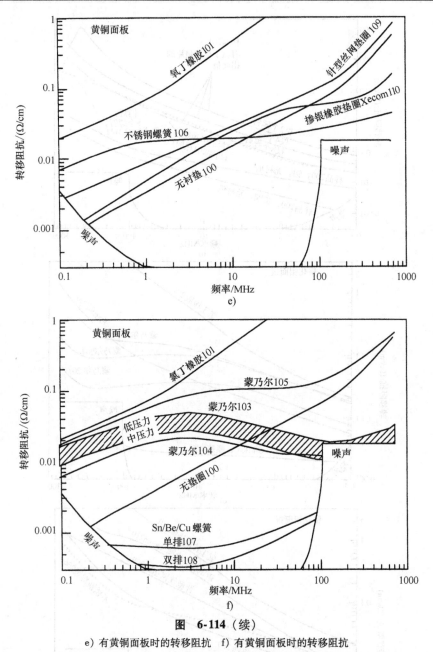

图 6-114（续）

e）有黄铜面板时的转移阻抗　f）有黄铜面板时的转移阻抗

（摘自 Madle，P. J.，Transfer impedance and transfer admittance measurement on gasket panel assemblies and honeycomb air vent assemblies，IEEE International Symposium on EMC，1976. 1976，IEEE.）

6.6.4　现代衬垫材料

现代衬垫材料包括具有外部导电织物的软质泡沫或是中空的导电橡胶，两者都具有黏合剂，当存在较大的间隙并且需要低密封力时是非常有用的。其他具有导电黏合剂背衬的导电塑料片材料也是可用的，它们可以被切割成所需的长度和宽度。

这些材料很多已经使用了 SAE ARP1705 中描述的 1705A 测试夹具进行了测试。

测试夹具的表面用 Alodine 涂层进行钝化。

可压缩的衬垫被压缩了大约 66%，也就是到原始高度的 34%。

低压缩或不可压缩衬垫上施加的压力由 Pressure Metrics LLC（531 Route 22 East, Suite 323, Whitehouse Station, NJ 08889）公司友情提供的富士胶片压力测量膜来测量，并且压力大小大约 150psi。

衬垫类型和试验数据见表 6-23。

表 6-23　材料测量

#	宽度/mm	高度/mm	总长/mm	压缩或压力	描述
1	9	5	0.294	66.6%	导电弹性体，空心 D 形
2	9	N/A	0.28	150psi	带导电胶的碳填充多孔 PTFE（Gore GS21000 -010）
3	9	N/A	0.292	150psi	带导电胶的镀镍导电聚氨酯泡沫（Gore GS8000 -063）
4	9	6	0.284	62%	用胶带黏合在泡沫上的导电织物
5	9	N/A	0.242	150psi	软质聚氨酯泡沫中的镀银纤维。无黏合剂

每个衬垫的传输阻抗（Ω/cm）如图 6-115 ～ 图 6-119 所示。采用 1705A 测试夹具，用 50Ω 电阻器代替短路来测量 DC 电阻，显示出与传输阻抗有良好的相关性。

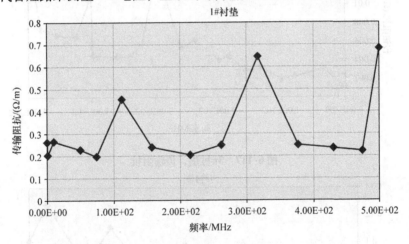

图 6-115　1#衬垫，传输阻抗

6.6.5　带有衬垫填缝的外壳的屏蔽效能

参考文献 [29] 引入了填缝的"有效传输宽度"（Effective Transmission Width, ETW）的概念。ETW 可以从填缝的转移阻抗得到。因此，假定通过填缝的功率损耗小于相对于壳体壁的损耗，就可以得到外壳上填缝的屏蔽效能。

式（6-31）给出有填缝的外壳的屏蔽效能。屏蔽效能正比于外壳的容积，这对于在式（6-29）中表示外壳的磁场屏蔽效能是正确的。屏蔽效能反比于外壳的 Q 值，在此，Q 是在外壳中所有谐振模式所存储的能量与无损耗所存储的能量之比。当与空（高 Q）外壳相比是充满电子元件时，外壳的 Q 值减小。屏蔽效能也反比于衬垫的长度和衬垫转移阻抗幅值的二次方。

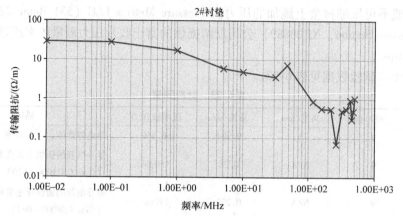

图 6-116 2#衬垫，传输阻抗

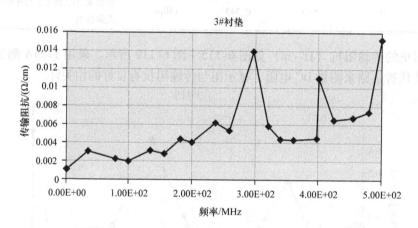

图 6-117 3#衬垫，传输阻抗

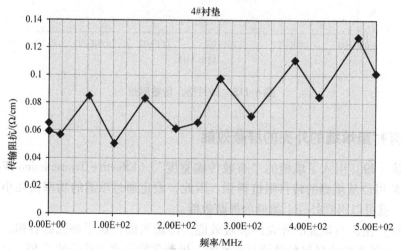

图 6-118 4#衬垫，传输阻抗，ohms/cm

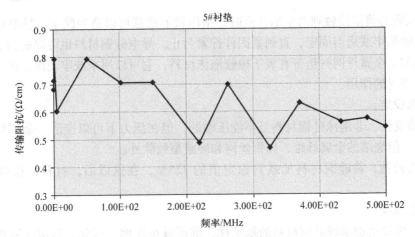

图 6-119 5#衬垫，传输阻抗

此外，如我们已看出的，屏蔽效能也与在外壳内所测场的位置有关：

$$\mathrm{SE} = \frac{3Z_{\mathrm{w}} V}{4 l_{\mathrm{g}}} \times Q \mid Z_{\mathrm{t}} \mid^2 \tag{6-31}^{\ominus}$$

式中　Z_{w}——波阻抗（Ω）；

　　　V——外壳的容积（m^3）；

　　　l_{g}——衬垫的长度（m）；

　　　Q——在外壳内所有谐振模式所存储的能量与无损耗所存储的能量之比。

6.6.6　影响衬垫选择的因素

下列是一些正确选用衬垫材料的重要因素：

1）电场、磁场或平面波需要衰减的电平。

a）最大载流要求，材料的电阻。除了屏蔽以外，衬垫材料的一种用途是为噪声电流提供低阻抗路径。在遭遇雷击或 EMP（电磁脉冲）事件（EMP 的典型电流密度是 3A/mm）时，只有某些材料才能承载强电流。

b）间隙容差。当要填充的间隙没有显明出固定的深度，则可压缩的材料首选为指压簧，接着是金属丝网，末了是覆盖导电布的泡沫衬垫。

c）打开孔隙的频次。当门或可移动的平板经常打开时，那么，显而易见的选择是用在屏蔽室门上的指压簧材料。含金属丝网的硅铜泡沫塑料也可以使用。将泡沫条粘贴到一个啮合面，虽然似乎可行，但经验已表明确保在衬垫金属丝网和外壳之间不使用黏合剂是重要的。

d）紧固件大小和间距。两个紧固件之间的距离必须足够小，以避免在金属板材内产生任何皱缩而在衬垫和外壳之间形成缝隙。在有高导电涂层的厚材料上的紧固件，若其间距紧密就可以不用导电衬垫！

e）安装方法。指压簧衬垫材料可以焊住或用金属条螺钉或铆钉将其固定在适当地方或夹在机架或门的边缘上（在指压簧夹片上常常包含许多小的凹槽沿着机架边缘与小孔啮

$\ominus$　式（6-31）中的 Z_{t} 表示转移阻抗。——译者注

合）。当指压簧的簧指接触到两个啮合面时，指压簧的底部可以适当胶牢。导电硅铜材料也可以用导电胶粘牢或适当固定，直到紧固件拧紧为止。导电硅铜材料也可以适当成形来填充外壳上的缝隙。金属丝网衬垫带有氯丁橡胶泡沫材料，它可以用来胶牢表面，因为泡沫材料可起到环境密封的作用。

2）压缩设定。

a）压缩变位。非泡沫硅铜材料是不能压缩的，但在压力下可以变形。金属丝网衬垫通常可以压缩，但烧结的金属纤维，硅铜丝网和屏蔽型线除外。

b）应力松弛。将硅铜材料加载到额定值的 125%，在这以后，材料将松弛到额定负载值。

3）抗张强度。

a）伸长可以增加承载硅铜材料的抵抗性，继而减小压缩。因此，利用压缩挡块或沟槽中加衬垫材料将伸长限制到 10%。

b）温度范围。从 55～125℃大多数硅铜材料都性能良好。

c）除气。在对材料作除气试验过程中，通常就可以实现除气。对于硅铜导电衬垫，当在 10^6 torr⊖的压强和 125℃温度下，试验 24 小时，一些典型值是：总的质量损失为 1% 或更小，收集到可凝结的挥发性物质为 0.1%。

d）气体渗透性。对于加载硅铜材料，这个特性通常比基底材料小。

e）可燃性。大多数衬垫材料会燃烧但能自灭。

f）耐霉性。大多数衬垫材料会生霉，但不会发生内部变化。

4）成本。

腐蚀、氧化、金属相容性。不同金属的接触会产生腐蚀。腐蚀的程度与大气中的水分含量和冷凝的发生率有关。

6.7　波导衬垫

在波导的法兰之间常常有衬垫材料。使用导电合成橡胶型衬垫的原因是：

1）增加波导压力，以增加它的峰值功率保持能力。

2）隔断外界环境，灰尘或水分。

3）通常顺便对缝隙电磁密封，可减小电磁辐射。

有两种基本类型的导电合成橡胶。一种是扁薄型衬垫，它作为垫片放在两个波导法兰表面之间。另一种是 O 形或 D 形衬垫，它放置在其中一个法兰表面的槽中。通过导电合成橡胶衬垫，在两个法兰表面之间和在衬垫材料和法兰之间形成导电的金属对金属的连接。O 形和 D 形衬垫适用于波导管的阻波法兰和有槽接触法兰。若扁薄型合成橡胶衬垫放置在两个法兰表面之间，然后向上扭转它，衬垫材料将在缝隙外冷变形。这导致材料进入到波导的开口而实际上导致形成宽松的缝隙，这将既不能加压密封也不能在电磁上密封。代替用固体合成橡胶的罩式法兰和扁平接触法兰衬垫是从含有多孔金属网钢筋的板材中冲切出来的，能消除合成橡胶材料的冷变形。对于高压，大功率应用方面，这种型式的衬垫在波导中的膜片周

⊖　1torr = 133.32Pa。——译者注

围可提供稍微上升的盖板。可以买到标准的波导衬垫。它适配标准的 UG、CPR 和 CMR 法
兰，常规衬垫可以加工成适用于 WR10 ~ WR23000 范围内的波导。使用镀银的黄铜丝网衬垫
可以加到阻波法兰的槽中。曾报道过用细金属线丝网衬垫的一个问题是在强电流情况下，该
衬垫可能燃烧，这种型式的衬垫的功率处理能力仍未得到证实。导电合成橡胶衬垫材料中没
有一种显示出衬垫接触阻抗低于预估的金属对金属的法兰阻抗，在一个案例中，衬垫接触阻
抗高出 390 倍。但是，可以买到的波导衬垫中没有一种是单独用合成橡胶来密封缝隙，以形
成一种附加的金属对金属接触，Tech - etch 公司氯丁橡胶或含铝硅铜和蒙乃尔衬垫中的
硅铜。

　　Parker seals 公司加工一种按模型仿造的嵌在金属护圈里的非导电衬垫。这些衬垫的主
要用途是允许给波导增压或从环境上密封波导。根据 Parker 公司的测量值，在 2.6 ~ 3.6GHz
频率范围，纯导电塑料的法兰 RF 电阻是最高的，浸渍金属丝网衬垫法兰的 RF 电阻稍低，
而金属对金属法兰衬垫的阻抗是导电塑料阻抗的 1/9。将编织金属丝网衬垫加到一个 O 形环
槽内，只比金属对金属法兰衬垫的阻抗略低。阻抗最低的是含化学薄膜 CL3 的 Parker 滚花
铝衬垫。这种衬垫的 RF 阻抗是裸露的金属对金属法兰衬垫 RF 阻抗值的 1/4 ~ 1/7，因此这
种衬垫能使波导缝隙产生的泄露电平最低。细齿型金属衬垫在减小 RF 电阻方面如此成功的
最可能的原因是狭长的隆起部分受到极大的压力，因为细齿的表面积低，有可能冷变形或被
焊入到邻近法兰材料中去。Parker seals 公司的非导电合成橡胶部件的用途是为了环境密封
或压力密封；若这些都不需要，那么使用无合成橡胶的法兰密封垫甚至可能更好。在脊形衬
垫上的涂层也会影响接触电阻率，从而也影响 RF 阻抗。使用有化学薄膜 CL3 的横向有脊的
黄铜衬垫可得到最高的接触电阻率，有次低的电阻率的是无涂层（裸黄铜）衬垫，接下去
依次是镉、金和银。若波导缝隙沿着法兰的边缘泄露，在有衬垫和无衬垫的情况下，可以用
导电填缝料、导电胶或掺银黄油膏来填满间隙。尽管环氧树脂体积电阻率相对高，约为
$2m\Omega/cm$，但已经有报道在波导法兰缝隙的外部涂上掺银环氧树脂可将辐射减少达 20dB。掺
银环氧树脂有效性的最可能的原因是材料进入到法兰面外部两个表面中的微间隙中，尽管电
导率差，但在 2 ~ 12GHz 频率范围环氧树脂的趋肤深度足够小，以致实际上所有的电流都在
环氧树脂内表面流动。另一种方法是沿着波导的长度在一些电流最小的位置上配置波导法兰
或波导元件，其仅能应用于含有驻波的波导横截面。像减小辐射一样，缝隙阻抗两端的电压
降因此减小了。在波导壁上存在的横向电流在接头处两端并不产生电压。

6.8　导电表面处理、直流（DC）电阻和腐蚀对衬垫材料的影响

　　潮湿常常会增加腐蚀和氧化，因而会增加材料和表面处理的 DC 电阻。从参考文献
[13] 得到的表 6-24 表明初始的 DC 电阻以及在相对湿度为 95% 的条件下经过 400h 和
1000h 后的变化情况。

　　没有间隙的接头 DC 电阻是阻抗的良好的指标，因为其电感很小，根据测量，接触阻抗
跟随电阻变化。按双线测量法用市售的大多数万用表不可能做出任何对低值的 DC 电阻重复
性的测量，这是由于测量探头存在接触电阻。应采用在有关搭接的 8.7.4 节中叙述的四线测
量法。这时，两个连接在一起的金属板之间有电流的流动。应通过两个宽的接触点来注入电
流，在此，可以使用导电胶铜箔条。然后将电压测量接触点设置在接头处或缝隙处，则 DC

电阻是测到的电压与注入电流之比。因为电压测量接触点不供应电流，所以接触阻抗的影响大大地减小。

表 6-24　某些材料的实测电阻值

材料	防护层	电阻/mΩ		
		初始值	400h, 95% 相对湿度	1000h, 95% 相对湿度
铝				
2024	包层/包层	1.3	1.1	2.0
2024	仅洁净/仅洁净	0.11	5.0	30.0
6061	仅洁净/仅洁净	0.02	7.0	13.0
2024	轻铬酸转换/相同	0.40	14.0	51.0
6061	轻铬酸转换/相同	0.55	11.5	12.0
2024	重铬酸转换/相同	1.9	82.0	100.0
6061	重铬酸转换/相同	0.42	3.2	5.8
钢				
1010	镉/镉	1.8	2.8	3.0
1010	镉-铬酸/相同	0.7	1.2	2.5
1010	镉-铬酸/银/银	0.05	1.2	1.2
1010	锡/锡	0.01	0.01	0.01
铜	仅洁净/仅洁净	0.05	1.9	8.1
铜	镉/镉	1.4	3.1	2.7
铜	镉-铬酸/相同	0.02	0.4	2.0
铜	银/银	0.01	0.8	1.3
铜	锡/锡	0.01	0.01	0.01

用铬化镀层钝化的接头两端电阻实测值在 $10\sim100\mu\Omega$ 范围，而用拉铆钉将两块重铬酸锌钝化板固定在一起，接头阻抗显示出的 DC 电阻为 $1.5\sim2m\Omega$。在全部的接头，缝隙、连接器外壳、面板等接触表面上都不应进行阳极氧化处理，无论是硬炭黑还是透明的。因为这种涂层实际上是绝缘材料。透明的阳极氧化处理的整个导电表面的表面电阻率的测量平均值为 $5\times10^{11}\Omega/cm$，它甚至还不足以促进静电放电。当外壳必须作阳极氧化处理时，要将那些形成接头的表面，面板或门接合处的表面，或使连接器外壳啮合的那些表面遮盖起来。在阳极氧化处理之后，要对这些表面涂刷铬化镀层。涂刷铬化镀层的工艺是使用一个常用于作局部铬化镀层处理的刷形电极来进行电镀。

图 6-104 说明接合面低接触电阻的重要性，可以看出 DC 缝隙电阻的为 $1.5m\Omega$ 的面板比 DC 电阻为 $30\mu\Omega$ 的面板的磁场衰减要小 50dB。

面积、表面电阻率和对接合面的压力对接触电阻有影响。从参考文献［30］得到表 6-25，它表明裸露的铝合金或镀层铝合金的接触电阻情况。对有专利权的 5 种类型的转化涂层进行测量，有 3 种属电镀，有 2 种属联合化合物。测量结果是：与裸露的铝相比较，电镀减小了接合面的接触电阻，而铬酸盐转化涂层一般会增加接触电阻。铬酸盐涂层接触电阻会随着测试和样品的不同在很宽的范围内变化。从一个周期到另一个周期的压力周期性变化也会影响接触电阻，因为电镀保持着合理的稳定性，而涂层表明有随机性的结果。与电镀层接触的转化涂层比有 2 种转化涂层的接合面显示出更低的接触电阻。图 6-120 表明全部电解镀镍的表面粗糙度方均根值为 32 的 6061/6061 材料其接触电阻随压力增加而减小的典型情况。

已经测到比表 6-25 中的铬化镀层接触电阻更低的接触电阻，对于 $5.4cm^2$ 的表面，接触电阻为 $60\mu\Omega$。可以采用不同的成分，因此总是规定最低电阻的方案。表 6-26 表明了铜带和环氧树脂的接触电阻。注意：大多数这类数据具有不同的接合处面积，压力也是未知的。但是，可以发现这些材料有很高的接触电阻。

表 6-25　在 300PSI 的条件下，6061 – T6 和 7075 – T6 的接触电阻（mΩ）（初期压力循环）

涂料和表面粗糙度	6061—T6/6061—T6 样品，接合处面积/in²			6061—T6/7075—T6 样品，接合处面积/in²		
	10	5	2.5	10	5	2.5
裸铝—研磨	0.443	0.531	0.305	0.288	0.264	1.122
裸铝—32RMS	—	0.078	—	—	0.072	—
裸铝—18RMS	—	0.126	—	—	0.072	—
Alodine 1200—研磨	4.55	37.1	17.9	6.47	24.7	63.8
Alodine 1200—32RMS	—	24.3	—	—	34.7	—
Alodine 1200—64RMS	—	36.8	—	—	8.9	—
Alodine 1500—研磨	0.639	5.80	23.4	5.89	5.06	4.82
Alodine 1500—32RMS	—	2.14	—	—	14.7	—
Alodine 1500—64RMS	—	13.1	—	—	7.79	—
Alodine 600—研磨	5.87	21.6	12.4	8.4	14.9	24.6
Alodine 600—32RMS	—	10.4	—	—	13.9	—
Alodine 600—64RMS	—	10.8	—	—	7.9	—
锡—研磨	0.008	0.010	0.013	0.001	0.003	0.001
锡 32RMS	—	0.009	—	—	0.001	—
锡 64RMS	—	0.012	—	—	0.001	—
Oakite—研磨	20.0	14.5	14.8	20.2	32.1	44.8
Iridite—研磨	1.12	25.6	74.8	28.5	13.8	35.2
铬—研磨	0.019	0.016	0.050	—	—	—
铬—32RMS	—	0.017	—	—	—	—
Alodine1200/tin—研磨	0.332	0.249	0.539	0.606	1.01	0.715
Alodine1200/tin—32 RMS	—	0.336	—	—	—	—
Alodine1200/tin—64 RMS	—	0.090	—	—	—	—
镍电解液—研磨	0.009	0.023	0.035	0.023	0.006	0.016
镍电解液—32RMS	—	0.027	—	—	0.006	—
镍电解液—64RMS	—	0.029	—	—	0.008	—
镍涂刷—研磨	0.010	0.011	0.008	—	—	—
镍涂刷—32RMS	—	0.013	—	—	—	—
镍涂刷—64RMS	—	0.009	—	—	—	—
EJC	—	0.193	—	—	—	—
ALONOX	—	0.018	—	—	—	—

（来源：Kountanis，B.，Electric contact resistance of conductive coatings on aluminum. *IEEE Electromagnetic Compatibility Symposium Record*，1970.）

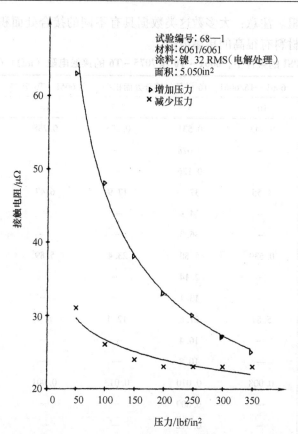

试验编号：68—1
材料：6061/6061
涂料：镍 32 RMS（电解处理）
面积：5.050in²

▷ 增加压力
× 减少压力

图 6-120 全部电解镀镍的 6061/6061 材料的接触电阻随压力增加而减小的关系曲线

表 6-26 涂层、衬垫、胶带和黏合剂典型的接触电阻

材　料	说明	接触电阻/mΩ	面积/cm²
Eccobond 钎焊 57C	室温下处理	201 ~ 218	1
Chomerics 584-29 掺银环氧树脂	室温下处理	106 ~ 268	1
有肋铜胶带，非导电黏合剂	中等指压	13	19
	24h 后	9.4	19
	全压	37	19
	低压	11.7	19
Spraylat 599—A8219—1 铜导电涂料	厚度 = 2mil	16.8	8.82
有导电黏合剂的 Scotch 3M 胶带		11.7	19
覆在氯丁橡胶垫圈上的导电纤维	压缩到 2mm	550	1
铍铜指压簧衬垫	压缩到 2mm	159	1
覆在氯丁橡胶上的多层紧密丝网	压缩到 2mm	105	1
镀锡弹簧钢指压簧	压缩到 2mm	8	1

　　由于结构上的一些理由，镁压铸件已普遍应用，与较早的工业合金比较，高纯度镁铸件合金 AZ91D 和 AZ91E 已显示出其能抵抗盐水腐蚀。表 6-27 表明对高压压铸铝 AZ91D 作不

同的导电处理并暴露在潮湿条件之后，$1in^2$ 表面的接触电阻（单位：$\mu\Omega$）的数据。试验标号#1，#20 和#21，都以酸性铬为基底。中性铬酸盐，如重铬酸盐和稀释的铬酸液的电阻率有几万微欧，所以应避免使用。铝表面上的重铬酸锌也比电镀锌产生明显高的电阻率。

表 6-27　AZ91D 作导电处理后的接触电阻/（$\mu\Omega/in^2$）（表面）

处　　理	循环湿度暴露的表面电阻		
	初始	21 天	50 天
研磨	70～140	140～340	不稳定的
#1 铬酸盐清洗 MIL—M—3171 ASTM D 1732	140～200	90～180	90～130
#18 磷盐酸盐清洗	不导电	不导电	不导电
#20 改进的铬酸盐清洗	150～220	130～170	90～150
#23 锡酸盐浸渍	90～160	120～320	70～118
#21 硝酸铁发亮清洗	50～130	90～120	10～50

在金属电化序列中越接近的金属，其腐蚀的概率就越小。图 6-121 表明用于屏蔽的普通金属的标准电位。由于在电位序中两金属之间有很大的距离，预期银和铝之间的腐蚀电位就高。根据实测值，两块铝板之间的掺银硅铜合成橡胶在盐雾大气中的腐蚀并不过度，这也许因为衬垫材料比纯银有更高的电阻，也可能因为衬垫材料将密封接合处来抵挡潮气的侵入。但是，在与经铬化镀层处理过的铝接触一年之后，测到的掺银硅铜材料的转移阻抗约从 $10m\Omega/m$ 增加到 $5\Omega/m$。在设计用于太空的设备中，由于没有大气，预期转移阻抗变化可忽略不计。然而，在地面应用中，在对衬垫材料做出选择时，应考虑转移阻抗可能有很大的增加。

与铬化镀层面板、镀镉面板和镀镍面板接触超过一年的镀锡钢皮、不锈钢螺簧和镍网衬垫显示出转移阻抗的增加非常小。

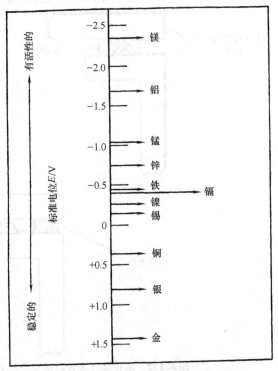

图 6-121　普通金属电化序中的标准电势

在参考文献 [27] 中，与稳定的镀铜铝质法兰接触并暴露在二氧化硫盐雾中达 192h 的 Ag–Cu（银–铜）衬垫的 SE 并没有显著的变化。类似地，与稳定的镀铜铝质法兰啮合并暴露在二氧化硫盐雾中达 192h 的镀银填铝氟硅铜（Ag–Al）衬垫的 SE 降低不超过 14dB。衬垫的体积电阻率由暴露前的 $0.008\Omega cm$ 增加到暴露后的 $0.014\Omega cm$。但是，镀镍填石墨氟硅铜（NiGr）衬垫材料暴露在 SO^2（二氧化硫）中达 192h 之后，其 SE 降低达 36dB，因此，在有些频率上，NiGr 衬垫比没有衬垫和有非导电压缩挡块，即结合面有缝隙的法兰的屏蔽效能仅高出 24dB。NiGr 衬垫的体积电阻率变化很大，变化范围从 $0.085 \sim 0.372\Omega \cdot cm$。

在测试中使用的铜涂层是两部分的氨基甲酸乙酯涂层，它含有稳定的铜填料，铜抗腐蚀剂或铝抗腐蚀剂和无机颜料，将它加到军标 MIL – C – 5541 涂层中，这种类型的铜涂层显示的初始 SE 比根据 MIL – C – 5541，3 级仅用转化涂层涂覆的样品要高出 10～20dB。镀以 Ag – Al（银–铝）的两类衬垫在盐雾中 1000h 后显示出 SE 有些降低。

图 6-122 表明阻止潮气进入衬垫导电部分的方法，从而减小腐蚀概率的情况。衬垫材料制造商有很多，其中某些厂商的情况介绍如下：提供衬垫材料信息：Chomerics Ltd.，77 Dragon Court，Woburn，MA 01801。Chomerics 出版 EMI/RFI 衬垫设计手册和衬垫样本。Tech – etch Ltd. of 45 Aldrin Road，Plymouth，除生产合成橡胶外还生产金属丝网衬垫和系列铍铜指型材料。Tecknit 也制造各式各样的衬垫材料和电源，实用 EMI 屏蔽设计指南和样本可向 Tecknit 索取，地址为 129 Dermody Street，Cranford，NJ 07016。Instrument Specialities 是另一家指压簧材料供应商。制造不锈钢和镀锡铍铜螺簧衬垫材料的公司是 Spira，在 12721 Saticoy St. So.，Unit B，No. Hollywood，CA 91605。

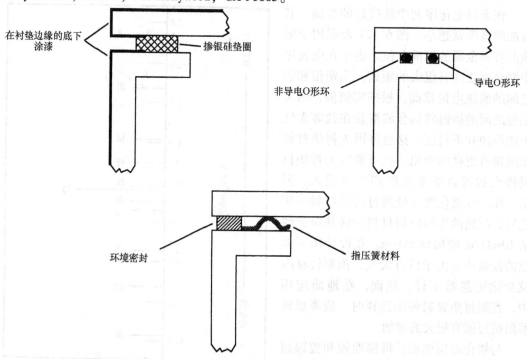

图 6-122 阻止潮气进入衬垫导电部分的方法，从而减小腐蚀的概率

粘接到泡沫塑料上的镀银导电尼龙防破裂织物的制造商是：
Schlegel，地址为 P. O. Box 23197，Rochester，NY 14692

波导衬垫 O 形环和压制衬垫的制造商是：
Parker Seals，地址为 10567 Jefferson Blvd.，Culver City，CA 90230

两家电路板屏蔽体的制造商是：
Leader Tech，地址为 14100 McCormick Drive，Tampa，FL 33626，

Boldt Metronics International，地址为 345 North Erie Drive，Palatine，IL 60067。

6.9　实际的屏蔽和对屏蔽效能的限制

迄今为止，对于屏蔽的讨论都假定采用全封闭的盒
子和机壳等，尤其是经常在 PCB 之间或将机壳分成隔
间，都采用薄金属平板，它们的周边不完全连接到机壳
的内外侧。图 6-123 表明插入在 PCB 之间的金属平板，
PCB 是一种发射源也含有敏感电路。该发射源很可能是
由于沿着电流环路流动的开关电流而形成的，因而是磁
场源。

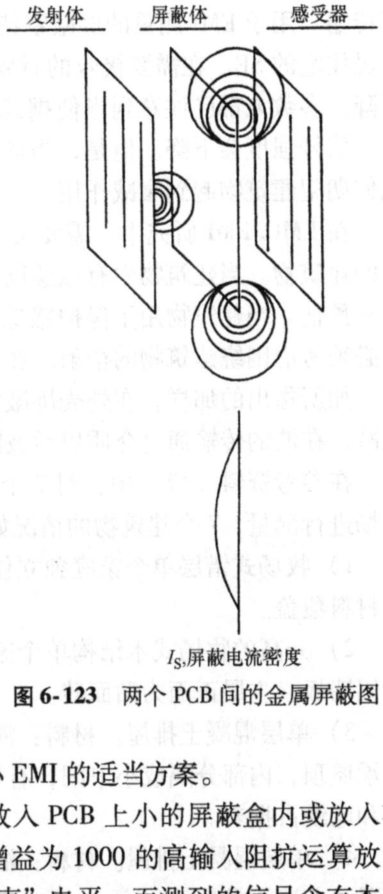

在将要屏蔽的感受器电路或 PCB 印制线是一块位置
接近该 PCB 中心的小区域的场合，则所述的屏蔽方法可
能是足够了。但是，若金属平板接地，不论是通过感受
器板上的接地走线接地还是通过一段导线到机壳接地，
则 EMI 情况都可能恶化，这或是由于感受器 PCB 地线
中噪声电流的增加，或是由于接地线产生辐射所致。若
两块板之间的距离保持不变而金属平板连接到感受器板
上的信号地线，由于更接近发射源将会对金属平板的耦
合更大，潜在的 EMI 可能再增加。

若金属平板的周边不可能连接到机壳的内外侧，那
么根本没有理由将它接地。在有金属屏蔽和没有金属屏
蔽的情况下增加发射源和感受器板之间的距离可能是减小 EMI 的适当方案。

对于低电平高输入阻抗电路，可能要求将敏感电路放入 PCB 上小的屏蔽盒内或放入有
屏蔽的输入电缆、输出电缆及电源电缆的盒内。例如，增益为 1000 的高输入阻抗运算放大
器电路用于增大由噪声源二极管产生的"粉红（色）噪声"电平。而测到的信号含有本地
AM 发射机产生的相干调幅信号。将铜箔层压薄片做成的外壳覆盖在电路上，再把屏蔽体连
接到电源接地减小干扰。但是，直到接地平面加到印制板印制线一侧的外壳下并在电气上连
接到元件一侧的外壳上，这样才成为一个完全的屏蔽体，干扰才得到抑制。

图 6-123　两个 PCB 间的金属屏蔽图

I_S,屏蔽电流密度

6.10　分隔

在涉及高电平噪声源或低电平模拟、视频或 RF 电路时，可能必须选择将敏感电路或噪
声源放入外壳内的隔间。正如屏蔽外壳一样，隔间的屏蔽效能可能因引入了含有噪声电压的
电源线或信号线而受到影响。隔间可考虑使用穿心滤波器。可以用移去滤波器的方法来评估
对滤波器的需要，在发现没有必要用那些滤波器时，就可以采用非滤波器型式的馈通线。

当隔间有缝隙时，由噪声源产生的电场电平和磁场电平可以用第 2 章的一些公式来计
算，要预估通过缝隙的耦合可以根据本章提供的一些公式，感受器电路的响应可以用第 2 章
叙述的方法来预估。

6.11 建筑物的屏蔽效能

屏蔽室用来达到特定的衰减电平，主要用于 EMI 测量和遏制保密电子信息泄露或限制其传输。用于 EMI 测量的屏蔽室特性将在第 9 章中讨论。本节我们调查以下商业建筑物和居民住宅的 SE。在需要接收的时候，不希望因为无线电信号在建筑物内传播而使信号强度下降。多数人都已注意到当便携式收音机从接近窗户的位置移到建筑物更里面的一个地方时，信号强度会下降。但是，当场源是具有干扰潜能的高电平广播发送、闪电或雷达波时，我们期望建筑物起到衰减作用。

在 EMC/EMI 研究中，需要关于各种类型建筑物的平均衰减数据，包括在辐射传播路径上的建筑物。当建筑物中有敏感设备时，入射到建筑物的场的大小可以根据场源的特性和距离来预估。当建筑物用于保护感受器免受场源的影响时，除了通过建筑物造成的衰减以外，还必须考虑围绕建筑物的衍射。在建筑结构四周的衍射和耦合将在第 10 章讨论。

如所指出的那样，在外壳屏蔽中，由于材料的原因，电场分量和磁场分量可能有不同的衰减，在波的传输通过介质以后波阻抗可能发生变化。

在参考资料 [17] 中，对 7 个不同类型的建筑物内部和外部对环境广播信号的电场和磁场进行测量，7 个建筑物的情况如下：

1）牧场式错层单个家庭独立住宅。材料：木结构，墙板为木板和砖，天花板用铝箔保温材料覆盖。

2）升高的牧场式木结构单个家庭独立住宅。材料：较低层为混凝土空心砖墙，较上层为铝墙板，主层正面为贴面砖。

3）单层混凝土排屋。材料：混凝土空心砖，有大型店面橱窗，结构为钢柱和工字钢梁支承屋顶，内部分隔成小单间，有可拆卸的钢件和玻璃。吊顶上面的空间有一大排管道、水管和电缆占据着。

4）单层混凝土排屋。材料：混凝土砖块、钢结构建筑物建造在钢筋混凝土板上。内部情况与上述 3 类似。

5）4 层办公楼。材料：钢结构，有预成形混凝土外墙板，有一面覆盖着金属外墙板。各楼地面是瓦楞钢板浇灌混凝土。内部情况与上述 3 类似。

6）4 层办公楼。材料：钢结构，用砖作外墙各露面瓦楞钢浇灌混凝土。内部情况与上述 3 类似。

7）20 层办公楼。材料：钢结构，外墙为大理石板，内部钢柱间隔约 7m，各楼面瓦楞钢浇灌混凝土，内部整洁，几乎没有内墙和隔墙。

建筑物的衰减电平与内部进行测量的位置有关。因此，测量是在每一幢建筑物内部许多不同的位置进行的。表 6-28 提供了测到的 7 幢建筑物的平均衰减、最小衰减和最大衰减的概况。

参考资料 [18] 提供了建筑物对 UHF（超高频）无线电信号衰减的测量情况。表 6-29 给出频率和建筑物类型对信号衰减的影响概况。根据测量的数据得出的平均衰减是 6.3dB。该表明必须从 6.3dB 中加上或减去这个修正系数，原因是频率、房间位置和建筑物结构中所用的材料对衰减有影响。

表 6-28　建筑物的衰减

建筑物	频率	H 场平均值/dB	H 场限值/dB	E 场平均值/dB	E 场限值/dB
1	20kHz	0	—	32	—
	1MHz	0	—	30	—
	500MHz	0	−5 ~ 3	0	−5 ~ 8
2	20kHz	3	—	22	12 ~ 33
	1MHz	0	−5 ~ 2	9	−8 ~ 34
	500MHz	10	2 ~ 20	12	7 ~ 20
3	20kHz	−1	—	—	—
	1MHz	3	—	18	—
	500MHz	8	−3 ~ 19	8	−3 ~ 15
4	20kHz	−3	—		—
	1MHz	12	5 ~ 25	28	12 ~ 28
	500MHz	8	—	10	—
5	20kHz	2[1]	—	—[1]	—
	1MHz	3[1]	—	22[1]	—
	500MHz	6[1]	—	3[1]	—
6	20kHz	3[1]	—	32[1]	—
	1MHz	8[1]	—	28[1]	—
	500MHz	10[1]	—	10[1]	—
7	20kHz	20[1]	—	40[1]	—
	1MHz	20[1]	—	35[1]	—
	500MHz	10[1]	—	10[1]	0 ~ 25[1]

[1]　在从距建筑物外墙 1m 处测量，距外墙 15m 处测到的值表明对于磁场衰减达到 35dB，对于电场衰减达到 50dB。在 20kHz ~ 500MHz 频率范围，活动住宅提供的衰减平均值为 28dB。

表 6-29　衰减修正因子

		修正因子[1]/dB
频率	2569MHz	1.160
	1550MHz	0.390
	860MHz（V）	−0.169
	860MHz（V）	0.140
建构	木边柜	−0.58
	砖板	0.58
绝缘	天花板吹动	−0.8
	天花板和墙	0.8
房间位置	外墙	−0.3
	非外墙	0.3

[1]　在平均衰减上的修正因子是加/减 6.3dB。

　　当发现安装在建筑物中的设备对大功率辐射发射源如发射机敏感时，可以证明 EMI 问题是边界性问题，因此几个 dB 的附加衰减可能就是消除 EMI 所需的全部结果。在这样的调查研究中，第一步是要证明耦合路径确实是辐射到建筑物内部的设备上而不在外部电源线或信号线上辐射或传导。第二步是要确保少量的附加屏蔽就是所需的全部结果。

　　提高建筑物衰减的一种方法是用导电涂料涂在建筑物上。在参考文献［19］中，混凝土墙或混凝土空心砖墙上使用镍粉丙烯酸导电涂料。涂上涂料之后测到的衰减在 100 ~ 350MHz，增加了 20dB，而对于雷电脉冲场衰减 16dB。可以使用金属丝网来达到窗户的附加屏蔽衰减，窗边的金属丝网要与导电涂料保持电气上的连接。用铜或金做涂层的透明塑料薄膜也能给窗户提供足够的屏蔽，但这是一种昂贵的措施。必须注意确保薄膜的导电边直接或通过金属窗框与涂料接触。

当需要比导电涂料能达到更高的屏蔽水平的时候，一种替代的方法是使用金属薄膜板与内墙或天花板焊接或用胶布带粘在一起。大地是电磁辐射的良好吸收体，因此，另一种可能的措施是把设备安装在地平面以下或沿着安装设备的房间周围筑起2m厚的墙。

参考文献 [37] 描述了钢筋混凝土的 SE 随水分含量，厚度，钢筋间隙，钢筋层数的不同而变化，其范围可以从 5 ~ 140dB！

6.12 评估屏蔽效能的计算机程序

```
'Program for evaluating shielding effectiveness
'Function for logarithms to base 10
DEF FNLOG(x)
FN LOG=LOG(x)/LOG(10)
END DEF
'Initialize constants for PI and speed of light as well as other
'parameters used in the program
C=3E+08
PI=3.14159
f=100:Gr=.35: Ur=1: R1=8.78: t=62.5: ANS$="H"
GOTO ComputeAttenuation:
AttenuationInputs:
CLS
PRINT "COMPUTATION OF SHIELDING ATTENUATION"
PRINT ""
PRINT "INPUTS:"
PRINT "[A] Compute H or E-field reflection", ANS$
PRINT "[F] Frequency, F"„ f; "Hz"
PRINT "[D] Distance from conductor, R1", R1; "inches"
PRINT "[T] Thickness of shield, t", t; "mils"
PRINT "[G] Relative conductivity, Gr", Gr
PRINT "[U] Relative permeability, Ur", Ur
PRINT "[X] Exit program"
PRINT "Please select variable you wish to change (A.B.etc)"
PRINT ""
PRINT "OUTPUTS:"
GOSUB Outputs1:
MonopoleLoop:
SEL$=INKEY$
IF LEN(SEL$)>0 THEN LOCATE 11, 1
IF LEN(SEL$)>0 THEN PRINT SPACE$(70)
LOCATE 11, 3
IF(SEL$="A") OR (SEL$="a") THEN INPUT "Enter H-field(H)/E-field(E)", ANS$
IF(SEL$="F") OR (SEL$="f")THEN INPUT "Enter Frequency", f
IF(SEL$="G") OR (SEL$="g")THEN INPUT "Enter relative conductivity", Gr
IF(SEL$="U") OR (SEL$="u")THEN INPUT "Enter relative permeability", Ur
IF(SEL$="D") OR (SEL$="d")THEN INPUT "Enter distance from conductor", R1
IF(SEL$="T") OR (SEL$="t")THEN INPUT "Enter thickness of shield", t
IF(SEL$="X") OR (SEL$="x")THEN END
```

```
IF LEN(SEL$)>0 THEN GOTO ComputeAttenuation:
GOTO MonopoleLoop:
ComputeAttenuation:
IF(ANS$="E")OR(ANS$="e")THEN ANS$="ELECTRIC(E-field)"
IF(ANS$="H")OR(ANS-"h")THEN ANS$-"MAGNETIC(H-field)"
LAMBDA=(C/f)*39.37'LAMBDA=wavelength in inches
Tcm=t*.00254'Shield thickness in cm for calculation
      'of skin depth
'Reflection of electric field
Re=353.6+.(10*FNLOG(Gr/(f^3*Ur*R1^2)))
'Reflection of magnetic field
Rm=20*FNLOG(((.462/R1)*SQR(Ur/(Gr*f)))+((.136*R1)/SQR(Ur/(f*Gr)))+.354)
'Absorption by shield
A=.003334*t*SQR(Ur*f*Gr)
'Metal impedance
Zm=369*SQR((Ur*(f/1000000!))/Gr)*.000001
'Wave impedance
GOSUB ComputeZw: 'Zw is different depending on whether one is looking 'at
magnetic or electric fields
K=((Zm-Zw)/(Zm+Zw))^2
'K is a function of Zw and is different depending on the type of field
as well
IF K<1E-09 THEN K=1E-09'Program sets minimum K at 1.0E-05
'The re-reflection, Rr, will be different depending on type of field sinc
'it is a function of K
Rr=20*FNLOG(1-(K*10^(-.1*A)*EXP(-.227*A)))
SEe=Rr+Re+A
SEm=Rr+Rm+A
GOTO AttenuationInputs:
Outputsl: 1
IF ANS$="ELECTRIC(E-field)"THEN GOSUB ElectricFieldOutputs:
IF ANS$="MAGNETIC(H-field)"THEN GOSUB MagneticFieldOutputs:
RETURN
ElectricFieldOutputs:
PRINT "Shielding Attenuation"„ SEe;"dB"
PRINT "Wave Impedance"„Zw;"Ohms"
PRINT "Re-reflection attenuation, Rr",Rr;"dB"
PRINT "Reflection of electric field,Re",Re;"dB"
PRINT "Absorption loss,A"„A;"dB"
PRINT
RETURN
MagneticFieldOutputs:
SkinDepth=.0066/SQR(Ur*Gr*(f/1000000!))
Zb=369*SQR((Ur*(f/1000000!))/Gr)*(1/(1-EXP(-Tcm/SkinDepth)))
Rrb=20*FNLOG(1-((((Zb*.000001)-Zw)/((Zb*.000001)+Zw))^2)*10^
(-.1*A)*EXP(-.227*A))
PRINT "Shielding Attenuation"„SEm; "dB"
PRINT "Wave Impedance"„Zw; "Ohms"
PRINT "Re-reflection attenuation,Rr",Rr;"dB"
PRINT "Re-reflection based on Zb,Rrb",Rrb;"dB"
PRINT "Reflection of magnetic field,Rm",Rm;"dB(Based on Zm)"
PRINT "Absorption loss, A"„A;"dB"
IF A > 10 THEN PRINT : PRINT "NOTE: For A > 10: A=10 in calculating Rr"
RETURN
```

```
ComputeZw:
IF (ANS$ = "MAGNETIC(H-field)")AND(R1 < LAMBDA/(2 * PI))THEN
    Z_w = (377 * 2 * PI * R1)/LAMDDA
END IF
IF (ANS$ = "ELECTRIC(E-field)")AND(R1 < LAMBDA/(2 * PI))THEN
    Z_w = (377 * LAMBDA)/(2 * PI * R1)
END IF
IF R1 > = LAMBDA/(2 * PI) THEN Z_w = 377
RETURN
```

参 考 文 献

1. J.R. Moser. Low frequency shielding of a circular loop electromagnetic field source. *IEEE Transactions on Electromagnetic Compatibility*, EMC9(1), March 1967.
2. A. Broaddus and G. Kunkel. Shielding effectiveness test results of aluminized mylar. *IEEE EMC Symposium Record*, 1992.
3. R.B. Cowdell. Nomograms simplify calculations of magnetic shielding effectiveness. *EDN*, September 1972, 44.
4. T. Sjoegren. Shielding effectiveness and wave impedance. *EMC Technology*, July/August 1989.
5. A.C.D. Whitehouse. Screening: New wave impedance for the transmission line analogy. *Proceedings of IEEE*, July 1969, 116(7).
6. D.R. Bush. A simple way of evaluating the shielding effectiveness of small enclosures. *IEEE EMC Symposium Record*.
7. L.O. Hoeft, J.W. Millard, and J.S. Hofstra. Measured magnetic field reduction of copper sprayed panels. *IEEE EMC Symposium Record*, San Diego, CA, September 16–18, 1985.
8. R.K. Keenan. *Digital Design for Interference Specifications*. The Keenan Corporation, Pinellas Park, FL.
9. M.P. Robinson, T.M. Benson, C. Chrisopoulus, J.F. Dawson, M.D. Ganley, A.C. Marvin, S.J. Porter, and D.W.P. Thomas. Analytical formulation for the shielding effectiveness of enclosures with apertures. *IEEE Transactions on Electromagnetic Compatibility*, August 1998, 40(3).
10. H. Bloks. NEMP/EMI shielding. *EMC Technology*, November/December 1986.
11. L.O. Hoeft and J.S. Hofstra. Experimental and theoretical analysis of the magnetic field attenuation of enclosures. *IEEE Transactions*, August 1988, 30(3).
12. L.O. Hoeft. How big a hole is allowable in a shield: Theory and experiment. *1986 IEEE EMC Symposium Record*, San Diego, CA, September 16–18, 1986.
13. E. Groshart. Corrosion control in EMI design. *Second Symposium and Technical Exhibition on Electromagnetic Compatibility*. Montreux, Switzerland, June 28–30, 1977.
14. A.N. Faught. An introduction to shield joint evaluation using EMI gasket transfer impedances. *IEEE International Symposium on EMC*, New York, September 8–10, 1982.
15. R.J. Mohr. Evaluation techniques for EMI seams. *IEEE International Symposium on EMC*, Atlanta, GA, August 25–27.
16. P.J. Madle. Transfer impedance and transfer admittance measurement on gasketed panel assemblies and honeycomb air vent assemblies. *IEEE International Symposium on EMC*, 1976.
17. A.A. Smith. Attenuation of electric and magnetic fields by buildings. *IEEE Transactions on EMC*, August 1978, EMC20(3).
18. P.I. Wells. *IEEE Transactions on Vehicular Technology*, November 1977, VT 26(4).
19. H.E. Coonce and G.E. Marco, *IEEE National Symposium on EMC*, April 24–26, 1984.
20. L.O. Hoeft, T.M. Sales, and J.S. Hofstra. Predicted shielding effectiveness of apertures in large enclosures as measured by MIL-STD-285 and other methods. *IEEE National Symposium on EMC*, Denver, CO, May 23–25, 1989.
21. L.O. Hoeft, J.W. Millard, and J.S. Hofstra. Measured magnetic field reduction of copper sprayed panels. *IEEE EMC Symposium*, Wakefield, MA, August 20–22, 1985.
22. L.O. Hoeft. The case for identifying contact impedance as the major electromagnetic hardness degradation factor. *IEEE EMC Symposium Record*, San Diego, CA, September 16–18, 1986.
23. F. Olyslager, E. Laermans, D. De Zutter, S. Criel, R.D. Smedt, N. Lietaert, and A. De Clercq. *IEEE Transactions on Electromagnetic Compatibility*, August 1999, 41(3).

24. B. Archamneault and C. Brench. Shielded air vent design guidelines from EMI modeling. *IEEE International Symposium Record*, 1993.

25. J.P. Quine. Theoretical formulas for calculating the shielding effectiveness of perforated sheets and wire mesh screens.

26. G.J. Freyer, J. Rowan, and M.O. Hatfield. Gasket shielding performance measurements obtained from four test techniques. *IEEE International Symposium on EMC*, 1994.

27. P. Lessner and D. Inman. Quantities measurement of the degradation of EMI shielding and mating flange materials after environmental exposure. *IEEE International Symposium on EMC*, 1993.

28. G. Kunkel. Corrosion effects on field penetration through apertures. *IEEE Electromagnetic Compatibility Symposium Record*, 1978.

29. IEEE Std 1302-1998. *IEEE Guide for the Electromagnetic Characterization of Conductive Gaskets in the Frequency Range of DC to 18 GHz*. IEEE, Inc., New York, 1998.

30. B. Kountanis. Electric contact resistance of conductive coatings on aluminum. *IEEE Electromagnetic Compatibility Symposium Record*, 1970.

31. G.M. Kunkel. *Schelkunoff's Theory of Shielding Revisited*. Spira Manufacturing Corporation, North Hollywood, CA.

32. G.M. Kunkel. Shielding theory (a critical look). *IEEE Transcations Symposium Record*, 1991.

33. T. Sjoegren. *Shielding Effectiveness and Wave Impedance*. Telub Teknik AB, 35180 Vaxjo, Sweden.

34. G.M. Kunkel. *Transfer Impedance Testing of EMI Gasketed Joints to 10 GHz for Cost Effective Design. IEEE International Symposium on Electromagnetic Complatibility*, 2012.

35. E. Liu, P.-A. Du, W. Liu, and D. Ren. Accuracy analysis of shielding effectiveness of enclosures with apertures. A parametric study. *IEEE Transaction on Electromagnetic Compatibility*, December 2014, 56(6).

36. S.-Y. Hyn, J.-K. Du, H.-J. Lee, K.-W. Lee, J.-H. Lee, C. Jung, E.-J. Kim, W. Kim, and J.-G. Yook. Analysis of shielding effectiveness of reinforced concrete against high altitude electromagnetic pulse. *IEEE Transaction on Electromagnetic Compatibility*, December 2014, 56(6).

37. M. Kunkel and G. Kunkel. Comparison between transfer impedance and shielding effectiveness testing, *Electromagnetic Compatibility 1992 Symposium Record IEEE*, 1992.

第7章

电缆屏蔽、电场和磁场产生的耦合、电缆发射

7.1 电缆耦合和发射简介

电缆既是一个主要的辐射发射源，也是电磁（EM）耦合的感受器。经过 EMC 设计的商用设备包含有周全的接地方案、布线和 PCB 布局。即使在有若干非屏蔽电缆连接到该设备的情况下，它仍然可以满足商用 EMC 要求。当设备使用非屏蔽外壳时，发射源可能既是外壳又是电缆。在有些情况下，即使使用了屏蔽外壳，电缆产生的干扰反而会更高。

对于那些必须满足更严格的军标 MIL - STD - 461 RE02 或其他类似要求的一些设备，它们只是在例外情况下而使用非屏蔽电缆。对于使用线性电源的典型模拟电路、视频电路或低电平射频（RF）电路，若假定其不产生噪声电压，则为了确保满足辐射发射的要求，其非屏蔽电缆上的噪声电流电平应该要足够低。但是，若要将同样低信号电平的设备暴露于辐射敏感度试验 RS103 产生的电场时，那它就很可能会对非屏蔽电缆中感应出的噪声电压敏感。在许多情况下，甚至具有屏蔽电缆的设备也不能通过该项试验。本章将讨论发生这些情况的一些可能的原因。

除了满足 EMC 要求以外，在严酷的电磁环境中也可能需要使用屏蔽电缆。此外，一些标准接口诸如 GPIB，MIL - STD - 1553 和以太网，也需要使用屏蔽电缆。

使用光缆似乎可以减少对电缆辐射或电磁耦合的担心。但是，由于现今光纤链路的高成本以及电源互连的要求，所以还不能废除使用屏蔽电缆。

7.2 电缆屏蔽效能/转移阻抗

除了电缆特性之外，屏蔽电缆的屏蔽效能（SE）还取决于下列诸多因素：电缆长度与入射到电缆上的入射波长或电缆芯线中电流（即发射源）波长的相对值、波阻抗（即占优势的是磁场、电场还是平面波）及屏蔽终端端接情况有关。最常见的一个问题是如何端接电缆的屏蔽层，是在两端还是仅在一端端接，若是一端是哪一端。我们将确切理解电缆屏蔽层的端接是如何对它的屏蔽效能产生影响。对于所有的屏蔽电缆而言，屏蔽效能是随频率而变化的，它不是一个常数。但是对它大致可以在三个频率范围内加以描述，这三个频率范围是：

1）60Hz~100kHz
2）100kHz~30MHz
3）30MHz~10GHz

电缆的物理特性对其屏蔽效能起着重要的作用。屏蔽电缆的种类有单层编织、双层编

织、三层编织、两类金属箔、编织和金属箔、导管、半刚性的和柔性波纹导管等。许多电缆制造商会提供屏蔽效能随频率衰减的曲线。在评估这些曲线的时，测试方法是很重要的。例如，对于感应场或近场泄漏可以用探头、电流环或测试装置来检测。而在远场测量中，通常使用大型宽带天线。这些测试方法可简述如下：

（1）TEM 小室：横电磁波（TEM）小室本质上是一种传输线，它既可用于产生横电磁波又可用于测量载流电缆的辐射。电缆既可以产生径向场也可以产生轴向场，以及横电波（TE）和横磁波（TM），理想情况下应对所有这些电磁量进行测量。但是，一般认为 TEM 波是主要的。

（2）吸收钳：吸收钳用于检测电缆在 $30 \sim 1000$ MHz 频率范围内产生的辐射发射。吸收钳夹在受试电缆上，将屏蔽电缆的辐射与携载同样电流的非屏蔽电缆上的辐射进行比较，两者辐射的差值就是电缆的屏蔽效能。

（3）天线场地：开阔场常用于测量载流电缆的辐射，特别是用于测量两个设备间互连电缆的辐射。进行此项试验必备的设备有宽带天线，带前置放大器的频谱分析仪或有峰值保持功能的 EMI 接收机。这种测试方法常常有局限性，尤其在高频情况下，受背景噪声电平的影响很大。然而，它是测量电缆辐射的一种有效的方法，尤其是在远场条件下。接地平面以上的电缆高度和电缆长度是影响这种方法测量结果的两个重要参数。这种测试方法的误差来源是信号源及其电源线的辐射。由于许多变量因素的影响，这种测试方法结果的重复性相对较差。如果在实际配置中，确实会使用电缆来连接设备、车辆或者电缆贴近结构体和地面，可以选用这种方法来实施模拟测试。

（4）屏蔽室试验法：这种测试方法通过把接收天线包围在屏蔽室内，使信号源和接收天线之间的耦合减到最小。同时，电缆通过连接屏蔽室壁的馈通装置来进出屏蔽室。这种测试方式会产生与军标 MIL – STD – 285 试验方法相同的室内谐振和反射误差。

（5）混响室即搅拌模室试验法：混响室即搅拌模室非常适合抗扰度试验，对于电缆和连接器尤其如此。因为该方法对电缆的布置不敏感，对元件的试验频率已经高达 40GHz。

（6）试验装置：使用已经设计和制造出来了许多测试屏蔽效能的试验装置，并采用7.2.2 节中所描述的方法来测量电缆的转移阻抗。一种常见的试验装置，是将受试同轴电缆放置于一根外部实心壁的管子内并使其与管子保持同心，这样就整体形成了一根三同轴传输线。以特征阻抗或短路方式将它们端接在一起，在使电流流过受试电缆。这样的试验装置能测量高达 3GHz 的转移阻抗。然而，在这些高频段上，需要非常小心地正确处理电缆的端接，特别是在使用较短的电缆时要尤其小心，因为端接对转移阻抗有着决定性的影响。换句话说，必须很好地了解由于阻抗不匹配所引起的任何误差。另外，由于受试屏蔽电缆的中心绝缘体的相对介电常数大于 1，因此在受试屏蔽电缆和空心试验装置中的传输延迟之间的差异，会引起长线效应。

国际电工委员会的 IEC 96 – 1 出版物《射频电缆》规定了一种简单的转移阻抗测试方法。这种方法是通过一根与受试电缆（CUT）平行的注入电缆将电流注入到受试屏蔽电缆中，于是，注入电缆就与受试电缆形成了一条传输线。对这种方法的质疑主要集中在将电流注入到受试电缆的屏蔽层时，忽略了电场会通过电缆的转移导纳耦合到电缆中去。但总的来说，在 EMI 预测中，转移阻抗是衡量电缆屏蔽效能最有用的参数指标。

在 6.6 节中介绍过转移阻抗的概念，该节叙述了导电衬垫的转移阻抗。电缆表面转移阻抗单位规定为毫欧每米（mΩ/m）或欧每米（Ω/m）。为了获得全面的屏蔽情况，我们必须关注屏蔽端接方法及其转移阻抗。当通过连接器进行屏蔽连接时，必须考虑后盖的转移阻抗，连接器两半配对部分的转移阻抗，以及插座到隔板的转移阻抗。

若已知电缆护套层中的电流，则就可以运用转移阻抗。屏蔽层中的电流可能是由于波入射到电缆上引起，或屏蔽层是中心导体电流的返回路径而由信号电流引起，抑或是因利用电缆屏蔽层连接两台设备时由机架间的共模噪声引起的。

在规定的电缆屏蔽效能与转移阻抗之间往往有一定的关系。电缆屏蔽效能的定义之一是电缆屏蔽层的电流（I_s）与中心导体电流（I_c）之比，通常以（dB）表达：

$$SE = 20\log\left(\frac{I_s}{I_c}\right) \tag{7-1}$$

其中芯线电流 $I_c = V_{oc}/2R_o$，式中 R_o 为每根屏蔽电缆末端的终端电阻。对于大多数使用的测试方法而言，若 R_o 未给定，通常就设定终端电阻 R_o 为电缆特性阻抗 Z_t。V_{oc} 是中心导体的开路电压，对于短电缆来说：

$$V_{oc} = Z_t I_s l \tag{7-2}$$

式中 l——电缆长度（m）。

对于电长度较短的电缆来说，可以根据转移阻抗 Z_t 和终端电阻 R_o 来求得屏蔽效能：

$$SE = 20\log\left(\frac{2R_o}{Z_t l}\right) \tag{7-3}$$

由于对屏蔽效能的定义不同和测试方法的不同，将制造商提供屏蔽效能值转换到转移阻抗时会有误差。然而，如转移阻抗未知，可假设电缆是以其特性阻抗来端接的，则电缆的转移阻抗 Z_t 为

$$Z_t = \frac{2R_o}{10^{SE/20}} \tag{7-4}$$

若电缆长度不是 1m，那么 Z_t 应根据电缆长度来表示或者归一化到标准的欧姆每米的值。

7.2.1 频率相关性：60Hz ~ 100kHz

对于大多数柔性同轴电缆而言，电流的频率大约要达到 100kHz 时，此时电流深入到屏蔽层的厚度才接近于"一个"趋肤深度。趋肤深度定义为：当有 63% 的电流通过导体金属表面下的厚度。对于铜而言，趋肤深度 = $0.0066f$（MHz）[cm]。100kHz 以下的转移电阻约等于屏蔽层电阻 Rs。但像导管之类的厚壁屏蔽除外。

另一些评估同轴电缆在低频时的屏蔽效能的重要因素是电缆的电感以及内导体相对外圈屏蔽的偏心率。同轴电缆每单位长度的电感（μH/ft）为

$$L_c = 0.14\log\left(\frac{d_s}{d_i}\right) \tag{7-5}$$

式中 d_s——屏蔽层直径；

d_i——内导体的直径。

对于高出接地平面的同轴电缆，其内、外导体的电感 L_i 和 L_s（μH/ft）分别是：

$$L_i = 0.14\log\left(\frac{4h}{d_i}\right) \tag{7-6}$$

$$L_s = 0.14 \log\left(\frac{4h}{d_s}\right) \tag{7-7}$$

式中　h——同轴电缆超过接地平面的高度。内、外导体之间的互感（$\mu H/ft$）为

$$L_m = 0.14 \log\left(\frac{4h}{d_s}\right) \tag{7-8}$$

可以看到式（7-7）等于式（7-8），因此同轴电缆的内、外导体之间的互感恒等于其屏蔽层电感。这一点可以这样想象：认为所有的屏蔽电流产生的磁通量完全包围了中心导体。互感与中心导体相对于屏蔽层的位置无关。进而有同轴电缆电感 $L_c = L_i - L_s$。

在传输线理论中，传输线（例如同轴电缆）的互感通常是可以忽略的。这是因为若假设在内、外导体中流动的电流是等值而方向相反的，则在屏蔽层和中心导体间的互感实际上为零。图 7-1a 表示同轴电缆的屏蔽层在两端接地，而电缆中有信号电流流过的示意图。这是一种典型的屏蔽连接方法，在给定的频率上，它能有效地屏蔽辐射进来的和辐射出去的电场和磁场。我们后面将会看到，欲改善对磁场屏蔽，可将电缆屏蔽层的一端或两端与接地平面的连接断开。图 7-1b 是电缆的等效回路，而图 7-1c 是与屏蔽导线产生相同外部磁场的明线的等效线路。

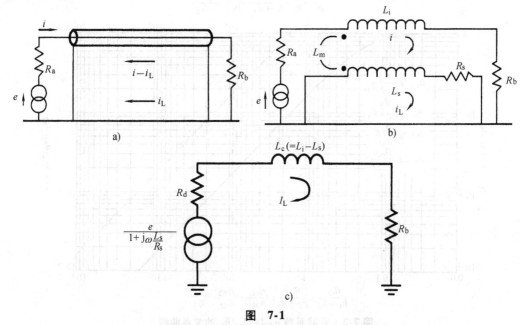

图 7-1

a）同轴电缆屏蔽层两端与接地平面连接的原理图　b）同轴电缆的等效电路
c）与屏蔽导线产生相等外部磁场的等效明线电路

（摘自 Mohr, R. J., Coupling between open and shielded wire lines over a ground plane,
IEEE Transactions on Electromagnetic Compatibility, 9（2）, 34 – 45, September 1967. © 1967, IEEE. ）

下面叙述如何实现磁场衰减。接地平面中的泄漏电流 I_L 等于电缆中心电流 i 乘以下列衰减系数：

$$\frac{1}{1 + j\omega \dfrac{L_s}{R_s}} \tag{7-9}$$

从式（7-9）可以看出，在低频时，因为 I_L 大，故电缆无法降低其产生的磁场。在高频时，I_L 值减少，由于中心导体和屏蔽层间的互感，屏蔽层内的电流近似等于中心导体的电流，外部磁场趋于抵消。因此中心导体相对于屏蔽层的位置对于电缆产生的外部磁场有着重要的作用。

在屏蔽层电流和中心导体电流完全相等和电缆完全同心的情况下，外部磁场就被完全抵消了。

线对或相互靠近的多股导线（线束）之间的互感效应的一个应用方面是它们可以为电源线或信号线提供一束回流导线，甚至将此回流导线的两端接地也行之有效。这样，在更高频率时，即使其他接地路径的直流电阻小于回流导线的电阻，然而大部分电源电流或信号返回电流仍然还是会从回流导线中流回。

图 7-2 标绘出衰减系数 a 与（fL_S/R_S）的关系曲线。当频率较低时，电缆屏蔽层中的电流既有入射磁场感应引起，又有信号回流导线与地平面之间的共模电压引起，在屏蔽层上呈现的电压 V_S 等于：

$$V_S = j\omega M I_S + j\omega L_S I_S + I_S R_S \tag{7-10}$$

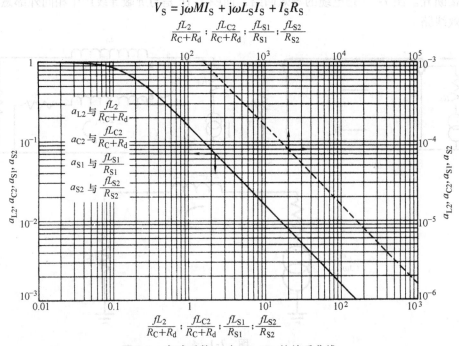

图 7-2 衰减系数 a_S 与 fL_S/R_S 的关系曲线

（摘自 Mohr, R. J., Coupling between open and shielded wire lines over a ground plane, *IEEE Transactions on Electromagnetic Compatibility*, 9（2），34–45，September 1967. © 1967，IEEE.）

由于 $L_S = M$，于是 $V_S = R_S I_S$，因此，低频时的 R_S 等于转移阻抗。图 7-3a 给出了共模噪声的电流路径，可以看出 V_S 叠加在信号电压上，以噪声形式出现在信号上。

可以通过比较电缆有屏蔽和无屏蔽的情况来了解同轴电缆对于磁场的屏蔽效能。图 7-3b 表示电缆无屏蔽的情况。这里，由于磁场引起的感应电流流过信号源阻抗，并在负载 R_L 上产生噪声电压。如图 7-3c 所示，在有屏蔽的情况下，屏蔽层中的电流就像图 7-3a 中的共模电流一样在屏蔽层电阻上产生噪声电压，噪声电压 V_S 也等于 $R_S I_S$。若假定环路中由磁场感应的电流与屏蔽电缆和非屏蔽电缆中相同，且假定所有信号电流都在屏蔽层内部返回，那么电缆的屏蔽效能等于负载电阻与屏蔽电阻之比。于是，若负载电阻为 1000Ω，总屏蔽电阻为 $20m\Omega$，则屏蔽效能为 $20\log 1000/20 \times 10^{-3} = 94dB$。在低频时，屏蔽层的直流电阻越低，电缆的屏蔽效能就越高。编织线屏蔽层的直流电阻比金属箔屏蔽层的更低；屏蔽编织层越厚或编织层越多，则直流电阻就越小。

　　比较图 7-3b 和图 7-3c，可以看出在两个外壳都接地的情况下，具有镀锡铜编织层的屏蔽电缆确实呈现出磁场屏蔽效能，甚至在直流情况下也是如此。然而，镀锡铜编织屏蔽层的相对磁导率为 1；若使用磁导率更高的屏蔽层，则可以增强磁场屏蔽。其在直流和工频 50 ~ 400Hz 时改善最为明显。位于 North Thomas Drive，Bensenville，IL 60106 – 1643 的 Magnetic Shield 公司制造出一种具有四中心导体的屏蔽电缆，其屏蔽编织层使用 CO – NETIC 生产的 AA 导线加工而成，该导线的相对磁导率为 30000。将电缆放在相对磁导率接近 200 的无缝镀锌冷轧钢管中，能对 60Hz 磁场提供大约 20dB 的衰减。

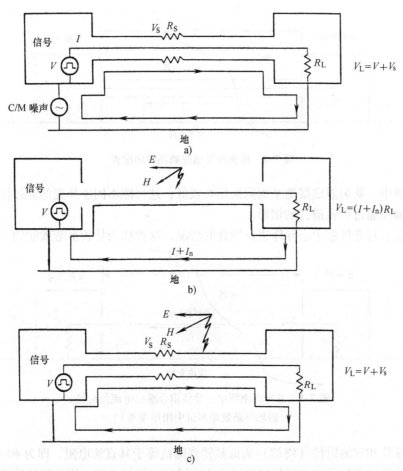

图 7-3

a）屏蔽电缆中共模感应电流的路径　b）在磁场中电缆无屏蔽的情况　c）在磁场中电缆有屏蔽的情况

　　图 7-3a ~ c 的电缆配置中的一个实例是 19in 的机架，其前面板与屏蔽电缆连接着，或者是其屏蔽电缆沿地表外接到车辆或船舶上。另一个例子是在卫星内部，卫星本体上通常搭

载有许多电子设备。卫星本体常构成一个接地平面,搭载的设备通过屏蔽电缆相互连接。当频率较低和线缆较短时,电缆长度远小于相应波长。

上面例子中,假定屏蔽电缆和非屏蔽电缆中的电流大小是相同的。

当入射场为低频磁场时,如果根据屏蔽阻抗和负载阻抗来计算,则屏蔽效能会被过分高估。

这是由于入射磁场在屏蔽电缆和非屏蔽电缆中感应的电流有巨大差异。在使用导管的例子中,根据转移阻抗所预测的低频屏蔽效能为70dB,而实际其屏蔽效能仅近似为0dB。

图7-4表明了基本的电缆配置。其尺寸是后面叙述的直径2cm的导管尺寸。屏蔽效能通常以dB表示,将两倍负载阻抗(R_L)除以电缆和连接器组合的总转移阻抗(Z_t)所得的值取20log,即是

$$20\log\frac{2\times R_L}{Z_t\ \text{total}}$$

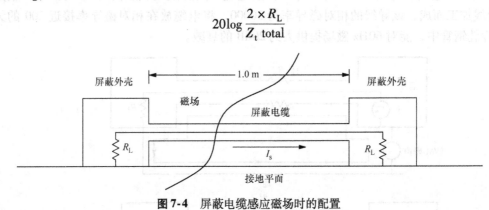

图7-4 屏蔽电缆感应磁场时的配置

在该计算中,我们假定接地平面阻抗相对较低,这可能不同于外壳间通过接地编织线搭接或者是前面板通过机柜搭接的情形。

图7-5表示对非屏蔽中心导体进行耦合的情况,这被称为导管屏蔽效能的参考测量法。

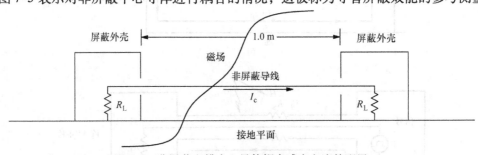

图7-5 非屏蔽电缆中心导体耦合感应电流的配置
（磁场屏蔽效能测试中用作参考）

已证明导管和它的附件（终端）的低频转移阻抗等于其直流电阻,即为40mΩ。

假定感应进屏蔽导管的电流等同于感应进非屏蔽电缆的电流,则依照导管转移阻抗以及两个50Ω负载电阻可以预测所得的磁场屏蔽效能为

$$20\log\frac{2\times50\Omega}{0.04\Omega}=68\text{dB}$$

可以将高出地平面之上的电缆模拟成环形接收天线。若入射的磁场耦合到该环便会产生

电流。该电流的大小受限于环的阻抗，即环的感抗和直流电阻及其终端阻抗。在低频情况下，电缆因其电感较低因而阻抗较低，这对于低电感和低电阻的导管而言更加如此。

当磁场耦合到非屏蔽电缆的中心时，由于受到其两端 50Ω 负载电阻的限制，中心导体的电流远低于屏蔽层中感应的电流，而屏蔽层两端此时以极低阻抗与接地平面端接。

表 7-1 表示在 $1A/m$ 的入射磁场中，感应到图 7-4 中的屏蔽电缆中的电流与感应到图 7-5 中非屏蔽电缆的中心导体中的电流的比较结果。

表 7-1 电缆配置 1 和 2 的电流

频率/MHz	屏蔽电缆的电流（图 7-4）I_s/mA	非屏蔽电缆中心导体中的电流（图 7-5）I_c
0.00015	3.7	$1.6\mu A$
0.001	24.8	$11\mu A$
0.002	49	$22\mu A$
0.005	117	$55\mu A$
0.010	200	$110\mu A$
0.05	349	$550\mu A$
0.1	359	$1.1mA$
0.5	363	$5.5mA$
1.0	363	$11mA$

随着频率的增大，通常在 $20kHz \sim 2MHz$，屏蔽电缆的转移阻抗或因趋肤深度的原因而减小，或保持不变；但在 $2MHz$ 以上，由于屏蔽层的起伏耦合和孔径耦合，转移阻抗开始增大。然而后面所述导管的转移阻抗却在 $100MHz$ 以下能较好地维持不变，而之后开始增大。我们假设电缆的转移阻抗等于其直流电阻，且用于 $1MHz$ 以下的场合（根据前述的测量这是合理的假设），则电缆屏蔽效能遵从下式，

$$20\log \frac{2 \times 50\Omega \times I_c}{0.04\Omega \times I_s}$$

如图 7-6 的所示。

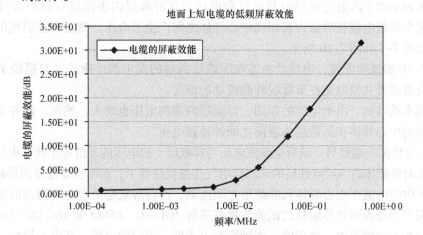

图 7-6 低频磁场屏蔽效能

（基于屏蔽电缆与非屏蔽电缆上的直流电阻和电流所得）

从稍后提供的导管测量结果可以看到，从 $20kHz \sim 10MHz$ 之间，电缆屏蔽效能水平相当

低。在这个频段，由于是使用具有一定插入损耗（即串联等效阻抗）的磁场注入探头来产生磁场，所以测出的电缆屏蔽效能并不如在图7-6中假设的在均匀低阻抗磁场中实测屏蔽效能那样低。如果"修正"在屏蔽层测得的电流和中心导体感应的电流之间的差值，则在20kHz～10MHz之间，电缆屏蔽效能几乎恒等于70dB。这个数值非常接近68dB，即根据负载阻抗与导管及其附件转移阻抗之比值预测所得到的屏蔽效能。

由于电缆屏蔽层的电流比非屏蔽电缆中的电流高出许多，可高达56dB，因此感应进屏蔽电缆中心导体的电压接近于非屏蔽电缆中心导体的电压。

例如，在50kHz，50Ω负载上的转移电压为550μA × 50Ω = 0.0275V，而在屏蔽电缆上，该值为349mA × 0.04Ω = 0.0139V，因此电缆屏蔽层在低频时几乎不起作用。

7.2.2 频率相关性：100kHz～22GHz 屏蔽电缆的转移阻抗

根据低频时对电缆屏蔽效能的讨论，可以看出低频时屏蔽电缆的转移阻抗等于屏蔽层的直流电阻。在某个频率上，通过屏蔽层的电流密度不再均匀一致，转移阻抗 Z_t 不再等于屏蔽层电阻 R_s。

当电流是由入射场感应时，则电流密度在外屏蔽层面较大。当屏蔽层用作信号返回路径或电流是由中心导体和屏蔽层中的共模噪声产生时，则屏蔽层内侧的电流密度较大。图7-7表示几种电缆的转移阻抗，从图中可以看出，壁厚0.89mm的实心壁铜屏蔽层，当频率低到20kHz时，相对于直流电阻其转移阻抗开始减小。转移阻抗（Ω）定义为

$$Z_t = \frac{V_t}{I_s}l^{\ominus} \tag{7-11}$$

$$V_t = Z_t I_s l \tag{7-12}$$

式中，V_t——转移噪声电压（V）；

I_s——屏蔽电流（A）；

l——电缆长度。

图7-8表示由于入射电磁场引起的屏蔽电流。在屏蔽层内表面仅有很小部分的屏蔽电流，正是这个屏蔽电流在屏蔽内表面和中心导体之间产生了电压。测量转移阻抗的基本方法有两种，如图7-9和图7-10所示。

按图7-10的试验配置，电流是由连在屏蔽层两端的发生器产生的，它模拟了入射电磁波产生的电流或者共模电流在屏蔽层外侧流动的情况。

随着频率的增加，由于电感的作用，屏蔽层两端的电压也增大。然而，这并不是从电缆一端测量到的中心导体和屏蔽层内表面之间的转移电压。

从中心导体的一端到另一端所呈现的电压与屏蔽层上的电压的差值等于转移电压 V_t。测量 V_i 时，只要对屏蔽体的内层或外层的末端作电气连接就足够了，而不需要连接到屏蔽层内部。

图7-9中的电流在中心导体和屏蔽层之间流动，而在屏蔽层两端之间测得的电压是 V。

一些用于测量表面转移阻抗的试验装置是军标 MIL－C－85485 和 IEC 96－1A 中的三同轴、四同轴和五同轴装置。通用的三同轴线看上去像一根同轴电缆，其中心导体是受试屏蔽电缆（CUT）。在试验中，驱动电压连到受试电缆屏蔽层，试验装置的外圆柱体作为电流返

⊖ 原文有误，应为 $Z_t = \dfrac{V_t}{I_s l}$。——译者注

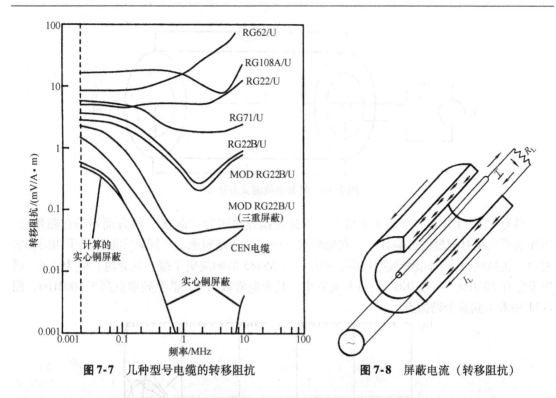

图 7-7 几种型号电缆的转移阻抗

图 7-8 屏蔽电流（转移阻抗）

回路径。三同轴装置的内部线，即受试电缆，以其特性阻抗端接在驱动端，而其外部线，即电流返回线，既可以端接其特性阻抗，也可以在远端短路。使用与受试电缆特性阻抗相同的探测器在受试电缆远端监测转移电压。当外部线端接时，电缆谐振减少，这样可以扩展试验的上限频率。然而，由于内部线和外部线的相速不同，所以并不能消除在高频时的长线效应。这种相速的不同是由于与空心外线相比，受试电缆的中心导体介电常数比较高所致。三同轴装置带来的困难是一些接地环路的问题，这些问题常会在低频时干扰测量。但是，通过在受试电缆每一端附加铁氧体平衡 - 不平衡转换器就可以减少这些问题。四同轴试验装置的三线通常可以正确地端接，且其驱动线上的电流与频率无关。然而，由于这条额外的外部线，四同轴装置的外径大于等效的三同轴装置的外径，与三同轴相比，非 TEM 波可能出现在更低的频率上。参考文献［2］更详细地描述了两种三同轴和一种四同轴测试方法。图 7-11 表示用这种四同轴和两种三同轴测试方法测到的 RG - 58C/U 同轴电缆的转移阻抗实测值。

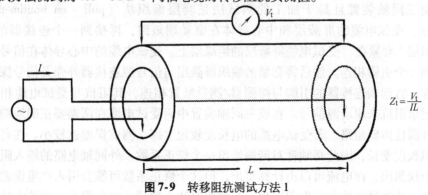

图 7-9 转移阻抗测试方法 1

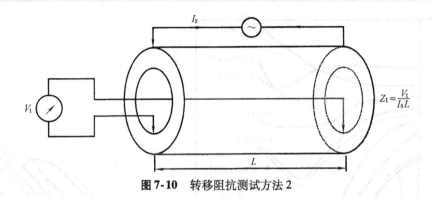

图 7-10　转移阻抗测试方法 2

参考文献 [1] 在一个例子中将主要的高频耦合描述为"起伏"耦合而不是孔隙耦合。因而表面电场对测量的影响较小。在低频时，由于地环路问题，三同轴实测值高于四同轴实测值。在高频时，三同轴响应比军标 MIL – C – 85485 的响应更平缓，其介电常数为 2.6，谐振发生在 50MHz。而在 IEC 96 – 1A 装置中，其介电常数为 1，谐振频率点高于 100MHz，图 7-11 中看不到这个谐振点。

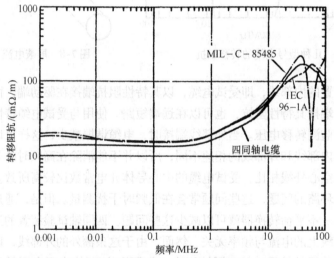

图 7-11　同轴电缆 RG – 58C/U 的表面转移阻抗
（根据 IEC 96 – 1A 和军标 MIL – C – 85485 用三同轴和四同轴试验装置实测）

　　一种使三同轴装置且易于加工的测试法是套层编织法（pull – on braidmethod）。如图 7-12 所示。受试电缆的屏蔽层和中心导体在驱动端短路，再接到一个连接器的引脚上。将附加编织层"套紧在"受试电缆屏蔽层的绝缘层上。受试电缆的中心导体在信号检测器端与连接器的一个引脚相连。然后将套紧的编织屏蔽层与信号源连接器外壳及信号探测器连接器外壳相连。将远端连接器的引脚与探测器/测量装置相连，其阻抗与受试电缆相同，也同样可以通过该阻抗来驱动源信号。在该三同轴装置中，受试电缆在两端要正确地端接，电缆屏蔽层的外圆柱体要短路。若受试电缆的电长度较短，那么测试误差就较小。在高频时，因受试电缆电长度变长，因此必须针对谐振给出一个修正系数。外同轴电路的输入阻抗可以使用网络分析仪测出，而电流可以由计算得出，但这个修正系数可能会引入严重误差。

　　其他的一些测试方法在标准 IEC 96 – 1 的线路注入测试法中有提及。在该方法中，注入

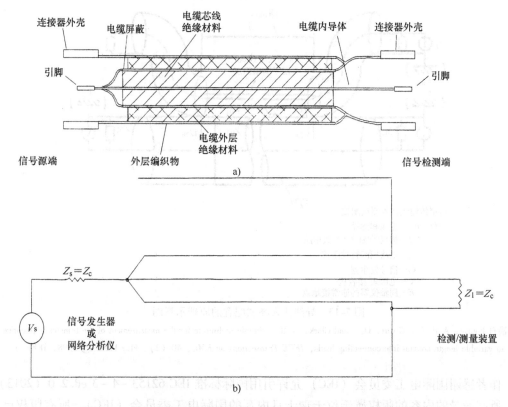

图 7-12　使用套紧编织层的简单三同轴型转移阻抗测试配置和原理图

线通常是扁平铜编织线，将它包扎到受试电缆上，注入线测试方法的显著优点在于它可以测量很高频率（1GHz 以上）时的表面转移阻抗。

　　该测试装置的构造简单，只需要同轴电缆、注入导线、信号发生器和测量装置。图 7-13 和图 7-14 表示的试验配置，在同轴注入电缆到注入导线之间的阻抗过渡和反向过渡时，对于同轴注入导线的阻抗进行匹配不仅很容易而且可以直到很高的频率。在耦合长度为 50cm 的情况下，若对注入电路和受试电缆中的相速进行良好的匹配，可以使可测试的上限频率达到 3GHz。耦合长度为 10cm 时，可测量频率高达 20GHz。然而，当频率高于 1GHz 时，必须小心在过渡频点上以及源与电缆末端负载的匹配。推荐在受试电缆和注入导线的远、近端都用铁氧体平衡－不平衡变换器，以此来减少导线辐射引起的共模电流。在受试电缆屏蔽层端接在屏蔽室墙上的情况下，建议将信号源放在屏蔽室外面。在 IEC 96－1 标准中讨论了激励电流和近远端耦合之间的耦合转移函数。一个潜在的误差源是这种试验方法仅仅激励了电缆屏蔽的部分周边。在参考文献 [2] 中阐释了这种方法是否能与其他方法产生同样的结果的问题。这里将导线注入法获得的结果与四同轴装置所获结果进行比较。可以发现直到 50MHz，其结果都相当地接近。而直到 1GHz，使用导线注入法所得的结果更加可信。

　　IEC 62153－4－4/Ed2（2013）：金属通信电缆测试方法 第 4－3 部分 电磁兼容（EMC）— 表面转移阻抗 — 三同轴法 描述了两种试验，一种是转移阻抗 Z_t，以及另一种容性耦合阻抗 Z_f，参考后面的转移导纳。它详细描述了转移导纳试验方法，而 IEC 62153－4－8 描述了容性耦合阻抗试验方法。

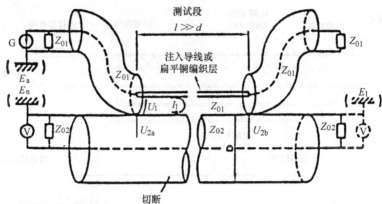

新型传输线注入测试配置

注释: n,f—近端和远端

　　　　1,2—初级(即注入),次级电路

　　　　Z_0—电路1和2特性阻抗

　　　　G—信号发生器

　　　　V—电压表,接收机

　　　　E—同轴仪器的通常接地点

图 7-13　导线注入测试配置的原理示意图

(摘自 Fourie, A. P. C. , Givati, O. , and Clark, A. R. , Simple technique for the measurement of the transfer impedance of variable length coaxial interconnecting leads, *IEEE Transactions on EMC*, 40 (2), May 1998. © 1998, IEEE.)

　　作者感谢国际电工委员会（IEC）允许引用国际标准 IEC 62153 - 4 - 3 ed. 2.0 (2013)。

　　所有摘录的内容的版权属于位于瑞士日内瓦的国际电工委员会（IEC）。所有版权已保留。有关 IEC 更多的信息可以从 www. iec. ch 找到。IEC 对此作者摘录和引用的内容以及部署不承担任何责任，对其他内容也不承担任何形式的责任。

　　总转移阻抗 Z_{te} 等于 $|Z_f \pm Z_t|$ 的最大值。

　　如图 7-15 所示转移阻抗的测量，由中心导体注入电流，利用屏蔽层作为返回通路。中心导体与屏蔽层在远端短路，信号通过阻值与受试电缆阻抗值相等的串联电阻 R_1 注入。通过屏蔽层远端和近端负载电阻来测量其上的转移电压。这些电阻的阻值等于外部电路的特性阻抗。

　　如图 7-16 所示，使电流通过中心导体但不通过屏蔽层返回可以测量出容性耦合阻抗。IEC 62153 - 4 - 8 描述了容性阻抗的测量方法。

　　可以用以下任意一种测试方法来测量转移阻抗：

　　一台具有 S 参数测量套件的矢量网络分析仪，即是，可以搭建一个完全的两端口校准装置，且包含从该装置连接到试验设备的电缆。进行校准的参考平面是各连接电缆的连接器接口。对于具有线性响应的网络，完全可以用网络端口的参数对它进行完整的描述，而不必考虑网络内部的结构情况。S 参数在射频和微波电路设计中很有用，它可以根据输入电压源和功率增益，电压增益和损耗来确定电流。通常使用网络分析仪来测量 S 参数。

　　一台没有 S 参数测量套件的（矢量）网络分析仪，即是使用一台功率分配器，也能建立一个包含该装置连接到试验设备的电缆在内的全备（THRU）校准系统。

　　即使对一台单体式的信号发生器和一台接收机，也能对连接电缆的综合损耗进行测量，并存储校准数据以备校正测量结果。

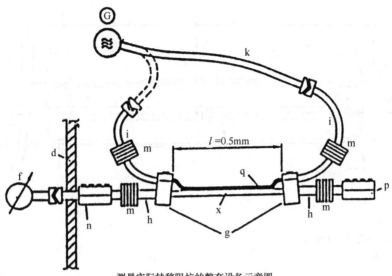

测量实际转移阻抗的整套设备示意图

x —受试电缆(CUT)

d —屏蔽室壁

G —信号发生器 (合成器或跟踪发生器等)
f —测试接收机(频谱分析仪、网络分析仪等)
g —注入导线的发生器
h —CUT额外屏蔽的铜管
i —注入导线的馈电电缆(低损耗，约0.5m)
k —信号发生器的馈电电缆
m —铁氧体环(长度约100mm)

n —屏蔽室和CUT之间连接的额外屏蔽

p —CUT端接电阻的额外屏蔽

q —注入导线

图 7-14　导线注入测试法使用的配置图

(摘自 Fourie, A. P. C., Givati, O., and Clark, A. R., Simple technique for the measurement of the transfer impedance of variable length coaxial interconnecting leads, *IEEE Transactions on EMC*, 40 (2), May 1998. © 1998, IEEE.)

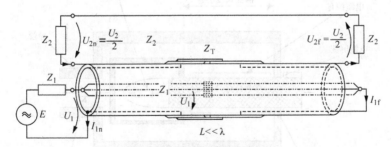

图 7-15　转移阻抗测试设置

(注：$Z_T = U_2/I_1$，式中 Z_1，Z_2 是内部和外部电路特性阻抗；U_1 和 U_2 是内部和外部电路电压（n：近端，f：远端）；

I_1 是内部电路电流（n：近端，f：远端）；L 是电缆长度和受试屏蔽层的长度；λ 是自由空间中的波长。)

(摘自 IEC 62153 – 4 – 3 ed 2.0. © 2013, IEC, Geneva, Switzerland. www.iec.ch.)

　　测试装置是一个三同轴形式的器具。电缆屏蔽层既充当受试电缆（CUT）内部导体的外导体，又充当外部试验电路的内导体。

　　在刚性电缆的试验设置中，外部电路的外导体是一根非铁磁性的金属（例如，黄铜、

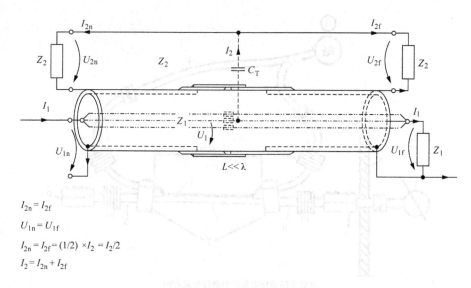

$I_{2n} = I_{2f}$

$U_{1n} = U_{1f}$

$I_{2n} = I_{2f} = (1/2) \times I_2 = I_2/2$

$I_2 = I_{2n} + I_{2f}$

$$Z_F = \frac{U_{2n} + U_{2f}}{I_1} = \frac{2U_{2f}}{I_1} = Z_1 Z_2 \times j\omega C_T$$

图7-16 容性耦合阻抗的定义

（注：Z_1，Z_2—内部和外部电路特性阻抗；U_1 和 U_2—内部和外部电路电压（n—近端，f—远端）；I_1—内部电路电流（n—近端，f—远端）；I_2—外部电路电流（n—近端，f—远端）；C_T—耦合电容；L—电缆长度和受试屏蔽层的长度—λ 是自由空间中的波长）

（摘自 IEC 62153 – 4 – 3 ed 2.0. © 2013，IEC，Geneva，Switzerland. www. iec. ch.）

紫铜或铝）良导电性管子，将其与受试电缆（CUT）馈电侧屏蔽层短接。

在柔性电缆的试验设置中，外部电路的外部导体是覆盖率70%，且编织角度小于30°的镀锡铜编织线，套在整体受试电缆（CUT）的外面。

图7-17 显示这种管子的连接方式。

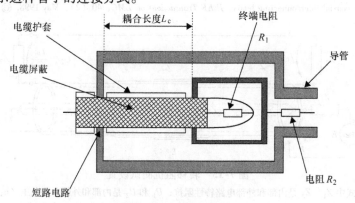

图7-17 导管的连接

（摘自 IEC 62153 – 4 – 3 ed 2.0. © 2013，IEC，Geneva，Switzerland. www. iec. ch.）

图7-18 显示具有 S 参数测量套件的矢量网络分析仪的试验设置。

图7-19 显示使用网络分析仪和功率分配器的试验设置。

图7-20 显示使用信号发生器和接收机的试验设置。

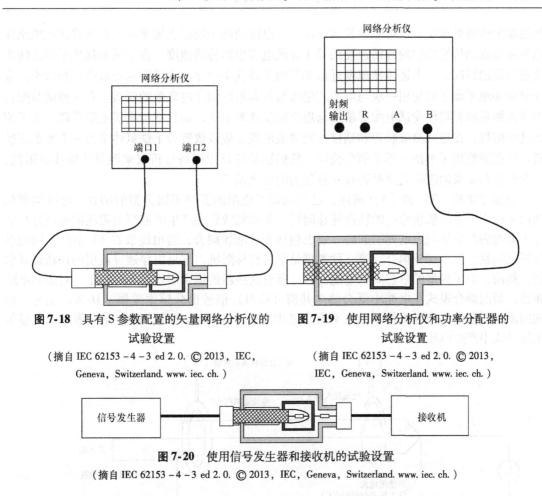

图 7-18　具有 S 参数配置的矢量网络分析仪的
试验设置

（摘自 IEC 62153 – 4 – 3 ed 2.0. © 2013，IEC，
Geneva，Switzerland. www.iec.ch.）

图 7-19　使用网络分析仪和功率分配器的
试验设置

（摘自 IEC 62153 – 4 – 3 ed 2.0. © 2013，
IEC，Geneva，Switzerland. www.iec.ch.）

图 7-20　使用信号发生器和接收机的试验设置

（摘自 IEC 62153 – 4 – 3 ed 2.0. © 2013，IEC，Geneva，Switzerland. www.iec.ch.）

　　IEC 62153 – 4 – 3 继续描述了测量金属电缆表面阻抗的几种方法：一种是在外部电路中使用阻尼电阻来与匹配内部电路的方法，一种是外部电路无阻尼电阻而在内部电路中使用了负载电阻的方法，以及还有一种无阻尼电阻的双短路（即失配）的方法。该标准还介绍了确定内部电路阻抗和确定匹配电路阻抗的方法。

　　另一种简单的测试方法是将受试电缆（CUT）放在超过接地平面固定高度的位置上，它与同轴电缆及其地平面下的镜像构成双线传输线。若放置一根 RG58 电缆，使它的外绝缘层与接地平面接触，则传输线的特性阻抗大约是 50Ω；若置于接地平面以上 5cm，特性阻抗大约是 317Ω。既可以使用注入电流探头，也可以直接使用串联阻抗值等于传输线阻抗的信号源来激励传输线屏蔽层。最常见的配置是将受试电缆屏蔽层在其远端短路。如图 7-21a 所示，在这种配置中，电流探头用于监测电流。当电缆的电长度较短（小于 1/10 波长）时，电流探头的实测值与转移电压的实测值可以直接用来确定转移阻抗。在较高频率时，需要引入一个修正系数但可能会同时引入误差。可以用很短的电缆来增大测量频率范围；然而，此时连接器之间及连接器和隔板之间的转移阻抗影响会变得很重要。对一个距接地平面 5cm 高，50cm 长电缆的所做的测量表明，直到频率高达 1GHz，导线注入的传输线法（直接注入，远端电路短路以及使用电流探头监视器）和三同轴法之间有良好的相关性。

　　第二种传输线测试配置，如图 7-12b 所示，它采用直接注入，并且以传输线特性阻抗端接远端的电缆屏蔽层，这将减少长线效应。将电缆的绝缘层放在地平面上意味着在电缆至接地平面形成的传输线中的传播速度约等于屏蔽电缆中的传播速度。在电缆和接地平面之间主要是空隙的情况下，上述传播速度近似相等的条件就不成立。为了将这种效应减到最小，应在电缆和地平面之间使用一块与电缆芯绝缘材料有着近似介电常数的隔板。在这种试验配置中接入测量装置将使受试电缆屏蔽层与地之间呈现复阻抗，而且它与端接电阻并联。为了控制这个阻抗，在连接测量装置和端接点的屏蔽电缆上应该放置若干铁氧体平衡–不平衡变换器。然而即使用了平衡–不平衡变换器，我们还是建议用网络分析仪来测量传输线的阻抗，以探查它与要求的阻抗之间是否存在有任何的重大偏差。

如参考文献[3]和[4]所述，已经确定了电缆的五种不同类型的耦合。这些类型包括由平行于电缆的磁场感生的轴向转移阻抗，如沿螺线管轴产生的或当电磁场的磁场分量平行于电缆而产生的周边电流引起的。它也包括平行电场耦合，若电缆放在 RF 电位不同的平行板之间就会发生这种耦合。第三种类型是平行转移阻抗，它是由穿透屏蔽层的环路磁场引起。然而，对于典型的单芯同轴电缆而言，所有这些新的耦合形式都不存在了。对多芯电缆而言，新的耦合模式在电缆中既会感生共模（C/M）信号也会感生差模（D/M）信号。由轴向磁场引起的周边电流将不会在平直多芯电缆中产生 EMI 电压，但会在屏蔽双绞电缆等扭绞导线中产生电压。

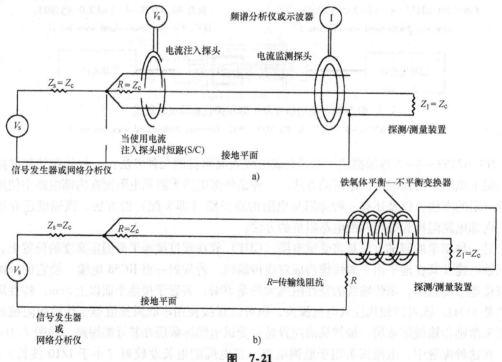

图 7-21

a）终端短路并用电流探头监测的传输线转移阻抗试验配置　b）以特性阻抗端连接的传输线转移阻抗试验配置

由于中心导体和屏蔽层之间有偏心，所以在低频时，电缆实际上将产生磁场，计算这个磁场的公式为

$$H = \frac{I\Delta r}{2\pi R^2} \qquad (7-13)$$

式中　R——中心导体与测试点之间的距离；

　　　Δr——屏蔽层与中心导体之间的偏心率。

式（7-13）假定在屏蔽层和中心导体中有大小相等但方向相反的电流。若按照图7-10所示的试验方法，对于电缆而言，当其转移阻抗随频率减小时，其外表面电流也将减小，因而由电缆产生的外部磁场也同样减小。

从图7-7中可以看出，我们可以看到，实心壁铜屏蔽层的转移阻抗随着频率增加而持续减小。与柔性编织屏蔽电缆不同，后者通常在2MHz以上开始增加。虽然外部电场也能透过编织层上的孔产生电耦合，但这种效应主要是由于外部磁场通过编织层上的孔隙泄漏的。第二种耦合机理称为起伏耦合。起伏耦合是由流入股线屏蔽层的或构成屏蔽层的载体中的电流引起的。这种形式的耦合是由载体之间的接触阻抗所引起的，该阻抗迫使一些电流停留在原载体而不是流入相邻载体。若这种机理是有效的，那么由于电缆弯曲引起的载体松旷或腐蚀会使接触阻抗增加，因而随着电缆的使用，接触阻抗会逐渐增加，从而使电缆的起伏耦合增加。起伏耦合的第二个原因可能是：由于载体的扭绞引起的电感效应。参考文献［5］中谈到大多数电缆样品都有表面转移阻抗特征，它是起伏耦合的指标。参考文献［6］指出孔隙耦合和起伏耦合应该是反相的，并介绍了一种具有最优屏蔽的电缆，在这种电缆中，如将内部导线移除，然后逐渐降低屏蔽性能，直至转移阻抗的孔隙耦合和起伏耦合的分量将趋于抵消。对于疏松编织的电缆，频率在1MHz以上时，孔隙耦合常常是主要的耦合。当频率高于30MHz时，对大多数电缆来说更是如此。在主要是孔隙耦合的情况下，电缆的转移阻抗为

$$Z_{t} = j\omega MA \tag{7-14}$$

式中　MA——由屏蔽层孔隙引起的互感，其名义值为 3×10^{-10} H/m。

通过孔隙的电场耦合可以用转移导纳来模拟，在测量转移阻抗时可能没有将其考虑在内，特别是试验装置对受试电缆的屏蔽层注入电流时。被忽略的转移导纳可以用（$1 + A_{e}/A_{m}$）乘以 Z_{t} 来加以修正，式中 A_{e} 是孔隙的电极化率，A_{m} 是孔隙的磁极化率。根据参考文献［9］，对于圆形孔隙，比率 A_{e}/A_{m} 为 0.5，这对应于编织带的编织角度大约为 40°。参考文献［10］提供了椭圆缝隙在不同编织角度下的其他数值。应该指出转移导纳的修正仅在屏蔽层两端以电缆的特性阻抗来端接于接地平面之上时才是严格正确而有效的。本书7.4节和7.5节也将讨论转移导纳。

随着金属箔式电缆的出现，人们可能期望它能达到实心壁铜屏蔽层的低转移阻抗。然而，情况并非如此。早期的金属箔式屏蔽构造采用的是螺旋卷绕方式。以后又采用纵向边缘接触方式。起初纵向接合处是相互绝缘的，会形成缝隙。而现在，大多数的金属箔编织物在制造时，会将纵向边缘处折叠起来。图7-22a表示编织物和金属箔组合屏蔽结构的转移阻抗。在频率大约高于50MHz时，组合屏蔽层的转移阻抗开始增加。这是由于金属箔的纵向接合处的交流电阻引起的。正如导电填充材料的转移阻抗一样，电流并不局限在金属箔的外表面。但是由于在接合处阻抗的变化，电流会从该结合处扩散到金属箔的中间部分。

当组合型电缆弯曲时，传输阻抗就上升。根据参考文献［15］，图7-22b表明未密封的金属箔和编织物组合电缆，在弯曲49000次后，转移阻抗在最坏情况下从 0.004Ω 大大增加到约 0.6Ω。

7.2.3　军用和 RG 型电缆的转移阻抗

我们可以获得有关军用电缆和 RG 型电缆的转移阻抗数据。承蒙 Belden Wire and Cable 公司特许，图7-23a表示同轴电缆和三同轴电缆的转移阻抗曲线。图7-23b则显示了双股电缆的转移阻抗电缆的转移阻抗曲线。可以看到，不同制造商的同类型的电缆转移阻抗有很大

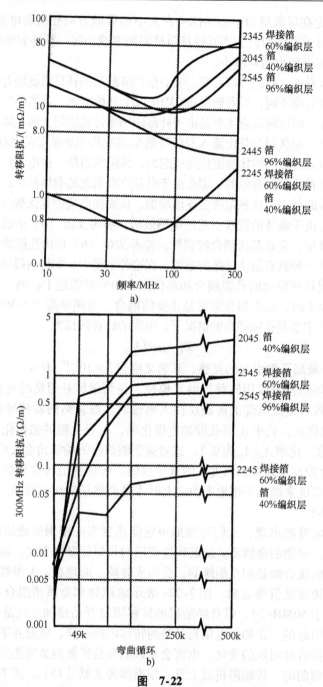

图 7-22

a) 编织物和箔复合型电缆的转移阻抗　b) 转移阻抗随弯曲次数增加而增加的曲线

（摘自：Dinallo，M. A. et al.，Shielding effectiveness of typical cables from 1 MHz to 1000MHz，*IEEE International Symposium on Electromagnetic Compatibility*，1982. © 1979，IEEE.）

的差异。因此，图 7-23a 和 b 的数据仅对 Belden 公司制造的电缆有效。RG58 是一种非常普通的 50Ω 同轴电缆，根据参考文献［11］，如图 7-24 中所示，可以看出不同制造商的电缆之间的转移阻抗有高达 20dBΩ（10 倍）的巨大差异。参考文献［11］叙述了一种测量传输线转移阻抗的方法。因此，我们建议既可以从电缆制造商处获得转移阻抗的数据，也可以应用某种简单的测试方法，诸如传输线法或导线注入法来测量所选电缆的转移阻抗。

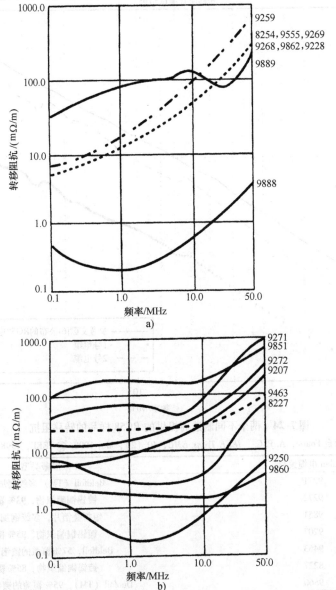

图　7-23

a）Belden 同轴电缆和三同轴电缆的转移阻抗　b）Belden 双同轴电缆的转移阻抗

（承蒙 Belden 电线电缆公司特许提供）

图 7-23a 所示电缆的屏蔽结构见下表。

Belden 电缆编号	屏蔽类型
9259、8254、9555、9269、9268、9862、9228	裸铜编织带，95% 覆盖
9889	Dufoil（TM）4/24 AWG 加蔽线
9888	三同轴，裸铜双层编织，95% 覆盖

图 7-23b 所示电缆的屏蔽结构见下表。

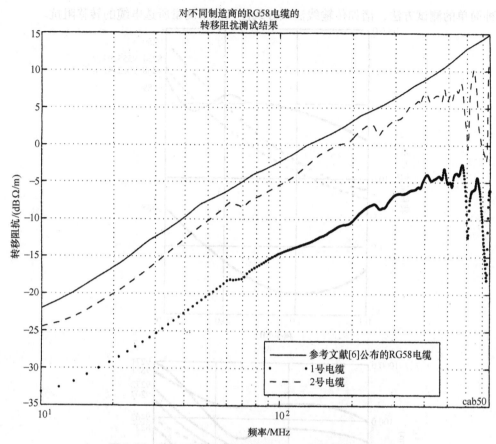

图 7-24 两个不同制造商提供的 RG58 样品的转移阻抗

（摘自 Fourie，A. P. C.，*IEEE Trans. EMC*，40（2），May 1998. © IEEE，1998.）

Belden 电缆编号	屏蔽类型
9271	Beldfoil（TM）多绞铜加蔽线
9272	镀锡铜编织物，93%覆盖
9851	短折叠箔片，多绞铜加蔽线
9207	镀锡铜编织物，95%覆盖
9463	Beldfoil，57%覆盖的镀锡铜编织
8227	镀锡铜编织物，85%覆盖
9860	Duofoil（TM），95%覆盖的镀锡铜编织物

　　用语"单层""双层"和"三层"是指屏蔽电缆中的编织物层数，它们之间通常是电气接触的。

　　图7-7、图7-23a 和 b 中的转移阻抗之间所做的比较表明，多层编织屏蔽电缆有较低的转移阻抗。在图7-7 中较上面的曲线 RG22B/U 是指双层编织电缆，而较下面的曲线 RG22B/U 是指改进的三重屏蔽电缆。

　　"三同轴"这一术语是指电缆有一根中心导体和两个彼此电气绝缘的屏蔽层。三同轴连接器可以使中心屏蔽层通过连接器延续连接并与外壳保持绝缘，而其外层屏蔽层与连接器的外壳相连接。三同轴配置让信号返回电流在中心屏蔽层流动，而外层屏蔽与设备外壳相连。因此转移电压不会直接显现在信号回路当中。内、外绝缘的屏蔽层之间其他耦合是通过转移导纳的电场耦合。如果信号地线在两端都与外壳相连，则三同轴电缆双层编织电缆的这一优点将大大减小。图 5-132 中的 HAR – 1 电路是正确使用三同轴电缆的一个例子，在该电路中，信号在接收端通过变压器耦合。在高频时，由于寄生电容的存在，信号地线与外壳的隔离变得非常困难，这时将其所有屏蔽层在两头端接，于是需要注意三同轴电缆的转移阻抗。图 7-25 表示了隔离的单层、双层（三同轴）和三重编织电缆在编织层短路时的转移阻抗（取自参考文献［8］）。若电缆长度等于 $\lambda/2$，可以得到该波长对应的某频率，当频率低于此频率时，多层编织电缆的转移阻抗较低，然而，超过这一频率，由于电缆护层间的谐振作用或沿各屏蔽层的传输延迟的不同，这种转移阻抗的差异可以忽略不计。

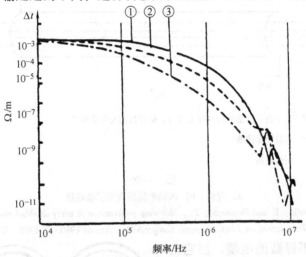

图 7-25　编织层在两端一起短路的情况下隔离的单层、
双层和三重编织电缆的转移阻抗特性的比较

（摘自 Demoulin，B. and Degauque，P.，*IEEE Trans. Electromag. Compatibil.*，EMC – 22（3），August 1980. © 1967，IEEE.）

　　双股电缆是由两个中心导体和一个总屏蔽层组成的。四同轴电缆是有两个孤立的屏蔽层的双中心导体电缆组成。这些电缆典型应用于完全平衡的或单端驱动器/差动输入电路。典型的屏蔽连接如图 7-26a 和 b 所示，屏蔽电缆的转移电压是共模类型的。也就是在屏蔽电缆中所有中心导体上的转移电压相等，因此为了获得最大的抗扰度，输入回路必须有足够高的共模噪声抑制能力，应尽量减小电路输入阻抗的任何不平衡。四同轴电缆的转移阻抗比双股电缆更低，大约与三同轴电缆的转移阻抗大小相当。图 7-26 中关于屏蔽连接的各选项都显示了外屏蔽层的两头都与外壳连接，其连接的理由将在 7.12 节中屏蔽端接内容中再讨论。

　　参考文献［12］中比较了 5 种由铜编织带和镀铝塑料箔作为屏蔽的电缆以及第六种仅使用编织带屏蔽的电缆特性。试验中用传输速率为 1GB/s 信号进行检验。大多数电缆的编织层是在外层的，与金属箔层屏蔽形成"层对层"的接触。有两种电缆，编织层在金属箔里面，但仍然形成"层对层"的接触（见图 7-27b）。电缆的中心导体四导体是平衡的四中心导体组（一对传输，一对接收，且每对线都没有单独的屏蔽）。有两种电缆中每对线是单独屏蔽的。在一种电缆中，内屏蔽的金属面对里面，用加蔽线形成"层对层"接触（见图 7-27d）。在另一种电缆中，内部金属箔的金属面对外部，由编织层形成"层对层"接触（见图 7-27c）。最高的转移阻抗是屏蔽对绞线的转移阻抗或内部屏蔽层的转移阻抗。测量表明镀铝塑料箔自身不能提供良好的电磁屏蔽，特别在较高的频率时。这与使用便宜的计算机串行和并行电缆的经验是一致的，它的屏蔽仅是一层外部金属箔和一根内部加蔽线。虽然这种

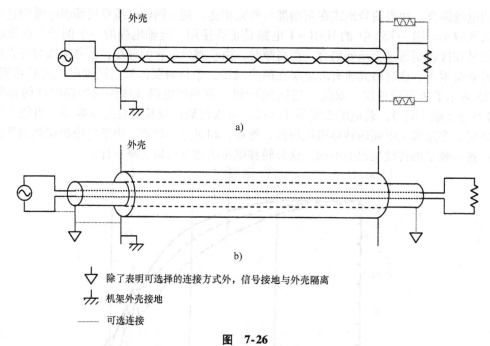

a)

b)

$\bigtriangledown$ 除了表明可选择的连接方式外，信号接地与外壳隔离

$\perp\!\!\!\!\perp$ 机架外壳接地

.... 可选连接

图 7-26

a) 双轴 b) 四轴电缆的典型屏蔽端接

（摘自 Demoulin，B. and Degauque，P.，Shielding performance of triply shielded coaxial cables，
IEEE Transactions on Electromagnetic Compatibility，August 1980. © 1980，IEEE. ）

类型的电缆要优于不屏蔽的电缆，但它的屏蔽效能低于编织型电缆。

转移阻抗最低的是有两层屏蔽的电缆，第一层是外层屏蔽，第二层是每对导体单独屏蔽。在绝缘塑料箔位于编织带屏蔽层和镀铝层之间的情况下，由于在屏蔽层间有塑料，使传输延迟不同，故出现谐振。对于绝缘屏蔽的这种效应如图 7-25 所示。参考文献 [12] 得出如下结论：

六根使用编织带和金属箔混合屏蔽的电缆样品的转移阻抗的实测值显示，这些电缆没有典型的 $R + j\omega M_{12}$ 频率相关性。在

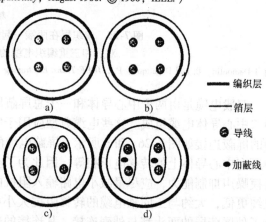

编织层
箔层
导线
加蔽线

图 7-27 用于 1CB/s 的电缆横截面的构造

几个 MHz 以上，它们显示的频率相关性，大约与频率的平方根成正比。这说明其耦合机理是屏蔽层中某处存在接触电阻。两种有单独屏蔽线对的电缆与采用总体屏蔽的平衡四中心导体组相比有较小的转移阻抗。六种电缆的转移电阻在 9 ~ 21mΩ 之间，这在单层编织电缆的范围内，适用于 1GB/s 传输速率的互连电缆。在 500MHz 时，转移阻抗范围在略大于 10 ~ 135mΩ/m 之间，线对单独屏蔽的电缆是最好的（12.4Ω/m 和 21.8Ω/m）。

图 7-28 比较了在 500MHz 时的转移阻抗[⊖]。

迄今，已分析了电缆长度小于 0.5λ 时，屏蔽电缆中的感应电压，这里 λ 是电缆屏蔽层

⊖ 图 7-28 名下所注的图 1a ~ 图 1d 需查阅参考文献 [12] 才能找到对应的图。——译者注

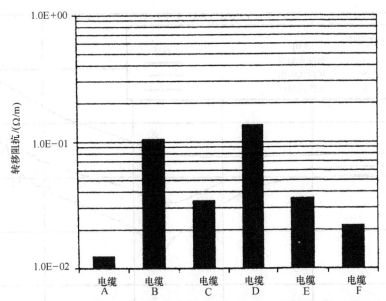

图7-28　六种编织物/金属箔组合屏蔽层在500MHz时的转移阻抗（推测值）

（摘自 Hoeft，L. O. and Knighten，J. L.，Measured surface transfer impedance of cable shields that use combinations of braid and foil and are used for I – GB/s Data Transfer，*IEEE EMC Symposium*，1998. © 1998，IEEE. ）

A 表示图 1d，线对单独屏蔽，金属箔金属面朝里（使用加屏线以形成"层对层"的接触），再加上总的外层屏蔽；
B 表示图 1a，总的外屏蔽层，线对无单独屏蔽；C 表示图 1b，编织层在金属箔内，线对没有单独的屏蔽；D 表示图 1b，
编织层在金属箔内，线对没有单独的屏蔽（电缆与 C 类似但不等同于 C）；E 表示图 1a，总的外层屏蔽，
线对没有单独的屏蔽（电缆与 B 类似但不等同于 B）；F 表示图 1c，有总的外层屏蔽，线对单独屏蔽。

中的电流波长。式（7-12）给出了感应电压的数值大小，当电缆长于 0.5λ 时，由于所说的长线效应，此公式将不再有效。

虽然对于长电缆而言，长线效应可能发生在频率 100kHz ~ 30MHz 的范围内，但是仍然会放在 7.4 节（30MHz ~ 10GHz）中讨论。

若非屏蔽电缆或屏蔽电缆是敏感度/抗扰度问题的主因，或者其导致了过度辐射，那么增加外加编织层可能会解决问题。镀锡铜编织带作为屏蔽和搭接用电缆出售，其内径从 3.18mm 到超过 25.4mm。这些编织带可以用软管夹在圆形接头上，再焊在黄铜接头上，或者如同在有关连接器一节中描述的那样，在松弛情况下，被夹在非 EMI 后盖上。图 7-29 表示 1m 长的单管编织、双管编织或三管编织电缆的转移阻抗实测值。

频率在 30MHz 以上时，我们将会更多地提示存在泄漏效应，因为随着频率的增加，屏蔽电缆编织层上的孔隙变成为更有效的天线。在千兆赫频域里测试电缆就变得更加困难了，因为必须更严格地控制几何形状。测试装置中会产生前向波和后向波，而在电缆中感应的磁场会仅限于 TEM 波。因此，测试装置可能会远远脱离现实生活中实际使用的屏蔽电缆状况，因为在很高频率时，电缆可能会产生径向、轴向和切向场。图 7-30 显示在使用导线注入测试法时，频率上至 22GHz 时单层和双层编织电缆的转移阻抗（来自参考文献 [13]）。转移阻抗直到 20GHz 都持续地增大。图 7-31 表示了单层编织电缆的近端和远端耦合情况，远端的转移阻抗在 10GHz 以上时快速增加。参考文献 [13] 将其归因于通过屏蔽层的辐射损失，并指出在这些频率时所使用的电缆在某种程度上已是天线。图 7-32a 表示的是在千兆赫频域实测的单层编织电缆转移阻抗的早期的数据，而图 7-32b 是双层编织电缆的转移阻抗的数据

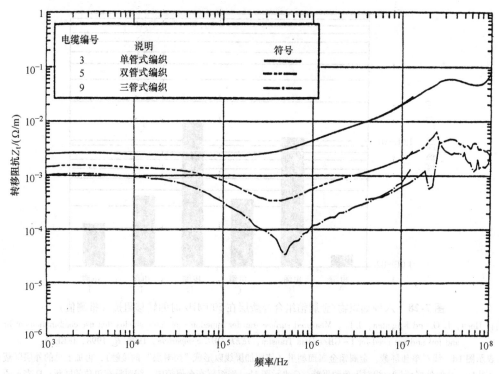

图 7-29 1m 长镀锡管型铜编织层的表面转移阻抗实测值

(摘自 Hoeft, L. O., Measured electromagnetic shielding performance of commonly used cables and connectors, *IEEE Transactions on EMC*, 30 (3), August 1988. © 1998, IEEE.)

（取自参考文献［21］）。单层编织电缆 RG58C/U 的转移阻抗在 4GHz 时是 400mΩ/cm 或 40Ω/m，它与图 7-30 中的单层编织电缆的转移阻抗值相似，其在 6GHz 时的转移阻抗为 30Ω/m。在图 7-23b 中双层编织的 GR 电缆的转移阻抗值为 40mΩ/cm 或 4Ω/m，它远高于图 7-30 中双层编织屏蔽电缆在 6GHz 时 0.2Ω/m 的转移阻抗。然而，如同我们已经看到的一些例子一样，即使是相同类型的电缆，在转移阻抗上也会有惊人的差异。

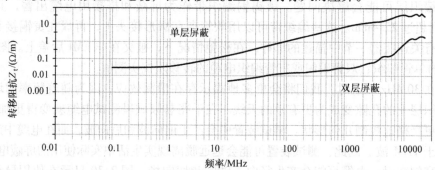

图 7-30 22GHz 以下的单层和双层编织屏蔽电缆的转移阻抗（在应用导线注入测试法情况下）

(摘自 Hoeft, L. O., *IEEE Trans. EMC*, 30 (3), August 1988. © 1992, IEEE.)

现代的三层编织不锈钢铠装电缆具有的屏蔽效能大约为 80dB，这是用 10mΩ/m 的转移阻抗并按式 (7-3) 测算得到的。

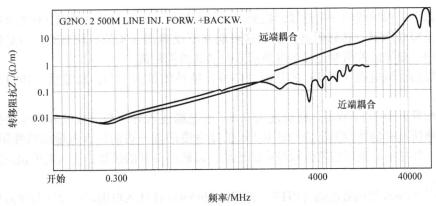

图7-31　单层编织电缆的近端和远端转移阻抗

(摘自 Hoeft, L.O., *IEEE Trans. EMC*, 30 (3), August 1988. © 1992, IEEE.)

7.2.4　屏蔽双绞线的转移阻抗

　　用于航空电子,航天工业和航空器结构中的常用导线通常为附着聚四氟乙烯(PTFE)绝缘的双绞屏蔽线 M27500PTFE。

　　由于这种非常常见的电缆的转移阻抗未知,所以人们用 24AWG 内中心导体,屏蔽直径 3mm,外敷约 0.3mm 绝缘层的屏蔽双绞线对来进行测试。

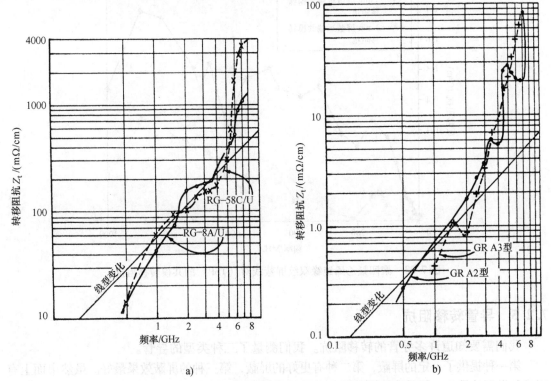

a)

b)

图7-32　a) 单层编织同轴电缆在 8GHz 范围的转移阻抗

b) 双层编织同轴电缆在 8GHz 范围的转移阻抗

　　连接到该导线对的输入电路应为平衡线路,以便将共模(C/M)电压感应到这两根导线上。当其中一根导线的一端连接到机架上的某点接地，而且另外一端也这样连接时，我们需要知道差模（D/M）转移阻抗。虽然这可能并不反映出真实的接地方案，但是的确可以通过将其中一根导线的两端连接至屏蔽层来测量其差模阻抗。

所测得的受试电缆（CUT）的共模（C/M）特性阻抗为45Ω，而差模（D/M）特性阻抗为52Ω。

测试配置见图7-14所示。将长度为0.5m的绝缘注入导线与屏蔽线外绝缘层接触构成了一个电路所具有的特性阻抗应与该0.5m长度电缆任意一边的注入电缆的特性阻抗一样，都是50Ω。外径的屏蔽层应符合双绞线的形状，以确保良好的接触，注入电缆也应沿屏蔽线长度绞绕。

当使用0.3mm聚四氟乙烯（PTFE）绝缘的#24AWG作注入电缆时，导线与屏蔽层之间的阻抗大约为52.4Ω。信号发生器至50Ω负载之间的1.5m长注入电缆中的衰减单调增加，不会有任何跌落或者峰值。频率为1GHz时，衰减为5dB，这显示注入电缆的阻抗大约为50Ω。

为了达到共模测试中45Ω的阻抗，在注入电缆远端使用一个45Ω的屏蔽电阻，在近端使用450Ω的电阻跨接在频谱分析仪的输入阻抗上。由于差模（D/M）阻抗接近50Ω，频谱分析仪输入端不用端接，其远端电阻为50Ω。

远端和近端的（C/M）和（D/M）阻抗都被测量，如图7-33和图7-34。

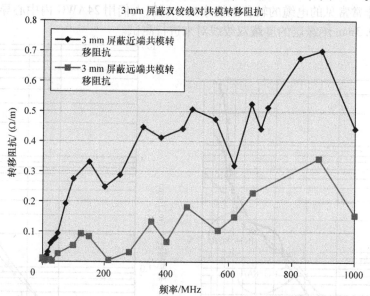

图7-33 聚四氟乙烯绝缘双绞屏蔽线对（TSP）的共模转移阻抗

7.2.5 导管转移阻抗

我们需要知道许多导管的转移阻抗。我们测量了三种类型的导管。

第一种提供了一定的屏蔽，第二种有更好的屏蔽，第三种的屏蔽效果最好。虽然市面上有很多种类型的导管，但是我们测量的每种导管都是1/2in标准尺寸的导管，其内径为5/8in。

第三种导管使用铜螺旋状柔性导管绕制，外敷镀锡铜编织层。第二种也使用铜螺旋状柔性导管绕制但没有编织屏蔽层，第一种是铝线绕制有编织层。这些编织层是由相当稀疏的织法织成，其光覆盖率不足50%。这些电缆在两端有螺纹连接器接头，用来与固定在面板，

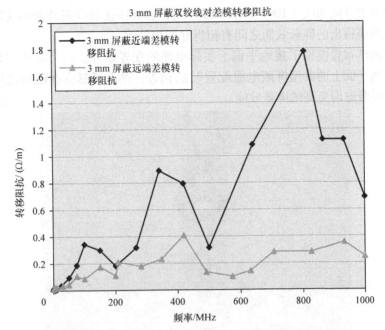

图 7-34 聚四氟乙烯绝缘双绞屏蔽线对（TSP）的差模转移阻抗

隔板或外壳上的螺纹接头连接。

用作连接的附件可以插入配套表面的 1/2in NPT 内螺纹孔中。

内部电缆或导线是指穿过导管的电缆或导线，通常它们不是导管结构的一部分。

此试验中用到的电缆长为 1m。进行了两类测试。一类是根据 IEC 60096-1，仅测量不包含连接器在内的导管转移阻抗。

另一个试验是测量电缆和连接器的屏蔽效能，该连接器安装在两个相互焊接在一起的铜制盒子上，再将铜盒子搭接于接地平面之上，这即是典型的电缆配置的情况。

已知电缆特性阻抗而需要测量电缆转移阻抗时，可以使用一根直径为 1/4in 的实心壁铜棒来制作中心导体。用两只相距 8in，长度大约 1in 的小的膨胀聚乙烯塞子将该铜棒固定在导管中央。图 7-35 显示中心导电棒和用在电缆末端的一只木塞子被固定在其中一个连接器上，而该连接器安装在一个搭接于接地平面上的焊制铜盒子上。图 7-36 表示铜棒位于导管中心。

将铜棒置于导管中心，可以构建一个特性阻抗约 50Ω 的同轴电缆。

我们可以看到，在电缆电长度相对较

图 7-35 用来中心对准连接器附件的杆端插头的照片

长，转移导纳占主导的频段（100～1000MHz）上，后面描述的屏蔽效能的实测数据显示了其与转移阻抗推演得出的屏蔽效能之间有相当好的相关性。

而且，该测试布置模拟了接地平面上实际电缆的配置条件。一个名为"150Hz～1MHz磁场耦合到接地平面上的典型屏蔽电缆配置"的调查，揭示了暴露在磁场的屏蔽电缆如何不能达到比非屏蔽电缆更高的屏蔽效能。

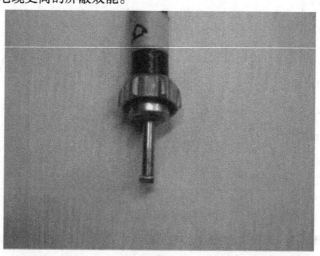

图7-36 杆中心对齐导管形成一个50Ω同轴电缆的照片

这些导管的测试也表明了，在我们对从20kHz到1MHz的屏蔽效能测试中的屏蔽电缆和非屏蔽电缆上的不同电流进行修正后，导管和连接器的屏蔽效能数据与导管和连接器的综合直流电阻和转移阻抗的推导所得的屏蔽效能值几乎相等。

转移阻抗测试的缺点是上限频率受到限制以及它不能通过转移导纳来有效地测量对电缆的耦合情况。在多数布置中，电缆屏蔽层和驱动线之间的连接电阻为0Ω，这会最大地增加转移阻抗的耦合，最小地减小转移导纳的耦合。很多情况下我们会将转移阻抗认作为最重要的耦合因素，这在低频情况下是正确的，但在高频时就不一定正确了。虽然测试的上限频率可以达到1GHz，可是大部分同轴电缆和三同轴电缆实验配置的上限测试频率只有100MHz。IEC 96－1描述了得到该数据的测试方法，该方法在频率高达1GHz时仍然适用，而且理论上可以更高。不过我们已经达到的上限值就是1GHz。

在测试电缆转移阻抗时，在受试电缆上直接导入了一个电流。虽然部分电场的耦合是由转移导纳产生，但耦合的主要形式仍然是穿过空隙的起伏电场和磁场。虽然在下层导管上没有明显的空隙，但由于导管使用了外编织法，依然会存在较大的孔隙。

而且，由于导管采用了螺旋构造，在螺旋线的连接处几乎可以肯定存在接触阻抗，我们将在以后讨论这个问题。

同样在IEC 96－1测试中，仅仅测试了电缆的转移阻抗，而没有将电缆两端的连接器/附件，或是安装在隔板上的连接器/附件包括在内。

用电缆转移阻抗来推导屏蔽效能的主要缺点是会受到电缆构造的影响。例如，任意一端连接于接地平面的屏蔽电缆内的电流，在典型情况下会高于任意一端以高阻抗与地端接或者与地断开连接的非屏蔽电缆。因而，在此状况下的屏蔽效能数值会低于用转移阻抗所预测的数值。

电场屏蔽效能的测试方法使用容性注入探头在探头和电缆之间产生一个高电场。电缆一端连接到一只焊制的铜盒子，容性注入探头如图 7-37 所示。这种容性注入法更加真实地模拟了垂直入射到电缆的高电平电场，而且典型情况下，场源由高增益天线产生，局部上与 MIL – STD – 461F/G RS103 测试类似。该测试方法使通过电缆导纳的孔径耦合达到最大化，同时沿电缆长度上配置一个电流以保证转移阻抗的耦合既有磁场孔径耦合又有起伏耦合。虽然该方法并不是标准化的，但是我们已经在许多试验中使用同类型的屏蔽电缆和注入探头得到了可重复的试验结果。

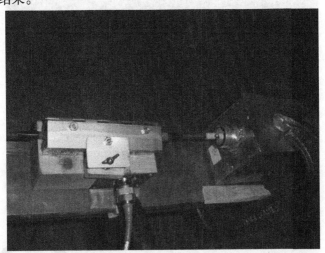

图 7-37　非屏蔽杆上的容性注入探头的照片（参考测量）

由于屏蔽效能测试是比较屏蔽电缆和非屏蔽电缆的感应电平，且试验中电缆电长度较长，即是多倍的波长长度，因此实测值与电缆长度几乎无关。

本试验方法测量的是包含了电缆与电缆任意一端连接器/附件，以及与其匹配的隔板上安装的连接器/附件的总屏蔽效能。

本测试方法适用的频率范围为 200MHz ~ 8GHz。

除了电场测试以外，测试中使用了两种磁场注入探头将电流注入至非屏蔽棒（参考测量）或由导管和棒制成的同轴电缆。第一种注入探头涵盖了频段 20kHz 到 1MHz，第二种探头涵盖了 1 ~ 200MHz。用于军标 MIL – STD – 461F/G CS114 的这些探头呈现的插入损耗在其已知最大值和最小值之间。"150Hz ~ 1MHz 磁场耦合到接地平面之上的典型屏蔽电缆的配置"的研究涉及该配置的磁场屏蔽效能，这种配置使屏蔽层像导电的外壳一样在其两端被端接。测试表明屏蔽电缆中的电流远高于非屏蔽电缆中的电流。这是因为屏蔽电缆屏蔽层对机壳的端接阻抗远低于非屏蔽电缆源端和负载端的阻抗，其低频磁场屏蔽效能接近于零。图 7-4 给出这种电缆设置的示意图。由于这些电流探头呈现出的这些串联阻抗，使屏蔽电缆中和非屏蔽电缆中的电流比例没有如此高。在 CS114 测试中，输入功率需要校准，电缆上的电流也要被监视。该测试规定维持探头的前向功率至已校准的电平，或至最大可适用电流限值，两者取较宽松电平。这意味着电缆中的电流可能较低。与屏蔽电缆相比，非屏蔽中心棒中的电流会更加低。本节后面提供的测试数据显示了不相等注入电流（类似于 CS114 测试）以及相等注入电流时的屏蔽效能的比对。

图 7-38 的测试设置显示了使用其中一种注入探头围绕导管，将该导管两端通过铜管各自焊接到一个焊制成的铜盒子上。此处的铜管里有包括用来测量电缆感应电压的屏蔽电缆。

IEC 96 – 1 附录 2 包含了转移阻抗的测试方法。然而，IEC 96 – 1 第 41 页的转移阻抗的公式中有一个较大的错误而且在 7.2.2 节中也并未提供相关背景信息。图 7-39 和图 7-40 显示了导管屏蔽电缆的测试布置图。

图 7-38 导管周围的注入探头

导管电缆转移阻抗试验设置

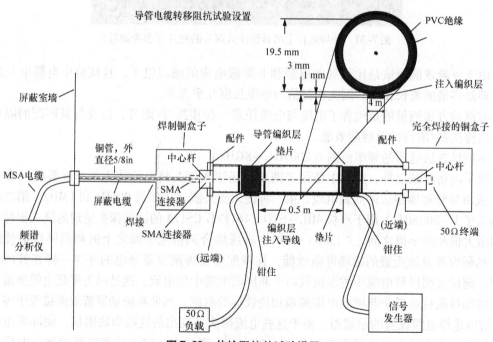

图 7-39 传输阻抗的试验设置

在这个测试中，带有 50Ω 负载的铜盒子与下面的接地平面隔离开。

注入电路设计成具有 50Ω 的特性阻抗，受试电缆也设计具有 50Ω 的特性阻抗。通过一条位于导管屏蔽层上并与其绝缘的 4mm 宽的编织带注入电流，并通过导管屏蔽层再返回信号发生器。这个注入电路也具有 50Ω 的特性阻抗。通过对受试电缆中心导体及它的屏蔽层之间的测量可得到这段导管的电压。这个"转移电压"可以用来计算电缆近端端接 50Ω 负

图7-40 暗室内的电缆转移阻抗试验设置

载，远端开路时的转移阻抗。当远端也端接 50Ω 负载时，应将测量所得电压再乘以二以得到转移电压。由于转移阻抗的单位是 Ω/m 并且测试部分长度为 0.5m，转移电压要再乘以二以得到转移阻抗。在 IEC 96-1 的测试设置中，为了注入电流，受试电缆两端长度要伸展，在我们的例子中是 0.5m。需要测量注入电流的电缆远端的电压，以确保使用了正确的注入电流来得到试验数据。

在先前的讨论中，曾经建议测量受试电缆的插入损耗并在转移函数中做出相应的修正。我们的确也进行了修正。

如同本节先前所述，我们测量了 0.5m 长的 3 号导管的远端转移阻抗。经过对 50Ω 负载的修正，并将电缆的衰减，注入电流归一化至 1m 长度时，测量所得的转移阻抗（单位 Ω/m）如图 7-41 所示。

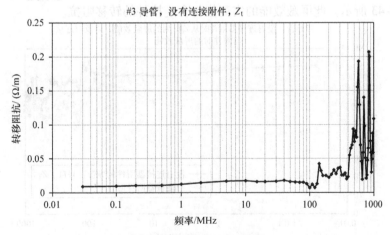

图7-41 #3 导管的转移阻抗

在低频时，导管转移阻抗应等于其直流电阻。1m 长的导管直流电阻为 $11m\Omega$，测得的 $50\sim100kHz$ 的转移阻抗为 $9.511m\Omega$，因而应在低频下验证转移阻抗的实测值。

我们需要知道在没有导管连接件的转移阻抗影响下的电缆屏蔽效能。

具有中心导体的导管构成了一个具有 50Ω 特性阻抗的同轴电缆。在电缆的一头，测量仪器提供了 50Ω 特性阻抗的端口。而在导管的另一端，则使用一个 50Ω 的负载进行端接。由于电缆和负载阻抗匹配，屏蔽效能值可以由转移阻抗实测值按下列公式推得。

$$20\log \frac{2R_L}{总 Z_t}$$

使用两个电流探头和电场探头测得的 1MHz ~ 8GHz 的屏蔽效能值如图 7-42 所示。这些实测数据包含 1m 长度的导管加上两端的连接器的转移阻抗。当进行屏蔽效能测量时，应着重检查试验配置不会限制可测到的最大屏蔽效能值。为了保证被测电缆屏蔽效能和试验配置导致的测量极限之间有足够裕量，棒的中心导体与铜管中屏蔽电缆的中心导体彼此断开。这样就能保证可以测量到由铜导管上的共模电流感应到屏蔽室墙的任何电压，而测量不到其感应进导管中心导体的感应电压。由此试验配置导致的最大衰减如图 7-42 所示，该值至少比电缆法实测的屏蔽效能高 20dB。

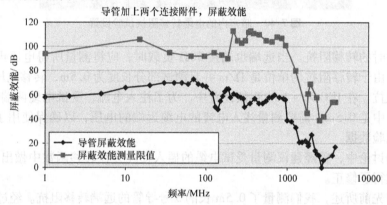

图 7-42 #3 导管实测屏蔽效能与屏蔽效能限值（测试装置能力）的比较（1MHz ~ 8GHz）

由转移阻抗数据计算所得的单一导管的预测屏蔽效能以及使用磁场和电场探头测得的屏蔽效能如图 7-43 所示。此屏蔽效能的实测值包含连接件的转移阻抗。

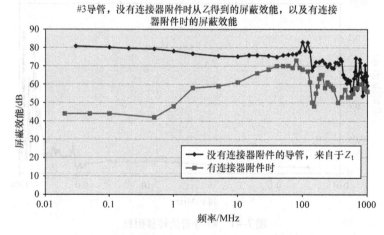

图 7-43 #3 导管加连接件的实测屏蔽效能（SE）（通常用于 CS 114 试验）
与仅通过转移阻抗所得导管的实测屏蔽效能之比较

此附加转移阻抗可以解释当频率从 50 ~ 1000MHz 时与实测值大约有 10dB 的差异。然而，由于另外一种机制的存在，从 20kHz ~ 50MHz 时，它的衰减更低，这将在后面的

"150Hz 到 1MHz 频段内，导电平面之上的配置中典型屏蔽电缆对磁场耦合的测量"中详述。

如同在 CS114 中所规定的那样，屏蔽效能的测量是用具有恒定功率的注入探头对屏蔽和非屏蔽电缆进行的。这意味着以低阻抗对地端接的屏蔽导管中的电流比以两端端接 50Ω 的非屏蔽棒中的电流高，但其屏蔽效能值会低于当电流保持恒定时所达到的值。因而，$20\text{kHz} \sim 200\text{MHz}$ 所测的屏蔽效能可以用来预测 CS114 试验中导管性能水平。

需要测量恒定功率注入时的输入电平。我们使用一种频率范围在 $10\text{kHz} \sim 250\text{MHz}$ 的费舍尔（Fischer）电流探头来测量导管和非屏蔽棒上的电流。如果在 $20\text{kHz} \sim 50\text{MHz}$ 之间，针对这两种电流的差异，要将测得的屏蔽效能进行修正，那么电缆的屏蔽效能曲线与电缆加安装附件的屏蔽效能曲线就非常接近了，如图 7-44 所示。

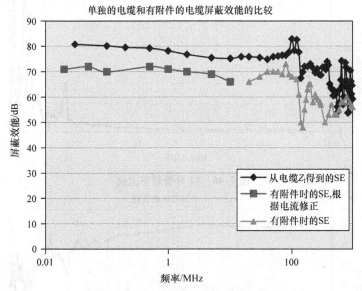

图 7-44　#3 电缆加上附件的屏蔽效能
（根据非屏蔽和屏蔽的等电流测量进行过修正）

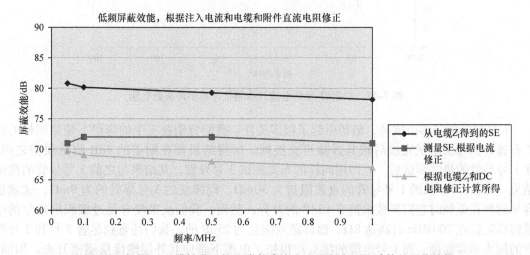

图 7-45　根据#3 电缆转移阻抗和附件直流电阻所得实测和计算的屏蔽效能

安装附件的直流电阻在一定程度上会使电缆的总转移阻抗增加。低频时预测的总屏蔽效能可以根据电缆转移阻抗加安装附件的直流电阻计算得到。如果将这个计算出来的屏蔽效能值与修正过的屏蔽效能值——标绘出来，则如图 7-45 所示，则它显示了更好的相关性，并且也验证了屏蔽效能和针对感应电流的修正是有效的。

图 7-46 和图 7-47 显示了由没有编织层的铜螺旋线构成的导管 2 的转移阻抗推演画出的转移阻抗和屏蔽效能曲线。我们可以看到在低频时，有编织层和没有编织层的铜螺旋线的数值相近。频率约在 1MHz 之上时，如图 7-46 所示，无编织层螺旋线的转移阻抗增加，因而屏蔽效能也增加。

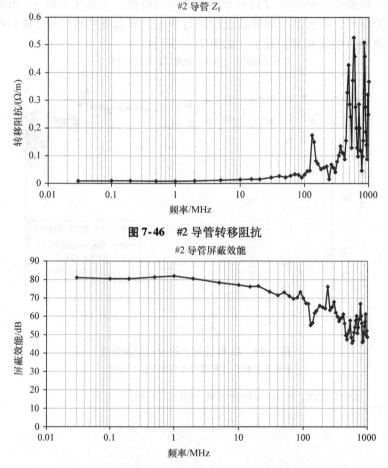

图 7-46　#2 导管转移阻抗

图 7-47　根据#2 导管电缆转移阻抗计算所得屏蔽效能

1 号导管的转移阻抗高，最初引起了很多关注。我们分别在三个的情形下使用同样的试验布置，但每次测试完成后将其拆除再更换掉。所得结果都在期望的 4dB 测量误差之内。在 1 号导管的最终测试后，立即用同样的布置测试 3 号导管，其结果与之前 3 号导管的测试结果一致。0.5m 长的 1 号导管的直流阻抗为 30mΩ，同样长的 3 号导管的为 9mΩ，这就很容易解释在低频时它们屏蔽阻抗有 10dB 的差异。然而，我们从来没有见过编织屏蔽层的电缆转移阻抗在 700MHz 时高达 8Ω，而屏蔽效能仅为 25dB 的。我们注意到尽管 3 号和 2 号导管的接头非常僵硬，而 1 号电缆的接头却很松，电缆下垂使其外层绝缘层剥落开来。因而，转移阻抗产生的纵向电流不得不在 0.5m 测试长度上跳过多达 125 个节点。编织层的光覆盖率仅约为 50%，而且由于仅设计用来覆盖导管，编织层可能没有很好地附着在电缆末端附件上。虽然初看起来出人意料，但与 3 号和 2 号导管比较，1 号导管的确显示出非常糟糕的屏蔽，而且这几乎确定是由于连接点松旷导致很高的接触阻抗。

图 7-46 显示 2 号导管的转移阻抗，图 7-47 显示 2 号导管的屏蔽效能图 7-48 和图 7-49 分别显示了 1 号导管的转移阻抗和屏蔽效能。

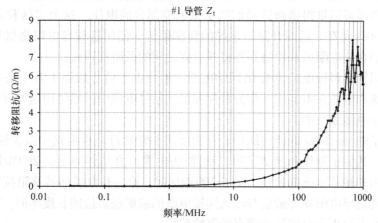

图 7-48　#1 导管转移阻抗

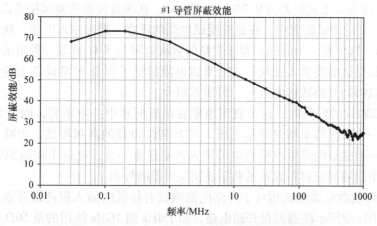

图 7-49　根据#1 导管电缆转移阻抗计算所得的屏蔽效能

7.2.6　柔性屏蔽电缆

我们常常需要使用有附加吸收元件的电缆来替代屏蔽电缆。5.1.10.3 节讨论了在电缆上使用吸收层（损耗性衬套）。

Judd Wire 公司生产的电缆含有分布式 RF 吸收器件构成的低通滤波器。我们不知道这些电缆在低频下的效能。

7.2.6.1　柔性导电织物屏蔽电缆的转移阻抗

我们经常需要比编织屏蔽和金属箔屏蔽柔性更好的电缆。

常用镀镍银导体或镀镍铜导体的导电织物来替代标准的镀锡铜编织线或镀银加编屏蔽材料，这样做的好处是前者重量更轻更柔韧。

试验方法如图 7-38 所示，这种方法就是导管试验使用的方法。

设计注入电路的特性阻抗为50Ω，而受试电缆的特性阻抗也为50Ω。

使用的测试方法见参考文献［1］。

通过一条位于织物屏蔽层上的并与其绝缘的4mm宽的编织带注入电流，通过受试电缆屏蔽层再返回信号发生器。这个注入电路也具有50Ω的特性阻抗。通过受试电缆的中心导体以及它的屏蔽层可以量得横跨这段织物受试电缆部分的电压。这个"转移电压"用来计算当近端端接50Ω负载，远端开路时电缆的转移阻抗。使用这种导电织物材料的主要问题是它有非常高的直流电阻以及织物到连接器后壳之间的低阻抗连接。

虽然导电织物材料被做进50Ω的同轴电缆，但是由于信号通路上有很高的直流电阻和高插入损耗，这种电缆并不实用。作为替代方案，信号电缆中依然使用这种屏蔽材料，但将信号回路包含在电缆线束中。

我们测试了镍/银和镍/铜镀层织物。它们结果非常相近，根据这个报告镍/银材料的性能更好。另外，我们也制作和测试了第二种镍/银电缆。直到频率上达200MHz时，这两种电缆的直流电阻和转移阻抗都相近。高于200MHz时，第一种电缆的转移阻抗较高。这两种电缆仅有的区别是导电织物屏蔽层与注入同轴电缆的编织层搭接的长度不同。在第二种电缆中，这个搭接的面积更大以保证连接点的阻抗较低。

第二种电缆在一天内进行了多次测试以保证测试重复性。测量范围内测得转移阻抗的最大差值为2Ω，这表示最大误差为9.3%（0.77dB），在测量设备的测试精度以内。

在IEC 96-1的测试配置中，在延长受试电缆的任意一端来注入电流，我们试验中延长的长度是0.5m。这里有一个问题，即非常高的直流电阻与50Ω负载和源阻抗串联，这就引入了一个很高的受试电缆插入损耗。这个直流电阻减低了50Ω测量设备上的电压。当这个电压乘以二可以得到开路转移电压V_t，但误差很大。

在不高于2MHz的低频时，这个直流电阻在试验配置中并不重要，因为50Ω负载电阻被移除，用了一个示波器来测量开路电压。对于50Ω负载的高频测试，为减小受试电缆的屏蔽电阻，将一根铜编织带穿在受试电缆注入点的任意一边，把这个铜编织带焊接在SMA连接器上。这个织物屏蔽材料就紧紧粘贴在铜编织带的外面。

这导致50Ω负载电路测试相对于开路电路测试有较低的插入损耗以及误差。由于测试从100Hz到2MHz使用示波器测量开路电路，而1MHz到1GHz使用的是50Ω输入阻抗的频谱仪，所以这个插入损耗可能可以解释两组曲线的交叉重叠，如图7-53中的1和2MHz。然而，示波器测量精度本征比频谱仪更精确（±0.42dB对±2.5dB），并且两种曲线的差异仅为2.4Ω（这代表差异仅仅为0.76dB），这个误差可能来自测量误差。

参考文献［11］推荐了使用图7-50所示的技术测量所得到的受试电缆的插入损耗以及使用转移函数所做的修正方法。0.5m长的织物屏蔽层的高电阻意味着端到端之间的高插入损耗。然而，在转移阻抗的测量中，转移电压产生在该电阻上，其插入损耗较连接受试电缆的编织屏蔽电缆的插入损耗小，如图7-51所示。

在低频时，信号发生器信号输入端与EMI测量设备之间存在泄漏电流，为了避免这种情况，信号发生器的交流输入端应使用隔离变压器。在高频时，部分注入电流会继续沿着屏蔽注入电缆的外表面流动，这充当了一个天线。为了减小这种电流，两种不同类型的铁氧体平衡不平衡转换器－一种是低频有效，另一种高频有效－被串在注入电缆上，如图7-52所示的测试配置。

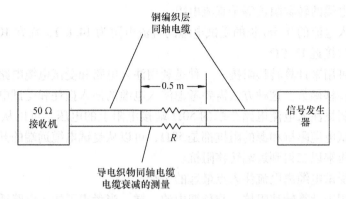

图 7-50　参考文献［11］建议的受试电缆的测试配置

（摘自 Fourie，A. P. C.，Givati，O.，and Clark，A. R.，Simple technique for the measurement of the transfer impedance of variable length coaxial interconnecting leads，*IEEE Transactions on EMC*，40（2），May 1998. © 1998. IEEE.）

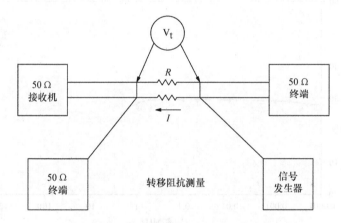

图 7-51　受试电缆的转移阻抗测试配置

图 7-52　一端有铜盒子的受试电缆及带有铁氧体的铜管和注入电缆图片

在低频时，电缆的转移阻抗等于直流电阻。

测得用于注入电流的 0.5m 长的受试电缆的直流电阻为 14.8Ω，而在 100Hz 时测得的电缆的转移阻抗非常接近 13.9Ω。

有两种方法可用来计算转移阻抗。一种是利用注入电路和受试电缆电路的特性阻抗测量输入和输出功率转移函数。这种方法需要考虑注入电缆的插入损耗和受试电缆损耗。另一种替代方法，即是测量注入电流电路终端的 50Ω 端接电阻上的电压。可以从注入电流计算这个电压。假定受试电缆阻抗和源的阻抗都是 50Ω，可以从受试电缆远端的开路电压或者 50Ω 负载电阻上的电压乘以二得到远端转移阻抗。

远端定义为受试电缆离电流注入点最远的一端。

两种方法都用来计算转移阻抗，与预期中的一样，当考虑了注入电路插入损耗时，两个结果相等。

图 7-53 提供了从 100Hz ~ 1GHz 的测得的转移阻抗，我们从中可以看到其数值非常高。

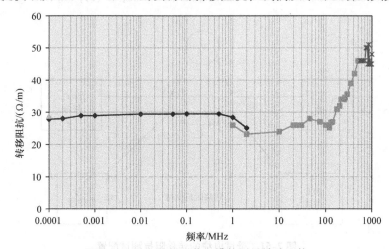

图 7-53 导电织物屏蔽电缆的测量转移阻抗

(0.0001 ~ 2MHz 标绘的是直流电阻 1 ~ 1000MHz 标绘是对 50Ω 负载修正实测值)

织物的表面电阻率为 $0.1\Omega^{2\ominus}$，并且这就是在 EMC Consulting 测得的数值。由于趋肤效应，可以期望大约 10MHz 以上的屏蔽效能会增加。这种情况不会发生的一个原因可能是这种材料虽然没有可见的缝隙，但是由于它是编织出来的，可能仍会发生与类似编织屏蔽电缆类似的起伏耦合效应。

而且在织物的制造过程中，类似金属箔屏蔽电缆有纵向缝隙，并被折边和缝合。这是金属箔电缆的弱连接，在织物电缆中也可能是如此。

在电缆的构建中，特别注意了保证注入编织层不要直接位于缝隙的上方。

采用 7.4 节的转移阻抗方程来评估屏蔽效能：

因而，10kHz ~ 1MHz，屏蔽效能不会大于 10.6dB。

这个假设是认为 150MHz 以上转移阻抗的增加几乎可以肯定是由于屏蔽材料的阻抗增加所致，而不会因为趋肤效应引起的任何衰减而抵消。

因此屏蔽阻抗增加虽使注入电流减小，但转移阻抗的压降，即转移电压，并不会减小，

$\ominus$ 似应为 $\Omega \cdot m$。——译者注

因为转移阻抗增加了。

这种类型电缆的转移阻抗极其高，但是可以通过增加电缆直径来减小直流电阻，从而减小其转移阻抗。而且在低频情况下，加蔽线可以用来进一步减小屏蔽层的直流电阻，于是加蔽线上主要是注入电流在流动，直到它的感抗高于电缆屏蔽层的直流电阻。一种观点认为导电性织物是多余的，因为当与没有加蔽线比较时，连接两个连接器后盖的加屏线也可以提供一些屏蔽。

我们使用一根实际的 1m 长的电缆是用加蔽线做成的，这里将直径 28mm 与直径 3mm 的受试电缆进行对比测试。当这种电缆连接到有后盖的屏蔽连接器时，在 0.2MHz 时总屏蔽效能为 30dB，10MHz 时为 20dB。0.2MHz 时受试电缆的屏蔽效能（这里表述为 $20\log((2R_0/Z_\mathrm{t})\times 1))=20\log(2\times 50\Omega/30\Omega/\mathrm{m})\times 1\mathrm{m}=10.46\mathrm{dB}$。两条电缆直径差以分贝表示为 $20\log(28\mathrm{mm}/3\mathrm{mm})=19.4\mathrm{dB}$，直径较大的电缆将具有更低的直流电阻。由于电缆包含加蔽线，所以加蔽线的屏蔽层阻抗与其感抗并联。如果忽略加蔽线的电抗，并且仅考量因电缆直径增加而对受试电缆的测量屏蔽效能进行修正，预测的衰减为 $10.46\mathrm{dB}+19\mathrm{dB}=30\mathrm{dB}$，这等于实际的 1m 长电缆测到的衰减。这显示低频屏蔽效能很大程度上取决于电缆的直流电阻。

由于电缆可能使用增加覆盖层来增强屏蔽性能，被屏蔽层包围的中心导体上的任何信号都可能含有信号返回通路，信号衰减来自于感应进中心导体的共模电流。

虽然这种实用型电缆比这里描述的受试电缆性能有了提高，但是仍然距离 Belden 的增加镀锡编织线的屏蔽效能相差还很远，测得的这种增强型 Belden 电缆的屏蔽效能在 0.25MHz 为 71dB，10MHz 为 58dB，100MHz 为 44dB。

使用 MIL-STD-285 试验方法测量导电性织物在 200MHz 到 18GHz 规定的屏蔽效能为 83-60dB。这种测试几乎肯定要使用一个平面波源。由于平面波电场分量被反射，凭直觉我们可以预计当波阻抗为 377Ω 的电场入射到表面电阻率为 0.1Ω·m 无限大平面时，屏蔽效能约为 71dB。然而，当波阻抗为 0.1Ω 的磁场入射时，屏蔽效能可能接近 0dB。使用表面电阻率为 0.1Ω·m 的织物，在频率为 1MHz 时进行测量，估计的屏蔽效能仅仅为 1.4dB。

表面转移阻抗电缆测试时，在电缆屏蔽层引入了一个电流并且有效地测量了其占主导分量的磁场衰减，与预期相符，这个屏蔽效能很低。

7.3　半刚性电缆

半刚性电缆是由金属（通常是铜）外皮构成。内部绝缘层既可以是固体，也可以是空气和带有支撑内部导体的垫圈。这种电缆可用手工展延或必须用机器来弯折。连接器可以直接焊在电缆的末端或者压接在其上。

这种形式的电缆最适合在高频时防止电磁干扰（EMI）。当在电缆连接器界面上正确焊接时，由于连接器隔板界面上的转移阻抗，进入或发出的唯一辐射源就在连接器的配合处。若制造商提供的是快速连接型半刚性连接器，则电缆是与连接器压制在一起的，因此增加了额外的转移阻抗。与所有的屏蔽电缆一样，低频性能取决于屏蔽层的厚度和电导率，以及电缆的同心度。一种新的固体屏蔽是"半柔性"电缆，它是编织的屏蔽层，屏蔽的编织带是焊在一起的。这种电缆比有同样屏蔽效能的半刚性电缆更具柔性，但比小直径的编织带电缆的柔性差些。

7.4 长线效应

由式（7-14）可知，当转移阻抗是由孔隙耦合占主导时，转移阻抗随频率的增加而单调地增加。根据式（7-12），转移电压似乎与转移阻抗、屏蔽电流及导线长度成正比，当应用式（7-14）时，则它与频率成正比例。但是，若导线长度大于 0.5λ 时，这个结论就不正确了。这时电缆称之为电长电缆。电磁波在空气中的波长等于 $300/f$（f 单位为 MHz），而在相对介电常数大于 1 的材料中，相同电磁波的波长等于 $300/(f \times \sqrt{\varepsilon_r})$（$f$ 单位为 MHz）。当电缆的屏蔽层在两端接地时，则电缆在导线长度等于 $k\lambda/2$ 的频率处谐振，式中 k 是正整数，即 1，2，3，……

对于在地面以上的，其屏蔽层两端以电缆特性阻抗与地端接的电长电缆，根据参考文献 [7] 的推导，其转移电压（V）的公式为

$$V_t = I_s Z_t \frac{\sin\theta}{\theta} \tag{7-15}$$

式中　Z_t——转移阻抗（Ω/m）；

　　　I_s——屏蔽层电流（A）。

且弧度为

$$\theta = \frac{2\pi f}{300}(\sqrt{\varepsilon_r} + 1) \times \frac{l}{2}$$

式中　f——波的频率（MHz）；

　　　ε_r——电缆外皮的相对介电常数；

　　　l——电缆长度（m）。

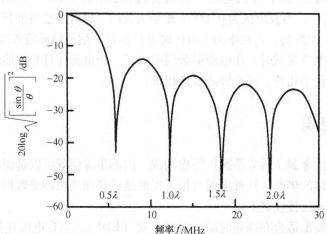

图 7-54　外皮相对介电常数为 2.2 的 20m 长电缆的 $20\log\sqrt{\left[\frac{\sin\theta}{\theta}\right]^2}$ 的标绘图

图 7-54 以分贝标绘出的相对介电常数为 2.2 的 20m 长电缆的 $\sqrt{(\sin\theta/\theta)^2}$ 的比率曲线。从图 7-54 中可以看出，每倍频程包络衰减 6dB，或每十倍频程包络衰减 20dB；即超过该电缆的第一谐振频率之后，随着频率的增加，包络呈单调下降。式（7-14）预测了转移阻抗随

频率的增加而单调增加，这样在超过第一谐振频率之后，转移电压的包络相对于频率为常数。电缆屏蔽效能的定义之一是该电缆在中心导体和屏蔽间以特性阻抗端接的情况下，屏蔽电流 I_s 与中心导体（中心导体）电流 I_c 之比。

图 7-55 表示从 1MHz ~ 1GHz，以 1.18m 长的 RG/58A 电缆的测试装置输入电压为参考量，所测得的电压，以分贝表示。中心参考标度是 – 75dB，它对应的屏蔽效能为 69dB。标度是每刻度 10dB。由于在参考坐标以上实测电压每增加 10dB，屏蔽效能就减少 10dB。因此在 300MHz，从图 7-55 得到的屏蔽效能是 59dB。

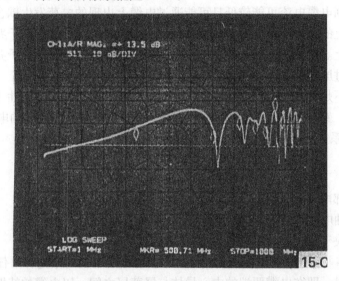

图 7-55　以 1.18m 长的 RG/58A 电缆的测试装置的输入电压为参考量，实测的电压值，单位为 dB。它是频率对数的函数。中心参考标度是 – 75dB，它对应的屏蔽效能为 69dB，第一个标识在 10MHz，所有其他的标识间隔为 100MHz

图 7-56 以 1.2m 长 Raychem 屏蔽对绞线 10595 – 24 – 2 – 9 的测试装置的输入电压为参考量，标绘出实测电压值（以分贝表示）。中心标度是 – 70dB，它等效的屏蔽效能为 51dB。

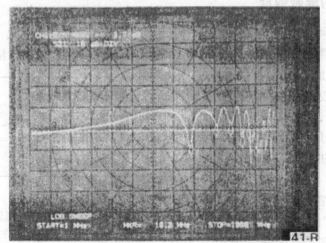

图 7-56　1.2m 长 Raychem 屏蔽对绞电缆 10595 – 24 – 2 – 9 的实测电压值，单位为 dB。中心参考标度是 – 70dB，它对应的屏蔽效能为 51dB

7.5 转移导纳

7.2.1 节和 7.2.2 节简单地讨论了屏蔽电缆的转移导纳。在大多数情况下，转移导纳是可以忽略的次要现象。只要电缆在电气上较长，不管屏蔽层是否端接到地，都要在电缆上产生电流。对于屏蔽层在两端接地的电气长度较短的电缆，入射场将在电缆上产生电流，且取决于入射角。在这些情况中最坏的数据只有转移阻抗。但是，若高阻抗场入射到电气长度较短的电缆上时，则电缆电流可能较低且可能通过电缆上出现的电荷发生耦合。这也适用于连接到不接地外壳上的电短电缆。另一种情形是电气长度较长的电缆上有千兆赫的场入射到电缆的部分小区域上。当雷达波束入射在一段电缆上就属于这种情况。在千兆赫频率上，主要的耦合可能是通过屏蔽层孔隙的局部场所致。

转移导纳并不是固有的电磁参数，因为它与电缆及其周围环境的特性（在测试案例中的测试装置）有关，穿心倒电容 K_T 是电缆独有的特性，它能用来表征同轴电缆的特性，它与转移导纳 Y_T 的关系如下式：

$$K_T = \frac{Y_T}{j\omega C_1 C_2}$$

式中　C_1——外部电容（测量电缆屏蔽的装置）每单位长度的电容；

　　　C_2——同轴电缆两导体之间每单位长度的电容。

显然，Y_T 取决于测试布置，因为 C_1 将随测试布置不同而变化。

参考文献［14］叙述了穿心倒电容测试方法，得出了下面的结论：对任何长度的同轴电缆，在两端匹配时，即在电缆两端的中心导体与屏蔽层之间，以电缆的特性阻抗相匹配，则直到 6MHz 为止，其转移导纳都可以忽略，甚至不能测到。然而，当电缆两端连接高阻抗时，它就服从高阻抗场，从而对转移导纳耦合更敏感。

在参考文献［14］叙述的实测值中，K_T 实测值非常接近于 Z_T 实测值，因此转移阻抗耦合可能是唯一关注的对象。

7.5.1 长电缆的屏蔽效能

转移阻抗数据可以应用于 0.5～2m 长的电缆，其屏蔽效能可以从式（7-3）演算得到，但是更长的电缆的屏蔽效能依然很重要。Belden 使用三同轴测试装置测量了 30m 长的电缆直至 100MHz 频率的屏蔽效能，并与 1.5m 长电缆做比较。参考文献［28］详细描述了这个测试夹具以及测量方法。总而言之，是用测试装置的输入功率 P1 与经公式归一化后的输出功率做比较。

图 7-57 表明测试小室的电气区域，图 7-58 显示了测试的布置图。

由于测试小室产生谐振，在功率－频率坐标图上，连接谐振峰值点能画出峰值包络线。

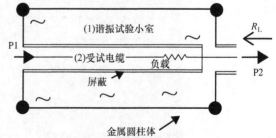

图 7-57　试验配置的电气区域图
（承蒙 Belden Cable 公司特许复制）

在 1.5m 与 30m 测试装置上都进行测试。样品可以采用 RG-6 或 RG-9 电缆，用表 7-3 所得的设计数据见表 7-2。

图 7-59 显示在 1.5m 夹具上得到的从 100~1000MHz 的测试结果，图 7-60 显示的是从 1~100MHz 的测试结果。

图 7-61 和图 7-64 显示了长度为 1.5m 和 30m 电缆的屏蔽效能比较。

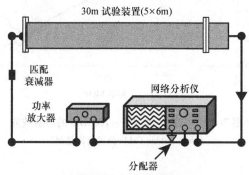

图 7-58 试验配置

（承蒙 Belden Cable 公司特许复制）

表 7-2 电缆屏蔽设计数据

电缆编号	内层金属箔类型（见表 7-3）	编织层覆盖率（内部）(%)	外层金属箔类型（见表 7-3）	编织层覆盖率（外层）	屏蔽 DCR /(mΩ/m)
1	—	95	—		9
2	a	60	—		31
3	a	80	b		15
4	a	60	a	40%	17

来源：承蒙 Belden Cable 公司特许复制。

表 7-3 屏蔽带设计

金属箔类型	层厚度/mm			
	铝箔	聚酯纤维	铝箔	宽度
A	0.00889	0.02286	0.00889	19.05
B	0.0254	0.02286		25.4

来源：承蒙 Belden Cable 公司特许复制。

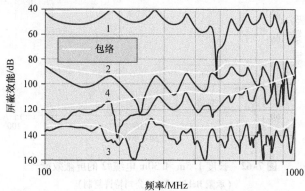

图 7-59 电缆 1~4 从 100MHz~1000MHz 的屏蔽效能

（承蒙 Belden Cable 公司特许复制）

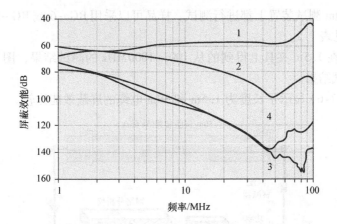

图7-60　电缆 1~4 从 1~100MHz 的屏蔽效能
（承蒙 Belden Cable 公司特许复制）

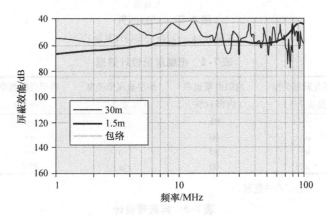

图7-61　长度 1.5m 和 30m 电缆#1 的屏蔽效能
（承蒙 Belden Cable 公司特许复制）

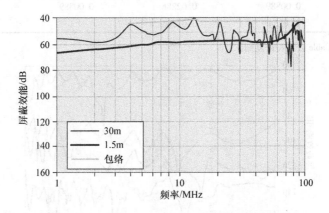

图7-62　长度 1.5m 和 30m 电缆#2 的屏蔽效能[⊖]
（承蒙 Belden Cable 公司特许复制）

　⊖　原文中此图与图 7-61 一样，疑有错。——译者注

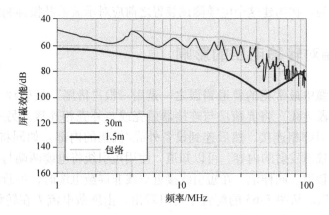

图 7-63　长度 1.5m 和 30m 电缆#3 的屏蔽效能
（承蒙 Belden Cable 公司特许复制）

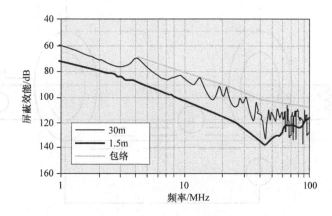

图 7-64　长度 1.5m 和 30m 电缆#4 的屏蔽效能
（承蒙 Belden Cable 公司特许复制）

从这些数字可以看到，最坏情形下的最小屏蔽效能的差异高达 40dB，所以使用短电缆的数据不足以推断出所需长电缆的屏蔽效能。由于需要使用非常长的测试装置，对长电缆进行精确测量很困难。如果只需要进行一个近似测量，可以将一段放置进一个高于接地地面的无感性的之字形的装置中，其特性阻抗已知，例如为 50Ω。电缆屏蔽层的远端使用相同值的电阻端接于接地平面。电缆的中心导体在远端使用阻值与电缆阻抗值相同的屏蔽负载电阻端接。近端使用相同阻值的电阻将中心导体与屏蔽层端接。振荡发生器的输出端接在接地平面和屏蔽层的近端。具有差分输入或 CHA – CHB 或 CHA + CHB 转换功能的示波器一只探头置于近端屏蔽层，另一个探头置于近端中心导体上。将一个电流探头置于近端屏蔽层附近。调节振荡发生器的频率直到电流探头测量到一个峰值电平。也要沿电缆移动电流探头以确定谐振电流。则近似的转移阻抗值为两倍的转移电压除以电流：

$$Z_t = \frac{2V_t}{I}$$

由于振荡发生器的输出，示波器将会被施加一个高的共模电压。因此，把 CHA 和 CHB 探头一起连接到屏蔽层的注入点就很重要。如果共模电压与转移电压一样大甚至更高，那么这个实验就是无效的。在构建这个电缆测试装置之前应对示波器共模抑制能力进行测试。

7.6 屏蔽终端对转移电压的影响

在使用屏蔽电缆中最常犯的普遍错误之一是用一根"猪尾"短引线（可以是一段编织带，更常见的是一段导线）将屏蔽层与连接器后壳或与外壳相连接。另一种方法是将短引线与连接器的一个引脚相连接，然后连到设备外壳/机架的内部。如同将在 7.13 节中看到的，从有关电缆的辐射发射的内容，可以知道，使用短引线将电缆两端与屏蔽层相连接会对邻近的非屏蔽电缆辐射。同样地，在短引线接近双线非屏蔽电缆时，屏蔽电缆中也会感生电磁干扰（EMI）电压。从图 7-65 的配置中可以看出，由屏蔽电流 I_s 在转移阻抗上产生的噪声电压实际上与信号电压 V_{sig} 串联。

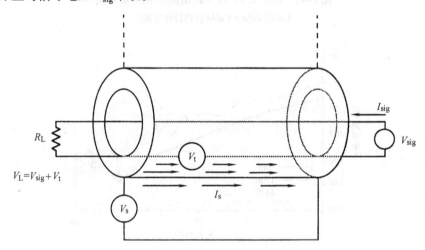

图7-65 共模电流在信号中引起一个噪声电压（V_t）

若屏蔽层端是接在连接器后壳上，再通过连接器连到机架上，那么屏蔽电流 I_s 实际上与信号路径是隔离的，但通过电缆扩散、电缆孔隙耦合及连接器的转移阻抗扩散的电流除外。然而，若屏蔽层是通过一段导线与机架连接，如图 7-66 所示，则信号路径从那点到负载电阻 R_L 是连续的，那么屏蔽电流 I_s 将在这段导线的电感上产生噪声电压 V_w。假定屏蔽电流为 1mA（这个电流可能由如图示的共模电压源，或由入射的电磁波产生），26 号 2in 长的导线通过连接器引脚将屏蔽层与机架连接。同时也假定使用适当有效的金属箔/编织层屏蔽且 26 号导线高出机架 1in，因此这段导线具有的电感为 0.056μH。表 7-4 表示两个噪声电压 V_t 和 V_w，电缆转移阻抗及导线感抗与频率的关系。

表 7-4 举例说明了将屏蔽层端接到连接器后壳是多么重要。要是在屏蔽层和负载电阻之间附加第 2 根导线，那么 V_w 实际上就与信号隔离；但是，载送电流 I_s 的 2in 长导线仍然能对内部电路辐射噪声。此外，当负载电阻与屏蔽层间有第二条连接线存在，且负载电阻与信号地线连接，而信号地线又在其他一些位置与外壳或机架地线连接，那么就会有一部分噪声电流注入到信号地线。最佳的屏蔽连接是在编织带四周以 360° 与金属后壳相连接。通常沿金属后壳的四周将屏蔽层末端与金属后壳夹住，则此金属后壳可获得所需的低阻抗连接。此

金属后壳可从 Glenair 公司买到，那种后壳允许使用同样的连接器将许多电缆的屏蔽层连接到后壳上。在必须使用那种不允许将屏蔽层与后壳夹紧的连接器的场合，则可以用下列方法来端接编织带：将编织带焊接到后壳上，或使用导电胶（注意导电胶不能用于消除应变的目的；或用电缆夹或非导电环氧树脂薄片来代替），或在电缆夹螺母和裸编织物、软管夹之间嵌入弹簧垫圈。Bal Seal Co., Santa Ana, California 是一家能提供合适弹簧垫圈的供应商。另一种可以代替后壳的是屏蔽热缩套，它同连接器接触，电缆屏蔽层像套管一样热套上去。7.15 节中提供了热缩套的供应商和转移阻抗资料。

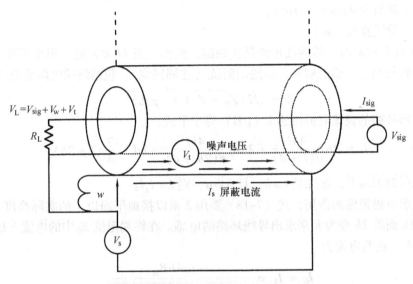

图 7-66 屏蔽层连接线延伸到外壳的情况

表 7-4 噪声电压 V_t 和 V_w 电缆转移阻抗及导线感抗与频率的关系

频率/MHz	$V_t/\mu V$	V_w/mV	$Z_t/m\Omega$	Z_w/Ω
0.1	70	0.035	70	0.035
1	50	0.350	50	0.350
10	20	3.5	20	3.5
100	20	35	20	35
300	70	350	70	350

7.7 电场和磁场产生的耦合

2.5.4 节分析了与接地断开并且远离接地平面的屏蔽线和非屏蔽线的耦合情况。第 2 章也叙述了远离接地平面（见 2.2.5 节）的环路接收特性。本节将分析位于接地平面之上的非屏蔽电缆/导线或屏蔽电缆/导线的感应电流。只要导线高出接地平面的高度 H 远小于其长度 l，并且 $h \ll \lambda$，那么单导线可以认为是由其自身和其在接地平面里的电磁镜像构成的双线传输线。当传输线是两端连接接地平面的屏蔽电缆时，则传输线的终端阻抗分别 Z_0 和 Z_1 可能接近于 0Ω，此时传输线的特性阻抗公式为

$$Z_c = \sqrt{\frac{(Z_i + j\omega l_e)\omega l_e}{jk^2}} \qquad (7\text{-}16)$$

式中 Z_i——二线传输线的分布串联电阻（Ω/m）；

$\quad k$——其值为 $\omega\sqrt{\mu_0\varepsilon_0} = \dfrac{2\pi}{\lambda}$；

$\quad l_e$——其值为 $\dfrac{\mu_0}{\pi}\ln\dfrac{2h}{a}$；

$\quad \mu_0$——其值为 $4\pi\times10^{-7}\,H/m$；

$\quad a$——导线直径（m）。

当 $l \geqslant h$ 且 $h \leqslant \lambda$ 时，传输线理论是正确的。然而，当 $hl \leqslant \lambda$ 时，用矩形环路导线电感的电路理论将得出更正确的解答。环路的阻抗（连同镜像），包括终端电阻的公式如下：

$$Z = \sqrt{2(Z_0 + Z_1) + (j\omega L)^2} \qquad (7\text{-}17)$$

考虑矩形环路的镜像时的电感 L（μH）等于下式：

$$L = l\ln\frac{4hl}{a(l+d)} + 2h\ln\frac{4hl}{a(2h+d)} + 2d - \frac{7}{4}(l+2h) \qquad (7\text{-}18)$$

式中，$d = \sqrt{(2h)2 + l^2}$，条件是 $l \geqslant h$，且 $h \geqslant a$，则 $L = l_e l$。

为了考虑电磁镜像的作用，式（7-18）要用 2 乘以接地平面以上的实际高度 h，也可以将 $4h$ 变为 $2h$ 而将 $2h$ 变为 h 来求出导线环路的电感。在终端阻抗 Z_0 中的电流 $= I_0$，而在 Z_1 中的电流 $= I_1$。这些电流为

$$I_0 = I_1 = \frac{-j\omega 4hB_{in}}{\sqrt{2(Z_0 + Z_1)^2 + (\omega L)^2}} \qquad (7\text{-}19)$$

式中，B_{in} 是入射的磁通密度，最坏情况下时最大耦合被认为是由照射引起的。如图7-67所示，当入射平面与环路平面重合，磁场垂直于入射平面，此时相对于该平面波的耦合最大。

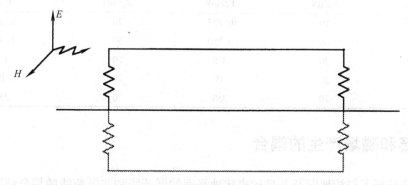

图 7-67 在接地平面上方由导线形成的传输线的磁场感应情况

入射的磁通密度 B_{in} 与自由空间的磁导率 μ_0（$4\pi\times10^{-7}\,H/m$）和磁场强度 H 的乘积有关，即

$$B = \mu_0 H$$

当 $Z_0 = Z_1 = 0\Omega$ 时，该式对于屏蔽电缆是正确的，应用传输线方程得到：

$$I_0 = I_1 = \frac{4E_0 h}{Z_c} \tag{7-20}$$

E_0 可以根据关系式 $E = HZ_w$，由 H 求出。电磁波的入射角不影响感应电流的幅度；然而，为了使设定的最大耦合保持有效，磁场矢量必须与环路平面垂直。图 7-68 比较了用传输线理论计算的结果和根据计算机程序（The Numerical Electromagnetic Code，NEC）得出的结果。

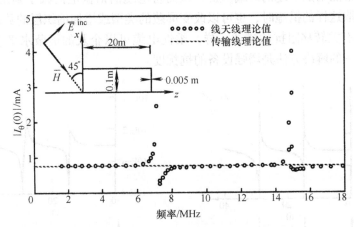

图 7-68 取向垂直于理想接地平面且被平面波照射的矩形环路的终端负载电流

（摘自 Degauque，P. and Zeddam，A.，Remarks on the transmission line approach to determining the current induced on above – ground cables，*IEEE Transactions on Electromagnetic Compatibility*，30（1），February 1988. © 1998，IEEE. ）

可以看出在 7.5MHz 和 15MHz 处有谐振出现，这些谐振频率正好与 $\lambda/2$ 和 λ 分别等于 20m 线长时对应。另一些谐振出现在 $l = k\lambda/2$，式中 k 是正整数。事实存在谐振，但传输线理论并没有对这些谐振作出预测。这些谐振可以根据传输线终端阻抗来加以计算。对于实际的屏蔽电缆，当电缆与外壳端接时，阻抗主要是电缆垂直截面的阻抗。由于与外壳连接，电缆不向上或向下弯曲的情况比较少见，在这种情况下，终端阻抗是外壳与接地平面连接时的阻抗，这使它可能会受限于外壳壁的阻抗。如 5.1.2 节中所述，这个阻抗可以由接地平面的阻抗求得。传输线垂直截面的阻抗公式为下式：

$$Z_v = 60\left(\ln\frac{2h}{a} - 1\right) \tag{7-21}$$

式中　a——电缆垂直截面的半径；

h——电缆距离接地平面的高度。

若入射平面波具有垂直的电场分量，那么末端部分将会发生耦合。然而，因为我们已经假定传输线长度远大于其高出接地平面的高度，所以我们可以忽略任何由于传输线垂直截面受到耦合所产生的影响。理论上，当终端阻抗为零时，终端电流无限大。实际上，终端阻抗将始终存在。图 7-69（取自参考文献 [16]）表示 1V/m 的电场入射到长 20m，半径为 5mm，并且高于接地平面 50cm 的电缆中电流幅度的预测值。电缆电流是根据参考文献 [16]，应用矩量法（MOM）天线理论和修正的传输线理论来预测的。可以看出由于终端阻抗接近于接地平面以上电缆的特性阻抗，最大电流会减小至使用传输线方法所预测的数值。

通常在辐射敏感度试验中，如军标 MIL – STD – 461 RS03 的试验中，互连电缆被放置在高出接地平面 5cm 的高度上，当试验频率与互连电缆的谐振频率相一致时，设备将会很敏感。这种现象对于其屏蔽层的一端或两端以低阻抗与接地平面连接的屏蔽电缆而言尤其明显。一种简单的试验可以用来验证屏蔽电缆谐振敏感度，将互连电缆的屏蔽层沿其长度方向在某个距离处与接地平面短路以改变谐振频率。此外在屏蔽电缆的两端采用铁氧体磁珠或平衡 – 不平衡变换器，常常能增加电缆的终端阻抗，从而将电缆的谐振电流减小到足以满足 EMC 的要求。当不能采取这样的措施时，也可以改变屏蔽的类型或增加编织层的数量来增强屏蔽效能。如同 7.2 节有关转移阻抗的描述一样，柔性电缆可以企及的屏蔽水平会受到限制，在某些情况下，唯一的解决方法是增强设备的抗扰度。

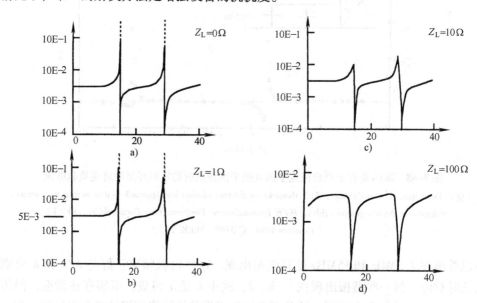

图 7-69　终端阻抗为 0Ω，1Ω，10Ω 和 100Ω 时的电缆电流情况

（摘自 Degauque, P. and Zeddam, A. , *IEEE Trans. Electromag. Compatibil.* , 30（1），February 1988. © 1988, IEEE. ）

应用传输线理论或环路电感可以求出屏蔽电缆上的屏蔽电流。这样，就可以应用式（7-15）来求出转移电压。式（7-15）中的函数 $\sin\theta/\theta$ 仅对屏蔽终端匹配的电缆有效。因此，当终端不匹配时，考虑到谐振时屏蔽电流增加，转移电压应该乘以一个系数。当电缆屏蔽层在两端与外壳端接时，可以采用 5 作为标称倍乘系数。为了更准确地考虑谐振效应和终端效应，诸如 GEMACS、NEC、MININEC 等软件和 EMI Software 公司的开发的一种商用辐射抗扰度软件可以用来对高出接地平面的电缆建模，典型的例子是由电缆和它在接地平面里的电磁镜像构成的双线传输线。还有一个例子是应用 GEMACS 和 EMI Software 的辐射抗扰度软件对高出接地平面 5cm，长度为 2.5m 的电缆建模。此外，简单的传输线方程式（7-20）也可以用来预测电流，但这个公式没有考虑电缆的谐振效应，然而在终端端接阻抗较低时，这些谐振效应却很重要。表征一种典型的短路情况时，可以将电缆两端的终端阻抗设定为 50nH 电感串联 2.5mΩ 电阻。这代表屏蔽电缆的屏蔽层两端都端接到接地平面的情况。在平面波入射到结构体的情况下，GEMACS 软件应用导线分段和矩量分析法对传输线和终端阻抗建立模型。其分析了水平极化场边从侧面照射到电缆以及垂直极化场从侧面照射末端截面的电流

情况。在两种情况下，它都是沿电缆的长度方向上的任一导线段中所记录电流的最大值。应用 EMI Software 公司的辐射抗扰度程序进行同样的分析，可以得出电缆电流与频率关系的坐标图，从中我们可以看到谐振和反谐振频率点的电流。若要预测的电流是平均值或峰值，则应用这个程序进行分析就会不甚明晰。我们曾分析过第一谐振频率为 60MHz 和 180MHz 时的峰值电流，入射场为 40V/m 的情况。

另外，我们也分析过 1GHz 和 4GHz 的电缆电流，电场强度为 3500V/m 的情况，这代表了典型雷达照射的情况。

应用式 (7-20) 可对水平极化场侧面照射在电缆上产生的电流作预测。使这个公式保持有效的前提条件是电缆高出接地平面的高度必须远小于 λ，因此无法对 4GHz 做出预测。此外，式 (7-20) 没有考虑谐振电流，当终端阻抗小于传输线阻抗时，该电流在 60MHz 和 180MHz 非常显著的。但是，在 1GHz 频率点，终端阻抗很高，用传输线公式预测的电流值高于用 GEMACS 或 EMI Software 辐射抗扰度程序所计算出的值。预测的结果见表 7-5，GEMACS 和 EMI Software 程序的结果之间有良好的相关性。

表 7-5 应用 GEMACS、商用辐射抗扰度软件和式 (7-20) 计算平面波入射到双线传输线的电缆中感应电流的比较

频率 f/MHz	E 场/(V/m)	场的取向	使用 TX 线式(7-20) 计算的电流峰值/mA	GEMACS 软件计算 的峰值电流/mA	辐射抗扰度软件计算的 电流峰值/mA
60	40	垂直(侧射)	—	6.1	7
60	40	水平(边射)	43	320	150
180	40	垂直(侧射)	—	7.4	5.6
180	40	水平(边射)	43	90	65
1000	3500	垂直(侧射)		860	500
1000	3500	水平(边射)	3760	1800	1200
4000	3500	垂直(侧射)	—	600	110
4000	3500	水平(边侧)		630	300

7.8 运用 NEC 程序对在自由空间或接近自由空间条件下的电缆耦合建模

电缆处于自由空间的情况似乎很少发生。然而，我们仍然可以想到不少的例子。例如：

例一：可以运用直升飞机来运载长电缆终端的监视设备。该设备用来监视地面的反射，电缆的屏蔽层一端连接直升飞机，另一端连接设备。当电缆垂直时，本地 AM 广播发射机在电缆的屏蔽层上产生的电流足以使这个设备功能失常。

例二：在提议设计哈勃（Hubble）救援车时，拟采用碳纤维支架制作机器人抓斗臂的设计方案，用以运送三条大约 24m（78ft）长的电缆。这样就会出现下列情况，一条绝缘电缆非常靠近抓斗臂，而碳纤维支架为低磁导率的非导体，并且也没有附加的金属箔覆盖这些支架。而事实上，抓斗臂里的电缆一端实际是与设备相连，且该设备与车辆也是相连的。

以下的测量也包含了将附加的 20cm 宽的金属箔置于电缆屏蔽层下面，并且在屏蔽层两端与该金属箔端接从而得到的衰减。

使用 NEC 的程序建立实体模型来研究电流耦合有很多好处。如果软件得出的预测值可信，那么我们可以省下大量的建立模型的时间和精力。计算机模型还能提供对实体模型的快速修正方法以得到更好的结果，而不用从头开始建立一个新的模型。另外，NEC 程序的一个有价值的应用是对自由空间建模，这通常很难在地球上模拟。因此，研究 NEC 程序的预测有效性是非常有用的。

使用单根电缆时，仅会产生共模电流。如果有两条或更多的屏蔽电缆，将其屏蔽层两端都与导电壳体相连，则这些电缆就形成了一组短路传输线。能否感应进多股电缆的电流取决于电磁波入射的角度，而且能包括共模和差模电流。当入射电磁波的相位差为零时，共模电流则为零，是为终端电流。当存在相位差时，就会有差模电流存在。

当电缆位于有限宽度的接地平面上，与没有接地平面相比较，电缆感应电流会有些许减小，但是与大尺寸接地平面条件相比却减小得不多。在以后的章节会针对侧边照射和上方照射的条件对实际测量得到电流和 NEC 计算机代码分析得到的电流减小情况进行详述。

包括建议的哈勃抓斗臂在内的碳纤维的机械手臂都会内置用铝箔制造的有限接地平面。

共模电缆电流的最坏情况是当电缆离地面非常远，长度恰为 0.51 且入射角是侧射角度时，即为电场沿电缆法向（垂直）入射。

也就是说，只要电场平行于电缆，那么共模电流就会产生最大值。对于差模耦合，最大值则发生在侧射或者底射，角度 $\theta = 0°$，如图 7-70 所示。当 $\theta = 90°$，没有差模电流流动；仅有共模电流流动且在电缆中被分流。如果手臂的碳纤维是非导电性且介电常数很低时，则当其靠近隔离电缆时，将会出现上述这种情况。

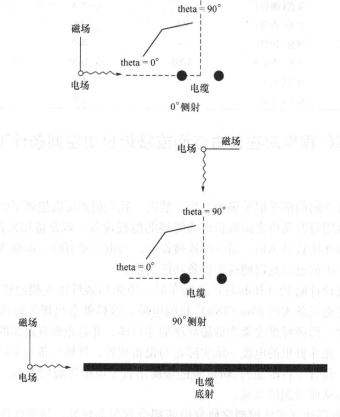

图 7-70　电缆上的电场入射角

对于抓斗臂的情况下，电磁环境可能可以用 MIL – STD – 461C 6.25MHz 的 10V/m 的电平来描述，且它沿抓斗臂的长度进行照射，但是这看起来似乎不可能。更有可能的是该电场被局部化了。后面会对此情况进行讨论。

Arie 的 4NEC2D 版本的 NEC 程序被用来预测在最坏情况下的行波耦合到一个 24m 长的谐振电缆以得到最大的共模电流。在这些情况下，当有 10V/m 的场入射时，在 6.25MHz（在这个频率上抓斗臂长为 0.51）的谐振频率点上，预测的 75ft（24m）电缆上流动的最大共模电流为 1.83A。

另外，对 6.8m 长的电缆进行了测试，也使用了 NEC 预测了其电流。

一根 6.8m 的编织线被放置在离地面高度 1m 的支架上，距离其中心 18m 远处，设置了一个双锥发射天线，以使它沿导线的长度方向上产生一个近似均匀的场，以模拟一个行波。测量是在二月份典型的 −24° 温度下进行的，由于地面 1 ~ 1.25m 的深度都被冰冻，它的导电性非常差。将一个费舍尔（Fisher）电流探头置于编织线中心点来测量那个位置的感生电流。探头到测量设备的电缆上放置了许多铁氧体平衡 – 不平衡变换器和铁氧体瓦管以减小电缆从发射场拾取电磁能量。

在测试中，发射天线自始至终使用相同的输入电平在 20 ~ 260MHz 范围内扫描。记录电流探头上的测得的电流。然后，对发射天线的场进行校准并用来计算产生 1V/m 均匀场所需的电流。

预测每个峰值电流的频率所对应的波长为 0.5λ，1λ，1.5λ，2λ……。在测量和 NEC 分析的频率范围内，对于 6.8m 长的电缆，这对应于 22MHz，44MHz，66MHz，88MHz，110MHz，132MHz，154MHz，176MHz，……

这个试验的布置是设计用来模拟自由空间内 6.8m 长的导线的 NEC 模型，入射场沿其长度方向照射该导线。图 7-71 显示了这个模型的 NEC 几何尺寸。使用 NEC 的激励命令，假设施加到该模型的平面波场强为 1V/m 且方向为侧射。

调整 NEC 分析选择的频率直到激励命令在导线模型的中心点产生一个峰值电流。在各个频率点上导线峰值电流的标绘图如图 7-72 所示。

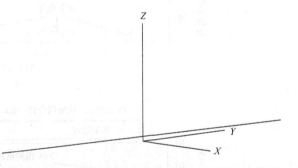

图 7-71　自由空间 6.8m 导线的数值电磁编码几何坐标

将导线中心 NEC 预测的峰值电流与实际测量所得的峰值电流作比较。

图 7-73 显示了测量电流与预测电流的描绘图。NEC 程序预测的总的峰值电流趋势与这个实验测量值接近。若比较 99.3MHz 的测量峰值与 109MHz 的 NEC 预测峰值，我们会发现它们的误差仅为 2.85dB。比较 20MHz 的测量峰值与 21.2MHz 的 NEC 预测峰值，误差为 2.04dB。然而若比较 175MHz 测量峰值与 197MHz 的 NEC 预测峰值，我们发现误差为 11.1dB，测量峰值最接近 176MHz 的理论峰值。

如果我们假定实测值在 175MHz 有异常，但我们发现 NEC 预测的峰值幅度与实验值很契合。NEC 所预测的线缆上电流值与线缆上实测值的主要差异是峰值电流对应频率的差异。当 NEC 预测靠近波长为 2.5λ，频率 110MHz 附近的频率 109MHz 存在峰值时，实际测量得

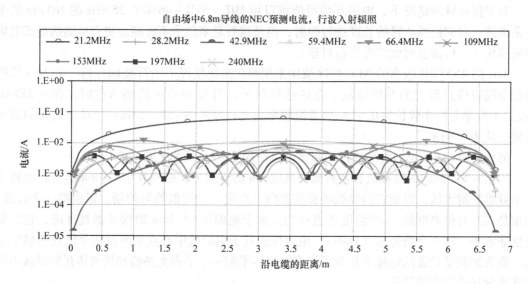

图7-72 在关注的频率上的编织导线的电流（参见彩色插图）

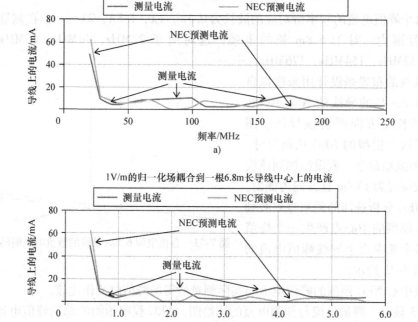

图7-73 数值电磁编码（NEC）预测的电流和实际测量电流的比较
a）频率 b）波长

到的峰值在99.3MHz或者波长为2.3λ。NEC也将175MHz，波长4λ的测量峰值平移至197MHz，波长4.5λ。在开阔试验场（OATS）得到实测值以后，使用NEC分析软件在得到最大实测值的频率进行分析。

表7-6 显示了测量电流值，表7-7 显示了 NEC 预测电流值。

表 7-6　6.8m 的测量值

频率 /MHz	波长(λ)	电流 /mA	施加场强 /(mV/m)	1V/m 的 电流/mA
20	0.5	0.11	2.21	49.05
28.5	0.6	0.05	5.53	8.96
37	0.8	0.04	8.93	4.78
43.6	1.0	0.03	7.98	3.45
60.3	1.4	0.21	26.22	7.97
99.3	2.3	0.61	58.85	10.36
110	2.5	0.27	82.22	3.27
130	2.9	0.28	114.82	2.45
139.7	3.2	0.39	114.82	3.43
175	4.0	0.92	70.83	13.03
204	4.6	0.40	85.01	4.68
229	5.2	0.37	97.72	3.80
249	5.6	0.40	102.09	3.90

表 7-7　数值电磁编码对 6.8m 导线中心电流的预测

频率/MHz	波长（λ）	电流/mA	频率/MHz	波长（λ）	电流/mA
21.2	0.5	62.07	109	2.5	7.46
28.2	0.6	11.59	147	3.3	2.91
42.9	1.0	5.31	153	3.5	4.64
59.4	1.3	6.86	180	4.1	0.12
66.4	1.5	9.43	197	4.5	3.63
82	1.9	0.02	240	5.4	2.79
97	2.2	0.45	250	5.7	0.27

在有接地平面和没有接地平面的条件下，我们使用 NEC 软件对感应进一根 12m 长的电缆电流进行了分析，在离电缆的一端 1m 远处设置有一个双锥天线，并将该结果与测量结果相比较。NEC 的模型如图 7-74 所示。

使用导线和运用补片（patch）有限接地平面来构建双锥天线和电缆。

用 NEC 分析得到的电流预测值远远低于实测值，因此 NEC 分析的结果不可信。

没有接地平面时，距离长 12m 电缆 1m 远的双锥天线引起的电流实测值见表7-8 所示。

表 7-8　距离双锥天线 1m 远的 12m 长的电缆一端测量的电流

频率/MHz	电缆电流/mA	入射电场/(V/m)	mV/V/m
12.56	17	1.78	9.6
50	7.76	3.8	2.0
100	5.2	7	0.74
200	2.7	13	0.2

增加有限接地平面确实能够减小电缆感应电流，并且这些实测值可以用来证明在碳纤维

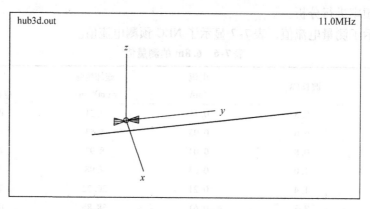

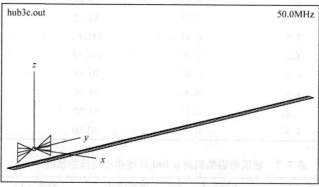

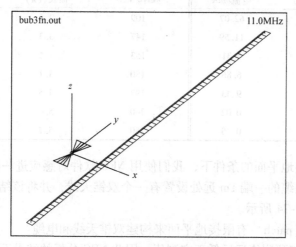

图 7-74 距 12m 长的电缆 1m 远的双锥天线的数值电磁编码

（Hub3d. out 是没有接地平面的电缆且 $\theta = 0°$，hub3c. out 是在电缆下 5cm 有接地平面的情况，hub3fn. out 是有接地平面的照射的情况且 $\theta = 90°$。）

机械手上使用铝箔的有效性。

表 7-9 比较了存在接地平面且入射角度为 0°情况下，电流减小的实测值和 NEC 预测值，表 7-10 比较了入射角度为 90°时的情况。

表 7-9 感应电流的降低，侧照 $\theta = 0°$

频率/MHz	有接地平面时测得的电流降低	有接地平面时测得的电流降低	差值/dB
12.5	16	28	12
50	16	27.6	11.6
100	16	13	3
200	5	0	5

表 7-10 感应电流的降低，侧照 $\theta = 90°$

频率/MHz	有接地平面时测得的电流降低	有接地平面时测得的电流降低	差值/dB
12.5	20	15	5
50	15	16	1
100	13	12	1
200	13	4.4	8.6

频率对应的波长为 0.5λ，2λ，4λ 和 8λ。

结论是，在沿电缆长度方向上入射平面波的条件下，NEC 程序预测电缆感应电流方面非常有用。但是它不适用于局部场条件下进行的测量。

7.9 吉赫兹频率下的电缆屏蔽效能

在吉赫兹频率下，更适合对准备使用的配置中的电缆实施屏蔽效能的测试。一种测试是对暴露在 $1 \sim 2\text{GHz}$ 的局部场电缆耦合情况做测试。如图 7-75 和图 7-76 所示，利用容性注入钳向电缆注入一个高电平的电场。使用一个 20W 的 TWT（行波管）放大器产生该电场，且设计容性注入探头的 VSWR（电压驻波比）小于 3∶1，以避免损坏 TWT。其他的 TWT 对 VSWR 甚至要求更低。容性注入钳夹在一根 2.4m 长的 RG58 同轴电缆周围，并被放置在 5cm 垫块上，垫块放在接地平面上。注入探头沿电缆长度方向放置在若干位置上。结果发现在长度方向上许多位置上可以产生相同的电缆电流和转移电压；然而，其最大感应值在很大程度上取决于将注入探头移动 1cm 左右，或者甚至说相对于电缆的这些位置中的任何一个都相关。RG58 远端用 50Ω 端接，另一端的中心导体接到一个 MIL 38999 连接器的一个管脚上。"38999 连接器"实际是以下部件的组合：一个 Matrix 生产的 D38999/24WF35SA 母连接器，一个 Bendix 生产的 JD38999/26WF35PA 公连接器（半配对）和一个 Glenair 生产的 M85049/19 – 19W06 后壳（安装在 Bendix 连接器上）。RG58 电缆的屏蔽层直接端接到 EMI 后壳上，并不是围绕电缆外缘的理想的 360°端接，但这却是电缆配线的典型代表。从图 7-77 可以看到，电缆屏蔽层和后壳之间存在孔隙。电缆屏蔽层的电流产生的耦合顺着屏蔽层，穿过这个孔隙，我们几乎可以肯定这就是为什么直连电缆的衰减如此糟糕的原因。在参考文献 [17] 中描述了一种导电性弹性材料，可以插进后壳中的孔中用来连接屏蔽层的周边外缘。

38999 连接器安装在金属盒的一端，然而金属盒另一端也连接有一个 N 型连接器。在金属盒内部，用一段短 RG213 同轴线连接 N 型连接器和 RG58 电缆的接线端。要保持 RG213

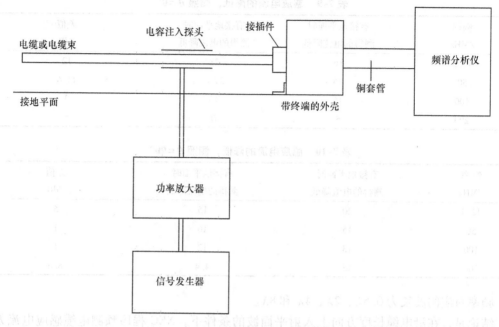

图 7-75 容性注入钳配置图

电缆的未屏蔽长度最小。这个盒子的布置如图 7-78 所示。用 EMI 导电弹垫密封盒盖以起到电磁密闭的作用，如图 7-79 所示。信号通过 N 型连接器，透过被坚实铜导管覆盖的同轴电缆，被位于测量地点处屏蔽室外的频谱分析仪捕捉到。注入信号从 910MHz 扫描至 2GHz，输出电平被频谱分析仪记录。分别用不同的配置进行三次这样的试验。第一次将 RG58 的屏蔽层直接接到组合连接器的接线销上以模拟一根非

图 7-76 注入钳

屏蔽线，记录 910MHz 到 2GHz 的电平值。再次重复测试，这次只将中心导体接在接线销上，同轴电缆的屏蔽层直接端接在连接器的后壳上。再一次重复这个测试，这次屏蔽层通过一根 1in 长的短引线来端接。将后两组电平减去非屏蔽参考电平可以得到电缆的屏蔽效能。

试验结果给出了使用 38999 连接器直接屏蔽层端接以及用 1in 短引线端接所得到的屏蔽效能。这些结果如图 7-80 所示。在大部分的频率点，使用良好端接的情况所得到的屏蔽效能高于使用 1in 短引线的情况。在 1400MHz 以上，由于转移阻抗长线效应限制，耦合主要是孔隙耦合，而不是转移阻抗耦合。为什么直接端接和短引线端接在 1700～2000MHz 要优于非屏蔽电缆，其间的原因并不是很清楚的。然而，试验装置代表了实际的电缆，连接器和后壳的配置情况。

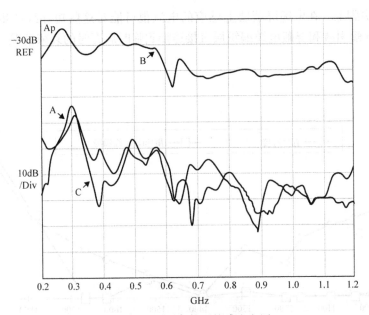

图 7-77　下列条件下的感生电压

A—具有一个标准电磁干扰后壳的屏蔽电缆　B—非屏蔽电缆

C—具有导电性弹性后壳的屏蔽电缆

（摘自 Santamaria, J. C. and Haller, L. J., A comparison of unshielded wire to shielded wire with shields terminated using pigtail and shields terminated through a conducting elastomer, *IEEE*, 1995 EMC Symposium Record, 1995. © 1995, IEEE.）

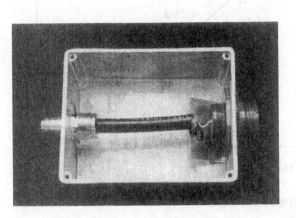

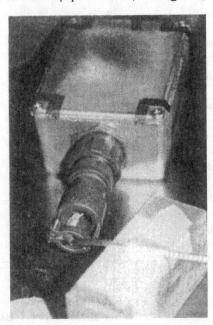

图 7-78　MIL–38999 连接器测量夹具　　**图 7-79**　带扣紧盒盖的 MIL–38999 连接器的测量装置

下一个试验是对一个带"ARINC"连接器的电缆进行的，该连接器有一个临时的铜质后壳。后壳是打开的，周围的铜通过 1in 短引线用来焊接到电缆屏蔽层。因为临时后壳背后的开口很宽，电缆的每一根导体都有一段短的无屏蔽线段，从那里电缆屏蔽层端接到

ARINC 连接器引脚上。在电缆屏蔽层上感应的电流很可能对这些短导线产生辐射耦合。图 7-81 表示用 1in 短引线和屏蔽电缆编织层直接连接到临时后壳时的衰减情况。

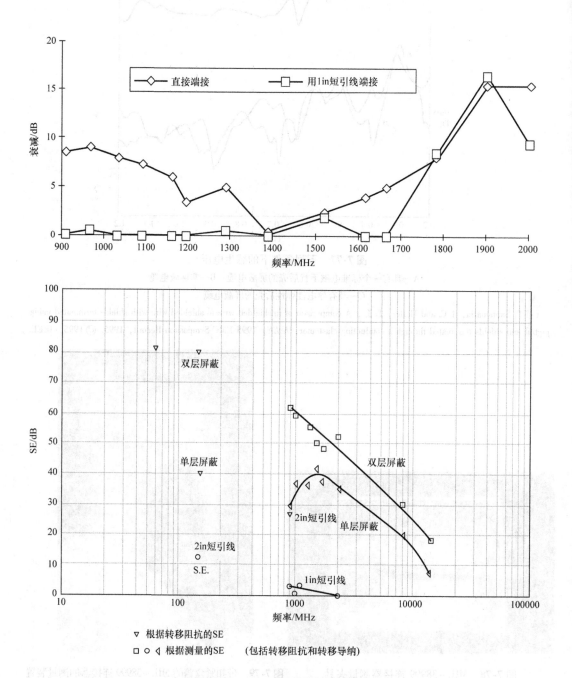

图 7-80   RG58 电缆的屏蔽效能

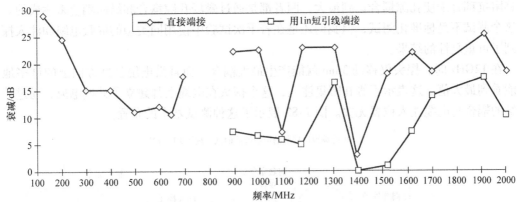

图 7-81　带有 ARINC 连接器和开放式临时后壳的典型电缆束的屏蔽效能

（分别用 1in 短引线和屏蔽层直接连接到后壳的情况下）

7.10　频率达到 12GHz 的电缆屏蔽效能

决定电缆和连接器屏蔽性能的两种主要参数是屏蔽效能和转移阻抗。

屏蔽效能定义为空间某点放置屏蔽体前后电场或磁场强度之比。对一根电缆而言，典型情况下定义为有电缆屏蔽和没有电缆屏蔽的情况下，外界场感应进电缆中心导体的电压或电流之比。在测量和表征屏蔽效能上存在许多缺点，这包括：

1）屏蔽效能不是一个"固有电磁参数"，这意味着测量与测试配置有关。

2）不存在屏蔽效能的统一定义。

3）不存在独立的校准方法。

然而，在电缆电长度较长所对应的频段以及转移导纳占主导的频段（100～1000MHz），这里描述的屏蔽效能实测数据与转移阻抗推算出的屏蔽效能还是表现出相当好的相关性。

Shelkunoff 指出表面转移阻抗较之固有电磁参数而言，它的测量与试验布置无关。这表明任何试验方法都可以用来确定转移阻抗，而且这些结果应该都可以和同一电缆在不同测试布置下所得结果相比较。

转移阻抗测试的不足是上限测试频率受到限制，而且通过转移导纳对电缆的耦合的测量效率不高。在大多数布置中，电缆屏蔽层和驱动线之间的连接是 0Ω，这将使转移阻抗耦合达到最大，而使转移导纳耦合最小。许多人认为转移阻抗是最重要的耦合因素，而且在低频时这的确是正确的，但是在高频时却不正确。虽然可以达到 1GHz，但大多数同轴和三同轴电缆测试布置的上限频率为 100MHz。这个试验中取得数据的方法在 IEC 96－1 中有描述，可以用至 1GHz，理论上还可以更高。然而，我们达到的频率上限是 1GHz。

电缆转移阻抗测试直接将一个电流导入了受试电缆，该电缆也是测试装置的一部分。虽然电缆的转移导纳也会耦合部分电场，但是耦合的主要形式还是穿透孔隙的纵向耦合和磁场。

这个试验方法在高频时使用一个容性注入探头在探头和电缆之间产生一个强电场。容性注入方法更实际地模拟了一个入射到这个电缆的强电场，场源典型情况下是高增益天线并且是局部化的。这个试验方法通过电缆转移导纳，并同时建立一个沿电缆长度方向的电流产生转移阻抗耦合来使孔隙耦合达到最大，两者都是通过磁场孔隙耦合和纵向耦合来达成的。虽然这个测试不是标准化测试，但我们还是在若干次试验中使用同类型的屏蔽电缆和注入探头得到了可重复性的结果。

在12GHz时，探头仅移动3mm就能产生最大耦合。而且沿电缆长度方向上的许多地方都能看到最大值。这表示不管在哪里注入，这个探头在电缆上都建立了共振电流，通过转移导纳的耦合与电缆注入位置无关。图7-82展示了这种测试基本的布置。

电缆编织层屏蔽的屏蔽效能的试验配置0.1～12GHz

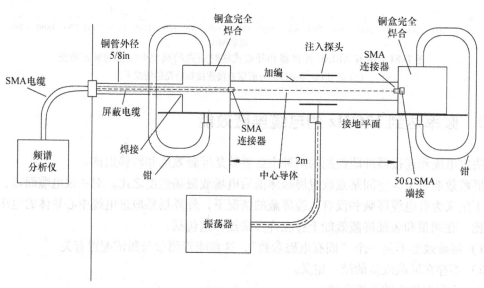

图7-82 测试屏蔽效能的基本设置

有一个研发项目测量了Belden编织层的屏蔽效能，也测量了RG58和RG214的屏蔽同轴电缆。

在所有的这些屏蔽效能的测试中，Belden编织带被拉紧时看不见有孔隙的存在，所以可以达到96%的光覆盖。但为了测量磁场（转移阻抗）和电场（转移导纳）的重要性，Belden电缆的编织层的孔隙耦合是在电缆有些许松弛可以看见其上小孔隙的情况下发生的。在最高的12GHz的频率重复屏蔽效能的测试，其屏蔽效能减小了10dB，从25dB减小到15dB。

表7-11和图7-83显示了8～12GHz的屏蔽效能以及它们是如何演进的。

表7-11 8～12GHz 编织屏蔽效能

频率 /GHz	屏蔽电缆 /dBμV	非屏蔽电缆 /dBμV	屏蔽效能 /dB	本地噪声 /dBμV
8	42.5	76	33.5	7
10	41.7	69	27.3	6.6
12	34	59	25	2.7

注：使用 Belden 336 × #34（0.02mm²）锡铜编织层，管状内径1/2in。

图7-84显示了Belden 8669屏蔽层，RG58单编织层同轴电缆以及RG214双编织层屏蔽电缆从100MHz～12GHz屏蔽效能的实测值。正如预期一样，虽然RG214双层编织层屏蔽电缆在12GHz只达到31dB的屏蔽效能，但它还是表现出了最高的屏蔽效能。亦如预期，

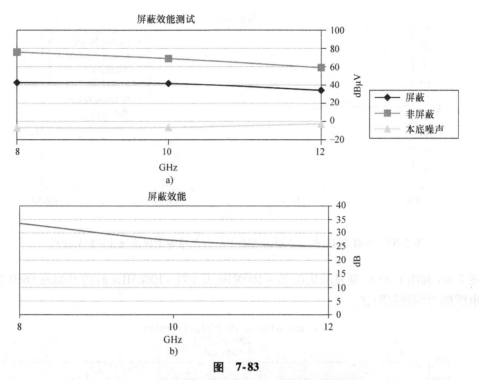

图　7-83

a) Belden 8669 编织屏蔽电缆 8～12GHz 屏蔽效能的测试

b) Belden 8669 编织屏蔽电缆 8～12GHz 屏蔽效能的测试

RG58 在大多数频点的屏蔽效能最低并且一直持续低于 RG214 的屏蔽效能。在 6GHz 时，试验布置表现出一些反常的情况，所以图 7-85 的趋势绘图略去了 6GHz 的实测值。试验结果与首次使用等效注入探头的结果可以比拟。在后续的重复试验中，对控制电缆离地高度和电缆编织层的松紧程度等最重要的变量，结果可在 6dB 范围内复现。

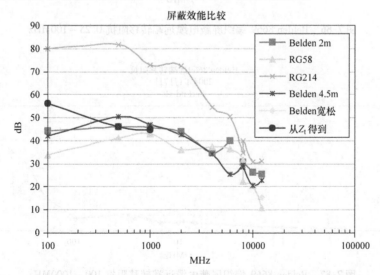

图 7-84　2～4.5m 长 Belden 8669 屏蔽电缆和 RG58，RG214 同轴电缆屏蔽效能数据

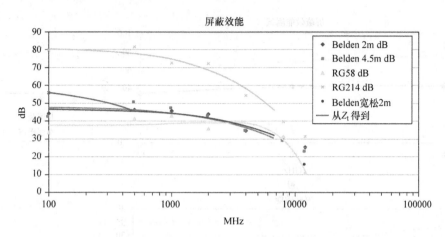

图 7-85 忽略 6GHz 的测量屏蔽效能下与由 Z_t 推导的屏蔽效能的趋势比较

图 7-86 和图 7-87 分别显示从 0.25 ~ 100MHz 及 100 ~ 1000MHz 时的 Belden 8669 编织层屏蔽电缆的远端转移阻抗。

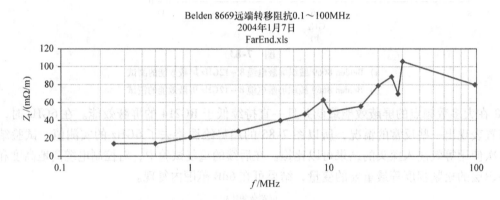

图 7-86 Belden 8669 编织屏蔽电缆远端转移阻抗 0.25 ~ 100MHz

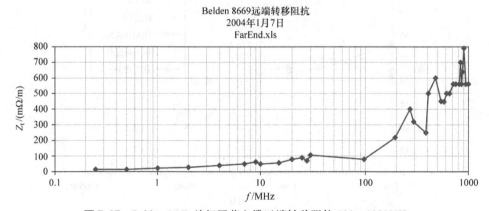

图 7-87 Belden 8669 编织屏蔽电缆远端转移阻抗 100 ~ 1000MHz

屏蔽效能测试时，电缆每端的负载阻抗都是 50Ω，所以就可能使用下式从转移阻抗来预

测屏蔽效能（dB）

$$SE = 20\log(2 \times 50/Z_t)$$

表 7-12 比较了 100MHz 以上频率从 Z_t 预测的屏蔽效能和实测屏蔽效能。

虽然这两种试验方法有根本的不同，但是我们可以看到 100MHz 以上的频率，当电缆电长度足够长，尤其是在 271~1000MHz 之间，这两种方法的相关性却难以置信地近似。

表 7-12 通过转移阻抗测量所得屏蔽效能与测量屏蔽效能的比较

频率 /MHz	Z_t 推导得出的屏蔽效能 /dB(2m 长)	测量得出的屏蔽效能 /dB(2m 长)	频率 /MHz	Z_t 推导得出的屏蔽效能 /dB(2m 长)	测量得出的屏蔽效能 /dB(2m 长)
0.25	71	—	100/97.4	56	44
0.5	71	—	194	47	45
1.0	67	—	271	48	45
10.0	58	—	500/478	44	46
20.0	56	—	900	42	46
30.0	53	—	1000	43	46

7.11 入射场的极化和角度

在下面的讨论中，我们将电场分量平行于接地平面的波称为水平极化波；而电场分量垂直于接地平面的波称为垂直极化波。

在许多情况下，波的极化方向或入射角都是未知的，那就必须假定产生最坏情况的耦合是磁场分量或是电场分量。最坏情况耦合的假设成立的一个例子就是 RS03 试验配置，当频率大于 30MHz 时，该实验必须使用既能产生垂直方向又能产生水平方向电场分量的发射天线。天线位于离接地平面边缘 1m 处。因此对于频率低于 50MHz 的场而言，它是近场，会表现出曲度、水平、垂直和径向的矢量场。当在屏蔽室进行 RS03 试验时，会在天花板上形成天线的电磁镜像，互连电缆上波的入射角度既可能由直接来自于天线的直射波形成，也可能是由来自天花板的反射波形成。因此，尤其在低频时，在 RS03 试验装置中关于最坏情况耦合的假设是完全正确的。在有些情况下，波的极化和入射角都是已知的。例如，发射天线耦合到地面上信号电缆或电力电缆的方向和位置都是已知的。入射角和极化方向决定了配置的方向性，可以用它来修正地面上的传输线中感应的开路电压。参考文献 [10] 中有垂直极化的方向图，其方向性可以高达 3.7。参考文献 [10] 也提供了当地面电导率不理想，对地面上的传输线的耦合预测时，如何进行补偿的信息。

7.12 屏蔽层对地端接

迄今的讨论都是假定电缆屏蔽层在两端通过外壳的金属壁与地连接（对称连接），并且已证明了这一屏蔽结构可对入射的磁场提供屏蔽，但是在低频时此屏蔽效能会受到限制。当一个或两个外壳能与接地断开时，则可以大大地增加对磁场的屏蔽作用。但是，当电缆屏蔽层只是在一端与外壳断开，而两个外壳仍然保持与接地平面连接时，则该配置实际上与图 7-3b 所示相同，磁场感应电压的衰减为最小。当屏蔽电缆用于连接类似装在前面板上的电位计、热敏电阻、应变计或电热元件这类在电气连接上与机架接地隔离的器件时，那么电缆屏蔽层应该按图7-88所示方式连接。这时屏蔽层在器件末端与地隔离就可以获得对电场和磁场的最大屏蔽。元器件（和关联连线）和外壳之间的电容必须减到最小，因为这样才可以在高频时使屏蔽保持有效。同所有的导则一样，例外总是存在的，在本节后面要讨论到，在低频时电缆屏蔽层有意地在一端与外壳断开，但在射频情况下实际却与电缆相连的情况。在下面的讨论中，我们假定电缆的屏蔽层在两端与外壳连接，电缆的一端（不对称连接）隔离意为外壳与地不连接。

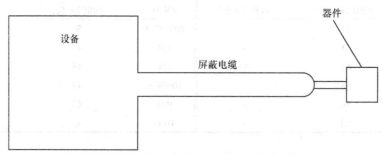

图7-88 对地（机壳）有低电容的器件的屏蔽连接图

假定满足使用传输线理论的条件且电缆的长度接近或大于$\lambda/4$，那么式（7-20）仍然可用于确定不对称连接的电缆电流。图7-89a表明由于电磁波入射到不对称连接的电缆所引起的屏蔽层上的电流分布，这里的电缆长度与相应电磁波波长可相比拟，但是又不大于$\lambda/4$。去掉一端接地连接（不对称连接）的效果仅仅是移动了谐振频率点。在非谐振频率点的屏蔽电流幅度有相同的数量级。不对称连接的谐振发生在电缆长度l为以下的情况：

$$l = \frac{(2k + 1)}{4} \tag{7-22}$$

式中，$K = 0，1，2，3\cdots\cdots$，因此不对称连接的谐振发生在线长等于0.25λ，0.75λ，1.25λ $\cdots\cdots$时，而对称连接则发生在线长等于0.5λ，λ，$1.5\lambda\cdots\cdots$时。

图7-89b显示外壳在两端不接地时屏蔽层中的电流分布，对称连接的电流分布就像图7-89b中表示的外壳完全不接地时的电流分布一样。

根据参考文献[18]，图7-90a表明在有电磁泄漏的同轴电缆中的感应电压，其转移阻抗是随频率线性增加的，即

$$Z_t = R_s + j\omega L_t \tag{7-23}$$

而对于有电磁泄漏的同轴电缆，$L_t = 16nH/m$，$R_s = 9m\Omega/m$。入射电磁波是1V/m的平面波，电缆直径为8mm，特性阻抗为50Ω，线长15m，电缆位于接地平面以上30cm处。平面波的入射角要确保对于所有三种屏蔽层的端接有最坏情况的耦合，这三种端接分别是对称的、不对称的和不连接的。在1MHz，屏蔽层的对称连接与不对称连接或不连接相比，呈现出较低的屏蔽水平。在5MHz，电缆长度大约等于$\lambda/2$时，对称连接可达到最高的屏蔽水平。图7-90b表明实验结果与理论值的比较，在10kHz时，不对称连接与对称连接的实验值的差不超过25dB。这个差值是由于屏蔽层的转移导纳附加了电场耦合，从而增加了测量得到的电磁干扰（EMI）电压值，尤其对于不对称连接而言是如此。

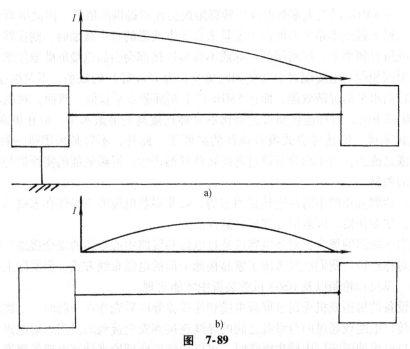

图　7-89

a) 一个外壳接地（不对称连接）时，接近谐振长度的屏蔽电缆中的电流分布情况

b) 两个外壳都不接地（即对称连接）时，电缆中电流的分布情况

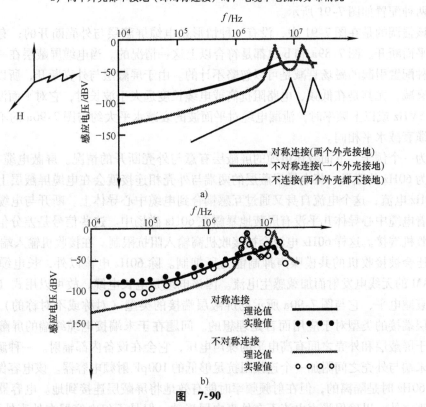

图　7-90

a) 在屏蔽层和外壳对地作不对称和对称连接不连接的情况下在同轴电缆中感应的电压

b) 计算和实验的 EMI 电压的比较

实际上，在 1MHz 以上大多数电缆的转移阻抗会比所提供的值低，因此屏蔽效能通常会更高些。当入射电磁波不是平面波而主要是来自于电或磁的直接激励时，则在线长小于电磁波波长对应的所有频率上，屏蔽层的对称或不对称连接都会引起电缆屏蔽效能的不同。

对于入射到相同的电缆配置中（例如电缆线长为 15m 等）的磁场，不对称连接在 1MHz 以下可达到较高水平的屏蔽效能，而在 5MHz 以上则屏蔽水平较低。然而，对电场而言，当频率在 5MHz 以下时，对称连接则可达到比不对称连接高的屏蔽水平。但在更高的频率上，对 15m 长电缆来说，则连接方式没有选择的必要了。此外，不管是采用哪一种配置方式，亦或是电场或是磁场，由于耦合是通过电缆转移导纳产生，屏蔽效能的实测值与预测值都没有什么太大的差异。

实际上，达到真正的不对称连接是困难的，除非屏蔽电缆的内导体在末端端接一个尺寸较小的器件，如变换器，屏蔽层在那里是悬浮的。

在有相当多线路的场合，对地电容或通过电源和线路中心导体的安全接地连接可能会破坏真正的不对称连接。我们已经考虑了紧靠接地平面的电缆布线方式，但实际上只能在宇宙飞船、车辆、飞机和轮船以及 RS03 试验装置中才能实现。

当两台设备的机柜或机壳通过屏蔽电缆和连接器导电后壳连在一起时，二次连接常常是通过附加的接口电缆或通过两台设备之间的导线连接到安全接地的。当入射电磁场在两个或多个邻近接口电缆的屏蔽层中感生电流时，可以用传输线理论来计算电流的幅度。而当通过安全接地对机壳和机壳进行二次连接时，环路电感会产生高阻抗，这时就可以运用电路理论了。这两种配置如图 7-91 所示。

应该强调的是在图 7-91 中，没有一种情形是电缆屏蔽层与外壳断开的；有的只是外壳与接地平面断开。图 7-89a 和 b 也都是符合以上这一情况的。当电缆屏蔽层在一端与外壳断开，这种配置引起的磁场衰减是可以忽略不计的。由于屏蔽层与外壳断开，所以它对电场会有些许衰减，尤其是在低频、电路阻抗高或电缆长度远大于波长时，它对平面波的衰减会很小。在 5MHz 或以上频率时，泄漏电缆对平面波的衰减水平大约与图 7-90a 的不对称连接的同轴电缆衰减水平相同。

作为一个例子，下面叙述电缆的屏蔽层有意与外壳断开的情况。屏蔽电缆有数千米长，且大致为 60Hz 的磁场。将电缆屏蔽层的两端与外壳相连接就会在电缆屏蔽层上产生很高电平的 60Hz 电流，这个电流自身又通过互感耦合到电缆中心导体上。断开与电缆屏蔽层连接就意味着电缆中心导体几乎没有屏蔽地暴露在 60Hz 磁场中。这些信号是差分信号，以高阻抗与接收机端接。这样 60Hz 电流会被接收机高输入阻抗限制。在接收机输入端出现的 60Hz 共模电压会被接收机的共模噪声抑制能力所抑制。除 60Hz 电流以外，长电缆中还会因有 FM 和 AM 的无线电发射而加载感生电流。因该电缆是电长电缆，故可以用式（7-15）求得预测的衰减电平，它与图 7-90a 所示的屏蔽层端接的类型（对称或不对称的）无关。这样该屏蔽层端接的类型对于应用而言是理想的。问题在于末端接电缆终端的屏蔽层伸进外壳里，由于屏蔽层和外壳之间有高电平的噪声电压，它会在设备内部辐射。一种解决方法是在屏蔽层末端与外壳之间附加一个连接阻抗足够低的 100pF 射频电容器。该电容保持屏蔽层与外壳在 60Hz 时是隔离的，但在射频频率时能有效地将屏蔽层连接到地。电容器的正确位置应在外壳之外，以确保噪声电流不在外壳内层流动。但是不仅电容器在外壳外面不易实行，而且小电容器在大型电缆的屏蔽层和机壳之间的连接都极其困难。一个可能的解决办法是使

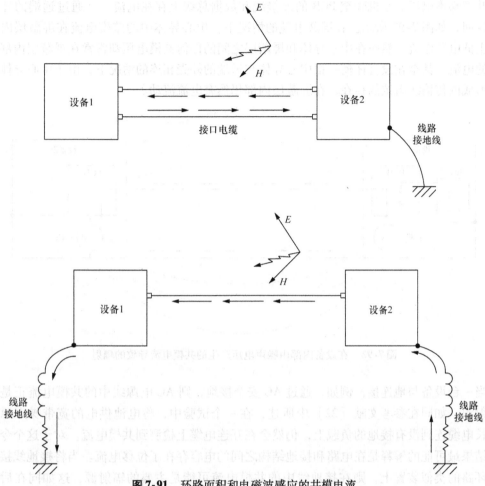

图 7-91　环路面积和电磁波感应的共模电流

用高介电常数的电缆绝缘层，或者让电缆通过一根金属管，抑或用金属箔包在电缆上，使电缆屏蔽层与外壳之间形成 100pF 的电容。

7.13　电缆和导线的发射

先前我们已经做出的许多关于电场和磁场对电缆耦合的分析可以用来研究用电缆产生电场和磁场。在电磁兼容（EMC）工作中应牢记的较为有用的原理之一是：有时变电流存在的地方，就有电磁场存在，反之，有时变场入射到导线上，就有电流。在预测受激辐射时，必须首先要确定其传播路径，可能的话还需确定电流的幅度。

当多芯电缆中有差模电流且这些导线相互靠近在一起时，则该电缆产生的总体辐射常常小于大面积环路或孤立电缆中较低幅度的共模电流产生的辐射。很少接触电磁兼容（EMC）的实践工程师经常忽视地面上承载低频信号或差分噪声电压信号的电缆或电源互连电缆上产生辐射的可能性，因而忽略了共模干扰的影响。另一方面，由于通常的经验往往是处置共模电流源，电磁兼容（EMC）工程师可能错误地忽略了差模电流的影响。

有关这方面的实际例子是连接两台设备的数据总线，这些设备的 PCB 和设备机壳之间存在共模噪声电压。在机壳至 PCB 的连接线和数据总线上存在电流，且通过远端的外壳接地线返回，如图 7-92 所示。在屏蔽电缆的情况下，中心导体中的差模电流在屏蔽层内部仅仅感生低电平电流。然而在中心导体和屏蔽层之间的任何共模电压却常常在屏蔽层内部产生较高的电流。甚至在没有任何一根中心导体与远端的外壳相连的情况下，由于中心导体和屏蔽层形成的传输线阻抗的存在，在屏蔽层内部仍然有电流流动。

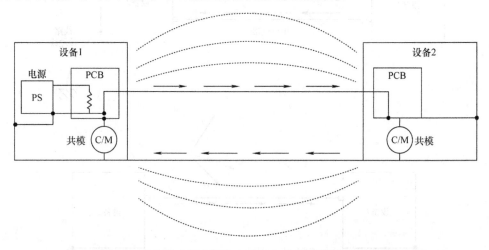

图 7-92 在设备内部由噪声电压产生的共模电流导致的辐射

当一台设备与地连接，例如，通过 AC 安全接地，则 AC 电源线中的共模电流正是主要的辐射源。如同在参考文献 [22] 中所述，在一个试验中，将电池供电的宽带噪声源通过一根长电缆连到没有接地的负载上，仍然会在互连电缆上检测到共模电流。对于这个令人吃惊的结果最可能的解释是在电路和接地结构之间的电容存在了位移电流。当将接地线接到有辐射环路的类似装置上，则在接地线中的共模电流可能是主要的辐射源，这如同在后面和 11.1 节和 11.8.2 节讨论的情况一样。

获得共模电流的最准确的方法是用电流探头对屏蔽电缆的屏蔽层或非屏蔽电缆的所有导线进行测量。另一种方法是根据实测的或预测的共模电压及电路或传输线阻抗值，用电路理论来计算电缆中的电流。当屏蔽层内部的电流已知时，在电缆屏蔽层外表面上的电流可以根据计算 200kHz 以下电缆与电缆之间的耦合及 200kHz 以上电缆的转移阻抗的方法推导出来。于是电缆的辐射场可以应用单极子天线、电流元或电流环路的公式来计算，无论哪个公式都适用于第 2 章中提及的电缆几何形状。另外，也可以应用矩量法来计算。在图 7-92 所示的例子中，为了得出环路面积，必须知道电流路径的几何形状。

7.13.1 环路的辐射

对于不属于传输线定义的任何形状的环路，都可以使用 2.2.3 节的公式。如同后面所讨论的情况，只要环路末端的负载阻抗小于或等于环路的传输线阻抗，这些公式都是有效的。为了计算远场中的电磁波，这些公式可以简化为以下的公式，也会得到同样的结果：

$$E = \frac{Z_e I_L \beta^2 A}{4 sR} \tag{7-24}$$

式中　Z_c——$Z_c = 377\Omega$；

I_L——最大环路电流；

β——$\beta = \dfrac{2\pi}{\lambda}$；

A——环路面积。

7.13.2　几何形状的传输线产生的辐射

为了计算由两根电缆或地面以上的一根电缆组成的传输线产生的辐射，我们采用传输线的辐射电阻的概念。天线或传输线的辐射电阻是用来描述导线中将传送到负载的一部分功率转化成辐射功率的那部分电阻。在一个有效的天线中，辐射电阻被设计得较高，而将输入功率转化成热能的那部分电阻被设计得较低。在传输线中，正好相反。长度为 $\lambda/2$（或 $\lambda/2$ 的整数倍）的两线传输线，当传输线短路时（对称连接）；或是长度为 $\lambda/4$ 和式（7-22）中所示的其他倍数长度的两线传输线，当线路开路或以高于 Z_c（不对称连接）的负载端接时，其谐振部分的辐射电阻是

$$辐射电阻 = 30\beta^2 b^2 \tag{7-25}$$

式中　b——两线传输线之间的距离，或是电缆高出接地平面的高度的两倍。谐振传输线的辐射功率为

$$辐射功率 = 30\beta^2 b^2 I^2 \tag{7-26}$$

式中　I——线中的电流，它既可以是实测值也可以是计算值。

对于大多数的电磁干扰（EMI）的状况，辐射噪声覆盖的频率很宽，因此可以预计谐振线路条件是存在的。例如，当电流源是转换器或数字逻辑电路的噪声时，其谐波范围可从数千赫到 500MHz。

在传输线中的电流源频率单一，谐波皆可忽略，且电缆电气长度较长的情形下，即 $l > 0.25\lambda$，若传输线长度既不是所关注频率对应的谐振长度，也不是以它的特性阻抗来端接时，则其辐射电阻：

$$辐射电阻 = 30\beta b^2 \tag{7-27}$$

而辐射功率

$$辐射功率 = 30\beta b^2 I^2 \tag{7-28}$$

离传输线距为 R 处的磁场为

$$H = \sqrt{\dfrac{Pk}{4\pi R^2 Z_w}} \tag{7-29}$$

式中　P——辐射功率；

Z_w——波阻抗；

k——方向性系数，对于电流环路和谐振线它大约是 1.5，对于非谐振线是 1.0。

而电场为

$$E = \sqrt{\dfrac{Z_w Pk}{4\pi R^2}} \tag{7-30}$$

在近场，波阻抗接近于传输线的特性阻抗 Z_c，它可以按式（7-16）来计算。然后波阻抗就线性地变化直到近场/远场的交界面。在交界面处，$Z_w = 377\Omega$。由电流环路辐射的电场

可以根据 $E = H \times Z_w$ 求出。在近场计算波阻抗的公式为

$$Z_w = \frac{\lambda/2\pi - R}{\lambda/2\pi}(Z_c - 377) + 377 \quad (Z_w < 377\Omega)$$

式中　R——距辐射源的距离（m）。

图 7-93a ~ c 比较了悬挂在地面以上 5cm，长度 2m 的传输线产生的磁场的计算值和实测

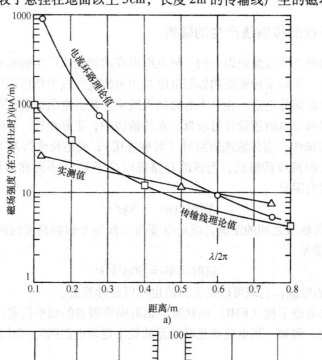

a)

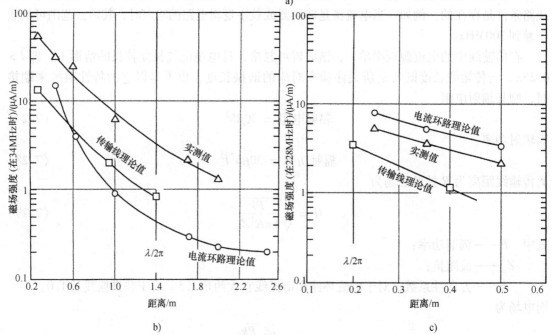

b)　　　　　　　　　　　　　　c)

图　7-93

a) 在 79MHz 时传输线产生的磁场强度随距离变化的计算值与实测值的比较

b) 在 34MHz 时传输线产生的磁场强度随距离变化的计算值与实测值的比较

c) 在 228MHz 时传输线产生的磁场强度随距离变化的计算值与实测值的比较

值。在近场，应用传输线理论计算磁场得到的结果接近实测值，而应用电流环路公式来计算，就会有很大的误差。在远场，两个计算值趋向于收敛在一点，计算值和实测值的最大误差大约是 6dB。

衡量电路理论或传输线理论是否适用的准则和 7.7 节中描述的有关导线的耦合是相同的。方向性因数 1.5 没有考虑天线相对于传输线的高度。正如在图 7-93 中所表明的那样，当在屏蔽室内测量时，更重要的考虑因素是从天花板和屏蔽室壁对传输线的反射。对反射的补偿将在 9.3.2 节中讨论。

传输线模型应用于 RE02 和 DO – 160 的测试装置中，在这些测试装置中，电缆位于接地平面上方 5cm、距地平面边缘 10cm，相距 2m。当使用屏蔽电缆时，屏蔽层常常一端端接在设备外壳上，外壳与接地平面搭接，经过 2m 长度后，在另一端连接到接地平面上。若假定接地连接之间的电缆长度是 3m，介质的相对介电常数是 2，于是电缆的第一谐振频率是 35MHz，此处 $\lambda/2$ = 3m。RE02 的典型窄带限值在 35MHz 是 22dBμV/m，数值是在距接地平面边缘 1m 处测得。为了符合使用式（7-28）的规范限值，电缆屏蔽层中的电流在 35MHz 必须小于 9μA，根据式（7-28）得到离电缆 1.05m 处预测的磁场是 3.47E – 8A/m。传输线的特性阻抗大约是 317Ω，这样距传输线 1.05m 处的波阻抗大约是 377Ω。因此预测的电场为 3.47E – 8 A/m × 377Ω = 13μV/m = 22dBμV/m。

在图 7-44b 中，根据实测的电缆电流在 34MHz 时测量距离为 1m 处实测的磁场强度大约高于预测值 12dB。由于屏蔽室天花板和墙壁的反射，加上天线校准误差和测试电缆电流时电流探头的衰减效应，可能要考虑测量中存在的一些偏差。因此工程师必须把 20 ~ 35MHz 的电缆上的共模电流设计在小于 1μA，以确保符合 RE02 限值。

测量也在一个有良好阻尼的电波暗室内进行，在整个测量频率范围内，显示出与在 OATS（开阔试验场）的实测值的相关性在 0 ~ 4dB 范围内。一根 2m 长 AWG16 号的绝缘导线放置在高于接地平面 5cm，距接地平面边缘 10cm 处，端接方式分别为短路、开路或以 317Ω 端接。导线上的电流用电流探头来监测。当使用传输线的特性阻抗来端接时，在沿导线长度方向上电缆中的电流是常数。对于短路和开路的情况，将电流探头沿导线上下移动以获取最高电平的电流。测量天线位于接地平面边缘 1m 处，并升高和降低天线（军标 MIL – STD462 或 DO – 160 中不作要求）以测量试验装置产生的最高电场强度。同时改变天线的方向以获得水平或垂直方向的极化场。利用式（7-26）或式（7-27）来计算功率，而利用式（7-30）来计算电场。

表 7-13 提供了电场实测值和预测值的比较。尽管在电流测量中因电缆上的电流探头的存在会引入一些误差，但预测的准确度通常还是可接受的。所用的天线种类和尺寸也会影响实测值，且使用对数周期/双锥天线与使用基准偶极天线测得的数据之间有很大的不同。电波暗室产生的误差较小。

表 7-13　在军标 MIL—STD—462/D0—160 试验配置中，由接地平面
以上的导线产生的电场强度的预估值和实测值

频率/MHz	计算电平/(dBμV/m)	实测电平/(dBμV/m)	Δ/dB
		短路端接，水平极化场	
83	91.1	85.5	5.6
140	95.6	91.0	4.6

（续）

频率/MHz	计算电平/(dBμV/m)	实测电平/(dBμV/m)	Δ/dB
	短路端接，水平极化场		
200	96.7	88	8.7
260	96.0	85.0	11
	短路端接，垂直极化场		
77	90.5	89.0	10.5
146	96.0	89.0	7.0
200	96.7	90.5	6.2
252	96.7	83.5	13.7
	开路端接，水平极化场		
55	85.5	85.5	0.0
118	93.1	86.0	7.1
166	96.1	96.0	0.1
228	94.9	85.0	9.9
293	89.0	87.0	2.0
	开路端接，垂直极化场		
48	84.4	86.0	1.6
110	92.6	90.0	2.6
172	95.4	93.5	1.9
225	94.8	94.9	0.8
297	89.2	87.0	2.2
	以线的特性阻抗317Ω端接，水平极化场		
35	76.2	77.0	0.8
140	78.2	80.0	1.8
233	81.4	77.0	4.4
45	76.3	77.0	0.7
77	77.6	81.0	3.4
112	80.3	75.0	5.3
151	78.5	81.5	3.0
185	80.4	85.5	5.1
216	80.1	84.5	4.4
250	80.7	81.0	0.3

7.13.3 附加电缆和不附加电缆情况下的环路辐射

有时会出现这样的环路辐射情况：即环路并没有作任何接地，或更多是要求将环路接地。例如在一个接地的非屏蔽外壳内的接线或 PCB 印制线。

以下是一个与方波发生器连接的环路的实例。环路面积为 20cm×5cm 与方波发生器相连，该发生器通过一个 51Ω 电阻以 2.5V，1MHz 的方波来驱动环路。驱动环路 1m 长的电缆是一根双层编织电缆，它在铁氧体平衡-不平衡变换器上绕四圈以减少电缆的辐射。脉冲发生器是屏蔽的，AC 电源线在发生器外壳处屏蔽。因而预计电缆中流动的是低电平的电流。大部分电磁干扰（EMI）源是脉冲或方波，为了符合电磁干扰（EMI）规范，我们需要关注频域谱密度。因此在电磁兼容（EMC）预测中，我们常常将时域转换到频域。在本例中的环路，基频为1MHz时最大电流是2.5V/51Ω ＝ 49mA。应用图3-1中的公式，第21次谐波（21MHz）时的幅度是62dBμA。

在计算机程序中使用这个电流来计算环路产生的电场，得出的一个预测结果是0.28mV/m的电场，这个结果没有对天花板和地板的反射作补偿。非常近似的反射修正值是增加6dB，因此预测的电场结果为0.56mV/m。在距环1m处用单极天线测得环路产生的电场如图7-94所示。单极天线在21.7MHz测得的电平是－57dBm。由于使用了一个26dB的前置放大器，因此单极天线的输出电平是－57dBm－26dB ＝ －83dBm。这个值转换成电压相当于16μV。单极天线的天线系数是40，因此实测的电场场强是0.64mV/m。将环路从电缆的末端移开，用一个近乎完全的短路线来取代它，以期显著减小辐射。但是，如图7-95所示，情况并不如预期的。用电流探头在AC电源线电缆上测量电流，测试结果如图7-96所示。在21.7MHz的电平是－58dBm，考虑到有26dB的前置放大器，因此探头的输出电平结果是－84dBm ＝ 14μV。在21MHz时电流探头的转移阻抗是0.89Ω，所以电缆电流是15.7μA。在计算机程序中用这个电流来计算一个电流元的电场，预测的电场结果是0.65mV/m。在AC电缆中由15.7μA所产生的电场几乎和环路中1.26mA所产生的电场相同，这个例子很好地说明了作为电缆中主要辐射源的共模电流是非常重要的。在接下来的测量中，该环路放在屏蔽室中，紧靠一个穿有双层屏蔽馈电电缆的管子，发生器和电源电缆位于室外。使用这种配置，在发生器电缆末端短路的情况下并没有测到辐射。

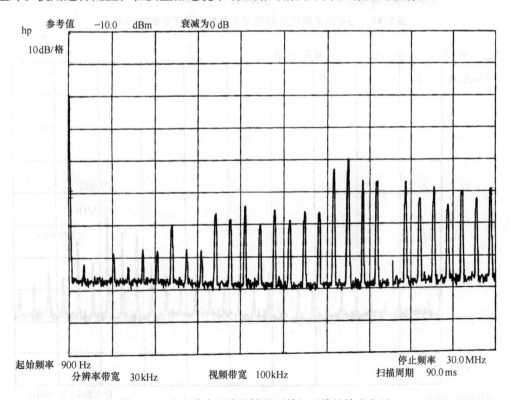

图7-94 在电路有环路的情况下单极天线的输出电压

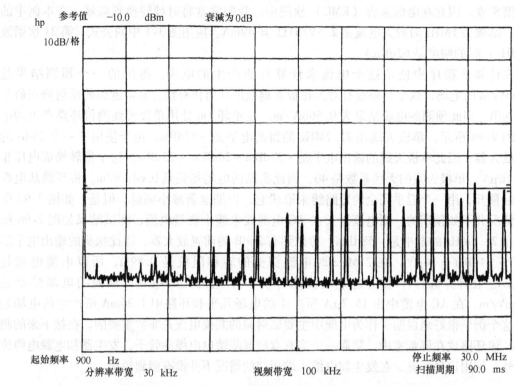

图 7-95 用短路来取代环路情况下单极天线产生的输出电压

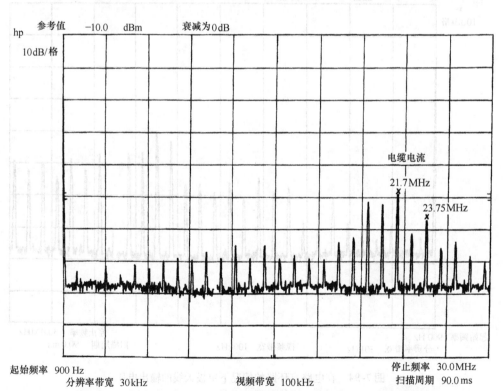

图 7-96 在信号发生器 AC 电流电缆周围的电流探头产生的输出电压

7.13.3.1　环路的端接

环路可以用低阻抗负载来端接，代表性电路是逻辑门电路；也可以高阻抗负载来端接，代表性电路是模拟电路，或比较少见的是开路形式。电流环路的辐射公式是假定环路短路的。因此，一个重要的问题是，在环路端接一个阻抗的这种常见情况下，如何应用这些公式。

在端接负载阻抗的环路中电流通常由两部分组成，流入负载的均流电流和非均匀的位移电流，该位移电流会在环路末端减小到 0，如图 7-97 所示。非均流电流的幅值是由开路短传输线的输入阻抗决定的，根据参考文献 [10]，它由下式给出：

$$Z_{in} = \frac{(377 \ 或 \ Z_0)\lambda}{2\pi l} \tag{7-31}$$

式中　l——传输线长度（m）。

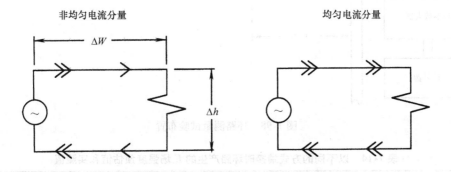

图 7-97　环路中的均匀电流和非均匀电流

均匀的环路电流由 V_{in}/R_1 给定，非均流电流则由 V_{in}/Z_{in} 给定。由非均流电流辐射的电场可以通过相隔距离为 h 的两个电流元来建模，这个距离就是两个导线环路之间的距离，单位为 m。由于两个电流元中电流的方向是反相的，因此两个电流元产生的电场也是反相的。在距环路平面一定的测量距离测得的电场是两个电流元产生的电场之差。举例来说，考虑有个 20cm 长、5cm 宽的末端开路的环路。根据式（7-31），该环路在 30MHz 的输入阻抗是 3kΩ。施加到环上的电压是 0.55V，于是非均流电流的值是 0.183mA。要求求出距环路中最近的导线为 1m 处的电场。应用电场式（2-12），求得距电流元 1m 处的电场是 7.6mV/m，距最远的导体 1.05m 处的电场是 6.555mV/m。两个电场的差是 1mV/m，这就是在 1m 距离处预测的场的大小。

在图 7-98 所示的试验装置中，环路未被端接或者端接短路线，50Ω、1kΩ 或 10kΩ 的电阻。由均流电流或非均流电流在每一种端接形式上产生的电场既可以由计算得出，也可以在距环路 1m 处用单极天线实测得到。表 7-14 提供了在 5.8MHz 和 30MHz 预测的和实测的电场强度。在短路或端接 50Ω 电阻的情况下，电场主要是均匀的环路电流产生的，来源于电流元的贡献最小。当端接阻抗大于 377Ω 时，主要的场源是用电流元建模的环路中的非均匀电流。在固定的环路电流下，环路的负载从短路一直到 50Ω，所测得的电场是恒定不变的；而对于固定的输入电压，当负载从 1kΩ 到开路，电场也是恒定不变的。

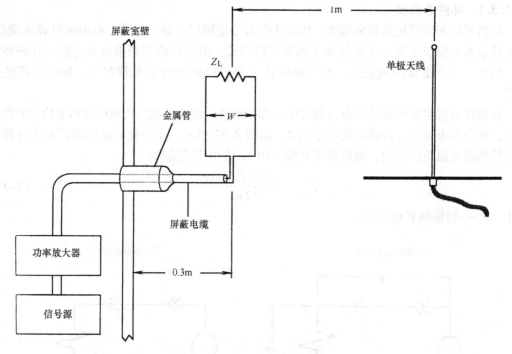

图7-98 环路测量试验布置

表7-14 以不同的方式端接时环路产生的 E 场强度预估值和实测值

频率 /MHz	端接方式	电流环路产生的 E 场 预估值/(mV/m)	电流元产生的 E 场 预估值/(mV/m)	实测 E 场值 /(mV/m)
5.8	S/C	0.40	0	0.49
5.8	50Ω	0.40	0.2	0.49
5.8	1kΩ	0.02	0.2	0.39
5.8	O/C	0	0.2	0.39
30	S/C	2.4	0	0.90
30	50Ω	2.4	1	0.90
30	1kΩ	0.122	1	0.41
30	O/C	0	1	0.41

注：S/C＝短路；O/C＝开路。

  如图7-99所示，当一根长导线与环路连接时，在长线中有非均流电流存在。根据参考文献［19］附加连接导线，包括导线接地和不接地的情况，将环路产生的电场复制在图7-100中。从中可以发现电场几乎与环路中的电流无关。这里还另有一个导线中的共模电流作为主要场源的例子。有电磁兼容（EMC）经验的工程师忽略电缆中差模电流的现象是不足怪的。这样做的风险是当不是所有的差模电流都在该电缆上返回时，例如当有电流是从接地返回时，就可能形成一个大环，从而形成为主要辐射源。正如参考文献［19］中所讨论的，若不应用矩量法模型，就很难预测长电缆中的电流。当手头有设备或可以构建实验电路板模型时，一种解决的方法是用电流探头测量长电缆中的电流。一旦电流已知，如前所述，就可以用电流元公式预测电缆产生的电场。电流元模型应该是仅仅对长度极短的导线有效。

然而，对模型进行长导线补偿时，预测的电场总是高于在近场测量中所观测到的值，可以发现未修正过的原模型反而是准确的。

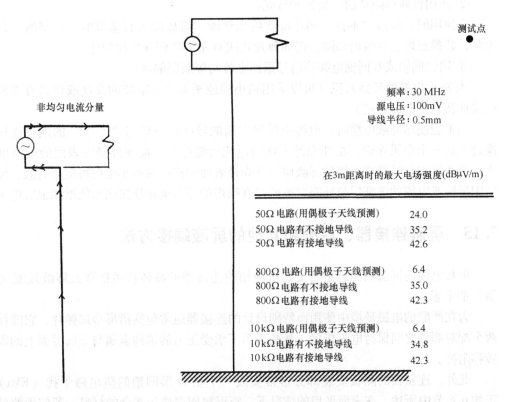

频率：30 MHz
源电压：100mV
导线半径：0.5mm

非均匀电流分量

测试点

在3m距离时的最大电场强度(dBμV/m)

50Ω电路(用偶极子天线预测)	24.0
50Ω电路有不接地导线	35.2
50Ω电路有接地导线	42.6
800Ω电路(用偶极子天线预测)	6.4
800Ω电路有不接地导线	35.0
800Ω电路有接地导线	42.3
10kΩ电路(用偶极子天线预测)	6.4
10kΩ电路有不接地导线	34.8
10kΩ电路有接地导线	42.3

图7-99　连接长导线的环路中的非均匀电路　　　**图7-100**　连接长导线的环路产生的电场

虽然沿着环路的全屏蔽可以完全消除非均匀环路电流源所产生的共模电流感应，然而不完全的屏蔽实际上会增加长电缆中的共模电流。参考文献［19］指出靠近环路的长线阻抗是高阻抗，位于源下 10cm 处，阻抗大约为 3kΩ，因此，在导线上使用铁氧体磁环对减小共模电流的成效甚微。

虽然在互连电缆上的共模电流常常是由接地与导线或电缆屏蔽层之间的共模电压产生的，但从先前所述的可以看到，电缆中的差模电流也能在附加导线中感生共模电流。这也如同在 11. 2 节和 11. 3 节中所讨论的 PCB 的情况一样。

7. 14　降低电缆产生的电场和磁场的辐射

减少电磁干扰（EMI）的主要方法是减小在干扰源端的干扰。在电流源是共模噪声电压的情况下，在信号接地和机架接地之间使用射频电容器或滤波连接器可能是一种有效的方法。另一些方法是使用诸如磁环和平衡－不平衡变换器等，详见 5. 1. 10. 3 节和 5. 1. 10. 4 节。

引入阻抗（即在电流返回路径中的电感或电阻）是一种常用的有效减小辐射的方法。若要把电缆中的电流在幅度和频率分量上减小到兼容接口/电源线正常工作的程度，其他的抑制方法还有：

① 在关注的一些频率上，使用有低转移阻抗的屏蔽电缆，尽可能使用双层、三层或四层的编织屏蔽电缆。

② 使用低转移阻抗的连接器和后壳。

在使用时，拿掉"不良"的连接器后壳垫圈，诸如加入石墨型的、针型的、金属丝网型的，替换或装上有效的垫圈，诸如薄片式或 O 形的掺银导电橡胶体。

③ 用三同轴或双同轴电缆将信号返回电流与屏蔽层隔离。

④ 减小电缆的环路面积（可以采用减小接地平面以上电缆的高度或将载有差模电流的电缆捆扎在一起的方法）。

当不能使用屏蔽电缆时，电缆中任何空闲的导线都应该与"干净"的地相连接。若电缆进入到一个金属外壳，在外壳外表面的电流可能很小，而在外壳内表面的电流可能相当大。因此将空闲导线或电缆的屏蔽层与外壳外表面相连接对减小辐射可能会有效，然而，将空闲导线或电缆的屏蔽层与外壳内表面或有噪声的信号地相连接则可能增加辐射电平。

7.15　屏蔽连接器、后壳和其他的屏蔽端接方法

屏蔽电缆的屏蔽效能总是会受到所使用的连接器的高转移阻抗即低屏蔽效能（即高泄漏）的牵累。

为在严酷的电磁环境中使用而特别设计的连接器通常包括指形金属弹片，它能使连接器两个配对部件之间保持电气接触，并减少因承受压力的单纯金属与金属界面上的固有的高转移阻抗。

此外，连接器的隔板安装部分常常安放一个呈 O 形凹槽的防电磁干扰（EMI）垫圈。正如 6.6 节中所述，在表面平坦的情况下，矩形垫圈要选用适合的材料。若使用的材料不合适，则如先前所述，可能会减小屏蔽效能。EMI 后壳要设计成能以低连接阻抗方式将电缆的屏蔽层围绕后壳同心地连接起来，另外，在后壳至连接器界面也应该成为低阻抗的。设计用在不甚恶劣的电磁环境中的，但又能提供一些电磁保护的后壳时，例如要求符合 FCC 辐射电平，则通常是在非导体材料上涂覆一层薄的导电性材料，应该特别强调的是，这样的后壳不适用于有高电平瞬态传导电流的情况，诸如由电磁脉冲在或雷击在电缆中间接感生的瞬态电流时。根据参考文献［20］，为 D 型连接器设计的各种类型的后壳的屏蔽效能标绘在图 7-101 和图 7-102 中。试验装置如图 7-103 所示，其中在一个 3ft 的焊接铝立方体外壳内有试验天线和受试电缆。该电缆通过直连连接器引入到外壳内，并以系统的特性阻抗端接。计算天线的反射，然后将它从最终数据中减去。但是，系统的一些人为因素的影响仍会在曲线中表现出来。如电缆作为辐射源使用，测试天线用来测量所产生的场的相对幅度。0dB 或接近0dB 的参考值是从非屏蔽电缆测得的场强，因此参照这个 0dB，屏蔽电缆的辐射为负分贝。最大的衰减是由四层屏蔽电缆获得的，它牢牢地与试验室壁连接。同样的电缆可用于连接不同的后壳。D 型 25 针带金属焊盘和防电磁干扰（EMI）的凹槽连接器可以与所有的后壳一起使用，并可以确保良好的接触。

在差模测试装置中，电缆的屏蔽层不传送信号电流，因为信号导线及其返回路径是与屏蔽层隔离的。在共模测试装置中，信号返回是通过电缆屏蔽层完成的。共模试验的结果表明其屏蔽效能比差模试验值低 5~15dB。

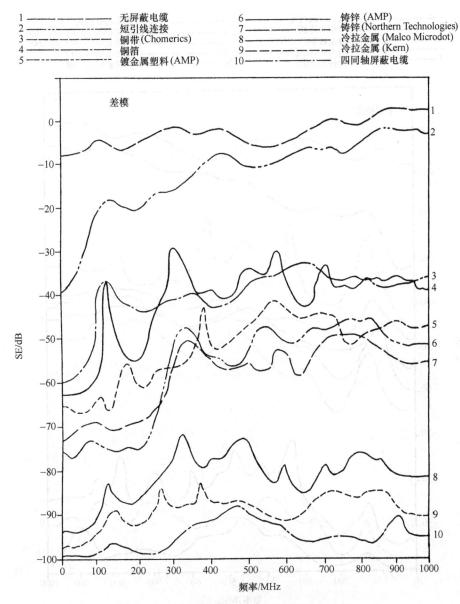

1	无屏蔽电缆	6	铸锌 (AMP)	
2	短引线连接	7	铸锌 (Northern Technologies)	
3	铜带 (Chomerics)	8	冷拉金属 (Malco Microdot)	
4	铜箔	9	冷拉金属 (Kern)	
5	镀金属塑料 (AMP)	10	四同轴屏蔽电缆	

图 7-101　后壳对于差模噪声场强的屏蔽效能

（摘自 Fernald，D.，ITEM，1984.）

　　在共模试验（曲线 3）中，在正确端接屏蔽层的情况下，就是说没有通过短引线来连接时，金属化塑料后壳的屏蔽水平最低。通过试验，找到一个重要因素是后壳没有正确安装或没有正确端接，以致于即使是最好的读值时屏蔽性能下降也多达 30dB。

　　曲线 2 是显示正确端接屏蔽层重要性的一个明显的例子。这条曲线是用一根（2in）短引线将屏蔽层连接到后壳。如同在 7.6 节中讨论关于屏蔽电缆的耦合所述的，用短引线端接屏蔽层可导致屏蔽作用几乎全无，尤其是在高频时。曲线 1 表示非屏蔽的参考电缆。这些曲线最好首先用来计算或测量非屏蔽电缆可能产生的辐射，并在规定距离如 1m、3m，或 30m 上（取决于电磁兼容要求）与电磁兼容（EMC）要求中规定的最大允许限值电平进行比较。

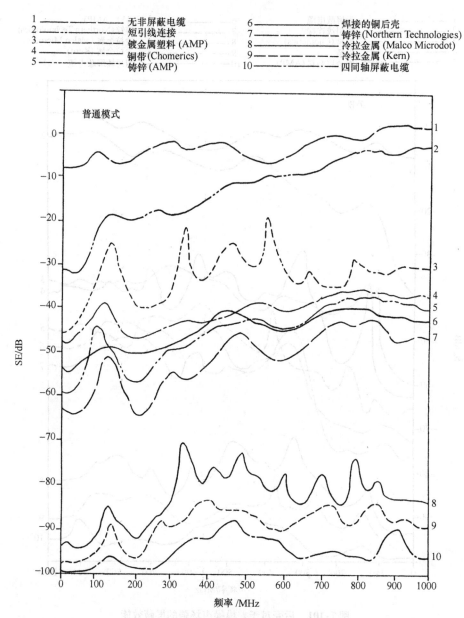

图 7-102 后壳对于共模噪声场强屏蔽效能
（摘自 Fernald, D., ITEM, 1984.）

使用四层屏蔽电缆和不同种类的后壳，评估对辐射的抑制的情况，可以选择并使用具有最佳性价比的后壳类型。应该留意在测量中使用四层屏蔽电缆所显示出来的高屏蔽水平；若使用不同种类的屏蔽电缆将几乎肯定会降低总的屏蔽水平。

当需要进行军标 MIL – STD – 461 或类似的敏感度试验或已知最坏的电磁环境时，对于具有不同类型后壳的电缆的耦合情况可以按下面的方法计算。电缆和连接器的合成转移阻抗可以应用式（7-4），根据合成的屏蔽效能和试验配置的特性阻抗近似求出。屏蔽层中的电流可以用本章中描述的方法计算，然后转移电压可以通过转移阻抗来求出。

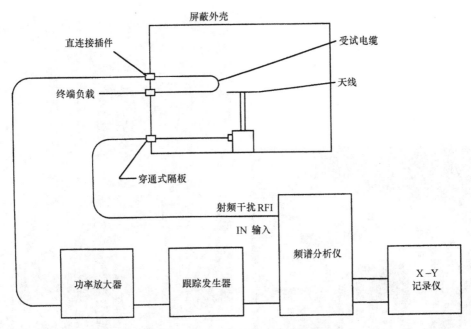

图 7-103 后壳屏蔽效能测试配置图

作为一个粗略的导则，若与屏蔽层正确端接，任何被测试的后壳都有可能符合 FCC 辐射限值要求。对于应用在 MIL - STD - 461 和 TEMPEST 时，只有实心壁金属后壳才可能满足要求。图 7-104 表明电缆通过非常有效的"Glenair"后壳端接和使用普遍存在的短引线端接的情况。

在 1GHz 以上，连接器和后壳是常见的泄漏源。图 7-105 表示四种高频连接器的泄漏特性（根据参考文献 [21]），图 7-105b 和 c 是泄漏特性转化成转移阻抗的曲线。甚至最好的后壳也可能受到螺纹面松旷的限制。有这样一个例子，某一台军用设备不能通过辐射发射试验，结果发现是连接器后壳松了。当后壳拧紧后，可以观察到辐射减小直到它们消失在噪声电平中，于是该设备以相当大的安全裕度通过了发射要求。当军标 MIL - C - 38999 系列的 III/IV 连接器至后壳接口松动时，实测的转移阻抗在 100MHz 时是 0.5Ω；当接口连接拧紧的时候，转移阻抗就减小了，见表 7-15 所示。

图 7-105d 表示一根屏蔽电缆的编织带至 EMI 后壳、后壳至连接器、连接器两半部分以及连接器至隔板的合成转移阻抗，连接器为 D 型（非 EMI），它在铜上镀金或钢上镀锌（ASTM - B633）。后壳是 Glenair 公司制造的。在连接器和隔板之间加上 Technit Consil A 银铝合金的硅垫圈材料以填满接口上的空隙，从而减小了 1GHz 以上的转移阻抗，如图 7-105d 所示。

固体后壳的替代品是屏蔽的热缩套。套的内表面涂覆一层导电涂层。套是热缩的，导电涂层使连接器外壳金属和屏蔽电缆编织层保持电气接触。D 型连接器的屏蔽热缩套可以从 Raychem Canada Ltd. 公司买到，地址是 113 Lindsay Avenue, Dorval, Quebec, H9P 2S6。Raychem 热缩套的转移阻抗在 10kHz 是 38mΩ。在 100MHz 时几乎线性地增加到 70mΩ。正如所预计的，热缩套的转移阻抗高于整体铸造的 Glenaire 后壳的转移阻抗，因此屏蔽效能是较低的。

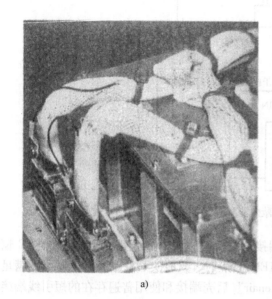

a)   b)

图 7-104

a) 以短引线端接电缆屏蔽层　　b) 以"Glenair"EMI 后壳端接电缆屏蔽层

如参考文献［17］描述的，一种将许多屏蔽层端接到一个后壳的方法是通过带有导线插孔的导电弹性材料制作的可压缩圆盘来实现的。这个导电弹性体紧压在后壳入口处，用来端接各个单独的屏蔽层。图 7-77 表示它与非屏蔽电缆和标准后壳相比较的衰减。

当用镀锡铜编织层覆在非屏蔽电缆或屏蔽电缆上用来提高屏蔽效能时，一种将编织层端接到连接器外壳的方法是用软管夹将编织层夹在下面。根据参考文献［23］，这种端接类型的转移阻抗如图 7-106 所示。

图 7-107 显示了 15 针 D 型，N，UHF，BNC，以及 SMA 连接器的连接器的转移阻抗的附加数据。根据参考文献［24］，N1 是附属于 RG214 电缆的 N 型连接器，N2 是附属于固体管道上的 N 型连接器。这说明转移阻抗不以 N 型连接器转移阻抗为主的，而是以电缆的转移阻抗为主。SMA 连接器连接到半刚性电缆，在 10MHz 时可以观察到实心壁电缆的转移阻抗特性下降。然而在 10MHz 以上，连接器的转移阻抗占据优势，在 1GHz 时转移阻抗上升到 1.5mΩ。焊接到半刚性电缆的镀金 SMA 连接器的数据显示其在 1GHz 时的衰减为 100dB，它可转化为 0.5mΩ 的转移阻抗。将 SMA 连接器与半刚性或半柔性电缆焊接相连是很重要的，因为皱折卷曲的端接将呈现出较高的转移阻抗。

N 型和 D 型连接器的转移阻抗在 800MHz 附近的下降是由于在受试连接器内外的波速不同引起的，由于这些连接器的长度较长而使波速差变得很重要。

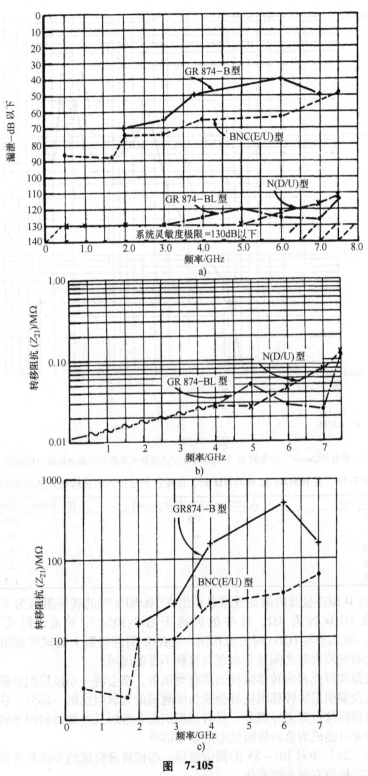

图　7-105

a）BNC 型、N 型、874B 和 874BL 无线电通用型接插件的漏泄特性

b）N 型和 874BL 无线电通用型圆轴接插件的表面转移阻抗

c）BNC 型和 874B 无线电通用型同轴接插件的表面转移阻抗

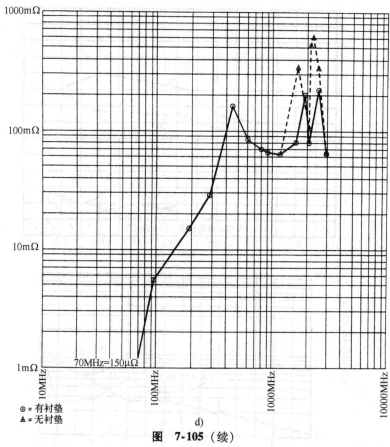

⊙ = 有衬垫
▲ = 无衬垫

d)

图 7-105（续）

d) 带有"Glenair"后壳的 25 个引脚的 D 型连接器两半部分的表面转移阻抗曲线

表 7-15　在 10MHz 和 100MHz 时，连接器的扭矩对后壳转移阻抗的影响

扭矩/(in·lb)	在 10MHz 时的转移阻抗/mΩ	在 100MHz 时的转移阻抗/mΩ
25	300	500
50	15	9
100	3	3
150	2	2
200	1	1.5

有关 15 针的 D 型连接器的附加数据显示出在 100MHz 时的转移阻抗为 40mΩ，在 1GHz 时为 400mΩ，在 3GHz 时为 3Ω。这些值远高于图 7-105d 中的值，但低于图 7-107 在 100MHz 时的值，而几乎与 1GHz 时的值相同。与在 D 型连接器上测试转移阻抗存在的问题是在连接器外壳和安装表面之间通常出现有接触不良的区域。

几乎在连接器和后壳表面转移阻抗的所有测试中，都会将一小段编织屏蔽层连接到后壳上，于是这一短段编织层的转移阻抗就会成为所测得的表面阻抗的一部分。在长电缆的组合中，通常电缆转移阻抗占据主导部分，只有当编织层非常短且连接器的测量转移阻抗非常低时，编织线可能才可能成为总转移阻抗中的重要部分。

从参考文献 [26] 中对 DB-25 的测试显示，根据屏蔽终端的方式和连接器与后壳的类型的不同，转移阻抗值有很大的变化。

在 100MHz 时，两种最好的连接器和后壳的表面转移阻抗为 9mΩ 和 10mΩ，按图7-105d 所示，与它比较合适的是 5mΩ。

　　参考文献［26］中叙述了一种最坚固的后壳件，它由两件模铸后镀镍的后壳组成，每个金属后壳都带有双锥形压缩插件将电缆的编织屏蔽层紧紧地卡在两个金属锥体之间。根据参考文献［26］，该表面转移阻抗的测试配置可参见图7-108。测量结果是在连接器插座下面，有和没有塑料填充的金属网垫圈条件下得出的。这种设置的表面转移阻抗比没有垫圈的要高，这与根据图6-40e中所示的蒙乃尔（Monel）丝网衬垫上的转移阻抗数据所预期的相符的。在这里，丝网衬垫的情况也比没有时要差。

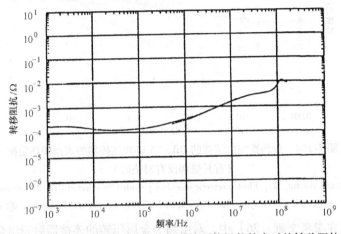

图 7-106　编织的屏蔽层用软管夹端接到接插件外壳时的转移阻抗

（摘自 Hoeft, L. O. and Hofstra, J. S. , Transfer impedance of overlapping braided cable shields and hose clamp shield terminations, *IEEE International Symposium Record*, 1995. © 1995, IEEE. ）

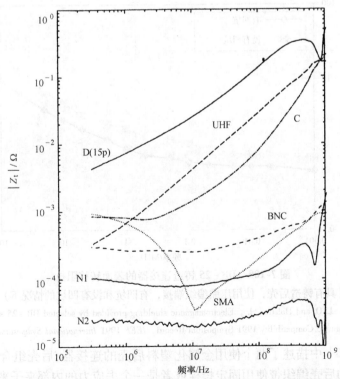

图 7-107　N、SMA、BNC、C、UHF 各型和 15 个引脚的高密度 D 型接插件的转移阻抗

（摘自 van Horck, F. B. M. et al. , *IEEE Trans. Electromag. Compatibil.* , 40（3）, August 1998. © 1998, IEEE. ）

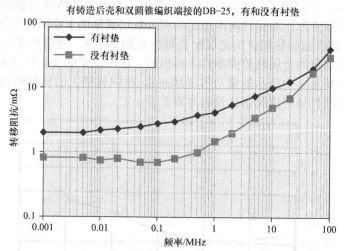

图 7-108 双圆锥编织端接的 DB－25 铸造连接器的表面转移阻抗

（有衬垫和没有衬垫时）

（摘自 Hoeft, L. O. and Hofstra, J., Electromagnetic shielding provided by selected DB－25 subminiature connectors, Electromagnetic Compatibility 1991 Symposium Record, *IEEE* 1991 *International Symposium.* ⓒ 1991, IEEE.）

图 7-109 显示在参考文献 [26] 中，对由两个金属压铸的连接器后壳组合成的带有和不带有凹槽插头的并将可压缩编织带终端插入铸铁后壳后构成的组件的表面转移阻抗实测曲线图。

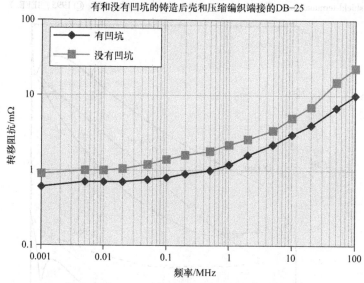

图 7-109 DB－25 铸造连接器的表面转移阻抗

（具有铸造后壳，使用压缩编织端接，有凹坑和没有凹坑的情况下）

（摘自 Hoeft, L. O. and Hofstra, J., Electromagnetic shielding provided by selected DB－25 subminiature connectors, Electromagnetic Compatibility 1991 Symposium Record, *IEEE* 1991 *International Symposium.* ⓒ 1991, IEEE.）

参考文献 [26] 中描述了两个使用金属化塑料后壳的连接器/后壳组合件的表面转移阻抗。这个金属化的后壳编织带使用固定螺栓或者是一个去应力的内部夹子来端接。它的转移阻抗几乎比这个固定螺栓终端阻抗高一个数量级。这无疑是源于这个编织带端接方法导致的非常糟糕的接触阻抗。图 7-110 显示了这个配置得到的数据。

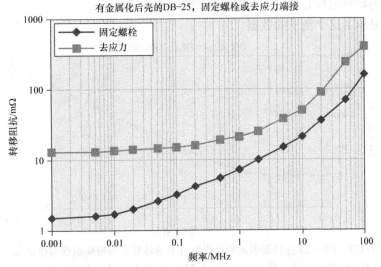

图 7-110 DB – 25 铸造连接器的表面转移阻抗

（具有塑料后壳和具有固定螺栓或内部去应力编织层端接的情况下）

（摘自 Hoeft, L. O. and Hofstra, J., Electromagnetic shielding provided by selected DB – 25 subminiature connectors, Electromagnetic Compatibility 1991 Symposium Record, *IEEE* 1991 *International Symposium*. © 1991, IEEE. ）

参考文献［26］中描述了一个使用金属化塑料后壳的连接器/后壳组合的表面转移阻抗，参见图 7-111 所示。这个金属化的后壳编织带分别使用和不使用带凹坑的插头，而且该后壳被插入可压缩编织带进行端接。

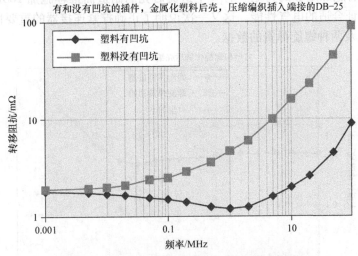

图 7-111 DB – 25 铸造连接器的表面转移阻抗

（有塑料后壳，使用压缩编织插入端接时，有和没有凹坑的插件的情况下）

（摘自 Hoeft, L. O. and Hofstra, J., Electromagnetic shielding provided by selected DB – 25 subminiature connectors, Electromagnetic Compatibility 1991 Symposium Record, *IEEE* 1991 *International Symposium*. © 1991, IEEE. ）

参考文献［26］中最后的样品使用一个非导体的后壳，它对电缆仅提供机械固定端接。一段很短（2.5cm）的 AWG #22 导线提供电缆编织层与连接器对 1 号引脚之间的电气端接。插座的 1 号引脚用一根短导线连接到连接器外壳。这个样品就是所说的猪尾编织线端接的例子。
这个连接的转移阻抗是最好实例阻抗的 5000 倍（74dB）。

图 7-112 显示了这个例子的数据。

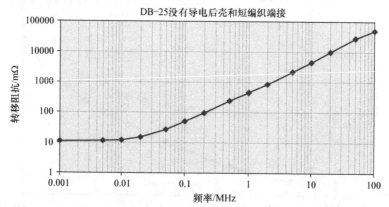

图 7-112 DB-25 连接器表面转移阻抗（非导体后壳和短编织线端接情况下）

（摘自 Hoeft, L. O. and Hofstra, J., Electromagnetic shielding provided by selected DB-25 subminiature connectors, Electromagnetic Compatibility 1991 Symposium Record, *IEEE* 1991 *International Symposium.* © 1991, IEEE. ）

参考文献［27］提供了不使用连接器的编织线-后壳端接时的表面转移阻抗和使用许多柱形连接器时的它的表面转移阻抗。

参考文献［27］中，显示了典型的低转移阻抗。另外还显示了在锥体之间使用圆形螺旋弹簧增大编织层和后壳之间的压力的前后，其表面转移阻抗变化的情况。其转移电阻（低频时）和转移阻抗大大高于典型后壳，以及在拆装/重装之后其值大大发生的变化。这可能是由于装配中没有施加足够的力矩。有一个这类后壳的制造商推荐施加 100inch-lb（英寸磅）的力矩以保证合适的电气性能。这又一次说明了正确拧紧连接器的重要性。图 7-113 显示了"典型"以及两种螺旋弹簧的数据。

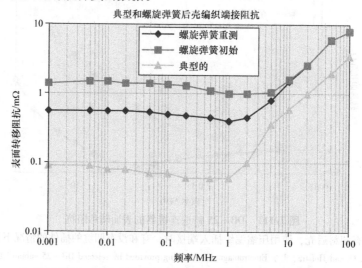

图 7-113 典型后壳/编织以及螺旋弹簧表面转移阻抗数据

（摘自 Hoeft, L. O. and Hofstra, J. S., Electromagnetic shielding of circular and rectangular connectors, backshells, and braid terminations, *IEEE* 1992 *Regional Symposium on Electromagnetic Compatibility*, © 1992, IEEE. ）

MIL – C – 26482 系列 1 是一个具有 3 ~ 155 个接触点的圆形连接器，它有一个卡口连接。图 7-114 显示了参考文献［27］中这种连接器的转移阻抗。

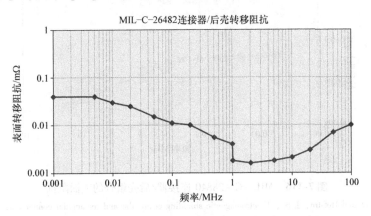

图 7-114 MIL – C – 26482 连接器/后壳组合的表面阻抗

（摘自 Hoeft, L. O. and Hofstra, J. S. , Electromagnetic shielding of circular and rectangular connectors, backshells, and braid terminations, *IEEE* 1992 *Regional Symposium on Electromagnetic Compatibility.* © 1992, IEEE. ）

MIL – C – 81511 是一个具有 3 ~ 155 个接触点的圆形连接器，它有一个卡口插头。图 7-115显示了参考文献［27］中这种连接器的转移阻抗。

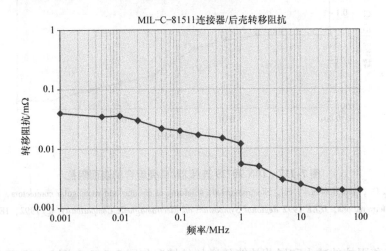

图 7-115 MIL – C – 81511 连接器/后壳组合的表面阻抗

（摘自 Hoeft, L. O. and Hofstra, J. S. , Electromagnetic shielding of circular and rectangular connectors, backshells, and braid terminations, *IEEE* 1992 *Regional Symposium on Electromagnetic Compatibility.* © 1992, IEEE. ）

MIL – C – 28840 是一个具有 7 ~ 155 个接触点和螺线接头的圆形连接器。

图 7-116 显示了参考文献［27］中这种连接器的表面转移阻抗。

DIN 29729 是一个具有 3 ~ 128 个接触点和卡口耦合的圆形连接器。

图 7-117 显示了参考文献［27］中这种连接器的表面转移阻抗。

DPK/MIL – C – 8373 是一个具有 18 ~ 131 个针脚并且有 EMI 后壳的连接器。在通常的咬合力和加 70kg 的力在连接器两半上的情况下测量这个 DPKA 连接器和后壳的转移阻抗。由

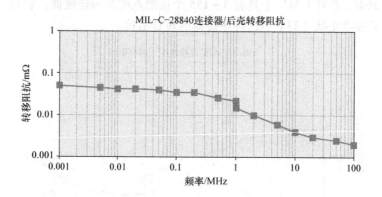

图 7-116 MIL - C - 28840 连接器/后壳组合的表面阻抗

（摘自 Hoeft, L. O. and Hofstra, J. S. , Electromagnetic shielding of circular and rectangular connectors, backshells, and braid terminations, *IEEE* 1992 *Regional Symposium on Electromagnetic Compatibility.* © 1992, IEEE. ）

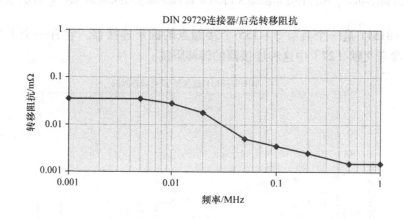

图 7-117 DIN 29729 连接器/后壳组合的表面阻抗

（摘自 Hoeft, L. O. , and Hofstra, J. S. , Electromagnetic shielding of circular and rectangular connectors, backshells, and braid terminations, *IEEE* 1992 *Regional Symposium on Electromagnetic Compatibility.* © 1992, IEEE. ）

于加力以后转移阻抗的减小和屏蔽效能的增加的情况如图 7-118 和图 7-119 所示。

当一个用屏蔽电缆连接到金属壳连接器的受试设备（EUT）不能通过辐射测试，首先需要试探连接器的咬合是否足够紧。

ODU AMC 高级军用连接器具有推 - 拉锁定或者脱扣特性，它具有六种尺寸，4 ~ 55 个接触点。

位于 4010 Adolfo Road, Camarillo, CA93012 - 8515 的 ODU - USA 公司提供了四接触点式 G38YAR - P04UT00 - 00L 插座和 S13YAR - P04XTS0 - 0000 插头来测试表面转移阻抗，如图 7-120 所示。

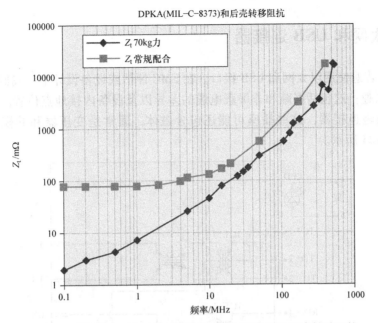

图 7-118　常规配合时和 70kg 力下的 DPKA 连接器和后壳转移阻抗

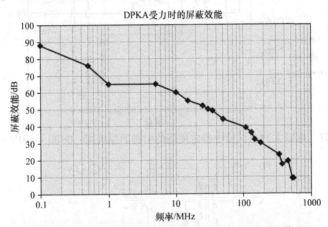

图 7-119　DPKA 连接器和后壳在 70kg 配合力下的屏蔽效能

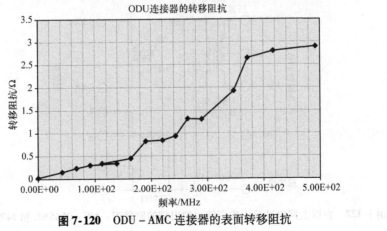

图 7-120　ODU - AMC 连接器的表面转移阻抗

7.16 以太网和 USB 连接器

现在非常普遍使用以太网和 USB 接口。在 EMC 评估或设备设计中，我们对这些接口的 EMC 特性感兴趣；这包括屏蔽和非屏蔽电缆的差异以及设备内接地点位置。很多制造商提供板载式母插座连接器，这些插座可能还包含磁体，通常是变压器和共模扼流圈；如图 7-121 ~ 图 7-123 所示。

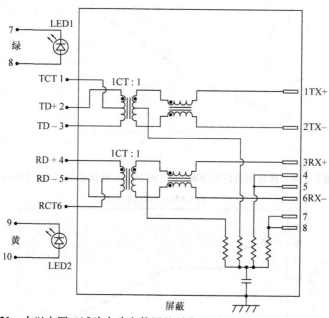

图 7-121 在以太网口试验中确定使用的引脚的原理图：08B0 – 1D1T – 06 – F

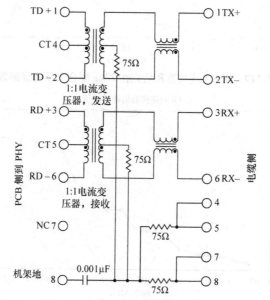

图 7-122 在以太网口试验中确定使用的引脚的原理图：J00 – 0045NL 和 7499010122

连接器也包含了电阻器和电容器，电容器还与机壳地相连。在很多情况下，这个连接被连到 PCB 的数字地。这个数字地非常可能有一个相对于机壳地的共模电压，依据数字地连接到机壳地的情况，这些接地选项产生的结果如图所示。

屏蔽公插头的金属外壳通常通过两个小金属弹片与母连接器内部接触。所有的受试连接器都是新的，所以金属小弹片上的压力达到其最大值。通过观察已经知道，随着频繁的插合和拔离，这个压力会减弱而导致设备不能满足商用标准电场辐射限值的要求。一个快速的解决方法是在这些金属弹片下粘上泡沫橡胶。然而，当批量生产设备时，这并不是一个切实可行的备选项。建议在遇到此类问题时，联系制造商，鼓励他们改进设计或者寻找一个具有更可靠金属弹片的连接器。

根据测量，屏蔽电缆和非屏蔽电缆在减少辐射方面的差异并不大。产生这个情况的大部分原因归咎于插头的金属外壳通过弹片的不良连接。

我们测量了不同制造商的不同连接器，对它们的辐射发射的相对性能做了比较。其目的不是将辐射电平与军用或商用限值做比

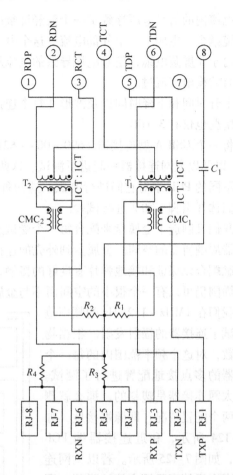

图 7-123　在以太网口试验中使用的引脚的原理图：5 – 6605758 和 6605841 – 1

较。然而，经验表明正确地进行接地和屏蔽端接，可确保设备满足 B 级商用辐射限值。而若想满足 MIL – STD – 461 的限值，可能需要将以太网连接器装入一个圆形金属连接器中。这个圆形插头可能要有一个 EMI 后壳给总屏蔽提供端接之用。

含有振荡器与驱动器的金属外壳连接到一个台子的接地平面上，电缆位于接地平面上方 5cm 并且距离接地平面前端 10cm。在距离电缆 1m 远的地方使用一个 30MHz ~ 1.2GHz 的对数周期双锥天线，并与一个 0.25MHz ~ 1.2GHz 增益为 30dB 的前置放大器连接。

制造了一个 PCB 来给每一个以太网连接器引脚配置，为以太网连接器总共制造了 4 块板。每一块 PCB 设计来将每一个以太网连接器的相关引脚连到一个振荡器，然后再连到一个驱动器上；这就将一个信号发送到连接器和连接的电缆上。选来使用的引脚要根据它们的原理图来决定。对于以太网连接器 08B0 – 1D1T – 06 – F，根据图 7-121 选择引脚 2 和 3。对于以太网连接器 J00 – 0045NL 和 7499010122，根据图 7-122 选择引脚 1 和 2。对于以太网连接器 5 – 6605758 – 1 和 6605841 – 1，根据图 7-123 选择引脚 5 和 6。对于以太网连接器 54602 – 908LF、RJHSE – 5380 和 RJ45 – 8LC2 – B，由于没有原因一定要选择任何引脚，为方便就选择引脚 1 和 2。

电缆内的信号电压导致了一个流经屏蔽层内层的共模电流。由于电缆的转移阻抗，它通过电缆耦合，生成了一个外部电流。这个电流是辐射的主要来源。

对于非屏蔽电缆，信号电压导致的电流从信号线流到地。由于这个信号是不平衡的，所以又有共模电流流过。

上升时间和下降时间以及波形在每个连接器上都是一样的。其峰值幅度会变化，但是最坏的情况也仅有 3.1dB。

将一个 USB A 型连接器（690 – 004 – 621 – 013）和 USB B 型连接器（690 – 004 – 660 – 023）以及以太网连接器一起进行测试。这两种连接器有不同的引脚配置，所以，需要构建两块不同的 PCB 来对它们进行测试。这两种连接器不需要选择任何引脚，所以为了方便起见我们选择引脚 1 和 2 进行试验。

我们又制造了金属盘来配合每一个受试连接器且将其固定在外壳的前端，这样可以减少连接器周围所需的空间。金属盘到外壳的连接是低阻抗连接。这些金属盘设计用来进行紧密的接触配合以保证和接地弹片有良好的接触，或者在连接器没有接地弹片的情况下，保证连接器周围仍可以有一个很小的空间而不与金属盘接触。

我们在 1MHz ~ 1.2GHz 的频率范围内测试了连接器的辐射发射。根据物理参数，对这个频率范围内的每一个连接器的多点接地配置进行了测试。若以太网连接器是塑料的，那么就测试了两个配置情况：即源端接地，如图 7-124 所示，和近连接器端 PCB 接地，如图 7-125 所示。若以太网连接器有金属外壳且没有接地弹片，那么测试的三个配置是：源端接地，如图 7-125 所示，连接器端接地，如图 7-126 所示，以及连接器端和近连接器端 PCB 接地，如图 7-127 所示。若以太网连接器有金属外壳且有接地弹片，那么测试的两个配置是：源端

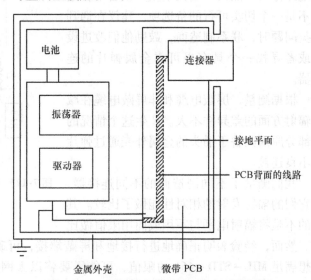

图 7-124 连接器试验接地配置 1：源端接地

接地且接地弹片与外壳接触，如图 7-128 所示，以及近连接器端 PCB 接地且接地弹片与外壳接触，如图 7-129 所示。试验中使用了一根屏蔽电缆和一根非屏蔽电缆。非屏蔽电缆仅用于 54602 – 908LF 连接器，而屏蔽电缆用于其他受试以太网连接器。屏蔽和非屏蔽电缆的长度大致相等。

不同连接器的衰减水平随频率变化十分显著，但是当连接器和 PCB 有接地连接（最佳连接）时，08B0 – 1D1T 综合表现最佳，J00 – 045NL 的表现也很好。

两个 USB 连接器有金属外壳但是没有接地弹片，所以每一个连接器都测量了三个接地配置：源端接地，如图 7-124 所示，连接器接地，如图 7-126 所示，以及连接器和印制电路板均接地，如图 7-127 所示。USB A 型连接器也使用非屏蔽电缆来进行测试。测试时有两种接地配置：源端接地，如图 7-124 所示，印制电路板接地，如图 7-125 所示。

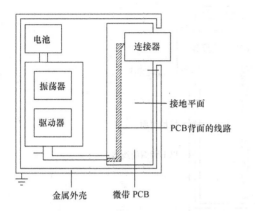

图 7-125　连接器试验接地配置 2：近连接器端的 PCB 接地

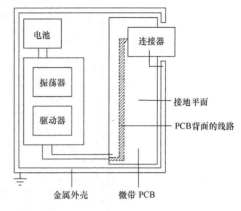

图 7-126　连接器试验接地配置 3：连接器端接地

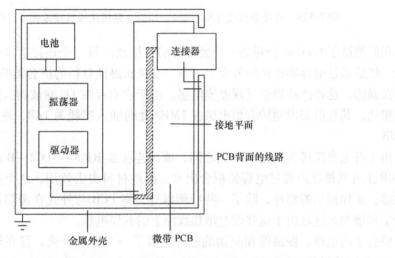

图 7-127　连接器试验接地配置 4：印制电路板和连接器接地

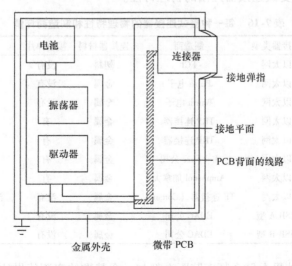

图 7-128　连接器试验接地配置 5：源端接地且接地弹片与外壳接触

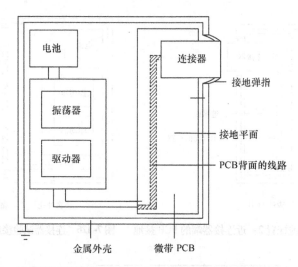

图 7-129 连接器试验接地配置 6：印制电路板接地且接地弹片与外壳接触

我们测试了 Corcom 公司的一个经滤波的连接器。每一个连接上都有独立的铁氧体材料护套，然后通过电容器连接到外壳上。有一个块状磁性材料的护套类型可以使用，但是它由于存在漏感，这种连接器会呈现差模电感。由于它有存在 *LC* 滤波器，这种连接器会呈现出插入损耗，其规格书说明护套型电感在 1MHz 处的插入损耗为 1dB，块状电感器在 1MHz 处为 0dB。

由于有电容跨接在线路和外壳之间，滤波连接器 RJ45 – 8LC2 – B 的衰减性能很差。由于 PCB 上有共模噪声通过电容器耦合出来，磁性材料失去效用，这个连接器对接地位置非常敏感。正如预期的那样，除了一些特例以外，将 PCB 与外壳在源端接地会导致以太网电缆的辐射增加，这是由于这样做会增加线路上的共模电压。

整合了的电池，振荡器和驱动的芯片具有了一个金属外壳，且在外壳和盖子间使用了 Goretext 公司的衬垫。

表 7-16 为每一个受试连接器列出的物理特性。

表 7-16 每一种受试连接器的物理特性和制造商详情

序号	连接器类型	制造商	连接器材料	接地弹片	磁性引脚连接器
54602 – 908LF	以太网	FCI	塑料	没有	没有
J00 – 0045NL	以太网	Pulse 电子	金属	没有	有
7499010122	以太网	Wurth 电子	金属	没有	有
6605841 – 1	以太网	TRP 连接器	金属	有	有
5 – 6605758 – 1	以太网	TRP 连接器	金属	有	有
08B0 – 1D1T – 06 – F	以太网	Bel Fuse 公司	金属	有	有
RJHSE – 5380	以太网	Amphenol 加拿大	金属	有	没有
RJ45 – 8LC2 – B	以太网	TE 连接器（Corcom）	金属	没有	没有，但是连接器被滤波
690 – 004 – 621 – 013	USB A 型	EDAC 公司	金属	没有	没有
690 – 004 – 660 – 023	USB B 型	EDAC 公司	金属	没有	没有

试验中，所有的结果在每个频率跨距上都与一个基准的实测值做比较。用于以太网连接

器的基准实测值是 54602–908LF 的辐射发射值，它使用非屏蔽线在源端接地。用于 USB 连接器所选的基准实测值是 690–004–621–013 的辐射发射值，它使用非屏蔽电缆在源端接地。

选择这些要素作为基准是因为我们假定这些连接器以及接地配置将会产生最高的测试辐射发射值。所有其他连接器和接地配置的辐射发射值都要与这个基准发射值作比较，即是将记录的其他连接器和接地配置的辐射发射值减去记录的基准辐射发射值。标绘出这些连接器和接地配置的相对屏蔽水平的比较差异，可见图 7-130 和图 7-158。表 7-17 显示了图 7-130～图 7-150 以太网连接器和接地配置与各自迹线的对应关系。表 7-18 显示了图 7-151～图 7-158 USB 连接器和接地配置与各自迹线的对应关系。

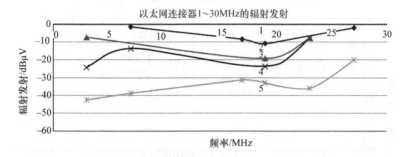

图 7-130 频段 1～30MHz 连接器 54602–908LF 和 J00–0045NL 的相对辐射发射与基准实测值（线 1）的比较

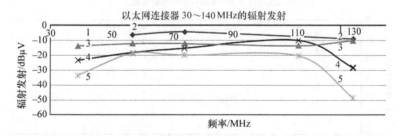

图 7-131 频段 30～140MHz 连接器 54602–908LF 和 J00–0045NL 的相对辐射发射与基准实测值（线 1）的比较

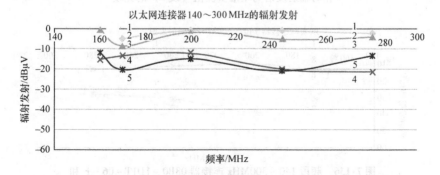

图 7-132 频段 140～300MHz 连接器 54602–908LF 和 J00–0045NL 的相对辐射发射与基准实测值（线 1）的比较

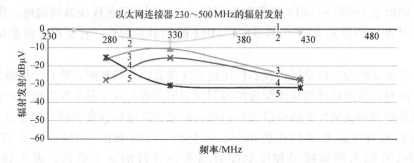

图 7-133 频段 230 ~ 500MHz 连接器 54602 – 908LF 和 J00 – 0045NL 的
相对辐射发射与基准实测值（线 1）的比较

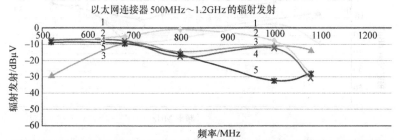

图 7-134 频段 500MHz ~ 1.2GHz 连接器 54602 – 908LF 和 J00 – 0045NL 的
相对辐射发射与基准实测值（线 1）的比较

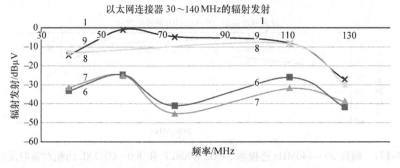

图 7-135 频段 30 ~ 140MHz 连接器 08B0 – 1D1T – 06 – F 和 6605841 – 1 的
相对辐射发射与基准实测值（线 1）的比较

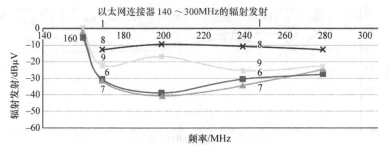

图 7-136 频段 140 ~ 300MHz 连接器 08B0 – 1D1T – 06 – F 和
6605841 – 1 的相对辐射发射与基准实测值（线 1）的比较

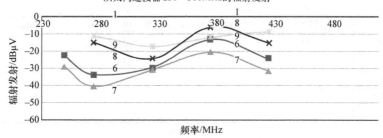

图 7-137　频段 230 ~ 500MHz 连接器 08B0 – 1D1T – 06 – F 和
6605841 – 1 的相对辐射发射与基准实测值（线 1）的比较

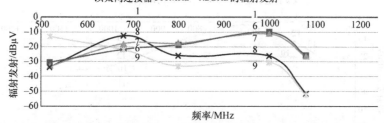

图 7-138　频段 500MHz ~ 1.2GHz 连接器 08B0 – 1D1T – 06 – F 和
6605841 – 1 的相对辐射发射与基准实测值（线 1）的比较

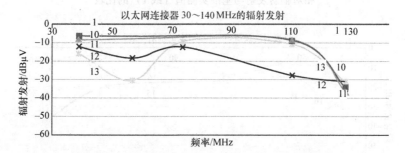

图 7-139　频段 30 ~ 140MHz 连接器 5 – 6605758 – 1 和 RJHSE – 5380 的
相对辐射发射与基准实测值（线 1）的比较

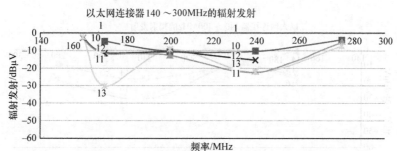

图 7-140　频段 140 ~ 300MHz 连接器 5 – 6605758 – 1 和 RJHSE – 5380 的
相对辐射发射与基准实测值（线 1）的比较

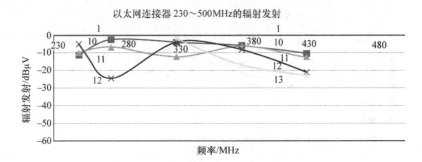

图 7-141 频段 230～500MHz 连接器 5－6605758－1 和 RJHSE－5380 的
相对辐射发射与基准实测值（线1）的比较

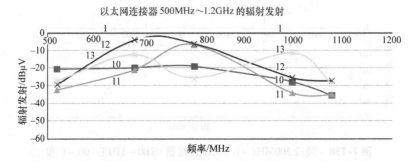

图 7-142 频段 500MHz～1.2GHz 连接器 5－6605758－1 和 RJHSE－5380 的
相对辐射发射与基准实测值（线1）的比较

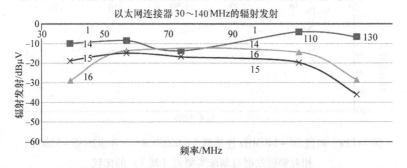

图 7-143 频段 30～140MHz 连接器 7499010122 的相对辐射发射与基准实测值（线1）的比较

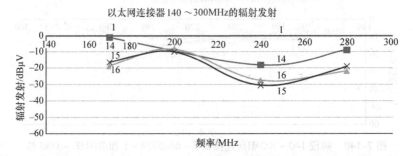

图 7-144 频段 140～300MHz 连接器 7499010122 的相对辐射发射与基准实测值（线1）的比较

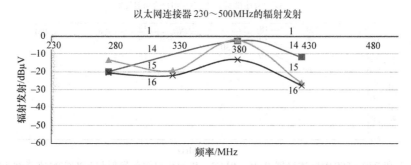

图 7-145　频段 230～500MHz 连接器 7499010122 的相对辐射发射与基准实测值（线 1）的比较

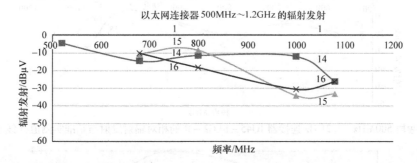

图 7-146　频段 500MHz～1.2GHz 连接器 7499010122 的相对辐射发射与基准实测值（线 1）的比较

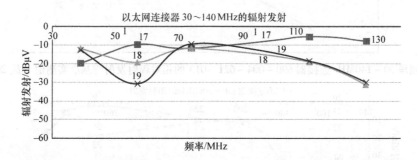

图 7-147　频段 30～140MHz 连接器 RJ45－8LC2－B 的相对辐射发射与基准实测值（线 1）的比较

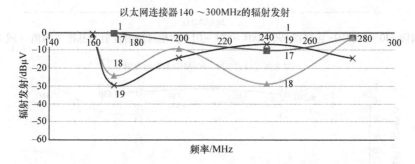

图 7-148　频段 140～300MHz 连接器 RJ45－8LC2－B 的相对辐射发射与基准实测值（线 1）的比较

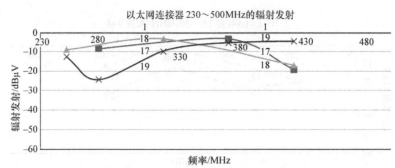

图7-149 频段 230~500MHz 连接器 RJ45 – 8LC2 – B 的相对辐射发射与基准实测值（线 1）的比较

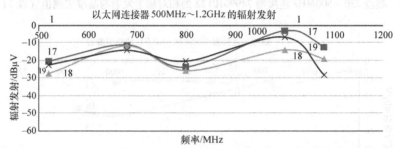

图7-150 频段 500MHz~1.2GHz 连接器 RJ45 – 8LC2 – B 的相对辐射发射与基准实测值（线 1）的比较

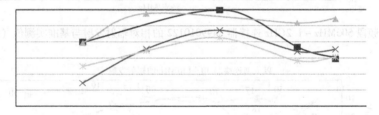

图7-151 频段 30~140MHz 连接器 690 – 004 – 621 – 013 的相对辐射发射与基准实测值（线 20）的比较

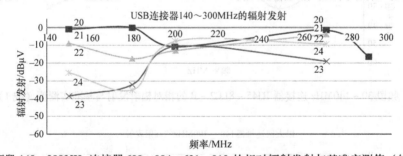

图7-152 频段 140~300MHz 连接器 690 – 004 – 621 – 013 的相对辐射发射与基准实测值（线 20）的比较

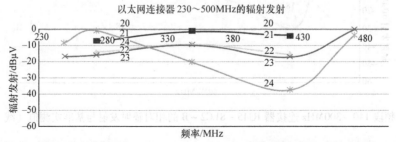

图7-153 频段 230~500MHz 连接器 690 – 004 – 621 – 013 的相对辐射发射与基准实测值（线 20）的比较

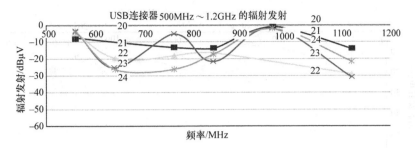

图 7-154　频段 500MHz ~ 1.2GHz 连接器 690 – 004 – 621 – 013 的相对辐射发射与基准实测值（线 20）的比较

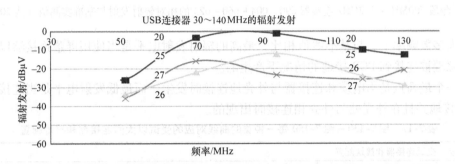

图 7-155　频段 30 ~ 140MHz 连接器 690 – 004 – 660 – 023 的相对辐射发射与基准实测值（线 20）的比较

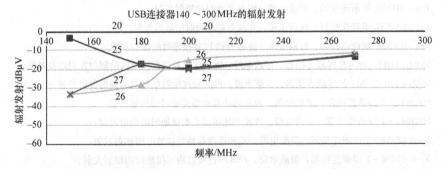

图 7-156　频段 140 ~ 300MHz 连接器 690 – 004 – 660 – 023 的相对辐射发射与基准实测值（线 20）的比较

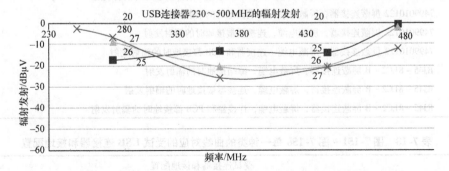

图 7-157　频段 230 ~ 500MHz 连接器 690 – 004 – 660 – 023 的相对辐射发射与基准实测值（线 20）的比较

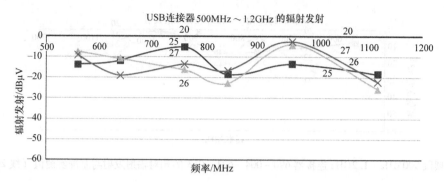

图 7-158 频段 500MHz ~ 1.2GHz 连接器 690 – 004 – 660 – 023 的相对辐射发射与基准实测值（线 20）的比较

在大多数频率上，与基准线值相比，最高的辐射发射电平是当使用屏蔽连接器以及屏蔽电缆在源端被连接到 PCB 接地的情况下产生的。

下一个最高点是当电缆和连接器与外壳地连接时发生。而最低发射电平是当连接器连接到 PCB 接地并且在外壳处与外壳相连接时出现的。

表 7-17 图 7-130 ~ 图 7-150 每一种类的曲线对应的受试以太网连接器和接地配置

标绘线号	受试连接器和接地配置
1	基准线 54602 – 908LF 非屏蔽连接器，非屏蔽电缆，源端接地
2	54602 – 908LF 非屏蔽连接器，非屏蔽电缆，源端接地时的辐射发射
3	J00 – 0045NL 屏蔽连接器，屏蔽电缆，源端接地时的辐射发射
4	J00 – 0045NL 屏蔽连接器，屏蔽电缆，连接器端接地时的辐射发射
5	J00 – 0045NL 屏蔽连接器，屏蔽电缆，连接器和 PCB 接地时的辐射发射
6	08B0 – 1D1T – 06 – F 屏蔽连接器，屏蔽电缆，源和连接器端都接地时的辐射发射以及基准线
7	08B0 – 1D1T – 06 – F 屏蔽连接器，屏蔽电缆，PCB 和连接器接地时的辐射发射差异
8	6605841 – 1 屏蔽连接器，屏蔽电缆，源和连接器端都接地时的辐射发射
9	6605841 – 1 屏蔽连接器，屏蔽电缆，PCB 和连接器端都接地时的辐射发射
10	5 – 6605758 – 1 屏蔽连接器，屏蔽电缆，源和连接器端都接地时的辐射发射
11	5 – 6605758 – 1 屏蔽连接器，屏蔽电缆，PCB 和连接器端都接地时的辐射发射
12	RJHSE – 5380 屏蔽连接器，屏蔽电缆，源和连接器端都接地时的辐射发射
13	RJHSE – 5380 屏蔽连接器，屏蔽电缆，PCB 和连接器端都接地时的辐射发射
14	7499010122 屏蔽连接器，屏蔽电缆，源端接地时的辐射发射
15	7499010122 屏蔽连接器，屏蔽电缆，连接器端接地时的辐射发射
16	7499010122 屏蔽连接器，屏蔽电缆，连接器和 PCB 都接地时的辐射发射
17	RJ45 – 8LC2 – B 屏蔽连接器，屏蔽电缆，源端接地时的辐射发射
18	RJ45 – 8LC2 – B 屏蔽连接器，屏蔽电缆，连接器端接地时的辐射发射
19	RJ45 – 8LC2 – B 屏蔽连接器，屏蔽电缆，连接器和 PCB 都接地时的辐射发射

表 7-18 图 7-151 ~ 图 7-158 每一种类的曲线对应的受试 USB 连接器和接地配置

标绘线号	受试连接器和接地配置
20	基准线 690 – 004 – 621 – 013 USB A 型连接器，源端接地，非屏蔽电缆
21	690 – 004 – 621 – 013 非屏蔽 USB A 型连接器，非屏蔽电缆，源端接地和近连接器端的 PCB 接地时的辐射发射
22	690 – 004 – 621 – 013 非屏蔽 USB A 型连接器，屏蔽电缆，源端接地时的辐射发射

（续）

标绘线号	受试连接器和接地配置
23	690 – 004 – 621 – 013 非屏蔽 USB A 型连接器，屏蔽电缆，连接器端接地时的辐射发射
24	690 – 004 – 621 – 013 非屏蔽 USB A 型连接器，屏蔽电缆，连接器和 PCB 接地时的辐射发射
25	690 – 004 – 660 – 023 非屏蔽 USB B 型连接器，屏蔽电缆，源端接地时的辐射
26	690 – 004 – 660 – 023 非屏蔽 USB B 型连接器，屏蔽电缆，连接器端接地时的辐射发射
27	690 – 004 – 660 – 023 非屏蔽 USB B 型连接器，屏蔽电缆，连接器和 PCB 都接地时的辐射发射

以太网连接器显示出不同的发射水平，但是在全频域上趋势却不一致。例如，标绘图 7 是 08B0 – 1D1T – 06 – F 连接器，其地与 PCB 和外壳相连。在低频时，其辐射发射很低，但是 500MHz 以上发射非常高。

标绘图 9 是 6605841 – 1 连接器，其地与 PCB 和外壳相连。

30～140MHz 的辐射发射很高，类似屏蔽电缆的状况，但是 700MHz～1.2GHz 的发射却非常低。

如同以太网连接器，USB 连接器在大多数频率上，其最低辐射水平是当其金属外壳在连接器处与 PCB 连接，同时与外壳连接时发生。

由于以太网连接器和 USB 连接器的低屏蔽效能，对这些连接器的转移阻抗须假设为高。我们测试了带金属壳的 USB 插座和插头；插座对外壳的连接是通过两个弹片，并且它们被压缩以达到接触紧密的目的。USB 连接器的转移阻抗如图 7-159 所示，单位为 Ω，而一个有效的连接器的转移阻抗应为毫欧级别或者是不到毫欧级。

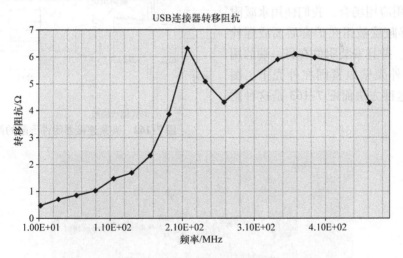

图 7-159 USB 连接器表面转移阻抗

7.17 其他电缆屏蔽层端接方法

虽然将连接器屏蔽层端接到外壳、隔板或接地是最普通方法，然而其他一些方法也可采用。例如当屏蔽电缆中的信号线和返回线都必须连接到一个端子板时，最普通的屏蔽端接方式是用普遍存在的像猪尾似的短引线。还有其他的能够提供更低端接阻抗的选项。

一种最简单最有效的方法是用一个垫圈将屏蔽层终端靠外壳固定在垫圈下。在垫圈内打洞来固紧这个垫圈。电缆穿过外壳的洞。由于垫圈将屏蔽层 360°钳住，所以不存在明显的孔隙，它的屏蔽效能很高。图 7-160 显示了这种方法。

一个很好的方法是使用软管夹连接到一个固定于外壳上的头节，如图 7-161 所示。这里电缆和头节很大，并且当使用较小头节和电缆时，常用一段带子来替代软管夹。

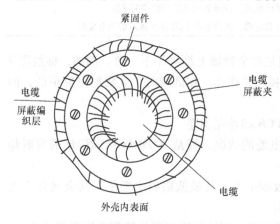

图 7-160　用环夹紧屏蔽层

图 7-161　编织层通过软管夹连接到外壳上的螺纹接头

另一种形式的屏蔽端接使用压缩附件，类似于用于水暖工程的附件（在试验和一些商用应用场合，我们使用水暖附件）。这里屏蔽层被钳在护套后面或螺栓压缩夹头后，并且安装附件在另一端的用螺栓拧紧如外壳壁以紧固在外壳上。图 7-162 表明这种方法而图 7-163 是这种附件的照片。

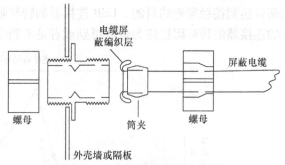

图 7-162　夹紧连接器附件屏蔽的筒夹

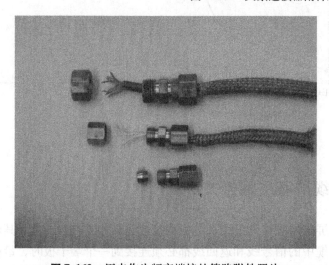

图 7-163　用来作为频率端接的管路附件照片

一种潜在的缺点是当电缆处于振动或弯折状态时，这种工艺可能会割断编织层。

我们对下一种的方法不甚满意，因为它容易在屏蔽层的尾端留下一条缝隙，这个在封闭体上的空隙会使屏蔽水平大打折扣。然而，这种方法非常容易实现，如果安装得当，它也能够达到相当满意的屏蔽效果。

图 7-164 展示了这种方法。一个带有螺纹部分的金属电缆夹，可以安装进外壳或中间隔板的螺纹孔中。

有许多电缆密封接头可供选用，例如，PFLITSC 公司就提供这些接头。不像图 7-162 的方法，这个方法可以释放应力，但是它不能提供对电缆屏蔽层的端接。然而，在电缆夹部分之后，通常安装一段金属管使电缆可以穿过其中。打开屏蔽层以及将柔性橡胶或氯丁橡胶环推进中心导体和屏蔽层之间，屏蔽层就会比金属管内径大。再将屏蔽层推回金属管，这时就会在屏蔽层和金属管的内导电表层之间产生装配干涉。如图 7-165所示。

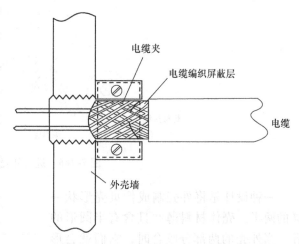

图 7-164 用螺栓连接到外壳和隔板墙的电缆夹

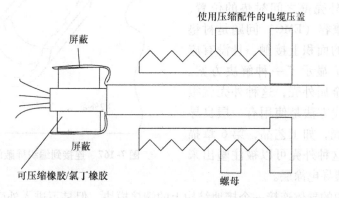

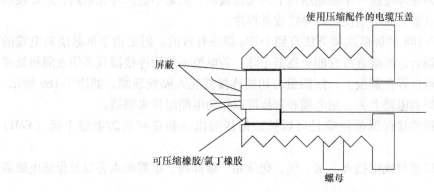

图 7-165 修改电缆夹达到屏蔽端接

如果不能使用电缆夹，则可以将屏蔽层直接焊接在焊片上，再将焊片搭接在机架上但要保持屏蔽带长度非常短。

另一种将编织层焊接到焊片的端接方法是在电缆进入外壳的地方进行焊接，如图 7-166 所示。

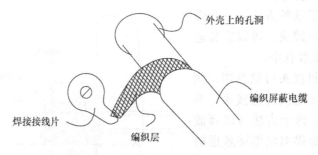

图 7-166 进入外壳的电缆

一种设计是将外壳制成像贝壳形状一样的两半。壳体材料薄并且含有半圆形的孔，当外壳的两部分咬合时，它们就会形成圆形孔，电缆可以从其中穿过。这样做的目的是用环形导电衬垫填充这些孔，使其与裸露的电缆屏蔽层接触。制造中的问题是如何保持薄外壳壁之间衬垫的位置，而且产生的电磁兼容（EMC）问题是衬垫和外壳只在很小的面积上接触，且没有应力释放。图 7-167 显示了一种解决方案。然而如果使用了金属外壳，这种外壳就很难加工。一种替代方法是使用有一层良导电涂层的塑料外壳，如工艺品，第 6 章描述了测试结果。这种外壳可以被注塑出来并且内外均可涂覆导电涂层。

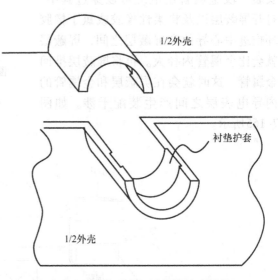

图 7-167 连接到编织屏蔽的管内衬垫

当屏蔽电缆内的导体连接一个接地结构上的端接模块，但是不进入外壳以内，最好使用如图 7-168 的一个电缆夹而不是使用短导线或者焊片。

图 7-162 ~ 图 7-168 的屏蔽端接方法直到 1GHz 都是有效的。但是由于屏蔽层对电缆的无屏蔽部分的辐射耦合，屏蔽衰减性能会逐渐下降。若电缆不使用连接器且必须在隔板处端接，裸露的屏蔽层可以焊在铜板上，该铜板与切槽连接或轧入隔板顶端，如图 7-169 所示。若电缆必须在两端焊到电路上去，则电缆和铜板可以作为电缆组件来制造。

金属弹片可以被焊接在铜板顶端且可以被边沿压缩以达到良好的防电磁干扰（EMI）密封。

转接系统被用以密封或阻挡火、水、气、化学品、爆炸物、烟雾和虫害以及保证电磁兼容性（EMC）。

它们被用在海洋、铁路、水处理和化学工厂、离岸平台、核工厂、引擎测试设施、隧道

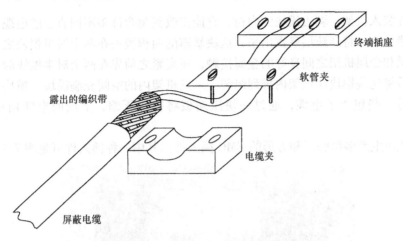

图 7-168　电缆屏蔽层端接在电缆夹下

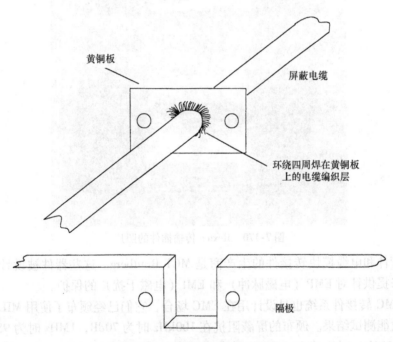

图 7-169　电缆屏蔽层连接到隔板上

系统以及国防系统中。

　　EMI 转接件被用在电缆和波导的贯穿，能实现到隔板和船舶甲板的导电搭接。也可以采用多插塞转接件（NELSON），它能塞入直径 2～8in 的管子中，通过使用 NELSON 插入模块，就能满足大部分电缆和波导管的要求。

　　浇注转接是将电缆的屏蔽层或波导管固定搭接到甲板或隔板上的另一种方法。在浇注转接器中，一个导电的混合物用于使电缆或波导管贯穿时保护电气接触。用密封用的混合物或膨胀条和浸渍液体来对导电混合体进行防潮密封，因此能使腐蚀达到最小。浇注转接的主要缺点是难以增加电缆或移去电缆。

　　另一种类型的转接是非浇注的橡皮块转接器，它是由导电橡胶的上下各半个模块组成，能夹住电缆并装入机架。剥去模块的内衬，它能修改到契合许多不同直径的电缆，用法是除去电缆上的绝缘物，将屏蔽层暴露出来，这块暴露的面积被夹在两个对半模块之间。为了保持电缆屏蔽层和金属机架之间良好的金属接触，在夹紧之前先在两个对半模块的内表面上放上铜带。然后将这些模块在机架内排列组装。一旦机架内的空间充满模块，模块中的有些可能是空的，另一些包含了电缆，通过一块压缩板将模块压缩，上层的空间用填充片填满顶部。

Roxtec 公司生产多型圆形和方形的 EMC 插入件。其中一种插入件可见图 7-170。

图 7-170 Roxtec 传输插件的照片

另一个管件和电缆模块转接件的生产商是 MCT Brattberg。这些器件被设计用在航海和铁路场合，来提供针对 EMP（电磁脉冲）和 EMI（电磁干扰）的保护。

Hawke EMC 转接件系统也是设计用在 EMC 场合，它们已经颁布了使用 MIL – STD – 285 方法的屏蔽效能测试结果。颁布的屏蔽阻抗在 100kHz 时为 70dB，1MHz 时为 95dB，10MHz 时为 60dB，100MHz 时为 90dB，1GHz 时为 60dB，10GHz 时为 40dB。

emc – cosultinginc. com 也提供第 2 章结尾的 C^+ 或 C^{++} 计算机程序，它可以用来计算端接于接地平面的环路、传输线和短导线（单极天线）的场耦合，也能计算环路、短导线/电缆或传输线的辐射发射。第 11 章提供了频率范围从 14kHz ~ 40GHz、场强为 2 ~ 31000V/m 的场强对导线的耦合及电缆屏蔽的研究案例。这些分析方法能用于计算通过连接器转移阻抗的电流和转移电压。

7.18 符合军标 MIL – STD/DO – 160C 或商用辐射发射要求的电缆屏蔽的实际水平

非电磁兼容（EMC）领域的实践电子设计工程师常常需要有关电缆屏蔽水平和符合电

磁干扰（EMI）要求的电缆屏蔽层端接类型方面的意见。为了帮助提供这些信息，可以应用许多不同的试验配置和电缆屏蔽端接方法来进行电缆屏蔽效能的测试。电缆中的 RF 电流源是电池供电的时钟和驱动器，它们装在有良好屏蔽的外壳内，能产生基波频率和高达 1000MHz 的谐波。在外壳中供电并不带附加电缆的情况下，对 RF 源产生的辐射进行测试，结果发现在 40 ~ 1000MHz 范围内，其辐射低于前置放大器和频谱分析仪的本底噪声。因此辐射源只限于在电缆本身。使用对数周期双锥天线来测量 40 ~ 1000MHz 频率范围的辐射。时钟频率是 40MHz，驱动器输出是 3.8V 峰值，上升时间为 5ns，下降时间为 5ns。一个 MIL – STD – D38999 连接器被装在外壳上，供时钟信号用。一个带有电缆应力消除的 Glenair M85049 非 EMI 后壳用在外部的连接器上。一根 2.8m 长的 RG58 50Ω 电缆用来连接信号并在电缆的远端连接 50Ω 负载。50Ω 负载放在所有边都焊好的黄铜外壳内，在电缆进入黄铜外壳的地方将 RG58 电缆的编织层绕 360°焊在外壳上，RG58 的屏蔽层因此用作信号返回路径，全部的信号电流都在屏蔽层内表面流动。

　　图 7-171a 表明干扰源、屏蔽电缆、外壳内负载之间的连接，在连接处屏蔽编织层与后壳上的应力消除夹连接。图 7-171b 表明在军标 MIL – STD/DC – 160C 试验配置中时钟源和负载外壳与接地平面相连接的情况。图 7-171c 是标准 ANSI C63.4 的典型商用辐射发射的试验配置。电缆屏蔽层按下列 4 种方法之一端接在干扰源的末端：

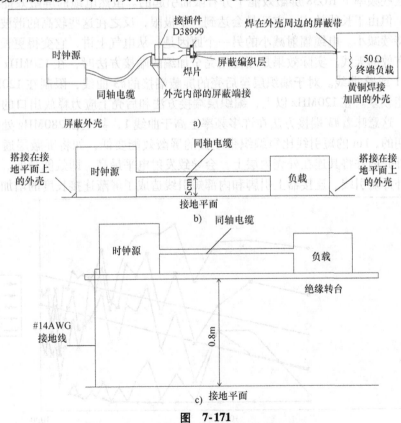

图　7-171

a）外壳、干扰源、屏蔽电缆和负载的连接方法

b）军标 MIL – STD/DC – 462/DO – 160 辐射发射试验配置

c）标准 ANSI C63.4 辐射发射试验配置

1）使用外部连接器和外壳内的短引线使屏蔽层通过 D38999 连接器的一个引脚，然后连接到外壳的内部。

2）用一根 1in 短引线使屏蔽层连接到固定在后壳应力释放出口的一个螺钉下的焊片上。

3）将屏蔽编织层直接连接到固定在后壳应力释放出口的一个螺钉下的焊片上。

4）用两个管夹将大的加编编织物固定到 RG58 电缆的屏蔽层上去，再用一个大管夹固定到 GleNaire 后壳上（这种端接方法产生的效果接近于以 360°端接的 EMI 后壳）。

第一个试验配置是按照军标 MIL – STD 或 DC – 160C 将两个外壳搭接到接地平面上。电缆在接地平面上方 5cm 并距接地平面的前边缘 10cm 处走线，而接地平面位于半电波暗室的导电地板上方 1m 处。测量天线的尖端距离电缆 1m。辐射发射测量是在 40MHz 的时钟基频和高达 1000MHz 的谐波频率上进行的。该辐射发射在特性上属于窄带发射，测试电平几乎与测量带宽无关。

图 7-172 将四种屏蔽层端接方法时的电缆辐射与军标 MIL – STD – 461C 第 2 部分为航空器规定的窄带限值进行比较，所示的曲线 1 是用于陆军的，而曲线 2 是用于空军和海军的。正如图所示，只有完全加编的屏蔽层端接#4 曲线接近于符合要求，即使这种"最好"的方法也会使产生的辐射在 120MHz 时比曲线 1 高 5dB，比曲线 2 低 5dB。屏蔽的薄弱环节并不是#4 曲线采用的屏蔽端接方法所致，而是 2 次、3 次谐波（80MHz 和 120MHz）的高电平电流，以及在这些频率下 RG58 屏蔽效能十分有限而引起的。虽然电缆的屏蔽效能随频率的增加持续减小，但由于长线效应，它还是会达到一个极限，反之在这些较高的谐波频率上电缆中的电流会持续减小。电缆辐射减小的另一个原因是：从电气上讲，它变得更长了，从而成为一根不太有效的天线。实际效果是当使用完全加编的端接方法时，在 120MHz 以上的辐射发射远低于#1 或#2 曲线。对于编织层至后壳的屏蔽端接的#3 曲线，限制在 120MHz 时，电缆的屏蔽效能较差。在 120MHz 以上，编织层端接方法和后壳上应力释放出口的孔隙是屏蔽的薄弱环节，这意味着#3 端接方法在许多频率上高于曲线 1，甚至在 280MHz 处也高于曲线#2。如所预期的，1in 的短引线比短编织带端接的屏蔽效能要低，如将屏蔽层通过连接器上的引脚引进外壳内并将其连在外壳内层上，会导致发射电平最高，即效能最低。一个原因是由于后壳上外部短引线、连接器上引脚和内部短引线造成了屏蔽连接长度的增加。

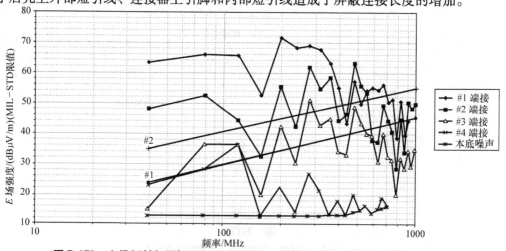

图 7-172 电缆辐射与军标 MIL – STD – 461C 第 2 部分 航空器窄带限值的比较

（四种屏蔽层端接方法）

为了减少发射，需要使用双层编织屏蔽电缆，以便符合曲线 1 的要求。可以作为替代的是使用对绞屏蔽线，电缆线对中的一根导线作为信号返回路径，而不是在屏蔽层返回。更好的方法是使用全加编屏蔽层和 RG58 电缆的屏蔽层作为信号返回路径。该屏蔽层利用连接器上的一个引脚与外壳内层的信号接地连接起来。这个全加编电缆屏蔽层在电缆两端与 EMI 后壳相连。全加编屏蔽层并不用作传送信号返回电流用，由于电缆的有限屏蔽效能和屏蔽端接方式，辐射显著地减少。这种全加编电缆是用于典型的多引脚的连接器 D38999 的理想器件，因为在屏蔽层内的混成电缆束包含了非屏蔽导线、各自独立的屏蔽导线以及多导线屏蔽电缆。

相同的 RF 源电缆和外壳也可在 3m 开阔试验场（OATS）按标准 ANSI C63.4 规定的辐射发射试验配置测试。在这个试验配置中，包含源的外壳和包含负载的外壳固装在 OATS 接地平面 0.8m 以上的绝缘转台上。2.8m 长的电缆沿水平方向放置，在转台背后回环下垂。一根 AWG 14 号导线将源的外壳与 OATS 的接地平面相连。测试时，天线分别置于水平方向和垂直方向，以及在高度上进行扫描以测得最高的辐射电平。测试时转台也缓慢旋转，也是测试其最高辐射电平。测试是用准峰值检波器在 120kHz 带宽下进行的。

图 7-173 表示了在天线取水平或垂直方向时采用#3 编织带屏蔽端接和#4 全加编编织带端接方式情况下的最高的发射电平。图 7-173 将电缆辐射发射与 FCC 第 15 部分 A 级和 B 级限值作比较。采用#3 和#4 的屏蔽端接的辐射高于 B 级限值，最好的屏蔽端接#4，在 120MHz 时正好在 A 级限值上。在此，问题又是出在信号电流在屏蔽层返回和电缆有限的屏蔽效能上。我们知道#1 和#2 屏蔽端接方法是不太有效的，就我们所知道的，这些缺陷都在 OATS 试验中被忽略了。令人吃惊的是辐射电平竟然超过了 FCC 限值，因为测试距离是 3m 而不是标准 MIL – STD 中规定的 1m，并且，MIL – STD – 461 曲线 1 在 120MHz 处是低于 FCC 的 B 级限值 9dB。辐射发射增加的原因是因为电缆在 ANSI C63.4 的试验配置中是电缆高于接地平面 0.8m，而在 MIL – STD – 462 中的仅高出 5cm，电缆离地越近，辐射电平就越低。

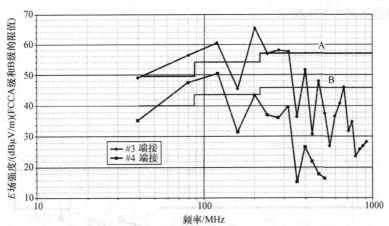

图 7-173　电缆在用两种不同的屏蔽层端接方式下，在 3m 开阔试验场（OATS）
实测的辐射电场与 FCC A 级限值和 B 级限值的比较

图 7-172 和图 7-173 中的测试对于 40MHz，3.8V 时钟信号注入 50Ω 负载及 2.8m 长的电缆才有效。这些测试结果可能要换算到你需要的特定信号电平并对辐射电平加以修正。例如，辐射可以以信号电流为基准进行调节，在试验配置中使信号电流等于屏蔽电流，因此对于 1V 的 40MHz 时钟信号注入 100Ω 负载，与 40MHz 时钟有相同的上升、下降时间，在任何

谐波时辐射的减少约为20log[(3.8/50)/(1/100)]=17dB。对于不同的时钟频率，在不同谐波时可以进行电流傅里叶分析，与用在试验中的40MHz时钟脉冲时的谐波电流的傅里叶分析进行比对。虽然两个时钟脉冲的谐波在频率上不完全一致，但可按图7-172和图7-173所示的辐射做大致的修正。

在先前的例子中，电缆屏蔽层的端接是在信号流经中心导体，并在屏蔽层上返回情况下测量的。其中一个最令许多人惊讶的事实是，当屏蔽层与外壳端接且没有信号通过中心导体时，流经屏蔽层的RF电流可能会导致其产生的辐射超过规范限值。

通常电缆屏蔽层被端接到一个连接器的引脚，然后连接器再端接到导电外壳的内表面。屏蔽层端接也常常被接到含有数字电路的PCB接地平面，然后这个PCB的接地平面被连接到外壳的内表面。在其他系统中，多个PCB将数字接地连接到外壳。由于PCB、背板和内部走线以及多接地平面连接产生的辐射耦合到外壳内表面上，从而在其上建立起了RF电流。

这意味着，即使与前一个示例的情况一样没有信号流经中心导体，屏蔽层上也会存在电压的情形。

7.19 屏蔽层连接到壳外还是壳内

为了证明屏蔽层端接到壳体的重要性，我们制造了一个铜壳并与屏蔽层焊接在一起。在铜壳内部，一个电池驱动的25MHz振荡器连接到一个驱动器。驱动器输出端连接到一根28cm的导线，导线端接一个50Ω的电阻返回到驱动器的地。驱动器的输出为4.8V 25MHz的方波，上升时间为1.84ns，下降时间为2.1ns。

这个环路没有连接到机架。然而，导线和驱动器的接地点通过一段4cm的导线连接到机架。这些连接如图7-174所示。

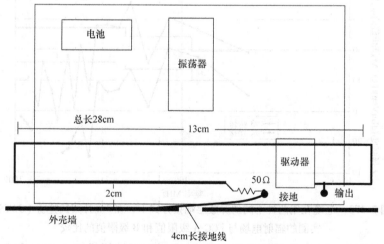

图7-174 28cm环路和4cm长的地线

在这个配置中，仅有一点接地且信号电流没有流过环路中仅有的外壳。对焊接的外壳的屏蔽完整性进行严格测试看其是否可以阻挡水的浸渍，然后在外壳中心开一个3.5mm的孔。

为了模拟屏蔽层通过连接器的一个引脚的连接，在外壳内表面距开孔2cm的地方焊接一根 4cm 长 AWG #22 的导线，其远端穿过孔伸出。为了模拟到 PCB 的连接然后至外壳的连接，用一根 10cm 长 AWG #22 的导线连到 PCB 并通过孔伸出。与 PCB 连接的点用一根 4cm 的导线连到外壳内部。图 7-175 显示了这些导线与屏蔽断开的情况，但是在测量中，其中一根导线被连接到了屏蔽上。

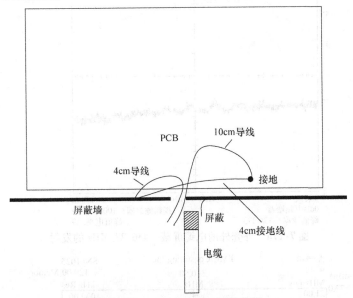

图 7-175　4cm 和 10cm 地线位置

依据 MIL–STD–461 标准配置，外壳通过一根 2m 长的屏蔽电缆被搭接在桌面地上，外壳距离地平面前边沿 10cm，离地平面高度 5cm。

一个 20～1200MHz 的对数周期天线被放置在距离电线 1m 处。天线被连接到一个 30dB，0.25～1200MHz 的低噪声预放大器，然后连上一个 30Hz～22GHz 的低噪声频谱分析仪上。天线，预放大器和频谱分析仪全部经过校准，但是试验之前，用一台信号发生器来检查预放大器和频谱分析仪的完好性。

选择 MIL–STD–461 RE102 长度小于 25m 的固定翼内部飞行器的限值来比较辐射发射值。

第一个测试时不把导线伸出小孔，将屏蔽层焊接在外壳外表面。这模拟了低阻抗端接的情况，如通过一个 EMI 后壳端接。

测量 25MHz～1GHz 的辐射发射值并与限值比较。图 7-176 显示了结果的标绘图，表 7-19 是测量电平值。

测量电平值比限值低至少 30dB，这和没有 RF 电流流过外壳外表面时的环境噪声一样大，这个 3.5mm 的孔泄漏的辐射耦合可以忽略不计。

第二个测试是将电缆屏蔽层通过 4cm 的环路连接到外壳内表面。

图 7-177 显示了结果的标绘图，表 7-20 是测量电平值。

这时，辐射发射值超过限值 1.1～3.2dB。这些辐射与测试环路和驱动器的特定相关联。在实际的受试设备上有很多辐射发射源且接地方案很差，辐射发射电平会更高。同样的电路如果有好的布局和接地方案，辐射就可能会低一些。

减小绝缘内部导线的长度至 2cm，紧贴外壳内表面布线，辐射减小到比限值低 9.5dB。

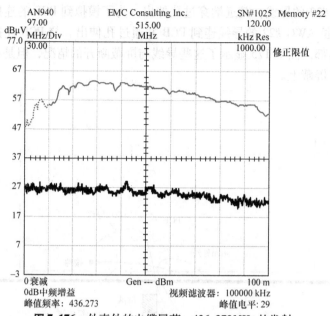

图7-176 外壳外的电缆屏蔽——436.273MHz 的发射

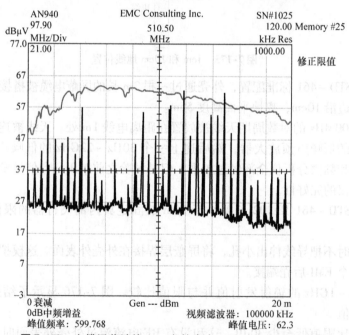

图7-177 电缆屏蔽端接 4cm 在外壳内——599.768MHz 的发射

这比将电缆屏蔽层连到外壳外表面时的辐射还是要大 20dB。导线通过一个连接器接出来的这种配置很难实现。

图 7-178 显示了测量结果的标绘图，表 7-21 则是测量电平值。

在电缆屏蔽层通过一根 10cm 长的导线连接 PCB 地然后端接到外壳的情况下，辐射发射超过限值高达 22dB。图 7-179 显示了辐射结果的标绘图，表 7-22 则是测量电平值。

结论是，由于到地线的辐射耦合和 RF 电流在外壳内表面流动，电缆屏蔽层端接于外壳内表面方案相对于端接于外表面方案更容易导致不满足 EMI 辐射限值。

表 7-19　外壳外的电缆屏蔽

试验结果表

表单 7.1	客户 R&D	日期 9-10-2014	SN	设备 LPB, EMC 0.25~1GHz Preamp, 1m H&S, 2m H&S

标绘图 2-1	频率 /MHz	测量值 /dBμV	规格 MIL-STD-461E 天线因子 /dB	试验 RE102 固定裹内部 预放增益 /dB	带宽 9kHz 和 120kHz 电缆衰减 /dB	视频带宽 电缆衰减 /dB	参考值 修正系数 /(dBμV/m)	频率区间 RE102 限值 /(dBμV/m)	裕量 /dB
	30.000	17.0	18.2	32.5	0.0	0.1	2.8	34.0	31.2
	100.000	25.7	9.8	32.8	0.0	0.1	2.8	34.0	31.2
	436.273	29.0	16.7	32.7	0.0	0.1	13.1	46.8	33.7
	441.000	29.0	17.0	32.7	0.0	0.1	13.4	46.9	33.5
	818.000	27.0	22.8	28.2	0.2	0.3	22.1	52.2	30.1
	1000.000	25.7	20.0	25.0	0.2	0.4	21.3	54.0	32.7

注：水平。外壳外电缆屏蔽＝环境电平。

试验结果表 7-1, 25MHz~1GHz。

表 7-20　屏蔽层到外壳内部连接长度为 4cm

试验结果表

表单 7.2	客户 R&D	日期 10-10-2014	SN	设备 LPB, EMC 0.25~1GHz Preamp, 1m H&S, 2m H&S

标绘图	频率 /MHz	测量值 /dBμV	规格 MIL-STD-461E 天线因子 /dB	试验 RE102 固定裹内部 预放增益 /dB	带宽 120kHz 电缆衰减 /dB	视频带宽 电缆衰减 /dB	参考值 修正系数 /(dBμV/m)	频率区间 RE102 限值 /(dBμV/m)	裕量 /dB
	450.000	72.0	17.3	32.6	0.0	0.1	56.8	47.0	9.8
	650.000	65.1	19.7	30.3	0.1	0.2	54.8	50.2	4.6

注：垂直或水平。电缆屏蔽线有 4cm 在外壳内。

试验结果表 7-2, 25MHz~1GHz。

表 7-21 2cm 电缆屏蔽扁平接到外壳内部

试验结果表

| 表单 7.3 | 客户 R&D | 日期 10-10-2014 | SN | 设备 | | | | | | | |

规格 MIL-STD-461E　试验 RE102 固定翼内部

频率/MHz	测量值/dBμV	天线因子/dB	预放增益/dB	电缆衰减/dB (带宽120kHz)	电缆衰减/dB (视频带宽)	修正系数/(dBμV/m)(参考值)	RE102限值/(dBμV/m)(频率区间)	裕量/dB
100.000	45.1	9.8	32.8	0.0	0.1	22.2	34.0	11.8
225.000	47.6	12.4	33.1	0.0	0.1	27.0	41.0	14.0
300.501	54.1	12.9	33.2	0.0	0.1	33.9	43.5	9.6
450.000	47.3	17.3	32.6	0.0	0.1	32.1	47.0	14.9
550.000	48.8	19.0	31.7	0.1	0.2	36.4	48.8	12.4
650.000	51.0	19.7	30.3	0.1	0.2	40.7	50.2	9.5
700.000	42.6	20.5	29.7	0.1	0.3	33.8	50.9	17.1
825.000	44.1	23.1	28.2	0.2	0.3	39.5	52.3	12.8
925.000	37.3	23.8	26.8	0.2	0.4	34.9	53.3	18.4

设备: LPB,EMC 0.25~1GHz Preamp,1m H&S,2m H&S　标绘图 2-2

注: 水平。电缆屏蔽线有2cm连到外壳上。
试验结果表7-3, 25MHz~1GHz。

表 7-22 通过 10cm 内部导线连接电缆屏蔽

试验结果表

| 表单 7.4 | 客户 R&D | 日期 10-10-2014 | SN | 设备 | | | | | | | |

规格 MIL-STD-461E　试验 RE102 固定翼内部

频率/MHz	测量值/dBμV	天线因子/dB	预放增益/dB	电缆衰减/dB (带宽120kHz)	电缆衰减/dB (视频带宽)	修正系数/(dBμV/m)(参考值)	RE102限值/(dBμV/m)(频率区间)	裕量/dB
75.000	69.5	12.5	32.8	0.0	0.1	49.3	34.0	15.3
100.000	79.0	9.8	32.8	0.0	0.1	56.1	34.0	22.1
300.000	79.8	12.9	33.2	0.0	0.1	59.6	43.5	16.1
300.501	80.1	12.9	33.2	0.0	0.1	59.9	43.5	16.4
350.000	79.1	14.8	33.0	0.0	0.1	61.0	44.9	16.1
450.000	72.0	17.3	32.6	0.0	0.1	56.8	47.0	9.8
650.000	65.1	19.7	30.3	0.1	0.2	54.8	50.2	4.6

设备: LPB,EMC 0.25~1GHz Preamp,1m H&S,2m H&S　标绘图 2-4

注: 垂直或水平。电缆屏蔽通过10cm导线连接到外壳内部。
试验结果表7-4, 25MHz~1GHz。

参考文献

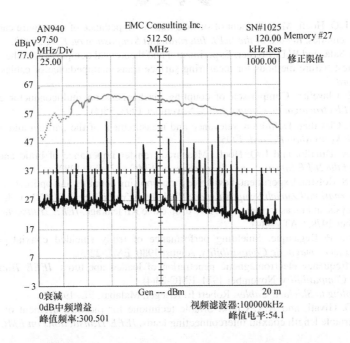

图 7-178　电缆屏蔽端接 2cm 于外壳——300.501MHz 的发射

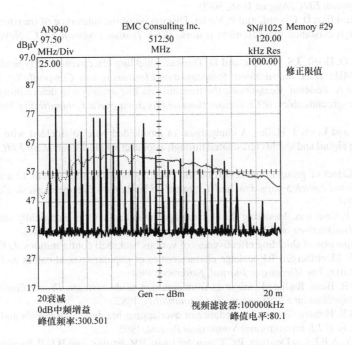

图 7-179　电缆屏蔽端接 10cm——300.501MHz 的发射

参 考 文 献

1. J.S. Hofstra and L.O. Hoeft. Measurement of surface transfer impedance of multi-wire cables, connectors and cable assemblies. *Record of the IEEE International Symposium on EMC*, 1992.

2. L.O. Hoeft, T.M. Sala, and W.D. Prather. Experimental and theoretical comparison of the line injection and cylindrical test fixture methods for measuring surface transfer impedance of cables. *IEEE 1998 Symposium Record.*

3. F. Boyde and E. Clavelier. Comparison of coupling mechanisms on multiconductor cables. *IEEE Transactions on Electromagnetic Compatibility*, November 1993, 35(4).

4. F. Broyde and E. Clevalier. Definition, relevance and measurement of the parallel and axial transfer impedance. *IEEE Symposium Record, 1995.*

5. J.S. Hofstra, M.A. Dinallo, and L.O. Hoeft. Measured transfer impedance of braid and convoluted shields. *Record of the IEEE International Symposium on EMC 482-488*, 1982.

6. L.O. Hoeft and J.S. Hofstra. Experimental evidence for porpoising coupling and optimization in braided cable. *Eighth International Zurich Symposium and Technical Exhibition on EMC*, March 7–9, 1989.

7. K.L. Smith. Analysis and measurement of CATV drop cable RF leakage. *IEEE Transactions on Cable Television*, October 1979, CATV-4(4).

8. B. Demoulin and P. Degauque. Shielding performance of triply shielded coaxial cables. *IEEE Transactions on Electromagnetic Compatibility*, August 1980, EMC-22(3).

9. K. Casey. Low frequency electromagnetic penetration of loaded apertures. *IEEE Transactions on Electromagnetic Compatibility*, November 1981, EMC-23(4).

10. E.F. Vance. *Coupling to Shielded Cables.* Robert E. Krieger, Malabar, FL, 1987.

11. A.P.C. Fourie, O. Givati, and A.R. Clark. Simple technique for the measurement of the transfer impedance of variable length coaxial interconnecting leads. *IEEE Transactions on EMC*, May 1998, 40(2).

12. L.O. Hoeft and J.L. Knighten. Measured surface transfer impedance of cable shields that use combinations of braid and foil and are used for 1-Gb/s Data Transfer. *IEEE EMC Symposium*, 1998.

13. L.O. Hoeft. Measured electromagnetic shielding performance of commonly used cables and connectors. *IEEE Transactions on EMC*, August 1988, 30(3).

14. F. Broyde, E. Clavelier, D. Givord, and P. Vallet. Discussion of the relevance of transfer admittance and some through elastance measurement results. *IEEE Transactions on EMC*, November 1993, 35(11).

15. M.A. Dinallo, L.O. Hoeft, J.S. Hofstra, and D. Thomas. Shielding effectiveness of typical cables from 1 MHz to 1000 MHz. *IEEE International Symposium on Electromagnetic Compatibility*, 1982.

16. P. Degauque and A. Zeddam. Remarks on the transmission line approach to determining the current induced on above-ground cables. *IEEE Transactions on Electromagnetic Compatibility*, February 1988, 30(1).

17. J.C. Santamaría and Louis J. Haller. A comparison of unshielded wire to shielded wire with shields terminated using pigtail and shields terminated through a conducting elastomer. *IEEE EMC Symposium Record*, 1995.

18. G. Chandesris. Effect of ground connection on the coupling of disturbing signals to a coaxial line. *Fourth International Zurich Symposium and Technical Exhibition on Electromagnetic Compatibility*, March 10–12, 1981.

19. T. Hubing and J.F. Kaufman. Modeling the electromagnetic radiation from electrically small table top products. *IEEE Transactions on Electromagnetic Compatibility*, February 1989, 31(1).

20. D. Fernald. Comparison of shielding effectiveness of various backshell configurations. *ITEM*, 1984.

21. J. Zorzy and R.F. Muehlberger. RF leakage characteristics of popular coaxial cables and connectors, 500 MHz to 7.5 GHz. *The Microwave Journal*, November 1961.

22. C.R. Paul and D.R. Bush. Radiated emissions from common mode currents. *Proceedings of the IEEE International Symposium on Electromagnetic Compatibility*, 1982.

23. L.O. Hoeft and J.S. Hofstra. Transfer impedance of overlapping braided cable shields and hose clamp shield terminations. *IEEE International Symposium Record*, 1995.

24. F.B.M. van Horck, A.P.J. van Deursen, P.C.T. van der Laan, P.R. Bruins, and B.L.F. Paagmans. A rapid method for measuring the transfer impedance of connectors. *IEEE Transactions on Electromagnetic Compatibility*, August 1998, 40(3).

25. B. Eicher, C. Staeger, and B. Szentkuti. Berne, Heinz Fahrni, Solothun, Technische Mitteilung PTT No3+4, 1988. Published by the Switt PTT Berne. Simple and accurate screening measurements on RF cables up to 3 GHz.
26. L.O. Hoeft and J. Hofstra. Electromagnetic shielding provided by selected DB-25 subminiature connectors. Electromagnetic Compatibility 1991 Symposium Record. *IEEE 1991 International Symposium.*
27. L.O. Hoeft and J.S. Hofstra. Electromagnetic shielding of circular and rectangular connectors, backshells, and braid terminations. *IEEE 1992 Regional Symposium on Electromagnetic Compatibility.* doi: 10.11.09/ISEMC 1992 257571.
28. C.W. Dole and J.W. Kincaid. *Screening Attenuation of Long Cables.* Belden Electronics Division, Richmond, IN.

第 8 章

接地和搭接

8.1 接地简介

接地（grounding）也许是最困难的课题之一。甚至接地（ground）这个词的定义也不是被所有的人所接受的。比如，"用来携带单端信号的两个导体中的一个"，或者"信号或电源的返回线"可以称之为一个接地线。在大多数情况下，接地是一个电气上的工艺连接方式，要么接大地（earth），或者接到一个作用类似于大地的结构上。

然而，我们也使用浮置地（floating ground）这个词，正像该词所提示的，它既不与机壳，大地，也不与任何其他结构相连接，或者通过一个高阻抗与之相连接。接地经常起着不同的作用，并且在设备、系统或子系统中，通常会遇到好几种不同的接地方式。在本书中，接地的作用通常会被描述为：安全接地或者信号接地。

在本章中，我们用信号地（signal ground）这个术语来表述一个电信号的参考平面，有理由把它视为一个等电位面。为了强调这个定义，经常使用参考地（reference ground）这个名词。而安全地（safety ground）这个名词则是指一个导体（在美国使用绿色导线），其目的是用它来引导故障电流和启动一个断路器或熔断器，以及在故障发生期间，限制对地电压。绿色导线的目的，一是要保护人身安全，其次是保护设备不受损坏。返回线（return）这个词的定义，在这里是指"一个导体，它的基本功能是要把信号（流）或者电源（流）返回到信号源和电源"。这个定义的问题是：接地和回线作用往往变得相同了。因此，模拟信号回线和模拟电源回线常常被接到了同一个地平面。

大地（earth）或接大地（earth ground）一词是用于描述与大地的一个低电阻导体连接。它通常由金属棒、金属板、金属栅网构成。接大地既可以用来引导故障电流和雷击电流，也可以使参考地尽可能接近所连接的地电位。但是这两种作用不能同时使用！搭接（bond）这个词用来描述机械上把两个构件固定在一起。根据搭接的不同目的，通常会给该搭接规定一个最大的电阻值。

在讨论接地时，经常遇到的问题之一是很难描述接地连接的几何结构。然而重要的不是你要做什么，而是你要如何做！一个电路图可以显示一个接地连接，但却无法描绘它的物理现实。正像在第 5 章 5.1.2 节中描述的那样，在一个相对较低的频率（LF，典型量级为kHz）以上，直流电阻不再能对连接的阻抗起决定作用；这个连接的阻抗是由包括交流电阻、感抗、容抗组成的总阻抗。因为该总阻抗不仅取决于形成的并联和串联谐振电路，而且也取决于接地连接的几何结构。

接地连接的实施是非常重要的。在第 7 章 7.13 节中已经看到，仅多加了一个 2in 长的网状屏蔽连接引出线到地，就会将一个电缆的屏蔽效能降低到几乎像没有屏蔽一样。同样，一个信号接地线与机箱或外壳的接地连接的实施和位置都能成为设备是否能够通过 EMI 限值要求或者出现 EMI 的关键。

在设备和系统中，分别考虑低频和高频的接地方案要求的做法才是恰当的。在电源和接地框图和接地电路图中所显示的就是低频连接。

8.2　安全接地、接大地和大系统接地

有接地需要的常有如下一些原因：

1）满足安全的要求；

2）防雷保护；

3）降低接收天线/设备的噪声；

4）降低设备外壳/机柜之间的共模噪声；

5）降低辐射发射？

6）防止静电的积聚；

7）（形成）线对地滤波器回路；

8）降低串扰。

在"降低辐射发射"这项后面的问号是用来提醒，在已有主接地通路的情况下，增加第二个低阻抗接地连接反而可能会增加辐射发射，就如第 7 章已所述的情况。所以只要在可能的地方，AC（交流线）的安全地都应该与把设备接地连接在一起的任何导体或者一个公共大地线区分开。

把一个设计用来保护免遭直接雷击的接地系统与其他接地隔离开来是绝对必要的，当然，所需要的一个单一的大地电极连接除外。避雷地线在不熔断的情况下，必须能承载雷击所携带的电流，从而维持导电通路。

图 8-1 和图 8-2 所示为大系统接地方案的两个例子。图 8-1 是一个理想的大系统接地方案，建筑物中的钢梁或钢筋混凝土中钢筋是连接在一起的。在某些钢结构的建筑物中，钢桩是避雷装置的一个组成部分。即使在设计中，建筑物的钢结构没有被考虑作为避雷装置的一部分，雷击仍然可以击穿建筑物的外墙，使电流在结构件中流通。典型的一次雷击电流大约在 2 万 ~25 万 A，它们总是通过最便捷的路径流入大地接地结构中。

如果该建筑物是由预应力钢筋混凝土结构建造，那么电流将通过钢筋入地。所以为了避免雷击，恰当的做法是在预应力混凝土、木造或砖石结构建筑物外部安装下行电流导体。应该注意的是，所有实用规格的导体（线），由于自感的存在，它所呈现的阻抗总是要比金属平板来得大。因此，如果该导体与一个大的结构或者金属板靠得很近的话，那么雷击电流可能会促生飞弧然后继续在阻抗较低的金属之间传递，最后也流入到大地接地结构中。

图 8-1 中所示的理想建筑物接地方案是一个钢梁或钢筋焊接在一起的典型接地方案。然而却没有采取任何措施来确保建筑（金属）构件之间的低电阻搭接。所以当雷击发生在这样一个典型建筑结构时，搭接不良的金属构件的两端就会显现出电压，并产生一个电场。该电压可能会很高，足以使电缆和设备外壳那些已经充分接地的部件产生侧向放电。

关于防雷保护在 IEC-62305 标准里进行了风险保护的描述，它提供了一种根据雷击对

地面建筑物造成的结构损失来评估风险的方法。

现代设施中需要防雷击的是风力涡轮机和光伏电站，应该采取适当的技术措施加以保护。在参考文献［1，2，5］中，进行了多个接地方案的描述。现场经验表明，每个下行导体应至少使用两根最小长度为 1.5m 的接地棒接大地，接地棒之间的距离约为其长度的2 倍。

正如第 1 章所述的，AC 线安全接地是射频电压的共同来源，这些电压感应进 AM/FM 发射机或那些产生大量传导电源线噪声的设备。如图 8-1 中，用于降低安全接地中的 RF 电流的方法是在电源进入建筑物的入点处，把安全地线连接到低阻抗的大地。安全规范的重要性和优先级别比其他所有的接地规则更高，但也可以对其他的接地方案加以修改，在符合安全规范的前提下采用。大部分的电气安全规范都要求在主配电盘上就把安全接地和中线接到大地，但并不指定是低阻抗连接。

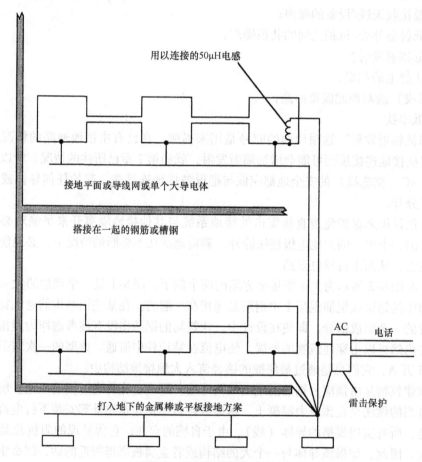

图 8-1 理想大系统接地方案

通过将一个或多个电感器串联在建筑物内，可以降低建筑物中的设备在安全接地上感应的 RF 电压。这些电感器必须能承载故障电流，从而使断路器或熔断器起作用。为了在发生交流相线或者中线与机壳短路故障时保持低接触电位，这些电感器必须有较低直流电阻以及在 50/60Hz 下也表现出低阻抗。在图 8-1 的接地方案中，以下的假设是正确的：主要的故障电流将流入接地平面，并且再使用 2 号或更低线规（更粗的⊖）的导线或平板将接地平面接入大地。一个明显的问题是：为什么要使用绿色导线作为安全地线进行连接，而不依赖于该接地方案所提供的安全地线连接？必须保留绿色导线的原因是：在图 8-1 所示的接地方案中，外壳的地线连接很有可能无意地被断开了，然而"绿色导线"通常只有当电源接插头从其插座中拔出时才会断开。这就是为什么安全规范经常强制性地要求使用绿色导线的原因。

图 8-1 的方案还假定了设备是分布在建筑物的不同楼层中。为了获得一个尽可能低的接地阻抗，则要求使用 2 号线规或者更粗的导线，或用至少是 1/4in 厚的宽板来连接层与层之间的接地平面。在一个有钢梁的建筑物中，用钢梁作为与接地或接地平面并联的通路可以获得更低的阻抗。问题是钢梁可能承载雷电电流，并且几乎可以肯定也承载了来自诸如来自旋转机械交流电源的泄漏电流。其机壳往往与建筑物结构有电气连接。还有，对于 AM 广播频率而言，建筑物的框架是一个有效的天线，因此该结构也承载了 RF 电流。因为这些原因，在接地方案中使用建筑物结构体是不可取的。

在图 8-2 中所示的典型接地方案中，是安全地线、电缆的屏蔽层以及电缆本身中的导体与机壳相连。连接可以通过使用信号回路来完成，但其中可能出现射频电流和 50 ~ 180Hz 的

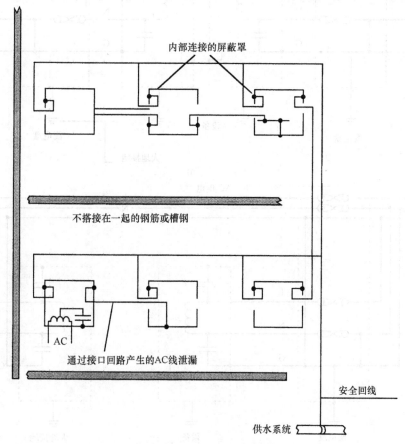

图 8-2　典型大系统接地方案

⊖　线规数字越小，线径越大。——译者注

泄漏电流。这种典型的大系统接地,对数字设备来讲是合适的,但是对于模拟/测量仪器而言,正如将在8.3.2节中讨论多点接地那样,这种接地可能会导致 EMI 。

在建筑物中,大地线和中线的连接与建筑物外部的大地线之间可能会呈现交流工频电压和射频电压。例如,在一个三层楼的办公室建筑中,在距离为100ft 的两个大地线之间所测量到的电压在60Hz(电源频率)时是3V,而在1.1MHz(射频)时,是350mV。当大地线之间的距离更远时,可以预料电压会进一步升高,而且公共接地导体中电流会增大。

至此,我们一直假设该大系统是由同一个供电系统供电。当情况不是这样时,可以采用图 8-3a 所示的配置。图中两个供电系统的 AC 中线都接到安全地线和大地线。因此,安全地

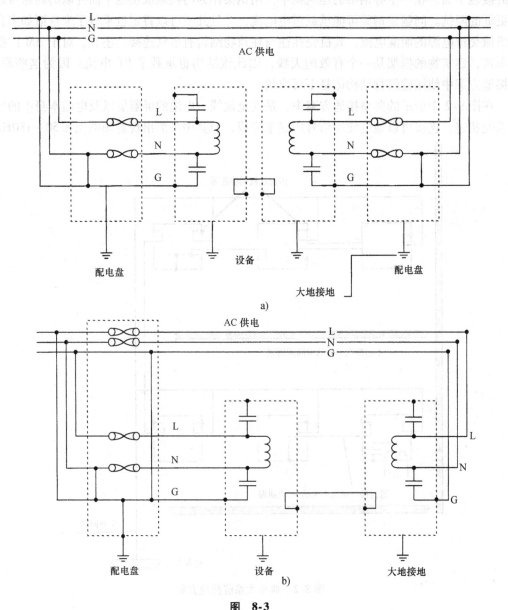

图 8-3

a) 设备连接到两个供电电源造成中线电流出现在信号回路

b) 设备由单一电源的两个支线供电,并采用了单一结构的大地连接

线和大地线都承载一些中线的回路电流。正如安全规范所要求那样,安全地线是与金属外壳相连接的。当图中的两个设备的信号回路也都接到外壳时,就会出现一个问题:因为信号回路与外壳的连接有时可能不那么直接易见,特别是当该信号是通过 PCB 回到电源回路时。因而,该信号回路还是依次通过 PCB 的电源又接到了外壳。所以不论是通过何种途径,总有小比例的 AC 中线回流电流流入信号回路,从而造成潜在的 EMI。解决这个问题的办法是使用来自同一个电源的两条支线分别给两台设备供电。正如图 8-3b 所示,在这种情况下,安全地线与中线唯一的连接是在支线中。所以,断开外壳与大地线的连接将会降低地负载漏电流。

在任何配电系统中,首先考虑的是要符合和遵守所适用的电气安全规范。在图 8-3a 中,显示了两个电源的输入侧都使用了隔离变压器,这将切断信号回路导线中的中线电流。然而,这个解决办法不仅昂贵,而且可能不符合安全规范。若该设备是系统的一个组成部分,而且又远离系统中的其他设备,那么建议选用单一供电电源,并从该电源向远离主机的设备供电。假设用来连接远端的设备的"绿色"导线足够粗,那就不需要附加的大地线,而且单端信号回路中的低频电流问题也会变小。设备(如天线)到大地的隔离有两个情形是不可取的:一是该位置存在有用于雷击保护目的的大地线,且该线靠近天线结构。此时为了避免飞弧,该天线结构应该使用单点连接(single connection)与大地相连。第二个要重新考虑设备的到地隔离的位置是设备本身太靠近一个高功率电场源(即一个发射天线)。设备结构与低阻抗大地的连接通常会降低在互连电缆中的 RF 电流,从而降低了 EMI 的可能性。

电气安全规范很少考虑测试系统的要求。然而完全是有可能把接地线路设计得既能改善信号的接地,又能符合安全规范的规定的。

8.2.1 大地

正如前文所述,为了安全,需要将 AC 线路泄漏或者设备损坏以及直接、非直接雷击产生的接触电位降至最低时,或者当利用大地作为接收或发射天线的天线地网(天线下面的地平面,作为天线设计的一部分)时,有必要将接地线接到大地。正如参考文献 [1] 的第 81 ~ 107 页中已发现的,低阻抗的大地连接可以减少设备故障的发生。

8.2.1.1 大地电阻

保险公司、电力公司和石油公司等强制规定的大地电阻的最大值的要求从 1 ~ 5Ω 不等。参考文献 [1] 第 135 ~ 147 页中,一项对美国联邦航空管理局(Federal Aviation Administration,FAA)的空中航路管理中心(Air Route Control Centers)、空中交通控制塔台(Air Traffic Control Towers)和远距离雷达站(Long - Range Radar Sites)的调查,不同的地点所测量到的大地电阻从 0. 1 ~ 12. 8Ω 不等。

用 Ω·cm 为单位来表达大地电阻率,其数值往往是惊人的高。表 8-1 列出了不同土壤的大地电阻率的典型值,表 8-2 列出了湿度对该值的影响,表 8-3 列出了盐分的影响,表 8-4 列出了温度的影响。土壤的电导率基本上是电解性的,所以湿度越大以及钠离子浓度越高,电阻就越低。大地电阻值取决于接地棒或板所在的区域、数量以及深度。如图 8-4 所示,大块的地层包围接地电极可以获得一个较低的大地电阻。

表 8-1 不同土壤的电阻率

土壤	电阻率/(Ω·cm)		
	平均值	最小值	最大值
含有灰烬、火山灰、盐质垃圾	2370	590	7000
黏土、页岩、强黏土、沃土	4060	340	16300
不同比例的沙土和砂砾	15800	340	135000
碎石、沙、石及少量黏土或沃土	94000	59000	458000
表层土壤、沃土等	100	—	5000
黏土	200	—	10000
沙土和碎石	5000	—	100000
表层石灰石	10000	—	1000000
石灰石	500	—	400000
页岩	500	—	10000
砂岩	2000	—	200000
花岗岩、玄武岩等		100000	
风化片麻岩	5000	—	50000
石板等	1000	—	10000

（来源：U. S. Bureau of Standards Technical Report 108；Evershed & Vignoles Bulletin 245。）

表 8-2 土壤湿度对大地电阻率的影响

含水量占重量的百分比（%）	电阻率（Ω·cm）	
	表层土壤	砂质沃土
0	1000×10^6	1000×10^6
2.5	250000	150000
5	165000	43000
10	53000	22000
15	21000	13000
20	12000	10000
30	10000	8000

（来源：Higgs. P. J. , IEEJ. , 68 , 736 , February 1930。）

表 8-3 土壤中盐分对大地电阻率的影响

盐分占水分重量的百分比(%)	电阻率/(Ω·cm)
0	10700
0.1	1800
1.0	460
5	190
10	130
20	100

注：砂质土壤——水分含量为15%，温度为17℃（63℉）。

表 8-4 温度对电阻率的影响

温度		电阻率/（Ω·cm）
℃	℉	
20	68	7200
10	50	9900
0	32（水）	13800
0	32（冰）	30000
−5	23	79000
−15	14	330000

注：砂质土壤，湿度为 15.2%。

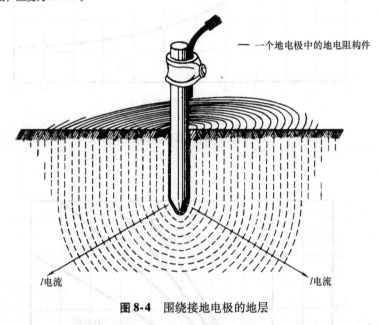

—— 一个地电极中的地电阻构件

I电流　　　　　　　　I电流

图 8-4 围绕接地电极的地层

图 8-5 所示为接地电极棒的楔入深度对接地电阻的影响。随着接地棒深度的增加，围绕该棒地层的区域就随之增大。楔入深度大约为 6ft 时，该电阻值达到平衡。为了进一步减小电阻，可使用多个接地棒、用盐水处理土壤或者增加其湿度。图 8-6 所示的是采用多个接地棒对接地电阻影响的曲线图。图 8-7 绘制了一个影响接地电阻的有关基本因素的列线图。

前面所提供的资料是承蒙 Biddle/Megger（Biddlemegger. com）公司特许转载的，该公司生产制造一系列接地电阻测试仪。接地电阻测试仪专用于三端，降电位的接地电阻的测量。该测试仪提供两个电流端子和两个电压端子。其中被测地电极连接到端子 C1，另一个较小的电极被设置在大约 50ft 以外，它与端子 C2 相连接。因此，在两个电极之间产生电流的流动。在小电极与大地之间的电阻并不重要，所要求的只是它能在大地中产生足够的电流以建立一个电位。因此，只要把它埋入土中 1～2in 即可。

Megger 的 P1（电位）端子被用于连接到 C1（电流）端子，而 P2 端子被接到第二个小的电极，该小电极被安置在两个电流电极之间大约为 62% 的距离处（即大约离被测量电极的 31ft 处）。Megger 在测量地电极与 P2 端子的电位差时，同时也计算出了两个电流端子间

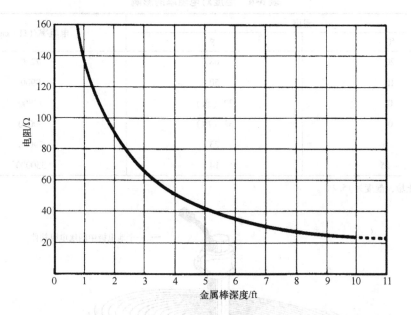

图8-5　接地电极的深度对降低接地电阻的影响

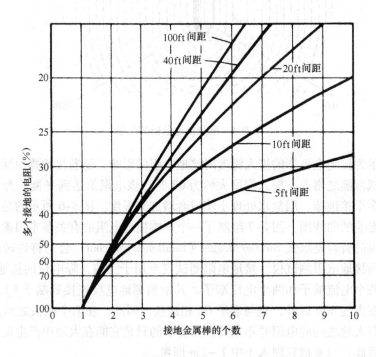

图8-6　增加接地电极数量对接地电阻的影响

的电流。图8-8所示为接地电阻测量的设置图。

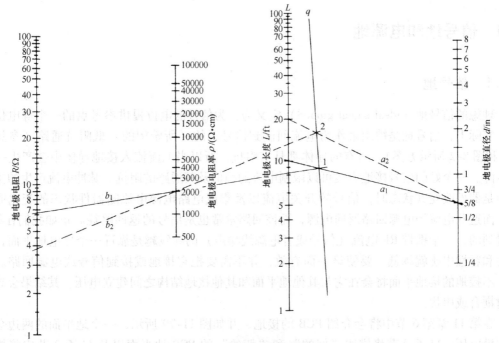

图 8-7　接地电阻的列线图

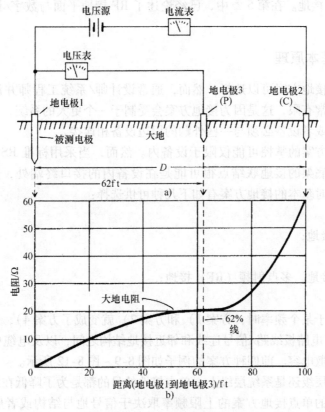

图 8-8　测量接地电阻的设置图

（表 8-1 ~ 表 8-4 和图 8-4 ~ 图 8-8 承蒙 Biddle/Megger 公司特许转载）

8.3 信号地和电源地

8.3.1 信号地

理想的信号地（ideal signal ground）定义为：为信号的电位提供参考点的一个等电位平面。实际上，信号地是被用来作为电流回流到信号源的（所希望的）低阻抗通路（参见图 8-1 和图 8-2 所示方案）。所有的导体都具有阻抗，所以当电流流入接地导体中会产生一个电压降。一个好的信号接地方案可以限制电流的幅值及其通路的阻抗。脉冲电流产生的主要原因是器件改变其状态时，信号的开关电流以及集成电路电源电流随器件状态的变化而变化，而这些电流经电源回路返回电源，而该回路常常也是信号的返回路径。正如我们在第 4 章看到的，一个携带 RF 电流（信号或者电源线噪声）的导线越是靠近一个导电地平面，其感性和容性串扰就越低。要使该平面有效，并不需要把它接地或接到信号或电源回路。然而，不接地的接地平面将会在它与其他地平面和其他接地结构之间建立电压。其结果会导致辐射耦合或串扰。

在第 11 章第 6 节中将会介绍 PCB 的接地，并如图 11-79 所示，一个地平面的两边会产生共模电压。11.6.2 节将描述"好的"和"坏的"的 PCB 地平面以及 11.6.3 节中将描述在屏蔽罩内的 PCB 接地。在第 5 章中，已经论述了 RF 接地平面与数字/模拟地面间的隔离或连接。

8.3.2 接地的基本原理

虽然有不同的接地方案可以选择，然而，通常设计师/系统工程师并没有什么选择的余地。可作的选择非常有限，这是因为接地方案会受制于一个更大的系统，一些设备和子系统必须适配该系统，或者设备必须与一些外购的周边设备相连接。

设计师对接地方案的掌控可能仅限于设备内。然而，当采用标准 RS – 232 接口或类似的接口时，信号与底架的接地联结点很可能是在设备内的接口终端处，这时单点（接地）方案就不可行。此时基本的接地方案有如下几种可供选择：

1）单点接地；

2）单点星形接地；

3）多点接地；

4）单点直流接地，多点射频（RF）接地；

5）浮置接地。

实际上，在高于某个频率时，方案 1）和方案 2）就变成了方案 4），而方案 5）变成了方案 3）。这是由于电路板线路/信号连线和邻近接地结构之间，以及电缆中的信号导体和屏蔽体之间存在着杂散电容。前四种方案的例子如图 8-9～图 8-12 所示。

无论在电路板层级还是系统层级上，单点接地的目的都是为了降低在结构中流通的直流和低频电流。有效的单点接地方案的上限频率取决于信号地与结构或者底架之间电容的大小。由于单点接地的局限性，可以采用单点直流（DC）接地、多点射频（RF）接地方案，有目的地通过一个或多个并联电容来引入射频接地，该方案具有在特定位置的信号地降低共

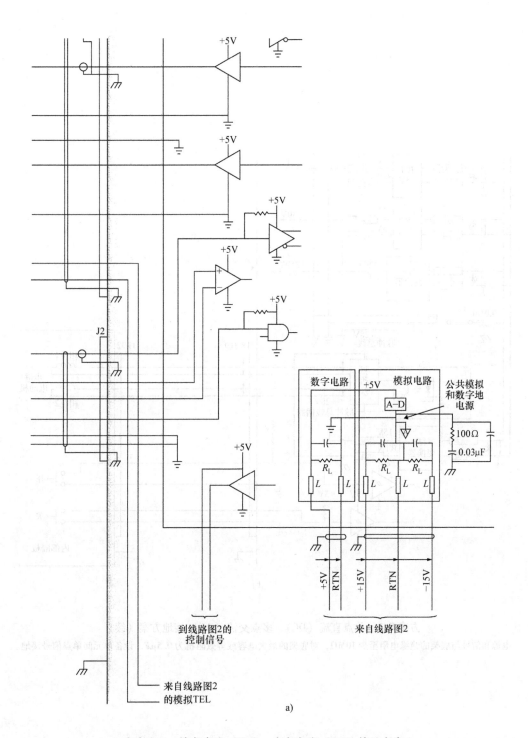

a)

方案 8-1 单点直流（DC）、多点交流（AC）接地方案
电源和信号与底架的绝缘电阻至少 10MΩ，对底架的最大电容或等效阻抗为 0.5μF，设备单元间单点信号接地。

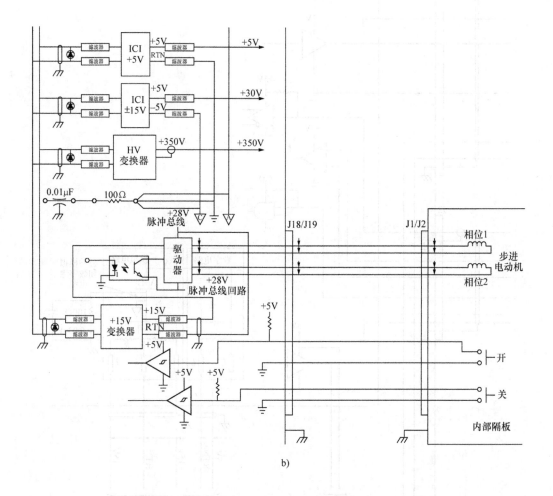

b)

方案 8-1 单点直流（DC），多点交流（AC）接地方案（续）

电源和信号与底架的绝缘电阻至少 10MΩ，对底架的最大电容或等效阻抗为 0.5μF，设备单元间单点信号接地。

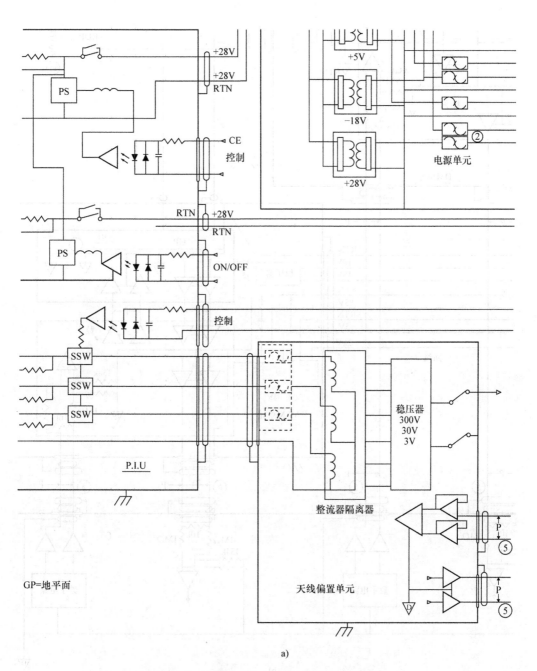

a)

方案8-2 单点接地方案，信号与底架单点相连

电源和信号接地与底架间的绝缘电阻至少为1MΩ，设备单元间单点信号接地方案。

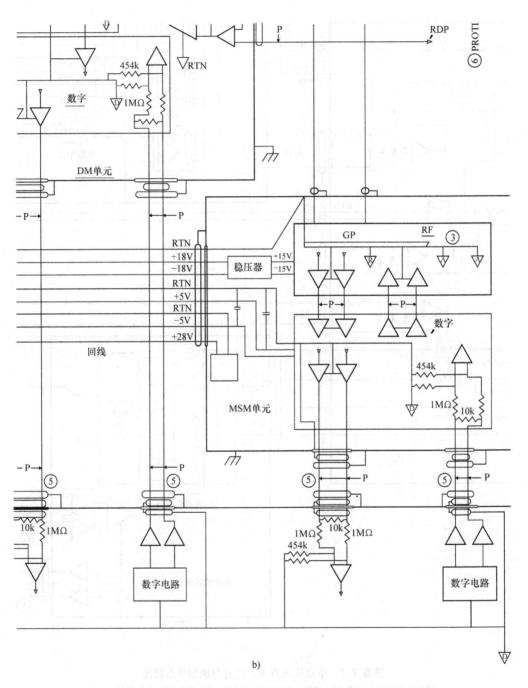

b)

方案 8-2 单点接地方案，信号与底架单点相连（续一）

电源和信号接地与底架间的绝缘电阻至少为 1MΩ，设备单元间单点信号接地方案。

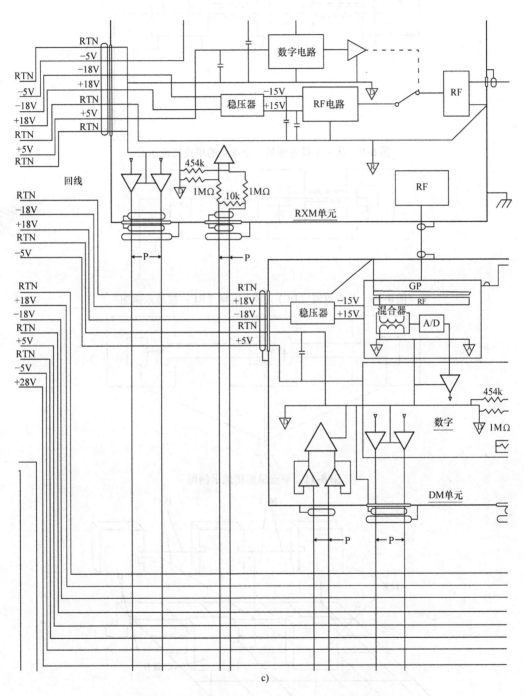

c)

方案 8-2　单点接地方案，信号与底架单点相连（续二）
电源和信号接地与底架间的绝缘电阻至少为 1MΩ，设备单元间单点信号接地方案。

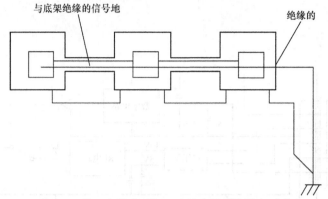

图8-9 从一个设备到另一个设备的单点接地示意

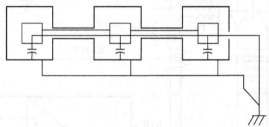

图8-10 单点直流（DC）、多点射频（RF）接地示例图

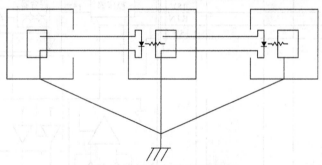

图8-11 单点星形接地示例图

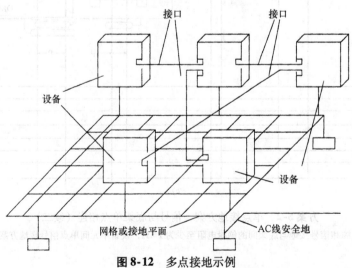

图8-12 多点接地示例

模噪声电压的优点。一个首选的位置是在接口信号进入设备的入口点。我们在第 7 章中已经知道，无论屏蔽和非屏蔽电缆，其辐射主要源于共模电压。设备中射频（RF）（电容器）接地的第二个可选位置是由若干种不同类型的接地连接在一起的公共接地点。多点射频（RF）接地方案的缺点是在信号接地中存在 RF 电流，且通常比单点接地更高。假定潜在的共模噪声源是已知的，例如，返回电流在机箱/底架之间产生的共模噪声。在电源电路中引入一个电感器可以有效地降低信号回路中或者连接到回路的地平面上的电流，还能降低 RF 地上的电压。后面将给出使用这种方法的例子。将电感器和电容器组合起来使用会形成谐振电路，因此配合使用阻尼电阻是明智的做法。

单点星形接地方案是单点接地方案的一种变化形式，它通过使用如光隔离器、信号转换器或差分输入接收器这类隔离接口来降低设备间因耦合所产生的共模噪声。

在如图 8-9 所示的类似接地方案中，接口被隔离，设备间通过串联方式来接地。这个方案为了实现隔离的目的，电路显然过于浪费。然而，它的信号接地的确尽可能靠近了理想参考地 – 既没有信号回路电流，又没有电源回路电流。图 8-13 所示为机箱内多个不同的 PCB 的单点接地。通常使用一个接地汇流排，或者通过一个 PCB 背板上的一个底架层来把 PCB 接地连接在一起，然后再与机箱相连。除看上去，它不像是一个单点接地，但它可以使 PCB 到 PCB 的接地连接的阻抗以及从接地母线/PCB 背板到机箱的阻抗保持得很低，因而在较低的频率时，它就是一个有效的单点接地。在非常大的系统中，比如空间站，单点接地方案就变得不太方便了，它会采用所谓的分层单点方案，它的底架接地是连接在分系统或者在逻辑电磁兼容（EMC）单元上（即一组非常靠近的设备组件）。对于这种分层方案，使用单点（single point）接地这个概念严格来讲是不够准确的，然而，这种方案与多点接地差异也很大。

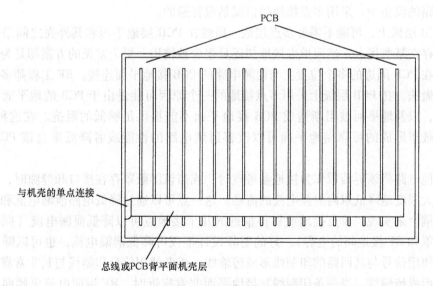

图 8-13　在机壳内把 PCB 连接在一起的单点接地示例

多点接地的原理认为，外购设备的制造商有责任将安全地线连接到底架上，而且信号以及二级电源地通常也与机壳相连接。在多点方案中，信号接口通常是单端的，而且在两个设备中的信号回路都要连接到底架。很自然，该方案在安全接地和信号电路之间引入了地环路。正如第8.2节所述，大部分电气安全规范都要求当电源线插入插座的同时要有AC安全地线连接。

许多工程师都非常关心接地环路，但这些问题又很少被认为是问题，特别是当设备与设备间靠得很近时。

许多由计算机设备组成的系统，在多个接地环路下工作正常。但正如第8.2节中所讨论的，当中线电流在信号返回路径中流动时便会出现异常，或设备的安全地线之间产生大的共模噪声时，也会造成设备无法正常工作的情况。当设备间隔较远，并且连接到不同的大地线时，特别是如电焊机、铣床、电梯以及控制设备和自动化设备等这类功率噪声源连接到其中一个大地时，就会出现大的共模电压。当使用的单端模拟/测试仪表接口的信号返回线连接在两个大地线之间时，其EMI电位会很高。因为这是传导噪声问题，所以即便在单端电路中使用屏蔽电缆，或者信号电流的返回路径就是屏蔽层，也不会降低EMI电位。当设备之间采用的是多点接地线时，它的理想长度应短于0.1λ（波长的1/10）。如果长度较长，则可能会出现第5章中所述的电长导体的谐振和反谐振效应，这可能会导致产生大电流或非常高的阻抗。

要降低距离较远的设备之间的接地连接阻抗是非常困难的，原因在于这通常需要有低阻抗噪声电流源和相应大尺寸导体。解决办法是采用高共模噪声抗扰度差分接口电路，见第5章中所述（参见图5-129a和图5-130~图5-133）。

图8-12中所示的多点接地方案与图8-1所示的用于理想大系统接地方案是相同的。该方案降低了设备外壳之间所产生的共模噪声电压，但是不会消除地环路。设备外壳之间显现的相互连接表示单端信号接地的两端都与外壳相连接。

传统经验告诉我们，在10MHz以上，多点接地要求使用非常短的接地导体，并且在包含射频电路的设备中，采用多点接地的情况是很普遍的。

在PCB层级上，可能不需要多点接地。虽然在PCB接地平面和其外壳之间采用单点连接的确也存在某些优点，然而单点接地却还是很少被使用。更为常见的方案却是为其提供屏蔽的罩壳在PCB周边的多个位置上与射频电路的PCB接地平面连接。RF工程师多年来一直遵循这一做法。在PCB层级上采用多点接地的一个原因可能是由于PCB的地平面与印制线相互交叉，以及地平面被阻断造成PCB接地平面不能提供足够低的阻抗。在这种情况下，使用由屏蔽罩形成的可靠接地平面可以改善射频电路的性能或者降低来自该PCB的辐射发射。

当其他电路将该屏蔽罩作为接地参考点时，或当该屏蔽罩存在接口和缝隙时，设计目标应该是最大限度地降低罩内射频电流的流动。这一点可以通过降低电路泄漏电流和降低到该罩的辐射耦合来实现。单点接地或靠得很近的几个接地点可以降低泄漏电流（同时，也降低了屏蔽罩和RF接地间的电容）。好的射频设计不仅可降低泄漏电流，也可以降低辐射发射，例如使用信号与其回路的印制线形成传输线，或者使用信号印制线与其非常靠近的PCB接地平面形成传输线。当一条印制线与接地平面非常靠近时，RF返回电流更倾向于集中在印制线下方的接地平面中，从而使返回路径的阻抗最小。因此，良好的RF设计实践往往会降低外壳中的RF泄露电流，减少辐射发射，而且最小化公共阻抗耦合以及所产生的传导EMI问题。另外减小RF半导体和散热器外壳之间的电容，也可以降低外壳中的RF电流流通。

对 RF 电路周围小型屏蔽罩的屏蔽效能所做的测量结果显示了接地方案的重要性，尽管其结果并不总是如预计的那样。例如，对载有多个负载的 PCB 的屏蔽罩测量其屏蔽效能。RF 信号通过安装在屏蔽罩上的同轴电缆连接器连接到负载上。而 PCB 的接地平面与屏蔽罩之间的连接是通过罩内的屏蔽电缆的屏蔽编织层的一个单点进行连接，或者以多点方式环绕罩壳四周将接地平面与屏蔽罩相连接。对一个由挤压成型的屏蔽罩进行了测试：它由一个盖子罩着，并且上下两面都覆盖着平板，几何尺寸为 26.5cm × 22.5cm × 4cm，该罩有接缝，但没有孔。当接地平面与该罩绝缘时，PCB 被安装在屏蔽罩的中心位置；而当接地平面通过其周边与屏蔽罩相连时，PCB 被安装在接近屏蔽罩实心基座的位置。对单点连接和接地平面的多点连接的屏蔽效能的测试结果进行比较后发现，就大多数频率而言，单点接地的结果要稍好于多点接地结果。结果见下表：

频率/MHz	屏蔽效能/dB	
	单点接地	多点接地
100	73.5	76.0
160	74.0	70.0
195	64.0	57.0

另一个用于测试的屏蔽罩屏蔽着相同的 PCB，它的几何尺寸为 23.5cm × 22.5cm × 1.8cm。该屏蔽罩是由一个带罩的，实心平板底座构成。它的缺陷是有接缝，而且盖子上有一个 38mm × 8mm × 2.2mm 的条形孔，在这个测试中，PCB 的接地平面连接到屏蔽罩周边，或是使用尼龙螺钉和 1.8mm 厚的尼龙垫圈与屏蔽罩绝缘。接地平面和安装在绝缘垫圈上的 PCB 屏蔽罩之间测到的总电容大约为 125pF。把 PCB 安装在绝缘垫圈上的附加影响是 PCB 更靠近屏蔽罩。对该 PCB 的屏蔽罩屏蔽效能的单点接地或多点接地的测试结果见下表：

频率/MHz	屏蔽效能/dB	
	单点接地	多点接地
100	66	78
131	39	59
195	64	64
250	86	86
297	84	76

在某些频率下，单点接地方案屏蔽效能下降的一个可能原因是，由于 PCB 安装在 1.8mm 厚的尼龙垫圈上，使 PCB 被移到非常靠近它的屏蔽罩处，这可能会增加它对屏蔽罩的辐射耦合。

从这些屏蔽效能的测量中得到的一个启示是，应该根据个案情况来选择接地方案。虽然多点接地是 PCB，模块以及射频电路等设备进行互连时应选择的方法，但是，仍然存在例外的情况。

浮地方案在实现、测试及维护方面都存在困难。实际上，即使其电阻为 MΩ 数量级，漏电通路依然存在，甚至浮置在某些无法确定的电位上。在地和底架之间接入一个高阻值电阻可以降低静电电势，常用于静电释放保护。当信号与底架在外部设备进行连接，信号接口与周边设备的连接就很可能使浮地方案失效。测试仪器必须具有高阻抗的差分输入。浮地的优点是流入地的低频电流值非常低。但由于寄生电容的存在，在超过某上限频率时，该浮地变成了多点接地系统。射频电路以及数字电路的屏蔽和接地已分别在5.6.2节和5.6.3节中讨论过。

一个常见的错误是，（通常认为）仅仅只有一种类型的接地方案是"好的方案"，然而（事实是）所有的接地方案只有当正确实施时才能取得好的效果。

8.3.3　单点接地

单点接地方案通常被称为理想的接地方案。然而怎么接地和在什么地方接地是至关重要的，但是在某些情况下，即使从技术上违背了单点接地的原则，多于一个的接地点效果却会更好。

当二级电源（如+5V，±15V）与设备输入电源回路隔离时，二级电源回路与底架相连接的那一点应作为设备的单点接地点。当设备直接使用DC电源时，电源线输入滤波器后面的那一点，一般会作为是设备中不同信号接地的单点接地点。

另一个可选的单点接地位置，例如：靠近RF器件，通过其结构，又把电源回路和信号回路连接到该原件的导电外壳；或者在信号回路与底架相连接的接口处；再者A/D转换器模拟接地与数字接地连接在一起的地方。

即使选择该处的优点是接地连接可使电源产生的共模电压短路，但这并不是强制性的，而且在设备内部的电源上进行单点接地通常也没有什么益处。其缺点是，虽然不违背接地准则，但是电路板上的以及在接口信号进入点上的共模电压，并不会因为该回路连接到了底架而被短路。当电源电路与底架隔离时，一个解决办法如图8-14所示，使用L型和T型滤波器来降低来自该电源的差模和共模噪声。这样，底架接地可以在接口电路上完成。在这个方案中，无论是在电路板上产生的以及由此流入在该电路板地平面上的电源的噪声电流，还是流入信号电路印制线的噪声电流，都会因L型或者T型滤波器的串联电感而有所降低。

在图8-14所示的电源电路中，若使用一个非隔离电源或加上第二个底架接地连接，将会导致噪声电流在外壳中的流动。可以通过在电路中串入一个电感来降低这些噪声电流。当在屏蔽罩上有孔隙存在时，内部的屏蔽罩电流就会增加，此时可以预测到孔隙耦合的增加。当屏蔽罩的屏蔽完整性增加时，在屏蔽罩中所增加的电流不会明显地增加屏蔽罩的辐射。

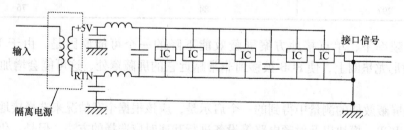

图8-14　用一个*LC*滤波器来降低电源噪声电压
（允许在接口处存在屏蔽罩接地）

在一个单元内部，根据其应用的不同和可行性，信号接地可以分为以下几类：

① 模拟/视频接地；

② 数字接地；

③ 射频接地；

④ 控制信号接地。

这四种接地应仅仅用于连接到设备单点接地，并应最大限度地相互加以隔离，包括它们之间的容性耦合。

接地方案先按系统中不同种类的接地方式分别设计，然后在需要时再互相连接，这比在既成事实后再试图把它们分开要容易得多。例如，对一个 PCB 将模拟和数字接地线分开设计，也可以非常容易地再把它们连接在一起。事实上，我们建议为此预留一些接线端。反过来，在 PCB 制成之后再分离接地就不太可能了。通常对模拟/数字转换器或类似的装置，会要求分别设计一个模拟接地和一个数字接地，对有问题的装置还应对模拟电路实施单点接地。即使是在设备制造商提供分离的数字和模拟接地引脚的地方，往往也在装置内进行了连接，或者是存在一个非常低的地间的最大电位差。

在测试仪器，模拟以及视频电路中，公共阻抗耦合是一个常见的噪声问题源。图 8-15 说明了公共阻抗耦合的机理。来自光纤驱动器的回路电流流入 U1 模拟电路的接地阻抗中，导致了噪声电压 V_2 和 V_3，通常情况下，数字电路和 RF 电路是典型的接地电流源。

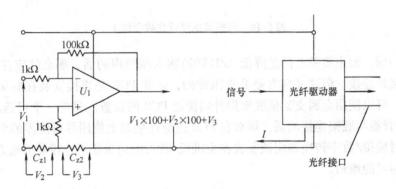

图 8-15　公共阻抗耦合

8.3.3.1　在数字接地上的浮置模拟地

已经证明，将模拟接地浮置在数字接地上是一种非常有效的降低模拟接地电流的方法。如图 8-16 所示。由电路逻辑状态的改变所产生的噪声电流，沿数字电源电路中流回，而几乎没有电流在模拟接地中流动。图 8-16 中的模拟电路的电源是隔离的 DC – DC 转换器，该转换器必须要在模拟电路的电源返回路径和底架之间提供最大的隔离，同时使模拟接地中的数字电路的电源电流达到最小。当所用的电源其返回路径是与外壳相连接时，浮置模拟接地方案仍然部分有效。正如图 8-16 所示，这是由于在模拟电源电路中，电感器的阻抗提供了某种程度隔离的缘故。

在浮置模拟接地方案中，示波器上测到屏蔽罩和模拟接地之间的较大共模电压往往会引起人们的关注。然而，当输入电压不变时，比如零伏（0V）电压输入时，却没有观察到输出比特数变化。因此，存在着一个比加权的最低有效比特数（Least Significant Bit，LSB）更低的差分噪声电压。数字接地到底架接地的位置被有意地安排在数字接口信号离开电路板的那一点处。在一个实际的系统中，当接口是在设备外部时，可以在连接器上连接底架。选择这个位置的原因就是要降低接口信号和返回导体上的共模电压，从而减少电缆的辐射。如果

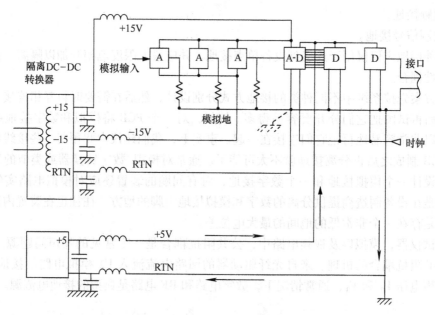

图 8-16 将模拟地浮置在数字地上

不考虑这个问题，而主要关心的是降低 A/D 转换输入端噪声的话，那么就应在 A/D 转换器上进行底架接地连接。但这又常常是非常困难的，除非 PCB 是直接安装在底架的上方。在这种情况下，可以使用金属支架使底架提升到接近 PCB 的位置。另外一个可选的方案是，假如主机板/背板与底架连接的话，那么在 PCB 边缘连接器上使用尽可能多的引脚来解决这个困难。同时模拟/数字转换器应该安放在主机板/背板的边缘靠近连接器的地方，以保持到底架的连接尽可能地短。

8.3.4 改进过的差动运算放大器电路

图 8-17a 所示的是一个常见的、用于模拟/视频/RF 的放大器电路。输出电压等于信号电压乘以 R_2/R_1，再加上接地阻抗 Z_{g1} 和 Z_{g2} 上的贡献电压。

又如图 8-17b 所示，该电路通过增加一个单一电阻降低接地电流的幅值，并且实际上消除了由 V_{com} 产生的噪声电压。在差分输入电压相同的情况下，不论同相输入电压是处在输出地电位，还是相对参考地而言，是正电位或负电位，该电路的信号输出电压都和图 8-17a 电路所获得的电压相同。

当 $R_1 = R_2$ 及 $R_3 = R_4$ 时，该电路有一个单位增益（即增益为 1）。在图 8-17b 中，输入的一端与一个信号电路相连接的 R_3 相接，此时电路使输入信号反相。另一个可以选用的方案是，输入可以是真正的差动信号，或者把输入连接到与一个信号电路相接的 R_1，而 R_3 用来作为信号输入，在这种情况下，该电路是同相的。

当需要对共模输入电压进行抑制时，该电路是非常有价值的，因此称为改进的差动放大器。当两个接地之间需要更高的隔离度时，可以使用一个真正的差动电路，它的输入信号常常被接到一个由场效应晶体管作为输入端的由运算放大器构成的电压跟随器，随后可以接着使用图 8-17b 所示的差动放大器。

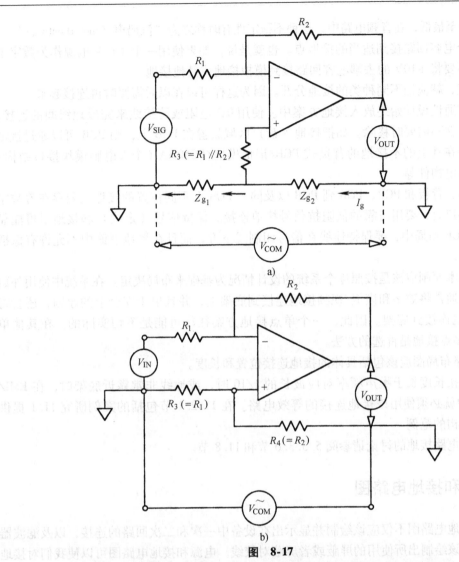

图 8-17

a）典型的运算放大器增益级或反相器　b）带有共模噪声抑制的改进后的差动电路

对抑制的限制由运算放大器的共模抑制比和电阻值的匹配所决定。

改进后的差动电路可以用作一个测试仪表的接收器或用于分离 PCB 上的模拟接地和数字接地，在后者的情况中，输入信号参照模拟接地，输出电压参照数字接地，改进后的差动电路还可以被用作系统/分系统地的分离。

8.4　信号接地准则

只要可行，设备之间的接地应该是直流的（DC）或低频隔离的，通常在接口的输入端（接收机端）实施接地。这种隔离可以通过电容、变压器、高输入阻抗放大器以及光隔离器来实现。

一个电路的高功率级应连接到最近的单点接地点，而最灵敏的电路应远离单点接地点。这确保了电源电路电流不会流入灵敏电路使用的地连接或印制线，从而使干扰的风险水平以及低频不稳定性降至最低，在音频电路中，这种不稳定性有时称之为"汽船声（motorboating）"。

把去耦合电容回路接到适当的接地点。也就是说，如果使用一个 + 10V 电源作为数字电路电源，则不要将 + 10V 的去耦电容回路接到模拟接地或其他接地。

只要可能，就应把不同种类的接地分开。因为这样可以在以后需要时再连接起来。

要将可变通性设计始终放入接地方案中。使用 0Ω 电阻或跨接线来完成地线间的连接，这样可以便于在不需要时移除。如把接地（盘）区域放置在 PCB 上，则 PCB 可以通过接地条连接到安装在其上的不接地的背负式 PCB/记忆模块/PCMCIA（个人电脑模块接口结构）卡、框架、导电构件等。

当在电路、背板和 PCB、PCB 到 PCB 以及同一 PCB 上不同位置的接地之间存在着数字或瞬态信号接口时，要用可靠的低阻抗信号接地连接。保持信号（走线）和接地尽可能靠近，并且在 PCB 布局中，要保持地线在信号印制线下方，而且在接地平面中不允许有像插槽之类的中断。

接地的基本原则应该是按照逐个系统的设计情况为基础来布局决定。在系统中使用外购设备的制造商通常将数字和模拟/视频接地连接到底架上，并且出于安全上的原因，还会将 AC 安全接地也连接到底架。因此，一个单点接地方案往往可能是不切实际的。在其他单元/系统中，多点接地是首选的方法。

机械/线路布局图应该包括具体的接地连接位置和长度。

当接地连接长度长于噪声频率对应波长的 1/10 时，或地线非常靠近底架时，在 EMI/EMC 的评估中就必须使用该接地连接的等效电路。在 11.2.1 节包括的案例研究 11.1 提供了一个接地结构的范例。

有关射频电路接地的讨论请参阅 5.3.3.6 节和 11.8 节。

8.5　电源和接地电路图

电源和接地电路图不仅应该绘制并显示出在设备中一次和二次回路的连接，以及滤波器的位置，还应该绘制出所使用的屏蔽或者屏蔽对绞线。电源和接地电路图可以使我们对接地基本原则的实际应用情况有一个全面的认识，并且当问题发生时，可以对实际的执行情况与设计的要求进行比较——往往两者是不一致的！在随后的叙述中，我们会用若干个关于电源和接地的例子来进一步地加以说明，其中有包括大量设备的单点接地系统以及一个单点 DC 和多点 RF 的系统。

下面的电源和接地电路图是承蒙 Canadian Astronautics 公司以及 Canadian Space Agency 的特许复制于此的。

8.6　雷击保护接地

8.6.1　避雷器

雷击保护装置的目的是要把直接雷击引入到大地，使要被保护的设备不受或者减少损坏。例如，安装在天线杆、建筑物的天线上，或者进入建筑物中的电源/信号线都要有雷击保护装置。

IEC 标准 62305 – 1 防雷保护，第 2 版第 1 部分：总则（Protection against Lightning, Part 1：General principles, Edition 2）提供了很好的建议。

建筑物可以用安装在建筑顶部的一个带有垂直短棒的避雷网加以保护。该网由垂直导体连接到大地。如果建筑物框架是钢结构，则钢柱可以用作垂直导体。避雷器的目的并不是用来释放一个雷电云，而是把雷击从要加以保护的结构转移到雷击保护装置上。典型的避雷器将提供比建筑物本身要高的对地导电性，并且装置本身在高度上要延伸到建筑物以上。因为在建筑物的位置上，雷击的可能性要比没有避雷器时高。所以，在安装避雷器时，要确保它有能力承受 25000A 以及可能高达 300000A 的直接雷击，而不是安装只是有可能减少雷击可能性的装置。

使用尖锐的杆状避雷器的初衷是要耗散结构物周围的电荷，使得电荷产生的电场不会击穿附近的大气而放电。后来很快发现，实际情况却相反，对那些带有尖端的棒的雷击反而增加了。但大部分雷击保护装置都是这种类型。随着电子产品使用数量的急剧增加，由于雷击造成的灵敏设备失灵或者毁坏的事件也随之增加了，与此同时，如何把雷击中感应的大电流引离灵敏电子设备的想法就更有吸引力了。通过使用一个耗散阵列系统（DAS）或一个电荷转移系统（CTS）理论上应该可以做到这一点。这些系统背后的理论基础是，由于系统周围大气的电离，它们可以引起一个来自接地系统的电流通过。从系统流入大气中电流越多，以及该电流持续的时间越长，空间电荷就越高。空间电荷的增加将削弱电场，从而降低大气击穿的可能性。早期分析显示，天篷或者伞状物的尺寸，或尖锐点的数量设计得不切实际得大。这些东西不仅被设计而且还在使用。尽管在参考文献［3］中，DAS 安装前后的雷击发生的可能性是相同的，但关于它们的效果几乎没有资料可查。这归结为是由于 DAS 没有按照制造厂商的要求进行安装以及日本建筑本身的建筑条件所造成的。在商业上可用的另一个雷击接地系统是把一个镀金的球形物安装在最高处，并且与一个同轴雷电导体相连接。这个系统是通过计算，并将其模型化，然后做成一个小物理尺寸的传输线模型，并用雷电发生器进行了试验。不论是在计算机上的模型，还是缩小尺寸的实际模型上，都没有看到任何超过使用实心地线的改善。

另一个方法是在被保护的建筑物边上竖立一个在高度上超过该建筑物高度的垂直杆、棒或导线，使得该建筑处于它的保护弧线以下。整个装置可以用图 8-18 来说明。

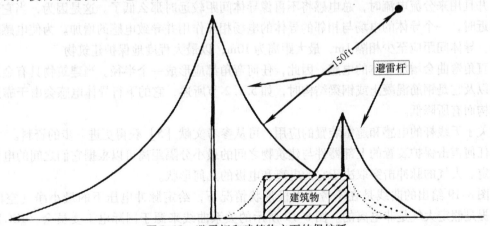

图 8-18 避雷杆和建筑物之下的保护弧

　　某些推荐的雷电保护建议书指出，从垂直（最高点）到地面划一个45°角的直线，直线以下的区域就为锥形保护区。任何在该锥形区内的建筑物，可以认为是受到直接雷击保护的。现实中，即使安装在坐落在45°的锥形保护区内边上的避雷杆上的天线仍有遭受到雷击的情况发生。美国国家防火协会（National Fire Protection Association，NFPA）推荐了替代的弧线形保护区方案：这里设想以结构的顶部以及地面为圆周上的两个点划一个半径为150ft的360°立体圆弧，那么可以认为在这个弧形圆锥体内的设备是受到保护的。其他还有一些更为保守的弧区保护模式可以使用。一次雷击可以被模拟为一个恒电流源，它必然要寻找一个云层到大地或大地到云层的通路。现实中，往往是若干次雷击一次接着一次地发生。所以必须有一个导体能携带雷击电流而不被熔化掉。大多数雷击产生的电流在75kA以下，然而已经有高达300kA的雷击的记录（取自参考文献［4］）。可以承载75kA、半振幅时间为100μs电流，而不被熔化的最小尺寸的导线为12号AWG。对于一个300kA，100μs半振幅时间的雷击电流，最小导线尺寸为6号AWG。

　　也许比导体的载流能力更重要的是接头处的直流电阻和它的自感。就是这些参数决定了出现在导体和接头两端的电压。若避雷装置的导体太靠近建筑物，并且电压差太高时，侧边放电就会发生。当接头电阻太高时，接头两端可能会产生电弧，在那里产生的局部高热导致该接头被熔断或熔焊在一起。造成高电阻连接的主要原因是腐蚀。为了减少腐蚀，应避免在避雷装置中使用不同种类的金属，并且接头的连接完成要后涂上油漆。铜和铝是首推的两种导体材料，镀锌钢是第三选择。除了埋在地下或打算成为与大气接触的第一接触点之外，导体都应该用诸如PVC涂层或油漆加以保护。在可行的情况下，应使用一个宽而薄的条状导体，因为其电感要低于横截面积较大的圆形导体，如5.1.2节所述。当两个垂直导体相距1m或更远时，从建筑物顶部到地面的总电感是两个垂直导体的并联电感。也就是这个总电感决定了大气接触点和大地的电压降。假如，我们设想有一个直径为0.62in、100ft高的接地导体，从5.1.2节的公式（5-4）可以得出，它的电感为46μH。我们还假定一个雷击电流，具有2μs的波形上升时间和25kA的峰值电流，那么该导体在顶部与大地产生的电压差可以从下面公式得出，约为575kV。

$$V = L \frac{\mathrm{d}i}{\mathrm{d}t} \tag{8-1}$$

　　可以通过加入更多的与之平行的导体来降低该装置的总电感。然而，当导体间非常靠近，并且用来分流电流时，总电感将不再像导体间距较远时那么低了。这是因为，当它们靠得很近时，一个导体的电场与相邻的导体的电场相互作用并导致电感的增加。为使电感降到最小，导体间距应至少相隔1m，最大距离为10m，以最大程度地保护建筑物。

　　直角弯曲会增加导体的电感，因此，任何弯角都应形成一个半径。当建筑物具有金属外包层以及它是钢筋混凝土或钢梁结构时，如5.1.2节所述，它的下行导体电感会由于靠近导电结构而有所降低。

　　关于天线杆的电感和避雷装置的应用，可从参考文献［5］获得更进一步的资料。

　　任何雷击保护装置的上部器件与建筑物之间的最小分隔距离可以根据它们之间的电位差来确定。大气的脉冲击穿取决于它的电离和电极的几何形状。

　　图8-19给出的曲线是在不考虑电极形状情况下，给定脉冲电压下的最小净（空间），但前提是假定大气是非电离的。图8-19所示的关系曲线来源于国际电工委员会（IEC）文

件 28A：《低压系统和设备的绝缘配置》。导体弯曲部分的半径应尽可能大，并且在弯曲处增加最小净空间（距离）以减少击穿的可能性。

承载高电流的导体上会产生很大的机械力，因此，所有的导体都应机械地组合在一起，并坚实地锚定在建筑物上。

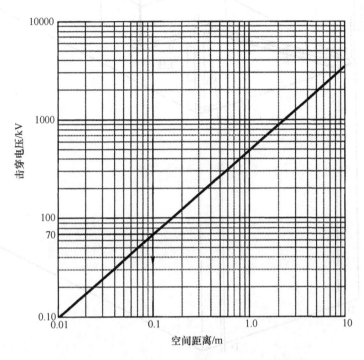

图 8-19　净空间距离与大气击穿电压的关系曲线

图 8-20 所示为一个典型的、用于安装在屋顶的移动电话或便携式通信系统（PCS）基站接地方案。天线同轴电缆被引入电缆管道 B，该电缆的屏蔽与接地条/编织带/导线线 C 在这一点上搭接。同时，雷击电涌放电器和滤波器组合的保护器 A 也在这一点上接入同轴电缆。然后再将该电缆放入电缆管道，直到进入建筑物 D。电缆管道的接缝两边必须用搭接片搭接在一起。至少要用两个接地条/编织带或者导线沿着电缆管道并排展开，并沿着建筑物的外部向下接到接地棒，或者接到一个与土壤电阻率适配的接地网络 D。如果雷电击中了任何一个天线，电流将会沿着天线电缆流动到接地线汇合点。然后电流将会继续沿着接地线和电缆管道的外部并通过建筑物外部的接地条进入大地。在天线电缆的芯线上产生的电压被浪涌保护器 A 旁路到屏蔽层上，如果该浪涌保护器还带有一个滤波器的话，那么电压幅度将会进一步衰减，从而保护了移动电话/PCS 设备。有一个常见的错误是把接地系统搭接到一个金属的通风管道上，或者搭接到装在屋顶上的金属散热或换气设备上，而忽略了安装外部接地导线。金属通风管通常是使用橡胶密封圈连接到建筑物的内部，因此，雷击会在建筑物内产生飞弧而进入到敏感设备，并有引起火灾的可能。假如该连接与穿过建筑物的 AC 安全接地线相连的话，那么同样地可能发生飞弧或熔化，也有造成引起火灾的可能性。所以绝对不要把一个避雷接地装置引入到建筑物的内部。假如接地方案有碍观瞻，比如建筑物外部是白色或棕色，可以用与建筑物颜色相类似的白色或棕色的塑料罩将外部接地导线/带遮盖起来。

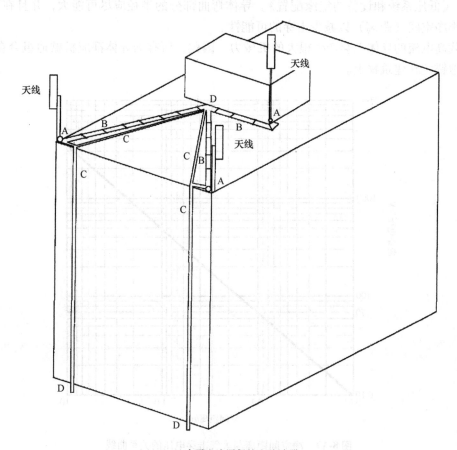

A：一次雷电浪涌保护和滤波器
B：在接口处连接的金属电缆管道
C：接地条、编织网或导线
D：接地棒

图 8-20 在建筑物上安装移动电话/PCS 基站天线的典型避雷方案

IEC 62305 - 1、MIL - HDBK - 419A，及本书第 3 章和本章参考文献 [5] 都提供了防雷接地的详细信息。

当将长导体埋在土壤中并用于防雷保护时，可以将其模拟为由于阻抗不匹配而产生多次反射的具有分布参数的传输线。参考文献 [6] 描述了有关这种长埋接地导体上产生的分布参数、传播速度以及终端电压的一些近似公式。

8.6.2 地电位

在雷电击中的地点，在地面上会出现一个沿着地面，以等电位圆形式传播的电位梯度。当雷电击中大地表面的一个高电阻率区域时，会对该区域充电，使其电位倾向接近于云层的电位，并且存在一个从直接击中区域继续伸展开去的高电位梯度。雷电保护装置的目的是减少结构和设备之间的电位梯度。在以下案例研究中，显示了建筑物和用于天线安装的典型接地装置。

8.6.3 案例分析8.1：一个用于通信场地的雷电保护接地

图 8-21 所示的天线结构位于雷电保护装置的保护弧下，该装置由直径为 1.6cm，长度为 4.3m 的材料构成。装置的棒和天线之间的最小距离为 20cm。假设在大风中的情况下，由于棒的摆动会使得最小距离减小到 15cm，从图 8-19 的曲线得知，它的脉冲击穿电压为 90kV。用来模拟该装置的模型是：杆的电感和电阻与支持它的结构的电感和电阻相并联，同时使用 2μs 作为上升时间，它的最大雷电保护电流是 60kA。因此，该避雷装置足以提供将近 80% 的雷击保护。

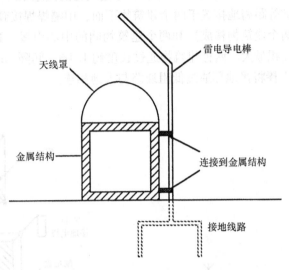

图 8-21 装有避雷棒的天线结构

将避雷器连接到一个 2 号 AWG 导线网，然后该网也连接到天线混凝土基座中的钢筋和相邻的金属栅栏上。

一根 X - IT 棒用于为其提供一个低阻抗接地连接。X - IT 棒是一根内含化学物质的金属管，化学物质通过管中的缝隙浸出并渗透到周围土壤中的。大气中的湿气与该化学物质一起形成一个导致低阻抗的电极。使用在钠溶液中浸泡过的埋入地下的金属棒，是产生低接地电阻的另一种方法。X - IT 棒是由 Lyncole 公司（engineering@lyncole.com）生产制造的。

该场地的建筑物是由厚度至少为 1mm 的冷轧钢所覆盖着。而覆盖层又是由若干块钢板搭接在一起构成的。从建筑物的屋顶中心到周围的接地环的 DC 电阻约为 5mΩ。因此该建筑物的避雷保护是合适的。在受到 25kA 的雷击时，建筑内计算所得的最大接触电位为 125V。

一根大约 25m 长的 2 号 AWG 接地导线将该建筑物与天线的基座相连，并与天线互连的电缆一起运行在有护壁的 PVC 导管中。

在遭受雷击时，电缆内的几根接地线和电缆屏蔽层将与 2 号 AWG 接地线一起对产生的雷击电流进行分流。2 号 AWG 接地线确保了整个强大的雷电电流不会完全在互连电缆中流通。在雷击电流的快速初始瞬态期间，电缆的电感将限制电流的流通。当大地电阻在 50Ω 以下时，电缆和天线与建筑物之间的地线之间的电流分配变得至关重要，特别是在快速初始瞬态期间更是如此。

为了将屏蔽电流分流到地面，电缆的屏蔽在金属覆盖的建筑物进入点就与该建筑物相连接。为了降低残留的共模电流，在屏蔽终端的后面要在电缆上使用大型铁氧体平衡—不平衡转换器。通过 5.8 节中描述的一种或多种瞬态抑制方法，可以降低感应到电缆芯线的差模电压。

为了使互连电缆中的感应电流的降低，可以通过把电缆安置在一个连接处焊接在一起的金属管道来替代 PVC 管道以达到目的。由于金属管道已起到接地导体的作用，所以 2 号 AWG 线应该保持在金属管道的外部，或者可以将其取消。

当场地处在 V/m 的数量级的电磁环境下时，需要使用焊接后的金属导管来消除 EMI，改善避雷保护性能则成为次要的考虑因素。

图 8-22 所示的 1 号和 2 号建筑物的接地系统可以描述如下：三根 2 号 AWG 长的裸铜线被等距离地排置于两个建筑物下面，用镉焊焊接到地环系统（它由 2 号 AWG 导线分别环绕两个建筑物构成）和两个建筑物间的中心引线。这些导线被埋入地下，使其与大地的接触面积最大。两栋建筑物通过长度约 1.4m，间隔 6m 的两条 AWG 导线相连接。使用四个 X–IT 棒将接地环通过低阻通路与大地相连。

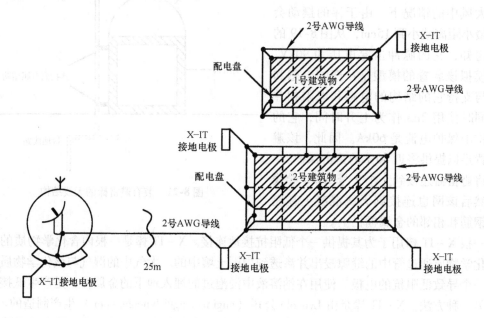

图 8-22 通信场地的接地装置

8.7 搭接

8.7.1 概述

术语电气搭接（Electrical bonding）表示一种把金属构件以低电阻方式牢固连接在一起的工艺过程。在雷电保护装置中，搭接被用来确保雷电电流可以被携载于结构之间，或与比如像避雷器和大地接地棒这样的导体结构之间。使用搭接的其他原因是要提供静电保护和获得一个接地参考平面。为了电流的流通，天线元器件之间的接合处也要求低电阻搭接。使用适当的搭接对于把天线中的无源互调降至最低是至关重要的。每一个适当的搭接应该是这样构成的：通路的力学和电气性能仅由被连接的元器件的数目，而不是接合处的相互连接所决定。而且，接点必须在很长的一段时间内保持它的性能，以防止初始互相连接所建立的性能发生逐步恶化。搭接的形成涉及一些必需的工艺技术和步骤，通过这些工艺和步骤才能在金属构件之间获得足够的机械强度和实现电气上的低阻抗的相互连接，并且还防止了以后由于腐蚀或者机械松动造成已经建立的通路发生恶化。搭接所形成的电阻和接触表面的面积大小是由建立搭接的目的所决定。

8.7.2 美国军标 MIL – B – 5087、MIL – HDB – 419A 和 MIL – STD – 464

MIL – B – 5087 定义了若干个类型的搭接以及对每个类型的要求，并且这些要求仍被用于一些现役的军事设备以及空间项目上。尽管 MIL – B – 5087 已经被取消且 MIL – STD – 464 已涵盖了其内容，但是 MIL – STD – 464 仍然还是参考了 MIL – B – 5087 的有关搭接分类。MIL – HDBK – 419A 提供了搭接的参考信息。

MIL – B – 5087 的搭接分类如下：

A 类用于天线安装——没有列出特定的搭接电阻，但是要求在操作频率范围内有一个可忽略的阻抗。

C 类用于电流返回路径（通道）——阻抗限制在表 8-5 列出的最大允许电压降以内。

H 类用于点击危险，$<0.1\Omega$（DC）。

L 类用于雷击保护——控制内部运载电压到 500V。

R 类用于射频（RF）电位，$<2.5m\Omega$，从电子单元到结构。

S 类用于静电放电，$<1\Omega$。

表 8-5 用于 C 类搭接的最大允许电压降

正常电压系统	设备操作的最大可允许电压降	
	连续	间歇
28	1	2
115	4	8
200	7	14

在 MIL – B – 5087 中有一些不太明显的要求，比如要求连接器外壳有 $2.5m\Omega$ 的电阻。MIL – STD – 464 指出，对于 R 级搭接，虽然 $2.5m\Omega$ 的要求并没有什么没有科学依据，并且在大多数情况下，设备机箱结构的 R 级要求并不重要，但 $2.5m\Omega$ 对几类电气搭接仍然不失为一个好的参考数据。比如像把屏蔽端接在连接器以及连接器与设备的机箱的搭接就是这样的例子。另外，对于在其他需要有良好搭接的地方，它也是个很好的设计值。MIL – B – 5087 中对于电击保护，电流回流通道以及静电荷等其他方面的搭接值，至今依然有效。

MIL – STD – 464 阐明了金属结构件（铝、钢、钛等）可以提供 $2.5m\Omega$ 级别的最佳的电气搭接用于雷击保护。当系统结构遭受 200kA 雷击时，这个水平的搭接可以将系统电缆上感应到的电压限制到 500V 以下。

搭接电阻可以指定和测量，而搭接阻抗却不能。搭接电阻并不必然代表搭接阻抗。但是在降低 EMI 方面，搭接阻抗经常是最为重要的。5.1.2 节中描述了接地平面，矩形以及圆形导体的阻抗，它们可以用作为搭接片或跳接片。如第 5 章中讨论的，杂散电容，自电感以及导体的长度，既可以导致串联谐振电路，又可以导致并联谐振电路。在 RF 频率段上的搭接时，这些因素必须加以考虑。

在 10.3.1 节中会描述暴露于两个或更多个高功率场的不良电气搭接可能导致的无源互调以及互调产物的再辐射。

8.7.2.1 美国军标 MIL – STD – 464 的电气搭接方法

可以用熔焊、铜焊、锡接、铆接、螺栓连接、导电胶或导电油脂或指形弹片形成电气搭接。搭接的首选方法是熔焊，其次是铜焊和锡焊。螺栓连接和铆接是通过两个导电的表面在足够的机械力下提供的一个 DC 电流或者 RF 搭接。

　　导电油脂或者指形弹片可以为两个运动表面之间提供搭接，例如，用在两个加载的弹簧接触的导电油脂、钢琴绞链，或者旋转轴之间，当接触之间没有压力时，如果可能，该搭接应有一个柔性的搭接片。当一个搭接是由环绕在轴上的圆环形指形弹片或者轴和轴承之间的导电油脂形成的话，它们提供的阻抗要比搭接片低。当惯用的搭接方法，如螺栓、铆钉、螺钉等无法使用时，也可以使用导电胶。

8.7.2.2　MIL – HDBK – 419A 搭接的习惯做法

　　MIL – HDB – 419A 简要介绍了下面的接地习惯做法：为了系统的正常运行，设备发射和敏感度的要求应以最具成本效益的方式以及降低干扰技术相结合来实现。搭接是控制干扰的基本要素之一。MIL – HDBK – 419A 提出了设计和构造准则，以帮助设备电路，设备罩壳和电缆铺设执行有效的搭接。这些导则并不能作为满足 EMC 的技术规范的步骤，而只是将目标集中于那些能增加和改善电路之间、部件之间和设备之间兼容性的原理和方法。

　　1）接缝尽可能使用焊接方式，这样能提供一个永久性的低阻抗搭接，并且可以获得最高程度的 RF 密封性。

　　2）在不需要 RF 密封性的地方可以使用点焊。但由于焊点之间有起伏不平，还有被腐蚀的可能性，所以与连续焊接相比，点焊并非那么能令人满意。

　　3）在要求有高机械强度的地方，不应使用锡焊。锡焊应该作为紧固件的补充方式，比如螺钉和螺栓等。

　　4）锡焊决不能用于预期会承载大电流的搭接上，这种大电流可能产生于诸如电力线路故障或雷击电流。

　　5）不应该仅依赖于诸如螺栓、铆接和螺钉等紧固件作为一个搭接点提供主要电流通路。

　　6）铆接主要用于为锡焊搭接提供机械强度。

　　7）钣金螺钉仅用于设备防尘罩的紧固，以防止非专业人员擅自接触。

　　8）搭接不能仅通过金属与金属（表面）的直接接触形成，必须要辅以搭接片或者搭接线的使用来形成。当使用搭接片或搭接线时（见图 8-23a 和 b），应遵守下列的预防措施：

　　① 搭接线应直接搭接到基本构件，而不是通过一个邻近的元器件，如图 8-23a 所示。

　　② 搭接线不应该由两个或多个串联形成。

　　③ 搭接线应尽可能地短。

　　④ 搭接线不应用自攻螺钉来紧固。

　　⑤ 搭接线应安装成振动或移动都不会影响其搭接通路的阻抗。

　　⑥ 搭接线应由镀锡铜、镀镉铜、铝或镀镉钢制成。

　　⑦ 应选择可以提供最大电蚀兼容的金属相配接（见 8.8.2 节）。

　　9）在避振装置两端需要有电气搭接的地方，每个避振装置的两端都应装有搭接线。用于此处的最粗搭接线不应超过 0.06cm（0.025in），以防止削弱装置的阻尼效率。在重载避震和振动的环境下，可以使用做成波纹状的固体搭接片或者有柔性的粗编织带。

　　10）在要求具有 RF 密封，而且又不能使用焊接的地方，搭接表面必须用机械加工保持平整，在整个结合表面建立一个高精度的接触平面。紧固件的安装必须以使整个搭接面保持一致的压力为原则。

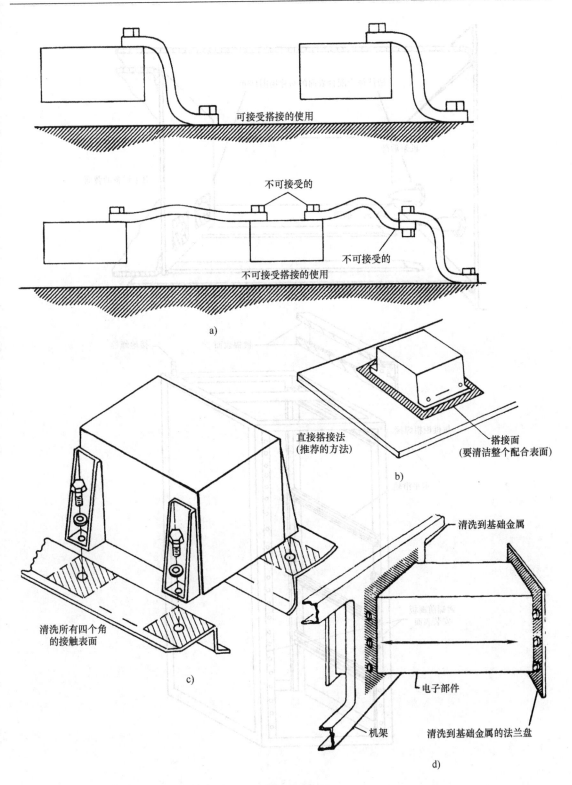

可接受搭接的使用

不可接受的

不可接受的

不可接受搭接的使用

a)

直接搭接法
（推荐的方法）

搭接面
（要清洁整个配合表面）

b)

清洗所有四个角
的接触表面

c)

清洗到基础金属

电子部件

机架

清洗到基础金属的法兰盘

d)

图　**8-23**

a）搭接的搭接线：可接受的和不可接受的使用　b）分部件与设备外罩的搭接

c）设备与安装表面的搭接　d）设备法兰与框架或机架的典型搭接方法

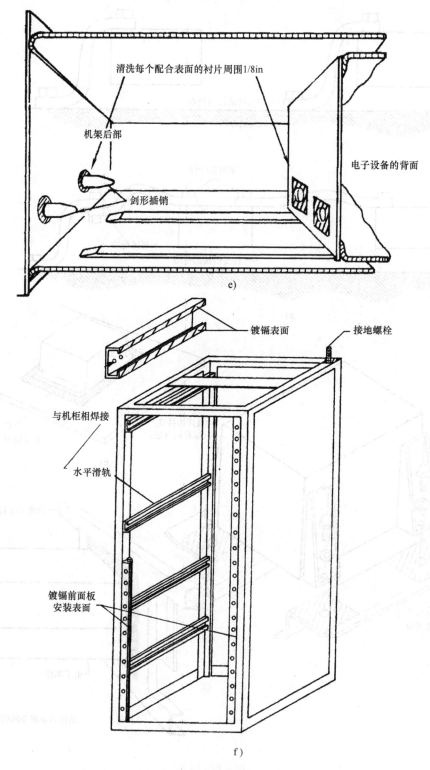

清洗每个配合表面的衬片周围1/8in

机架后部

电子设备的背面

剑形插销

e)

镀镉表面

接地螺栓

与机柜相焊接

水平滑轨

镀镉前面板
安装表面

f)

图 8-23（续）

e）采用剑形插销的机架安装设备

f）所推荐的机柜内有效搭接实践

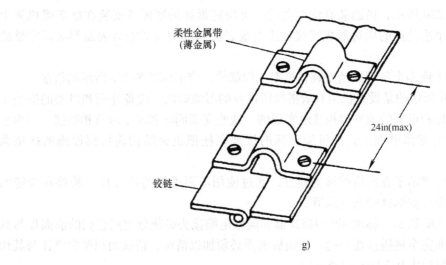

柔性金属带
（薄金属）

24in(max)

铰链

g)

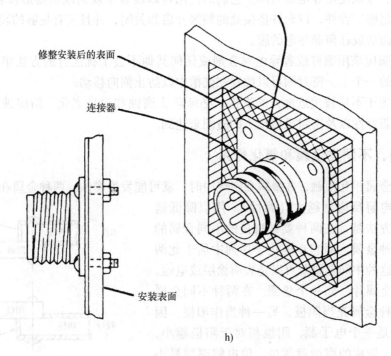

修整安装后的表面

连接器

安装表面

h)

图　8-23（续）
g）横跨铰链两边的搭接方法
h）连接器与安装表面的搭接

11）正像在图 8-23b 和图 8-23c 所示的，装有屏蔽罩的分部件应该利用整个安装表面作
为搭接。分离的搭接线不应用于此目的。

12）如图 8-23d 所示，借助装有法兰盘的、可快速拆卸的紧固件安装在框架或机架上的设备必须用整个法兰盘的周边形成搭接。法兰盘表面和其配合的安装表面都必须完整地清洗。

13）采用一个或多个剑型插销安装在机架上的部件，应采用图 8-23e 所示的搭接。

14）图 8-23f 所示的是设备机架有效搭接所推荐的习惯做法。设备外壳和机架的搭接是通过设备的前面板和机架的前支架相接触实现的。这些支架同时和水平滑轨相搭接。而水平滑轨再焊接机架的支撑框架上。在机架顶部的接地螺柱把机架结构连接到设施的接地系统上。

15）图 8-23g 表示了在使用绞链的地方，通过使用薄而柔性的带（片）跨接在绞链的两边来作为另一个可供选择的电气通道。

16）如图 8-23h 所示，标准 MS 型搭接器和同轴电缆接头必须分别把它们的前面板与其相配的另一个表面完全地搭接在一起。前面板表面必须加以清洗，清洗面积至少要比与其相配的搭接座面的每边大 0.32cm（1/8in）。

17）理想情况下，电缆屏蔽应该完全地与搭接器外壳沿着其屏蔽的周边相搭接。此种搭接虽可以用压入的办法，但更可取的是用焊接搭接。

18）在需要有 RF 密封搭接时，在接缝、罩壳的接口，可移去的部分隔离或者其他屏蔽不连续的地方，应该使用导电密封圈。它们的使用可以改善不规则或粗糙搭接表面的搭接。该密封圈应有足够的弹性，以允许搭接处的频繁开启和关闭，并且又有足够的硬度，以防止表面上的渗入而形成任何非导电的膜。

19）密封圈应该用螺钉或者导电黏合剂或任何其他不会干扰运行的方法牢牢地固定在两个搭接件中的一个上。密封圈可以放置在铣槽中以防止侧向移动。

20）所有置于不易被接近地方的搭接，必须防止腐蚀和机械老化。防腐蚀可以通过确保金属的电蚀兼容性以及密封搭接接头的防潮来达到。

8.7.3 腐蚀、不同类金属和氧化作用

当不同的金属相互接触，并暴露在空气中时，就可能发生腐蚀。两种金属在电化学序列中离得越远，电解反应就越大（腐蚀）。用以降低这种反应的一种方法是，在两种要被搭接的不同金属的中间插入另一种金属，而它在电化学序列中居于此两种金属之间。这种中间金属既可以是表面涂层或电镀，也可以是薄的金属片，如一个垫圈。在两种不同金属的接触中，一种金属充当阴极，另一种当作阳极。因为一个阴极就是一个电子源，阴极相对于阳极越小，电子流就越小，造成的腐蚀就越少。使电解腐蚀最小化的最有效方法就是使用同种金属，或者降低两种不同金属所暴露中的大气湿度。

通过在搭接完成后的表面处理，湿气的影响就可以排除。油漆、电镀或填隙就是几种典型的方法。图 8-24 显示说明，最好是对搭接的两个表面都进行处

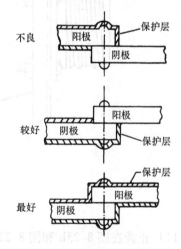

图 8-24 对不同种类金属进行表面处理

理。如果不能都进行处理，那么处理阴极金属要比只处理阳极金属效果好。

　　像铝、钢这样的金属在氧化后，会在其表面形成一个高电阻的膜层。通过钝化两个要被搭接的表面来排斥空气，可以抑制氧化物的堆积。首先，必须对表面加以清洗，并去除油渍，在某些情况下，对表面进行浸蚀也是一个可取的办法。在清洗后，表面可以涂上一层导电的钝化物，比如 oaktite#36、alodine#1000、iridite#14 或者 iridite#18。也可以用络酸盐进行处理，但是它提供的电阻比前几种要高一些。也可以使用锌，锡或金的镀层来实现高度的钝化。阳极氧化通常是不导电的，所以应该避免。虽然清洗和浸蚀表面以及在搭接形成后的表面处理都不如钝化那么有效，但是它会使在搭接处的氧化作用降至最小。

　　在图 8-25 中 a~d 所示的一些搭接方法是从《空军系统控制设计手册：DH1－4 电磁兼容》（Air Force Systems Command Design Handbook DH 1－4 Electromagnetic Compatibility）中复制而来的。

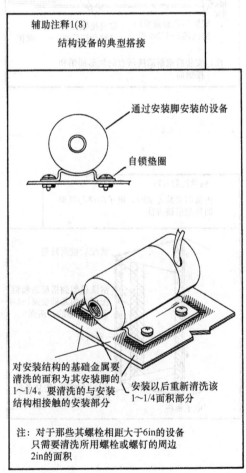

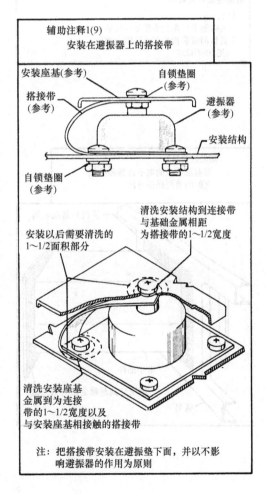

a)

图 8-25　电气搭接的一些方法

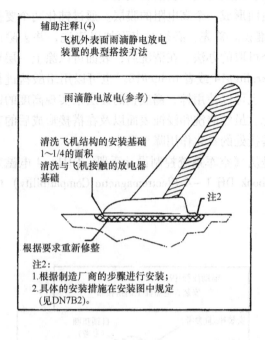

辅助注释1(4)
　　飞机外表面雨滴静电放电装置的典型搭接方法

雨滴静电放电(参考)

清洗飞机结构的安装基础1～1/4的面积
清洗与飞机接触的放电器基础

注2

根据要求重新修整

注2：
1. 根据制造厂商的步骤进行安装；
2. 具体的安装措施在安装图中规定
　 (见DN7B2)。

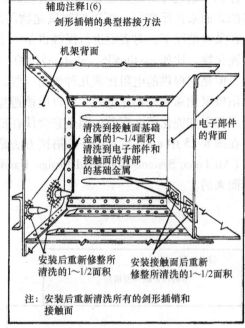

辅助注释1(6)
　　剑形插销的典型搭接方法

机架背面

清洗到接触面基础金属的1～1/4面积
清洗到电子部件和接触面的背部的基础金属

电子部件的背面

安装后重新修整所清洗的1～1/2面积

安装接触面后重新修整所清洗的1～1/2面积

注：安装后重新清洗所有的剑形插销和接触面

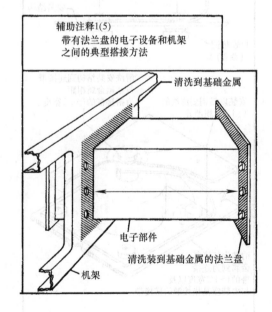

辅助注释1(5)
　　带有法兰盘的电子设备和机架之间的典型搭接方法

清洗到基础金属

电子部件

清洗装到基础金属的法兰盘

机架

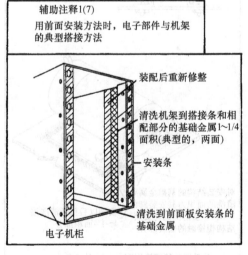

辅助注释1(7)
　　用前面安装方法时，电子部件与机架的典型搭接方法

装配后重新修整

清洗机架到搭接条和相配部分的基础金属1～1/4面积(典型的，两面)

安装条

清洗到前面板安装条的基础金属

电子机柜

b)

图8-25 电气搭接的一些方法（续）

辅助注释1(14) 连接搭接片

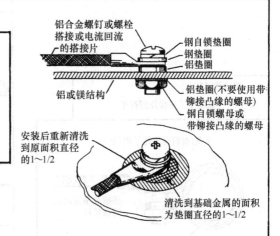

螺栓尺寸:

搭接 — 边缘距离不允许使用10号
螺钉的地方，使用6号和8号
— 只要可能的地方，最小直径应
不小于3.16in

100AMP回流—最小直径: 1/4in

200AMP回流—最小直径: 3/8in

注: 使用镁结构作为电气回流是
不允许的

a) 与铝镁合金结构的螺栓连接

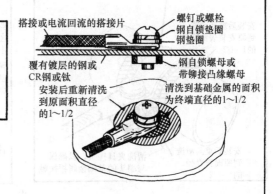

螺栓尺寸:

搭接 — 边缘距离不允许使用10号
螺钉的地方，使用6号和8号
— 只要可能的地方，最小直径应
不小于3.16in

100A回流—最小直径: 1/4in

200A回流—最小直径: 3/8in

b) 与铝镁合金结构的栓接

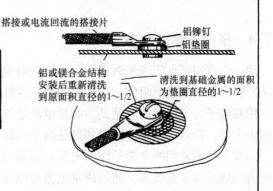

注: 1.不适用于电流回流的搭接片
2.在用于电流回流的地方，使用
螺栓连接
3.确保铆接尺寸等于与之相当的
螺栓尺寸

c) 与铝或镁合金的铆接

c)

图 8-25 电气搭接的一些方法（续二）

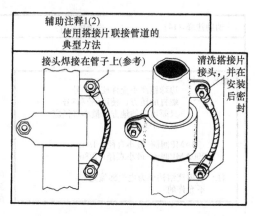

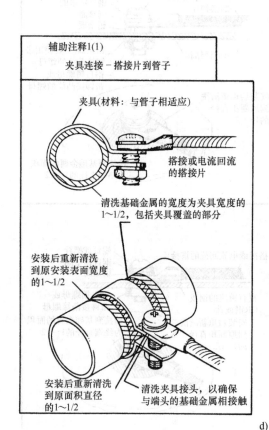

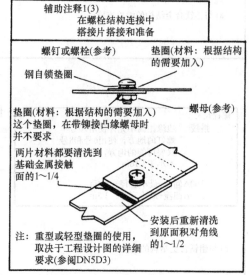

d)

图 8-25 电气搭接的一些方法（续三）

8.7.4 搭接的测试方法

　　用一个双端子电阻表来测量一个接头的电阻，会导致读数在很大的范围内变动。范围可以从开路到相当低的电阻值，这取决于测量探针在测量过程中接触到接头时所使用的压力大小。用双端子方法测量的问题是：测量电流是用与测量电压所使用的同一个探针注入到材料表面中去的，所以，实际上测量到的是两个探针对金属的阻抗。

　　四端子技术是用两个端子注入电流，而后用另外两个端子测量电压，这种测量方法对接触压力的敏感性要低得多。通过测量电流和电压，然后用欧姆定律计算出其电阻。在端子上施加电流和电压的一种方法是将导线焊接到涂有导电胶的铜带上，然后将铜带贴在两个表面上。电流端子应该被放置在与待测接头有一定距离的地方，而电压端子放在靠近接头处。电压端子必须在两个电流端子之间的直接通路中，以使测量误差最小化。这种四端子测量技术可以被用来对金属和被处理过的表面电阻进行比较测量。这里要指出的是：在不同的测量过程中，电流和电压的接触宽度应该是固定不变的，这一点对四端子（技术）来说是很容易做到的，只要用有固定宽度的涂有导电胶的铜带就可以了。图 8-26 所示的就是这种四端子测试方法。

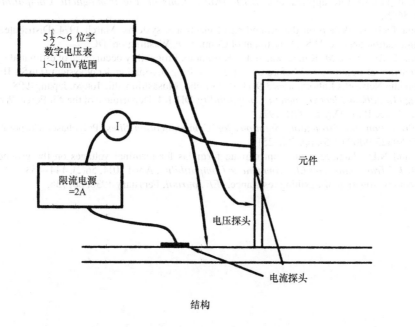

图 8-26 四端子搭接电阻测量方法

8.7.5 接地设计软件

　　SES & Technologies 公司提供用于接地分析和设计的软件包。CDEGS 软件包（电流分布、电磁焊接、接地和土壤结构）是一套集成的工程软件工具，用于分析涉及接地/接大地和电磁场以及电磁干扰，包括 AC/DC 干扰抑制研究和各个方面的阴极保护和阳极分析的问题。CDEGS 能计算常态、故障、雷击和瞬态条件下，地面上或地下的通电导体的任意网络间产生的导体电流和电磁场能量的大小。CDEGS 有简单导体和多部件导体模式，包括裸露、涂层管以及埋在复杂土壤结构中的封闭管道的电缆系统。它包括一个强大的绘图工具，并允许使用 AutoCad 和其他支持 DXF、CDEGS 的软件交换图形数据。

　　SES & Technologies 公司的 AutoGroundDesign 是一个全自动化的软件包，它可以分析和设计接地系统。它提供了强大且智能的功能，可帮助电气工程师设计出安全及任意形式的接地装置。自动化接地系统设计采用多步骤方法。埋在地下的金属板构成的栅格，具有最小阻抗，被用来作为初始点以确定是否可以达到安全限值。如果能够达到安全限值，则可以作为有最少导体数量的接地系统。从这些结果中可以看出，初始设计的选择方案是基于 SES 参考数据库、其他的智能规则或者由用户特定。接下来，使用基于规则的技术和运算法逐步优化初始设计方案，以提高性能和满足安全要求，同时降低栅格的整体成本。已改善的栅格信息被广泛收集，用以分析、重建，并很容易让用户自行更新。现在提出一种策略即在使数据库最小化的同时，找到最适当的栅格。

参 考 文 献

1. C.A. Charalambos, N.D. Kokkinos, and N. Chrisofides. External lightning protection and grounding in large scale photovoltaic applications. *IEEE Transactions on Electromagnetic Compatibility*, April 2014, 56(2).
2. FAA/Georgia Tech. Workshop on the grounding of electronic systems. March 1974. Distributed by National Information Service, U.S. Department of Commerce, Washington, DC.
3. N. Kuwabara, T. Tominaga, M. Kanazawa, and S. Kuramoto. Probability occurrence of estimated lightning surge current at lightning rod before and after installing dissipation array system (DAS). IEEE. NTT Multimedia Networks Laboratories 3-9-11 Midori-cho, Musashino-shi, Tokyo, Japan, 1998.
4. AFSC. *Design Handbook Electromagnetic Compatibility*. DH-1-4. Department of the Air Force, Wright Patterson Air Force Base, Dayton, OH, 1971.
5. *Lightning Protection and Grounding Solutions for Communication Sites*. Polyphaser Corporation, Minden, NY 89423-9000 (775), pp. 782–2511.
6. S. Sekioka and N.D. Hatziargyriou. Approximate formulas for terminal voltages on the grounding conductor. *IEEE Transactions on Electromagnetic Compatibility*, April 2014, 56(2), 444–453.
7. P.J. Higgs. An investigation of Earthing resistance. *IEE Journal*, February 1930, 68, 736.

第 9 章
EMI 测量、控制要求和测试方法

9.1 简介

EMI 测量可以分成两个方面，一个是按 EMI 标准、规范、法规要求，用指定测量方法进行的强制性检测部分；另一个是用于找出产生 EMI 问题干扰源的测试部分。产生的这些问题包括设备自身缺乏兼容性或者与其他系统相互干扰。设备的制造厂商可能没有 EMI 测试的专用设备，所以希望可以用如示波器这类标准电子测试设备来进行测量。本章不仅将讨论标准和专用测试设备的使用，也许最重要的是还要涉及它们在使用过程中所出现的常见误差源。我们已经讲过，进行一次测量将胜过一百次的预测。但是 EMI 测量本身就可能会对所要测量的参数产生重大影响，从而导致误差。例如，在无阻尼屏蔽室内进行辐射发射测量，天线的位置就可能会影响校准曲线，其测量误差大于 30dB 是很常见的。用示波器进行测量时，由于附加的接地连接或从示波器的测量导线接收辐射，所以会造成测量信号变差。因此，要特别小心地选用测量方法。否则很可能出现测量值还不如预测值精确的情况。一个设计不应仅仅基于诸如滤波器的衰减和屏蔽效能这样的性能测量上，相反还应该把测量作为验证设计的手段。当理论和测量之间出现很大差异时，两者都应检查以确定误差之所在。那种一开始就假定测量数据本身就要比预测精确的假设是不正确的。测量到的参数可能并不是所预期的。例如，当天线环的取向不正确时，一个小的环形天线所截获的可能只是径向磁场，而不是预想中的水平场。此外测量中选用不正确的测试设备也会导致误差。比如，一个没能通过商业辐射发射测试的设备制造厂商是因为在做 EMI 整改后，使用了一个带有杆天线的 AM（调幅）收音机来测量场强的减少量。就音频噪声的衰减而言，目前所使用的标准带有非常大的主观性。一个潜在的误差源就是收音机的自动增益控制（AGC），它的动态范围通常可以达到 20dB。因此，在所测量的噪声电平没有显见变化的情况下，仍然可能获得 20dB 或者更大的场强衰减。而用一个 DVM（数字电压表）或者小型电表来对 AGC 电压加以测量，便可能得到一个更加精确的结果。然而，即使是这个方法也存在局限性。这是因为 AGC 仅可以在一个有限的信号强度范围进行工作。

本章除叙述用于作简单诊断测量的常用或者容易制造和相对廉价的设备外，还要介绍一些专门设备的使用。

9.1.1 EMI 测试实验室

在刚刚接触 EMI 测量项目时，非常诱人之处是厂商将要把测试装置留在实验室里，因为实验室人员毕竟是这方面的专家。但是，他们犯错也是难免的，即使是最有声誉和经验最丰富机构的人员也可能会出错。

大多数实验室都是认真和仔细地严格遵循 EMI 测试程序。

但是也有少数实验室是马虎的，他们不遵循测试规程，甚至故意提供错误信息。幸运的是，这些毕竟都是少数。

例如，我就曾经经历过的，有两个实验室犯了错误，即在传导和辐射发射测量结果中没有包含前置放大器的增益。在一次传导发射测量中，辐射发射测量中使用的前置放大器被无意留在了测试电路中。但是如果实验室按要求进行环境电平测量时，显然就可以发现环境噪声电平明显地超过了限值。在 EMI 测试之前，应将受试设备（EUT）断电，测量环境的传导发射和辐射发射电平。当要求这个实验室用对数周期双锥天线与"Roberts"参考偶极子天线来复现辐射发射测量时，结果他们却使用了一个非参考的偶极子天线。随后又发现这个非参考偶极子天线还是未经校准过的，可能存在缺陷的。

测量中应始终确保用来测量试验电平的设备的校准具有现时有效性，并对测试设备功能的完备性的状况做全面检查。

大多数测试实验室都遵循国际无线电干扰特别委员会 CISPR 22 标准和美国国家标准 ANSI – C63.4（美国联邦通信委员会 – FCC CFR 47 第 15 部分所引用的测试方法）中所示的电缆布局，并根据相关商业规范要求来测量台式和落地式设备的辐射发射的。根据这些要求，离开转台的电缆是从转盘向下布设的。有时电缆会被放在地板之上的绝缘物上，但有时却不取决于测试实验室对标准要求的解释。

虽然没有特别进行描述，但测试布局的示意草图并没有显示电缆的位置被抬高，因此可以假定电缆与地板是存在接触的。同样的这个设施没有提供参考偶极子天线，它使用一个全天候开阔试验场（OATS）来进行辐射发射测试，并将电缆垂直地从转盘向上布设，然后从全天候建筑物的屋顶吊下的长度大约为 3.4m，最后被拖曳至地面并延伸到测试区域以外去了。这可能会减少在某些频率上的发射，但在某些情况下，电缆下垂到地板的布局的测试发射量有可能会相等或更高。当电缆处在地面上的情形下，由于电缆的其他部分靠近地面，从转台到地面的垂直段电缆上的电流可能会增加，从而在某些频率的发射会增加。

还是在同一个传导发射测量的设施中，并没有按距离导电墙面 40cm 和距离地平面 30cm 的要求将电缆从桌子上呈环状垂下。显然，实验室不按照规定的试验布局进行测试是例行的做法。在某实验室明显没有使用皮尺测距的情况下，那么显然他们就没有在 EMI 测量规定的常用距离，例如 0.1m、0.05m、0.3m、0.4m、1m 和 3m 上准确地测量。而测试距离不精确虽然可能不会导致重大的错误，但也确实表明了其缺乏彻底地科学精神。

这样的实验室还提供电磁兼容性（EMC）技术支持和 EMI 问题解决（整改）的服务。

此外，第二例是存在前置放大器的误差，这个误差被考虑在频谱分析仪（S/A）的编程中处理，然而从购买频谱分析仪之日起它就被忽略了。通过测量内部参考电平或将信号发生器连接到输入端，就立刻可以明显地察觉到前置放大器这 20dB 增益的存在。

现场 EMI 测试时，则必须检查实验配置，并与规范中的适当要求进行比较。例如，查看 CISPR 22、ANSI C63.4、DEF STAN 或 MIL – STD – 461 中的传导发射和辐射发射配置图示，并将这些配置图示与测试实验室实际使用的实验配置进行比较。

在另一个见证实例中，虽然某测试暗室已满足了场地均匀性的要求，但是一个受试设备（EUT）却没有通过辐射抗扰度/敏感度的测试。而当该受试设备在另外两个暗室中重复这个测量时，却在问题频率上通过了测试。这个频率被发现与在第一个测试暗室中某次场均匀性测量的频率是一致的，然而它却被忽视了。尽管有此差错，但该暗室已被正确校准了。

在暗室内使用吸波负载可以减少这些具有潜在危害的"辐射热点"的存在。

9.2 测试设备

所有的频域限值都是用一个正弦波的等效方均根（RMS）值来表示的，就像用峰值包络检波方式的测量接收机的输出所表示的那样。

9.2.1 示波器

示波器是电子实验室中最为常用的测量设备之一。在 EMI 测试中，示波器既有一些重要功能受限，又有若干优点。其中受到一个重要的限制是大部分 EMI 测试要求规定的都是频域限值。因此，为了与那些规定的限值进行比较，示波器测量的任何一个复杂波形都必须转换到频域。对于具有低谐波失真的单一频率的测量而言，如果示波器有足够的灵敏度的话，那么示波器是很有用的。但当出现好几个频率时，对于叠加在高振幅低频率信号上的低振幅高频率信号的测量往往是不可能的。在这种情况下，首选的方法是使用频谱分析仪在频域进行测量。当要求对瞬态噪声进行时域测量时，选用示波器是正确的。示波器受到的另一个限制是要将在它的高阻抗单端输入的共模噪声转换到差模噪声。检查是否存在共模噪声的一个简单试验是在把探头地线夹和探头的探针同时连接到同一个信号地，虽然示波器的输入端因此而被短路了，但在电缆屏蔽层和芯线上出现的任何共模电流都会在示波器的输入阻抗上产生差分电压，并且可以判断共模电流对在所测量到的噪声贡献的大小。由于屏蔽电流的存在会在屏蔽阻抗上建立电压，而且这个电压会出现在示波器的输入端。在这个测试中，所测量到的某些电压可能是由于探头与地线之间形成的环路耦合产生的辐射噪声。频谱分析仪也有单端输入口，但是共模电流在它的 $50 \sim 75\Omega$ 输入阻抗上所产生的差分电压要比示波器的 $1 \sim 10M\Omega$ 阻抗所产生的电压低很多。或者说，因为此时的输入阻抗是与屏蔽阻抗并联，所以屏蔽阻抗上的电压降就减小了。频谱分析仪的一个缺点是它的低输入阻抗会加载被测信号，特别是当源阻抗很高时。而且，输入是直流耦合，所以当测量出现在直流（DC）高压上的信号/噪声时，必须加入一个去耦电容器。示波器和频谱分析仪的单端输入都把信号回路与其外壳相连接，从而也就与交流（AC）安全地线相连接。这个额外的接地连接可能会极大地改变所测量到的设备噪声电平以及敏感度特性。示波器具有的单端输入和机箱的接地连接这个特点，在用来模拟具有相同特征的一台设备的输入时是很有用的。因此，可以用示波器来正确地端接受试设备的单端输出信号。但是，有一个附加的影响是探头地线的电感和输入电容会形成一个谐振电路，而这个谐振电路会改变所测量信号或噪声的波形和幅值。该谐振电路还可能会引起一个瞬态振铃波，而且它可能错误地使受试电路产生谐振。该 *LC* 电路形成了一个低通滤波器，从而还可能造成高频信号幅度上的衰减。所以只要可能，就应使受试电路靠近探头以使地线尽可能地短，将地线电感降至最小。探头也配置了用以探测 PCB 和电路的附件。这些附件通常在探头顶端靠近信号探头的地方有一个接地探针。一种简单的装置是在探头顶端将一个金属线圈绕制在一个接地卡箍上，金属线圈的一头不要绕制以用作接地探针。应始终优先采用这种低电感接地方式而不是使用探头接地线。这样测量到的波形差异可能是惊人的。或者，一个由场效应晶体管（FET）构成的，具有低输入电容的输入探头是另一个可使用的方法。当示波器的单端信号输入特性不合要求时，使用差分输入是一个解决办法。示波器的差分输入口并不一定能提供最高电平的共模噪声抑制，这是由于输入端使用分离的测试导线本身的平衡很差所造成的。通过使用一个设置在探头尖端的差分示波器探头可以获得较高电平的共模抑制。这种探头的另一个优点是其测量导线接收的环境辐射较低以及具有较低的负载和谐振效应。当无法使用这类差分探头时，某些示波器的两个通道 A 和 B 可以在 A－B 模式或者在倒相的 A＋B 模式下用来有效地测量差分电压。此时，可以将一个通道接被测输入电压，而第二个通道接到其回路上。当两个接地夹在探头处连接在一起，并且都不与所测量的设备地线或机箱相连接时，单端输入中固有的接地环路问题就被消除了。但由于两个输入之间平衡很差的原因，即使使用这个方法也不能把共模电压从测量中完全消除掉。可以通过将连接通道 A 和 B 两个探头的探针接到信号地来检查测量中的共模电平的贡献部分。并可以通过分别调节两个探头中的补偿微调电容来使不平衡减至最小。可以通过把探头的导线绞合起来来减少探头对辐射的接收。这样做减小了环路接收的面积，有利于抵消场感应电流。另一个区分共模和差模噪声源以及隔离信号源地与示波器接地的办法是使用一个电流探头来测量噪声电流。在有些情况下，特别是当电路阻抗很低，噪声电压电平也很低时，噪声电流会造成辐射，所以要对它进行测量（电流在机箱接地中流动是很常见的）。通过在探头的探针上接一根长导线，就可以用示波器对电场进行相对测量。当示波器终端输入为 50Ω 或者当使用一个 50Ω 的外部终端时，可以使用在 2.6 节中描述的小型校准环和其他类型的天线。通常当天线或者电流探头与示波器一起配合使用时，即使在示波器最灵敏的范围内，它们的输出电平也会显得太低，所以必须使用前置放大器。除了会丢失某些频率成分的信息外，使用示波器的另一个限制是平均模拟示波器的上限频率响应是有限的。

示波器的一种用途是监视是否存在电快速瞬变/脉冲群（EFT/burst，Electrical Fast Transient/burst）。如果存在试验电平，只需要简单地将探针靠近容性注入探头，就会产生响应。

在用 CS01 和 CS06 系列对交流电源线的注入测量中，示波器可能外加有 120～220V 的共模电压。即使是使用 10 倍的探头，许多示波器还是会因为这个共模电压电平而给出错误的测量结果。现代数字示波器比老的模拟示波器更加灵敏。一个潜在的解决办法是在中线注入，相对于底架/安全地线来说中线应有相当低的共模电压。

高阻抗探头具有 125MHz、500MHz 和 1GHz 带宽、10 倍和 2 倍的衰减器、10 倍的 10MΩ 输入阻抗，小于 4pF 的电容和 300V Cat Ⅱ 动态范围。

典型的有源探头的带宽可达 2.5GHz，输入电容小于 1pF，动态范围为 ±8V，偏移量为 ±12V。

频率带宽高达 2.5GHz 的示波器通常具有 1MΩ 和 50Ω 的输入阻抗。

对于极高频示波器，输入阻抗通常远低于 1MΩ，而最大输入电压则要低得多。

例如，100GHz 240Gs/s 示波器的输入阻抗为 120～600Ω，最大差模电压范围为 ±2V 和共模电压 ±4V。

20GHz 10Gs/s 示波器是时域反射计的理想选择，它的输入阻抗为 50Ω，直流或峰值交流的最大输入电压为 ±2V。

9.2.2　频谱分析仪

频谱分析仪不仅是诊断测试最有用的测量仪器之一，也是在 EMI 测试和认证程序可以被接受使用的设备之一。EMI 接收机和频谱分析仪的基本功能相类似。不过，两者之间还是存在着若干个重要的差别，本章将会对它们逐步展开讨论。使频谱分析仪在诊断测量中占优势的一个重要不同点是它具有 CRT 显示。有些 EMI 接收机可以与示波器或者显示器相连来显示幅频响应，这就取代了通常示波器的幅度时间显示。大部分的现代频谱分析仪的显示能力比示波器好，至少和示波器一样。频谱分析仪不同于 EMI 接收机的另一个特点是在短周期扫描时间中来显示发射的能力（即，更容易辨别幅值的短周期变化）。要实现一个快速扫描率，中频（Intermediate Frequency，IF）滤波器的元件必须有能力快速充放电，即是一个具有高斯形状的滤波器。而具有矩形输出滤波器的 EMI 接收机不具有快速扫描率。但矩形滤波器的优点是在 3dB 截止点以下带宽下降很快，从而具有良好的选择性。例如，把 EMI 接收机和频谱分析仪的 3 ~ 60dB 截止带宽进行比较的话，在 EMI 接收机中典型的比值为 1∶2，而频谱分析仪却是 1∶14。因此，对于 100Hz、3dB 带宽，EMI 接收机 60dB 带宽的典型值是 200Hz，而频谱分析仪却是 1.4kHz。

频谱分析仪存在一个扫描时间的限制。当把扫描时间设置得太短时，大部分频谱分析仪就会显示出超出标定限度。如在前置放大器一节中所描述的那样，频谱分析仪的性能还可能会因为压缩和过载而受损，而也可以使用这个同样方法来对它进行检测和修正。可以按照如下所述的方法，使用频谱分析仪和 EMI 接收机中的内置可变输入衰减器对压缩进行检查：通过搜索频谱分析仪的整个频率范围来找到最大输入电平，调节衰减器来使所显示的幅值为最大值或者略低于最大值，这样就可以避免输入压缩或过载。假如在调节输入衰减器，显示的幅值有变化，那么频谱分析仪存在压缩。这是因为不论衰减器的设置如何，频谱分析仪将会自动地调节显示电平。存在压缩时，由于前端有效增益的改变，所以显示电平并不维持恒定。惠普（HP）公司出版了一本很有用的手册，名为《使用频谱分析仪接收机的 EMI 测量解决办法》。经该公司的同意，本书将其中的一些图表和资料摘录于下。图 9-1 所示的是一个频谱分析仪的框图。

频谱分析仪是一个调谐扫描超外差式接收机，它具有极宽的输入频率范围（典型的为 10kHz ~ 1.3GHz，但可以宽到 100Hz ~ 22GHz）。输入信号与本机振荡器（LO）的信号混频，当其混频的结果等于 IF 时，信号通过一个峰值检波器。某些频谱分析仪允许切换到一个准峰值（quasi – peak）检波器，还有一些则允许与一个外部的准峰检波器相连。频谱分析仪的前面板可以控制频率跨度、扫描时间、分辨率和视频带宽及参考电平。大多数的频谱分析仪的其他功能还包括用于对所选分量的频率和幅值进行读数的标志器。显示频率的精度是分辨率带宽（resolution bandwidth）和频率跨度（frequency span）的函数。频率读数精度的一个典型指标是频率跨度和分辨率带宽的 ±3%。所以，一个具有 2GHz 跨度的被测频率，可能会有高达 ±60MHz 的显示误差。为了获得最高精度，应该使用最小频率跨度和分辨率带宽。有些频谱分析仪将一个计数器与标志器的功能结合在一起。由此，该计数器就可以做精确的频率测量。对一个或若干个扫描的最大值或峰值进行保持和存储也是很有用的功能，它能捕捉短周期的发射，并且能对发射前后的态势进行比对。频谱分析仪的分辨率带宽控制有好几个用处，其中之一是可以降低频谱分析仪的底噪声。分辨率带宽越窄，噪声电平就越

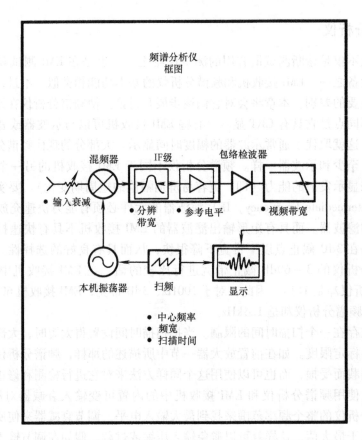

图 9-1 频谱分析仪的框图（承蒙 HP 公司允许，复印于此）

低，所显示的信噪比就越好。

假定宽带相干噪声和一个单一频率的窄带源同时出现，并且使用频谱分析仪来进行测量。当分辨率带宽加宽时，更多的由宽带源产生的，频率靠近的谱线就会落在分辨率带宽的包络内，并且显示的信号电平也会增加。假定窄带信号电平没有被宽带信号所淹没，在带宽包络中的这个唯一被测频率的电平将不会随带宽的增加而增加。

有时，我们称分辨率带宽为中频（IF）带宽，它也决定了选择性和扫描时间。由于频谱分析仪在调谐通过信号时会标绘出它自己的 IF 滤波器形状。而且这些发射谱线并不被显示为无限窄的线条。因此，假如改变分辨率带宽，其显示宽度也会随之改变。这对区分邻近信号（即选择性）是很重要的。HP 公司的指标规定是 3dB 带宽（即，最大幅值的下降不超过 3dB 的宽度）。当两个邻近信号的间距窄于 3dB 带宽时，它们将不能在显示中被区别开来。与之对照，当两个信号的间距宽于 3dB 带宽，它们就可以被很好地区分出来。

窄带（NB）或宽带（BB）脉冲噪声的定义之一指的是该测量仪器的分辨率带宽（Resolution Bandwidth）。早期的 MIL – STD – 461C 分别规定了窄带和宽带的限值，但在最近的 MIL – STD – 461 E – G 中，情况就不再是这样了。但若仍然需要设定窄带和宽带的限值（则在较早期的测试平台上要安装新设备的情况），那么重要的是在测试开始以前，就应制定窄带和宽带测量的典型带宽，并且获得采办机构的同意。在有些情况下，承担 EMI 测量的机构也会规定测量带宽。当情况不属以上所述时，可采用下列表 9-22 和表 9-23 提供的典型

NB 和 BB 测量带宽。正如本章前面所描述的，到底脉冲噪声被显示为窄带还是宽带取决于分辨率带宽。有若干理由说明区分这两种噪声是十分重要的。在噪声被判断为宽带时，FCC 允许传导发射限值可以放宽 13dB。早期的 MIL－STD－461 版本以及 DO－160 的要求对宽带和窄带噪声都规定了不同的发射电平限值。在诊断测量中，可以通过确定发射的类型来便利地查找出发射源。例如，一个宽带源的多条发射谱线中存在一个单一高强度的发射。假定确定该单一高强度发射为窄带发射，虽然宽带源也可以激发窄带信号，但是该单一高强度发射源肯定不是宽带的。查找它的来源可以归咎于电源，电路的不稳定性或者谐振电路谐振。当滤波器带通中只存在信号的一个频谱成分时，根据测量仪器的带宽，信号可以被特征化为窄带信号。一个信号的每一个频谱成分都可以被独立地解析并且在频域中显示。这就意味着可以从频谱分析仪显示器的 X 坐标直接读出发射的频率。改变显示的频率跨度也就改变了发射谱线之间的间隔。例如，一个 20～200MHz 的频率跨度分成了 10 格，每格所显示的频率为 18MHz。因此，两个频率相隔 18MHz 的发射之间的间隔将为一格。将频率跨度改为 20～110MHz 后，该两个发射谱线的间隔就变为两格了。改变频谱分析仪的扫描时间，将不会改变在频域中所显示的谱线间隔。发射谱线可以是窄带信号（即正弦波源）或者是脉冲噪声。前者被显示为窄带信号，而后者在频谱分析仪的带宽被设置为一个窄带值时，可以被归类于窄带信号。对于在频域中所显示的脉冲噪声源，脉冲重复频率（Pulse Repetition Frequency，PRF）可以通过测量单个谱线之间的间隔来确定。在我们的例子中，PRF 是 18MHz。图 9-2 示出了窄带显示以及有关的窄带特征。

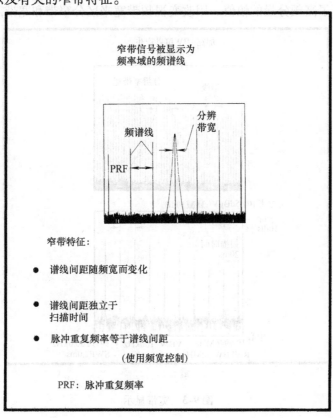

图 9-2　窄带显示

假如我们现在设想，有一个 PRF 远低于 18MHz 的脉冲噪声源，例如 50kHz。增加分辨率带宽使其包括多于一条谱线，此时独立谱线将不再能被解析，而且信号在分辨率带宽曲线下相加。与连续波（Continuous Wave，CW）不同，脉冲噪声在时域中以一个特定的重复频率发生。因而当分辨率带宽覆盖着多于一条的发射谱线时，就可以在时域内显示脉冲噪声源。其显示幅值等于$(\sin x)/x$ 频谱的包络。

所以，一个扫频分析仪（S/A）将以每 1/PRF 的时间间隔显示一个脉冲。在分析仪所调谐的频率上，脉冲的幅值正比于频谱包络幅值，并且信号将被显示为宽带信号。由于在时域显示宽带噪声时，改变频率跨度并不会改变脉冲的间隔，而窄带显示却相反。但是当改变扫描时间时，脉冲之间的间隔将会随之改变。宽带显示的一个典型特征是，信号显示出在CRT 上"行走"。这是因为分析仪的扫描时间通常并不是锁定在信号的 PRT（Pulse Repetition Time，脉冲重复时间）上的。PRT 是由单个脉冲谱线之间的扫描时间的倒数给出的。因此在扫描时间为 0.2ms，并且两个脉冲间的间隔为一格的情况下，每格的扫描时间将为 0.2ms/10 = 20μs，所以 PRF 就是 1/20μs = 50kHz。正像在 3.1.1 节中描述的，需要注意的是，一个传号－空号比（Mark/Space）为 1 的脉冲的 PRF 经常被错误地计算为其实际值的一半。这是因为脉冲在旁瓣处的幅值为零。图 9-3 显示了一个在时域被显示为宽带的脉冲信号以及其相关的宽带特征。

窄带和宽带信号之间的差异也可以通过改变视频带宽来加以区分。视频带宽的改变，可以在包络检波器的输出产生一个高频分量的平均值。形成该平均值是由于视频带宽滤波器是一个低通，它降低了高频分量的幅值。用改变视频带宽来区分窄带和宽带需满足以下条件：

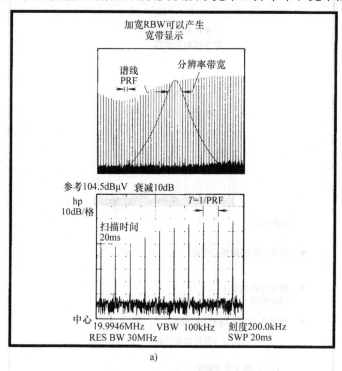

a)

图 9-3 宽带显示

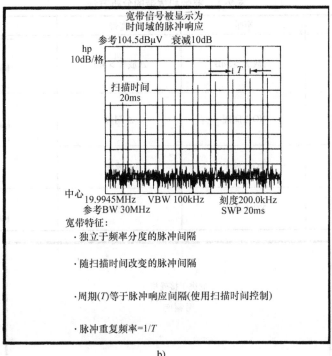

b)

图 9-3　宽带显示（续）

1）视频滤波器带宽窄于分辨率滤波器带宽；

2）视频带宽小于最低的 PRF；

3）频率扫描必须足够慢，以使滤波器能够完全充电；

4）频谱分析仪必须是设置在线性幅值显示模式。

平均值检波降低了宽带信号的显示幅值，但是对窄带信号的幅值没有影响。用于区分窄带和宽带信号的一个进一步的试验是调谐测试。在调谐测试中，频谱分析仪要调谐到所要研究的中心发射频率的任何一边的一个脉冲带宽上（VDE 要求的情况）或两个脉冲带宽上（MIL－STD－462 要求的情况）。冲击脉冲带宽（Impulse Bandwidth，IBW）被定义为 6dB 滤波器带宽。然而，像 HP 公司这样一些频谱分析仪制造厂商，有时也标出一个 3dB 分辨率带宽。峰值响应的变化小于 3dB 表明这是一个宽带发射，而峰值响应的变化大于 3dB 则表明这是一个窄带发射。表 9-1 列出了用于区分窄带源和宽带源的四种方法。该四种方法的存在表明，区分宽带源或窄带源并不是一件容易的事情，在做出判断以前经常需要试用多种方法。假如结果还是无法判断或有矛盾的话，应优先使用调谐测试法来进行仲裁。有时必须由负责设备测试和符合性的 EMC 工程权威单位或者由执行 EMC 要求的机构来做出最终决定。

图 9-4 表示，对于脉冲重复频率（PRF）为 1kHz，主瓣宽度为 260kHz 的一个脉冲信号，其分辨率带宽对显示幅值的影响。在窄带设置中，单根谱线在分辨率带宽中被捕获，导致了窄带显示[⊖]。随着接收机带宽的增加，有更多的谱线被捕获，幅值也会随之增加并显示为宽带信号。最终带宽的进一步增加，整个信号频谱会被分辨率带宽所捕获；而带宽任何更进一步的增加将不会导致幅值的进一步增加，结果是出现一个准窄带显示。

⊖ 窄带显示可参见图 9-2。——译者注

表9-1 窄带和宽带的分析方法

方法	窄带	宽带	显示器响应
调谐测试 "调谐" △宽带 i	△放大 >3dB	△放大 >3dB	
脉冲重复率测试 △扫描时间	NO△间隔	△间隔	
峰值对平均 DET △视频带宽	NO△放大	△放大	
带宽测试 △分辨率带宽	NO△放大	△放大	

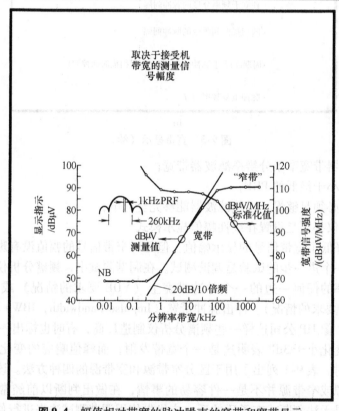

图9-4 幅值相对带宽的脉冲噪声的窄带和宽带显示

对频谱分析仪的某些意见是它的宽输入频率范围容易使信号压缩和过载以及灵敏度不足。使用预选器和放大器可以在很大程度上解决这个问题。HP 85685A 预选器有两个分开的输入频率段 20Hz ~ 50MHz 和 20MHz ~ 2GHz。虽然这种配置的产品已经过时，但是仍然可以买到和使用。该预选器可以在低频输入时提供高压瞬态脉冲保护，并且它还包括若干个低通和调谐带通滤波器。它的高频和低频通道各包含一个增益为 20dB 的前置放大器，以改善噪声指数。预选器还包括一个梳状波发生器，可以用来对系统进行幅值校准，以满足 CISPR 规定的 ±2dB 指标。RF 预选器的另一个优点是在测量宽带噪声时能覆盖一个非常宽的频率范围，由于频谱分析仪的输入频率范围非常宽，所以即使分辨率带宽滤波器降低了施加在峰值检波器上的频谱密度，但仍可能将高密度频谱施加到混频器上。受制于混频器的最大输入电平，仪器的可用动态范围可能是不足的。不过这可以通过使用预选器滤波器来限制施加到混频器的带宽，从而使仪器的动态范围仍可以得到很大的提升。

欧洲委员会（EC）、欧洲标准（European Norm，EN）、加拿大工业局和 FCC 商业认证测试都指定要使用准峰值检波器进行检测。但假如对 EUT 使用测量仪器的峰值检波器通过了测试，那么测试结果也是可以被接受的。这是因为与准峰值检波器相比，峰值检波的测量条件最为苛刻。设置准峰值检波器是为了考虑噪声的骚扰因子（发生次数）产生的影响。低重复率噪声的骚扰因子要低于高重复率噪声的骚扰因子。并且由于准峰值检波器内置的充放电时间常数的设计值使得它的响应要低于低重复率的噪声源的响应。实际上，在重复率大10kHz 以上，准峰值和峰值的响应是非常接近的；在 10kHz 以上随着重复率的进一步增加，情况尤为如此。由于准峰值检波器把它的充电常数和放电常数的作用恰当地结合在对噪声的每次扫描测量中，于是产生的附加效应是在对信号的连续的慢扫描后，会对实测信号的峰值幅度进行平均，因而每次扫描后的峰值幅度都会产生变化。这种类型的波形变化是非常典型的多重噪声源。这类噪声源随着时间的变化，振幅变化可以是同相的，所以要相加；也可以是反相的，所以要相减。与具有极快充电时间的峰值检波器相比，这种平均效果经常会导致准峰值检波器的实测值要低一些。

在选择频谱分析仪，前置放大器和 EMI 接收机时，需要考虑的重要因素有低互调、低杂散及低谐波响应。选择频谱分析仪和 EMI 接收机的其他考虑因素还有：增益－频率响应的平坦度应在 ±2dB 以内；足够的频率准确度和稳定性；宽动态范围；高灵敏度和低本底噪声（EMI 接收机经常被认为比频谱分析仪具有更低的噪声和更高的灵敏度。但是，对一些更为昂贵的分析仪来说，这一评述并不确实）；还应具有 IF（输出端）、视频显示、绘图仪（端口）、本机振荡器（LO）和音频输出功能；以及是否被监管机构接受（有些机构不接受频谱分析仪的结果）；具有计算机控制能力等。频谱分析仪使用的是高斯型分辨率带宽滤波器，而 EMI 接收机使用的是脉冲带宽滤波器。在进行宽带噪声测量中时，与 EMI 接收机测量相比，频谱分析仪的测量结果要加入一个大约 4dB 的修正系数，但在窄带测量中，并不需要加这样的修正系数。

除了前面描述的频谱分析仪扫描或扫频之外，新的开发方向是实时频谱分析仪。这种分析仪对于下面的应用是理想的选择：

捕捉短周期和长周期的变化，如罕见的短时现象；

找出被强信号掩盖的弱信号；

发现和分析瞬态信号和动态信号；

捕获展频和跳频信号；

测试和诊断瞬态 EMI 效应。

对于归类为实时类的频谱分析仪，其所关注的跨度内的所有信息，都必须无间歇地处理为实时时域信息。而频谱分析仪必须将其在时域波形中获得的所有信息转换为频域信号。

FFT 频谱分析仪问世已有一段时间了，但通常仅限于低频测量。

9. 2. 3　前置放大器

前置放大器可获得 20 ~ 32dB 增益（相当于 10 ~ 40 倍）和 0.5 ~ 5dB 噪声系数（Noise

Figure，NF）。在 4dB 噪声系数情况下，假设 50Ω 输入的噪声电平为 – 152dBm，频宽为 10kHz 时，前置放大器的输入噪声为 – 148dBm = 0.009μV。在噪声系数为 10dB，输入噪声为 – 142dBm = 0.018μV。

因此，若使用 10dB 噪声系数的前置放大器，根据前置放大器的增益，可以放大 1μV（– 107dBm）的信号电平来区分 10μV（– 87dBm）和 40μV（– 74dBm）的信号；还可以根据前置放大器后测量的分辨率带宽和本底噪声来区分信号和噪声。

典型的宽带前置放大器的频率范围为 10kHz ~1GHz，平坦度为 1dB。典型前置放大器的最大输出电压为 0dBm（即 225mV）。假如该前置放大器的增益为 26dB，当输入电压大于 12mV 时，就会发生（增益）压缩（即该前置放大器的输出不会高于 225mV）。当压缩发生时，前置放大器在所有的频率上的有效增益都降低了。

举一个例子，假定对一个接到频谱分析仪（S/A）的前置放大器进行测量，在 1 ~500MHz 的频率跨度上，一个信号显示的频率为 10MHz。又假定前置放大器输入端的信号电平在 10MHz 时为 50μV。同时将频率为 10kHz，幅值为 1V 的信号加到了前置放大器的输入端，但不在频谱分析仪上显示。由于这个 10kHz、1V 电平造成了前置放大器的压缩，使频谱分析仪在 10MHz 频率上的显示的输出显示为 200μV，而不是正确的 1000μV。

假如所研究的输入信号电平大于频谱分析仪的本底噪声，有一个方法可以用来检测（增益）压缩，即将前置放大器旁路（直接将输入信号接到频谱分析仪），则显示信号幅值的降低值应为前置放大器的增益值，本例中即是 26dB。当输入信号电平很低时，可将一个 3 ~12dB 的衰减器接到前置放大器的输入端。这样，在没有压缩的情况下，信号电平应降低 3 ~12dB。也可以通过以下方法来确定是否存在压缩，即通过把频谱分析仪的频率跨度设置在前置放大器的频率范围，并记录任何频率的高电平信号（即接近于 0dBm）。解决压缩问题的办法是在前置放大器的输入端加一个滤波器，最好是可调式的。这样它就可以把不需要的频率衰减掉，而不影响我们所研究的频率。除此之外外加一个 3 ~12dB 的衰减器也是一个合适的选择。

由输入信号引起过载的第二个结果是由于输入信号太高，信号在前置放大器的输出端被削波并造成失真。在频域中，该失真导致了在覆盖很宽的频率范围中出现连续相干的频谱发射，然而此时的输入信号可能只是一个单一频率的信号。在某些情况下，过载还能引起前置放大器的谐振。所以必须要时时注意并测试前置放大器、频谱分析仪和接收机是否存在压缩及过载，以确保设备不会由于压缩而造成无法通过 EMI 要求，或者由于过载引起的杂散响应造成设备不能达到 EMI 的要求。另一类可用的前置放大器的频率覆盖范围是 1 ~18GHz，增益为 9 ~40dB。选用放大器中很重要的一点是它的输入参考噪声系数（NF）至少要比它所要放大的最低信号要低 3dB。一般来说，放大器的频率范围越窄，噪声系数就越低。本底噪声通常用 dB 来表示，而不是用（dBμV 或者 μV）/带宽或用 nV/$\sqrt{\text{Hz}}$ 来表示。用 dB 规定的噪声，就是所描述的噪声系数，采用第 5.5.2 节中所介绍的典型测试方法来测试。通常噪声系数就是指前置放大器的输入端接电阻所产生的噪声。

在用频谱分析仪来进行低电平的宽带测量时，低噪声前置放大器是特别有用的。这是因为与单独使用频谱分析仪相比，前置放大器的使用可以明显地增加信噪比。

在按（欧洲国防 EMC 标准）DEF STAN DRE 01 进行 88 ~250MHz 的辐射发射时，由于标准规定的限值通常很低。所以在进行测量时，测量配置通常需要一种典型的组合，即 50 ~

500MHz、增益 17～24dB、噪声系数 0.5～0.6dB 的前置放大器，然后是 0.25～1000MHz、增益 30～24dB、噪声系数 4dB 的前置放大器。Fairview Microwave 公司提供了噪声系数为 0.6 分贝和额定频率范围为 50～500MHz 的一种前置放大器。测量表明，该前置放大器在 500MHz 时增益为 21.8dB，30MHz 时为 27.5dB，40MHz 时为 27.5dB，88MHz 时为 27.0dB。

空间应用的辐射发射限值通常包含与接收频率相对应的微波频率的低电平凹口。在这些凹口范围内的测量中，通常采用 1～11GHz、增益为 17～20dB、噪声系数为 15～2dB 的前置放大器和（或）11～18GHz、增益为 17～20dB、噪声系数为 1.5～2dB 的前置放大器，其后为 1～18GHz、增益为 22～30dB、噪声系数为 3.5～5dB 前置放大器。

这些前置放大器通常是对静电敏感的。Norden Millimeter 公司生产了一系列可靠的微波前置放大器。

9.2.4　EMI 接收机

下面将通过与频谱分析仪进行对比的方式来讨论 EMI 接收机的一些优缺点。有时 EMI 接收机也被称为 EMI 仪。

预选器所有的优点都被内置在了 EMI 接收机中。所以不需要为了附加的单元而增加成本以及空间的要求。在 EMI 接收器中总是使用基波混频。然而在一些频谱分析仪中，却常会结合使用基波混频和谐波混频。基波混频（Fundemental Mixing）是指超外差式接收机中，用本机振荡器（LO）来将整个输入频率范围的输入信号降转为 IF 信号的变频作用。基波混频具有最低的转换损耗和最低的噪声指数，或者说它有最高的灵敏度。另一方面，谐波混频（Harmonic Mixing）却导致了较低的灵敏度。前面我们已经知道，在脉冲的噪声测量中检波器的充电时间是很重要的。为了捕获到信号峰值，充电时间应少于 $1/(10 \times IF\ BW)$。EMI 接收机的制造厂商宣称接收机的充电时间要比频谱分析仪快很多。由于这并不是接收机固有的性能，所以在对接收器和频谱分析仪两者间挑选时，要对它们的充电时间进行比较。频谱分析仪提供了一个窄带连续波（CW）校准信号，而大多数接收机，除了提供一个 CW 源外，通常还包括有一个脉冲发生器。许多接收机都有 AM 和 FM 检波功能，一些频谱分析仪也有这些功能。AM 和 FM 检波在确定信号源时是极其有用的，特别是在作环境场地进行调查时更是如此。它们在确定暴露在信号中的系统敏感性时也非常有用。例如与未调制的连续波（CW）信号相比，一个系统很可能对音频 AM 信号更加敏感。为了完善起见，仪器还应该提供相位解调功能，但事实上却很少有这样的功能。大多数的辐射敏感性测量是在屏蔽室内进行的，而且监测敏感性测试电平的测量仪器被安置在屏蔽室外，因此它并不暴露在测试电平中。也有极个别的将监测设备置于屏蔽室内的情况。典型的 EMI 接收机的一个优点是屏蔽良好，因而可以降低仪器对所处于的场的杂散响应。同样，使用安置在屏蔽室内的测量仪器对 EUT 的辐射和传导发射做诊断测量时，EMI 接收机典型优点是辐射发射水平较低。所有的发射测试前，应首先将 EUT 关机，监测包括来自测试仪器的辐射在内的屏蔽室内环境。频谱分析仪或接收机的一个重要特点是它们都具有编程的能力，这对自动测量特别有益。典型的程序将允许输入天线和探头的校准曲线。据此可以计算出真实的噪声电平，并对照指标限值显示出来。

现代的接收机结合了频谱分析仪和 EMI 接收机的所有优点。例如，Rohde 和 Schwarz[⊖]

⊖　原文 Rohde & Schwarz 名字拼写错误。——译者注

公司的 ESMI 接收机的频率范围为 20Hz ~ 26.5GHz，外接混频器时可扩展到 110GHz。

这种接收机有一个频谱分析仪的显示以及可选择的频谱分析仪（总览模式）3dB 的分辨率带宽或者有一个 EMI 接收机 6dB 的分辨率带宽。可以在一个传输因子表中输入修正系数以补偿天线系数和电流探头的转移阻抗。ESMI 接收机包括有一个内置的、在 100Hz ~ 26.5GHz 频率范围内的增益为 10dB 的可选择前置放大器。自动转换滤波器包含一个低通滤波器，11 个固定带通滤波器，4 个可调谐带通和一个钇铁石榴石（Yttrium Iron Garnet, YIG）滤波器。其 6dB 带宽为分别为 10Hz、100Hz、200Hz、1kHz、9kHz、10kHz、100kHz、120kHz、1MHz。ESMI 还提供了 AM 和 FM 解调功能，还能通过 RS – 232 – C，IEEE 488 或并联（Centronics）接口加以控制。Rohde & Schwarz 公司还提供了一个用来控制接收机的 EMI 测量软件包。

MIL – STD – 461F 要求测试流程对软件进行描述。对于商业软件，必须提供制造商、型号和修订版本的标识。对于自主开发的局部软件，必须说明控制和方法。

9.2.5 信号发生器和功率放大器

在一个辐射或传导敏感度测试中最好的信号源是模拟扫频发生器或者是一个在整个所研究的频率范围内进行连续扫描的频率合成器。模拟发生器的典型缺点是必须手动扫频。另外，基于频率合成器的发生器，可以使用前面板的按钮，也可以通过使用计算机接口对其进行编程。更为现代的频率合成扫频发生器与模拟发生器类似并且是连续扫描的。而一些较老或较简单的型号中的接收机则使用步进频率扫描。一个 EUT 往往只对单一频率或有限的几个频率敏感。这种选择性通常是由于谐振电流在电缆或电路中流动所导致的。根据谐振电路的 Q 值，它可能只对一个频率敏感，而在该频率的两侧的响应会锐减。使用一个步进频率的发生器，尽管只是每一个步进度很小，也会增加错过谐振敏感频率的可能性。与模拟发生器相比，频率合成器发生器的一个潜在缺点是它会所产生典型的高电平谐波。在辐射发射敏感度测试中，要求使用功率放大器产生规定电平的电场，而在传导敏感度测试中，则是在 EUT 的输入端产生一个规定的电压。表 9-2 提供了一些频率范围和典型的放大器输出功率的例子。一种额定输出功率峰值为 75100W，频率范围在 9kHz ~ 250MHz 的放大器，对于大多数天线和注入探头来说，它足以产生满足标准 EN61000 – 6 – 1、IEC61000 – 6 – 2 和 EN55024 要求的共模射频测试电平和射频电磁场。

表 9-2 典型的功率放大器

频率范围	功率输出	制造厂商	频率范围	功率输出	制造厂商
10Hz ~ 20kHz	1200W	Techtron	0.8 ~ 2GHz	50W	ITS Electronics Inc.
DC1000MHz	50W	Amplifier Research	1 ~ 4.2GHz	10W	Amplifier Research
10kHz ~ 100MHz	1250W	Amplifier Research	1 ~ 2GHz	200W	Amplifier Research
10kHz ~ 75MHz	100 ~ 2000W	IFI	2 ~ 4GHz	200W	Amplifier Research
9kHz ~ 220MHz	75W	Dressler	4 ~ 8GHz	200W	Amplifier Research
10kHz ~ 220MHz	200W	Amplifier Research	8 ~ 18GHz	200W	Amplifier Research
10kHz ~ 1200MHz	10W	LCF	1 ~ 2GHz	20W	CPI（原来的 Varian）
100 ~ 1000MHz	500/1000W	Amplifier Research	2 ~ 4GHz	20W	CPI
200 ~ 1000MHz	10 ~ 400W	IFI	4 ~ 8GHz	20W	CPI
10kHz ~ 1000MHz	10 ~ 100W	IFI	8 ~ 18GHz	20W	CPI
1 ~ 100MHz	5000 ~ 15000W	IFI			

使天线产生一个规定的电场强度所要求的功率是天线增益以及该天线和 EUT 之间距离的函数。MIL – STD – 462 和 DO – 160 的规定的距离是 1m。下面的方程给出了对一个规定电场强度所要求的最小功率：

$$P = \frac{E^2 4\pi r^2}{Z_w G}$$

式中　r——距离（m）；

　　　Z_w——在距离 r 的波阻抗（Ω）；

　　　G——天线增益。

选择一个功率放大器时的一些重要因素是从开路到短路负载以及任何值的感性和容性负载下的无条件稳定性。当一个功率放大器呈现一个高增益（40dB 或更大）时，必须仔细考虑输入与输出电缆的布线和屏蔽。假如这些电缆过于靠近或屏蔽不当，就可能发生正反馈，并会潜在地产生负载上的满电压输出。当负载是一个天线时，此时即使来自信号发生器输出的输入信号被调得很低，甚至断开，达到危险电平的电场仍然可能出现。把输入电缆布置的过分靠近天线是常见的正反馈源。在辐射敏感性测试中，我们建议把功率放大器安置在屏蔽室的外面，并且使用短电缆把信号发生器和放大器相连。一个好的功率放大器产生很低电平的谐波、寄生响应以及低电平的宽带噪声。一个指示功率输出的前面板表是很有用的功能，特别是在避免输入过载和监视不稳定性方面。不稳定性和正反馈可以烧毁功率放大器。但更重要的是由于潜在的高电平电场，它可以烧毁 EUT。当使用一个功率表、EMI 接收机或频谱分析仪来监测一个放大器的输出功率时，应在这些测量仪器的输入端加入一个有能力耗散放大器的满输出功率的功率衰减器或者使用一个双向耦合器。当使用一个衰减器时，衰减电平取决于测量仪器的输入额定功率。例如，一个典型的频谱分析仪的 50Ω 额定输入功率为 1W。在考虑到一个 400W 的功率放大器的输出电平必须被调节到一个由频谱分析仪监测着的指定电平，对所举例子中的频谱分析仪来说，它的最大输入功率为 1W，再加上还要考虑到该功率放大器很有可能产生高出 400W 额定功率 25% 的输出（即 500W）。所要求的衰减由下式给出：

$$10\log\left(\frac{P_{IN}}{P_{OUT}}\right) = 10\log\left(\frac{500}{1}\right)dB = 27dB$$

所要求的电压衰减由下式给出：

$$V = \sqrt{50P}$$

同样可以得出：

$$20\log\sqrt{\frac{50P_{IN}}{50P_{OUT}}} = 20\log\frac{\sqrt{50 \times 500}}{\sqrt{50 \times 1}}dB = 27dB$$

由此可见，功率衰减和电压衰减是相同的。这还因为衰减器的输入阻抗和频谱分析仪的输入阻抗是相同的 50Ω。因此，在我们的例子中一个额定功率为 500W 的，普通的 26dB 衰减器被用于功率放大器的输出和频谱分析仪之间。为了留有一个安全裕度，可以插入一个附加的 3dB 衰减器以确保获得至少 27dB 的衰减。

在低频时，可以使用分压器替代双向耦合器来监视功率放大器的输出。图 9-5 显示了一个合适的电路。图中，一个 $1000\Omega/5W$ 的无感串联电阻器与 26dB 2W 最小衰减器一起使用。频率响应范围从直流到 500MHz。缺点是，在 100W 时，在分压器中还会有 5W 的额外功耗。超过 500MHz，低成本双向耦合器是可用的。

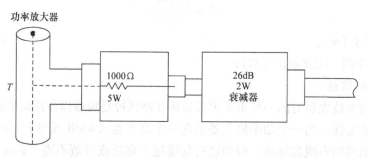

图 9-5 用于监视功率放大器输出的分压器

9.2.6 电流探头

在 EMC 测量中使用的电流探头与示波器所用的在某些方面是不相同的。主要的不同是 EMC 型的探头有一个较大直径的开口，因此，可以用于较大直径的电缆。它们不能用于测量直流电流，但是可以对低到 20Hz 以及高达 1GHz 的频率进行测量。电流探头能精确地测量在 200A 直流电流存在时的 μA 级的交流电流。当电流探头频率响应处在远高于 60Hz 以上时，该探头有能力测量在 60Hz 交流电流存在时的很小的高频交流电流。没有哪一个单个电流探头能够对整个 20Hz～1GHz 频率范围进行测量，必须使用若干个探头按频率段进行测量。为了覆盖整个频率范围至少要有两个探头：一个典型的用于 20Hz～200MHz，另一个用于覆盖 20MHz～1GHz 频率范围。电流探头并不与安置它的被测导体相接触。取而代之的是通过变压器效应由一个环绕电缆的磁场产生一个电压。当电流探头被置于一个包括有一个信号线和其回路或许多信号和回路电缆上时，所测量到的是共模电流而不是差模电流。正像我们已经看到的，主要的电缆辐射发射源是在电缆以及其屏蔽中流动的共模电流。探头的典型校准是转移阻抗，它由施加于 50Ω 负载上的电压除以探头测量到的电流来给出。

比如，当一个规定频率的转移阻抗（Z_t）被规定为 $0dB\Omega$ 时（即在 1Ω 上是 0dB），则转移阻抗是 1Ω。Z_t 使用的一个例子如下：假如所测量到的电流是 $1\mu A$，那么 50Ω 上的电压则是

$$V = IZ_t = 1\mu A \times 1\Omega = 1\mu V$$

这样低电平的一个电压很可能就是频谱分析仪的本底噪声，因此必须使用一个前置放大器。不论是与一个示波器还是一个频谱分析仪一起使用，这种类型的电流探头的设计负载都是 50Ω。

当转移阻抗是由 $dB\Omega$ 给出时，只要从测量到的 $dB\mu V$ 将其减去就可获得 $dB\mu A$ 电流。比如说，转移阻抗是 $-20dB\Omega$，而测量到的电平是 $25dB\mu V$，那么电流就是 $45dB\mu A$，$[25dB\mu V - (-20dB\Omega)] = 45dB\mu A$。

假如转移阻抗是 5dBΩ 的话，而测量结果是 25dBμV 时，那么电流就是 20dBμA。

一般地讲，虽然电流探头都会加有屏蔽，它的确仍会对入射电场产生响应。因此任何使用电流探头的测量都应起始于环境的测量（即把电流探头放在靠近被测电缆边上，而不是环绕着它）。当连接探头与测量设备的同轴电缆的作用像是一根天线并且对辐射场有响应时，在该电缆上应使用可能会降低接收电平的平衡 – 不平衡变换器。另一个往往可以有效地降低电缆接收电平的方法是增加一个完全覆盖电缆的附加编织带套以增加电缆的屏蔽效果。

有些制造厂商提供一个用于校准的转移系数 K，它等效于 $1/Z_t$。为了从所测量到的用 dBμV 表示的电平获得用 dBμA 表示的电流，必须将这个用 dB 表示的转移系数加到所测量到的由 dBμV 表示的电平上去。

9.2.7　磁场天线

这类天线的结构已在第 2.6 节中描述过。并将会在第 9.3.2 节中讨论它们的使用。在 MIL – STD – 462 中阐述了用于 30Hz ~ 30kHz 频率范围 RE01 测量的 13.3cm 屏蔽环天线的结构以及在 MIL – STD – 462D：1993 中对用于 30Hz ~ 100kHz 频率范围 RE101 测量的这种天线也有所描述。磁场天线的使用方式类似于带有一个前置放大器和频谱分析仪的电流探头。它们被加以屏蔽或平衡以提供感应到电场电压的衰减，但是这种衰减的电平是很有限的。磁场天线可以用于非常靠近于一个屏蔽罩或者电缆。其目的是用于"嗅"出缝隙和接缝周围的泄漏，指出一个有问题的接头，或者所增加的接口转移阻抗。磁场天线对电磁的环境电平要比电流探头灵敏得多，所以应该用于一个尽可能低的环境中。

9.2.8　宽带天线

在 EMI 测量中使用的宽带天线与广播天线相比有几个方面的不同。广播天线的高定向性是经常所期望的参数，然而在 EMI 测量中使用的天线如有太高的定向性反倒是一个缺点。在辐射发射测量中，辐射源可能位于 2m 或者更远的位置。那么当天线的定向性太高时，必要的天线的移动和随后的多次扫描就变得必要了。同样，在辐射敏感度测试中，天线应该产生一个覆盖 EUT 和互连电缆的均匀电场，而且尽可能将天线安置在靠近 EUT 只有 1m 的地方。这是为了在电场敏感度试验中能够覆盖典型的 14kHz ~ 18GHz 频率段的同时又能减少天线的数目，天线应被设计为可以覆盖尽可能宽的频率范围。EMI 测量天线被设计成既能用于辐射又能用于接收。但有源天线除外，它被设计为只用于接收。因此，天线的增益和天线系数（AF）的校准曲线是由制造商提供的。并依此能够计算出产生规定电场和转换所测量到的天线电压为一个电场所要求的功率电平。增益和天线系数既可以由远场条件下计算出来，也可以在一个开阔场，自由空间天线范围以及在距离为 1m、3m 或 10m 处加以测量。10kHz ~ 30MHz 低频天线往往用远场条件加以计算。因此当用于距离源仅为 1m 时，AF 可能与计算值有很大的差别。AF 对入射波阻抗也很敏感。使用一个在屏蔽室内的天线，能够明显地改变校准。这是由于靠近屏蔽室的地板和天棚以及 EUT 所产生的载荷效应所引起的。另外，正如将在 9.5 节屏蔽室的讨论，室（谐）振和反射改变了天线的标称增益和天线系数。另一个因素是随频率改变而变化的天线输入阻抗。EMI 测量用的天线规定的标准输入阻抗为 50Ω，而天线的实际阻抗可能是非常不同的，这就导致了一个高电压驻波比（VSWR）。一个高的 VSWR 将以独特的方式影响所使用的驱动天线的功率放大器。当天线系数的校准是基于所测量的数据时，天线阻抗被计于其中的。设想曲线不是理想化的（那就是，在天线的校准中，常常会看到没有被平滑的尖锐的下降和上冲）。图 9-6a ~ d 显示的是一些典型 EMI 测量天线的照片以及它们的天线系数和增益的曲线。

当使用宽带对数周期双锥型天线来测量接近限值的发射时，建议使用"Roberts"参考偶极子进行重复测量，该偶极子可调谐到特定频率，并提供更精确的测量结果。

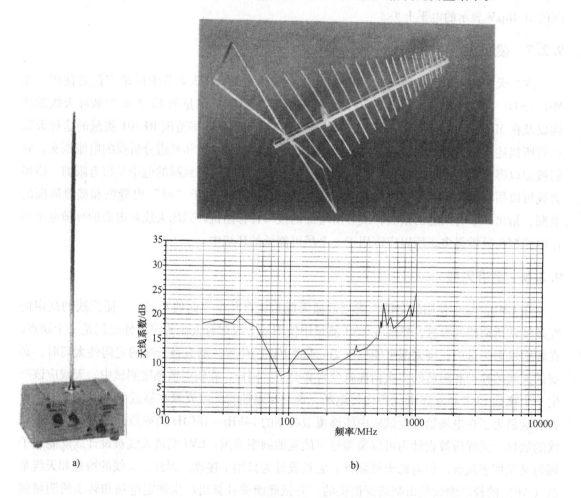

图 9-6

a）EMCO 型号 3301B 有源杆状电场天线

（未显示天线地网）（承蒙 Electro – Mechanics Co. Ltd. , Suwon, South Korea 允许复制）

b）对数双锥复合天线，20 ~ 1300MHz，具有典型的频率天线系数

（承蒙 EMC Consulting, Inc. , Merrickville, Ontario, Canada 允许复制）

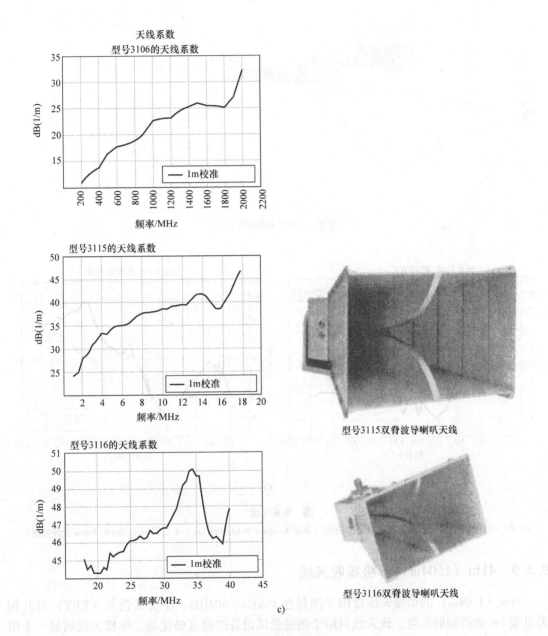

天线系数

型号3106的天线系数

型号3115的天线系数

型号3116的天线系数

型号3115双脊波导喇叭天线

型号3116双脊波导喇叭天线

c)

图 9-6（续）

c）三种型号的双脊波导喇叭天线的系数频率曲线

（承蒙 Electro – Mechanics Co. Ltd. , Suwon , South Korea 允许复制）

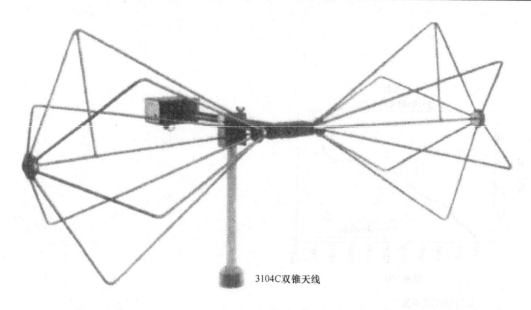

3104C双锥天线

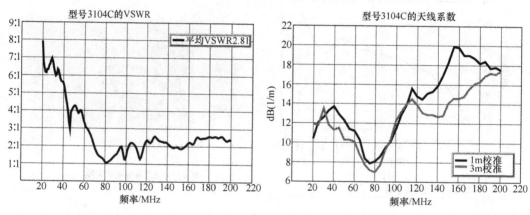

d)

图 9-6（续）

d）20～100MHz 双锥天线的天线系数频率曲线（承蒙 Electro – Mechanics Co. Ltd. ，Suwon，South Korea 允许复制）

9.2.9 41in（1.04m）单极接收天线

41in（1.04m）的单极天线常用于测量在 10kHz～30MHz、距受试设备（EUT）及其相关电缆1m 远的辐射发射。该天线只用于测量受试设备的垂直极化场。单极天线的另一个用途是测量强磁场，作为安全性分析，天线校准或辐射敏感度试验所用。该天线通常用于近场，其场波阻抗往往高于自由空间阻抗 377Ω⊖。10kHz 时的近场/远场过渡点为 4777m，30MHz 时为 1.59m。因此，对于高阻抗场源，在 30MHz、1m 距离处，波阻抗仅接近 377Ω，而在较低频率下，波阻抗则要高得多。由于高波阻抗的存在，天线的天线系数（AF）被定义为入射场强与其在天线终端上产生的电压的比值。它非常依赖于负载阻抗值。此外，单极天

⊖ 原文中为 337Ω 是错误的。——译者注

线在振子长度低于谐振频率长度时的输入阻抗也很高且呈电容性。由于这些原因，若要获得一个很低的天线系数来测量电平很低的场，天线的负载阻抗应该很高。反之，在测量高电平场强时，天线系数可能很高，可以使用 50Ω 的负载阻抗。

与其他天线不同，在 MIL–STD 辐射发射测量中使用的单极天线的天线系数是根据理论远场标定校准值而不是实测值。MIL–STD–461F 要求使用信号发生器通过指定值的电容耦合到天线，对天线的信号路径进行检查。

因此，许多商业上可用的 1m 单极天线的系数是根据理论计算和缓冲器/放大器的实测增益/损耗得到的。这种方法忽略了入射场在近场中的弯曲。它假定有无限的地平面，然而典型的地平面是 24in×24in 的天线地网，它通过很宽的编织线与下地面（舱内的地板）搭接，或者通过将天线地网延伸并搭接到被测设备所搭接的金属桌面上，或者按照 MIL–STD–461F 的要求与地面隔离。其中的一个变数是不同的电场（E field）源可能表现出非常不同的波阻抗，另一个因素可能来自于受试设备和天线之间的相互耦合。

典型的 EMI 测量天线将有一个缓冲级，它可能有增益也可能没有增益。它将高输入阻抗转换为 50Ω 负载，这正是正常电缆和 EMI 测量设备的输入阻抗。在低频情况下，负载电阻往往主导着天线的灵敏度。而在典型的 0.1MHz 以上，天线自电容与缓冲器输入电容（包括器件输入电容和杂散电容）的比值决定了天线系数。缓冲区的另一个重要参数是输出噪声。MIL–STD–461E、F 和草案 G 的 RE 102 对若干应用场合规定了从 2～100MHz 的最低噪声限值为 24dBμV/m。当用 9～10kHz 带宽进行测量时，缓冲器、任何后级放大器和测量仪器的噪声电平加上 1.04m 单极天线的天线系数后，必须至少要比这个限值低 6dB。

虽然在校准低接收天线负载阻抗时，相距 1m 的两个单极天线之间的电容耦合和互感似乎并不重要，但当负载阻抗较高时，这二者的影响就可能会变得很明显了。

天线系数（AF）的定义是天线上的入射电场与天线终端电压的比值（AF = E/V）。

测量天线增益的一种方法是 2.5.3 节中描述的双等同天线法。可以通过两种路径得到 50Ω 负载上的实测电压。第一种是辐射路径，在 1m 的发射单极天线的输入端处使用 50Ω 衰减器，而在 1m 接收单极天线的输入端处使用另一个衰减器。第二种是一条直接路径，带衰减器的两条电缆被连接在一起。从增益中获得天线系数（AF）的存在的问题是波阻抗的值未知，并且波阻抗与天线的阻抗之比也可能会影响入射电场在 50Ω 负载上产生的电压值。当两个单极天线相距 1m 时，运用下列公式：

$$Z_w = 377\Omega \times \lambda/2\pi$$

则由实测增益计算出的天线系数值在 10MHz 及以上接近理论值，而使用已校准的蝶形天线测得的天线系数值在 10MHz 及以上的频率也接近理论值。然而在较低的频率上使用这种校准技术，可以看到理论值和实测值之间存在的差异巨大。

增益校准可以在有耦合或非耦合的天线地网的开阔试验场（OATS）上进行。一个与 MIL–STD–461E/F，DO–160 的第 21 节中 RE02/RE102 的测试布置类似的校准装置，将其中一个天线的天线地网与电波暗室或电波阻尼室中的导电桌面进行搭接，第二个天线与第一个天线之间有耦合，如图 9-7 所示。在这种配置中，可以看到 AF 与开阔试验场（OATS）测试上的测量有一些不同。其中一些差异可能是由于电波暗室或电波阻尼室造成的。这虽然与开阔试验场（OATS）测试方法有着非常密切的联系，但在关注的频率上确实存在着不同。造成不同的另一个原因可能是由于其中一个天线的地网延伸到了导电桌面造成的。

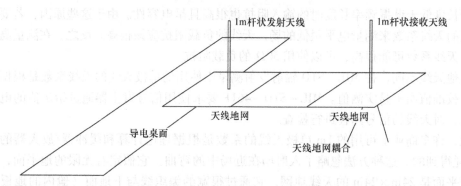

图9-7 第一个天线地网搭接在导电桌面并且与第二个天线地网耦合的实验布置

图9-8 表示使用双天线校准方法得到的近似天线系数与接收天线加载 50Ω 负载时的两个天线在耦合或非耦合的情形下的天线系数进行比较时采用的测试装置。在非耦合情况下，一个天线的地网被连接到导电桌面上，第二个天线的地网用宽铜板搭接到屏蔽室的地板上。这些测试是在开阔试验场（OATS）上进行的，两个天线相距1m。

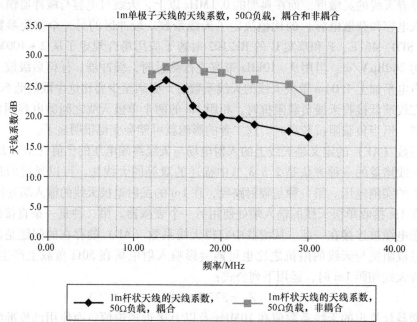

图9-8 在两个天线耦合或非耦合情况下，用测得的天线增益和近似的波阻抗获得的天线系数

图9-9 说明了扩展天线地网的重要性，并且以及在使用耦合的或非耦合的天线的情况下，对每个配置进行单独校准的重要性。

下面给出了连接 50Ω 负载情况下的理想地面上单极接收天线的理论天线系数。

$$AF = (1 + (Z_{ant}/50)) \times 1/H_{eff}$$

其中 Z_{ant} 是天线阻抗；H_{eff} 是天线的有效高度。

单极天线的 Z_{ant} 在第 2.5.5 节中给出。

有效高度描述天线上的电流分布。对于杆天线，天线高度等于 $1/4\lambda$，电流分布接近正弦波，H_{eff} 平均值为 0.64。一个电尺寸较短的单极天线的 H_{eff} 接近 0.5。

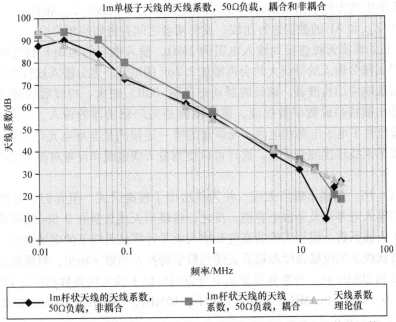

图 9-9　在耦合和非耦合的情况下，天线系数的理论值与实测值的比较

单极天线的 H_{eff} 可以从以下得出

$$H_{\text{eff}} = [\lambda / \pi \tan(H/2)] / 2$$

式中

$$H = \beta h = 2\pi h / \lambda$$

h 是单极天线的物理高度。

表 9-3 显示了负载 50Ω 的 1.04m 长的单极天线的电抗和天线系数的（dB）值，图 9-8 中绘出的天线系数接近图 9-9 中 10 ~ 30MHz 的理论值。

这些数据在参考文献［17］中列出。发射单极天线高 2.5m，接收天线高 2.5m，负载 50Ω。开阔试验场（OATS）地面由网眼尺寸为 1/4in 的钢丝网在 30m × 60m 混凝土板上延展构成。使用 1m 单极天线连接到匹配的前置放大器和带有缓冲器的商用单极天线进行了第二次测量。

表 9-3　1.04m 单极子天线在 50Ω 负载时的理论电抗和天线系数

频率/MHz	天线电抗/Ω	天线系数/dB
0.01	−1256259	94
0.02	−628129	88
0.05	−251251	80
0.1	−125625	74
0.5	−25125	60
1	−12562	54
5	−2512	40
10	−1256	34
15	−837	31
20	−628	28.5
25	−502	26.7
30	−418	25

用 2.5.3 节中的方程求出负载为 50Ω 的情况下，2.5m 天线的 Z_{ant} 和 H_{eff}，并将其与参考文献 [17] 中 Z_{ant} 和 AF 的数据进行比较，发现两者之间有密切的相关性。

将 10cm 长的蝶形天线连接到输入电阻为 2MΩ，输入电容约为 3pF 的低噪声差分输入端。蝶形天线到差分输入的导线大约会再增加 2.2pF 的电容。差分输入被转换为单边信号并应用于具有对数响应的检波器。该检波器动态范围（dB）很大。检波器的输出连接到 A/D 转换器，其输出被转换成数字数据流，该数据流是光纤驱动器的输入。一个 6cm × 6cm × 2.5cm 屏蔽盒包含了电子电路和电池，与该盒的唯一连接的是非导电光纤电缆。用 13cm 长的细导线将蝶形天线连接到盒子上。这样可以使测量天线电缆和设备对被测电场的干扰保持最小。

参考文献 [16] 描述了蝶形天线，并为其给出了校准公式，但我们还必须知道差分输入电路的确切输入电容以及杂散电容值。反之，将蝶形天线放置在 0.6m 的带状线天线的中心，并测量了天线系数。根据天线的高度和输入电平计算该天线下的电场强度。

根据在带状线下的电场强度和蝶形天线与数字转换器的数字输出，对蝶形天线进行了校准。在 10kHz 和 20kHz 时，校准曲线显示出与 20kHz 以上的天线系数相比差异很小。然而，在 0.05MHz，0.1MHz，0.5MHz，1MHz，5MHz，10MHz，15MHz，20MHz 和 25MHz 的校准曲线是相同的。

此外，还对蝶形天线的理论天线系数与带有 50Ω 负载时的蝶形天线的天线系数进行了比较。

将一个单极天线作为发射天线，另一个单极天线作为接收天线，天线间距离为 1m。测量了 10kHz ~ 30MHz 接收天线终端的电压 V_t。然后使用经过校准的 10cm 蝶形天线替代接收杆天线。当入射场相对天线地网的高度变化时，在蝶形天线中心的相对高度为 10cm，27.8cm，45.6cm，63.4cm，81.2cm 和 99cm 时，分别对电场进行了测量。然后用测量得到的电场平均值来计算天线系数。

天线系数以分贝（dB）表示时为 20log（E/V_t）。

图 9-9 将理论天线系数与天线在耦合和非耦合配置的实测天线系数进行了比较。我们再次看到，在耦合或非耦合配置中，当频率大于 10MHz 时，天线地网的存在会影响天线系数。

在实际的 MIL – STD 或 DO – 160 测试设置中，发射源可能是与导电桌面搭接的受试设备。除了来自孔缝的发射外，如果设备外壳和底层地面之间存在电压差，也会发生上述情况。这个发射源可以非常近似地被认为是第二个单极天线。造成设备外壳与地面出现电压差异的原因之一是连接电缆上的共模电流。这种共模电流会导致沿着电缆长度上的电压降，如果该电缆被屏蔽且连接到设备外壳上，那么这种共模电流就会出现在该外壳上。

即使是按需用编织接地线将受试设备（EUT）与桌面搭接，编织接地线中的电流也可能会导致电压下降。

对于落地式设备，一种典型的电缆配置是，将电缆连接到设备外壳的顶部或侧面，然后将其拉低至离地面 5cm 的高度处，并保持离地 5cm 的高度将线缆向外铺开。这样的线缆布置可以（和地平面一起）形成一条传输线，其特性阻抗由电缆离地面的高度和线缆的直径决定。

等同的双天线校准方法适合频率在 10MHz 及以上，天线间距为 1m 的开阔试验场（OATS）测试。再次使用近似波阻抗值从天线增益来获得天线系数。首先用加载 50Ω 的接收天线进行校准。然后将接收天线连接到缓冲器上，得到第二组数据。此缓冲器与后面图

9-10中用于数据的缓冲器不同（会使天线系数更大）。

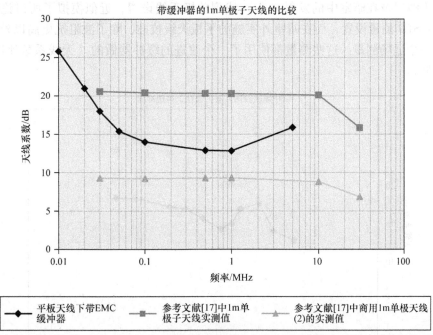

图 9-10　参考文献［17］中在 10m 处的天线系数实测值与平板天线下带 EMC 缓冲器的天线系数的比较

从有 50Ω 负载的天线系数中减去两次实测值的差值，得到带有缓冲器的单极天线的高频天线系数。

这些校准的结果如图 9-11 所示，而耦合的天线系数值也低于非耦合的天线系数值，并显示出波峰和波谷。

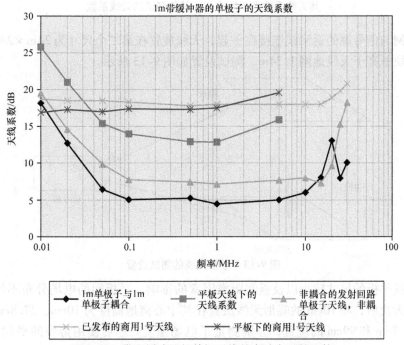

图 9-11　带有缓冲器的单极天线的实验布置的比较

　　下面是用来校准单极天线采用的三个附加测试设置。他们分别是在电波暗室中的单极天线到单极天线以及在暗室中的发射（Tx）线到单极天线设置，近似模拟了所讨论的两个实际的 MIL – STD 测量设置，而在暗室外实施的平板天线校准，除了波阻抗更高以外，可能会更接近于一个远场测量。这些测量都使用了一个改进的缓冲器做的（天线系数比图 9-12 中的数据更低）。

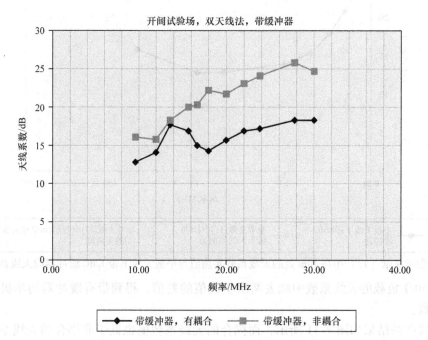

图 9-12　开阔试验场高频段双天线校准法，耦合和非耦合窄带缓冲器，
其天线系数高于所有用于其他测试的天线系数

　　天线地网与信号源的返回线连接在一起，天线放置在第二个尺寸为 24in×24in 的黄铜板下。第二个块板高于天线地网 1.34m。测试设置如图 9-13 所示。

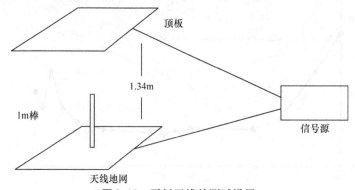

图 9-13　平板天线的测试设置

　　由于天线平板的尺寸较小以及板间距离因素的影响，平板间的电场分布不均匀。因此，移开单极杆天线后，将 10cm 的蝶形天线放置在其中心离地高度为 10cm、27.8cm、45.6cm、63.4cm、81.2cm 和 99cm 的位置，分别测量了电场强度。然后使用得到的平均场强来进行

天线校准（见图9-14）。

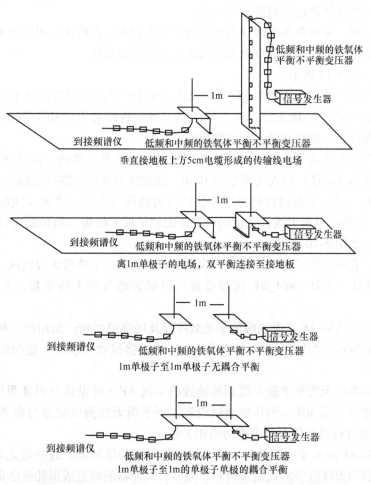

低频和中频的铁氧体平衡不平衡变压器

信号发生器

1m

到接频谱仪　低频和中频的铁氧体平衡不平衡变压器

垂直接地板上方5cm电缆形成的传输线电场

1m

到接频谱仪　低频和中频的铁氧体平衡不平衡变压器　信号发生器

离1m单极子的电场，双平衡连接至接地板

1m

到接频谱仪　低频和中频的铁氧体平衡不平衡变压器　信号发生器

1m单极子至1m单极子无耦合平衡

1m

到接频谱仪　低频和中频的铁氧体平衡不平衡变压器　信号发生器

1m单极子至1m的单极子单极的耦合平衡

图9-14　测试设置（由 Weston，D. A.，EMC Europe，Wroclaw，Poland 授权，2010）

　　进行平板天线测量时，信号源频率在 10kHz～5MHz 范围内变化。当频率高于 5MHz 时，由于从信号源上对两个平板天线注入信号变得很困难，因此，5MHz 以上的测量结果是不可信的。图9-11 表明使用此测试方法将测得的天线系数进行对比的情况。

　　除了 EMC consulting 公司的缓冲器外，还在平板天线下对商用（1 号）1.04m 的杆天线和缓冲器进行了测试，其结果如图9-11 所示。图9-11 列出了商用（1 号）的"典型"天线系数。为了降低本底噪声，EMC consulting 公司的缓冲器的输入电阻为 220kΩ，这也是该天线在 10～50kHz 频率范围内的天线系数比商用天线系数高的原因。典型的 MIL－STD－461 RE102 限值曲线的限值在 10kHz 时较高，在最坏情况下则呈现对数线性下降至 2MHz。尽管缓冲器在 10kHz 处的天线系数较高，但在 10～150kHz 的带宽范围内使用 1kHz 带宽进行测量，EMC consulting 公司的缓冲器、前置放大器和频谱分析仪的本底噪声仍然远低于 RE102 最低限值。同样，在 150kHz～30MHz 频率范围内使用 9kHz 的带宽进行测量时，其本底噪声也大大低于限值。

图 9-10 所示的是由发电机和功率放大器构成和驱动的垂直传输线[○]。该传输线路是用垂直传输线在远端计算的特性阻抗来端接的。

在这个测试中，接收单极天线仅与房间地面上的接地平面搭接。用蝶形天线测量的平均电场和缓冲器输出的电压来计算单极天线和缓冲器的天线系数。

天线系数如图 9-11 所示。

参考文献［17］提供了带缓冲器/前置放大器的 1m 单极天线的天线系数数据，以及商用（2 号）带缓冲器的单极天线，在与尺寸为 2.5m 的发射天线相距 10m 的开阔试验场（OATS）测试条件下，所获得的天线系数数据。

文献著者没有提供关于参考［17］中使用缓冲器的信息；然而，该缓冲器/前置放大器的天线系数比商用（2 号）的天线系数高 10dB，这意味着商用天线可能包含了一定的增益。

将参考文献［17］中测试得到的带有缓冲器的商用（2 号）单极天线的天线系数，与 EMC consulting 公司的单极天线，在使用严密匹配的平板天线进行测量的条件下所得到的天线系数相比较，如图 9-10 所示。

前面的研究表明，如何将一个单极天线地网耦合到第二个单极天线地网，或耦合到导电台面，来模拟 MIL‐STD‐461 RE 试验设置可以显著地改变天线系数，尤其是在高频情况下。

此外，单极天线的 AF 受电场源的邻近效应以及场型的影响，如用第二种单极天线或垂直传输线测量的所示。当使用高阻抗（缓冲器）来端接接收天线时，这些影响可能是由于互耦造成的。

单极天线到单极天线和单极天线到传输线的实测 AF（的设置）可能更能代表 RE（辐射发射）测量中的实际 MIL‐STD 的测试设置，而平板天线测试设置与参考文献［17］中在 10m 距离上所进行的测量有着更密切的相关性。

另一个影响 AF 的重要因素是与单极天线一起使用的缓冲器。缓冲器之间的 AF 差异不能仅用输入电容与天线电容的比值来解释，同样，缓冲器的增益或损耗也必定产生了作用。

在标准 MIL‐STD461F 和 MIL‐STD‐461G 中，要求单极天线的地网与台子接地地面和底层接地地面隔离，正如我们在先前看到的那样，它会显著地改变天线系数。此外，从天线到地面的电缆的垂直部分放置铁氧体，该铁氧体在 20MHz 时阻抗为 20～30Ω。在铁氧体后的接触到地板的电缆要与地板搭接。以下数据与图表，经 EMC Europe、EMC Symposium、2010，Wroclaw，Poland 同意，引自参考文献［21］以及参考文献［20］"The Interference Technology Magazine（ITEM）2011EMC test & design guide 2010"。

图 9-15 中，在许多频率下，非耦合的单极天线的天线系数低于有耦合单极天线的天线系数。但是，在对发射的单极天线输入的电平相同时，接收天线地网上方的电场实测值要低得多。这是与 MIL‐STD‐461E 比较的情况，但还是低于最新的 MIL‐STD‐461F 标准。

当将这种差值添加到非耦合的（单极天线的）AF 中时，我们会看到来自同一个发射源的接收电平会存在很大的差异，如图 9-15 所示。

我们发现，模拟 MIL‐STD‐461E 的 RE 测试配置，使一个单极天线和第二个单极天线

[○] 疑原文编写或排版有错误，因图 9-10 是受试天线的天线系数 AF 随频率的变化曲线图，与传输线无关。——译者注

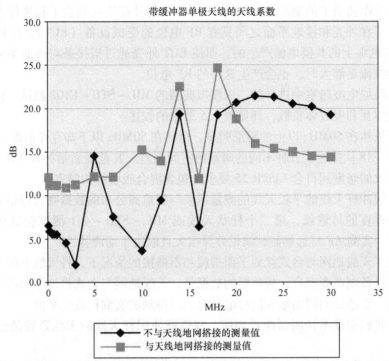

图 9-15　使用模拟 EUT 作为发射源的单极天线在天线地网搭接与不搭接时的实测天线系数

的天线地网相互耦合，可以显著地改变 AF，特别是在高频时是这样。在 MIL – STD – 461F 测试配置中，由于天线的地网没有与地连接，天线的入射场和天线的 AF 将有很大的差异。另外，当接收单极天线的天线地网与屏蔽室中的接地平面搭接时，AF 是有差异的。除了 AF 的差异外，当天线地网相互耦合时，接收用的单极天线上的入射电场量明显增加。因此，对于相同的电场源，实测电平差异可能高达 30dB 以上。

　　而且，参见使用第二单极天线，垂直传输线或在远场进行的那些测量，单极天线的 AF 会受到电场源的临近效应和电场类型的影响。

　　MIL – STD – 462、MIL – STD – 461D 和 MIL – STD – 461E 显示了天线地网通过搭接条延伸和连接到桌面的示意图。MIL – STD – 461E 中所描的搭接条通常是一块与单极天线地网宽度相同的金属片。测试和报告中的两种配置中的一种是用一条金属搭接条将天线地网连接到桌面上的接地平面上。MIL – STD – 461F 明确地声明"使用杆天线进行测量，禁止将天线地网进行电气搭接"，这也是第二种配置测试。进行测试时，搭接和不搭接天线地网条件下所得到的接收电平差异很大。MIL – STD – 461F 还调整了杆天线的高度，使杆的中心点位于地平面以上 1.2m。

　　尽管这只是 MIL – STD – 461F/G 中的要求，但是在所有测量中，接收杆天线的电缆还是套加了 28 号铁氧体材料磁心。这样配置提供了一个高阻抗，减少了天线电缆上的共模电流。

　　当移开杆天线后，使用一个 10cm 长的蝶形天线来驱动一根光缆来测量先前杆天线上的入射电场。

　　场源为 0.44m×0.38m 的金属盒，代表了受试设备（EUT）。该盒与接地平面绝缘，并连接到安装在桌面接地平面上的 N 型连接器的中心导体上。在典型的 MIL – STD 测试配置中，盒子的前缘距离桌子的前缘的距离为10cm。该信号被注入到盒子和接地平面之间，这样的配置模拟了在外壳和接地平面之间具有 RF 电位的受试设备（EUT）。这种电位通常由连接到 EUT 的电缆上的共模电流产生的。即使 EUT 外壳通过搭接条与接地平面搭接，当搭接条内流动的电流足够大时，也会产生这样的 RF 电位。

测量是在阻尼电波暗室中进行的，以模拟典型的 MIL – STD – E102 测试。这个暗室也包含了局部铁氧体瓦和吸收体负载，详见第9.5节中的叙述。

这种暗室虽然在50MHz以上的阻尼明显，但其在50MHz以下却存在谐振。

参考文献［18］描述了五种不同的暗室的室间偏差。其范围囊括符合 MIL – STD – 461F 最小吸收体要求的暗室到符合 CISPR 25 要求的包含混合吸收体的暗室。

使用商用缓冲杆天线的平板天线的测量结果与制造商公布的数据吻合得很好。然而，当辐射源是一个垂直的传输线，第二个杆状天线或 MIL – STD – 461 测试配置中的 0.44m × 0.39m 外壳时，实测 AF 与远场测试结果差异很大且取决于场源特性。

我们测量了天线地网与台式接地平面搭接和不搭接的情况下，杆天线上的入射电场和天线系数。对于设备制造商而言，最重要的数据是，天线地网与台式接地平面搭接或不搭接的情形下，对同一源施加相同的输入信号电平时，所得到的实测接收电平值。

在这里，我们假设不管测试配置如何，制造商使用杆天线的天线系数是已公布的远场数据。

图9-15 显示了参考文献［21］中的天线地网搭接或不搭接时的实测天线系数。如前所述，当天线地网与接地平面不搭接时，在20MHz以下的天线系数的变化要大得多。在20～30MHz范围内，天线地网与接地平面不搭接情况下的天线系数比原测试结果高6dB，这一点在前面的测试结果中也可以看到。先前的测量提供了在自由空间范围内经校准的天线系数，而图9-16中20MHz以下的巨大变化消失了，这表明这些变化是由于电波暗室造成的。

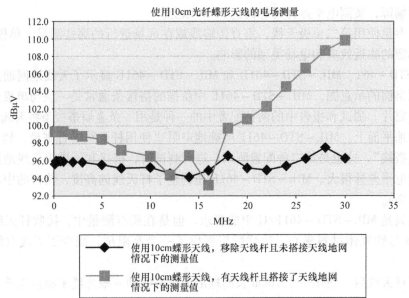

图 9-16 移除天线杆后入射到天线地网的电场实测值（承蒙 ITEM，EMC test & design guide，Plymouth Meeting，PA，2010 同意复制）

如图 9-16 所示，当天线地网与接地平面搭接时，在大多数频率上，杆天线上的入射电场的值会更高。

使用相同的缓冲型杆天线，单极天线地网与接地平面搭接条件下的接收电平比不搭接条件下的接收电平值高 18dB，如图 9-17 所示。

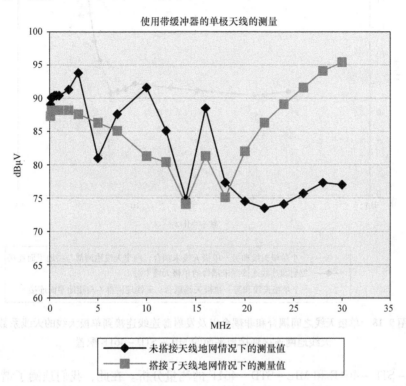

图 9-17 相同发射源及天线地网搭接和不搭接到桌面接地平面情况下，带缓冲器的单极天线的接收电平（承蒙 ITEM，EMC test & design guide，Plymouth Meeting，PA，2010 同意复制）

参考文献［18］描述了一个传统的（MIL-STD-461E）单极天线配置，它安装在吸收体类型和数量各不相同的五个暗室中。它还描述了使用 MIL-STD 461F 配置所做的测量。辐射源是台式接地平面上的垂直杆，或者是台式接地平面上的水平杆。从参考文献［18］来看，这些谐振可归因于"天线地网，接地平面，接地平面到暗室连接点（墙到地面），暗室地板之间的电流环路，以及天线地网的容性耦合引起的谐振条件"。然而，在图 9-18 中，在自由空间范围内，非耦合的天线地网与没有底层接地平面的天线地网的二者测量结果精确地显示出它们在天线系数的峰值后有相同的下降趋势，而实测天线系数与参考文献［18，19］中的天线系数数值大致相同。

在图 9-19 的测试中信号发生器和频谱分析仪的电源线是唯一与地相连接的线路，发射杆（天线）和接收杆（天线）的电缆被 28 号铁氧体材料覆盖。这意味着，至少还有其他一些作用机制可能导致该天线系数（AF）的谷值和峰值。

参考文献［18］中所描述的测量结果表明从 10～30MHz，由 MIL-STD-461E 配置产生的谐振效应大于 MIL-STD-461F 配置产生的谐振效应，而我们的测量结果则表明是在 MIL-STD-461F 配置中的谐振效应较大。参考文献［19］描述了使用无吸收体的徒壁房间

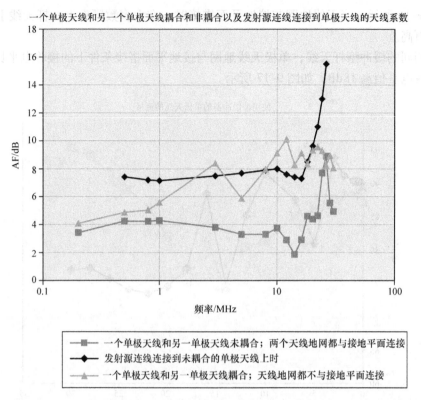

一个单极天线和另一个单极天线耦合和非耦合以及发射源连线连接到单极天线的天线系数

图中图例：
- 一个单极天线和另一单极天线未耦合；两个天线地网都与接地平面连接
- 发射源连线连接到未耦合的单极天线上时
- 一个单极天线和另一单极天线耦合；天线地网都不与接地平面连接

图 9-18 单极天线之间耦合和非耦合以及发射源连线连接到单极天线的天线系数
天线地网连接到接地平面的 MIL – STD – 461E 配置

时，对 MIL – STD – 461E 和 MIL – STD – 461F 的测量分析。在此，我们预测了谐振频率的变化，但是当比较 MIL – STD 461E 和 F 时，幅值保持不变。同样的文章还表明，只有在使用 10cm 的吸波发泡材料时才发生室振，而使用 100cm 的吸波发泡材料时，3 ~ 30MHz 之间没有谐振，并且 30MHz 时，它仅表现出 9.5dB 的衰减。

参考文献 [18] 表明，在良好阻尼的暗室中，对于垂直取向的场源，接收电平要比 MIL – STD – 461F 的限值高 5 ~ 8dB，而对于水平取向的场源，则要高出 5 ~ 10dB。

参考文献 [18] 还表明 MIL – STD – 461E⊖ 设置的理论接收电平比 MIL – STD – 461F 配置的理论接收电平高 10dB。

在我们的测量结果中，我们看到对于 MIL – STD – 461E 的设置，在 30MHz 处，以 5dB 的较低的天线系数下测得的接收电平要高出 18dB，，这个接收电平要比 MIL – STD – 461F 配置所得的接收电平高 23dB。

通过测量，我们还发现，在 MIL – STD – 461E 测试配置中，从垂直接地平面上方 10cm 的垂直导线接收到的电平比 MIL – STD – 461F 测试配置所得的接收电平高。垂直测试设置模拟电缆沿着一个 18in 的机架下的电缆走线。

在 20MHz 以上，采用 MIL – STD – 461E 测试设置，从 1.04m 杆天线上输出的电平高于 MIL – STD 461F 配置所输出的电平。根据辐射源的不同，在 MIL – STD – 461F 测试中，它的

⊖ 原文错误，漏写成了 46E。——译者注

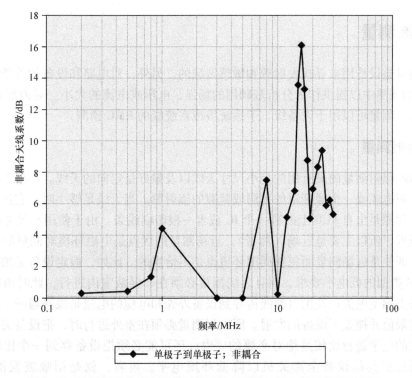

图 9-19　单极天线非耦合时的天线系数，天线地网与接地平面不相连

最低输出电平可能会低至 23dB。图 9-20 示出了天线地网与台式接地平面不搭接条件下以较低入射电场入射时产生的组合效果以及增加的天线系数。测试数据出现的这种差异对于 EMI 测试人员和设备制造商来说都是重要的信息，因为这意味着在早期按 MIL - STD - 461E（和以下的标准）测量中，没有通过 10kHz（2MHz）~30MHz RE102 测试的受试设备（EUT）现在可能会通过按照 MIL - STD - 461F 配置进行的测试。

　　由于单极天线的天线系数取决于场源的类型，因此它不是一个固有的系数。一种较好的测量方法是使用带有探测器和光缆的小型蝶形天线。由于 MIL - STD - 461G 草案包含了单极天线，因此改变测量技术的可能性似乎很小。

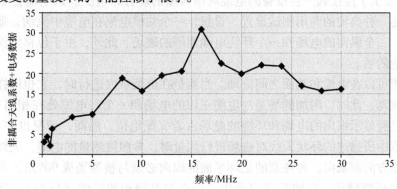

图 9-20　来自于同一发射源经修正后的非耦合天线系数，
天线地网与接地平面隔离的 MIL - STD - 461E 配置

9.3 诊断测量

诊断测量是设计用来寻找发射源和敏感区域的。另外，对电路和设备的诊断测量还可以用于 EMC 的预测中以提供作为分析基础用的场强、电压或电流的大小。对内部导线、PCB、罩壳和电缆的测量可以用于设备级、子系统级或系统级的 EMC 预测。

9.3.1 辐射测量

用于诊断辐射测量的最有用的是小尺寸天线以及最好是定向的天线。小型天线能够精确定位出自一根电缆或一个屏蔽罩的孔洞或缝隙的辐射源。当天线足够小时，它甚至可以精确地探测出辐射源是出自 PCB 上的哪一个 IC 或者一根印刷线条。由于使用小尺寸的天线测量时会靠源很近，所以主要是近场（测量）。近场测量的优点是电磁环境对测量的影响往往较少；然而，即使是近场测量而忽视周围环境也是不恰当的。比如，假定设备必须满足 MIL - STD - 461 或类似的低电平要求，而且近场测量必须在非屏蔽室内进行，此时由电磁环境在电缆和设备上感生电流以及由电源线传导到设备外壳和电缆的电流是很普通的。这将导致辐射电平超过限值并掩盖了设备的发射。所以当测量必须在室外进行时，把设备关机和开机前后所测量到的电平进行比较是绝对必要的。也许还可能必须把设备移到一个比较安静的场所，或者通过把其他设备全部关机以降低环境电平。再者，就是用吸波发泡材料（在 200MHz 以上很起作用）把设备包裹起来，以获得在环境测量以上的 EUT 发射。

9.3.2 磁场测量

有一个问题，就是发射规范通常是规定电场限值，那为什么还要进行近场磁场测量呢？然而，由于当场是时变场时，磁场就总是存在的，所以磁场（H - field）的测量值可以指示潜在电场（E - field）大小。另外，我们在 2.2.5 节中看到，随着距离的增加，磁场（H - field）的减小速度比电场（E - field）快，因此在典型的测量距离 1m，3m 或 10m 上它通常占据主导地位。与电场（E - field）测量相比，磁场（H - field）测量的优点是对反射和房间谐振的敏感性较低，探头对金属结构的邻近效应的敏感性也较低。

图 9-21 显示了连接到一台设备的电缆周围典型的场分布情况。该电缆位于不导电桌面的上方，这是一种典型的商用测试设置。设想，一个共模电流在电缆中流动，那么结果所产生的场将是：一个纵向的电场和一个环绕电缆周围的磁场。此外，由于位移电流流动，所以还存在着其他的场。

位移电流可以在电缆和地面之间流动。当测量在屏蔽室内进行时，它也同样可以在电缆和天棚之间流动。此时，附加的场是与电缆正切的电场和一个与电缆处在相同平面的磁场。若干次测量已经显示纵向的电场和环绕的磁场占着支配地位。然而，情况也并不总是这样，当用如第 2 章中所描述的环状天线对磁场进行测量时，参照被测量的电缆，天线环应该对水平和垂直两个方向都取向。要注意的是环平面的取向必须与被测场成 90°角。在一个理想导电平面以上的环绕磁场，在地平面中产生了一个与其倒相的镜像（反射）。反之，由水平（位移电流）场产生的镜像却与源同相。图 9-22a 说明了电流元和电流环的源和它们的镜像。在小于源的半波长的距离处，源和由镜像产生的场矢量相加。这种相加可以用图 9-22b

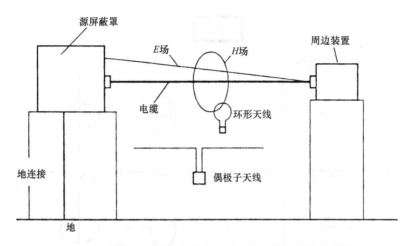

图 9-21　围绕一根连接非导电桌面上设备的电缆的典型场

来说明。总磁场是源和所产生的镜像场相加。来自一个电缆的磁场近似于由电流分量产生的磁场 [式 (2-10)]，对于一个环路来说，当 dD 是直接通路长度和 dR 代表间接通路长度时，磁场是由式 (2-24) 给出。而总场是由公式：$H(r = dD) + mH(r = dR)$ 给出。这里，r 是式 (2-10) 或式 (2-24) 中使用的距离。$m = \pm 1$，这取决于电流元或者环路的取向。例如，一个水平取向的电缆（它可以被模拟为一个电流元）产生了一个与其源倒像的镜像则 $m = -1$。对于由位移电流产生的场，源与镜像同相则 $m = +1$。相对照，当一个电流元垂直于地平面时（单极天线是一个很好的例子），那么，磁场是环绕的并且电场起始于单极棒而终止于地平面。因此其镜像与源同相。垂直（位移）电场和水平（电流元）电场的相对值可以用一个小型天线加以测量。诸如从 20~250MHz 的蝴蝶结形或者从 250MHz~1GHz 的可调谐单极型天线就是这类小型天线。从对占支配地位的电场的极化测量，可以得知占支配地位的磁场。例如，当一个天线是取向于截断一个水平极化的电场并且测量到的电平要比垂直极化高时，那么，电场是水平场，而磁场是环绕的，并且镜像相减。当直接通路长度 dD 或者间接通路长度 dR 大于半波长时，还可以计算出两个场的相对相位以及它们的矢量和产生的总场。又例如，当直接通路长度与反射通路长度的差正好等于半波长时，就水平电流元而言，在测量点处直接场和反射场是同相的。而对垂直电流元而言，却是异相的。这种特性已被用于天线设计中。这种天线是在其金属反射器上面的 1/4 波长处，沿水平方向上安装一个小型固定频率的偶极子。这就确保了源和镜像场在偶极子的前方是同相的。

　　用于评估一根电缆的电场和磁场辐射的另一种很有用的测量技术是用一个电流探头去测量在电缆中的电流，然后将所测量到的电流值代入到式(2-12)~式(2-14)中来获得一个远离地平面的电缆的场。也可以将其代入式(7-25)~式(7-30)来获得在地平面上面的一个电缆的场。为了获得最高精度，由大多数制造厂商所提供的典型校准曲线应被所使用的电流探头的校准曲线所代替，而该曲线是由具有代表性的电缆测试配置对被测电缆进行测量而获得的。在高频时，电缆长度可能超过半波长，探头应该在电缆上上下移动直到获得最大读数。一个必须被接受的造成测量结果不够精确的来源是电流探头在被测试电缆上的负载效应，因为电流探头很可能增加电缆中电流的流动。图 9-23 说明了在评估来自一个接口或电源电缆的辐射发射时电流探头的使用。使用电流探头的一个典型测量方法如下。

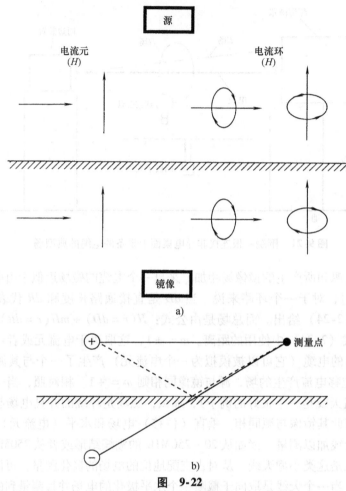

图 **9-22**

a) 电流元的取向和相对相位与电流环磁场源以及理想导电平面的镜像

b) 一个水平电流元的直接通路、反射通路和镜像

9.3.2.1 电流探头测试方法

步骤 1：频谱分析仪的频率扫描应被设置在所使用的探头的频率范围，100kHz 为起始分辨率带宽。

步骤 2：在 EUT 关机时对环境进行测量并应置电流探头于非导电工作表面上，并用记录仪或示波器照相机加以记录。

步骤 3：将 EUT 开机情况下把电流探头置于被测电缆上，监视在频谱分析仪上显示的发射。与此同时，移动电流探头在电缆上的位置以获得最大的幅值显示。

步骤 4：确保如 9.2.3 节中描述过的，在频谱分析仪或前置放大器上没有压缩发生。

步骤 5：将在频谱分析仪上用 dB 显示的幅值转换成电压

$$V = \sqrt{10^{dBm/10} \times 1 \times 10^{-3} \times 50}$$

步骤 6：读出在频谱分析仪上显示的最大幅值并记录该频率。从电流探头转移阻抗校准曲线，读出被研究的发射频率的转移阻抗，并用下式将电压转换成电流

$$I = \frac{V}{Z_t}$$

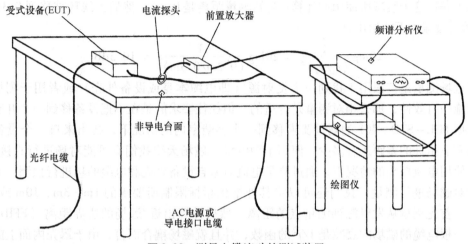

图 9-23　测量电缆流动的测试装置

步骤 7：用式（2-10）或式（7-26），式（7-28）和式（7-30）将所测量到的电流转换成在一个规定距离的电场。

对于来自在一个接地平面上方的一个电缆的磁场的幅值，可以用式（7-28）来获得，而电场的大小又可以用所求得的磁场乘以波阻抗来获得。把电场的幅值和对电场的限值进行比较。在某些频率上转移阻抗会比较低，这意味着在这些频率上所显示的电流幅值也将会低。所以重要的是在 Z_t 低的频率上的任何峰值发射也要被换算为电流测量，然后再用它来计算电场并且与电场的限值进行比较。如果电流较低，则可能需要前置放大器，但必须再次区分是受试设备产生的电流和还是由周围环境产生的电流。

对于那些必须满足 MIL – STD 要求的设备，使用覆盖 14kHz ~ 1GHz 频率范围的探头重复步骤 1 ~ 7。对于那些必须满足 FCC（联邦通信委员会）要求的设备，则使用覆盖 30MHz ~ 1GHz 频率范围的探头进行。

把电流探头测量与小型磁场和电场天线结合起来进行的一个屏蔽室内的测量和相对于一个特定开阔测试场地的测量之间已获得了一个 6dB 的相关性，在最坏情况下该相关性为 13dB。但是，要求进行多次的不同测量以确定室振和反射，这些还会在本章后面的有关章节加以详细描述。为了获得最高精度，选择天线的最佳测量距离和正确的取向是至关重要的。在近场中，环状天线的磁场预期衰减是 $1/r^3$ 的函数，而一个电流元（电缆）的磁场衰减则是 $1/r^2$ 的函数。从在屏蔽室中使用一个发射环和一个接收环所做的测量已经发现：近/远场的界面并不是突然地发生在 $\lambda/2\pi$ 处。而是从 $1/r^3$ 定律逐渐地通过 $1/r^2$ 过渡到远场的 $1/r$。

表 9-4　实测的磁场下降与预估值的比较

频率/MHz	$\lambda/2\pi$ /m	0.1 ~ 0.2m		0.2 ~ 0.3m		0.3 ~ 0.5m	
		实测值/dB	预估值/dB	实测值/dB	预估值/dB	实测值 /dB	预估值/dB
20	2.380	18	18	7	10.5		
100	0.470	15	18	4	10.5	5.3	13
220	0.217	9	18	0	3.5		

表 9-4 列出了基于近场的 $1/r^3$ 衰减规律所测量的磁场的衰减与预估值的比较。下面的例子给出了获得这个衰减所使用的计算：初始测量距离是 0.2m，然后天线环被移到 0.3m，用 dB 表示的衰减由下式给出：

$$20\log\frac{1}{(r_1/r_2)^3} = 20\log\frac{1}{(0.2m/0.3m)^3} = 10.5dB$$

当近场测量是仅限用于找到一个发射源（即电缆本身或设备外壳）或者用于测量 EMI 整改措施的有效性，那么相对测量是合适的。但往往要求的是在不把设备移到一个开阔试验场或根据 MIL – STD – 461 的测量要求移到一个屏蔽室内的情况下，找出来自一个设备的发射值与商业指标的差距还有多少。使用小型电场和磁场天线我们有可能对场进行直接测量，或者在使用电流探头的情况下，通过测量电流对来自设备外壳和电缆的场进行预测。如果在近场中对磁场进行测量，我们还可以将其外推到指标限制所要求的 1m、3m、10m 或 150m 的距离。首先测量从发射源到测量点的距离，然后计算出近/远场的边界距离（FFID）。假定来自一根电缆的磁场的衰减是 $1/r^2$ 的函数，并且就磁场耦合而言，由于罩壳内面上的电流流动，所以直到外延到 FFID 它都是 $1/r^3$ 的函数。对于罩壳内的导线源，当电路阻抗小于 377Ω 时，该源主要是磁场，所以也应该使用 $1/r^3$ 规则。当导线与阻抗高于 377Ω 的电路连接在一起时，就应该使用 $1/r^2$ 规则。当指标规定距离（SD）在近场中的话，电场可以通过用指标规定距离（SD）上计算出的磁场幅值乘以波阻抗来求出。当 SD 是远场时，为了获得从 FFID 到 SD 的衰减，可以使用等式（9-1）。当测量距离（MD）大于 $\lambda/2\pi$ 时，用 MD 代替式（9-1）中的 FFID 来求得用 dB 表示的磁场衰减：

$$衰减 = 20\log\frac{1}{FFID/SD} \tag{9-1}$$

下式适用于由 FFID 磁场来求得用 dBμV/m 表示的在 SD 的电场：

$$E(dB\mu V/m) = H_{FFID}(dB\mu A/m) - SD\ 衰减(dB) + 51.5dB \tag{9-2}$$

或数值上

$$E(\mu V/m) = H_{FFID}(dB\mu A/m)\frac{FFID}{SD}(衰减数) \times 377$$

事实上，在相同频率的一个或多个发射可以出自不同的发射源（即有多于一个的电缆或者罩壳上有多个孔和缝隙）。所以远场是这些分离源的合成。该合成的磁场用 H_t 表示，可以用下式求出：

$$H_t = \sqrt{H_1^2 + H_2^2 + H_3^2} \tag{9-3}$$

这里，H_1、H_2 和 H_3 代表分离的磁场源。

实际上，假如测量是在一个长的时间周期内完成的话，那么源可以代数相加。在与从近 H 场测量中获得的电场和所测量到的远电场相比较后发现，通常所预测的幅值要比实测值来得低。这可能是由于没有把分离场相加的缘故，或者也可能是由于在远场界面距离使用的是 $1/r^3$ 的结果。然而 $1/r^3$ 规律仅应被使用于接近远场边界面的距离。相反地，当外推到远场距离，并与外场测量相比较的话，近电场实测值倾向于较高。正像将在 9.5.1 节中描写的那样，产生这个结果的主要原因被认为是屏蔽室测量中固有的室振和反射。另外，严格地讲只有当从一个地导体到一个电流元的距离大于半波长时，电流元模型才是真正准确的。同样严格地讲，这些衰减也只有当源是点源时才是真正准确的。

对必须满足低电平 MIL - STD - 461 指标限值的设备的磁场测量中，一个前置放大器和频谱分析仪是必不可少的。一般地讲，除非进行一个设备源的 0.5 ~ 0.2m 的测量，而该设备又被要求满足相对高的商业指标限值的情况下，示波器的灵敏度是不够的。

9.3.3　传导测量

在这一章中我们用传导测量（conducted measurements）这个词来涵盖对电压和电流的直接测量，以及使用电流探头对电流进行的间接测量。这种类型的测量对确定一个特定频率下的发射源位置是很有用的。在确保一个电路或者电源不发生振荡时这种测量也很有用。由于电路的几何参数在决定其辐射电平中所起的重要作用，推断一个所测量到的高幅值电压或电流，将必然导致一个高电平辐射并不必然正确。不过，使用示波器的典型传导测量，在判断差分和共模噪声的存在与否是极其有用的。当一个耦合通路的等效电路能被确定下来，并且测量到了所施加的电压和电流，那么可以计算出来在受体上的 EMI 电压，并由此可以决定是否需要对耦合通路进行修改。

9.3.4　敏感度/抗扰度诊断测试

在一个设备不能通过辐射敏感度/抗扰度的测量要求情况下，而又必须找出造成失败的敏感电缆或罩壳面时，诊断敏感度/抗扰度测试是很有用的。它的另一个用处是用来寻找所存在的一个周期性的传导敏感度问题。假如将一个尖峰信号或一个正弦波注入到一个本身很可能就是检测对象的电源或信号接口上，而且周期性的故障出现次数增加，那么很有可能噪声源已被找到。一个附加的噪声电平的注入最好由使用绕在一个铁氧体环芯上的注入变压器来完成。这个次级线圈只有几圈并与电源或信号线串联的低阻抗很可能并不会对要测试的电路产生什么影响。典型的初级线圈应该比次级的圈数来得多一些，从而对信号发生器或者功率放大器而言，它呈现有足够高的源阻抗。另一种方法是使用探头从信号发生器直接注入。探头有一个 50Ω 的电阻器，其后串联一个根据频率情况而选择的合适的电容器。使用 50Ω 的电阻器用来在低阻抗电路中保护信号发生器，而电容器则用来隔离直流电压。必须要特别注意，在具有 AC 波形的电路上使用此探头时，应确保该 AC 波形通过 50Ω 电阻器注入回信号发生器时不会损坏发生器。理想情况下，该电阻器和电容器应该是表面贴装的。用来连接信号发生器和探头的电缆的屏蔽层应该通过一根非常短的连线连接到信号地。示波器配套的接地夹具有最低的阻抗。发生器的输出应在 +10 ~ +17dBm 之间。当输出为 +17dBm 时，注入到低阻抗电路的注入电流大约为 30mA，其在高阻电路上的方均根值大约为 1.5V。虽然注入一个附加的噪声电平是它的敏感度的体现，但它并不能保证就已经发现了问题的所在。下一步就是要对噪声电平进行测量，并且注意观察它所敏感的频率。除非这些频率过于靠近信号频率，否则可以设计一个在敏感频率上至少有 20dB 衰减的滤波器。假如在插入滤波器以后，周期故障消失了，那么该敏感电路也就可以被确定了。假如该滤波器会造成信号的衰减或不能被永久性地内置于设备中，那就必须找到噪声源。噪声源的寻找线索就在敏感度试验电平和频率之中。另外，在没有附加注入噪声的情况下，噪声的电平和种类，差模还是共模的出现也可以用来帮助确定噪声源的位置。假如噪声是共模的，在信号和电源地以及机壳之间插入一个 RF 电容也许就足够了。另一种方法是在信号接口处，加入一个在初级和次级线圈之间带有静电屏蔽的隔离变压器或使用一个光电隔离电路以降低耦合到接收电路的共模噪声。当噪声是差模时，是由在某一级上注入到信号或功率线的噪声所造成的，所以必须找到它的源以及所在位置。

正像在第4章和第5章中已详细描述过的，噪声可以通过辐射耦合、串扰、公共地耦合或者由一个噪声源信号而被注入。辐射敏感度可以通过使用一个环产生的磁场加以确定。该环既可以由一个像方波这样的宽频率范围的噪声源，也可以由一个扫频发生器来驱动。但该扫频发生器的扫频范围必须能覆盖已证实对其敏感或怀疑对其敏感的频率范围。在大约20MHz以上，使用在2.6节中所介绍的一个单圈环或平衡环天线就可以产生这样的一个场。在低频时应该使用一个多圈的环以确保它对信号源呈现一个适当的高阻抗。有些功率放大器规定要有能力驱动一个短路状态，然而基于功率放大器的高失效率，我们推荐在最低频率时至少还要有几个欧姆的阻抗。虽然在 MIL－STD－461 RS04/MIL－STD 461F RS101 测试中使用的是一个磁场，典型的辐射敏感度认证测试却用的是电场。实际上，在一个灵敏度测试中，一根电缆或一个罩壳中的电流流动是由一个磁场还是电场产生的并不重要。假如设备特别被怀疑对一个低频电场敏感的话，那么可以使用一个小型杆状、单极或蝴蝶形天线，可是使用这些天线来产生一个合适的电场是很困难的。大致在250MHz以上，小型定向天线，诸如锥型对数螺旋形或锥形螺旋天线都可以被用来对一个指定地点进行辐射，并由此来确定敏感的电缆或设备。所使用的天线被置于非常靠近，并指向所研究的位置上。

小喇叭天线或平行板天线可以和行波管（TWT）放大器一起用于微波频段。如果天线是自制的，重要的是要确保负载在测试频率上接近50Ω以避免破坏行波管。金属氧化物、薄膜或碳膜电阻可以串联或并联使用，以便调整天线阻抗使其接近50Ω。

如果一块PCB可以单独测试，那么在第2章中所示的一个微型天线是适用的。一个小的环形电感将会产生局部磁场（H－field），因此，当它连接到信号发生器/功率放大器时，可以用作辐射源，并同样可以用于PCB层级充当接收天线进行信号探测。

9.4 商用 EMI 要求和测量

商用产品要求通常只限于传导和辐射的限值。然而，随着欧盟 EU EMC 指令的出现，强制性常规抗扰度（敏感度）试验要求第一次被强制用于商用设备。EMC 要求所包括的设备从 RF 弧焊机到电钻、家用电器设备以及数字产品。数字产品的定义往往非常宽泛。例如，FCC 对数字装置的定义是：任何内置有 9kHz 以上时钟的数字技术设备。因此一个弹球机或类似的装置都可以被纳入其中。在第 15 部分 B 分部分中规定的 FCC 要求的主要目的是使其发射降低到不干扰到邻近的无线电和电视接收机的水平。在大多数的国家中，人们仍然拥有收音机或电视机抑或两者兼之。为了减少人们的抱怨，大多数的商用 EMI 要求都是强制性的。即使是传输数字信号，天线上的信号仍然是模拟的，并且可能对瞬态噪声很敏感。在这一节中，仅考虑对数字装置强制执行的要求和测试方法。

9.4.1 数字装置发射的 FCC 标准

在美国，符合 FCC 要求是那些器具合法进口和进入市场的先决条件。用于限制无意辐射体（如计算机、录像机和微波炉等）以及有意辐射体的无用射频辐射的技术要求都包括在 FCC 标准的第 15 部分中（47CFR，第 15 部分）。工业、科学以及医疗设备（ISM）的标准包括在第 18 部分中（47CFR，第 18 部分）。

　　一些特殊装置可以被豁免，这些装置包括：运输车辆、水电站以及工业、商业或用于医疗测试设备的专用数字装置或内置于家用电器（微波炉、洗碗机、干衣机，中央或窗式空调等）中的，消耗功率不超过 6nW 的数字装置，以及游戏机操纵杆/鼠标或者使用或产生 1.705MHz 以下的时钟，且不与交流电源相连接的数字装置。

　　被豁免的设备应遵守这样的条件，即其运行不会造成有害干扰，并且一旦接到 FCC 代表通报该设备正在造成有害干扰时，即刻停止运行，如 FCC 第 15.5 节所述。另外，这些设备还要按照第 15.29 节的规定接受 FCC 的检查。

　　那些只在部分时间通过电池充电器连接到交流电源或通过另一个装置获得交流电源的装置不在传导发射测量的豁免之列。假如一个装置被连接到公共交流供电电源，并且为第二个或多个装置提供直流电源的话，那么应在交流电源线一侧对其进行传导发射测量，且所有装置的综合发射应满足发射限值。这些装置包括那些在直流电源线上的，并通过 AC - DC 电源反射或传导的装置。因此一个插在墙上的交流插座上的 AC - DC 电源可以贴一张标签来说明该装置满足 FCC 要求，但是在连接其他负载设备后应重测传导发射。

　　虽然在 1934 年的通信法修正案的第 302 节中已授权 FCC 为家用娱乐产品制定抗干扰法规，但迄今为止 FCC 仍未对此做出要求。FCC 有权对任何在运行时可能对无线电通信产生有害干扰的装置进行管制，即拥有一个宽泛的法规管制能力。

　　根据使用目的的不同，FCC 对数字装置有着不同的要求。除了家用或一般公众使用的装置外，所有其他用于商业、工业或事物环境的装置都被划分为 A 级；目标市场为家居环境的装置尽管也用于市场、商业或工业环境，但是仍被被划分为 B 级。其理论基础是与家用设备相比，商用设备通常位于远离电视接收机的地方，而家用装置很可能就在临近的房间中被使用。

　　B 级装置包括但不限于个人电脑、计算器以及一般公众使用的类似电子装置。FCC 还把持续产生有害干扰的装置列入 B 级。

　　A 级装置的发射限值要高于 B 级（即不那么严格），而 B 级限值更低（即较为严格）。

　　表 9-5 和表 9-6 提供了对 B 级装置的辐射和传导要求。表 9-7 和表 9-8 提供了对 A 级装置的要求。

表 9-5　FCC B 级（家用）辐射发射的限值

频率/MHz	距离/m	场强/μV/m
30 ~ 88	3	100
88 ~ 216	3	150
216 ~ 960	3	200
960 以上	3	500

注：测量仪器的带宽不能窄于 100kHz。

表 9-6　FCC B 级（家用）传导发射的限值

频率/MHz	最大 RF 线电压/μV
0.45 ~ 30	250

注：1. 测量仪器的带宽不能窄于 100kHz；

　　2. 传导和辐射发射的测量使用的都是 CISPR 准峰值功能；

　　3. 当传导发射被测定是窄带的情况，FCC 允许放宽 13dB。

　　对有意辐射体，要调查的频谱范围的下限为装置中产生的最低射频频率（不低于 9kHz），而上限如下：

表9-7 FCC A 级（商用）辐射发射的限值

频率/MHz	距离/m	场强/μV/m
30～88	10	90
88～216	10	150
216～960	10	210
960 以上	10	300

注：测量仪器的带宽不能窄于100kHz。

表9-8 FCC A 级（商用）辐射发射的限值

频率/MHz	最大 RF 线电压/μV
0.45～1.705	1000
1.705～30	3000

注：1. 测量仪器的带宽不能窄于 9kHz；
　　2. 传导和辐射发射的测量使用的都是 CISPR 准峰值功能；
　　3. 当传导发射被测定是窄带的情况，FCC 允许放宽 13dB。

1）假如该 A 辐射体是在 10GHz 以下运行的话，直到第 10 次谐波或者到 40GHz；

2）假如该 A 辐射体运行在或超过 10GHz，而低于 30GHz 的话，直到第 15 次谐波或直到 100GHz，选用两者中较低者；

3）假如该 A 辐射体的运行在或超过 30GHz，直到最高基频的第 15 次谐波或直到 200GHz，选用两者中较低者；

4）假如该 A 辐射体内置有一个数字装置，到该 A 辐射体的最高上限频率或该数字装置的最可用高频率，选用两者中的较高者。

对于无意辐射体，包括数字装置在内，所需要测量的最低频率不应低于辐射发射规定中限值的最低频率。在 1GHz 以上，要测量的上限频率如下表：

产生或使用的最高频率/MHz	测量频率的上限/MHz
1.705～108	1000
108～500	2000
500～1000	5000
1000 以上	最高频率的第 5 次谐波或 40GHz，取两者中较低者

在 1000MHz 以上的任何频率，辐射限值是基于使用平均值检波器得出的数据（峰值检波器测量的进一步资料，请参阅 47CFR）。除非特别指出，1000MHz 以上的测量使用的最小分辨率带宽为 1MHz。交流电源线传导发射测量总是使用 CISPR 准峰值检波器。

任何在美国使用的属于数字装置定义范围内的设备必须对代表性的样品进行测试。大部分数字装置须经制造厂商的验证，这是制造厂商对其设备的一个授权过程。在经过检验符合要求后，根据 47CFR 15.19.47 的要求向用户提供有关的产品说明和资料以及为设备贴上标签。CFR 2.901 为这个验证程序提供了更为详尽的资料。FCC 的合格声明（DoC）是责任机构进行测量或采取其他必要步骤来确保设备符合相应的限值的一个过程。FCC 并不要求送交设备样品和数据。所有依附于 DoC 的设备必须与被测设备完全一致。若根据其 DoC 的要求，一个产品必须被测试或授权的话，那么在该产品进入市场或进口时就应提供一个符合性声明。

设备验证（Equipment Verification）是制造商进行测量或采取必要措施确保设备符合相应技术标准的过程。除非 FCC 特别要求，否则不需要向 FCC 提交样品或代表性数据来证明其符合性。

可以进行验证的设备包括但不限于 ISM 设备、商业 A 级计算机设备以及 TV 和 FM 接收机。

　　DoC 是责任方进行测量或采取其他必要步骤以确保设备符合相应技术标准的一种程序。除非 FCC 特别要求，否则不需要向 FCC 提交样品或代表性数据以证明符合性。DoC 设备的例子包括但不限于 B 级个人计算机和外围设备，以及 CB 接收机，超外差接收机和 TV 接口设备。DoC 设备应具有唯一标识。

　　设备必须通过由国家自愿认证计划（NVLAP），美国实验室认可协会（A2LA）认可的测试实验室或 FCC 根据多边协商的互认协议（MRA）指定的认可实验室进行测试。

　　认证是由 FCC 或指定的电信认证机构（TCB）根据申请人提交的陈述和测试数据颁发的设备授权。

　　必须提交给 FCC 认证的设备包括但不限于超宽带设备，软件定义的无线电设备以及新技术设备。

　　必须向 TCB 提交认证的设备的例子是计算机和计算机外围设备。

　　可以提交给 FCC 或技术 FCC 的需要认证的设备的例子包括但不限于手机、RF 灯、微波炉、RC 发射器、家用无线电、遥测发射器、无线电话、对讲机。

　　一旦一件设备被授权，那么其他任何相同的设备就被授权了。"相同"在这里的意思是指由量产的技术工艺所造成的可预期变化时，产品性能仍然可以认为是完全一致的。

　　显然，软件或硬件的任何改变都意味着设备的不相同。然而，虽然它们可以影响发射，但在生产过程中仍然允许制造商更换具有相同元件号的 IC（集成电路）。

　　型式认可不适用于无意辐射的发射设备，但是可限于对发射台站的授权。同样它也仅适用于等同的设备。

　　对于那些在美国境外的制造厂商所需要遵循的程序是指对 A 级数字装置、周边设备以及外部开关电源和设备的合格检验。同样它也适用于几乎任何 B 级的开关电源、数字装置和周边设备。然而，如果设备属于 CB（民用波段）接收机、TV 接口设备、扫频接收机，超外差接收器一类的话，它们就需要遵循更多繁琐的合格检验程序。

　　所有有关的管理条款都包括在 47CFR 2.901 中。

　　FCC 标签应包括商品名称和型号。对于使用另外的授权组件进行组装的产品，如果不对产品进行单独测试，则标签应包括"由已测试组件组装而成，完整系统未经测试"。

　　FCC 的标签应该说明："这个装置符合 FCC 标准的第 15 部分条款。装置的运行满足以下两个条件：①这个装置不会引起有害的干扰；②这个装置必须接受任何所接收到的干扰，包括可能引起异常运行的干扰"。

　　如果满足 A 级限值，则在操作手册中应包含以下或类似声明：

　　注：根据 FCC 标准的第 15 部分条款，本设备已经过测试，符合 A 级数字设备的限值。这些限值旨在提供合理的保护，防止设备在商业环境中运行时产生有害干扰。本设备会产生、使用并辐射 RF 能量，如果不按照说明手册进行安装和使用，可能会对无线电通信造成有害干扰。在居民区使用本设备可能会造成有害干扰，在这种情况下，用户需要自费纠正干扰。

　　对于 B 级数字设备或外围设备，提供的用户手册应包括以下或类似的声明，并放在手册的明显位置：

　　注：根据 FCC 标准的第 15 项条款，本设备已经过测试，符合 B 级数字设备的限值。这

些限值旨在提供合理的保护，防止设备在商用住宅安装中的有害干扰。本设备会产生、使用并辐射 RF 能量，如果未按照说明进行安装和使用，可能会对无线电通信造成有害干扰。但是，不能保证在特定的安装中不会发生干扰。如果本设备确实对无线电或电视接收产生有害干扰（可通过关闭和打开设备来确定），则鼓励用户尝试通过以下一种或多种措施来纠正干扰：

① 重新调整或摆放接收天线。

② 增加设备和接收器之间的距离。

③ 将设备连接到与接收器所连接的电路不同的电源插座上。

④ 请咨询经销商或有经验的无线电/TV 技术人员寻求帮助。

数字装置（Digital Device）的定义是：一个产生并使用超过每秒 9000 脉冲（周期）时标信号和脉冲以及使用数字技术的无意辐射体。这包括计算机、数据处理设备和其他类型的信息技术设备（ITE）。

线传导的测量仅需证明符合 110V/60Hz 的美国电压即可。对于使用 108MHz 以上振荡器的数字装置，必须使用频率范围在 1000MHz 以上的平均值检波器测试仪器来进行测量。1000MHz 以下的 FCC 和 CISPR 限值基于准峰值测量。1000MHz 以上的 FCC 测量应使用平均值检波器来进行，除了规定了的平均值限值外，还规定了峰值限值应比对应的平均值限值高 20dB。根据 47 CFR 15.33 的要求，测量频率超过 1000MHz 时，最小测量仪器带宽为 1MHz。

CISPR 22 指出，由于高环境噪声或者其他原因在 10m 处无法测量场强的话，测量可以在较近的距离上，即 3m 处进行。使用每 10 倍程 20dB 的反比系数将实测值归一化到指定距离来决定是否符合要求。然而，在 3m 处和频率接近 30MHz 时对大尺寸装置进行测量时，由于测量距离接近天线近场区，所以要特别地小心。在表 9-10 ~ 表 9-12 中列出了第 15 部分辐射和传导发射限值与 CISPR22/EN55022 限值（以及其他 EN 的限值）的比较。表中显示了 CISPR22 A 级和 B 级限值和 EN55022 A 级和 B 级的限值是相同的。

对一个电路或软件的任何修改，即使是微小的，也会造成发射情况的改变。例如，软件上的一个修改、器件作用的改变、接地屏蔽的端接或附加一个信号接口都能造成发射的显著变化。所以，我们推荐在设备进行任何变更以后应对设备进行复测。根据 FCC CFR 47 有关设备的合格认证要求适用于所有相同的设备。然而，在 1982 年发布的公告 7 中提醒：

制造商应注意，许多在表面上看来不显眼的的变更在事实上却非常显著。一个印制电路板上电路布局的改变，或是一根印制线条的增设，去除或走向的变化，以至逻辑上的修改，将几乎可以肯定会改变器件的发射特征（包括传导和辐射）。这对一个安装在非金属罩壳内的器件尤为如此。确定这种特征上的改变是否会把一个产品排除出符合性之外的最好办法就是对其进行重新测试。

很清楚，虽然复测是一个最佳途径，但它却不是硬性规定的。并且通告也没有规定这个测试必须达到使用标绘曲线来验证的这个层次上。所以，如果对一个大范围产品的每一个细小修改的都进行测试是既艰巨而昂贵的事。此时，可以由一个 EMI 专家对修改进行复查，或者以"快速观察"的方式对设备进行测试。在开阔试验场（OATS）和在屏蔽室内对辐射发射和传导发射进行"快速观察"测试可以不需要绘制曲线，若使用数据图表形式，通常耗时不会超过 3h，这取决于设备的复杂程度及其运行模式。

常规情况下，FCC 要求对设备进行复测以确保持续符合性，并且被授权罚没不符合要求的设备。通过对产生 EMI 的申诉，竞争对手的举报，监督贸易展览和查阅有关文献，或

者 FCC 的抽样检查程序，不符合要求的设备会引起 FCC 的注意。首先，FCC 有权签发一个
"市场传票（Marketing Citation）"。这是一封通知某公司的信函指出它已明显地违反了 FCC
的法规，有时也许还要求该公司将产品的样品送至 FCC 实验室。假如违规继续或者 FCC 已
发现设备违反了某些技术标准，FCC 会签发一个明显责任通知书。它可以决定对每次违规
者的罚款金额和多次违规者的罚款金额。至今，加拿大的制造商通常会选择召回它们在美国
的经销商能找回的所有装置设备，再施以 EMI 整改。

　　虽然并非 FCC 要求，加拿大的许多合规工程师仍然要求他们的设备要比 FCC 的限值低
6dB，而且还要求对量产产品进行抽测，以减少出口产品复测失败的风险。

　　假如忽视"行政"制裁的话，那会导致 FCC 采取"司法"手段。该步骤只有在 FCC 相
信被传讯公司拒不合作以后才会强制执行。处罚是：

　　任何个人，他故意地或者知道从事……任何活动、方式或一件与通信法律第（501，502）节相关
的……在证据确凿的情况下，对这种违法行为要进行处罚，可处以罚款或不超过一年的监禁。

　　对美国境外的制造商来说，更大的震慑是被勒令停止进口肇事设备。但不大清楚的是这
个条款是以何种方式被包括在北美自由贸易协定（North American Free Trade Agreement）
中的。

　　虽然 FCC 已经接受某些替代方法，但是 ANSI C63.4 - 2014 还是包含了合格检验用的测
试方法。FCC 鼓励使用 ANSI C63.4 的步骤执行所有的测试。任何当事方若使用其他程序，
应该确保这些程序可靠且预期会获得与 FCC 测量步骤相兼容的结果。保留有关设备合格认
证测试步骤的描述和实际使用的测试设备清单，作为认证申请的一部分；或者与数据一起由
DoC，通知或验证授权的责任方保存。测量需要使用经 NVLAP 或 A2LA 认可的测试场地，
或通过互认协议的认可实验室。FCC 允许通过使用计算机程序将 GTEM 室测量数据与 OATS
的辐射发射测量数据进行相关性修正。应优先选用 OATS 进行测量，因为 OATS 是 FCC 所使
用的方法。ANSI C63.4 允许使用 3m 或 10m 电波暗室场地。但是，该场地必须满足比 OATS
的更严格的归一化场地衰减（NSA）测试。目前 FCC 接受把 EUT 或测量天线放置在一个具
有非导电罩壳的全天候 OATS 内进行测试。ANSI C63.4 第 11 节提供信息技术设备（ITE）
测量的特定信息资料；这包括有主机的运行条件，外围设备和视频显示单元的信息，还包括
了像台式系统布局、主机、显示器和键盘、外部设备、接口电缆、落地设备、台式和落地式
相结合的设备、传导发射测量以及辐射发射测量等的附加信息。

9.4.2　天线校准

　　ANSI C63.4 规定使用一个可调谐偶极子或者只在 80MHz 上可调谐的偶极子。在 30 ~
80MHz 之间使用时调谐长度就设置在 80MHz。另一个替代方法是采用一个在可接受精度范
围内与偶极子相关的宽带天线。在实践中，为了获得合理精度，可能必须使用三天线校准
法，并参考已经校准的偶极子天线来进行校准。ANSI C63.4 要求所有的天线要单独地校准
溯源到国家标准和技术研究所（NIST）或者一个与之等效的标准参考组织。根据 ANSI
C63.5 - 2006 方法校准的天线已满足了溯源的要求。ANSI C63.5 描述了天线校准的两个基
本方法，两者都假定有一个理想的参考基准。假定一个理想天线，根据它的标准结构，它的
特征不仅是已知的而且有很高的准确度。已调谐的"Roberts"偶极天线就是这样的参考天
线。假如它的确是仔细地按照设计图制造安装的话，那么它的天线系数与预期值相比不会超

过 1dB。可以建造一套四天线的装置来覆盖从 30~1000MHz 的频率范围。任何其他天线的天线系数都可以通过替代参考天线来获得。在替代校准过程中，发射天线和参考天线或被校准的天线的分离距离为 10m。发射天线可以是任何天线，但它应该至少高出地面 2m。参考天线被用作接收天线，它的高度应被调节在高出地面 2.5~4m 之间。为了避免出现一个零位，该高度应该这样选择：通过找到一个位置该处的接收信号或者是最大或者就是信号变化得非常慢。参考天线接收到一定强度的信号后，在相同高度和位置上用被校准的天线代替参考偶极子（扫描接收天线的高度的同时记录最大接收信号将会加快测量。特别是在频率较高且有许多峰值和零位的场地情况下更是如此）。未知天线的天线系数在有地面影响存在的情况下可能会有所变化。通过选择的天线地面高度至少要在 2.5~4m 之间可以将这种变化降至最小。但是这个方法并不是一个自由空间校准，也没有对地面产生的影响进行补偿。第二种方法是假定有一个理想的或至少接近理想的"标准场地"。这种标准场地是指一个大的开阔场地，它远离诸如树木、建筑、空架导线、起伏或小山。并且几乎肯定包括有一个"超大尺寸"的平坦地面。在一个"标准场地"使用相同天线来进行 NSA 校准，也就是获得它们天线系数的全过程。然而，ANSI C63.5 禁止使用已用作天线校准的 OATS 来测量 NSA 数据。虽然这种开阔场地也被用来对天线的校准，但有观点认为不理想场地的偏差可能已经被错误地被赋予了天线系数。C63.5 对大型 OATS 测量允许有一个例外，即在满足一定的先决条件下，可以使用前面所描述的接近理想的场地。这个先决条件是天线必须以水平极化方式沿着不同于 EMI 和 NSA 测量的传播路径来进行校准。另一种选择是在两个分别独立的场地或在一个大的场地的两个相互独立的路径进行两次 NSA 测量，例如，一个 30m 的测试场地中两个独立的 10m 路径。在 C63.5 中所描述的标准场地方法，假如使用三个不同天线的话，则要求进行三次场地衰减测量。在这些测量中，天线间必须保持相同的距离、相同的固定天线高度，以及在所有三次测量中，第二根天线的扫描高度也要相同。

ANSI C63.5 还包含了一些表格。这些表格列出了源天线高度在 1~2m 时所预测的最大接收地面波场强。

三个不同的天线以成对的方式进行校准。例如，1 和 2、1 和 3 以及 2 和 3。

对三个包括测量场地衰减、频率以及来自表格中的最大预期地面波场强的方程求解，就可以获得所需要的天线系数。

假如要对两个完全相同的天线进行校准，那么只要进行单次测量和解一个方程即可。比如天线中的任何一个或两个都是调谐偶极子天线，并且 NSA 的测量是在 3m 处进行的，那么需要采用 ANSI C63.5 对其中的一个或两个天线进行修正。

在接近地面的情况下校准对数周期天线这样的宽带天线时，接地平面会在很大程度上改变天线上的电流分布和输入阻抗。因此与近似自由空间的校准相比，两者的天线系数会有很大差异。对这种效应的另一种解释是接地平面中的天线镜像将会干扰地面上的天线。当天线的地面高度等于一个或多个波长时，这种效应会变得特别显著。因此，一个地面上 1m 的天线的天线系数与其自由空间的系数值会存在着明显的差异。这个差异在 200~400MHz 频率范围会相当明显，尤其在频率为 300MHz 时，两者几乎截然不同。在标准场地天线系数中，天线高度在 1~4m 的范围内进行搜索，因而该校准计入了接近效应。典型的"近自由空间"校准是将两个天线置于非良性导电表面以上 4m 的高度，即两个天线之间没有接地平面，且使用大块的吸波材料或铁氧体片覆盖它们之间的表面。

应该按照使用的测量距离来进行天线校准，即假定测量距离是 3m，那么校准也应在 3m 处进行。同样，假如测量在 10m 的距离上进行，那么校准应在 10m 处进行。应该按照 ANSI C63.5 的要求进行校准。如果不这样做，那么在要求的开阔试验场的 NSA 测量中就可能会遇到困难。应对 1~40GHz 测量所使用的天线事先进行线性极化校准，诸如：双脊导向喇叭天线、矩形波导喇叭天线、锥形喇叭天线、优化增益喇叭天线和标准增益喇叭天线。不过也允许使用对数周期偶极子阵列天线。天线的波束必须大到足以把 EUT 包容在内，或者采用对 EUT 进行扫描覆盖的方法。天线的最大孔径（D）应该足够的小，以保证测量距离（单位为米）等于或小于 $D^2/(2\lambda)$。对于标准增益喇叭天线，除非已有明显的损坏或被怀疑有性能恶化，可以直接采用制造商提供的校准数据而不需要另外的校准。标准增益喇叭天线的增益是由几何尺寸和公差所决定的固定增益。因为它们总是固定不变地被使用在远场和 50Ω 的阻抗条件下，可以基于式（2-53）的简单关系，从其固定增益计算出天线系数。

当 EUT 大于测量天线的波束宽度时，应沿 EUT 四面的表面移动测量天线或减小接口电缆的长度，或使用其他扫描 EUT 的方法。优先使用 OATS 或者暗室进行 1~40GHz 测量。然而，在充分考虑 EUT 的辐射模式的前提下，测量也可以在有足够净空确保邻近物体的反射不会影响测量结果的地方进行。这里并没有要求布设导电接地平面，然而在超过 1GHz 的测量中应该使用接地平面。

EUT 复测不合格的许多原因之一可能是在原始测试中使用了宽带天线。宽带天线在低频时会呈现出高电压驻波比（VSWR）以及由此导致在校准曲线中出现大的高峰和低谷。因此使用偶极天线和宽带天线的测量结果之间可能存在着明显的差异。在不考虑天线的地面接近效应的情况下，一个 20~1200MHz 极宽带天线可获得的 VSWR 通常是 2:1，然而，在如 20MHz 这样的低频时 VSWR 可以高达 30。按 FCC 规定的标准，B 级设备的辐射发射的测量距离为 3m，A 级设备为 30m。ANSI C63.4 则允许测量在 3m、10m 或 30m 处进行。测试应该把天线置于水平极化和垂直极化两个位置上进行。在测量过程中，还应该改变测量天线相对于导电接地平面的高度以获得最大信号强度。就垂直极化而言，应该相应地增加其最低高度以使天线的最低点离开地面至少 25cm。

9.4.3 测试场地

测试应该在一个开阔的、无起伏的平坦水平地带进行。除了测试必需的以外，OATS 还应该避免有建筑物、架空电缆线、篱笆、树木、地下电缆及管道等。推荐的 OATS 布局是一个椭圆形场地，它的长轴是 $2F$，短轴是 $\sqrt{3}F$。这里的 F 代表测量距离，它可以是 3m、10m 或 30m。

ANSI C63.4 要求辐射发射测量所使用的 OATS 必须进行水平和垂直 NSA（Normalized Site Attenuation，归一化场地衰减）验证。场地衰减测量中所使用的天线间隔应该与在 30~1000MHz 频率上进行 EUT 符合性测试中所使用的天线间隔相同。所测量到的 NSA 数据还应该与理想场地的计算值进行比较。实测值与理论 NSA 值的差异应在 ±4dB 以内。这个 ±4dB 的误差包括了测试仪器的校准误差、测量技术误差以及由场地不规则所造成的误差。C63.4 提供了当场地不符合要求时，所应该采取的行动。最常见的错误是没有布设满足最小规定的地平面。即使是潮湿高腐殖质土壤也不太可能满足要求。即使是由金属织物铺设的这类导电接地平面也未必就一定会满足要求。就这类由金属织物构成的接地平面而言，首先它的面积必须足够大，最大网孔尺寸不应超过 3cm，并且还要求平面板块之间的拼接处要有正确的搭接。

参考文献［23］描述了 EMC 场地合格性判定的两种方法，一种是场地电压驻波比（SVSWR），第二种是时域反射法。

使用 VSWR 方法，传输线是由 EUT 到接收天线的路径，它包括测试环境中其他对象的反射。在 CISPR 16-1-4 中的测试中，建议将室内或场地中的天线移动到六个物理位置，并记录接收天线测量的最大值和最小值。该方法所固有的误差是距离和天线模式的可重复性和再现性。由于模式随角度的小增量而变化，所以耦合值也会变化。

可以计算反射信号与直接信号的比率，并且 VSWR 将提供对现场反射的实测值。

时域方法使用矢量（电压和相位）测量来获得 VSWR，而不需要在物理上移动天线。在时域方法中，直达波先到达，反射波后到达。通过应用时间门控（一个时间过滤器），可以将直接信号从反射信号中分离出来。实际测量是在频域完成的，然后使用傅里叶逆变换进行变换。时域数据（解析后）被转换回频域，通过 VSWR 方法计算相同的反射波和直射波信号。

在 NSA 测量中，另一个误差源是发射和接收天线的天线系数校准误差。可以使用自由空间的"两个等同的天线"校准方法或"三天线法"对天线进行校准。在"三天线法"中两个天线是完全相同的，而第三个则是未知的，但首选的方法还是 ANSI-C63.5 标准场地法。假如在 NSA 校准中使用了自由空间宽带天线系数校准。那么这意味着由于天线接近地面并具有固定高度，几乎可以肯定在某些频率上 NSA 不能达到要求。将天线从 1m 的固定高度升到 1.5m 可能会有帮助，反之亦然。

ANSI C63.4 中指出只要所选择的场地能满足 EUT 所占据体积的场地衰减以及最小导电地平面等要求，测量不仅仅可以在一个 OATS 进行，也可以在一个全天候场地、一个暗室、一个专用实验室或者一个厂区进行。

正如出版物 C63.4-1992 所指出的：可替代测试场地中，只有全天候场地不需要进行多次 NSA 测量。另外 9.5.2.2 节将描述如何预先将修正系数编入 GTEM 小室的校准程序，进而达成 GTEM 小室与 OATS 衰减要求相关性的方法。对可替代的测试场地而言，C63.4 指出，单点的 NSA 测量不足以检测到那些来自测试设施，以及/或包括设施中墙和屋顶等在内的射频吸波材料的所有反射。对于这些场地，C63.4 定义了一个测试体积，而且发射天线应被放置在测试体积内最多 20 个不同的位置点上。C63.4 对这些位置和测试方法都有着详细的描述。测试体积越小，需要的校准点就越少。例如，对一个 1m 深、1.5m 宽、1.5m 高的测试体积，最少要求有 8 个测量点。

全天候的 OATS 由玻璃纤维桁架和板构成，然后用尼龙或玻璃纤维螺钉和螺母来固定。可替代的设施还有如加压橡胶帐篷，塑料罩，或者覆盖在 EUT 转台上方的，由玻璃纤维杆支撑的织物帐篷等。天线仍然被放置在全天候结构的外部。该结构的高度是有限的，通常是 EUT 的最大高度加上 0.8m 的台面高度。至少在其刚刚造好传导污染还没致使其性能开始下降之前，所有这些场地都能满足 NSA 的要求。

某公司自有的一个全木结构，其屋顶用油毛毡和木板或陶瓷片构成的，而不使用钢或铝材。我们已经提出建议使用它来作为一个低成本而又有遮盖的 OATS。

首先应该使用可以用于全天候场地的天线、天线杆和测试转台来建造这个临时或永久性的 OATS。这个开阔试验场必须要有一个通常由金属织物构成的接地平面。这个金属接地平面也可以用在后面所讲的全天候的建筑中。这类的开阔试验场一般可以是一个停车场、一个开阔地或一个后院。这个开阔测试场地的地面必须平坦。所有的障碍物,诸如灌木丛或者树木和建筑物都必须处在"带有转台的无障碍测试区域"以外。ANSI C63.4 中图 5 所示的就是这样的一个场地。在这个开阔试验场进行的 NSA 测量必须满足 ANSI C63.4 的要求。为此,首先需要设置一个安装在导电屏蔽罩内的宽带扫频噪声源(通常由电池供电)。它应能够连续覆盖完整的 30 ~ 1000MHz 的频率范围。然后,把水平和垂直电缆接到宽带信号输出电平端。这些电缆的长度必须够长可以延伸到所建议测试体积的任何一个位置。垂直电缆被垂直置于台子后面。整个设置与图 9-24 所示类似。可以用这个虚拟的 EUT 的辐射发射来获得两个测试场地的相关性。另外也可以使用测得 GTEM 与开阔试验场相关性的发射测试布置。首先在开阔试验场,改变天线的水平和垂直极化方向,高度从 1m 移到 4m,同时转动转台来测量噪声源。然后在室内场地进行相同的测量,但此时的 EUT 和电缆必须处于与开阔试验场测量时完全相同的位置(为了做到这一点,可以把电缆和源用胶带捆绑在一个木制的平台或桌子上)。通过比较这两个装置的发射测量,可以获得开阔试验场和非理想全天候测试场地之间的相关性。由此就可以绘得到一个相关性表,而该室内测试场地也不必满足 NSA 要求。然而,这个室内测试场地应该用非导电材料建造,而且尽可能少用像交流电源线这类的导电的反射源,同时它还应该包括有最小要求尺寸的接地平面。虽然理论上这个所

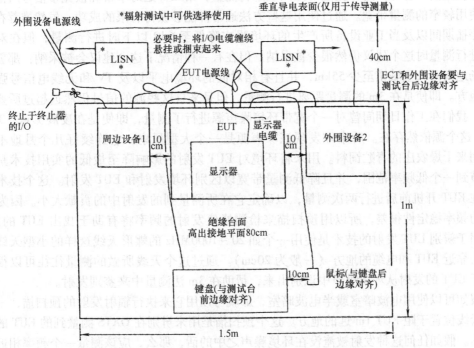

*两个LISN必须被安置在测试台的旁边,以满足LISN插座必须离开EUT背部80cm远的距离标准

图 9-24 台式设备的测试配置的俯视图
(摘自美国国家标准 C63.4 – 2014 "9kHz ~ 40GHz 低频电气和电子设备的
无线电噪声发射的测量方法",版权所有 2014 IEEE)

建议的测试场地也能够获得像 GTEM 和一个开阔试验场之间那么好的对应关系，但 FCC 并不考虑这个主张。至于为什么这个方法不被接受的原因，一是在该建议的测试场地中的某些变更，如增加导电物体等的可能性要远大于 GTEM 室的变更；另一个可能的反对意见是 EUT 的体积和电缆走向可能会影响校准，这是因为来自测试区的反射将会因此而改变。但所有这些仅是人们的猜想。然而，一个类似的误差也可以发生在被 EUT 所激励的 GTEM 标准三正交校准方法中，这一点将在 9.5.2.2 节中加以描述。虽然这类设施并不被认证/验证测试所接受，但它仍然可以用于为降低辐射发射而改进产品设计时的比较测量。

用于交流电源的传导测量的最小地平面尺寸至少是 2m×2m，并且每边要延伸超出 EUT 垂直投影至少 0.5m。假如正常情况下 EUT 不与地平面接触，那么应该用 3～12mm 厚度的绝缘材料铺设地平面。

当辐射发射场地要求有一个导电接地平面时，它的四边应延伸超出 EUT 周边以及最大尺寸的测量天线至少 1m，并且应覆盖 EUT 和天线间的整个区域。这种接地平面应由金属材料制成，并没有孔和缝隙以及它的最大网眼尺寸不应大于 3cm。某些其他类型的测试场地可能会要求更大的接地平面，特别是不能满足 NSA 要求时。

不论是由传导还是辐射产生的环境射频噪声和信号，都应比限值低至少 6dB。在一个真正的开阔试验场，由于存在大量的不同 RF、VHF 以及 UHF 发射机和宽带噪声源，要做到这一点几乎是不可能的。使用电波暗室和 GTEM 室是两种用来满足 6dB 要求的测量技术。另外推荐使用的一种方法是在更近的距离上进行测量，第二种是对窄带和被宽带信号所淹没的信号使用较窄的测量带宽。通过使用这些方法通常都能够获得有限的成功。虽然推荐在广播台站停播期间以及当工业设备所产生的环境噪声降低至 6dB 以下时进行测量，但在对关键频带进行测量时这个建议仍然很少被采纳。但在有一种情况下这个建议会被采纳：那就是当测量场地离开大型城镇至少 55km，并且有相对低的环境电平以及 TV 和无线电信号强度较弱的地方。即使是在 3m 的测量距离进行测量，但是来自这些源的信号仍然远超过所要求的限值。我们在工作日期间曾对一个宽带环境噪声源进行了测量，即使是在凌晨 1 点、3 点和 6 点，这个源依然存在。后来才发现该噪声源是一个大型风扇。它连续好几个月地不停工作，用来干燥农庄的青贮饲料。用来将环境对 EUT 发射的影响降至最低的实用技术是将频率调节到一个低频率范围，并且降低测量带宽以区别环境发射和 EUT 发射。这个技术通常要求在 EUT 开机前后进行两次测量，以确定它在所测量到的发射中的贡献大小。因为 EUT 发射的频率稳定性很差，所以用预扫描来检测峰值发射的频率将有助于找出 EUT 的发射。一个用于辨别 EUT 发射的技术是使用一个如 20～1000MHz 的蝶形天线这样的小型天线，把它放在靠近 EUT 和电缆的地方（一般为 20cm）。通过这个天线所做的测量往往可以很好地把属于 EUT 的发射从环境噪声中识别出来，帮助在 3m 法测量中来鉴别发射。

假如可以使用电波暗室或半电波暗室，那就可以用它来执行辐射发射的预扫描，一般此时的天线位置于距 EUT 1m 远的地方。这个预扫描是用来辨别在 OATS 测量到的 EUT 的辐射发射的。假如任何这种发射被淹没在环境噪声之中的话，那么，应该测量一个频率相近，而又在环境以外的发射。在 3m 或 10m 的 OATS 测量可以与两个不同频率的预扫描测量进行比较。比如说，一个在 102MHz 的发射低于限值的 6dB，而第二个在 102.5MHz 的发射被淹没在一个 FM 广播信号中。那么应该在一个电波暗室中对测量到的这两个发射进行比较。假如在 102.5MHz 的发射低于 102MHz 的发射 6dB 的话，那么在 OATS 测量到的 102.5MHz 的发射至少低于 6dB 限值的可能性就很高。

当设备无法被放置在一个 OATS 或其他测试场地进行测试时，也允许在制造商的厂区或用户安装设备的现场进行测试。此时设备和设备所在的地点都被看作是 EUT 的一部分。安装现场的辐射发射和传导发射测量也被认为是该场地所特有的。然而，假如已经对三个或更多的典型场地进行了测试，其结果就可以被看作具有类似 EUT 的场地的典型值。此时应该使用电压探头而不是 LISN（线路阻抗稳定网络）进行传导发射测量，并且在用户安装现场测试中也不应该铺设导电接地平面，除非其中之一或两者属于永久安装的一部分。

无论交流线传导测量还是辐射发射测量，非落地式设备都必须被放置在 0.8m 高的台面上。图 9-25a 和 b 所示的就是台式 ITE 的测试配置。对于那些既能用于台面，又能用于落地

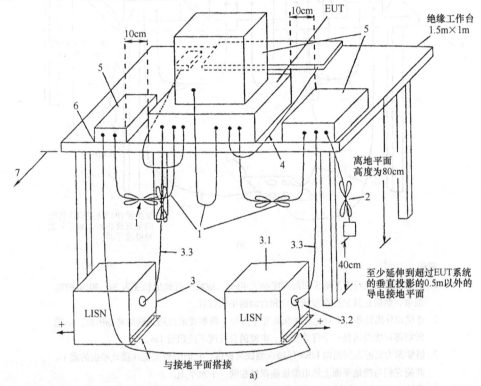

图例
1. 下垂互连电缆若离开接地平面的高度小于 40cm，应将其折叠成长度为 30~40cm 的
　　线束，然后让其悬挂在接地平面和台面的中间位置。
2. 连接到外围设备的 I/O 电缆被集束在中点处。假如要求使用正确的终端阻抗，电缆
　　的终端可能要止于一个终端负载。电缆的总长度不应超过 1m。
3. 把 EUT 连接到一个 LISN。未使用的 LISN 连接器应端接 50Ω。
　　LISN 可以被直接安置在接地平面上，或直接安置在地平面底下。
　　3.1 所有其他设备由第二个 LISN 供电。
　　3.2 除了 EUT 以外的设备，都可以用多插座接线板来连接它们的电源线。
　　3.3 LISN 与 EUT 外壳的任何部分之间的距离不能小于 80cm。
4. 手动操作器件，如键盘，鼠标等的电缆必须尽可能地靠近被操作设备。
5. 非 EUT 受试部件。
6. EUT 背部：包括外围设备都应与测试台面的后边缘对齐排列。
7. 工作台的后部应与地板地平面相搭接成的垂直导电平面的距离为 40cm（参阅 5.2）。

图　9-25
a）台式设备传导发射的测量配置
（摘自美国国家标准 C63.4 – 2014 "9kHz ~ 40GHz 低频电气和电子设备无线电噪声发射的
测量方法" 2014 年，版权所有 2014 IEEE）

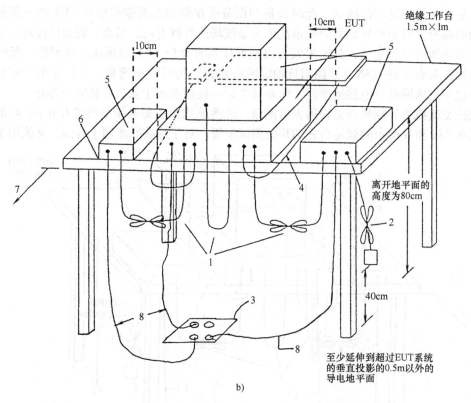

b)

图例

1. 下垂互连电缆若离开地平面的高度小于40cm，应将其折叠成长度为 30～40cm 的电缆束，然后让其悬挂在接地平面和台面的中间位置。

2. 连接到外围设备的 I/O 电缆被集束在中点处。假如要求使用正确的终端阻抗，电缆的端部可能要端接一个终端负载。电缆的总长度不应超过 1m。

3. 假如因为辐射发射而将 LISN 保持在测试装置内，它们应被安置在接地平面的底下，并使它们与接地平面上的电源插座保持在同一个水平上。

4. 手动操作器件，如键盘，鼠标等的电缆必须尽可能地靠近被操作设备。

5. 非 EUT 的受试设备。

6. EUT 背部：包括外围设备都应被排列的与测试台面的后边缘对齐。

7. 不使用垂直导电墙。

8. 电源线应甩在地板上，并被插入到电源插座中。

图 9-25（续）
b）台式设备辐射发射的测量配置
（摘自美国国家标准 C63.4－2014 "9kHz～40GHz 低频电气和电子设备无线电噪声
发射的测量方法"，版权所有 2014 IEEE）

的设备应该仅用台面配置进行测试。在屏蔽室内的传导测量中，台面设备应该被放置在一个标准尺寸的台面上，该标准尺寸为 1m×1.5mm，离地高度为 0.8m。屏蔽室的垂直导电表面应该离开 EUT 的后面板40cm。落地式的设备应该被直接放置在导电接地平面上。如果设备在正常运行时与接地平面是绝缘的话，那么它就应该被放置在绝缘材料上。所有其他台面或落地设备的表面都应至少离开其他接地的导电表面80cm，包括一个或多个 LISN 的外壳。

就台式设备而言，过长的接口导线应被放置在桌面的后部。假如悬挂着的电缆离导电接地平面小于 40cm 的话，那么对其超过的部分应以 30～40cm 长度螺旋状地捆扎在中间，以保持至少离开接地平面 40cm 的高度。如果由于电缆的体积、长度或硬度等限制，不能按图 9-25a 和 b 所示的方式把它们捆绑在一起，那么至少应该把它们悬在台后，但它们中的任何一段都必须离开水平导电接地平面至少 40cm。

系统应按照一个典型的测试设备配置来进行布局。在对电缆或导线互联的几个台式设备进行测试时，最基本的认识是测量到的电平很可能取决于电缆或导线的确切位置。因此，应该首先不断地改变电缆和导线位置进行预测试，然后再确定最大或接近最大发射配置的布置。在此期间，除非设备的原设计要求如此，否则电缆不应被放置在测试系统的任何组成部分的下面或顶部。这个经常被称之为"预扫"的预测试是整个测试过程中必需的一个步骤，并且往往是在屏蔽室内进行。如前所述，在测试期间所使用电缆的布局非常关键。在过去，当天线被置于靠近设备的情况下，FCC 会花上大约半小时来布置电缆以期在预扫描测试中获得最大的发射，然后将电缆用胶带固定在该位置上。最后将设备移到 OATS 进行认证测试。使用预扫描所确定的 EUT 的发射特征以及峰值发射的频率会被记录下来，在开阔试验场地进行测试时，它们将被用来帮助区分 EUT 发射和在开放环境下开阔试验场的环境发射。通常对落地设备的电缆布局并没有什么特别要求。只要它们按照图 9-26 和图 9-27 所示的进行布置即可。

除了安全地线以外，每一根 EUT 的载流电源导线都应分别通过一个线路阻抗稳定网络 LISN 连接到输入电源。有关 LISN 使用的详细内容，请参阅 ANSI C63.4－2014 的 7.2.1 节。组合使用 LISN 的电感和电容，使其对 EUT 呈现一个标准的电源线阻抗。ANSI C63.4－2014 中描述了两种 LISN。两者都可达到图 9-28 所示的特性阻抗。虽然其中一个的频率可以扩展到 30MH，但是适用于 10～150kHz,；第二个适用于 0.15～30MHz。后者最常用于 FCC 测试。可以使用 FCC/EN 测试以及 MIL－STD－461F 的测试对 10kHz～30MHz 的 LISN 设计进行校准。将带有 50Ω 输入端的电压测量仪器（频谱分析仪/接收机）连接到上述的两个 LISN 之一的一个端口上，以测量 EUT 在 LISN 阻抗上产生的噪声电压。第二个 LISN 的"测量仪器端口"必须端接一个 50Ω 终端电阻。LISN 的第二个作用是将测试仪器与设备电源产生的噪声隔离开。如果使用了不合适的 LISN，有时会不得不在电源和 LISN 之间插入一个附加的电源线滤波器。正如所有其他的 EMI 测量一样，应在进行传导发射测试以前且 EUT 关机情况下进行一次环境背景测量。如果条件许可，可以使用一个已经校准过且正确端接的电流探头。该探头开口要可以分别地套入所有的载流的导体。将一个 LISN 插入到 EUT 的电源导线和主电源插座之间，而且将探头放置在 EUT 和 LISN 之间尽可能靠近 LISN 的一侧。若在市场上买不到一个合适满足 EUT 电流的要求的 LISN，那么可以将电流探头插入在 EUT 和主电源插座之间而省略掉该 LISN。虽然电流探头的测量重复率不如 LISN，但在没有合适的 LISN 可用的条件下，使用电流探头技术仍不失为一个好的选择。ANSI C63.4－2014 的附录 F 中描述了两种校准 LISN 的技术。一个需要使用信号发生器和接收器/频谱分析仪，第二个则要求使用一个网络分析仪。两者在对 LISN 阻抗进行检查时，不应加载交流电源。

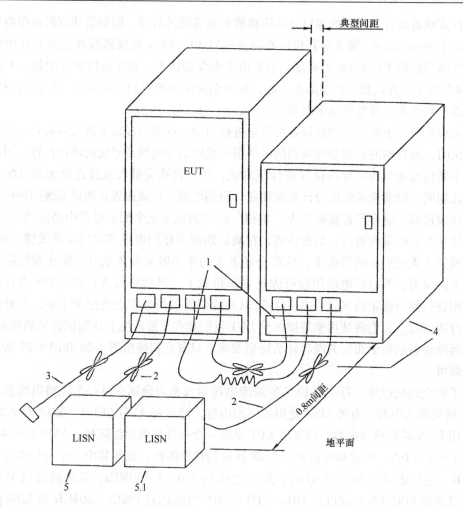

图例

1. 超过长度的 I/O 电缆应在其中间位置上将其捆扎起来，假如不能捆扎的话，就应将其盘起来。捆扎的长度不应超过 40cm。

2. 超过长度的电源线应被在中间位置上将其捆扎起来，或减短到适当的长度。

3. 不与外围设备相连接的 I/O 电缆应在其中间位置上将其捆扎起来。如要求使用正确的终端阻抗的话，电缆可以用端接终端负载器。假如无法捆扎的话，应该把它盘起来。

4. EUT 和所有的电缆都应该用 3～12mm 厚的绝缘材料与地平面隔离开。

5. EUT 连接一个 LISN。LISN 要么安放在接地平面上面，要么直接放在接地平面的底下。

5.1 所有其他设备由第 2 个 LISN 供电。

图 9-26 落地式设备传导发射的测试配置

（摘自美国国家标准 C63.4－2014 "9kHz～40GHz 低频电气和电子设备无线电噪声发射的测量方法"，版权所有 2014 IEEE）

当流过 LISN 交流线电流最大时，可以使用一个阻抗表在若干频率上对 LISN 的阻抗进行测量。使用这个技术时，需将 LISN 的两相短路（负载边），并且通过一个可变低电压交流电源（即，一个自耦变压器和一个隔离的降压变压器）提供电源输入。阻抗表可以接在 LISN 罩壳和 LISN 短路输出之间。在连接阻抗表以前，要先测试一下是否存在电源频率的共模电压，否则有可能会损坏阻抗表。

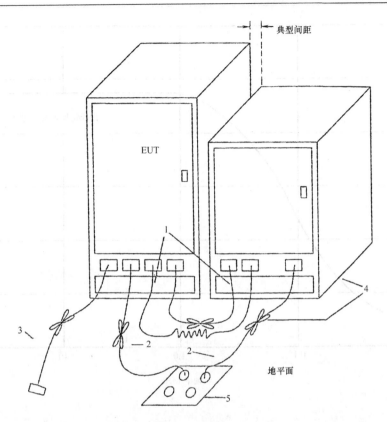

图例

1. 超过长度的 I/O 电缆应在其中间位置上将其捆束起来，假如不能捆束的话，就应将其盘起来。捆束的长度不应超过 40cm。

2. 超过长度的电源线应在中间位置上将其捆束起来，或减短到适当的长度。

3. 不与外围设备相连接的 I/O 电缆应在其中间位置上将其捆束起来。

    如要求使用正确的终端阻抗的话，电缆可以用端接终端负载器。

    假如无法捆束的话，应该把它盘起来。

4. EUT 和所有的电缆都应该用 3～12mm 厚的绝缘材料与地平面隔离开。

5. 假如 LISN 在辐射发射测试中被包括在测试设备中，那么最好是把它们安放在接地平面的底下，并且与电源插座处于同一水平。

图 9-27 落地设备辐射发射的测量配置

(摘自美国国家标准 C63.4－2014 "9kHz～40GHz 低频电气和电子设备
无线电噪声发射的测量方法"，版权所有 2014 IEEE)

图 9-29 显示了使用电压探头的改进传导发射测量装置。它可以用于用户安装现场测试。电压探头还可以用在因 EUT 电流太大而无法使用 LISN 的地方。在用电压探头的测试配置中，应对 EUT 和安装环境进行测试。这个测试方法存在的一个问题是来自于用户辖区以外交流电源线所产生的噪声也会被包括在该测量中。所有电源导线包括安全地线都要加装一个匝数大约为 2～10 圈的大型铁氧体平衡—不平衡变换器以降低环境噪声。图 9-30 所示的是另一种还未被 FCC 批准使用的方法。但是与图 9-29 的方法相比，却有以下几个优点：该测试线路与 LISN 相比的一个优点是它比较容易构建。电感器可以由绕在一个金属氧化物或铁氧体圆环上的线圈构成。若有可能，最好使用 10μF 的 RF 穿心电容器。通过使用一个足够大的金属氧化物环可以获得 200A 的电流容量。该推荐装置的第二个优点是，由于存在串联

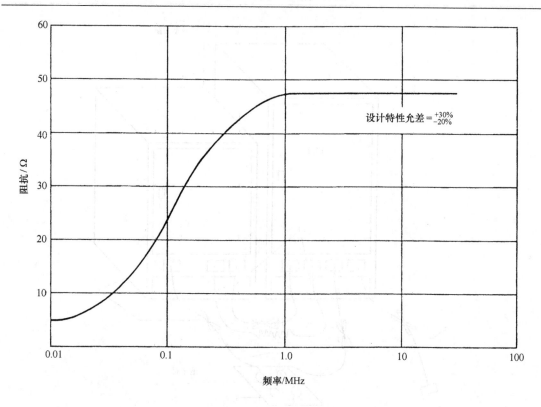

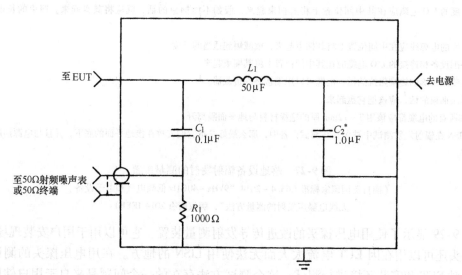

* 在某些LISN中，还包括一个与电容C_2相串联的串联电阻
例如CISPR PUBLICATION 16(1987)[6].

图 9-28 FCC LISN 线路图和阻抗响应曲线

（摘自美国国家标准 C63.4 – 2014 "9kHz ~ 40GHz 低频电气和电子设备无线电
噪声发射的测量方法"，版权所有 2014 IEEE）

电感，电流探头测量与电源线产生的噪声隔离。这个测试线路能够提供一个在图 9-28 中所示的误差内的阻抗。尽管所推荐的装置在诊断和预测量中是很有用的，但在用户现场认证测试中，FCC 只接受 FCC 类型的 LISN 或电源线探头。

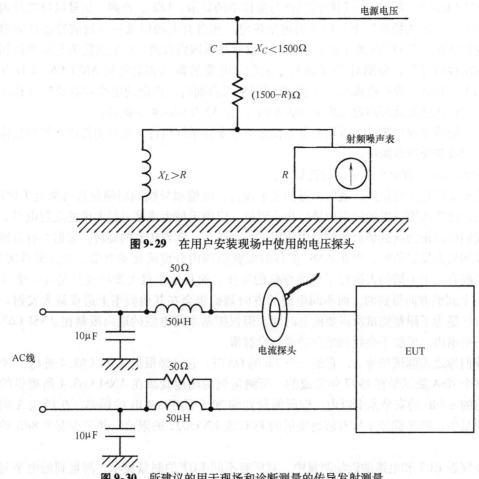

图 9-29　在用户安装现场中使用的电压探头

图 9-30　所建议的用于现场和诊断测量的传导发射测量

　　仅仅允许在有限的频率范围内使用吸收钳来对射频噪声功率进行测量，以及若单个设备规范中有规定，可以使用吸收钳。FCC 不允许使用吸收钳进行测量。

　　虽然大家都知道这并不是 FCC 测试的要求，但是 ANSI C63.4 中提到了模拟手的使用。其前提是，EUT 在正常情况下是手持式操作的。测试场地应该是在一个尽可能安静的电磁场环境。比如将测试场地设在机场附近，虽然带来了设备运输上的方便，但是这一定是一个非常嘈杂的环境。

　　就设备的软件程序或配置而言，不论表面上看是多么微小的改变，都有可能造成辐射和传导发射特征的巨大变化。例如，有一个设备，一夜之间其辐射从 FCC 辐射发射限值以内变成限值以上去了。其原因是在第二天的测试前，设计师装入了一个刚刚更新过版本软件的一个新的 PROM（可编程序只读记忆单元）。这个新的软件预置了并联接口来代替串联接口，从而增加了系统启动期间的发射。其他引起发射增加的原因还可以追踪到 IC 制造厂商的更换以及所使用的接口变压器从屏蔽型的改为了无屏蔽型等。

9.4.3.1　辐射发射测试配置和 OATS 的案例研究

　　某制造商在生产一个小型电子设备的整个设计和改型研制过程中，在若干场合对其进行了辐射发射测量，并且至少有三个人参与了该测量。测试要求是符合 FCC 第 15 部分以及 EN55022 Class B。制造商所运行的软件与操作中的显示、LED、音频、信号接口以及内存一样是处于"最恶劣情况"下。EUT 由电池供电。包含有电源以及一系列信号接口的单根电缆被铺设并连接至 OATS 地平面的电池上，然后又返回到台面。在电池接头与地平面相连和断开的两种情况下，分别对 EUT 进行了测量。电缆的布局和走向与 ANSI C63.4 图 9 (c) 所示的十分相近。即在电源/信号电缆返回到绝缘台面时，多余的电缆被卷成螺旋状悬挂在桌后，而且该螺旋状环离地高度至少为 40cm。在 ANSI C63.4 中提到：

为了能重复发射测量，重要的是不仅要慎重安排系统组件，而且要仔细布置包括像系统电缆、导线和交流电源线。

ANSI C63.4 就电缆的走向讨论如下：

最重要的是要意识到，就所测量的电平而言，电缆和导线的精确位置可能是关键所在。因此应在改变电缆位置的过程中进行初步测量，以确定最大或接近最大值的发射电平。

我们所讨论的测试场上的测量中使用了一个转台。随着转台的旋转，发射会有急剧的变化。找到最大发射值后，再在 ANSI 推荐的配置范围内分离或移动电缆。在这里再次指出，至少已经有三个不同的人执行了电缆变化的操作。而且这个最大发射也只是在一个（最差频率）上调整方向得到的。而不同电缆的方向调整将会在其他频率上造成最大发射。采用这个方法是为了限制测试所需要的总时间。但仅把基本的电缆的取向限制在 ANSI C63.4 所推荐的范围内，可能不会找到绝对的最差发射值。

我们称之为测试场地 A，它是一个 3m 的 OATS。它已经根据 ANSI C63.4 进行了 NSA 测试。这个 NSA 测试是在 1997 年完成的，所测量到的场地衰减在 ANSI C63.4 所提供的 NSA 理论值的 ±4dB 的安全范围以内，即所测量到的 NSA 低于 ±4dB 的误差。在场地 A 的所有这些测量中，EUT 满足了所有辐射发射的 FCC 或 EN55022 的限值，并至少有 8.8dB 的安全裕度。

在靠近 EUT 和电缆的近场测量中，对所有不同 EUT 的测量显示，测量到的电平与一个低电平发射器电平一致。对同一类型，相同序号的不同的产品个体在一个 3m 的半电波暗室内的测试场地（测试场地 C）进行了测试。测试报告显示发射高出限值 3.65dB，即比 3m OATS 测量高出 12.46dB。即使是完全相同的频率，测量到的差别甚至可高达 25dB。

首先，在场地 C 的测量中使用了不同的软件和电缆。然而，即使使用相同的软件和电缆对 EUT 进行复测，EUT 的发射仍然超限。然后又在 10m OATS（测试场地 B）以及一个 GTEM 室（测试场地 D）中对 EUT 进行了测量。3m OATS 和 10m OATS 的测量结果往往与远场线性距离成反比的外推系数 $20\log(10m/3m) = 10.5dB$ 不相符。在把 EUT 的位置从 3m 移到 10m 时，在某个/某些频率上的电平的降低小于 0.5dB 也是常见的。也就是说在 3m 测量中，EUT 可能正好在指标以内，而在 10m 处却超标。然而，这并没有把场地 A 和场地 B 所测量到的 14dB 的差异计算在内。GTEM 室和 OATS 测量之间相对应的平均差大约为 6dB，而在单个测量中的差别大约在 11～15dB 之间。不幸的是与上述相类似，即使是 OATS 和 OATS 之间的相关性也很差。在 GTEM 室测量中，测试工程师使用了三个铁氧体使电缆处于"休眠"状态，所以说假如电缆是主要的发射源，那么 GTEM 室实测值应该最低。此外，在场地 C，使用一根短电缆以及把电池放置在转台上进行复测。其结果显示，它们有着相同的发射电平。这再一次使我们相信，此处的电缆不是一个发射因子。表 9-9 中列出了四个测试场地的测量结果以及它们与限值的比较。表中 - 8.8dB 表示发射低于指标 8.8dB。而 +5.4dB告诉我们发射高于指标 5.4dB。表中的一横表示在一个特定的测试场地发射很低，在某些情况下可忽略不计。

表 9-9 四个不同测试场地辐射发射测量结果的最坏情况以及与 EUT 限值的比较

（ - dB 表示低于限值， + dB 表示高于限值）

f/MHz	场地 A 3m OATS	场地 B 10m OATS	场地 C 3m 电波暗室	场地 D GTEM 室
197.66	-7.7	—	—	—
204.2	—	+2.6	—	—
206.7	—	—	—	-3.8
208	—	0	—	-5.9
212	—	+4.6	+3.2	—
220	-8.8	+4.4	+3.2	—
228	—	+5.4	+3.65	—
235.88	-20.8	—	-6	—
244.3	—	-1.3	—	—
249.5	-18.8	—	—	—
252	—	-2.1	—	—
279.06	-16.3	—	-12.9	—
368	—	-7.6	—	—

在这些测量结果中，场地 A 的看起来并不好，所以要对该场地以及所使用的设备做进一步的测量。我们估计产生这种结果的一种可能是在场地 B 和 C 测量中使用的是 EMI 接收机，而在场地 A 测量中使用的是频谱分析仪（S/A），所以可以预期在宽带噪声测量结果中会存在差异。这是由于接收机中使用的脉冲带宽而频谱分析仪使用的是分辨率带宽（RBW），两者的形状不同。对于宽带噪声，一般分析仪会要求有 4dB 的修正。然而，因为发射主要的是窄带，使用频谱分析仪的测量将不会随着 RBW 的改变而有很大的变化。而且，在场地 E（几乎与场地 A 相同的一个 3m OATS）使用一个接收机所做的最后测量显示，场地 A 和场地 E 的测量结果存在着很好的对应关系，但与 4dB 的系统误差却不一致。

在场地 A 的测量中，使用了校准过的信号源来校准和检查两个不同的频谱分析仪。两者的准峰值和峰值测量是相同的，所以准峰值检波器不是一个问题。并对电缆衰减和前置放大器增益也做了检查，结果也是肯定的。在使用该测试场地以前，使用了有好几个 FM 无线电电台（在不考虑精度的情况下，这恐怕是 OATS 的唯一优点）的环境，对天线、电缆以及前置放大器进行了健康检查。在对 EUT 进行的全部测试期间所测量到的电平与该场地刚刚建成时所测量到的值相对比都不超过 1dB。

剩下的唯一可能性就是天线的校准和场地的 NSA 特征。在对 EUT 测量期间，我们使用了一个对数周期/双锥天线以及一个 Roberts 偶极子，然而不可思议的是两者同样都超标。尽管如此，基于相同的输入信号电平、增益以及天线系数，在一个自由空间范围对这两个对数周期双锥天线进行了测试，两个天线的耦合与预期的完全相同。同样如所预期的，由于没有接地平面，它没有能够通过自由空间的 NSA 测量，差值有 5.7dB。

A_N 由下列公式给出：

$$A_N = V_{Direct} - V_{site} - AF_T - AF_R \quad （都用 dB 为单位）$$

这里，V_{Direct} 是通过电缆的直接测量；V_{site} 是使用发射和接收天线以及相同电缆的辐射测量；AF_T 是发射天线系数；AF_R 是接收天线系数。

在使用一个已校准的输出信号发生器进行直接测量时，也同时使用频谱分析仪精确测量了所研究的频率的幅度，这个幅度包括了预期的电缆衰减。注意在辐射测量中，直接测量应使用同样的频谱分析仪参考电平。

辐射测量所使用的已校准天线系数，在满足 NSA 要求中是至关重要的。因此，若假定 OATS 性能非常好，那么 NSA 测量也是一个再次确认天线校准精度的方法。使用两个基准偶极子来代替双锥/对数周期接收天线，对 NSA 的重复测量已经进一步地证实这一点。

表 9-10 所表示的是使用对数周期和双锥天线在所研究的频率范围内，实测值和理论 NSA 值之间的不同。这些测量显示，即使在最坏情况下，实测值仍在预期值的 2.1dB 以内。通过 200 ~ 250MHz 之间插值估计，在 EUT 的关键频率（220MHz）处 NSA 值大约为 1dB。表 9-11 所表示的是使用两个偶极天线的 NSA 变化。

表 9-10　使用对数周期和双锥形天线的实测值与理论值的 Delta NSA（NSA 变化）

f/MHz	ΔNSA/dB
200	0.82
250	1.68
300	2.1

表 9-11　使用两个偶极天线的 Delta NSA

f/MHz	ΔNSA/dB
200	0.31
250	1.69
300	1.9

虽然场地 A 满足了所有的要求，我们还是决定再一次在一个 3m 测试场地对 EUT 复测。这些测量结果显示该 EUT 符合要求，但是裕量仅为 1.6dB，而不是像在场地 A 的 8.8dB。然而，在测试场地 E 所使用的电缆布局有一点不同，该电缆被从转台的中部而不是边缘接到下面的电池，然后再从电池返回到台面，并以大环形置于转台中部。

用完全相同的电缆布局又在场地 A 进行了测试。场地 A 和 E 之间的发射测量的差别，在最坏的情况下是 3.8dB。考虑天线系数标准误差、NSA 误差、测量仪器误差以及接收机与频谱分析仪的带宽形状的差异，这个值是可以接受的。最后的这个测试显示电缆走向对发射电平起了相当的作用，在这个例子中它的影响最高可达 2.9dB。

在测试场地 B 和 C 的测量到了最高的发射电平，测试中从电池返回的电缆被盘起来直接放置在地平面上的。这个电缆的布置和走向与 ANSI 所推荐的配置的核心相差甚远，这也解释了虽然表面上看起来它们同样使用了短电缆，电池也被安放在转台上，但是测量却出现这样的巨大差异。

表 9-12 列出了用 dBμV/m 为单位表示的发射与 EN55022 B 级限值的比较。

表 9-12　使用相同的 EUT、软件和电缆取向，测试场地 A 和 E 辐射发射测量结果的比较

f/MHz	测试设施和天线	电平/(dBμV/m)	限制电平/(dBμV/m)	Δ/dB
212	场地 E，对数/双锥	31.4	40	-8.6
212	场地 A，对数/双锥	31.6	40	-8.4
220	场地 A，偶极子	31.2	40	-8.8
220	场地 E，偶极子	35	40	-5
228	场地 A，对数/双锥	35.7	40	-4.3
228	场地 E，偶极子	38.4	40	-1.6
236	场地 A，对数/双锥	36.2	47.5	-11.3
236	场地 E，对数/双锥	37.1	47.5	-10.4

在 OATS 测量与 3m 或 10m 半电波暗室之间的相关性较差的问题，在 2000 年以后以及最近在参考文献 [22]"Egregious errors in Electromagnetic Radiation Evaluation"中得到了解决。

参考文献 [22] 描述了两个 3m 和一个 10m 的 OATS，一个 GTEM 和两个半电波暗室之间的比较。所有场地的测量结果之间的一个区别是，虽然 EUT 的品牌和型号是相同的，但它们的序列号不同。

当在所有测试设施测量相同频率上的发射时，第一个 3m OATS 和 10m 电波暗室之间的差值为 12.46dB，第一个 3m OATS 和 10m OATS 之间的差值为 14dB。第一个 3m 的 OATS 在所有情况下都有较低的发射。需引起警惕的是，在某些频率上，可以在一个场地观察到的发射在另一个却看不见。这代表其变化高达 25dB。这个 3m OATS 的测量是可疑的。

对于第一个 3m OATS，在关键频率下重复进行 NSA 校准，使用"Roberts"偶极天线测量有较大的差异，结果见表 9-13。ITEM Interference Technology 已许可转载。

表 9-13　3m OATS 的 NSA 测量

f/MHz	ΔNSA/dB
200	0.31
250	1.68
300	2.1

对第一个 3m OATS 中使用的测试设备、电缆和天线进行了重复校准，它们都符合规范。

在第一个 3m OATS 测试配置中使用的电缆方向与 ANSI C63.4 的图 9 一致，电源/信号电缆返回到非导电桌面，然后与迂回下垂并地平面保持至少 40cm 距离。然后进行进一步的操作以使发射最大化。ANSI C63.4 提到"为了重复发射测量，重要的是仔细安排系统组件，系统电缆，电线和交流电源线。"

同样的 EUT 被送到第二个 3m 的 OATS，结果在 7.2dB 以内。比较两个场地之间的电缆方向，在第二个 3m 场地，电缆从转台的中心向下垂下，而不是从环状的边缘向下。这具有将电缆保持在距天线固定距离的效果，但不是图中所示的方向。同样的 EUT 在第一个 OATS 上被重新测量，与在第二个 OATS 上使用的电缆方向相同，它们具有更好的相关性，见表 9-14。

表 9-14　具有同一电缆方向的同样的 EUT 在不同的 3m OATS 的发射比较

频率/MHz	1st 3m OATS	2nd OATS	差值/dB
212	31.4	31.6	0.2
220	31.2	35	3.8
228	38.4	38.4	2.7
226	37.1	37.1	0.9

这两个场地之间的相关性水平被认为是好的，并且表明，由于有可复现的 NSA，第一个 3m 的场地可以用于精确的测量。两个场地之间的测量也表明了电缆走向的重要性。

本来预计 2000 年的这篇文章和 2010 年的文章将会引起热烈的讨论，评论，建议或意见分歧，但是却没有得到任何回应。自 2000 年以来，EMCConsulting 公司已经看到了许多情况，来自不同测试地点的辐射发射数据显示出不可接受的变化。EMCConsulting 公司已经观察到,在两个不同的 OATS 上进行的测量之间的相关性通常要高于 OATS 和 3m 或 10m 半电波暗室之间的相关性。

在一个案例中,在一个场地和另一个场地之间看到一致的 26dB。只有在 26dB 高的测量点被要求使用信号发生器检查测试仪器之后,才发现问题。这是一个具有可切换 26dB 前置放大器的现代仪器,前面板上没有标明内含放大器。这种情况自该仪器首次购买以来就已存在。这说明,尽管认可的测试设备具有良好的声誉,但客户还是应根据文件要求审查测试设置,并按要求对天线、电缆和测量设备进行完整性检查。使用 FM 收音机进行环境测量是一个很好的 OATS 完好性检查方式。

最近,我们一直在和一家制造商合作,这个制造商在两个 10m 的 OATS 上进行了设备测试,并且具有良好的相关性。然而,其客户选择在 3m 电波暗测试室中进行的测量导致了一些非常不同的发射电平。第一个 OATS 和 3m 暗室之间不仅有 38.9dB 的差异,而且在比较发射值时,一个视角上的垂直极化场和另一个场地的水平极化场的发射量也有所增加。表 9-15 比较了在 10m 的 OATS 和暗室内 3m 处测得的 FCC A 级发射量。FCC A 级测量照常在第一个 10m 的 OATS 上进行,其次,在测试数据上增加 20log 10m/3m = 10.5dB,将它们转换成在 3m 的暗室实测值。这种距离修正只适用于点源。在测量大型设备或带有电缆的设备时,我们发现 10m 和 3m 测量之间的差异并不总是 10.5dB。但是,误差也不会像表 9-15 所示的差异那么大。

表 9-15 同一 EUT 在 10m OATS 上与在一个满足 NSA 要求的 3m 半电波暗室内测量结果的比较

极化	频率范围 /MHz	10m OATS 的测量 /(dBμV/m)	OATS 修正为 3m	3m 半电波暗室的 测量/(dBμV/m)	FCC A 级限值转 换为 3m /(dBμV/m)	3m 室与 OATS 测量 之间的差值 /dB
H	64	25.7	36.2	39.4	49.5	3.1
V	64	3.7	14.2	53.1	49.5	38.9
H	192	34.5	45	62	54	17.4
V	192	28.5	39	60.8	54	21.8
H	384	27.2	37.7	55.3	57	17.6
V	384	27.2	37.7	55.3	57	17.6
H	704	21.4	31.9	51	57	19.1
V	704	21.4	34.9	49	57	14

(来源:由 ITEM Interference Technology, Plymouth Meeting, PA 提供。)

尽管两个 OATS 测量结果之间有密切的相关性,其中 EUT 通过了 A 级限值,保证了 9dB 的余量,但客户坚持认为,3m 半电波暗室的测量结果是正确的。制造商已经在设计和制造方面做了很多工作,以达到表 9-15 中的较低水平。但为了满足客户的要求,还不得不进一步进行 EUT 设计和工程改进。这最终导致制造商的更多花费,而且明知 EUT 几乎可以肯定通过要求,还是不得不增加重设计而造成延迟使他们很沮丧。

目前尚不清楚为什么商业辐射发射测试结果存在如此大的差异。如果设施场地符合 NSA 校准,那么 OATS 和电波暗室测量应该是可比较的,而情况往往不是这样。电波暗室是否显示在 NSA 校准中没有看到的谐振?电缆的走向和花时间调整电缆最大辐射是重要的原因,但在两个例子中肯定不会大到 25dB 和 38.9dB 的程度。还有在高频率时,发射可能由外壳中的缝隙产生，以窄波束的形式发射，而且工作台转速也确实会影响对这种发射的检测。从 10～3m 测试距离的 10.5dB 的修正也并不总是正确的，特别是对于较大的 EUT 更是如此。在本报告所述的第一个 OATS 中，通过使用附近 FM 发射机的已知电平，对测量电缆和天线进行全面检查。这些电平并没有在过去的 12 年中发生明显改变，它们的使用是 OATS 环境电平唯一已知的优势。

EMC Consulting 公司建议在每次测试之前进行一些标准形式的现场验证。一个建议是使用花费不多的由电池供电的 30～1000MHz 梳状波发生器，将其连接到一个导体的固定垂直和水平的长度部分以代表一根电缆。电源需要在电池电压变化时保持稳定，当电压降得太低时需要关停。以一定的方式关联场地间的发射可以得到在所有测试场地上的标准 EUT 电缆的走向。其他的选项也一定是存在的，本节的目的是为了促进讨论，比较那些不常见的事实，特别为制造商找到错误的根源以及为 EMC CONSULTING 公司察觉到的主要问题找到解决方案。同时也为保障测试设施的声誉提供了解决方案。

B 级设备应在 3m 的场地，A 级设备应在 10m 的场地进行测量。

也许是由于打造一个合格的 10m 暗室需要很高的成本，所以一些 A 级设备也使用 3m 场地进行测量，并将发射值修正到 3m 的距离，然而这却是不正确的方法。为了降低使用 10m 法暗室的费用，一些实验室使用 3m 法暗室来获取发射的基本特征，然后再在 10m OATS 上进行合格测试。

这使得在 10m OATS 上对环境的甄别变得容易得多。

9.4.4　加拿大的要求

加拿大工业部就 ITE 在加拿大的管理、经营、出售和使用设置了要求。这些技术要求对在加拿大生产制造或进口的 ITE 设置了限值。在 2013 年 8 月 31 日以后实行的最新要求都包括在 ICEC-003 第 5 册中。但这些要求不适用于：

1）专门用于任何车辆，包括汽车和飞机的 ITE；

2）专门用于电子控制或电力系统，无论是公用事业还是在工业厂房/工厂的 ITE；

3）专门用作工业、商业或医疗测试设备的 ITE；

4）专门用于电器或电机，例如洗碗机、干衣机、空调（中央空调或窗机）、电动工具、电动机和发电机的 ITE；

5）在执业医生的指导下使用，无论是在家庭环境还是医疗机构的特殊医疗 ITE。而零售给公众的非特殊医疗 ITE，以及医疗保健人员从事非医学治疗的 ITE 不适用于此豁免；

6）ITE 耗散功率不超过 6nW 的器件；

7）操纵杆控制器或与 ITE 一起使用的类似设备，如鼠标，只包含非数字电路或将信号转换为所需型式的简单电路，被视为无源附加设备；

8）能产生和使用最高频率低于 1.705MHz 的 ITE，在直接或间接与交流功率线相连时，该器件或者停止运行，或者其运行不准备由交流电源供电；

9）专门用于电信公共运营商运营的数据中心内的电话设备的 ITE；

10）专门用于广播设备的 ITE。

这些要求不适用于由部长特别批准的制造厂商、进口商或物主所拥有的数字装置单元或模型。

在下列情况下部长可以授权特准：

（1）制造厂商、进口商及物主已经递交了书面申请，并给出：

1）要求的原因；

2）基于完善的工程原理分析显示该数字装置、器件或模型不会给无线电通信造成显著的风险；

3）保证符合部长特许所规定的所有条件。

（2）部长确认该装置或模型将不会给无线电通信带来造成显著的风险。

特许只有在下列条件满足时才有效：

1）该装置上贴有标签说明它是在特许并按照特许规定的条件下运行，并符合特许规定的运行条件要求；

2）该装置符合所有特许所规定的条件。

部长可以在不事先通知的情况下随时撤销或更改特许。

ITE 的定义是产生和使用的时间信号每秒超过 9000 个脉冲，并且利用 RF 的能量去执行包括计算、操作、转换、记录、存档、分类、储存、恢复以及转移等功能的电子装置，但不包括 ISM 设备。

"A 级数字装置"是指这样的一类数字装置，由于它本身的特点，任何这类装置不太可能用于居住环境中，这也包括在住宅内经营的商业在内。

"B 级数字装置"是指任何不归属于 A 级的数字装置。

每一个数字装置的代表性型号，都要根据 C108.8 – M1983 "数据处理设备和电子办公机器的电磁发射" 或者使用 CAN/CSA – CISPR 22 – 96 "ITE 无线电干扰特征的限制和测量方法" 加以测试（后一种方法是采用未经修改的 CISPR 22：1993，第 2 版）。

步骤的要求如下：

每个数字装置或设备都应附给最终用户一个符合要求的书面说明。建议的文本格式如下：

> This Class A digital apparatus complies with all the requirements of the Canadian
>
> Interference – Causing Equipment regulations. ⊖
>
> Cet appereil numérique de le classe A respecte toutes les exigences du Reglement
>
> sur lematériel broulleur du Canada.

该说明应以标签的形式粘贴在设备上。在由于没有足够的空间或受到其他的限制无法将标签贴在设备上的话，该说明应以文字说明的形式包括在用户手册中。

任何具有适当配备的实验室和机构都可以执行测试。除了要遵从所规定的测试方法外，并没有其他的限制。制造商或进口商有责任确保测试结果的有效性。

辐射发射的场强可以在非表中所限制的距离进行测量，但最小距离不能短于 3m。该种测量结果应被外推到 C108.8 或 CSA – CISPR 22 所描述的距离。

在 ANSI C63.4：2003 和 C108.8 – M1983 中对传导发射和辐射发射测量的测量场地的描述是相同的。不过加拿大工业部并没有要求对开阔试验场进行校准测试。

FCC 限值与加拿大限值非常相似。因此，可以使用一年以内的 FCC 报告代替加拿大的

⊖ 中文译文：该 A 级数字装置符合所有加拿大对产生干扰设备的有关法规的要求。——译者注

测试报告来，以证明是否符合加拿大的辐射或传导的发射标准。但是，在辐射发射的情况下，测量数据的实验室必须有加拿大工业部批准的 OATS。

在 C108.8 中对传导发射设备限制的描述与 FCC 的要求完全相同。因此，对辐射发射的限值上限也为 1GHz。ICES-003 要求限制辐射发射测量到 1GHz，而 FCC 对 1GHz 以上的测量被列于 47 CFR 15.33 的要求中。在 FCC 采用的 ANSI 63.4：1992 中已去掉了 MP4 和 C108.8 之间的一些次要差别。ANSI 63.4 和 C108.8 的测试方法中传导和辐射测量所要求的台面高度都为 0.8m。C108.8 允许使用一个调谐到 80MHz 的偶极子，但是使用于 80MHz 以下频率时要加入一个适当的修正系数，这一点对使用垂直极化测量时特别有用。ANSI 63.4 和 C108.8 都允许在比规定距离更近于 EUT 的距离上进行测量，但是不能小于 3m。此时，应在限值中加入一个修正系数以计入近场效应对测量的影响。这个措施是非常有助于 A 级的 30m 规定距离的测试。与 FCC 的要求相同，首选测量仪器是 CISPR 类型的。然而 FCC 和加拿大工业部也都允许使用带有准峰值检波器的频谱分析仪。传导窄带发射限值和 FCC 的相同，所使用 LISN 的技术规范和条件也相同。与 C108.8 公布的窄带限值（宽带限值要比窄带的高出 13dB）相比，FCC 允许的宽带噪声放宽 13dB。ANSI 63.4 的传导发射测量装置与 C108.8 的相符，都要求测试场地的环境噪声电平应该是至少在 FCC 限值的 6dB 以下。C108.8 也指出，环境噪声电平至少在限值的 6dB 以下。假如，环境噪声电平比这个高，就必须证明它不会干扰 EUT 源发射的测量。C108.8 还指出，环境电平不应超过 A 级辐射发射限值。但假如环境场高于限值的话，那么需要详细描述所使用的"靠近"测量技术。

著者曾重新测试了有 FCC 合格标签的一些设备并发现发射超限。FCC 会例行复测合格的设备，有时也会发现超限的设备。因此，除非法规的制定机构采取措施，那么对已制定的法规如何有效地实施还是个问题。加拿大工业部的非正式态度是"计算机并不导致 EMI"。这也可能就是为什么加拿大工业部并不打算为确保设备继续符合要求的目的，而对量产产品进行独立复测的原因。

然而，假如设备的运行导致了干扰，无线电调查人员就可能有选择地对设备进行调查以确定该设备是否满足有关的限值。制定工业无线电通信法规的部门规定：对于个人或公司，一经定罪，可判处罚金或 1 年监禁或两者兼施。

9.4.5　德国的法规

DIN-VDE 系列中的 VDE 编号为 0838-0879 中进行了描述了相关 EMC 标准。

与许多欧洲国家相同，现在德国使用欧共体 EMC 要求。

9.4.6　中国的标准

中国自 1999 年开始实行 EMC 的要求。认证是所有设备的强制性要求，一旦获得认证，标有中国强制性认证（CCC）标志，表示产品符合中国认证认可机构（CNCA）制定的标准。所有在中国境内生产以及进口到中国的产品必须获得 CCC 认证才能上市销售。这个认证只有通过 CNCA 认可的实验室才能取得。国外没有这个机构的 MRA，所以 CCC 认证只能在中国境内进行。考虑获得认证所需的时间和成本，在申请 CCC 认证之前对产品进行预测试是有帮助的，它可以确保其通过所有要求。CCC 认证基于符合中国 GB 标准，所以如果事先进行测试，应该使用这些限值。

9.4.7 日本对计算机装置上的 EMI 要求

日本的 EDP（Electronic Data Processing，电子数据处理）设备发射控制是在干扰自愿控制 FCCI（Voluntary Control Council for Interference，VCCI）的指导下进行的。虽然是建立在自愿基础上的，但许多日本制造商把履行 EMI 要求看成是产品完整性的一个标志。另外，出口到美国的日本设备还必须满足 FCC 的要求，所以也就很可能会自动满足 VCCI 的要求。出口到日本的设备，则并不要求满足 VCCI 的要求。显而易见，对被允许成为 VCCI 成员的外国制造商来说，它们的设备在日本市场的价值就会有所提升。因为 VCCI 的要求是以 CIS-PR 22 作为模板的，所以也使用与 CISPR 22 相同的限值。设备的测试是在 VCCI 认可的设施中进行的。而后还要将测试报告呈送至 VCCI。VCCI 审核后，颁发合格证书。实验室可以由日本的 VLAC 或 JAB，或美国的 NVLAP，A2LA 或 ACLASS 进行 VCCI 认证。符合标准的设备附有 VCCI 标志的标签。VCCI 会对合格的设备执行例行的复测。假如未能通过的话，会责令制造商对设备进行改进。成员承诺遵守 VCCI 的裁决，包括撤回不符合要求设备的合格证。详细的 VCCI 法规可以从 Compliance Engineering（508 - 264 - 4208）或 Dash Straus and Goodhue（978 - 263 - 2662）处查到。

9.4.8 澳大利亚和新西兰的标准

Trans - Tasman 相互承认协议（TTMRA）于 1996 年达成一致，其中表示澳大利亚的 EMC 认证等同于新西兰的认证，反之亦然。因此，两国的产品可以在两国之间自由销售，无须额外的测试。测试认证可以在两个国家之间进行，也可以在国外进行。

EMC 标准于 1992 年在澳大利亚随着无线电通信法案的通过而成为强制性的标准。这个国家使用的标准是由澳大利亚通信和媒体管理局（ACMA）制定的。其所使用的标准是欧盟标准、IEC 标准、CISPR 标准、澳大利亚和新西兰标准（AS/NZS）的组合。如果符合所有适当的标准，产品的认证可以由 ACMA 授予，此时产品必须标有"合规性标志"（RCM）以表明符合相关标准。2016 年 3 月将采用 RCM 标志（译者：已经实施），以取代适用于不同设备子集的 A - tick 和 C - tick 标志，从而为所有兼容设备创建标准化标志。

新西兰的 EMC 的合规性由无线电频谱管理部门管理。这个国家的产品认证过程与澳大利亚的认证过程非常相似，包括使用 EN 标准、IEC 标准、CISPR 标准和 AS/NZS 标准的组合，以及使用 RCM 标志来表示产品符合标准和规范。然而，与澳大利亚不同的是，它使用了第二种类型的认证，它使用自己的标准和合规标志。第二个类型的认证未与澳大利亚协调，因此，具有此认证的产品只能在新西兰销售。这种类型产品使用的是 R - NZ 标签。

9.4.9 韩国的标准

韩国的 EMC 合规标准由韩国通信委员会制定和监管。为了加快允许欧洲产品在韩国的销售和使用的认证过程，欧盟 - 韩国于 2011 年实行自由贸易协定。该协议将韩国使用的 EMC 标准从国家标准改为 IEC 标准等国际认可标准。由于这种标准的一致性，已经符合这些国际标准的制造商将不再需要为其产品在韩国的销售而重新提供满足韩国国家标准的测试报告。韩国有关部门根据 EMC 对人体健康的风险程度，定义了两种类型的设备。一类是低风险的设备，如工业设备，以及另一类中等/高风险的设备，如电脑。产品必须经过不同的认证步骤，具体取决于设备带来的风险。低风险设备可以由制造商自行进行测试，高风险设备必须由第三方实验室进行测试。如果一个产品交由第三方实验室测试，无论是在韩国还是在欧洲进行，实验室应是当地政府部门的通知实验室。符合要求的产品将收到韩国 KC 标志以显示其符合相关标准。

9.4.10　欧盟指令 2004/108/EC

该指令的目的是允许成员国之间的货物自由流通，并在共同体内创造可接受的电磁环境。这将通过克服由于不同成员国对 EMC 要求和步骤的不同而造成的技术和贸易壁垒来完成的。

欧洲议会采纳了欧共体委员会的建议；并在 1989 年 5 月 3 日颁布了有关 EMC 的类似成员国法律的议会指令。EMC 指令 2004/108/EC 废除了先前的 EMC 指令 89/336/EEC，并将于 2016 年 4 月 20 日被 2014 版取代[⊖]。原来的保护要求在实际应用中并没有改变，适用于装置和固定设施。

指令规定了设备的 EMC。它旨在保证通过要求的设备符合足够的 EMC 水平来确保内部市场的运营。

这是基本要求。

以下是一般要求：

设备应根据现有技术设计和制造，以确保：

- 产生的电磁骚扰不应超过无线电和电信设备或其他设备无法按预期性能运行的水平。
- 它对电磁干扰应有一定的抗扰度水平，确保其在预期使用过程中不会出现不可接受的性能降级。

以下是对固定装置的具体要求：

组件的安装和预期的使用。安装固定装置时，应采用良好的工程实践做法，并慎重对待有关其部件使用的信息，以满足上述要求。

凡符合协调标准或其部分内容的设备，如果其参考文献已在 *Offcial Journal of the European Union*（OJEU）上发表，则应推定为符合这些标准或部分标准所涵盖的基本要求。

设备符合基本要求应通过以下符合性评估程序中的任何一个来证明：

（1）指令的附件 2 中规定的内部生产控制，其基本内容如下：

1）制造商应根据有关现象对设备进行 EMC 评估，以满足基本要求。

2）制造商应建立技术文件。文件应能够评估设备是否符合相关要求，并应包括对风险的充分分析和评估。有关技术文档要求的详细信息，请参阅 EMC 指令。

（2）按遵循内部生产控制的标准来进行欧盟型式审查（EU type examination）。从根本上说，这种 EU 型式评估是合格评定程序的一部分，在该程序中，通报机构检查设备的技术设计，并验证和证明设备的技术设计符合基本要求。

尽管 EMC 指令包含完整的定义列表，但以下定义可能是有用的：

"装置"是指在市场上以单一功能单元的形式提供给终端用户的任何成品器具或其组合，它容易产生电磁干扰，或其性能容易受到这种干扰的影响。

⊖　本书出版时已经生效。——译者注

虽然该指令适用于已装配好的成品装置，但在某些条件下，只要它们可供最终用户使用，则应被视为成品装置。

任何以自己的名义或商标将器具装置投放市场的"经济经营者"（制造商、授权代表、进口商和分销商），或可能影响符合本指令的方式修改器具装置的任何"经济经营者"都被认为是"制造商"，而应承担制造商的义务。

合格评定应该仅仅是制造商的义务，最好是设备制造商，因为他最了解设备设计的细节。

当设备有多种配置时，评估应覆盖最有可能引起最大干扰的配置和最易受干扰的配置。

在整个 EC（欧共体）中，强制性规定要在符合标准的设备上附有 CE 标志，固定装置除外。从 1995 年起，对包括低电压指令在内的大部分产品，在报关申报时不再强制所谓的 CE 标志指令。低压议会指令是指编号为 2006/95/EC 的议会指令。

低电压指令适用于所有设计使用交流 50～1000V 和直流 75～1500V 的设备。该指令的范围包括打算并入其他设备的电气设备和打算直接使用但未并入的设备。

1987 年以后颁布的指令称之为"新方法指令"。它的基本出发点是这些新指令不包括任何标准，并且把所含有的技术内容减少到最低限度。OJEU 刊载了所有适用的 EMC 要求明细表。目前适用于各类特种装置或通用装置的不同限值和要求的总数目为 104 个。

假如，一个特种类型的设备不属于任何所列限值和要求的话，那么，就使用一个通用标准的限值和要求。

低电压指令覆盖的范围巨大，它尽可能广泛地包括所有可能的家用电器和系统。不论它们是否与供电电源相连接（公用交流供电设施）。指令还包括了连接到配电和公共通信网络的装置。但指令并没有对功率输出设立任何上下限值，也没有强制传输频率的选择。指令明确覆盖的电气和电子工程的几个大类是：家用电器、消费电子、工业制造、信息技术、无线电通信以及通信装置。

分类为设备或固定装置。

EMC 指令将设备定义为任何装置或固定设施。但由于装置和固定设施有单独的规定，因此正确地确定设备的类别是很重要的。

EMC 指令豁免的装置有：

1）用于爆炸性环境的电气设备；

2）用于放射和医疗目的的电气设备；

3）货物和乘客电梯的电气部件；

4）电表；

5）家用电器插头和插座；

6）电动栅栏控制器；

7）无线电干扰装置；

8）适用于船舶、航空器或铁路上的，符合成员国参与的国际机构所制定的安全规定的专用电气设备。

EMC 指令适用于所有含有电气或电子元件的设备，但通过其他指令或下列指令所涉及的设备除外：

1）特别指令 72/245/EEC 和 2004/104/EC 所涉及的机动车辆；

2）指令 90/385/EEC 所涉及的有源植入式医疗设备；

3）指令 98/79/EC 所涉及的医疗设备；

4）指令 96/79/EC 所涉及的海运设备；

5）指令 75/322/EEC 所涉及的农业和林业拖拉机；

6）指令 97/24/EC 所涉及的两轮或三轮机动车辆。

被明确排除在 EMC 指令以外的设备是：

1）指令 1995/5 EC（R&TTE 指令）所涉及的无线电设备和电信终端设备；

2）第 1592/2002 号条例中提到的航空产品，部件和设备；

3）国际电信联盟（ITU）"无线电规则"中定义的无线电爱好者使用的无线电设备。

以下是仅因抗扰目的而排除在 EMC 指令外的设备的例子：

1）指令 2004/22/EC 所涉及的测量仪器；

2）指令 90/384/EEC 附录 I-8（2）所涉及的非自动衡器；

3）根据 EMC 指令 2004/108/EC（2010 年 2 月 8 日）中 1.1.4 中的定义，也不包括在 EMC 方面固有条件良好的设备。

如果以下情况适用，设备在电磁兼容性方面就被认为是具有固有良好条件的：

其固有的物理特性是，它不可能产生或促成超过一定水平的电磁发射，使无线电、电信设备和其他设备能够按预期的方式运作，而且在正常情况下，在其预定环境中存在电磁骚扰的情况下，它不会发生不可接受的性能降级。

这两个条件都需要得到满足，以区分设备是否具有固有的良好条件。

运用上述条件可以排除以下设备（排除在 EMC 指令的适用范围之外，条件是它们不包括有源电子部件）：

1）电缆和电缆附件，分别考虑；

2）仅包含电阻负载的设备，没有任何自动开关装置，例如没有控制装置、恒温器或风扇的简单家用加热器；

3）电池和蓄电池（没有有源电子电路）；

4）不带放大器的耳机和扬声器；

5）没有有源电子电路的袖珍灯；

6）在处理短路故障或电路中的异常情况期间，仅产生短暂的干扰，并且不包括有源电子部件（例如保险丝和无有源电子部件或有源部件）的保护设备；

7）高压设备的类型，其中可能的干扰源仅仅是由于老化过程中产生的局部绝缘应力，受到非 EMC 产品标准中包括的其他技术措施控制，并且不包括有源电子元件。

以下是一些例子：

1）高压电感器；

2）高压变压器。

其他满足上述标准的设备如下：

1）电容器（例如功率因数校正电容器）；

2）感应电机；

3）石英表（无附加功能，如无线电接收器）；

4）白炽灯（灯泡）；

5）家庭和楼宇开关，不包含任何有源电子元件；

6）用于电视和无线电广播接收的无源天线；

7）插头，插座接线端子等。

R&TTE（Radio and Telecommunications Terminal Equipment，无线电和电信终端设备）指令（1999/5/EC）涵盖了大多数无线电设备和电信终端设备，并适用于 EMC 指令相同的要求。任何未涵盖的设备仍然受到 EMC 指令的限制。

航空产品由（EC）1592/2002 号条例规管，并且至少相当于符合 EMC 指令。

无线电爱好者使用的无线电设备被排除在外，除非该设备被用作商业用途。由无线电爱好者改造或由元器件组装的商用设备，不被认为是商业设备。

R&TTE 指令涵盖了商业上可用的业余无线电设备。

2014/30/EU

最新的 2014/30/EU 指令对 2004/108/EC 指令进行了若干修订：

两个欧共体指令的新、旧版本之间的主要区别在于，两者（设备和固定装置）在投入市场和/或投入使用时都需要符合 EMC 指令的要求。

新的法规文本明确区分了设备和固定装置的要求和评估程序（固定装置可以包括网络和大型机器）。

CE 标识难以固定的装置，如细小部件，可以免予使用 CE 标识。

包括对设备和固定装置的定义。

对于固定装置，虽然它们必须符合保护要求，但既不需要 EC DOC 也不需要 CE 标识。

移动的装置被认为是设备。

对于设备，在文档和信息要求上有所变化。

设备的合格评定程序已简化为单一程序。尽管没有第三方的强制参与，但制造商可以选择将其技术文件提交给指定机构进行评估。

当偏离欧洲协调标准或完全不适用时，制造商必须进行 EMC 评估，并提供详细的证明文件证明该设备符合 EMC 指令的保护要求。

对于一个不具有商业用途的固定装置，可以免除对装置的要求和评估程序（如 EC DOC 和 EC 标识），但必须符合某些文件要求，包括为不损害固定装置的 EMC 而采取的预防措施。

移除了认证机构的监管职责。

该指令包含对符合性评估机构以及其子公司和分包商的要求，以达到对认证机构的相同的要求。

在申请第 2014/30/EU 号指令时，分销商应能够在国家采用新指令的日期之前，提供已经投放市场的产品，也就是说在分销链中已有库存。

这些标准过去和现在仍然独立于这些指令而在制定之中。由若干个成品装置组装而成且被认为是一个最终设备的系统，就必须符合 EMC 指令要求。一个部件，若由最终用户从市场购得后，除了简单连接外，不需要任何进一步的调节就能由任何非专业人员操作的话，根据 EMC 指令的定义，都应被认为等效于一个装置。另外，通常一般公众可以从零售商直接购买的，并有能力执行一个直接功能的部件，如一个插入卡、智能卡以及设计与计算机结合使用的输入/输出模块也归属于 EMC 指令所定义的范围之内。因为这种类型的卡一旦被插入到一个 PC，它们会为用户执行某种直接功能，所以理当被考虑为是一个装置。所以也就必须要服从 EMC 指令的规定要求。但这并不意味在所有的情况下它们都必然会符合指令要求。这是由于从 EMC 角度来看，其本质上是不可能的或不切实际的。此时，它们的设计应按下述原则进行：在它们按设计要求被安装到装置中后，无论存在着何种可能的变化，还是处于各种不同的配置，或用于由制造商所决定的各类电磁环境中，它们都应无一例外的完全符合 EMC 要求（发射和抗扰度）。成品是提供一定的功能并有自己的外壳的任何设备或部件。该组件的说明必须包括所有相关信息，并假定可以由不知晓 EMC 影响的最终用户执行对它的调整或连接。在需要时应包括 EMI 抑制组件。这些用来降低 EMI 的措施可以包括使用屏蔽电缆或安装在互接电缆上的铁氧体器件。我们建议，如果经济上是可行的话，产品应该把这些降低 EMI 的部件包括在内。系统制造商必须为系统准备一套 EU DoC，但是若系统的每一个部件都有 CE 标记的话，那么即使系统没有这个标记，我们仍然应该确信这个完全的系统还是会满足指定的要求。

如果拟由最终用户以外的其他人将元件和组件组装进设备和/或后续的组件，那么它们不应被视为设备，因此它们不在 EMC 指令的涵盖范围之内。

为获得一些可能的竞争优势，制造商有时非法地将 CE 标记施加在并不需要 CE 的设备上。例如，著者就曾看到过若干电缆和双向耦合器这样的无源器件，被安装在贴有 CE 标记的一块金属板上。

如果一个成品器具是面向最终用户的，则认为该器具是一种设备。当成品器具专用于工业装配作业以并入其他装置中时，它就不被视为 EMC 指令意义上的设备。

制造商需要对设备进行 EMC 评估，以确保其符合保护的要求。制造商完全有责任采用适当的评估方法，而且这绝不是第三方或 EMC 测试实验室的责任。当评估确定设备本质良好的时候，该设备就应被排除在 EMC 指令的范围之外。EMC 评估需要考虑设备的所有预期正常的操作条件。

EMC 评估可以通过以下方式完成：

1）EMC 协调标准的应用。在这里，产品不需要第三方实验室来进行测试，因为制造商可以执行这些测试。

2）在没有采用协调标准的情况下进行 EMC 评估，制造商应采用自己的方法。制造商完全有责任保证设备符合要求。他（她）随后发表一份法律声明，该声明实际上说"如果我的产品被测试到了这些协调标准，它可能会通过"。通过此途径签署 EU EMC DoC 时，它应基于提交的技术文档中包含的数据/评估。

3）EMC 指令不包含执行任何 EMC 实验室测试的法律要求。

4）应用协调标准来进行某些必要条件的混合评估，对另一些条件则应进行详细的技术评估。

5）应用协调标准通过测试，相当于进行了详细的技术 EMC 评估。

技术评估需要遵循一种技术方法，以确保符合 EMC 指令的要求，制造商需要提供明确的合规证据，并记录所采取的所有步骤和做出的决定，以检查设备是否符合这些方面的要求，为此制造商选择了技术评估方法。

过去人们认为，如果一个制造商认为其设备符合 EMC 指令，他（她）可以简单地制作一个 DoC，那么很显然，这需要一个详细的技术评估。

技术评估可包括某种程度的测试、EMC 设计考虑、发射和抗扰特性、相关信号源的明确说明、所涵盖的电磁现象的影响以及所适用的兼容水平。

如果制造商没有 EMC 工程师的设置，那么遵循协调标准的方法可能会更容易、更简单、更安全。

详细的技术评估可以确定设备是否合格。但是，这需要测试结果来证明声明的有效性。制造商有可能在没有进行测试的情况下冒险做出声明。在第 11 章中用实例说明了在某些条件下要达到符合指令的要求会是多么的困难，该实例讨论的是一个包括有高速器件的 PCB，在未加屏蔽的情况下，如何进行合理布局的问题。在 7.13 节中，也曾就电缆中存在的一个非常低的 RF 电流而造成设备无法通过辐射发射要求进行了讨论。

在权衡满足发射和抗扰要求的困难程度及不进行测试可能涉及的风险后，有公司特别是一些小公司为了节约成本，在未测试的情况下就进行合格证申报。有些公司甚至持有这样的观点：既然他们在欧洲没有生产同类产品的竞争对手，也没有谁有能力对产品是否符合指令要求进行测试，那么将来承担的风险也应该会很小。但 EU 的成员国很可能会使用 FCC 所采取的办法以及 FCC 执行产品复测的策略。他们也有可能选择加拿大工业部门所采取的办法：即等到（有人）对产品产生的干扰抱怨时再做处理。例如，1997 年瑞典执法部门把三个频率转换器从市场上撤出。德国当局就产品的正式合格性和逻辑合理性的合格申报进行了核实，然后又对在德国境内销售的这些产品进行了抽样测试。1999 年的前 6 个月，EU 共抽查了 25384 件，其中，3582 个产品需要 EMC 测试。在这些被测试产品中，23.7%（849）不合格。因此，从上所述明显地可以看出 EU 已经采取了监管措施。

申报合格证所依据的标准必须是并且是已在 OJEU 上公布的 EN 标准，并且它被至少一个成员国所采纳。例如有些标准，像 ENVs 只是草案，而 prENs 只是先行标准，并没有在 OJEU 上正式公布。

该指令要求 DOC 由"被授权约束的制造商或其授权代表的人"签字。有些公司指定由 EMC/合格检验工程师签字，然而，除非此人是一个总监级别的人员，否则他很可能没有资格在涉及法律承诺的文件上签字。

最为经常所遇到的问题是，因为这是一个法律文件，它本身就面临潜在的法律和商业惩罚性的可能，那么到底应由谁来承担这个责任？起初认为：在文件上签字的个人并不应对此负责，因为他仅仅是代表公司履行手续而已。后来的考虑认为这个认识是不正确的。目前公认的态度是：签字人就是责任人。

更为详尽的资料信息请参阅 EMC 指令 2004/108/EC 指南（2010 年 2 月 8 日）。

所推荐附在设备上的文件如下：

对于符合 EN55022 要求的 A 级设备，下面的警告必须包括在设备使用说明书中：

　　警告：这是一个 A 级产品。在一个商用环境中，这个产品可能会引起无线电干扰。此时，用户可能被要求采取适当的措施。

　　由于海关官员需要查验，大多数制造商都将合格性申明附在产品一起，而且相关方面也极力推荐这样做，然而产品确实不需要另外附上合格声明。单单有一个 CE 标记往往会导致对产品的调查。下面就是一个合格声明的申报格式。若低压指令不适用，最好要声明并且说明原因而不是仍由它去。这里的思想是，最好附加一个有抬头的解释性文件，而不是将其像一个适用文件一样留在那儿。应确保声明的标准是最新版本。

合格声明

申请的议会指令	EMC 指令　89/336/EEC
	低电压指令　73/23/EEC
声明合格的标准	EN55022 1995
	EN50082—1 1998
	EN61000—4—3 1997
	etc
制造商名称	
制造商地址	
进口商名称	（仅限于进口设备）
进口商地址	（仅限于进口设备）
设备类型	
设备型号	
产品序号（可不填写）	制造年份（可不填写）

我作为本文件的签署人,在此声明:上列所声明的设备符合上面所注明的指令和标准。
制造厂商和进口厂商全权代表人签字

地点	签名
日期	全名
	职务

DoC 示例

　　贴附在设备上的 CE 合格标记，应按照下图的式样进行设计：

　　假如该标记在尺寸上被缩小或放大了，那么它仍必须符合上面样张的比例。CE 标记的各个组成部分在垂直方向上必须大致相同，但不能小于 5mm。

　　在制造商还未按 7（1）条款规定的标准对装置申报 EC 合格证，或只是对装置某些部分申报了合格证，或者甚至没有相应的标准可依从的情况下，在该装置投放市场的同时，制造商或它在欧共体内的授权代理应给相应的主管当局递交一个技术评估文件进行审核。这个文件应包括对该装置的描述和使用的测量方法与步骤，以确证装置符合条款 4 中的安全保护要求。文件中不需要涉及第三方机构。

技术评估适用于没有相关标准或因产品体积过大而无法在实验室进行测试的情况。制造商有时还可能只根据一个或几个产品在某个范围中的测试结果来对一个产品系列进行申报。当然，制造商必须要能证明，这些测试结果能够代表所覆盖的产品范围。使用技术评估的另一种情况是使用的是现有的，但还未被 EU 所认可的 EMC 标准。但这些标准可能部分的或全部符合指令要求或它部分采用了相应的协调标准。

假如，测试使用了非协调标准，那么技术评估可以作为一个理由来说明为什么使用这些标准是恰当的，制造商应如何描述装置，以及应使用何种步骤才能确保符合要求。技术评估通常具有包含以下内容：装置的描述，装置的识别标识，装置的技术性说明，技术基本原理，重要方面的细节和测试数据。

使用技术评估方法而不使用 EMI 测试来证实是一个新颖的手段，尽管还存在某些困难，但正如我们已在本书中看到的，在一个应用中足够好的设计可能并不适用于另一个应用。例如，设计了一个电源滤波器，当与第一个设备一起使用时获得了很好的衰减。但当与第二个设备一起使用时却呈现出了一个插入增益。若该方案被采纳，那么使用精确的 EMC 预测和有能力有经验的 EMC 工程师来阐释它们的需求将会大大增加。如果有许多公司都选择把 EMC 结合到他们产品的设计中，并遵循技术评估途径，那么投资开发一个强有力的和综合性的 EMC 预测计算机程序所产生的市场前景，绝对可以证明是合算的。若在所有成员国中的制造商都使用同一个 EMC 预测软件的话，这无疑将大大有助于对设计评估的标准化。

为了测试 EN 协调标准，可以使用未经认证的第三方测试实验室。因为只有协调标准才能被用于 DOC 正常途径。所以它坚持认为像通常那样，只要采用的是协调标准，即便是未被认可的第三方实验室也可以用于 DOC。EU 委员会已针对一些对此有兴趣的美国机构指出，EU 将会接受设备制造商所做的基于 EU 以外的独立第三方实验室的数据的合格声明。但是，第三方实验室必须采用与 CISPR 16 相一致的测试和测量技术，这应该包括 OATS 衰减校准以及符合 IEC 61000 – 4 – 3 辐射抗扰度试验的场均匀度要求。对设计用于无线电通信发射的设备，则要求有 EC DoC 认证。除此以外，还应该由一个主管机构提供关于这个设备（型式批准）的 EC 型式检验合格证。在德国这个主管机构是 BZT。

表 9-16 列出了更为常用的一些 EMC 标准化标准，它们的适用性以及设备类型。

对一个属于特定范畴的装置而言，产品标准是指对该类装置的发射和抗扰度的特定限值。这些限值向来比通用标准更为严格。所以对某个特殊产品系列而言，应优先选择该特殊产品系列标准。特殊产品标准是对于一个产品的 EMC 要求被包括在该产品的其他标准中而言的。

通用标准适用于一个特定的电磁环境。通用标准对所有处于该特定环境中的产品和系统规定了需要满足的要求以及所使用的测试，但应优先考虑使用特定产品标准。存在的两个电磁环境分别是：①居住、商业和轻工业环境；②工业环境。

基本标准定义和描述了 EMC 的问题测量和试验方法，主要测量仪器以及测试配置。它们并不对限值做任何规定。所涉及的限值要求，一般要参阅有关的通用和产品标准。

CISPR 16 – 1 – 1 2014 新版本第一部分：无线电骚扰和抗扰测量装置和方法（第一款无线电骚扰和抗扰度测量装置）。目前，还没有计划用 EN 来替代 CISPR 16。

表 9-16　产品标准和通用标准

EN 617 2001	A1 = 2010。连续装卸设备和系统。散装料仓，料仓，料斗和料斗中散装物料贮存设备的安全和 EMC 要求
EN 618 2002	A1 = 2010。连续装卸设备和系统。固定带式输送机以外散装物料贮存设备的安全和 EMC 要求
EN 619 2002	A1 = 2010。连续装卸设备和系统。单位负荷机械处理设备的安全和 EMC 要求
EN 620 2002	A1 = 2010。连续装卸设备和系统。散装物料固定带式输送机设备的安全和 EMC 要求
EN 1155 1997	建筑五金。旋转门用电动把手开启装置。要求和试验方法
EN 12015 2014	电磁兼容性。升降电梯、自动扶梯和自动步道的产品标准。发射
EN 12016 2013	电磁兼容性。升降电梯、自动扶梯和自动步道的产品标准。抗扰度
EN 12895 2000	工业卡车。电磁兼容性
EN 13241 – 1 2003	A1 = 2011。工业，商业及车库门和大门。产品标准。第 1 部分，无耐火或防烟特性的产品
EN 13309 2010	工程机械。带有内部电源的机器的电磁兼容性
EN 14010 2003	A1 = 2009。机械安全。机动车辆停车设备。设计、制造、安装和调试阶段的安全和 EMC 要求
EN ISO 14982 2009	农业和林业机械。电磁兼容性。测试方法和验收标准
EN 16361 2013	电动人行门。产品标准与性能特征。人行门，但不包括可摆动的，初始设计用于电力运行装置且没有防火防烟泄露性能的人行门
EN 50065 – 1 2011	A1 = 2005。AC = 2003。频率范围为 3 ~ 148.5kHz 的低压电网上的信号传输。第 1 部分，通用要求，频带和电磁干扰
EN 50065 – 2 – 1 2003	A1 = 2005。AC = 2003。频率范围为 3 ~ 148.5kHz 的低压电网上的信号传输。第 2 – 1 部分，主要通信设备和系统在 95 ~ 148.5kHz 频率范围内运行的抗扰度要求，适用于住宅，商业和轻工业环境
EN 50065 – 2 – 2 2003	A1 = 2005。AC = 2003。频率范围为 3 ~ 148.5kHz 的低压电网上的信号传输。第 2 – 2 部分，主要通信设备和系统在 95 ~ 148.5kHz 频率范围内运行的抗扰度要求，适用于工业环境
EN 50065 – 2 – 3 2003	A1 = 2005。AC = 2003。频率范围为 3 ~ 148.5kHz 的低压电网上的信号传输。第 2 ~ 3 部分，主要通信设备和系统在 3 ~ 95kHz 频率范围内运行的抗扰度要求，供电力供应商和经销商使用
EN 50083 – 2 2012	用于电视信号，声音信号和交互式服务的有线网络。第 2 部分，设备的电磁兼容性
EN 50121 – 1 2006	AC = 2008。铁路设施。电磁兼容性。第 1 部分，总则
EN 50121 – 2 2006	AC = 2008。铁路设施。电磁兼容性。第 2 部分，整个铁路系统对外界的辐射
EN 50121 – 3 – 1 2006	AC = 2008。铁路设施。电磁兼容性。第 3 – 1 部分，机车车辆。列车和整车
EN 50121 – 3 – 2 2006	AC = 2008。铁路设施。电磁兼容性。第 3 – 1 部分，机车车辆。设备
EN 50121 – 4 2006	AC = 2008。铁路设施。电磁兼容性。信号设备和电信设备的辐射和抗扰度
EN 50121 – 5 2006	AC = 2008。铁路设施。电磁兼容性。固定供电设备的辐射和抗扰度
EN 50130 – 4 2011	安防系统。第 4 部分，电磁兼容性。产品系列标准：防火，防入侵者，防拦截，CCTV，门禁，社会报警系统的抗扰度要求
EN 50148 1995	电子计程表
EN 50270 2006	电磁兼容性。用于检测和测量可燃气体、有毒气体或氧气的电气设备
EN 50293 2012	道路交通信号系统。电磁兼容性
EN 50295 1999	低压成套开关设备和控制设备。控制器和设备接口系统。执行器传感器接口（AS – i）
EN 50370 – 1 2005	电磁兼容性（EMC）。机床产品系列标准。第 1 部分，发射
EN 50370 – 2 2003	电磁兼容性（EMC）。机床产品系列标准。第 2 部分，抗扰度
EN 50412 – 1 – 2 2005	AC = 2009。在 1.6 ~ 30MHz 频率范围内的低压装置中使用的电力线通信设备和系统。第 2 – 1 部分：住宅，商业和工业环境。抗扰度要求
EN 50428 2005	A1 = 2007。A2 = 2009。家用和类似用途电气装置的开关。附属标准。用于家庭和建筑物电子系统（HBES）的开关和相关附件

（续）

EN 50470 - 1 2006	电学计量设备（ac）。第1部分，一般要求，测试和测试条件。计量设备（等级指数 A、B 和 C）
EN 50490 2008	机场照明和信标用电气装置。航空地面照明控制和监控系统的技术要求。用于选择性切换和监控单个灯具的装置。
EN 50491 - 5 - 1 2010	家用和建筑物电子系统（HBES）及建筑自动化和控制系统（BACS）的一般要求。第5 - 1部分，EMC 要求，条件和测试配置
EN 50491 - 5 - 2 2010	家用和建筑物电子系统（HBES）及建筑自动化和控制系统（BACS）的一般要求。第5 - 2部分：工业环境中使用的 HBES/BACS 的 EMC 要求
EN 50491 - 5 - 3 2010	家用和建筑物电子系统（HBES）及建筑自动化和控制系统（BACS）的一般要求。第5 - 2部分：住宅，商业和轻工业环境中使用的 HBES/BACS 的 EMC 要求
EN 50498 2010	电磁兼容性（EMC）。车载电子设备产品系列的标准
EN 50512 2009	机场照明和信标的电气装置。高级可视停靠引导系统（A - VDGS）
EN 50529 - 1 2010	EMC 网络标准。第1部分：使用电话线的有线电信网络
EN 50529 - 2 2010	EMC 网络标准。第2部分：使用同轴电缆的有线通信网络
EN 50550 2011	A1 = 2014。AC = 2012。家用电器和类似家用电器的电力频率过电压保护装置（POP）
EN 50557 2011	家用和类似用途的断路器 - RCBOs - RCCBs 的自动重合闸装置（ARDs）的要求
EN 50561 - 1 2013	低压装置中使用的电力线通信设备。无线电干扰。限值与测量方法。第1部分：家用设备
EN 55011 2009	A1 = 2010。工业，科学和医疗设备。射频干扰特性。限值和测量方法
EN 55012 2007	A1 = 2009。车辆，船舶和内燃机。无线电干扰特性。接收器保护用的限值和测量方法（EN 55012 适用于那些对不属于 95/54/EC 指令 97/24/EC 指令、2000/2/EC 指令范围的车辆、船舶和内燃机驱动装置做出符合 2004/104/EC 指令规定的评估）
EN 55013 2013	声音和电视广播接收机及相关设备。无线电干扰特性。测量方法与限值
EN 55014 - 1 2006	A1 = 2008。A2 = 2011。电磁兼容性。家用电器，电动工具和类似设备的要求。第1部分，发射
EN 55014 - 2 1997	A1 = 2001。A2 = 2008。AC = 1997。电磁兼容性。家用电器，电动工具和类似设备的要求。第2部分，抗扰度。产品系列标准
EN 55015 2013	电气照明和类似设备的无线电干扰特性的限值和测量方法
EN 55020 2007	A11 = 2011。声音和电视广播接收机及相关设备。抗扰度特性。限值和测量方法
EN 55022 2010	AC = 2011。信息技术设备。无线电干扰特性。限值和测量方法
EN 55024 2010	信息技术设备。抗扰度特性。限值和测量方法
EN 55032 2012	AC = 2013。多媒体设备的电磁兼容性。发射要求
EN 55103 - 1 2009	A1 = 2012。电磁兼容性。专业用途的音频，视频，音视频和娱乐照明控制设备的产品系列标准。第1部分，发射
EN 60034 - 1 2010	AC = 2010。旋转电机。第1部分，额定值和性能
EN 60204 - 31 2013	机械安全。机器的电气设备。第31部分：缝纫机，元部件和系统的特殊安全和 EMC 要求
EN 60255 - 26 2013	AC = 2013。测量继电器和保护设备。第26部分，电磁兼容性要求
EN 60439 - 1 1999	低压开关设备和控制设备。第1部分，型式测试和部分型式测试组件
EN 60669 - 2 - 1 2004	A1 = 2008。A12 = 2010。AC = 2007。家用和类似用途固定式电气设备的开关。第2 - 1部分，特殊要求。电子开关
EN 60730 - 1 2011	家用和类似用途的自动电气控制装置。第1部分，一般要求
EN 60730 - 2 - 5 2002	A1 = 2004。A2 = 2008。A11 = 2005。家用和类似用途的自动电气控制装置。第2 - 5部分：自动电子燃烧器控制系统的特殊要求

（续）

EN 60730 - 2 - 6 2008	家用和类似用途的自动电气控制装置。第 2 - 6 部分，包括机械要求在内的自动电压感应控制装置的特殊要求
EN 60730 - 2 - 7 2010	AC = 2011。家用和类似用途的自动电气控制装置。第 2 - 7 部分，定时器和时间开关的特殊要求
EN 60730 - 2 - 8 2002	A1 = 2002。家用和类似用途的自动电气控制装置。第 2 - 8 部分，包括机械要求的电动水阀的特殊要求
EN 60730 - 2 - 9 2010	家用和类似用途的自动电气控制装置。第 2 - 9 部分，温度传感控制器的特殊要求
EN 60730 - 2 - 14 1997	A1 = 2001。家用和类似用途的自动电气控制装置。第 2 - 14 部分，电传动装置的特殊要求
EN 60730 - 2 - 15 2010	家用和类似用途的自动电气控制装置。第 2 - 15 部分，自动电动空气流量，水流量和水位传感控制器的特殊要求
EN 60870 - 2 - 1 1996	遥控设备和系统。第 2 部分，工作条件。第 1 节，电源和电磁兼容性
EN 60945 2002	海上导航和无线电通信设备和系统。一般要求。测试方法和要求的测试结果
EN 60947 - 1 2007	A1 = 2010。低压开关设备和控制设备。第 1 部分，一般规则
EN 60947 - 2 2006	A1 = 2009。A2 = 2013。低压开关设备和控制设备。第 2 部分，断路器
IEC 61000 - 6 - 1	通用标准，住宅，商业和轻工业环境的抗扰度
IEC 61000 - 6 - 2	通用标准，工业环境的抗扰度
IEC 60601 - 1 - 2	医疗电气设备的抗扰度
IEC 61000 - 6 - 3	通用标准，住宅、商业和轻工业环境的发射标准
IEC 61000 - 6 - 4	通用标准，工业环境的发射标准

IEC 801 - 2 - 6 标准转化成 IEC 1000 - 4 - x 标准，而后又被延伸为 EN 61000 - x - x 标准 1 - 6 部分。这些标准定义了测试的方法，但并不对测试级别进行强制。

IEC 61000 - 4 - x 标准是：

IEC 61000 - 4 - 1 2006	IEC 61000 - 4 系列概述
IEC 61000 - 4 - 2 2008	ESD（静电放电）
IEC 61000 - 4 - 3 2008	射频电磁场抗扰度
IEC 61000 - 4 - 4 2012	EFT/B 电快速瞬变抗扰度
IEC 61000 - 4 - 5 2014	浪涌抗扰度
IEC 61000 - 4 - 6 2013	传导干扰的抗扰度
IEC 61000 - 4 - 7 2009	电力线谐波发射
IEC 61000 - 4 - 8 2008	工频磁场抗扰度
IEC 61000 - 4 - 9 2001	脉冲磁场抗扰度
IEC 61000 - 4 - 10 2001	阻尼振荡磁场抗扰度
IEC 61000 - 4 - 11 2004	电压暂降和短时中断抗扰度
IEC 61000 - 4 - 12 2006	振荡波抗扰度
IEC 61000 - 4 - 13 2009	谐波和谐波间的发射
IEC 61000 - 4 - 14 2009	每相 < 16A 电压波动抗扰度
IEC 61000 - 4 - 16 2002	0Hz ~ 150kHz 共模骚扰
IEC 61000 - 4 - 17 2009	直流电源纹波抗扰度
IEC 61000 - 4 - 18	阻尼振荡波测试技术
IEC 61000 - 4 - 19	2 ~ 150kHz 交流电源端口差模传导干扰抗扰度

IEC 61000 – 4 – 20 2010	TEM 波导发射和抗扰度的测试及测量技术
IEC 61000 – 4 – 21 2011	混响室的测试和测量技术
IEC 61000 – 4 – 22 2010	全电波暗室辐射发射和抗扰度测试
IEC 61000 – 4 – 23 2000	HEMP 和其他辐射骚扰保护装置的试验方法

EN 50147 1997	电波暗室 1 部分：屏蔽衰减测量 2 部分：替代测试场地对于场地衰减的适用性 3 部分：辐射射频电磁场抗扰度测试的屏蔽暗室罩性能
EN 60601 – 1 – 2 2 2014	医疗电气设备 1 部分：一般安全要求，补充要求 EMC
EN 61000 – 2 – 2 2 2002	公共低压供电系统中的低频传导骚扰和信号传输的兼容性电平级别

欧洲电信标准组织（ETSI）已出版了覆盖无线电设备和系统的一套产品标准和标准草案。关于这些出版物以及它们的更新版本和上面所列文件，可以从如下网址找到：www. etsi. org/standards。

9.4.10.1 辐射发射和传导发射

EN 的辐射发射和传导发射的限值很接近于 FCC 的限值。表 9-17 列出了在规定距离上

表 9-17 EN 和 FCC 辐射发射限值的规定

f/MHz	EN55011 1 组，A 类 EN55022A 级 EN50081—2 30m 处的规定限值 /（dBμV/m）	EN55011 1 组，B 类 EN55022B 级 EN50081—1 10m 处的规定限值 /（dBμV/m）	FCCA 类 10m 处的规定限值 /（dBμV/m）	FCCB 类 3m 处的规定限值 /（dBμV/m）
30 ~ 88	30	30	39	40
88 ~ 216	30	30	43.5	43.5
216 ~ 230	30	30	46.5	46
230 ~ 1000	37	37	46.5 ~ 960MHz	46 ~ 960MHz

注：EN　　　　　　　欧洲标准
　　EN55011　　　工业、科学、医疗设备分组、分类情况：
　　　　　　　　　　一组，A 类——非家用的或不连接到低压电网
　　　　　　　　　　一组，B 类——家用的或连接到低压电网
　　　　　　　　　（在 3m 处测量中，不允许出现超过 10m 的电平）
　　EN55022　　　信息技术设备分级情况：
　　　　　　　　　　A 级——商用
　　　　　　　　　　B 级——家用
　　EN50081—1　　居住、商业和轻工业环境中的发射标准（通用标准）
　　EN50081—2　　工业环境中的发射标准（通用标准）
　　FCC　　　　　　第15 部分，J 分部：
　　　　　　　　　　A 类——计算器件——商用
　　　　　　　　　　B 类——计算器件——家用
　　　　　　　　　　A 类——商用
　　　　　　　　　　B 类——家用
　　EN50081—1　　居住、商业和轻工业环境中的发射标准（通用标准）
　　FCC　　　　　　第15 部分，J 分部：
　　　　　　　　　　A 类——计算器件——商用
　　　　　　　　　　B 类——计算器件——家用
（来源：承蒙 EMC 咨询公司的允许，复制于此。）

的常见 EN 和 FCC 的辐射发射限值。表 9-18 则列出了在引入一个远场反线性距离外推系数后，换算到 3m 处的限值。注：FCC 和 EN55022 都允许这些外推的 3m 限值被用于在 3m 处的测量，而 EN55011 则要求在 3m 处的测量也要使用 10m 的限值，除非 EUT 的尺寸很小。因此，表 9-18 不仅对不同要求的直接比较有用，而且对 3m 处的 FCC 测量限值与 EN55022 限值的比较也非常有用。注：根据 47 CFR 15.33，在某些条件下，FCC 还要求 1000MHz 以上的测量使用平均值检波器。

表 9-18　换算到 3m 处的 EN 和 FCC 辐射发射限值

f/MHz	EN55022，A 级 EN50081—2 3m 处 修正限值（30~3m）/（dBμV/m）	EN55022，B 级 EN50081—1 3m 处 修正限值（30~3m）/（dBμV/m）	FCC A 类 3m 处 修正限值（30~3m）/（dBμV/m）	FCC B 类 3m 处 修正限值（30~3m）/（dBμV/m）
30~88	50	40	49.5	40
88~216	50	40	54	43.5
216~230	50	40	57	46
230~1000	57	47	57~960MHz 67.5~960MHz	46~960MHz 54~960MHz

注：EN　　　　　　　　　　欧洲标准
　　EN55011[⊖]　　　　　工业、科学、医疗设备分组、分类情况：
　　　　　　　　　　　　一组，A 类——非家用的或不连接到低压电网
　　　　　　　　　　　　一组，B 类——家用的或连接到低压电网
（EN55011 不允许在 3m 处测量的发射电平的下降，因此在 30m 和 10m 处的限值也适用于 3m 处）
　　EN55022　　　　　　信息技术设备分级情况：
　　　　　　　　　　　　A 级——商用
　　　　　　　　　　　　B 级——家用
　　EN50081—1　　　　居住、商业和轻工业环境中的发射标准（通用标准）
　　EN50081—2　　　　工业环境中的发射标准（通用标准）
　　FCC　　　　　　　　第 15 部分，J 分部：
　　　　　　　　　　　　A 类——计算器件——商用
　　　　　　　　　　　　B 类——计算器件——家用
（来源：承蒙 EMC 咨询公司的允许，复制于此。）

表 9-19 对在 0.15MHz 以上的传导发射的 EN 和 FCC 要求进行了比较。而图 9-31 绘制了从 0.15~0.5MHz 的 EN55011 第一组，B 级，以及 EN55022，B 级，EN61000-6-3 的传导发射要求曲线。

通用发射的要求适用于那些没有专用产品或产品类标准的电气和电子装置。A 级和 B 级的分类定义在各个文件中往往各不相同。例如，在通用发射的要求的文件 EN61000-6-3 中所列出的对居住、商业和轻工业所在地的特征是由公共供电系统的低电压直接供电。

IEC 61000-6-4 涵盖的是在工业环境中运行的设备的通用发射要求。而这里所指的工业环境是指存在 ISM 设备，具有频繁开关的重载感性负载和容性负载，以及存在很高的电流和关联磁场的地方。EN55011 包括了所有的 ISM 设备并将它们分组和分类。第一组 ISM 设备涵盖了所有以实现内部功能为目的而产生和/或使用传导耦合射频能量的设备。例如，第一组中的数字控制设备，传导耦合射频能量是其数字信号和时钟的副产品。

第二组包括了所有下述设备：有意地产生和/或使用电磁辐射形式的射频能量来进行材料处理和电火花加工。这类设备又被分成为：A 级设备，它适用于非室内使用的以及不直接与专门为室内建筑物供电的低压供电网相连的设备。B 级设备，适用于所有室内设施以及与

—————————
⊖　表中无 EN55011，原文如此。——编者注

专门为室内设施供电的低压供电网相连的设备。与前面的 EN 要求不同，EN55022 涵盖了 ITE 设备，它将主要用于室内环境的 ITE 设备划分为 B 级。在被定义的此环境中，预计广播和 TV 接收机与装置之间的距离在绝大多数情况下不会超过 10m。而 A 级设备是指所有其他满足 A 级 ITE 限值但是不能满足 B 级限值的设备。尽管这些设备的销售不受到限制，但应该在设备中附上一个如前所述的 A 级设备的警语。

表 9-19 EN 和 FCC 传导发射限值

f/MHz	EN55011 1 组，A 级 EN55022 A 级 IEC/61000 − 6 − 2 FCC A 级		EN55011 1 组，B 级 EN55022 B 级 IEC/61000 − 6 − 1 FCC B 级	
	准峰值/dBμV	平均值/dBμV	准峰值/dBμV	平均值/dBμV
0.150 ~ 0.450	79	66	见图 9-31	见图 9-31
0.450 ~ 0.500	79	66	见图 9-31	见图 9-31
0.500 ~ 1.600	73	60	56	46
1.600 ~ 5	73	60	56	46
5 ~ 30	73	60	60	50

EN55011	工业、科学、医疗设备分组、分类情况：
	一组，A 级——非家用的或不连接到低压电网
	一组，B 级——家用的或连接到低压电网
EN55022	信息技术设备分级情况：
	A 级——商用
	B 级——家用
EN61000 − 6 − 1	家用，商业或轻工业通用标准
EN61000 − 6 − 2	工业通用标准
FCC	第 15 部分，J 分部：
	A 级计算装置——商用
	B 级计算装置——家用

（来源：承蒙 EMC Consulting 公司 Merrickville, Ontario, Canada. 允许复制于此。）

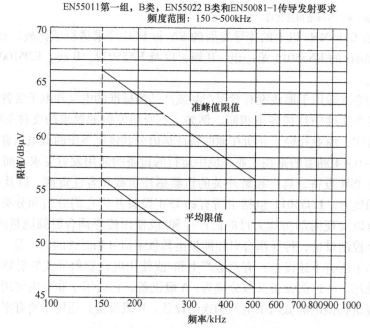

EN55011第一组，B类，EN55022 B类和EN50081-1传导发射要求
频度范围：150~500kHz

准峰值限值

平均限值

限值/dBμV

频率/kHz

图 9-31 500kHz 以下的 EN 传导发射限值

9.4.10.2 抗扰度试验

与大多数商业要求不同，EN 要求还包括抗扰度试验。在 EN 61000 - 6 - 2 中，对居住、商业和轻工业环境的通用抗扰度要求规定了下述试验项目。

- 辐射抗扰度：80 ~ 1000MHz，3V/m 未调制的辐射 RF 能量。使用 EN 6100 - 4 - 3 的测试配置，所执行的测试为 1kHz 80% 幅度调制，适用于外壳端口。

- 静电放电：使用 IEC 61000 - 4 - 2 的测试配置。空气放电为 8kV，接触放电为 4kV。适用于外壳端口。

- 电快速瞬变（EFT）：对信号线和控制线以及功能接地端口的要求为 0.5kV，上升时间为 5ns，重复频率为 5kHz 或者 100kHz 时的脉冲宽度是 50ns。使用 IEC 61000 - 4 - 4 的测试配置和容性耦合夹。EFT 脉冲以共模形式注入。仅适用于连接电缆且根据制造商的功能说明，电缆总长度可能超过 3m 的信号和控制线接口。无论连接电缆的长度，直流电源端口需执行同样的 EFT 脉冲测试。但是，该要求不适用于连接到专用电池的端口，或连接到可充电电池端口，该可充电电池需在充电时移去或需从设备断开。倘若设备带有一个直流电源输入端口，且准备使用一个 AC - DC 电源转换器，那么应该在制造商指定的转换器的交流电源输入端进行试验。即使是在制造商没有规定的情况下，使用一个普通的 AC - DC 电源转换器时，也应该在其交流电源输入端进行试验。这个试验也适用于打算与一个超过 10m 长的电缆进行永久连接的直流电源输入端口。交流电源输入和输出端口的 EFT 脉冲是 1kV，上升时间为 5ns，宽度为 50ns，重复频率为 5kHz 或者 100kHz。

- 浪涌：浪涌试验适用于交流和直流电源，有时对信号也适用。发生器开路电压的上升时间为 1.2μs，50% 幅值脉冲宽度为 50μs；以及短路电流的上升时间 8μs，脉冲宽度 20μs。发生器的源阻抗为 2Ω。直流电源的线—地和线—线充电电压（开路）是 0.5kV。交流电源的线—地充电电压是 2kV，线—线是 1kV。线—线脉冲由 18μF 电容器，线—地为 9μF 电容与一个电阻以串联方式注入。试验步骤和注入方法都包括在 EN 61000 - 4 - 5 中。

- 共模射频骚扰抗扰度：既适用于信号线和控制线，也适用于直流和交流电源端口以及功能性的接地端口。RF 信号是以共模 3V（方均根值）未调制电压作为试验电平。但在试验期间，这个电平被 1kHz，80% AM 调制。有关试验，注入以及校准方法均包括在 EN 61000 - 4 - 5 中。

- 电压暂降和短时中断：这些仅适用于交流电源，并且包括过零点时的电压变换，采用 IEC 61000 - 4 - 11 中包含的试验方法。EUT 在低于额定电压 30%、60% 和 > 95%，即在额定电压的 70%、40% 和 < 5% 时测试。暂降的宽度分别为 10ms、100ms 和 5000ms。每个测试级别的速率为每分钟一次，共进行五次暂降。所使用的 100% 电压电平是指设备的额定电压。如果该电压为一个电压范围，则测试必须在指定的最小和最大电压电平下进行。这个持续时间通常是 0.5 ~ 300 周期，持续 5s。

针对工厂设备的短时 EN 55024 中写明的电压暂降是 > 95% 的电压降低持续 0.5 周期，30% 的电压降低持续 25 周期。电压短时中断则是 > 95% 的电压降低持续 250 个周期。

使用 IEC 61000 - 6 - 2 所定义的试验的结果是设备不应变得危险和不安全。基于 IEC 61000 - 6 - 1 所描述的要求，在 EMC 试验期间或作为 EMC 试验结果，制造商应为其受试设备提供一个功能说明和性能标准的定义并记录在试验报告中。IEC 61000 - 6 - 1 所述的要求基本是：①在试验期间，装置应按预定功能继续运行；②在试验完成后，装置还应能按计划继续运行；③运行的短暂停顿是允许的，只要设备运行可以自行恢复或由运行控制系统重新启动。至于适用于哪个要求标准，则是由装置的关键程度所决定的。试验应该在最敏感的运行方式中进行。与此同时还要不断改变运行方式以获得最大的敏感性。假如装置是一个大系统的一个组成部分或者能与外部装置相连接的话，那么根据 EN 55022，装置应在这些端口所需要最小配置连接的运行条件下进行测试。EN 61000 - 6 - 1 对终端的选择、不恰当的测量以及抗扰度试验的要求也都有描述。需要指出的一个原则是：符合要求的设备，在被修改以后，仍必须符合要求。假如改变了原来的配置，而且这个改变并没有包括在原有的合格宣告之中，那么就要求重新对设备进行符合要求的宣告。新的宣告必须包括所有原始申报中没有的任何新的测试。这就是为什么在产品寿命足够长的情况下，包括任何"仅供参考"的抗扰度试验也是有意义的。

工业环境的通用要求 IEC/EN 61000 - 6 - 2 对外壳端口规定的试验电平是：频率范围 80 ~ 1000MHz，未调制 RF 场强为 10V/m，80% 1kHz AM 调制；在 900MHz ± 5MHz，未调制 RF 场强为 10V/m，占空比 50% 重复率 200Hz 的脉冲调制。电源频率的磁场强度为 30A/m，50Hz（仅适用于对磁场敏感器件的装置）以及静电放电（ESD）接触放电为 4kV 和空气放电为 8kV。

对于 ITE 辐射抗扰度测试级别的 EN 55024 要求，80 ~ 1000MHz 时，未调制场强为 3V/m，调制为 80% AM。

对不涉及过程控制的信号线和数据总线，IEC 61000 - 6 - 2 对共模注入 RF 的传导骚扰的要求是：频率范围为 0.15 ~ 80MHz，未调制电压为 10V（方均根值），以阻抗为 150Ω 的源施加 80% AM（1kHz）的调制；对 EFT 的要求是 1kV（峰值）。两者都仅适用于长度超过 3m 的电缆。

EN55024 对共模注入传导骚扰的要求是，频率范围 0.15 ~ 80MHz，未调制电压为 3V（方均根值），施加 80% 1kHz 幅度调制。

在 IEC 61000 - 6 - 2 中，对过程、测量和控制线的端口以及长总线和控制线的要求与 EFT 一样是：以共模方式注入 10V（方均根值），RF 信号，但峰值电压要求为 2kV。

对于直流输入和输出电源端口以及交流输入和输出电源端口与 EFT 一样，以共模方式注入 10V（方均根值）RF 信号，峰值电压 2kV。

IEC/EN 61000 - 6 - 2 的资料附录中指出，标准可能包括下列的试验：以 50Hz 工频共模注入方式对不涉及过程控制的信号线和数据总线施加 10V（方均根值）的电压试验；对处理、测量和控制线则施加 20V（方均根值）的试验；对过程、测量和控制线施加共模 2kV 和差模 1kV 的 1.2/50μs 浪涌试验；以及对直流供电设备施加差模 0.5kV 和共模 0.5kV 电压的浪涌试验，对交流供电设备施加的共模 4kV 和差模 2kV 的浪涌试验；对直流供电设备施加电压偏离和电压变化试验以及对交流供电设备施加电压暂降、短时中断试验、电压波动和低频谐波测量试验。

调制和非调制的试验电平的定义已在 ENV 50140 中给出，若规定的非调制试验电平是 1V/m（方均根值）或 2.8V（峰 - 峰值），那么在幅度调制为 80% 时方均根值为 1.2V 以及峰—峰值为 5.1V。通过调制来增大电平是很重要的。由于许多信号发生器提供了对相同的输出电平提供了调制和非调制选择，所以功率放大器的输出功率也必须包含对该峰 - 峰值电平的放大能力。另外，同样重要的是要查看是否使用了电场监视装置，它测量的是峰值还是方均根值，以及它显示的是什么值。

　　在协调标准中，描述了有关发射和抗扰度试验的测试方法，测试设置以及测试地点的校准准则。对辐射发射的测量，通常必须使用的测试场地是一个在 ANSI C63.4 2014 和 EN 55022 的附录 A 所描述的校准 OATS 或者一个校准的半电波暗室。

9.4.10.3　发射测量

　　在 EN 55011 中，A 级 ISM 设备可以由制造商决定是在测试场地或在现场进行测量。但 B 级 ISM 设备则应该在测试场地进行测量。测试场地应该满足在限值以下至少 6dB 的环境要求，但这对 OATS 几乎是不可能的。对用于 9kHz ~ 1GHz 范围的传导和辐射测量的测试场地应有一个接地平面。图 9-32 描绘了该接地平面的最小尺寸和形状。对于现场验证，2007 年的 CISPR 16 - 1 - 4 描述了一个场地电压驻波（SVSWR）测试。与此同时，ANSI C63.4 2005 已经制定了一个时域反射率测量草案。另外，假如可能的话设备应该被放置在一个可旋转的转台上。假如没有转台，天线应被放置在不同方位的地点，在天线的垂直和水平极化两个方向上进行测量。

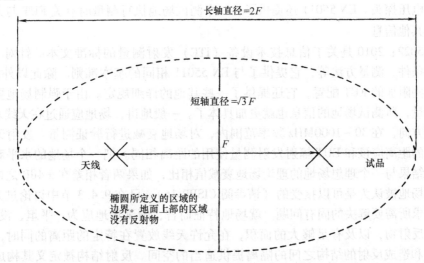

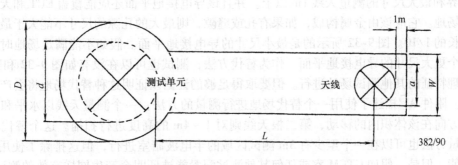

$D = (d+2)$ m　　式中　d 是试品的最大尺度
$W = (a+1)$ m　　　　　a 是天线的最大尺度
$L = 10$ m

382/90

图 9-32　辐射发射测试场地的特征以及辐射发射测量的最小接地平面

（承蒙 CENELEC，Brussels，Belgium 提供）

为了获得最大发射应改变设备的配置。互连电缆应该符合各个设备中所要求的类型和长度。如果长度可以变化，那就应该选择能产生最大辐射发射的长度。但是，将电缆放置在系统实际启用中永远不会使用的安置是没有意义的。对于传导测量，多余长度的电缆在接近电缆中点处以环状捆绑起来，其直径应大约为 30～40cm。在具有多个相同类型的接口端口的地方，倘若可以证明其他电缆的连接不足以影响测量结果的话，则只要连接其中一个端口的电缆就足够了。但在两根或多根电缆中相互驱动的共模噪声的情况下，要做到这一点则是很困难的。就像一个偶极子天线的两个极杆，由电缆产生的场可以在该天线的位置上叠加或抵消。应提供有关电缆和设备在测试过程中的方向的描述使结果具有可重复性。如果可以分别执行设备的若干功能，那么应在设备执行每种功能时进行测量。

从根本上讲，EN 55011 的要求是在最坏的情况下找到最大的发射。EN 55011 还描述了所要求的测量设备、天线、测试场地供电电源的连接，针对医疗设备测量，以及 ISM、实验室和测量设备、微波烹调电器和在 1～18GHz 频带的其他设备现场的布局。

应该使用 50Ω/50μH V 型线路阻抗稳定网络（LISN）进行传导测量，若无法使用 LISN，则应使用电压探头。EN 55011 还提供了在一个测试场地执行测量时有关 EUT 与人工电源网络连接的其他信息。

EN 55022：2010 是关于信息技术设备（ITE）发射测量的标准文本。针对 EUT 配置，一般测量条件、测量方法等，它提供了与 EN 55011 相同的基本准则。除此以外，针对 ITE 设备的一些附加的 EUT 配置，它还提供了一些其他的详细规定。由于强制场地要求进行场地衰减测量，所测试场地的信息也就更加具体了。一般地讲，场地应通过在天线水平和垂直极化两个方向，在 30～1000MHz 频率范围内，对场地衰减进行验证测量。发射天线和接收天线之间的距离应该和 EUT 辐射发射测量使用的距离相同。把一个场地的水平和垂直场地衰减测量结果与一个理想场地的理论场地衰减值相比，如果两者相差在 ±4dB 之内的话，那么该测量场地被认为是可以接受的（请参阅 CISPR 16）。已在 9.4.3 节中讨论过为了达到场地衰减要求所需要解决的固有问题。就场地特征而言，测试场地应为：平坦、没有架空线、邻近没有反射物，以及有足够大的面积，在允许天线放置在特定的距离的同时，还能为天线、EUT 和造成反射的结构之间的隔离提供适当的空间。反射结构被定义其构成材料主要是导电的。EN 55022 和 EN 55011 标准提供了如图 9-32 所示的测试场地。而且 EN 55022 中还给出了如图 9-33 所示的一个最小尺寸的可替代测试场地。其导电接地平面应至少应超出 EUT 边界和最大尺寸的测量天线 1m 以上。并且该导电接地平面还应能覆盖 EUT 和天线之间的整个场地。它应该由金属构成，如果有孔或缝隙，则最大的孔隙的尺寸不能大于最高测量频率波长的 1/10。图 9-32 所示的是最小尺寸的导电接地平面。假如不能满足场地时，可能需要一个更大尺寸的导电接地平面。作为替代方法，测试也可以在没有如图 9-32 和图 9-33 所示物理特征的其他测试场地进行。但要取得足够的证据以证明这种替代场地将会产生有效的结果。附件 A⊖描述了使用一个替代场地进行测量的方法：一个测量天线以水平和垂直极化两个方向在该体积内的移动，第二根天线则对 1～4m 的高度进行扫描。这个替代场地测试的测量方法也可以在一个至少有 3m 测试区域的半电波暗室进行，但这排除了使用 GTEM 室的可能。但是，假如 GTEM 室或任何其他测试配置能被证明会产生同样有效的测试结果，那么它们也是可以被接受的。

⊖ 原文为 Annex A。——译者注

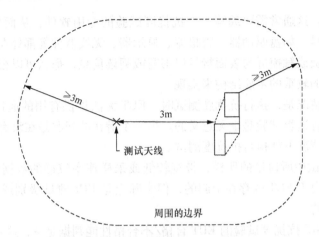

在所定义的面积内的地面上不应有反射物体。
所定义的面积为图中虚线围绕的面积。
由一个水平平面所定义的高度为大于或等于3m于该区域
的最高部分或被测设备。

图 9-33　可替代的最小辐射发射的测试场地（EN 55022：1994）

（承蒙 CENELEC，Brussels，Belgium 提供）

　　EN 55022 中指出，只要使用了正确的统计学方法，测试也可以只在一个电气设备的样机上进行。那么其要求是量产设备中必须要有 80% 的设备以 80% 的置信度符合要求。EN 55022 还指出，在随后的不断生产过程中还必须不时地对产品进行随机抽查，特别是对那些只有一台设备被测量过的情况。尽管有关机构大力推荐这种随机复测，但对大多数制造商来说，这个程序却不是 DoC 宣告所必需的。

9.4.10.3.1　抗扰度试验

　　在执行抗扰度试验中，最常见的一个错误就是对 EUT 某个或所有的功能使用了不充分的试验方法，以及在试验期间或试验完成后，如何对所发现的不符合要求提供有效的警示方法。在试验期间，所有的接口上都有数字、模拟、视频或 RF 电流。应该使用一个能警示数据中出现错误的典型接口器件或用一个能执行数据错误检查的计算机来监测数据。另一个办法是在信号电缆终端处插入一个外部器件或装置来把警示信号反馈回 EUT。然而使 EUT 具备视觉或音响警示的方法是一个有效的警示方法。应在一个外部显示器上视频显示试验数据。若它是 EUT 的一个组成部分，那么它也必须被放置在测试场地中。但如果显示器仅仅是用来显示视频信号的话，那么它应该被放置在测试场地以外。然而为了把显示器置于场地之外，这根额外增加的计算机和 CRT 显示器之间的长电缆将肯定会导致辐射抗扰度或共模 RF 传导抗扰度测量中的 EMI。这通常会造成图像的失真、图像中的条形图或因数据损坏而导致显示图像的损坏。因此更为实际可行的方法是把显示器放置在靠近计算机的地方，这将大大降低产生 EMI 的可能性。在辐射抗扰度试验中，如果必须在一个半电波暗室内观察显示图像的话，可以通过使用一个由金属编织网构成的观察窗进行观察。更为简便易行的方法是在室内放置一个有外接显示器的摄像机。有时把一个大直径的在"截止频率以下的波导"端口安装在测试室内，然后通过一套光学镜面系统在室外进行观察。

　　在显示器上感应的 EMI 通常是，但却不总是由于电流进入到信号接口引起的。

　　如果 EUT 接有一个条形码阅读器或类似器件，那么应该重复不断地用 EUT 来读取、显示或监视该条形码。这通常需要编写一个抗扰度试验的专用软件，从而确保了在 EMI 测试期间所有的接口信号，如盘驱动器、警报器、显示器、无线器件等都处在正常运行之中。

如果需要书写板或触摸屏与表面接触以书写或阅读信息，那么可以很容易地通过使用包含了一支合适的笔的较重的木质结构来实现。

一种不常见的情况是，执行抗扰度测试时，EUT 无法提供有用的通过或不通过的信息，在这种情况下，进行这类试验是毫无意义的。另一个潜在的问题是在没有对存在的测试级别进行全面性检查的情况下就执行抗扰度测试。

正如在 EFT 测试中所讨论的那样，带宽较低或采样速率较慢的数据采集系统可能会改变波形，这似乎是由于 EUT 的存在引起的，但实际上是 EFT 测试级别或数据采集对测试级别的敏感度所造成的。

若辐射和传导 RF 抗扰度试验的 EUT 合格/不合格性能判据是 A，这就意味着：

设备在按照原设计连续运行时，不仅不允许出现低于制造商规定的性能指标的情况，也不允许有任何性能下降或功能的丧失。但在某些情况下，性能水平（的下降）可以由可允许的某个功能丧失来替代。假如制造商没有就最低性能水平或可允许的某个（些）性能丧失做出规定，那么用户既可以通过产品说明书或所附文件，也可以根据装置原设计的用途来对它们得出合理的预期值。

总之，判据 A 的考核原则是在 EMI 测试期间，EUT 的功能/监测设备都必须处于正常的连续运行中。

不论是 AC/DC 电源还是信号线的 ESD、EFT 以及浪涌试验中，假如所使用的合格/不合格判据是 B。那么判据 B 可以被描述如下：

在试验完成后，装置应按原计划继续运行。并在按设计运行使用情况下，不允许有低于制造商所规定的性能水平或功能丧失的出现。性能水平可以由所允许的性能丧失所替代。虽然在试验期间性能的下降是被允许的，但实际运行状态或储存数据的改变则是不允许的。假如制造商没有对最低性能水平或可允许的性能丧失做出规定，那么用户既可以由产品说明书或所附文件，也可以根据装置原设计的用途对它们得出合理的预期值。

在对判据 B 水平的考核中，在试验期间的 EUT 运行/用于监测的测试设备都必须继续不间断的监视或储存数据。如下所述，要完全做到这一点可能是很困难的。在某些情况下，显示可能会短暂消失或由于监视设备中的 I/O 卡的某种原因以及外部某种瞬态影响造成可能的数据丢失。若发生了此类情况，则只要在测试完成后，数据和正确监测到的数值能得以恢复，即使监测装置对这些外部因素敏感，EUT 仍可以被认为是通过了判据 B 的要求。

在执行辐射抗扰度试验以前，必须要对 IEC 6000 - 4 - 3 和 ENV 50140 中描述的测试场地的均匀场区域（Uniform Field Area, UFA）的场均匀性进行测试。该校准测试显示了测试设备和测试设备产生所需辐射场的能力。同时，也可以建立抗扰度测试所需场强的数据库。假定有一个可使用面积为 1.5m×1.5m 的测试场地，那么在执行辐射抗扰度试验以前就必须对该面积以及其上部 0.8m 高度范围内的 UFA 进行测量。发射天线必须具有至少 1.5m×1.5m 的波束宽度。如果 EUT 和导线轮廓小于 1.5m×1.5m，则发射天线波束宽度也会更低。UFA 被细分成间距为 0.5m 的网格。其结果是在 1.5m×1.5m 的区域内有 16 个网格点。这种校准性测量是在没有 EUT 存在的情况下进行的，在 16 个网格点中，至少要有 12 个网格点（所有网格点的 75%）必须满足的标称值 0~6dB 的场均匀度的标准（见图9-34）。

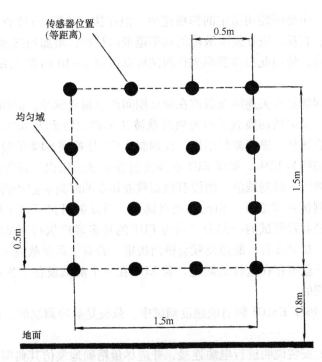

图 9-34 抗扰度试验场地的校准

(承蒙 CENELEC, Brussels, Belgium 提供)

在测试体积较大的 EUT 情况下，则还要求对地面上部 0.4m 高度处的场强以及 EUT 的整体宽度和高度的最大处的场强加以测量。并要将测量结果写入测试报告中。图 9-34 是对该场进行校准测试的示意图。在这种情况下，天线可能不得不移动到多个位置以获得均匀的场。

场的校准是在所需场强的 1.8 倍上进行的，因此在 10V/m 进行测试时，校准是在 18V/m 上进行的。采用 18V/m 校准的原因是为了确保 RF 功率放大器在 80% AM 调制时仍具有产生场的能力。

功率放大器产生的谐波应该是这样的，任何测量的场强应至少比基波的强度低 6dB。

在进行测试之前，应将场传感器置于校准网格点，来检查已建立场强的强度，并将场天线和电缆置于与校准相同的位置，以测量所校准的场强强度所需的前向功率。这应该与校准过程中记录的一样。应在 80 ~ 1000MHz 频率范围内的多个校准网格点进行抽样检查。两个极化方向都要检查。

在校准被验证后，可以使用校准得到的数值产生测试场。

设置载波测试电平，使得发射天线产生特定的场强（单位为 V/m）。然后用 1kHz 的正弦波对载波进行 80% 的调制，以调整 RF 信号电平或根据需要切换振荡器和天线。扫描速率不应超过 1.5×10^{-3} 十倍频程/秒。如果是在频率范围内进行增量扫描，步长不得超过点与点之间的线性插值基频的 1%。一些软件可以自动将扫描从调制切换到未调制，以调整馈送到天线的前向功率，这可能会延长扫描的时间。但它可以更快地确定调制的前向功率电平，从而得到正确的未调制功率电平。特别是由于它能消除由于开关切换在连续波中引起的瞬变脉冲，因而可以将其用于功率电平的调整。

尽管在合格评定中必须使用指定的扫描速率，但在执行诊断/故障查找测试时，通常会导致测试时间过长。相反，应在发生故障的频率范围内扫描，增加扫描速率/减少停留时间，直到不再检测到故障。使用此扫描速率进行测试可以增加 2~10 的安全系数或减少 2~10 倍的停留时间。

一个有争议的问题是有关连续波载波在测试期间产生瞬变脉冲。例如，一些测试实验室在调整前向功率时，会突然切换载波或突然将载波从未调制转换为 80% 调制。这种突然的变化会产生一个瞬态场强。根据测量结果，在调制从 0% 切换到 80% 的过程中，这个瞬态场强可能引起电场增加约为 12%。如果 EUT 在瞬变过程中显示错误，是否应该被解释为测试失败？测试过程只规定了调制载波，而没有提到载波切换的时刻引起场强的变化，因此这种瞬态似乎被排除在测试要求之外。相反的观点则是，当发射机打开或关闭时，瞬变确实发生，因此瞬态应该是有效测试的一部分。当为 EUT 的特定客户执行测试时，实验室通常会做出这方面的决定。如果没有，制造商就会做出决定。若对于调制载波从零逐渐增加而不关闭调制的测试设备，就不存在这样的问题，若 EUT 在一个测试设备上失败而在另一个测试设备上通过是不合理的。

在 MIL‑STD‑461F RS103 辐射敏感度测试中，载波是脉冲调制的，所以瞬变是测试的一部分。

应根据制造商的安装说明进行电缆连接，并应尽量精确地模仿其典型的安装。如果指定的电缆长度大于 3m，或未指定，则场强辐照的长度应为 1m。这通常被解释为，1m 长以外的电缆可以布置在导管中或被屏蔽。如果产品委员会确定额外的电缆长度需要去耦（例如，对于离开测试区域的电缆），那么去耦不应该损害 EUT 的运行。除非另有说明，受试设备 EUT 应安装在有盖板和检修板的外壳内。如果设备被设计安装在面板、机架或机柜上，则测试中应使用 0.1m 厚的绝缘层支撑将其隔离。

不需要金属接地平面，且任何支撑物都应是非导电的材料。桌面设备应放置在非导电的 0.8m 高的平台上。

每个频率的驻留时间不得少于 EUT 执行和做出响应所需的时间，但任何情况下不得少于 0.5s。

水平和垂直极化或各向同性场强监测器距产生场的天线的距离至少为 1m，距离为 3m 更为理想。

制造商所确定的规格参数可能会对 EUT 产生影响，但这可能被认为是微不足道的，因此也是可以接受的。

以下的产品 EMC 性能测试情况的分类可作为制定通用标准，产品和产品族标准委员会制定执行标准时的导则，或作为制造商和采购方之间关于执行标准的协议框架，例如，如果没有合适的通用产品或产品族存在时：

1）在技术规范范围内的性能正常；

2）功能或性能暂时丧失或下降，在骚扰试验停止后，EUT 恢复其正常性能，无须操作员干预；

3）功能或性能的暂时降级或丧失需要操作员干预或系统重启后才能恢复；

4）由于设备（组件）或软件损坏或数据丢失而无法恢复的功能丧失或数据丢失。

测试设施最好由一个衬砌有吸波体的屏蔽室构成。图 9-35 所示的就是这种设施的一个例子。为了清楚起见，墙和顶棚上衬砌的吸波材料均未在图中画出。但必须指出，这种类型测试场地和发射天线都能导致大于 6dB 的误差。例如电波暗室所呈现的低频室振会导致整个测试容积内的电场在很大范围内的变化。当然这可以通过在室内的关键位置增添吸波器负载，在墙上加贴铁氧体贴面或使用在 9.5.1（9）节中讨论的其他步骤加以改善。请记住，假如发射天线的增益太高，那么在天线主瓣中的场强可能会出现超过 6dB 的变化，这将在 UFA 中看到。可以通过将发射天线移动到不同的位置来解决这个问题。

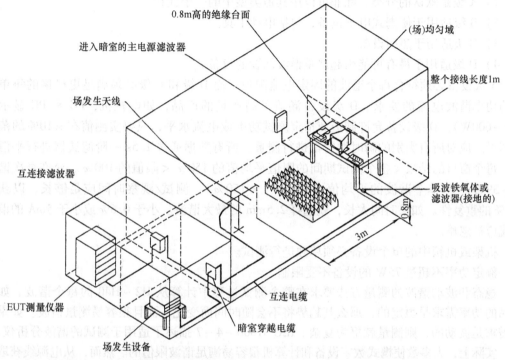

注：为了清楚起见，暗室内墙壁和顶棚的衬垫材料已被略去。

图 9-35　一个用于辐射抗扰度试验的半波暗室的例子（承蒙 CENELEC，Brussels，Belgium 提供）

在执行测试以前，对测试场地处在净场以及使用与校准期间相同的场发生天线的输出功率对其进行校准，这虽然是一个非常重要的准则，特别是被用于 MIL - STD 或任何类型的辐射敏感度试验中（其中在桌面上有一个接地平面），但事实上却很少在实际中使用。在测试期间再来控制场强是没有意义的，这是因为来自 EUT 的消极的和积极的干扰，以及接地平面的存在，会使电磁场变形失真，而导致无法正确测量电磁场。作为替代，应该监测天线的输入功率。

EUT 应被放置在离开场发生天线至少 1m 以上的距离。最佳测试距离为 3m。

用于提供信息的 ENV 50140 的附录 A，如所期望的就 20～300MHz 的双锥天线以及 80～1000MHz 的对数周期天线产生的场强进行了讨论。众所周知，只有当功率放大器的输出功率增加 3dB 时才可使用圆极化天线。若使用半电波暗室（地面上没有铺设吸波体），则推荐在从天线到 EUT 的照射通路上增设吸波器。在满足场均匀性的前提下，并假定 EUT 和电缆能按标准要求进行布置的话，那么也可以使用带状线、TEM 室以及（虽然没有提及）GTEM 室。另外导线/电缆的长度不能超过中隔板和外导体之间尺寸的 1/3。因此 TEM、GTEM 以及带状线等一般只对小型 EUT 有用处。在下列条件得到满足时，一个带有有限吸波材料的金属编织网室也可以加以利用。这些条件包括场均匀性以及所有其他要求，另外为辐射电场提供合法限值的一个开放天线范围以及地平面铺设有吸波材料等。

9.4.10.3.2　电源线谐波试验

IEC 61000 - 3 - 2 标准规定了 16A 以下所有类型设备的单相和三相交流电源线上最大谐波发射。有以下 A、B、C 和 D 四种级别设备：

1）A 级是默认的分类，除非可以用其他类型中的一个代替。

2）B 级适用于便携式电子设备，包括电动工具。

3）C 级适用于照明设备。

4）D 级适用于最有可能引起严重谐波问题的设备。

A 级设备必须符合每个谐波的固定电流限值，而 D 级和 C 级必须满足更严格的每单位有功功率谐波电流的要求。D 级设备涵盖了高产量的产品，如电视机，PC 和 PC 显示器（75 ~ 600W）。D 级设备允许制造商指定测试功率或电流水平，只要实测值在 ±10% 的范围内即可。应对所有类别的瞬时发射都进行测量。所有数据通过 1.5s 一阶滤波器进行平滑滤波。每个窗口的结果 < 整个测试期间的限值平均值的 150% < 限值的 100%。允许奇次谐波 21 ~ 39 中一些单个谐波的平均值 > 100%（< 150%）。测试/观察时间应足够长，以获得 ±5% 的重复性。如果时间太长，就选择 2.5min 的最大谐波。小于 0.6% 或小于 5mA 的谐波电流应被忽略。

机架或机箱中的单个设备必须单独进行测试。

额定功率不超过 75W 的设备不受限制。

稳态和波动谐波的测量方法要求在整个测试过程中计算从 H2 ~ H40 的每个谐波。如果产品的功率需求是恒定的，那么其趋势将不会随时间而变化，而且很容易测量谐波。如果功率需求是波动的，则测量就更为复杂。IEC 61000 - 4 - 7 描述了适用于测试的谐波分析仪。

实际上，大多数便携式数字设备和计算机很容易满足谐波限值的。然而，从电源线获取大的尖峰电流的设备可能会超过限值。限制这些尖峰的最好方法是使用功率因数校正电源。在某些情况下，增加一个串联电感器和一个大容量电容器就可以充分地平均电源线中的电流。

9.4.10.3.3　电源线闪变试验

IEC 61000 - 3 - 3 规定了电源线闪变的限值，它描述了公共电源的电压波动。IEC 61000 - 4 - 15 规定了测试和测量技术。因为这种变化施加于灯具时导致了灯光的闪烁而得名。EN61000 - 3 - 3 规定，不应对不会产生明显闪变的电压波动的设备进行测试。除了激光打印机和复印机以外，这个例外也适用于大多数数字电子设备。除此之外，任何带有电动机或机电装置的机器，如洗衣机、冰箱、烘干机都可能产生闪变，必须进行测试。

测试必须在标准化的源阻抗值下进行。这在 IEC 60725 中有规定。当阻抗高于规定值时，可能会发生测量误差。当使用变压器连接电源或连接导线太长时，可能就会发生这种情况。这可能导致源阻抗高于规定的 0.4625Ω。

按照 IEC 61000 - 3 - 3 进行闪变试验，波动停止后允许的最大电压降为 3.3%。另外，允许 EUT 的电压降时间为 500ms。

波动开始时的最大电压降为 4%、6% 或 7%，这取决于被测设备的类型。手持式设备在使用过程中，最高允许达到 7%，而每天循环使用次数相对有限的设备可以达到 6%。对于具有持续循环功率水平的设备，限值为 4%。出现波动的测试必须重复 24 次。然后，去掉最低值和最高值，并将其余 22 个值的平均值与允许的限值进行比较。闪变测试仪测量每个半周期（50Hz 时 10ms）的方均根电源电压值。电源开启瞬间，EUT 开始吸收电流，从而导致通过标准阻抗的电压降低。

9.4.10.3.4　共模射频传导抗扰度试验

　　IEC/EN 61000 的第二部分列出了对工业环境中使用的通用传导抗扰度（共模注入）设备的要求。使用的试验方法则参照 IEC 61000 - 4 - 6 的方法。EN 61000 - 6 - 1 的第一部分中则列出了对居住、商业和轻工业环境中所使用的传导抗扰度设备的一般要求。EN 55024 2010 文件描述了对 ITE 的抗扰度要求。在信号端口和电信端口（只要这些电缆长于 3m）以及直流电源端口，测试频率为 0.15 ~ 80MHz，AM 调制，在 3V（方均根值）时调制度为 80%。另外还规定了三个不同的注入方式。直接耦合用于屏蔽和非屏蔽电缆的测试，图 9-36 所示为测试屏蔽电缆的基本装置。图 9-37 所示为非屏蔽电缆的校准测试配置。R 值应为 $N \times 100\Omega$，这里的 N 等于非屏蔽电缆中的导线数目。另一个耦合方式是用一个耦合/去耦合网络（CDN）。如图 9-38 所示，注入可以通过 CDN 直接进行，或如图 9-39 所示，通过使用感性注入电磁钳进入 CDN 阻抗。假如无法获得 CDN，图 9-39 的方法可以通过使用如图 9-37 所用的终端电阻来进行。只要该终端电阻的阻抗符合 ENV 50141 和 EN 61000 - 4 - 6 的要求就行。EN 61000 - 4 - 6 描述了另一个专为电平设置用的装置。

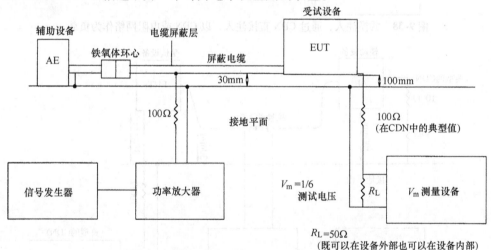

图 9-36　屏蔽电缆共模直接注入测试方法

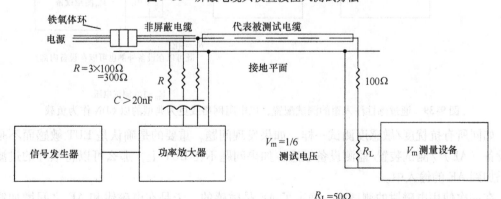

图 9-37　校准测试配置，直接耦合到非屏蔽电缆和电力电缆

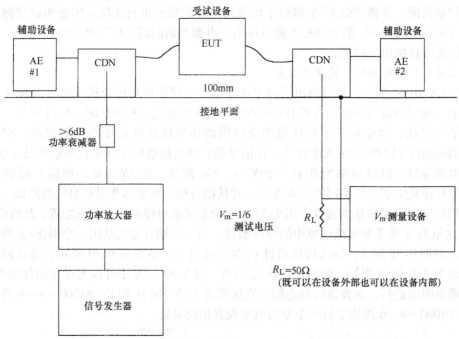

图 9-38 共模注入，通过 CDN 直接注入，以 CDN 或电阻网络作为负载

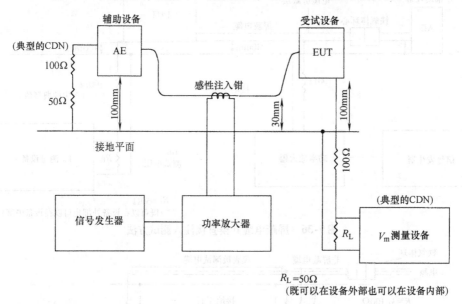

图 9-39 通过感性注入钳的测试配置，以电阻网络或更为典型的以 CDN 作为负载

如同所有抗扰度/敏感度测试一样，如果发现问题，重要的是确认是 EUT 敏感而不是辅助设备（AE）/测试装置/监测设备敏感。如果问题不在 EUT 上，那么可以将额外的过滤措施添加到 AE 的输入中。

在一次使用电磁钳的测试中，确定了 AE 是敏感的。于是在电磁钳和 AE 之间增加铁氧体便解决了敏感问题。由于铁氧体会使电缆阻抗发生变化而反对使用铁氧体，9.1.1 节中描述的测试设备在其他测试中就没有使用这个正确的测试方法。而根据 IEC1000 - 4 - 6，"与传统的电流注入钳相比，电磁钳在 10MHz 以上的具有 ≥10dB 的方向性，因此不再需要 AE 共模点与地面参考平面之间的专用阻抗。在 10MHz 以上，电磁钳的性能与 CDN 的性能相似。"CDN 是耦合 - 去耦网络的缩写。顾名思义，CDN 用于将测试电平耦合到 EUT 中，并将测试电平从 AE 去耦合。于是由于问题频率在 10MHz 以上，所以附加的铁氧体磁心是完全允许的。

注入式测试装置描述如下。

1. 设备清单

1）信号发生器。0.15 ~ 80MHz，具有 1kHz 80% 调制度的 AM 调制能力或有一个外部调制输入。

2）1kHz 信号发生器。假如在 1）中的信号发生器需要一个外部调制源，或假如 1）中的信号发生器没有一个外部调制输入，那么在信号发生器的输出和功率放大器 3）之间需要一个调制器。

3）功率放大器。0.15 ~ 80MHz。典型的为 10 ~ 75W，取决于注入方式，具有 50Ω 源阻抗。

4）感性注入钳或 CDN，或用于直接耦合的电容/电阻网络［见 6）］。

5）铁氧体环心（电磁钳）用于直接耦合到屏蔽电缆的测试装置。

6）100Ω 和 50Ω 串联注入和负载电阻，用于直接进入非屏蔽电缆 <20nF 耦合电容。

7）示波器。至少具有 100MHz 带宽，输入阻抗为 50Ω 或具有一个 50Ω 的终端电阻。

8）频谱分析仪或 EMI 接收机。

9）大于 6dB 的功率衰减器。只用于要求 CDN 注入的情况。

2. 布置和操作

用于直接耦合进入屏蔽和非屏蔽电缆：按图 9-36 所示，连接用于对屏蔽电缆测试的设备以及按图 9-37 所示，连接用于非屏蔽电缆的测试设备。并要确保能在 150Ω 负载上建立非调制的满幅度 3V 和 10V（方均根值）电压。因为只是在与一个 250Ω 阻抗相串联的 50Ω 负载上进行电压测量，所以当测量到的电压为 1.67V（方均根值）［使用示波器测量时为 4.71V（峰 - 峰值）］，也就是说 10V（方均根值）的 1/6 就可以满足 10V（方均根值）［28V（峰 - 峰值）］电平的要求。在载波调制幅度为 80% 时确保了峰 - 峰值电压的增加。EN 61000 - 4 - 6 显示了一个用于电平设置的测试装置。以及使用频谱分析仪/接收机来对谐波进行测量以确保它们至少在载波电平以下 15dB。

就非屏蔽电缆而言，在试验期间，信号是以并联方式通过一个串联电阻和电容注入到电缆中的所有电源导体的。所有并联电阻（共模电阻）的总阻值是 100Ω。因此要测试 4 条导线的话，所使用的电阻就是 4×100Ω。

对于通过 CDN 或者带有 CDN 或电阻网络的感性钳进行的直接耦合，要注意：

1）确保 CDN 已经按照 ENV 50141 所描述的进行了校准，并且满足 Z_{ce} 共模阻抗要求（在阻抗测试时，要把所有的导线连接在一起）。即当测试是根据 ENV 50141：1993 图 7c 进行的情况下，在频率范围 0.15 ~ 26MHz 时为（150 ±20）Ω 以及 26 ~ 80MHz 频率范围时为 150_{-45}^{+60}Ω。

2）在执行直接注入时，要按图 9-38 所示连接设备。当使用感性钳注入时，则要按图

9-39 进行连接。这样就能确保由于 CDN 的存在或由于 CDN 和电阻网络都存在时，所呈现的 300Ω 负载上能建立起满幅值的 10V（方均根值）未调制电压。由于测量到的只是建立在 CDN 50Ω 输出上的电压，而它又与两个 CDN 或电阻网络所呈现的 250Ω 阻抗相串联。所以在 50Ω 两端所测量到的电压值仅为整个电压值的 1/6。因此对于施加的一个 10V（方均根值）［25V（峰-峰值）］电平，若测量到的电压为 1.67V（方均根值）［示波器测量为 4.71V（峰-峰值）］时，就可以满足所要求的测试电平。EN 61000-4-6 给出了一个电平设置装置。在载波调制度为 80% 时，要确保在 50Ω 负载上的峰-峰值电压会增加。还要使用频谱分析仪/接收机来对谐波进行测量，以确保它们至少是在载波电平的 15dB 以下。

在 EUT 没有任何导电表面的情况下（比如像封装在一个塑料罩壳内的终端器），一个更为实际的测试装置是把 EUT 与接地平面完全绝缘。这个配置如图 9-40 所示。

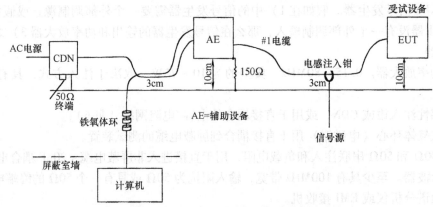

图 9-40 在 EUT 与接地断开情况下的感性钳注入方式

在抗扰度试验期间，假如使用一个计算机或其他设备来监测 EUT 的性能，那么可以通过把它安装在屏蔽室外部，或通过使用加在电缆上的铁氧体平衡—不平衡变换器以及安装在屏蔽室 I/O 端口的一个带滤波器的连接器来防止它受到被测电平的影响。图 9-41 所示就是这样一个类似的测试装置。它采用了 RF 信号共模直接注入到电源线的方式。

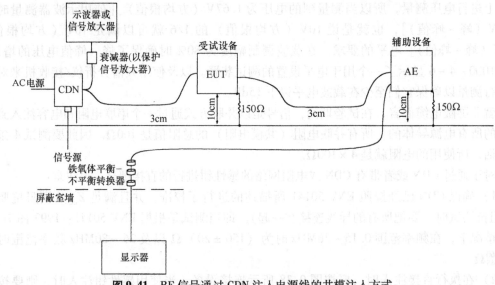

图 9-41 RF 信号通过 CDN 注入电源线的共模注入方式

使用电磁钳的耦合，请参阅 ENV 50141：1993 的图 A. 5. 2，或 EN 61000 - 4 - 6 附录 A。测试等级见表9-20。

表9-20 传导抗扰度测试等级（频率范围 150kHz ~ 80MHz）

等级	$V_0/dB\mu V$	V_0/V
1	120	1
2	130	3
3	140	10
X[①]	特定	

① X 是一个开放的等级。

9.4.10.3.5 磁场辐射抗扰度试验

IEC/EN 61000 - 6 - 2 和 EN55024 2010 包括了对电源频率 H 场的抗扰度要求，EN 61000 - 4 - 8（IEC 1000 - 4 - 8）描述了其试验方法。图 9-42 所示为一个在许多测试设施中都能找到的标准测试配置。它使用了 MIL - STD 13 中的 3cm 环形天线。发射环可以是下列三种的任何一种：一个与接地平面相连接的 1m × 1m 的单（圈）正方形感应线圈，或一个每边长 1m，间隔为 0.6m 双正方形环以及一个 1m × 2.6m 的单圈矩形感应线圈。所有上述这几种环天线在 EN 61000 - 4 - 8 中都有描述。

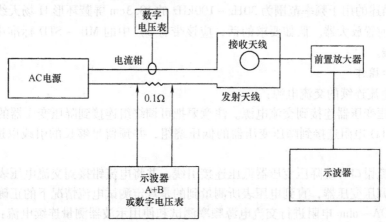

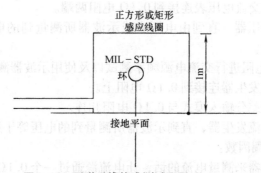

图 9-42 环形天线校准测试配置

在 EN 55024 标准中的测试场是 1A，50Hz 或 60Hz。其校准方法如下：

1. 设备清单

1) 连续运行方式的交流电源。具有被线圈系数所除的 1~100A 的电流能力（典型的线圈因数为 0.833，所以最终形成的电流能力应为 1.2~120A）。使用的电源一般是 MIL-STD 462 RS02 测试用调压和降压变压器。

2) 持续时间为 1~3s 的交流电源，其电流能力为被线圈因数所除的 300~1000A 电源（最终电流能力应为350~1200A）。

3) 交流供电的电流钳或者在 7) 和 8) 中的设备，或者是在 8) 和 9) 中的设备。

4) 与电流钳一起使用的交流电压表。

5) 额定功率为 $I^2 \times 0.1$ 的 0.1Ω 电阻。这里 I 是试验电流。在 100A 时，该电阻可以由若干个电阻构成，只要其总的额定功率大于 1kW。

6) 用于差分测量的示波器（通道 A+B 或 A-B）。其输入电压范围至少要是直流 50V，或者带有 ×10 衰减器的差分探头，或者一个交流电压表。

7) 如 EN 61000-4-8 描述的一个与地平面相连接的 1m×1m 的单圈正方形感应线圈，或者每边长为 1m，相隔 0.6m 的双圈正方形感应线圈，或 1m×2.6m 的单圈矩形线圈。

8) 如在 MIL-STD 462 RE01 中描述的用于频率范围为 30Hz~30kHz，以及在 MIL-STD 462 RE101：

1993 所描述的用于频率范围为 30Hz~100kHz 的 13.3cm 屏蔽环形 H 场天线。

9) 低频前置放大器。假如要求的话，应该带有 8) 中的 MIL-STD 标准中叙述的屏蔽环形 H 场天线。

2. 布置和操作

● 使用电流连续的交流电源：

1) 把调压变压器连接到交流电源。注意要把可调绕组连接到降压变压器的高压绕组。

2) 把 0.1Ω 电阻连接到降压变压器的低压绕组，并预留足够长的引线以适应电流钳的钳口。

3) 将电流钳口环绕降压变压器低压连接引线，并将电流钳接到交流电压表上。

4) 调节调压变压器，直到电压表所测量到的是规定测试电流情况下的正确电压值。

● 使用 OA-ohm 电阻进行交流电源频率测试和使用示波器测量连续电流：

1) 把调压变压器与交流电源相连接。把可调绕组与降压变压器高压绕组相连。

2) 把 0.1Ω 电阻连接到降压变压器的低压绕组。

3) 把示波器或交流电压表连接到 0.1Ω 电阻两端。

4) 调节调压变压器，直到由电压表或示波器所测量到的电压等于规定的测试电流乘以 0.1。

● 使用 0.1Ω 电阻进行交流电源频率测试以及使用示波器测试短期电流：

1) 把短期电流发生器连接到 0.1Ω 电阻上。

2) 以示波器的差分输入模式与 0.1Ω 电阻相连。

3) 调节短期电流发生器，直到示波器所测量到的电压等于规定测试电流乘以 0.1。

● 校准环的线圈因数：

1) 假如用示波器来测量电流的话，让电流源通过一个 0.1Ω 电阻连接到一个感应线圈。假如使用的是一个电流钳，则直接把电流源接到一个感应线圈。测试配置如图 9-40 所示。

2) 把 13.3cm 环与前端电阻为 50Ω 的示波器相连接。

3）调节感应线圈中的电流到一个已知值，一般为 10 ~ 50A 之间。

4）把 MIL – STD 13.3cm 环置于感应线圈的中心位置，并定位于示波器显示最大电压读数的方向上。

5）使用 MIL – STD 13.3cm 环的转换系数，或使用由制造商所提供的电源频率的转换系数取得以安培每米（A/m）表示的 H 场。例如，假定从环上测量到的电压是 11mV（峰 – 峰值），把它转换为 3.9mV（方均根值）= 72dBμV。又假定在电源频率时，环的转换系数是 68.5dB；那么用 dBpT 表示的磁场就是 72dBμV + 68.5dB = 140.5dBpT = 1.06 × 10^{7}pT。而用 A/m 表示的磁场就是 1.06 × 10^7 × 7.936 × 10^{-7}A/m = 8.4A/m。发射环的线圈因数是由磁场强度被输入电流所除得出。一个电流为 10A 的感性发射环的线圈因数就为（8.4A/m）/（10A）= 0.84。

9.4.10.3.6　电快速瞬变/脉冲群（EFT/B）传导抗扰度试验

在 IEC/EN 61000 – 6 – 1，IEC/EN 61000 – 6 – 2，EN 55024 和其他要求中都对电快速瞬变/脉冲群（EFT/B）抗扰度试验做出规定。在 IEC/EN 61000 – 4 – 4 中描述了它们的测试配置。EN 55024 规定了进入所连接电缆长度超过 3m 的信号和电信端口的 0.5kV 电压以及进入直流电源端口的 0.5kV 的电压。对 EFT 发生器设有下列严格要求：开路可高到 4kV 和 50Ω 负载时为 2kV，以及 1000Ω 负载时为 3.8kV。在 50Ω 负载上测量到的波形要与 IEC – 61000 – 4 – 4 图 3 所示的一致（幅值达到 90% 的上升时间为 5ns ± 1.5ns 以及幅值达到 50% 的上升时间为 50ns ± 15ns）。脉冲重复频率为（5kHz 或 100kHz），脉冲群脉冲宽度为（5kHz 时为 15ms ± 3ms，100kHz 时为 0.75ms ± 0.15ms），脉冲群周期为（300ms ± 60ms）。气体放电管显示在该规范的早期的版本中，但在 IEC 61000 – 4 – 4 2012 中显示为开关，不再允许使用带有气体放电管的 EFT 发生器。原因是气体放电管的使用寿命有限，触发时经常不够稳定。一个拥有专利的半导体器件已由美国公司 Behlke Electronic GmbH，MA 01821，Alexander Rd Billerica，电话：1 – 987 – 362 – 3118，USA@ behlke.com 研制成功。对那些想要自己装制一个 EFT 发生器的人来说，它是一个非常可靠和容易使用的器件。

EFT 发生器最好使用 50Ω 和 1000Ω 同轴校准网络/高压衰减器进行校准。这个网络可以在一个 50Ω 负载上施加 2.5kV 的脉冲，并且还可以对该电压进行分压，使得高压脉冲中只有很小的一部分可以建立在高速示波器的 50Ω 输入端。示波器具有至少 400MHz 的 – 3dB 带宽。1000Ω 的测试负载阻抗可能会变成一个复杂的网络。测试负载阻抗的特性如下：

（50 ±1）Ω；

（1000 ±20）Ω（以直流进行电阻测量）。

两种测试的插入损耗误差不应超过以下值：

达 100MHz 时为 ±1dB；

从 100 到 400MHz 为 ±3dB。

应测量以下参数：

- 峰值电压；
- 对于 IEC 61000 – 4 – 4 表 2 中的每个设定电压。

测量 50Ω 负载下输出电压。该测量电压应符合规定的误差 ± 10%。在相同的发生器设置下，测量 1000Ω 负载下的电压。该测量电压应符合规定的误差 ± 20%。

- 所有设定电压的上升时间；
- 所有设定电压的脉冲宽度；

- 任意给定电压下一次脉冲内的重复频率；
- 任意设定电压的脉冲群持续时间；
- 任意一个设置电压的脉冲群周期。

电容耦合夹用于信号和控制端口的测试。只有当不能使用耦合去耦网络时，才可以在电源端口上使用它。屏蔽电缆应直接注入。然而，如果屏蔽电缆与非屏蔽电缆一起被封装在电缆束中，并且屏蔽电缆在不破坏电缆束的情况下无法断开，那么就应该使用电容耦合夹。

电容耦合夹是通过连接到钳一端的 EFT/B 发生器以及远端的 50Ω 终端/衰减器来进行校准的。电容耦合夹具中插入一个 $120mm \times 1.050m$ 和 $0.5mm$ 厚的绝缘金属传感器板。

在 EFT/B 发生器端，绝缘金属传感器版是开路的。在示波器端，连接一个 50Ω 终端/衰减器。终端/衰减器的金属外壳使用一个短的低阻抗连接到地。

传感器板末端与 50Ω 终端器/衰减器之间的距离不应超过 $0.1m$。有关要满足的特性如下：

上升时间 (5 ± 1.5) ns；

脉冲宽度 (50 ± 15) ns；

峰值电压 $1000 \pm 200V$；

CDN 用于注入 AC/DC 电源端口；

CDN 应使用校准过的发生器校准。

每条线路的输出必须用一个 50Ω 同轴适配器校准，并且所有其他线路都要开路。CDN 和同轴适配器之间的连接应该尽可能短，不能超过 $0.1m$。在 4kV 进行校准时，上升时间应为 (5.5 ± 1.5) ns，脉冲宽度为 (45 ± 15) ns，峰值电压为 (2 ± 0.2) kV。

除了对 CDN 进行校准外，还必须在共模耦合中对波形进行校准，这意味着要将瞬变信号同时耦合到所有线路上。这对于测试配置也是有意义的，因为 EFT 是典型的电弧放电的结果，有可能将电流引入所有线路。另外，电容耦合夹以共模方式导入所有其他端口。但是，如前所述，IEC 61000 - 4 - 4 规定，波形应该针对每条耦合线进行单独校准。其解释是耦合/去耦模式要求是"耦合到所有线路"，这已经将测试改变为共模测试。这似乎意味着不再需要在单个电源线上进行测试。通过 CDN 耦合图显示所有开关都开路，因此它不表示测试是共模方式还是差模方式。它也提到，如果没有合适的耦合/去耦网络，那么在共模和非对称（差模）模式的情况下，使用 (33 ± 6.6) nF 电容直接注入是首选的耦合模式。这似乎为两种类型的注入都留下了大门。因此，建议也对单线进行共模测试，以防重新解释时或者在确有需要的情况下，被要求进行单线"差模"测试。

设备清单：

1）EFT 发生器。开路时输出最高为 4kV。50Ω 负载时为 2kV，1000Ω 负载时为 3.8kV。在 50Ω 负载上测量到的波形与 IEC 61000 - 44 中的图 3 一致（90% 幅值的上升时间为 5ns ± 1.5ns，以及在 50% 幅值的持续时间为 50ns ± 15ns）。在脉冲重复率为 5 ~ 100kHz 时所具有的脉冲群脉冲宽度为 15ms ± 3ms（5kHz）或 (0.75 ± 0.15) ms（100kHz）和脉冲群周期为 (300 ± 60) ms。假如无法对发生器进行校准的话，要保证发生器有一个已校准证书，并且该校准是在目前准备进行的测试此前一年之内完成的。

2）符合 IEC 61000 - 4 - 4 的 AC/DC 电源线的 CDN。CDN 的典型特性是去耦电感铁氧体 > $100\mu H$，耦合电容 33nF。

3）当无法使用 CDN 时，用于 I/O 电路的容性耦合夹也可以用于 AC/DC 电源线。

4）示波器以及由一根绝缘良好的导线与屏蔽电缆芯线相连的同轴电缆。

一般的 EFT 测试配置如图 9-43 所示。

图 9-44a 是 EUT 和 AE 之间的一个典型的容性钳注入，图 9-44b 显示了 EUT 和监控设备之间的一个典型的容性钳注入。

耦合/去耦注入设置如图 9-44c 所示。

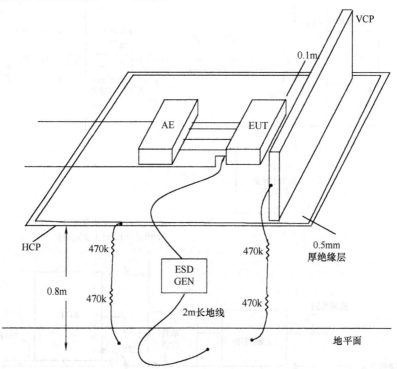

图 9-43　EFT 测试配置

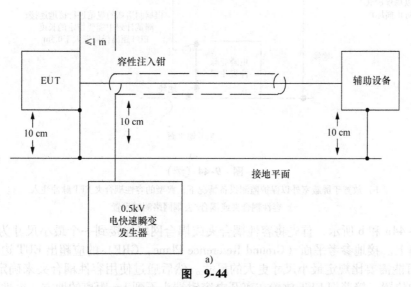

图 9-44

a) 用于测试 EUT 和 AE 的典型容性耦合夹的 EFT 脉冲注入

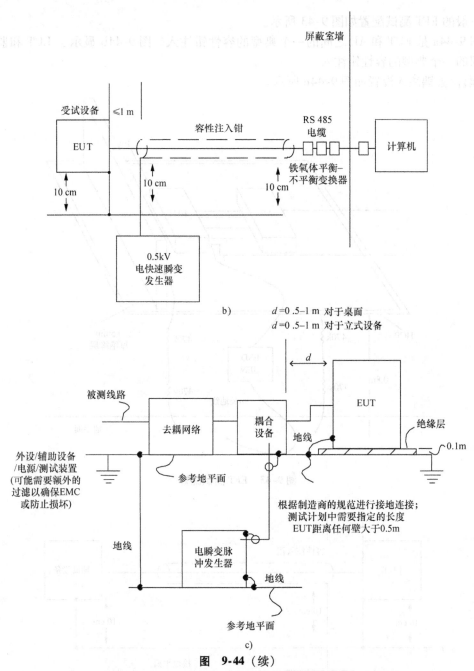

图 **9-44**（续）

b）放置于屏蔽室外以保护监测设备情况下，典型的容性耦合夹 EFT 脉冲注入

c）容性耦合夹或耦合/去耦网络测试设置

如图 9-44a 和 b 所示，首先将容性耦合夹或耦合网络连接到一个最小尺寸为 0.8m×1m 的接地平面上。接地参考平面（Ground Reference Plane，GRP）的应超出 EUT 边界尺寸至少 0.1m，也可能需要比规定最小尺寸更大的尺寸。然后通过使用容性耦合夹来确定被测信号/电源电缆的位置，接着把 EUT 放置在离开电容钳端头不到 1m 距离的地方。容性耦合夹的两头各有一个同轴连接器，并总是把 EFT 发生器的输出连接到最靠近 EUT 的那个连接器上。EUT 或容性耦合夹与除了接地平面以外的所有导电结构之间的最小距离应大于 0.5mm。容

性耦合夹是试验 I/O 或通信端口的最佳选择。假如由于机械上的原因（尺寸、电缆路径等），在放置电缆时不能使用容性耦合夹，则可以使用一段胶带或导电箔封裹被测试的导线。这种用导电箔或胶带耦合的设置其电容应该与标准耦合夹是等效的。另一种可替代的实用方法是把发生器的输出通过一个分离的 100pF 电容耦合到被测导线的端头。一位客户要求将容性耦合夹用于屏蔽电缆。电缆屏蔽是一个非绝缘的外编织层。把它放在耦合夹里，所以编织层和耦合夹之间就被短路了。虽然这并不是客户的目的，但是设置接近规定的要求，即 EFT/B 发生器直接连接到编织层。

假如只有一个 EUT 需要测试，而 AE 不需要测试，那么在测试期间用一个计算机或其他的监视器来监测 EUT 的工作性能的话，建议最好把它放置在屏蔽室外面。将 EFT 脉冲施加到容性耦合探头上时会导致耦合探头产生辐射。这可能会导致在监测设备中出现 EMI，可以将此设备放置在室外，以减小 EMI。

另外如图 9-44c 所示，为了保护设备，在互连电缆上应加有铁氧体平衡—不平衡变换器，或者在电缆进入屏蔽室的端口处应插入一个瞬态抑制器或使用一个带滤波器的连接器。即使使用了上述的这些预防措施，在 EFT 的测试中，也时有发生计算机上的 I/O 板被烧毁的情况，特别是耦合处在 EUT 内部的情况下，应该考虑使用光电耦合 I/O 板。

IEC 61000－4－4 显示了用于 EUT 和 AE 的桌面实验室类型测试的测试设置。对于落地设备，注入探头应放置在连接到 EUT 各部分的电缆上，以及用于带有架空电缆入口和现场试验的设备。

落地设备应放置在参考地平面上，并应通过厚度为 (0.1 ± 0.05)m 的绝缘层进行绝缘。除非另有说明，落地式 EUT 和设计用于安装在其他配置中的设备应如上所述安装。

所有到 EUT 的电缆都应置于离参考地平面 0.1m 的绝缘层上。不受 EFT 影响的电缆应尽可能远离被测电缆，以尽量减少电缆之间的耦合。

最新版本的 IEC 61000－4－4 包含一个群脉冲的数值模型。

很重要的一点要确保任何已知的故障都是来自 EUT，而不是来自其他任何外围设备、AE、测试仪等。虽然很明显 EFT 脉冲将出现在所有的信号和电源线上，但只要它不对脉冲做出反应，这并不构成 EUT 的故障。在一个案例中的数据采集设备被用来监测电力线和数据线。由于系统的采集速度较慢，50ns 的 EFT 尖峰信号在电源上转换为 2ms 的间歇性长脉冲，表明电压正在跌落。当使用高频示波器监测时，2ms 脉冲只不过为重复频率为 5kHz，50～100ns 的 EFT 尖峰。

EFT 发生器的典型校准有效期为一年。除非出现某些明显持续不断的损坏，则推荐立即进行重新校准。图 9-45 所示为 EFT 脉冲的 CDN 耦合。

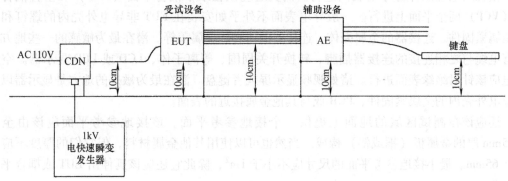

图 9-45　典型的 EFT 脉冲 CDN 耦合

9.4.10.3.7 静电放电（ESD）传导抗扰度试验

EN 1000 – 4 – 2 描述了 ESD 发生器。并给出了下列性能指标：

储能电容器	150（1 ± 10%）pF
放电电阻	330（1 ± 10%）Ω
充电电阻	50 ~ 100Ω 之间
输出电压	（额定）接触放电最高为 8kV
	（额定）空气放电最高为 15kV
输出电压指示误差	±5%
输出电压极性	正和负（可转换）
持续时间	至少 5s
放电，操作模式	单个放电（逐次放电之间的时间间隔至少为 1s）
放电电流波形	达到峰值电流的上升时间为 0.7 ~ 1ns，在 30ns 时，幅度为峰值的 53%；在 60ns 时，为峰值的 26.6%

应制定一个测试计划，其中应包括：

EUT 的代表性工作条件；

EUT 是否应该作为桌面或落地设备来进行测试；

要施加的放电点；

在每一点上，使用接触放电还是空气放电；

将要施加的测试级别（包括中等级别）；

每个点的放电次数。

一个具有特定尺寸的圆形头部放电电极用于空气放电而一个具有一定角度的尖锐头部放电电极用于接触放电。下面将讨论一个用来校准 ESD 发生器的电流敏感换流器，但它必须与一个具有 1GHz 带宽的示波器一起使用。IEC 61000 – 4 – 2 中规定了该换流器的具体尺寸。这类换流器可以在市场上轻易购置到。建议把该换流器安装在屏蔽室的墙壁上，把 ESD 发生器放置在屏蔽室外，而示波器置于屏蔽室内。另一种方法就是建造一个小型法拉第室，把换流器安装在它的由实心金属板做的一个板面上，示波器可以放置在这个法拉第小室内。这样既可以通过它的金属栅网来观察，又可以用一个存储模式进行操作。ESD 发生器的典型校准时间周期为一年。除非连续不断地出现某些明显的损坏，此时推荐应立即进行校准。

接触放电应该针对导电表面进行。而且还应该在水平耦合平面（HCP）和垂直耦合平面（VCP）两个平面上进行。一般导电表面不外乎如安装在 EUT 非导电外壳内的螺钉和其他金属紧固件、连接器的金属壳体、连接器的插脚、金属盖等。潜在最为敏感的一些地方是没有电缆与之相连接的连接器插脚、转换开关周围、等离子体、LCD 或 LED 显示器。空气放电应该针对绝缘表面进行。诸如视频显示屏或者键盘。潜在最为敏感的地方是显示器以及非导电外壳内的金属紧固件、PCB 或与其他金属接近的表面。

还应该在测试区域的地面上提供一个接地参考平面。该接地参考平面应该由至少 0.25mm 厚的金属板（铜或铝）构成。当然也可以使用其他金属材料，但它们的厚度不应少于 0.65mm。最小接地参考平面的尺寸应不小于 $1m^2$，除此它还应该延伸出 EUT 或耦合平面至少 0.5mm。

在 EUT 和测试设施的墙间距离不应小于 1m。这个要求可能限制了使用一个小屏蔽室来进行这类试验。EUT 除了根据按安装规定与接地系统相连接外，不应该有任何其他的接地连接。假如 EUT 具有一个非导电外壳，并且该 EUT 除了由一个连接到交流插座的隔离电源来提供直流电压，而没有明显的其他接地连接。但它往往仍会通过像计算机或显示器接口来完成接地。而这类接口又通常是一个单端数字/模拟或视频信号接口。正如前面所述的 EFT 试验，ESD 电流就可以通过 EUT 流入周边设备而造成设备的损坏。例如，一个设备是在一个车辆内连接的，而进地电流通路就是电源的回路电缆，然后又通过电池的电极端头接到车辆的车身。在解决 ESD 敏感度问题过程中，分析 ESD 电流的流经通路是非常重要的。接大地电缆与参考接地平面的连接以及所有的其他搭接都应该是低阻抗的。耦合平面是用一根两端各有一个 $470k\Omega$ 电阻的电缆与参考接地平面相连接的。ESD 试验装置应该设置在离开接地参考平面 0.8m 高的木制台面上。HCP 的尺寸应是 $1.6m \times 0.8m$，并且应铺设在木制台面上。EUT 和电缆是用一个 0.5m 厚的绝缘支持物与 HCP 隔离。ESD 发生器回路被接到接地参考平面。像所有的抗扰度试验一样，应选用执行所有 EUT 的正常操作模式的测试程序和软件。所使用的电缆长度为 2m。在能够证明 EUT 的操作模式被全面执行的前提下，应鼓励使用特别的执行软件。就 ESD 试验而言，性能判据 B 是通过测试的必然要求。所以在试验完成后，必须要能证明 EUT 仍能正常运行。

对 EUT 施加直接放电时，ESD 应被加到在正常使用期间操作人员可以够得着的一些点或表面上。试验应该使用单次放电。在预选点上，每个极性应至少有 10 次放电（用最为灵敏的极性）。放电间隔时间为 3s。当设法寻找 ESD 敏感源或在对产品设计修改以后，为了加强防止 ESD 的发生，则推荐使用多次放电。所有四个测试级别都要进行测试。

ESD 发生器要被握持在与被施加放电表面的垂直方向上。放电回路电缆与 EUT 之间至少要保持 0.2m 以上的距离。就接触放电而言，在放电开关打开以前，放电电极的顶部应与 EUT 相接触。而在空气放电的情况下，在不造成机械损坏的前提下，圆形的电极放电头应以尽可能快的速度接近，并接触 EUT。每次放电以后，放电电极应从 EUT 移开。然后发生器进行再充电以用于新的，下一次单次放电。用于接触放电的放电开关，应保持常闭合状态。在 EUT 每一边所选的放电点上至少要对 HCP 执行 10 次每个极性的单个放电。对 VCP 一个垂直边缘的中心，也至少要执行 10 次每个极性的单个放电。VCP 的尺寸为 $0.5m \times 0.5m$。并且要安装在与 EUT 平行的，距离至少为 0.1m 的地方。图 9-43 所示的就是这个 ESD 测试配置。在空气放电的情况下，周围环境条件应符合下列要求：

15~35℃。

相对湿度 30%~60%。

大气压力从 86~106kPa（860~1060mbar）。

测试水平见表 9-21。

EN55024 2010 规定了 4kV 接触点和 8kV 空气放电的测试等级。

表 9-21　ESD 测试水平

接触放电		空气放电	
等级	测试电压/kV	等级	测试电压/kV
1	2	1	2
2	4	2	4

（续）

接触放电		空气放电	
等级	测试电压/kV	等级	测试电压/kV
3	6	3	8
4	8	4	15
X①	特殊	X①	特殊

① X可以是任何高于、低于或在其他之间的等级。该等级应在专用设备规范中规定。如果指定的电压高于规定值，则可能需要特殊的测试设备。

9.4.10.3.8　浪涌传导抗扰度试验

浪涌发生器也被称之为组合（混合）波浪涌发生器。它的主要特征是：在开路条件下，它能提供一个 $1.2\mu s/50\mu s$ 电压浪涌，以及短路条件下，在有效输出阻抗为 2Ω 时，它能提供一个 $8\mu s/20\mu s$ 电流浪涌。

因此，在峰值开路（O/C）电压为2kV时，峰值短路（S/C）电流为1000A。

IEC 61000 - 4 - 5 给出了该发生器的特性如下：

开路输出电压	最低为0.5kV，最高为4.0kV
浪涌电压波形	从0.1V（峰值）~0.95V（峰值）的上升时间为1.2（1±30%）μs；从0.1V（峰值）上升边缘到0.5V（峰值）下降边缘的时间为50(1±20%)μs
短路输出电流	最低至少为0.25kV，最高至少为2.0kV
浪涌电流波形	从 $0.1I_{pk}$（峰值）~ $0.95I_{pk}$（峰值）上升时间为8（1±20%）μs，从 $0.1I_{pk}$（峰值）上升边缘到 $0.5I_{pk}$（峰值）下降边缘的时间为20（1±20%）μs
极性	正/负
相位移	相对于交流线相位角范围为0°~360°
重复率	每分钟至少一次

应该使用具有浮动输出的发生器。

附加的 10Ω 或 40Ω 电阻应包括在发生器内以增加所要求的有效信号源内阻抗。如下所述。

在这些条件下，当结合使用发生器与 CDN 时，开路电压波形和短路电流波形不再如所规定的那样。

在 ITU - T K 系列，EN 55024 和 IEC 60060 - 1 中也规定了 $10/700\mu s$ 的开路和 $5/320\mu s$ 的波形。EN55024 2010 针对信号端口和电信端口（其端口直接连接至户外电缆）规定了 1kV 峰值的上升时间，上升时间为 $10\mu s$，脉冲宽度为 $700\mu s$。测试电平同样适用于大地。

EN 55024 中的直流电源的浪涌试验，其上升时间为0.5kV，$1.2\mu s$，脉冲宽度为 $50\mu s$，测试电平应用于线路与大地之间。

CDNs 被用来把电源或信号源与浪涌隔离开来，并且它们不应该对发生器的开路电压和短路电流等参数有重大影响。

在连接有去耦合网络时，电源的电容耦合允许把浪涌加到线—线或线—地（大地）之间。耦合电容既可以是 $9\mu F$，也可以用 $18\mu F$。去耦合电路中的电感为1.5mH。

在与 EUT 断开的情况下，在未被浪涌击中的线上的残余浪涌电压不应超过所施加电压的15%。在 EUT 和电源均被断开时，在电源输入端的残余浪涌电压也不应超过15%。

图 9-46 所示为 AC/DC 电源的线—线间电容耦合的注入；图 9-46 所示为线—地间电容

耦合的注入。

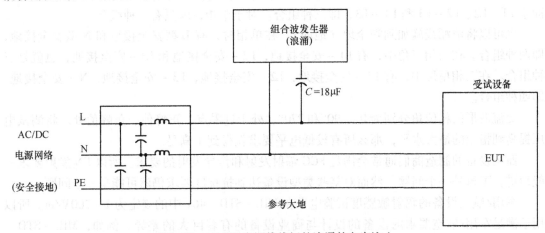

图 9-46　AC/DC 电源线线间的浪涌的电容注入

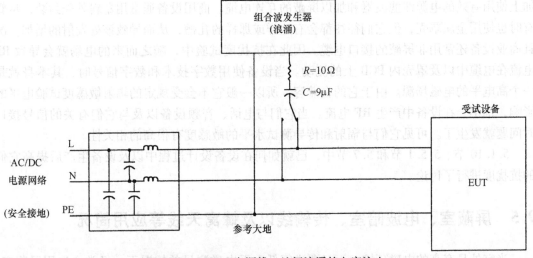

图 9-47　AC/DC 电源线—地间浪涌的电容注入

　　当对该线的通信作用没有影响的时候，电容耦合是非平衡，非屏蔽 I/O 电路的首选方法。根据 IEC 61000-4-5 的图 10 注入是通过一个与 40Ω 电阻串联的 0.5μF 电容完成的。如 IEC 61000-4-5 的图 12 所示，对非屏蔽平衡电路的首选耦合方法是通过一个放电器的电容耦合。

　　注入屏蔽电缆必须符合 IEC 61000-4-5 图 16 关于电缆屏蔽的规定，对于电缆屏蔽的规定，图 17 为电缆屏蔽层一端接地，图 18 为多点接地电缆。

　　在使用绝缘变压器为 EUT 的一个或多个设备供电时，通过电缆的屏蔽层进行安全接地连接。当该屏蔽连接出现故障时，测试发生器所连接到的 EUT 不接地，并且连接到安全地的导电结构可能会产生危险电荷。

　　注入既有差模，也有共模，正负极分别进行。

　　在每个耦合点上每个极性的脉冲数目是 5 个。在脉冲之间等待至少 1min，以使保护装置恢复。

　　对于交流电，应将浪涌线施加于线对线之间。对于三相星形线路，施加脉冲于 L1-L2,

L2 – L3，L1 – L3，L1 – N，L2 – N 以及 L3 – N，即六种组合。对于三相三角形线路，施加脉冲于 L1 – L2、L2 – L3 和 L1 – L3，即三种组合。对于单相，就只有一种组合。

也可以将浪涌线施加到安全地（地面）。在单相时，有 L 型安全接地和 N 型安全接地，即两种组合。在三相三角中，有 L1 – 安全接地，L2 – 安全接地和 L3 – 安全接地，也就是三种组合。在三相星形中，有 L1 – 安全接地，L2 – 安全接地，L3 – 安全接地，N – 安全接地，即四种组合。

交流波形的相位角分别为 0°、90°和 270°，处于过零点、正峰值、负峰值处。将测试电压提高到指定的最大水平，那么所有较低电平要求就得到了满足。

商用设备的制造商们通常会满足 FCC 辐射发射和传导发射的要求。所以 EN 发射要求一般地讲，不再是一个问题。然而对某些类型设备达到抗扰度要求仍然可能是一个问题。

军用/航空设备的辐射敏感度试验电平在 MIL – STD – 461 中的规定为 1 ~ 200V/m。所以用于满足军用/航空要求的设备的设计与商业设备的有着巨大的差异。例如，MIL – STD – 461 类型的设备，不仅一般都是被封装在几乎没有什么缝隙的屏蔽的金属外壳内，而且还要加上使用有效的电源线滤波器和加以屏蔽的互连电缆。商用设备通常用塑料外壳封装，尽管有时也使用金属罩壳，但它们往往都会有这样或那样的孔槽，从而导致该处发射的增加。况且商业设备还常用非屏蔽的接口电缆。因此在抗扰度试验中，随之而来的电场就会导致 RF 电流在电缆中以及罩壳内 PCB 上的流动。当设备使用数字技术和数字信号时，其本身就是一个高电平的电磁场源。由于它的自兼容，所以一般它不会受规定的辐射敏感度试验电平的影响，也不会在设备中产生 RF 电流。当它们与电话、音频设备以及与它们有关的信号接口时问题就发生了。可见它们与辐射和传导测试水平的敏感度有很高的相关性。

5.1.10 节、5.5.1 节和 5.7 节中，已就如何在设备设计过程中以及设备生产后提高它们的抗扰度进行了讨论。

9.5 屏蔽室、电波暗室、传输线以及蜂窝天线等应用简况

当室外具有高的电磁环境，而又要进行低电平电磁测量的情况下，经常会选用屏蔽室。另外，在测试过程中，若被要求处于某个敏感试验电平时，也要使用屏蔽室。但屏蔽室的使用会导致辐射发射测量误差以及所产生的辐射敏感度试验的误差。在下面的章节中，我们将描述这些误差产生的原因以及某些用来降低它们的实用技术。

9.5.1 屏蔽室内场和天线误差

屏蔽室有两个基本用途：一是将特定的电磁场包围在屏蔽室的空间环境中，通常用于防止信息泄露（Tempest）或用于辐射敏感度试验，。二是将电磁环境电平降低到某个低电平。屏蔽室又有两种基本类型：一种是只有反射型内墙的低损耗型；另一种是有损耗内墙型（即电波暗室）。当使用衬砌有反射内墙的屏蔽室来测量辐射和辐射敏感度测试时，测量精确度会受到下列不利因素的影响：

1）屏蔽室的内部反射；
2）天线与导电内墙之间的电容或电感耦合；
3）由于内墙反射造成的失真、非相干波和驻波；

4）在 TEM 模式下的室激发；

5）其他模式的谐振。

屏蔽室的形状和尺寸，测试装置的位置，天线尺寸和增益，以及测试人员、设备和屏蔽的存在和位置等特征都会对这些因素产生影响。

即使是 EUT 和天线间或测量设备和人员间只有那么 1 ~ 2cm 的微小变动都可能会造成高达 15dB 的场强变化，从而造成在屏蔽室内进行的辐射发射测量高达 ±40dB 的误差。虽然屏蔽室已经被用于 MIL – STD – 462 和 DO – 160 类型的测试许多年了，但在电磁波测量中，非电波暗室的连续使用对大多数天线工程师来说仍然是一个难题。

军标 DO – 160 和 MIL – STD – 461 都需要一个接地平面以使非便携设备都可以与之搭接。虽然不是全部，但大多数采办机构都会使用前述的指标要求，那就是接地平面被连接到一个安置在离开第二个导电表面（屏蔽室地面）上部 1m 的垂直导电墙板。但这并不排除电波暗室或半电波暗室（它的地面没有被吸波材料所覆盖）的使用。摘自参考文献［3］的图 9-48a

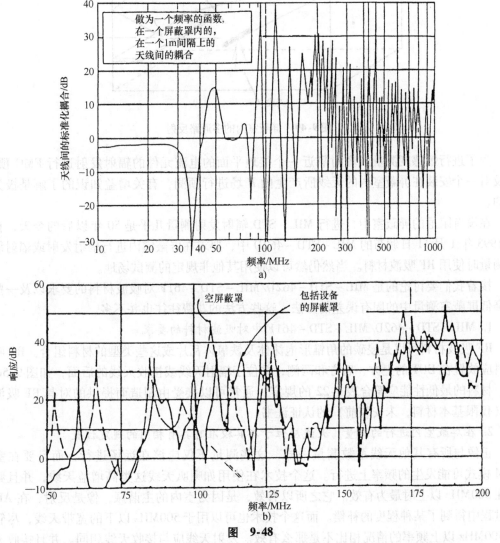

图　9-48

a）屏蔽室内的天线耦合　b）在屏蔽室存在设备与否的恒定激励下，屏蔽室谐振的频率响应

（摘自 Marvin, A. C. , *IEEE Trans. Electromag. Compat.* , EMC – 26 （4）, 149, November 1984. ）

和图 9-48b 的曲线分别显示了在有设备和没有设备存在条件下的室振（屏蔽室谐振）以及分隔距离为 1m 的天线之间的耦合与在自由空间中耦合的比较。图 9-49 所示为屏蔽室中的基本反射通路以及由于（原始）入射波和反射波的相位差所引起的空间干扰模型。由于干扰的存在，理论上就有可能对无限大波阻抗（即：没有磁场分量）或零波阻抗（即：没有电场分量）进行测量。天线靠近接地平面会对一个电流元件或者短偶极天线的增益产生影响。在接地平面上部的电流元件的增益可以从有效长度 d，以及 $\beta = 2\pi/\lambda$ 求得。当 βd 较小时，靠近接地平面上部的电流元件增益大约为一个隔离元件的 3 倍。当 $\beta d = 2.9$ 时，增益最大为 6.6，而天线长度 d 是 0.46λ。

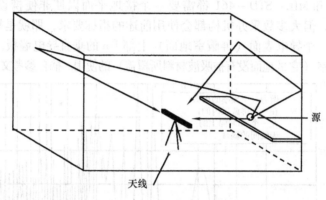

图 9-49 屏蔽室内的多通路反射

为了进行敏感度测量或者对靠近一个接地平面的电流元件的辐射发射进行 EMC 预测，以及对一个安装在屏蔽室内的天线所产生的 E 场进行预测，有关增益知识的了解是极为重要的。

在没有阻尼的屏蔽室中，进行 MIL – STD 辐射发射测量几乎是 50 年以后的今天，首次在 1993 年 1 月 11 日颁布的 MIL – STD – 462D 中，要求在屏蔽室内进行辐射发射或辐射敏感度测量时使用 RF 吸波材料。当然仍然可以使用其他非规定的测试场地。

接着我们要讨论的是 MIL – STD – 462D/MIL – STD – 461F 对吸波材料的要求以及一些用来降低屏蔽室测量中的固有误差的方法。这些方法的花费往往也不多。

1. MIL – STD – 462D/MIL – STD – 461F 中对吸波材料的要求

RF 吸波材料可以是浸碳的角锥形泡沫体及铁氧体瓦片或这些类型的材料组合。RF 吸波材料应放置在 EUT 的上方、后方和两侧，并位于辐射天线或接收天线的后面，如图 9-50 所示。材料的最低性能应符合表 9-22 的规定。通常可以接受由制造商提供的对其 RF 吸波材料（仅限基本材料，未安装前）的认证证书。

2. 在屏蔽室内进行的测量，天线应位于与其校准时具有相同的规定位置

正像与所有其他天线系数测量一样，这些测量不仅应该在远场进行，而且要在室内 TEM 模式可能发生的频率上进行。这个技术在使用如喇叭天线这类高增益天线，并且频率处在 500MHz 以上时最为有效。它之所以有效，是因为室内的主谐振，像是反射，在 AF 校准过程中得到了某种程度的补偿。而这个技术也可以用于 500MHz 以下的宽带天线，尽管在与 500MHz 以上频率的情况相比不是那么有效。发射天线应与接收天线相同。并且接收天线应被安置在室内的指定位置上。而且 AF 的校准也只有在那个指定的位置上才有效。

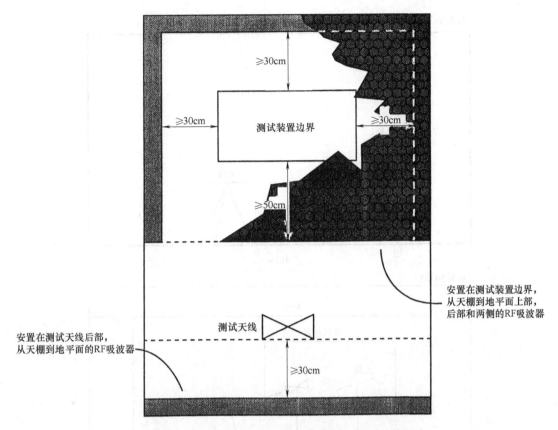

图 9-50　MIL – STD – 462D RF 吸波材料布置示意图

表 9-22　**MIL – STD – 462D/MIL – STD – 461F 规定材料在垂直入射的吸收值**

频率/MHz	最小吸收/dB
80 ~ 250	6
> 250	10

AF 由 2.5.3 节中描述的双天线测试法导出。使用这个方法获得的 AF 的精度，除敏感于发射天线以及室内设备的位置外，它还敏感于接收天线的精确位置。由于来自室内的各种因素的影响，会造成 AF 校准曲线中出现低谷和尖峰，所以要对它们的出现进行解释往往是很困难的。尽管有这些误差源的存在，所得出的 AF 的结果还是要比制造商所提供的更为精确。通过对测量到的 AF 的分析，可以找到最低限度的室振。

3. 搅拌模室或混响室

混响室内装有一个大的桨形棒，通过它的搅动来改变室振频率。图 9-51a 所示的就是这样的一个装置。一个混响室内的场可以被精确描述为：在一个大体积室内各向同性的、非相干的、呈现为恒定的、平均的均匀场。上述这类混响室可以由具有分离时空变化来表征。而这又可以通过搅动模式所引起的频率变化滤去搅动桨的旋转频率来获得。从而通对测量到的场强与自由空间的等效场强相比较，就可以绘制出一个该室的校准曲线。在频率范围为 45MHz ~ 1GHz 的相关准确度一般为 ±6dB，但在 1 ~ 18GHz 范围准确度则可达 ±0.5dB。尽管国际无线电干扰特别委员会（International Special Commission for Radio Interference，CIS-

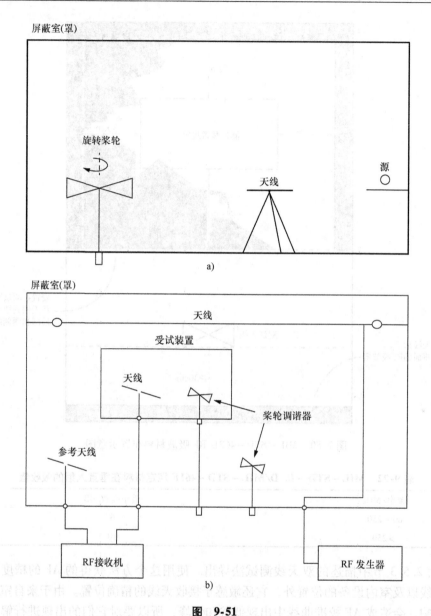

图 9-51

a）搅拌模式扰动测试示意图　b）调谐模式扰动测试示意图

PR）和美国海军已经考虑到了混响室使用的新近发展，但在 MIL – STD – 1377 中还描述了一个在频率为 200MHz 以上情况下非常有用的调谐模式测试配置。该装置实际上是用于对室屏蔽效果测试的 MIL – STD – 285 基础上的一个改进型。调谐模式测试配置示于图 9-51b 中。另外还有一种搅动模式的混响室，则是用于 200MHz ~ 1GHz 的辐射敏感度测试配置（RS03）。该混响室可以被描述如下：室内所使用的部件则示于图 9-51 中。该室装有一个调谐器搅棒。无论它是处于步进或停止状态，测量要么在停止期间进行，要么如果搅棒是处于连续步进转动状态的话，则可以使用一个采样维持技术以便在搅棒处于停止期间完成采样。搅棒每旋转 360° 至少要有 100 个步进级。当使用的搅棒少于 100 个步进级时，则要求有一个降低额定值的修正。这一点会在后面进一步加以描述。搅棒的步进率必须足够慢，以确保 EUT 有充分的时间对电磁环境的变化做出反应。同时还应使用一个功率表来监测施加到发射天线的信号发生器/功率放大器的输出。发射天线可以是一个频率高到长导线谐振频率的匹配长导线天线。为免受在被测功率频率和电平上的大的反射系数造成的损坏，可能要使用隔离器来保护信号源和功率表。该室是在一个给定的校准功率 P（校准）下进行校准的。该输入功率 P（校准）产生一个给定的平均校准 E 场（校准）。该 E 场由一个接收天线接收机或频谱分析仪进行测量。为了要得到所要求的输入功率 P_{in}（测试），首先要建立一个特定的测试场 E（测试）。P_{in}（测试）由下式给出：

$$P_{in}(测试) = P_{in}(校准) \times [E(测试)/E(校准)]^2 + 3dB + 步进级降低修正值(dB)$$

上式中最后的一项就是当步进数少于 100 级时要加入的步进级降低的修正值［该值由 $10\log(100/N)$ 给出。这里的 N 是步进级数］。不像标准的 RS03 测试，在搅动模式测试中不需要对测试频率进行扫频。代替的是在搅动器 360° 旋转过程中以某些固定频率进行扫频。所推荐的频率是 200MHz，250MHz，300MHz，350MHz，400MHz，500MHz，600MHz，800MHz 和 1000MHz。

假如已知 EUT 对某些频率敏感的话，那么就应该使用这些频率。搅棒处于停止状态的时间周期取决于对 EUT 完成一个功能测试所需要的时间。因此整个测试周期可能极其长。特别是当每圈 100 个步进级的要求必须遵守的情况。这个方法的另一个缺点是因为不对测试频率进行扫描，在整个测试过程中，可能会错过某个敏感的谐振频率。

假如发现 EUT 对搅拌器的某个位置敏感，那么就应该对其所产生的 E 场电平密切监视。假如已经知道敏感发生的搅棒位置，就应利用这个位置进行调节以获得指标电平。若 EUT 敏感于指标电平，则就应降低输入功率，直到 EUT 能处于正常工作状态。并且还要测量或计算出此时的测试 E 场。虽然还有一个比标准的 RS03 测试方法更为精确地控制测试 E 场的方法，但是它使用的接收天线或室内探头对 E 场幅值进行测量本身就存在着固有的不精确性。

4. 对电和磁偶极子激发的屏蔽室的修正

在屏蔽室第一个谐振频率下，屏蔽室就能被激发。并导致该屏蔽室的作用像是一个大的 TEM 室。室激发一般产生于辐射发射的测量期间。比如根据 MIL – STD 的方法 RE02/RE102，室激发是由安置在接地平面上的 EUT 或者互连电缆所造成。图 9-52 说明了这种激发。关于在频率范围 10kHz ~ 30MHz，由一个电场或一个磁场源造成的屏蔽室激发的一个测试描述，请参阅参考文献［10］。该测试发现，在接地平面上（即靠近墙壁处）发射源的位置会对磁场源造成大约 6dB 的影响，而对电场源造成的变化一般可高达 25dB。

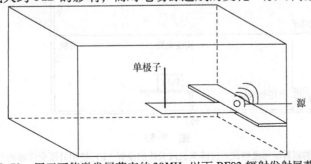

图 9-52　用于可能激发屏蔽室的 30MHz 以下 RE02 辐射发射屏蔽室配置

在若干个其他测量中也看到了这种磁场对反射的相对不敏感性。室激发模式的特征之一是测量天线在室内的测量位置可以任意移动，而几乎测量不到 E 场的变化。一旦找到了发射源（罩壳、缝隙或电缆），就可以基于室 TEM 模式的激发对所测量到的结果进行修正。

一个实用的修正技术是通过添加一些金属结构来改变室的有效尺寸来完成的。假如能降低室耦合，那么室激发也可能会降低。移动 EUT 和电缆，甚至把 EUT 与接地平面绝缘都可以有效地降低耦合。虽然在辐射发射（RE02/RE102）型的测试中，要求 EUT 被搭接到接地平面，但某些降低非室振 E 场的措施在舍弃这种搭接的情况下倒可能是很有效的。把吸波材料安装在 EUT 后面和 EUT 上部室顶，虽然在低频时不那么有效，但它们的确可以降低室耦合。

5. 长线天线，多导线传输线及平行板天线

长线天线技术利用室激发形成一个 TEM 室来进行高达 30MHz 或 50MHz 的辐射敏感度测量。图 9-53a 所示为它的一个典型配置图。正如大家所知的，用传统天线来产生低频测试场是有困难的。长线天线/多导线传输线以及平行板（带状线）天线都能产生高电平 E 场。长线/多导线天线适用的频率范围为 14kHz ~ 30MHz 或 50MHz。而平行板天线在 E/H 之比为 377Ω 时的适用频率可高达 200MHz，而且成本较低。因为波阻抗是 377Ω，所以只要测量 E 场和 H 场的其中一个就可以求得另一个未知场。一根传输线如一个同轴电缆或一个空气电介质带状线，当终止于它的特性阻抗时，将建立一个内部空间波阻抗为 377Ω 的场，即使该传输线阻抗远离于 377Ω 时也是如此。当一根传输线不是终止于它的特性阻抗时，场阻抗将直接正比于它的负载阻抗。著者在此感谢通过与来自参考文献 [5] 中的一位同行的讨论得以对场阻抗和电路阻抗（$E/H = V/I$）之间的关系有了更为清楚地理解。并了解到，当用线特性阻抗 Z_c 代替 V/I 时，E/H 比将降至 377Ω。

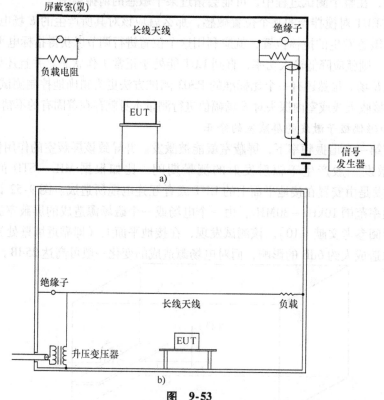

图 9-53

a）典型配置的辐射敏感度测试的屏蔽室长线天线的设置　b）使用升压变压器的长线天线

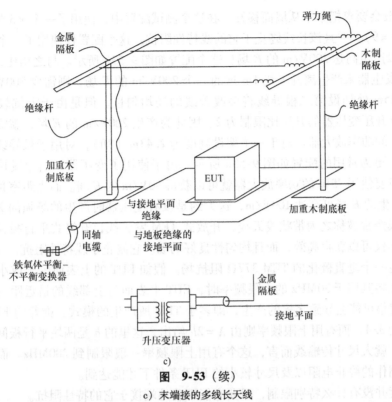

图 9-53（续）

c）末端接的多线长天线

　　这一点对使用低电平功率放大器来产生高电平 E 场时有着一个非常重要的启示：倘若在功率放大器和一个长线天线或带状线之间插入一个升压变压器，就很有可能会产生一个比没有变压器时要高的 E 场电平，并且还可以由此获得更接近于大多数功率放大器的 40 ~ 50Ω 最佳负载的匹配。

　　合适的变压器在 Jerry Sevick W2FMI 出版的名为《Transmission Line Transformers》的优秀实用书中描述，并由 Noble 出版社出版。该书已进入第 4 版。这些变压器提供非平衡到非平衡以及平衡到非平衡设计，比例为 1:1.5，1:2，1:3，1:4，1:9 和 1:16。

　　有用的频率范围通常为 0.1 ~ 10MHz 和 0.5 ~ 100MHz。这些变压器的额定功率高达 1kW。其中的一种设计可以从 CWS 获取，并且是非平衡的 UN－B－800－612－450。

　　这里的阻抗比有 50Ω：800Ω，50Ω：612Ω 和 50Ω：450Ω。频率范围为 0.5 ~ 15MHz，额定功率为 0.5kW，峰值为 2kW。它非常适合与 2.17m 单极天线和 2.05m 的长多线天线一起配合使用。

　　多线天线被按设计放置在设备机柜上方。长 2.05m，高 2.1m。频率范围为 10kHz ~ 30MHz，可与升压变压器一起使用，频率最高可达 15MHz。天线在远端没有端接，如图 9-53c 所示。E 场的大小取决于功率放大器的额定值，且在功率放大器为 100W 时场强最高可达 50V/m。多线天线比长线天线具有更高的场均匀性，并且可以容纳更高的 EUT。当长导线端接于线路的特性阻抗时，由于需要 2kW 的功率放大器才能产生 100V/m 的场强，所以它不如长线多导线或带状线末端端接升压变压器效果好。

　　可以设计一个阻抗接近于 400Ω 的小型长线天线，并用它来模拟一根架设在离开台面上的接地平面高度为 0.75m 处的长线。这根长线还应该位于室顶以下 2m，并离开最近的墙面

3m，为此一般会要求把桌子从墙面移开。在这个测试配置中，使用了一个 ×3 的升压变压器（阻抗变换为 ×9）。并且该长线终止于它的线特性阻抗。这个配置仅使用了一个 75W 的功率放大器就可以产生高达 200V/m 的 E 场！这个配置如图 9-53b 所示。与之相比，若使用一个传统的 E 场发生器来产生离开天线 1m 远的一个 200V/m 的 E 场，则需要 800W。在离开第一根导线 0.25m 处加设第二根导线将会改善线的场均匀性。但是由于阻抗较低（大约为 280Ω），所以升压变压器的升压比限制为 2。因此为产生 200V/m 的 E 场，就需要一个额定功率为 150W 的功率放大器。对于一个架设高度为 2.43m（8ft），对用于长导线天线测试的测试室来说，更为常用的配置如图 9-53a 所示。由于使用了变压器，当导线拉在距室顶为 0.25m 时，只要使用 75W 的功率放大器就可以获得 50V/m 的 E 场。而当距室顶的距离增加到 1m 时，产生的 E 场可高达 100V/m，这大约是没有变压器时产生的场强的 2.8 倍。一个平行板传输线经常被称之为带状线天线，开放式 TEM 室天线，开笼式平行板天线。在它的平行线间，不仅可以获得高效，而且均匀性良好的场。它终止于线特性阻抗，并将在两个平行板之间产生一个垂直极化的 TEM 377Ω 阻抗场。假如 EUT 的上表面等于或小于线宽的一半时，那么在将其用于 30MHz 的上限频率时，EUT 上表面与上部线的最近距离可以短到只有 3cm。但就很可能会导致多模的产生，即多于 TEM 所产生的模式。推荐的 EUT 最大高度为线间距离的 3/4。而有用上限频率则由 $\lambda = 2h$ 给出，这里的 h 是两块平行板间的距离。在实际应用中，就大尺寸传输线而言，这个有用上限频率一般限制到 200MHz。而且只有在使用非常仔细制作的终止电阻以及尺寸较小的 EUT 条件下才能达到。

对线长度并没有什么特别限制，只要它能正确地端接于它的特性阻抗。

若将升压变压器用于平行板天线，则远不如用于长线天线来得有效。这是由于长线有着较低的特性阻抗的缘故。然而当它是一个两个平行板距离为 1m，上板宽度为 0.4m 的平行板天线时，则可以与一个升压比为 2 的升压变压器一起使用。这是因为传输线与功率放大器匹配的相当不错的缘故，并且可以使用只有 75W 的功率放大器来产生一个高达 100V/m 的 E 场。

汽车工程师协会的刊物：空间信息报道 AIR 1209 中已对平行板或称带状线天线进行了详细报道。其中描述了一个平行板天线，该天线有一个带有一个距中心为 1/2in，宽度为 1/16in 条形槽的，宽度为 1m 的上部平板以一个没有槽的下部平板。上下平板的间距为 1m。线特性阻抗为 120Ω。终端阻抗由每平方 377Ω 的三层分离的导电塑料膜构成。

由该膜构成的终端不仅阻抗分布的相当均匀，而且使终端到屏蔽室墙壁的耦合降低了 36dB。所推荐的下部平板的接地为作为终端的整个平板宽度。而且建议把对传输线的输入描写为一个波发射器，而不是一个匹配段。该天线的输入端有着一个主要由经验所决定的形状。

对上述讨论的天线所推荐的使用频率范围为 0Hz – 30MHz。所推荐的 EUT 的最大尺寸为带状线分离距离的 0.75 倍。

这种线的第二种是 MIL – STD – 462 类型的。它的高宽比不是 1:1。它们的特性阻抗取决于它的高宽比，一般从 80 ~ 105Ω 不等。通常所使用的频率范围为 14kHz ~ 30MHz。所推荐的 EUT 的最大尺寸也还是平板间距离的 0.75 倍。而且台面上的接地平面就可以被用作下板。并建议线的上平板离开屏蔽室墙面至少 30cm。馈入点以做成锥形为好，以便使线阻抗与功率放大器 50Ω 的输出阻抗相匹配。如与一个匹配变压器一起使用，那么锥形截面就不再需要了。

开放式 TEM 是带状线的一个变化型。它的输入截面是从位于接地平面的驱动点以锥形截面向上渐变到上部平板，然后又从上部平板以锥形截面向下渐变到位于接地平面的 50Ω 终端。一个开放式 TEM 室与它的尺寸示于图 9-54a 中，摘自参考文献 [7]。带状线的最大优点是采用低功率放大器就能获得很高的 E 场。并且有用上限频率可达 400MHz。该天线的缺点是，EUT 的最大尺寸仅为 $0.5\mathrm{m}\times0.25\mathrm{m}\times0.06\mathrm{m}$，这里 $0.06\mathrm{m}$ 是 EUT 的高度。

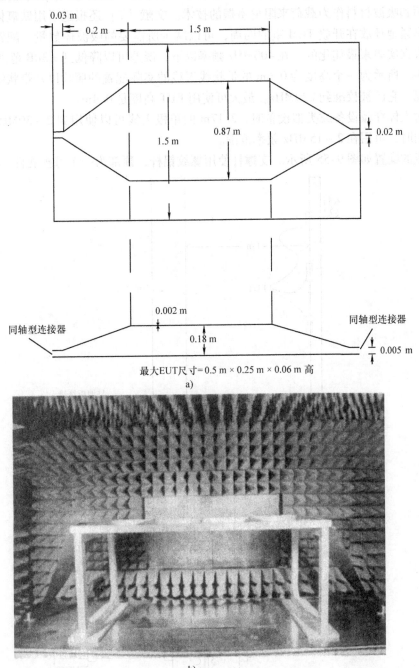

图　**9-54**

a）可以用于高达 400MHz 的开放 TEM 室天线　b）0.6m 高度带状线，有用频率上限为 220MHz

因为本节中描述的所有这些平板/带状天线四边都是开放型的，所以它们将会产生辐射，因此一般都必须在屏蔽室中使用。当把这些天线用于 30MHz 以上时的一个严重缺点是来自天线的辐射将导致室振。这将会改变在线间所产生的 E 场。参考文献〔7〕描述了一个开放 TEM 室天线，但由于室振，它所产生的 E 场的误差可高达 49dB。在（9）中描述了一个用铁氧体贴面和吸波材料作为载荷来阻尼室振的技术。文献〔7〕还报道了用铁氧体和小的锥形吸波体紧紧地环放在开放 TEM 室的四周，可以减少所需要的吸波体数量。配置中吸波体的位置是根据实验来最佳化的。在 400MHz 频率以下，误差可以降低到 ±3dB 范围之内。

图 9-54b 所示为一个高度为 0.6m 的带状线天线的实际配置的照片以及带状线用于阻尼室中的情况。它已被校准到 220MHz。最大可使用 EUT 高度是 0.4m。

当照射人体穿戴设备或类似设备时，2.17m 的单极天线可以使用到 2～30MHz，与升压变压器连用时，可用在 2～15MHz 频率范围。

此天线的配置如图 9-55 所示。支撑杆使用螺纹铝杆，顶部为一个可扩展杆。

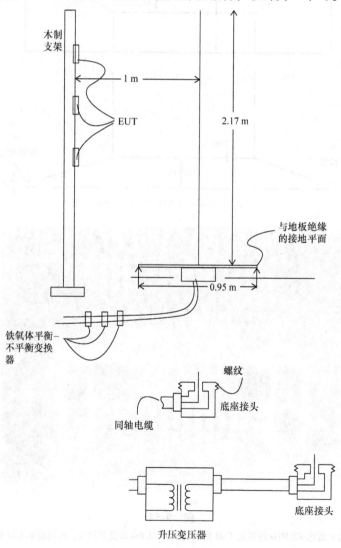

图 9-55 2.17m 单极天线

6. 调谐谐振腔

屏蔽室在其谐振频率上就变成了一个大的长方形谐振腔。一个屏蔽室的谐振频率由下式给出：

$$f = 150 \sqrt{\left(\frac{k}{l}\right)^2 + \left(\frac{m}{h}\right)^2 + \left(\frac{n}{w}\right)^2}$$

式中 l——屏蔽室长度（m）；

  h——屏蔽室高度（m）；

  w——屏蔽室宽度或深度（m）；

  k, m, n——一个正整数：0，1，2，3，…

  注：k, m, n 中，不可以同时有一个以上为零。

参考文献［5］为我们提供了在一个指定频率以下，可能存在的谐振模式最大数目的近似值：

$$N = 155 f^3 V$$

式中 f——频率（GHz）；

  V——空腔体积（m³）。

一个 2.59m 高、3.2m 宽、6.25m 长的屏蔽室，在频率范围为 20～200MHz 内，理论上讲可以呈现 68 个谐振模式。参考文献［9］对同样尺寸的屏蔽室进行了测量。已经确认了 25 个谐振频率。其他的谐振峰值或波谷很可能是由于淹没在一个重叠的谐振频率中而无法确认。在参考文献［9］中提出的通过把场抑制于陷波器中的技术，可以使在谐振时所测量到的 E 场偏差降低达 48dB。一个具有螺旋内导体的同轴谐腔形成了一个小尺寸、高 Q 电路。一段内径为 5.7cm，长度为 7.62cm 的铜管构成了对谐振腔的场耦合。该谐振腔是通过把一个 20.3cm 长的天线焊接到内导体的高电势端形成的。这个结构形成的谐振腔也能够手动调谐。并要被安置在一个与屏蔽室的金属结构相连的，面积为 91.4cm² 铝质平板上。天线取向于对垂直 E 场分量的最大耦合。我们发现谐振腔的精确位置并不重要，只要它离开墙的距离大于 30.48cm 即可。测量是用单极发射天线以及偶极接收天线在屏蔽室中以存在和不存在调谐谐振腔两种情况进行。所使用的测试配置与在开阔试验场使用的相同。谐振腔在测试过程中被调谐到发射场频率上。

图 9-56 显示出由于调谐谐振腔的存在，在 52MHz 频率上的谐振场强有着 38dB 的巨大衰减。这导致了测量结果只比在规定的一个开阔试验场的实测值高出 3dB。在 54MHz 频率上，屏蔽室中的调谐谐振腔测量和开阔试验场测量之间的最大偏差为 15dB。

所以看起来，使用调谐谐振腔技术是一个不仅相对容易，而且花费也不多的解决室振问题的办法。而且建立一个 EMI 接收机或频谱分析仪扫频与谐振腔谐调同步的自动测试装置也是完全可能的。这个自动测试装置可以由一个步进电动机或类似的器件来驱动。一台计算机既可以用来控制频谱分析仪的扫频和一个伺服系统，也可以用来驱动谐振腔和监测它的位置。

7. 计算屏蔽室内包括反射在内的近场天线耦合

大约在接近 50MHz 以上，两个天线之间的实际距离在接近（0.25～1m）时的近场耦合可以用一个互阻抗来表示。在频率高到 150MHz 时，天线间的耦合占主导的是容性耦合的，而在超过 200MHz 以上时，天线之间则以辐射方式耦合出现。正如前面曾描述过的屏蔽室内

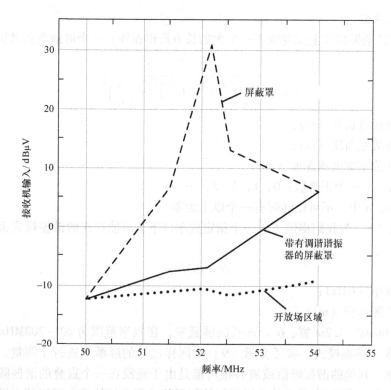

图 9-56 在屏蔽室内带有调谐谐振腔和没有谐振腔时与开阔试验场实测值的比较

（摘自 Dolle，W. C. and Van Stewenberg，G. N.，Effects of shielded enclosure resonances on measurement accuracy，*Proceedings of the IEEE International Symposium on Electromagnetic Compatibility*，Anaheim，CA，July 1970. ）

墙对天线的反射是以其镜像形式出现的。两者之间既具有互阻抗，又各自有其自阻抗。参考文献［10］描述了对具有不多于两个反射面（屏蔽室内的墙）情况下进行的补偿方法。除此以外，还有一个方法是使用一个计算机程序（像在 12.4.4 节中将要描述的 GEMACS）把天线模拟为一个导线系统。并且只要适用，平板以及屏蔽室表面都可以被用作为接地平面。由此就可以计算出在离开发射天线某个距离上的混合 E 场或者在接收天线负载中流动的电流。应该指出的是，GEMACS 的这种类型的应用是要花费时间和精力的。

8. 光隔离的、物理尺寸较小的天线

在辐射发射测量期间，屏蔽室内的场扰动源就是天线以及它和测量设备的金属连接。通过使用类似于 9.2.7 节中描述的技术（除了在此使用的是电隔离电场天线），将小型天线紧靠着发射源，就可以降低靠近 EUT 电场扰动，并且还会增加入射到天线的直接波和反射波的比率。图 9-57 是引自第 2 章中描述的光隔离天线的配置和性能描述。

9. 使用置于屏蔽室内关键部位的铁氧体贴面和吸波负载来阻尼室振

这个技术的优点是只要求使用为数不多的铁氧体贴面和发泡吸波材料，这就大大地降低了改善屏蔽室的成本。

采用标准发泡吸波材料的问题是由于它们被装贴在屏蔽室的导电表面上的。为了使在屏蔽室的内壁表面上 E 场降低为零，以及为在频率低到 200MHz 时仍能获得任何衰减，要求使用长度为 36in 的圆锥形吸波体。发泡吸波体的正确安装位置应是尽可能靠近屏蔽室进出口

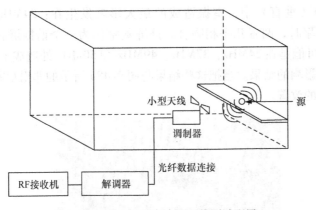

图 9-57　光隔离小型天线测试配置

的地方，这也正好是吸波材料（吸波负载）所在的位置。由于磁场在内墙表上处于最大值，而作为主要的 *H* 场吸波体的铁氧体贴面，理想地适用于被贴在屏蔽室的墙面上。屏蔽室（半吸波暗室）往往是用铁氧体贴面覆盖所有的内墙和室顶的表面，然后再把吸波锥体安装在它们上面。尽管这个方法非常有效，但却非常昂贵。在对带有铁氧体贴面的自支撑屏蔽室改造时，因为铁氧体贴面本身非常沉重，所以最好请结构工程师或屏蔽室供应商予以检查，以确保屏蔽室能提供所需要的承载能力。一块铁氧体材料的重量几乎是一块相同大小的普通贴面材料的 3 倍。大部分自支撑屏蔽室的跨度可以长到 10ft。但是，假如是铁氧体贴面被贴到一个小型屏蔽室的情况，那么所要求的也只是对其墙壁和室顶增加附加的加强板条。但对于跨度大于 10ft 的屏蔽室，则可能需要用由梁和桁架构成的外部支架对悬挂室顶进行支撑。若仅使用了数目较少的铁氧体材料的话，只要确保没有任何人员攀登到自支撑屏蔽室屋顶即可。

　　参考文献［11，12］分别描述了在一个屏蔽室中安置一个吸波体负载来阻尼室谐振，以及为了同样目的，在室内安置非常有限的铁氧体贴面的案例。在频率范围 50～200MHz，吸波体本身就可以将室振影响从 ±30dB 降低到 ±15dB。而铁氧体在频率范围为 50～230MHz 内也可以将室振降低大约 10～12dB。

　　一个 12ft×12ft，高为 8ft 的屏蔽室，内墙安装有若干块 2ft 见方的铁氧体贴面，其中每一堵墙都只装有一块，而在测试台面靠近的那一堵墙的一端则装有两块，门也被开在后墙。室顶上共装有 3 块。另外还有两个可移动负载，它们由填充着吸波发泡的 2ft×1.3ft，高 3.25ft 的木制容器构成。图 9-58 所示为该屏蔽室的一个侧面。我们可以看到该墙上贴有的铁氧体和一个吸波负载。12ft 的吸波锥体由微波吸波体构成，这种微波吸波体在 1GHz 以下没有明显的吸波性。所以在 1GHz 以下，预期不会对测试结果造成什么影响。测量是针对两个天线之间的耦合进行的。并进行了垂直和水平两个取向上的测量。测试先在一个开阔试验场进行，然后在加载屏蔽室进行。

　　图 9-59 所示为频率范围为 20～1000MHz，天线为水平取向的耦合。图 9-60 所示则为天线为垂直取向的结果。我们不仅能够从图 9-59（水平）中明显看到室振发生在频率为 24MHz 处。而且还可以看到开阔场和室测量之间在 24MHz 处存在着 7dB 的差异，在 37MHz 处，差异为 10dB；50MHz 处，差异为 7dB。在所有其他频率时，两者之间的差异都在 4～

6dB 之间。在图 9-60（垂直）中，室振造成的最大影响发生在：24MHz，12dB；49MHz，10dB。在所有其他频率时，两者几乎相吻合。该屏蔽室作为一个谐振屏蔽室的最低频率为58MHz。所以，很有可能是在 24MHz，37MHz，49MHz 和 50MHz 处造成了 TEM 室激发，或可能是天线加载产生影响的结果。当把这些结果与图 9-48a 所示的非阻尼室天线耦合进行比较时，可以看到明显的改善。

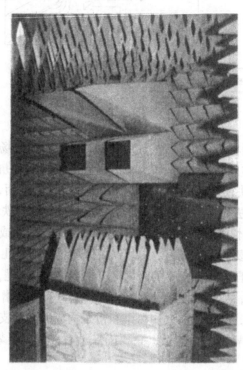

图 9-58 装有用以阻尼室振的铁氧体镶板和吸波器负载的屏蔽室

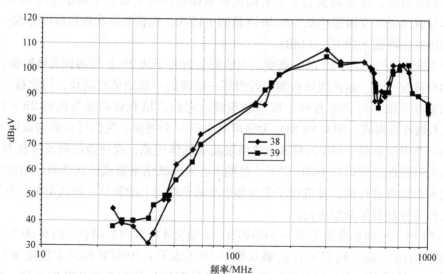

图 9-59 在一个开阔试验场完成的天线对天线测量（水平取向）结果相对一个加载屏蔽室结果的对比曲线
（经由 EMC Consulting, Inc.，Merrickville, Ontario, Canada. 允许复制）

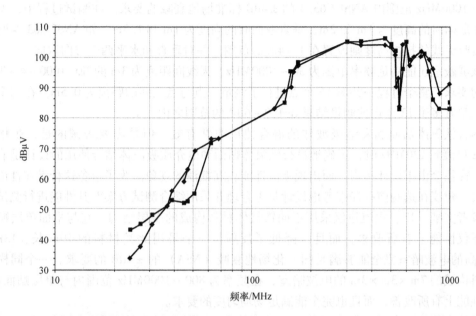

图 9-60　在一个开阔试验场完成的天线对天线测量（垂直取向）结果相对于一个加载屏蔽室结果的对比曲线
（经由 EMC Consulting, Inc., Merrickville, Ontario, Canada. 允许复制）

10. 半电波暗室和全电波暗室

不仅由于在一个开阔试验场的测量过程中试图要把 EUT 发射从环境中分离开所出现的困难，而且还由于天气等的影响，都会使得在一个开阔场进行校准天线产生困难。目前的趋势是逐步地用全电波暗室或半电波暗室来取代开阔试验场。一个民用辐射发射和抗扰度测试屏蔽室必须满足 ANSI C63.4 - 2014 归一化场地衰减标准和 IEC 1000 - 4 - 3 或 ENV 50140 的场均匀度要求。相对照，用于天线校准的屏蔽室经常会对室内反射控制有更为严格的要求，频率也通常被要求延伸至 1GHz 以上。

在选购一个屏蔽室前，推荐不仅要对将来可能要使用到的特点进行全面测试，还要检查它是否符合 FCC 对频率在 1GHz 以上的辐射发射测量的要求。

对用于屏蔽室内墙和顶棚所使用的吸波材料的类型可以有若干个选择。这些选择包括：1/4in - 5/16in 厚的铁氧体贴面，网格状铁氧体贴面，铁氧体和电介质复合材料，烧结铁氧体和铁氧体复合材料，加碳发泡锥体和尖劈等。

铁氧体贴面在室内的占地面积最小。平板形贴面在低频时非常有效。但问题是，即使贴面间的缝隙小到只有 0.2mm 的情况下，也能造成性能下降 5dB。网格状贴面在每个极化面上只有大约 50% 的有效铁氧体材料，所以为了达到同样的效果，则需要 2 倍数量的铁氧体贴面。而且由于网格本身的有效磁导率较低，所以为了获得相同的低频性能，必须增加其厚度来补偿它的这个缺点。但由于磁导率较低，由缝隙产生的性能下降也就要比平板型的贴面来得低。网格状贴面还具有介电常数较低的特点。这一特点能改善在频率较高时的性能。根据 Toyo 公司（一个铁氧体材料制造商）的报道，铁氧体网格吸收器在 220MHz 频率上提供的衰减要比平板型的高得多。Toyo 公司还报道了在一个内部尺寸为 8.7m、长 6m、5.1m 高的屏蔽室所进行的测量结果。该屏蔽室是推荐用于 3m 测试场地的最小尺寸。该屏蔽室满足在 30 ~ 1000MHz 范围内 ANSI C63.4 的 ±4dB 标准场地衰减的要求。在测试过程中,发射天线水平取向时的高度为 1m 和 2m,垂直取向时的高度为 1m 和 1.5m。如 ANSI C63.4 所描述的,接收天线的扫描高度则设置在 1 ~ 4m 的范围。并对垂直和水平两个方向取向。

该屏蔽室还能满足频率范围为 30 ~ 1000MHz,天线间距离为 3m 的 IEC 1000 - 4 - 3 场均匀度的要求。整个过程一共对 16 个点进行了测量,点与点之间的距离为 0.5m。在每个测量频率上都有多于 12 个点的测量结果处于 0 ~ 6dB 的范围之内。

尽管铁氧体贴面和发泡吸波体的混合使用非常有效,但是需要告诫的是,在频率从 30MHz 过渡到 120MHz 时,正确地进行铁氧体贴面和电介质吸波体结合使用的设计是非常困难的,往往会由于设计不当,而出现吸波性能相互抵消的现象。为了避免这种潜在性能的巨大损失,建议在选购前应仔细考虑设计是否合理并采用综合测试方案对其性能进行测试。

参考文献 [13] 报道建议采用不同铁氧体材料构成的多层结构。它与平面单层贴面相比,不仅性能上有所改善,而且也降低了反射。一个采用此类材料的 19m 长、13m 宽、8.5m 高的电波暗室完全能够满足归一化场地衰减(NSA)的 ±4dB 的要求。一个同样由此类材料构成的 7m×3m×3m 的电波暗室,在频率为 800 ~ 1000MHz 范围内与单层贴面相比,不仅性能上有所改善,而且也完全能满足场均匀度的要求。

尽管在使用一个只有很小横截面,且两端完全对接的贴面情况下,已测试频率可高至 3GHz。但在 1GHz 以上频率时,铁氧体贴面的使用性能上的不尽如人意仍是它的主要问题。

在理想吸波体状态下,入射波和吸波体的阻抗应与在自由空间情况下一样为 377Ω。因此不仅反射最小,而且吸波体有足够的深度来吸收所有的入射功率。但在现实中情况并不完全如此。加碳吸波体通常被制成锥形或尖劈状。其性能就像一个锥形的瞬态阻抗;从其尖端的正常入射波阻抗 377Ω 逐渐地随着其高度的升高而增加。与一个固体吸波体相比,锥形吸波体不仅提供了较低的反射水平,而且所需要的吸波材料也较少。

使用发泡吸波体的一个问题是,尽管它是阻燃的,但它并不是完全防火的。目前已有报道建议使用完全防火的材料。它的另一个问题是,一般需要的锥形长度非常长。例如在一个内部容积为 9m 长、6m 宽、5.1m 高的屏蔽室中,一个多层(Ni - Zn 铁氧体,70mm 电介质 Mn - Zn 橡胶铁氧体)吸波体就能够满足 NSA 要求,然而一个长为 3m 的锥形吸波体却不能。为了满足 ±4dB 的要求,其最小长度为 4m。

虽然存在着今后会要求更低水平反射率的可能性,但目前在一个 3m 测试室的整个测试频率范围内,所推荐使用的材料最大反射率(反射水平)为:在垂直入射时要小于 - 18dB,在 45° 入射时要小于 - 12dB。Rantec 公司生产一系列的吸波材料。这些材料中包括有一种长 1.6m 的安装在铁氧体贴面上的聚苯乙烯发泡加碳材料。这两种材料的结合使用,虽然在频率范围为 30 ~ 300MHz 时提供了比平板和网格状贴面都要高的反射率,但在 500 ~ 1000MHz 的较高频率范围时却只能提供远为低下的反射率。Rantec 复合材料的反射率,在频率为 20MHz 时,在垂直入射情况下,在 20MHz 时为 - 15dB;在 500MHz 时为 - 25dB;在 1GHz 时为 - 30dB;在高达 10GHz 时,则为 - 35dB。与之相对照,一种网格状铁氧体贴面,在 20MHz 时反射率为 - 17dB;在 100MHz 时为 - 27dB;在 500MHz 时为 - 25dB;但在 1GHz 却降到了只有 - 15dB。根据 Rantec 的报道,在频率范围为 30 ~ 80MHz 内这种复合型吸波体的 NSA 性能在 ±3dB 以内。Rantec 还生产一种宽带铁氧体贴面和 0.41m 长吸波体相结合的吸波体材料。这种材料在 30 ~ 40GHz 的频率范围被评定并推荐用于 MIL - STD/DO - 160 辐射发射测试和 MIL - STD - 462D/E 屏蔽室的理想材料。

　　室振是由屏蔽室的物理参数所决定的。一个矩形谐振腔的谐振已在本节第 6 条的调谐谐振腔中有所讨论。通过把内壁和顶棚都做成非平行状（通过变化角度），屏蔽室所需要的锥形吸波体的数量就能减少，这一般是通过把吸波体的长度减半来达到的。参考文献［14］就一个非矩形屏蔽室进行了讨论和分析。

　　把一个吸波暗室作为一个 3m 或 10m 的低频发射测试场地时存在的一个问题是，在分别用一个 OATS 和一个半电波暗室对同一个 EUT 发射进行测量并比较其结果后发现，在50MHz 上的测量结果有着明显的误差，并被预测这个误差也存在于 10 ~ 60MHz 的整个频率范围。在用一个装有 2.4m 长吸波锥的 7.9m 高、21.3m 长和 11.6m 宽的半电波暗室进行10m 发射测试的测量时，在频率为 45MHz 时，可以看到一个与标准开阔试验场衰减性能上有 9.3dB 的偏差。这很可能是由于吸波体低频性能很差而导致了 TEM 室激发。

　　金字塔形吸波体通常能提供从 1 ~ 40GHz 内的足够衰减，但在低频时几乎很少或没有衰减。铁氧体瓷片或网格在 30 ~ 600MHz 之间衰减性能良好，但在 1GHz 及以上频率时衰减就非常小了。故可以使用铁氧体瓷片或网格覆盖金字塔吸波体的混合体。据报道，通过在铁氧体和室壁之间添加介电层可以改善铁氧体瓷片和栅格的反射率。根据 FCC CFR 47 第 15 部分或任何 EN 要求使用 3 或 10m 的暗室进行辐射发射测量时，经常使用混合吸波材料。

　　加碳发泡吸波器存在的一个潜在问题是由于吸潮（由水造成的损坏）使得吸波性能和防火能力下降。当把吸波器泡在水中时，吸波体的防火能力或吸波性能到底有多大的变化，要取决于好几个因素。现将它们分别描述如下。

　　有两个不同的方法可以把碳和阻燃材料加到氯丁橡胶聚苯乙烯基底上。Rantec 公司使用的两步处理工艺过程：首先把碳浸泡在水基溶液的材料中，然后任其干燥，随后再把用做阻燃材料的非有机盐也加入到浸泡材料的水溶液中去。通过单独加入阻燃材料，碳就被锁定了。在对这类材料制成的吸波体的测试中发现，当安装在墙上的吸波体受潮时（但没有浸泡在水中的情况下），吸波体阻燃或 RF 性能都未见有所下降。在另一个测试中，是把吸波体浸泡在冷水中两小时后，再任其自然地滴去水分，其结果该材料仍能保持其阻燃和 RF特性。

　　Cuming 公司使用的是一步处理工艺过程。阻燃物质和碳同时被加到水基溶液中去。理论上讲，当该种材料被浸泡在水中后，由于重力作用的结果，碳会通过混合料向下移动而造成吸波物质在材料中的不均匀分布。在极端情况下，碳可以从发泡中沥出。一般地讲，吸波物质的不均匀性仅会影响屏蔽室内的精确天线测量，而造成辐射发射和辐射敏感度测试结果改变的可能性很小。

　　对于这种一步工艺制造的材料的有关性能只有有限的一些未经验证的资料可查，当材料受潮以后，它仍能保持其原有的阻燃和 RF 特性。但把它浸泡在水中后，这些性能都有所下降。

　　造成其性能下降的另一个潜在源可能是当水是通过水泥浸到所使用的材料中的话，水泥中的盐和石灰（碳酸钙）有可能会渗入材料造成其性能的改变。

9.5.2　GTEM、TEM 和其他测试室

　　TEM 类型的室是为了进行辐射敏感度试验，同时经济上又较为合算的基础上发展起来

的。现在它们也被应用于辐射发射测量和天线校准中。与半电波暗室相比，它的成本要低得多。况且已使用了好几种方法来对其测量结果与 GTEM 和 OATS 的测量结果进行了对照比较和修正。

9.5.2.1 TEM 和其他小室

标准双端口 TEM 室经常被称之为 Crawford 室。它有一个矩形双导体传输线结构。EUT 被安置在它的中隔板上。TEM 室的导体两端被削制成锥形。传输线是闭合的。虽然它没有对称轴，但经常被称之为同轴的。这种双端口室有一个输入测量端口和一个输出测量端口。若是一个单端口 TEM 室的话，则没有单独的输出端口。而是在其终端处接有一个匹配的负载。这种双端口 TEM 室的锥形端经过中段的过渡与 50Ω 端口同轴连接器相匹配。单端口或称为宽带的 TEM 室的一端也为锥形，而其终止端是在矩形的宽边。它一般与一个低频集总负载相连接。该负载与装有高频吸波材料的 TEM 室的特征阻抗相匹配。最常用的单端口室就是 GTEM 室。我们将在下一节 9.5.2.2 节中加以讨论。

双端口 TEM 室有一个由场所产生的高阶的模所决定的有限带宽。在敏感度/抗扰度试验中，EUT 的最大高度不仅限制了场均匀度，而且还改变了 EUT 对室的耦合方式。在一个 TEM 室中可以用来进行抗扰度试验的相当接近的近似最大容积是：0.333 乘以中隔板和上部表面的距离后的积再与 0.333 乘以 TEM 室宽度的积相乘，而且这个结果几乎还可以推至 0.5×0.5。在一个典型 TEM 室中，它仍可能保持并获得一个 ±1dB 的场均匀度。

TEM 室被设计来用于产生一个具有垂直 H 场和一个 90° 的 E 场的横电磁波。如前所述，该室是一个终止于它的特征阻抗的传输线，所以室内的场阻抗为 377Ω。事实上，因为 EUT 被安置在传输线的中轴导体上，所以会有一个电流流过 EUT。因此可以通过测量 TEM 室的内部电流来测量一个小屏蔽室的磁场屏蔽效能。该内部电流的测量可以通过安放一个小型表面电流探头于该屏蔽室来完成。通常此时需要使用屏蔽极为良好的电缆来连接电流探头和安置在 TEM 室外部的测量仪表。为了获得最佳屏蔽，可以将电缆铺设于一个铜质导管内。该导管又通过以压力或焊接方式与屏蔽室装配在一起并和 TEM 室相连接。然后把电流探头移到屏蔽室的外部再次进行测量，所测量到的外部电流和内部电流的比较就是屏蔽室的磁场屏蔽效能。

由于双端口 TEM 室尺寸的几何特征，使得它能产生远比 TEM 模为多的高阶模。当 TEM 室的有效高度等于半波长时，第一个室谐振发生了。它也就是该室的可使用上限频率。另外，当 EUT 被置于中隔板的情况下，EUT 周围的电流会受到扰乱，也会产生高阶模。在一个标准频率为 200MHz（有用上限频率）的标准 TEM 室中，在没有 EUT 或任何其他物体的条件下，可以看到的谐振频率为 161MHz。而所测量到的场强可以从 70V/m 变化到高达 80V/m，并下降到 40V/m。当中隔板上安放有 EUT 时，除了看到的谐振频率同样为 161MHz 外，还看到了另一个在 190MHz 的谐振。场强也从前面测量到的 70V/m 增加到了 120V/m。可以通过在该室的某些位置上安装吸波体以阻尼这些谐振模，但这也会干扰所要求的 TEM 模的产生。还有其他的一些阻尼技术：比如在室壁上开一些长槽，然后用吸波材料来充填这些槽，还有比如增加屏蔽和把中隔分割开等。这些技术是在设计和建造新室时就必须加以全面考虑的，所以它们不能用于已有的 TEM 室。在采用把中隔板分割开的阻尼技术时，一个 0.437m 宽、0.284m 高、1.8m 长的 TEM 室的可使用频率可高达 1GHz。然而由于单端口的 TEM 室的通用形状决定了它对带宽并没有什么固有的限制，光就这一点上来说，它的选择将明显优于双端口 TEM 室。

　　TEM 室可以用来测量来自 EUT 或 PCB 的辐射发射。来自于 EUT 的发射场通过室的发射模进行耦合，并以此在室的一个端口/两个端口耦合到一个电压。天线可以用 9.5.2.2 节所描述的方法进行校准。用 TEM 室来进行发射测量的巨大优越性是：由于它是在一个被有效屏蔽的屏蔽室内进行的，因此把可能感应到的环境电压降到了极低的水平，一般地讲也就是测量设备的本底噪声。在一个电波暗室或一个 OATS 进行的 3m 或 10m 测量通常是远场测量。然而，在 TEM 室测量中，对 TEM 室的耦合则是近场占主导地位。因此若来自 EUT 的辐射是高定向的，那么对 TEM 室的耦合很可能并不是辐射的真实测量。而且 EUT 的辐射特征也不同于 OATS 测量的辐射特征。这是因为在 OATS 测量中，按地平面是唯一的一个靠近导电表面。况且 TEM 室测量的是传输到输出的功率，而不是最大的电场。例如参考文献 [15] 给出了来自一个安置在离 TEM 室中隔板距离为 0.317 ~ 0.65cm 的一个 PCB 的发射测量的例子就是一个测量结果可以被接受的一个很好例子。在把对该发射测量的结果与使用 EMSCAN™ 系统和在一个有吸波材料衬砌的屏蔽室的测量结果进行了比较后发现，它们之间有着很好的对应关系。

　　Fischer Custom 通信公司介绍了两个该公司拥有专利的用于甚小型 TEM 室的中隔板设计。测量的频率范围为：直流 − 1GHz 和直流 − 2.3GHz。它们主要被用于发射和 IEC 10004 − 3 抗扰度试验。为了获得 10V/m 的场强，所需要的输入功率还不到 3.7mW；而为了获得 1000V/m 的场强所需的输入功率也不过为 37W。场均匀度良好的容积为 2in (5.08cm) × 2in (5.08cm) × 0.5in (1.27cm)。因此它是一个用于 IC 和小尺寸 PCB 测量的理想 TEM 室。Fisher 公司还为用户定制尺寸较大的 TEM 室，但可使用上限频率较低。

　　另外可供选择使用的测试室类型还有：WTEM，TrigaTEM 和 Triple TEM 室等。但都没有对它们的场均匀度进行过测试。还有一种由 Rhode & Schwarz 公司生产的，称之为 S − LINE 的商品化 TEM 室可共选用。不像同轴结构的 TEM 室，S − LINE 是在一个屏蔽室内由对称的双导线 TEM 线构成。传输线被馈入测试信号，并终止于它们的特性阻抗。一个较大尺寸的 S − LINE 的实际大小为 1.5m × 1m × 1m。在一个 50cm × 50cm 的面积中满足 IEC 1000 − 4 − 3 对场均匀度的要求。该室的可使用频率范围为：150kHz ~ 1GHz。在 S − LINE 的中点上输入 20W 功率的情况下，它可以产生 10V/m 的场。还有一种尺寸较小的 S − LINE 可用。它的尺寸为 1m × 0.7m × 0.7m，而且还有计算机软件与之配套以实现测试过程的全自动化。

9.5.2.2　GTEM 室

　　TEM 室的容积和可运行频率的带宽的局限性，在很大程度上已被单端口 GTEM 室（吉赫横电磁波室）的使用所解决。GTEM 室的专利生效于 1991 年。非对称芯板被设计用来与漏斗/逐渐变窄的矩形横截面的波导相匹配。内导体端接于一个混合宽带匹配负载。对大约高至 40 ~ 90MHz 的频率范围，则采用分布电阻；而在这个频率范围以上，则要使用锥形发泡吸波体。在位于其大通道后部的测试面积中，在频率范围为 30 ~ 1000MHz 时的整体场均匀度优于 ±3dB。根据早期 GTEM 室的研究报告：最大 EUT 高度可以接近于 0.33 乘以地面到芯板之间的距离。尽管没有理论上的 GTEM 室的尺寸限制，但有一个实际可用的尺寸系列。实用 GTEM 室的地面到芯板高度为 0.5m、1.0mm 和 1.5m。虽然已建造了 3.5m 的尺寸，但价格不菲。

　　在辐射发射测量中使用 GTEM 室的主要目的是要替代传统的 OATS 以解决在 OATS 使用

中所出现的电磁环境问题，并且提供了一个相对使用半电波暗室来说花费较为低廉的选择。

使用 GTEM 室来进行辐射发射测量的基本原理是要建立一个由计算机程序执行的数学模型，从而可以把从 OATS 测量所获得的数据和 GTEM 的直接进行比较。

在把 EUT 安置在 GTEM 的测量容积的中央，并取向于三正交的位置上。然后使用该室对 EUT 进行三次测量。EUT 的三正交位置可以被设想分别为可以以顺序相互改变的 x 轴，y 轴和 z 轴的正方向。而为了建立数学模型而所需要的变量，如频率，每个频率上所测量到的三个电压，在芯板下面的 EUT 高度，在 EUT 中点上部的芯板高度、测量距离以及用于测试天线最大搜寻高度的扫描范围等，则都被输入到计算机程序的相关算法中去。在参考文献 [16] 中对这类算法有着如下的描述。

在每个频率上，GTEM 的相关算法执行下述的计算：

1）三个正交电压的平方和的根相加；

2）计算取决于三个电压之和以及 GTEM 的 TEM 模式方程的 EUT 的总发射功率；

3）当被输入功率所激发时，计算一个等效的赫兹偶极子的电流激发；

4）把该假定的赫兹偶极子放置在一个最佳接地平面上部的一个规定高度；

5）在整个 1 ~ 4m 的操作人员所选择的相关算法高度中，以适当的高度分段来计算水平和垂直极化的场强；

6）在选择的高度范围内，选出水平和垂直极化中最大场强（较大的）值；

7）把这个最大值与所选择的 EMC 规定限值进行比较。

在把 GTEM 的测量值和 OATS 的有关测量结果进行对照后所发现的主要问题是平均偏差值为 6dB，而单个测量间的差异则为 11 ~ 15dB。事实上，在使用不同的 OATS 进行的测量也会出现类似的差异。有关进一步的讨论请参阅 9.4.3.1 节。这种不同 OATS 之间的测量差异特别令人失望。OATS 和 GTEM 室结果的主要不同是：在 GTEM 室的测量中，EUT 只有三个面被旋转和测量；而在 OATS 测量中，在两个极化方向上，EUT 的所有 6 个面上的每次测量都是由 12 个测量点的测量结果组成。一个进一步的改进是所谓的 12 加 4 测量，这个测量方法可以用来估计 EUT 的方向性，从而可以获得估算的增益值，以及可以用该增益值来替代在相关算法中偶极子的增益值。

在一个新设计建造的超级旋转 GTEM 室中，EUT 被安置在 GTEM 室内带有方向固定支架的旋转台上。这样它本身就可以围绕一个轴旋转，因此也就允许在 EUT 和 GTEM 室之间有两个独立的运动自由度。

另外，在用 OATS 的测量来对天线进行校准时，特别在使用 OATS 的 1 ~ 4m 搜寻高度中较低高度以及低增益天线时，接地平面的影响应该被包括在相关算法中。在 OATS 测试中的另一个大问题是，要求对电缆的走向和位置进行控制以获得最大发射。显然这在 GTEM 室测试中则是不现实的。GTEM 室测试中的 EUT 的超级旋转原来认为可以作为对电缆控制的补偿，但测试结果证明，情况并不像所想象的那样。在对电缆控制和未控制的情况下，在一个 OATS 中测量的 EUT 以及同一个 EUT 在 GTEM 室中的测量结果比较显示，由于对电缆布局控制的结果，测试结果存在有 1 ~ 11dB 的变化。

目前已有人建议了一个用于 MIL – STD 1m 修正的单轴模型。首先是在 GTEM 室中安装一个标准辐射器，然后在整个频率范围内对一个单轴电压进行测量。另外，相同的标准辐射器被安置在屏蔽室的一个标准位置上。然后对该辐射器执行 RE02/RE102 测试以提供在相同的频率范围的场强值。所获得的 GTEM 电压和 E 场电平将为与 GTEM 测量等效的 MIL - STD - 461 RE02/RE102 测量提供一个校准系数。

近年来，GTEM 室已逐渐被接受用于对 FCC 和 EU 要求的测量。FCC 颁布了一个公告（1993 年 9 月）指出：在下述限制的条件下，可接受 GTEM 室的测量数据：

1）若能证明 GTEM 室的测量结果与 OATS 的测量结果等效，那么 GTEM 室的结果可被接受。

2）可接受的比较测量结果必须提交 FCC 的采样和测量部门备案。并要求附有适当的分析以证明 GTEM 室的测量结果等效于一个满足归一化场地衰减（NSA）要求的 OATS 的测量结果。

3）必须提供一个由统计分析计算所得的相关系数以证明其有效性。

4）在有争议的情况下，最终发射测试将在 OATS 上进行。

在 GTEM 中进行的天线系数测量所得出的结果，看来与在 ANSIC63.5 所规定的频率范围的测量结果有很好的相关性（在 300 ~ 1000MHz 范围的最大值范围为 0.16 ~ 1.74dB）。一个 GTEM 天线校准技术是把一个已知电压加到 GTEM 室的输入端，然后测量天线的输出电压（V_o）。这样就可以从下面的简单关系中找出 GTEM 中的 E 场：

$$E\ 场 = 输入电压\ (V_i)\ /芯板到地板的空间距离\ (h)$$

因为 $AF = 20\log E/V_o$，所以在 GTEM 室中测量到的：

$$天线系数 = 20\log(V_i) - 20\log(V_o) + 20\log(1/h)。$$

9.6　军用 EMI 要求和测量方法

9.6.1　MIL - STD - 461：控制 EMI 的电磁发射和敏感度要求

MIL - STD - 461 是一个对军用装备规定 EMI 要求和测试电平的文件，但航天行业也将该规定广泛地应用于非军事设备。最初，MIL - STD - 461 广泛应用于海军、空军和陆军装备。但在其第 2 个版本 MIL - STD - 461A 中又附加提供了一些只适用于个别军种的配件。表 9-23 是一个有关 MIL - STD - 461 和 MIL - STD - 462 的通告，它们既适用于全军种也适用于单一军种。随着新颁布的 MIL - STD - 461F 版本的到来，MIL - STD - 461F/G 包含并更新了 MIL - STD - 462 中的基本测试要求、测试方法以及测试设置。

国家航天局，如 NASA、ESA 和加拿大太空总署（CSA）对所使用的设备和分系统的 EMI 测试要求和测试技术大多以 MIL - STD - 461 和 MIL - STD - 462 为基础。MIL - STD - 461 规定了军用设备的 EMI 要求和限值，而 MIL - STD - 462 则对所使用的测试技术进行了规定。系统级的要求包括在 1997 年 3 月 18 日颁布的 MIL - STD - 464 中。MIL - STD - 1541A 是美国空军用于太空系统的电磁兼容要求的军用标准。MIL - STD - 416F 用于应对可互换模块设备，当线路可更换模组（LRM）被新的或不同的模组替换时，即使只是形状，配合和功能不同，它规定含有 LRM 的设备必须被重新考核。

MIL - STD - 461F 也禁止使用屏蔽电源电缆，除非安装设备的平台从起始点到负载都能实现对电源母线的屏蔽。然而，MIL - STD - 461F 特别规定了输入（初级）电源导线、回流线和导线地不应被屏蔽。

基本规则是测试中使用的导线/电缆应模拟实际安装和使用时的情况。

表 9-23　MIL – STD – 461 和 462 通告适用的军种表

文件	年份	适用性
MIL – STD – 461	1967	全部军种
MIL – STD – 461A	1968	全部军种
Notice 1	1969	全部军种
Notice 2	1969	空军
Notice 3	1970	空军
Notice 4	1971	陆军
Notice 5	1973	全部军种
Notice 6	1973	全部军种
MIL – STD – 461B	1980	全部军种
MIL – STD – 461C	1986	全部军种
MIL – STD – 462	1967	全部军种
Notice 1	1968	全部军种
Notice 2	1970	空军
Notice 3	1971	陆军
Notice 4	1980	海军
Notice 5	1986	海军
MIL – STD – 461D	1993	全部军种
MIL – STD – 462D	1993	全部军种
MIL – STD – 46IE	1999	全部军种
MIL – STD – 461F	2007	全部军种
MIL – STD – 461G	2015	全部军种（草案）

本节的目的除了要对所使用的测试给予全面的介绍外，更为重要的是要对在 EMI 测试中最常见的差错进行综合评述。这些错误很可能造成设备，子系统或飞行系统的损坏。所以为了避免损害的继续以及由此造成额外的损失，充分理解现有的正确测试方法以及制定一个详尽测试步骤是绝对必要的。

尽管 MIL – STD – 461A ~ MIL – STD – 461C 已被 MIL – STD – 461D，E 和 F 替代，但它可能仍然适用，尤其是在重新采购用于老式平台的设备时。若采购商对早期的 MIL – STD – 461 或其修改版本包括特定电磁环境感到满意，那么就没有必要替换使用这些老标准。还有，如果平台上的其他设备经过 MIL – STD – 461A ~ C 的合格评定，那么平台上的新设备也可能可以使用这些早期版本。MIL – STD – 461A/B/C 和 D/F 之间的一些不同点我们会在本章中加以讨论。在 MIL – STD – 461 中的发射和敏感度要求是用字母和数字代码来表示的。这里，

C = 传导

R = 辐射

E = 发射

S = 敏感度

UM = 用于其他各种或通用设备或子系统的特殊要求

表 9-24 列出了包括在 MIL – STD – 461B 中第 1 部分的发射和敏感度要求。

　　MIL – STD – 461B 共包括有 10 个部分；第 2 ~ 10 部分适用于特定的设备和子系统级别，第 1 部分包括的则是一般信息。表 9-25 列出了设备的类别以及与它们在 MIL – STD – 461B 中的适用部分。不同级别的设备有不同的要求。

表 9-24　包括在 MIL – STD – 461B 第一部分中的发射和敏感度要求

要求	描述
CE01	传导发射:电源和互连导线,低频(到 15kHz)
CE03	传导发射:电源和互连导线,0. 015 ~ 50MHz
CE06	传导发射:天线终端,10kHz ~ 26GHz
CE07	传导发射:电源线、尖峰、时间域
CS01	传导敏感度:电源线,20Hz ~ 50kHz
CS02	传导敏感度:电源线,0. 05 ~ 400MHz
CS03	互调制:15kHz ~ 10GHz
CS04	无用信号的衰减:20Hz ~ 20GHz
CS05	交叉调制:20Hz ~ 20GHz
CS06	传导敏感度:尖峰、电源线
CS07	传导敏感度:噪声抑制电路
CS09	传导敏感度:结构(共模)电流,60 ~ 100MHz
RE01	辐射发射:磁场,0. 03 ~ 50kHz
RE02	辐射发射:电场,14kHz ~ 10GHz
RE03	辐射发射:寄生和谐波、辐射技术
RS01	辐射敏感度:磁场,0. 03 ~ 50kHz
RS02	辐射敏感度:磁感应场、尖峰和电源频率
RS03	辐射敏感度:电场,14kHz ~ 40GHz
UM03	辐射发射度:战术、特种车辆和引擎驱动设备
UM04	传导发射和辐射发射以及敏感度:引擎发电机和有关部件 UPS 和 MEP 设备
UM05	传导和辐射发射:商用电气和机电设备

表 9-25　设备类别和 MIL – STD – 461B 的适用部分

类别	描述	适用部分
A	安装在关键部位的设备和分系统操作上必须兼容	
A1	飞机(包括有关的地面支持设备)	2
A2	空间航空器和发射车辆(包括有关的地面支持设备)	3
A3	地面设施(固定的和车载的,包括履带和轮式车辆)	4
A4	表面舰艇	5
A5	潜水艇	6
B	用于支持 A 类设备和分系统的设备和分系统,但并不具体的位于关键地面区域。例如,电子售货维护和用于非关键部位测试设备;所使用的远离飞行航线的空间地面设备:经纬仪、导航设备和用于隔离部位的类似设备	7
C	通常与特定平台或安装无关的附件,一般用途的设备和分系统在这个类别中的特定项目是:	
C1	战术和特种用途的车辆和引擎驱动设备	8
C2	引擎发电机和有关部件,向关键部位供电或用于关键部位的不间断电源(UPS)和车载电站(MEP)设备	9
C3	民用电气或机电设备	10

每个设备级别又被进一步分成若干个不同的类别。A1 级和 A2 级。设备的单一级别被再次细分为独立的类别，A1 级和 A2 级的那些级别细分的情况分别见表 9-26 和表 9-27。表 9-24 显示的适用要求依照设备种类，可见表 9-28 的 A2 级设备的分类。

表 9-26　A1 级设备和其辅助系统的类别

级别	描　　述
A1a	空中发射导弹
A1b	安装在飞机上的(飞机机架的内部和外部)设备
A1c	用于航空器检查和发射所要求的空间地面设备,包括电子测试和支持设备
A1d	训练器和模拟器
A1e	用于空中医疗救援的可携带医疗设备
A1f	用于远离航线的空间地面设备,如引擎测试台和液压测试装置
A1g	喷发引擎辅助设备

表 9-27　A2 级设备和其辅助系统的类别

级别	描　　述
A2a	安装在空间航空器或发射车辆的设备
A2b	用于检查和发射所要求的空间地面设备,包括电子测试和支持设备
A2c	训练器和模拟器

CE01 和 CE03 的要求用于由车辆、船舶、航空器等供电的一次电源以及使用一次电源的控制线。

虽然，MIL – STD – 461 中还包括适用于 CE01 和 CE03 要求的其他设备的电源，但该要求始终仅限用于一次电源，它将电能从一个设备或子系统传递到另一个设备系统。当 CE01 或 CE02 的要求被用于二次电源时，一般它仅限于给通过其他合同采购到的或不同厂商生产的设备供电的电源设备。在二次电源电缆以及信号线上的过度的噪声经常会被敏感的设备/子系统检测到，并因此无法通过辐射发射的测试。

表 9-29 列出了针对 MIL – STD – 461F 要求的发射和敏感度的测试。表 9-30 概括了计划安装在各种军用平台或设施内的或其上的或从其上发射的设备和子系统的要求。当一个设备或子系统有可能会安装在多余一种类型的安装平台和设施时，它应该符合所有适用要求和限制中最严格那项。表中字母 A 意味着适用该要求，L 意味着要求的适用性仅限于该标准的部分段落中所规定的要求。而限值也就是列于该处的值。S 意味着在采购活动中，必须将其适用性和限值要求列入采购规范中。如没有任何字母的话，就意味着该要求不适用。

表 9-28　A2 级设备和其辅助系统的类别与 MIL – STD – 461 的适用部分

要求	A2 级的分级 设备/分系统			适用于	
	A2a	A2b	A2c	段落	限值曲线
CE01	T			2	3—1
CE03	Y	Y	Y	3	3—2,3—3
CE06	Y_L	Y_L		4	
CE07	Y	Y	Y	5	

（续）

	A2 级的分级 设备/分系统				适用于
要求	A2a	A2b	A2c	段落	限值曲线
CS01	Y	T	Y	6	3—4
CS02	Y	Y	Y	7	
CS03	Y_L	Y_L		8	
CS04	Y_L	Y_L		9	3—5
CS05	Y_L	Y_L		10	
CS06	Y	Y		11	3—6
CS07	Y_L	Y_L		12	
RE01	T			13	3—7
RE02	Y	Y	Y	14	3—8,3—9
RE03	Y_L	Y_L		15	
RS02	Y	Y	Y	16	3—6
RS03	Y	Y	Y	17	

Y—适用；Y_L—有限制的适用；T—以个案为基础的适用。

表 9-29　MIL – STD – 461 F/G 中对发射和敏感度的要求

要求	描　　　述
CE101	传导发射:电源线,30Hz ~ 10kHz
CE102	传导发射:电源线,10kHz ~ 10MHz
CE106	传导发射:天线终端,10kHz ~ 40GHz
CS101	传导敏感度:电源线,30 ~ 150Hz
CS103	传导敏感度:天线端口、互调制,15kHz ~ 10GHz
CS104	传导敏感度:天线端口、不希望的信号衰减,30Hz ~ 20GHz
CS105	传导敏感度:天线端口、交叉调制,30Hz ~ 20GHz
CS109	传导敏感度:结构电流,60Hz ~ 100kHz
CS114	传导敏感度:集束电缆注入,10kHz ~ 200MHz
CS115	传导敏感度:集束电缆注入、激励脉冲激发
CS116	传导敏感度:阻尼正弦波瞬态、电缆和电源线,10kHz ~ 100MHz
RE101	辐射发射:磁场,30Hz ~ 100kHz
RE102	辐射发射:电场,10kHz ~ 18GHz
RE103	辐射发射:天线寄生和谐波输出,10kHz ~ 40GHz
RS101	辐射敏感度:磁场,30Hz ~ 100kHz
RS103	辐射敏感度:电场,2MHz ~ 40GHz
RS105	辐射敏感度:瞬态电磁场

表 9-30　MIL – STD – 461E 要求列阵

安装在其内或其上 或从下列平台发射 的设备或分系统	要求的适用范围																
	CE101	CE102	CE106	CS101	CS103	CS104	CS105	CS109	CS114	CS115	CS116	RE101	RE102	RE103	RS101	RS103	RS105
海面舰艇		A	L	A	S	S	S		A	L	A	A	A	L	A	A	L
潜水艇	A	A	L	A	S	S	S	L	A	L	A	A	A	L	A	A	L

（续）

安装在其内或其上或从下列平台发射的设备或分系统	要求的适用范围																
	CE101	CE102	CE106	CS101	CS103	CS104	CS105	CS109	CS114	CS115	CS116	RE101	RE102	RE103	RS101	RS103	RS105
飞机,陆军,包括航线	A	A	L	A	S	S	S		A	A	A	A	A	L	A	A	L
海军飞机	L	A	L	A	S	S	S		A	A	A	L	A	L	L	A	L
空军飞机		A	L	A	S	S	S		A	A	A		A	L		A	
空间系统,包括发射车辆		A	L	A	S	S	S		A	A	A		A	L		A	
陆军,地面的		A	L	A	S	S	S		A	A	A		A	L	L	A	
海军,地面的		A	L	A	S	S	S		A	A	A		A	L	A	A	L
空军,地面的		A	L	A	S	S	S		A	A	A		A	L		A	

注：A—适用；L—限制适用于这个标准的个别章节中所规定的；S—在采办文件中必须对采办活动加以特别规定的；空白处意味着，本文件不适用。

如果将 MIL‐STD‐461 的要求套用于某设备，那么弄清楚设备的级别及种类以及其安装位置，针对它们的采购服务取决于施加的试验电平的大小。这些试验电平能左右这些设备的设计水平。例如在 MIL‐STD‐461B 第 5 部分中对 A4 级海面舰船的辐射敏感度试验电平（RS03）为，在甲板以上的暴露空间，对频率从 14kHz～10GHz 以上的范围，场强限值为 150V/m，而在甲板以下的场强限值则仅为 1V/m。对于安装在航天器上的 A2a 级设备的最为常用的发射和敏感度测试电平则在 MIL‐STD‐461B 的第 3 部分中提供，见如下列表：

CE01	30Hz～2kHz	130dBμA = 3.16A,下降到 15kHz 的 86dBμA = 19.9mA
CE03	15kHz	86dBμA 下降到 2MHz 的 20dBμA
	2～50MHz	20dBμA = 10μA
CS01	30Hz～1.5kHz	5V(方均根值)或电源的 10%,两者中小者,在 28V 电源时 = 2.8V
	1.5～50kHz	线性地下降到 1V(方均根值)或电源电压的 1%,在 50kHz 时,两者中大者
CS02	50kHz～50MHz	1V(方均根值)
	(400MHz)	
CS06	尖峰 1	±200V,$t = 10\mu s(1 \pm 20\%)$
	尖峰 2	±100V,$t = 0.15\mu s(1 \pm 20\%)$
RE01	0.03～50kHz	取决于位置和 AC 或 DC 电流设备
RE02	窄带最低限值	在 27MHz 时 30dBμV/m = 31.6μV/m
	宽带最低限值	在 200MHz 时为 65dBμV/m/MHz
		(宽带 RE02 曲线,请参阅图 1-4)
RS02	尖峰 1	200V,$t = 10\mu s(1 \pm 20\%)$
	尖峰 2	100V,$t = 0.15\mu s(1 \pm 20\%)$
	电源频率	3A
RS03	频率范围	E 场(V/m)
	14kHz～30MHz	10
	30MHz～10GHz	5
	10～40GHz	20

对那些功率输入受到压敏电阻或类似的瞬态保护装置保护的设备和子系统，CS06 放宽了对它们的要求。如果该类型设备对等于其最大安全电平的峰值电压不敏感，则满足要求。

但随着要求放宽而带来的问题是，假定电源线路中出现特定水平的瞬态电压，且源阻抗足够低，那么这些瞬态器件很可能遭到破坏。如果所预计的最大瞬态电压未达到该值，那么该要求就可以被放宽到一个实际可能出现的最坏电平。如果最大的瞬态电压的确存在，那么对带有用瞬态保护器件设备的实际 CS06 测试则是要计算或测量 EUT 与最近的瞬态噪声源之间的线阻抗，然后使用这个串联阻抗，计算瞬态电压减去器件的击穿电压来预测通过器件的峰值电流。选择的保护器件应能够经受得住该峰值电流。将阻值为电源线阻抗的电阻与 EUT 输入端串联，然后可以把尖峰信号发生器的输出电压加于其上。这个测试方法实际上测试了保护器件的有效性和设备的敏感度。

在辐射限值和敏感度试验电平之间存在着一个安全裕量。这个安全裕量确保了当有若干个发射器存在于同一个地点时，其辐射环境，即是所有合成发射，低于所要求的辐射敏感度试验电平。同样，当有若干个设备单元或子系统共享一个电源时，传导发射限值确保合成的发射低于所要求的敏感度试验电平。当然也有许多安全裕量过大的情况存在。比如我们以窄带 RE02 在 27MHz 的限值和敏感度试验电平为例，它是一个窄带连续波（CW）场。我们可以允许有分别相距为 1m 远的 158489 个设备，以 RE02 限值进行相干发射，而仍然获得在 RS03 测试电平和辐射环境之间 6dB 的安全裕量。实际上不仅根本不可能把 158489 个设备安装在互相距离为 1m 的位置上，而且每个设备在相同的频率上进行限值水平的发射也同样是不可能的。即使把设备和电缆摆放的非常靠近，任何满足 RE02 要求的设备所产生的电场电平非常可能也只是 mV/m 数量级，而不是 V/m 数量级。例如，设备和电缆同时存在于只相隔 5cm 的同一地点，则在 RE02 限值和 RS03 测试电平之间会存在着一个与频率和源相关的大约为 8~70dB（1MHz 以上）的安全裕量。强制高辐射敏感度试验电平的一个理由就是设备可能太靠近发射天线。但发射天线在所要求发射频率的辐射功率并没有被包括在 RE02 发射要求中。正像当航空器、车辆和舰船的位置改变时，电磁环境也将随之改变一样，完全有理由对频率范围为 14kHz~40GHz 内的高敏感度试验电平进行规定。然而，若设备是位于大多数航空器、车辆和舰船这样一种高度屏蔽的结构内的固定设备内，或设备或其子系统相对于发射源的位置以及频率和发射功率都是已知的情况下，则敏感度试验电平应根据实际情况进行修改。MIL-STD-461 着力于根据设备运行的不同辐射电磁环境对这些试验电平进行修订，包括应对在设备或其子系统的生命寿命期中可能会遭遇到的友好和敌意发射在内。例如一个航空器装载有一个 1.5GHz 的发射机，那么基于发射功率以及发射天线相对于航空器上设备的位置，1.4~1.6GHz 范围内的敏感度试验电平可能会有所增加。试验电平应尽可能地符合实际情况，并基于这个目标，MIL-STD-461 鼓励采购商根据预测的环境来修订试验电平。这就意味着可以规定任何被认为合适的敏感度试验电平。同样地，虽然取决于设备所属级别，辐射发射和传导发射试验电平也应根据环境进行修订。在设计开始以前就要制订一个合适的测试电平要求，然后再进行设计。就像一个好的设计应该考虑到诸如振动和温度等其他环境因素一样。MIL-STD-461 和 462 适用于设备单元，独立设备和子系统，但不适用于完整系统。

对于子系统和系统的精确定义仍有待进一步的讨论。然而，其中一个有关子系统的定义是，一个或更多设备单元为某系统提供了某一个功能，但不是全部功能。当若干个单元组成一个子系统时，应该这样进行测试，建议先预编好各个单元之间的测试规格电平，特别是当这些单元是从不同的制造商购买而来时尤其如此。这样预先设置的 EMI 要求就可以构成采购指标要求的一部分。测试指标的预先设置必须由实际出发，否则可能会被搁置。作为预先设置的例子，让我们假定，有一个由三个单元构成的一个子系统。其中一个单元是一个1GHz 的发射机，第二个单元是一个数字设备，而第三个是一个驱动高阻抗换能器的伺服系统。在预先制定辐射发射限值时，由于发射机单元是唯一的一个可能产生 1GHz 辐射及其谐波的装置，因此这个单元就将成为在制定 1GHz 以及高于这个频率的辐射发射限值的主要考虑依据。即使把发射天线排除于测量装置以外，仍然可以预期有来自电缆和外壳的 1GHz 及以上的强辐射。而较为实际的做法是把窄带辐射发射，即 1GHz 发射机的电平限值预置为比该子系统的限值低 2dB，而把其他两个单元的限值预置为低 20dB。如果模拟单元不包括一个开关电源的话，它不太可能会产生窄带或宽带传导噪声。然而数字单元却完全可能既产生窄带，又产生宽带噪声。请记住，窄带噪声并不仅限于来自连续波（CW）源，它可以包括来自在一个特定频率以上与脉冲重复频率（PRF）相关的谐波发射。为了提高效率，该1GHz 发射机很可能包括一个开关电源，从而也就可能既产生宽带传导噪声，又产生窄带传导噪声。所以对一个数字设备来说，把宽带传导噪声预设为子系统限值以下 5dB，把发射机预设为 8dB 以下，以及把模拟设备预设为 26dB 以下是合理的。倘若任何一个单元不能满足预设的指标限值，但却满足子系统限值的话，那么制造商应申请豁免预设限值。在剩下的其他两个单元处于相同频率的发射不是那么严重的情况下，就应该允许这种豁免。预设测试电平不仅确保了子系统将能满足要求，而且还可以把它们列入到与单元制造商和分包商的合同要求中。

设备不能通过 MIL – STD – 461 的一个或多个要求是很常见的。最经常发生的是在设备设计过程中忽略了 EMC 要求。有些设备不能通过 EMC 明显是设计造成的。一些最难通过的测试是 RE02/RE102，CS01/CS101 和 RS03/RS103。RE02/RE102 的发射限值非常低，因此很容易超出。例如使用典型的 RE02 测试布置对一个携载有不到 30μA 电流、频率为 27MHz、离地高度为 5cm 的电缆进行测试，发现它的发射已经达到了 RE02 所规定的限值。CS01/CS101 在 30Hz 或更高的频率上的测试电平经常导致设备的敏感。电源线滤波器对 10kHz 以下频率很少能提供足够的衰减，况且稳压电源通常会试图对 30Hz ~ 1kHz 的频率信号进行稳压。在这个频率范围以上的电源控制回路中的相移可能会引起电源在一个或多个关键频率上的振荡。因此在选用或设计电源时应考虑到 CS01 的测试要求。RS03 电平能导致电缆中流过大电流，特别是处在电缆的谐振频率时，但是 RS03 电平很少通过孔洞或缝隙进入屏蔽罩。

MIL – STD – 461C 于 1989 年被引入，在它所包括的测试电平中还覆盖了核电磁脉冲所产生的直接和间接影响。MIL – STD – 461B 中的有些附加内容则也被包括在 MIL – STD – 461C 中，它们是：

CS10	传导敏感度、阻尼正弦波瞬态、插脚和终端,最大电流为 10A,频率范围为 10kHz ~ 100MHz
CS11	传导敏感度,阻尼正弦波瞬态,电缆,最大电流为 10A,频率范围为 10kHz ~ 100MHz
RS05	辐射敏感度,电磁脉冲场瞬态,在 0.1 × 峰值场脉冲电平(峰值场是 50kV/m)时,宽度为 550ns

MIL – STD – 461C 包括一些对 MIL – STD – 461B 的修订是：

在第 1 部分中，滤波器电容的最大值限值为对 60Hz 电源为 1.1μF，以及仅限于美国空军设备的滤波器电容的最大值限值为对 400Hz 电源为 0.02μF 电源。

RE01	在 30kHz 频率范围放宽为 36dB
CE07	要求被限制到 50μs 周期的尖峰
CE01	测量带宽被限制到电源频率的 +20%，交流以及直流引线为 75Hz

MIL – STD – 461B/C 和 MIL – STD – 461F 之间的主要差别将在下面的几节中加以讨论，同时还要就不同的测试进行描述。

9.6.2　MIL – STD – 462：电磁干扰特性的测量

MIL – STD – 462 文件包括了直到 MIL – STD – 461E 颁布以前所有的用来测试 MIL – STD – 461 要求的测试方法。本节并不打算重复 MIL – STD – 462 的内容，因为它现在已经被废除，但是它还是可以被用于安装在老式平台上的新型设备。作为替代，我们为读者提供了一个基于 MIL – STD – 462 的测试计划和样品测试步骤。这个测试计划和样品测试步骤包含已被广泛接受的 MIL – STD – 462 测试方法的阐释以及描述了使用这类测试方法中常常出现的错误。

在典型的 MIL – STD – 462 的测试配置中，EMI 测试是在屏蔽室中进行的。EUT 被摆放在铜或黄铜的接地平面上，该接地平面离屏蔽室的地面高度为 1m，并与该屏蔽室的 – 侧内墙搭接。这个测试方法也适用于摆放在类似配置中的多个 EUT 的测试。但是在多个 EUT 摆放在不同配置的情况时，如把它们一个叠一个地摆放在一个导电结构体上或者使用的是一个开放式的框架结构时，那么 EUT 被并排摆放这种典型的 MIL – STD – 462 测试配置就不具有代表性了。图 9-61 给出了一个 EUT 摆放在一个金属框架上的测试布置。EUT 和框架构成了风成像干涉仪（Wind Imaging Interferometer，WINDII）。该装置由加拿大宇航公司为加拿大太空总署制造的。测试仪器被摆放在航天器上一定高度上，并通过使用一根搭接条将航天器与测试仪器进行电气连接。在进行 EMI 测试时，

图 9-61　风洞图像干涉测试仪
（承蒙加拿大空间局 – Saint – Hubert，Quebec，Canada 的允许复印于此）

测试仪被安装在一个木制的框架上，其离屏蔽室地面的高度相当于仪器在航空器上的实际高

度。如图 9-62 所示，设备的一个单元是与测试仪分开的，它被直接安装在接地平面上的航空器结构上。因此该测试配置已尽可能地代表了航空器的实际配置，而且确保了金属结构、单元间的相互接近的情况，以及互联电缆长度所产生的影响都会被计人。

当设备是以机柜形式安装时，机柜通常被安放在屏蔽室的地面上，并置于与实际使用配置尽可能接近的位置。一般把较长互联电缆圈扎起来，并置于屏蔽室地面上 5cm 处。在辐射发射和敏感度测试中，天线被摆放在距离设备一侧 1m 远处；该侧具有最大发射值，或是被预测为最敏感一侧。当设备有多于一侧满足这些条件时，那就可能要重复测试多次。在图 9-62 所示的测试配置中，辐射发射和敏感度测试是针对直接摆放在接地平面上的设备的，它与安装在木制框架上的测试仪分离。

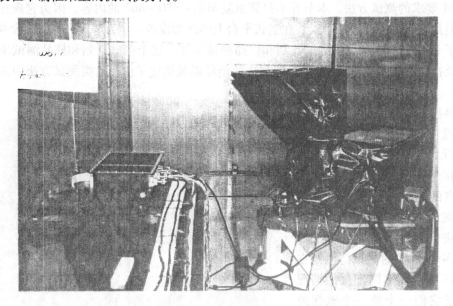

图 9-62 WINDII 测试仪的 RE02 和 RS03 试验配置

不论在宽带还是窄带发射测量中，EUT 发射天线都被排除在测量之外。EUT 的天线应由位于屏蔽室外的仿真负载所替代。CE06/CE106 测量是设计用于天线终端的传导发射测量的。所以连接到 EUT 的接收天线，一般通常被排除在辐射发射测量以外，并且也应被排除在辐射敏感度试验以外。接收天线被排除在辐射敏感度试验以外是由于在带内敏感频率上接收机将会失效。还有，如果无法移动吸波器覆盖的天线的话，由于存在高入射场，有可能会造成接收机前端的损坏。传导敏感度试验 CS03/CS103、CS04/CS104 以及 CS05/CS105 适用于接收设备和其子系统的试验，是设计用来测试带外响应、互调产物以及交叉调制等参数的。发射机（不包括天线）在其工作频率上或工作频带上，并没有特别地被 RE02 的要求所排除，但却有可能被采购商自行将其排除于要求之外。

9.6.3 测试计划和测试步骤

测试计划应该列出所要使用的方法步骤以及在验证设备/子系统符合 EMC 要求过程中所需要的测试仪器。测试计划还应包括测试目的以及介绍如何正确操作所选用设备的描述，以确保它们处于最大发射和敏感度的工作方式。为了证明符合所有适用的 EMC 要求，测试步骤要列出所有所要执行的测试的细节。

9.6.3.1　测试计划

合格评定测试计划应该对性能监测和功能测试所使用的设备和方法进行详细的描述。MIL‐STD‐461F 要求在测试步骤中详述相关软件。对于商业软件，必须提供制造商识别标志，型号和软件版本。对于自行开发的软件，必须指出控制方法和依据的原则。

然而在合格评定测试计划所描述的侵扰性测试（如对在 EUT 内部的电压、波形、数据进行监测）不能被使用在 EMI 测试中。作为替代，常常会在 EMI 测试使用一个测试布置或夹具来对 EUT 的运行状态进行监测。

该测试布置应能为 EUT 提供所需要的激励源（即数据总线控制线）。在敏感度试验期间，该装置应与环境电磁场隔离，而且在辐射发射期间，它不应该成为一个来自屏蔽罩的辐射发射源。在 EMI 测试期间要做到对其发射的隔离和抑制，就应该把所有功能测试设备摆放在屏蔽室外。

由测试布置所呈现的负载应尽可能真实地模拟 EUT 的实际负载。在 EMC 辐射敏感度试验中，当测试布置接口电路和所使用的实际负载之间存在的差异时，应该在测试布置的输入端测量所感应的电压。为证实 EMC 已被建立，还应该将该感应电压电平与实际接口电路的噪声阈值进行比较。

当电路是完全相同的时候，抗扰度电平将简单地取决于由测试布置所测定的 EUT 的正确运行状态。为了限制在辐射发射等测试期间的频率扫描速度，必须要知道测试布置完成所有控制线，数据总线等测试所需要的时间。在设计测试布置时，如可能，应替换掉所有的手动开关。

用遥控手段来操作控制手柄或开关通常是不可行的，因为一个靠近 EUT 的操纵器的存在会引入对辐射发射和辐射敏感度测试的巨大误差。辐射发射和辐射敏感度测试过程中，控制手柄应始终保持在同一个位置上。然而有些采购商要求，在 EMC 测试期间这类开关必须进行操作，而忽略了可能引入的误差。

由测试布置产生的共模噪声所导致的接口电缆的辐射发射应被降低至合理的程度。在测试装置的电源和信号连接器上安装滤波器的适配器是一个可以有效地降低共模和差模噪声的方法。

为了获得任何可能由测试布置造成的接口电缆的辐射发射特征，应对在 EUT 关机和测试装置开机的情况下，进行背景辐射发射测量。

9.6.3.2　测试步骤

测试至少应该包括以下内容：

1）目录列表。

2）适用的文件。

3）测试目的。

4）预期可能会出现干扰的频率和宽带频率重复率表。

5）EUT 的激发和性能监测。

6）测试电缆。

7）仿真负载。

8）电源。

9) 测试期间的接地和搭接。

10) 每一个参数测试步骤的说明：

a) 适用范围；

b) 测试布置，包括详细的图样；

c) 测试点；

d) 限值和频率范围；

e) 样品运行和监测设备的操作步骤；

f) 样品的工作模式；

g) 敏感度试验通过/失败的判据；

h) 探头的转移阻抗；

i) 天线系数。

11) 测试结果的报告应包括：

a) 测试步骤所包括的步序；

b) 限值规范；

c) 参数；

d) 测试数据；

e) 原始测试负责人；

f) 质量保证人签字。

9.6.4 一般测试准则

1) 所有的测试仪器应有校准合格证书，以验证校准的有效性。这些信息应被附加在测试仪器表单中。测试仪器的产品序号和校准信息也应填入该表格中。

2) 在使用单极天线进行辐射发射或辐射敏感性测试（频率范围为 14kHz～20 或 30MHz）时，天线的接地网（接地平面）应搭接到测试台上的接地平面。如果 EUT 的尺寸太大而直接摆放在屏蔽室的地面上的话，那么应使用去耦合单极天线。当使用耦合和去耦合的方法对单极天线进行了校准（耦合指两个测试天线的地平面通过一个接地线连接在一起，而去耦合则是指两地平面间没有接地线连接）时，应小心地使用去耦合校准得到的数据。

3) 测试天线应远离测量设备。这个距离通常由两个因素所决定。

4) 距离足够远以降低天线和测量设备之间的相互作用。

5) 应限制距离以避免电缆长度过长造成过度衰减。理想情况下，测量设备应被置于屏蔽室外。

6) 当执行辐射发射测量时，测量天线的任何一点都应至少距离屏蔽室的墙或障碍物 1m 远。

7) 对于敏感度试验，场发射天线和场测量天线都应距离屏蔽室墙至少 1m 远。

8) MILSTD 461E 要求屏蔽室足够大，以使所有每个测试方法所规定的 EUT 布局和天线位置的要求均能得到满足。

9) 要慎重使用附属设备，如频谱监视仪、示波器、耳机以及其他与 EMI 分析仪相连的设备，不会影响测量的完整性。

10) 要确定设备的哪一侧会产生最高电平的辐射发射，在测量过程中该面应面对接收天线。

11）在 EUT 关机的测试期间，所测量的环境电平应至少低于 MIL – STD – 461 相应限值 6dB 以下。应在 EUT 开机和测量开始以前就确定好环境条件，并且在测试过程中，若有理由怀疑环境电平有改变，应该重新确定环境条件。如果这些条件不能满足，而造成麻烦的源又超出测试工程师的控制（即来自高噪声功能测试设备，或者滤波不佳的高噪声电源），那么只要在所怀疑的频率范围内，EUT 造成的发射可以忽略不计的，则仍然可以继续进行该测试。

12）典型的产品质量保证程序都要求指定的质量保证工程师与测试责任人一起目击测试过程，以确定是否有任何未达到要求的情况发生。任何发生的这类情况都应详细记录在测试观察记录中）。在开始测试以前，还要对测试的准备情况进行仔细检查以确定测试准备已经完成，并全部符合规定要求。应对系统进行目视检查并批准其为代表性的量产产品。

13）应对测量设备的杂散发射进行监测。并使用示波器的 X – Y 记录图像对由这类杂散发射所引起的虚假响应进行鉴别。

14）如果有一个高电平信号出现在 EMI 接收机或频谱分析仪的分析频域以外的某个频率上，那么它很可能为虚假测量，这是由于接收机、频谱分析仪或者前置放大器（如果使用的话）的前端过载并造成了压缩的结果。为了检查是否存在过载所引起的压缩，可以通过旁路前置放大器（如果使用的话）或者在测量仪器的输入端插入一个 3 ~ 20dB 的衰减器，确保所记录到的峰值下降适当的分贝值。当然也可以通过调节频谱分析仪/接收机的输入衰减器来达到同样目的衰减。注意：当信号电平接近于本底噪声时，使用一个 3 ~ 6dB 的衰减器可能比一个 20dB 的衰减器更适合。

15）在进行测试前，应该让测量设备开机预热适当的时间，以使它们所有的参数都处于稳定状态。如果在操作手册中没有指定具体时间，那么最短的预热时间不应少于 1h。

16）宽带和窄带扫描测量是由峰值检波器来完成的。如果提供的信号特征是已知的，且可以由计算得知误差，那么可以使用（方均根值）检波器来进行点频测量。下面的描述摘自于 MIL – STD – 461E：峰值检波器可以用于全频域的发射和敏感度测试。它检测接收机通带中调制包络的峰值。测量接收机是用一个产生相同峰值的等效正弦波方均根值来校准的。当使用其他测量仪器，如示波器、非选择性电压表或宽带场强传感器进行敏感度试验时，测试信号中就应加入相应的修正系数以将读数调整到调制包络峰值下的等效方均根值。

17）除非特别指明，所有的测量设备都应严格按照相应的使用说明书进行操作。为了使测试具有良好的重复性，所有用来构成测试的参数都应记录在 EMI 测试报告中。这些参数包括测量带宽，视频带宽和扫描速度等。

MIL – STD – 461F 中的通用的测试准则和方法如下：

1）测量设备和天线的校准。所有根据这个标准进行测量所用的测试设备和附属装置的校准，都应按照 MIL – STD – 45622 的批准程序进行。特别是诸如测量天线、电流探头、场传感器以及其他在测量过程中使用的设备都应至少每两年校准一次，除非采购商有特别规定或出现了明显的损坏。对于 MIL – STD – 461F，一旦设备经过校准，那么接下来仅需要进行系统级的检查。天线系数和电流探头的转移阻抗应针对每个装置分别确定。

2）测量系统的测试。正如已在单项测试方法中提到的，在每个发射测试开始前，应该注入一个已知信号来检验整个测试系统（包括测量接收机、电缆、衰减器、耦合器等），以监测系统输出的指示是否正确。

3）天线系数。电场测试天线的天线系数应根据 SAE ARP – 95 来加以确定。

MILSTD 461E 的特殊规定要求有：

1）额外的人员和设备。测试区不允许留有任何多余的人员、设备、电缆柜以及工作台。测试区或屏蔽室内应只保留测试所必需的设备。而屏蔽室内也只允许直接参与测试的人员进入。

2）RF 的危害。本标准的某些测试会产生电磁场，这些电磁场会对人员造成潜在的危害。所以在美国，在测试人员可能出现的地方，所允许的暴露电平不允许超过 ANSI C95.1 的规定；在加拿大，则不应超过安全法规 6 的规定。必要时，应采用必要的安全防护措施和设备，以防止人员偶然暴露在有害的 RF 辐照中。

3）电击的危害。一些测试会产生对人体有潜在危险的电压。所以所有的测试人员都应非常小心，并遵守所有的安全预防措施。

4）FCC 和加拿大工业部（IC）规定的限制条件。某些测试会产生高电平的信号，这些信号很有可能会对 FCC 或 IC 批准的正常指配的频率产生干扰。所以所有这类的测试都应在屏蔽室内进行。如果预先已经经过 FCC 或 IC 协调，也可以在开阔场地进行这类测试。

5）EUT 测试的配置。EUT 应该按照测试布置的一般规定进行配置，除非有指令使用特殊的测试方法。

6）EUT 的搭接。只有在 EUT 设计中已经包含的方案可以用来为设备单元进行搭接，比如设备的机壳和安装基座的连接，或者设备与地平面的连接等。当需要使用搭接条来完成这类连接时，则应与安装图中的规定一致。

7）冲击和振动隔离器。如果安装中要使用带有防冲击隔离器或避振器的安装基座，则 EUT 应被牢固在此基座上，基座上的搭接条应与地平面相连接。当安装基座没有配备搭接条，在测试配置时，则不应使用搭接条。

8）互连导线和电缆。单条导线应按照与实际安装中完全相同的方式组合成电缆。测试用的互连电缆的总长度应该与在实际安装平台中使用的长度相同。如果有一根电缆的长度超过 10m，那么就应该使用长度至少为 10m 的电缆。若没有对安装电缆长度做出规定，则电缆长度应满足下列要求：每根互连电缆的长度中至少有 2m（在实际安装中，长度短于 2m 的除外）与装置的前边界平行。剩余部分的电缆应以之字形迂回到装置的背面。当装置的电缆多于一根的时，电缆的外圆周之间应保持至少 2cm 的距离。对于使用地平面的台式配置时，最靠近前边界的电缆应被摆放在离平台的前边沿 10cm 的地方。所有的电缆都应被架空且距接地平面 5cm。

9）输入电源线。2m 的输入电源线（包括返回线）应和互连线一样与测试布置的前边沿平行。电源线应被连接到 LISN。LISN 替代了 MIL – STD – 461E 和以上版本中图 9-65 和图 9-70 中的 10μF 电容。若电源线是互联电缆的一部分，则应将其从 EUT 连接器处分开距离，再连接到 LISN 上。除了 2m 暴露的长度外，其端接至 LISN 的距离应尽量短。电源线从 EUT 电气连接器到 LISN 的总长度不应超过 2.5m。所有电源线应被支撑摆放于接地平面上方 5cm。

10）EUT 电缆的结构和安排。电缆的组装应模拟实际的安装和使用情况。若安装图样有相关规定，则可以在电缆中使用屏蔽电缆和屏蔽导线（包括电源线和接地导线）。应按照安装要求来检验电缆的构造技术，比如使用双绞线、屏蔽线以及屏蔽终端等。测试用电缆结构的详细说明应被包括在 EMI 测试报告（EMITR）中。

11）EUT 的操作。在进行发射测量时，EUT 应被设置在一个能产生最大发射的工作模式上。在进行敏感度试验时，EUT 则应被设置在最敏感的工作模式上。若 EUT 有好几个可用的工作模式（包括软件控制工作模式），应进行多次的发射测量和敏感度试验，以评估所有的电路模式。EMITR 应包含对工作模式进行选择的原则。

12）计算机控制接收机。MIL – STD – 461 要求在 EMITR 中应包括计算机控制的接收机使用的辅助软件程序的工作详情。而且还应包含证明该软件程序性能正常的验证方法。

13）EUT 的定位取向。放置 EUT 时，应将最大辐射发射面以及最容易对辐射信号做出响应的面朝向测量天线。如第 10 项中规定，在有足够空间来摆放电缆的前提下，台式 EUT 应摆放在距离地平面前边沿(10 ±2)cm 的位置处。

14）敏感度的监视。在敏感度试验过程中，应对 EUT 进行监视，以及时发现 EUT 的性能下降或工作不正常的状况。这个监视过程通常采用内置的测试技术，视频显示、监听输出以及在信号输出口和接口处进行的其他测量来完成的。允许在 EUT 中安装特殊电路来对 EUT 性能进行监测。但这种对 EUT 的修改不应影响测试结果。

15）测量设备的使用。MIL – STD – 461E 中的单项测试方法规定了所使用的测试设备。如果接收机的特征（即灵敏度、带宽选择性、检波器功能、动态范围以及工作频率）都能满足本标准所规定的限制条件，并被证明也符合 MIL – STD – 461 所适用的限值，那么任何频率选择型测量接收机都可以被用来执行这个标准中所描述的测试。典型的仪器特性可以从 ANSI C63.2 中找到。

16）安全接地。当外部终端、连接器引脚或设备电源电缆中的接地导体可以被用来作为接地连接，并且也被用于实际安装中的话，那么它们应该与接地平面相连接。它们的布局和长度应按照"互连导线和电缆"中的规定执行。

9.6.4.1　发射测量

1）可调谐 RF 设备的工作频率。在每个调谐频带、调谐单元或固定频道范围内，将 EUT 调谐到至少三个频率来进行测量，包括一个频带的中段频率以及每个频带或频道 ±5% 范围以内的一个频率。

2）展频设备的工作频率。对两个主要类型的展频设备工作频率的要求如下：

a）跳频。利用一个包括 30% 全部可能频率的跳频组来对 EUT 进行测量。该跳频组应根据 EUT 工作频率范围的低段、中段和高段被分为三段。

b）直接顺序。测量应在 EUT 以最高可能数据传输率处理数据时进行。

9.6.4.2　敏感度试验

频率扫描。在敏感度试验中，每个适用的试验都应对整个频率范围进行扫描。对于扫频敏感度试验，扫频速率以及频率信号源的频率步长都不应超过表 9-25 中的值。这个速率和步长被规定为信号源的调谐频率（f_0）的倍数。对于信号源模拟扫描是指连续调谐。而步进扫描是指顺序地调谐到多个分散的频率。步进扫描应在每个调谐频率上至少停留 1s。在需要较长时间对响应进行观察的情况下，扫描率和步长应予以降低。

1）敏感度信号的调制。除非本标准中的单项试验规定了其他方法，高于 10kHz 的敏感度测试信号应为脉冲调制信号，调制脉冲的重复率为 1kHz，占空比为 50%。

2) 敏感度门限。在 EUT 运行中，当观察到敏感指示时，应调节测试参数使敏感条件不再出现，以确定门限电平。敏感度门限应采用下述的条件和方法来确定：

a) 当检测到一个敏感条件时，降低该干扰信号直到 EUT 恢复正常；

b) 通过增加 6dB 衰减器来降低干扰信号；

c) 逐渐增强干扰信号，直到敏感状况再次出现，这个电平就是敏感度门限。

9.6.5　MIL - STD - 461 A - C 采用的典型 EMI 接收机或频谱分析仪带宽

表 9-31 列出了典型 EMI 测量系统用于测量窄带和宽带发射所使用的接收机带宽。这些数据是根据对 EMI 接收机系统本底噪声进行的测量以及结合在最恶劣条件下对发射的要求获得的。在需要时可以改变分辨率带宽，例如，当测量设备带宽不同时，或当测量设备的本底噪声接近或超出限值时。

表 9-31　EMI 接收机的窄带和宽带带宽

频率范围	窄带（NB）	宽带（BB）
辐　射		
20Hz ~ 5kHz	3 ~ 10Hz	30 ~ 100Hz
5 ~ 50kHz	30 ~ 100Hz	200Hz ~ 1kHz
50kHz ~ 1MHz	200Hz ~ 1kHz	9 ~ 10kHz
1 ~ 200MHz	9 ~ 10kHz	100kHz
200MHz ~ 40GHz	100kHz	1MHz
传　导		
20Hz ~ 20kHz	101 ~ 50Hz	—
20kHz ~ 2.5MHz	200Hz ~ 1kHz	1 ~ 10kHz
2.5 ~ 100MHz	1 ~ 9kHz	10 ~ 50kHz

对所推荐的带宽的改变系数不应大于 0.5 ~ 2，并且宽带带宽应是窄带带宽的 5 ~ 10 倍。

9.6.5.1　窄带（NB）或宽带（BB）发射的确定

用 9.2.2 节中描述的调谐测试法来确定发射是 NB 还是 BB。如果上述方法的测试结果仍然不确定，则应选用一个或多个其他替代测试方法来做进一步的测试。对结果的澄清或最后仲裁应由 EMC 工程师或采购商做出。

宽带实测值与单位为 dBμV/m/MHz 以及 dBμV/MHz 的归一化宽带值的换算。宽带测量的参考带宽为 1MHz。在其他带宽上的测量必须换算为参考带宽的测量。为从测量带宽换算到参考带宽，将下列值加到所测量的相关宽带值上：

$$20\log\frac{R_{BW}}{M_{BW}}$$

式中　R_{BW}——参考带宽；

M_{BW}——测量带宽。

一个例子，如在 10kHz 带宽测量到的电压是 25dBμV，那么：

$$20\log\frac{1MHz}{10MHz}=40dB$$

所以修正以后的实测值应为 25dBμV + 40dB = 65dBμV/MHz。

在增加系数为 10 时，若所测量的电平增加约为 10dB，那么噪声则是非相关（随机）宽带噪声。对非相关噪声，上式应改写为

$$10\log\frac{R_{\mathrm{BW}}}{M_{\mathrm{BW}}}$$

这个非相干宽带噪声的换算不仅是由规范的测试设施完成的，而且使用的是被广泛接受的测试步骤。但是，它并没有被包括在 MIL - STD - 462 中，所以在使用以前，应该得到采购商或 EMC 管理机构的认可。

9.6.5.2 MIL - STD - 461F 带宽和一般发射准则

1）带宽修正系数。由于使用了更宽的带宽，所以测试数据不需要使用带宽修正系数。

2）发射识别。不论其特征如何，所有的发射都应使用表 9-29 中规定的测量接收机带宽进行测量，再与 MIL - STD - 461E 中的限值进行比较。对窄带和宽带发射的识别在此不适用。

3）频率扫描。对于发射测量，每项适用测试应进行全频率范围的扫描。在进行发射测量时，模拟测量接收机的最小测量时间应符合表 9-32 中的规定值。合成测量接收机的测量步长应小于或等于带宽的一半。而测量停留时间应按表 9-32 中的规定执行。

表 9-32 MIL - STD - 461F 带宽和测量时间

频率范围	6dB 带宽	停留时间/s	最小测量时间，模拟测量接收机
30Hz ~ 1kHz	10Hz	0.15	0.015s/Hz
1 ~ 10kHz	100Hz	0.015	0.15s/kHz
10 ~ 250kHz	1kHz	0.015	0.015s/kHz
250kHz ~ 30MHz	10kHz	0.015	1.5s/MHz
30MHz ~ 1GHz	100kHz	0.015	0.15s/MHz
1GHz 以上	1MHz	0.015	15s/GHz

4）发射数据的表示。应自动和连续地绘制发射数据的幅频响应曲线。标绘图应同时显示所适用的限值。除了用于验证标绘图的目的以外，不接受手工采集的数据。所绘制的发射测量标绘数据应该能够提供至少 1% 的频率分辨率，或者是两倍于测量接收机带宽的频率分辨率，两者选较不严格者。还应能提供最小 1dB 的幅值分辨率。上面所讨论的分辨率要求也应被保留在 EMITR 的结果中。

MIL - STD - 461F 辐射发射测量带宽见表 9-32。

9.6.6 接收机陷波带内典型甚低辐射发射限值的测量

当辐射发射的规定限值非常低时，典型值如宽带时的 25dBμV/m/MHz 以及窄带时的 5dBμV/m。此时所使用的标准 EMI 测量天线以及前置放大器的本底噪声可能还不够低。在一些情况下，使用了标准设备的测量系统的本底噪声本身会远高于规范的限值。从一个 50Ω 电阻进入一个 50Ω 的共轭负载的噪声电压甚至可能已经比典型接收天线端口的输出信号电压还要高。这些低电平限值通常只覆盖了与接收机带宽对应的一个窄频带。

在评估测量系统的本底噪声时，应特别注意，接收机/频谱分析仪测量的是峰值电平，但显示的却是方均根值。大多数频谱分析仪和接收机的制造商指定的本底噪声是使用视频或数字平均值测得的方均根值来表示的。从理论上说，峰值可以是无限高的；然而，在对三个

不同制造商生产的频谱分析仪进行测量，所测得的峰值噪声，被显示为方均根值后的值比数字或视频平均带宽本底噪声高出 10 ~ 12dB。惠普（Hewlett - Packard，HP）公司独立地证实，峰值和平均值之间的差异大约为 12dB。

在评估测量系统的本底噪声过程中的另一个问题是，虽然已经给出了前置放大器的噪声指数（NF），但是却没有给出噪声参考的前置放大器输入阻抗，而该值往往要大大低于 50Ω。因此当使用 50Ω 的值计算噪声指数时，就会导致误差。

在测量低电平窄带发射时，使用平均值检波将会降低本底噪声而不会影响其发射。但是不允许在宽带发射测量中使用平均值检波，这是因为其发射也会随之降低。图 9-63 说明了平均值检波器是如何将窄带发射从噪声中检测出来的。通过降低分辨率带宽也能降低本底噪声，但这在宽带测量中是不允许的。通常分辨率带宽受制于安装在 EUT 上的接收机的带宽，这也就是为什么要实施陷波的原因。

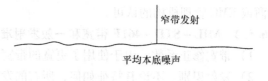

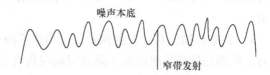

图 9-63 通过平均值方法把宽带发射从测量系统的本底噪声中检测出来

宽带测试规范规定使用 1MHz 的参考脉冲带宽。而许多频谱分析仪使用的是 3dB 的分辨率带宽。例如，一个 HP 频谱分析仪要在进行 1MHz 测量带宽测试时，需要引入一个 4dB 的修正值，将 3dB 的分辨率带宽值转换到相应的脉冲带宽值。这个修正是从测量所得的发射电平以及测量系统的本底噪声中将该值扣除。

另一个影响因素是，在接收机陷波带内测量宽带发射时，测量系统本底噪声的随机性。如果仅仅关注相关的宽带发射的话，那么应在本底噪声显示的谷底期进行观察，而不是峰值期。

宽带发射测量所使用的测量带宽同样也会影响相关噪声的测量。图 9-64 说明了如何通过增加测量带宽来把相关的宽带发射从噪声中检测出来。但这对准宽带（非相关）发射测试没有帮助。为了简明起见，图 9-64 所示的相关宽带噪声，并不是叠加在非相关噪声之上，而是被淹没在它的下面。虽然这种情况经常发生，但它却不总是这样的。

一台典型的高端接收机，在带宽为 1MHz 频率为 2GHz 时，测量到的本底噪声为 29dBμV。在接收机前端增加一个 34dB 的前置放大器，将测量本底噪声增加 11dB 到 40dBμV。一个典型的双脊波导喇叭天线在 2GHz 时的天线系数为 26.6dB。我们假定，在测量带宽为 1MHz 时的宽带限值是 25dBμV/m/MHz。前置放大器的输入则为 25dBμV/m/MHz（限值）－ 26.6dB（AF）= － 1.6dBμV。则接收机的输入为 － 1.6dBμV + 34dB（前置放大器增益）= 32.4dBμV。即低于系统本底噪声 7.6dB。如果使用 3MHz 或 10MHz 带宽，将会进一步将相关噪声从本底噪声检测出来。但这种情况仅仅在相关噪声覆盖了 3 ~ 10MHz 的频率范围时才会成立。

对大多数测量系统而言，一个 1.7 ~ 2.6GHz 标准增益喇叭天线，在 2GHz 时会达到足够高的信噪比。该种天线通常具有至少 20dB 的增益以及 16dB 的天线系数（AF）。在把它与一个 HP 8566B 频谱分析仪和一个低噪声 50dB 前置放大器一起使用，同时再加入将 1MHz 分辨

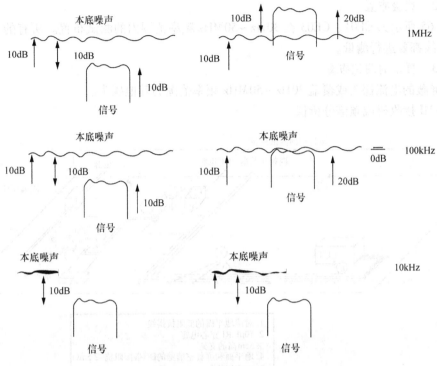

图 9-64　测量带宽对相关信号的影响，为了简明起见，
相关噪声并没有叠加在非相关（测量系统）噪声之上

率带宽转换为 1MHz 脉冲带宽的 4dB 修正系数，本底噪声将会低于宽带的限值。例如，带有一个 50dB 前置放大器且带宽为 1MHz 的频谱分析仪的测量本底噪声为 55dBμV − 4dB（分辨率带宽的修正值）＝51dBμV。当入射到天线的信号为 25dBμV/m/MHz 时，在频谱分析仪输入端的信号电平为 25dBμV/m/MHz − 16dB（AF）+ 50dB（前置放大器增益）＝59dBμV。即比本底噪声高 8dB。

在实践中，在那些极低电平的 RE02 陷波带内，有必要放宽本底噪声比限值至少低 6dB 的要求。

9.6.7　MIL − STD − 461A、B 和 C 的 EMI 测量

下面将描述一些最常见的测量。

9.6.7.1　CE01 和 CE03 试验描述

9.6.7.1.1　目的

这些测试设计用来测量所有电源线上的传导发射。

这个测量适用于一次电源，即为设备和子系统提供交流或直流电源。尽管测量要求可能包括向其他类型的设备供电的一次电源，但这个测量一般不适用于设备间的互连电源线或二次电源。这个测试还包括使用 EUT 电源的控制电路，以及不在子系统和设备内部接地的地线和中线。

CE01 仅为窄带发射限值。在 CE03 中，窄带和宽带限值是分开实施的。信号导线一般不包括在测试中，适用的限值是建立在个案的基础上的。

9.6.7.1.2 试验布置

图 9-65 所示为 CE01、CE03 在 30Hz～50MHz 频率范围内的测试布置。所有的一次电源和控制导线都要进行测量。

9.6.7.1.3 要求的测试布置

1）屏蔽的电流探头或覆盖 30Hz～50MHz 频率范围的其他探头。

2）EMI 接收机或频谱分析仪。

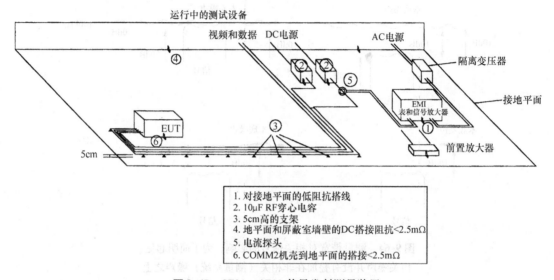

图 9-65 CE01、CE03 传导发射测量装置

3）宽带前置放大器或至少有 20dB 增益的前置放大器。

4）在测试频率范围内具有特征阻抗的 10μF 穿心电容器。

5）示波器。

下述各点为 CE01、CE03 的综合测试步骤：

1）使用"快速扫描"测试确定产生最大发射的设备测试模式。当有多于一种测试模式导致在不同频率上的最大发射时，应在每个测试模式中重复进行 CE01、CE03 测试。

2）当把交流和直流电源摆放在屏蔽室外，EUT 与电源断开，而电源开关为打开的情况下，对电流探头上所捡拾到的噪声进行测量。这个测试所测到的是背景噪声和由电源所产生的噪声。环境发射值必须比传导发射限值低 6dB。

3）先将电流探头放置于供电线周围，然后再放置于回路线周围，使用接收机/频谱分析仪的窄带带宽测量其发射。

4）对于 CE03 的宽带测量，使用宽带测量带宽重复步骤 3。根据需要更换电流探头以覆盖整个 30Hz～50MHz 的频率范围。

9.6.7.2 MIL－STD－461F、CE101 和 CE103

它们的一般测试布置与 CE01 和 CE03 类似。所不同的是，它们所使用的是 MIL－STD－462E～G 中的 LISN。值得注意的是，MIL－STD－461E～G 中的 LISN 与 MIL－STD－462 通告 3 中所描述的低频和高频 LISN 都不相同。

CE101 和 CE102 要求对测量系统进行检查，用于测量系统检查的测试布置分别为图 9-66 和图 9-67 所示。图 9-68 和图 9-69 所示的分别是 CE101 和 CE102 测量的试验布置。

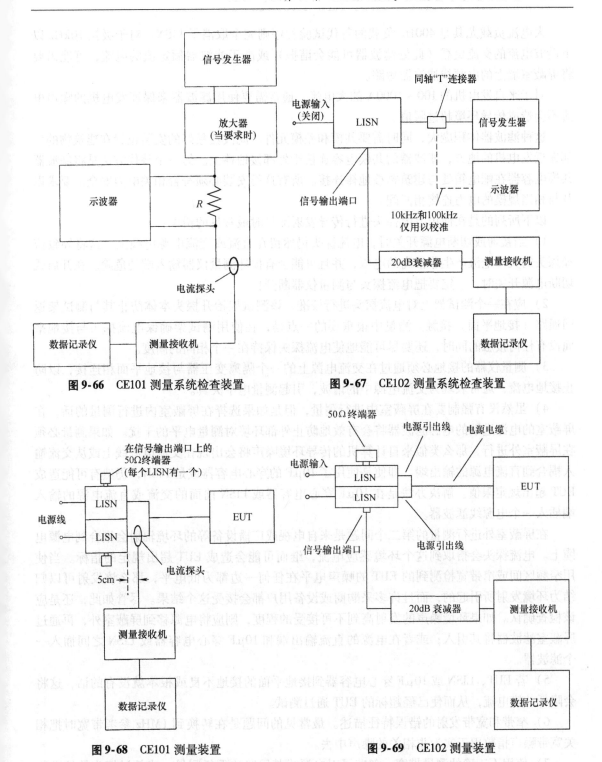

图 9-66　CE101 测量系统检查装置

图 9-67　CE102 测量系统检查装置

图 9-68　CE101 测量装置

图 9-69　CE102 测量装置

　　水面舰船增加了 MIL‑STD‑461F CE01 的要求，且附录提供了使用一个 5μH 的 LISN 的说明，前提是征得采购商的同意。它还提供了使用这个 LISN 需满足的 150kHz 频率以下的限值。

大电流负载尤其是400Hz负载的替代试验程序则完全取消了LISN。对于吸拉10kHz以下谐波电流的交流负载（此处滤波器可能会谐振）或高于滤波器额定值的电流，可能需要将屏蔽室墙上的电源线滤波器短路。

对于来自发电机的100～1000A的大电流，通常需要使用滤波器来保证发电机的噪声电流不会造成传导环境超过限值。

这种滤波器体积庞大，同时需要共模和差模元件。滤波器最好的安装位置在建筑物的外部靠近发电机的地方，滤波器的共模电容连接于外部接地棒上。另一个替代方法是将滤波器共模电容器在配电箱处与建筑物接地棒连接。所有这类安装必须符合相关电力安全的要求以及与相当规模的电力连接相匹配。

以下所列的是在使用电流探头进行传导发射测量时最常见的错误：

1）当接通或切断电源开关时，电流探头仍然留在直流或交流电源电缆上。这将导致流经探头的尖峰电流产生非常高的电压，并且可能会有损坏测量仪器输入端的危险。在开启或切断电源开关时，一定要把电流探头与测量仪器断开！

2）应在一个测试架上对电流探头进行校准，该测试架抬升探头本体防止其与测试架返回通路（接地平面）接触。测量中很重要的一点是，在使用测试架确保电流探头与接地平面没有任何接触的同时，还要尽可能地使电流探头保持在一个相同的高度。

3）测量仪器的接地必须通过在交流电源上的一个隔离变压器与接地平面相连接，以防止接地电流，通常表现为交流电源中的谐波，引起测量电平失真。

4）虽然没有强制要在屏蔽室中进行测量，但是如果选择在屏蔽室内进行测量的话，在屏蔽室的电源进端的电源滤波器将会有效地防止外部环境对测量电平的干扰。如果测量必须在屏蔽室外进行，那么类似来自计算机的传导环境噪声将会出现在交流电源线上或从交流输入耦合到直流电源的输出端。即使是使用了10μF的穿心电容器或是LISN，仍然有可能造成EUT超出规定限值。解决办法是在10μF穿心电容器或LISN前面的交流或直流电源的输入端插入一个电源线滤波器。

在屏蔽室外进行测量的第二个问题是来自电视或广播设备等的环境辐射会耦合到电源电缆上。电流探头会拾取到这个环境感应电流，继而可能会造成EUT超出规定的指标。当使用窄频区间或窄带宽检测到的EUT的噪声电平在任何一边都为低电平，那么该发射可以归结为环境发射所引起的，而且许多采购商或设备用户都会接受这个结果。尽管如此，还是应该检查确认。如果环境噪声的发射高到不可接受的程度，则应将电源移到屏蔽室外，再通过屏蔽室滤波器将其引入；或者在电源的直流输出端和10μF穿心电容器或LISN之间插入一个滤波器。

5）若EUT、LISN或10μF穿心电容器到接地平面的接地不良或根本就没有的话，这将会降低共模电流，从而使已经超标的EUT通过测试。

6）窄带和宽带发射的错误特征描述。最常见的问题是在转换到1MHz参考带宽时把相关宽带噪声指数用于实为非相关的噪声中去。

7）使用不正确的测量带宽，忽略了对电源或其回路的重复测量，或超过探头的校准频率范围。所有这些问题都可以通过使用一个测试清单加以避免。

8）不论其特征如何，错误地把所有的发射应用于窄带限值以及宽带限值上。

9）软件控制测量有若干潜在问题。大多数这类程序都不允许使用峰值或最大值保持功能进行多次扫描，而是像抽点采样程序那样，在单次扫描过程中就采集数据。事实上，在不同次的扫描过程中，发射的幅值经常会有显著的变化。显然只用一次抽点采样程序采集数据，就无法保证采集到最差的发射状态的数据。有一个观点认为虽然这种做法已经成了一个工业标准，但是采集到最差发射状态下的测量数据的可能性却很小。对许多计算机测量程序来说，更为严重的问题是漏洞百出的宽带和窄带发射分析。当遇到这种情况时，许多制造商都会承认他们的程序存在这样或那样的缺陷。通常仅有四分之一的程序控制测量方法可以用于实际的测试，即使如此，也还是可能得到错误的发射特性。

9.6.7.3　MIL – STD – 461B/C RE02 与 MIL – STD – 461E ~ G 电场测试的比较

9.6.7.3.1　目的

这些测试设计用来测量来自设备和子系统以及所有接口电缆的辐射发射。

这些测试分为频率范围为 14kHz ~ 18GHz 的窄带辐射发射测量和从 14kHz ~ 10GHz 的宽带辐射发射测量（有些采购商将上限频率延伸到 18GHz）。

9.6.7.3.2　RE02 测试布置

图 9-70 所示为 EUT 的 RE02 窄带和宽带辐射发射的测量装置。它是一个典型的 MIL – STD – 462 测试配置。暴露的电缆位于接地平面上方 5cm，距离接地平面前边沿为（10 ± 2）cm。除这 2m 的暴露部分外，电缆的其余部分用可延展的金属编织网屏蔽后，再用铜胶带固定在接地平面上；或简单地用铜胶带覆盖电缆后，在电缆的任何一边与接地平面相连接（注：在把电缆固定以前，必须要确定子系统的摆放方向，如测试步骤描述的，以确保其最大发射区域朝向天线）。如图 9-70 所示，通过延伸天线接地线与接地平面相接，可以确保子系统和单极天线之间获得最大耦合。

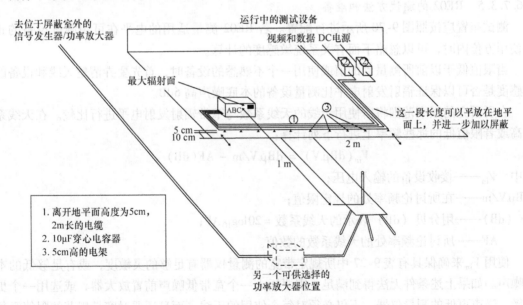

图 9-70　RE02 辐射发射的测量装置

9.6.7.3.3　测试设备的要求

1）覆盖频率范围为 14kHz ~ 18GHz 的典型天线类型如下：

频率	天线类型
14kHz ~ 20MHz	有源或无源,杆状
20 ~ 200MHz	双锥型
200MHz ~ 1GHz	对数周期(MIL – STD – 461E/F 双脊波导型)
1 ~ 18GHz	双脊波导型

2）在使用带宽内，EMI 接收机和/或频谱分析仪的本底噪声不高于 75μV。

3）具有至少 20dB 增益，本底噪声不高于 10dB 的一个或多个宽带前置放大器。

4）10μF RF 穿心电容器。

9.6.7.3.4 使用电场或磁场探头来定位发射源

如 2.6 节中所描述，电场或磁场探头可以和前置放大器和频谱分析仪一起使用。这些探头可以用来探测电缆和样品的周边以确定最大发射源，从而确定 EUT 的摆放方向。探头的第二个用途是用来确定超标发射源的具体位置。这些探头可以是手提式的，摆放在距离电缆，屏蔽室内壁，以及孔隙等大约 7 ~ 15cm 处。

虽然并没有要求用探头来测量磁场的绝对值，但在使用前仍应对探头进行校准。校准曲线也为探头的频率响应提供了一个指示。这个指标可以用于下述的例子。假定我们使用一个平衡环天线，在 70MHz 处检测到一个发射，并且又在 80MHz 处检测到了比第一个高 6dB 的第二个发射。而平衡环天线在 70MHz 的灵敏度是 0.4mV/mA/m，在 80MHz 处为 1.1mV/mA/m（高出 8.8dB）。所以，在对探头敏感度进行修正后，70MHz 处的发射比 80MHz 处的发射高 2.8dB。

9.6.7.3.5 RE02 的测试方法和准备

测试布置应按照图 9-70 所示进行配置。若 RE02 测量适用的电平在可用测试设备的正常使用方位内时，可以忽略下面有关系统敏感度的计算。

当限值低于以前所测量到的值或使用一个不熟悉的设备时，首先要弄清楚天线和设备的敏感度是否可以保证辐射发射电平比测量设备的本底噪声高 6dB。

在所研究的频率范围将所使用天线的天线系数与窄带辐射发射电平进行比较。在天线系数高或者限值低的那些频率上进行下列计算：

$$V_{in}(dB\mu V) = dB\mu V/m - AF(dB)$$

式中　V_{in}——接收设备的输入电压；

$dB\mu V/m$——在所讨论频率处的规定限值；

AF（dB）——用分贝（dB）表示的天线系数 $=20\log_{10}AF$；

　　AF——所讨论频率处的天线系数的数值。

使用 V_{in} 来确保具有表 9-27 中所规定带宽的测量仪器有足够的灵敏度，或有足够低的本底噪声。如果上述条件无法得到满足，则要插入一个宽带低噪声前置放大器，或选用一个更灵敏、噪声更低的测量仪器。不仅必须对每个使用的天线，而且还要对宽带规范的限值重复进行上述计算，然后根据计算结果再从表 9-27 中选择使用适当的带宽。下面的计算就是这样的一个典型例子。

在 40MHz 处的窄带限值为 24dBμV/m，且所使用的天线的天线系数是 3.83，即 11.67dB。所以

$$V_{in} = 24\text{dB}\mu\text{V/m} - 11.67\text{dB} = 12.3\text{dB}\mu\text{V} = 4.12\mu\text{V}$$

所使用的窄带带宽是 10kHz（参照表 9-20 中的 40MHz）。在 40MHz 处，测量仪器的本底噪声是 -80dBm，这等于有 $23\mu\text{V}$ 进入 50Ω（仪器的输入阻抗）。因此，V_{in} 比本底噪声要低 15dB（$20\log V_{in}$/本底噪声），所以系统的灵敏度不够，为此必须使用一个增益至少为 21dB 的前置放大器。为了将其转换为宽带单位，加上如下的宽带修正值：

$$20\log = \frac{1\text{MHz}}{R_{BW}}$$

这里 R_{BW} 是测量中使用的以 MHz 为单位的分辨率带宽。

在天线所使用的频率范围内对接收机的调谐频率进行扫描。选择扫描时间以保证测量到的是发生在系统的脉冲重复率最低的时候的宽带发射。所以应使用最大的 EMI 接收机扫描率。而最大 EMI 接收机扫描率是由 EMI 接收机带宽和将被侦听到的最低 PRF（Pulse Repeat Frequency，脉冲重复频率）所决定的。

窄带发射既可以是来自连续波（CW）源，也可以来自具有高 PRF 的脉冲源。因此，最大扫描率限制在这里是不适用的。用赫兹每秒来表示的扫描速率由下式给出：

$$扫描速率 = \frac{\text{EMI 接收机带宽（Hz）}}{\text{最低 PRF 期望值（s）}}$$

用一个 50kHz 宽带带宽作为例子，上式的值为

$$扫描速率 = \frac{50\text{kHz}}{4.5\text{s}} = 11.1\text{kHz/s}$$

在一个典型的频谱分析仪上的可使用的最慢扫描时间是 1500s；因此在 1500s 中的最大可扫描频率区间为

$$扫描速率 \times 扫描时间 = 11.1\text{kHz/s} \times 1500\text{s} = 16.6\text{MHz}$$

所以对 2.5～30MHz 频率范围内的扫描就必须被分成两部分进行。要覆盖这个频率范围的宽带测试所要求的时间大约为 41min。在高频时，由于扫描率的限制，经常会导致测试时间超乎寻常的长，所以就必须选用别的替代方法。

有两个方法可以用来执行宽带 RE02 的测试。一个是通过频谱分析仪的前面板为其编制程序，或使用计算机来为其自动切换频率并绘制测试结果。另一个方法是选用一个快速扫描时间，同时在指定的分钟数内使用频谱分析仪的峰值（最大值）保持功能来记录所研究的频率范围。因此，在 1min 或更快的重复率上检测到谐波有关的发射的几率会较高。用于窄带测试的频谱分析仪的扫描时间可能较短，它仅受限于频谱分析仪自身。但当扫描时间太短时，频谱分析仪会显示超出校准条件范围。当 EUT 有多于一个的工作模式时，任何一个模式都有可能产生显著发射，所以必须对每个模式重复进行辐射和传导发射的测量。

9.6.7.3.6 预期的发射频率

在发射测量中，应将预期的发射频率列成表格，并仔细加以检验。例如，与宽带和窄带发射以及其谐波有关的发射，预计来自于时钟、转换器，以及逻辑频率和它们的谐波等。

9.6.7.3.7 RE02 的测试步骤

下面所列三点为 RE02 的综合测试步骤。

1）首先要检查整个要研究的频率带内的背景辐射（即 $f < 14\text{kHz}$ 或 $f > 18\text{GHz}$）。对 20MHz 以上的频率，还要检测天线的垂直和水平极化。

2）找出 EUT 产生最高发射的那一边（要检查所有的工作模式）。

3）测量所有测试模式的峰值发射。

注：

● 对于 $f < 14\text{kHz}$ 或 $f > 18\text{GHz}$ 的频率，使用频谱分析仪的适当的窄带带宽来测量峰值发射，并将测量结果与限值进行比较。

● 对于 $f < 14\text{kHz}$ 或 $f > 10\text{GHz}$ 的频率，使用频谱分析仪的适当宽带带宽来测量峰值发射，并将测量结果与限值进行比较。

● 对于超过限值的那些发射，要使用在 9.2.2 节中所列举的一种或多种方法来确定该发射是宽带还是窄带。

● 对于 $f > 20\text{MHz}$ 的情况，必须使用天线的垂直和水平两个极化方向来测量峰值发射。

● 对于从 $1 \sim 18\text{GHz}$ 的频率范围，进行峰值发射测量时，要把天线摆放在距离互连电缆中心点 1m 远，同时距离 EUT 前端 1m 的处。

当使用无源或有源的杆状天线时，用一块敷铜 PCB 将天线地网与装有 EUT 的接地平面相连接。使用导电胶带将该 PCB 与接地平面和天线地网进行电气连接。与 DO‑160 不同，MIL‑STD‑462 的测试布置中并没有显示天线地网与接地平面的连接。将天线地网与接地平面搭接可以得到比较平滑的 AF，在高频时更是如此。

MIL‑STD‑461E 中的 RE102 要求杆状天线的地网与接地平面进行电气搭接。MIL‑STD‑461E 要求使用一个信号发生器对测量通路进行测试，而且在使用双锥天线或双脊波导（喇叭）天线，且频率高于 200MHz 时，还应在多个天线位置以及接地平面以上 120cm 的规定天线高度上进行测试。RE102 的测量带宽和驻留时间见表 9‑32。

9.6.7.4　在 RE02/RE102 测量中的常见错误

在辐射发射测量中最常见的错误如下：

1）由于 RF 共模电流流过互连电缆和电源电缆造成的屏蔽室内的环境噪声太高。这类共模电流一般来自屏蔽室外部的功能测试设备或电气接地支持设备（Electrical Ground Support Equipment, EGSE）。解决办法是在测试设备/EGSE 或在进入屏蔽室的电缆的接口处总是使用 D 型连接器。如果使用 D 型连接器后，问题依然存在的话，那就应该尝试用一个带滤波器的 D 型连接适配器（背对背连接的公接头和母接头，中间装有滤波器）。如果互连电缆上无法使用滤波器型连接器，那么电缆的屏蔽应在进口处通过波导端接在屏蔽室的墙上，通过一个波导进入屏蔽室内部，并用黄铜金属细丝（brass wool）充填波导使屏蔽层与波导内腔连接起来。当电缆通过波导内腔时，认为波导仍然可以在其截止频率以下工作的推断是错误的。外部环境噪声在这些电缆上产生的 RF 电流流过穿越波导的电缆耦合进入屏蔽室。由于水有导电性，甚至非导电水管内的自来水也会将 RF 电流耦合进入屏蔽室。因此，为防止 RF 电流进入屏蔽室，在进入屏蔽室的前，必须设法将它们分流到屏蔽室壁上。

2）窄带和宽带发射的错误特征描述。最常见的问题是在转换到 1MHz 参考带宽时把相关宽带噪声指数用于实为非相关的噪声中去。

3）使用不正确的测量带宽，忽视天线在不同极化状态下必要的重复测量。超标定频率范围使用。所有这些问题都可以通过使用一个测试清单加以避免（应包括频率范围、天线极化、前置放大器的使用等）。使用勾选框来确保没有遗漏任何应该测试项目。

4）连接到宽带功率放大器的 EUT 上的发射天线既是宽带噪声源又是所需频率的发射

源。这些发射天线并没有被包括在 RE02 和 RE102 的测试中。所以在测试过程中，发射天线应由仿真负载替代，且负载连接器的转移阻抗必须很低，这样可以降低来自负载本身的辐射。如果发射机的带外发射是一个问题的话，那么应该在传导测试中对它们进行测量；它们并不是 MIL – STD 要求中辐射发射电场测试的组成部分。

5）不考虑其特征，将窄带和宽带限值套用于所有的发射测试（宽带限值应仅限用于宽带发射，窄带限值应仅限用于窄带发射）。

6）非代表性的测试布置。使用与最终版本不同类型的电缆，非代表性 EUT，在通常为非屏蔽的电缆上附加铝箔、铜带或金属丝网。

7）有观点认为如果客户自己提供电缆配件，制造商就可以不用关注电缆辐射。无论电缆的类型是屏蔽或非屏蔽的，电缆的噪声都是由 EUT 产生的，所以 EUT 的制造商必须尽量减低源辐射。如果制造商认为造成不符合的原因就是客户提供的非屏蔽电缆，那么制造商应该在测试前就设定好偏差值。客户可能会允许这样的偏差值，也有可能要求 EUT 满足原来的要求或改用屏蔽类型的电缆。

8）软件控制测量有若干潜在问题。大多数这类程序都不允许使用峰值或最大值保持功能进行多次扫描，替代它的是通过单次扫描采集数据。事实上，在不同次的扫描过程中，发射的幅值经常会有显著的变化。显然只用一次抽点采样程序采集数据，就无法保证采集到最差的发射状态的数据。有一个观点认为虽然这种做法已经成了一个工业标准，但是它却极少可以捕捉到最坏状态的发射。对许多计算机测量程序来说，更为严重的问题是漏洞百出的宽带和窄带发射分析。当遇到这种情况时，许多制造商都会承认他们的程序存在不足。通常仅有四分之一的程序控制测量方法可用于实际的测试，其中任何一种方法都可能导致得到错误的发射特性。

9.6.7.5　MIL – STD – 461 B/C RE01、RE04 以及 MIL – STD – 461E RE101 磁场测试的描

9.6.7.5.1　目的

这些测试用来验证来自 EUT 和相关的电缆的磁场不要超过所规定的要求。

RE01 测试覆盖的频率范围为 30Hz ～ 30kHz，RE04 测试覆盖的频率范围为 30Hz ～ 50kHz，RE101 覆盖的范围则为 30Hz ～ 100kHz。

在最初的 MIL – STD – 462 和 MIL – STD – 461E 中规定用于 RE01 和 RE101 测试所使用的接收环天线规格为

直径：13.3cm；

匝数：36；

导线：7 ～ 41 多股绞线（7 股，AWG 41 号）；

屏蔽：静电屏蔽。

MILSTD 461F 要求使用一个信号发生器对测量设备进行校准。在 RE01 和 RE101 测试过程中，把环状传感器摆放在距离 EUT 被测表面或被测电缆上方 7cm 的地方并沿这个表面或电缆移动。环的平面应该与 EUT 表面或被测电缆中心轴平行。精确地保持与 EUT 或电缆的距离为 7cm 非常重要，这是因为很小的距离误差就会导致很大的测量偏差。为了确保能保持这个 7cm 距离，推荐使用 7cm 的泡沫塑料块或一个长度很短的销子来固定环天线。MIL – STD – 461F 还要求，如果 EUT 在 7cm 的地方超过限值，可以增加距离直到其发射值符合规范限值，然后记录此时的发射值以及测量距离。

在 MIL – STD – 461 的 RE04 测试中，距离 EUT 或被检测电缆 1m 远的磁场传感器在 25Hz 时必须能够测量 – 40dBnT 的磁场。天线的轴指向 EUT。要求用一个校准器来检查磁场传感器。该校准器应能够在 20Hz ~ 50kHz 频率范围内的 10 个频率点上产生已知磁场。如果没有校准器，而该磁场传感器的最近一次的校准不超过两年，那么这通常也是可以被接受的。

9.6.7.6 RS03/RS103 辐射敏感度试验

9.6.7.6.1 目的

这个测试是设备或子系统以及互连电缆针对入射电场和平面波的敏感度的测试。测试布置与 RE02 测试类似，只是使用了发射天线来代替接收天线。

9.6.7.6.2 测试设备

1）下表所列为典型天线类型，它们所覆盖的频率范围为 14kHz ~ 10GHz，并都能产生规定的电场。

频率	天线类型
14kHz ~ 20MHz	无源杆状或长线或条状线
14kHz ~ 200MHz	E 场发生
20 ~ 200MHz	双锥型
1 ~ 18GHz	双脊波导型

2）工作频率为 14kHz ~ 18GHz 的功率放大器的额定输出功率必须足以使天线产生规定的电场。

3）具有远程读取能力，或下列校准天线之一的电场传感器可以用于监测电场电平。由于天线所监测的为高电平，一般不需要前置放大器。

频率	天线类型
14kHz ~ 40MHz	1m 杆状
40 ~ 300MHz	可调谐偶极子
20 ~ 1000MHz	蝴蝶形
300 ~ 800MHz	谐振的 5 ~ 20cm 杆状
800MHz ~ 3GHz	25cm × 2.8cm 锥型对数螺旋
3 ~ 8GHz	15cm × 2.8cm 锥型对数螺旋
8 ~ 18GHz	6.2cm × 1cm 锥型对数螺旋

4）频率范围为 14kHz ~ 18GHz，具有内部或外部调制功能的信号发生器。

5）用于对上面第 4 项中的载波频率发生器进行调制的音频信号发生器。

9.6.7.6.3 RS03 测试描述

测试仪器暴露在由天线所产生的，频率范围为 14kHz ~ 10GHz 的场。EUT 应该可以在规定电平电场下正确运行。当在某频率上，预测信号或电源接口最敏感时，对信号源进行幅度调制。

电源和接口电缆暴露在入射电场中的长度为 2m，距离接地平面的高度为 5cm，且距离接地平面前边沿为 10cm。

在屏蔽室内连接到其他设备的接口电缆，除了暴露的 2m 长度以外，其余部分均应摆放在金属地板上。这一部分电缆要尽可能地远离发射天线，还可以用铜导电胶带包覆电缆，两端与地板金属部分相连接，或将它们包裹在可延展的金属编织带内，再与地板的金属部分相连接。

摆放在接地平面上的电缆的，除了 2m 暴露长度以外，其他部分应该予以屏蔽。使用可延展的金属编织网包裹，再用导电铜胶带固定在接地平面上，或者简单地把铜带覆盖在电缆上，然后将电缆的任意一边与接地平面连接。

天线应摆放在距离 EUT 的前面 1m 的地方。当使用小孔径天线（频率范围为 1 ~ 18GHz）时，天线方向应该从直接朝向 EUT 的前面移到直接朝向互连电缆暴露部分。

MIL‑STD‑461E 只要求 RS03 的测试在 2MHz ~ 18GHz 的频率范围内进行，也可以选择增加到 40GHz。

不允许使用圆极化场。

在 RS103 和 RE102 的限值之间并没有任何隐含的关系。RE102 限值的设置主要被用于保护与天线相连接的接收机，而 RS103 则用来模拟来自天线的发射场。

MIL‑STD‑461E 对发射天线和电场传感器的位置做出了规定。

当使用一个接收天线时，要将其摆放在测试布置的边界内。并且首先要使用一个信号发生器来对它的信号通道进行检查。

使用一个接收天线来校准电场的步骤如下：

- 连接接收天线。
- 把信号源设置在 1kHz 脉冲调制，占空比为 50%。使用一个适当的发射天线和放大器，在测试起始频率建立一个电场。
- 逐渐增加电场电平直到它达到适用限值。
- 对测试频率范围进行扫描，并记录维持要求的场，发射天线所需的功率电平。
- 当测试布置有所改变或更换天线时，重复上述步骤。

测试时，移掉接收天线和将 EUT 放置到该位置。由于接地平面与接收天线邻近效应，这个校准技术会引起误差，但它也消除了由于 EUT 与接收天线的邻近效应所产生的误差。

功率放大器和来自信号发生器的输入导线的位置是非常关键的。对于一个单极天线而言，功率放大器应被摆放在天线地网下面，并使用尽可能短的电缆与天线相连。

当使用长线天线，且无负载驱动的情况下，它应通过尽量短的电缆与功率放大器相连接，如有需要，可以通过一个变压器进行连接。除单极天线外，所有其他类型的天线和功率放大器都应被摆放在屏蔽室外，以避免功率放大器输入电缆上的辐射场反馈。

MIL‑STD‑461F 要求在 EUT 的位置上对入射电场进行测量时，应使用几何尺寸小，电气尺寸短的天线。甚至使用场传感器在靠近接地平面所得的测量结果与远离接地平面所得的电场的测量结果也有很大差异。推荐在距离发射天线 1m 处，而不是在 EUT 的位置上对电场进行监测。在 EUT 的位置上，若存在接地平面，可能会导致电场的范围会从最小几乎相互抵消到最大比无接地平面时的电场大 6dB。当把这个测量技术包括在被描述的测试计划和测试步骤中时，采购商往往会接受与 MIL‑STD‑461 所推荐步骤的偏差。

在功率放大器放置在屏蔽室外的情况下，天线馈电电缆和测试设备电缆之间存在着潜在的耦合。在天线和/或者测试电缆上使用磁环或改用双层金属编织网屏蔽电缆可以降低这种耦合。当频率为 30MHz 以上时，对水平极化场和垂直极化场都要进行测试。

无阻尼屏蔽室内的 RS03 测试布置的主要问题是 EUT 上的入射场会随屏蔽室的谐振和反射发生变化。正如在 9.5.1 节中所述，变化可高达 50dB。入射到测量天线上的电场也会变化，并且测量天线的 AF 将会由于接近效应而与公布的曲线有偏差。如果通过调节功率放大器的输入信号以维持所规定的电场，正如由接收天线所测量到的，在 EUT 上的电场幅值可以是 0V/m 到潜在的破坏级电平之间的任何值。

将 EUT 经受很高电场电平的可能性降至最低的一种技术，是在所研究的频率范围内对测试频率进行扫描，并在每次扫描以后改变接收天线的位置。由于测量电场中的谷值和峰值主要是由于反射所引起的，所以电场的实测值会在天线位置移动位置的过程中趋向于被平均。一个常用的测试方法是产生一个尽可能高的电场，且该场仅受制于功率放大器和天线。如果设备敏感的话，就把敏感频率上的电场调节到规定的电场值。潜在的危险是，所产生的测试电平可能会造成设备的损坏。在自动测试中，经常使用电场探头的输出去控制驱动天线的功率放大器的输出电平。这类技术的问题是，在探头的位置和场与场相互抵消的那些频率上，功率放大器的输出可能会达到最大值，从而产生造成潜在危害的电场电平。在 1m 距离上，由发射天线产生的电场由下式给出：

$$E = \sqrt{Z_w \frac{WG}{4\pi r^2}}$$

式中　W——输入功率；

　　　G——所研究频率上的天线增益；

　　　r——到天线的距离（m）。

$$Z_w = \frac{377\lambda}{2\pi r} \geqslant 377$$

式中　λ——波长（m）。

当天线的输入阻抗被假定为恒定的 50Ω 以及距离为恒定的 1m 时，可以使用下面的简化公式：

$$E = \frac{V_{in}}{\sqrt{\dfrac{628}{Z_w G}}}$$

与其他敏感度试验相同，最大扫描速率应受制于地面支持设备（Ground Support Equipment，GSE）或功能测试设备测试周期，即测试 EUT 以及确定它是否敏感所需要的时间。限制扫描速率的准则是在研究频率范围内对载波频率进行扫描所需要的时间，通常它受制于天线，而且还受制于天线在每十倍频程的三个频率上的留止时间。在一个周期中，频率保持时间之间的扫描时间等于测试周期。当测试周期大大长于 1min 时，就会需要超乎寻常长的测试时间，那么停顿和扫描周期应被限制为 3min。应在测试计划中列出敏感度的试验方法，并在执行该计划前得到采购商的批准。如果在测试期间，发现 EUT 有性能下降的情况，应降低电场以确定敏感度的阀值。在辐射敏感度测试中，应移除接收天线，并用一个屏蔽仿真负载替代之。

对数双锥天线可以发出二次和三次谐波电场，甚至当电场探头指示其为基波场而不是谐波场时，它们的电平仍在基波之上。

MIL – STD – 461F 敏感度扫描速率列于表 9-33 中。由于使用了无阻尼屏蔽室，现在所用的屏蔽室的谐振通常都不会成为一个大问题，但是 MIL – STD – 461E/F 还是规定了使用吸波材料的最低限度。

表 9-33 MIL – STD – 461F 敏感度扫描

频率范围	模拟扫描，最大扫描速率	步进扫描，最大步长
30Hz ~ 1MHz	$0.0333f_0/s$	$0.05f_0$
1 ~ 30MHz	$0.00667f_0/s$	$0.01f_0$
30MHz ~ 1GHz	$0.00333f_0/s$	$0.005f_0$
1 ~ 40GHz	$0.00167f_0/s$	$0.0025f_0$

在 CS114 和 CS116 测试中，施加电平直到达到规定电流或达到校准电平，以先到达者为准。对于 CS115，施加的是校准后的信号电平。

安全警示：在使用功率大于 3W 的功率放大器时，测试设备可能产生高达 200V/m 或更高的电场。强度为 27.5V/m 以上的电场都被认为是有伤害性的。所以，在信号放大器开机并连接到功率放大器和天线期间，不要在屏蔽室内逗留。

9.6.7.7 辐射敏感度试验中最常出现的错误

1）没有就辐射敏感度通过/不通过的准则达成共识，例如在显示中存在几个白点或某些轻微的失真是可以接受的；但对于重影和严重的失真肯定是不允许的。相类似的，在数据通信过程中，某种程度的误码率是可以接受的，但是必须在测试发生之前对这个指标达成一致。

2）在没有记录测试的起始和终止时间的情况下，就对测试完成后所获得的数据进行线下分析。所以，在试验报告中，还必须包括每个数据被测试的时间，从而可以对时间进行比较。

3）把接收天线作为 EUT 的一部分包括在测试室内。而这些天线以及相关的接收机恰恰是不应该被包括在敏感度测试布置中。由此造成的危险是在带内或接近带内的频率上，由于入射敏感度测试场强而感生的功率可能会损坏接收机的前端。如果无法将天线断开，比如当 EUT 是一颗模型飞行卫星，那么可能需要用吸波材料负载所包裹的木制结构来覆盖天线。另外，测试也不应该包括接收机的带内频率两侧频率的辐射。

4）在辐射敏感度试验期间，允许测试人员停留在测试室内观察 EUT 的显示器、指示灯或各类显示仪表。由于存在潜在危害，可以安装一套反射镜，并利用截止频率以下的波导从室外观测 EUT 面板的显示。由于没有电缆贯穿其中，所以波导保持了截止频率以下的特征。因此也就可以忽略它与屏蔽室外的耦合。

5）信号发生器输入电缆和功率放大器的输出电缆之间的耦合或者测试场强和功率放大器的输入电缆之间的耦合发生在测试室内时，这种耦合可能导致正反馈，并产生很高的电场。因为这类振荡所产生的频率很可能与被测频率差异很大，所以应该始终在一个很宽的频率区间内监视其辐射场。

6）使用不同于最终类型的电缆的非典型的测试布置，和附加了的铝箔、铜带或使用金属丝编织带来覆盖正常的非屏蔽电缆的非典型的 EUT。

7）有观点认为如果客户自己提供电缆配件，制造商就可以不用关注电缆的感应电平。无论电缆的类型是屏蔽或非屏蔽的，EUT 必须证明其对电缆感应电平的抗扰度，所以 EUT 的制造商必须尽量减少在 EUT 内部搭建敏感电路。如果制造商认为由用户提供的非屏蔽电缆不能满足敏感度的要求的话，那么制造商应该在测试前就设定好偏差值。客户可能会允许这样的偏差值，也有可能要求 EUT 满足原来的要求或改用屏蔽类型的电缆。

8）忽视天线在不同极化状态下必要的重复测量。超标定频率范围使用天线或功率放大器时。

所有这些问题都可以使用一个测试清单加以避免，并使用勾选框来确保没有遗漏任何应该测试的项目。

9.6.7.8 MIL – STD – 461B/C RS01 和 MIL – STD – 461F RS101 的描述

RS01 规定的测试频率范围为 30Hz ~ 30kHz，而 RS101 的规定则为 30Hz ~ 100kHz。测试装置如图 9-71 所示。

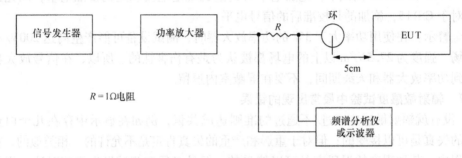

图 9-71 RS01 测试装置

RS01 对辐射环所规定的技术指标如下：

直径：12cm；

由 10 匝 AWG 16 号导线构成，在距环的面（平面）5cm 处，有能力产生 5×10^{-5} T/A 的磁通密度。

MIL – STD – 461E RS101 对辐射环规定的指标为

直径：12cm；

由 20 匝 AWG 12 号导线构成，在距环平面 5cm 处，有能力产生 9.5×10^{7} pT/A 的磁通密度。

另外，MIL – STD – 461E 对环传感器的规定如下：

直径：4cm；

匝数：51；

导线：7 股 AWG41 号绞合线；

静电屏蔽。

对 MIL – STD – 461B/C 中的限值而言，MIL – STD – 462 方法是把辐射环平面置于距离测试样品平面 5cm 处。在测试频率上，所施加的磁通密度大约高于适用限值 20 ~ 30dB。通过在所施加的场产生最大效果的地方逐步降低场强直至 EUT 的性能不再受到影响为止，并且记录此时的场强。

MIL – STD – 461E 的测试方法与之类似，辐射环的平面摆放在距离 EUT 表面 5cm 的地方，但初始测试要求施加一个至少超过适用限值 10dB 以上的电平，但该电平又不能超过 183dBpT。在敏感位置上，施加规定的场，并通过移动辐射环来寻找对此规定的磁场电平可能敏感的位置。

MIL－STD－461E 要求使用辐射环和感应环来进行校准。

图 9-72 是 RS101 测试配置图。

为了对 RS01 和 RS101 测试布置进行校准，要求下列的测试设备和步骤：

1. 设备清单

用于 RS01 测试：

1）在 MIL－STD－461 中描述的磁场环。该环用 AWG 16 号导线在直径为 4.27in（12cm）的直径上绕制 10 匝。它应能在距离环面 5cm 的位置上产生 5×10^{-5} T/A 的磁通密度。

2）13.3cm 屏蔽环磁场天线。如在 1997 年的 MIL－STD－462 RE01 中描述的，频率范围为 30Hz～30kHz；在 1993 年的 MIL－STD－461E RE101 中描述的，频率范围为 30Hz～100kHz。

3）低频功率放大器在频率范围 30Hz～100kHz 的额定功率至少为 100W。

4）1Ω，50W 电阻。

5）用于差分测量（频道 A＋B 或 A－B）的示波器，使用频率范围为 30Hz～50kHz，或者带有 ×10 衰减器的差分探头，或一只交流电压表。

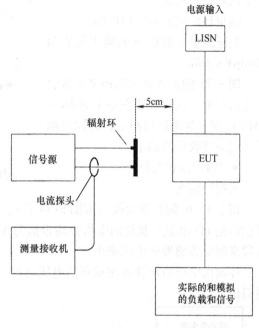

图 9-72 RS101 测试配置图

用于 RS101 测试：

1）磁场环。由 AWG 12 号导线绕直径为 12cm 20 匝。当施加电流 9.5×10^{-5} T/A 时，该环应能据环平面 5cm 处产生 9.5×10^{-7} pT/A 的磁通密度。

2）环传感器由带静电屏蔽的 7 股，AWG 41 号绞合线绕 51 匝构成。

3）低频电流探头（30Hz～100kHz）。

4）低频前置放大器（也可能不需要）。

5）低频（20Hz～100kHz）频谱分析仪或 EMI 接收机。

6）低频信号发生器（1Hz～500kHz）。

2. 装置与操作

● RS101 装置与操作

天线的检测：

RS101 发射天线：按图 9-73 连接设备。信号源频率设置为 1kHz 上，并调节其输出以提供一个相对于皮特斯拉（pT）的 110dB 磁通密度。这个电平可以向发射环通一个 3.33mA（10.4dBmA）的电流来获得。这个电流可以通过使用一个电流探头来精确地测量。为了获得 10.4dBmA 的电流值，电流探头所测量到的电压由下式给出：

$$V(\text{dBmV}) = 10.4\text{BmA} + Z_{\text{t}}(\text{dB}\Omega)$$

例如，当 $Z_{\text{t}} = -50\text{dB}\Omega$，$I = 10.4\text{dBmA}$ 时的 $V\text{dBm}$ 的值是 $-39.6\text{dBmV} = 20.4\text{dB}\mu\text{V} = -86\text{dBm}$。在 $Z_{\text{t}} = 18\text{dB}\Omega$，$I = 10.4\text{dBmA}$ 时的 $V\text{dBm}$ 值是 $28.4\text{dBmV} = -18\text{dBm}$。

如果电流探头的输出信号电平不能达到至少是测量设备的本底噪声 10dB 以上的话，则要在电流探头和频谱分析仪之间使用一个低频前置放大器。

测量环传感器的输出电压。

验证测量接收机 B 的输出是否为 42dBpV ± 3dB。

图 9-73 的设置也可以用来对接收环进行校准。这时，要在整个 30Hz ~ 100kHz 频率范围进行扫描，并同时测量和记录接收环的输出。

● RS01 设置与操作

天线的检测：

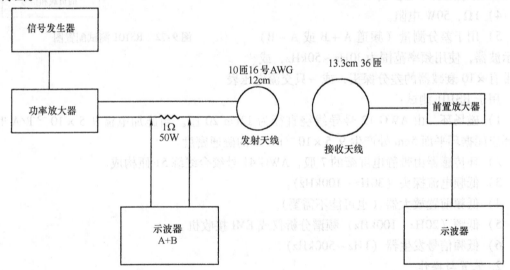

图 9-73 用于检查和校准的 RS101 天线测试装置

用于 RS01 的发射天线。按图 9-74 连接设备。把信号源频率设置在 100Hz 上，并调节其输出使 1Ω 电阻上获得的电压方均根值为 1V（峰－峰值 2.829V）。使用前置放大器和示波器来测量传感器的电压输出。

环输出电压由示波器测量到的电压（峰－峰值转换为均方根值）除以前置放大器的增益得出。

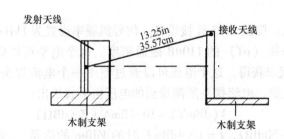

图 9-74 用于检查和校准 RS01 天线的测试装置

把这个电压转换成 dBμV。在 100Hz 时，测量到的电平应大约为 43dBμV。把信号发生器频率调节到 1kHz 上，并调节其输出以使其在 1Ω 电阻上建立的电压为 1V（方均根值）。在接收环进行预校准修正后，对环输出进行测量。校准中唯一不同的是扫描在 30Hz～30kHz 频率范围进行，并监视和记录接收环的输出。

9.6.7.9 MIL–STD–461B/C RS02 试验的描述

9.6.7.9.1 目的

这个测试是用来确定交流电源频率和瞬态磁感应场感生的场的敏感度的。

尽管机壳测试很少被列入测试要求，但是测试还要分为电缆测试和机壳测试两个部分。

在电缆测试中，一根 2m 长的感应电缆被缠绕在被测电缆上。一个由 CS06 尖峰信号发生器产生的具有 CS06 尖峰信号特征的尖峰信号被加到被测电缆上。这个尖峰电压在 5μs 内可达到 400V，在 10μs 时为 200V。第二个测试是施加一个 20A 的工频电流。如果交流电源不被使用在航空器、车辆或航天器中，则对交流测试不作要求。

在 10μs 时为 100V 的尖峰测试中，在屏蔽电缆中测到的感应电流约为 30A。电缆的屏蔽层将会把其内部所产生的共模电压衰减到一定的水平。

通常在 50～400Hz 之间的频率，屏蔽电缆时不会衰减在 20A 电源测试中所感应到的电压。而且信号接口必须不受这些频率上感应的共模电压的影响，对于模拟和基带视频电路，这通常可以通过使用差分或准差分接口来达成。

9.6.7.10 CS01/CS101 和 CS02/CS102 试验的描述

9.6.7.10.1 目的

这些测试是设计用来测量交流和直流电源导线对音频（AF）和射频（RF）纹波电压和瞬态电压的敏感度的。

AF 和 RF 纹波电压被直接加载在交流和直流电源导线上。

电源线传导敏感度试验（CS01 和 CS02）：这个试验在频率范围为 30Hz～400MHz 上执行。

在试验期间，若发现 EUT 性能有所下降的情况，则应降低信号电平以确定干扰的门限。

EUT 的输入可能对敏感度试验信号呈现出容性。当输入电容太大时，往往会造成即使使用高功率放大器，也未必能够建立所需要的试验电平。若在 EUT 的输入电路建立过高的 RF 功率很有可能导致损坏。因此，下面可供替代的试验限值不仅被广泛接受，而且应该在设计过程中就应被写入到试验计划和步骤中去。

如 CS01 试验装置所示，只要通过调节功率源能在 0.5Ω 的电阻消耗 40W 的功率，即使该功率源不能在 EUT 输入连接端产生所要求的电压，则该样机还是满足 CS01 的要求，即样机对信号源的输出不敏感。

当 50Ω 阻抗的 3W 电源不能在输入功率连接器上产生所要求的电压，那么同样的可以认为它满足 CS01 的要求，即样机对信号源输出不敏感。

CS01 注入变压器有一个大约为 1.55mH 的次级电感。当变压器连接到测试电路，功率放大器关机或断开情况时，与电源线串联的电感对 EUT 呈现为高源阻抗。由于许多 DC–DC 变换器或开关电源对高阻抗源是不稳定的，没有打开功率放大器前，不能接入变压器。若在 EUT 开机前就接入功率放大器，当 EUT 开机，其浪涌电流会在变压器的次级上产生一个很高的电压。这个增压施加功率放大器的输出端，可能对其产生伤害。为了避免这两个问题，在 EUT 开机前以及在与功率放大器连接和开机前，应该先要把变压器的次级短路。**切记：在把输入信号施加到功率放大器前，先要把短路线移去。**

正如推荐的那样，早在开发阶段，就应该在一个合适的屏蔽室内对电源和电源滤波器进行试验板级的 CE101、CE102 和 RE102 测试。同样也应进行 CS101 测试。

注入变压器非常特殊，MIL-STD-462 提供了其设计的细节。由于其频率响应下限不能扩展到 30Hz 以下以及功率容量不够高，所以 20~70V 的功率放大器（PA）的变压器是不适合用于这个测试的。

Solar 电子制造商生产了一种适合的变压器和功率放大器，他们也可以租借这些设备。一种高质量的 100W 音频放大器，如 Bryston 4B，频率响应为 30Hz~50kHz，在降低电平的情况下可以将频率上限延伸到 150kHz。不要使用 D 级开关音频功率放大器，因为它产生的脉宽调制（PWM）脉冲可能会毁坏 EUT！

在 CS02 试验中，任何由 EUT 产生的开关尖峰都会通过一个 $0.1\mu F$ 的电容直接耦合到功率放大器的输出。如果这些尖峰很高，则需要在功率放大器输出和电容之间插入一个低值串联电阻，必要时还可以接入双向瞬态吸收（齐纳）二极管或与普通二极管一起使用的非双向瞬态吸收（齐纳）二极管，还有就是使用额定电压超过功率放大器上的最大峰值电压的二极管。并非由于功率放大器的低输出阻抗原因所造成的，无法建立规定的测试电平的情况下，为了能够建立所需的测试电平，要求使用一个 $20~50\mu H$ 的电感器。在有些试验设施中，从来就没有能建立过正确的试验电平，作为替代，按常规用的是将一个 3W 的校准电平加到一个 50Ω 的电阻上。然而，这个方法可能会导致对 EUT 的测试不足。

如果使用 CS02 对一个由 400Hz，440V 交流电源供电的 EUT 进行测试，在频率为 400Hz 时将会有一个 1.1A 的典型电流通过一个 $1\mu F$ 的耦合电容流入功率放大器的输出端。但通过设计制造一个调谐在 400Hz 的简单带阻滤波器可以把该电流在 400Hz 的值降低到仅为 0.4mA。

9.6.7.10.2　测试布置

CS01 的测试布置如图 9-75 所示，CS02 的则如图 9-76 所示。耦合噪声应该每次只施加到一个电源总线上。除非另有特别规定，输入电压电平应该设置在额定电源线电压上。

9.6.7.10.3　CS01/CS101 和 CS02/CS102 所要求的测试设备

1）至少要求有单个或若干个信号发生器以覆盖 30Hz~400MHz 的频率范围；

2）功率放大器，最小 50W，频率连续 30Hz~50kHz（CS01）；

3）功率放大器，最小 3W，频率连续 50kHz~400MHz（CS02）；

4）$10\mu F$ RF 穿心电容器，用于 MIL-STD-461A-C 的测试；以及 LISN，用于 MIL-STD-461E-G 测试。

5）$1~0.1\mu F$，额定电压为峰值电压 1.5 倍的电容器，或使用额定电压与交流电源线电压匹配的 x 型或 y 型交流电容器（CS02）；

6）30Hz~50kHz 频率范围内，额定功率至少为 50W 的隔离变压器，初级阻抗的典型值为 2Ω 以及次级阻抗为 0.5Ω，匝数比为 2/1（CS01）。

MIL-STD-461F CS101 的测试，除了使用一个 LISN 以及在 LISN 的 EUT 一侧使用一个 $10\mu F$ 的线间电容外，其余要求与上述相类似。

在试验前，要求把试验信号施加在一个 0.5Ω 的电阻上进行校准。

　　CS01 变压器必须有能力给 EUT 提供所需的直流电流且不会饱和。为了保护功率放大器的输出端不会因为 EUT 所产生的 RF 和瞬态能量以及 CS01 测试期间测试仪器的故障而被损坏，应采用一个如图 9-75 所示的 CS01 设置中的 0.1μF 和 50μH 网络。

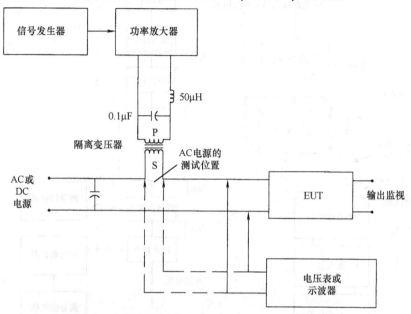

图 9-75　CS01 传导敏感度测试装置，30Hz ~ 50kHz

　　MIL – STD – 461E 并没有对 CS101 的上限频率 50kHz 以上频率规定差模（CS02 型见图 9-76）试验。

　　如图 9-77 所示，MIL – STD – 461F 还附加了一个 CS109 结构电流试验，以及图 9-78 所示的 CS114 整体集束电缆注入测试。

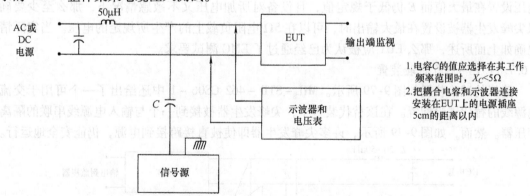

图 9-76　CS02 传导敏感度测试装置和接线图，50kHz ~ 400MHz

9.6.7.11　CS06 试验的描述

　　施加 MIL – STD – 461（A、B 或 C）的瞬态脉冲。这个试验应在额定电源线电压条件下进行。应以 60 个脉冲每秒（pps）的重复频率施加这个瞬态脉冲，其脉宽为 10μs，施加时间 5min。这个试验应该被施加到 EUT 的输入电源线上。并且在这些条件下，测试仪器的规定性能不应有任何性下降、故障或偏差。

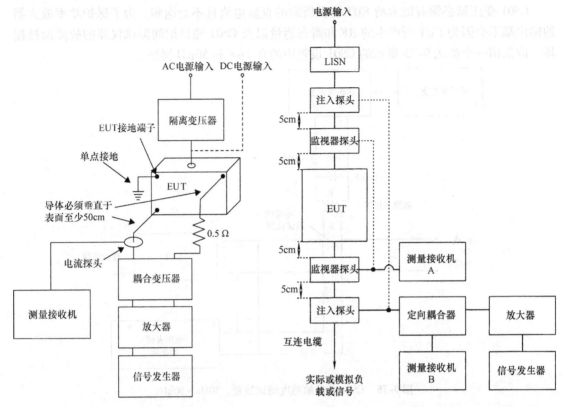

图 9-77 CS109 结构电流试验　　　　**图 9-78** CS114 整体集束电缆注入试验

　　试验指定了 5Ω 电阻负载上的波形。当把尖峰发生器接到 EUT 的输入时，峰值电压（*E*）和尖峰维持时间可能会被 EUT 的输入滤波器或输入电容所改变。当尖峰发生器的输出电压设置在最大值而 *E* 仍低于规定值，且设备对所加电压又不敏感情况下，那么至少要确保尖峰发生器被设置在最大输出时，可以在 5Ω 电阻负载上的产生所规定的电压。当实际情况确如上面所述，那么 EUT 应被认为已经通过了 EMC 测试要求。

9.6.7.11.1　CS06 试验装置

　　建议的试验装置如图 9-79 所示。MIL－STD－462 CS06－1 中还给出了一个可用于交流电源线的替代试验配置。在该替代装置中，尖峰发生器被接到一个与输入电源线串联的隔离变压器。然而，如图 9-79 所示，许多尖峰发生器即使被直接跨接到电源，仍能安全地运行。

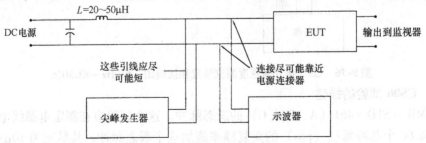

图 9-79 尖峰电压和电源的 CS06 传导敏感度试验装置

9.6.7.11.2　试验设备

1）50μH 电感器。该电感器必须有能力承受交流或直流电源电流且不饱和，其电感值不应小于 20μH。

2）10μF RF 电容器。

3）尖峰发生器。其技术指标如下：

a）脉冲宽度为 10μs；

b）脉冲重复频率为 $60 \times 10^6/s$；

c）输出电压，不小于 5Ω 电阻上的规定电压值；

d）输出控制，从 0 到规定电压可调；

e）外部触发器，脉冲触发频率 $60 \times 10^6/s$；

f）标定过的差分/输入示波器，带宽不小于 10MHz，有足够的扫描率，以及额定输入电压为尖峰电压值 + E，这里的 E 是电源纹波电压。

在正尖峰试验以后，应该使用一个负尖峰重复试验。调节尖峰发生器的电压输出到规定的电压值，并使用交流和正常触发耦合来触发观察尖峰的那个示波器通道。在使用低脉冲重复率时，为了清楚地显示尖峰，可能需要使用一个示波器显示器罩或存储示波器。尖峰保持时间为地面辅助设备（Ground Support Equipment，GSE）或功能测试设备的周期时间或 5min，取其中时间较长者。当对交流电源进行测试时，尖峰位置的移动应覆盖整个交流波形 180°位置和任何一边的过零点。

MIL–STD–461F 要求执行一个集束电缆注入（共模）瞬态试验 CS115。其注入方法是用注入探头来执行的，并且其布置类似于 CS114。

MIL–STD–461F 增加了一个 CS106 瞬态测试，它与上面的 CS06 测试类似。唯一的显著差异是不需要将瞬态脉冲与电源线同步。瞬态脉冲的脉宽为 5μs，脉冲幅度为 400V，没有规定 10μs 脉宽的脉冲。

9.6.7.12　在辐射敏感度试验中最常见的差错

1）没有就辐射敏感度通过/不通过的准则达成共识，例如在显示中存在几个白点或某些轻微的失真是可以接受的；但对于重影和严重的失真肯定是不允许的。相类似的，在数据通信过程中，某种程度的误码率是可以接受的，但是必须在测试发生之前对这个指标达成一致。

2）在没有记录测试的起始和终止时间的情况下，就对测试完成后所获得的数据进行线下分析。所以，在试验报告中，还必须包括每个数据被测试的时间，从而可以对时间进行比较。

3）对注入信号的不正确测量。测量点必须是跨在 EUT 的电源输入处，而不允许跨在注入变压器的初级或次级或者直接接在功率放大器的输出端上。仅当电源回流线在 EUT 处连接到接地平面时，发生器输出的一个终端才能连接到接地平面上。

4）在 CS06 和 CS02 试验中，使用长电缆把信号接入到 EUT。这个长电缆不仅会衰减高频信号，还会使 CS06 脉冲形状变坏。把信号在尽可能靠近 EUT 的地方注入，并使用示波器的差模输入来监测注入点。

5）使用非代表性的 EUT，不同的电源或输入电源线滤波器。

6）对包括有瞬态抑制器的设备，没有采用放宽的 CS06 要求。

7）在功率放大器关机或断开（参阅测试方法）的情况下，连接了 CS01 注入变压器，而造成电源的振荡。

8）通过注入变压器（参阅测试方法）把浪涌电流尖峰注入到功率放大器。

9）在 50Ω 电阻上建立 CS02 电平。这应该只能在 EUT 输入端不能建立起所要求的电平的情况下进行尝试。某些自动系统会在 50Ω 电阻上建立起试验电平，并在未对 EUT 电平进行监视的情况下就将其加到 EUT 上。这既可能会导致严重的试验不足，也可能导致危险的过测试。例如，规定的试验电平为 1V（峰值），那么 50Ω 电阻上的功率是 0.1W。如果将此测试电平加到 EUT 上，而并没有建立起 1V 的峰值电压，则开环测试系统并不会试图增加输出的试验电平。另一方面，在一个闭环系统自动测试期间，若对试验电平进行监视，那么任何由 EUT 产生的尖峰都有可能影响到试验电平。又比如，在输出降至 0V，且其他频率上的电平比规定电平至少低 6dB 的情况下，最佳的办法是用示波器监视输出电平，而手动来控制其幅值。

10）通过在 CS02 测试中的耦合电容（请参阅测试方法中的解决方案）把部分交流电源线电压注入到功率放大器，或者在闭环系统中注入到监视端口。

9.6.7.12.1 MIL - STD - 461G

这个版本保留了对单极天线地网从它台面到地或地板的隔离，但是在地网以下的天线电缆上增加了隔离变压器或光耦。

提供了一张桌子用来布置电缆，还详述了落地式设备的电缆布置情况。

CS117 是一个新的测试，类似于航空无线电技术委员会（RTCA）DO - 160 中有关电缆和电源导线上雷击引起的瞬变试验。DO - 160G 不需要从引脚注入瞬变且包含了单次击打和多次脉冲群模式。

CS118 传导敏感度 ESD 是一项基于 IEC 61000 - 4 - 2 的新测试。ESD 枪的规格由 DO - 160 定义，其校准靶由 IEC 61000 - 4 - 2 给出。

它规定了接触放电和接触放电的电平，从 2～15kV，其中 15kV 仅限于空气放电模式使用。它和 IEC61000 - 4 - 2 的最主要的区别是，MIL - STD - 416G 中，EUT 应根据正常的 EUT 安装要求进行电气搭接。这样可以使经流经 EUT 到地的电流最大化。在 IEC61000 - 4 - 2 中，接地连接是通过两个 470kΩ 的电阻连接的。由于 EUT 和下层接地平面之间的电容，在 IEC61000 - 4 - 2 中仍可能流过大电流。

所有的 RE102 测试频率都延伸到了 18GHz。

MIL - STD - 461G 中删除了 MIL - STD - 461F 中的 CS106。

除了 LISN 和桌子的搭接以及导电桌子和墙的搭接电阻 ≤2.5mΩ 以外，没有规定其他搭接的电气参数。没有规定组成 EUT 的单元/设备之间的搭接但是它们必须符合典型的 EUT 安装。

除了测试区域必须清空非必要的人员，设备，电缆支架和桌子以外，对于辐射测试的特定子集，还增加了从屏蔽室内清除所有不需要使用的设备和辅助装置的要求，包括天线。

测试带宽和测试时间见表 9-34。

RE102 和 RS103 测试布置规定了天线高度和宽度。

虽然测试仪器，如 EMI 接收机，频谱分析仪，前置放大器和示波器需要至少每两年校准一次，无源设备，如 LISN，电流探头，接收和发射天线在初次使用时必须被校准，但是仍应在 MIL – STD 测试前实施例行检查。

当对 LISN 进行完整性测量时，也必须测试在 2MHz 频率下的阻抗。

CE106 和 RE103 对于排除频率的发射要求的发射功率和谐波要求有改变。

表 9-34　MIL – STD – 461G 建议的带宽和测量时间

频率范围	6dB 带宽	停留时间		最小测量时间，模拟测量接收机[1]
		步进调谐接收机[1]	FFT 接收机[2]/（s/测量带宽）	
30Hz ~ 1kHz	10Hz	0.15	1	0.015s/Hz
1 ~ 10kHz	100Hz	0.015	1	0.15s/kHz
10 ~ 150kHz	1kHz	0.015	1	0.015s/kHz
150kHz ~ 10MHz	10kHz	0.015	1	1.5s/MHz
10 ~ 30MHz	10kHz	0.015	0.15	1.5s/MHz
30MHz ~ 1GHz	100kHz	0.015	0.15	0.15s/MHz
1GHz 以上	1MHz	0.015	0.015	15s/GHz

[1] 替代扫描技术。如果总扫描时间等于或大于这里定义的最小测量时间，可以使用最大值扫描功能进行多次快速扫描。

[2] FFT 接收机。如果 FFT 运算符合 ANSI C63.2，可能要求使用 FFT 测量技术。对于 FFT 时域和频域步进测量模式，测量接收机的用户接口必须以同样的方式允许表 9-34 中的参数的直接输入，而不需要或者有意制造机会来直接控制 FFT 函数。

9.7　RTCA/DO – 160 要求

航空无线电技术委员会（RTCA）对机载设备强制执行环境和测试步骤。这包括有电源的等级参数，EMI 要求和测试方法。该要求的最新版本是 DO – 160G。

设备电源的等级参数由飞机的电气系统的类型所决定。分为 A、B、E 或 Z。而 EMI 分类为 A、B、D 或 Z。A 类是符合要求的无干扰运行设备，B 类是干扰处于可控制范围的设备，Z 类是预计成为无干扰运行的设备。

磁效应类别为 Y、Z、A、B 和 C，适用于 30 ~ 300cm 的安装间隔距离。

第一个字符的感应信号敏感度等级为 A、B、C 或 Z，表示测试的执行和测试的严重程度，第二个字符 C，N 或 W 表示电源系统的工作频率（常数，窄变量或宽变量）。

RF 敏感度分类是 W、Y、V、U 和 T。W 和 Y 试验电平适用于被安置在恶劣电磁环境中的设备和互连导线；比如像非金属航空器或金属结构航空器的暴露部分。分类 V 定义为适用于中度条件的环境中，如基本上由金属构成的航空器的开放部分。分类 U 适用于受到部分保护的环境，如金属结构航空器的航空电子机舱。分类 T 被定义为受到良好保护的封闭区域，如在一个全金属结构航空器中的封闭航空电子机舱。对不同分类设备的试验限值是不相同的。其试验方法和限值，除了一些微小差异以外，非常类似于在 9.6 节中所讨论的军用标准。其中的一个差异是，就 A 类设备而言，在具有 50Ω 源阻抗时，10μs 的尖峰电压的最小开路电压被规定为 600V。而对 B 类设备来说，在使用一个低源阻抗发生器时，一个瞬态电压在其峰值电压的上升时间为 25μs，峰值下降到 50% 的脉宽为 100μs 情况下，则被规定在一个远为低的幅值上。一个来自低源阻抗的，幅值为 2 倍于方均根植的交流电源电压的

10μs 宽度的重复尖峰也适用于 B 类设备。假如 MIL - STD CS06 尖峰发生器具有产生 600V 尖峰的能力，那么，在具有一个附加 50Ω 电阻的情况下，它也能被用于 A 类尖峰。CS06 尖峰发生器也能以 10μs 宽的脉冲被用于串联注入。互连电缆受制于从 400Hz ~ 15kHz（Z 类）的音频磁场以及通过把一根导线缠绕在该电缆所感应到音频和瞬态 *E* 场（分类 A，B 和 Z）。对在 Z 类设备上的音频测试，则需要一个在 400Hz 时，额定输出为 30A；而在 15kHz 时，则降至不低于 0.8A 的电源。这将要求一个额定功率大到 1.7kW 的变频电源或者一个根本不可能有的 3.6kW 的音频功率放大器。因此替代的是使用一个 500W 或大于 500W 的变频交流电源加上一个与之配合使用的 15∶1 的降压变压器，以产生高交流电流。对 A、B 和 Z 类设备的互连电缆的尖峰试验，规定使用的峰值电压为 600V 的猝发尖峰，其维持时间为 50 ~ 1000μs，重复率为 0.2 ~ 10μs。所推荐用于产生测试场的方法是非抑制振荡继电器电路。一个导线缠绕在电缆上的 *E* 场测试所规定的频率范围为 380 ~ 420Hz。对 Z 类设备所规定的最高电压为 1800V/m，A 类设备为 360V。在频率范围为 10kHz ~ 400MHz 内，电流探头被用来感性地把 RF 耦合进入电缆。注入电平被规定在 1μA 以上，并以分贝（dB）为单位。注入电平的大小取决于设备所属的类别。所推荐的测试装置要求使用一个监视探头来监测试验中用的注入电流。

感应线扫过设备的表面，*H* 场和 *E* 场感应进入设备。设备的 *E* 场和 *H* 场感应敏感度测试在 400Hz 频率上进行。

这些感应信号敏感度测试不适用于电源输入电缆/导线。

它还规定了一个从 750Hz ~ 15kHz，类似于 CS01 的音频传导敏感度试验。假如音频放大器的输出不能建立规定电平，那么试验条件将会通过使用一个最大输出功率为 30W 的功率放大器得以充分的满足。用于注入信号的输出变压器阻抗为 0.6(1 ±50%)Ω。

电源线上的传导发射使用 LISN 上的监视器端口测量，用于类别 A、B 和 Z 以及 DO - 160G 表中所述的带宽。对于类别 A 和 Z，可以使用测量流入 LISN 阻抗的电流来进行。对于 A 类和 Z 类设备，应使用电流探头测量系统间互连电缆束上的 RF 电流。DO - 160 中的 5μH LISN 的要求与 MIL - STD 5μH LISN 的要求相同。LISN 既可以自制，并校准，也可以购买现成产品。窄带发射和宽带发射限值都是被强制执行的。

对于 B、L、M、H、P 和 Q 类，辐射发射测试是从 100 ~ 6000MHz 进行的。不同的限值适用于 5 个不同的类别。测试设置中不包括天线的辐射，就像在 MIL - STD - 461/2 测试中一样。另外，当测试一个发射机时，所选择的频率以及邻近频道间频率带宽的 ±50% 也被排除在外。对由天线终端信号的馈出，有打算对其进行控制，但并没有做出具体规定。

对于 T、U 和 V 类产生的辐射敏感度 *E* 场从 30 ~ 1215MHz，W 和 Y 类对应从 30MHz ~ 18GHz 的天线。天线被安置在离开 EUT 安装接地平面的边缘 0.9m 处。而 EUT 和互连电源电缆位于离开接地平面前边缘 0.1 处。根据 DO - 160C 和 D，天线的最低点应位于接地平面上部 0.3m。天线应定向于 EUT 和互连导线以在它们上建立场强。当天线的波束宽度不能完整的覆盖 EUT 和导线的话，则应执行多次扫描。EUT 上的缝隙或开口应直接暴露并面对发射天线。并要求极化天线在水平和垂直两个方向上取向。所以，一般会把单极天线排除在外。但是所有长线天线、平行板天线或 TEM 室等仍可使用。但在使用平行板或 TEM 室时应对它们的匹配网络和校准方法进行描述。这里还要求一个从 30MHz 到上限频率的幅度调制的 CW 源。该 CW 源使用的是一个调制度大于 90% 的频率为 1kHz 的方波。另外，还要考虑其他与 EUT 有关的调制，如时钟、数据、IF、内部处理或调制频率。若使用在 9.6.7.6 节中提到并建议的位于接地平面上的场感应器，则容易产生误差。DO – 160 推荐使用光纤把场感应器接到一个位于测试室外的控制电路。再者还要求屏蔽室内表面安装吸波体以及通过 LISN 来连接 EUT 所需的电源。当使用电波暗室方法测量辐射敏感度时，EUT 的所有面必须直接暴露于天线。实际上，这意味着重新进行测试，并将新面部转向天线。如果任何面部不能暴露，那么其原因必须包含在测试报告中。

假如要进行电源输入测试（DO – 160 第 16 节），那么，就要求对交流电源进行频率调制。为满足浪涌电流测试要求，则要具备连续可调自耦变压器、变压器、继电器和定时器。

对在直流电源上的交流纹波的要求，并不如典型的 CS01 要求那么严格，并可用与之相同的测试设备。

MIL – STD – 461A – E 和 DO – 160 要求之间的主要区别之一是，DO – 160C – G 对设备进行非直接雷击试验，以测试其抗雷击电瞬态的能力。MIL – STD – 461G 草案版本也增加了 DO – 160 要求中的这种类型的测试。直接雷电测试旨在测试外部安装的电气和电子设备，以承受严重雷击的直接影响。外部安装设备指的是外部安装到飞机主体外壳上的所有设备，并且包括仅由设备组成部分的绝缘表层覆盖的设备。假如航空器的非导电表面是该航空器所特有的，而且不是设备组成的一部分，那么设备必须经过航空器制造商的规定测试。这些雷击试验的条件可能是非常恶劣的。并且试验电平取决于航空器的内部环境以及其金属或非金属构成材料。环境范围的特征可以从受到良好保护的一级水平，到部分受到保护的二级水平，直到只有适量保护的三级，以及恶劣电磁环境为主要特征的四级和五级水平。每一等级都有一套与之相关联的波形，并指定波形的 O/C 电压和 S/C 电流特性。这些波形的理想化特征被表达为幂指数/幂指数瞬态，所以它们的上升沿和下降沿都是幂指数型的。第二个波形是一个规定频率，规定峰值电压的阻尼正弦波，并且它的电流在第四个周期以后下降到规定电平。非直接试验可以归结为两组。PIN 试验是设计用来测试在直接注入到 EUT 连接器的插脚情况下未造成 EUT 的损坏的容许极限。注入通常是在插脚和机壳之间进行。对于那些在电气上与机壳以及局部机体结构接地隔离的设备来说，则应该执行一个非导电承受（能力）或非导电强度试验。第二组试验是电缆集束试验，这个试验被用来决定当把设备暴露在感应到瞬态的电缆时，是否会造成设备运行的失常或元器件的损坏。另一种注入方式是地注入，这时的注入点可以是 EUT 机壳地或辅助设备进入机壳的地方。在任何的感应试验中，总是把一个电流测量变压器安置在电缆束的周围，以测量整体（共模）电缆电流。当设备的屏蔽电缆不与可用辅助设备相连接时，可以使用一个安装在小型金属罩壳上的连接器，从而电缆可以通过该连接器插入该罩壳，并且在 EUT 与之搭接的接地平面和该连接器化的小型罩壳之间执行直接注入。在这里，注入的方式本身并不重要。重要的是要确保在电缆束上的电流流动以及确保接地平面和电缆之间加有正确电平的电压。在屏蔽电缆芯线中感应的共模电流电平以及一些不同电路可能使用的瞬态保护器件都在 5.7[○] 节中已有所描述。

对幂指数/幂指数波形的规定如下：规定（1）和（4）的上升时间为 6.4μs，并在 70μs 时下降到幅值的 50%，（2）的上升时间为 100ns，并在 6.4μs 时下降到 0% 幅值，以及（5）的上升时间为 50μs，在 500μs 时下降到幅值的 50%。波形由 O/C 电压和 S/C 电流指定。对

　○　疑有误——编辑注

开路电压和短路电流的波形所做的规定是：对于插脚注入试验，取决于规定电平（1－5）；波形（4）的范围为 50V/10A～1600V/320A，波形（5）为 50V/50A～1600V/1600A。插脚注入方式还规定了对一个阻尼正弦波，在航空器的谐振频率时它为波形（3），在谐振频率未知情况下，就使用 1MHz。波形（3）本身取决于所规定的电平，该电平可以在 100V/4A～3200V/128A 之间变化。同样对于插脚注入，波形（1）和（2）被规定为：50V/100A～1600V/3200A。阻尼正弦波的波形（3）从 100V/20A～3200V/640A。而波形（4）和（5）则在 50V/300A～1600V/10000A 之间。

直接雷击注入试验是根据安装要求，把 EUT 与接地平面搭接起来的条件下进行的。对用一个非导电材料所覆盖的设备执行的一个高电压试验，是在罩壳内把一个电极置于与 EUT 保持一定距离的条件下完成的。其描述了两种试验方法：一个方法是把一个上升时间为 1.2μs，在 50μs 时下降到其幅度的 50% 的电压波形施加到测试电极上，而电极与 EUT 之间的总距离可以从 0.5～1.5mm 不等，电压的变化范围为 250～1500kV。另一个可用的试验方法是把一个线性增加的电压加到电极上。该电压的增加的平均速率 dV/dt 为 10000kV/μs 直到间距被击穿为止。在这个可供选用的方法中，间距也可以从 0.5～1.5mm 之间变化，而电压幅值的变化范围则为 750～2400kV。

DO－160 不仅对大电流电弧进入试验中的大电流电弧的初始建立和进入 EUT 做出了规定，而且对电流波形的几个组成部分也分别做出了规定。至于哪些组成部分适用，哪些部分不适用，则取决于设备所属的类别。在组成部分 A 中的峰值电流规定为 500μs、200kA；跟随而来的组成部分 B，它的峰值为 2kA；组成部分 C 是一个 200～800A 的连续电流。最后跟随的是再拉弧电流组成部分 D，它的峰值电流为 100kA。另一个传导进入试验是向安装着被测样机（品）的接地平面注入电流。它代表在雷击期间，雷击电流在航空器中的分布。其所施加的表最小面电流密度为 50kA/m。虽然看起来接地平面注入试验没有什么价值，但在现实中，根据 EUT 位置的不同，它的确能够产生每米几十万安培的磁场和每米几十万伏的 E 场。

参 考 文 献

1. Compliance Engineering.
2. E. Bronaugh and D.R. Kerns. IEEE transactions on electromagnetic compatibility: A new isolated antenna system for electromagnetic emissions measurements in shielded enclosures. *Proceedings of the IEEE International Symposium on Electromagnetic Compatibility*, Atlanta, GA, 1978.
3. A.C. Marvin. The use of screened (shielded) rooms for the identification of radiated mechanisms and the measurement of free-space emissions from electrically small sources. *IEEE Transactions on Electromagnetic Compatibility*, November 1984, EMC-26(4), 149–153.
4. Private communication with Ken Javor, EMC Engineer.
5. B. Audone, L. Bolla, G. Costa, A. Manara, and H. Pues. Design and engineering of a large shielded semi-anechoic chamber meeting the volumetric NSA requirements at 3-m and 10-m transmission length. *Proceedings of the IEEE International Symposium on Electromagnetic Compatibility*, Denver, CO, 1993.
6. W. Bittinger. Properties of open strip lines for EMC measurements. *Proceedings of the IEEE International Symposium on Electromagnetic Compatibility*, Denver, CO, 1993.
7. H.A. Mendez. A new approach to electromagnetic field-strength measurements in shielded enclosures. Wescon Technical Papers Session 19. Los Angeles, CA, August 20–23, 1968.
8. W.C. Dolle and G.N. Van Stewenberg. Effects of shielded enclosure resonances on measurement accuracy. *Proceedings of the IEEE International Symposium on Electromagnetic Compatibility*, Anaheim, CA, July 1970.

9. A.C. Marvin. Near-field antenna coupling theory in a shielded room: The mutual impedance model. *EMC Symposium: Third Symposium and Technical Exhibition on Electromagnetic Compatibility*, Rotterdam, the Netherlands, May 1–3, 1979.

10. A.C. Marvin and A.L. Marvin. Method of damping resonances in a screened room in the frequency range 30 to 200 MHz. EMC Technology, Stuart, FL, July/August 1991.

11. L. Dawson and A.C. Marvin. Damping resonances within a screened enclosure, *IEEE Transactions*, 43(1), 2001.

12. Y. Naito, T. Mizumoto, M. Takahashi, and S. Kunieda. Anechoic chamber having multi-layer electromagnetic wave absorber of sintered ferrite and ferrite composite membranes. *Proceedings of the IEEE International Symposium on Electromagnetic Compatibility*, Chicago, IL, 1994.

13. B. Archambault and K. Chamberlin. Modeling and measurements of an alternative construction technique to reduce shielded room resonance effects. *Proceedings of the IEEE International Symposium on Electromagnetic Compatibility*, Chicago, IL, 1994.

14. J.P. Muccioli, T.M. North, and K.P. Slattery. Investigation of the theoretical basis for using a 1-GHz TEM cell to evaluate the radiated emissions from integrated circuits. *Proceedings of the IEEE International Symposium on Electromagnetic Compatibility*, Santa Clara, CA, 1996.

15. J.D. Osburn and E.L. Bronaugh. Advances in GTEM to OATS correlation models. *Proceedings of the IEEE International Symposium on Electromagnetic Compatibility*, Denver, CO, 1993.

16. H. Trzaska. *Electromagnetic Field Measurement in the Near Field*. Noble Publishing Corporation, Atlanta, GA, 2001.

17. J.H. Kim and J.I. Park. Development of standard monopole antenna factor measurement. *Proceedings of the IEEE International Symposium on Electromagnetic Compatibility*, Austin, TX, May 21–23, 1997.

18. C.W. Fanning. Improving monopole radiated emission measurement accuracy; RF chamber influences, antenna height and counterpoise grounding. *Proceedings of the IEEE International Symposium on Electromagnetic Compatibility*, Kyoto, Japan, 2009.

19. D.D. Swanson. Analysis of MIL-STD-461E and MIL-STD-461F RE102 test setup configurations below 100 MHz. *IEEE International Symposium on Electromagnetic Compatibility*, Detroit, 2008.

20. Interference Technology (ITEM). EMC test & design guide. Plymouth Meeting, PA, 2010.

21. D.A. Weston. High frequency calibration of the 41 inch (1.04m) receiving monopole with and without connecting counterpoises with differenc sources, *EMC Europe*, Wroclaw, Poland, 2010. 1.04 m Rod, Antenna factor and received level in MIL-STD-461E compared to MIL-STD-461F test set up interference technology 2010.

22. D.A. Weston. Egregious errors in electromagnetic radiation evaluation. Interference Technology (ITEM): EMC directory & design guide, Plymouth Meeting, PA, 2010.

23. M.J. Windler, Underwriters Laboratories Inc., and Z. Chen, ETS Lindgren. EMC test site qualifications: Site voltage standing wave ratio versus time domain reflectometry. *In Compliance Magazine*, January 2010.

24. C63.4-2014, American National Standard for methods of measurement of radio-noise emissions from low voltage electrical and electronic equipment in the range of 9 KHz to 40 GHz. IEEE 2014.

第 10 章

系统 EMC 和天线耦合

10.1　系统级的 EMC

前面各章所涉及的大量内容也同样适用于系统、设备以及其辅助/子系统。在设备、子系统或系统间都有可能发生电缆与电缆或电缆与设备之间的耦合。尽管本章所涉及的许多内容和问题也同样适用于子系统和设备，但重点讨论的是系统级的电磁兼容（EMC）。例如，天线与天线之间或天线与电缆之间的耦合，既可以发生在一个辅助子系统中，也可以发生在系统之间。

前面所述的观察尽管是显见的，但在处理问题的过程中，却不是总能被考虑和被记住的。例如，假设一个房间有一个系统是由若干个设备组成，它们都接在了同一个具有潜在噪声的电源上。显然有充分理由决定，应该在进入该房间的电源线路上插入一个主电源滤波器，以降低由电源引入的骚扰在该房间内电源线上产生的辐射，甚至得以消除。况且也可以由此而减少在单个设备上使用的滤波器数目。虽然本书的第 5 章中已就设备级或案例研究中所使用的滤波器的设计和选用进行了讨论，然而这里所指的主滤波器的设计和选用也完全可以采用在第 5 章中介绍的方法来完成。就系统级的电源主滤波器而讲，正如设备所呈现的总负载阻抗一样，滤波器负载一边的噪声源是由各单个设备噪声源结合在一起所组成的。所以在对主电源滤波器进行评估时，应将存在于设备中的滤波器部件都包括在其中。系统级的主电源滤波器的性能分析很可能要远比对设备滤波器性能分析的要求来得复杂，甚至现实中很可能只有使用像 SPICE（Simulation Program with Integrated Circuits Emphasis，通用模拟电路仿真器）这样的电路模拟程序才能进行。前面所讲的仅是大量用于包括屏蔽在内的 EMC 设计方法中的一个例子，它也同样适用于电路、设备、子系统以及系统本身。

10.1.1　MIL – STD 系统级的要求

10.1.1.1　概述

军标 MIL – STD – 461/2 仅适用于设备和子系统。而军标 MIL – STD – 464 却是一个适用于美国国防部所有兵种的文件。该文件包括对系统级 EMC 的要求。有关的数据项目描述分别是：电磁环境效应汇总和分析报告，编号为 DI – EMCS – 81540；电磁环境效应的检测步骤，编号为 DI – EMCS – 8151；以及电磁效应验证报告，编号为 DI – 81542。

军标 MIL – STD – 1541A 是一个只适用于美国空军对其空间系统 EMC 要求的文件。尽管它也经常被如 NASA 或其他部门所采用。

对系统级提出 EMC 要求的目的是要确保在系统集成的设计与系统所有的特性和运行方式相兼容。这些要求还包括有对诸如雷击保护、静电以及搭接与接地的控制等。该控制可以通过使用由 EMC 委员会所管控的系统 EMC 程序（EMCP）来实现的。本节将描述对系统所要求的一个 EMC 测试。

电磁兼容程序（EMCP）包括所有必需的方法、计划、技术标准和管理控制。在军标 MIL – STD – 1541 中，EMCP 要求必须包括一个由 EMC 委员会所批准的 EMC 控制和测试计划。

系统和所有关联的辅助系统/设备要根据 EMC 控制计划的 EMC 要求进行设计。在执行一个系统设计程序过程中，应涵盖下列诸方面：

子系统/设备临界类别；

降级准则；

干扰和敏感度控制；

导线和电缆；

电源；

搭接和接地；

雷击保护；

静电；

人员危害；

电磁对爆炸物和武器装备的危害；

外部环境；

抑制元器件。

系统是根据 EMI 的影响，敏感度误动作或性能下降进行分类的。

系统级的 EMC 控制计划与将在 12.1.1 节中进行讨论的子系统和设备控制的计划相类似。但具有下列的一些附加要求：

1）用于确保干扰源（子系统/设备）不会在其他子系统中引起 EMI，或不会受到来自系统中的其他干扰源产生的 EMI 的方法和要求。

2）根据 MIL – STD – 461 的要求，来预测可能产生问题的范围以及对于那些尚未解决的问题提出解决的途径和方法。

3）按雷击保护所要求的设计准则和所要求的条件进行测试。

4）了解来自系统天线的辐射特征。这包括基频和杂散的能量，以及天线之间的耦合情况。

系统级的 EMI 测试范围远不如那些 MIL – STD – 462 中的描述广泛。

10.1.1.2　军用标准 MIL – STD – 464

这个军用标准建立了对电磁环境效应（E^3）[⊖]的接口要求以及对军事航空、航海、空间飞行以及地面系统的验证标准，当然还包括与它们相关联的武器装备。MIL – STD – 464 替代了 MIL – STD – 1818A、MIL – E – 6051D、MIL – B – 5087B 和 MIL – STD – 1385B。总的要求是：不仅系统中的所有子系统和设备都应在电磁上是兼容的，并且还应与系统外部的电磁

⊖　E^3 即为电磁环境效应（electromagnetic environmental effects）的缩写。——译者注

影响所造成的电磁环境相兼容。验证应按规定在所生产的具有代表性的系统中完成。在正式使用前，不仅要对系统内部的关键安全功能进行全面验证以符合所要求的 EMC，还要对系统所处的外部环境的 EMC 进行检测。验证应在系统的整个使用寿命周期的所有方面按规定定期进行，这其中应该包括所有适用的系统运行中的常规检查、储存、运输、搬动、包装、装卸、发射以及所涉及的正常运行和操作程序中的每个方面。

还应基于系统硬件中的允差以及系统设计要求验证中所涉及的不确定度，在对系统运行的功能要求方面，要为系统提供足够的裕度。其中对系统运行中安全及其功能的关键标准要求，按规定至少要留有 6dB 的裕度。为了确保安全，在武器装备的最大非引爆（Maximum No‑Fire Stimulus，MNFS）激发状态时所规定的安全裕度为 16.5dB。而对其他方面的应用，MNFS 裕度仍为 6dB。对所有这些规定的要求的验证应通过测试、分析或者两者相结合的办法来进行。

船舰内部的电磁环境（ElectroMagnetic Environment，EME）

对于船舰上的应用，若最大电场是来自于甲板下的舰载有意发射器，那么该电场不应超过下列电平：

（1）水面舰船

a）金属结构：10V/m，频率范围为 10kHz～18GHz。

b）非金属结构：10V/m，频率范围为 10kHz～2MHz；50V/m，则为 2MHz～1GHz；以及 10V/m，为 1～18GHz。

（2）潜艇：5V/m，频率范围为 10kHz～1GHz。

其 EMC 符合性应该通过对所有产生发射的天线（甲板上和甲板下）的辐射电场的测试分析进行验证。

电源线瞬态

对于海军飞机和陆军飞机的应用，对瞬态持续时间不超过 50μs 的电瞬态所规定的持续期幅值不能超过标准 DC 电压的 +50% 或 −150%，或者标准 AC 相线—中线电压方均根值的 ±50%。EMC 的符合性也应通过测试分析进行验证。

次级电子倍增（multipaction）

在空间应用中，设备及其子系统不应受到次级电子倍增效应的影响。其 EMC 符合性应通过测试和分析进行验证。

系统间 EMC

系统应与其所规定的外部电磁环境（EME）达到电磁兼容性，以使该系统的运行性能要求能够得到满足。评定时应该使用表 10‑1 作为参考标准来对系统在舰艇甲板上的 EME 下的运行能力进行判断。表 10‑2 则应用于判断空间和发射车辆系统对外部 EME 下的电磁兼容性。表 10‑3 适用于判断地面系统对 EME 的电磁兼容性。对于所有其他应用以及假如在采购过程中未对 EME 的兼容性加以规定的话，则应使用表 10‑4 作为参考。系统间的 EMC 涵盖了与 EME 的兼容性（但不仅只限于此）。这些 EME 可以是来自不同的工作平台，像在编队飞行的飞机，跟随有护卫舰的舰艇，地面系统的掩体与掩体之间，友军以及敌方的发射机等。所以，应该通过对系统、子系统以及设备各级进行 EMC 符合性的测试分析或两者兼用之。

表 10-1　可以在舰船上运行的系统以及武器装备的外部电磁环境（包括船舷设备和舰载飞机）

频率	环境电平/（V/m）（方均根值）	
	最大值	平均值
10k ~ 150MHz	200	200
150 ~ 225MHz	3120	270
225 ~ 400MHz	2830	240
400 ~ 700MHz	4000	750
700 ~ 790MHz	3500	240
790 ~ 1000MHz	3500	610
1 ~ 2GHz	5670	1000
2 ~ 2.7GHz	21270	850
2.7 ~ 3.6GHz	27460	1230
3.6 ~ 4GHz	21270	850
4 ~ 5.4GHz	15000	610
5.4 ~ 5.9GHz	15000	1230
5.9 ~ 6GHz	15000	610
6 ~ 7.9GHz	12650	670
7.9 ~ 8GHz	12650	810
8 ~ 14GHz	21270	1270
14 ~ 18GHz	21270	614
18 ~ 40GHz	5000	750

表 10-2　空间和发射车辆系统的外部电磁环境（EME）

频率	环境电平/（V/m）（方均根值）	
	最大值	平均值
10k ~ 100MHz	20	20
100M ~ 1GHz	100	100
1 ~ 10GHz	200	200
10 ~ 40GHz	20	20

表 10-3　地面系统的外部电磁环境（EME）

频率	环境电平/（V/m）（方均根值）	
	最大值	平均值
10k ~ 2MHz	25	25
2 ~ 250MHz	50	50
250MHz ~ 1GHz	1500	50
1 ~ 10GHz	2500	50
10 ~ 40GHz	1500	50

表 10-4　所有其他应用系统的外部电磁环境（EME）的底线要求

频率	环境电平（V/m）（方均根值）	
	最大值	平均值
10 ~ 100kHz	50	50
100 ~ 500kHz	60	60
500 ~ 2MHz	70	70
2 ~ 30MHz	200	200
30 ~ 100MHz	30	30
100 ~ 200MHz	150	33
200 ~ 400MHz	70	70
400 ~ 700MHz	4020	935
700 ~ 1000MHz	1700	170
1 ~ 2GHz	5000	990
2 ~ 4GHz	6680	840
4 ~ 6GHz	6850	310
6 ~ 8GHz	3600	670
8 ~ 12GHz	3500	1270
12 ~ 18GHz	3500	360
18 ~ 40GHz	2100	750

雷击

系统在直接或间接受到雷击的影响情况下，仍应能够满足它的运行性能要求。武器装备在暴露的条件下若邻近出现雷击，或在储存情况下直接遭受雷击的条件下，它必须仍能满足运行性能要求。倘若武器装备在暴露条件下直接遭受雷击，那么在雷击期间或过后它必须仍能保持处于安全状态。MIL-STD-464 除了为产生直接影响的雷击环境提供了一个指标参数外，还为来自直接雷击产生的间接影响环境提供了一组指标参数和一个表格。另外，还提供了出现在邻近的雷击环境的指标（表格）。所以，在系统、辅助系统、设备以及元部件（比如像结构性被测试件和天线罩等）的各级上，都要通过测试、分析或两者兼用来进行EMC 符合性验证。

电磁脉冲（EMP）

系统在经受了电磁脉冲（Electromagnetic Pulse，EMP）环境以后，它应仍能满足其运行性能的要求。假如采购机构另行做出规定的话，则这个要求就不适用。同样地，其EMC 符合性要在系统、子系统和设备的各级上通过测试、分析或两者兼而用之来进行验证。

非试验项目（NDI）和商品化项目

非试验项目（NonDevelopmental Items，NDI）和商品化项目应满足 EMI 接口控制要求，以确保系统的运行性能要求得到满足。其EMC 符合性要通过测试、分析或两者兼之进行验证。

静电荷控制

系统应该能控制和耗散由于雨雪静电（p-静电）、液体流动、空气流通、空间和运载火箭的充电以及其他产生静电荷机制的影响，以避免油料的起燃、武器装备的损坏、保护人员免遭电击以及防止造成系统的性能下降或对电子产品的破坏。其EMC 符合性应通过测试、分析、检查或兼而用之来进行验证。

雨雪滴静电（p-静电）

系统应该使运载工具上的接收机或者与主平台相连接的天线受到的雨雪静电的干扰能得到控制，以使系统的运作性能要求可获得满足。同样地，系统的 EMC 符合性应通过测试、分析、检查或兼而用之来进行验证。对于海军飞机和陆军飞机的应用中，对雨雪静电的防护作用应通过施加代表作战环境下的充电电荷量级的测试来加以验证。

电磁辐射危害（Electromagnetic Radiation Hazards）

系统的设计应起到保护人员、燃油和军械装备免受电磁辐射影响所造成的危害。其EMC 符合性应通过测试、分析、检查或兼而用之来进行验证。

电磁辐射对人员的危害（HERP）

系统应该符合为防止电磁辐射对人员造成危害所制定的现行的美国国家标准。目前的DOD（美国国防部）法规被列在 DoDI（国防部防御指示）6055.11 中。其EMC 符合性同样要通过测试、分析或兼而用之进行验证。

电磁辐射对燃油的危害（HERF）

燃油绝不应由于疏忽而被电磁辐射（EME）所点燃。EME 包括安装在运载工具上的发射器和外部 EME。发射器的 EMC 符合性应通过测试、分析、检查或兼而用之加以验证。

电磁辐射对武器装备的危害（HERO）

带有电启动装置的武器装备不应由于疏忽而造成误启动。在暴露于表 10-1 所列的外部电磁辐射 EME 期间或因此造成其性能特征变坏以后，绝不应有由于直接 RF 感应或 RF 耦合到与之关联的启动电路而引起装备的误启动。武器装备的 EMC 符合性应通过对系统、子系统以及设备等各级的测试和分析来加以验证。对于由近场条件导致的 RF 波段中的 EME，验证所使用的测试发射天线应代表现场安装使用的类型。

电气搭接

系统、子系统以及设备都应包括必要的电气搭接，以满足这个标准对电磁环境效应（E^3）的要求。其 EMC 符合性应通过对特定搭接所规定的测试、分析、检查或兼而用之来加以验证。

电源电流返回路径

对于使用结构件作为电源回流通路的系统，应该按规定为电源提供良好的电源回流通路的搭接，从而使在电源系统的稳压点上和电气负载之间的总电压降处于所适用电源质量标准的允许范围之内。其 EMC 符合性应通过对电流通路、电流级别以及搭接阻抗的控制程度的分析来加以验证。

天线安装

天线应作搭接以获得所要求的天线发射图以及满足对天线的性能要求。其符合性应通过测试、分析、检查或兼而用之来加以验证。

电击和故障的防护

应对所有在故障状态下暴露的导电器件都进行搭接，以控制冲击电压产生的危害，并保证电路保护装置的正确启动。其符合性应通过测试、分析或两者兼之加以验证。

外部接地

系统和相关的子系统应提供外部接地装置，以控制电流流量和静电荷的积累，来保护人员免遭电击，并防止由于疏忽造成武器装备、燃料、易燃气体的意外引爆、引燃以及防止各种设备装置的损坏。其符合性应通过测试、分析、检查或兼而用之来加以验证。

飞机的接地千斤顶

将接地千斤顶安装在地面的一些系统上，从而可以使飞机在停飞时，保证用于加油、储存管理、维修以及维护操作时的所用电缆具有良好的接地连接。ISO 46 包括列有对接口兼容性的要求。接地连接插头应连接在系统的接地参考点上，这样配接的插头和系统地参考之间的直流电阻将不会超过 1.0Ω。

防机密信息泄露技术（Tempest）⊖

国家（美国）安全信息不应由于机密信息处理设备的泄露而受到损害。这些信息处理设备的防信息泄漏符合性应通过测试、分析、检查或兼而用之来加以验证（美国信息安全标准 NSTISSAM TEMPEST/1 –92 和 NACSEM 5112 提供了用以验证防信息泄露符合 TEMPEST 要求的测试方法学）。

发射控制（EMCON）

不论是陆军、海军，还是其他的能在舰船上运行的系统，就其应用能力而言，在频率范围为 500kHz ~ 40GHz 时，在系统所在位置的任何方向上，非有意的电磁辐射发射不应超过每海里 $-110\mathrm{dBm/m}^2$（每公里 $-105\mathrm{dBm/m}^2$）。除非在采购合同中另有规定。对飞机而言，

⊖　Tempest 是全称 Transient Electromagnetic Pulse Emanation Standard 瞬态电磁脉冲辐射标准的缩写。——译者注

EMCON 应由单一的控制操作进行启动。其 EMC 符合性应通过测试和检查加以验证。

电子保护（EP）

在陆军和海军的飞机应用中，不论是需要的有意电磁辐射发射，还是干扰性的电磁辐射发射，任何超过 EMCON 限值的辐射发射都应该排除在系统的分类和识别功能之外，以使系统的运行性能要求能得以满足。同样地，除非在采购合同中另有所规定，EP 应由单个控制操作进行启动。其 EMC 符合性应通过测试、分析、检查或兼而有之加以验证。

10.1.1.3　空间系统的 MIL - STD -1541A（USAF）EMC 要求

这个标准为空间系统建立了电磁兼容（EMC）要求。这包括对频率的管理以及对空间系统中使用的电气和电子设备的相关要求。它还包括对所安装的设备建立一个有效的接地系统以及防止静电效应的其他有关设计要求的内容等。军标 MIL - 1541A 所定义的为最低性能要求。它不仅规定了为达到 EMC 要求对系统和设备所需要的工程要求，而且还对用以验证符合 EMC 标准所使用的测试和分析方法做出了规定。

雷击

车辆和设备的设计应能防止对于最近的设备——防雷装置的、刚好在保护区外的以及作为系统一部分的地下或地上电缆的三种位置的雷击所造成的超载或损坏。

摩擦放电

发射车辆外部表面的静电荷受到大气中的颗粒撞击下，其系统和设备的性能不仅会受到骚扰，甚至会导致电晕或电子流放电和跳火。所有这些干扰都应通过搭接所有导电元器件以及控制外部电介质表面电荷积累等措施来加以防止。

磁性层充电

太空运载工具的性能出现的扰动，可能是由于在空间的等离子体的作用下，在其外部表面和内部部件之间呈现不等量的充电电荷而受到干扰，并有可能导致放电。这类骚扰应通过搭接所有的导电元器件以及控制外部表面电介质的电荷以及舱内电介质电荷的积累来降至最低程度。

系统和设备的设计应根据干扰可能引发的最坏情况的潜在临界危险度来提出电磁干扰安全裕度，而设计的安全裕度应按照下列进行分类：

1）Ⅰ类：人员的严重伤害或致死，设施被大部分损坏或完成所计划任务的能力大部分丧失或必须大大延迟。

2）Ⅱ类：完成计划任务的能力有所下降，其中包括任何自主操作能力的丧失。

3）Ⅲ类：丧失完成计划任务中的一些非基本功能。

电磁干扰安全裕度应包括允许由冗余元器件的失效，以及器件的老化所出现的某些特性的变化和类似元器件性能之间出现的差异等造成的影响。其他对系统的要求还有：

1）Ⅰ类：12dB 为合格，6dB 为可接受。

2）Ⅱ类：6dB。

3）Ⅲ类：0dB。

假如唯一实用的验证方法是完全基于估计发射或敏感度特性的分析方法的话，则类别Ⅰ和Ⅱ的安全裕度应再增加 6dB。

性能下降准则

安全裕度应该与规定的设备性能下降的准则有关。具体取决于适当的要求不受连续或非周期性的干扰造成设备或系统的过度应力或损坏。并且设备能自主地恢复到非周期性干扰前的运行状态，并在所规定的限值内能连续工作。

叠加

规定的安全裕度应在有传导和辐射的宽带（BB）和窄带（NB）发射的综合作用下获得。

10.1.1.3.1 对系统要求的评估

应对系统进行分析，以验证本标准中一些要求降低的合理性，以及确定某些通常对一个系统是特有的要求（比如像信号和控制电路所固有的那些特性），分析还应用来鉴别那些比标准中所规定需要的更严格或更受到限制的要求。但最终计划中的特殊要求必须有待合同审批人员的批准。

系统间分析

无论是以地面或空间为基地的所有通信、电子的辐射活动都应按照 NTIA（National Telecommunication & Information Administration 美国国家电信和信息管理局）手册和 R – 3046 – AF 报告或与它们相等效的文件来对它们的整体兼容性进行评估。传导接口的系统间兼容性分析应使用由 MIL – STD – 1541A 中所规定的系统间分析方法来进行。

系统内的时域分析

在作 EMC 计算时，必须要求出潜在的敏感电路对外界的发射，通过一个或多个传输函数的耦合而在时域中产生的峰值响应。在稳态条件下，用基于傅里叶变换（Fourier transform）和傅里叶逆变换（inverse Fourer transform）加上卷积定理（convolution theorem）来对它们进行分析不仅是恰当的，而且应加以采用。表达方式既可以采用幅值形式也可以采用功率谱密度函数形式。

频域和时域

在频率域中的稳态发射，应按本标准中所修订过的 MIL – STD – 461 标准，在相同频率范围对相应的要求加以分析说明。振荡的负载开关瞬态应在时域和频域中都加以说明。而非振荡瞬态可以仅在时域中加以说明。

参考要求

正像根据所考虑的设备类别而对这个标准所进行的修改一样，应按包括所有在 MIL – STD – 461 中规定的发射和敏感度要求进行评估。此外，它还应该包括 NTIA 手册中所规定的适用技术标准。

干扰的耦合模式

分析应结合数学模型且包括考虑下列的一些影响因素：

1）信号电路和电源电路中的横向和共模影响，包括电源电压中的纹波影响。

2）互连电缆中电路之间的耦合影响。

3）互连电缆中系统天线和电路间的双向耦合。

4）系统天线之间，设备罩壳之间以及天线与罩壳之间的双向耦合。

敏感度要求

在所有适用频率范围内以及在该频率范围的所有频率点上都应该显示出有足够的敏感度要求，以提供所要求的整体安全裕度。

电路的简化表示

互连电缆连接的电路可以仅用不同的信号类别中的一种来表示。这是由信号特征和终端的相类似性所决定的。

系统内的分析程序

MIL – STD – 1541A 的标准结构是为了充分利用了已被 DoD（Department of Defense，美国国防部）系统内分析程序所实现完成的设计。这样做的好处是使 MIL – STD – 1541A 包括了改进过的分析方法以及使用了计算机分析程序。在 RADC – TR – 74 – 342 和 RADC – TR – 82 – 20 中所描写的分析程序不仅非常适用，并且具有完整的档案文件。

分析的方法

在所提供的参考文件中所提供的适用方法代表了当前与所研究问题直接有关的技术。因此，它们可以用来作为决定任何所要使用方法的适用性和可接受性的准则。

信号和控制接口电路

应该研究和制定信号电路和控制电路的发射和敏感度要求，并指定其为程序特有的限值。并由此可以建立合适的信号电平值和适用于电路的阻抗特性值。

雷击分析

在分析中应说明设备和系统对雷击的敏感度和雷击保护的措施。

磁性层充电分析

在分析中应说明磁性层放电的敏感度和保护措施，并应该使用在 NASA CR – 135259 中描述的程序。NASA TP2361 应用来作为决定设计要求是否适用的指南。

摩擦放电

对于运载火箭来说，分析中应该强调指出对于摩擦放电的处理问题。

10.1.1.3.2　非标准限值

在本标准中的详细的发射限值和敏感度限值的改变都应该通过分析来证明这样改变是合理的。

10.1.1.3.3　综合设备要求

应为每个设备，都建立一套单个的电磁兼容要求。假如需要多于一套的要求（例如，相对那些只在轨道上工作的设备而言，还有其他有一些设备要在发射和上升环境中工作），那么则应使用类似于 MIL – STD – 461 中使用的特殊分类方法来涵盖这些差异。发射和敏感度要求应直接明了地加以说明。就运行环境而言，敏感度要求不应以间接方式加以规定。

10.1.1.3.4　已存在设计和改进

在完备和适当的范围前提下，先前的分析资料和测试数据还是应当采用的，以满足本标准对新的应用或对现有的项目作改进时的需要。附加的系统和器件的分析和测试应集中于确定它们的类似性、存在的差异性和评估新情况下的兼容性。

10.1.1.3.5　政府配备的设备

如果政府配备的设备仍能满足 MIL – STD – 461 作为设备补充和改进时的要求，那么系统发射和敏感度特性及安全裕度将会得到保证。

对系统间运载工具的详细要求有：结构物的材料、电气接地网络、电源子系统的参考、搭接和雷击保护。

涉及卫星通信的要求有：用于控制静电荷的表面处理、互连电缆、运载工具静电敏感度、电源汇总线阻抗以及瞬态恢复时间、电源质量、电压波纹、尖峰、浪涌、负载开关和负载故障、电源辅助系统故障。

对设备的要求有：接口安全裕度、接地电源、MIL – STD – 461 性能标准、限制和适用性、电源质量和故障、静电敏感度。

测试和评估有：验证方法、测量仪器、系统验证（辐射灵敏度、分类、雷击、叠加效应）。

系统合格测试有：测试点的选择，Ⅰ类、Ⅱ类和Ⅲ类功能，测试条件，可接受标准。

为了人员安全起见，MIL – STD – 1541 有一个对最大辐射场强为 $0.01 \mathrm{W/cm^2}$ 的限制。

在 MIL – STD – 1541 中还有着一些适用于设备/辅助系统的附加限制，但它们都并不包括在 MIL – STD – 461 中。MIL – STD – 1541 还推荐了用于测试系统的系统。并建议将下列一些测试方法中的其中之一或几个用于系统一级上：

在系统的关键点上注入比所存在的干扰高 6dB 的干扰信号，同时通过对在其他系统/辅助系统的一些关键点上的监测来评估它们可能出现的异常反应。

测量关键系统/辅助系统电路的敏感度，并于已存在的干扰电平进行比较，以确定是否符合 6dB 的安全裕度要求。

通过为系统/辅助系统提供比其所允许的灵敏度高出 6dB 干扰来监测它的异常反应。MIL – STD – 1541 还包括有系统的设计标准和要求。

10.2　天线耦合引起的 EMI

随着车辆、舰艇和航空器上的发射和接收天线数量的日益增多，天线间的耦合产生的干扰也变得越来越广泛普遍。随着便携式和卫星运载通信系统的应用，潜在的民用天线耦合的 EMI 也随之不断增加。对于车载卫星跟踪终端来讲，潜在的干扰源是同时配置在车上的 CB（民用波段）发射机和雷达以及卡车可能经过的大功率发射机区域。

当选择一个接收系统的安装场所时，应该就该场所的电磁环境（EME）的适合性进行评估。正如在 10.3 节中所述的，要对该场所周围环境进行调查和预测。

如果在接收天线附近有大量的发射机，那么这个环境中就潜在着大量的 EMI 源。它们是：

·谐波干扰，其中发射机的谐波处在接收机预期接收的频率上。

·中频（IF）干扰，这时发射机的频率处在接收机的中频（IF）上。

·镜像干扰，此时发射机频率为接收机频率减去两倍的接收机中频频率。

·交叉调制干扰，此时接近接收机频率的高电平传输信号没有被输入滤波器充分地衰减（此时，接收机中可能出现输出压缩和杂散响应）。

·邻信道干扰，由发射机引起的足够邻近接收机 IF 带宽或接收机带宽的干扰。

·宽带（BB）噪声，由发射机引起并足以落入接收机中频带宽和接收机带宽内的噪声。

·无源互调干扰（PIM），由金属 – 绝缘物 – 金属或金属 – 氧化物 – 金属（MOM）界面的非线性引起的无源互调干扰（俗称生锈螺栓效应—Rusty Bolt Effect）。

分析机载发射机和接收机之间的耦合情况时，可能需要应用减缓技术或判定系统同时运行是否可行（Simultaneous Operation of Systems，SIMOPS – 系统同时运行）。

在极端情况下，当接收的功率太大时，可能导致损坏接收机。除非发生交叉调制或减灵现象，否则会通过将接收机调谐到一个不同的频率来排除发射机的调谐频率，谐波和发射机寄生发射。但在 BB 噪声覆盖了整个接收机频率范围的情况下，这样操作是不可能的。在一个案例中，一架小型航空器安装了 22 副天线，则具有某个电平的天线对天线干扰的概率是 100%。

可以应用下列诸多的方法来分析天线对天线的耦合情况：

1）测量安装在航空器上的天线产生的并和机身下方及机身与机翼周围耦合的场。基于现存的天线之间的遮蔽/隔离和耦合情况，对于任何附加的另外天线，都可以根据频率范围、发射功率、发射天线增益、接收天线增益和接收机灵敏度等要素来进行分析。

2）用木材和铜箔建造一个 1/10 的比例模型航空器，并在其表面上安装小天线。通过将发射频率增加 10 倍（3MHz ~ 15.7GHz）的方法，可以测量频率范围为 300kHz ~ 1.57GHz 的全尺寸天线。这种方法已经用在人造卫星和 EH101 直升机上，取得了良好的效果。此种航空器使用的多个天线要么是全尺寸天线 1/10 的模型，要么是用具有与全尺寸天线具有相似特性的微型天线。这些天线既可以自行制造和校准，也可以从市场上购买到。已经发现一些 1/10 的比例天线适合于代表不止一种类型的全尺寸天线，从而减少了要制造的天线数量。一架 1/10 比例的航空器物理模型已经可用于模拟低于 1.8GHz 以下的天线 – 天线的耦合情况（按比例模型的频率为 18GHz）。

3）使用数值模型仿真软件诸如 FEKO⊖可用于分析复杂系统的通用电磁模型（General ElectroMagnetic Analysis of Complex System，GEMACS）或数字电磁代码（NEC）等计算机软件。FEKO 是一套用于分析 3D 结构物电磁场软件工具。设计师认为，该程序非常适合用在大型电气平台（如航空器）上分析天线的位置布局。利用 FEKO 软件要进行分析的主要潜在耦合是频率为 9.375GHz，来自于安装在机身侧翼下的 SLAR⊖天线和位于机身下的海上搜索雷达天线，反之亦然。这是因为用于 1/10 比例模型航空器上的 93.75GHz 天线是很难制作和测试的。由于结构大，频率高，要在 FEKO 中根据机翼和发动机消声吊舱来构建完整的 SLAR 天线模型是有很大问题的，它将导致计算时间冗长。取而代之的是，采用了单个的 E 平面（电场平面）扇形喇叭天线。为了模拟全长 12in 的天线，将需要 141 个这样的喇叭天线，然而在 9.375GHz 这样总的计算时间是不现实的。即使对于单个的喇叭天线，FEKO 工程师也建议使用 64 位机，以便有足够的 RAM 来解决这类问题。可以分析单个喇叭天线的辐射图，再将（输入）数据改换成全尺寸天线的数据，但工作量和所需要的时间将会增加很多，取而代之的将是应用第四种方法。

4）全尺寸实物模型：全尺寸的天线可以与航空器的一些全尺寸部分一起使用，例如，用木质硬纸板和铝/铜箔膜做成航空器的一个部分。例如，制作一个 9.735GHz 扇形喇叭天线，并在 9.735GHz 测量其增益。制作全尺寸的发动机和起落架及部分机身，并测量这些结构在海上搜索雷达处的反射场。再用一个全尺寸的经过校准过的天线来测量这个位置的入射功率。

⊖ FEKO 为三维全波电磁仿真软件。——译者注

⊖ SLAR，Side – Looking Airborne Radar，侧视机载雷达。——译者注

1/10 比例尺寸的模型，FEKO 仿真软件和全尺寸模型的巨大优势在于，可以在航空器安装工作开始之前甚至在航空器交付之前进行 EMI 的分析。

对于所有的发射机，接收机，都应当进行 PIM（Passive Intermodulation Interference，无源互调制干扰）、交叉调制、谐波、BB 干扰和邻近频道干扰分析。最后，在审核了分析的结果或测量的结果之后，可以对任何潜在的 EMI 提出减缓措施建议，或者必要的话进行再分析。负责的工程师应该以推荐方式提供支持，在项目计划期间实施 EMI 整改和提供咨询。

由于高级电磁分析程序的适用性和具有精良的图形，似乎借助于比例模型或全尺寸实体模型或对航空器的早期测量似乎是多余的了。然而在本章和 12.4 节中，我们将会看到有关计算电磁建模可能发生错误并确实发生在这些程序的应用中。运用测量或简单的天线到天线的传输方程计算应该始终作为对计算机生成数据的正确性检查手段。

10.2.1　天线间的耦合

虽然本节提供的天线及其耦合的示例是专门针对航空器的，但相同的分析方法仍然可用于安装在船舶和车辆上的天线。

当发射机的频率处于接收机调谐频率的 20% 之内时，通常会发生一些潜在基本 EMI 现象。最小的频率分隔大约应为 10%。此时，经常要求有大于 20dB 的同址隔离。此外，当一个或数个带外频率在接收机上引起杂散响应时，就可能出现一些次要的 EMI 现象。

决定是否会发生 EMI 的关键因素是发射天线和接收天线位置之间的距离。

在天线之间存在以"千米"计的距离计时，若要对潜在 EMI 进行评估的话，首先是要根据地球的半径来验证天线间是否存在直视耦合。

若存在直视耦合，那么它们的非直视（non-line-of-sight，NLS）耦合的传播损耗修正值为 0dB。

通常，电磁波都有 4 种主要传播模式：直射波，它适用于视距耦合；由发射天线与接收天线之间所存在的干涉面产生的反射波；以及表面波和天波。天波是由上部大气的电离层反射回来的波。该反射层的高度随逐日变化和季节变化而不同。而且就天波而言，它还存在着一个临界频率：在该频率以上，垂直的直射波将不会被电离层所反射。表面波是电磁波进入地面时，由其能量所产生的地面电流所引起的。在 3MHz 以下，表面波在传播模式中占主导地位，在 3~300MHz 之间，反射波、直射波和天波三种都同时存在，而在 300MHz 以上，直射波则变成主要的传播模式。

当波入射到一个曲面物体时，波将环绕该物体发生衍射（绕射），并被称为"爬行波"（Creeping Wave）⊖，这个区域不再"观察"到直射波，故而被称为"阴影面"。

当无法获得有关计算机程序时，我们仍可以进行下列近似的计算：

当视线被地形阻挡了时，可以先计算从发射天线到地形阻挡物之间的距离 R_{ter}，然后将附加因子 $40\log R_{ter}/R$ 加到 NLS 的传播计算中去，式中 R 是发射天线和接收天线之间的距离。

发射机的基波输出功率和增益以及它的杂散发射电平必须是已知的。当杂散发射电平是未知的情况下，则可以先假定它们大约低于基波发射 60dB。此外，假如接收机的杂散敏感度电平亦是未知的话，那么可以非常粗略地估计它比基波敏感度电平高出 80dB。

⊖　一种沿着弯曲界面绕行的波。——译者注

当发射机的基波发射和杂散发射与接收机的调谐频率之间存在频率失调时，则必须对接收机和天线的带外响应进行修正，以作为天线之间在带内的耦合简单的预测。

基频和寄生发射的功率输出和发射机增益必须是已知的。当寄生发射电平为未知的情况下，可以先假定它们大约低于基频发射 60dB。假如，接收机的寄生敏感度电平亦是未知的话，可以很粗略地把它估计为基频敏感度的 80dB 以上。

在基频发射和寄生发射与接收机的调谐频率之间存在着频率偏差时，那么必须对接收机和天线的带外响应加以修正，以便对带内的天线间耦合作简单的预测。

在进行天线间耦合的预测过程中，第一步是要计算经由发射天线及经由耦合路径产生的功率。这个耦合系数通常定义为进入发射天线的发射功率与接收天线所收到功率之比。当安装的天线之间具有清晰的视距时，则天线之间的距离越大，耦合到的功率就越小。天线增益和电缆损耗也应是计算的一部分。当天线之间被建筑物遮挡时，通过将发射功率与接收功率的相比值，减去天线增益，就可以计算出遮蔽程度或功率耦合因子。

当航空器工程师们想弄清楚将某个位置的天线环绕着机身移动到另一个位置后的获得的益处时，他们可能想把该天线重新移动到一个有意或无意地包含着反射，衍射或吸收电磁场的结构物的路径上，以便来计算相对于原始位置时减少的 dB 数，这就是我们说的"隔离"。

在本书中，将隔离（度）定义为安装在一个物体，例如圆柱体表面上的天线接收到的功率与安装在该圆柱体附近的发射天线发出的功率之比（视线之外，有遮蔽或隔离物体）[○]。我们使用第一个案例中的圆柱体周围的距离来确定安装在同一个表面上的两个天线之间的距离（直接的）。直接的接收功率与隔离后的接收功率之间的比例就给出了隔离的水平。由于这是直接耦合功率与衰减功率之差，因此，只要两个接收天线是相同的，则发射天线和接收天线的增益就不会成为计算的部分。如后面所示，当视线中的直射波与反射波在接收天线处倾向于抵消时，则直接视线耦合可能低于隔离后的耦合。

表 10-5 提供了一些典型的天线带内增益。必须要强调的是，这些数据都是指在设计所规定的有意辐射方向上的增益并且很容易从制造商那里获得。在天线的辐射图未知的情况下，要确定那些来自旁瓣和天线后部的辐射功率是相当困难的。对于那些未经标定校准的天线和低增益天线，如单极子和环天线等，在可能用于天线间耦合状况的初步分析时，考虑最坏的情况下，可以将它们的增益取作 0dB。

表 10-5 各种类型天线的典型带内增益

$G < 10\text{dB}$	$10\text{dB} \geqslant G \leqslant 25\text{dB}$	$G > 25\text{dB}$
线性	矩阵	矩阵
圆柱体	八木	多排
双锥	边射帘	孔径
偶极子	端射帘	喇叭
折叠偶极子	行波	反射
非对称	菱形	透镜
套管	表面和漏波	
单极子	孔径	
直列阵	喇叭	
环形	角反射	
孔径、缝隙	对数周期	
螺旋	锥形对数螺旋线	

[○] 原文对隔离（度）的定义不完整，现在按其完整定义叙述。——译者注

当两个天线安装于相同表面并且距离相对接近（不超过几公里）时，可以使用基本的视线（内）天线耦合方程来进行有关的计算，但是必须包括反射修正值。反射场的电平则取决于场的入射角以及反射表面的导电性和介电常数。案例研究 10.1 叙述了在考虑到来自高导电性和高介电常数表面的反射情况下，围绕一个具有抛物面反射器的发射天线的危害区域。该案例还为预测由于反射而造成场强的增强提供了所必要的方法和计算。

当将天线安装在导电平面上时，直射波和反射波对于垂直极化波源是相加的，而对于水平极化波源是相减的。

取决于频率，高度和距离等因素，如果直射波和反射波的相位不同时，天线间的耦合可能因这种干涉而减小。

式（10-1）给出了因垂直场源形成的"相长干涉"和"相消干涉"对复合场的修正比，式（10-2）给出了水平极化场源的复合场修正比。没有反射时的预测场强要乘以这个值。该公式适用于相位偏移到 180° 或天线高度之和约为 2.5λ 或更小。假设前提是反射表面是完全导电的，并且直射波和反射波的场强差异可以忽略不计。

$$V = \sqrt{2 + 2\cos\theta} \tag{10-1}$$

$$H = \sqrt{2 - 2\cos\theta} \tag{10-2}$$

其中

$$\theta = \frac{\sqrt{(h_2 + h_1)^2 + D^2} - \sqrt{(h_2 - h_1)^2 + D^2}}{\lambda} \times 180$$

式中　D——两个天线之间的距离（m）;

h_1——发射天线的高度（m）;

h_2——接收天线的高度（m）;

λ——$\lambda = 300/f$（MHz）;

f——波的频率。

表 10-6 提供了各种类型天线的典型带内增益数据。必须要强调的是，这些增益是指在有意辐射方向上的增益，并且很容易从制造商那里获得。在天线的辐射图未知的情况下，要确定那些来自天线旁瓣和天线后部的辐射功率是相当困难的。雷达天线制造商常常会提供 H（垂直）平面（磁场矢量所在的平面）和 E（水平）平面（电场矢量所在的平面）的增益。在进行初步的天线间耦合分析时，考虑最坏的情况下，可以将那些未对准的天线以及低增益天线如单极子和环天线的增益取为 0dBi。当发射机和接收机之间的耦合发生在不同的工作频率上时，就会出现"带外耦合"，这时就需要知道天线的带外增益。可是大多数的制造商并没有这些信息资料，只有少数的论文讲述到带外增益。尤其对于高增益孔隙天线和微带天线是这样的。GEMACS 程序是一个较老的混合电磁程序，现在可以在 Windows 版本中应用。计算了高度分别为 3.75，15 和 30cm 的单极子对地面上的第二个单极子的增益并通过测量值加以验证。我们可以看出，当天线的高度是 1/4 波长或它的奇数倍时，则天线的增益最大。若天线的高度是 1/2 波长或它的奇数倍时，天线的增益仍然相对比较高。当天线长度是一个波长甚至是多个波长时，这时它的增益最低，如图 10-1 所示。参考文献 [17] 提供了计算 VHF/FM 鞭状天线（带内频率范围为 30~88MHz），平衡环天线（带内频率范围 108~122MHz）和 UHF/AM 刀形天线（带内频率范围 225~400MHz）在 5~25MHz 的低于频带频率范围内的增益计算资料，并复制在图 10-1 中。理想情况下，应该在电波暗室中测量任何

用于带外分析的天线增益。使用暗室的原因是避免在测量低的接收电平时，干扰可能会伴随着低的带外增益而耦合进入接收机/频谱分析仪里。这里采用的一种方法是将校准过的天线定位在距发射天线的测量距离上并记录发射电平。然后用受试天线替代校准天线重复测量。通过使用相同的发射电平和相同的发射电缆和接收电缆，使这些因素不构成校准的一部分。则受试天线的增益由下式给出：

$$天线增益 = G_{\text{ref}} + (AUT - Ref) \tag{10-3}$$

式中　G_{ref}——参考天线增益（dB）；

　　　Ref——用参考天线测量到的电平 dBm（W）；

　　　AUT——用受试天线测量到的电平 dBm（W）。

表 10-6　典型的天线带内增益

天线类型	应用场合	频率范围/MHz	增益/dBi
1/4 波长单极子	TCAS（空中防撞系统）	960 ~ 1215	5.28
1/4 波长短截线	DME（测距装置）	1025 ~ 1150	−0.95
		1150 ~ 1220 − 1dB	
刀形天线	ATC（空中交通管制）	1030 ~ 1090	≥0
等效 1/4 波长短截线	IFF（敌我识别系统）	1030 ~ 1090	1030MHz 处近似为 −1
	RADALT（无线电高度表）	4200 ~ 4300	9.5
	Weather radar（气象雷达）	9375	射束宽度 5.6°时为 31dB
环天线	Nav receiver（导航接收机）	108 ~ 118	0 ±2dB
折叠偶极子	ILS 仪表着陆系统下滑系统	329 ~ 335	0
机翼前沿稳定器导线	高频无线电	3 ~ 30	0
标准增益喇叭天线	测量	1.7 ~ 2.6, 2.6 ~ 3.95	10, 15 或 20
		3.7 ~ 4.9, 3.95 ~ 5.85	
		4.9 ~ 7.05, 5.85 ~ 8.2	
		7 ~ 11, 8.2 ~ 12.4	
		10 ~ 15, 12.4 ~ 18	
		15 ~ 22, 18 ~ 26.5	
		22 ~ 33, 26.5 ~ 40	
与装置匹配的长导线	高频无线电	1.5 ~ 30	2.15
刀形天线	VLF/HF 甚低频/高频	2 ~ 30	−2
		30 ~ 50	−4
刀形天线	V/UHF 甚高频/超高频	30	−23
		88	−14
		108 ~ 174	−4
		225 ~ 512	2
有频率分隔的单极子（仅接收）	AIS（船舶自动识别系统）	156/163	0
刀形天线	V/UHF 甚高频/超高频	30	−24
		600	1
	三频 GSM，GPS 和人造卫星	下行链路 1525 ~ 1559	正面 2.8
	LHCP Omnidirectional（全向左旋圆极化）	上行链路 1626.5 ~ 1660.5	背面 −22
	RHCP Vertical（垂直右旋圆极化）	GPS 1575.42	侧面 −17.5

（续）

天线类型	应用场合	频率范围/MHz	增益/dBi
共面波导	宽带	1000~10000	4.5~7
			主瓣 2.7
			旁瓣 =0
微波贴片天线	窄带无线电，在 900MHz，	1000~30000	7~9
	1.2，1.9，2.4，2.7，3.5，		旁瓣 = -25
	5.2，4.9~5.8GHz		
八木天线	电视和通信	300~2500	7~16.5
套筒偶极子天线	通信和测量	140~5000	1.5~3
折叠偶极子天线	无线电通信	1.8~30	典型值 2
		150~1000	
地面天线	无线电通信	144~2500	0
三支架竖杆天线			
微型射电刀形天线		800	1.1
		900	1.2
		1000	3.65
		1100	4.13
		1215	5.6
			在 E 平面为 33dBi，
			在 ±4° 为 10dBi
海事搜索雷达		8900~9500	在 H 平面为 33dBi，
			在 6.5° 为 10dBi

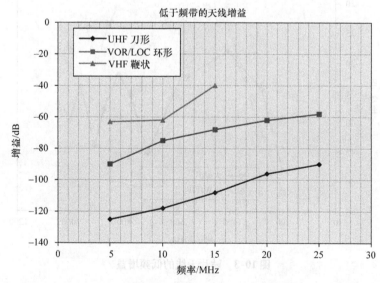

图 10-1　3.75cm，15cm，30cm 单极子（拉杆）天线的增益与波长的关系

（来源于 Joffe, E. B., Out of band response of VHF/UHF airborne antennae, IEEE International Symposium on Electromagnetic Compatibility, Denver, CO. © 1989, IEEE.）

　　图 10-2 提供了带内工作频率为 138~174MHz 的鞭状天线测量到的带外增益图。

　　当天线测到的电平较低时，同时天线增益也很低，则测到的值可能是外界耦合到接收电缆上的电平。双编织电缆，如 RG214 带有 HF 和 LF 铁氧体磁环，可应用于低频。如果电

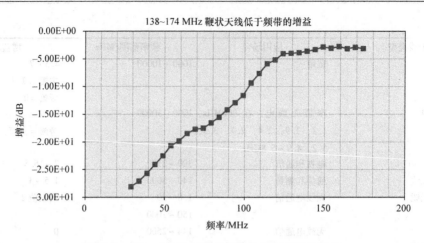

图 10-2 138 ~ 174MHz 鞭状天线的低于频带的增益

缆耦合效应成为一个问题的话，那么在较高的频率段应使用覆盖有损耗套管的双编织微波电缆。应该在移走受试天线的情况下进行测量，以确保电缆的耦合电平低于 AUT 电平。

每种天线都将呈现出不同的带外增益，作为例子，图 10-3 ~ 图 10-5 中分别表示了 1.6MHz 微带贴片天线，一个双频 2.4GHz 和 5GHz 的 T 形截面的环形天线，以及一个 20dB，5 ~ 11GHz 的喇叭天线的增益图。

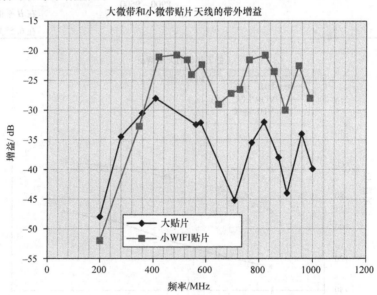

图 10-3 贴片天线的低频增益

式（2-37）给出了天线增益作为天线有效面积 A_e 和波长的函数关系式。式（2-49）给出了天线有效高度作为天线有效面积，天线阻抗，波阻抗和天线辐射电阻的函数关系式。天线有效面积定义为接收功率与入射功率之比，在天线设计频率的两侧它会发生变化。将有效面积公式乘以极化失配因子 p 和天线阻抗失配因子 q，可以得到它的带外值。表 10-7 列出了发射天线和接收天线的增益在小于或大于 10dB 的情况下，对应于垂直极化，水平极化或圆极化失配下的 p 值。

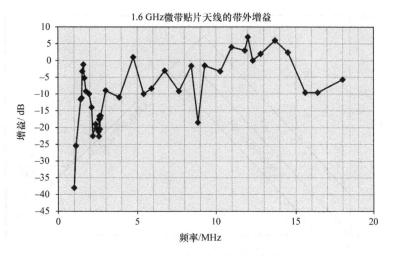

图 10-4　1.6GHz 贴片天线的高频增益

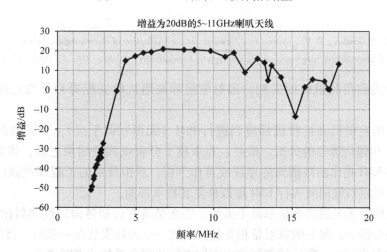

图 10-5　增益为 20dB 的 5 ~ 11GHz 喇叭天线

表 10-7　天线增益大于或小于 10dB 时的极化失配因子

天线增益		极化方式	
接收/dB	发射/dB	水平/垂直	圆形
<10	<10	0.025	0.5
>10	<10	0.025	0.5
<10	>10	0.025	0.5
>10	>10	0.010	0.5

　　图 10-6 表明，天线阻抗失配因子 q 对一个平均极化因子为 0.5，工作频率为 1GHz 的偶极子天线或环天线的影响作用。在低于频带的频率上，天线有效面积 A_e 正比 f^2，在高于频带的频率上，$A_e = c^2/(8\pi f^2)$，式中，c 是自由空间中的波速（300×10^8 cm/s），频率 f 单位为 Hz。参考文献 [4，5] 对于天线的带外响应提供了更多的信息资料。

　　就偶极子天线和单极子天线而言，它们的有效面积可以通过它们的有效高度来求出；或者，根据有效高度得出接收天线的其他特性来加以应用。应用天线有效高度的式（2-49）

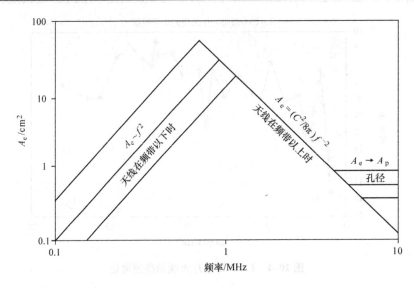

图10-6 有效孔径趋向

（来源于 Gonshor，D. V.，Attenuation，transmission and reflection of electromagnetic waves by soil，IEEE International Symposium on Electromagnetic Compatibility，Atlanta，GA. © 1987，IEEE.）

可以将诸如天线和负载阻抗的失配，辐射电阻和波阻抗的失配等带外失配的修正都包括在内。

对于所有的发射机和接收机都应当进行 PIM（无源互调干扰），交叉调制，谐波，BB（宽带噪声），相邻信道等的分析。最终，在审核了分析或测量结果之后，如果需要，可以对任何潜在的 EMI 提出消减措施的建议或再作分析。承担负责的工程师应该以建议的方式提供支持，在项目实施期间实行 EMI 整改修复和技术咨询。

航空器上的许多天线要么是单极子天线，要么是具有近似各向同性辐射图的刀形天线，这意味着它们在各个方向上的辐射是相等的。当将一个天线安装在一架航空器的表面上，而另一个天线被它遮蔽时，我们就需要找出它们之间的耦合系数或者隔离度。

计算电磁学工具 GEMACS，NEC4 和 FEKO 等已经用于计算圆柱体和 Dash 8 航空器的1/10比例模型以及全尺度模型周围的隔离度。

我们对直径 26cm，长度 2m 的圆柱体，Dash 8 航空器的 1/10 比例模型做了测量。一段全尺寸机身的实体模型和 Dash 8 航空器也进行了测量，在参考文献［18，20］中对此做了描述。

在凸面体周围传播的场称为爬行波（Creeping Wave）。爬行波和视线不可及的阴影区内的全部辐射只存在折射场，所以当它们绕着圆柱体弯曲时，这些波就产生弯曲。因此，举例来说，对于表面波和爬行波，一个垂直极化的电场，例如当波从一个单极子天线耦合到另一个单极子天线时，对于第二个单极子天线来说，所耦合的波仍一直保持着垂直极化。这种情况如图 10-7 所示。

若波沿着圆柱体两侧传播的话，则这些波是同相位的。因此，由于波的相长干涉，这些波就形成了相互叠加。

复杂系统的通用电磁分析是一种较老的混合电磁分析程序，现在可以运行在 Windows版本上。目前是 Windows XP 或更早一些的版本。

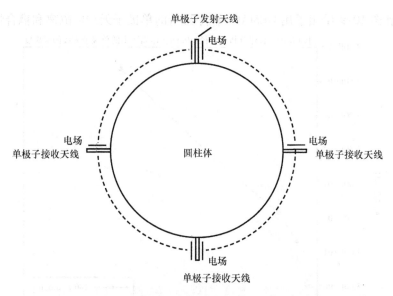

图 10-7 在圆柱体周围的正交（垂直）电场的耦合情况

它综合了矩量法（MOM），一致性衍射理论（Uniform Theory of Diffraction，UTD）和频域内有限差分公式在频域中的应用。UTD 体系支持对大型物体和包括由物体造成的散射场进行建模。这些都可以利用光学原理，光学跟踪和反射原理来求出的。UTD 还包括衍射波辐射路径，也包括爬行波和衍射系数，所以非常适合波的衍射方面的计算，并由此可以计算圆柱体周围的隔离系数或功率耦合系数。

对于圆柱体上的单极子天线的建模，可以混合应用 MOM 来对天线建模而用 UTD 方法来求耦合系数。

我们计算了在 1GHz 左右，半径约为 10 倍波长的圆柱体的耦合情况。这对应于半径为 3m，直径为 6m 的圆柱体情况。

用 GEMACS 程序来为高度 7.5cm 的 1/4 波长单极子天线建模。

在 90°时，耦合系数（ = 发射功率/接收功率 + 发射天线增益 + 接收天线增益）= 53dB。在 180°时，耦合系数 = 97.8dB。

当圆柱体的周边角度接近 180°时，耦合系数的变化是我们感兴趣的，表 10-8 表明在圆柱体四周，耦合系数是周边角度和波长变化的函数。

表 10-8　在 1GHz，半径为 3m 的圆柱体在接近 180°时耦合系数的变化

度数	波长的变化	耦合系数/dB
180	0	97.8
177.14	0.5	87
174.28	1	79.4
171.4	1.5	78.7
168.54	2	77.67
165.68	2.5	76.4
162.814	3	75.33

用 15cm 的单极子天线来模拟直径 4.2m 的圆柱体的隔离系数和耦合系数。

图 10-8 和图 10-9 给出了用 GEMACS 程序分析的单极子天线的隔离和耦合情况的结果。

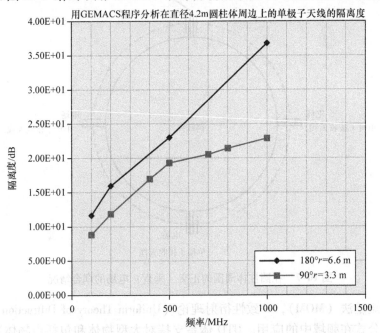

图 10-8 直径 4.2m 圆柱体上的单极子天线隔离度分析

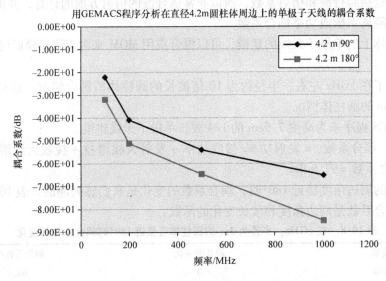

图 10-9 对直径 4.2m 圆柱体上单极子天线耦合系数的分析

使用木材和铜箔制作一个比例为 1/10 的航空器模型，其上装有一些小天线。通过将发射频率增加 10 倍（达到 3MHz ~ 15.7GHz）对于现有的这些小天线可以测量的频率范围是 300kHz ~ 1.57GHz。比例为 1/10 的航空器物理模型可用于测量低于 1.8GHz（在比例模型上为 18GHz）的所有天线之间的耦合。

图 10-10 是一架航空器（飞机）模型，图 10-11 ~ 图 10-13 是三副比例为 1/10 的天线。

图 10-10　比例为 1/10 的航空器模型

（资料来源：Weston, D. A., Antenna to antenna coupling on an aircraft using a 1/10th scale model with results compared to the FEKO electromagnetic analysis program, EMC Europe, Wroclaw, Poland. ⓒ 2010, IEEE. ）

图 10-11　1. 25 ~ 4GHz 双鞭天线

（资料来源：Weston, D. A., Antenna to antenna coupling on an aircraft using a 1/10th scale model with results compared to the FEKO electromagnetic analysis program, EMC Europe, Wroclaw, Poland. ⓒ 2010, IEEE. ）

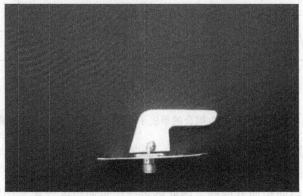

图 10-12　10. 8 ~ 17. 4GHz 刀形天线

（资料来源：Weston, D. A., Antenna to antenna coupling on an aircraft using a 1/10th scale model with results compared to the FEKO electromagnetic analysis program, EMC Europe, Wroclaw, Poland. ⓒ 2010, IEEE. ）

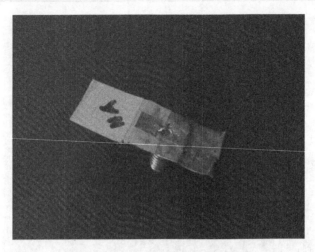

图 10-13 15.75GHz 曲面微带天线

（资料来源：Weston，D. A.，Antenna to antenna coupling on an aircraft using a 1/10th scale model with results compared to the FEKO electromagnetic analysis program，EMC Europe，Wroclaw，Poland. © 2010，IEEE.)

　　单极子天线的辐射方位图相对来说是全向的。当单极子天线安装在航空器机身的某一侧时，电波就会离开航空器在 Z 方向上传播，并呈现出水平极化场，而在 Y 方向上呈现出垂直极化场。在本章中，我们只考虑安装在航空器上的那些天线，所以我们定义的水平极化和垂直极化都是相对于航空器表面而言的。这样的约定可以使讨论的极化问题变得简单了。例如，图 10-14 表示了安装在圆柱体周边和沿着圆柱体长度方向上的单极子（杆状和刀形）天线布局。从天线 A 到 B，或者是从天线 A 到 C，在 Y 方向上环绕圆柱体的衍射波电场保持着相对于机身表面的垂直极化，以确保最大的耦合进入到杆状天线里；杆状天线相对于圆柱体表面也是垂直的。同样，在 Z 方向上沿着机身长度上从天线 C 入射到天线 D 上的电场和功率相对于圆柱体表面而言也是垂直方向的，从而再次确保天线 D 能得到最大的耦合。

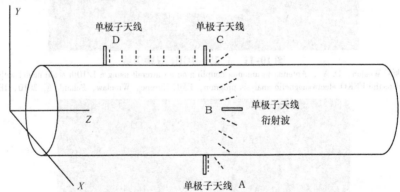

图 10-14 在圆柱体周边产生耦合的单极子天线，所有的波全垂直于圆柱体表面

　　通常天线安装时都与航空器表面保持一定的角度，这时，对天线增益的补偿必须考虑到交叉极化的程度。一些天线如微带天线，喇叭天线，抛物面天线和波导缝隙天线等的主波束通常都是远离航空器而指向外部的，因此耦合往往是通过天线辐射图的旁瓣进行的。在将平衡的环天线安装在图 10-15 中的稳定器 D 的情况下，远离稳定器的电波呈现水平极化，

并在 X 方向上辐射到航空器的上表面。

图 10-15 表明抛物面天线（G）安装在机身下方，波导缝隙天线 E 安装在机头前方鼻锥上。由天线 G 产生的电场相对于机身下部表面呈现水平极化，所以相对于螺旋线天线 H，这种耦合是交叉极化的。天线 H 相对于机身是垂直安装在航空器表面上的，并稍微环绕着机身（不在视线范围内）。虽然天线 E 的旁瓣在 X 方向上是水平极化的，但是机身侧面的电场是垂直极化的，并且以直角向机身和其下方传播场。如图 10-15 所示，入射到机身顶部和底部的电场相对于航空器表面是水平极化的，因此相对于机身顶部和底部的刀形天线它是交叉极化的。机上其他类型的天线产生圆极化波，其主波束背离航空器，因此与机身更下方或周围的单极子天线的相互作用更为复杂。

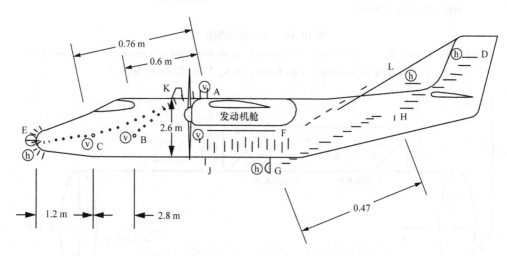

图 10-15　航空器机身上的天线位置和耦合的类型

A、K、J—刀形天线　B、C、H—螺旋形天线　D—平衡的环天线　E—气象雷达

F—机载侧视天线　G—海事搜索雷达　L—高频线天线

（资料来源：Weston, D. A., Comparison of techniques for prediction of and measurement of antenna to
antenna coupling on an aircraft, EMC Europe, York, U. K. © 2011, IEEE）

10. 2. 1. 1　测量技术

对于全尺寸航空器，直径 26cm 的圆柱体和比例为 1/10 的模型航空器的测量技术都是类似的。试验配置如图 10-16 所示，摘自参考文献 [19]。

图 10-17 表明了在测试和分析中天线的位置，然而，在这些位置中只放置了两个天线，一个是发射（TX）天线。一个是接收（RX）天线。例如，一个发射天线在圆柱体下方，一个接收天线在圆柱体周边 90°处。然后，这个接收（RX）天线绕着圆柱体移动到 180°（在机身的顶部）。

在 1/10 的模型航空器和圆柱体中的电缆可以在机身内部运行，但是，在各天线没有安装到机身上时，这种方式对于全尺寸模型航空器并不总是实际可行的。

连接发射天线和接收天线的电缆上覆盖着耗损套管，它们在 1GHz 以上是有效的吸波材

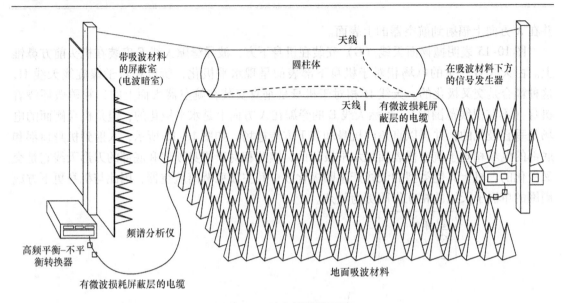

图 10-16　基本的测量配置

（资料来源：Weston，D. A.，Comparison of techniques for prediction of and measurement of antenna to antenna coupling on an aircraft，EMC Europe，York，U. K. ⓒ 2011，IEEE. ）

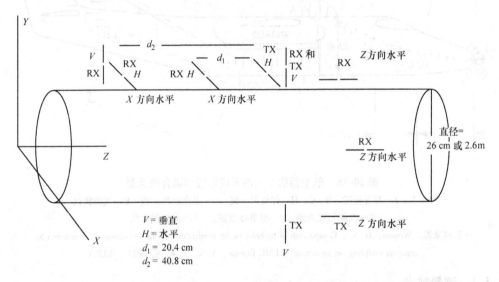

图 10-17　位于直径 26cm 圆柱体上方 2.5cm 处的偶极子天线（注意：在测量和分析中，只有一个发射天线和一个接收天线放置在圆柱体上）

（资料来源：Weston，D. A.，Comparison of techniques for prediction of and measurement of antenna to antenna coupling on an aircraft，EMC Europe，York，U. K. ⓒ 2011，IEEE. ）

料。对 1GHz 及以下频率作测量时，在电缆加载的测量仪器和信号发生器端载有高频铁氧体磁心。应用这些吸波材料的目的不仅在于减少外界场对电缆的耦合，也为了在机身和地面之间提供高阻抗。

信号发生器可以用来作为信号源，而带有外接前置放大器的频谱分析仪在需要时可以用来测量接收的功率。

当频率为 1GHz 或更低时，在圆柱体或机身下方的表面覆盖着泡沫塑料吸收体或添加铁氧体瓦片。信号发生器也覆盖着吸收体，频谱分析仪和 EMC 测试人员应该在吸波体内衬屏蔽板后面。测量是在距建筑物和地平面有相当距离的自由空间范围内进行的。

为了对所有的测量值的有效性进行检查，将同轴电缆从发射天线上移除，但电缆保持在适当的位置。然后测量发射天线的电缆和接收天线之间的耦合。当接收天线接上时，在所有的情况下，电缆的耦合电平都应该远低于接收天线连接时的电平。

比例为 1/10 的所有模型天线都应在带内和带外频率上进行增益校准，并在可行情况下，与制造商提供的全尺寸天线的增益进行比较。据报道，那些全向的天线已经过天线方向图的测试。

用于圆柱体上作水平极化和垂直极化测试的天线是总长度为 3.2cm 的偶极子天线。这些天线相对于圆柱体表面既可以垂直极化取向也可以水平极化取向。同轴电缆的屏蔽层与圆柱体是隔离的。在圆柱体表面上的 2.5cm 电缆被有耗损护套和铁氧体覆盖。

我们测量了通过圆柱体的一个孔隙所耦合的场。测量时，用一副 4cm 长蝶形天线，把它连接到可检测 10~1000MHz，动态范围为 90dB 的对数检波器上进行的。检波器的直流输出端通过 0.5m 长的导线连接到 PIC（微控制器，即单片机）的 A/D 输入端，它的输出端用来驱动一个光纤发射器。光纤是通过焊接到完全密封的圆柱体上的一根长 6cm，内径 5.5m[⊖] 的管子来与外部作唯一连接的。

10.2.1.2　关于阴影的简单方程式

这个方程式刊登在参考文献 [21，22] 中，由 Hasserjian 和 Ishimaru 推导出的。参考文献 [18] 也将该方程的结果与混合矩量法和几何衍射理论（MM/GTD）的描述进行了比较。

由参考文献 [2，3] 给出的阴影函数（SF）由下式给出：

$$SF = \frac{A}{\eta A + \varepsilon} \tag{10-4}$$

式中　$A = pf\theta_s^2 \sqrt{\dfrac{2\pi}{\lambda D_c}}$；

pf——圆柱体的半径（m）；

θ_s——圆柱体四周传播路径的角度（rad）；

λ——波长，$\lambda = 300/f$（f 单位为 MHz）；

D_c——传播路径的圆柱体段距离。

$\eta = 5.478 \times 10^{-3}$，对于 $A < 26$

$\eta = 3.34 \times 10^{-3}$，对于 $A \geq 26$

$\varepsilon = 0.5083$，对于 $A < 26$

$\varepsilon = 0.5621$，对于 $A \geq 26$

10.2.1.3　对 1/10 模型航空器的测量

与前述的阴影方程不同的是，对比例 1/10 模型航空器和全尺寸实体航空器的测量，还包括机翼、机尾稳定器，特别是部位 A 到 B 和 C 以及发动机机舱的反射。天线 A、B、C、J 和 K 在模型航空器上的位置如图 10-15 所示。除了天线 K~J 以外，将（耦合）减少的情况

⊖　原著描述这根管子的长度，内径数据疑有误。——译者注

与弗里斯传输方程（Friis transmission equation）进行了比较，比较值引自参考文献［1］发表的测量值。这些测量结果的比较列在表10-9中。

表10-9 与视线耦合相比，在比例1/10，0.13m 半径的航空器周围耦合的减少情况

刻度频率/GHz	机身周围的角度/(°)	机身朝下方向的距离/m	根据测量耦合减少量/dB	天线
10.3	110	0.6	7.2	A—B
10.3	75	0.76	9.2	A—C
1.37	180	0.2	18	K—J

（资料来源：Weston, D. A., Electromagnetic ambient inside an aircraft from transmitting antennas mounted on the outside compared to safety levels and radiated susceptibility test levels, IEEE International Symposium on Electromagnetic Compatibility, Denver, CO, 2013.）

10.2.1.3.1 26cm 圆柱体周围的水平极化场和垂直极化场的耦合情况

在对航空器的测量中，我们发现和认识到水平极化场中的与机身表面平行的电场（H场）和与机身表面垂直的磁场（H场）也在机身和机翼周围传播。GEMACS 和 FEKO 程序的运行计算和对直径26cm 圆柱体的测量结果都显示在圆柱体周围存在水平极化场的耦合。参考文献［4］的几位作者论及到两种爬行波：横电波（TE）和横磁波（TM）。

本文中定义，在 TE 波中的电场主要指向横轴，而在 TM 波中，沿着横轴取向的主要是磁场。通过测量，FEKO、GEMACS 和 SF 方程分别在频率1GHz，2GHz，5GHz 和9.375GHz 上给出了直径26cm 圆柱体周围隔离情况的比较。在直径2.6m 的圆柱体周围的耦合情况由 GEMACS 和 SF 方程给出。选择26cm 直径的圆柱体是因为它比2.6m 直径的圆柱体容易加工。然而，根据参考文献［1］，我们看出，当频率降到100MHz，300MHz，500MHz 和9.375MHz 时，仍然是应用直径2.6m 的圆柱体进行测量和分析的。GEMACS 之图 10-18 从1000~5000MHz 和图 10-19 从100~500MHz 之间的对比，显示了隔离的水平是相同的。

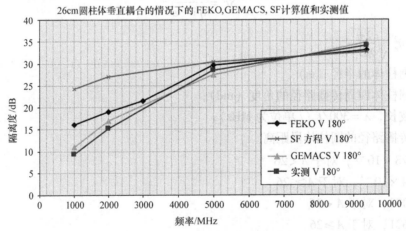

图 10-18 在26cm 圆柱体上的垂直隔离度

（资料来源：Weston, D. A., Comparison of techniques for prediction of and measurement of antenna to antenna coupling on an aircraft, EMC Europe, York, U. K. © 2011, IEEE.）

当将那些天线安装在导电表面以上时，则对于垂直极化波源而言，直射波和反射波是相加的，而对于水平极化波源，它们是相减的。对于一些水平极化源，和取决于频率，高度和距离情况，对这些天线间的耦合可能受到这种干扰影响而减小，如图 10-20 所示。

如图 10-20 所示，对于 500MHz 时的水平极化波，我们观察到，在"直接"GEMACS 分析中，直射波和反射波之和的效应和在测量中的仿佛一种消极（负面）隔离（Negative Isolation）。

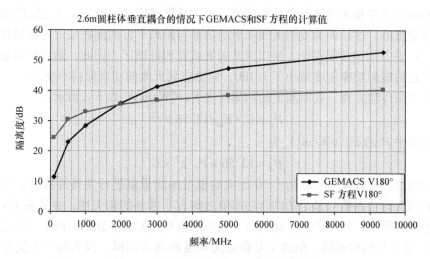

图 10-19 在 2.6m 圆柱体上的垂直隔离度

（资料来源：Weston, D. A., Comparison of techniques for prediction of and measurement of antenna to antenna coupling on an aircraft, EMC Europe, York, U. K. ⓒ 2011, IEEE.）

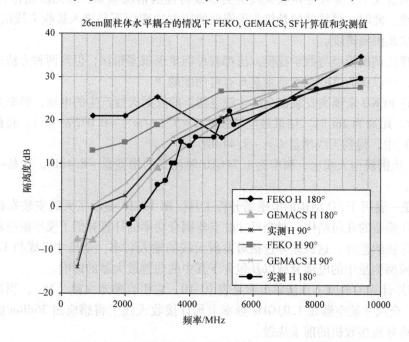

图 10-20 在 26cm 圆柱体上的水平隔离度（参见彩色插页）

（资料来源：Weston, D. A., Comparison of techniques for prediction of and measurement of antenna to antenna coupling on an aircraft, EMC Europe, York, U. K. ⓒ 2011, IEEE.）

有些发射天线和接收天线的频率是在频带内，而有些极大功率的发射机位置非常靠近接收天线但频率却超出了频带。所有的模型天线都要在带内和带外频率上作增益的校准，要是可能的话，还要与制造商的全尺寸天线作增益的比对试验。那些报道的全向天线是已测试过天线方向图的。

若在全尺寸航空器接收天线上感应的输入功率与 1/10 尺度的模型航空器相同，且假定发射天线的输入功率和天线增益也是相同的，则在计算感应功率时，天线之间的频率变化和距离变化将被抵消。这是因为发射天线辐射的功率与距离平方的倒数成正比而接收到的功率与 λ（波长）平方的倒数成正比，所以这些因素就互相抵消了。因此，随着距离增加 10 倍，在接收天线处的辐射功率密度减小了 1/100，但感应到天线的功率保持不变。

应用弗里斯传输方程，在距离上的功率密度 P_d（W/m²）如下式所示：

$$P_d = G \times P_{in}/12.56 \times r^2 \tag{10-5}$$

而基于接收电平 P_r 的 P_d（W/m²）为

$$P_d = 12.56 \times P_r/\lambda^2 \times G \tag{10-6}$$

可以应用这些公式来对所有的 1/10 比例的模型的测量值进行完备性检验。当天线很靠近时，测到的入射功率值与预测的耦合功率值之间有非常好的相关性；参见表 10-12。当一个天线置于机身顶部，另一个置于底部时，测得的电平比安装在顶部的两个天线之间的电平约低 28dB。这与预期的相同。但这不是衡量隔离度的真实判据，因为两个天线在顶部只隔开 0.22m（对于全尺寸是 2.2m），而从顶部到底部是 0.5m（全尺寸 5m）。此外，一个案例的测试频率是 137MHz，而从顶部到底部情况的测试频率是 174MHz。

在其他的情况下，全尺寸接收天线的类型或特性的情况未知，或无法制作合适的 1/10 模型接收天线，此时，供替代的是接收天线处的辐射功率而不是进入接收天线的接收功率，于是可以再次预测隔离度。

使用物理比例的模型与数学建模方法都有可能出现很多错误，但对两种方法的预测结果达成一致时，可以认为这些预测结果是具有可信度的。

应用软件 FEKO 来预测安装在全尺寸航空器上的发射天线产生的电场，频率为 174MHz，功率为 20 W，距离为 2m 时，结果是电场强度 $E = 5.2$V/m（$= 0.072$W/m²）。将此结果代入到式（10-5）中，得到天线增益 $G = -7.44$dBi。

在 1/10 比例模型天线上，频率为 1.74GHz 时测得的增益是 -8.4dBi，这是一个很好的相关性结果。

FEKO 是一套用于 3D 结构的电磁场分析工具。图 10-21 显示了天线安装在机身顶部的全尺寸 FEKO 模型的几何结构。对全尺寸航空器耦合功率的计算补偿了模型航空器与全尺寸航空器之间存在的差异，这些差异包括对发射天线的输入功率，全尺寸天线与 1/10 模型天线的增益，模型测量中的电缆衰减以及包含于其中的前置放大器的影响。

用于带外计算的典型工作清单可参见表 10-10，它引自参考文献 [18]，当这些天线相隔仅 1m 时，全尺寸航空器在 1.03GHz 频率上预计接收天线上将感应出 36dBm 的电平。这样高的电平将导致接收机的前端烧毁。

一个典型的带内测量工作表见表 10-11，它引自参考文献 [18]，其中一个天线位于机身顶部，另一个位于机身底部，而从顶部到底部的耦合度为 -10dBm。

测量是在附带着机翼和发动机的机身顶部进行的，两个鞭状天线相隔 0.2m。这个测量的数据是应用参考文献 [18] 中类似于表 10-11 的清单，再根据全尺寸航空器的情况加以修

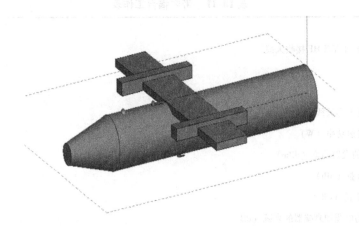

图 10-21　应用 FEKO 软件的模型航空器

（资料来源：Weston, D. A., Antenna to antenna coupling on an aircraft using a 1/10th scale model with results
compared to the FEKO electromagnetic analysis program, EMC Europe, Wroclaw, Poland, 2010.）

正后得出的。

与 4NEC2D 程序一样，FEKO 也用来对全尺寸航空器和天线进行建模。作为一种完备性检查，式（10-5）和式（10-6）也用来计算感生功率，结果见表 10-12。由于没有包括反射值公式，所以式（10-5）和式（10-6）提供的仅是一个近似值。

表 10-10　带外耦合分析工作表

设置条件：	
发射频率 = 1030MHz IFF（10.3GHz，对模型）	
接收天线 = 鞭状天线（在顶部）	
发射天线 = 刀形天线（在顶部）	
接收频率范围：118~137MHz（1.18~1.37GHz，对模型）	
进入到全尺寸天线的发射功率（W）	1585
进入到 1/10 比例天线的发射功率（dBm）	10
全尺寸发射天线的增益（dBi）	0
1/10 比例发射天线的增益（dBi）	0
1/10 比例发射天线的电缆和衰减器的衰减（dB）	10.5
1/10 比例接收天线的电缆/衰减器的衰减和前置放大器增益	-23.9
1/10 比例天线收到的电平（dBm）	-13.1
因发射电缆/衰减器和前置放大器而修正的接收电平	-26.5
全尺寸天线预测的输入电平（dBm）	36.0
因接收天线增益增量而作的修正，可忽略	0

表 10-11 带内耦合工作表

设置条件：	
V/UHF 发射天线到声波 V/UHF 接收天线	
顶部到底部	
顶部 = 刀形天线	
底部 = 图 10-15 中的刀形天线	
进入全尺寸天线的发射功率（W）	20
进入 1/10 比例天线的发射功率（dBm）	-2
全尺寸发射天线的增益（dBi）	0
1/10 比例发射天线增益（dBi）	4.00E-01
1/10 比例发射天线的电缆和衰减器的衰减（dB）	4.3
1/10 比例接收天线的电缆/衰减器衰减和前置放大器增益	-14.7
1/10 比例天线收到的电平（dBm）	-47
因电缆和发射天线而修正的接收电平（dBm）	-5.78E+01
全尺寸接收天线的增益（dBi）	-0.3
1/10 比例接收天线的增益（dB）	1.3
全尺寸天线中预测的输入电平（dBm）	-10.1
全尺寸天线上预测的入射辐射功率（W/m²）	4.43E-07
频率（MHz）	174

表 10-12 安装在航空器上的鞭状天线对鞭状天线的耦合分析比较

频率/MHz	137
测到的接收功率/dBm	18
FEKO 预测的功率/dBm	-5
式（10-7）和式（10-8）计算的功率/dBm	20
4NEC2D MOM 程序分析的功率/dBm	24.4

由 FEKO 预测得到的电平低，在某种程度上是由于高估了天线的输入阻抗，这样就会降低发射天线和接收天线的增益。FEKO 计算的鞭状天线的输入阻抗为 198Ω，但是使用参考文献［1］的程序计算，该输入阻抗值在 44.5～47.5Ω 之间，而用程序 4NEC2 计算也有类似的值。这个阻抗值也接近于大多数天线书籍中给出的值。于是我们检查了来自任何电磁分析程序的输出阻抗数据。本书第 12 章叙述了这些分析程序的错误和不足之处。在 FEKO 程序中用圆柱体来代替导线可以提供更精确的天线阻抗。但是，阻抗不匹配并不能完全解释在测得的 FEKO 接收电平中的 23dB 差异。在 FEKO 对发射天线的分析中，由于激励电压直接驱动天线的基座，所以它并没有包括电缆阻抗与天线阻抗的失配，但与 44Ω 输入阻抗相比，其输入功率有所降低。对于发射天线给定的输入电压和接收天线上的 50Ω 负载，发射天线和接收天线的不匹配，仅仅会导致接收电平大约降低 15dB。

图 10-22 为 1/10 比例航空器的测量隔离度与 FEKO 对 1/10 比例和全尺寸航空器计算的隔离度比较。

用 GEMACS 对和带有单极子天线的类似的 26cm 直径圆柱体进行建模。虽然 GEMACS 建模的圆柱体不包括机翼，但计算分析结果与测量结果是接近的。

结果比较参见图 10-23。

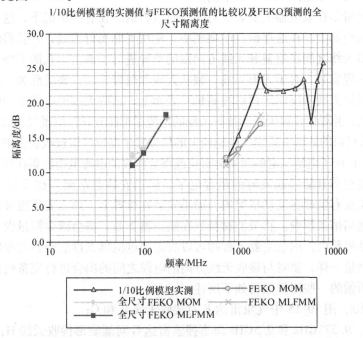

图 10-22 1/10 比例模型航空器实测隔离度和 FEKO 对 1/10 比例和全尺寸航空器分析所得的隔离度

（资料来源：Weston, D. A., Electromagnetic ambient inside an aircraft from transmitting antennas mounted on the outside compared to safety levels and radiated susceptibility test levels, IEEE International Symposium on Electromagnetic Compatibility, Denver, CO. © 2013, IEEE.）

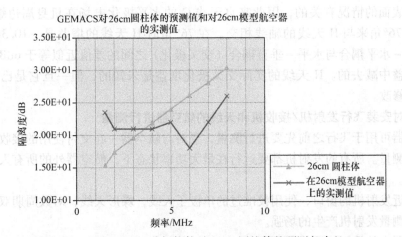

图 10-23 用 GEMACS 分析软件对 26cm 圆柱体的预测与直径 26cm 机身的比例模型航空器实测的隔离度比较

10.2.1.4 对全尺寸航空器的测量

当关注的频率范围是 4～18.75GHz 时，那么对 1/10 比例模型航空器上的测量就不那么准确了，因为模型天线必须在 40～187.5GHz 的范围内工作。相反，对全尺寸航空器作测量或使采用全尺寸航空器的尺寸和频率按电磁分析软件计算则是可取的方法。参考文献 [1] 讨论了对于全尺度模型运用 FEKO 的限制。

最精确的测量是在航空器上安装飞行天线时进行的。在有些情况下，这些天线无法获取或无法安装在航空器上。在这里研究的案例中，使用了非飞行天线，并且将耦合的结果针对飞行天线和测量天线之间在增益和天线方向图的差异进行了修正。孔隙天线要在机身的木质结构上的正确位置安装。对于刀形天线、鞭状天线和微带天线，要清除掉天线基座周围机身上的油漆，然后将天线基座固定再搭接到机身表面上。这些天线的电缆要用吸波材料覆盖并粘贴在航空器上，并要使发射天线和接收天线的电缆尽可能分开。测量仪器放在航空器里面或放在覆盖着吸波材料的屏蔽室后面，在地面上的信号发生器也应该被吸波材料覆盖。为了测量接收到的电平，使用了电池供电的频谱分析仪或将分析仪的电源电缆覆盖在吸波材料里。

为了测量航空器着陆或起飞时的耦合电平，应当安装起落架。在飞行中，它应当被收起。如果起落架没有隐藏在发动机舱内，而是安装在机翼上，那么要用吸波体将起落架覆盖起来，使测量远离吊架影响。将吸波材料放在航空器下面，将会减少测量误差。如果起落架通常收回到发动机舱内，则航空器工程师可以决定通过机翼支撑航空器并收回起落架。

与所有的测量一样，要对与接收天线分离的电缆之间的耦合进行完备性检查。

对航空器所做的一些测量项目如下所述：

在 9.375GHz，图 10-15 中气象雷达 E 对接收天线 B 和 C；

在 8.9GHz，9.375GHz 和 9.5GHz 海事搜索雷达 G 对螺旋形接收天线 H；

在 9.375GHz，SLAR（机载侧视雷达）天线 F 对海事搜索雷达 G。

在海事搜索雷达（G）的位置与 H 平面中 H 天线的位置之间的角度大约为 15°。海事搜索雷达在 H 平面 15°时的视轴增益下降了 28dB，即 33dB – 28dB = 5dB。

海事搜索雷达 G 是水平极化的。螺旋天线 H 的规定方位角增益和仰角增益是与该天线垂直于机身表面的情况有关的，因此来自天线 G 的水平极化电场在机身周边蠕动爬行时，它将以大约 76°角来与 H 天线的轴线相交。在 76°角时 H 天线的增益是 – 10.3dB。根据测量，在水平 – 水平耦合与水平 – 垂直耦合（交叉极化）之间的差值近似等于 6dB，而这是从接收天线增益中减去的。H 天线的实际交叉极化增益是未知的，但一旦它是已知时，这个6dB 值可以修改。

10.2.1.5 对安装飞行发射机/接收机和天线的航空器进行测量

在航空器可用于飞行之前先要进行测量，要对与航空器一起交付使用的接收机，发射机和天线进行测量。所有的发射机都要运行在最大功率状态下，航空器外的所有人员都应在安全距离之外。

在最接近发射机的窗口，使用校准过的单极子天线，蝶形天线，对数周期双锥天线和双脊波导天线测量发射机产生的场强。

在航空器内的最坏（强）场强见表 10-13。

在接收天线处测到的许多场强电平都远低于预测值。这通常是因为高增益天线的旁瓣被高估了或者是发射与接收天线的带外增益与预测值有差异。在很多情况下，预测值与测量值之差要大于 20dB。

在气象雷达处在鼻锥的情况下，它被机身末端的阴影遮盖比预测的要多。

在航空器内部预测和实际测到的场强电平显示出远远低于用于公众的安全限值。
一些预测与实测的场强值比较列于表 10-14。

表 10-13　在航空器内测到的最坏（强）场强电平值

频率/MHz	场强 E/(V/m)
1.5	0.003
2	0.079
30	0.041
100	0.9
250	2.238
512	2.44
1045.5	1.03
1083.35	0.204（峰值）
8967.5	7.36（峰值）
9375	13.46（峰值）

表 10-14　预测与实测的接收场强电平比较

发射频率 范围/MHz	接收频率 /MHz	预测接收机 天线输出电平/dBm	对全尺寸航空器测到 的接收天线输出电平/dBm	耦合类型	分析方法	增量 Δ/dB
1030	329~335	-8	-19	视线	1/10 比例模型	11
1030	1030	-18	-25.8	视线	1/10 比例模型	7.8
9220	0.5~40000	-22.7	-24	遮蔽	全尺寸模型	1.3
8900	0.5~40000	-25.1	-22.7	遮蔽	FEKO	2.4
1030	156/163	11	-3.5	视线	1/10 比例模型	14.5
1030	30~600	19.4	11.7	视线	1/10 比例模型	7.7
1030	110~512	10	-11	视线	1/10 比例模型	26

10.2.1.6　航空器上的孔隙耦合

对于来自使用 1/4 波长单极子天线的测距器（Distance Measuring Equipment，DME）的耦合是通过航空器上最近的窗口进行测量的，为了简化起见，我们对一个有孔隙的圆柱体用 FEKO 分析软件来建模。天线与孔隙的距离是 2.21m，图 10-24 表明它们三者之间的几何关系。因为机翼和发动机舱离开窗口有些距离，所以我们假定波的反射不是很显著的。

FEKO 是一个非常流行的电磁分析软件。参考文献 [18-20] 叙述了它用于航空器建模的分析。它用于对图 10-24 中的问题进行建模，其中采用的频率是 1045.5MHz。由于这个问题中的航空器模型的电气尺寸非常大（90 个波长），所以采用多层快速多极子法（Multilevel Fast Multipole Method，MLFMM）模拟来解决该问题。该问题被分成 3270004 个未知数，需要 74.2GB 的内存，在具有 Intel® Xeon® CPU E5-2650 的工作站以工作频率 2GHz，16 位并行运行 9.5h。使用双（字长）精度来解决这个问题是为了使 MLFMM 算法能更好地收敛。相反，如果只采用单（字长）精度，则资源需求将减半（运行时间和内存容量）。

根据 FEKO 分析，在 1045.5MHz，窗口处的场强是 4.56V/m，在窗口内中心 30cm 处的场强为 0.983V/m。在相同的位置，在航空器内部测到的场强是 1.203V/m，见表 10-15。因此，FEKO 的计算表明，在圆柱体内部 30cm 处窗口的衰减是 13.3dB。使用 GEMACS 来建模表明，在与圆柱体周边成 87° 的视线范围内，显示的隔离度是 17.4dB，这与先前用 GEMACS 预测的，在直径 2.6m 圆柱体周边 180° 范围，在 1GHz 频率下预测的值有很好的对应。

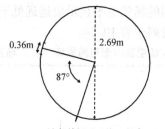

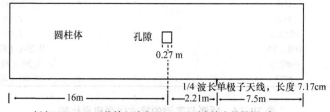

频率1045.5Mz;天线输入功率=300W；要求输出的数据=在
圆柱体内孔隙中心和孔隙后30cm处的场强

图 10-24　圆柱体、孔隙和单极子天线的几何关系

（资料来源：Weston, D. A., Electromagnetic ambient inside an aircraft from transmitting antennas mounted on the outside compared to safety levels and radiated susceptibility test levels, IEEE International Symposium on Electromagnetic Compatibility, Denver, CO. ⓒ 2013, IEEE.）

表 10-15　在航空器内部测到的场强

发射机	测到的场强 /（V/m）	IEEE C 95.1 公众照射的平均 场强/（V/m）	MIL – STD – 461 RS103 国内空军 航空器限值	DO – 160 限值 S 类/T 类/（V/m）	
				S	T
TCAS（空中防撞系统）	0.204 峰值	52	60	1	5
DME（测距装置）	1.023	51	60	1	5
IFF（敌我识别系统）	0.646 峰值	52	60	1	5
气象雷达	0.065	153	60	1	5
驾驶舱 HF1@2MHz	0.08	412	20	1	5
驾驶舱 HF1@30MHz	0.011	27.5	20	1	5
驾驶舱 HF2@2MHz	0.018	412	20	1	5
驾驶舱 HF@30MHz	0.003	27.5	20	1	5
飞行任务控制 HF@1.5MHz	0.003	549	20	1	5
飞行任务控制 HF@30MHz	0.041	27.5	20	1	5
飞行任务控制 V/UHF@100MHz	0.9	27.5	20	1	5
飞行任务控制 V/UHF@250MHz	2.24	27.5	20	1	5
飞行任务控制 UHF@250MHz	2.24	27.5	20	1	5
飞行任务控制 UHF@512MHz	2.44	27.5	20	1	5
海事搜索雷达	7.36 峰值		60		
机载侧视雷达	13.46 峰值		60		

　　如图 10-25 所示，对于连接到机身顶部并与机身中心线成 58°的 HF 线天线，在窗口处的电场电平与视距线（内）场强实际上是相同的，即不存在明显的隔离度。但是，在

30MHz 时，穿过窗口的电平衰减大于 1045.5MHz 时的衰减。

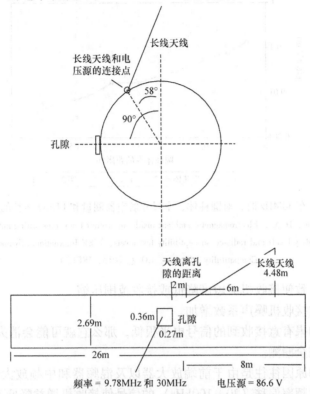

图 10-25　高频（HF）线天线的几何位置

（资料来源：Weston, D. A., Electromagnetic ambient inside an aircraft from transmitting antennas mounted on the outside compared to safety levels and radiated susceptibility testlevels, IEEE International Symposium on Electromagnetic Compatibility, Denver, CO. ⓒ 2013, IEEE.）

FEKO 预测在 30MHz 的窗口外的场强是 2.29V/m，而在窗口内 30cm 处的场强是 0.115V/m，即离开窗口 0.3m，场强就衰减了 26dB。FEKO 预测在窗口内 0.7m 处的场强是 0.0134V/m。在航空器内大约 0.3m 处，30MHz 时测到的场强是 0.041V/m。在未经分析或测量过的场强，在航空器内测到 2MHz 的场强是 0.08V/m。

这些测量是用 77cm 长的线天线按照图 10-19 中的 1/10 的几何关系对 1/10 的圆柱体做出的。

一根 4cm 长的蝶形天线连接到数字转换器和光纤电缆上，而光纤是唯一的外部连接，方式是通过一个 6cm 长，5.5m 内径的管子焊接到完全密封的圆柱体上。

对圆柱体的测量是在 300[⊖]MHz 和 97.8MHz 下进行的。将对圆柱体测量的外部场归一化到 FEKO 的结果是 2.29V/m，图 10-26 描绘了对圆柱体，全尺寸航空器的测量和运行 FEKO 在 30MHz 的电场强度数据资料情况。

10.2.2　大功率发射机引起的接收机灵敏度降低

当出现强的临近信号，例如发射机产生了偏移的但属于带内范围的信号时，就会导致接

⊖　疑是 30MHz。——编辑注

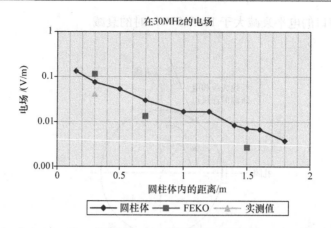

图 10-26 在 30MHz 时，对圆柱体，全尺寸航空器测量和 FEKO 运算的场强比较

（资料来源：Weston，D. A.，Electromagnetic ambient inside an aircraft from transmitting antennas mounted on the outside compared to safety levels and radiated susceptibility test levels，IEEE International Symposium on Electromagnetic Compatibility，Denver，CO. © 2013，IEEE.）

收机增益明显降低，致使接收机灵敏度降低或接收范围压缩。

通常，这也导致接收机噪声系数增加。

这也意味着，如果有意接收到的信号电平很低，那么它就可能会消失在噪声中，甚至因为灵敏度降低而被完全漏测。

招致这个结果的原因往往是由于前端放大器以及混频器和中频放大器的（频响）范围被压缩。通常将发生频率偏移（20～100kHz）的信号使接收机增益降低 3dB 时规定为降敏。

根据参考文献 [23]，我们知道由于邻信道信号导致期望的有用信号在基准（参考）灵敏度电平上的降敏（即灵敏度下降）被定义为邻信道抑制（adjacent channel rejection，ACR）。有关 ACR 的测量方法在标准文件 ANSI/TIA/EIA‑603‑A 和 ANSI/TIA/EIA‑102CAA 中有详细的规定，可以用来定量测量在任何频率偏移和所需更高的期望电平上接收机的降敏。接收机的本机振荡器（LO）边带噪声（sideband noise）可通过与单个高电平信号（通常超过 ‑50dBm，并常在期望信号的 500kHz 内）混频而将不期望的无用信号外差到 IF（中频）通带内。这个作用过程（机理）常常容易和邻信道干扰相混。

接收机通常对于偏离所需信道 ≥500kHz 的信号具有 ≥90dB 的抑制能力，而对于偏离所需信道大约 50kHz 的信号具有 ≥80dB 的抑制能力。

通常由于自动增益控制设计上的限制，期望信道上过量的信号电平会使接收机过载。而接收机的前端则可能会因为非期望信道上无用的单个高电平信号造成过载，通常超过 ‑25dBm；或者多个高电平无用信号造成其过载，它的瞬时峰值电平可能超过 ‑25dBm。这就是所谓的接收机阻塞。

接收机前端（RF 放大器）的非线性可以通过将两个或多个典型的 ≥ ‑50dBm 的高电平信号进行混频，而在期望频率上产生互调产物（Intermodulation Product）。引自参考文献 [23] 的图 10-27 表明了相对于接收机的基准（参考）信号灵敏度而言的典型的移动接收机的灵敏度水平的互调抑制（Intermodulation Rejection，IMR）。

接收机的灵敏度性能可以通过 SINAD（signal + noise + distortion）来衡量。它看上去像信号因干扰而在衰减。它是总的信号功率电平与无用信号功率（噪声 + 失真）之比。

SINAD 用 dB 为单位来表示，且定义为

$$SINAD = 10\log(SND/ND)$$

式中　SND = 组合信号 + 噪声 + 失真功率电平；

ND = 组合噪声 + 失真功率电平。

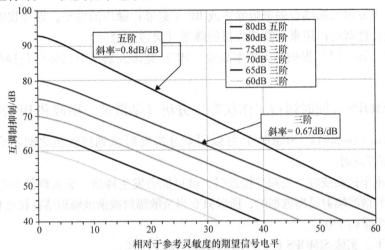

图 10-27　相对于基准参考灵敏度的接收机互调制（Receiver IM）

（资料来源：Motorola Interference Technical Appendix, Issue 1.41. February 2002. ⓒ 2002, Motorola.）

在图 10-28 中，对于 12dB 的基准灵敏度，SINAD = −119dBm，C_s/N = 4dB，IMR = 80dB。

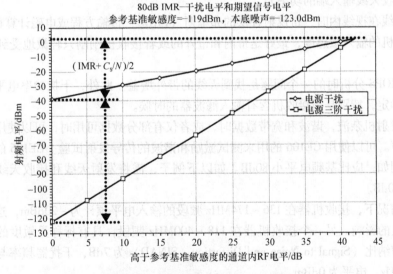

图 10-28　互调制抑制（IMR）的性能

（资料来源：Motorola Interference Technical Appendix, Issue 1.41. February 2002. ⓒ 2002, Motorola.）

使用 TIA IMR 测试方法，例如，在图 10-28 中，−119dBm 产生了 4dBm 的 C_s/N，它可以产生 12dB 的 SINAD 基准（参考）灵敏度。该信号被提升了 3dBm，即 −116dBm，而等于信号电平的干扰被增加了直到再次达到 12dB 的 SINAD。这表明现在已经达到了 4dB 的 $C_s/$ $(I+N)$，但是现在所需要的是 −116dBm。因此，复合的本底噪声是 −120dBm，包括来自接

收机本底噪声 - 123dBm 和来自互调信号的等效噪声 - 123dBm。因此，预期信号与互调制（IMR）信号之间的差值（ - 39dBm）就是接收机（80dB）的 IMR 性能。

降敏（灵敏度降低）是接收机特有的现象，图 10-27 和图 10-28 提供了一些说明的例子。

一旦计算出发射天线耦合的窄带噪声或 BB（宽带）噪声的电平，则接收机的 SINAD 或接收机的降敏特性就可以用来计算接收机的降敏（灵敏度降低）。

参考文献［26, 27］提供了大功率高频（HF）宽带发射机对高频机载接收机的降敏效应的情况。

10. 2. 3 SIMOPS（同时运行工作状态）分析（杂散波、谐波和 BB 的宽带辐射）

Simultaneous Operations（SIMOPS）可以用来分析发射机到接收机之间耦合的杂散（激励），谐波和宽带发射。

如果发射电平过高或收、发频率接近时，就可能会发生降敏，交叉调制和产生杂散现象。然而杂散辐射和谐波辐射是离散型的，所以只有当杂散辐射或谐波辐射落在接收机的调谐频率上时，才会发生带内干扰。

典型情况下，实施 SIMOPS 评估所需的数据为如下所述：

1）RX 和 TX 天线增益以及当天线为非全向天线时，其增益方向图；

2）发射机输出功率，杂散发射和宽带噪声发射情况；

3）当天线不在视线内，即被安置在机身周围，耦合功率因子减去 TX 和 RX 天线增益（这提供了接收天线输入端的功率）；

4）当天线在视线内时，带反射补偿的弗里斯（FRIIS）传输方程或电磁计算程序；

5）接收机的输入敏感度，最好是带内和带外的或者接收机刚刚只轻微地受到 EMI 影响时的电平。

执行 SIMOPS 分析时的一个问题是找到天线的带外增益。此外，干扰功率电平对接收机的影响也很难确定，特别是当接收机含有输入滤波器的时候。

当没有发射机杂波，谐波和宽带数据时，或者仅有部分数据可用时，可以使用通用数据来计算宽带噪声。可以使用 CE106 的用来测试激励和谐波的传导发射试验。CE106 的规定与基频电平有关，例如，应比基频电平小 80dB。如以下例子，需将发射天线和接收天线在基频的预测电平减去 80dB。

在一种情况下，接收机器在 136 ~ 174MHz 频段的输入电平预计为 - 20dBm，这并不会对接收机器有实质的影响。另一个接收机器在 118 ~ 400MHz 频段，具有标称灵敏度的设计信号电平，允许的信纳比（Signal to Noise and Distortion，SINAD）为 7dB，干扰器频率与有用载波频率相差 ± 10MHz，电平为 0dBm。

10. 2. 2 节提供了更多有关接收机降敏的信息。

典型的 SIMOPS 功率耦合图如图 10-29 所示。

10. 2. 4 天线对天线耦合的消减技术

以下许多信息发布在 2012 年 ITEM 杂志上，而且经 ITEM［24］的友情许可在此复制引用。

仅限于对杂散，谐波和宽带噪声最大耦合功率的评估/dBm					
发射频率/MHz	接收频率/MHz	发射	输入功率 P_{in}	接收 V/UHF 9 驾驶舱30~88MHz，118~174MHz，225~400MHz，400~600MHz	接收 VHF 136~173.5MHz
108~600	108~600	飞控任务 V/UHF	−139		
30	30~90	飞控任务 HF	−31		
30	30~90	13 驾驶舱 HF	−68		
291.4	291.4~582	声呐浮标 UHF	−145		
116~137	116~411	驾驶舱 VHF	−59		
45.33~174	136~173.5	驾驶舱 V/UHF	−86		
137	137	驾驶舱 VHF	−60		
136~173.5	136~173.5	飞控任务 V/UHF	−64		
27~30	136~173.5	驾驶舱 HF	−85		
27~30	136~173.5	飞控任务 HF	−90		
	没有 SIMOP				
	SIMOP 有频率限制				
	SIMOP 没有或仅有最小频率限制				
离散频率。在某些频率上，干扰来自于杂散，谐波或宽带噪声					

图 10-29

要在设计伊始就要致力于提高系统间的（电磁）兼容性。在选择机载系统的时候，要仔细考虑所关心的设备的发射频率和接收频率以及输出功率电平，敏感度电平，消除干扰的能力和预期的用途。

应该准备好所有系统和相关信息的表格，而且这个表格能够被用来确定潜在的不相容和用 SIMOPS 分析的可能性。由于某些不相容是可以被接受的，所以以考虑设备的用途是很重要的。例如，紧急情况定位发射机（Emergency Locator Transmitter，ELT）与常规通信无线电的频率范围相同；然而，紧急情况定位发射机（ELT）仅仅用在航空器坠落的情况下，在这个情况下，许多其他的系统都被禁止使用。

处在与强电磁场源耦合路径上的天线会感生大电流或大电压，可以选用 EMI 减缓技术。最好的技术就是通过最少的修改和变化，会充分地消除、抑制或使 EMI 达到最小。在做决定时，要回答的一个重要问题即，最佳的技术是否可以实施应用在航空器上。在许多情况下，解决方案是只对设备内部进行修改，可是制造商却未必肯这么做。

对于需要工作于相同或近似带宽的系统，主要的预防措施就是天线的摆放位置。有不相容的系统的天线可以分别装置在航空器的相反端或在某些情况下装置在航空器的顶部或底部。这种耦合的减少相应就增加了天线间的隔离，这在先前的有关章节中已经作了讨论。有关信号和电波隔离的知识可以让 EMC 工程师或航空工程师决定是否值得将两个共置的天线安置到机身或机翼的顶部和底部或者加大天线之间的距离。

工作在狭窄频段的水平极化的发射天线可以有效地减少它和临近的垂直或水平极化接收天线之间的耦合水平。可以选择两个天线的位置，使直射波和航空器表面的反射波趋近于抵消。这种波的对消的方法在低频时比将天线放置于机身相对面的效果更好。

许多设备还包含了消隐能力。比如，一个发射机在发射时提供了一个直流输出信号，这个 DC 输出可以用来断开本地敏感设备的接收信号通路。类似的，一些设备包含了消隐输入连接，当消隐输入端出现直流电平时可以断开接收到的 RF 信号。

10.2.5 吸波体

吸波体也可以放置在如机翼、引擎、垂直稳定器和水平尾翼的表面上，以减少反射波和阻尼表面波。吸波体可以是有损柔性的硅橡胶片，它可以做成耐气候的层状物粘贴在航空器表面上。这些吸波材料通常对微波有效，如雷达使用的某些调谐频率以及其他宽带频率等。薄陶瓷铁氧体吸波体可以有效地用于 10MHz～1GHz 频率。其中的一个生产商是 Cuming 公司，对用于 GPS（Globle Position System，全球定位系统）和某些雷达以及 SATCOM（Satellite Communication，卫星通信）的嵌入式安装天线，可以将一圈的吸波体粘贴在这些天线的周围。

10.2.6 滤波器和"带内"的 EMI 解决办法

10.2.6.1 滤波器

高通、低通、带通或者带阻（陷波）滤波器可以用来衰减接收天线入射场的耦合所引起的带外 EMI 信号。为了避免天线后面的第一级，如接收机的前端，低噪声放大器（Low Noise Amplifier，LNA），或者低噪声下变频器（low-noise downconverter，LNC）产生交叉调制或互调制，为此，应该在天线和它后面的第一级之间插入一个滤波器。但这种设计方案有一个问题是所插入的滤波器会引入插入损耗。大部分天线设计工程师在设计过程中都会优化天线增益，并降低天线的 RF 电缆的损耗。如果天线是由若干 PCB 元件所构成的话，还会在使用无损耗或低损耗合成器时将它们合成起来。正如在 5.3.3 节中描述的，即便滤波器只造成很小分贝的损耗，也会降低接收系统的天线增益/噪声温度比（G/T）。如果系统使用 LNA 或 LNC 导致了交叉调制或互调制，而 EMI 又不是由于这些器件过载所引起的话，那么滤波器就被放置于 LNA 或 LNC 之后，以尽可能降低滤波器插入损耗的影响。有若干种可供选用的滤波器：一种是在参考文献中已有描述的设计准则和实例的，带有螺旋和折叠螺旋谐振器的滤波器。螺旋谐振器滤波器频率范围在几十兆赫至 2GHz，可以用作带通滤波器。它由一个封装在屏蔽外壳内的单层螺旋管构成。它的螺旋线圈的导线的一端与其屏蔽外壳短接，另一端处于开路状态。该滤波器的输入和输出的耦合是通过在螺旋线上抽头的适当阻抗点上来建立的，以和滤波器的源和负载阻抗相匹配。通过设置在它的任何一端的可调谐螺钉，就可以改变螺旋线的容性或感性负载来调谐中心频率。在大多数情况下，螺旋滤波器主要设计用于巴特沃斯（Butterworth）响应。但它也可以用于切比雪夫（Chebyshev）响应，只是切比雪夫滤波器的插入损耗要大得多。一个典型的螺旋滤波器的插入损耗大约为 1dB。

声表面波（SAW）滤波器技术是将电信号转换成表面声波，然后再转换回电信号输出。这类滤波器的频率范围为 10MHz～3GHz，其相对通带可以从 0.01%～100%。它的缺点是具有至少 6dB 的插入损耗。在 SAW 阻抗元件滤波器（IEF）中，它的长 SAW 传感器（谐振器）有类似于经典的电感电容或晶体谐振器的阻抗依赖性，而 SAW 本身只是扮演了一个辅助的角色。这类器件可以被用来作为带通滤波器。在实际应用中，为了获得足够的带外抑制，必须把若干个元件连接起来使用。在 IEF 中，插入损耗可以降低，而且在平衡桥型的

IEF 中，890~915MHz 通带的插入损耗可以被限制到 1.5dB。

Microwave Filter 公司生产范围很广的 1MHz~26GHz 的各种微波滤波器和各种 RF 定制滤波器，包括可调谐陷波滤波器。这类滤波器包括有集总常数结构、分布线结构或空腔设计。这类滤波器可使用频率范围为 7~11GHz，最大插入损耗为 1dB。

FSY Microwave（API 科技）公司也生产频率范围从 1kHz~18GHz 的标准低通滤波器，频率范围为 5kHz~0.4GHz 的标准高通滤波器，以及频率范围为 10kHz~10GHz 的标准带通滤波器。它还生产频率范围为 3~18GHz 的、具有低插入损耗的波导滤波器。Allen Avionics 公司也为客户定制频率范围从 100Hz~1GHz 的滤波器。K&L 公司则生产各种类型的集总元件、管式和空腔滤波器。空腔滤波器所呈现的插入损耗比管式滤波器小，具有较为陡峭的边缘选择性，而且还有二~六级可供选择使用。它的插入损耗取决于所使用的级数和 3dB 带宽。在 1GHz 频率上，带宽为 20MHz（2%）时，二级型的空腔滤波器的损耗低至 0.5dB，六级型的损耗则为 1.4dB。

K&L 公司还生产损耗非常低的渐逝横电波（TE）模式的空腔滤波器（100MHz~18GHz）。对于带宽为 5% 或大于 5% 的大多数滤波器的设计而言，典型的损耗都会小于 1dB。损耗的经验值大约每节为 0.1dB。对于那些带宽较宽的滤波器而言，损耗更小。对于一个特定频率上的 EMI 问题，无论该频率是在带内的一侧还是在另一侧，只要干扰频率在通带之外，则滤波器通带的带宽就可以大于 5%。如果干扰信号接近接收机通带的边缘的话，即使多级滤波器的一个边沿可能会很靠近干扰信号，但是该滤波器仍然能对干扰信号产生足够的衰减。

例如，曾有一个"很实际"的天线与天线间耦合的 EMI 问题被提交给 FSY Microwave 公司。在这个案例研究中，微波频率通信中继站的中心频率为 1500MHz，其 3dB 带宽为 20MHz。一个电平足够高的 1475MHz 的干扰信号造成低噪声放大器（LNA）的输入端信号压缩，所以第一个滤波器必须插入在天线和 LNA 之间。这个滤波器至少要有 30dB 的衰减，但是其呈现的插入损耗最大不应超过 1.5dB，以维持系统的增益/噪声温度比 G/T。当向 FSY Microwave 公司提出这个问题时，他们很乐意针对这个问题定制一个标准滤波器。FSY 设计的这个并不昂贵的五极点 C1500−20−5NN 带通滤波器的技术指标如下：

中心频率(CF) = 1500MHz

插入损耗 = 最大 1.55dB（中心频率，典型值为 1.0dB）

3dB 带宽 = 最小 20MHz，最大 24MHz

电压驻波比（VSWR）= 1.5:1，最大超过 3dB 带宽范围

阻抗 = 50Ω 输入/输出

衰减 = 最小 35dBc（高于载波电平的分贝值），频率从 DC~1475MHz

典型的 5 极点 0.035dB 切比雪夫响应

额定功率 = 最大 20W，连续波

尺寸 = 1.10in × 1.75in × 5.35in，不包括连接器

连接器 = N 型母插座，输入/输出（或按如规定）

工作温度范围 = −30~+60℃

振动 = 10G's，频率范围为 5~2000MHz，正弦扫描，3 轴向

冲击 = 30G's，维持时间 11ms，1/2 正弦，3 轴向

相对湿度＝最高到95％，非凝结状态

其插入损耗和衰减特性示于图10-30。

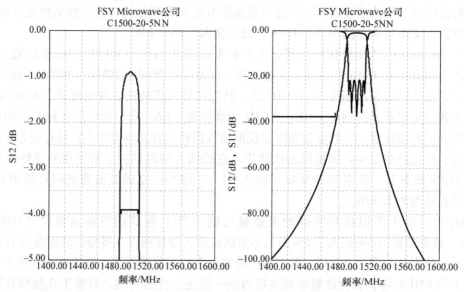

图10-30 FSY Microwave 公司，C1500－20－5NN 五极点滤波器的衰减特性

五极点滤波器是设计用来在对低噪声放大器（LNA）的 G/T 指数影响最小的情况下，避免 LNA 中出现的信号压缩的状况。如果要求对干扰信号做进一步的衰减以避免接收机的 EMI 问题的话，那么，可以在 LNA 后面引入第二个滤波器。这第二个滤波器可以具有更高电平的衰减，因为所增加的插入损耗是发生在 LNA 的增益以后，所以它不会对 G/T 产生有害的影响。

10.2.6.2　带内 EMI 解决办法

在有些情况下，干扰信号非常接近处于带内，此时要使用具有非常陡峭边沿的滤波器；若系统并不要求全带宽，并且可以接受较高或较低端频率上的某些损耗的话，则滤波器边缘可以小程度地的延伸到信号带宽以内。有这样的一个 EMI 的例子：只要舰上的一个 HF 无线电一开始工作，该舰的 RF 记录就会指示出该舰处于全速航行状态。这是由于 HF 无线电扇形天线感应到的舰船外壳上的 RF 电流被耦合进入 RF 航速传感器内的缘故。这个问题应考虑是一个带内 EMI 问题，即干扰信号频率正是接收系统用于正常通信所要求的频率。在这个舰船航速记录的案例中，由于 EMI 的存在，航速传感器测量到的全速航行，实际远远超过了该舰的真实速度。把一个滤波器连接到 RF 航速传感器和检测电子系统中是可行的。它可以对 HF 无线电射频进行衰减，从而就把舰船的航速显示限制到更为实际的最大值内。

通过重新选择天线的位置，就有可能降低干扰信号天线和接收系统之间的耦合。对于微波天线而言，这一点可以通过提高发射（TX）天线，接收（RX）天线或两者的方向性，或在两个天线间加入耐气候微波吸收材料来达到。为了降低来自后瓣和旁瓣的耦合和抛物面天线边缘的再辐射，可以在天线的周边安装吸收材料。位于 East Syracuse，NY 的 The Microwave Filter Company 提供一种抛物面天线旁瓣吸收材料，可以将它暂时与抛物面天线粘合在一起，以检查其有效性。如能解决问题，则可用永久性胶合剂把它与抛物面天线固定在一起。

当它的几何尺寸固定时，如两个不可移动的天线，或在我们的例子中是 HF 扇形天线和 RF 记录传感器，可以有一个解决带内 EMI 问题的办法。另外，尽管推荐的解决办法可以应付一个调制的干扰信号，但造成问题的信号频率必须是固定的。还有一个附加的限制是对带内频率所要求的抑制程度不能大于 30dB。这个问题的解决方法是使用一个高度定向的天线或使用一个传感器来探测干扰信号频率，该传感器对干扰信号产生的磁场或电场比对有意信号更敏感。图 10-31 所示的说明就是这样的一个解决天线间 EMI 问题的办法。调整定向天线角度以接收较高的干扰信号电平和很低的有意接收机信号电平。在信号通路 B 的小型定向天线后，推荐使用一个带通滤波器，以排除其他带外信号。在滤波器后面，还设置一个增益级或衰减器以设定一个适当的信号电平。随后，又设置一个可调相移器调节相位，使在信号通路 B 中的干扰信号与耦合到接收机信号通路 A 中的干扰信号之间产生 180° 的相位差。在通路 A 中所接收到的信号加上干扰信号被同时输入到一个求和放大器或加法电阻网络（合成器）。在信号通路 B 中的经过移相后的干扰信号也被输入到该合成器中。在信号通路 C 中的合成器输出就是有意信号，它包括大大衰减后的干扰信号。一种用于 B 通路中产生相移的技术，就是在信号通路 B 中包含一个可变延迟线。

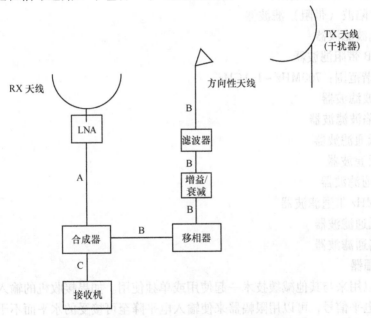

图 10-31 天线与天线在带内耦合时的 EMI 解决方案

该移相器必须根据不同的案例单独地设计，并可用于包括微波在内的若干个频率。如 Microwave Filter 公司（East Syracuse，NY）提供的一种典型的衰减为 2～25dB 可调的移相器，它的最小可调相移为 180°。不同型号移相器的频率范围分别为 54～108MHz、108～216MHz 和 470～890MHz。

在接收机的输入端使用低通，带通和带阻滤波器可以有效地降低信号压缩，杂散响应的生成和接收机降敏。商业高功率滤波器可以用于发射器的输出以及用于降低发射器的谐波和宽带噪声。

对于发射接收机，设计一个可以安全地发射输出功率而没有过度衰减的输入滤波器是有可能的。

一个例子，气象雷达接收发射机或一个工作于 9.375GHz 的侧视机载雷达（SLAR）系统。EMC 咨询公司设计和建造了一个 9.375MHz 的带阻滤波器以及另一个中心频率衰减为 30dB，可调谐频率为 700MHz ~ 1.1GHz 的滤波器。这个报告所描述的所有滤波器将被装入图 10-32 所示的小封闭壳体，而且使用了 BNC 或 TNC 连接器来进行组装和测试。对于直接连接到接收机的输入端的情形这个尺寸是非常理想的。陷波滤波器也称为带阻滤波器。

图 10-32 用于带阻、带通、低通滤波器的外壳和限幅器

5.3.5 节描述了典型的无源信号滤波器，包括 PCB 和所带的连接器：

9.375GHz 陷波（带阻）滤波器

8.3GHz 陷波滤波器

18GHz PCB 带阻滤波器

频率可调谐范围：700MHz ~ 1.1GHz

14GHz 陷波滤波器

1.03GHz 陷波滤波器

406MHz 低通滤波器

2MHz 低通滤波器

30MHz 低通滤波器

136 ~ 174MHz 带通滤波器

200MHz 低通滤波器

700MHz 高通滤波器

10.2.6.3　限幅器

限幅器可以用来与其他减缓技术一起使用或单独使用。如果接收机的输入端接收到一个带内或带外高电平信号，可以用限幅器来使输入电平降至可接受的水平而不干扰欲接收的信号，除非这两者被精确地调谐到同一频率上。

例如，一台对 −50dBm 敏感的接收机，当输入端接收到超过 0dBm 的带外信号时它会发生压缩，那么当它被放置在靠近高功率发射机附近时就有可能出现信号压缩现象。这时引入一个 0dBm 的限幅器就可以将接收到的高电平减小到可控的水平，以使接收到的有意电平通过且不被压缩。典型的限幅器在 50 ~ 500MHz 范围的插入损耗为 2dB，可应用的频率范围则为 5 ~ 3000MHz。EMC 咨询公司已制作出将限幅器装在 PCB 上然后将其放在一个壳体里，该外壳还能用于带阻、带通、低通滤波器等，如图 10-32 所示。输入电压是 28V，通过增加 PCB 上的元件，限幅器可以保护所有的 EMC 电源线传导敏感度以及 DO − 160 和 MIL − STD −461 标准规定的特性功率。限幅器和相关元件的工作温度范围为 −54 ~ 85℃。

10.2.6.4　射频开关和消隐

如果发射机有消隐输出以及接收机有消隐输入，当发射机工作时，应使用它们对接收机进行消隐。可能还需要一些附加的元件来兼容控制信号电平。还有当发射机的 RF 输出保持开启状态时，也同时发射宽带噪声。如果发射机有消隐输出但是接收机没有消隐输出，可以在接收机输入端使用 RF 开关。Mini – Circuits 公司的 ZFSWA – 2 – 46 就是这样一种开关，可以用在 DC ~ 4.6GHz 的频段上。它在 DC ~ 200MHz 频段上的最大衰减为 0.8dB，在 1GHz 以下为 1.3dB，1 ~ 4.6GHz 为 2.6dB。需要两个信号输入将其从"关"切换到"开"，其中一个输入是 – 8V，另一个是 0V，或者相反。

10.2.6.5　时延和相移抵消

10.2.6.2 节讨论了地面安装设备的带内 EMI 的解决方案，这其中包含了抵消技术。当发射和接收频段重合时，很显然就不能使用滤波器。作为替代，可设法将干扰（信号）移相 180 后，再在接收机的输入端与原干扰（信号）合成即可。

当接收机接收到的电平极高而可能损坏接收机时，可以使用限幅器。然而，即使在电路中使用限幅器，限幅以后的电平仍然可能足够高到使接收机产生降敏，交调或杂散发射。

为了抵消或降低干扰电平，我们设计了 180°传播延时电路和求和电路，可参见图 10-33 所示的时延，相移和求和电路的方框图。发射机的输出被分流但是并不降低发射机和天线之间的功率电平。可以在发射机端和天线端的发射电缆任何地方进行分流。分流的理想位置取决于发射电缆总的传播时延和天线和接收机电缆之间在空气中的耦合路径，这些内容将在后面进行详述。

衰减发射机的输出并且使输出端和连接到电路 A 点的电缆阻抗相匹配。干扰信号于是会经过集总时延（Bulk Delay）。这个集总时延可以达到数十微秒，且唯一的限制是时延元件的固有衰减和壳体的物理尺寸。实践中，500ns 的时延就已经足够。对于选择最终的总时延时，可以在线路内或线路外连接薄膜时延线，然后用一个可变电容和一个电感来精确调节。使用 0.5ns 和 3ns 的薄膜时延电路，可选择的时延可以从 0.5 ~ 18ns，可调步进为 0.5ns。可选择发射机到电路电缆的时延，加上整体时延和可变时延使其精确等于发射机到接收机之间通路总的传播时延。这意味着从接收天线到电路的输入信号处和电路 B 点处的信号均是同相的。仅 B 点处的信号被移相 180°，而且这和频率几乎无关。

调节 C 点信号电平再与接收机的输入信号求和。这样就能在指定频率上实现几乎完全的信号抵消。在这个频率的任何一侧，时延电路的输出端电平的幅值与接收天线的电平不相同。这是因为发射机到接收机通路的电平随频率的衰减与移相对消电路中的电平随频率的衰减是不同的。由于接收天线的有意信号流经这个移相电路，其相应的信号衰减为 1.8dB。图 10-34 显示了发射器和接收器之间的通路，图中还显示了一个输入滤波器但这并不是必需的。

发射通路的传播时延可以通过从信号发生器发射一个脉冲幅度调制 RF 信号来大致确定。先使这个调制脉冲触发一个示波器，然后测量这个时延。如果发生器不允许进行脉冲调制，那么可以使用一个外部调制器或者 RF 开关来实现。可以再次使用脉冲幅度调制信号，将时延电路的输出与接收器的输入信号进行比较来对时延进行微调。用来测量两路信号的示波器的两个通道之间必须没有时延（可能需要分段显示）。

将时延电路频率调整到 30MHz，衰减量调整到最大值，并在 1 ~ 30MHz 范围内调整和测

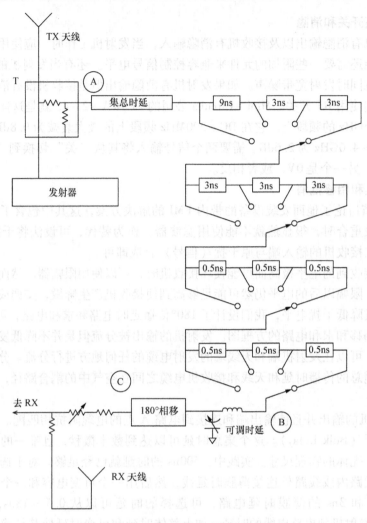

图 10-33 时延，相移和求和电路方块图

（经允许复制，Weston，D. A. ，Antenna – to – antenna coupling on an aircraft：Mitigation techniques，ITEM，March 21，2012. ）

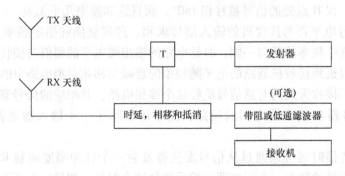

图 10-34 具有滤波器的时延，相移和求和电路方块图

（经允许复制，Weston，D. A. ，Antenna – to – antenna coupling on an aircraft：Mitigation techniques，ITEM，March 21，2012. ）

试时延电路。表 10-16 显示了其达到的衰减。将时延电路频率调整到 108MHz，60 ~ 108MHz 的衰减见表 10-17。单一的更高频点如 152MHz，抵消的效果可以实现 28dB 的衰减。

相移电路和求和电路中的时延电路与发射机电缆和接收机电缆的介电常数一样都具有温度系数，这将会改变其时延参数。然而，测量到的 4~47℃ 温度范围内的时延电路和抵消电路的衰减变化却仅为 1.5dB。

<table>
<tr><td colspan="2">表 10-16　1~30MHz 的抵消衰减</td></tr>
<tr><td>频率/MHz</td><td>发射器信号衰减/dB</td></tr>
<tr><td>1</td><td>19</td></tr>
<tr><td>2</td><td>19</td></tr>
<tr><td>5</td><td>20</td></tr>
<tr><td>10</td><td>35</td></tr>
<tr><td>15</td><td>26</td></tr>
<tr><td>20</td><td>33</td></tr>
<tr><td>25</td><td>35</td></tr>
<tr><td>30</td><td>>48</td></tr>
</table>

（来源：经允许复制，Weston, D. A., Antenna – to – antenna coupling on an aircraft：Mitigation techniques, ITEM, March 21, 2012.）

<table>
<tr><td colspan="2">表 10-17　60~108MHz 的抵消衰减</td></tr>
<tr><td>频率/MHz</td><td>发射器信号衰减/dB</td></tr>
<tr><td>60</td><td>26</td></tr>
<tr><td>70</td><td>26</td></tr>
<tr><td>80</td><td>33</td></tr>
<tr><td>90</td><td>26</td></tr>
<tr><td>100</td><td>35</td></tr>
<tr><td>108</td><td>49</td></tr>
</table>

（来源：经允许复制，Weston, D. A., Antenna – to – antenna coupling on an aircraft：Mitigation techniques, ITEM, March 21, 2012.）

T 和电路的位置取决于发射机，接收机，发射天线和接收天线的位置。其目标是降低电缆时延的总量以及电路中集总时延的总量。图 10-35 显示了两种可能的配置。

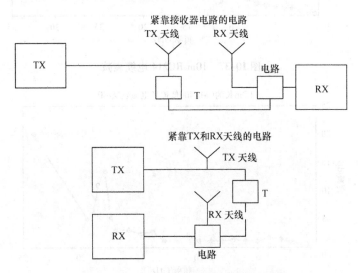

图 10-35　时延，相移和求和电路方块图

（经允许复制，Weston, D. A., Antenna – to – antenna coupling on an aircraft：Mitigation techniques, ITEM, March 21, 2012.）

10.2.6.6　电缆的衰减

工作于低频的天线其连接电缆通常会携载高频的带外干扰信号，电缆会对带外干扰表现出可观的衰减能力，虽然这并不是一种干扰减缓方法，但却可以有助于降低干扰电平。在有些情况下，这种衰减会非常大以至于可以不需要增加滤波器。

图 10-36~图 10-39 显示了一些典型电缆的衰减参数。

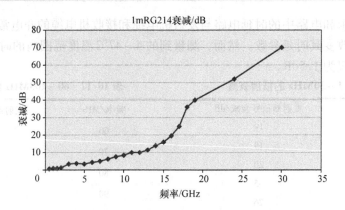

图 10-36 1m RG214 衰减

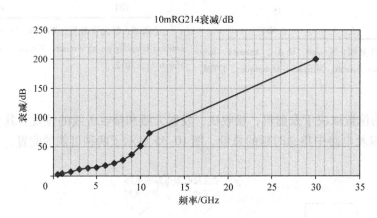

图 10-37 10m RG214 电缆衰减

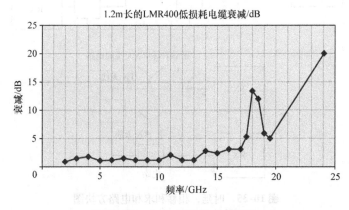

图 10-38 1.2m LM400 电缆衰减

10.2.7 天线耦合和雷击

当闪电击中航空器的机身时，极高的电流会产生强磁场和高电场。这些电场、磁场会耦合进安装在机身的天线上。如果天线放置在高于机身的地方，它也可能直接遭到雷击。典型刀形天线的主要部分仅仅通过一根很短的垂直杆连接到机身，该垂直杆的一端连接到连接器，另一端连接到接地的刀形片上。因而对连接到这种天线的设备有可能会免受直接雷击的

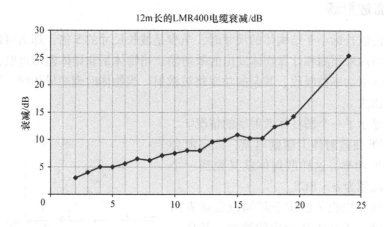

图 10-39　12m LM400 电缆衰减

伤害。

其他天线在遭受雷击时则展现了固有的低频短路特性。

很多天线的雷达天线罩包含了一根导线，可以将雷击电流携载到机身上。对于安装在航空器鼻锥上的天线，由于同样的高电压的原因，鼻锥通常也安装了导体。

例如，单片刀形天线规定了 50Ω 的 RF 阻抗但是却没有规定直流短路时能承载多大的电流。而对于其他的刀形天线，直流电阻却呈现开路状态。这表明此处是电容耦合。若是此电容器值足够低，并假定它不会被高压击穿，则它可能降低雷击瞬变感应。

最可能被雷电袭击的天线是长线天线，单极子天线和刀形天线。

考虑一根长度 10.2m，平均高度在机身以上 2m，并且连接到垂直稳定面的高频线天线。

一个 2000A 的雷暴击打到机身上，入射到高频（HF）天线的平均磁场大约为 10600A/m。

则感应电压由下式给出，

$$V = \mu_0 A \frac{\mathrm{d}H}{\mathrm{d}t} \tag{10-7}$$

式中　μ_0——真空磁导率，$\mu_0 = 4\pi \times 10^{-7} \mathrm{H/m}$；

　　　H——磁场强度（A/m）；

　　　A——环路面积，$A = h \times l$（长×宽）。

假设上升时间为 $2\mu s$。

天线中感应到的开路电压是 $4\pi \times 10^{-7} \times 10.2\mathrm{m} \times 2\mathrm{m} \times (10615\mathrm{A/m/2\mu s}) = 136000\mathrm{V}$。

第二个天线平均高度 18.4cm，长度为 41cm。天线靠近机身且暴露在 190000A/m 的磁场中。

开路电压 $= 10^{-7} \times 0.41\mathrm{m} \times 0.18\mathrm{m} \times (190000\mathrm{A/m/2\mu s}) = 136000\mathrm{V}$

5.9 节描述了雷击保护技术。那些最合适用作接收机和发射机保护的器件是具有或不具有滤波器和 1/4 短截线组合的空气放电管。

教科书《航空器的雷击保护（Lightning Protection of Aircraft）》提供了技术导则以及美国联邦航空局（FAA）雷击保护法规[28]。

10.2.8 表面散射场

当入射场的波长远小于结构体的尺寸时，至少是波长尺寸的 5 倍，那么可以使用高频雷达截面积（RCS）来预测和计算物体发出的散射场。当物体是非导体但却是电介质或非理想导体时，一些入射功率被吸收，其余的功率将被散射。当物体时理想导体时，所有的入射功率全部被散射出去。

图 10-40 显示了一个圆柱体散射场的情况。

由于入射波在散射体上激励电流，该电流会产生一个再辐射功率。这样散射体就又充当一个天线，其有效面积为 $\sigma = \text{RCS}$。

在发射天线和接收天线位于相同位置或者两者共用同一天线，例如雷达天线的地方，其单一静电场和背散射场就会发生这样的情况。双站散射场是指发射天线和接收天线在不同位置的情况，所以它对于航空器天线之间的耦合应用最有帮助。

如果物体的有效面积已知，那么就可以确定入射功率和散射功率的比值。

一个物体的 RCS 或有效面积由物理尺寸，极化方向以及在某些情况下，辐照波的波长和入射角度确定。

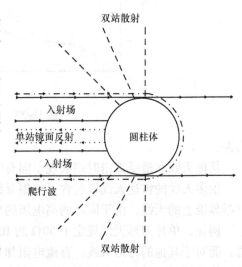

图 10-40 圆柱体散射

对于球体，σ 很简单：

$$\sigma = \pi a^2 \tag{10-8}$$

此处 a 是球体的面积，所以 σ 和入射场的波长以及入射角度无关。

RCS 的一般定义是

$$\sigma = 4\pi R^2 \left(\frac{E_s^2}{E_i^2} \right) = 4\pi R^2 \left(\frac{P_s}{P_i} \right) \tag{10-9}$$

式中　E_s^2——散射电场；

　　　E_i^2——入射电场；

　　　P_s——散射功率；

　　　P_i——入射功率。

圆柱体单站横截面积是，

$$\sigma = krl^2 \tag{10-10}$$

这里，$0°$——圆柱体和入射场的夹角；

　　　$k = 2\pi/\lambda$；

　　　r——圆柱体半径；

　　　l——圆柱体长度。

如图 10-41 所示，从圆柱结构体发出的散射场的情况下，起落架钢杆长度为 2.13m，直径为 0.127m。当起落架收起时，钢杆被玻璃纤维面板覆盖。为了简单起见，我们假定玻璃纤维的吸收和反射影响可以被忽略。

图 10-41　起落架的散射

9375MHz 的单站截面积为 $\sigma = (6.28/0.032) \times 0.0635 \times 2.13^2 = 56.5 = 17.5\text{dB(sm)}$。

导出双站横截面积的方法有很多，包括用测量 UTD（Uniform Theory of Diffraction，一致性绕射理论）和 GTD（Geometrical Theory of Diffraction，衍射几何理论）分析等。

测量是使用喇叭天线进行的，其中发射天线距圆柱体为 7m，而接收天线距离则为 3.6m，以此来模拟图 10-34 叙述的耦合情况。放置接收天线时，应使其朝向圆柱体，并且与入射场入射圆柱体时的镜面反射点的方位角为 6°、10°、15° 和 20°。为了使接收天线可以围绕圆柱体转动，该天线放置与地面垂直。可以使用激光来对准天线，而且在天线之间的地面使用吸波材料以降低地面的反射。该测试可以在没有圆柱体的情况下进行，这样可以确保两个天线间的耦合影响远远低于散射场的影响。进行测试时，两个天线的垂直极化场与管子长度方向分别保持 90° 和 0°。

REMCON XFdtd 3D 电磁仿真软件是一种特别有用的评估双站 RCS 的计算机程序。其仿真结果与实际垂直极化测量结果的比较见表 10-18。

与水平极化测量结果的比较见表 10-19。

表 10-18　垂直极化 RCS 测量值和预测值的比较

自镜面点的角度	测量 σ/dB	REMCON σ
6	3.1	6.5
10	1.1	2.54
15	-0.91	-0.46
20	-3	-3.5

表 10-19　水平极化 RCS

自镜面点的角度	测量 σ/dB
6	-3.9
10	-7
15	-8.9

参考文献［16］描述如何使用 1/48 比例黄铜模型和数值电磁代码 NEC（12.4.3 节详细预测了在舰船上加装一个高频表面波雷达［HFSWR］后的影响）。因为高频波段（2 ~ 30MHz）的长波长，整条船将会充当高频天线而辐射能量。HFSWR 会干扰舰船顶端的上层结构体，包括已有的通信天线。NEC 能生成安装在舰船上的天线的技术参数的预测值。这些天线技术参数完整地规定了天线阻抗、近场效应、辐射方向图以及与其他天线之间的耦合。近场效应参数用来评估对人员、燃油和军用器材的辐射伤害（RADHAZ）可以使用NEC 程序或者测量黄铜模型来计算天线的耦合情况。在参考文件［16］中，使用的是黄铜模型测量的方法。我们关注的两个区域是，临近 HFSWR 的接收机可能被干扰，或者是宽带发射机噪声（BTN），其定义是不期望的发射机频谱（包括 BTN 但是不包括窄带杂散发射）占接收机名义频谱通带的部分。在这种情况下，RAS 不是一个问题，但是 BTN 却是一个潜在的重大问题。初步的 EMC 分析基于雷达发射机波形是一个矩形脉冲序列波，占空比

50%，周期 500μs，带宽 100kHz，如图 10-42 所示。这个雷达发射频谱因而是一个 sin x/x 波形。假定这是个矩形脉冲序列波形，计算得到雷达发射频谱上 2MHz、20MHz（雷达发射机调谐频率）和 30MHz 的电平分别是 −17dBm、67dBm（67dBm = 5kW 发射功率）和 −11dBm，如图 10-43 所示。根据对黄铜模型的测量，得知天线在 2MHz、20MHz 和 30MHz 的耦合电平应该分别是 25dB、30dB 和 35dB。因而通信接收机输入端接收到的在 2MHz、20MHz 和 30MHz 的干扰功率电平分别为 −42dBm、37dBm 和 −46dBm。准最小噪声（QMN）是对海军舰船上平均噪声电平的合理下限作的估计值。QMN 定义为被一些本地背景噪声污染的某个最小的大气噪声功率。更大的 QMN 和接收机系统噪声被用作通信接收机的 EMC 设计目标。将这些干扰功率电平与 QMN 比较，即是与 EMC 设计目标相比，我们发现干扰功率电平在 2MHz、20MHz 和 30MHz 分别超过了设计目标 44dB、152dB 和 74dB。

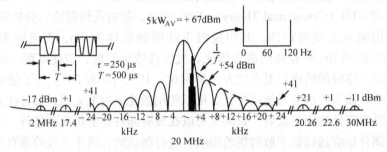

图 10-42　矩形脉冲串频谱占用

（摘自于 Li，S. T. et al.，EMC study of a shipboard HF surface wave radar，IEEE Electromagnetic Compatibility

Symposium Record，Atlanta，GA. ⓒ 1995，IEEE.）

- 如果不缓解，雷达发射器耦合可能在通信接收机上产生严重的问题

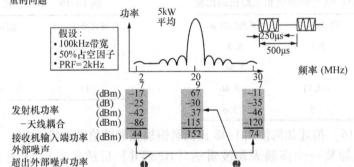

- 问题1的解决方案是在传输之前对激励器信号进行滤波

图 10-43　发射雷达信号耦合进高频通信电路的问题

（摘自于 Li，S. T. et al.，EMC study of a shipboard HF surface wave radar，IEEE Electromagnetic Compatibility

Symposium Record，Atlanta，GA. ⓒ 1995，IEEE.）

　　这个 EMC 的研究表明，若不对干扰电平进行消减，雷达发射机的耦合可能会造成通信接收机的严重问题。这里存在两个潜在的问题。第一个问题是雷达发射机将会产生足够的宽带噪声，严重地干扰所有的工作于整个高频频段（2～20MHz）的通信接收机。第二个问题

是在雷达调谐频率（20MHz）雷达发射机可能会烧毁一些电子战（EW）接收机或使它们饱和。

第一个问题的解决方案如图 10-44 所示。我们建议在雷达发射频率两端以外 5% 的频率上，通信接收机不应受到干扰。在 19MHz 上，雷达发射机功率为 9dBm；天线耦合电平为 −29dBm；接收机端的宽带噪声功率为 −19dBm；QMN 为 −114dBm；干扰电平高出 QMN 95dB。因而，需要在雷达发射机上进行滤波，在分隔 1MHz/50kHz = 20 = 1.3 十倍频程的频率上提供 95dB 的衰减。一个四极滤波器将会提供需要的 95dB 的衰减。

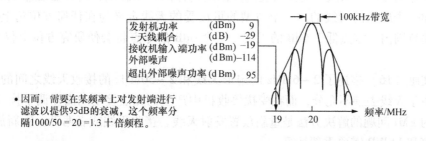

- 建议的要求：规定在比雷达发射频率任何一侧多于5%频率上，通信接收机不会被干扰

  - 例如，高频地波雷达的频率有10% 在高频通信机频谱外

发射机功率	(dBm)	9
− 天线耦合	(dB)	−29
接收机输入端功率	(dBm)	−19
外部噪声	(dBm)	−114
超出外部噪声功率	(dBm)	95

- 因而，需要在某频率上对发射端进行滤波以提供95dB的衰减，这个频率分隔1000/50 = 20 =1.3 十倍频程。

- 需要滤波器

$$\left(\frac{95dB}{1.3 十倍频程}\right)\left(\frac{1极}{20dB}\right) \sim 4极$$

激励器 → 2极滤波器 → 功率放大器 → 2极滤波器 → 天线

图 10-44　发射雷达信号耦合进高频通信电路的解决方案

（摘自于 Li，S. T. et al.，EMC study of a shipboard HF surface wave radar，IEEE Electromagnetic Compatibility Symposium Record，Atlanta，GA. © 1995，IEEE.）

参考文献［16］描述了第二个预测，它预测了船舷的高频通信系统所产生的干扰耦合到 HFSWR 接收机的电平。在这第二个预测中，除了 BTN 和 RAS 噪声，还要检测杂波交叉调制。杂波是不需要的回波，典型的是从地面、结构体、海面、雨水或其他沉降，金属箔条、鸟类和极光发出的（也称作背景回波）。船上交通发射机的高电平信号会通过接收机前端的交叉调制将调制信号转移到杂波上，这样就产生了杂波交叉调制。

参考文献［17］使用了一个 1/48 比例的黄铜模型预测了一个 2~6MHz 扇形发射天线和船上的一个 2~30MHz 接收天线之间的耦合。虽然 NEC 被用来设计新天线并且初步确定天线的性能和隔离情况，我们还是使用了 1/48 的比例来改进天线性能和确定最后的位置。一般情况下，天线设计不包含在船体新结构体的基本设计中，而是必须在船体的上层结构体设计定型后才开始进行。通信成套设备包括发射和接收设备已经预先设定好，甚至提供给天线设计人员的天线的位置也是既成事实不容更改的。黄铜模型的船身用胶合板搭建并在其表面覆盖黄铜。上层的形状结构体使用黄铜按照 1/10000 的误差进行机加工。建造的天线在跟随比例渐增的频率上可以提供同样的电气特性，但是物理外观可能有所不同。使用校准过的电缆与受试电缆连接。

天线性能涵盖转移阻抗（电压驻波比，VSWR），天线方向图和增益，RADHAZ（电磁辐射与健康）防护和发射和接收系统的隔离（去耦）。VSWR 反映了天线输入功率与天线输出端的反射功率的比率，是天线最为重要的参数之一。对于一个舰载发射天线，在包括匹配网络在内的整个天线频率范围内，VSWR 必须在 4:1 以下。然而在舰船的上层结构体的影响下，金属振子引起的摄动却常常阻止天线达到这个要求。舰载接收天线却没有如同发射天线设计时面临的 VSWR 的限制，因而接收天线设计目标是优化接收系统的效率。高频接收系统不需要有最有效的天线，但是却需要一个能将接收系统性能与 QMN 曲线匹配的天线。由于尝试接收比 QMN 小的信号是没有作用的，高频接收天线的频率响应大约比 QMN 小 10dB，以容纳天线失配以及电缆和系统损耗。

天线方向图是天线的空间位置的增益，能够非常容易地描述天线整体性能的特征。天线方向图以 3D 标绘图或以若干 2D 标绘图的形式来进行描述，它常常以理想接地平面上的 2/4 单极子天线作为参考。天线方向图会受到周围结构体的严重影响，所以在舰船上的环境下，是无法构建一个理想的天线的。一个典型的可接受的天线定义为在任何方位角上，在小于 20% 的频率范围内，零点低于 6dB 的天线。一个 6dB 的零点将会使研究方位上仅有 25% 传输功率。

参考文献［16］描述了 2～6MHz 的扇形天线和 2～30MHz 的接收天线之间的隔离，以及显示了由于天线去耦不充分，而在受扰接收机中产生的无法接受的高互调干扰（IMI）电平。潜在的 EMI 问题的解决方法是重新放置发射天线、接收天线或者两者。重新放置以后，天线的隔离和 VSWR 需要重新计算。

在天线设计阶段，使用 1/48 比例的黄铜模型表征发射天线附近的场强来评估 RADHAZ。RADHAZ 包括 HERF、HERO、HERP 和 RF 烧伤。每一种 RADHAZ 有不同的最大场强电平。天线工程师使用这些场强数据来设计和定位天线，使高频辐射靠近人员、燃油和军械区域时不超过电平允许值或提示可能产生的危险。

10.2.9 案例分析 10.1：抛物面反射发射天线周边的危险区域

10.2.9.1 一般介绍

可用的最精确的方法一般是使用校准过的宽带探头进行测量，以确定人员距离发射天线的安全距离。典型的测试方法描述如下：

1）测量以前，在研究的频率上使用校准过的天线来验证宽带探头和信号源。

2）测量人员位于预测的危险区域以外。

3）天线初始功率应小于其最大功率然后逐步增加。当测量的场强接近安全限值时，人员应移至天线后方。

测量对于计算的好处在于当天线靠近地面上的结构体时的天线的增益和方向，以及地面和结构体的反射或吸收都被精确地纳入了考量范围内。在无法进行测量或欲在测量之前需要预测安全区域时，可以基于理论和测量数据，对特定天线的最坏情况进行计算。为了减少计算时的人为失误以及方便地改变变量，人们编写了计算机程序用来生成危险区域的极化图。

10.2.9.2 安全限值

加拿大卫生与福利机构（Health and Welfare Canada）公布的"安全规程 #6，安装和使用 10MHz～300GHz 频段的射频和微波设备的推荐安全程序"规定了用于计算的安全限制。对于一般公共区域，14GHz 以上频率范围，1min 时间内的平均限值为 61.4V/m，0.163A/m 或 10W/m²。因为限值是平均场强，下列的计算包含了峰值发射功率到平均功率的换算。

10.2.9.3　危险区域的计算

一个最坏场景是高度不高的天线放置在理想导电接地平面上。一个更实际的场景是安装在地面上相当高度的抛物面反射天线。我们计算了 Andrew P6 – 144D 天线的两个危险区域，一个是当天线非常靠近理想导电接地平面时的区域，第二个是当天线非常靠近具有高介电常数的土壤时的区域。我们也讨论了天线安装在地面上一定高度时的情况以及有结构体靠近天线时的情况。

最坏情况分析采纳了发射机绝对功率最大值能力；天线电缆，馈线法兰和波导的最小衰减；以及天线的最大增益来预测天线周边的电场。

Andrew Antenna 公司发布了 P6 – 144D 天线的辐射方向绘图，如图 10-45所示。测量所得的天线增益的包络被标绘出来，其导致了最坏情况（如：最大增益）的发生。选择在任何所选频率上产生最大增益的任何一种极化方式，都与我们最坏的方法一致。Andrew Antenna 公司将天线放置于一个 50 ~ 150ft 高的天线塔上并测量了辐射方向图包络。

从私人交流信息[10]，我们知道从 TWT 到放大器的用以驱动 P6 – 144D 天线的可用峰值功率可能高达 130kW（额定峰值功率 = 125kW）。波导和馈线法兰的最小衰减不太可能会低于 1dB，这被采纳为最坏情况。根据参考文献 [10]，发射功率的最大占空比为 0.1%。输入到天线的最大平均功率（P_{av}）由功放峰值输出功率（P_{pk}）减去衰减，乘以占空比给出。因而，对于所考量的情况，

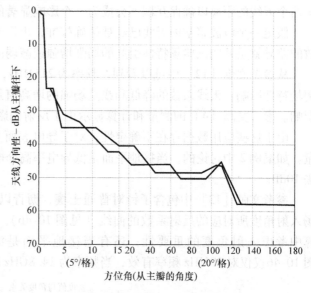

图 10-45　P6 – 144D 天线辐射图包络

（承蒙 Andrew Antenna Company Limited, Ashburn, VA 许可复制）

$$P_{av} = P_{pk} - 1dB \times 0.1\% \tag{10-11}$$

即

$$P_{av} = (130kW - 26.74kW) \times 0.1\% = 103.26kW \times \frac{0.1}{100} = 103.26W$$

对于一个低增益，低方向性的天线，例如偶极子天线，当直射辐射路径长度接近反射辐射路径长度，直射场和反射场同相，由于两个场叠加，理论上远场场强的增加值最大为 6dB。在紧靠近天线的情况下，以及由于偶极子天线的垂直方向性引起垂直极化离轴辐射衰减时，可能会得到超过 6dB 的场强增加值[2]。

这增强的 6dB 没有考虑任何导电结构体，例如紧靠天线的建筑物和金属围栏的反射，这些反射会加强或减弱在任何给定点的场强。当天线被放置在靠近导电接地平面的地方，由于天线和接地平面之间的互耦，天线的特性可能会发生变化。由于地面的接近效应，发生变化的还有其方向图，杂散响应以及其他异常现象。由于地面反射以及其他因素的影响，这些

效应非常难预测，所以一般尝试使用测量数据来导出最坏情况下的场强增加值。

可以通过在使用数据的地方进行实地测量来描述开阔试验场的特性以及取得场地衰减数据。一贯不变的是，这种试验场地包含了通常由金属网格构成的导电接地平面，这个平面至少被置于其中一个天线的下方。使用这种测量结果的缺点是需要使用发射和接收天线，所以天线之间存在互耦。然而，我们主要关注入射到人体的电场，在这种情况下，我们不需要过多关心天线的互耦。第二个缺点是这种测量的上限频率是 1GHz，然而在本案例研究中，我们关注的频率范围是从 14~15.2GHz。由于潜在的误差，我们可以使用这些测量结果时引入安全因子，就能对最坏情况下的强场提供一些加强防护措施。参考文献［3］中，适当选择了两个天线的距离以确保互耦不会成为一个影响显著的因素。

假定一个电波暗室内天线已经被精确校准，出厂天线系数和在开阔试验场测试的天线系数的差异就是开阔试验场特性引起的场强增强或减弱的值。

从参考文献［12］中可以看到，频率为 215MHz，当使用对数周期天线测量时，由于开阔场特性影响，天线系数的降低和或是场强的增高值是 6dB。测量包含的附加的环境反射的影响。参考文献［4］的测量和计算显示由于反射的影响 950MHz 处的场强增加 5dB。

由于这些应用数据存在不确定性，对于导电表面上的天线需要使用一个 10dB 的保守增量。如案例 2 中讨论的，当接地平面是低导电率高介电常数土壤的情形时，这个增量应该减去 10dB。

参考文献［13］中包含了针对普通土壤、沥青以及钢铁地面的，垂直和水平天线极化场入射角度所对应的反射系数的曲线（见图 10-46）。转自这份报告，图 10-46 显示了在计算中考虑入射角度的重要性；还有当接地平面是沥青时，其反射系数小于普通土壤。图 10-46 仅仅对 30MHz 频率有效，当频率为 14.8GHz 时反射系数差异会相当大，见案例 2。

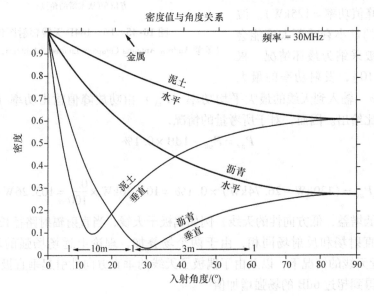

图 10-46 反射系数对应不同材料的入射角度

（摘自于 Gonshor, D. V., Attenuation, transmission and reflection of electromagnetic waves by soil, IEEE International Symposium on Electromagnetic Compatibility, Atlanta, GA. © 1987, IEEE.）

案例 1：天线位于紧靠高导电率接地平面的情况。

在空气中传播的波，当它入侵高导电率或高介电常数的表面时，究其发生波反射原因是这些表面的阻抗比波阻抗低。我们假定在 14.8GHz（$\lambda = 2cm$）的频率上，反射表面位于天线远场，其波阻抗 $Z_w = 377\Omega$。14.8GHz 铜的势垒阻抗为 $0.045\Omega/sq$，对于钢铁，从下式得知，大致为 $1.7\Omega/sq$，

$$|Z_m| = 369 \sqrt{\frac{\mu_r f}{\sigma_r}} （单位为 \mu\Omega/sq） \tag{10-12}$$

式中　μ_r——相对于铜的相对磁导率；

　　　σ_r——相对于铜的电导率；

　　　f——频率（MHz）。

因此，铜和铁的势垒阻抗均低于波阻抗，反射系数为最坏情况（案例 1）。前面讨论过，由于反射和其他源引起的场强增加的最坏情形是 10dB；即为

$$20\log \frac{E_{dir} + E_r}{E_{dir}} = 10dB$$

式中　E_{dir}——预测的直射场；

　　　E_r——反射场，入射在相同点的同相场；

10dB 的增加也被用来考量附加的杂散效应，例如天线加载。

用于生成危险区域标绘图的计算机程序公式的推导如下。最大安全电场是 60V/m，所以最大行波功率密度可以从下式得到

$$W = \frac{E^2}{377} = \frac{(60V/m)^2}{377}$$

$$= 9.55W/m^2 = 1mW/cm^2 \tag{10-13}$$

距离源一定距离 r 的功率密度由下式给出

$$W = \frac{P_{av} G F_e}{4\pi r^2} \tag{10-14}$$

式中　r——距离（m）；

　　　G——天线增益（数值）；

　　　F_e——反射等引起的功率增加值。

从公式 $W = E^2/377$，可以看到电场强度增加 10dB，就会导致功率密度增加 10dB。例如 10V/m 电场场强增加 10dB（0.26W/m）会产生 31.6V/m（2.6W/m）的电场，公式如下

$$20\log \frac{31.6}{10} = 10dB$$

因而，功率密度的增加值为

$$10\log \frac{2.6W}{0.26W/m} = 10dB$$

由式（10-14）给出的安全距离为

$$r = \sqrt{\frac{103.3 G F_e}{9.55 \times 12.56}} \tag{10-15}$$

P6-144D 天线主瓣的最大增益是 46.3dBi。图 10-45 显示增益相对于主瓣方位角的离轴

衰减。以 dBi 表示的天线增益被转换成增益的数值形式，再使用式（10-15）来计算天线周围的安全区域，区域以内即为危险区域。图 10-47 是天线附近安全距离等值线的极坐标图。下面做了一个计算样例确保计算机程序的有效性。

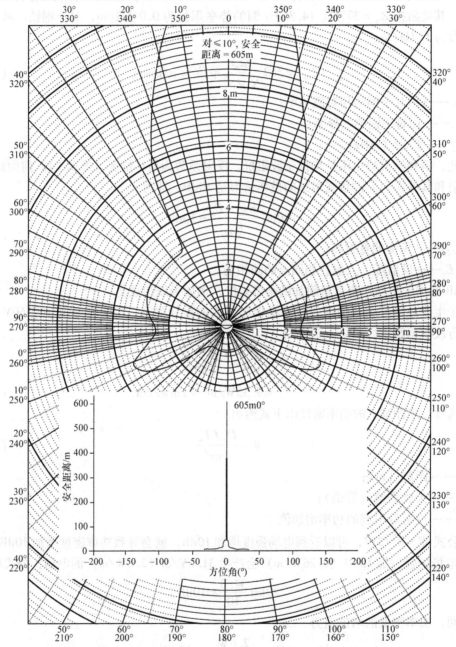

图 10-47 靠近高度导电地面的 P6 – 144D 天线附近有害区域的极化标绘图

天线的轴向增益是 46.3dBi，F_e 是 10dB；因此增益的数量值乘以 F_e 的数量值是 $42658 \times 10 = 426580$，根据式（10-15）得到的安全距离（m）如下：

$$r = \sqrt{\frac{103.3 \times 426580}{120}} = 605$$

这和计算机生成的结果一致。

案例 2：高介电常数地面上的天线。

土壤的最低电阻率大约为 $100\Omega \cdot cm$，这大大高于铜的电阻率 $1.72\mu\Omega \cdot cm$。$14.8GHz$ 频率时土壤最低阻抗会因为土壤的导电性而大大高于 377Ω，而且由于土壤的导电性，可以忽略发生的反射。然而，具有比空气介电常数更高的表面所表现出的阻抗要比 377Ω 更低。当一个空气中的行波入侵这样一个表面时，就会发生反射。根据参考文献 [14]，水平极化波的反射系数 R_c 由下式给出，

$$\left.\frac{E_\tau}{E_i}\right|_H = 1 - \frac{2}{1 + \dfrac{Z_w}{Z_s} \times \dfrac{\cos\phi}{\cos\theta}} \tag{10-16}$$

而垂直极化波的反射系数则由下式给出，

$$\left.\frac{E_\tau}{E_i}\right|_V = 1 + \frac{2}{1 + \dfrac{Z_w}{Z_s} + \dfrac{\cos\phi}{\cos\theta}} \tag{10-17}$$

式中　Z_w——波阻抗，$Z_w = 377\Omega$；

　　　Z_s——土壤阻抗；

　　　θ——相对垂直方向的场入射角，但不等于 90°；

　　　ϕ——透射波在土壤中相对于垂直方向的角度，但不等于 90°。

入射波与透射波之间的角度差异是因为空气中和土壤中波速的差异造成的。其比值是

$$\frac{\sin\theta}{\sin\Phi} = \frac{V_1}{V_2}$$

式中　V_1——波在空气中的速度；

　　　V_2——波在土壤里的速度；

V_2 恒小于 V_1，且与介质电导和损耗角正切（例如，土壤的复介电常数）有关。

最坏情况下的最大反射发生在当 $V_1 = V_2$ 的时候，这种情况下，$\sin\theta = \sin\Phi$。由于土壤的复介电常数未知，式（10-16）和式（10-17）中的 $\cos\Phi/\cos\theta$ 项被设为 1。图 10-48 显示了所说的波角度。

土壤的阻抗由下式给出

$$Z_s = \sqrt{\frac{\mu_0}{\varepsilon_0 \varepsilon_r}}$$

式中　μ_0——自由空间的磁导率，μ_0　　　$= 4\pi \times 10^{-7} H/m$；

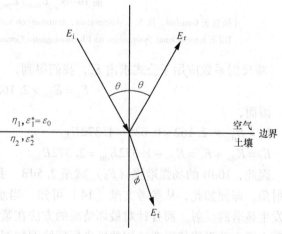

图 10-48　入射、反射和透射波角度

（摘自于 Gonshor, D. V., Attenuation, transmission and reflection of electromagnetic waves by soil, IEEE International Symposium on Electromagnetic Compatibility, Atlanta, GA. © 1987, IEEE.）

ε_0——自由空间的介电常数，$\mu_0 = 1/(36\pi) \times 10^{-9} F/m$；

ε_r——媒介的相对介电常数。

参考文献 [5] 显示了 10GHz 时沙土（湿度 16.8%）的一个最坏情况下的介电常数 20，这个数值被用在下式计算土壤阻抗（Ω）。

$$\sqrt{\frac{4\pi \times 10^{-7}}{(1/36\pi \times 10^9) \times 20}} = 84.2$$

在图 10-16 或图 10-17 中阻抗使用 84.2Ω 可以得到反射系数 R_c 为 0.635（即入射波的 0.635 被反射，0.365 透射或者被土壤吸收）。因而，E_{trans}/E_{inc} 的比值以分贝表示为 20 log 0.365 = -8.75dB，这与图 10-49 一致性很好。如果我们假设 10dB（3.162）场强的增加仅仅是由于反射引起的，忽略天线对地近场效应，使用 10dB 场强增强，可以从 E_t 和总电场推出反射波 E_r，$E_t = 3.162E_{dir}$，E_{dir} 是没有场增强的预测场强；因此 E_r 可以由下式推出，$E_t = E_{dir} + E_r$，即为 2.162E_{dir}。

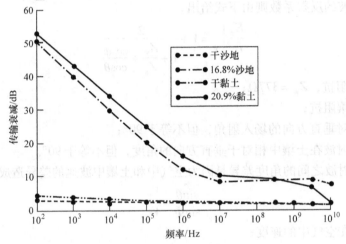

图 10-49 E_{trans}/E_{inc} 法向入射

（摘自于 Gonshor, D. V., Attenuation, transmission and reflection of electromagnetic waves by soil, IEEE International Symposium on Electromagnetic Compatibility, Atlanta, GA. © 1987, IEEE.）

将反射系数应用于公式求出 E_r，我们得到，

$$E_r = E_{dir} \times 2.162 \times R_c$$

因而，

$$E_r = E_{dir} \times 2.162 \times 0.635 \approx 1.372E_{dir}$$

$$E_t = E_{dir} + E_r = E_{dir} + 1.372E_{dir} = 2.372E_{dir}$$

因此，10dB 的场强增强（F_e）减至 7.5dB。我们假设了透射波相对于土壤表面的法向入射角。即便如此，从参考文献 [14] 可知，当水平极化波入射到表面的角度较小时，也会发生显著的反射。而且针对最坏情况的方法在紧靠天线的近场区也是有效的。位于高介电常数土壤上的天线的安全区域的极坐标标绘图如图 10-50 所示。

10.2.9.3.1 结论

为了安全起见，我们用了最坏情况的方法推导出了特定发射天线周围的危险区域。由高

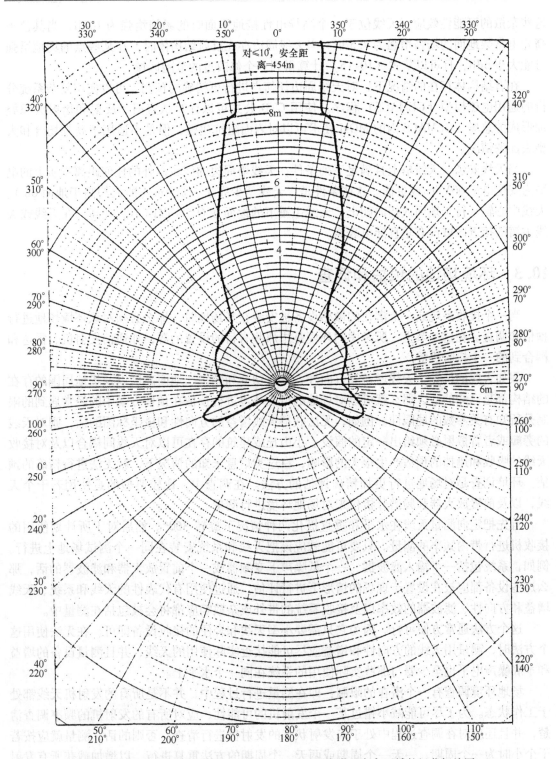

对≤10°，安全距离=454m

图 10-50　靠近高介电常数地面的 P6 – 144D 天线附近有害区域的极化标绘图

导电表面的反射引起的最大理论场强增强为 6dB。在表面导电率较低但是有环境反射存在的开阔场的测量到的场强增强是 5dB 和 6dB。一个未知的效应是天线接近地面时的特性。由于这些杂散的可能性效应，天线位于一个高导电性接地平面时的场强增强为 10dB，当其位于高介电常数地面的场强增强为 7.5dB。当天线周边存在反射结构体时，在某些点的场地增强可能大于 6dB，且可以从式（10-15）计算得到一个修改过的危险区域。

在有结构体存在的情况下，对天线周边任何点进行更精确的预测，可以使用复杂系统分析的通用电磁模型（GEMACS）程序。使用 GTD 公式可以计算从直射、反射和衍射波源叠加形成的总场。GEMACS 内的 MOM 技术可以对表面阻抗建模，但是不适用于高频场合和大型表面的情况。

当天线安装于天线塔上且满足下列条件，天线塔周边的区域以外的任何距离本质上的电平为安全电平 60V/m 或更低。这些条件是，天线至少高于人员 4m（即大约高于地面 6m）。天线中心轴平行于地面或指向朝上，天线主瓣下的地面在 605m 以内不能升高，在天线或天线主瓣的接近区域没有垂直导电表面。

10.3　环境场地的预估和调查

当一个接收系统或一个潜在的敏感设备被安装在某场地时，那么必须对该环境场地进行预估和调查。在这一节里，所考虑的环境是指那些有目的设置的源，如通信发射机、雷达和耦合到的一个接收机等。

假如天线的位置、天线增益和方向性、发射功率和频率、地面高度以及场地周围的存在的结构都是已知的话，那么就可以对场地的电磁环境进行预估在预估方案中的经常遇到的限制是所知有关参数的局限性。例如，无法获得天线增益的方向性和极坐标图的话，则对天线的旁瓣或者背散射必须给出一定的假设。小山丘或建筑的存在可以对天线间耦合以及对接收天线的吸收和遮挡的预估产生很大的影响，在这类信息未知的情况下，就无法进行精确的预估。环境调查是对场地进行更加精确评估的方法。在调查中，比较典型的是使用若干个天线，以及前置放大器和频谱分析仪来对场地环境进行测量。

首先把定向测量天线在水平和垂直极化两种情况下旋转 360°。然后对于所计划使用的接收机进行带内频率的测量。只要可能就应该把天线和系统安装在同一个测试场地上进行。例如，系统包括一个输入滤波器、一个低噪声下变频器或一个前置放大器和滤波器的话，那么这些设备都应被在设置于现场的情形下进行评估。通过使用有代表性的天线和系统、天线增益和方向性、滤波器的效率以及接收系统的带外或杂散响应都将会被包括在测量中。

这个方法通常方便可行。因为它只需要小型天线和轻便的接收设备即可。在无法使用这个方法时，测量用天线的方向性和增益应尽可能接近实际使用的天线，并且测量设备的增益和本底噪声电平也至少要与那些实际使用的系统在同一个水平上。

场地环境调查有一个潜在的限制：即在测量进行过程中，并不是所有的发射机天线都处于工作状态。为了尽可能减小错过某一个发射机的可能性，应对所有的发射机的频率调查清楚，并且还应对在调查过程中处于未发射状态的发射机进行清查。否则的话，测量就应按若干个小时为一个周期、一天一个周期或两天一个周期的方法重复进行，以增加截获所有发射频率的几率。

10.3.1 无源互调

当两个或多个信号混合在具有非线性结的装置中时，就会产生互调产物。当这些互调产物落在同位置的接收机的频带内时，可能存在 EMI 问题。

无源互调制（PIM）可以发生在靠近接收天线的任何金属结构中，例如天线结构、栏杆、塔台或其他金属表面上。

非线性结点的一个常见来源是金属表面的松散连接或氧化。一种结构包括具有非线性磁滞特性的铁基材料或具有非线性电阻率的碳素纤维，也可能出现无源互调制，这通常比连接所产生的无源互调制水平高出一个数量级。

航天器上的复合材料通常是玻璃纤维、芳纶纤维（Kevlar）或镀铝玻璃纤维。Kevlar 和含 Kevlar 的制品不应该是无源互调制的一个来源，然而如果铝玻璃纤维被编织到织物中去，那它是否就是一个无源互调制的来源尚不得而知。在航天器上，铁基材料通常是用在起落架，皮瓣杆/轨道，连接起落架和皮瓣杆/轨道的门把手，是无源互调制最有可能的来源。

图 10-51 说明了两个发射天线、产生无源互调制的结构和对接收天线的再辐射功率。

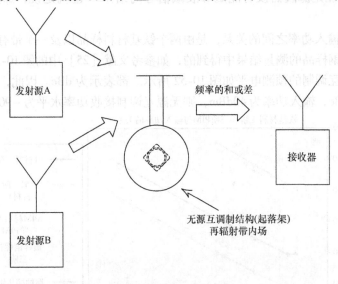

图 10-51 无源互调制图解

当金属表面涂装；钝化涂层如阿洛丁（Alodine），铬化镀层（iridite）和 Oakite；或镀锌处理，可以减少无源互调制发生的概率。在重新油漆航天器之前，应考虑钝化关键区域，如起落架等。

复合材料可以先化学镀铜，然后再用上铜板，最后再涂上镍灰分，再涂上漆。加州的航空器已经对一些符合军事 EMI 要求的塑料外壳进行了涂层。

不幸的是，无源互调制的产物的阈值往往随温度和功率电平的变化而变化。通常情况下，入射到表面的辐射功率电平越高，无源互调制的电平也就越高，尽管它们对于功率电平所起到的作用，往往是不可预测的。

任何两个发射源的功率足够时都可能导致互调产物出现，然后再辐射和检测为一个信号。互调产物由 $mf_1 + nf_2$ 产生，其中 m 和 n 是从 1 向上的正整数或负整数。m 和 n 之和定义了互调产物的阶数，从而有，$1f_1 \pm 2f_2 =$ 第3阶。

第三次谐波（如 $3f$）三阶互调产物（如 $2f_1 \pm f_2$，$2f_2 \pm f_1$）在有关文献中被报道过可能引起一些的问题[25]，然而第二阶，第三阶，和第四阶的互调产物（如 $f_1 \pm f_2$、$f_1 \pm 2f_2$，$2f_1 \pm f_2$ 和 $2f_1 \pm 2f_2$）等照理也应在无源互调制的频率分析中进行检查。

一般来说，但并非总是如此，互调产物的阶数越高，无源互调制电平就越低。因此，我们通常只关注第二、第三和第四阶产物，特别是当无源互调制电平较低时。此外，由于许多潜在的无源互调制来源已经确定了，所以分析仅限于在两个同时运行的发射机之间。再者，因无源互调制的物理机制是非常复杂的，它随时间而变化，并取决于周围的温度和功率，以及其他变量，一些研究人员已经采用了一种启发式的方法来进行研究这些问题，以确定航天器上潜在的无源互调制来源。

铁磁无源互调制比接触时由金属氧化引起的无源互调制，要高一个数量级。所述干扰可能是与发射机相关的，即既与基本振荡器和主振荡器有关，也可以与/或 BB（宽带）噪声发射有关的谐波。同时放大多个信号的放大器也可以产生互调产物（交叉调制）。与接收机相关的互调产品可能是滤波器没有能足够衰减信号的结果（也就是说，那些交叉调制频率可能是一个问题）。

无源互调制与输入功率之间的关系，是由两个铁基材料样品以及一个带有一个新的和腐蚀了的旧接头的不锈钢样品的测量结果中得到的，如参考文献［25］中的图 10-52 所示。从金属到金属连接的无源互调制的预测电平如图 10-52 所示。都表示为 dBc。因此，如果无源互调制产物水平为 -130dBc，输入功率为 40dBm，则无源互调制接收功率水平为 -90dBm。

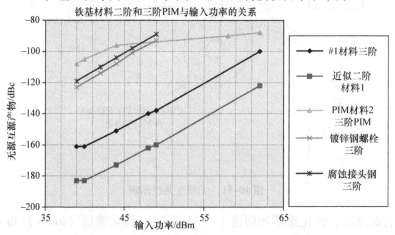

图 10-52 两种铁基金属材料的无源互调制测量

（摘自 Joffe, E. B. and Gavan, J., High power broadcast skywave transmitters desensitization effects analysis, IEEE Electromagnetic Compatibility Symposium Record, Washington, DC.）

参考文献［28］研究了石墨纤维复合材料以 dBm 为单位的三阶互调电平。其中一种材料是由石墨短纤维垫构成的，它由一种随机分散的短纤维组成，通常是 1in 长的纤维，浸渍了溴化乙烯酯树脂。另一种则是由一根连续的绞线、石墨纤维和平纹织物制成，织物上还浸有溴化乙烯基酯树脂。

表 10-20 显示了 $2f_2 - f_1$ 和 $2f_1 - f_2$ 的三阶互调产物。输入功率为 30dBm。

表 10-20　石墨材料 PIM

材料	产物	F_1	F_2	F_{IM1}	运行#1 P_{IM1}/dBm	运行21 P_{IM1}/dBm
石墨	$2*f_2-f_1$	2.2	4.65	7.1	−101	−108
混合物	$2*f_2-f_1$	2.2	4.65	7.1	−111	−130
石墨	$2*f_1-f_2$	9.81	16.3	3.32	−110	−117
混合物	$2*f_1-f_2$	9.81	16.3	3.32	−122	−118
石墨	$2*f_1-f_2$	11.43	29.8	6.94	−116	−96
混合物	$2*f_1-f_2$	11.43	29.8	6.94	−111	−118

表 10-21 中提供了一个应该生成可能导致无源互调制的潜在无源互调制传输系统的矩阵。

表 10-21　PIM（无源互调制）测试矩阵的潜在源

案例#	发送系统 A	航空器的位置	发送系统 B	飞机的位置	频率组合测试
1	海事搜索雷达		SLAR 和气象雷达	B	f_2-f_1
		A		C	$(B-A)$
2	飞控任务 V/UHF		驾驶舱 HF	E	$f_1\pm f_2$
		D	飞控任务 HF	F	$(A\pm B)$
4	测距装置	G	终端控制区	H	
	测距装置	G	自动温度控制	I	$f_1\pm f_2, 2f_1\pm 2f_2$
	测距装置	G	敌我识别系统	J	$(A\pm B, 2A\pm 2B)$
5	测距装置	G	终端控制区	H	
	测距装置	G	自动温度控制	I	$2f_1\pm f_2$
	测距装置	G	敌我识别系统	J	$(2A\pm B)$

表 10-22 显示了生成的测试案例表。

表 10-22　无源互调制的测试

海事搜索雷达（A）		
频率、机载侧视雷达和气象雷达（发射频率 9375MHz）	带有天线的被影响的设备名称数量	潜在冲突的频率范围/MHz
8900~9345	30~88, 118~74, 225~400, 400~600MHz 的驾驶舱 V/UHF	30~475
8900~9275	100~512MHz 的飞控任务 V/UHF	100~475
8969~9345	30~406MHz 的 V/UHF 探向仪	30~406
9040~9045	329~335MHz ILS 滑降系统	330~335
9219~9212	156/163MHz 自动识别系统	156~163
9238~9257	118~137MHz 的驾驶舱 VHF	118~137
9287~9373	驾驶舱 HF，飞控任务 HF 0.1~30MHz 的 VLF/HF	2~88

　　在计算中还需要发射机和无源互调制结构之间以及从无源互调制结构到接收天线之间的距离。当无源互调制产品不出现在视线范围内（例如从机身顶部到侧面）时，就会出现一些阴影。

在实际航天器上天线的响应、天线的分离以及铁基材料和复合材料接近的程度，将显示无源互调制的可能性，具体情况如下。

如表 10-23 所示，发射机的 PIM 分析工作表中的旁瓣或辐射发生在起落架上，该起落架存放在玻璃板下，然后反射到接收天线，如图 10-41 所示。

表 10-23 无源互调制工作表实例

在频率 z = 9070 的 TXA 输出功率	TXA 天线增益/dB	无源互调制表面的距离 /m	从 TXB 出发的表面入射辐射功率/(W/m²)	9325MHz 下 TXB 的功率输出	TXB 天线仰角增益 /dB	TXB 到无源互调制(PIM)表面的距离 /m	从 TXB 到无源互调制(PIM)表面的入射辐射功率 /(W/m²)
8000	旁瓣 = 0	3.6	49	25000	-10	2.3	119

RX 天线的散射功率	结构中的功率 /dBm	二阶无源互调制(PIM)水平(差频)/dB	在 255MHz 时，RX 天线的再辐射功率 /(W/m²)	无源互调制表面与 RX 天线的距离 /m	RX 天线频率/m	RX 天线增益/dB	接收功率 /dBm
基于 10.2.8 节的分析结果/(W/m²)							
0.019	54	-145	6e-17	7	255	1	-173

发射机 A 频率范围为 8900 ~ 9500MHz。发射机 B 频率为 9325MHz。发射机 A 在 9070MHz 时的差频为 9325MHz - 9070MHz = 255MHz，落在接收机的频带内。

起落架上的钢是圆柱形的，长度约 2.14m，直径 0.127m。基于 10.28 节讨论的 RCS，由式（10-20）导出了接收天线上 3.6m 处的散射场。可以得出入射电场（V/m）为

$$E_{inc} = \sqrt{\text{PIM 表面的功率} \times 377} = \sqrt{119 \times 377} = 212 \tag{10-18}$$

并且从式（10-9）可以得出散射场为

$$E_s = \frac{\sigma \times E_{inc}}{4\pi \times R^2} \tag{10-19}$$

在 6° 时，采用最坏的 σ 为 3.1dB（2.05），接收天线上的入射电场为 2.7V/m，功率密度为 0.019W/m²。

作为入射场的结果，这个结构上的功率为

$$P = \sigma W \tag{10-20}$$

式中　σ——RCS 或俘获面积；

W——入射功率密度。

在 6° 时，119 × 2.05W = 244W = 54dBm。

从图 10-53，近似的无源互调制为 -145dB。

接收端输入功率为 -173dBm，低到不存在 EMI 问题。

10.3.1.1 减缓措施

无源互调制的一些真实来源是

- 零件对齐不良；
- 移动结构未充分结合好；
- 电镀前零件清洗不足或不完整；

- 污染的镀槽；
- 不良的电镀附着力；
- 直接接触中的异种金属；
- 镀层不均匀和涂层足够的厚度（高电阻）；
- 材料在镀液中没有放足够长的时间（高电阻）；
- 氧化。

无源互调制和其他减缓技术的实例研究，见 10.3.2 节。

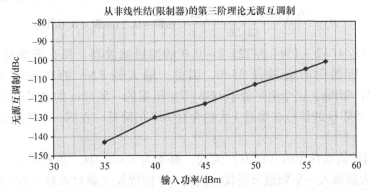

图 10-53　预测的从非线性结的第三阶无源互调制

10.3.2　案例分析 10.2：场地的电磁环境预估和场地调查

在下面的场地调查中，所研究的发射频率为一个工作基频为 1544MHz 频率上的卫星通信系统，其 IF 为 45MHz，以及参考频率为 10MHz。另外，在任何频率上场强为 1V/m 或大于 1V/m 者都能导致对电缆和设备的直接耦合，也就是说能导致 EMI。对一个距所计划的卫星通信接收天线场地为 56m 的发射天线所产生的交叉调制可以进行如下的预估。

该发射机的工作频率为 1511.125MHz，功率为 2.5W，并且馈送至一个增益为 17.5dB 的八木（Yagi）天线。被预测发射天线是侧射在接收天线上的。八木天线的旁瓣很可能至少要比主瓣低 13dB。然而，由于它的邻近还存在有好几个发射塔，所以该八木天线的天线图会在某种程度上受到无法预知的影响。

那么，假定一个天线的增益是 17.5dBi – 13dB = 4.5dB。而入射在接收天线上的功率密度 P_d 由等式（10-8）给出：

$$P_d = \frac{P_{in}G_a}{4\pi R^2} \tag{10-21}$$

式中　P_{in}——天线的输入功率，其值为 2.5W；

　　　G_a——天线的有效增益，其值为 4.5dB；

　　　R——距离，其值为 56m；

　　　P_d——功率密度（W/m²）。

所以

$$P_d = 2.5\text{W} \times \frac{2.818}{12.56} \times 56^2 = 0.179\text{mW/m}^2 = -7.5\text{dBm/m}^2$$

在插入接收天线和低噪声放大器（LNA）之间的一个窄带空腔滤波器的输入所接收到的功率（P_r）为

$$P_r = \frac{P_d G_b \lambda^2}{4\pi} \tag{10-22}$$

式中　G_b——接收天线的增益，其值为389；

　　　λ——入射功率的波长。

从式（10-22）可得

$$P_r = \frac{(0.179 \times 389 \times 0.198^2)}{12.56} mW \approx 0.21mW = 6.6dBm$$

假定使用的是 4C42 – 1544.5/T23.2 – 0.0 的四级滤波器，那么所测量到的在频率为 1511.125MHz 上所提供的衰减是 35dB。因此，输入到 LNA 的功率就为 – 6.6dBm + （– 35dB）= – 41.6dBm。这个电平处于 LNA 产生压缩的 – 50dBm 的电平以上，所以预计所接收到的 1544.25MHz 的信号在增益上大约合有 2dB 的降低。在同一个场地所做的测量结果如下。

测量所使用的是双脊导向（DRG）天线，频率为 1 ~ 2GHz，并采用了一个最小增益为41dB 的前置放大器馈入一个频谱分析仪。使用一个前置放大器对来自八木天线在 1.511GHz 的发射进行了电路内和电路外的测量。在前置放大器被移去的情况下，在 1.511GHz 上所测量到的电平降低了 44dB。这证明了前置放大器并没有产生压缩。而将前置放大器包括在其中的原因是要确保从 1540 ~ 1550MHz 的带内发射的任何低电平都会被检测到。

所测量到的来自八木天线的场要比所期望的低。为了证实这个测量，另一个与发射天线完全一样的八木天线被用来作为测量天线。这个指向发射天线的测量天线的电平要比使用双脊导向天线所获得的电平高出 14.8dB，而预期的电平增加值为 9.5dB。这个测量到的电平差异的一个可能的解释是两个天线的方向性不同（即双脊导向天线受到反射波的影响要比方向性较差的八木天线高）。这个解释使用通过把两个天线的指向都偏离发射机情况下进行测量所获得的结果得到证实。此时，双脊导向天线测量结果要高于八木天线的结果。

卫星接收系统所使用的天线呈现的增益要比八木天线的增益高 8.5dB。由于它的较高增益和方向性，所以当天线对天空进行扫描时，与测量电平相比，所接收到来自发射机功率中出现较高峰值和波谷本在预料之中。在频率为 1511MHz，并且为最高发射电平时，在测量天线所接收到的功率可以计算如下：首先使用信号源和频谱分析仪对前置放大器和电缆进行校准。输入到电缆/前置放大器的电平被调节到 – 44dBm。所测量到的输出为 – 4dBm；因此，结合起来的增益和插入损耗是 40dB。

在频率为 1511MHz 情况下，所测量到的输入到频谱分析仪的电平为 – 13dBm；减去前置放大器的增益后，天线的输出电平为 – 53dB。

卫星通信系统的接收天线的增益要比测量天线高 17.8dB。因此，基于较高的接收天线增益，在四节滤波器的输入端的功率电平为 – 35dB。

在 1.511GHz 时，四节滤波器提供的插入损耗为 35dB；因此，LNA 的输入就是 – 35dBm + （– 35dB）= – 70dBm。所测量到的 LNA 输入电平比预期的低 28.4dB。预估值和实测值之间出现差异的主要原因是发射天线的位置不是直射于接收天线，而是与接收天线间存在着一个大约为 20° 的偏离角的缘故。由于有来自附近小山丘的反射，所以没有对指向发射天线背部的最大电平进行测量。这个例子说明了，当发射机和接收机的精确位置无法确定的情况下测量的重要性。下面所述的是在不同场地进行调查的例子，也强调了实际调查中测量的使用要远优于预估。

在这个例子中，使用了一个双脊导向天线和一个最小增益为 40dB 的前置放大器对频率为 1.344GHz 的高幅值发射进行了测量。在测量进行了大约接近 1h 以后，发现发射发生了改变。测量到了精确频率为 1.545GHz 的带内发射，并且发射的两个边带都有大约宽度为 15MHz 的空间。这个发射在短时间内广泛地结合了不同的发射，在 3s 周期内先是增加，然后又下降，最后在大约 3s 时完全消失了。在 1.344GHz 和 1.305GHz 的峰值发射，在大约 6s 周期内也出现了其幅度先是增加，随后又下降的现象。

1.305GHz 和 1.3405GHz 的发射源是一个位于天线测量位置东面的一个长距离雷达。在没有前置放大器情况下，所测量到的频率为 1.3405GHz 时的功率电平为 −31.83dBm。在 1.3405GHz 频率上互接电缆的损耗大约为 2dB；因此，天线的输出电平为：−30dBm = 1μW。双脊导向天线的增益在 1.36GHz 时，大约为 5.6dB = 3.63（数字值）。在 DRG 天线上的入射功率密度（mW/m²）由下式给出：

$$P_\mathrm{d} = \frac{4\pi P_\mathrm{r}}{G\lambda^2} = \frac{12.56 \times 1 \times 10^{-6}}{3.63 \times (300/1340)^2} = 0.069 \tag{10-23}$$

在图 10-54 的照片中所看到的互调制很可能是由于前置放大器的振荡或由于过载产生的寄生响应。为了测量前置放大器对输入电平的敏感性，对输入信号进行了衰减。这里唯一可以用来做为衰减器器件的是一个 20ft 长的 RG58 同轴电缆。

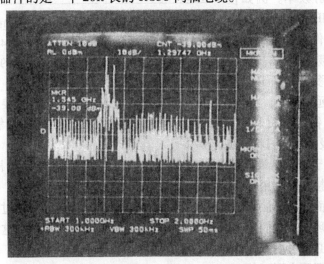

图 10-54　频谱分析仪显示出互调制产生在 1545MHz 的照片

在 1.305GHz 频率上，在天线输出和前置放大器之间的同轴电缆上测量到的幅度下降大约为 27dB。这个幅值的降低使得具有 15MHz 间隔的频谱发射谱线接近本底噪声。进一步测量还发现，至少还可以看到 4 个分别为 1.6GHz、1.62GHz、1.72GHz 和 1.84GHz 的谱线。虽然，并没有结论性的证实，但这个测试指出，前置放大器不是谐波相关发射谱线的发射源。

在整天的测试过程中，尽管高幅值的 1.34GHz 雷达信号能被稳定地监测到，但是互调制却并不是自始至终出现的。该互调制源是一个 15.4MHz 短波（S/W）无线电信号，它产生的功率密度约为 2.65mW/m²，而该雷达产生的功率密度则仅为 0.069mW/m²。该带内频率的起因是无源互调制（PIM），它只有在 S/W 无线电处在工作状态时才发生。这个互调制的产物是

$$13 \times 15.4\mathrm{MHz} + 1344\mathrm{MHz} \approx 1544\mathrm{MHz}$$

因为 15.4MHz 信号电平将大大地被 DRG 天线所降低，所以互调制产物产生的位置很可能不是 41dB 前置放大器的输入。最可能的源是一个围绕建筑物顶部的雷击保护装置。测量天线的位置距雷击保护装置的垂直和水平导体仅 6ft 远。由于非线性连接或磁导率大于 1 的金属感应所产生的非线性所导致的无源互调制的再辐射，通常要比入射功率电平低 40dB。

从图 10-55 所示的照片可以看到：互调制产物要比在频率为 1.3405GHz 的电平低 30dB，而要比在 15.4MHz 的电平低大约为 46dB。互调制将仅发生在当 15.4MHzS/W 接收机工作时以及雷达指向建筑物时才发生。所以，并不总是出现 EMI。用于解决 EMI 的解决办法有：

改变 S/W 发射频率。例如使用 16.5MHz、18MHz、28MHz 等。它们将被选择用来作为对 EMI 互调制产生最大抑制的频率。

将 S/W 天线移至离开卫星接

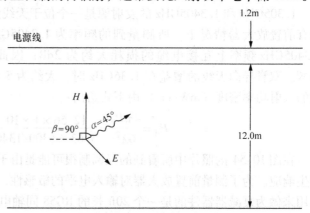

图 10-55 入射场等于平面波在电缆轴和 H 场之间的最坏角度是 $\beta = 90°$。一个平均 45°角被用作环路平面和场传输方向间的角度

收天线至少 500m 远的位置，并且只要可能还应将其置于远离雷击保护装置导体。假如雷击保护装置导体为非铁氧体材料，应将其用 IMI 抑制涂层覆盖。若是铁氧体材料，则应用 2.5in 厚的全天候吸波发泡材料包裹。

假如 PIM 是由于"锈蚀螺栓效应"所造成，一个解决办法是切断结构中引起 PIM 的所有螺钉、螺母或铆接。而改用焊接、铜焊或镉焊来替代。另一个办法是，连接的性能可以用清洗和钝化金属表面处理方法来加以改善，然后重新将它们连接，并通过喷漆或填充缝隙将它们密封，以防止环境对它们产生腐蚀。在我们讨论的这个案例中，对这些连接进行清洗是不可能的。所以，必须考虑采用其他的一些方法。

用于抑制的涂层原来可以从 Omicron Inc、PO Box397、Buffalo、NY14222 USA 购置，但现在已无法查寻。该公司曾生产两种类型的互调制干扰抑制材料。其中 Omicron CBA 是一种由聚合物为基础的涂层材料，它为 RF 信号提供低阻抗和低电抗通路。这就降低了通过非线性连接的电流流通，并且也降低了 PIM 电平。这个低电抗通路是通过金属氧化渗透辅助剂、锈蚀阻断剂、螯合剂以及高介电常数的材料来获得的。

由 Omicron 公司生产的第二种抑制剂是 SS - 50/SC - 60，它是把被精细分离出的粉末状导电材料漫布在特别配方的聚合物中。由低电抗通路所提供的抑制模式是在分子一级上的，它有效地提高了连接点的短路电流。根据制造商介绍，以及实验室和现场对 OmicronIMI 一

抑制涂层的测试结果显示：在 0 ~ 30MHz 之间 IMI 电平有大于 40dB 的降低。虽然还可能有生产类似产品的其他制造商的存在，但在广泛搜寻以后，仍然没有找到有用的结果。正如表 10-24 中所示，1.344GHz、1.305GHz 和 15.4MHz 并不是存在于场地中仅有的可以预测到的产生互调制频率。在表中，$f_3 = N \times f_1 \pm M \times f_2$。

表 10-24 预估的互调（IM）产物导致的带内干扰频率

N	预估的 IM 频率				接收到的频率 f_3
	M	f_1	f_2	f_3	
9	1	20.8	456	1543.2 ⊖	1.299
2	1	12.8	1301.1	1542.7 ⊖	1.8
8	1	100.4	742	1545.2	0.7
2	1	100.4	1342	1542.8	1.7
3	1	151.1	1091.4	1544.7	0.2
4	1	171.8	857.3	1544.5	0
7	1	158.6	434.7	1544.9	0.4
1	1	158.6	1386.2	1544.9 ⊖	0.3
9	1	171.5	0	1543.5	1
2	1	448	649.3	1545.2	0.8
8	1	425.3	1859.1	1543.3	1.2
5	1	438.7	649.3	1544.2	0.3

由于功率电平可以高到足以（即在 171.1MHz 时，为 2.2μW/m²；在频率为 425.3MHz 时，为 1.2μW/m²）产生在接收系统本底噪声电平以上的无源互调制的频率存在。所以，在这些频率上的潜在 PIM 也是存在的。

10.4 案例分析 10.3：HF 相控阵雷达与 HVAC 线路的耦合

对一个预期中的接收机场地进行的场地环境调查发现，它存在有一个未被记录在原有 RF 环境调查中的 RF 源。这是因为它的频率远处于所研究的 1544MHz 和 468MHz 频率之外。该 RF 源是一个工作频率带为 8 ~ 20MHz 的 HF 相控阵雷达的背反射。从它的 16 个对数周期天线阵所辐射的平均功率为 2kW，而其有效的辐射功率则接近为 200kW。从私人交流过程中得知，它的背辐射电平大约为 50W。

除了卫星通信接收天线外，在设备建筑物上所接收到的功率在供水管道、电话线以及用于接收时标信号的接收机 HF 鞭状天线（该接收机的工作频率为 7.33MHz、10MHz 和 14.66MHz）都会感应到潜在的 EMI 电压。甚至在假定该源是水平极化，而时标接收天线是垂直极化情况下，都不需要通过计算就能预估该 8 ~ 20MHz 源对时标接收机所产生干扰的高可能性。

10.4.1 EMI 电平的预估

携带有 2400V 电压的供水管道被假定安装在离开地面高度为 12m，管道与管道之间的

⊖ 按公式 $f_s = Nf_1 \pm Mf_2$ 计算，得不出 f_s 的数值，但原文如此。——译者注

相隔距离为 1.2m。电源线与 HF 矩阵平行排列，两者间的间距为 600m。在 600m 距离上接收到的来自源的功率（dBm）可以通过下式计算：

$$P_r = -(32dB + 20\log_{10}R + 20\log_{10}f) + P_t$$

式中　　P_r——接收到的功率（dBm）；

　　　　P_t—— 发射功率，其值为 47dBm；

　　　　f——频率（MHz）；

　　　　R——相距源的距离（km）。

使用 8MHz 为最坏情况时的最低频率，所接收到的功率电平为

$$-(32 + 20\log_{10}0.6 + 20\log_{10}8) + 47 = 0dBm$$

使用波阻抗（377Ω）的远场值，在 0.6V/m 来计算电场以及 1.6mA/m 计算磁场。

10.4.1.1 传输线

计算电力线上拾取的电磁干扰最精确的方法是传输线理论，尽管该理论仅适用于地面上线路的高度（H）远小于波长 λ 的情况。

电场强度随着地面上方高度的增加而增加，直到高度大约为 0.5λ，之后场强的大小趋于平缓。传输线理论应用中的一个误差来源是忽略了这一影响。

传输线方程仍可用于计算式（7-16）[⊖] 中线路的近似特性阻抗和式（7-20）[⊖] 中的感应电流，方法是在小于实际高度的情况下，将高度设为 0.5λ。在 8MHz 时，当 0.5λ 为 18.75m 时，传输线方程可采用电力线的 12m 高度，而在 20MHz 时，可将其高度设为 7.5m，以限制感应电压。利用这些方程计算差分感应电压，由于导线间的距离小于 0.5λ，因此可望达到合理的精度。

案例研究 12.5 为式（7-16）和式（7-20）提供了实例，在本研究中，只给出了计算结果。

在 8MHz，高度为 12m 时，电力线的特性阻抗 Z_c 为 912Ω。在使用式（7-14）计算电力线之间的特性阻抗时，将距离设置为 0.6m，因为在获得地面上的一条线路的阻抗时，该方程被乘以 2。在 8MHz，高度为 12m 时，Z_c 为 552Ω。在 8MHz 下，0.6V/m 入射电场的感应共模电流为 31mA。差动电流为 4.5mA。传输线长，而且端接于未知阻抗的变压器，未知阻抗的变压器位于建筑物和变电站。如果假设负载和源阻抗与线路的特性阻抗相同，则共模感应电压约为 27V，差模电压为 2.6V。当负载和源阻抗小于线路的特性阻抗时，线路中的电流流动和谐振频率处的终端阻抗将远高于计算的阻抗。电缆共振的影响在第 7.7 节中讨论。

参 考 文 献

1. C.C. Roder. *Link Communication Analysis Algorithm (LINCAL): User's Manual.* ECAC-CR-80-059, Department of Defense, Electromagnetic Compatibility Analysis Center, Annapolis, MD, August 1980.
2. T. Durham. Analysis and measurement of EMI coupling for aircraft mounted antennas at SHF/EHF. *IEEE International Symposium on Electromagnetic Compatibility*, Atlanta, GA, 1987.
3. S.T. Hayes and R. Garver. Out-of-band antenna response. *IEEE International Symposium on Electromagnetic Compatibility*, Atlanta, GA, 1987.
4. D.A. Hill and M.H. Francis. Out-of-band response of antenna arrays. *IEEE International Symposium on Electromagnetic Compatibility*, Atlanta, GA, 1987.

⊖ 公式号疑有误——编辑注

5. S.T. Li, J.W. Rockway, and J.H. Scukantz. Application of design communication algorithm (DECAL) and performance evaluation communication algorithm (PECAL). *IEEE International Symposium on Electromagnetic Compatibility*, San Diego, CA, October 1979.

6. K. Clubb, D. Wheeler, and E. Pappas. *The COSAM II (DECAL/PECAL) Wideband and Narrowband RF Architecture Analysis Program: User's Manual*. ECAC-CR-86-112, February 1987.

7. J.W. Rockway, S.T. Li, D.E. Baran, and W. Kowalyshin. Design communication algorithm (DECAL). *IEEE International Symposium on Electromagnetic Compatibility*, Atlanta, GA, June 1978.

8. L.D. Tromp and M. Rudko. Rusty bolt EMC specification based on nonlinear system identification. *IEEE International Symposium on Electromagnetic Compatibility*, Wakefield, MA, 1985.

9. Private communication with J. Rose, Canadian Astronautics Limited, Ottawa, Ontario, Canada.

10. T. Dvorak. The role of site geometry in metric wave radiation testing. *IEEE International Symposium on Electromagnetic Compatibility*, San Diego, CA, 1986.

11. J. DeMarinas. Antenna calibration as a function of height. *IEEE International Symposium on Electromagnetic Compatibility*, Atlanta, GA, 1987.

12. Studies relating to the design of open field test sites. *IEEE International Symposium on Electromagnetic Compatibility*, Atlanta, GA, 1987.

13. D.V. Gonshor. Attenuation, transmission and reflection of electromagnetic waves by soil. *IEEE International Symposium on Electromagnetic Compatibility*, Atlanta, GA, 1987.

14. S.V. Georgakopoulis, C.A. Balanis, and C.R. Birtcher. Cosite interference between wire antennas on helicopter structures and rotor modulation effects: FDTD versus measurements. *IEEE Transactions on Electromagnetic Compatibility*, August 1999, 41(3), 221–233.

15. S.T. Li, B. Koyama, J.H. Schkantz, Jr., and R.J. Dinger. EMC study of a shipboard HF surface wave radar. *IEEE Electromagnetic Compatibility Symposium Record*, Atlanta, GA, 1995.

16. L.M. Kackson. Small models yield big results. *NARTE News*, 11(2), April–June 1993.

17. E.B. Joffe. Out of band response of VHF/UHF airborne antennae. *IEEE International Symposium on Electromagnetic Compatibility*, Denver, CO, 1989.

18. D.A. Weston. Antenna to antenna coupling on an aircraft using a 1/10th scale model with results compared to the FEKO electromagnetic analysis program. *EMC Europe*, Wroclaw, Poland, 2010.

19. D.A. Weston. Comparison of techniques for prediction of and measurement of antenna to antenna coupling on an aircraft. *EMC Europe*, York, U.K., 2011.

20. D.A. Weston. Electromagnetic ambient inside an aircraft from transmitting antennas mounted on the outside compared to safety levels and radiated susceptibility test levels. *IEEE International Symposium on Electromagnetic Compatibility*, Denver, CO, 2013.

21. M. Donald Siegel. Aircraft antenna-coupled interference analysis. *IEE Transactions on Electromagnetic Compatibility*, June 1969, 11, 85–90.

22. S.A. Davidson and G.A. Thiele. A hybrid method of moments-GTD technique for computing electromagnetic coupling between two monopole antennas on a large cylindrical surface. *IEEE Transactions on Electromagnetic Compatibility*, May 1984, EMC-26, 90–97.

23. Motorola Interference Technical Appendix, Issue 1.41, February 2002.

24. D.A. Weston. Antenna-to-antenna coupling on an aircraft: Mitigation techniques. *ITEM*, March 21, 2012.

25. E.B. Joffe and J. Gavan. High power broadcast skywave transmitters desensitization effects analysis. *IEEE Electromagnetic Compatibility Symposium Record*, Washington, DC, 1990.

26. J. Gavan and E.B. Joffe. An investigation of the desensitization effects by high power HF broadcast transmitters on HF airborne receivers. *IEEE Transactions on Electromagnetic Compatibility*, May 1992, EMC-34, 65–77.

27. P.L. Lui, A.D. Rawlins, and D. Watts. Measurement of intermodulation products generated by structural components. institution of engineering and technology. *Electronics Letters*, 24(16), 1998.

28. J.W. Rockway, J.C. Logan, H.H. Schukantz, and T.A. Danielson. Intermodulation testing of composite materials. Technical document 2705, September 1994 Naval Command. Control and Ocean Surveillance Center.

第11章

印制电路板

11.1 概述

设备无法通过辐射发射要求的一个主要原因是数字信号的辐射发射，可以是 PCB 的直接辐射也可能是 PCB 上与共模噪声电压有关的连接电缆的辐射造成的。甚至将设备完全置于屏蔽外壳中，在 PCB 上产生的噪声电压也会在未经屏蔽和滤波的接口电缆里生成一个足够大的电流，导致设备无法满足辐射发射要求。在极端情况下，由于屏蔽电缆连接到 PCB 金属板，而金属板又会与屏蔽外壳相连接，从而导致设备 PCB 产生的噪声电压不能满足商业设备的辐射发射要求。如果设备的辐射发射要求采用的是非常严格的 MIL - STD - 461 或 DO - 160 标准的话，则几乎不可避免地要使用屏蔽外壳。

当一个数字电子设备，如一台含有无线天线的笔记本电脑，它距 PCB 上任何位置的距离都在 2 ~ 20cm，即使 PCB 的低电磁发射设计和布线都十分良好，但这也仅仅是具备了良好工作的开端而已。在实际应用中，它仍然有可能无法摆脱对辐射噪声的敏感度，或摆脱由无线噪声所造成的带内杂散响应。

来自 PCB 和电缆的主要辐射源是共模（C/M）电流而非差模（D/M）电流。这是因为根据辐射体不同的几何形状，由几微安的共模电流所引起的辐射发射就可能和几毫安的差模电流产生的辐射发射一样高。

有些 PCB 布线专家可能会认为，设计一个好的 PCB 布线并不难。然而，这也许是真的，但也可能并不尽然。因为，在技术突飞猛进的今天，由于所使用的 PC（个人电脑）更加快速和越来越快速的 ps（皮秒）逻辑电路，所以制造商必须要做出更大的努力才能不断满足产品的 EMI 要求。为了降低辐射发射，PCB 布线设计新技法的需求日趋重要。例如，一个最佳设计布线的 PCB，其上有一颗大规模集成电路（LSI）芯片的辐射发射超过了发射限值或要求的话，就有可能导致整个布线设计的失败。

影响 PCB 辐射发射的其他一些因素还包括诸如 PCB 与电源的连接方式；PCB - PCB 或 PCB - 主机板/背板接地的连接；邻近结构的邻近效应（接地或不接地）、对地的电气连接以及有无屏蔽与屏蔽的类型等。所有上面所提到的这些方面都将在下列的各节中分别加以讨论。

11.2 印制电路板（PCB）的辐射原理

由于在信号路径和它的返回路径之间的位移电流以及负载电流导致了电流在信号返回电路（PCB 印制线或接地平面）中的流动，从而在返回路径的阻抗上建立了一个电压，这个电压又产生了共模电流，这个电流成为 PCB 及其上任何其他附属连接线缆的主要辐射源。由于位移电流是在线电容充放电时造成的，因此它的分布是不均匀的；在线的源端它呈现最大值，而在负载端则为零。尽管在参考文献［1］中描述了一种预测技术，但由于一些导电结构的邻近效应，所以对位移电流以及由其作用产生的共模线电流进行预测是比较困难的。在对 PCB 印制线的辐射发射进行预测时，必须已知信号或电源返回通路中的电压降，电流尖峰的典型幅值，通道阻抗以及沿线的位移电流的分布和是否存在邻近结构等情况。

连接上电缆后，这种辐射发射通常会加剧。而这时电缆中并没有差分信号流动，而且它又是唯一的接地连接，这会使许多工程师感到困惑。在 7.13.3.1 节中已就此辐射机理有过更详尽的描述。概括地讲：当一个导电结构（如 PCB 印制线）中存在共模电流时，且有一个导线（体）与其相连接，那么这个共模电流就会在该导线（体）中流动。图 11-1 说明了该共模电流是如何在电缆中连续流动的。当所连接导线（体）的长度小于频率所对应的波长时，辐射发射将会随频率的增加而增加，直到电缆长度接近于半个波长。当电缆的电气长度变得较长时（长度超过波长），来自电缆的辐射发射就趋向减小。将一根电缆连接到 PCB 的地线时会增加该辐射源结构在低频时的辐射效率。但在高频情况下，当电缆和 PCB 本身的电气长度较长时，结构中的电流沿着它的长度方向流动时会有相位改变，那么该电缆可以建模为一连串的极小电流源的串联，其中的一些电流源将会存在着完全反相或部分反相。在高频时的辐射将会维持恒定或降低的现象，最可能的解释是来自电缆的复合辐射场是由许多极小的相互干扰的电流源的场的总和形成的。在 7.13.3 节中已经指出，当频率为 21MHz时，在与 PCB 相连接的电缆中流动的 15.7μA 的电流所产生的电场就与在一个小环路中流动的 1.26mA 的差分电流所产生的电场相同。由于共模电流在辐射发射中往往占主导地位，所以 EMC 工程师常会忽略另一个辐射源——差模电流。这正如设计工程师往往会忽视共模电流所造成的辐射发射一样。然而，若形成了一个大环路，由差模电流所产生的辐射发射也可以占主导地位。例如，假如不是所有的差模电流都在返回路径中流动，而是地线中有泄漏电流流动的话，那么这些泄漏路径就可以形成一个大环路。若在小环路或 PCB 的周围对其进行完全屏蔽，且电缆与屏蔽罩相连接，则可以消除所附电缆中感应到的共模电流。假如电缆通过屏蔽罩上的孔洞进行连接，由于在屏蔽罩内部和环或 PCB 之间的位移电流的增加，电缆上的共模电流经常会高于在没有屏蔽罩的情况。同样地，假如只对环路或 PCB 的周围进行部分屏蔽，那么共模电流也将会增加。

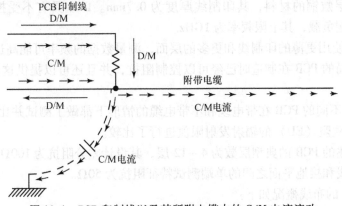

图 11-1 PCB 印制线以及其所附电缆中的 C/M 电流流动

参考文献［1］中描述了对附在屏蔽罩的 PCB 微带线（信号印制线处于接地平面上面）的分析方法。考虑 PCB 的尺寸比例的条件下，将其预测结果与参考文献［1］中的测试结果相比较发现，两者的结果非常接近。例如，微带线辐射发射的计算结果是 47.7dBμV/m，而测量结果为 48.5dBμV/m；两者之差仅为 0.8dB，相关性非同寻常的高。与之相反，使用 11.12 节中描述的计算机程序所做的预测结果要比参考文献［1］中所描述的 PCB 布线的辐射发射电平高出 28dB。

在 5.1.2 节中曾根据 NBS 电感计算公式对 PCB 的地线印制线或接地平面的阻抗进行了检测。参考文献［2］介绍了部分电感的概念以及其他更精确地描述接地返回路径阻抗的方法。参考文献［4］描述了过孔的电感。在一个复杂的 PCB 布线中，许多 IC 是同时改变其状态的，换句话讲，它们从最靠近的去耦电容器汲取电流，然后再通过地回路送到这个电容器里。另外，数字信号和时钟信号电流还会在 IC 和印制线下地回路间的印制线上流动。这些开关电流会在接地阻抗上产生很大的电压降，继而在 PCB 上产生共模电流并且从任何相连的电缆上流出。后面的图 11-97 所示的就是在 PCB 接地平面上所产生的共模电压。因为靠近接地结构，一个 PCB 到另一个 PCB 的连接，其到主机板/背板的连接，或到电源的连接都会进一步地增加共模电流。移去微带线 PCB 印制线上的负载，使信号印制线位于接地平面上方，这时负载端处于开路状态，其低频辐射发射会有所降低，而高频辐射发射将会保持不变或更高。11.3.3 节将对这种效应做更为详细的讨论。在这里仅用来说明位移电流本身在产生发射过程所起到的重要作用。

11.8 节将讨论一个长度短、阻抗低的接地路径的重要性。

某些 PCB 布线已被描述为低辐射类型的布线。我们将对 11.3 节中所描述的试验项目进行测试，以便对不同类型的布线和不同的逻辑电路产品系列进行比较，并对"良好"布线的有效性进行了验证。

11.3 低电平辐射的 PCB 布线：测试数据、布线的比较和建议

11.3.1 PCB 的测试

在本书的前两个版本中，为了测量来自 PCB 的辐射发射，采用的基片厚度为 1.6mm，且具有两层或三层敷铜的材料，其印制线厚度为 0.7mm。PCB 具有不受控制的特性阻抗，以及复杂的不匹配负载，其上限频率为 1GHz。

现代的 PCB 使用更薄的印制线和更多的层面，测量数据的频率可能高达数十 GHz。

许多不同布局的 PCB 在制造时已经可以控制阻抗，并且还可以提供这些 PCB 产生的辐射发射测量数据。

我们对 14 类不同的 PCB 在带电缆和不带电缆的情形下都做了测试并比较了数据，同时还将其与 FCC 和欧盟（EU）的辐射发射限值进行了比较。

本书中所描述的 PCB 的典型层数为 4~12 层，其设计差分阻抗为 100Ω 或 50Ω。在某些情况下单根印制线和接地平面之间的单端测试特征阻抗为 50Ω。

这 14 类 PCB 的布线概况如下：

- 四类微带线/镜像平面布线；

- 八类带状线布线；
- 两类传输线布线。

对于这些 PCB 使用单端驱动器或差分驱动器，在带导线和不带导线两种情况下对这些 PCB 进行测试，并且这些驱动器都被连接到传输线的返回线上，或者在微带线或带状线的情况下，连接到负载端的接地平面上。

在差分线印制线布线中，接地平面形成了一个镜像平面，尽管它仍然被称为微带线。

如稍后所要描述的那样，在低电平辐射带状线布线中，我们发现尽管它们长度非常短，但连接到负载的过孔和印制线以及负载本身都将会成为主要的辐射发射源。在初始的测量中，对原来的四层 PCB 连接器进行了屏蔽，且 PCB 板顶和板底的负载和信号过孔是在屏蔽和未屏蔽的状况下分别进行测量的。但是这些四层板的屏蔽并不完善，以致最后的测试是在三层板上进行的，其顶部和底部都有裸露的铜接地平面。由于用了三层板，就可以将铜屏蔽罩焊接在其周边。由于配置情况的多样性，在 50MHz ~ 8GHz 的频率范围内，最少进行了 47 次测试。所有这些测试最初都是使用 ECLinPs 差分驱动器作为驱动源来进行的。所有选定的器件具有驱动 100Ω 或 50Ω 负载的能力，并且所有 PCB 布线设计都具有 100Ω 或 50Ω 差分特征阻抗或 50Ω 单端特征阻抗。

在传输线 PCB 布线的负载上，或在微带线或带状线 PCB 布线中的底层接地平面上添加了一根导线，以模拟电缆中或者屏蔽电缆对屏蔽层中的信号返回路径，并且它还展示了电缆上的共模（C/M）电流效应。11.3.3 节总结了这个共模电流的影响以及进一步的建模和测量的机理。

在初始测试之后，对一些 PCB 布线设计进行了修改，例如沿着带状线的长度方向钻出一些过孔，并在其中一个传输线布线的两侧增加接地平面。图 11-2 显示了外壳、SMA 连接器（超小型连接器，Sub – Miniature version Aconnector）和 PCB 的照片。在一个完整上、下层接地平面的带状线上钻出过孔的问题之一是完整的 PCB 的平面上引入了孔。将采用三层 PCB 来避免，这种 PCB 板到板之间的过孔间距取为 3mm，6mm 和 12mm 不等。

图 11-2　外壳、SMA 连接器和样品 PCB

11.3.2 差分结构中的最佳和最差的 PCB 配置概述

对最坏到最佳情况的 PCB 布线进行概述是为了阐释带状线的实际配置，其中负载电阻器和上层的信号焊盘未被屏蔽，如图 11-3 所示。

这意味着，如果能非常有效地屏蔽负载，那么最佳带状线减少辐射发射的效果将明显会更好。

这种对比旨在帮助工程师和 PCB 布线人员决定使用何种类型的 PCB。以下各节介绍 PCB 发射电平之间差异的大小。

所有的尺寸是密耳（mil⊖）。

注意，所有的 PCB 均为四层。当带状线的上下层地平面之间的距离为 21mil 时，上层地平面是第二层往下，并且第一层（顶层）用于连接到连接器的外壳和作为负载电阻的信号焊盘。

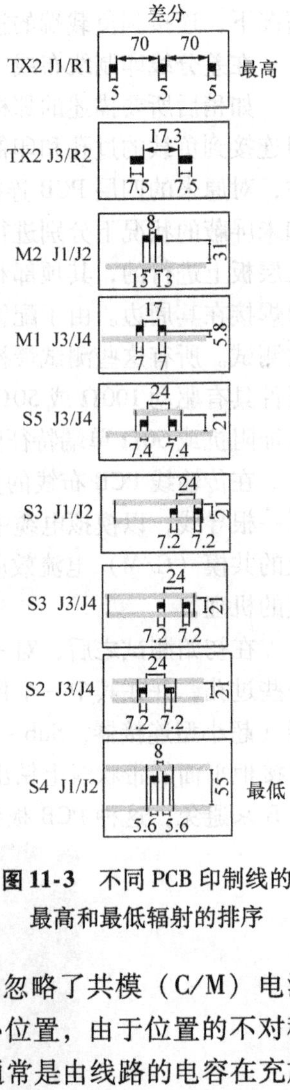

11.3.3 PCB 上的共模电流

许多关于 PCB 辐射理论的文章仅限于讨论差模（D/M）信号电流引起的辐射，特别是信号源和负载之间的信号电流，它通过返回的印制线或信号接地线返回。对于微带 PCB 的这种辐射的分析通常使用准横向电磁场（quasi – TEM）模式，这种分析模式将微带 PCB 辐射分成来自负载的水平电流的辐射和垂直电流辐射。基于矩量法（MOM）的传输线方程或全波计算法通常具有分析三维（3D）结构的能力。另一种分析方法是共轭梯度（Conjugate Gradient）–快速傅里叶变换（FFT）法（CG – FFT）。

这类的分析计算使 PCB 长度在谐振波长以下时的频率，辐射按 40dB/十倍频增加。在谐振频率以上，通常按 20dB/十倍频增加。

图 11-3 不同 PCB 印制线的最高和最低辐射的排序

这些计算结果与测量中获得的结果，以及本书第 1 版和第 2 版中所描述的测量结果有很大的差异。原因是在许多分析计算中忽略了共模（C/M）电流源的辐射。在实际 PCB 中，信号印制线并不精确地处在板的中心位置，由于位置的不对称而产生了共模（C/M）电流。微带 PCB 中的共模（C/M）电流通常是由线路的电容在充放电时由位移电流的流动所产生的。因此，位移电流的分布是不均匀的，其最大值出现在线路的源端，而在线路的负载端为零。这与信号电流沿板的长度方向是均匀分布的情况不同。对于一个对称的微带 PCB，虽然不是非典型的或实用的 PCB 布线，其印制线放置在板的中心，将电池驱动的源发生器埋在接地平面下面，并且 PCB 上没有连接任何电缆，此时由于位移电流就会产生共模（C/M）电流。若此时用单根导线连接在微带 PCB 的接地平面上，则共模（C/M）电流会继续流动到该导线上，而差模电流则会从接地平面上返回。当导线连接到微带接地平面时，另一个共模（C/M）电流的来源是由于返回信号电流在接地平面上的

⊖ 1mil = 25.4 × 10⁻⁶m，后同。——编辑注

电压降产生的。

如果微带线靠近金属结构体，如图 11-2 中的外壳，则信号印制线和外壳之间的位移电流会进一步增加共模（C/M）电流。这种情况在参考文献［1］中进行了讨论和分析。CG – FFT 程序可以预测高介电常数基板（如 PCB）的微带线的辐射发射，前提是假设该场源对称且无限小。由于忽略了共模（C/M）电流引起的辐射发射，这就导致金属结构体的感应场被大大地低估了 60dB！

微带线如何产生共模（C/M）电流是很清楚的，但是为什么这种情况会发生在带状线 PCB 上呢？在实际的带状线 PCB 以及前述的初始调研中所提出的四层板中，信号过孔往上连通到了板顶层的负载电阻。当信号为差分信号，即在带状线上有两条信号印制线时，接地平面附近的信号和返回信号大小非常接近，因而共模电流和辐射发射电平都很低。而当信号为单端信号时，负载电阻的一侧以及印制线与接地平面等电位，因为流过的是共模（C/M）电流，所以负载和信号印制线产生的辐射发射电平就要高得多。

11.3.4　PCB 的测试设置

信号源的频率扫描是由锯齿波振荡器控制的压控振荡器来完成的。将驱动器装在一个小的金属外壳里，里面还有电池、电源和扫频源。使用金属簧片，再用凸点 EMI 屏蔽胶带密封外壳盖。每次测试前，用两个 50Ω 的终端替代 PCB，测量来自外壳和电源引线（环境）的辐射发射。在所有四层板的测试中，这种环境水平总是低于 PCB 辐射发射的。在每个新的测试日开始前，要更换铜带，以确保屏蔽的完整性。所制造的每个 PCB 包含两个电路（布线），在其上安装了四个 SMA 连接器（每个 PCB 两个）。用半刚性电缆和两个 SMA 连接器将信号从盒体内的信号源中引出。每条差分对信号线分别与两个同轴连接器的中心导体连接。仅选用两个连接器中的一个用于测试单端驱动器和负载。这样，其外壳中的信号源可以与任何不同的 PCB 布线一起使用，而它本身并不是一个辐射源。然而，在变频段，从板上的 SMA 连接器中泄漏出了大量的干扰信号。因此，在该测试中，板上的连接器被部分屏蔽起来。后来发现，PCB 顶层的负载电阻和焊片以及 PCB 背面的信号焊盘也是辐射源，于是我们对它们进行了屏蔽。四层 PCB 的屏蔽水平是有限的，而三层 PCB 的屏蔽效果应该要好得多。

大多数的辐射发射测量是在电磁环境噪声相对较低的区域——开阔试验场（OATS）中进行的。接收天线距转盘距离为 3m，并且该试验场已经满足所有的归一化场地衰减的要求。

在频率较低时，来自某些带状线 PCB 的发射很低，因而相关的辐射发射测量不得不在附有电波衰减措施的电波暗室中进行。

图 11-4 和图 11-5 中的照片显示了外壳和附带的 PCB。

在差分测量中，将 PCB 的测面对着测量天线，再改变 PCB 的仰角，直到测到最大的发射电平为止。可以预期，在改变 PCB 的方位角时，即将 PCB 相对于天线旋转时，没有连接导线的 PCB 的发射电平不会产生显著的变化。然而，当 PCB 的电气长度较长时，PCB 中的共模（C/M）和差模（D/M）电流将会随着 PCB 的电气长度的变化而变化，我们发现在高频时，使用旋转转台来获得最大的发射值是十分关键的。正如预期的那样，在低频时，由于 PCB 和外壳的电气长度都较短，所以旋转转台不会改变发射值。在所有的单端测量中，应调整 PCB 的仰角和方位角以获得最大的发射电平。然而在差分测量中，只需要改变仰角。

对于许多带状线 PCB，特别是对单端信号，当 PCB 处于垂直位置以及其负载朝向天线时的辐射发射最大。通过对 PCB 的检测表明，即使在有接地平面过孔的情况下，负载的辐射发射电平也要比带状线边缘高。

图 11-4 具有有限屏蔽连接器和负载整体带状线的 PCB 和外壳

图 11-5 具有局部上接地面 PCB 和外壳的局部带状线

11.3.5 PCB 布线测试

11.3.5.1 基本的 PCB 结构描述

我们制造了七块四层的 PCB，每块 PCB 含有两个电路。

这些 PCB 板基本布线如下：

1) 一块 PCB 上有两条不同的传输线；

2) 两块 PCB 上有四种不同的微带线；

3) 一条具有局部上层地平面的带状线，通过过孔（vias）连接至下一层完整的地平面；

4) 两块具有整个上层地平面的带状线 PCB，靠近信号印制线的顶部和底部的地平面通过过孔（vias）连接；

5) 一条具有完整上层地平面的带状线, PCB 外围附近的顶层和底层通过过孔 (vias) 连接。它的一条印制线与 PCB 边缘相距 2cm, 另一条与 PCB 边缘距离 5.6mm (在边缘上)。

图 11-6 中的照片显示了 PCB 一侧传输线的信号印制线和返回印制线, 以及用导电带加宽的传输线及其印制线。

图 11-7 中的照片显示了 M1 J3/J4 微带线, 具有 100Ω 的差分印制线和 50Ω 单端印制线。M1 J1/J2 具有不同的尺寸和 50Ω 差分阻抗。

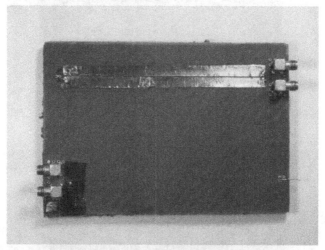

图 11-6　PCB TX2 的传输线

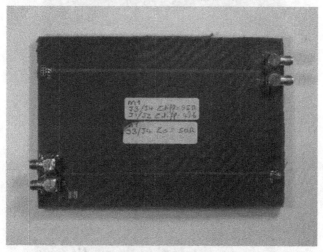

图 11-7　PCB M1 的微带

图 11-8 中的照片显示了 M2 J3/J4 微带线, 具有 100Ω 差分印制线和 50Ω 单端印制线。M1 J1/J2 具有不同的尺寸和 100Ω 差分阻抗。

图 11-9 中的照片显示了 S2 J3/J4 带状线, 具有 100Ω 差分印制线和 50Ω 单端印制线。S2 J1/J2 具有不同的尺寸和 50Ω 差分阻抗。

图 11-10 中的照片显示了 S3 J3/J4 和 S3J1/J2 带状线, 具有 100Ω 差分印制线和 50Ω 单端印制线。唯一的区别是 J3/J4 中的印制线距 PCB 边缘 2cm, J1/J2 距 PCB 边缘 5.6mm。

图 11-8 PCB M2 的微带

图 11-9 带状线 PCB S2 连接器和有限屏蔽负载

图 11-10 带状线 PCB S3 连接器和有限屏蔽负载

图 11-11 中的照片显示 S4 J3/J4 具有 50Ω 差分印制线，S4 J1/J2 有 100Ω 差分印制线。

图 11-12 中的照片显示了 S5 J3/J4 的 100Ω 差分印制线和 50Ω 单端印制线。S5 J1/J2 具有 50Ω 的差分印制线。

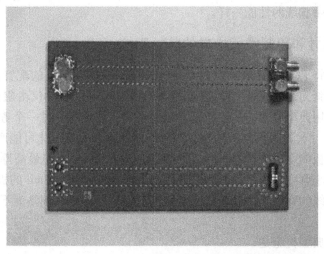

图 11-11　带状线 PCB S4（一面的负载和连接器被屏蔽，另一面不做修改）

图 11-12　带状线 PCB S5（一面的负载和连接器具有有限的屏蔽）

这些 PCB 的尺寸见 11.3.6.4 节。

所有的带状线都有电镀过孔，以 3mm 为孔中心距将上层、下层接地平面连接在一起。

在实践中，用距离非常接近的过孔（vias）（例如 3mm）将 PCB 底层和顶层的接地平面连接在一起，以制作一个完全局部化的带状线是很少见的。因此，我们对于差分印制线组成的带状线进行了其他的一些测试，通过有选择地在接地平面上钻出过孔或者开出一个沟槽来增加接地平面过孔（vias）之间的距离，在 11.4.10 节中对差分印制线和单端 PCB 配置做了描述。我们还对负载电阻和屏蔽电阻的上层信号焊盘以及屏蔽的 SMA 连接器作了测量。然而，这些屏蔽的作用是非常有限的。测试发现，即使已经钻了过孔，来自底层的负载屏蔽的发射也要高于带状线顶层或其边沿。为此，我们加工了另外一套三层带状线 PCB，其上层和下层均为裸铜表面。这使得屏蔽体被尽可能有效地端接，后文还提供了三个单端带状线的对比测量。这些三层带状线的过孔间距是 3mm，6mm 和 12mm 来替代上述的钻出过孔。

这里所展示的对无屏蔽负载的测量是十分有用的，它为实际的 PCB 设计提供了有用的数据；印制线和集成电路将被布置在带状线之外。因此，当负载没有屏蔽时，最好的微带线几乎可以和最坏的带状线的性能一样。

11.3.6 PCB 尺寸和印制线所构成的特性阻抗

我们的目的是将 PCB 设计成具有 50Ω 和 100Ω 差分特性阻抗的配置，并且在可能的情况下使单端（印制线对地平面）特性阻抗为 50Ω。PCB 的尺寸不仅由阻抗要求所决定，而且还要能够方便选用典型尺寸的多层板来加工制造。布线选择的另一个考虑因素是要尽可能多地改变 PCB 的尺寸，以观察层板高度、印制线的间距和宽度变化可能产生的影响。

我们假设两层板的厚度为 10mil，12 层板的厚度从 30mil，到最高厚度为 125mil 不等。虽然现在已经有更小厚度的板，我们还是选用了最小层厚度为 5.8mil 的板。

通过改变印制线的宽度和印制线之间的距离，板层厚度可以调整为不同于调研中所用的数值。

PCB 板配置的典型类型是

- 微带线；
- 带状线；
- 传输线。

11.3.6.1 微带线

微带线 PCB 1 的高度为印制线的下层表面和接地平面上层表面（最接近印制线）之间的距离，为 5.8mil，这样的高度可以包含在任何 2 ~ 12 层的 PCB。

微带线 PCB 2 在接地平面和印制线之间的高度有 31mil，因此可以容纳层间距为 10.3mil 的 2 层板或 4 层板。

层厚为 6.2mil 时，微带线 2 可以被整合到任何 6 ~ 12 层的 PCB 中。

本书的第 1 版和第 2 版中所描述的早期调查表明，在微带线的印制线和接地平面之间放置一个镜像平面（Image Plane）会大大降低 PCB 的性能，因此不鼓励这样做。在一个典型的 PCB 中，这个镜像平面可能是一个通过去耦电容器连接到接地平面的 VCC 平面。因此，构成微带线的信号印制线与接地平面之间的直接层必须没有铜层。经验发现，在实际的 PCB 布线中，在微带线的上信号印制线与接地平面（载运回流信号）之间加入镜像平面，必然会降低性能。由于这个原因，在本书中描述的资料中没有重复描述嵌入在微带线中的镜像平面的内容。

虽然为了名称上的一致性起见，我们称这些 PCB 布线为微带线。但是测量时，信号源是跨接在这两条印制线之间，并且在两条印制线之间的负载处在远端，且信号与接地平面无连接。这种配置实际上是镜像平面上的差分印制线。

11.3.6.2 带状线

被测的四个带状线 PCB 中有三个（S2、S3 和 S5）是四层设计，所以上层接地平面是第二层，顶层仅用于连接器和负载电阻的连接。

虽然第四层（底层）是接地平面，但 PCB 的上、下表面覆盖着阻焊膜，因此不能使用裸露的铜进行屏蔽。

带状线都是"封闭的"，也就是说，工艺上是沿着 PCB 的长度上通过通孔，电镀过孔将上、下层接地平面缝合在一起。在有选择地钻出过孔的带状线情况下，最终所有的过孔都要被移除，所以该带状线有时就被称为"开放的带状线"。带状线 2 是利用局部带状线加工的，其过孔形成的带状线接近于带有完整上、下层接地平面的印制线。这是典型的 PCB，它有两个接地平面，且均为局部带状线。在实际的 PCB 中，不同层上的其他印制线和电源层必须远离由带状线覆盖的层。显然，这些层只能分布在局部带状线以外的地方。在带状线 2 中，印制线位于两个接地平面之间，呈对称状，两个接地平面之间的高度为 21mil。使用 10.5mil 层间距时，板可以是 4~6 层，而层间距为 6.8mil 时，板可以为 8~12 层。

带状线 3 的印制线对称地放置在接地平面之间，上层接地平面和下层接地平面之间的高度为 21mil。上层接地平面沿其外围缝合形成一个整体的带状线。理想情况下，这是 PCB 的上下层，当层间厚度为 5mil 时，可以制成五层板或者使用 6.2mil 层厚制成四层板。如果上层和下层仅被用作集成电路（IC）的焊盘和任何低电平控制或模拟信号印制线，那么可以使用六层板。若再加上第三个接地平面，则可以在 8 层或 10 层的板中形成两条带状线。

带状线 4 具有局部的带状线（过孔接近信号印制线），且具有完全的上、下层接地平面。这里，印制线是不对称的（通常称为双带状线），它距上层接地平面 12.3mil，距下层接地平面 41.5mil。这意味着，若层厚为 6.2mil，则板可以为 4~12 层。使用 6.2mil 的层厚时，第 2 层和第 11 层为接地平面。

带状线 5 的上、下地平面间的高度与带状线 2（21mil）的相同，因而可采用相同的堆叠方式。然而，上层接地平面只是局部覆盖带状线的印制线，因此这一层可以用于上层接地区域以外的其他印制线。

11.3.6.3　传输线

传输线的印制线通常双线并列，或一条位于另一条上方，因此它可以位于单层板上。由于没有接地平面，因此任意多层的 PCB 都可以容纳它们。可是由于我们力荐使用完整接地平面，因而传输线通常被限制用在无接地平面的两层 PCB 上。

11.3.6.4　印制线尺寸和阻抗

POLAR 仪器公司的 SI6000 可控制的阻抗场解析器，使用先进的场求解方法，可以用来计算单端和差分设计的 PCB 印制线阻抗。使用 SI6000C 程序，可以通过改变印制线宽度和间隔，找到正确的阻抗值。另一种方法是输入所需的层间高度和所需的阻抗，找到达到阻抗值所需的印制线的宽度和间隔。

POLAR 仪器公司的 CITS500S 可控制阻抗测试系统（Controlled Impedance Test System）采用时域反射法来测量 4 层 PCB 的阻抗。我们用每个 PCB 制作了测试样品，并测量这些样品的阻抗。测得的阻抗取决于测量点在印制线上的位置，因此取了平均值。测试样品显示了 100Ω 阻抗测量值从 97.8Ω 变化到 108.9Ω，50Ω 阻抗测量值从 47.2Ω 变化到 54.6Ω。为测试而选择的 PCB 与指定的阻抗接近。

图 11-13~图 11-19 显示了每个 PCB 的横截面尺寸和特性阻抗。图 11-6~图 11-12 显示了这些 PCB 的图片。图中所有尺寸均以 mil 为单位。

照片中显示的两个 SMA 连接器将差分信号连接到 PCB 上。若在单端连接中只使用一条印制线时，则只使用一个 SMA 连接器。因为仅使用一条印制线，所以负载电阻位于这条印制线与接地平面之间。

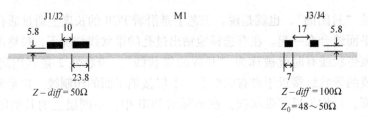

图 11-13 微带 M1 的尺寸图及阻抗

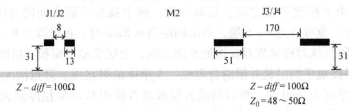

图 11-14 微带 M2 的尺寸图及阻抗

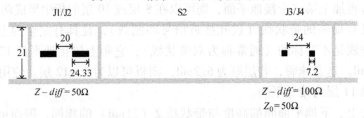

图 11-15 带状线 S2 的尺寸图及阻抗

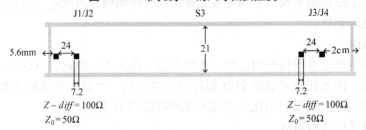

图 11-16 带状线 S3 的尺寸图及阻抗

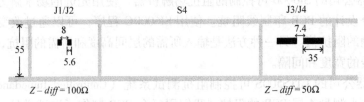

图 11-17 带状线 S4 的尺寸图及阻抗

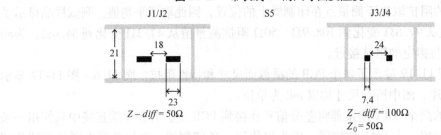

图 11-18 带状线 S5 的尺寸图及阻抗

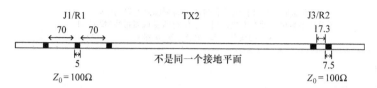

图 11-19　传输线 TX2 的尺寸图及阻抗

11.4　低频差分结构配置的辐射发射结果比较及结论综述

11.4.1　印制线类型

正如预期的那样，带状线印制线在被测的三类印制线中产生的发射是最低的，而传输线印制线产生的发射最高。在开阔试验场的测试中，受试的最佳带状线产生的发射比最坏情况下的传输线产生的发射要低 60dB。在测试中，带状线的负载和连接器上的屏蔽非常不完善，因此，它们贡献了部分发射噪声。而在屏蔽完善的环境下（完全屏蔽的带状线）往往我们会低估带状线的布线对于减少辐射发射的影响。在现实环境中，印制线工作在带状线外的上层，而集成电路成为辐射源。微带线印制线一般比带状线辐射发射更高，但远小于传输线。在某些情况下，微带线 PCB 的性能与无屏蔽负载的带状线一样好。图 11-20 和图 11-21 对开阔试验场测试中每种类型的最佳印制线的辐射发射电场做了比较。图 11-22 显示了最差印制线辐射发射电场的比较。图 11-23 和图 11-24 显示了在全电波暗室中进行的 100Ω 差分测试中，最佳和最差的印制线。如后所示，在开阔试验场测试中，S2 J3/J4 印制线的辐射发射最初低于 S4 J1/J2 印制线。而研究发现，辐射发射的最重要来源是 S4 J1/J2 印制线上的 50Ω负载。当使用一个不完善的铜屏蔽覆盖这个负载时，其辐射发射要低于那些从 S2 J3/J4 印制线发出的辐射发射。

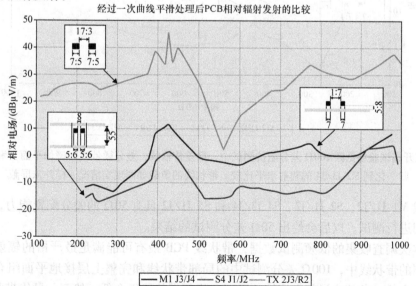

图 11-20　在开阔试验场中频 100Ω 差分阻抗测试中，最佳传输线，差分微带线（镜像平面）和差分带状线的辐射水平比较（注：S4 J1/J2 上的负载如同现实情况一样并未屏蔽）

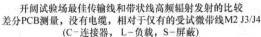

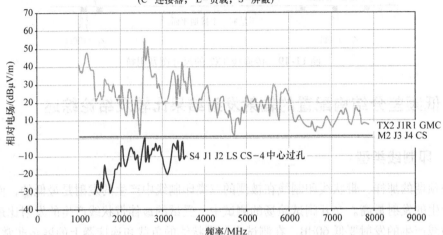

图 11-21 在开阔试验场 1GHz 以上 100Ω 差分阻抗测试中，最佳传输线，差分微带线（镜像平面）和差分带状线归一化到 M2 J3/J4 的辐射水平的比较。S4 J1/J2 PCB 在负载和连接器上的屏蔽非常不完善

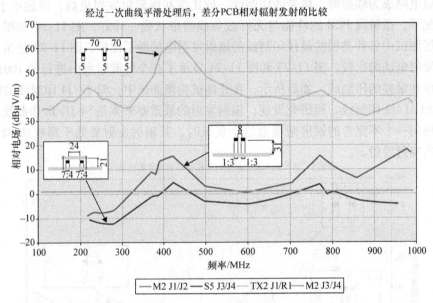

图 11-22 在开阔试验场低频 100Ω 差分阻抗测试中，最差传输线，差分微带线（镜像平面）和差分带状线归一化到 M2 J3/J4 的辐射水平比较。带状线的负载如同现实情况一样并未屏蔽

印制线 M1 J1/J2、S2 J1/J2、S4 J3/J4 和 S5 J1/J2 具有 50Ω 的差分配置能力，但我们还没有对它们进行测试。以后会给出 50Ω 差分测试的结果。

根据本次调查收集的低频测试数据，带状线 PCB 最有可能满足最严格的辐射发射的要求。在被测的带状线中，100Ω 差分测试中的局部带状线和完整上层接地平面组合的辐射发射比其他组合低，尤其比局部上层接地平面和局部带状线组合低。然而，最优带状线的主要辐射源几乎可以肯定是负载电阻和信号焊盘而不是带状线。在辐射发射要求不那么严格的情况下，微带线 PCB 可能就足够了。因为在实际应用中，元器件不会被屏蔽，因此由负载产生的辐射发射将在带状线布线设计中占主导地位。

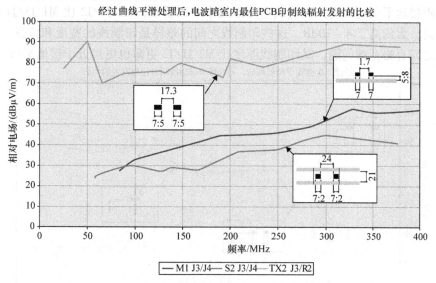

图 11-23 在电波暗室低频 100Ω 差分阻抗测试中，最佳传输线，差分微带线（镜像平面）和差分带状线的辐射水平的比较。S2 J3/J4 PCB 的负载如同现实情况一样并未屏蔽

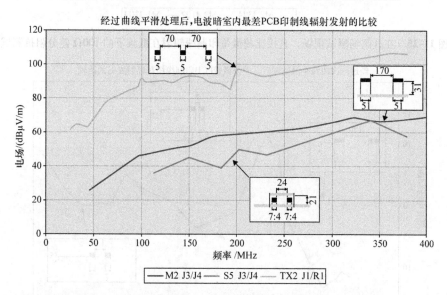

图 11-24 在电波暗室低频 100Ω 差分阻抗测试中，最差传输线，差分微带线（镜像平面）和差分带状线的辐射水平比较。带状线的负载如同现实情况一样并未屏蔽

11.4.2 差分 PCB 配置和传输线的测量数据和详细的 PCB 对比

11.4.2.1 微带线的比较

图 11-25 比较了在开阔试验场 100Ω 差分阻抗试验中，来自三个差分微带印制线的辐射场强。我们将这种配置称为差分微带线，但是由于信号电流没有从地平面上返回，它实际上

是镜像平面上的差分印制线。图 11-26 给出了相同的比较，印制线 M1 J3/J4 和 M2 J1/J1 归一化到了 M2 J3/J4 并做了平滑处理。图中嵌入的数字显示了这些印制线的宽度，线间间隔以及它们距接地平面的高度。显然从这两个图中可以看出，M2 J1/J2 比 M1 J3/J4 产生的辐射发射更高，大约高了 4 ~ 10dB。这些印制线之间的差异是印制线的宽度和位置。M1 J3/J4 的印制线之间有略宽的间隔，其印制线厚度比 M2 J1/J2 更薄也更接近于接地平面。

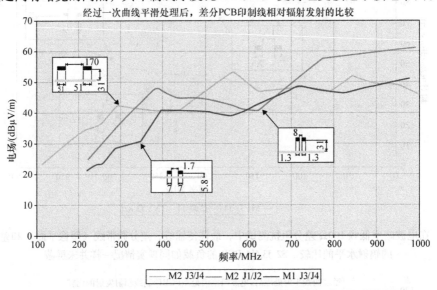

图 11-25　在开阔场测试现场，直接比较微带印制线辐射在低频下的 100Ω 差分阻抗测试

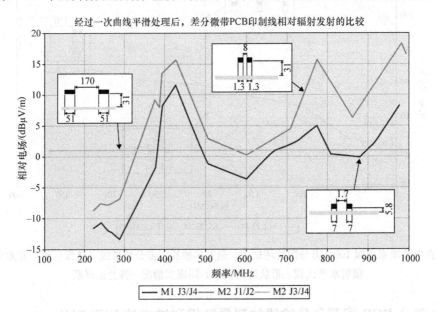

图 11-26　在开阔场测试中，比较差分微带 PCB 印制线在低频下 100Ω 差分阻抗测试，归一化到 M2 J3/J4

图 11-25 和图 11-26 以不同的方式表示相同的数据。从给定数据中连接峰值并删除谷值可以得到平滑数据。对原始数据进行平滑处理后，我们最终可以得到每条印制线的最高辐射发射值的总体趋势。经删减处理后的印制线数据看起来与原始数据大不相同，这是因为当

从另一个相对平坦的印制线数据中删除谷值时，原始的印制线数据的谷值会成为峰值。对合成印制线进行平滑处理后，原始印制线的数据之间的分离更加突出了。请参阅图 11-27 以获得直观的解释。

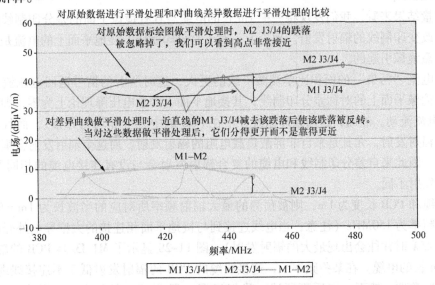

图 11-27 对原始数据进行平滑处理和对曲线差异数据进行平滑处理的比较

在将 M1 J3/J4 与 M2 J1/J2 进行比较时，我们预测印制线离接地平面高度的降低会导致辐射发射降低 14.5dB，以及印制线之间间隔的增加会导致辐射发射增加 6.5dB。因此，两种布线之间的差值预计为 8dB，而实测的差值显示为 4～8dB。

不幸的是，我们并不能运用这些关系来预测所有配置的辐射发射减少程度。例如，M2 J3/J4 和 M1 J3/J4 之间的测量值下降为 10～15dB，而我们预测由于高度和间隔导致的下降却达到了 30dB。我们可以看到，至少在 220～310MHz 之间，距接地平面的高度越高，印制线之间的距离越大，辐射发射电平就越高。M1 J3/J4 距接地平面的高度最低，它几乎在每个频率上都比其他两条微带线产生的辐射发射低。从较早期的单端信号微带线测量中（如那些参考文献 [1] 中的），我们可以找到辐射发射和高度之间的直接关系。我们看到了 11.4.2 节中，由于高度影响，实测所得的 M1 和 M2 之间的差异为 12～14dB，而我们预测的该差异值为 14dB。这也证实了我们先前在单端微带线上的测量结果是正确的。

M2 J3/J4 的谐振频率似乎与其他微带线不同，但比较相应谐振频率处的辐射发射电平，M2 J3/J4 的辐射发射电平介于 M1 J3/J4 和 M2 J1/J2 之间。M2 J3/J4 的印制线与 M2 J1/J2 的离接地平面一样远，但其以更宽印制线，更大线间距，来确保得到相同的特性阻抗。

在电波暗室中进行的测量表明，M2 J3/J4 产生的辐射发射值最高，而 M2 J1/J2 的辐射发射值仍然高于 M1 J3/J4 的辐射发射值。在开阔试验场得到的实测辐射发射值也是如此。请参阅图 11-31 在电波暗室中微带线实测辐射发射值的比较。

在 1GHz 以上，仅对 M2 J3/J4 进行 100Ω 差分阻抗测试。这种印制线代表了微带线 PCB 的高频平均辐射发射电平。

图 11-26 中 M1 J3/J4 的相对标绘曲线中，400MHz 的辐射发射远高于 11-25 中所示的 PCB 板之间的辐射发射，这是因为对标绘曲线进行处理的过程，对不同频点上的辐射发射

值进行了不同的平滑处理，因此可能在一种情况下突出了印制线间数据的分离度，而在另一种情况下则突出了印制线的接近度。在这两个标绘图中，M1 J3/J4 的辐射发射总体上低于其他两个微带线。

从测量结果来看，我们发现将一根 1m 长的电缆与具有镜像平面的差分印制线的接地平面相连会改变印制线的辐射发射。理论上，对于差分印制线，接地平面上的电流是由于接地平面的电磁镜像引起的。

这种电流"污染"的面积比单端微带线的更大，这时所有的信号返回电流流入了接地平面。在镜像平面上的对称差分印制线，其接地平面上的总电压降理论上为零，即没有共模（C/M）电流流动。然而，这两条印制线并不在 PCB 的中心（非均匀分布），而且差分电流也会导致辐射发射，尤其是来自非屏蔽负载电阻的辐射发射。而这个辐射发射会耦合到其连接电缆上，因此来自差分印制线和电缆的复合辐射发射会与没有连接电缆的相同 PCB 所产生的辐射发射不同。

若电缆和 PCB 长度为 1m，则被预测的最大辐射频率所对应的半波长为 $1m = 0.5\lambda$，那么对应的频率为 150MHz（注意：当电线连接到与接地平面相连接的大型导电外壳时，电缆长度为 0.25λ 时往往会出现最大的辐射发射）。图 11-28 显示了 M1 J3/J4 PCB 的辐射发射，它带有 1m 长的电缆。在某些频率上，连接线缆的 PCB 的辐射发射低于不连接线缆的 PCB，这似乎有悖常理。然而，如后面所述，我们根据一段 0.15m 长的电线中的电压源（模拟 PCB 接地的共模电压）和连接电线的影响来预测和测量其辐射发射电平发现，只要这段电线与测量天线在同一平面上，这就是正确的。如参考文献［3］中所解释的那样，当导线安置在转台上，并参照测量天线旋转时，则无论有无这段电线，辐射发射电平几乎相同。

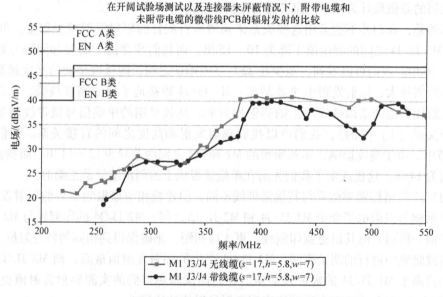

图 11-28　使用 1m 导线连接至接地平面和未连接接地导线的情况下，M1 J3/J4 微带线的辐射发射情况（转台不旋转）

这种辐射发射电平在谐振频率以上趋稳的状况，通常出现在使用转台对带有附加线缆的产品进行的测量中。这与仅基于差模（差模）电流的辐射发射预测相反。该预测认为超过谐振频率之后，随着频率的增加，辐射发射电平将按 20dB/十倍频程的规律增加。

在有和没有导线连到接地平面，且导线侧面对着天线的情况下，图 11-28 所示为 M1 J3/J4 PCB 在 200 ~ 550MHz 间产生的辐射发射的情况。在这些测试中，转台没有旋转。图 11-29 提供了以波长为单位的导线和 PCB 的长度，而图 11-30 仅提供了 PCB 的长度。

在 200 ~ 550MHz 范围内，当 PCB，外壳和线缆总长度分别为 0.5λ、1.5λ 时，辐射发射最大，而对于单独的 PCB 则其最大发射电平是在其长度为 0.5λ 时。

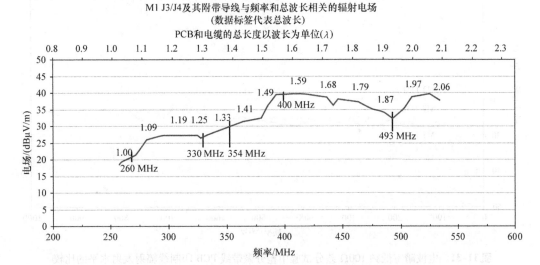

图 11-29　连接导线的 M1 J3/J4 与 PCB、外壳和导线的辐射发射的比较，长度以波长为单位

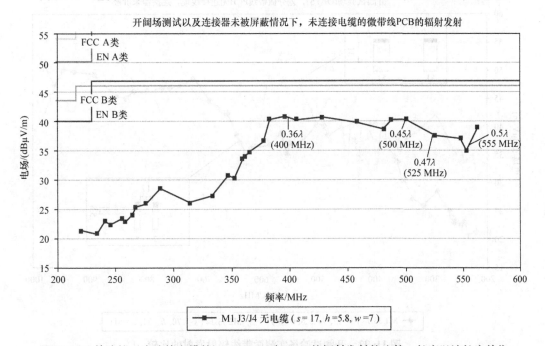

图 11-30　单独的（未连接电缆的）M1 J3/J4 与 PCB 的辐射发射的比较，长度以波长为单位

图 11-31 显示了在电波暗室中距离为 1m 的天线位置上测得的三条微带线之间发射场强

的比较。

图 11-32 显示了来自没有附加电缆的同一微带线在开阔试验场天线距离为 3m 时的辐射发射情况。

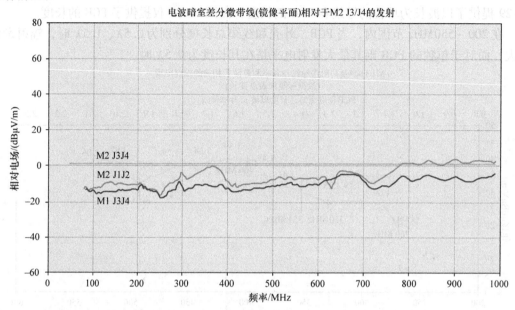

图 11-31 电波暗室低频 100Ω 差分试验中差分微带线 PCB 印制线辐射发射水平的比较

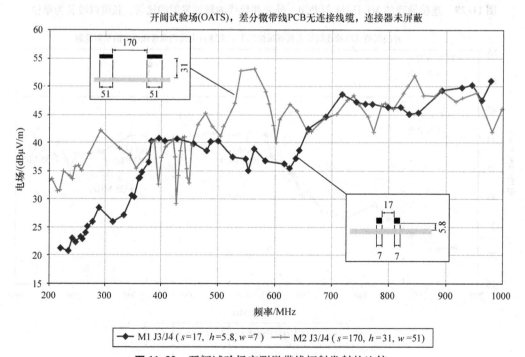

$$\text{M1 J3/J4 } (s=17, h=5.8, w=7) \qquad \text{M2 J3/J4 } (s=170, h=31, w=51)$$

图 11-32 开阔试验场实测微带线辐射发射的比较

我们认为辐射发射的相对辐射电平是接地平面镜像上方的差分印制线的高度以及印制线之间的间距的函数。随着印制线高度的增加，辐射发射水平增加，而随着印制线之间间距的增加，辐射发射电平也随之增加。

　　信号源驱动器是低幅 LVDS（Low voltage Differential Signal，低压差分信号）驱动器，即使有这个低电平信号，所有的微带 PCB 都超过了辐射发射 B 类限值。只有 M2 J1/J2 接近并超过 A 类限值。M1 J3/J4 是最好的，发射电平只在 710MHz 和 850~950MHz 的频率上超过辐射发射 B 类限值。

11.4.2.2 差分印制线带状线的辐射发射的比较

　　图 11-33 显示了 100Ω 差分阻抗测试中，对 5 条带状线印制线低频辐射发射的比较。在这些测量中，50Ω/100Ω 负载未被屏蔽。在开阔试验场的测试中，所有带状线的印制线在频率 200MHz 以下的辐射发射均未超过本底噪声。为此，低于 200MHz 的数据不列出。尽管所有带状线印制线都有很低的辐射发射，但 S4 J1/J2 却是性能最好的带状线，特别是在 100~300MHz 以及 600MHz 以上的频率时。在板的外围周边具有过孔的整体的带状线有最好的辐射发射性能。在这种配置中，印制线距 PCB 边缘 2cm，其辐射发射电平比距边缘 6.4mm 的印制线低，而这是意料之中的事。然而，两者的差别仅为 3dB 左右。在差模结构中，无论是非屏蔽负载还是弱屏蔽负载，具有完整接地平面的局部带状线的辐射发射情况都比较好。离接地平面高度为 21mil 的 PCB S2 J1/J2 的辐射发射水平低于高度为 55mil 的 S4 J1/J2 的辐射发射水平。从本书的第 1 版和第 2 版中早期测量的情况可以看到，S5 J3/J4 具有局部带状线和局部上层接地平面，它在 280~400MHz 间的辐射发射电平明显高于其他的印制线。

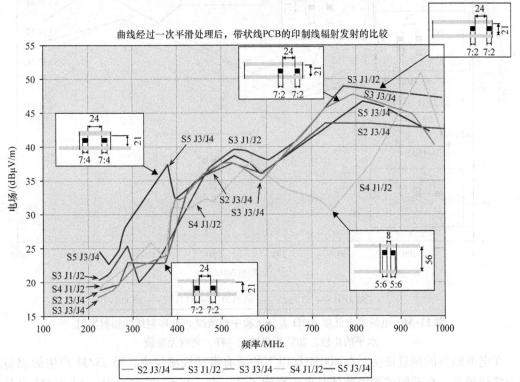

图 11-33 开阔试验场低频 100Ω 差分试验中带状线印制线辐射发射水平的比较，如同现实情况一样，负载无屏蔽

　　在单端结构中，信号返回电流在上、下层接地平面流动，在带状线一侧则沿过孔长度方

向流动，因此带状线的磁场屏蔽效能可能占据主导地位。对于差分带状线，返回电流仅在其中一条印制线中流动，而入射在带状线内表面的磁场和电场则趋向于抵消。屏蔽效能可能是电场屏蔽和磁场屏蔽的结合。

在最初的辐射发射测量中，我们发现单端带状线的屏蔽效果很差。尽管对负载做了有限的屏蔽，但来自负载的辐射发射仍占主导地位。正如所预期的那样，当在同一 PCB 上对差分印制线配置与单端带状线做辐射发射对比时，差分印制线的辐射发射要低得多。换句话说，从非屏蔽负载连接到一个差分信号时的辐射发射电平要远远低于当负载连接至单端带状线时的辐射发射电平。

在开阔试验场测试时，带状线 S2 J3/J4 产生的辐射发射电平在 400MHz 以下都是第二位小的。在 400MHz 以上，除了 900MHz ~ 1GHz 之外，带状线 S4 J1/J2 的辐射发射电平总体上更低。开阔试验场 400MHz 以下的测量值与在电波暗室中 400MHz 以下的测量值比较接近。如图 11-34 所示，在电波暗室测试时，S2 J3/J4 的性能略优于 S4J1/J2。这两条印制线都有局部带状线和完整的上层接地平面。

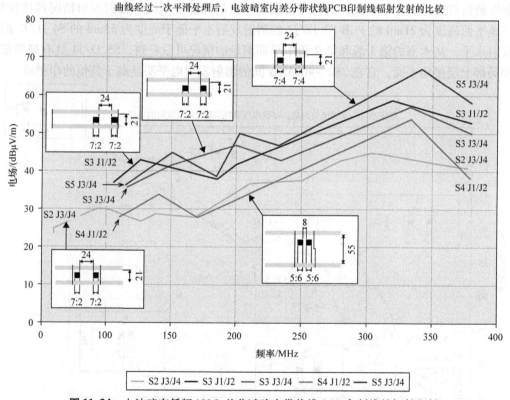

图 11-34 电波暗室低频 100Ω 差分试验中带状线 PCB 印制线的辐射发射水平的比较，如同现实情况一样，负载无屏蔽

在电波暗室的测量证实，在 400MHz 以下的所有带状线测量中，S5 J3/J4 产生的辐射发射包络线最差，在开阔试验场测试时也观察到了这一点。与 S2 和 S4 一样，S5 J3/J4 也是局部带状线，如图 11-33 所示；然而，它的上层接地平面只延伸到局部过孔的边缘。而所有其他的带状线却都有完整的接地平面，可以肯定这就是 S5 J3/J4 在减少发射方面不那么有效的原因。

在比较图 11-35 中 S3 J1/J2 和 S3 J3/J4 的辐射发射电平时，可以看出，来自 PCB 边缘 5.8mm 的印制线的布线具有较高的高频辐射发射，但仅高了 2~7dB。

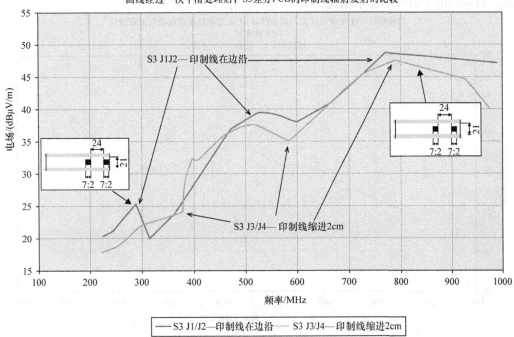

曲线经过一次平滑处理后，S3差分PCB的印制线辐射发射的比较

——S3 J1/J2—印制线在边沿 —— S3 J3/J4—印制线缩进2cm

图 11-35 低频下 100Ω 差分测试中 S3 PCB 印制线辐射的比较

研究发现，安装在板上的 SMA 连接器两侧和背面结构会导致带状线的辐射发射，因此，在差分信号的测量中，我们对这些部位进行了屏蔽（用 CS[⊖]表示）。

为了表明负载对 PCB 印制线的辐射发射起了重大作用，我们复制了一块 PCB S4 J1/J2，对其负载和板背面连接到负载的过孔做了铜屏蔽焊接。屏蔽并不完善，然而我们还是使用这块改进板进行了低频 100Ω 差分阻抗的测量，并将结果与 S4 J1/J2 的测量数据做了比较。LS（Load Shielding）表示负载被屏蔽。图 11-36 ~ 图 11-38 证实了负载确实对辐射发射有影响。图 11-38 显示，与其他的 PCB 相比，无论其负载和连接器的屏蔽有多差，S4 J1/J2 产生的辐射发射会更低。

这一结果对 PCB 的设计会产生影响，这一点我们已经在实际的带状线 PCB 布线中多次见到。在这些板产生的辐射发射主要来自于集成电路、连接器外部的印制线（连接到带状线）以及振荡器，而由带状线产生的辐射发射电平实际上却非常低。这意味着，即使使用最好的带状线布线，PCB 还是有可能超过辐射发射限值的。

正如预期的那样，带状线外侧的（未屏蔽的）印制线的辐射发射电平将随着频率增加而增加，这在图 11-38 中对于 S4 J1/J2 与 S4 J1/J2 LS（负载被屏蔽）已有很好的说明。

包括修改后的 S4 J1/J2 印制线在内，已证明最好的带状线是负载屏蔽较差的 S4 J1/J2 PCB。S4 J1/J2 具有完整上层接地平面，并且与印制线（局部的带状线）的任意一边都缝合在一起。然而，对 S2 J3/J4 实施负载屏蔽（LS）后，其辐射发射电平可能更低。将电波暗

⊖ 原书此处为 as denoted by CS，原书中未对"CS"做出任何说明。应为连接器屏蔽（Connector Shielding）的缩写。——译者注

室中测得的其他带状线印制线的辐射发射电平数据减去 S4 J1/J2 LS CS – 4 中心过孔辐射发射电平数据可以得到图 11-38 的标绘图。该图很好地说明了带状线会产生相近的辐射发射包络线，但场强电平的大小却不相同。

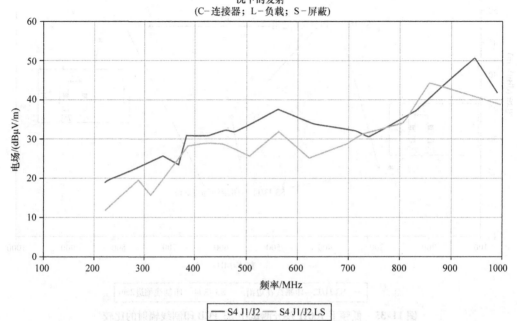

图 11-36 开阔试验场辐射发射试验中差分 PCB S4 J1/J2 印制线上（较差的）负载屏蔽的影响

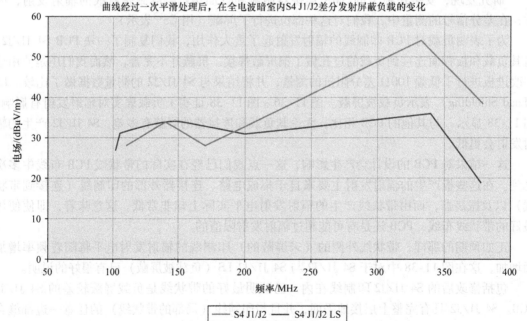

图 11-37 电波暗室辐射发射测量中差分 PCB S4 J1/J2 印制线上较差负载屏蔽的影响

总之，具有局部带状线和完整的上层接地平面的 PCB 的性能最好。其次是有完整的上层接地平面，且在板的边缘（全带状线）有过孔的 PCB。再次是具有局部上层接地平面的局部带状线的 PCB。

虽然更好的带状线的性能可能会受到非屏蔽负载的限制，但 S4 可能具有更有效的屏蔽。

图 11-38 显示了负载屏蔽（LS）但连接器没有屏蔽的 S4 J1/J2 的辐射发射电平似乎低于同时具有连接器屏蔽（CS）和负载屏蔽（LS）的相同 PCB 的辐射发射电平。然而，情况并非如此，因为 CS LS S4 J1/J2 有钻出来的四个中心过孔，这就是为什么其辐射发射电平更高的原因。

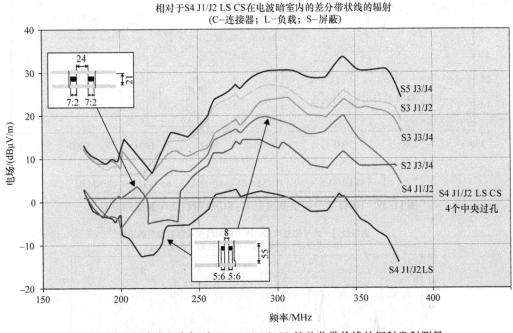

图 11-38 电波暗室内相对 S4 J1/J2 LS CS 的差分带状线的辐射发射测量
（注：S4 J1/J2 测试结果来自于连接器被屏蔽前的早期测试）

在 1GHz 以上，测试了三种带状线 PCB：S2 J3/J4、S4 J1/J2 LS，在带状线中心有四个宽间隙过孔，以及钻出 50% 的过孔的 S5 J3/J4。在测试开始之前，所有的连接器都被屏蔽在这些电路板上，以进一步隔离来自印制线的辐射发射。从 1~8GHz，即使中心有四个孔钻出形成了一个槽，也仍然是带有负载和连接器屏蔽的 S4 J1/J2 的印制线产生的辐射发射包络线仍然是最低。在 3.55GHz，有四个钻出中心过孔的 S4 J1/J2 的辐射发射降低到本底噪声以下。原因之一可能是信号降级了，即随着钻出中心孔，辐射波的上升和下降时间增加或幅度减小了。

图 11-39 显示除了 2.3~2.8GHz 的谐振频率之外，在 1~4GHz 频段范围内，差分带状线 PCB 的辐射发射电平持续低于差分微带（镜像平面）PCB 产生的辐射发射电平。在 4GHz 以上，消除掉 50% 过孔的带状线 S2 J3/J4 和 S5 J3/J4 与最佳微带 PCB（实际上是镜像平面上的差分印制线）相比，几乎没有什么优势。有四个中心过孔的 S4 J1/J2 LS 持续产生最小辐射发射的频率可高达 4GHz，但这个 PCB 的负载和连接器是有屏蔽的。图 11-40 给出了 1GHz 以上差分带状线与微带印制线的比较。从这些结果中可以得出的结论是，接地平面上的差分信号与带状线上的差分信号辐射发射电平大致相同，这可能是因为在这些频率上，来自带状线负载的辐射发射占据了主导地位。

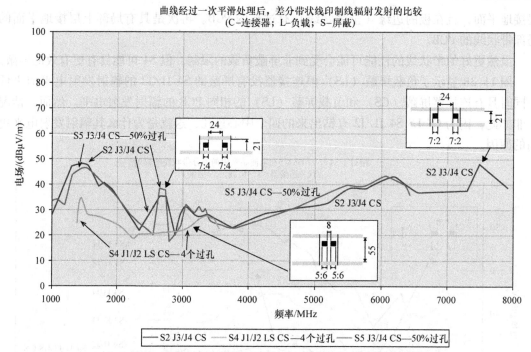

图 11-39 100Ω 差分阻抗测试中 1 ~ 8GHz 带状线印制线的发射

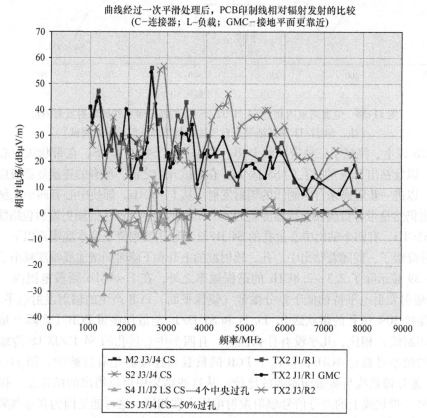

图 11-40 1 ~ 8GHz 100Ω 差分阻抗测试中，差分带状线和差分微带线（镜像平面）
的辐射发射。归一化到 M2 J3/J4（参见彩色插页）

11.4.3　传输线 PCB 辐射发射的比较

我们测试了 TX2 J1/R1 和 TX2 J3/R2 这两条具有 100Ω 特性阻抗的传输线。图 11-41 显示了在开阔试验场测试传输线印制线低频辐射发射电平的比较，图 11-42 显示了在电波暗室中测量到的辐射发射电平。注意，200MHz 发射的突然变化仅仅是由于天线的变化。具有最高辐射发射电平的印制线是 TX2 J1/R1，它是由三条薄的、宽间隔的印制线组成。而 TX2 J3/R2 只有两根较粗的印制线，且它们之间的间隔要近得多。

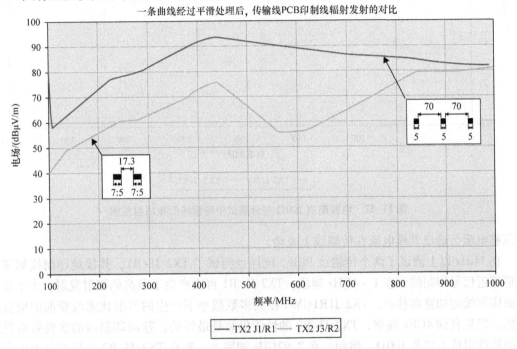

图 11-41　开阔试验场 100Ω 差分测试中传输线低频辐射发射

增加这两条印制线路之间的距离进行测试，就可以看出保持线路相互靠近的重要性。如果无法做到这点（线路保持靠近）的话，就意味着要将传输线的特性阻抗保持在 100Ω 是困难的。可以使用单条中心线取代之，这时返回电流可以从中心印制线任意一侧的两条印制线上流回。这意味着，当传输线特性阻抗保持在 100Ω 时，印制线的间隔可以从 17.3mil 增加到 70mil。

利用数值电磁编码（NEC）对这两种结构在 550MHz 和 400MHz 频率上进行了建模。结果表明，TX2 J3/R2 的两条印制线的电流正好呈 180° 反相，TX2 J1/R1 的中间印制线与两根外部印制线正好如预期一样相位相差 180°。如果根据两条传输线的电流和每根印制线离天线的距离来计算两条传输线的辐射发射，我们可以看到 TX2 J3/R2 的辐射发射电平比 TX2 J1/R1 高出 21dB。

图 11-41 中的测量结果表明，在 550MHz 和 400MHz 时，分别有 26.6dB 和 18.7dB 的差异。我们的分析和测量的主要区别在于，两个实际的测试配置都有一个 7cm 宽、6cm 高、9.5cm 长的金属外壳。它位于传输线末端 4cm 处，与传输线相距 5mm，与外壳一个边缘相距 5mm。由于这种邻近效应，并且因为印制线偏离了外壳的中心，所以印制线和外壳之间

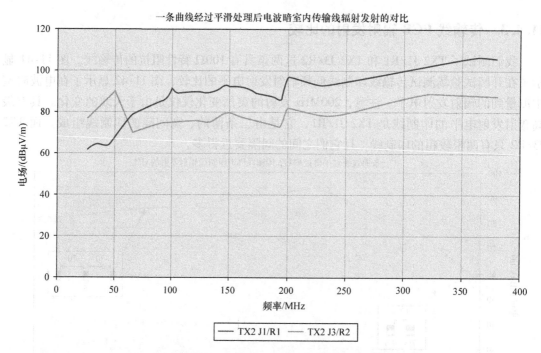

一条曲线经过平滑处理后电波暗室内传输线辐射发射的对比

图例：—— TX2 J1/R1   —— TX2 J3/R2

图 11-42 电波暗室 100Ω 差分测试中传输线低频辐射发射

的位移电流会造成共模电流在传输线上流动。

在 1GHz 以上测试了两个传输线 PCB。同样也测试了 TX2 J1/R1，其接地印制线加宽并且更靠近信号印制线。在 1~4GHz 频段，TX2 J1/R1 再次产生了最高的辐射发射。由于接地平面印制线的加宽和移动，TX2 J1R1GMC 在大多数频率下产生的发射比未改变前的板发射更低。但是直到 4GHz 频率，TX2 J3/R2 的性能仍然是最好的。移动印制线的次要效应是结构的特性阻抗不再是 100Ω。然而，在 2.92GHz 频率上，来自 TX2 J3/R2 的峰值发射电平比 J1/R1 在 2.67MHz 频率上的峰值发射电平高出 4dB。1~4GHz 传输线辐射发射与归一化到印制线 M2 J3/J4 的辐射发射的比较如图 11-43 所示。

在 4.1GHz 频率上，TX2 J3/R2 成为性能最差的传输线 PCB 印制线，并在 8GHz 以下频段持续产生所有板中的最高发射。在 4.58GHz 频率上，TX2 J3/R2 产生的辐射发射比 TX2 J1/R1 高 29dB，也比 TX2 J1/R1 GMC 高 21dB。这表明，至少对于这种布线而言，在 4GHz 以上的频率，将接地平面移向更接近信号线的位置对辐射发射电平并没有显著影响。

11.4.4 PCB 连接电缆后的辐射发射情况

在不同类型的 PCB 印制线的负载端添加电缆将对辐射发射产生不同的影响。当电缆连接到差分微带线（镜像平面）或差分带状线 PCB 时，其对发射的影响很小。对影镜像平面上的差分印制线或带状线中的差分印制线而言，这是可以预期的。因为从理论上讲，接地平面/平面上的共模电流应该是零。然而，由于 PCB 靠近金属外壳以及印制线与外壳之间存在电容，一些共模电流几乎肯定会在影镜像平面上流动。这就导致了位移电流在印制线和外壳之间的流动。在非屏蔽负载的差分带状线上，一些共模电流可能流经非屏蔽负载印制线和外壳之间的电容。

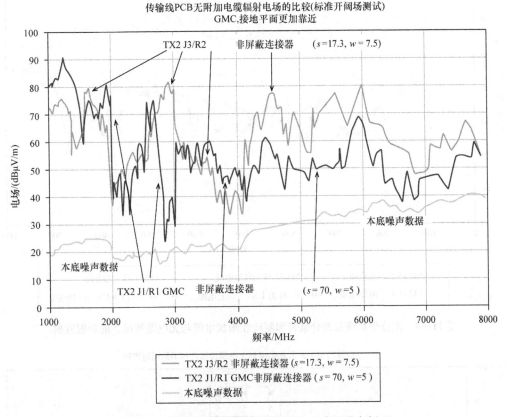

图 11-43 传输线 PCB 对比：1 ~ 8GHz（参见彩色插页）

另外，如在 11.4.2.1 节所描述的那样，当电缆电气长度较长且 PCB 不旋转时，其辐射发射可能等于或低于无电缆 PCB！图 11-44 为"附加缆/无电缆"微带线的辐射发射和 S4 J1/J2 LS CS 辐射发射情况的对比。在总电缆、PCB 和外壳的电气长度较短的情况下，在 60 ~ 170MHz 之间，连接了电缆的微带线辐射发射电平较高。

在测试传输线测试中，当电缆连接在 PCB 上时，PCB 的辐射发射有了明显的增加。将电缆连接到传输线上就建立了一条线路，使得传输线中的共模电流可沿着该线路流动，从而产生了电场。在微带线和带状线的情况下，将印制线以差分形式配置在接地平面上时，连接附加电缆理论上应该不会影响辐射发射电平。这是因为流经印制线的电流会在接地平面里形成一个镜像，使得在差分线下面存在对称电流。因此，在镜像中流动的电流应该与印制线电流抵消，于是电压降为 0V，从而也就没有共模电流。而传输线没有接地平面，电缆于是被连接到 PCB 负载端的信号印制线。实验结果表明，由于电压沿着这些印制线的长度方向下降，从而产生了共模电流，并且在电缆上流动。图 11-45 所示为附加电缆和无电缆的传输线辐射发射比较，以及与连接附加电缆后的 TX2 J3/R2 产生更高辐射发射的情况。

在 11.4.6 节中将可以看到，在真正的微带线中，信号返回电流是在接地平面的印制线下流动，在电缆、PCB 和外壳电气长度变长之前，使用附加电缆可以显著地增加辐射发射电平。

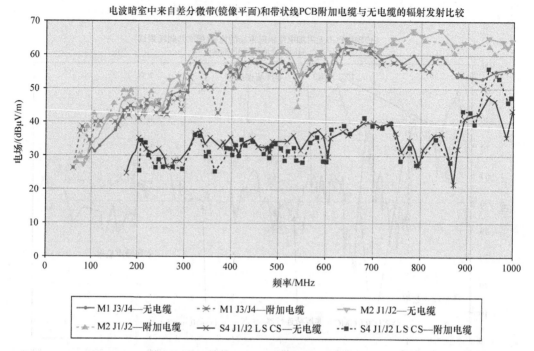

图 11-44 差分带状线和差分微带印制线在附加电缆与无电缆情况下的辐射发射

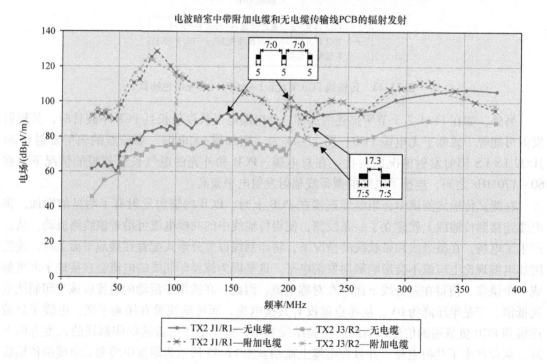

图 11-45 附加电缆和无电缆的传输线印制线的辐射发射

11.4.5　单端信号输入的 PCB 布线的低频和高频辐射发射情况综述

图 11-46 和图 11-47 分别显示了无电缆和附加电缆时，微带线和带状线的辐射发射值与 EN55022 和 FCC 第 15 部分的限值的比较。在图 11-48 中所示的频率范围内，我们发现带状线 PCB 的辐射发射电平超过单端的微带线 PCB 的辐射发射电平。

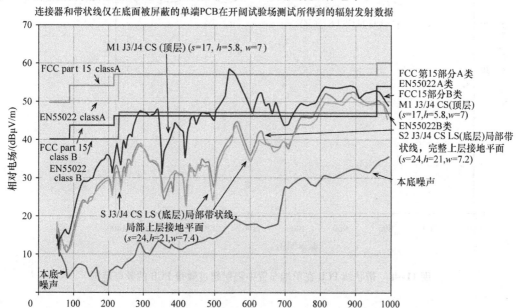

图 11-46　单端微带线和带状线 PCB 的辐射发射电平与 EN55022 和 FCC 第 15 部分限值的对比

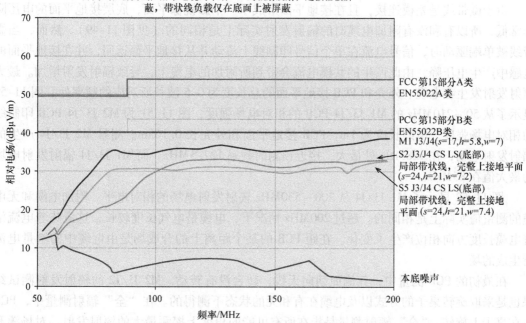

图 11-47　与 EN55022 和 FCC 第 15 部分的限值相比，附加电缆的单端微带和带状线 PCB 的辐射

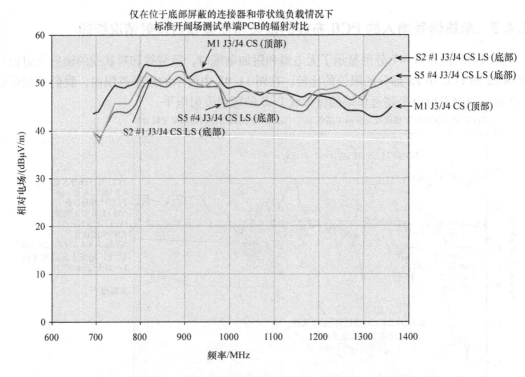

图 11-48 带状线 PCB 在单端布置中辐射超过微带 PCB 的频率范围

11.4.6 单端布线配置的测量数据和详细 PCB 比较

11.4.6.1 附加电缆和无电缆的微带线辐射发射电场

由于微带线是差模连接，且在接地平面形成了一个影镜像平面，底层接地平面的电压降非常低，所以有和没有附加电缆时的辐射发射实际上是相同的（见图 11-49）。然而，当微带线被单端驱动时，信号电流在单个信号印制线上流动并从接地平面返回，并在接地平面的电感中产生电压降，由此产生的共模电流会带到所附加的电缆上，导致辐射发射增加。最大辐射发射发生在电缆、外壳和 PCB 接地平面的总长度为 0.5 波长所对应的频率处。图 11-50 显示了从 50 ~ 210MHz 的 M1 J3/J4 PCB 的相对电场强度，图 11-51 为 M2 J3/J4 PCB 印制线的相对电场强度。电缆长度为 1m，PCB 接地平面和外壳长 0.165m。测量 M2 J3/J4 产生的辐射发射电场，在 128MHz 处最大，接近预测的频率 127.5MHz。而 M1 J3/J4 辐射发射电场的最大值在 85MHz。

图 11-52 显示了 M1 J3/J4 从 200 ~ 530MHz 辐射发射电场的相对电平。附加电缆和无电缆的测量值实际上是相同的。超过 200MHz 情况下，电缆是电气长度较长，这意味着电流沿着电缆长度方向相位产生了变化。在距 PCB 的某个距离上的合成场是由电缆中的增量电流所生成的场。

在最初的 PCB 测量中，其侧面朝向天线，转台没有转动。M2 J1/J2 的辐射发射测试结果也是采取旋转桌子的方式以及电缆在有和无的状态下测得的。在"全"辐射测量中，PCB 也在桌子上旋转。"全"辐射测量是指在所有可能的角度上探测最大的辐射发射。对场源和电缆的电场进行了测量，并同时运用 NEC（数值电磁编码）软件在电缆线侧面对着测量天

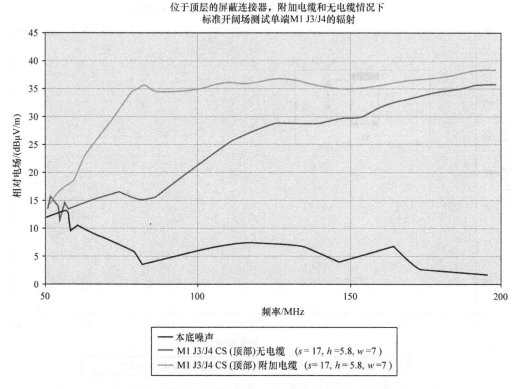

图 11-49　来自附加电缆和无电缆的 M1 J3/J4 的低频辐射（顶层屏蔽的连接器）

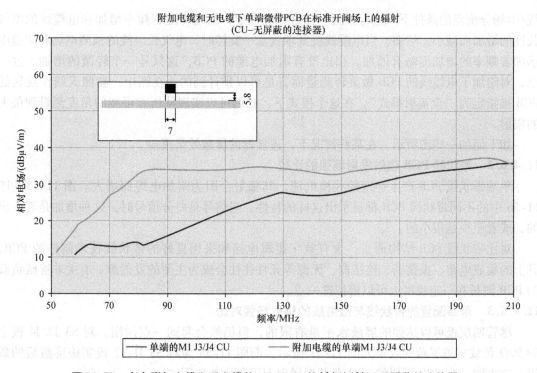

图 11-50　来自附加电缆和无电缆的 M1 J3/J4 的低频辐射（无屏蔽的连接器）

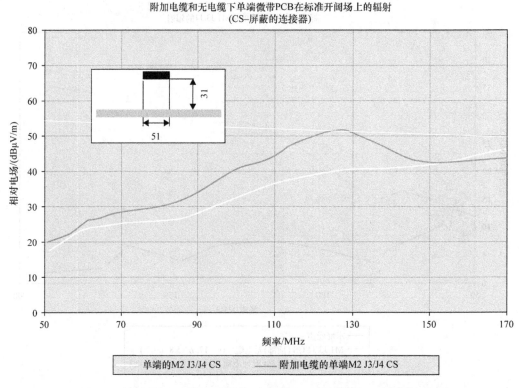

附加电缆和无电缆下单端微带PCB在标准开阔场上的辐射
(CS–屏蔽的连接器)

图 11-51　来自附加电缆和无电缆的 M2 J3/J4 的低频辐射（屏蔽的连接器）

线/电场分析点的条件下来进行预测。在这种配置中，电场将随着频率增加和电缆线的电气长度的增加而减小。然而，当电缆线绕其轴线水平旋转时，电气长缆线的预测电场和测量电场随着频率的增加而略有增加。相比没有附加电缆的 PCB，这只是一个轻微的增加。这一点，对附加了电缆线的 PCB 做旋转测量而言是可以预计到的。在图中，参照天线作旋转的 PCB 被指定为"全辐射模式"，在这个模式下，我们可以实现从所有可能的角度测量到最大的辐射。

如下面的一些图所示，在某些情况下，连接器的屏蔽效果很差。

11.4.6.2　带状线 PCB 辐射发射场强的比较

单端带状线 PCB 产生一定的共模电流，其辐射会因为附加电缆而增大。图 11-53 ～ 图 11-56 中的不同带状线 PCB 都显示出这样的特性。当信号是差分信号时，这种增加是看不出的，或者至少是很小的。

对比带状线 PCB 结构而言，含有数字逻辑电路和采用良好的带状线技术制造的 PCB，其上的集成电路、振荡器、连接器、无源等元件往往会成为主要的发射源。有关非屏蔽负载的 PCB 测量在一定程度上可以模拟这一点。

11.4.6.3　单端配置的带状线与微带线的辐射场强对比

尽管四层板可以达到的屏蔽水平是有限的，但仍然会起到一点作用。对 S3 J3/J4 板上的 50Ω 负载实施屏蔽的效果如图 11-57 所示，而图 11-58 为对 S3 J1/J2 板实施屏蔽后的效果。这表明，在 PCB 顶层的 50Ω 负载对辐射起了很大的作用。

从 1～2GHz，2～2.75GHz，2.75～4GHz，4～8GHz 的微带线和带状线的辐射发射如图

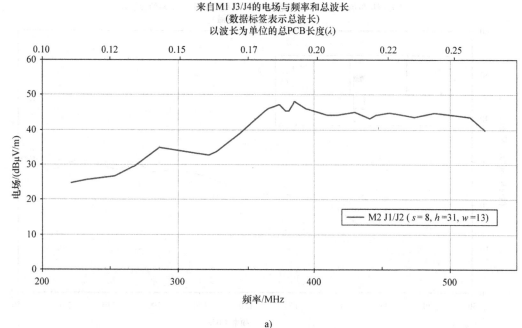

a)

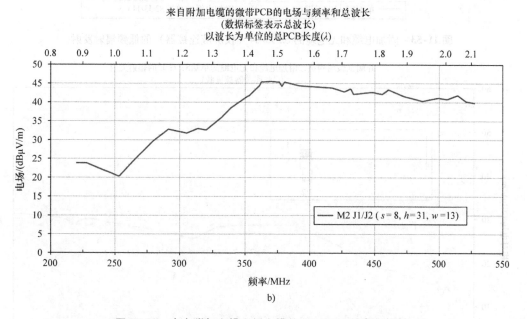

b)

图 11-52　来自附加电缆和无电缆的 M1 J3/J4 的高频辐射

11-59 ～图 11-62 所示。在这些测量中，所有板上的连接器都被屏蔽了，表示为 CS。在某些情况下，负载被屏蔽了，表示为 LS。在图 8-12 中，屏蔽的带状线的测量结果只比 M1 J3/J4 好一点。而在图 11-59 和图 11-60 中，屏蔽的带状线在某些频率上比 M1 J3/J4 差。在其负载和连接器有完全却不完善的屏蔽，以及未连接电缆的情况下，对带状线 PCB 的辐射发射电平的比较分别如图 11-63 和图 11-64 所示。图 11-63 所示频段从 2.7 ～ 3.7GHz，图 11-64 所示频段从 7.5 ～ 8GHz。最差微带线和最差带状线的比较如图 11-65 所示。最好微带线与最

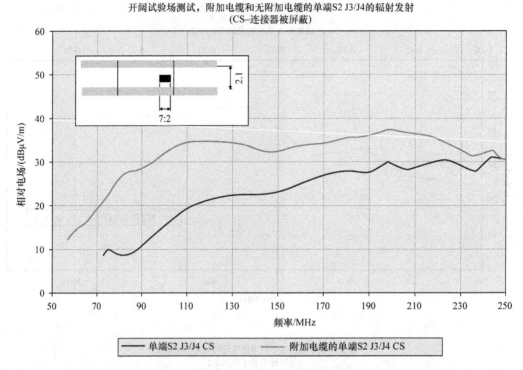

图 11-53 附加电缆和无电缆的 S2 J3/J4（仅屏蔽连接器）的低频辐射发射

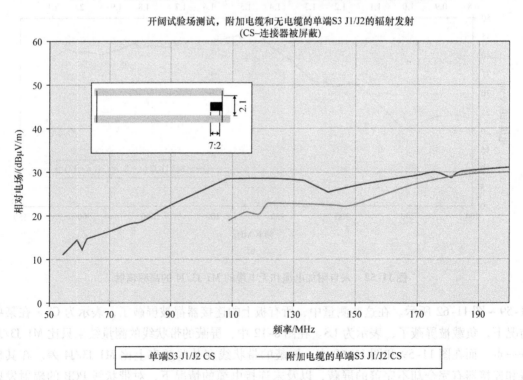

图 11-54 附加电缆和无电缆的 S3 J1/J2（仅屏蔽连接器）的低频辐射发射

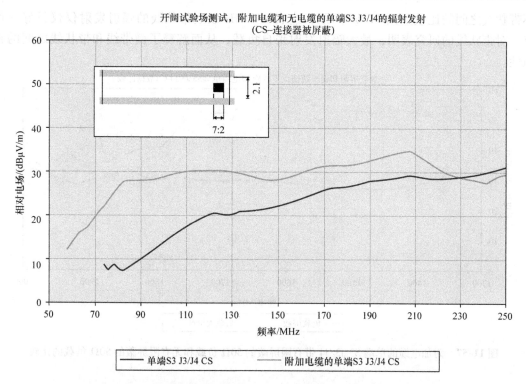

图 11-55 附加电缆和无电缆的 S3 J3/J4（仅屏蔽连接器）的低频辐射发射

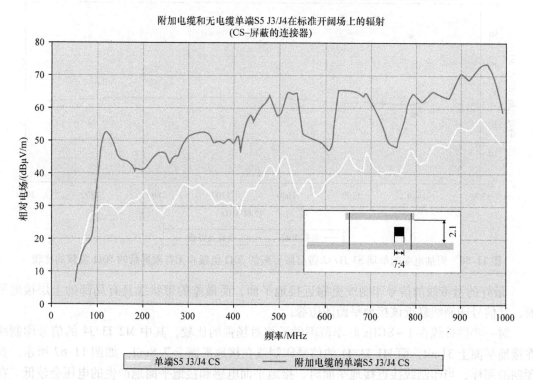

图 11-56 来自附加电缆和无电缆的 S5 J3/J4 的低频辐射（仅屏蔽连接器）

坏带状线之间的比较如图 11-66 所示，这表明 5GHz 以上带状线的辐射发射仅仅只好一点点。对带状线的研究表明，最大辐射发射来自负载，从而解释了微带线和带状线之间的相似性。

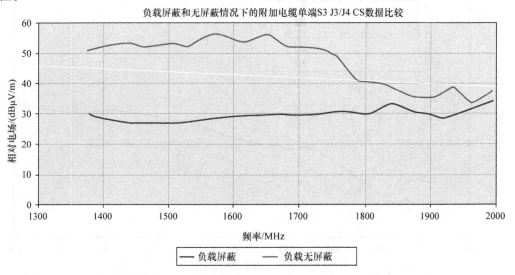

图 11-57 附加电缆的单端 S3 J3/J4 带有限屏蔽的 50Ω 负载和无有限屏蔽的 50Ω 负载的比较

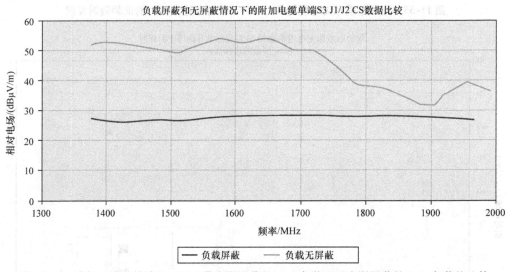

图 11-58 附加电缆的单端 S3 J1/J2 带有限屏蔽的 50Ω 负载和无有限屏蔽的 50Ω 负载的比较

最好的微带线的信号印制线更靠近接地平面，而最差的带状线具有局部的上层接地平面，且信号印制线靠近该接地平面的边缘。

对一些微带线在 1 ~ 8GHz 频率范围做了相对场强的比较，其中 M2 J3/J4 的信号印制线在接地平面上 31mil，而 M1 J3/J4 的信号印制线在接地平面上 7.8mil，如图 11-67 所示。如预期的那样，当印制线接近接地平面时，接地平面电感和接地平面地产生的电压会较低。在本书的第 1 版和第 2 版中所描述的测量也说明了这一点。由于印制线距离接地平面高度的不同，以分贝表示预测值是 15dB，在某些频率上可以看到这种辐射发射的差异。

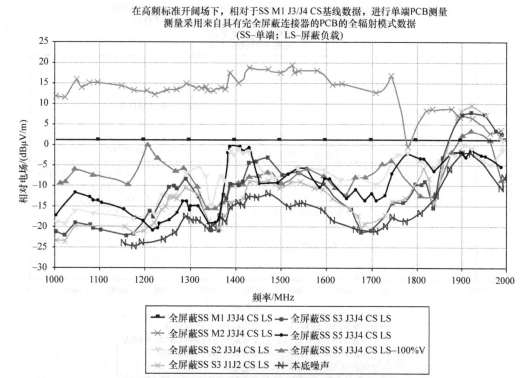

图 11-59 相对于 SS M1 J3/J4，PCB 旋转，不同单端带状线 PCB 的比较（参见彩色插页）

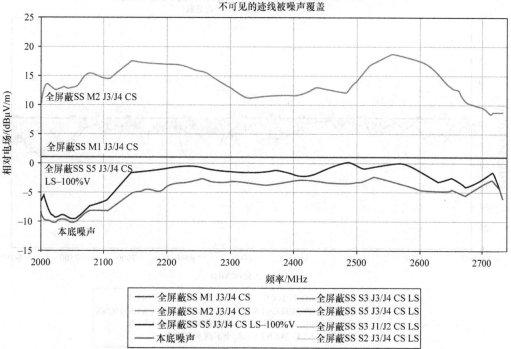

图 11-60 相对于 SS M1 J3/J4，PCB 旋转，不同单端带状线 PCB 和 M2 J3/J4 的对比

在高频标准开阔场下，相对于SS M1 J3/J4 CS基线数据，进行单端PCB测量
测量采用来自具有完全屏蔽连接器的PCB的全辐射模式数据
(SS–单端；LS–屏蔽负载)
不可见的迹线被噪声覆盖

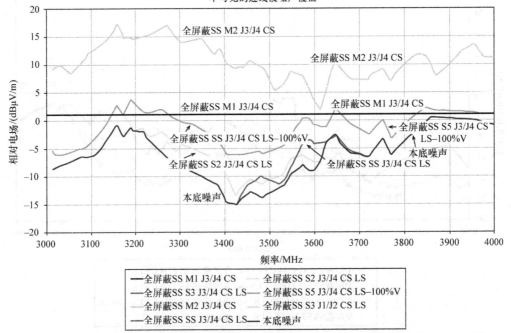

图 11-61 相对于 SS M1 J3/J4，PCB 旋转，不同单端带状线 PCB 的对比

在高频标准开阔场下，相对于SS M1 J3/J4 CS基准数据，进行单端PCB测量
测量采用来自具有完全屏蔽连接器的PCB的全辐射模式数据
(SS–单端；LS–屏蔽负载)

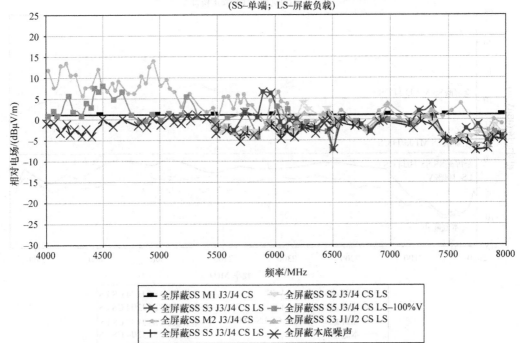

图 11-62 PCB 旋转，负载和连接器屏蔽不良的情况下不同单端带状线 PCB 相对于 SS M1 J3/J4 的比较
(参见彩色插页)

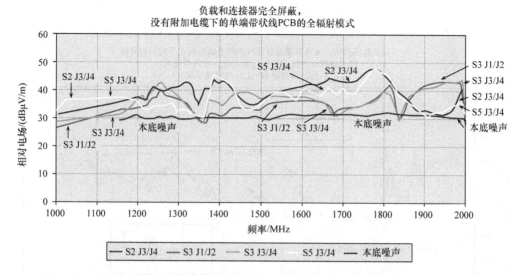

图 11-63 在 PCB 旋转，负载和连接器屏蔽不良的情况下，不同单端带状线 PCB 的比较

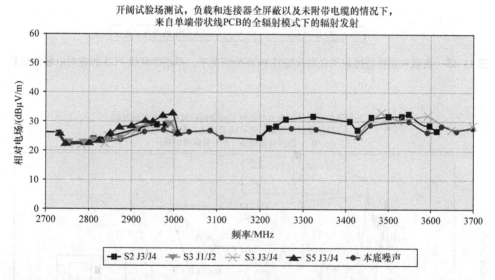

图 11-64 负载和连接器屏蔽不良以及旋转 PCB 的情况下，单端带状线 PCB 的相对电场的比较

图 11-68 显示了从 1.38 ~ 2GHz，负载和连接器加屏蔽的不同带状线的辐射发射情况的比较。在不旋转 PCB 的情况下，添加电缆不会改变这些频率的辐射发射电平。

旋转 PCB 的重要性如图 11-70 所示，其中随着 PCB 的旋转，从 S2 J3/J4 PCB 发出的辐射发射电平增加达到 16dB。图 11-70 还显示了从无屏蔽负载的 PCB 所发出的辐射发射电平。在随后的测量中，我们在带状线上钻出过孔来进行测试，所有 PCB 都要被旋转。结果发现，连续钻孔的 S3 的辐射发射的电平并没有改变，研究显示这是因为主要的辐射发射源是负载电阻和印制线板最上部的印制线。

测试装置的重复性以及角度的影响如图 11-70 所示。在超过一年的测量中，平均变化量约为 4dB，而测量精度、PCB 定位、接收天线校准、位置、高度等方面的不确定因素很容易引起这个量级的变化。

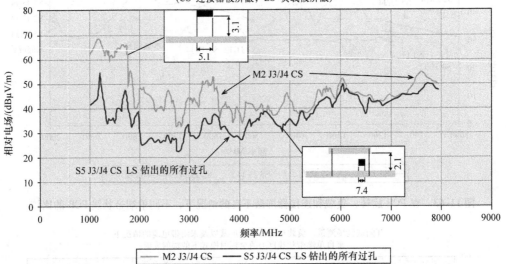

图 11-65 负载和连接器屏蔽不良以及旋转 PCB 的情况下，单端带状线 PCB 的相对电场的比较

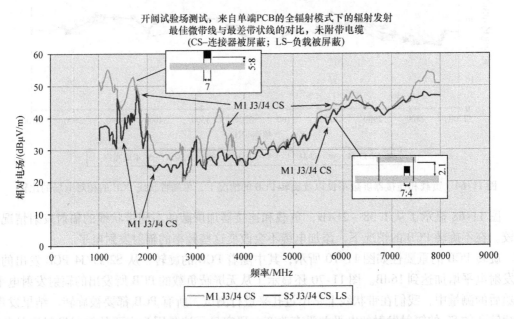

图 11-66 在连接器和带状线负载屏蔽不良以及旋转 PCB 的情况下，
单端微带线的最佳状况与单端带状线的最差状况的比较

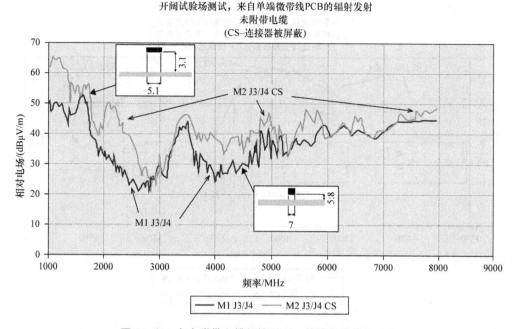

图 11-67 在未附带电缆的情况下，单端微带线的比较

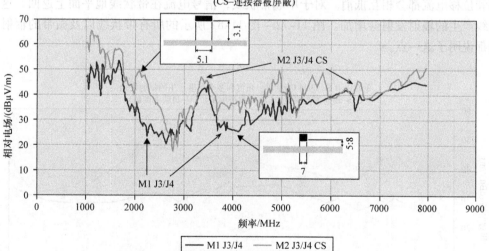

图 11-68 在附带电缆的情况下，单端微带线的比较

图 11-69 对附带电缆的单端带状线的辐射发射进行了比较。带状线 S3 具有两个印制线配置。其中一条信号印制线距 PCB 边缘 2cm，另一条为 5.8mm。两者之间并没有观察到辐射发射的差异，原因再次是来自无屏蔽负载的辐射发射占据了主导地位。

当过孔处在同一个与信号印制线靠近的位置时，在 1~8GHz 及 1GHz 以下频率范围内，具有完整上层接地平面的 PCB 比有局部上层接地平面的 PCB 辐射发射更低。

在差分印制线带状线中，信号电流在一条印制线上流动，在第二条印制线上返回。在带状线接地平面上的任何电流都是由位移电流和磁场引起的，当信号在接地平面附近平衡时，

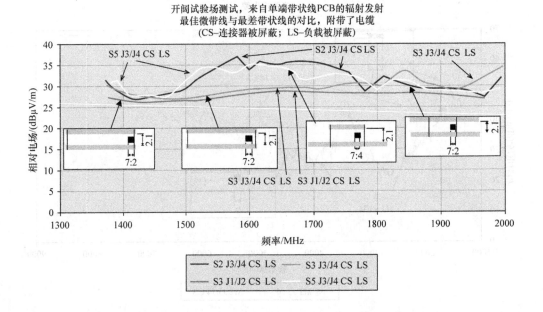

图 11-69　在附带电缆的情况下，单端带状线的比较

磁场和位移电流都会相互抵消。对于单端带状线，信号电流在带状线地平面上返回，这样从带状线产生的辐射发射会增加。图 11-72 ~ 图 11-82 所示的所有带状线以及微带的辐射发射数据都说明了这一点。

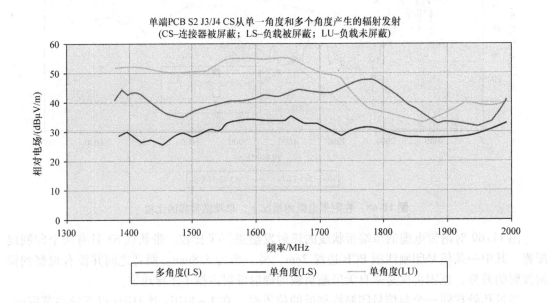

图 11-70　负载屏蔽不良和未屏蔽情况下，单端 S2 J3/J4 多角度辐射与单角度辐射的比较

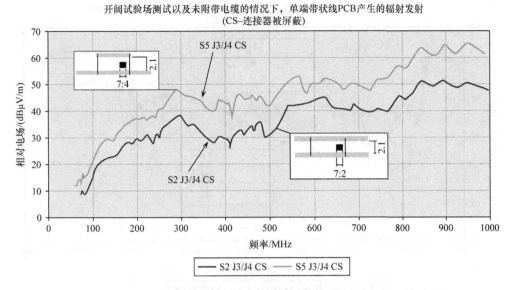

图 11-71 具有局部上层平面和完全上层平面的单端带状线辐射发射的比较

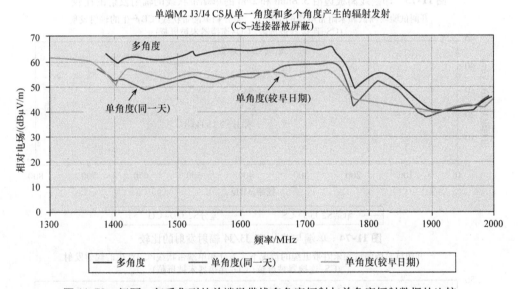

图 11-72 间隔一年采集到的单端微带线多角度辐射与单角度辐射数据的比较

11.4.7 实际的带状线 PCB 布线比微带线 PCB 好多少

大多数辐射发射测量是在开阔场（OATS）上进行的，PCB 取向不同的角度，以确保能测量到最大的辐射发射电平。

在前述低电平辐射发射的带状线布线的测量中，我们发现，与负载相连的过孔和印制线以及负载本身的尺寸都很小，但它们却是重要的辐射发射源。最初，测量是在原来的四层带状线 PCB 的两种配置上进行的。两者的连接器都有屏蔽和以及相应的下层信号过孔，其中只有一个有负载电阻和下层信号过孔屏蔽。然而，这四层板的屏蔽是不完善的，在本章中将进一步描述来自顶层和底层的具有裸露铜接地平面的三层板的辐射发射测试。

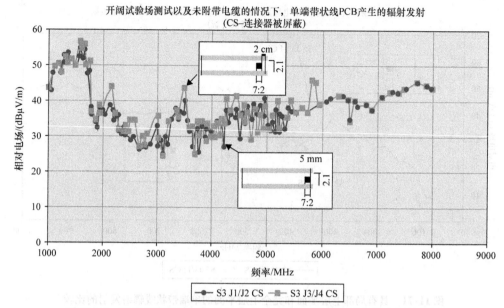

图 11-73 印制线离板边沿 5.8mm 和 2cm 的单端带状线的辐射发射的比较

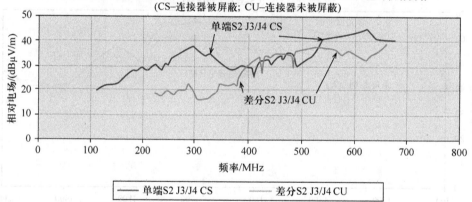

图 11-74 单端与差分 S2 J3/J4 辐射发射的比较

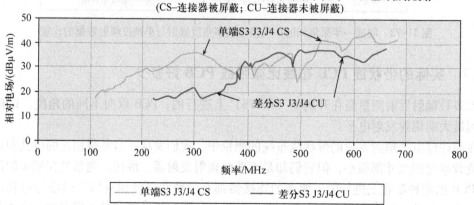

图 11-75 单端与差分 S3 J3/J4 辐射发射的比较

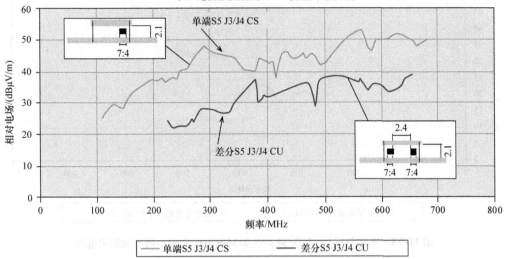

图 11-76　单端与差分 S5 J3/J4 辐射发射的比较

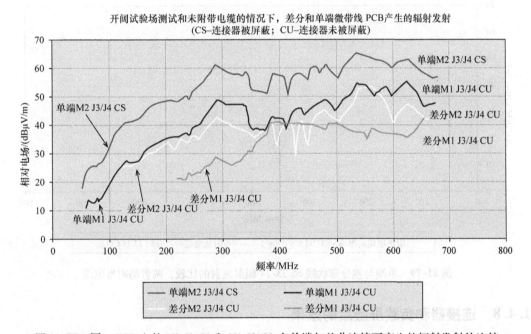

图 11-77　同一 PCB 上的 M2 J3/J4 和 M1 J3/J4 在单端与差分连接下产生的辐射发射的比较

　　我们对四种类型的带状线进行测试，图 11-15 ～ 图 11-18 中显示了这些不同类型带状线的横截面。

　　图 11-83 是四层 PCB 中的 S3 的照片，以 3mm 的间隔用过孔将上下层接地平面缝合在一起。

开阔试验场测试和附带了电缆的情况下，差分和单端带状线 PCB产生的辐射发射
(CS–连接器被屏蔽；CU–连接器未被屏蔽)

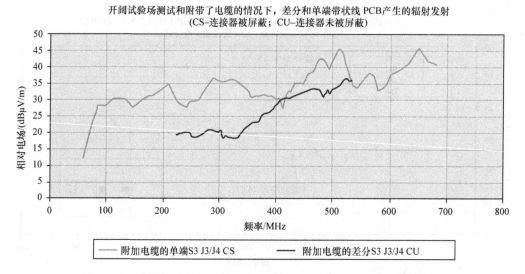

图 11-78 单端与差分 S3 J3/J4 产生辐射发射的比较，两者均附带电缆

开阔试验场测试和附带了电缆的情况下，差分和单端带状线产生的辐射发射
(CS–连接器被屏蔽；CU–连接器未被屏蔽)

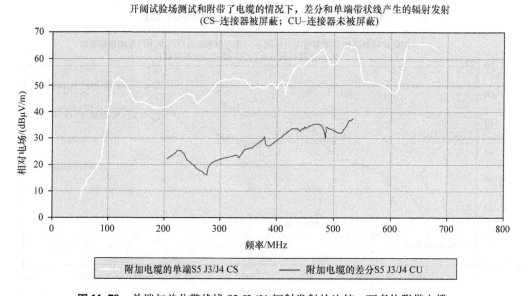

图 11-79 单端与差分带状线 S5 J3/J4 辐射发射的比较，两者均附带电缆

11.4.8 连接器和负载屏蔽后的效果

如图 11-84 所示，即使对于屏蔽不完善的四层板，使用差分驱动时也可以减少带状线 PCB 的辐射发射。若将电缆连接到接地平面并使用单端驱动 PCB，则屏蔽的效果更明显，如图 11-85 所示。

11.4.9 实际带状线和微带线

在大多数实际 PCB 中，元器件被安装在电路板的一面或两面，且常用边缘连接器来连接电源和信号。通常，只有 RF 类型的板才需要将板上的元器件屏蔽，而这种屏蔽通常经由

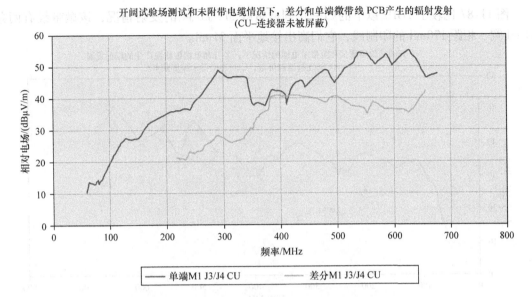

开阔试验场测试和未附带电缆情况下，差分和单端微带线 PCB产生的辐射发射
（CU–连接器未被屏蔽）

图 11-80　单端与差分 M1 J3/J4 产生辐射发射的比较

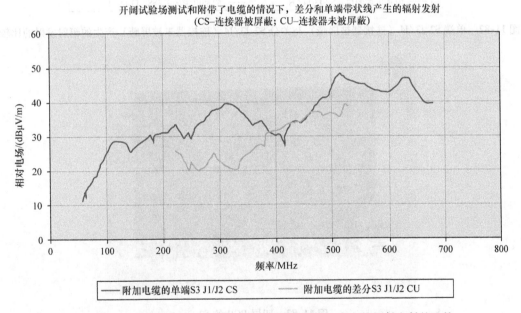

开阔试验场测试和附带了电缆的情况下，差分和单端带状线产生的辐射发射
（CS–连接器被屏蔽；CU–连接器未被屏蔽）

图 11-81　单端与差分 S3 J1/J2（连接器均被屏蔽）产生的辐射发射的比较

过孔向下连接到较下层的总接地平面上。因此，整个的电路板就被屏蔽。所以通过与 PCB 屏蔽墙端接的连接器金属外壳，将信号和电源引出到屏蔽的连接器上理应是有较好效果的。另外，可以使用连接到屏蔽壁的穿心滤波器来馈通电源。

　　本节提出的问题如下：最接近实际布线情况下，由于带状线的负载和连接器均未屏蔽，那么与微带线相比，带状线的效果如何？图 11-86 对差分驱动情况下，传输线、微带线和带状线 PCB 在最差情况（最高电平的辐射发射源）下的辐射发射情况做了比较。虽然我们将该布线视为微带线，但当运用差分驱动时，它们实际上是镜像平面上的两条信号印制线。

图 11-87 比较了 1GHz 以下的归一化到微带线 M2 J3/J4 的发射情况，该微带线有两条 51mil 宽、相距 170mil 的印制线，它们高出接地平面 31mil。

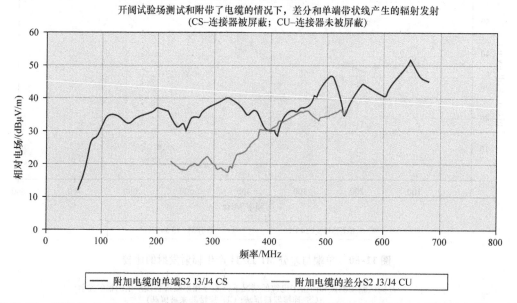

开阔试验场测试和附带了电缆的情况下，差分和单端带状线产生的辐射发射
(CS–连接器被屏蔽；CU–连接器未被屏蔽)

—— 附加电缆的单端S2 J3/J4 CS　　　　—— 附加电缆的差分S2 J3/J4 CU

图 11-82　单端 S2 J3/J4（连接器被屏蔽）与差分 S2 J3/J4（连接器未被屏蔽）产生的辐射发射的比较

图 11-83　四层 PCB 的 S3

图 11-88 和图 11-89 分别显示最佳传输线、最佳微带线和最佳及次佳带状线的辐射发射情况，它们与实际情况一样，负载都没有被屏蔽。

图 11-90 比较了过孔间隔对带状线的影响。

从这些图中可以看出，若采用差分驱动带负载的方案，微带线产生的辐射发射的电平并不比带状线高很多。这意味着非常靠近镜像平面的差分印制线几乎与大多数带状线一样有效，而且 900MHz 以上时，这样的差异是可以忽略不计的。

对于差分带状线印制线在低频 100Ω 差分阻抗的测试是在开阔场（OATS）上进行的。如实际情况一样，带状线的负载未被屏蔽。

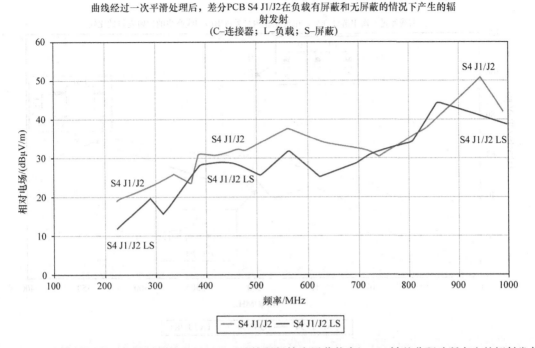

图 11-84 负载被屏蔽和未被屏蔽情况下（此时连接器保持未屏蔽状态），S4 被差分驱动所产生的辐射发射

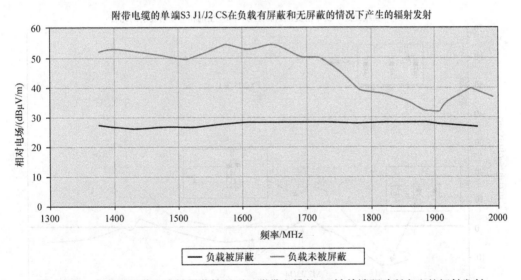

图 11-85 负载被屏蔽和未被屏蔽情况下，附带电缆的 S4 被单端驱动所产生的辐射发射

11.4.10 过孔间距

我们制造了若干的带状线 PCB，以便观察过孔的间距对辐射发射的影响。为此我们沿着带状线长度方向钻出了一些过孔并保留了连通连接器和负载的上下层接地平面的 18 个过孔。这些过孔很重要，因为它们携载了信号返回电流。带状线长度方向上的过孔只会使带状线的屏蔽更有效。过孔原来的间距为 3mm，其他的 PCB 钻出的过孔的间距为 6mm 和 12mm。遗憾的是，即使过孔被移除，最终还是在上下层接地平面上留下了钻洞。当信号由单端驱动

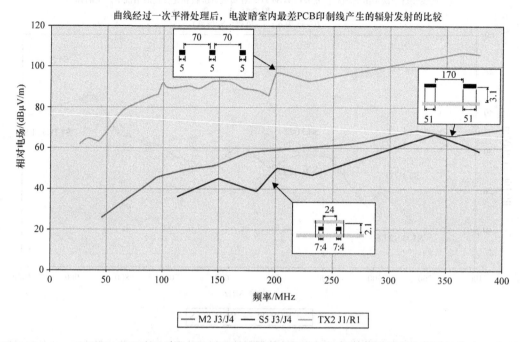

图 11-86 最差传输线、差分微带线（镜像平面）的辐射发射的比较

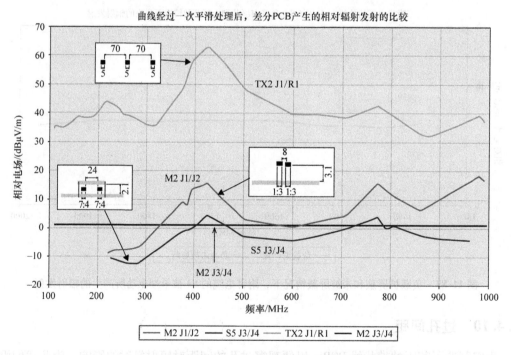

图 11-87 归一化到微带线的最差传输线，差分微带线（镜像平面）
的辐射发射的比较。和现实情况一样，带状线负载未被屏蔽

时，无论过孔的间距是 3mm，6mm 或 12mm，各类型带状线的辐射发射电平都是一样的。

早期在本书第 1 版和第 2 版中所描述的 PCB 测量中，由于过孔间距的不同，即使在负

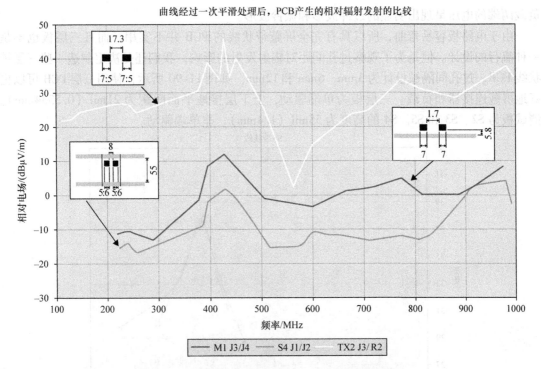

图 11-88　传输线、微带线和带状线辐射发射的比较

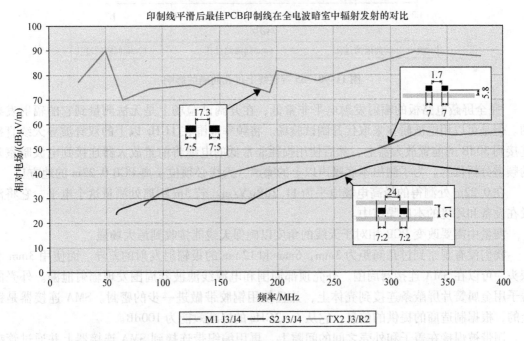

图 11-89　最优传输线、最优差分微带和次优差分带状线产生辐射发射的对比

载未屏蔽的情况下也会出现辐射发射电平的差异。在这些 PCB 中，上下层接地平面之间的间距为 62.6mil，而目前的大部分带状线的间距为 21mil。此外，早期测量的逻辑电平至少比 ECL 高 10 倍，其印制线阻抗不受控制且使用典型的阻性和容性逻辑负载进行端接。其横跨

负载两端的电压呈现出明显的过冲波形和振铃波形。

由于电路板容易弯曲，所以具有完全屏蔽带状线的 PCB 并不实用，而且三层板也不是一种流行的设计。但是为了观察过孔间距对辐射发射的影响，我们还是决定制造一些三层带状线 PCB，过孔间隔被设计为 3mm，6mm 和 12mm。如图 11-90 所示，使用三层 PCB 可以更好地屏蔽连接器和负载。三层板为单端驱动，上下层接地平面间距为 21mil（0.5334mm）。测试板为 S2、S3 和 S5。S4 的高度为 55mil（1.4mm），非单端驱动。

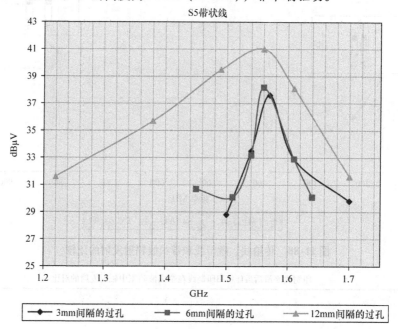

图 11-90 S5 带状线上过孔间隔的影响

完全屏蔽电路板的辐射发射电平非常低，在开阔试验场上是无法测量到它的辐射发射的。但是可以用电波暗室来取代开阔试验场。将频率范围在 1GHz 以上的双脊波导天线直接连接到 30dB 的前置放大器上，然后使用损耗非常低的电缆将前置放大器连接到电波暗室外的频谱分析仪上。为了测出本底噪声以上的噪声，天线必须位于离 PCB 0.22m 的地方！

在 0.22m 处测得的最高电场电平为 11.2dBμV/m。若 3m 距离处测量这个电平，它将淹没在设备和环境的本底噪声中。

测量中需要改变 PCB 相对于天线的角度以确保天线能接收到最大场强。

我们没有观察到过孔间距为 3mm，6mm 和 12mm 的板辐射发射的差异。而使用 3mm 小探头，可以在 SMA 连接器周围、外壳顶部周围和电源线滤波器周围发现辐射泄漏。外壳的盖子用金属簧片屏蔽条连接到壳体上，并且使用铜胶带做进一步的密封。SMA 连接器是镀金的，根据制造商的提供的信息，它从 1～2GHz 的屏蔽效能为 100dB。

铜带被焊接在盖子和外壳之间的间隙上，再用编织带连接到 SMA 连接器上并通过管夹固定在适当的位置，并且将铁氧体加装在电源线滤波器上。铁氧体被连接到外壳所有面上的铜胶带所覆盖。

通过这些改进可以看到，具有总体上下层接地平面的带状线（S3），在过孔间隔为 3mm、6mm 和 12mm 时，其辐射发射电平并没有差异。然而，S2 和 S5 的辐射发射的确显现了一些差异。

对于 S5，唯一辐射发射电平显著增加的是在过孔间隔为 12mm 时，并且可以推定当过孔间距为 3mm 和 6mm 时，其辐射发射电平在环境电平以下。从图 11-91 可以看出，当过孔间隔为 3mm 和 6mm 时，电路板在 1.2GHz 和 1.7GHz 之间的辐射发射电平显现出一些小的差异；而过孔间隔为 12mm 时，板的辐射发射又再次显著增加。

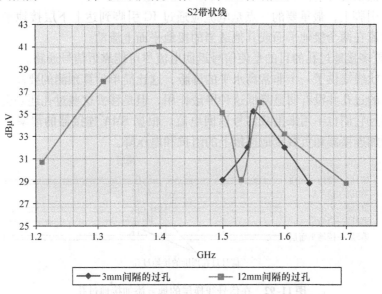

图 11-91　S2 带状线上过孔间隙的影响

测量得到的带状线屏蔽效能高于计算预测的结果。根据我们的测量，我们预计在实际的 PCB 中，来自元器件、边缘连接器和在带状线外运行的短印制线的辐射发射将超过来自带状线 PCB 结构的辐射发射。虽然过孔的间隔在实际的带状线 PCB 中可能显得不重要，但是仍有若干其他非常重要的原因需要配置尽量多的过孔，本书将对这些原因进行讨论。

与位于镜像平面上方且与其靠近的两条差分印制线相比，带有无屏蔽 100Ω 阻性负载的差分驱动带状线 PCB 仅在某些频率上的辐射发射电平才比较低。而在高频下，它们的辐射发射电平相近。这种非屏蔽元器件的配置更准确地代表了实际的应用。

具有完全屏蔽的负载和连接器的带状线 PCB 的辐射发射电平极低，远低于通过简单计算预测所得的辐射发射电平。

由于带状线的辐射发射电平如此之低，来自连接器，带状线之外的长度很短的非屏蔽印制线和 IC 的辐射发射将占主导地位，而将上下层接地平面连接在一起的过孔的间距就不那么重要了。

然而，对许多 PCB 布线进行观察可以看到，通过若干过孔将上下层接地平面连接在一起的 PCB 的辐射发射总是低于只有单一接地平面的 PCB。另外，当岛状孤立的地通过若干过孔与总接地平面连接时，具有总接地平面和第二个小型岛状孤立接地的不完全接地平面的 PCB 比只有单一接地平面的 PCB 能更有效地降低辐射发射。形成这种情况的原因很多，其中包括以下几个方面：

1）当电源平面将信号印制线和接地平面隔离开时，辐射发射电平很高。

2）假设如图 11-92 所示的一条五层的带状线 PCB，第 1 层是上层接地平面，第 2 层是信号层，第 3 层是电源平面层，第 4 层是信号层，第 5 层是下层接地平面。如果信号通过电源平面层从第 2 层转换到第 4 层或者相反，那么在信号过孔的周围增加若干接地过孔来连接第 1 层和第 5 层的上下层接地平面就是非常重要的设计，这可以确保信号返回电流尽量靠近信号通路以降低辐射发射。

3）在 IC 引脚上，最重要的一点是电流应通过 IC 引脚到达上下层接地平面，这样可以使信号返回电流在两个接地平面或其他适当的接地平面上流动。

4）增加更多接地过孔的目的是使信号返回电流尽可能靠近信号通路。

全屏蔽带状线提供了一个非常高水平的屏蔽，这比简单计算预测的要高。移去沿着带状线长度方向上的过孔并没有明显降低这种屏蔽作用，但是移去这些过孔还是会影响带状线的屏蔽效果，而且它们也不用来携载信号返回电流。根据 SMA 连接器的泄漏，移除载流过孔几乎肯定会增加连接器和负载接地连接上的阻抗和电压降。

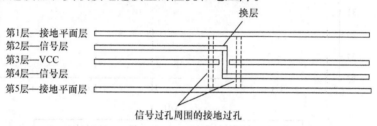

图 11-92　在信号线换层的地方添加接地过孔

11.5　实际的 PCB 布线

与仅具有信号和电源印制线的 PCB 相比，实际布线经验以及在 11.4.2 节中的测量结果已经广泛地证明了靠近接地平面的印制线存在辐射发射。正如 11.8.2 节所讨论的那样，接地平面必须直接无间隙地部署在所有数据和信号印制线下面。在一个复杂的印制电路板中，若沿着多层板的周边部署印制线，就意味着整个板的区域都必须被完整无间隙的接地平面覆盖。大多数数字电源和数字信号可以很方便地使用该接地平面作为返回电流回路。关于应该使用什么和以什么方式来构成一个"良好"接地平面请参阅 11.8.2 节。"热"印制线（印制线间距大于 25mm，并携载有快速边沿的数字和时钟信号）越是靠近接地平面，发射就越少。所以，应将所有高速并且较长的印制线部署在最靠近接地平面的层次上。在使用掩埋技术的情况时，可以将该层的这些热印制线部署在接地平面的任何一面。带有较少有源信号或长度较短的印制线可以被继续延伸到离接地平面较远的一些位置。热印制线应该尽可能短，并应将在源端的串联电阻包括在内，以增加上升沿和下降沿的时间。还应选择带有缓冲的输入器件，以降低在总线或时钟上的负载。只要可能，就应将时钟和数据总线设计安置在局部带状线上。在这种布线中，上层接地平面的边缘通过最大间距为 13mm（如可能该间距应尽可能短）的过孔与下层接地平面衔接在一起。若可能，应将微带线延伸到整个板区域，将过孔部署在到印制电路板的周围。

一个常见的错误是在印制板的周边过孔之间留有太大的空隙。此时，发射就会集中在这些位置上。尤其是在高频时，这种现象随着频率的增高还有增强的趋势。应尽可能地使电源平面只处于一层上；而接地平面则位于电路板的反面，从而形成一个微带线。在做射频设计时，这两个平面通过间距不大于 25mm 的若干个表面贴装电容器沿电路板的周围相互连接。容性耦合带状线不如两个直接连接在一起的接地平面形成的带状线有效。当电容器的间距大于 25mm 时，由微带线所带来的优势会大大降低。假如在电路板上还存在有用于诸如模拟、视频或者控制等低电平信号的印制线，那么可以将它们部署在带状线接地平面以外，以降低在数字信号和这些低电平信号之间的串扰。可是如果这些低电平信号参考到一个充满噪声的地，如带状线数字接地平面的内表面，那么由于共模噪声的存在，这些印制线的辐射发射可能会很高。如果这是一个潜在的问题，并且真的有可能会发生串扰，那么解决办法就是构建一条内部带状线，专门用于低电平信号印制线和该区域内与 IC 相关的信号的回路。

借助于 11.4.2 节所描述的测试以及若干个印制板测试结果，我们观察到，即使 PCB 本身具有极为良好的布线，但 IC 及其引脚所产生的辐射发射仍可足以高到使得该印制板无法通过商用 EMC 的要求。在使用接地平面封埋技术的布线时，可以在 IC 的正下方加入一个小面积的接地平面，并通过过孔将其与下层接地平面相连接。假如 IC 有金属罩壳，那么至少要在四个角上将其与接地平面相连接，以降低辐射发射。这在低频时尤为必要。正如将在 11.9 节中所要讨论的，在接地平面被封埋的微带线布线中，IC 的局部屏蔽会造成屏蔽引出印制线的辐射发射增加的问题。对于具有两个外部接地平面的带状线，可以通过其屏蔽下方的过孔将 IC 引出线连接到内层。而后可以沿屏蔽体的周边与接地平面搭接。这个布线非常有效。若可以因此而省去一个金属的或具有导电涂覆的设备罩壳的话，那么这个局部屏蔽在经济上也是十分合算的。

封闭在一个非导电的罩壳内的铝箔或铜箔可以构成一个镜像平面。这个被绝缘的金属箔被放置在非常靠近具有高电平辐射发射的"热"印制线或 IC 的 PCB 的任何一面，来自那一面的辐射发射电平就会有所降低。当使用金属箔把 PCB 的一个边缘包裹起来，并覆盖 PCB 的两个面，来自 PCB 两面的辐射发射都会有所降低。尽管如此，当测量是在一个 OATS（开阔试验场）进行时，在 PCB 360°旋转，并改变天线的高度的情况下，所测量到的 PCB 最差辐射发射可能并未降低。这是因为镜像平面改变了 PCB 的辐射模式，而来自 PCB 边缘的裂缝的发射电平并未减小所致，甚至在某些频率上还有所增加。

有这样一个例子：一个无线天线插在设备 PCMCIA（个人计算机存储卡接口适配器）插槽上，而源自 PCB 的辐射发射耦合到了这个天线上。由于宽带噪声（典型的是来自数据或开关电源的）和时钟谐波注入到了天线，使得该天线的灵敏度有所下降。在 PCB 的两个面都被镜像平面所覆盖，且朝向天线一边的边缘也被包裹着的情况下，可以看到 PCB 和天线之间非常局部的耦合所造成的发射会有所下降，天线的接收也会因此而有所改善。但是用镜像平面把 PCB 周围"包裹"起来的方法并没有使来自 PCB 的总辐射发射大幅地降低。

PCB 布线设计的详细步骤以及准则如下。

1）对单个 PCB 或多个 PCB 的 EMC 要求进行评估。换句话讲，哪些要求必须得到满足？串扰或公共地阻抗耦合对于敏感电路来说会不会成为潜在的问题？PCB 是否被安置在一个导电屏蔽罩内？它是否能够达成有效屏蔽？确定源的辐射发射要降低多少？例如，有一个带有信号和电源电缆的包括有多个 LSI 器件的高速 PCB，被封闭在一个非导电罩壳内，要求通过"良好"的电路设计和 PCB 布线来最大限度地降低它的源电平。理想的情况下，LCR 电路来构成时钟波形应尽可能接近正弦波。

2）合理选择 IC 的位置，以使它们间的互连印制线尽可能短。将振荡器部署在尽可能靠近时钟 IC 的位置。同时，又要尽可能地使它远离信号接口以及低电平信号的 IC 和印制线。

3）尽可能缩短源和负载之间以及共享时钟或总线的负载之间的路径长度。只要可行，应使用屏蔽带状线来实现这些连接。

4）假如不能使用微带或带状线配置，则要使信号和回路印制线尽可能地靠近。

5）通过最小化负载来降低印制线上的驱动电流，一般可使用在负载端增设缓冲器或串联电阻的方法。

6）在满足性能要求的前提下，尽可能使用速度较慢的逻辑器件。

7）当 IC 间距较远时，要增加去耦电容的数目，以使每个 IC 至少有一个去耦电容。可选用表面贴装式电容作为去耦电容。

8）根据 11.8.2 节中介绍的导则来选择公共接地、机壳接地和接地隔离的位置。

9）将一个低值电容（0.01 ~ 0.1 μF）与一个高值电容（1 ~ 10μF）相并联，往往会非常有效。但若电容的引出线较长的话，则无甚裨益。

10）从 11.8.2 节中选择适当接地方案，用以降低来自 PCB 所带电缆的辐射发射。

11）减少同时改变状态的信号印制线数目。

12）假如电源和回路印制线是辐射发射源的话，在电源和 IC 之间增设电感，并增加去耦电容的数目。

13）在初步完成布线以后，可以在互联网上找到诸如 GerbTooL 或者 Gerber 的阅览器来检视印制线的走向和元器件的位置，以确保没有任何地方违反了上述的设计准则。

假如来自接口电缆的辐射发射占主导地位，而 PCB 又被放置在一个屏蔽罩内，那么电源/信号接地平面与机壳的多重连接将会降低印制板上形成的共模噪声电压。可惜的是，屏蔽罩内的 RF 电流将会因此增加，而且从孔缝中泄漏的辐射发射电平也可能会增加。在屏蔽罩屏蔽效果不良的情况下，前面所述的好处将会丧失殆尽。

设计时，使电源平面的宽度小于接地平面宽度将会降低边缘场的辐射发射。虽然辐射发射降低的机理还不那么清楚，但在实际测量中，高度为 40mil 的完整带状线与宽度只有 1cm 的带状线相比，当频率超过 350MHz 时，前者的辐射发射要比后者高出 32dB。然而，在 11.4.2 节的测量中，在高度为 21mil 的情况下，来自整个接地平面的辐射发射却低于图 11-33 和图 11-34 所示的部分接地平面，图 11-39 中也同样如此。

虽然减小电流环面积有效地降低了辐射发射，但是在 IC 周围实施有效的去耦也会增加在 IC 在开关时所引起的电流尖峰的幅度。虽然可以在 IC 的去耦电容与电源引脚之间引入一个电阻或一个铁氧体磁环来降低电流的尖峰，但这是以增加电源反弹电压为代价的（见图 5-14）。也可以在电源回路的引脚上使用磁珠，但这也无法避免会导致高地弹电压。

尽可能减少使用包括同时改变状态的内部 IC 器件的数目。

当选用定制的器件时，要仔细考量其线路布局，以使其内部通路的布线长度最短且输入输出引脚上的共模噪声最低。可以在器件内部串联电阻，再与电源连接，以消除开关电流。其电阻值将取决于器件对电源反弹的耐受程度。

PCB 的高频辐射发射（1GHz 及以上）在时钟速度与逻辑变化率同时增加时，高频 PCB 辐射发射也会增加。使用特性阻抗 Z_C 来端接微带线或其他传输线是在高频情况下常用的典型配置。在这些微波频率上，若微带线的不连续性和线本身所导致的辐射发射不能被共模电流所产生的辐射发射淹没，那么它们的重要性就变得很显著了。在 1GHz 时，这种辐射发射比所预测的纯差模电流辐射发射高 60dB。这也就告诉我们，即使在这样的高的频率，共模电流造成的辐射发射也不能被忽略！然而，当结构的电气长度变长，而且所研究的频率在 1GHz 以上时，差模电流辐射发射将会成为主要的辐射发射源。在传输线端任何的阻抗失配都会造成信号传输的不连续，从而增加辐射发射。相对于 Z_C 的高阻抗终端会比低阻抗终端产生更有效的辐射发射。前者大约会比后者高出 2.5~19dB。另外，频率越高或印制线距接地平面的高度越高，辐射发射就会越大。例如，当频率或印制线距接地平面高度的增加系数为 10（20dB）时，则辐射发射功率的增加系数为 100（40dB），而电场的增加系数则为 20dB。

基于电流不变的条件下，使用方程来计算由于微带线不连续所导致的辐射发射时，所得到的许多电场电平的预测值远高于对典型 PCB 的实测值。

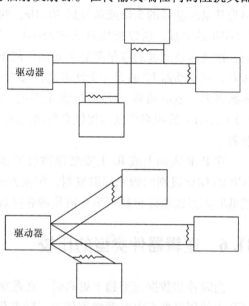

如图 11-93 所建议的，不要以菊链（Daisy – Chain）方式与时钟进行逻辑连接，而应采用扇出的方式与时钟进行连接。虽然还未见到有报道证明，在低频及负载与线阻抗失配的情况下，这种安排是有利的。但是就匹配的传输线而言，毫无疑问应选用扇出方式进行连接。

图 11-93 时钟或高速数据的菊链和扇出方式

印制线 90°的弯角会增加线路电容，这也是一种电的不连续性，将会引起辐射发射的增加。图 11-94 所示为在频率非常高时，若在微带线中使用 45°角的弯角，将会降低辐射发射。但就 74F、74AS、74S、74、74C、74HC 及 ECL100 或类似速度的器件而言，由于采用 45°角所造成的辐射发射降低都并不明显，并且会被微带线终端的阻抗失配以及印制线的共模电流所造成的辐射发射所掩盖。

在理论上，不论来自直线型微带线的辐射发射是水平极化还是垂直极化，它与有 90°弯角的微带线相比，两者的差值在高频时应为 ±6dB，即平均差值为 0dB。然而在对水平电场进行测量后发现，反而是带有 90°弯角的微带线要比直线型的微带线所产生的辐射发射稍低，而其原因几乎可以肯定是印制线由于有了弯角后，其长度有所缩短所致。

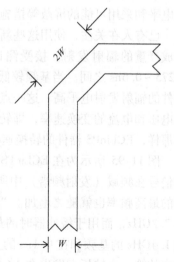

图 11-94 在 PCB 印制线中的 45°弯角

在实践中，只要可能就应该使用带状线 PCB 布线。假如不能使用带状线，那么为了降低微带线产生辐射发射的一种方法是在电路板上的长距离时钟线上运行差分信号，这点在

11.4.2.2 节中阐述。这两根信号印制线的长度应该完全相等，并尽可能靠近彼此。该差分线的远端负载必须要匹配良好。当使用 ECL、ECLlite 或 ECLinPs 时，这一点是很容易做到的。将两条印制线穿过一个 PCB 装的平衡 - 不平衡变换器就可以降低共模电流。值得注意的是，假如进出到变换器的连接线太长的话，它们的辐射发射可能会比不用变换器时更高。FCC 要求对 1GHz 以上，来自数字器件的辐射发射（无意辐射）进行测量，所测量的最高频率为其最高基频的 5 倍或最高到 40GHz，两者中选择较低者。许多光纤驱动器的工作频率为2.5GHz 或更高，所以必须测量到 25GHz。当要为光纤设计一个激光驱动器时，对布线、屏蔽、接地以及滤波的考量都必须如同任何中功率 RF 电路设计一样，处在相同的水平。这意味着，到驱动器 IC 的是一个滤波后的差分输入。而驱动器 IC 必须被安装在 PCB 上的完整屏蔽罩内。该屏蔽罩又必须与激光器的金属外壳进行搭接。必须为激光驱动器的电源在2.5 ~ 25GHz 的频率范围内提供良好的滤波。因此有必要在屏蔽罩的一个面上安装一个馈通装置。

在 PCB 表面上或 IC 上安装微波吸波器（可用的如加载橡胶薄片）似乎可以降低来自PCB 的 GHz 级别的频率辐射发射，但实践经验告诉我们，这类方法并不是那么有效。而使用低频固态铁氧体材料来填充散热器和屏蔽罩上的孔隙却是很有效的办法。

11.6　逻辑器件类型的比较

当时钟和数据速率趋于更高时，在数字设备中使用的逻辑速度也随之不断增加。当仅在PCB 上使用标准 CMOS 逻辑器件时，除非设计师采用了非常不恰当的 PCB 布线，很少会看到无法满足 A 类以及 B 类的辐射发射要求的问题。但对于使用标准 74 系列的 TTL IC 时，情况就完全不同了。对这类逻辑器件的使用，通常必须采取一些必要的措施才能满足 A 类的要求。随着高速 CMOS 和更高速的双极型器件的出现，要特别注重 PCB 布线，降低电路的电平和采用可能的屏蔽等措施，以使辐射发射降低到可以接受的水平。

已有人在关注，使用这些新型高速逻辑器件将在 FCC 已设定限值的 1 ~ 10GHz 频率范围造成严重的辐射发射。接受测试的速度最高的器件是 ECLinPS，它的上升和下降时间在0.275 ~ 0.6ns 之间。当基频较低（10MHz）时，该器件在高频上的辐射发射电平并不比 74F器件的辐射发射电平高。这一点并不奇怪，因为当时钟的基频较低时，高频辐射发射的关键是电压和电流的变换速率，即转换速率，而不再仅是上升和下降时间。正如在后面还要讨论的那样，ECLinPS 器件的转换速率与 74F04 器件的转换速率非常接近。

图 11-95 所示为在 ECLinPS 器件的输出端的 50Ω 负载两端上所测量到的，由 10MHz 时钟信号在频域（发射频谱）中所建立的电压幅值。当器件的运行速度增加时，器件能被使用的最高频率也就随之增加。"ECLinPSLite" 系列用于触发器（flip - flop ）时的最高频率是 2.2GHz，而用于缓冲器时的最高频率则为 1.4GHz。它们的上升和下降时间都为 0.1ns。在 1.4GHz 的基频和在 0.1ns 的上升和下降时间情况下，如图 3-5 所示，它们的发射谱线包络中的第一个转折点发生在 $1/(\pi d)$ =88MHz 上，这里 d 是脉冲宽度（3.6ns）。在第一个转折点以后，发射谱线的幅值下降率为 20dB/10 倍频程的函数。在 3.18GHz 以上的第二个转折点，由等式 $1/(\pi t_r)$ 给出。其幅值下降率是 40dB/10 倍频程的函数。

在接近 74F04 和 74AS04 器件的最高频率 124MHz，比如 120MHz 上进行测试，其在同

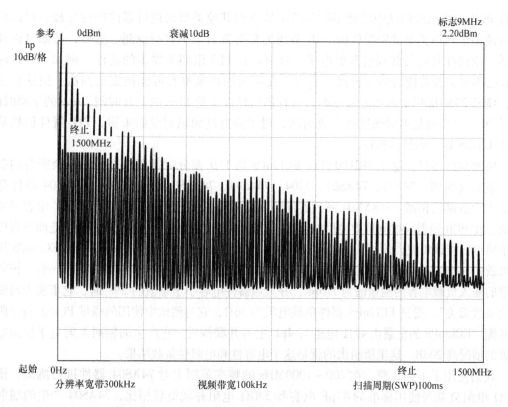

图 11-95　在 ECLinPS 器件的频率域所测量到的进入 50Ω 负载的电压

一频率上的发射电平会更高（高于 10MHz 的时钟辐射发射电平）。比如，假定上升和下降时间不变的话，在 360MHz 频率上（120MHz 时钟频率的 3 次谐波），120MHz 时钟的发射将比频率为 10MHz 的时钟在这个频率上的辐射发射电平高 25dB。而在 1080MHz（9 次谐波）时，则要高出 21dB。

假如 ECLinPS 器件运行的时钟频率为 450MHz 而不是 10MHz，那么在 2.25GHz 上的发射电平将会高出大约 33dB。辐射发射的增加量几乎与时钟频率的增加量相对应，即从 10 ~ 120MHz 为 21dB，而从 10 ~ 450MHz 为 33dB。即使天线与带有电缆的 PCB 相距仅 0.55m，并使用微带线传输线 PCB 配置以及时钟频率为 10MHz 情况下，也没有任何其他逻辑器件类型会在 1200MHz 频率以上产生高于测量系统噪声本底电平的辐射发射。由于在测试中使用的上限频率低于 10MHz，所以可能在测量中不能包括标准 CMOS 器件。表 11-1 列出了所测试的逻辑系列的频率上限。

表 11-1　不同逻辑系列的频率上限

逻辑器件系列	频率上限/MHz	逻辑器件系列	频率上限/MHz
ECLinPS	1200	74HCT	50
74F	125	74ALS	35
74AS	125	74LS	33
74S	95	74	24

对使用不同逻辑系列器件的微带 PCB 配置产生的辐射发射进行测量具有双重目的。将

所有 PCB 布线比较测试中所使用的 74F04 器件与其他类型的逻辑器件进行比较，可以按比例对使用了其他类型逻辑器件的 PCB 布线的辐射发射水平进行预测。另外，假如可以选择的话，应选择具有最低辐射发射电平，且可以达到上限频率要求的器件。例如，尽管标准 TTL 已不再是普遍使用的逻辑器件系列，在不久的将来很有可能被完全淘汰。但从目前来看，倘若 25MHz 仍是典型上限频率，并且仍然可以接受 13ns 的上升时间，6ns 的下降时间，以及 30ns 的传输延迟时间这些参数的话，对于降低高频辐射发射来讲，TTL 器件仍然是仅次于 CMOS 器件的最佳选择。

所测试的器件，除了 MC100E111 ECLinPS 是 1∶9 差分时钟驱动器外，其余所有的都是十六进制反相器。74F04、74AS04、7404、74LS04、74ALS04、74HCT04 和 74S04 器件都是这类十六进制反相器。74XXX04 系列器件的负载是由一个 330Ω 电阻和一个 47pF 电容并联所构成。在 PCB 辐射发射测量中使用的负载与此相同。这个负载经常被许多 IC 制造商考虑作为一个典型的测试负载。该 47pF 电容对应的扇出系数介于 8～10 之间。被测试的 ECLinPS 器件的负载由一个 4pF 电容与一个 47Ω 电阻并联构成。根据 Motorola 公司技术指标所列："该器件典型的输入负载电容的测量值为 1.5pF，并且当器件电容小于总值的 5% 时，它事实上与输入扇出系数无关"。受试 ECLinPS 器件负载电阻为 56Ω，它与测试中使用的微带 PCB 的特性阻抗相匹配。ECLinPS 的负载由 47Ω 电阻与 4pF 电容并联构成，它产生的辐射发射电平比纯电阻负载的情况高 20dB。这里所给出的就是这个电容性和电阻性负载结果。

我们使用了不同负载，在 200～1000MHz 的频率范围上对 74AS04 器件进行测试。使用 330Ω 电阻负载与使用标准的 47pF 电容和 330Ω 电阻并联负载相比，74AS04 产生的辐射发射在不同的频率上有高有低。在开路状态下，74AS04 的辐射发射会降低 10dB，但是当负载为 68Ω 时，其辐射发射会降低 27dB。虽然 68Ω 负载是一个非有效负载，但在测定低频辐射发射、转换率，以及高频辐射发射时，使用 68Ω 的电阻负载可以大大地降低输出信号波形的幅值。这说明了输出信号波形幅值的重要性。

时钟基频的最大电压辐射发射幅度决定了低频发射电平，而转换率决定了高频发射电平。表 11-2 列出了脉冲 V_f 的下降沿期间的最大电压偏移以及在稳定期所测量的电压值 V。

表 11-2　最大电压偏移　　　　　　　　　　　　　　　　　（单位：V）

逻辑器件系列	V_f	V	逻辑器件系列	V_f	V
74F	6.0	3.8	7404	5.5	3.28
74AS	6.5	3.58	74LS	5.2	3.8
74HCT	7.0	5.08	ECLinPS	0.76	0.76
74ALS04	5.5	3.88			

表 11-3 所列为在转换过程中电压偏移为 3V 的上升和下降时间。上升和下降时间更为通用的定义是，测量所得的电压转换时间的 20% 和 80% 之间的时间。因为不同器件在转换时间上的巨大差异，对上升和下降时间的传统测量值几乎与由脉冲产生的电压和电流频率分量无关。因为 ECLinPS 器件的最大电压偏移为 0.76V，所以在表 11-3 中仅列出了该器件的转换率。又因为电流脉冲的幅值在其中扮演了重要角色，所以电压转换率无法恰如其分地描写脉冲所产生的高频成分。例如，在频率为 770MHz 时，ECLinPS 器件辐射发射的电压幅度为 1.92mV，该值要比 74F04 器件的 3.7mV 低，但是此时来自 ECLinPS 器件的电流幅度为

7.9mA，则稍高于 74F04 器件的 7.3mA。

表 11-3 上升和下降时间

逻辑系列	$t_{\rm f}$/ns	$t_{\rm r}$/ns	转换率 V/ns	逻辑系列	$t_{\rm f}$/ns	$t_{\rm r}$/ns	转换率 V/ns
74F04	3.01	4.0	1.0	74ALS04	3.5	7.27	0.85
74AS04	3.28	3.9	0.9	74HCT04	2.6	3.29	1.15
7404	4.36	10.6	0.68	74S04	3.05	5.0	0.98
74LS04	4.45	8.67	0.67	ECLinPS5	—	—	0.85

表 11-4 ~ 表 11-6 显示了逻辑系列的上限频率和升降时间。

在表 11-3 中，使用标准 3V 偏移范围的实测下降时间来确定转换率。

表 11-4 逻辑系列的上限频率

逻辑系列	频率限制/MHz
HMC（Hittite）	28000
ECLin PS	1200
HSTL	1000
LVPECL	800
LVTTL/LVCMOS	350
74LVT BiCMOS	150
74F	125
74AS	125
74HCT	50
74ALS	35
74LS	33
74	24

表 11-5 最大电压偏移

逻辑系列	$V_{\rm f}$	$V_{\rm r}$	类型①
HMC（Hittite）	1.45	1.45	D
ECLin PS	0.76	0.76	
HSTL	1.9	1.9	D
LVPECL	0.95	0.95	D
LVTTL/LVCMOS	1.2	1.2	S
74LVT BiCMOS	2.2	2.2	
74F	6	3.8	S
74AS	6.5	3.58	
74HCT	7	5.08	D
74ALS	5.5	3.88	
74LS	5.2	3.8	
AVC	1.8	1.8	S
GTLP	3.0	3.0	S

① D—差分；S—单端。

表 11-6 上升和下降时间

逻辑系列	$t_{\rm f}$/ns	$t_{\rm r}$/ns	转化率/（V/ns）
HMC（Hittite）	0.014	0.015	103.5
ECLin PS			0.85
HSTL	0.35	0.6	5.43
LVPECL	0.2	0.2	4.75
LVTTL/LVCMOS	1	1	1.2
74F	3.01	4.0	1.0
74AS	3.28	3.9	0.9
74HCT	2.6	3.29	1.15
74ALS	3.5	7.27	0.85
74LS	4.45	8.67	0.67
AVC	10	10	0.18
GTLP	1	1.4	3.0

11.7 降低电路电平的方法

当输出逻辑器件改变状态以及对负载器件的输入电容进行充/放电，或从基极/发射极或二极管移去电荷时，大尖峰电流会流入逻辑信号及其回路的互连电路中。在此转换过程中，输出器件上的负载主要是容性负载。并且由于互连电路的几何参数、逻辑类型以及频率等因素的影响，辐射发射源的源阻抗通常较低（即主要是一个磁场源）。我们将在 11.9 节中讨论，当检测围绕 PCB 的导电屏蔽罩的屏蔽效能时，主要的低阻抗磁场的重要性。当频率小于大约 200MHz 时，电流脉冲是主要的发射源。但在对 EMC 进行预测时，在电压转换期间所产生的发射也不应被忽视，尤其是在高频情况下或带有高阻抗低电容负载时。甚至当 PCB 的远端处于开路的情况下，由于对信号和回路通路之间的电容进行充放电，所以仍然会有位移电流在通路中流动。此时的主要辐射发射源是电场，也即为商用 EMC 标准规定的和要求进行测量的典型电场。

不论远端是处于开路状态，还是带有一个 47pF 电容与 330Ω 电阻并联负载的情况，对微带线 PCB 布线进行测量所得的结果都显示，带有负载的微带线在频率为 137MHz 以下的辐射发射电平增加了 10～38dB。然而当频率在 137MHz 以上时，终端开路的微带线的辐射发射电平则要比带有负载的微带线的辐射发射电平高出 0～15dB。这也证明了电压产生的电场的重要性。一些开路电路辐射发射电平的增加可能是由于 74F04 驱动器空载，其上升和下降时间降低所致。

信号电路和电路通道之间的位移电流以及负载电流在信号回路连接电路（PCB 印制线或接地平面）中流动，会在该回路电路的阻抗上产生一个电压。这个电压能够产生一个共模电流，而这个共模电流就是 PCB 和及其附属连接上的主要辐射发射源。

本节所描述的对许多 PCB 的辐射发射测量是在带有电缆情况下进行的。该电缆既可能与接地平面相连，也可能在负载端与信号电路的印制线相连。因此若要降低来自 PCB 印制线的辐射发射，就要降低信号通路以及电源回路上的压降和（或）电流幅值。对于电气长度较长的传输线，尽管发射的总幅值会有增加的倾向，但正确使用终端电阻可以掩盖其谐振和反谐振频率点上所呈现的辐射发射尖峰和低谷。乍一看好像有问题，但确切地讲，某些谐振引起的峰值发射会因终端电阻而有所下降。可是，在一个具有 65Ω 典型特性阻抗的微带传输线上端接一个 65Ω 的终端电阻将增加传输线中的电流，特别是在低频时，器件典型负载阻抗较高时更是如此。随着电流的增加，尤其在传输线的反谐振频率上，辐射发射电平将会增加。

若 PCB 上的某根印制线是某个或某几个频率的主要发射源，尽管会增加其他频率上的辐射发射幅值，但改变终端电阻值的确是可以降低这些问题频率点上的发射电平的。例如，把终端电阻从 700Ω 降低到 600Ω，在 300MHz 左右的频率上，预计辐射发射的下降值约为 40dB。而实现这个效果的印制线长度为 51cm，该长度等于 300MHz 频率对应波长的 1.5 倍（1.5λ）。而使用的源是一个 10MHz 的时钟，其占空比为 50%，上升时间为 10ns。

在大多数的实际应用中，由于 IC 输入电容的存在，当频率高至 300MHz 时，其线上负载的阻抗要远低于 600Ω。在高频情况下，要增加负载阻抗的唯一办法就是串联一个电阻。或者，在逻辑类型器件的输入特性允许的情况下，串联一个电阻/电容组合。如图 11-96a 所示，在驱动电路输出端加入串联电阻，就是一个有效地降低电流尖峰幅度的方法。双列封装（DIP）的器件可以节省 PCB 的空间，它就有若干不同的串联阻值可供选择。TTL 逻辑系列的电路的电阻值必须限制在 10Ω 或以下。表面贴装的磁性元件或其他形式的电感都可以限制开关电流的幅度，但由于会产生谐振，因而可能会降低信号质量。如图 11-96c 所示，使用阻尼电阻和电感的组合可能是理想的解决办法。

不要在时钟或数据信号印制线的负载端连接电容器，因为这样做虽然会增加电压阶跃的上升和下降时间，但是电流脉冲的幅度和 200MHz 以下的辐射发射电平也将增加。当使用

$T_r/T_f < 2\text{ns}$ 的特高速器件时，只要印制线的电气长度较短，则可在负载两端跨接一个电容来降低 900MHz 以上频率的辐射发射。不过设置电容的正确位置应在源端，并且源与电容之间应配置恰当的串联阻抗。在驱动器端跨接电容而不配置串联阻抗会使 IC 的辐射发射电平增加，甚至可能适得其反。图 11-96a ~ c 显示了这些解决办法。

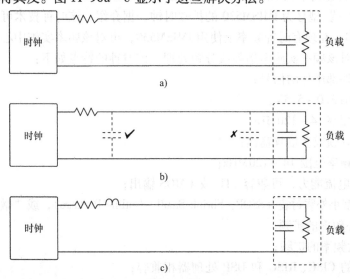

图　11-96

a) 在驱动器一端串联一个电阻　b) 加入并联电容在负载端（错误的）或在驱动器端（正确的）

c) 在驱动器端加入串联的电阻和电感

基频越低，波形边沿越慢。实际上，无论频率为多少，只要它低于基频谐波的 4 倍，就很难再大幅降低其辐射发射电平了。在使用高速时钟的当下，要在相当低的频率上实现这种下降可能难以企及。有一种可能实现的办法是使用 LCR 网络来产生一个接近正弦波的时钟脉冲。但这个办法常会导致使用该时钟器件的输出抖动，所以这个办法不适用于对输出抖动敏感的电路。建立一个纯正弦波往往也是一件十分困难的事，这是因为当使用该时钟的器件状态改变时，它的输入阻抗也会跟着改变，这将在正弦波中产生阶跃。尽管存在这种影响，但使用这种方法仍可以降低正弦波时钟低次谐波上的辐射发射电平。

举一个例子：使用一个造价 20 美元的导电涂层塑料罩壳来封闭一个造价为 99 美元的器件可以满足发射要求。若此时将时钟信号改为正弦波，其发射电平可能会低于发射限值，从而省掉了一个屏蔽罩。

另外还有一些电路方法可以被用来降低由频谱分析仪或接收机所测量到的辐射发射。比如使用扩频（Spread – Spectrum）、跳频（Frequency – Hopping）或摆频（Frequency – Wiggle）技术等。这些频移技术有效地展宽了频率，从而降低了时钟和数据信号基频和谐波产生的辐射发射。几乎可以肯定，FCC 和其他机构会接受使用这些技术来降低那些包含数字元器件在内的设备的辐射发射以满足相应的要求。第二种使用扩频、跳频或摆频时钟技术的情形是计算机中嵌有无线模块或插入了一块 PCMIU 卡。电源线和数据线上的传导噪声会通过辐射耦合到无线电天线上，从而使计算机时钟和数据信号发生无线电寄生响应。使用频率扫描技术可以从无线电调谐频道中去除寄生响应。若扫描速率足够低，还可实现无差错数据包接收。另外，系统在未设定拒绝用户信道访问的情形下拒绝访问，很可能是由于某个固定寄生响应的频率恰巧与该信道的调谐频率重合。即使该信道并非完全拒接访问，它所覆盖的区域也会受到很大的限制。关于无线电感应 EMI 的更进一步详细资料，请参阅本书 5.6.1 节。假如时钟是由一个锁相环所产生的，那么计算机可以用一种智能方式来控制该环，并将寄生响应移至频带以外。可以从市场上购得由 International Microcircuits（Milpitas，California）公司生产的一款型号为 IMISM530 的扩频时钟。据介绍，该时钟技术可以将与时钟有关的 EMI 降低 20dB。在现有时钟频率上使用 IMISM530，可对该频率实施中心扩频调制或向下扩频调制，也可对该频率实施多倍频或分频处理。该时钟的特点如下：

复制和调制外部施加的信号；

工作电压范围 3.0~5.5V；

可选择输出频率 14~120MHz；

输入频率的分频或多倍频输出；

可接受输入频率范围 14~120MHz；

6mA 的驱动电流能力，可兼容 TTL 或 CMOS 输出；

20 引脚缩小型小外廓封装（SSOP，Shrink Small‐Outline Package），或"微型 DIP"封装；

以 F_{in} 为中心频率的扩频；

以 F_{in} 为最大频率的扩频；

与所有主要的 CISC、RISC 和 DSP 处理器相兼容；

低短时抖动；

可实现同步输出；

低功耗降功率模式；

可锁定外部施加信号。

另一个扩频时钟的供应商是 Cypress 公司（San Jose，California）。

通常认为，将终端阻抗与一个信号印制线的特征阻抗相匹配可以降低辐射发射的幅度。事实上，这种情况并不常见。终端匹配在改善信号质量方面是很有用的，但这仅适用于当信号和回路印制线的电气长度很短的情况。所谓的电气长度很短，是指在信号和回路印制线上的传输延迟低于逻辑器件的开关转换时间。随着电流的增加，辐射发射也会增加。

在低频情况下，在一个电气长度较短的 PCB 布线上的电流取决于负载阻抗。逻辑器件所呈现的负载阻抗是由 IC 封装，芯片引线电感以及器件电容与等效电阻的并联阻抗等一系列因素决定的。由于器件是有源的，所以在许多器件中还取决于所施加的逻辑电平。在频率大约等于 30MHz 时，器件的阻抗由其输入电容主导；因此当频率高于约 100MHz 后，其阻抗会很低。在高频时，线路的特性阻抗则成为了决定电流幅值的重要角色。在相对较低负载阻抗的情况下，线路阻抗越高，信号电流就越低，从而辐射发射也就越低。可以通过尽可能选用具有最低介电常数的基板，并且保持信号与回路之间的距离恒定来获得。

11.8 PCB 接地

11.8.1 在 PCB 上所产生的共模电压

图 11-97 所示为一个含有逻辑电路的 PCB 的典型接地配置，其电源回路和信号接地是

相同的。瞬态电流在信号回路阻抗上建立起了电压。由于正确地使用了去耦电容，所建立的差模电压很小。正如图 11-97 中所示的噪声波形，由它们所建立的电压则是共模电压。离开机壳的接地连接越远，共模噪声就越高。在图 11-98 中，以电源回路 A 点作为参考点，在 ICU6 上建立的噪声电压与出现在信号回路连接（共模）上的电压是相等的。同样会有一个共模电压出现在 ICU7 回路上，因此在 U7$^{\ominus}$输入和 U6 回路之间也就会出现一个差分电压。

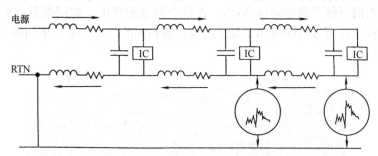

图 11-97　建立在 PCB 上的共模电压

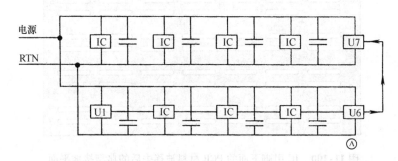

图 11-98　不良信号/电源回路布局

　　当噪声脉冲持续时间和幅值所导致的噪声能量大于 U7 对噪声能量的抗扰能力时，EMI 就会发生。比如有一个 EMI 的例子，在 PCB 上以及一个 IC 输入的两个接地点之间就测量到了 1.5V 的瞬态幅值。一个常用的降低信号回路阻抗的方法是交叉排线法。这个方法可以用图 11-99 来说明。使用接地平面可以得到 5.1.2 节中给出的最低阻抗值。也正如将在案例研究 11.1 中所描述的，一个实用的接地平面通常是由若干个连接在一起的若干个区域所构成，所以它的阻抗很可能要比预期的高很多。

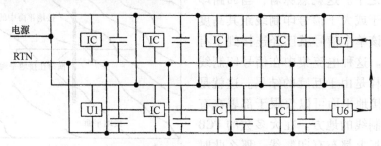

图 11-99　改进后的信号接地布局

当在一块含有 IC 的印制板上部署接地平面时，必须蚀去 IC 引脚下面的敷铜。如图 11-100所示，被移去的部分通常呈槽状。此时的接地平面阻抗主要是由这些槽之间的 PCB 材料的阻抗所决定。显然，这个接地平面的阻抗要明显高于完整接地平面。回路通道的电感将会由于靠近信号通道而降低，并且接地平面的电感也远低于一个狭窄的 PCB 印制线的电感。也就是因为这个较低的电感，微带线 PCB 接地平面的阻抗与开路传输线的相比，所测量到的辐射发射的下降可能会高达 36dB。在这个测量配置中，如同微带线中的信号印制线和接地平面一样，在信号与回路印制线之间保持着相同的距离。唯一不同的只是其中的一个是接地平面而已。

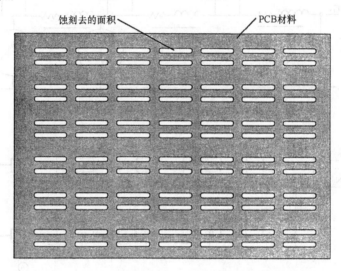

图 11-100　IC 引脚下面的 PCB 材料被移去后的典型接地平面

11.8.2　"良好的"和"不良的"PCB 接地平面

接地平面常采用交叉排线法构成。当构成的印制线短而厚的时，该接地平面的阻抗几乎可以做到和无孔隙的接地平面那么低。但是，当这些印制线过长且窄时，接地平面的阻抗将会远高于无孔隙的接地平面的阻抗。

回路通路中主要的信号回路电流直接位于信号印制线之下。这就意味着，当回路印制线的宽度等于或大于信号印制线距其高度的 5 倍时，则该单个信号就已经连接到了有效的接地平面。这种电流集中在信号印制线下面的现象同样是由于互感的结果。这就是说，PCB 的宽接地平面可以仅限于部署在有信号和时钟印制线的地方。在大多数的 PCB 中，整个电路板上都布有印制线，那么此时的接地平面也必须覆盖整个电路板。图 11-101 所示为一个与接地平面同层的垂直印

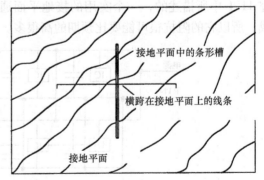

图 11-101　接地平面上的一个条形槽阻断了在信号线下面的信号回路电流

制线，它在接地平面上造成了一个条形槽。在该垂直印制线的上层有一条与它成 90°角的另一条信号印制线。由于该接地平面上存在这个条形槽，使得这条在上层的印制线的回路信号电流必然会沿此而散播开去，从而造成了接地平面阻抗的增加。

在以下这一节中所描述的测量中，信号源是由封闭在一个屏蔽罩内的一个电池、一个稳压器、一个时钟振荡器以及一个驱动 IC 组成。它的输出被用来驱动该 PCB。在构建用来封装该源的屏蔽罩时，屏蔽罩必须与微带线、带状线或镜像平面 PCB 的接地平面相连接。图 11-102 所示为屏蔽罩与来自源和接地/镜像平面的信号线的连接。在屏蔽罩内将 PCB 平面上信号回路通过一条短导线连接到馈通装置上，信号连线也以相同方式与信号印制线连接。为了使来自这些短导线的辐射发射降至最小，用一个小型铜质鼓形屏蔽罩来覆盖馈通装置以及这些短导线。从图 11-102 中看到的是这个小型鼓形屏蔽罩的延伸部分，它将屏蔽罩连接到 PCB 的接地/镜像平面。在图 11-102 的连接中，在屏蔽罩和 PCB 接地平面之间没有任何信号回路电流。

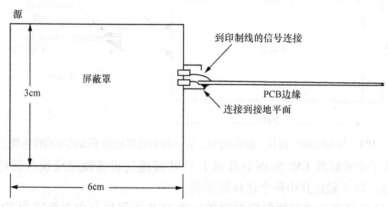

图 11-102 隔离信号回路与接地平面和屏蔽罩之间的连接

在上述的这个接地的实例中引出下述的连接，先将屏蔽罩通过一根与馈通装置相连的短导线与 PCB 相接，然后再通过信号回路导线连接到 PCB 的接地平面。从图 11-103 所示的这个接地方法中，我们可以看到信号回路电流并不在屏蔽罩和 PCB 接地平面之间流动。

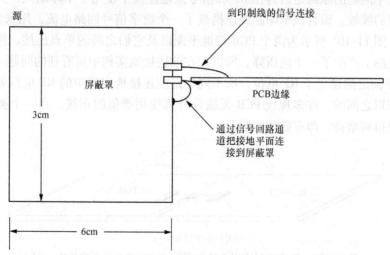

图 11-103 用来作为 PCB 接地平面和屏蔽罩之间连接的信号回路

我们就是采用了上述这个经过改造的接地方式对来自不同类型 PCB 布线产生的辐射发射进行测量的。来自低发射类型 PCB（微带线/带状线）的辐射发射电平从比高发射类型低 56dB 增加到了仅低 6dB。这个辐射发射急剧增加的原因可归因为在屏蔽罩和接地平面/或镜像平面之间建立的 RF 电位差。这个电位差是由连接 PCB 和屏蔽罩的短导线（5mm）引起的。尽管这根导线很短，但它的电感却很重要，电压正是建立在该电感上。与之相反，在图 11-102 所示的接地连接中，屏蔽罩对接地平面/镜像平面的连接呈现低阻抗；它并不携带信号回路电流，所以也就不会建立 RF 电位。

为什么在图 11-104 所示的半刚性电缆连接中没有出现与上述相同问题？这是因为电缆的芯线和屏蔽之间的互感及其趋肤效应，所以并没有在半刚性的屏蔽外表面上建立电位差。这个趋肤深度确保了在某个相对较低的频率以上，大部分回路电流只在屏蔽的一个表面上流动，而互感又确保了这只会发生在屏蔽层的内表面。

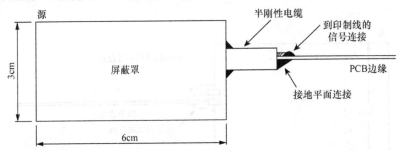

图 11-104 与 ECLinPS 器件一起使用的，并连接到微带接地平面的半刚性电缆连接

已经在若干个实际的 EMI 案例中看到了 PCB 接地与设备接地或设备屏蔽罩之间建立 RF 电压的问题。以下叙述其中两个这样的案例。

第一个案例与 PCB 产生的辐射发射有关，该 PCB 不仅自身含有数字和 RF 电路，而且还靠近另一个包含敏感的 RF 电路的 PCB。在某些特定频率上，该源 PCB 产生的辐射发射比 FCC "A" 类限值高出 40dB！而该印制板的布线却是一个规范布线。它包括了所有 "好的" 特点，诸如有效的接地平面和信号带状线配置，并且这个配置曾被认为是潜在发射源而被改良过。产生这个问题的原因是因为在 RF 和信号接地连接中使用了窄印制线，并且只配置了单点接地连接的缘故。而且该窄印制线还携载了一个数字信号回路电流，用来驱动 RF 板上的一个器件。图 11-105 所示为两个 PCB 接地平面以及它们之间的单点连接。回路电流在回路印制线的电感上产生了一个电压降，所以与在前述接地实例中所看到的问题一样，它在两个 PCB 接地平面之间建立了 RF 电位，所不同的是前述接地实例中的 RF 电位差是建立在接地平面和屏蔽罩之间的。许多现代 PCB 天线设计都使用类似的布线，在一个类似的点上驱动天线，并获得高增益，即有效的辐射。

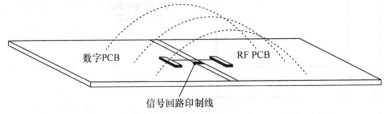

图 11-105 用窄印制线把 PCB 与数字和 RF 接地平面连接在一起

　　通过简单加宽信号回路的窄印制线可以明显地降低辐射发射。这是因为加宽印制线不仅降低了电感，而且也降低了在电路通道中的电压降。但在数字地和 RF 地之间的公共地连接的宽度应保持相对窄，以使从数字地流入敏感 RF 电路地的噪声电流尽可能小。但是，如果敏感电路的位置远离该单点连接点，或者数字信号回路电流的通路远离该点，也可以适当增加该单点连接线的宽度。例如，确保器件间的数字回路电流不会跨越（形成 90°）增加宽度后的接地连接线。

　　更为有效的解决办法就是如图 11-106 所示的使用半刚性电缆的连接，或使用如图 11-107 所示的在缝隙之间安装一个带状线 PCB 结构。由于用来连接上层和下层接地平面的过孔间隙会有一定的电磁泄漏，所以带状线方法不如半刚性电缆方法有效。

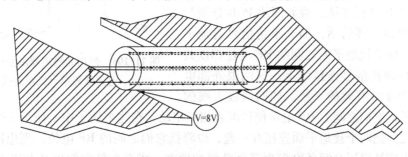

图 11-106　使用半刚性电缆把接地平面连接在一起

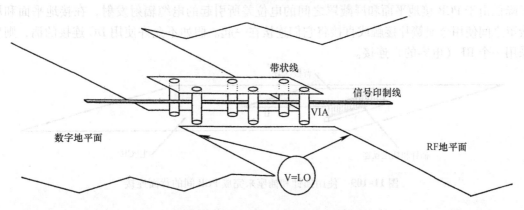

图 11-107　两个接地之间的带状线连接

　　另一个可能的解决办法是断开两个接地平面，而采用光隔离器将数字信号传输到 RF 部分。这个布线方法如图 11-108 所示。虽然使用将两个接地平面分离来降低两个接地平面之间的电流的方法非常有效，但若两个接地平面之间存在 RF 电位差，那么几乎可以肯定辐射发射电平仍会很高，甚至会比分离前更高。解决的办法就是使用光隔离器。它可以强制一个印制线上的数字回路电流返回到数字接地平面，而该印制线本身却与 RF 接地平面断开，并且数字接地和 RF 接地仅在一个单点上连接。在这个公共连接中的电流可以小到忽略不计，而且两个接地平面的电位也非常接近。

　　在 PCB 接地平面之间建立 RF 电位的另一个常见的例子是，在两个或多个 PCB 之间存在信号和信号回路的连接。这些连接通常都是通过边缘连接器、主机板或背板的插针来实现的。重点要关注的是，设置尽可能多的并联信号回路连接线，且这些连接线尽可能短而宽，以降低信号回路的电感，继而降低地与地之间的电位差。只要可能应在每一个"热"信号插针旁边安置一个回路插针。

我们看到过一些严重违背设计原则的电路板布线，背驮式 PCB 之间通过细长的插针将信号电源及其回路相互连接。图 11-109 所示的就是这种布线。解决办法是使用 PCB 边缘连接器，并使用微带线 PCB（单层接地平面）或带状线（印制线夹在上层和下层 PCB 接地平面之间）作为内连线来与背驮式 PCB 进行连接。假如两块 PCB 分别与两根外部电缆相连接的话，那么不论信号对地平衡或不平衡，两个接地平面之间的 RF 电位都以共模电压形式出现在信号连接线上。这两根外部电缆形成了一个非常有效的天线。如同偶极天线的

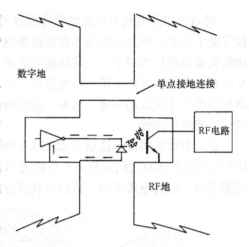

图 11-108 使用光隔离器来使信号回路电流远离单点接地连接

两个极杆一样，它们之间的 RF 电位使得两者相互驱动。在这个例子中，使用了金属簧片或类似的接触元件把两个接地平面连接在一起，以降低它们之间的 RF 电位。理想情况下，这个公共连接点应被设置在两条电缆离开屏蔽罩的地方，或至少是它们离开 PCB 的地方。为了降低由于 PCB 接地平面和屏蔽罩之间的电位差所引起的电缆辐射发射，在接地平面和屏蔽罩之间使用金属簧片接触或直接将它们连接在一起。假如不允许使用 DC 连接的话，则应采用一个 RF（电容的）连接。

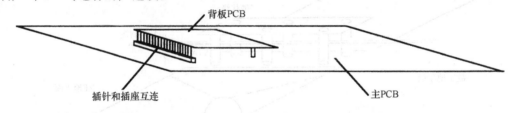

图 11-109 使用插针和插座来完成 PCB 间的背面连接

下述是另一个 EMI 的实际例子。造成 EMI 的部分原因是由于在一个尺寸大约为 8cm × 4cm 的数字 PCB 的接地平面和一个 RF 接地之间存在 RF 电位。该数字 PCB 距一个屏蔽良好的小型罩壳内的接收器距离约为 0.5cm。连接到接收器的小型微带天线距数字 PCB 大约 2cm，且以接收器外壳作为参考地。由于数字 PCB 和天线之间的辐射耦合，接收器灵敏度降低且发生了窄带和宽带寄生响应。这个问题的部分原因是由于数字接地平面和 RF 接地（屏蔽罩）的 RF 电位引起的。虽然不能完全解决这个问题，但是通过使用金属簧片材料在多个点上将屏蔽罩与数字接地平面进行短接，可以大大地降低该种辐射耦合的水平。

图 11-110 展示了将同一个 PCB 上不同接地平面连接到一起的一个方法。图中保留的一大块表面区域用于公共接地连接。如该图所示，常见错误是在非公共接地区域的地方，使用信号印制线跨接两种不同类型的接地平面。当信号印制线处在这样的位置时，回路电流必定通过其中一个接地平面流到公共接地区域，然后再返回到源。因此就形成了一个大环。就是因为有这个大环才使得辐射发射电平变得极高。

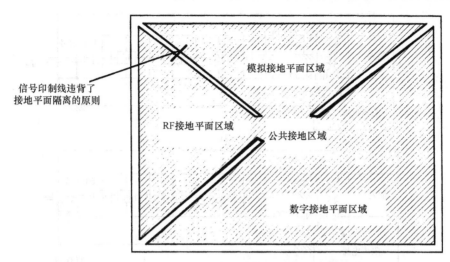

信号印制线违背了
接地平面隔离的原则

模拟接地平面区域

RF接地平面区域

公共接地区域

数字接地平面区域

所有的信号，印制线和电源平面的
连接都在公共接地平面区域完成

图 11-110 一根信号印制线位于公共接地平面区域以外，违背了理想的 PCB 大面积接地连接的原则

总而言之，结合使用低发射类型的 PCB 布线和低发射电平的 IC，不需要对 PCB 实施屏蔽，其辐射发射也能够降低到满足商用辐射发射限值的水平。但是，若 PCB 与 PCB 或 PCB 与屏蔽罩/接地之间为高阻连接，且携载 RF 电流，则前面讲述的所有降低辐射发射的方法在不使用有效的接地设计方案的情况下都无法达到上述要求。

11.8.3 屏蔽罩内的 PCB 的接地

图 11-111a 所示为一个电路板的接地方案。一根电缆与该印制板的信号相连接。电路板的信号接地与屏蔽罩在接口信号离开电路板的地方相互连接。如果这个连接的阻抗足够低，那么建立在这个接地连接上的噪声电压也较低，从而电缆上的共模电流也会较低。

只需要在信号接地与屏蔽罩壳之间连接一根单一连线就能降低共模噪声电压，这一点令许多工程师困惑不解。根据定义，因为出现在信号和信号接地上的共模噪声相等，所以信号接地与屏蔽罩之间仅需要进行单一连接就能降低共模电压的幅度。但这个连接会产生一个次生效应，某些共模噪声可能以差模噪声形式出现在信号中。

在实践中，可以将 PCB 连接到连接器的外壳来实施接地，因而也就将 PCB 连接到了金属面板上，继而又通过紧固螺钉连接到了机壳框架上。但由于这种连接的阻抗相对较高，有可能会产生一个噪声电压，足以驱动 PCB 所附带的电缆。而且它还携载有相当大的电流，从而可能无法满足发射限值要求。

假如有多根电缆与一个屏蔽罩相连接，并且电缆上出现共模噪声电压的话，那么其中任何一根电缆都可能会"驱动"其他的电缆，不仅在电缆和罩壳之间，而且还会在电缆之间建立起场。此时应将这些电缆的屏蔽以低阻抗方式进行单点连接。假如电缆为非屏蔽电缆，则应把电缆中的参考信号接地都连接到在 PCB 的一个单点上。若使用的是屏蔽电缆，则应在电缆的屏蔽之间附加一个低阻抗连接，最好把它们与一个"干净"的机壳/屏蔽罩地连接起来，而且应尽可能地连接在该罩壳的外表面。在频率范围为 40 ~ 300MHz 内，数字电路设

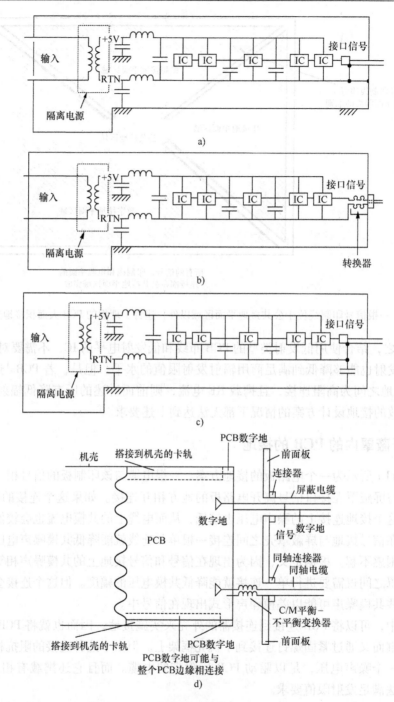

图 11-111

a) 在未屏蔽电缆离开屏蔽罩处信号接地与屏蔽罩的连接　b) 把屏蔽罩内的被屏蔽的转换器安装在非屏蔽的屏蔽罩出口处
c) 使用一个或几个电容作为屏蔽罩的 RF 连接　d) 把数字接地与前面板隔离的方法，与此同时把信号接地连接到机壳
以降低在信号接口的 C/M 电流，适用于屏蔽电缆

计工程师和 EMC 工程师经常会遇到在印制板带有电缆时发射超标的情况。即使是在基频很低的时候也会出现这种情况。假如 PCB 信号接地与罩壳连接的位置不正确，那么横跨电路

板的共模电压就会出现在电缆和罩壳之间。此时，该电缆的辐射方式与单极天线相同，随着频率的增加，电缆中的电流也随之增加，直至频率对应的半波长等于电缆长度为止。在这个谐振频率以上的频率，电缆电流开始趋向于降低，且辐射电场呈现出最大和最小值。

当信号接地与屏蔽罩壳之间没有连接或连接不良时，绕制在铁氧体磁珠或磁环上的共模电感对共模电流呈现出一个阻抗。而信号和信号回路都会流经这个电感。应将该平衡 – 不平衡转换器安置在信号离开电路板的地方，另一个可安放的位置则是在电缆位于电路板外的地方。在 5.1.10.4 节中已讨论过这种平衡 – 不平衡转换器的性能。应避免将信号和回路导线分别穿过磁珠上不同的孔洞，因为这样会在 MHz 频率上引起信号质量降级。

将平衡 – 不平衡转换器置于屏蔽罩内的 PCB 上，来自 PCB 的辐射耦合可以在转换器中感生电流。对于这种状况，则应如图 11-111b 所示，把平衡 – 不平衡转换器封闭在一个小型屏蔽罩内可能会对这个问题有所帮助。但注意不要把该小型屏蔽罩与嘈杂的数字接地相连接。若无法将信号和屏蔽罩直接相连，则解决的办法是，按图 11-111c 所示，用一个电容或几个并联电容来实现 RF 接地。如参考文献 [1] 所描述，将共模电感和容性 RF 接地结合起来使用可能会产生频率谐振，效果会适得其反。假如共模电感或平衡 – 不平衡转换器处于所附带电缆的高阻抗段，则共模电流电平的降低量可以忽略不计。然而在该点上实施直接接地连接或 RF 接地连接将会非常有效。若平衡 – 不平衡转换器位于电缆上，将其移至电缆的低阻抗段将可以改善其性能。

对于持续改变开关状态的数字信号，如 1553 总线，或者无信号时呈现高阻截止状态的数字信号，还可以使用一次和二次绕组有静电屏蔽层的特制变压器。这层静电屏蔽层是由绕在一次侧和二次侧之间的一圈导电金属铝箔或铜箔构成。该屏蔽层的两端相互绝缘，以免形成一个短路环。此静电屏蔽层必须与一个如屏蔽罩或机箱这样的"干净"接地相连接。把屏蔽层与嘈杂的数字接地相连接，实际上会增加共模噪声电流。由于变压器有屏蔽，共模噪声电流通过屏蔽层进入地，而不是进入电缆。倘若 PCB 被包括在非屏蔽罩内，那么必须在接口电缆与电路板相连的位置上将 PCB 的接地平面全部连接在一起，以降低在 PCB 之间的 RF 电位。与电缆相连接的两个或多个电路板的接地平面之间的电位差会使其中一根电缆驱动另一根电缆，其中的一根会成为非常有效的辐射天线。

在电源线上的共模电流也可能会导致 PCB 与其所附电缆产生极高的辐射发射。这时就必须使用有效的共模滤波器，或在交流安全接地上加装一个共模电感来降低辐射发射。

假如带有前面板的 PCB 被包含在一个罩壳内，并且前面板的边缘通过金属簧片、螺旋密封垫或类似的元件连接在一起，当将数字接地与前面板相连接时，必须考虑以下几种情况。首先是将非屏蔽电缆连接到前面板，这种方案相对较为容易。这是因为为了降低共模电流，需要在信号和回路上使用平衡 – 不平衡转换器将数字地连接到前面板。在屏蔽电缆与前面板相连接的情况下，有两个方案可供选择，而正确的那个方案往往并不明确。假如数字接地不仅要被接到前面板，而且还要通过设备中其他一些位置接到机壳时，前面板中就很可能存在高的共模电流，它会在前面板和机壳的其余部分之间产生电压降。在极端的情况下，仅前面板本身在不附带电缆的情况下所产生的辐射发射就很可能已经接近 B 类商用发射限值了。可以使用一台频谱分析仪来比较机壳上相距一定距离的两个位置间的电压降以及比较机壳和前面板之间的电压降来验证这个影响。第二个探测这个问题的办法提供了一个令人信服的证据，先是在不附带电缆的配置下测试其辐射发射，然后再用一根导线与前面板进行电气连接。假如发射明显增加，那么不是前面板上的电压驱动了该导线，就是噪声通过孔隙耦合到导线上最终在导线中感生出电流。假如数字接地相对机壳悬浮，并且所使用的电缆屏蔽、屏蔽终端或连接器后壳的作用不充分时，在屏蔽电缆的芯线（或多根芯线）上的共模电流会导致电缆的辐射发射。

在图 11-111d 中展示了针对上述两个问题的一个解决办法。这里，数字接地是与前面板相隔离的。单端信号接口必须连接到一个连接器的外壳（在我们这个例子中，就是一个同轴电缆连接器），必须使用一个平衡 – 不平衡转换器作为数字接地和前面板之间的阻抗连接。为了降低施加在信号接口上的共模电压，数字接地平面在接到前面板以前先要接到机壳。如图 11-111d 所示，可以将接地平面延伸至 PCB 的边缘，然后再卡入金属卡槽中来进行接地连接。为了使这个连接有效，必须将卡槽以恰当的方式与机壳搭接，并且必须用卡槽上的金属簧片将 PCB 夹紧。

11.9 印制板的屏蔽

靠近 PCB 的辐射场是一个典型的低阻抗场。当考虑无屏蔽辐射发射时，我们关心的仅是距该 PCB 3m、10m 或 30m 远的距离上测量到的场，此时的场阻抗为 377Ω，而 PCB 上的电场和磁场的相对幅值并不重要。

在检测封装在一个小型屏蔽罩（19in 的机架尺寸以下）的 PCB 辐射发射中，我们发现对屏蔽罩的磁场屏蔽效能的定义为，在没有屏蔽与有屏蔽时，在某一位置测量到的来自于源的场强的比值。由于在 PCB 上的开关瞬态电流以及 PCB 非常靠近屏蔽罩，入射在罩的内表面的场具有很高的磁场分量。

屏蔽罩近似于一个环状天线，尽管近源处的场阻抗很低，它在远场处产生的场的阻抗仍为 377Ω，商用 EMI 测量就是在该远场位置上进行的。一个小型屏蔽罩的电场屏蔽效能可以非常高，而其磁场屏蔽效能却有限，所以仍可能难以满足 EMI 要求。

高接合直流电阻和高接触阻抗会影响小型屏蔽罩的磁场屏蔽效能，而它们取决于表面处理的状况。例如，iridite、oakite、alodyne、镀镍（electroplatednickel）、镀锡（electroplated-tin）、Dow20 都属于低电阻表面处理[⊖]。而锡酸盐（stannat）和重铬酸锌（zinc dichromate）所呈现的阻抗要比前者高 10 倍，而比未经镀层处理的铝材更要高出 10 ~ 30 倍。一个内壁上涂覆铜料涂层的非导罩壳所呈现的接合阻抗比一个经过低阻抗处理的高导电材料的接合阻抗高千倍。接合表面积也会影响接合阻抗。接合表面积越大，接合电阻和接触阻抗就会越低。在接合处的缝隙会增加缝隙电感，也就限制了屏蔽壳的高频屏蔽效能。同样孔洞的存在也会限制屏蔽效能。从磁场屏蔽效能角度来说，数量较多的小孔洞的设计方案优于数量较少的大孔洞方案，即使前者金属移除的金属面积更多。关于这一点已经在 6.5.3 节和 6.6.3 节中有过详细的讨论。虽然我们在这里只考虑了磁场屏蔽，但当频率高于 200MHz 且孔洞直径相对较大时，透过孔洞耦合的电场占据主导地位。

人们经常尝试使用小型屏蔽罩来覆盖小部分电路或 IC 这样的高辐射发射源，结果却不尽相同。假如穿越屏蔽的印制线未经共模滤波，连接到屏蔽电路的印制线的辐射发射常常会

⊖ iridite、oakite、alodyne 和 Dow 20 均为商品名。——译者注

增加。在一个带有电缆的 PCB 的周围设置屏蔽罩的屏蔽效果非常一般。假如附加电缆是 PCB 上的主要辐射源，那么增设屏蔽反而会使辐射发射增加，这是因为屏蔽会使电缆中的共模电流增大。正如 11.8.3 节所描述，可行的解决办法是尽量将信号回路或电缆屏蔽与屏蔽罩连接，或者在电路中使用平衡 – 不平衡转换器或屏蔽变压器。

在所有进入 PCB 屏蔽罩的信号和电源线上使用表面贴装铁氧体和表面贴装电容，可以有效地降低电流和分流返回电流。该些表面贴装电容必须与屏蔽相连接，这是因为数字接地连接使用的印制线，也是共模噪声源。

有一种 PCB 的屏蔽使用磷铜材料围制而成，而磷铜可以被弯曲成任何形状。这个围制而成的屏蔽墙的顶部有一块平板材料，依靠弹片的弹力进行固定。这些磷铜屏蔽上有插片穿过印制板与印制板另一面上的接地平面搭接，从而形成了一个完整的屏蔽。不完整的接地平面常常会使其屏蔽效能打折扣。屏蔽墙四周的底部还留有小缝隙，使元件和表面的印制线可以进入屏蔽罩。这些孔隙和屏蔽墙插脚的阻抗都会限制屏蔽效能。但即便如此，有孔隙的屏蔽墙在 10 ~ 200MHz 的频率范围内的理论磁场屏蔽效能仍可高达 70dB。通常都是由于元件和印制线进出屏蔽时所造成的泄漏使屏蔽效能大大降低。但在 GHz 数量级上，小的孔隙的确也会导致耦合。图 11-112a 所示为一个为用户定制的没有孔隙的名为 97870 的屏蔽墙，它可以有效地解决 1.5GHz 频率上的辐射发射问题。在图 11-112b 中所示的是 PCB 的间隔屏蔽。这是一种非常有用的方法，可以将 PCB 的敏感电路部分与其潜在发射源部分分隔开来。Instrument Specialties Co. , Inc. , Delaware Water Gap, PA 18327 – 0136 设计制造这类围墙型材。图 11-112a 所示的就是该公司的系列标准产品。

为了说明屏蔽材料接合处和缝隙间应具有较低阻抗的重要性，在这里我们考虑围绕 PCB 周围的几种不同的屏蔽设计。第一种屏蔽由两个部分组成，第一部分的尺寸为 23cm × 26.5cm × 1.5cm，覆盖印制电路板上元器件的一面，另一部分的尺寸为 21cm × 26.5cm × 0.6cm，覆盖印制线的一面。屏蔽上开有两条槽，第一条的尺寸为 0.6cm × 23cm，位于电路板的一端，第二条的尺寸为 1.5cm × 9.5cm，位于板的另一端。电路板任意一边的接地平面通过间距为 7cm 的过孔将屏蔽的两个部分连接在一起。因为这样，该屏蔽就既有大的条形槽，又有高阻抗的接合。图 11-112c 所示的就是电路板上长度为 23cm 的条形插槽所在的一端。

用于测量屏蔽效能的方法必须可以驱动一个 PCB，这个 PCB 的印制线被部署在不良接地平面的上面，且负载遍布该 PCB。在测试过程中，信号源被安置在屏蔽室外，而被测屏蔽罩则设置在屏蔽室内。这种测试配置的一个潜在误差源是连接到源板载负载的电缆，它所产生的辐射发射会掩盖来自屏蔽罩的辐射发射。为了确保不会发生这种情况，该电缆被穿在一个铜质的导管内，使该导管紧密配合穿过该屏蔽室的墙壁，并将其焊接在与屏蔽罩栓接的支架上。为了得到适合测试的本底噪声，首先要设计制作一个屏蔽效能尽可能好的屏蔽罩。它是一个铜质的屏蔽罩，其盖子与屏蔽墙焊接在一起，并且屏蔽墙各面的缝隙被焊合在一起，所以它没有缝隙、孔洞也没有开槽。与此焊接的铜质参考屏蔽罩相比，其他屏蔽罩在 100 ~ 300MHz 频率范围内的屏蔽效能都较低。

在图 11-112c 中所示的屏蔽设计案例中，上下盖接口之间的转移阻抗不仅包括经过阳极化学表面处理的金属与金属之间的接触阻抗，还包括在印制板任何一面上接地平面之间的镀通（plated – through）连接的阻抗。但是，宽槽造成的屏蔽效能的下降会掩盖接缝接触阻抗所造成的性能下降。所以，理论磁场屏蔽效能受限于 $0.6cm \times 23cm$ 条形槽，在频率为 100MHz 时，仅为 8dB；对于有两条 $1.5cm \times 9.5cm$ 条形槽的情形，则为 27dB。在频率为 150MHz 时，该屏蔽罩最差实测磁场屏蔽效能仅为 3dB，与预测值接近。在考虑屏蔽效能时，一个重要因素是源的方向性。因为在没有屏蔽的情况下，PCB 的辐射是全向辐射，而在有屏蔽的情况下，辐射场则集中在屏蔽罩端的条形槽处。在实际安装中，PCB 被插入五面都有屏蔽的机架中。在我们的例子中，PCB 屏蔽上的条形槽朝向机架外壳前方开口。在该配置中常常可以观察到以下现象，即当 PCB 屏蔽不良时，机架前方实测的场强比没有 PCB 屏蔽情形下的场强还高。

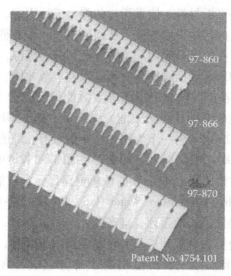

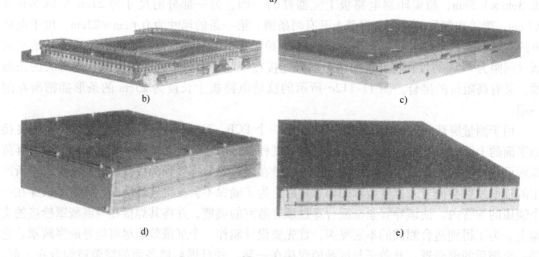

图 11-112

a）Instrument Specialties 的 PCB 屏蔽用围墙型材　b）由 Instrument Specialties 的 PCB 屏蔽用围墙型材构成的 PCB 屏蔽分隔　c）沿着板的一端带有条形槽的 PCB 屏蔽罩　d）完全覆盖 PCB 的屏蔽罩　e）沿着屏蔽罩边缘开有小型条形槽的完全覆盖 PCB 的屏蔽罩

在图 11-112c 中所示，可以使用一个导体来桥接这些条形槽，且保持其与 PCB、接地平面以及屏蔽的接触来大大改善屏蔽罩的屏蔽效能。为了实现这个接触，可以在屏蔽罩上弯出几个折片，并将这些折片的端头栓接在接地平面上。这样做以后，来自条形槽的辐射发射有所下降，但由于存在高阻抗缝隙，本例中的 PCB 的屏蔽效能仍然被限制在大约在 30dB 左右。该缝隙阻抗的大小由镀通连接电感以及上下盖之间栓接螺钉的电感所决定的。螺钉之间仍然存在 7.5cm 的条形槽，这是因为印制板任何一面上的接地平面仅仅通过穿过印制板的螺钉处的镀通孔连接起来的。虽然在屏蔽罩内表面上流动的电流主要是由 PCB 辐射发射所引起的，但只要印制板任何一面上的信号接地平面不是那么理想，部分噪声电流也会在屏蔽罩的内表面上流动。所以不推荐将屏蔽罩连接到印制板周围的信号接地平面上。而应将屏蔽罩隔离，或在印制板公共连接点处进行单点连接为好（通常是在边缘连接器上）。假如屏蔽罩不能完全覆盖 PCB，那么屏蔽罩应与印制线连接，且该印制线的宽度至少要与屏蔽罩弯折部分的宽度相等。其次，在板的另一面上也要部署一条等同的印制线。这两根完全一致的印制线应沿着屏蔽罩盖边缘轮廓，并通过间距大约为 15mm 的过孔连接在一起。这两根印制线应与信号接地平面相隔离，或者与之单点连接。将屏蔽罩盖紧固在一起的螺钉的间距不应大于 3cm。在对 PCB 屏蔽进行上述改进，并把印制板端的条形槽减小到 1cm 或更小，它的屏蔽效能至少能增加到 40dB。如图 11-112d 所示，PCB 屏蔽罩将整个 PCB 封闭在内，并且插到卡槽导轨中。在频率范围为 100～300MHz 内，这个屏蔽罩所提供的屏蔽效能为 60～90dB。

如图 11-112e 所示的 PCB 屏蔽罩，沿着其边缘开有许多长度为 0.9cm，宽度为 0.2cm 的条形槽。虽然该屏蔽测量结果随频率的变化与图 11-112d 中的屏蔽有所不同，但是该屏蔽在 100～300MHz 频率范围的实测屏蔽效能也为 60～90dB。只要这个带有小型条形槽的屏蔽罩内壁上流动的主要噪声电流沿着 0.6cm 条形槽的长度方向流动而不是横跨条形槽，其实测高电平屏蔽效能与理论值就完全一致。若已经使用了这两个具有高电平屏蔽效能的屏蔽罩，那么任何屏蔽性能的下降都将归因于印制板所插入的主机板或背板上的连接未经滤波或未经屏蔽所致。

假如已经制作了一个非导电罩壳，用来罩住一个或多个 PCB，那么可以在罩的内壁喷涂诸如以银基或铜基导电层来提供屏蔽。在使用导电涂层的情况下，内表面电阻率越低，屏蔽效能就越高。该类屏蔽罩的薄弱环节在屏蔽罩接合处，只要可能就应尽可能地增大其导电涂层的接触面积，以降低接触阻抗。在使用导电涂层塑料或添加有导电纤维的塑料时，在 50～300MHz 频率范围上的实测屏蔽效能为 10～30dB。

Schlegel 公司研制成功一种最新型的 PCB 屏蔽，被称为导电屏蔽封（Conductive Shielding Envelope）（专利正在申请中）。它由重量轻、柔韧性好的金属银非织物纤维构成。Schlegel 公司公布的该类材料屏蔽衰减范围从 10MHz 时的 30dB 到 100MHz 时的 60dB，而之后衰减恒定为 60dB 直至 1000MHz。正如大部分导电材料的制造商一样，Schlegel 公司所公布的衰减值可以肯定只是针对电场和平面波而言的。磁场屏蔽效参数仍是未知的，这很大程度上要取决于材料接合处理的效果。

应利用 PCB 辐射发射报告，根据时钟频率、逻辑类型、PCB 布线、PCB 印制线的数目和长度以及 PCB 的数目等基本参数进行屏蔽效能的计算，来确定是否一个具有相对低屏蔽效能的导电涂层类型的屏蔽就已满足要求，还是需要使用一个较高屏蔽效能的屏蔽罩。

在实践中发现，在 PCB 之间设置一个孤立的屏蔽层会取得一定的效果。在测量中发现，在某些频率上的屏蔽效能为 0。一块 $23cm \times 16cm$ 的 PCB 与第二块 $23cm \times 16cm$ 的 PCB 被一块 $23cm \times 16cm$ 的屏蔽层屏蔽。一块 PCB 中有一个时钟源被连接到 PCB 中间的一些印制线上，这些印制线与该源相距 3mm，长度为 4cm。第二块 PCB 包含一个类似的布线，用作接收天线。

屏蔽效能达到的水平如下所示：

频率/MHz	衰减/dB	频率/MHz	衰减/dB
10	13	260	7
40	22	280	0
60	11	330	7
70	18	350	12
80	0	360	15
90	13	430	13
100	8	460	13
120	0	520	6
140	13	590	17
160	14	680	24
180	18	820	6
230	3		

11.10 PCB 的辐射、串扰预测以及 CAD 程序

PCB 板辐射和串扰预测程序的一些理想特征为，在 CAD PCB 布线设计过程中，它几乎不可见且被自动调用。理想的程序将基于时钟频率来计算信号的完整性和信号在印制线中的电流流动。可以对近场进行预测，还可以在 1m 处和更远距离上对最大水平场和垂直场实施 6dB 甚至更佳精度的预测。但是，大部分市场上可买到的程序都远不够理想。这些程序的能力范围可以从根据时钟电压以及其上升和下降时间来预测一个简单结构产生的辐射发射，比如，距接地平面有一定距离的一组双印制线传输线或一个微带线，到使用线路原理图或 CAD PCB 布线图作为输入数据来编程。它们预测的精确度范围可以从最差 60dB 到平均的 20dB 不等。这些程序可以被分成规则导向程序和模拟器程序两种。目前某些模拟器程序还不能提供来自 PCB 发射电平的精确预测，而只是用来辨认在布线中的那些"热点"。在原型被制作出来以前，就使用这类程序来设计 PCB 有两个问题：

假如未经任何改进，PCB 已能满足所有的辐射发射要求的话，还有什么必要去辨认那些"热点"？这只有在距 PCB 1m、3m 或 10m 远的距离上对场的精确预测后才能做出。

11.10.1 NEC 预测辐射值与实测辐射值的比较

当电线或电缆连接到 PCB 接地平面时，在 PCB 接地平面上流动的共模（C/M）电流会继续在所连接的电线上流动。在低频段，导线长度可能远小于一个波长，这时被称为电气短导线。

随着信号源频率的增加，导线的辐射电平也随之增加。这里要研究的是两端与接地有效

地断开的导线，当导线的谐振长度为 0.5λ 时，它产生最大辐射。这种结构可以认为是在中间被短路的半波偶极子，这已在第 2 章中有讨论。该导线被连接到屏蔽罩里的 PCB 上，且该导线被引出罩壳外；这可以被建模为在有限接地平面（罩壳）上方的单极子，并且当该导线在 0.25λ 波长谐振，产生了最大辐射。

因此，对于连接在远离接地平面的 PCB 上的长度为 1m 的电缆，其最大辐射频率为 150MHz。对于连接在金属外壳中的 PCB 上的 1m 长的电线，其最大辐射频率为 75MHz。

随着数据和时钟速度的增加，连接电缆产生的辐射发射的频率也会增加。FCC 法规中 CFR 47 第 15 部分的第 15.33 节要求，当器件产生或使用的最高频率为 108 ~ 500MHz 时，测量频率的上限为 2GHz。当产生或使用的最高频率为 500 ~ 1000MHz 时，测量的频率上限为 5GHz，当产生或使用的最高频率在 1000MHz 以上时，测量的上限频率为 5 次谐波或 40GHz，以较低的频率为准。

这项调查研究的是，当连接的导线的电气长度等于或大于波长时，它的辐射水平的情况。

FCC 要求依照 ANCI C63.4 标准中典型的商业辐射发射测量布置规定使用转台。这意味着，当电缆旋转时，沿其电气长度的部分或更接近测量天线或更远离测量天线。实验中的电压源频率恒定，电缆长度可由 0.5λ 改变为 5λ。

本研究仅考虑导线与天线距离为 3m 时的情况，测量和预测时，导线在同一平面内侧对着天线，或者将导线和源旋转以测量任何角度上的最大辐射电平。

因此，旋转转台可以在一次测试中测量到最大发射电平。然后改变导线的长度，并再次旋转转台以测得最大的辐射电平。

记录旋转得到的角度，并采用 A. V. 公司编制的 NEC 程序 4NEC2，版本号为 5.5.2，来预测该角度上相同的源电压电平所产生的辐射电平。

另一个变量是接地平面阻抗和连接线阻抗之间潜在的阻抗失配，其影响也被测量出来了。

11.10.2　PCB 仿真和测试设置

假设连接一个逻辑驱动器到一个带有负载的微带线 PCB 的配置上，如图 11-113 所示。

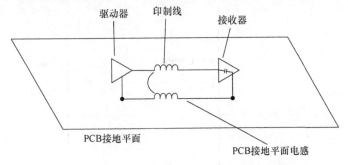

驱动器　印制线　接收器

PCB接地平面

PCB接地平面电感

图 11-113　连接微带的逻辑驱动器和接收器

当驱动器改变状态时，它会驱动接收器的输入阻抗及其输入电容。这会产生一个电流脉冲并返回到 PCB 的接地平面。依据参考文献 [1] 所述，接地平面阻抗主要是受接地平面部分电感所支配的。虽然受信号印制线和接地平面之间互感的影响会有所降低，但这还是明显高于早期 EMI 教科书所做的预测。

当电流流过这个阻抗时，在接地平面上产生了电压，也同时产生了共模电流。如图 11-114所示，当一根导线连接到这个接地平面上时，电流会继续在连接的电线上流动。

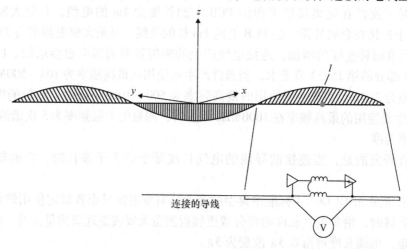

图 11-114 总长度为 1.5m 的导线和电源上的电流分布

电流在微带信号印制线下的一个非常狭小的接地平面区域内流动。这可以用一条短导线中的电压源来进行建模，如图 11-115 所示。如果电压源包含在金属外壳中，或者电源由单独的电源线供电，那么信号印制线和其附近的导电结构之间的电流流动将会改变其辐射发射电平。为此，应将一个连接到 3 节手表电池上的小型 1GHz 压控振荡器布置在一根长度为 0.15m 的 22AWG 导线的中间。

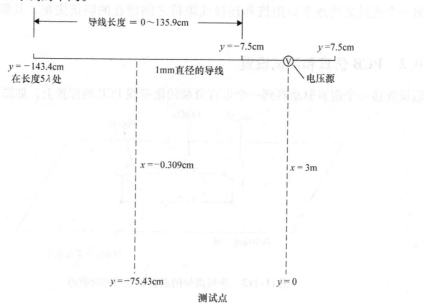

图 11-115 固定导线和电源配置的几何形状

在自由空间使用一个调谐到 1GHz 的偶极子来进行这些测量。将导线置于距离覆盖有铁氧体瓦吸收材料的低电导率接地平面上 1m 高处。天线和导线之间的区域也被铁氧体瓦吸收材料覆盖。此时，电线和地板之间的位移电流最小，接地平面的反射也最小。天线离地高度为 1.25m。

我们使用了 NEC（数值电磁编码）中的矩量法（MOM）功能来预测该发射。该发射源被放置在由 100 段短导线组成的长度为 0.15m 的导线中心。频率被设置在 1GHz，以使 0.15m 导线长度等于 0.5λ。这代表 PCB 接地平面对应的一个谐振长度。在 0.15m 导线的一端附加一根导线，以 0.25λ 的倍数增加该导线的长度，直到增加的导线和原 0.15m 导线的总长度为 1.5m 或 5λ 为止。

初次测量时将导线与天线置于同一平面上，当导线长度变化时，它们的位置取向不变。NEC 测试点和偶极天线分别被置于 0.15m 线段的中心 $y = 0.0$ 处以及长导线的中心 $y = -0.7543m$ 处。图 11-116 显示了当天线在 $y = -0.7543m$ 处时，建模计算和测量结果。测量点固定设置在距离为 3m 处且侧对着天线。

图 11-116 显示了随着固定线长度的增加，即成为多个波长时，预测和实测场强的减少情况。无论是否连接了导线（附在 PCB 上的接地平面上），这个结果既是直觉，也是对 PCB 进行的许多测量中所观察到的。开阔试验场（OATS）上的真实 PCB 测量与本测试的主要区别在于，开阔试验场为测试提供了一个良好的接地平面。

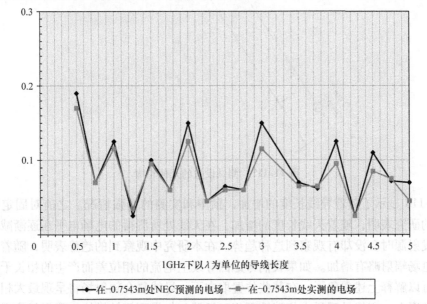

1GHz下以λ为单位的导线长度

◆ 在-0.7543m处NEC预测的电场　■ 在-0.7543m处实测的电场

图 11-116 用偶极子天线测量电场，偶极子天线位于 4.5λ（135.9cm）长导线的中心，导线连接到 15cm 的 PCB。与在同一位置，即 $y = -0.7543m$ 处测量点的数值电磁程序（NEC）分析对比

在第二次测试中，以增加导线和 0.15m 导线的总长度的中心为原点作旋转。该 NEC 测量点和偶极子天线被布置在离导线 3.365m 的固定距离上，偏离其中心位置 0.43m。每次电场测量时，导线和发射源相对于天线旋转，直到观测到最大发射为止。在对 NEC 几何结构进行设定时，导线和发射源相对于天线的位置取决于测量中出现最大辐射发射电平的角度。图 11-117 描述了测试设置的几何轮廓。

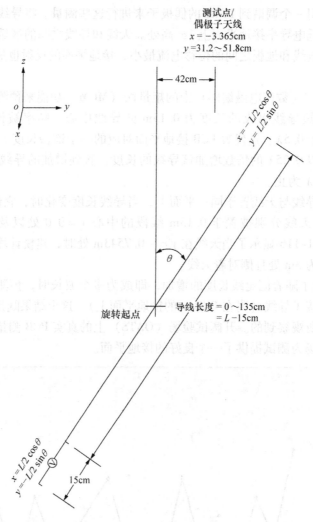

测试点/
偶极子天线
$x = -3.365cm$
$y = 31.2 \sim 51.8cm$

42cm

$x = -L/2 \cos\theta$
$y = L/2 \sin\theta$

θ

旋转起点　导线长度 $= 0 \sim 135cm$
$= L - 15cm$

$x = L/2 \cos\theta$
$y = -L/2 \sin\theta$

15cm

图 11-117　测试设置的几何轮廓

图 11-118 显示了随着导线长度的增加，预测和实测的场强情况。之前对固定导线和发射源进行的研究表明，随着天线长度的增加，在天线处所测得的电场电平在逐渐减小。当旋转导线和发射源时，没却有观察到这种趋势。在本研究中观察到的趋势表明，随着导线长度的增加，电场辐射略有增加。如果我们考虑因导线上电流的相位差而产生的相长干涉和相消干涉，就可以解释上述现象了。在某些位置取向下，导线复合辐射场将呈现最大相长性，而在另一些角度上，它将呈现最大相消性而相互抵消。如果不旋转导线，我们只能观察到相消干扰的影响，而观察不到导线产生的最大场强。

作为本研究的一个补充，我们还进行了一次附加试验，即用 1/2in 的编织线代替连接的导线，以模拟大直径电缆的影响。编织线会产生更大的辐射发射。图 11-119 描述了编织线与 22AWG 电磁线的辐射发射比较。这种较小直径的电磁线与较大直径编织线之间的失配情况模拟了 PCB 接地平面阻抗与连接导线阻抗之间的失配效应。需要更多的研究才能量化这种影响。

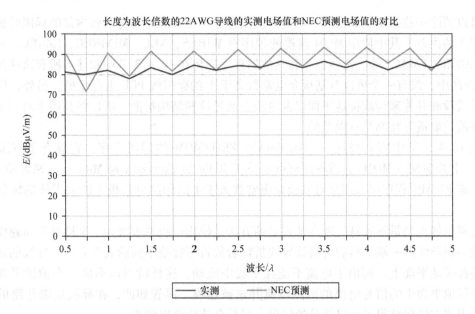

长度为波长倍数的22AWG导线的实测电场值和NEC预测电场值的对比

图 11-118　在相同条件下偶极子电场（E 场），数值电磁程序（NEC）预测值与实测值比较

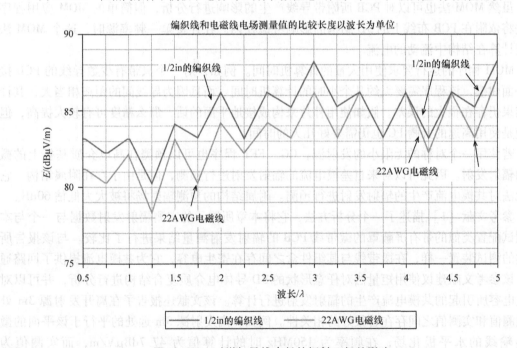

编织线和电磁线电场测量值的比较长度以波长为单位

图 11-119　对增加导线直径的辐射 E 场的影响

11.10.3　建模技术

现有的建模技术是用来预测结构产生的辐射情况，而它们中的某些技术也可以用于对 PCB 辐射的预测。这些技术包括矩量法（MOM）以及它的变形，如有能力对 3D 结构进行分析的全波矩量法，以及 CG – FFT、FDTD、FEM 和 TLM。另一种技术是传输线建模。

由于这些技术的复杂性，它们都只能结合在计算机程序中使用。尽管这些计算机程序的使用可以消除一些数学上的误差，但由于应用程序不当和程序本身某些内部的局限性也可能导致很大的误差。其中使用 MOM 建模的程序有 WIRES、NEC、MININEC、EZNEC、FEKO、Efield AB 和 GEMACS 等。这些程序和其他的程序都将在 12.4.3 节中叙述。所有这些简单的 MOM 程序中，没有一个可以对基板介电常数高于 1 的微带线 PCB 进行建模。另外，因为是使用导线段和补片来构成接地平面以及电流会通过这些结构扩散，所以将其用于对一个带状线的屏蔽效能进行预测是有误差的。

在 12.4.3 节中将要描述一个叫 EMAP5 FEM/MOM 的编码程序，它混合了有限元法（FEM）和矩量法（MOM）。该程序可以从位于 Rolla 的 University of Missouri（密苏里大学）获得。该 EMAP5 程序可以用来对基板介电常数大于 1 的印制电路板上的微带线的辐射进行建模。

最简单的也是最不容易出现本征误差的方法是使用一块平板来为一个接地平面建模，其上连接一根导线的一端，然后再将该导线折弯后放置于接地平面的表面之上。导线的远端不能端接在接地平面上，而由于电流不能在平板中流动，这样就可以形成一个镜像平面。因而，在接地平面中的信号电流的回路电流并未被建模。尽管如此，在导线远端开路的情况下，使用该方法仍获得了可以接受的结果，只是会改变谐振频率。

虽然 MOM 法也可以对 PCB 所附带导线产生的影响进行分析，但简单的 MOM 应用程序无法将依附在 PCB 布线上的 3D 结构的影响考虑在内。在连接单一频率源时，这个 MOM 法可以计算在结构中流动的电流。

MOM 程序的运行要求使用大量的计算机时间。例如，对一个只带有少数导线的 PCB 接地平面建模，该程序需要大约几个小时的计算机时间。而且因为导线间的距离相当大，其计算结果仍存在很大的误差。假如使用补片来构成接地平面的话，那么精度可有较大提高，但即使是使用高速的奔腾 PC 也仍需要好几天的时间。

若使用一个对称的无限小的发射源，CG - FFT 程序也可以预测在高电介质基板上的微带的辐射发射。因此可以对来自差模电流的辐射发射进行预测，但是由于存在附属结构，它将无法对共模电流产生的辐射发射进行预测。附属结构的预测辐射场将被大大低估 60dB。

参考文献 [1] 描述了一个分析方法，它将本章所展示的实测辐射发射数据与一个与本章测试配置类似的带有屏蔽罩的微带线 PCB 的辐射发射测量结果进行了比较。与该报告所描述的测试装置一样，在微带线与其组件盒之间存在寄生电容，它为共模电流提供了回路通路。该参考文献建议使用矩量法对任意形状的 3D 导体电介质复合结构进行分析，并可以对寄生电容所引起的共模电流产生的辐射发射进行计算。该文献还报告了在离开发射源 3m 处的预测值和实测值之间存在着很好的相关性。例如，离发射源 3m 远处的平行于该平面的微带传输线的水平极化场，在频率为 150MHz 时的计算值为 47.7dBμV/m，而实测值为 48.5dBμV/m。该文献还包括了在 PCB 周围的其他不同位置上的预测值和实测值的比较。它们之间也显示了很好的相关性。这个极好的相关性表明，在这个特定的测试装置中，屏蔽罩成为占主导地位的共模电流的发射源，而这几乎与发射源的不平衡无关。

当微带下面的接地平面尺寸远小于一个波长时，尺寸对辐射发射的影响非常小。所以这时应研究的主要参数为基板的厚度、印制线的长度以及邻近结构的尺寸。若仅基于印制线长度，使用一个 20log（0.045/0.18）m 的长度修正值，将导致结果有 12dB 的差异，而实测峰值差异则为 9dB。

11. 10. 4　专用于 PCB 和 IC 辐射、串扰、耦合和信号完整性预测的计算机程序

这些程序可以分为规则导向设计型和分析型两大类。一个来自分析型程序的信息预测，一个来自微带 PCB 布线的辐射要高于双印制线型布线，这表明在该程序的预测中忽略了辐射中的共模电流部分。尽管它忽略了共模电流，其预测值仍比微带线的测量值高出 220dB。最奇怪的结果是，一个 10MHz 时钟源在 5GHz 频率上的辐射发射仅比在 20MHz 频率上的发射低 8dB，与 200MHz 频率上的辐射发射电平相同，比测量值高出 62dB！

应用仿真技术：基于 Windows 32 位和 64 位操作系统的应用仿真技术提供了一系列的仿真和建模程序。

仿真器建模器如下：

ApsimRADIA – WB 是一个可以预测 PCB、MCM、电缆和子系统辐射发射的建模和仿真程序软件。该程序提供了洞悉物理布署，电气规格，互连线和连接器细节的手段。工程师可以输入物理互连位置，并通过原理图模拟它们的效果。该程序通过在一个集成的系统中使用原理图摄取器、场求解器和电磁干扰模拟器来评估电气和物理特性对电磁干扰的影响。该程序的输入是简单的电压源或电流源或 SPICE 晶体管级模型，互连模型可以是简单的阻抗或延迟线，也可以是从场求解器中提取的更复杂的传输线。该程序可以模拟非线性源和线性源。

一旦输入设计，就会使用 ApsimRADIA 和 ApsimSPICE 自动模拟。结果可以用图形或文本形式查看。结果可与选择的 EMI 标准进行对比。该程序可以预测在用户规定点处进行测量的远场或近场辐射发射电平。

ApsimRADIA 是一种 EMC/EMI 辐射发射噪声模拟器。

ApsimSPICE 是一种有损耦合传输线功能的电路模拟器。它可以预测电路和系统中的噪声、反射和串扰。

ApsimSKETCH 是一个原理图绘制程序，作为 ApsimRADIA – WB 的前端。它有特殊的内置符号，如多个耦合传输线、连接器、过孔和电缆等实体。它也提供了半导体和宏模型的传统符号。

ApsimOMNI 是一种信号和电源/接地平面建模和仿真软件，旨在评估带有孔、缝和切口的非理想接地平面。如 11. 8. 2 节所述，这些缺陷可能是辐射发射的主要原因。

ApsimSPE 是一种信号完整性、电源完整性（PI）和 EMI 仿真器。

Apsim SI PCB 是一种用于 PCB 的信号完整性模拟器。

ApsimSI – IC 是一种用于集成电路的信号完整性模拟器。

APsim \ PI – LSI 是一种考虑硅衬底效应的全芯片电源完整性（full – chip – PI）模拟器。

ApsimFDTD 是一种三维全波模拟器。

ApsimFDTD – SPICE 是一种全波非线性信号完整性和 EMI 解决方案模拟器。

ApsimFDTD – SPAR 是一种全波电磁求解器。

ApsimDelta – I 是一种接地平面/电源平面噪声模拟器。

ApsimSPICE 是一种电路模拟器。

ApsimR – PATH 是一种 EMI 路径分析器。

ApsimLCD 是一种 LCD（液晶显示器）模拟器。

建模器如下所述：

ApsimRLGC 是一种二维容性电场求解器。

ApsimIBIS – LCR 2 用于集成电路封装的电气特性。

ApsimLPG 是一种用于共模 EMI 和 SSI 的 LSI 模型。

ApsimIBIS 工具包是一种集成电路模拟程序（SPICE）到 IBIS 的转换器。

ApsimSPAR 返回 S 参数。

ApsimPLANE 是一种三维感应场求解器。

ApsimCAP – 3 – D 是一种三维容性电场求解器。

ApsimMPG 是一种模型包生成器。

ApsimIBIS 翻译器是一种从 IBIS 到 SPICE 的翻译器。

ApsimTSG 是一种表格 SPICE 生成器。

Cadence SI/PI 分析：是 Candence 公司的电源完整性解决方案，基于 Sigrity® PowerSI 技术提供的集成电路封装和 PCB 的全波分析。

Sigrity PowerSI 是一种信号完整性、电源完整性（PI）和设计阶段的 EMI 解决方案。它支持 S 参数模型提取和对整个 IC 封装和 PCB 设计提供鲁棒频域仿真。

Sigrity PowerDC 是一种基于电热联合仿真的 IC 封装和 PCB 设计的 DC 一站式解决方案，快速定位红外线和当前热点，自动查找到最佳的遥感位置。

Sigrity OptimizerPI 是一种自动化的电路板和 IC 封装交流频率分析解决方案。支持布线前后的去耦电容器研究，识别确定阻抗问题，并建议 EMI 去耦电容器的位置以优化性能和成本。

Sigrity System Explorer 是一种用于精确评估信号完整性和电源完整性的通用拓扑开发工具。拓扑可以跨越多个 PCB 和集成电路的封装。

HyperLinx©程序使用全波三维电磁设计和验证解决方案，可用于 PCB 和电路级的仿真和建模。它使用矩量法（MOM）来实现，其几何模型包括键合线、焊球、凸起、过孔、印制线和介质层，这些几何模型直接从布线数据中提取，并进行网格化，以确保三维电磁引擎的正确操作处理。

该方法提取 S 参数模型进行全系统验证，可用于信号完整性分析。

EMCoSPCBVlab 具有 CAD 接口，PCB 格式的导入和 PCB 布线的解决方案。它用全波矩量法模拟有大量要素的 PCB，用于分析近电场和近磁场的辐射。在 EMCosPCBVlab 中包括的快速 RLC 求解器提供了寄生 RLC 的提取和生成的等效电路，用于分析寄生效应。EMCosPCB Vlab 支持与 EMC 工作室进行数据交换，以便集成到完整的仿真过程中。

材料参数、物理表面和介电基板可应用于 PCB 印制线或区域中。

工作流程如下：PCB 数据的导入、PCB 数据的预处理、材料性能的分配、模型的构建、寄生参数提取以及导出到 EMC 模型。

Quantic Products 公司的 GREENFIELD 2D 是一种寄生参数提取器，可用于复杂的二维几何形状，如非平面光阻和刻蚀引起的印制线过切。一旦建模和求解，用户将获得包括导体损耗、电感、电容、阻抗和时间延迟在内的寄生参数结果。其他模型还包括电缆、连接器、非典型的微带线和带状线几何图形。该软件还计算多导体传输线系统的单位长度自感和互感、互电容和接地电容，并计算涡流损耗的电阻。Greenfield 2D 采用 Green 函数和边界元法

（Boundary Element Method，BEM）。

ANSYSSIWave - DC 是电源完整性工具，是 ANSYS 16.0 套件的一部分。

AXIEM 是 National Instruments 公司的三维平面电磁分析工具，用于表征和优化射频 PCB、模块、LTCC、MMIC、RFIC 和天线上的无源元件。AXIEM 从原理图出发，使用电磁提取技术，它包括一个布线/绘图编辑器，提供自动自适应的网格离散和快速频率扫描，并提供可视化和后期处理结果。

由 OpteM 公司提供的 OpteM Inspector 检查器是一种用于亚微米数字、模拟和混合信号集成电路设计的器件、互连和基片提取工具。二维和三维电磁分析都支持共形几何形状和厚度、高度和导体边缘的参数变化。

电磁分析包括了串扰、互连和器件寄生参数、电阻和电容的分析。

OpteM 检查器特征：

布线提取包括多端子器件、交叉结构、边缘和互电容以及接触电阻。

高级器件库。

与用户确定的元素定义无关的技术。

能够分析整个设计或特定单元。

以分层或混合模式运行。

处理 45°角非正交布线。

使用有限元电阻提取和自动电磁场解析器。

生成标准的 SPICE 网络列表和其他格式。

运行时间与布线大小成线性关系。

批处理模式。

EMX® 是由 Integrand Software 公司提供的一个集高频、射频和混合集成电路的电磁模拟器，据称速度和准确性方面也不打折扣。EMX 是一个采用麦克斯韦方程的平面三维积分方程求解器。

它对快速构造矩阵、高级网格化和压缩技术，以及建立良好条件矩阵过程实施多极加速远场交互，即使是在低频时也是这样。

其特点如下：

三维导体和过孔；

考虑趋肤效应在内的真实体积电流；

精确侧壁电容；

分层的和有损的基板；

基底与元件间耦合。

EMX 被晶圆代工厂和半导体设计公司用于下列任务：

无源器件库的表征；

螺旋电感器、MOM 电容器、MM 电容器、平衡 - 不平衡变换器和变压器的设计；

射频测试夹具的设计；

大型分布式功率晶体管的建模；

高 Q 值无源封装滤波器的仿真；

完整射频电路的提取。

以下是由 Sonnet 公司提供的高频三维平面电磁求解器产品：

Sonnet Suites（套装版）；

Sonnet Pro（专业版）；

3 级黄金版；

2 级白银版；

1 级基础版；

简装升级版；

简装版；

一览版。

EN：Sonnet 三维平面电磁分析引擎，该程序对 PCB 和电路的建模特别有用。

EM®是一种电磁分析引擎。它使用基于麦克斯韦方程的全波矩量技术，对主要为平面三维结构的所有寄生、交叉耦合、外壳和封装共振效应进行真实的三维电流分析。这些结构包括微带线、带状线、共面波导、PCB（单层和多层）以及与过孔、垂直金属片和嵌入在分层介质材料中的任意多层金属印制线的组合。EM 将执行电路的自动细分，允许更快地进行分析，还可以控制细分是如何发生的。此外，EM 还提供以下特性：

完全控制任意数量的介电层的特性。

完全独立控制任意数量导体的直流和射频电导率特性。

输出 x，y 或 z 参数的格式与主要电路理论模拟器兼容。

输出用于 SPICE 电路模拟器的等效 SPICE 参数（特别适用于分析数字电路中的串扰）。

控制电路端口阻抗的分析。

如果需要的话，可以使用 TEM 等效阻抗自动去嵌入电路。

包括杂散耦合效应、寄生效应与电磁辐射效应。

在真正的屏蔽环境中，或在开放的环境中，执行分析，以模拟封闭效果。

可以分析的电路大小仅受计算机容量大小的限制——软件不受电路大小的限制。

基于 FFT 的求解器能计算所有耦合，以达到完全的数值精度。

动态范围超过 100dB。

金属层的数量取决于等级。

过孔建模。

Sonnet Pro（专业版）提供各向异性和粗糙的金属建模。

电路端口取决于等级，Sonnet Pro（专业版）和 3 级黄金版没有限制。

共同校准端口、理想的元件和组件供应商的表面贴装器件（SMD）建模取决于等级。

共形网格只有 Sonnet Pro（专业版）提供。

所有等级都提供 RFIC Micro 微芯片过孔阵列。

64 位分析和并行处理只有 Sonnet Pro（专业版）提供。

直流 S 参数只有 Sonnet Pro（专业版）提供。

可以下载 Sonnet Lite（简装版）的免费版用于分析平面结构，例如：

微带线匹配网络；

带状线电路；

过孔（层间或接地）；

耦合的传输线分析；

微波电路不连续性；

侧向耦合传输线；

微带线或带状线滤波器；

安装垫特性；

PCB 印制线串扰分析；

带桥螺旋电感器；

平面互连。

下面提供了一些示例程序以及在线手册和教程。

EmcScan 程序和 EMSCAN 工具：EmcScan 工具，来自 Quantic Laboratories，是一个用于检测 PCB 电磁辐射的模拟器。它设计给非 EMC 专家使用，EmcScan 允许 PCB 设计者识别可能导致问题的热点和网段。它模拟电流谱和印制线电流密度，以及接近 PCB 的电场和磁场，使用的是 Quantic 的场求解器技术。

EMSCAN 利用 29 × 42 阵列中的 1218 探针测量紧靠 PCB 的磁场。它的分辨率为 3. 75 ~ 0. 12mm。EMSCAN 在板上提供 RF 电流的空间表达。可以跟踪热信号和追踪印制线之间的连接点。每个环路探头通过控制总线单独寻址。

EMxpert 扫描仪的射频输出可以连接到频谱分析仪，以显示发射频率。

EMxpert 扫描器输出通过 EMxpert 适配器连接到计算机的 USB 端口，用于显示 PCB 和最大发射区域以及频谱分析仪的情况。EMSCAN 采用 ThinkRF 设计制造的计算机。

参考文献 [3] 描述了 EMSCAN 的校准方法：采用了一个带有 50Ω 端接电阻的 3in 环路。施加一个已知的 RF 电压（由于环路相对于波长保持较小，因此在环路中 RF 电流是已知的），并且确定了测试回路下的 EMSCAN 电压。EMSCAN 探针阵列对于特定电流的电压响应取决于其在阵列上方的高度。在对电场强度进行任何预测之前，需要将 EMSCAN 的探针在每个被研究的频率上进行完全的校准。校准结果表明，预测的射频电流始终高于实测数据。使用 −45dB 校正系数进行修正，可以得到较好的重复性结果。

最大发射峰值的频率接近于在开阔试验场（OATS）上测量到的峰值频率。预测振幅和在标准开阔场测到的振幅之间的误差最大，为 7dB，但总体上有较好的一致性。

参考文献 [3] 著者的结论是，这样的测量和预测之间的偏差被认为是足够低的，足以说明这种技术是有用的。无论何时使用这种技术，都要使用近似的预测值，而不是绝对的预测值。

应预期有一定程度的偏差，如果预测的水平接近相应的限值，则应格外地小心。

由于大多数 PCB 都有一个或多个连接电缆，来自这些电缆的辐射很可能在低频中占主导地位，而 EMSCAN 探针不测量这种情况。

此外，做绝对测量时，EMSCAN 需要事先校准。

它补充了 Quantic 公司所建立的合规工具，该工具用电缆和外壳模拟来自多个 PCB 的辐射发射。除非是第一次使用 CAD 程序，否则不可能输入简单布线的尺寸。该程序在布线期间或在布线后阶段执行 EMC 仿真。进行电磁场仿真和分析时对用户透明。据 Quantic 实验室称，尽管目前预测的绝对场强可能还不准确，但该程序非常准确地预测了场的相对电平及其分布。然而 Quantic 实验室正致力于这方面的研究工作，并希望能够在不久的将来准确预测电磁场的大小。读者欲了解更多信息，请访问 http：//www. quantic - emc. com。

11. 10. 4. 1 程序比较和替代方案

商业上可应用的 PCB 分析程序的三大制造商中，没有一家能够或愿意分析 11.5 节中描述的微带线或传输线布线示例，因此作者无法比较性能结果与测量结果。对于一个制造商而言，预测结果与 11.5 节或参考文献 [1] 中描述的结果会有很大的不同。

如果没有使用 PCB 预测程序或规则导向程序，这是因为这样的程序不太适用，或是因为预测结果没有得到令人满意的验证，但至少浏览器程序是非常有用的。最常见的程序是 Gerber 浏览器，它提供逐层布线的简单视图，简化了整个板中潜在的"热"印制线的踪迹，以及可以了解接地平面的效率如何。所有这一切，在必要时，都可以通过不同层的影印资料来完成，但 Gerber 浏览器允许通过突出显示某一个网络部分并放大 PCB 的特定区域来实现隔离，方法简单，但一般情况下足够用。Gerber 浏览器是互联网免费使用的软件。一种用在 PC 上的商业浏览器和绘图程序，具有更多的功能的是 GerbTool 浏览/绘图程序，它由 WISE Software Solutions 公司提供。WISE 公司还生产 GerbTool 设计器，它允许设计者在 Gerber 数据库生成之后修改设计，GerbTool CAM 是整个 CAM 站点。

11. 10. 5　PCB 近场的测量

在非常接近 PCB 印制线的测量中，使用极小的（3mm 宽）探针，可以识别高辐射的印制线。然而，当使用一个较大的探头或小的蝶形天线来测量离板更远位置的辐射发射时，距离通常是 10 ~ 20cm，则这些来自印制板上局部区域的高电平辐射通常会随着距离的增加而迅速减少，于是其他频率和其他位置上的辐射发射电平就会占主导地位。通常在 10cm 或 20cm 的距离测试到的较高的发射，会继续传播到距离 1m、3m、10m 的远处。虽然热点可以用来指示板上的问题区域，但决定印制板在远场中的有效辐射却是印制板产生的共模电流和 PCB 印制线形成的天线的面积。当电缆连接到 PCB 上时，这些电缆通常是主要的辐射发射源，特别是当电缆处于谐振频率长度的倍数时。

9.3 节进一步讨论了诊断测量的应用，可以从 www. emcconsultinginc. com 上获得一些有用的计算机程序，该网站使用电流和电缆长度来预测 1m 及以上距离处的辐射发射。

11. 11　PCB 去耦电容器、嵌入电容和电磁带隙（EBG）

5. 1. 10. 1 节讨论了过孔和 PCB 印制线上的电容器阻抗和自感，以及在 PCB 的接地平面或电源平面不完整情况下的应用。

在多层板上，当这些板层相互靠近时，其低频阻抗通常低于电源平面和接地平面不完整的 PCB 的阻抗。这是由于电源和返回路径之间存在高质量的电容。参考文献 [4] 描述了这种电容，当 PCB 的电源平面和接地平面相互靠近时，每 6 ~ 10in^2 的面积的电容量为 2 ~ 15nF。除串联谐振外，参考文献 [5] 还预测了并联谐振。串联谐振是由去耦电容器和电感与过孔和印制线的电感串联而形成的。而并联谐振是由于印制板电容与互连电感和去耦电容器产生的共振而形成的。

电源分配印制线电感不能再用于隔离不同的部件，因为它已经被一些平面所取代。

因此，在具有相邻内部电源平面和接地返回平面的 PCB 上，所有去耦电容器都在它们有效的频率范围内被共享。在串联谐振以上的频率处，出现并联谐振。

去耦电容器产生串联谐振而导致了低阻抗，而并联谐振又在这个低阻抗的频率区间的某个频率上产生了高阻抗。图 11-120 显示了这种效应，其中 f_s 是串联谐振频率，f_p 是并联谐振频率。1μF 和 10 nF 去耦电容器的原理图和谐振以及电源母线阻抗如图 11-121 所示。

带有 65 个去耦电容器的电路板的阻抗如图 11-122 所示。

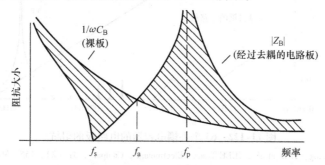

图 11-120 n 个相同去耦电容器的多层板的电力线阻抗对增加导线直径的辐射 E 场的影响
（摘自 Hubing, T. H. et al., IEEE Trans. Electromagn. Compat., 37 (2), 155, May 1995.）

如 5.1.10.1 节所述，降低互连线的电感是提高串联谐振和并联谐振频率的最有效方法。使用大过孔或多过孔，或使用多个容值相同、互连电感相同的去耦电容器，可提高有效频率范围。

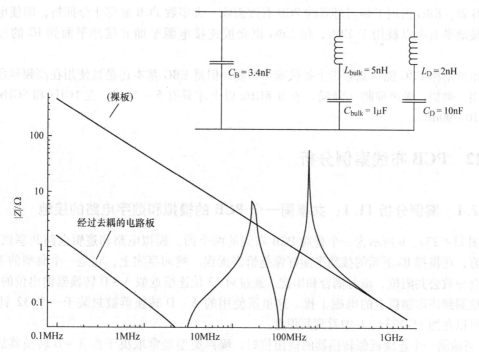

图 11-121 两个去耦电容器电路的电源线阻抗
（摘自 Hubing, T. H. et al., IEEE Trans. Electromagn, Compat., 37 (2), 155, May 1995.）

电磁带隙（EBG）是降低电源平面噪声和辐射的一种新方法。EBG 在整个或部分电源

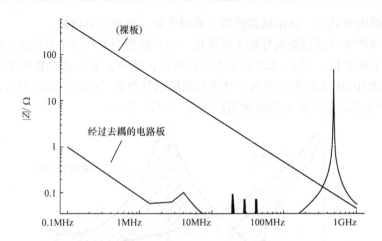

图 11-122 65 个去耦电容器的电路板的阻抗

(摘自 Hubing, T. H. et al., IEEE Trans. Electromagn, Compat., 37 (2), 155, May 1995.)

平面和/或接地平面上创建一个二维周期性结构。电子可以占据结构中的某些能带，而另一些能带则不能被占据（禁带或阻带）。

频率在阻带内的平行传输板模式的电磁波不能通过 EBG 材料传播。各种具有狭缝、弯曲线和桥接 EBG 结构被用来抑制电源平面噪声。其中一些使用的是 PCB 中的两个平面，还有使用三个平面的。单个单元格的典型尺寸为 20mm×20mm，常见单元格数量是 3～16 个。这意味着，EBG 占用了相当可观的 PCB 有效面积。大多数 PCB 显得十分拥挤，即使电源平面和接地平面可以被用于 EBG，但 EBG 也会被连接电源平面和接地平面到 IC 的过孔所穿透。

虽然据称 EBG 能在宽频带上提供噪声抑制，但是 EBG 基本还是被使用在高频频段来发挥效用。例如，噪声抑制（降噪）在 0.8GHz 以上才只有 5～24dB，在 1GHz 和 5GHz 以上只有 10～90dB。

11.12　PCB 布线案例分析

11.12.1　案例分析 11.1：共享同一个 PCB 的模拟和数字电路的接地

图 11-123a、b 所示为一个普通 PCB 布线的两个面。模拟电路和逻辑电路共享该 PCB。乍一看，在模拟 IC 下面的接地平面好像是恰当无误。然而事实上，它是一个典型的不良布线，会导致公共阻抗、辐射耦合和串扰。通过对 12 位连续近似 A－D 转换器输出位的检测，可以检测到该印制板上的电磁干扰。这里所使用的 A－D 转换器被封装于一个 32 针的 IC 中，可以在图 11-123a、b 中看到其焊盘。

当检测一个连续近似转换器的输出位时，噪声类型经常取决于在 A－D 转换器后每一个位所分配到的设定次数的数目。一个高斯（Gaussian）分布显示，噪声源是非相关的（例如与热噪声或 1/f），所以降低电阻值和使用低噪声运算放大器可以降低噪声电平。当噪声相关时（例如与脉冲或 CW 噪声），A－D 的输出经常会出现丢码的情况。这是因为某些比特没有被置位，或很少被置位。

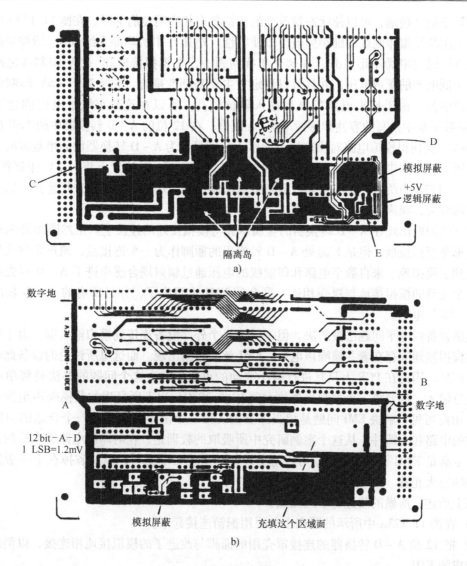

图　**11-123**

a）由于不恰当的接地平面，而导致 EMI 的一个 A – D 电路的例子　b）接地平面设计不恰当的 PCB 例子的另一个面

　　在这个案例中，不仅 LSB（最低有效位，Least Significant Bit）处于反转（toggling）状态，而且有好几个位处于反转状态。A – D 的输入通过边缘连接器接到模拟接地，即被短路掉了。因此 A – D 的差分输入应为 0V。该噪声源被确定是由数字逻辑电路造成的。假如仔细审视图 11-123a 中的模拟接地平面，可以看到模拟接地被分割成隔离的小岛，并被非常细小的且迂回绕行的印制线连接在一起。这些细小的印制线是用来屏蔽模拟信号与 +5V 电源印制线的。在图 11-123a 中，还可以看到该 +5V 电源印制线是环绕 PCB 的周边部署的。可以用来改善这类不良接地的临时措施是将印制板的两面用铜箔连接起来，以充填所隔离的小岛。以此改善接地，并降低位反转的数目。

　　在图 11-123b 中可以看到在 A 点和 B 点之间的数字接地连接。而模拟接地也连接了 A 和 B 这两点，所以造成数字噪声电流也会在模拟接地中流动。在 B 点前移去模拟接地连接使其浮置于数字接地，可以使状态被改变的比特数有相当明显的下降。在图 11-123a 中的 E 点位置上围绕模拟印制线的细小屏蔽可以使容性（电压）串扰降低大约 6dB。增加屏蔽印制线的宽度可以使串扰降低 11dB。在这个串扰问题中，在模拟接地和 +5V 印制线之间测量到了一个低电平的噪声电压，并且可以肯定它主要是感性耦合。它来源于 +5V 印制线中的数字噪声电流。由于模拟电路的典型输入阻抗较高，所以在这种布线中电感耦合不常见（请参阅第 4 章中描写的容性和感性串扰）。但是，在 12 位的 A – D 转换器中的 LSB 的加权是 1.2mV，这使得模拟电路对噪声极为敏感，特别是作为 A – D 转换器前的增益级时尤为如此。如图 11-123a 中所示，要解决这个问题，可以在 C 和 D 位置上将 +5V 印制线切断，并如图 11-123b 中所示，在非常靠近数字接地印制线处，用一根电线来进行连接。随着该串扰问题的解决，噪声降低到大约仅有 1 个 LSB 反转的水平。

剩下的问题出现在 A – D 转换器的金属罩壳与模拟接地的连接上。虽然隔离岛两边的印制线也都是模拟接地，但是 E 点处 A – D 转换器的插脚作为一个连接点，通过印制线将其罩壳连接到了模拟地。来自数字电路和印制线的电压通过辐射耦合感应进了 A – D 罩壳内。通过将一个完整的模拟接地与罩壳相连，剩余的 EMI 也消失了，并且所有的 A – D 输出数据都处于"零"电平。

虽然设备内电平问题已被解决，但一旦把一个外部设备连接到模拟输入端，由于两个设备间的模拟接地间存在着共模噪声电压，EMI 就会重新出现。而这里所讨论的设备此时已是可交付产品，因此在 PCB 上只有进行微小改动的可能。解决这个问题的办法是将单端输入改成差分输入。这要求三个视频运算放大器 IC 在 30MHz 以下所呈现的共模噪声至少要降低 30dB。由此可见，解决 EMI 问题是相当昂贵的。另一个困难是要找到一个合适的空间来容纳附加的电路和元器件。从这个案例研究中所吸取的教训是，在对印制电路板布线的设计过程中设定满足 EMC 要求的目标应可以避免设备和系统延期交付，以及省掉在下一版的设备改进中的巨大花费。

综上所述，所做的改进有下列几点：

1）在图 11-123a 中所示的隔离小岛要用铜箔连接起来。

2）把 12 位 A – D 转换器的连接罩壳用的插脚与改进了的模拟接地相连接，以消除辐射耦合造成的 EMI。

3）在 B 点前移除模拟接地连接，可以有效地将模拟接地浮置于数字接地之上，再将其与改进后的模拟接地结合在一起使用就可以消除公共地阻抗耦合问题。

4）在 C 点和 D 点断开环绕在板周围的 +5V 印制线，在图 11-123a 中可以看到，并借助于一根横跨该印制板 A 点和 B 点的旁路导线来消除携载噪声的 +5V 电源线与图 11-123a 右手边缘敏感印制线之间的感性串扰。

11.12.2 案例分析 11.2：PCB 上视频电路的良好接地技术

图 11-124 所示为第二种视频电路的 PCB 布线。该布线看起来和图 11-123 中所示的情况类似，但实际上图 11-124 中所示的这种接地平面的物理分离方法是有意而为之的，因为就差分信号而言，图 8 – 17b 所使用的经过改进的差分运算放大器电路有效地把接地平面上的 A 岛和 B 岛连接起来了，但却同时将接地与共模信号/噪声进行了隔离。为了隔离源的视频接地与视频处理板上的视频接地，这种经过改进的差分电路也被用于位置 C 上。这一点

可以从图 11-124 中的 A 点清楚地看到。在 B 点的接地平面被连接到 A－D 转换器的数字接地。此处使用经过改进的差分电路的优点是，连接到两个输入之一的电阻被用来连接模拟接地和数字接地，从而避免了共模电位超过运算放大器的输入范围。但是，在选择连接视频电路的电源回路与视频接地的位置时要特别地小心，这个连接可以选择在信号源位置上完成，也可以在视频处理板的接地平面 A 上完成，但绝不允许两者同时存在。

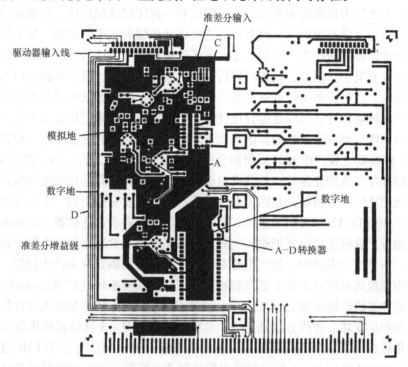

图 11-124　一个通过差分电路有效地将接地平面连接在一起的 A－D 电路的实例

　　位于 D 点的板边缘印制线携载的是控制信号。它被设计成在视频处理和 A－D 转换期间不会发生状态改变。然而，这些印制线很可能会被施加共模噪声电压或携载共模电流，因此存在着它们产生的辐射被耦合到模拟电路的风险。而在这里所进行的设计验证的目的就是要测试在样品印制板上所存在的辐射耦合电平，若存在问题的话，则使用具有六根导线的屏蔽电缆来代替这些印制线。该屏蔽电缆将与类似结构接地这样的一个"干净"接地相连。所获得的测量结果显示，虽然仍然存在某些辐射耦合，但其电平并不显著。

　　该印制板主要被使用在空间应用中，它有一个金属的板芯，可以提供散热通道来引导热量远离元件。该金属芯板与所有的电路都是电气隔离的，而且都是经由卡槽导轨与屏蔽罩实现电气连接和热连接。

　　作者曾经遇到过不同的两种具有金属板芯且与屏蔽罩相连的印制板出现噪声的问题。但是将金属板芯与屏蔽罩绝缘后，再次检测 A－D 转换器输出的位反转情况，发现高电平噪声急剧下降了。问题的来源并不清楚，最初认为是由 R 电流流经板芯的缘故。假定所有其他在同一个屏蔽罩内的 PCB 是屏蔽罩内噪声电流源头的话，那么将这些印制板的板芯都与屏蔽罩隔离应当可以降低这块敏感印制板上的噪声电平，然而事实上并非如此。问题的关键很可能是在印制板板芯与模拟/视频接地平面之间存在着非常高的电容所致。该电容值的大小取决于印制板本身以及模拟接地平面的尺寸，已测量到该电容值在 3000~5000pF 之间。

11.12.3 案例分析 11.3：PCB 上被屏蔽的模拟区域中的数字信号与模拟信号之间的耦合

图 11-125a 和图 11-125b 所示为另外一个模数混用板的例子。图 11-125a 所示的左手边为数字区域，右手边为模拟接地平面。两者间仅有一根印制线相连接。正如在接地一节中所描述的，该印制板并没有因为单点模数接地连接而造成辐射超限的问题。这不仅仅是因为印制线的宽度较宽，还因为在多个层板上都实施了这种连接。而这些层板把数模区域之间的时钟和数据连接夹在其中。但是，高速时钟信号进入模拟区域后，模拟电路会因为捡拾到噪声而性能受到影响。在进行布线设计时，结合考量了印制板模拟区域的接地平面设计及该区域周围的门控型的屏蔽设计。但即使结合设计了这个门控屏蔽，辐射耦合电平却没有变化。此类屏蔽之所以未能起到应有效果的原因是由于辐射耦合是通过时钟信号进入模拟区域，并被连接到 D-A 转换器之故。在 EMI 辐射耦合机理被发现以前，人们认为，耦合发生在 ±20V 电源与模拟接地印制线的连接处，是共模电流在电源线及其回路连接中流动所产生的。这个极为普通的问题之所以被质疑，是因为电路设计工程师在没有做出进一步的判断之前，就想当然地采用了如图 11-125b 所示的连接，而不是将印制板右手边连接器上的电源连接到靠近模拟接地的地方。这种连接方式把模拟电源及其回路置于非常靠近数字电路的地方，是耦合的主要途径。但在这个案例中，数字电路对电源及其回路的耦合并未产生问题。

本案例中模拟区域被要求在非常高的速度下运行，其模拟转换速率达 600V/μs。电路设计工程师在模拟链路的输出端尝试使用高 Q 值的 Chebyshev 滤波器来滤去时钟信号。但是这却使模拟输出响应变坏。替代方法是把一个电容连接到与 D-A 转换器输出端相连的模拟信号印制线的负载端上来降低负载阻抗，因而也就降低了引入到信号中的 EMI 电压。选择该电容值时，应注意不要使 D-A 转换器输出阻抗和该电容形成的时间常数引起转换速率的明显增加。其结果是不仅 EMI 问题得到大大的改善，并且其他方面的一些性能也都可能有相当大的改进。然而最终的决定是用数字-频率转换器来取代需要模拟区域输出支持的电压-频率转换器，以期彻底消除 EMI。需要警惕的是，由于数字数据到数字-频率转换器上存在高电平共模噪声，器件的内部仍有可能发生 EMI 耦合，但这一点却恰恰是容易被忽略的。所以，可以肯定仍会有 EMI 的存在。设计工程师要花费大量的时间来改善 D-A 转换器的抗扰度，而事实上只是为了取悦制造商。

11.12.4 案例分析 11.4：电话设备的超限辐射发射

本案例是根据 EN55022 B 类（家用信息技术设备）要求对被测试设备（EUT）的辐射发射进行测试的。最初的问题是在 185.00MHz 上存在一个超出限值大约 6dB 的超限发射。然而我们自己进行的辐射发射扫描所将得到的结果比这个结果稍高，约超过限值 10dB。所以，根据要求对设计进行改进是为了降低该辐射发射以及其他几个非常接近限值的发射。

11.12.4.1 电路级的 EMC 整改

表 11-7 为达到辐射发射的衰减所需要做的一些改进。需要使用一根屏蔽电缆，而且还需要在每根线与机壳接地之间连接一个 1000pF 的电容作为电源的共模滤波。对每根沿着电缆路径部署的导线都这样做。必须使用良好的低射频阻抗将电缆的屏蔽妥善端接到连接器外

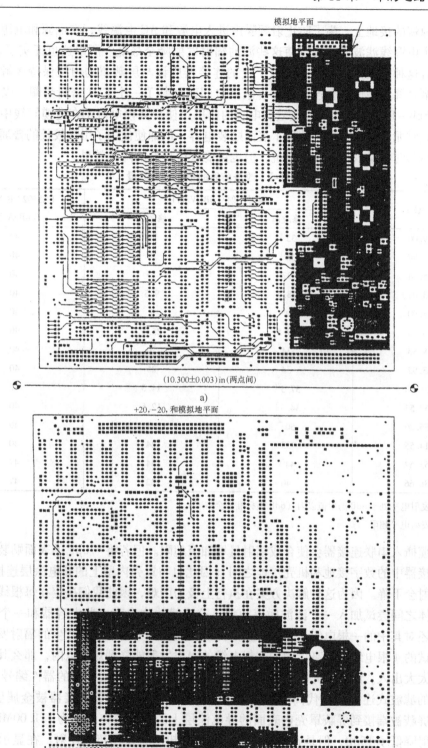

模拟地平面

(10.300±0.003)in(两点间)

a)

+20,−20,和模拟地平面

(10.300±0.003)in(两点间)

b)

图　11-125

a）模拟接地平面和板的数字区域　b）在数字区域中的模拟电源和其回路线条

壳以及电源端的接地上。为了防止射频噪声进入电源和 AC 电源线，在电源和电源电缆之间插入了一个电源线滤波器，可以使这些源的辐射发射降至最低。所以这也证实了在 EUT 电源线上执行这种解决方案的效果。EUT 上的连接器应该与屏蔽罩的内层保持接触，以使到屏蔽层的耦合降至最低。在连接器和屏蔽罩之间还加装了一个 EMI 密封垫圈，以封堵 EUT 上的两个 Sub – D 连接器之间的接缝。电容的作用是使得共模电流不在电缆导线中流动，特别是在低频时尤为如此。我们使用了表面贴装电容，但即使使用了引线较长的普通电容，其长引线在高频时会呈现出较高的阻抗，但也可能取得良好的降噪效果。

表 11-7　改进前后的辐射发射测量

f/MHz	辐射发射/(dBμV/m)		EN55022 B 类限值 /(dBμV/m)
	修改前	修改后	
49.00	35①	24	40
51.88	38①	20	40
55.74	32	15	40
63.01	28.5	9.5	40
65.90	39①	7	40
75.73	29.5	25.5	40
78.83	34	20	40
83.92	34	25	40
101.00	37.5①	14.5	40
168.52	34.5①	12.5	40
185.00	50②	18	40
214.55	33	24	40
253.52	44①	34	47
386.66	40	22	47

① 表示发射电平处于 6dB 的限值以内（6dB 是标准安全裕度）。

② 表示发射电平超限。

将电缆插入串联连接器会使合成辐射量增加至超限。但若将 470pF 的表面贴装电容连接在每个连接器中的数字接地和机壳接地之间（因此也与罩壳内壁上的导电涂层连接），其合成辐射发射会下降。因为这种解决方案在执行上极为困难，因此我们决定在每根线和连接器的金属壳体之间尝试加入一个滤波插座模块，这个模块内含有一些电容器和一个铁氧体元件。我们还对其中的一根电缆进行了单独的测试，这是因为这根电缆产生的辐射发射电平在所有被测试的 4 根电缆中最高。假如这根电缆的辐射发射能降到规范以内，那么其他的 3 根就不会有太大出入。测试前先将 470pF 电容移去，而且用 Corcom 公司的器件编号为 RJ45 – 8LC2 – B 的滤波式连接器替代高辐射发射电缆上的插座模块。该连接器被金属屏蔽包围，且该金属屏蔽被端接到屏蔽罩壳内表面的导电涂层上。该电缆在频率为 111.00MHz 上产生的辐射发射降低了 15dB；但是在 51.88MHz 频率上却仍然存在超限发射。在显示器连接器的数字地线和机壳接地间增加一个 1000pF 的电容器可以使此辐射发射电平降低大约 21dB。这些改进被要求应用于所有其他模块式的连接器中。

为了使这些对电缆的改进达到应有的效果，关键是屏蔽罩应屏蔽良好，且电源电缆的屏蔽以及连接器外壳的终端阻抗都较低。若非如此，输出电缆的辐射耦合将会轻易地绕过任何的滤波或高阻抗屏蔽终端，而使发射电平超标。在屏蔽罩上的孔洞也会产生这种影响。在EUT 屏蔽罩两端上的涂层呈现出高阻抗，就是说，孔洞就对应了电磁场，特别是磁场。因此，必须在缝隙处涂覆均匀的导电涂层，使其有良好的电气接触。在 EUT 的罩壳上有目的地开孔是可以接受的，这是因为它们的尺寸通常都会很小，所以仅仅只有当电磁波频率很高时才会穿透它们造成耦合。当屏蔽罩端有较大间隙且接缝连接不当时，会在问题频率上造成非期望耦合。在所有的测试中，这些开放部分被铝箔覆盖，而这些铝箔被连接到涂覆有阻抗相对较低的涂层的屏蔽罩的其余部件上。而且该铝箔还覆盖了屏蔽罩端未被导电涂层覆盖的大部分不良区域。

11.12.4.2 PCB 级的辐射发射的消减

11.12.4.1 节中提到所有的改进相当昂贵而且难以实施。设备制造商更愿意重新进行PCB 布线。由于现有 PCB 布线中存在着薄弱区域，所以重新布线肯定会降低辐射发射。在某些案例中，在采用新的布线设计后，甚至不需要在塑料罩壳上喷涂导电涂层。

在图 11-126a 中，PCB 上出现问题的区域是电源中的 U40 和 U41 以及 Y1 附近，8MHz振荡器，以及耦合导致了与 J1、J2、J3 和 J4 相连的电缆中有共模电流流动。

为了确保满足 EN55022 B 类的要求，需要对 PCB 布线进行如下的改进。

U40 和 U41 必须被移至在电路板上的数字接地平面上的某个位置，而不能被部署在模拟接地平面上。任何将数字地的印制线部署到模拟区域内的做法都是不恰当的。应通过一个平面将该印制板数字区域中的电源印制线引入到电源区域，并且去耦电容必须通过新的电源平面和数字接地平面之间的过孔来进行连接。同样地，C60 和 C61 必须直接通过新的数字电源平面和数字接地平面之间的过孔来进行连接。不要使用印制线来连接电容，并把这些电容部署在靠近 U40 和 U41 的位置上。

同样地，使用数字接地和电源平面之间的过孔来将两个 0.1μF 的电容器分别与电容值为 47μF 的 C60 和 C61 并联，以改善它们的高频性能。

在改进前，振荡器 Y1 是被安置在靠近 J1、J2、J3 和 J4 连接器的模拟接地平面上的。并且和去耦电容的连接一样，Y1 的电源及其回路也是通过印制线来连接的。

改进后，Y1 必须被移至尽可能地远离 J1、J2、J3 和 J4 的位置（至少 6cm），并且使它尽可能地靠近与时钟有交互的 IC 附近。Y1 还必须被部署在数字接地平面上，并通过其回路插脚而不是印制线与数字回路平面相连接。同样地，必须使用过孔而不是印制线来连接数字电源和其回路印制线之间的振荡器去耦电容，并且要尽可能地靠近 Y1。

所有的时钟线和高速数据线必须被部署在数字电源及其回路印制线之间，而不是在印制板的焊接面上。

数字接地平面区域应延伸到连接器下面，这样 J1、J2、J3 和 J4 就可以直接被部署在这个延伸接地平面之上。数字接地平面和机壳之间的每个连接器应使用一个 470pF 的电容器。

将那些低电平、低频率的器件和印制线部署在靠近 J1、J2、J3 和 J4 的地方，而将高速器件、时钟以及数据印制线部署在尽可能远离连接器及其信号印制线的地方。

图 11-126b 展示了在对一些关键部位进行改进后新的 PCB 布线。

在未添加任何电路级的器件，如滤波连接器和电容等的情况下，正式测试结果已经证明该设备可以满足 EN55022 B 类的要求。虽然客户也抱怨该设备只是刚刚通过辐射发射要求，不过他们也认为并不是所有有关该印制板的改进建议都可以实现！

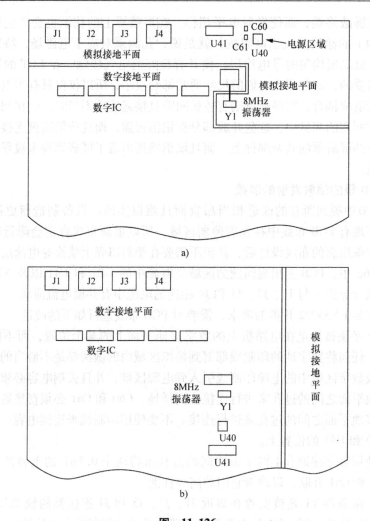

图 11-126

a) 修改前布局中出现问题的区域　b) 改进后的布局

11.13　增强 PCB 的抗扰度

随着包含 EN50082 – 1、EN50082 – 2、EN55024、EN61000 – 4 – 3 等标准在内的欧盟（EU）辐射发射和抗扰度（敏感度）要求的实施，设备都需要接收信号口注入的共模试验电流以及辐射抗扰度试验场的考验。除了抗扰度试验电平外，数字和开关电源噪声也会对低电平信号产生干扰。电路敏感性的问题已在 11.12 节 PCB 案例研究 11.1 和 11.3 中做了描述。

在 PCB 级的布线阶段，任何消减辐射发射的布线方案都会降低电路的感应噪声电压电平。例如，当信号电流流经一个良好、完整的接地平面时，其上的电压降就小，这样也就降低了辐射发射。同样地，假如共模电流流经一个良好的接地平面，该共模电流产生的电压降就小，其共模阻抗耦合电平也就低。

在对一块电路板进行布线设计时，为了获得最大限度的抗扰度，有一点必须予以特别关注，那就是要使差模输入电路的信号及其回路印制线的长度相等。假如它们不相等，任何感应共模 RF 电流在信号及其回路印制线上的传输延迟或相移将产生差异，继而在接收器的输入端产生差分电压。但应注意的是，EMI 也可能来自流入单端接收器输入端的共模电流。这是由于信号输入阻抗和信号地阻抗不同造成该共模电流被转换成了差模电流。最常见和最有效的解决办法是在信号输入和接地之间跨接一个低容值电容器，该电容对 RF 呈现低阻抗，而对输入信号频率却呈现出高阻抗。因此 RF 信号输入对信号接地呈现低阻抗，这时信号和接地印制线上的共模电流产生的差模电压将会很小。

参 考 文 献

1. S. Daijavid and B.J. Rubin. Modeling common mode radiation from 3D structures. *IEEE Transactions on Electromagnetic Compatibility*, February 1992, 34(1).
2. F.B.J. Leferink. Inductance calculations: Methods and equations. *IEEE International Symposium on Electromagnetic Compatibility Record*, Atlanta, GA, 1995.
3. B. Archambeault. Predicting EMI emission levels using EMSCAN. *IEEE International Symposium on Electromagnetic Compatibility Record*, Dallas, TX, 1993.
4. J.R. Miller, J. Novak, and T. Chou. Electrical performance of electronic packaging, *2002 IEEE 11th Topical Meeting*, pp. 123–126, Monterey, CA.
5. T.H. Hubing, L. Drewniak, and T.P. Van Doren. Power bus decoupling on multilayer printed circuit boards. *IEEE Transactions on Electromagnetic Compatibility*, May 1995, 37(2), 155.

第 12 章

EMI 和 EMC 控制、案例研究、EMC
预测技术和计算电磁建模

12.1 EMC 控制

本书始终强调，在设备和系统的设计中，应把 EMC 的预测技术作为整体设计考量的一部分始终贯穿在设计过程中。EMC 控制确保了在设备研制开发的每个环节中，EMC 设计都会被正确地执行。

12.1.1 EMC 控制计划

在系统级别和设备级别的开发过程中，都应制定 EMC 控制计划。MIL – STD – 464 包含了系统级别的计划要求，而设备/分系统级别的要求则应在数据项目的描述中列出。

EMC 控制计划指出了如何就一个特定的设备、分系统或系统来实现 EMC。但往往出现的情况是，被反复签发的 EMC 控制计划常常仅被当作一个普适于各型设备的一般性文件来对待。控制计划应该对一些特定情况进行描述，包括设备的类型、预期的发射频率电平、抗扰度电平、EMI 预测以及可能的豁免要求，或对在满足要求的过程中可能会遇到的困难的描述等。在提交设计目的和仿真试验板测试结果的同时，还应就接地方案、滤波、屏蔽等提交详细的设计报告。

详尽的 EMC 预测信息作为在 EMC 计划以及采购代理的要求中的一个重要部分，可以提供 EMC 设计有效性的信息并且突出其中的关键部分。EMC 预测是 EMC 程序计划的一个典型组成部分。但是，即使没有要求，预测也应被包含在控制计划中，或者作为它的一个附录而存在。

只要可能，应使用有效的测量方法来描述 EMC 的预测和分析技术，以验证某种特殊技术是否适用于该应用。为了对设备性能降级判据和安全余量做出规定，并选定适用的 EMC 文件及确定预期的电磁环境，还可以在可能出现电磁问题的领域使用预测技术。

EMC 计划的目的是双重的：①对采购代理而言，确保所需设备已考虑了 EMC 设计；②对设计人员、系统工程师、结构和包装工程师而言，该计划又为他们提供了一个设计的规范和目标。

一旦一个有效和详细的计划编制完成后，下一步则是要确保该计划被责任工程人员采用。这可以通过指定专人负责 EMC 有关事项来达成。此人不仅应参加设计审核，而且还要签署所有的设计图样，还应该建立和开发 EMC 控制程序、控制和测试计划以及电源和接地方案图。一个典型的控制计划应包括下列内容：

1. 范围

目的。

组织。

在签署合同各方机构中，EMC 活动的适用范围和归属。

2. 文件

适用文件应包括有 EMC 要求、测试方法、接地和搭接、雷击保护和安全，只要它们可以适用于 EMC。

参考文件包括 EMC 设计手册和导则。

文件编制要求：

测试结果；

信号和电源接口细节；

电源和接地框图；

测试机制；

测试计划；

测试程序；

测试报告。

3. 管理

EMC 职责：应包括直接指导和执行程序人员的职责和授权，以及参与 EMC 程序的全职和兼职人员数量。

EMC 审核。

设计要求：规定方法和要求以确保由合同商开发的分系统和设备不会被来自设备，分系统或系统内的干扰源影响，或者不会成为干扰源而影响其他设备/分系统的工作。通常通过设法满足 MIL-STD-461 的要求即可以达成这个目标。一些特定设计区域需要有以下控制要求：

电缆设计，应包括导线分类和标识、标签和安装的规范内容；

产生干扰的或敏感的导线、屏蔽方法和导线走线；

内部和外部布线；

外壳结构、屏蔽、搭接、孔洞的封闭和衬垫；

信号接口的设计目标和测试；

当设备的购置来源不同时，由接口控制文件所控制的设备内和分系统内的设计考量；

由接口控制文件所控制的分系统间的设计考量；

包括基频和杂散能量以及天线间耦合的系统天线辐射特征；

雷击保护的设计规范和所要求的测试；

锈蚀控制要求对 EMC 的影响以及针对问题区域推荐的解决办法；

为了满足 EMC，更改设计的执行方法。

12.1.2　EMC 控制程序计划

程序计划为程序提供数据，以判断是否所有适用的 EMC 考量都被恰当地执行了，以及判断设备、分系统或系统是否能如预期在特定的电磁环境中正常运行，而不会因为受电磁能量的影响产生性能降级，同时又不会造成其他设备、分系统或系统的性能降级。

计划还应包括对下列内容的描述：项目执行期间所采取的 EMC 管理程序的步骤以及 EMC 的组织和职责，不同等级的责任授权权限，电磁兼容顾问委员会（Electromagnetic Compatibity Advisory Board，EMCAB）所扮演的角色，识别和解决潜在问题的步骤以及在程序执行期间所有 EMC 活动的时间表和关键时间节点的图表。如果 EMC 预测和分析未被纳入 EMC 控制计划，则应设法将其纳入计划。

下面是在船舶设计中采用方法的一个例子，在该船舶的设计过程中必须选用大量的设备，而其中一些并不满足 MIL‑STD‑461 和 IEC533 文件对甲板设备的要求，所以必须采取某些必要的措施以确保整体设计能够满足 EMC 要求。该程序计划的要点如下：

1) 候选设备的 EMC 特性的描述。

2) 预测电磁环境的特征描述。

步骤 1：对候选设备要求提供下列信息：

a. 设备在船舶上所处的区域。

b. 运行的临界状态。

c. 从 EMC 角度，要知道它们是有意还是无意发射器、接收器或两者兼之。

d. 包括商品设备在内，设备满足的 EMC 要求。

e. 电磁发射简况。

f. 电磁抗扰度。

g. 设备外壳和电缆的屏蔽效能。

h. 电源的功率要求和电源类型。

i. 接口类型（例如，RS‑232、1553、以太网、USB 等）。

j. 当设备安装有电源线滤波器时，滤波器的有效性。

步骤 2：整个船舶上的电磁环境可能是多变的。每一区域的电磁环境取决于附近打算布置的设备的屏蔽水平，如发射器、电控室、电缆和金属墙和开孔（门窗等）。为了推演各个区域的典型电磁环境，必须考虑下列因素：

a. 邻近各个区域的电源、控制和发射器电缆的布线路径以及这些电缆和设备之间的耦合通道的属性。

b. 在一个特定设备的辐射发射覆盖区域已知的情况下，应该使用该覆盖区域来表征该电磁环境。假如设备已满足辐射发射限值，那么也可以借用这些限值。

c. 若可以获得来自该船舶甲板 EMI 调查的有关测量数据，那么也可以使用这类调查数据。

d. 在无法取得上述这类数据情况下，也可以使用类似于本书所提供和公布的环境数据，例如过程控制或计算结果。

e. 对于一般商船，则可使用包括在 IEC 533 文件中由甲板传导敏感度电平所推导出的传导环境。而 MIL‑STD‑461 则适用于军用船舶。若实际环境的有关信息已知，则可以据此对这些敏感度电平的要求进行修正。

若能够对一个电磁传导和辐射环境的特性进行表征，我们就有可能对设备的 EMC 特性与环境的苛刻程度进行比较。若设备与环境条件不相匹配，则可以由此判断可能存在的 EMI 的态势。例如，一台计算机满足商用辐射和传导发射限值，并且在正常的办公室环境中呈现出充分的抗扰度性能。但欲将其用于一个控制室环境，则我们可以由此推断存在 EMI 的可能性就会高很多。

应该对每个潜在 EMI 的情况进行详细的分析，以确定问题存在的可能性。假如出现 EMI 的可能性很高，那么应对 EMI 造成的严重的性能下降加以计算，并据此做出修改以确保 EMC。为了满足 EMC，下面列出了一些可以实施的修改方法：

　　a. 在一个区域中改变设备的位置（把高电平发射器与敏感设备尽可能地分开）。

　　b. 为整个区域或单个设备增设信号和/或电源线滤波器。

　　c. 把一个区域分隔成"噪声区"和"安静区"。也许还要结合使用带有馈通信号和电源滤波的导电门窗和墙。对单个设备进行屏蔽也是一个与此有关的方法。

　　d. 重新考虑信号和/或电源电缆的布线路径。

　　e. 提高信号和/或电源电缆和/或它们的连接器的屏蔽水平。

　　f. 如果可行，就应把设备接口改用抗干扰能力较高的类型（例如，把 RS – 232 改为 RS – 422 或电气接口改为光接口）。

在 EMC 控制计划中还必须对位于甲板上的天线间以及天线对电缆间的耦合进行检测。在 10.2.1 节中描述的方法就适用于这种情况。

12.1.3　质量控制

当一个设备已被认证符合 EMC 要求，但在大批生产过程中却不符合 EMC 要求的主要原因就是质量控制。其他的一些被提及的主要因素是对设备的设计及软件进行修改所造成的。

对设计进行的任何配置修改都应进行唯一授权控制。应使用如工程更改通知（Engineering Change Notice，ECN）这类适当的文件来控制修改。ECN 还必须由 EMC 责任机构进行审核，以评估修改可能会对 EMC 产生的影响。一旦修改被接纳，应尽快地从档案中移除被替代的文件。

若设备的任何更改已被接受，在采购代理认为必要的情况下，应该对该设备进行重新检查，验证和对设备按照 EMC 要求重新进行符合性测试。即便是那些看起来很微小的修改也会导致发射和敏感度的重大变化。特别是当修改会影响到接地方案时，做出是否要重新测试的决定时一定要慎重。假如该设备有设计变化，则应该予以标明，或为确保变化仍然合规而重新进行甄别。应保持验证记录的完整，并应至少包括下列项目内容：

物品识别标志；

检验日期；

检验的设备数目；

不合格设备的数目；

出现差异的描述和可能的原因；

材料的处置；

检验人员的识别标志。

保存的附加检验记录应该包括测试结果以及执行诸如焊接和电镀等这类特殊处理的操作人员的证书。检验应根据 EMC 要求进行增删。例如，在一个铁氧体磁心上带有几个小孔，尽管这些小孔并不影响铁氧体的阻抗，并极少可能会改变它的物理特性，但它还是很有可能在进货检验时就被剔出并退货。对铁氧体磁心性能影响更大的是阻抗频率特性的测试数据。

在不同设备中运行的滤波器性能并不总是恒定不变的。所以对滤波器性能的测试应在一个尽可能接近实际源阻抗、负载负载和噪声类型的装置中独立进行。

进货检查应包括一个进料清单，购物流转单、操作单据，和/或用于描述在生产过程中检验程序的检验说明。对那些非100%检验的材料应执行统计质量控制。对易损或变质材料，如导电胶或填缝材料应定期检查，一旦发现已超过使用寿命时，应立即予以报废。

应对检验人员定期进行培训或再培训，尤其是在有新的处理方法和材料被引入时。应建立包括被批准的资源明细表和一个性能评定等级的资源质量控制系统。应将最新的设计图样或技术规范附在采购清单中。该采购清单中还应包括质量保证要求，如物理光学可追溯系统。

不应该将未经检验的材料分发至生产部门，或者应对其进行使用控制，以便在后续出现不符合的情况时，可以及时复查。所有的材料都应有识别标记。没有被放行使用的材料应被存放于隔离的控制区域，并保持使用期限控制和批次识别标志。

应建立恰当的针对设备的工程模型以及预生产模型和生产模型合格检验的测试流程。在进行测试前，应确定该测试步骤已经经过用户审核，并已被用户接受。用户认可和接受该测试的记录应被存档保留。在控制不合格的供应和器件过程中，任何不合规范的元器件/单元都不允许被组装到所生产的设备中。无法返工的货品或无法被修复的元器件应该退回供货厂商，或予以销毁。包装和运输程序应行之有效。特别是在包装上，敏感设备必须要以适当方式加上识别标志。在必要时，还应使用加速度计，以监测设备所承受的振动和冲击。

对一个设施中的设备的测量和测试应按如下方法加以控制：

测试设备的测试步骤包括标定限值和校准设备的描述。

应该保存承担设备送测任务的合格测试设施的名单列表。

用来校准设备之标准和校准设备应被定期认定。

测试设备应被保持在湿度和温度可控的环境中，以防止校准损害或损失。

12.2 EMI 调查

在一个 EMI 调查中，找到一个快速而经济的调查方法是至关重要的。这个方法应该经过方法学的分析，并且经过深思熟虑。这一点做起来要比讲起来困难得多，特别是处于压力状态，同时又要寻求一个快速的解决办法时尤为如此。有时，EMI 的起因和它的解决办法是显而易见的，所以也只要求极少的预测和诊断性测试。但更多的情况却是没有针对问题的直接答案，而是需要某些分析和测试。尝试同时进行若干修改，以期待其中之一可以奏效是一种不正确的方法。有一个极端的例子：设备已过交货期，但是由于 EMI，其中的一个验收测试不合格。该设备的技术指标极为苛刻，而且任何要求都不允许被豁免。在寻找问题的根源时，没有采用系统的方法而是一边考虑一边对设备逐一实施更改。而其中的一些改动使设备性能只获得了某种很小程度的改善，但之后又往往会使问题更加恶化。三年以后，问题终于得以解决可以交货。然而因为没有对那些性能的改进进行详细的记录，在下一版的设备中依然发现相同的问题。虽然这是一个极端的例子，但它足以说明一个系统化程序文件的重要性。更常见的是，花费几个月才能解决的 EMI 问题，专家可能只需几周就能完成，或者该解决方案花费不菲或电路冗余，而实际上却有更简单和经济的解决方案。要想正确掌握系统方法需要经历一个自我训练和逐渐培养的过程。

一种一揽子的改进观点认为，通过增加滤波、屏蔽、接地、分隔等方法总能保证解决问题。但是我们从本书中可见，一个实用的屏蔽罩所能获得的屏蔽效果是有限的，源辐射有可能很高，选取不恰当的滤波器或错误接地方案会使问题变得更糟糕。遗憾的是，系统的分析方法与一揽子方案相比，它的优越性往往是在被证实后才会被接受。

在 EMI 调查过程中，将那些非 EMI 调查范围内的变量数量减至绝对少是十分必要的。所以，在没有进行过"前后"测量或对 EMI 或辐射电平的影响实施评估前，不要随意地移动电缆或电路板的位置。在没有对"前后"效果进行评估的情况下，也不要轻易更换或修改软件、电路、设备电源、安装方法、连接器或电缆类型、接地配置或测试方法和测试设备等。

第一个需要弄清的问题是，这是不是一个 EMI 问题？还是仅仅是由于其他原因引起的设备故障？实践工程师们经常会争论，硬件工程师和软件工程师都会坚信问题出自对方的领域。对设计师来说亦然，他们常发现硬件和软件都没有问题，因而假定问题来自 EMI。所以，若在 EMI 调查以后，并没有发现 EMI，那么问题很可能被认为源自设备故障。

一个弄清问题根源的常用方法是，首先通过排除法隔离问题的源和耦合路径。正如在前几章中讨论的那样，辐射和传导耦合往往会同时存在。一个表面看起来的传导耦合，实际却是通过辐射耦合而来，反之亦然。在调查中，必须详细记录每一个测量和修改，并注明由此造成的 EMI 电平的任何变化。在书中，特别是在案例研究中，读者会发现一些改动虽然会使问题恶化，但同时也会告诉我们许多改善问题的机理。

通常从有 EMI 问题的或前述有特定辐射发射问题的少量电路板、电缆以及设备部分开始着手进行 EMI 调查较为容易。一旦找到与最小配置相关联的源和解决方案后，可以逐个找到连回其他附加的电路、电缆或设备，逐步分段地解决问题。

隔离和定位电路级发射和敏感度问题的方法是把单个电路板从设备/系统中取出，置于测试台上进行测试。在电路级问题被设备级传导和辐射发射电平掩盖的情况下，测试台测试就显得尤为有效了。例如，噪声相对较低线性电源以及来自振荡器/信号发生器的低噪声信号可以在测试台测试中被用来为电路提供信号源。

一旦找到了出现问题的根源，往往会有一个或几个解决办法，它们可以是临时的或永久的措施。问题的关键是要找到一个工程经理、包装工程师、QA 和生产线都能接受的修改方案。而在他们当中，往往总会有人希望有不需整改的解决方案！

下面的案例研究试图通过例子说明有效的 EMI 调查可以为设备和电路提供及时的和可接受的修改方案。

12. 2. 1　案例分析 12. 1：设备内敏感度的 EMI 调查

这个案例说明了理解设备整改对增减 EMI 的重要意义。因为一旦理解了这个意义，将会有助于找出 EMI 源。这个案例还强调了通过绘制一个等效电路来寻找耦合路径的重要性。

本案例所要研究的是一个光谱分析仪，它带有一个包含在真空室内的电离检测器。电离检测器的输出信号被馈送到增益值为 10 的放大器，接着该放大器的输出信号又被送到一个比较器。该比较器的第二个输入端子与一个直流参考电平相连接，通过电位器调节该参考电平以鉴别由电离检测器检测到的并被增益电路放大的噪声。但问题是，过高的噪声会导致被设定的参考电平非常高，以致相对较低电平信号全部被忽略。该仪器在27MHz上产生高功率电平，这个电平被认为是最可能的噪声源。

要求该比较器对参考电平为95mV以上的噪声进行鉴别。所以就增益级的输入而言，所参考的噪声电平（假定噪声源是一个27MHz的正弦波）就是：

$$V_{n(峰-峰值)} = 2 \times \frac{参考电平}{第一级增益} = 2\frac{95mV}{10} = 19mV$$

所以在这个案例研究中所指的噪声电平就是比较器输入端的参考电平，而不是第一增益级输入端的噪声电平。

图12-1a中所示的就是增益级和比较装置的等效电路。比较器的差分输出通过一根带状电缆连接到仪器中的其余电路上，而该电缆的屏蔽层与其加蔽线相连接形成一个完整的屏蔽。

我们尝试了按下列顺序和装置进行测试。其结果也按顺序排列如下：

1）把带状电缆穿过一个铁氧体平衡－不平衡变换器，产生的效果是将噪声电平从95mV降至75mV。

2）在带状电缆上增加一层与直流回路不相连接的屏蔽，但将该屏蔽的两端都连接到机壳，将噪声电平从95mV提升到103mV。把主机箱与机架隔离，不会降低噪声电平。仅在电缆屏蔽的一端进行连接，也没有任何改善。

3）把带状电缆中的加蔽线的一端断开，并将其与直流回路相接，即把屏蔽连接到直流回路，噪声从95mV上升到145mV。

4）电缆屏蔽层浮置，并把比较器的差分输出通过比较器的接地平面连接到带状电缆，噪声电平从95mV降至78mV。

从1），2），3）和4）步骤可以得出的结论是，共模电流的流动不仅存在于带状电缆和其他互连电缆中，它也可能存在于屏蔽中。这个结论基于下列几点：

比较器端增加一个与机壳相连接的额外接地屏蔽会导致噪声的上升。这说明在机壳和屏蔽上存在RF电流。

在增加额外屏蔽情况下，增加了屏蔽电流。这是因为屏蔽和机壳的连接阻抗比带状电缆阻抗低。通过增加带状电缆屏蔽的阻抗，平衡－不平衡转换器可以起到降低共模电流电平的效果。

5）在试图降低流入增益级和比较器电路的RF电流时，$0.12\mu H$的扼流圈被分别串联到+5V，－5V和回路线中（因为比较器输出是差分输出，所以在电源回路中增加一个电感并不会造成不利影响），但是噪声增大到315mV。

6）移除回路中的扼流圈，保留+5V和－5V线中的扼流圈，并串入一个1Ω的电阻，以消除可能的串联谐振，噪声电平又降回到它原来的水平。这个降低完全是由于去掉了在直流回路中的扼流圈的缘故。很清楚，在整个接地方案中，检测电路的直流回路到机壳的连接位置是至关重要的。使用一个电流探头对两个1/4in的接地条中的机壳电流进行测量，得到的结果是，当将带有屏蔽的探头置于接近机壳的位置时，频率为27MHz的电流大约为100mA，这显然不可能。这可能是探头测量到的是环境电磁场，而不是传导电流。

7）将检测器与增益级的输入断开，噪声电平降低到了13mV。

8）用一个$10\mu H$的电感器来代替两根连接接地平面与机壳的1/4in的接地条，噪声电

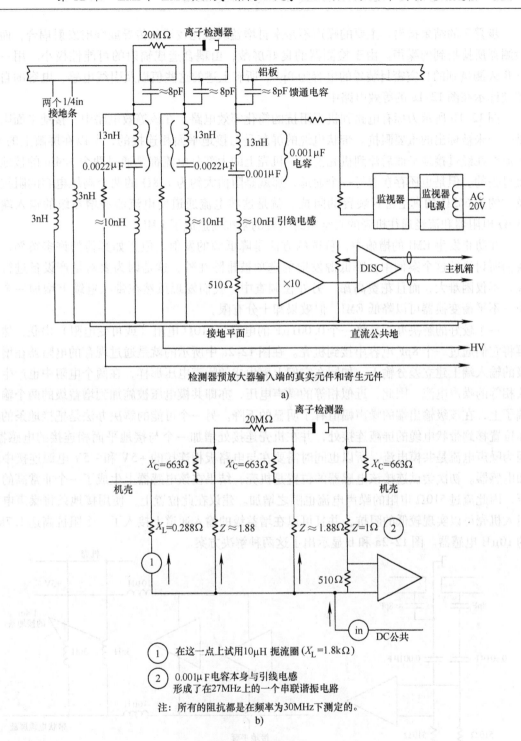

图 12-1 等效电路

a）增益级和比较装置的等效电路　b）简化的等效电路

平增加到 1V。

9）重新连接接地条，但去掉两个连接到检测器的高压连接，噪声电平降低了 8mV。

步骤 7 的结果指出，主要的噪声不是来自增益级或比较器的传导或辐射发射耦合，而是检测器所捡拾到的噪声。由于检测器的良好屏蔽，由耦合造成辐射的可能性极小。用一个 LCR 表测量到的真空密封装置的电容为 8pF。所有上述的这些值以及引线电感，电容的自感都被标示在图 12-1a 的等效电路中。

图 12-1b 所示为标有电路到机壳阻抗的简化等效电路。在该等效电路中，接地平面阻抗是一个未被标出的重要阻抗。带状电缆的屏蔽是与接地平面相连接的，所以在屏蔽上的 RF 电流是在经过接地平面后流到机壳上的。机壳上的大部分电流都是通过两个 1/4in 的接地条流过去的。但是也还存在着另一个通道，那就是阻值大约为 1.8Ω 的两个高压电容的阻抗以及大约为 663Ω 的真空密封装置的阻抗。就是这些电流通道使电流流经增益级的输入端的 510Ω 电阻器和流经通往机壳的真空密封装置的阻抗而造成了 EMI。

在防止发生 EMI 的措施中，首选的方法是降低源的发射。但正如其他的许多案例，在我们所讨论的这个案例中，降低源发射的选项被排除在外，这是因为要对量产设备进行修改，不仅困难大，而且花费高昂。另外在调查中，我们发现虽然在带状电缆上增加一个平衡 – 不平衡变换器可以降低 EMI，但效果却十分有限。

一个较好的解决办法是将一个 0.001μF 的电容与 510Ω 电阻（或可变电阻）串联，然后再将它们通过一个 8pF 电容串接到机壳。在图 12-2a 中所示的就是通过现存的电阻器在增益级的输入端上建立差分输入。如同在它们上面生成的噪声电压那样，在两个电阻中也产生大致相等的噪声电流。因此，近似相等的噪声电压，亦即共模电压被施加到增益级的两个输入端子上，在该级输出端的噪声幅值有了明显的下降。另一个可能的解决办法是把接地条的实际位置移到带状电缆的屏蔽连接处，并在机壳连接处增加一个与接地平面相连接的电感器。因为噪声电流是共模电流，所以也同时需要在与电路板相连接的 +5V 和 – 5V 电源连接中增加电感器。初次尝试连接该电感器的位置是机壳，结果在该电感器上生成了一个非常高的电压，因此流过 510Ω 电阻的噪声电流也随之增加。建议在此位置上，使用接地条将噪声电流引入机壳可以实现较低的阻抗，并且可以在增益级的输入通道上接入了一个阻抗高达 1.7kΩ 的 10μH 电感器。图 12-2a 和 b 显示出了这两种解决方案。

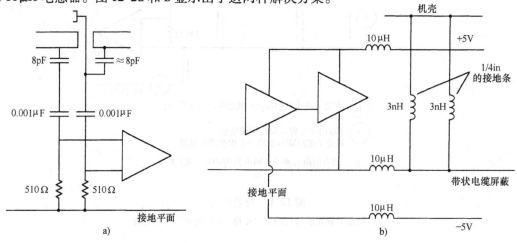

图 12-2

a）建立起的是一个共模噪声电压，而不是差模 b）改变接地条的位置，并在地平面中增设一个 10μH 电感

12.2.2　案例分析 12.2：将一个计算设备的辐射发射降低到 FCC A 级限值

在最初的配置中，设备被安置在一个屏蔽罩内。该罩由封闭的边沿以及多孔的金属顶盖和底部构成。它的前后端是开放的，而其后部则有主板，且与很多电路板（PCB）相连。这些 PCB 被插入罩的前端，每块 PCB 上都安装有一块金属面板。这些金属面板与屏蔽罩之间没有电气上的连接，并且与邻近的金属面板之间留有缝隙，如图 12-3 所示。

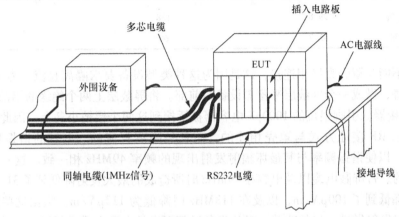

图 12-3　设备辐射发射的测试装置

其中的一个 PCB 的金属面板上装有两个 BNC 连接器，与两根同轴电缆相连接。两根电缆都用来携带一个 1MHz 的信号。在第二块面板上也装有一个连接器，用于连接一个带有 RS – 232 连接器的电缆。其余的连接到该设备的直流电源和多芯电缆都是经过罩壳的后部来进行连接的。多芯电缆端接于罩内的主板上。从背后部进入罩壳的所有电缆都未被屏蔽。

在屏蔽室内中使用可调谐偶极子和一个 6cm 平衡环天线进行测量。该天线被用来定位特定的发射源，如来自电缆、罩壳上的孔隙和 PCB 等。一个 Hewlett – Packard（惠普）近场探头被用来找到 PCB 印制线产生的辐射发射的位置。

互连电缆上的共模电流也被测量出来，此后该电流会被用来预测来自电缆的辐射发射。

设备被安装在一个离屏蔽室地面高度为 1m 的绝缘台上。罩壳接地和数字接地分别用 16AWG 导线连接到屏蔽室的地面，该地面在设备安装中被用作为接地系统。

使用平衡环和可调谐偶极子测量来自设备的辐射发射。由平衡环测量得到的磁场通过计算机程序被转换为距离为 30m（FCC 规定测量距离）上的电场值。在屏蔽室内，在其被校准的位置使用偶极子天线进行测量，该位置与被测设备的距离为 1m。然后电场值被外推到 30m 距离的值。我们对用偶极子和环状天线所测量到的两个最大发射的幅值进行了比较。结果发现当两种测量的相关性非常好时，两种测量方案都可以得到最大值。如果两者间的相关性很差，那么就要对它产生的原因，如室振和反射等进行检测，并要对测量结果做出适当的修正和工程上的判断。表 12-1 所列为源以及转换到距离为 30m 处时最坏发射幅值与 FCC 限值的比较。

该设备的主要发射源是在前面板端接的同轴电缆以及 RS – 232 电缆。仅就这些源本身而言，在 30m 距离上的预测值即可达 270μV/m。存在这么高电平发射的原因，并不是由电缆所携带的差分信号所引起的，而是在同轴电缆屏蔽层上以及 RS – 232 非屏蔽导体上的共模电流造成的。该电流的出现是由于连接到屏蔽室地面的罩壳和电路板上的数字地之间存在噪声电压的缘故，该数字地是同轴电缆和信号的参考地。

表 12-1　转换为距离在 30m 后，电场的实测值与规定限值的比较

位置	频率/MHz	实测值(已转换到 30m 处的)/(μV/m)	30m 处规定限值/(μV/m)
罩的前端和电缆	49	403	30
罩的前端和电缆	52	170	30
罩的前端和电缆	99.8	138	30
仅限罩的背部	82.7	60	30

　　屏蔽层不能与罩壳直接相连接，这是因为这种类型设备要求隔离直流。为了方便诊断，使用铝箔代替，做成一个屏蔽层来覆盖设备的前部。将屏蔽层上两个绝缘的铝箔小岛分别连接到 BNC 连接器。引脚很短的 1000pF 电容器被桥接到这两个铝箔小岛上，因此，连接器和电缆屏蔽是以 RF 接地方式与罩壳相连的，而且是隔离直流的。电容的谐振频率大约在 50MHz 左右，以使谐振频率与其最坏辐射发射出现的频率 49MHz 相一致。这一措施使得位于设备前部的、带屏蔽电缆以及电容在 49MHz 时所造成的最大发射降低到了 31.7μV/m，在 70.9MHz 时降低到了 100μV/m，以及在 113MHz 时降低为 113μV/m。根据这些数据，显然还需要对辐射发射做进一步的改善。对从设备后部引出的电源电缆进行屏蔽，并在后部引出的其他电缆上增设平衡-不平衡转换器进一步地降低了发射，最后仅有一个频率的辐射发射仍非常接近于限值。

　　可以使用 HP 近场探头跟踪 PCB 印制线的超标频率点。在理想情况下，为了降低板的发射，应在印制线内层将数字地和接地平面相连。增加连接到罩壳的第二个接地平面，并与电路板保持隔离也可能会降低发射。

　　可以用一层铝箔构建一个临时接地平面，然后放在电路板的印制线一面，并用纸板把它与印制线隔离。这个临时地平面只与罩壳相连接。使用这个暂时的接地平面，可以将频率 59.9MHz 上的辐射发射降低 8dB。

　　通过在罩壳后部的主板上增加一个接地平面或用铝箔屏蔽罩壳的后部可以更进一步地降低发射。通过封堵罩壳顶部的孔洞可以使 70.4MHz 频率上的发射稍稍下降，但是对于在 59.9MHz 的频率上的辐射发射不起作用。

　　制造商认为最初使用 1000pF 电容来连接设备前部的整体屏蔽与罩壳的做法不可行，所以需要寻求其他的解决办法。

　　为了尝试降低数字接地（所以也就是所有信号）和设备罩壳之间的共模电压，在罩壳内使用若干个 82pF 的电容把所有的 PCB 的数字接地与机壳相连。如图 12-4 所示，这些电容被放置在主板的边缘连接器的后部。

　　在罩壳的后部增加一个金属屏蔽后，设备的屏蔽性能得到了改善。在经过这样的处理以后，主板上就不再需要用背板来降低从罩壳后部的发射。另外，还在罩壳内部的卡笼的顶部和底部开了散热孔散热。在罩壳后部的非屏蔽电缆也是一个发射源。在这些电缆的周围增加屏蔽，在频率 83MHz 上的辐射发射降低了 9dB；在 90MHz 上降低了 8.7dB。因为允许用户从市场上购置这类电缆并直接被插入设备使用，换句话说，它们也可以被移除并换上非屏蔽电缆。因为根据 FCC 的导则，必须使用非屏蔽电缆进行测试。

在这些电缆中还有一些未被使用的导线，它们与设备的罩壳相连接。连接这些导线的理想位置是在罩壳的外部，但在实践中往往却不可行。尽管在这些情况下这些导线被连接到罩壳内部的主板上时，辐射发射会有所降低，但效果远不及使用屏蔽电缆好。在电缆进入罩壳后部位置处安装一个铁氧体平衡－不平衡转换器可以明显地降低辐射发射。

PCB 上的数字接地通过若干个 82pF 的电容与金属面板相连接，而金属面板又通过铍铜簧片材料与卡笼的框架相连接，使得增加接地平面后接地性能已经得到改善的电路板又多了一个新的附加接地层。这些整改被施加到一台量产设备上，调整电缆使其达到最大辐射发射。

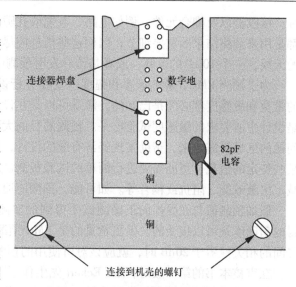

连接器焊盘

数字地

82pF 电容

铜

铜

连接到机壳的螺钉

图 12-4　在信号接地和罩壳之间的 RF 接地电容的连接方法

根据在屏蔽室内的测试结果，我们预计在开阔场对该设备进行测量时，应该能够达到 FCC 限值要求。继而使用相同的设备和相同的周边设备在一个指定的开阔场进行认证测试，测量结果显示其峰值至少比 FCC 限值低 6dB。

这里要着重强调的是屏蔽室测量与指定开阔场测量之间的相关性，参考文献［1］中的数据表明，即便在使用完全相同的受试计算系统的情况下，六个测量场地的场强测量结果之间存在着高达 26dB 的差异。虽然受试设备完全相同，但不清楚的是，在六个场点进行测量时所使用的设备是不是就是相同的设备，假若不是的话，那么应预期在不同场地对同一设备的测试结果会有差异。

这个案例说明，可以被制造商所接受的 EMI 解决办法是可以找到的。在我们这个案例中，既没有要求使用完全的屏蔽罩，也没有要求使用屏蔽电缆。

12.3　EMC 预测：一般方法

EMC 的管理和计划往往并不包括在电子设备或系统的设计中。只有当 EMI 对设备造成不利影响时或无法通过 EMC 测试时，制造商才不得不考虑对产品进行重新设计，或做出某些修改以满足 EMC。过去的大约 20 年的实践证明，EMI 问题的影响范围及程度都已大大增加。这可以归结为电磁环境电平的增加，通信频谱的占有率的提高，电子产品数量的增加，以及逻辑和开关电源的速度的增加以及其他的一些因素。所以，继续依赖传统的良好设计实践经验，已不再能满足 EMC 的要求。

由于人们已经看到了 EMI 影响所造成的后果，所以不言自明，需要在 EMC 设计之初就考虑成本支出，或者也可以在设计之后计算花费成本（但这通常要付出更多成本）。

对 EMC 的预测应尽早在设备、分系统或系统级设计时就加以考虑，然后随着设计的进行不断地进行完善。分析时应考虑可能出现问题的发射源以及耦合到敏感单元的可能路径。

源，接收器以及耦合元件，例如电路、电缆或孔隙的几何形状，从源到接收器路径的阻抗值都是用来预测结果的重要细节，因而这些信息应尽可能详尽。接收器可以是辐射发射预测中的天线，一个 $10\mu F$ 的电容，或者是传导发射预测中的 LISN。

为了预测 EMC，源的频率和幅度以及在分析设备内部、分系统或系统中的接收器电路的带宽和敏感度都必须是已知的。源既可以是在设备、分系统或系统运行中固有的，也可以是设计中所要求的敏感度试验电平。预测的目的大致可归纳为下列的一个或几个：尽早使有问题的区域暴露出来，帮助实现经济有效的设计，以及支持某个豁免的请求。往往由于缺少某些特定的信息，可能需要进行简单的试验板测试来获得所需数据，例如，敏感度电平、衰减、屏蔽效能、阻抗或耦合等。如可能，预测应通过测量进行有效性验证。

假如预测值与在受控的正确测试中得到的实测值相差在 6dB 以内，那么这个预测所获得的精确度是可以接受的。但更常见的是 EMC 预测值大约在实测值的 ±20dB 之间。当两者之间的相关性劣于 20dB 时，就应该对所使用的预测或测量方法进行检查，以找出误差源。

在审核本书的第 1 版时，Jeff Eckert 先生作了下面这样一个生动的比喻："两个得克萨斯人都被蒙上眼睛，站在奶牛场中被一群公牛围住。第一个人专心地听了几秒钟以后，慢声慢气地说，我断定这儿一定有 5 头牛。第二个人深深地吸了一口气，说道，在这个范围内有 500 头牛。"当他们去掉眼罩后，两个人都互相祝贺对方的正确估计。因为事后发现，两者的估计都是正确的。假如你认为这个故事中有什么错误的话，请设想：这两个得克萨斯人不是牛仔，而是来自奥斯汀的 EMC 工程师，那么欢迎你来到 EMC 建模天地，因为在这里只要预测值相对于真实值处于几倍或 1/10 之内，任何的回答都将是"正确"的。

当然，±20dB 还远不够理想，尽管很难接受，但现实就是如此。在我 38 年的 EMC 和审查 EMI 预测的工作经验中，下述的例子就是我曾见过的一个非常具有代表性的误差幅度的例子。在一次分析中，由于忽略了作为发射源的表面共模电流，造成的误差达到了 61dB。在另一个例子中，一根电缆被穿在飞机复合材料覆盖皮上的金属管道中，在计算由入射雷达脉冲在该电缆上所感应的电流时，其误差接近 1000dB！出现这个问题是由于在频率为 GHz 数量级上对该管道的趋肤深度进行计算时，忽略了屏蔽 – 连接器和连接器 – 罩壳的表面之间的转移阻抗。因为该金属管道携载着飞机前起落架的控制信号，这个误差可能已经造成过空难。在对第 6 章参考文献 [23] 和 [9] 中的不同建模技术进行了比较以后发现，它们的屏蔽效能之间的相关性约在 5 ~8dB 之间。这对本书的作者看来是可以接受的。但如在第 11 章中已讨论过的，使用复杂的 PCB 电磁辐射计算机程序所产生的计算误差高到了不可接受的程度。实际上，在许多情况下，误差的发生仅仅是因为缺乏可靠的数据造成的。例如，在宇宙飞船上对空间等离子体波（Waves In Space Plasma，WISP）实验产生的辐射电场进行高级建模并对其进行测量时，就是基于把 250W 的天线输入功率加载到 50Ω 的共轭负载上这个配置来进行的。由于使用了天线匹配单元，当天线不处于谐振长度时，功率放大器仍能为偶极子天线提供 1000V 的电压，但是却导致了大约 19dB 误差。WISP 分析将在 12.5 节的案例研究中加以描述。

本书的目的是要寻找简单分析方法以能够获得 6dB 精度。虽然在我的想象之中，如奶牛场清点牛数目的例子，即便 6dB 的误差不可接受，但是在许多情况下，测量误差与幅值确实是处在相同的数量级的。

12.3.1   案例分析 12.3："A"形光纤绘图仪满足 RTCA – DO – 160 要求的 EMC 预测

这个预测是以在制造商的场地进行的查验以及简单的测量为基础的。可用的测试设备仅限于带有电流探头的示波器和数字电压表（DVM）。

绘图仪由 3/16in 厚的铝板制成，包含若干个用于通风和存放卷纸器的开口。当铝材被阳极化后，用 DVM 对前面板和侧板之间的电阻进行了测量，两者间为开路状态。CRT 和偏转线圈完全被放置在一个 1/16in 厚的镍铁高导磁合金构成的屏蔽罩内。这个屏蔽罩将对偏转线圈所产生的电磁场提供良好的屏蔽。

大电流脉冲由偏转线圈的驱动电路产生，在驱动偏转线圈的 PCB 和邻近的驱动步进电机的 PCB 之间安装一个镍铁高导磁合金的屏蔽，由于"A"型绘图仪内部有高电平电流，绘图仪的外壳必须加以改进，提供对 EMI 的屏蔽以满足辐射发射电平的要求。

基于 DO – 160AEMC 的要求对一个使用的纸张宽度大约为 4.5in 的较小的绘图仪（"B"型）进行了测试，除了在辐射发射测试中发现某些窄带发射以外，其他结果均能满足要求。该"B"型绘图仪在排风扇的蜂窝状通风孔的接合表面使用了 EMC 密封衬垫。它还结合使用了差分输入和一些输入滤波器来增强控制线的噪声抗扰度。这些差分电路将在本案例研究中的晚些时候加以讨论。

12.3.1.1   AC 线的噪声电流测量

为了选择一个合适的线路滤波器来隔离单元中的主要噪声发生源，我们对"A"型系列的绘图仪所产生的噪声电流进行了测量，并计算了在最恶劣条件下的辐射发射电平。

如图 12-5 所示为一个 PI 型电路 EMI 滤波器。这个滤波器通过 C_2 和 C'_2 为 HF 电流提供了一个到地的通道，并且把在 AC 线上的 EMI 噪声与电流探头隔离开。

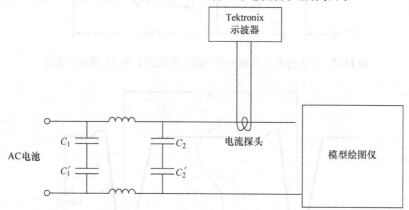

图 12-5   AC 线噪声电流测量的测试装置

对在图 12-6 和图 12-7 中的 AC 线噪声电流进行的测量结果显示，峰值电流为 50mA，最快波形边沿时间大约为 20μs。从正到负过渡期间的斜坡时间大约为 3.2ms，这个值与水平扫描率相吻合。

断开步进电动机的驱动以隔离噪声波形中的任何由步进电动机电流所引起的噪声分量，噪声波形并未发生变化。原来预测步进电动机的驱动和 HV 电源变换器都将引起噪声电流，但当将电流探头放置到为 HV 变换器供电的 +30V 电源，以及为步进电动机驱动 PCB 供电的 +24V 电源时，测量到的噪声电平却可以忽略不计。

当把电流探头放置到水平驱动 PCB 的 +24V 电源线周围时，如图 12-8 所示，可以测量到一个高达 440mA 的电流尖峰。这个电流尖峰与在 AC 线上测量到的噪声电流重复率相同。然而，尽管可以预计到 AC 变压器、整流器和 27000F 电容器会改变变压器一次侧线圈的反射电流脉冲，但是却不清楚为什么在 +24V 线上看不到 3.2ms 的斜率和下降沿电流。

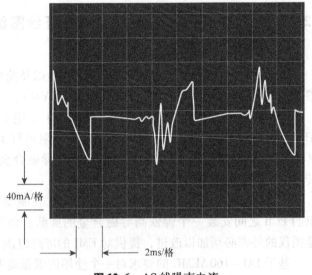

图 12-6　AC 线噪声电流

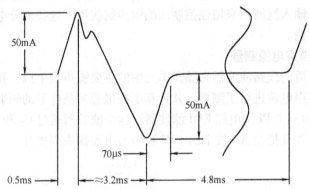

图 12-7　在步进电动机和水平扫描工作状态下的 AC 线噪声电流

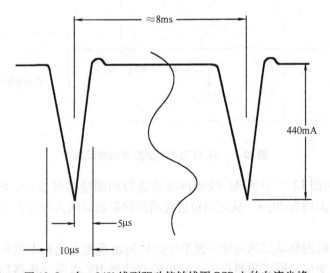

图 12-8　在 +24V 线到驱动偏转线圈 PCB 上的电流尖峰

12. 3. 1. 2　AC 线滤波器的选择

在选择一个滤波器时，绘图仪在 AC 线上所呈现的等效负载必须是已知的，如图 12-9 所示。由于使用了双向晶闸管来控制加热器，所以这个负载并不恒定，其阻抗会变化。

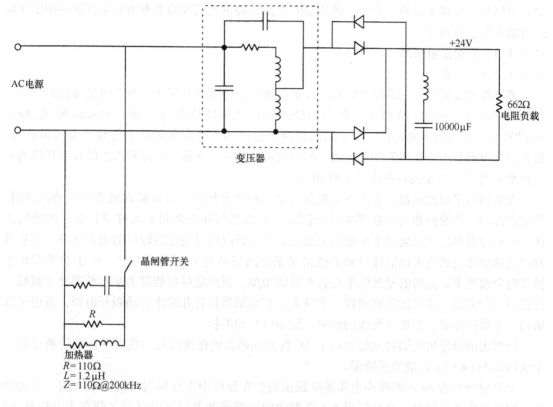

图 12-9　在 AC 线上的反射负载

使用滤波器来对 AC 线滤波是为了满足传导和辐射发射测试要求，同时可以把绘图仪与直接注入到电源线的 200V 瞬变脉冲以及电磁感应引起的尖峰电流隔离开来。在绘图仪系统的 AC 输入上对主要的低频（即 $10 \sim 200\text{kHz}$）进行滤波，同时在独立单元上滤除这些单元本身所产生的高频电流是既经济又节省空间的做法。

在"B"型绘图仪上采用的也是一个 PI 型滤波器。但是，由于罩壳内存在大电流，所以这种类型的滤波器无法使仪器通过辐射发射要求的测试。

因而我们建议使用 T 型滤波器，因为它不仅隔离了来自 AC 线的噪声电流，也阻止了仪器所产生的噪声电流进入 AC 线。T 型滤波器的唯一缺点是单元内部的 AC 线上会出现较多的噪声电压。可以基于以下方式对这个噪声电压的幅值进行计算：一个 T 型滤波器安装在 AC 线上，而第二个则安装在其回路上，$20\mu\text{H}$ 的电感与 AC 线串联，$0.01\mu\text{F}$ 的电容跨接在 AC 线与返回线之间。由绘图仪所产生的噪声电流在电感上产生了一个 $V = L\,\mathrm{d}i/\mathrm{d}t$ 的电压。考虑到电容器为低阻抗，并且使用如图 12-7 所示的 $20\mu\text{s}$ 最快边沿，那么，该噪声电压大约为

$$\frac{20 \times 10^{-6}\text{H} \times 50 \times 10^{-3}\text{s}}{20 \times 10^{-6}\text{s}} = 50\text{mV}$$

因为在绘图仪内部的 AC 电缆是带有屏蔽的，预计该噪声电压将不会在该单元内部引起

问题。即便是如此，也应特别小心处置，尽可能延长屏蔽以使该单元内部电缆的未屏蔽部分尽量短。

在绘图仪平板加热器区域处，AC 线是非屏蔽线，而且绘图仪外壳必须要预留开口位置给记录纸张。在接下来的一节中，将从辐射发射和辐射敏感度两个方面对来自这一特定区域的可能发射进行讨论。

12.3.1.3 辐射发射预测

12.3.1.3.1 屏蔽

考虑绘图仪铝质外壳的厚度以及所覆盖的面积，将该单元置于屏蔽罩内是可行的。为了改善其表面的导电性，我们要求将表面处理方法从阳极化改为 Iridite、Oaktite36 或 Alodine1200 等。排风扇需要设置一个金属的蜂窝状过滤网，且在通风孔上安装了金属屏蔽网。角上的孔隙和其他小孔用铜胶带封闭。配合表面的前部、底部、后部和四边以及有孔隙的表面间都采用了 EMI 密封衬垫进行 EMI 密封。

卷纸器由平板加热器、步进电动机驱动单元和纸卷构成。将其插入到绘图仪的机体内，并用底部的一个绞链和两个顶部的栓扣固定。卷纸器与外壳之间不太可能有很好的电气连接，因此卷纸器的表面处理不应使用阳极化，而应该改用导电性能较好的表面处理。在卷纸器的底部和外壳的内表面的接口和柔性搭接条之间应装有 EMI 密封衬垫。由于卷纸器在更换纸时会被翻下，此时的发射电平会有明显的增加，因此应尽可能避免在卷纸器处于被翻下位置时进行测试。这可能需要增设一个开关，在卷纸器被打开时来自动断开电源，或也可以增加一个操作步骤，当更换纸张的同时，记录仪自动关机。

计算出的最恶劣的辐射发射出自于 AC 线到加热器的连接以及加热器平板的屏蔽中的一个大约 $1.5\text{in} \times 10\text{in}$ 的缝隙所泄漏。

上升时间约为 $20\mu s$ 的噪声电压的阶跃函数会在频域中生成辐射发射的最大值。对边沿的占用的频率进行计算，并且使用 3.1.2 节中的阶跃函数方程可以得到在频率为 190kHz 时的宽带分量（辐射发射电场测试中所规定的最低频率）。宽带成分 50kHz 时为 $0.05\mu V/Hz$，并且从 50kHz 频率点开始就以 20dB/10 倍频程的幅度下降，所以在 190kHz 上，它的幅度下降了约 22dB，即 $0.004\mu V/Hz$。若使用 1MHz 带宽作为参考，电压则为 4mV/MHz。

型号为 HR5046A281 的 MINCO 加热器是 AC 线上的一个具有代表性的负载。它的电阻值为 103.93Ω，测量到的阻抗值与其完全相同，电感值为 $1.3\mu H$。因此这个电阻可以被认为是 100Ω 左右的电阻负载。就是这个负载导致了 $4mV/MHz/100\Omega = 40\mu A/MHz$ 的噪声电流流过加热器电缆。

频率为 190kHz 时，对 3m 处测量时来自源的宽带发射电场在 DO - 160A 的规定限值为 98dBV/MHz/m，或 80mV/MHz/m。

一个相对低的噪声电流流经加热器导线使其成为一个不完全天线。所以可以使用在 2.2.4 节和 2.2.5 节中的环形天线或电流元公式来预测它所产生的电场。若在 3m 处进行测量的话，它的幅值将在微伏级，并且远低于限值。

由于在 AC 线上的双向晶闸管的开关转换是发生在过零点上，所以在这个调查过程中忽略了由它所引起的电流噪声尖峰。但是，若过零检测器件不能提供足够的门电压以确保它在 AC 电流真正过零点时使开关转换，就会产生一个具有微秒级上升时间的大电流尖峰。这类具有高幅值，高频率分量的电流脉冲将给实现满足辐射发射电平的目标带来麻烦，特别是在高频段，所允许的限值要比低频段低。假如发现双向晶闸管的确不在真正过零点上开关，解决办法是在晶闸管和线滤波器之间附加电感。

虽然由偏转线圈所产生的磁场可能被镍铁高导磁合金屏蔽罩屏蔽，但仍然会有些杂散场通过 CRT 表面和平板加热器屏蔽的缝隙间发射出来。

12.3.1.3.2　测试装置

通常在测试一个系统的独立单元时都会带有互连电缆，并与接地平面保持一定的间隔。这对辐射敏感度和辐射发射测量来说都是一个常用的设置。显而易见，这些单元一般都会被安装在一个充当有效屏蔽罩的机柜中，那么测试也就应该将这些单元都置于机柜内进行。然而，由于绘图仪的前端不能被机柜屏蔽，无论怎样设置，绘图仪的前面板一定是屏蔽最差的面，所以在进行辐射发射和敏感度测试时，应将其面对天线。

12.3.1.3.3　辐射敏感度试验：电场敏感度

绘图仪的外壳缩进在卷纸器的后面，且结构完整，也就是说，屏蔽良好。在卷纸器内部唯一暴露在辐射 RF 场的连接线是步进电动机的驱动导线以及加热器的 AC 连接线，但预计两者对辐射电场都具有抗干扰能力。

如果测试时，组成系统的单元间的互连电缆和电源电缆暴露在场中，那么其对记录仪的接口造成的影响就必须加以考虑。一般地讲，若互连电缆在感应到敏感度电平时，仍能满足辐射发射限值要求，并且其接口还能正常工作，那么它们很可能会通过设备辐射敏感度试验。

在辐射敏感度试验中，正确选择或设计 AC 线滤波器能够很好地预防 AC 线上的噪声电压。

12.3.1.3.4　互连电缆感应的敏感度试验

这些试验必须在不同机柜内单元之间的互连电缆上进行，但有时也可能在同一个机柜内的单元之间进行。试验要求在缠绕着螺旋导线的互连电缆束上通以电流或在电缆的一端施加一个电压。该电缆束所承受的音频电流范围从频率 400Hz，30A/m 到 15kHz，0.8A/m。在频率范围为 380~400Hz 时，它还要进行幅度为 360V/m 的电压尖峰试验。

12.3.1.3.5　AC 线噪声抗扰度

在 400Hz 电源线上设计使用滤波器来对该线上的 400Hz 音频噪声进行滤波显然不会有效，且它对 15kHz 的噪声滤波也同样不会有效。但该滤波器对滤去由电磁耦合进入电源线的电流尖峰却十分有效。

绘图仪的直流非稳压电源中使用了大电容量的平波电容器，而且在稳压电源中使用了线性稳压器，所以，即使电路感应到了 AF 噪声电平，其电源也不会有大的问题。然而，若过零检测电路没有足够的抗干扰能力，电路感应到的噪声仍可以引起晶闸管的误动作，而单元中的高辐射噪声电平仍可能导致设备间的 EMI。

12.3.1.3.6　控制线抗扰度

电缆屏蔽：一个特性阻抗 125Ω 的高屏蔽效能双绞线在绞合得很紧时，对感应噪声具有良好的抗干扰能力。对整个电缆束附加屏蔽比对单个电缆屏蔽的效果好，应将此附加屏蔽两端以同轴连接方式与连接器后壳和机箱相连接。

输入和输出电路：若"B"型的差分电路可被用于"A"型绘图仪，则应对这些电路加以认真考虑。这些电路如图 12-10 所示。差分电路提供了最小为 ±2.5V 的抗直流噪声的能力，以及通过磁珠 L 获得了一定的高频滤波效果。

在尖峰试验期间，磁珠代表了某些小的有耗电感，但其插入损耗的频率范围仅限于 10～100MHz，当假定其最大阻抗为 50Ω 时，其插入损耗限值为 6dB。我们使用了 10～12ft 长的非屏蔽双绞电缆对"B"型绘图仪中的差分电路进行了 DO－160A 辐射敏感度试验。因此若使用屏蔽电缆，电路将应有足够的噪声抗扰度安全裕度。但是为了做到绝对安全，还是应在试验板上构建驱

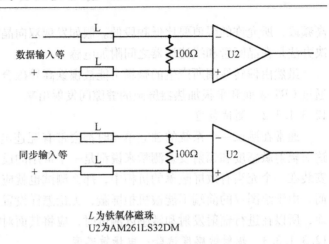

L 为铁氧体磁珠
U2 为 AM261LS32DM

图 12-10 差分接收器电路

动器和接收器电路，且在电路之间使用典型长度的屏蔽电缆来进行噪声抗扰度测试较为稳妥。提供所需试验电平的设备和试验电路不仅可用于系统级试验，也可用于试验板接口试验。使用了非屏蔽接口电缆的"A"型绘图仪应该可以通过辐射敏感度试验，但我们仍然要使用屏蔽电缆的主要原因是要满足辐射发射要求。而"B"型绘图仪未能通过该要求。

12.3.1.3.7 AC 线传导噪声敏感度试验

这些试验由音频电平、尖峰和 AC 电压调制试验组成，所有的电平都被直接耦合进入 AC 线。AC 线滤波器仅在降低 10μs 瞬态电压（尖峰）试验电平时有效。

AC 线滤波器并未改变幅度和频率调制供应电平和音频传导敏感度试验电平，当施加这些试验电平时，记录仪必须能够正常工作。正如前面所讨论的，过零检测电路的正常运行尤为重要。除了噪声以外，AC 线还应能承受 0.1s、最大 180V $_{（有效值）}$ 的浪涌电压和 10s、最小 60V $_{（有效值）}$ 的欠电压。在浪涌和欠电压被移去后，应对单元是否还能正常运行进行再次评定。由于很容易生成 AC 线传导噪声电平和欠/过电压电平，所以我们推荐在交货以前，使用这些电平对绘图仪再次进行试验。若可能，应在标准绘图仪上加装选定的滤波器进行测试。

12.3.1.3.8 结论

为了确保"A"型绘图仪能通过 RTCA/DO－160EMC 的要求，推荐采取以下措施：

1）通过改变表面处理方法和使用 EMI 密封衬垫，金属蜂窝状和纱网状通风过滤器升级绘图仪外壳使之成为一个有效的屏蔽罩。

2）应选用合适的 AC 线滤波器件。

3）绘图仪应能承受 AC 线的传导噪声和过/欠电压条件。在传导噪声测试期间，应对过零检测器，晶闸管触发电路以及高压和步进电动机驱动电路的运行于以特别的考虑。

4）制造商应在试验板上构建线驱动器和接收器，并对互连电缆施行 RTCA/DO－160 敏感度试验测试。

12.3.2 案例分析 12.4：对功率控制器的 EMC 预测

这些预测应在设计初期进行，在设计定型前，可以将注意力集中在提供 EMI 预测水平，

并据此做出设计导则。这样就可以根据更精确的设备结构和布局信息对设备的 EMC 作出更进一步的预测。

12.3.2.1　由内部 20kHz 分配系统所产生的场

由罩内的 20kHz 功率分配系统所产生的辐射场主要是磁场。对该磁场场强的测量是在距罩壳为 7cm 的距离上进行的，如 MIL – STD 462 的 RE01 方法所要求的，所选择的测量点都应是有可能成为高电平辐射发射的点（即接缝、条形槽、孔隙等）。靠近一个载流导线环的低频磁场由下式近似给出：

$$H = \frac{I(S/\pi)}{2\left[(S/\pi) + r^2\right]^{1.5}} \tag{12-1}$$

式中　H——磁场（A/m）；

　　　r——到测量点的距离（m）；

　　　S——环面积（m²），$S = wl$；

　　　I——电流幅值（A）。

屏蔽罩内的一个用于为所有负载功率转换器供电的导线所携载的平均供电电流为 100A，在计算中也将采用此电流值。在实际应用中，通常使用多根导线来携载 100~300A 的电流；然而，若它们被集束在一起，在分析中也可以用单一导线来替代它们。我们假定在罩内，电源和它的回路导线被远远地分开布置，并且载流导线在罩内的路径形成了一个环。该环的尺寸为 0.762m×0.432m，接近罩的内部尺寸。

从式（12-1）我们可知，载流导线在距离为 10cm 处所产生的磁场为 135（164dBpT）A/m。为了预测在罩壳外部 7cm 距离处的磁场水平，必须对一个典型罩壳在 20kHz 的屏蔽效能进行估算。

可以从 H_{out}/H_{in} 的比值算出一个罩壳对入射磁场的屏蔽效能，这里的 H_{out} 是罩外磁场，而 H_{in} 则是罩内磁场。本书的 6.5.3 节中已给出用于计算 H_{out}/H_{in} 比值的方程。

入射磁场的衰减则取决于该罩的面积，其值大约在 53~60dB。假定在最坏情况下，当该罩被插在场源和磁场环之间时的磁场衰减为 53dB。那么，外部场则为

$$\frac{135\text{A/m}}{466.12} = 0.29\text{A/m}　(53\text{dB} = 466.12)$$

为了便于比较，将上述结果转换成 dBpT：0.29A/m =111dBpT。将此值与在 20kHz（RE01）的 110dBpT 的限值相对照，会发现这个最恶劣条件的设想方案的结果非常接近限值。

现在将用于上述数据计算的电流环的每边伸进罩内壁 3cm 来形成一个新的环。此时罩尺寸为长 0.75m 长、高 0.38m 以及宽 0.43m。虽然一个环并非是理想导线布局，但它的确可能会产生高电平的磁场，这在设计过程中必须加以控制。

假如同样的布局，但使用的是如图 12-11 中所示的 10AWG 双绞线来分配电源的话，则可以使用下面的公式来预测在 10cm 处的磁场（dBG/A）：

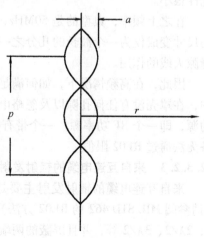

图 12-11　双绞线的几何参数

$$H_r = -54.5\frac{r}{p} - 20\log\left(\frac{1}{a}\right) - 30\log p - 10\log r + 9.8 \qquad (12\text{-}2)$$

式中　　a——绞合螺旋的半径，$a = 0.08\text{in}$；

　　　　p——绞合螺旋间隔距离，$p = 1.6\text{in}$；

　　　　r——从双绞线的轴到测量点的径向距离，$r = 4\text{in}$。

这个公式给出了每安培电流产生的磁场，在这个例子中，为 -159dBG/1A。所以，若是一个 100A 电流的话，磁场就是 $-119\text{dBG} = 112\text{pT} = 41\text{dBpT}$。

上面的这个值比一个大导线环所产生的磁场降低了 123dB。因此，使用双绞线将会消除在 20kHz 时出现在罩壳外部的与磁场发射有关的任何问题。

12.3.2.2　20kHz 以上内部信号产生的场

来自高于 20kHz 的功率分配的辐射出自下列三个基本源：

1) 20kHz 电源的谐波；

2) 数字时钟频率及其谐波；

3) 上述频率的互调制产物。

被监测的磁场发射的最高上限频率为 300kHz。但电场的测量范围则从 $10\text{kHz} \sim 10\text{GHz}$。

屏蔽罩的磁场屏蔽效能随频率的增加而增加。因此在 20kHz 以上的任何频率都需要有相当大的功率，才有可能使发射超过限值。但这种情况发生的可能性极小。因为根据设计，20kHz AC 电源是唯一一个与之有关的并可以提供足够功率的电源。

我们例子中的屏蔽罩的磁场屏蔽效能为

在 300kHz 时，83.79dB；

在 1MHz 时，95.7dB。

在 300kHz（RE01）时，发射（磁场）的限值为 20dBpT，所以一个内部发射源必须要比限值（104dBpT）高出 84dB（84dB = 在 300kHz 时屏蔽形成的衰减）才会导致辐射发射超限（$104\text{dBpT} = 0.13\text{A/m}$）。在这里再次假定，电流流过了一个大环，该大环的尺寸与预测 20kHz 电源电流时的所使用环相同。对该 20kHz 的电源来讲，由于它的总谐波失真电压被限制在 2.5%，而 300kHz 是它的第 30 次谐波，所以在 20kHz 以上频率不符合 RE01 限值的可能性很小。

在之上频率，典型的是 50MHz，主要的发射不再是磁场，而变为电场或平面波。当罩的尺寸变成仅为一个波长的几分之一时，则罩壳可能发生谐振。而在罩壳上的孔隙可以起到缝隙天线的作用。

因此，在高频情况下，如何满足 RE02 的发射限值就成为了主要的问题。在所举的例子中，在罩壳没有任何孔隙以及忽略电缆影响的情况下，在罩内必然存在着一个具有相当能量的源，即一个 RF 功率源，一个带有电容和电感负载的高功率、高速度的转换器，它会使设备无法通过 RE02 限值。

12.3.2.3　来自互连电缆的辐射发射

来自互连电缆的辐射发射主要是由在屏蔽电缆上的共模电流引起的。被测电缆的长度（请参阅 MIL STD 462 的 RE02 方法）为 2m。根据这个长度，可以对它的谐振频率（即，$\lambda/2$、$2\lambda/2$、$3\lambda/2$ 等，并且屏蔽的两端都与接地平面相连接）进行近似计算如下：

$\lambda/2$ 的整数 = 2m	波长/m	频率/MHz = 300/λ （λ 的单位为 m）
1	4	75
2	2	150
3	1.333	225
4	1	300
…	…	…

传输线在一个谐振长度上作为发射天线的有效性要远高于在非谐振长度上的有效性。但由于场的相位会沿着传输线长度方向改变，所以当 $\lambda/2$ 在 2m 以上，即频率在 75MHz 以上时，传输线的有效性会有一定程度的偏差。另外，传输线不仅处于接地平面上，也可以处于屏蔽室顶棚下和屏蔽室内壁前，所以必然会产生多重反射。

因此，在测量点上的总场是所有场源的叠加。RE02 测试方法要求测试天线被放置在可以检测到最大场的位置，即在该位置上主要的场源应为为同相的。经过在一个非阻尼屏蔽室的测试，证明了计算使用的传输线公式是有效，其所预测的电场值与实测值之间的偏差在 $-11 \sim +10\mathrm{dB}$ 之间。

在表 12-2 中给出了在每个谐振频率上，窄带辐射发射值不超过电场限值的情况下，在屏蔽上所允许的最大共模电流的预测值。

表 12-2　在互连电缆上的最大共模电流

频率/MHz	最大 C/M 电流/μA	1m 处的 E 场/（$\mu A/m$）	1m 处 E 场限值/（$\mu A/m$）
75	22	63.5	63
150	19	109.7	110
225	18	156.0	160
300	17	196.2	200

可以通过使用屏蔽层外部的电流以及特定电缆的转移阻抗来决定在电缆内导体和屏蔽内层上的最大共模电流。

12.3.2.4　传导发射

传导发射是指那些出现在电缆上的，其频率不是所需要的工作频率的那些发射。其发射特性既可以是连续（CW）的，也可以是瞬态的。从经验得知，若系统所使用的电路能够产生丰富的谐波发射（如 DC – DC 变换器）或能够产生开关电流的话，则可以肯定它们会使系统无法满足发射要求。这提示我们，在原始设计中就应该考虑某些降低 EMI 的方法以降低传导发射。

这里有两个基本方案可供选用，一个是降低发射源，另一个是增设滤波器。在极端情况下，两者都可能被要求使用。在设计过程中，要兼顾对那些潜在的高电平发射源电路的发射控制与性能的要求。

12.3.2.5　内部电路对内部生成场的敏感度（串扰）

预测屏蔽罩内对自身辐射发射敏感的系统的敏感度是很困难的，这是因为串扰和辐射耦合高度依赖于精确的几何尺寸。但是，我们仍然预估了当电源 PCB 印制线和互连电缆之间的距离在 1in、2in、6in，高度在地平面上 2in（5cm）和 0.06in（0.15cm）的情况下的串扰。为了获得低阻抗源，在预测中所使用的源导线是 10 AWG 圆形导体。倘若接收器导线的类型和线号发生改变，那么，为了能反映出它们对受害电路中感应电压电平所造成的影响，受害电源和负载的阻抗也应随之改变。

在理想的情况下，20kHz 电源及其回路所使用的导线应在整个长度上进行绞合。但往往由于使用的导线太粗以及终端或类似连接的要求，导线的某些部分将可能无法绞合。往往也就是在这些未被绞合的长度上，产生了最大的磁场以及电压串扰。在这些例子中所使用的 10AWG 导线的未绞合部分的长度大约在 1~6in 之间，这个范围被认为是实际使用中可能出现的最佳和最坏的情况的长度。在 4.3 节中所列举的等式中所包含的接地平面的高度也可以被描述为源电源线和其回路之间的距离。

在极端恶劣的条件下，平均负载为 100A 的电流可以在短到 50ns 的时间内进行开关切换，这个值也被用于初始预测中。当开关时间大于 50ns 时，正像在例子 12.6 中所指出的，在受害导线中所感应的峰值瞬态电压会有明显的下降。

例 12.1：这里的被耦合的对象是距离为 1in 上的一根非屏蔽受体导线。对于一个典型模拟电路来说，此时的接收器电路呈现的源阻抗为 250Ω，负载阻抗为 1000Ω。当两根导线相距 1in 远时，峰值串扰电压高达 24V。

例 12.2：这里在其他参数维持恒定的条件下，两根导线间的距离为 2in 时，所感应到的电压降低到 13.5V。

例 12.3：将导线间距增加到 6in，串扰电压降至 3.1V。

例 12.4：保持导线间距为 6in 不变，将耦合长度增加到 6in 时，感应电压增加到了 18.6V。

例 12.5：保持导线间距 6in 以及耦合长度为 6in 不变，但将源电源线及其回路的距离减小到 0.06in（即两根相互接触的绝缘导线）以及将接收器导线置于机壳上部 0.06in 的位置，串扰电压增加到 2V。

例 12.6：使用如例 12.1 中的几何参数，但这里将上升时间增加到 100ns，串扰电压从 23.8V 降到 12.2V。若将上升时间更进一步增加到 1μs，串扰电压也随之降至仅为 1.26V。

例 12.7：这里若将导线间的距离设为 1in，而它们距接地平面的高度为 2in，耦合长度为最恶劣的 6in，受害导线使用的是 RG59A/U 屏蔽电缆。并且还对负载和源阻抗值做了变更，更改后的负载阻抗与在 RF 或视频电路中使用的典型同轴电缆的特性阻抗相匹配，所预测的瞬态峰值为 63mV。

例 12.8：这个配置与例 12.7 中的相同，唯一区别是在源和受体导线间的距离增加到 6in，此时所预测的瞬态峰值为 8.2mV。

例 12.8 中的（8.2mV）瞬态串扰电压，在高电平 RF 信号电平时是可以接受的。甚至即使所关心的是低电平模拟或视频信号，由于电路可能不会被尖峰所干扰，短时的尖峰电压也就有可能不会引起 EMI。在潜在 EMI 条件存在的情况下，一般通过滤波或/和增大源电流的上升时间，可以增加接收器电路的噪声抗扰度。但针对 PCB 印制线或 IC 上的耦合进行屏蔽是相当困难的。

将敏感电路放置在屏蔽罩内进行单独屏蔽以及强化敏感电路的 EMI 是两个可以加以考虑的方法。必要时甚至也可以考虑在 PCB 级别上使用这两种方法。

12.3.2.6 内部电路对外部生成场的敏感度

电缆和屏蔽罩的有效性将分开讨论。

屏蔽罩：在讨论频率为 20kHz 的屏蔽罩辐射那一节中，我们已知在最差的情况下的磁场的衰减为 53dB。若再度审视该公式会发现，屏蔽罩的磁场衰减是随着频率的增加而增加的。

在 20kHz 电源频率（RS02）测试期间，缠绕屏蔽罩的导线中的电流为 3A。屏蔽罩的阻抗非常低，所以 3A 中的大约 50% 的电流都是在屏蔽罩的外部表面上流动。根据 MIL-STD-462，缠绕屏蔽罩所使用的导线间的间距被规定为 30cm。所以屏蔽罩外部表面中的电流密度为 1.5A/0.3m = 5A/m。

在推算屏蔽罩的 53dB 最差衰减过程中，我们所使用的磁场衰减定义是 I_{out}/I_{in} 的比值。这里，I_{out} 是屏蔽罩外表面上流动的电流，而 I_{in} 是在屏蔽罩内表面上流动的电流。所以 I_{in} 要比 5A/m 低 53dB，即：（5A/m）/446 = 0.011A/m。屏蔽罩的最窄部分的尺寸大约为 0.43m。因此在该罩内部尺寸上的电流密度就是

$$11\text{mA/m} \times 0.43\text{m} = 4.7\text{mA/0.43m}$$

假定一个非屏蔽导线环与屏蔽罩内表面的距离为 3cm，并且其路径环绕整个屏蔽罩。在频率为 20kHz 时，若负载阻抗为 1000Ω，源阻抗为 250Ω，则在该导线环上耦合到的串扰电压将非常接近于 0.6mV。

屏蔽罩内从源获取到的电压很可能要比 RS02 试验中所预测的 0.6mV 感应电压高。所以对携载敏感信号的导线要使用屏蔽电缆进行布线。假如该导线被用做控制线，在一个控制信号中的 0.6mV 的电压不太可能引起一个 EMI 问题。至于是使用屏蔽电缆还是使用双绞线来作为控制线，将取决于屏蔽罩内的环境电平。根据所做的测量，电流尖峰在缠绕屏蔽罩的测试导线中产生了大约 100A 的电流，但其正负合成尖峰的持续时间非常短暂，仅为 10μs。尖峰的低频成分的电流幅值约为 2Ad，这里，A 是尖峰幅度，D 是脉冲宽度。因此外部电流流动为 $2 \times 100 \times 10 \times 10^{-6} = 2\text{mA/0.43m}$，即低于 20kHz 电源频率的测试值。因为屏蔽罩的屏蔽效能是随频率的增加而增加的，所以尖峰的高频成分的衰减要远大于低频成分。由此我们可以得出这样的结论，所使用的屏蔽罩样为 RS02 测试电平提供了足够的屏蔽。表 12-3 列出了四个不同类型的屏蔽电缆所感应的共模电压电平。

表 12-3　暴露在 RS03 测试电平的屏蔽电缆中所感应的共模电压（电缆长度 = 2m）

离开天线的距离/m	距结构上部的高度/m	电缆类型 1[①]	电缆类型 2[②]	电缆类型 3[③]	电缆类型 4[③]	频率 f
1	0.05	3mV	1mV			30MHz
1	0.05	13mV	12.6mV			7MHz
1	0.05	1.48V	0.163V	0.144V (4.8μV)	0.144V (1.4μV)	1.05GHz
1	0.05	7.7V	0.92V	0.77V (1.2mV)	0.77V (0.11mV)	9.975GHz

注：电缆类型 1 是一个标准编织带屏蔽电缆。它在 100kHz 呈现的转移阻抗为 10mΩ/m，在 75MHz 时为 100mΩ/m，在 1.05GHz 时为 600mΩ，在 9.975GHz 时为 15Ω。电缆类型 2 是一个双绞线。它适用于 1553 数据总线通信连接。它的转移阻抗较低（即是一个平均水平的屏蔽电缆）。在频率为 100kHz 时为 10mΩ/m，30MHz 为 100mΩ/m，75MHz 时为 1mΩ/m，1.05GHz 时为 14Ω/m，9.975GHz 时为 133Ω/m。电缆类型 3 是一个双编织带屏蔽的同轴电缆。它的频率为 1GHz 时呈现的转移阻抗为 7mΩ/m，在 9.975GHz 时为 2Ω/m。电缆类型 4 是一个实心管壁导管。它的转移阻抗在 100kHz 时为 2mΩ/m，在 30MHz 频率以及以上时为有效地 0mΩ/m（即一个半刚性电缆）。在括号中的数字是用于 N（D/U）类型连接器的。

① D 型连接器。
② BNC 连接器。
③ BNC 连接器。

这些共模转移电压（V_t）电平的影响，在很大程度上取决于在 EMC 分类中的电路等级，即接收器的灵敏度。当 V_t 接近于接收器的敏感度电平时，就会存在潜在的 EMI 问题。第二个潜在问题发生在当屏蔽电缆中的一条导线被直接或通过一个低阻抗连接到屏蔽罩内的底板时。此时，由于 V_t 的存在，会出现相当大的电流，并且屏蔽罩内部导线产生的辐射可能会导致 EMI。

值得注意的一点是，在 RS03 测试中需要在最为敏感的频率上对载波进行调制，例如，对音频电路的调制频率为 10kHz，而对 1553 或类似的数字总线等为 1MHz。另外，当将高电平的 RF 加到集成电路上时，由于集成电路的带宽可能要比测试频率带宽小很多，因而 IC 输入级中固有的非线性特性将使其输入发生直流偏移。

在设计过程中，应对每个屏蔽罩布局和接口电路对预测噪声电压可能造成的影响进行评估，并还要考虑将适当的滤波或屏蔽结合到设计中去。

RS02 感应尖峰电压的试验：当受源导线控制的时间常数决定了一个瞬态感应电压时，它也同时决定了源导线中流过的电流。当受害电缆的时间常数大于外加的噪声脉宽时，所感应的电压不仅会存在于源和负载电阻之间，也会存在于电缆的电感上。因此，在所研究的屏蔽电缆中感应到的最恶劣电压并不是由 $100V_t > 0.15\mu s$ 尖峰所引起的，而是由 $200V > 10\mu s$ 尖峰所造成的，其原因是 $10\mu s$ 尖峰有更长的时间常数以及更高的峰值电压。按照 $200V > 10\mu s$ RS02 测试条件，对电缆屏蔽中流动的电流进行测量的结果为 +30A/-30A，因而 30A 被选择作为预测屏蔽电流的一个典型值。

可以用电缆串扰的计算机程序来仿真尖峰源和预测屏蔽电缆中的感应电压。首先对一个与屏蔽电缆直径相同的非屏蔽导线中的电流建模，并调节源导线中的电流直到受害导线中的电流达到 30A。然后用屏蔽电缆替代受害导线，根据计算机程序的预测，在屏蔽电缆中将产生感应的电压并且屏蔽电流峰值为 30A。由于并不清楚系统中所使用的互连屏蔽电缆的类型，因此对若干不同类型的屏蔽电缆的感应电压都进行了计算。表 12-4 给出了感应电压的电平。从表中可以看到，这个电平与接受电缆是端接于一个高阻抗负载还是端接于特性阻抗几乎无关。当发射源是低阻抗源时，其感应电压在很宽的接收器阻抗范围内皆相同。

在表 12-4 中所采用的电压是共模电压。因此，当使用平衡良好的，且对 $10\mu s$ 宽的瞬态脉冲具有充分的共模噪声抑制能力的差分输入双绞线时，该感应电压将不会引起 EMI 问题。

表 12-4 感应电压的 RS02 试验

电缆类型	屏蔽	共模感应电压/V
RG58C/U	单层编织带	0.14
RG180/U	单层编织带	0.17
RG59A	单层编织带	0.12
RG8A/U	单层编织带	0.55
RG223/U	双层编织带	0.08
RG9B/U	双层编织带	0.033

12.3.3 案例分析 12.5：宇宙飞船（轨道）上天线对电缆的耦合

受试电缆被安置在宇宙飞船的载货舱内，并且暴露于安装在实验装置上的天线所产生的电场中。在天线处于非谐振状态时，在 1m、2m、4m 和 8m 距离处试验所产生的最差的电场值被列于表 12-5 中（这些值都比在 12.3 节中所列出的值高）。当电缆被安装在货舱结构的上部，并且有一段长度不仅与天线，而且还与宇宙飞船货舱结构平行时，则在该屏蔽电缆的内导体上会感应到一定的干扰电压。计算该干扰电压时，需要考虑电缆平行段的长度，距离货仓高度以及距离天线的距离等参数。

电缆屏蔽的两头通过连接器和仪器外壳与宇宙飞船的结构体相连接。为了方便计算，宇宙飞船的结构体被考虑为一个理想的导电接地平面。传输线的特性阻抗 Z_c 由下式给出：

$$Z_c = \sqrt{\frac{(Z^i + j2\pi f l^e)(2\pi f l^e)}{jk^2}} \tag{12-3}$$

式中 Z^i ——双导线（传输）线的串联分布电阻（对于一个 $0.5cm$ 直径的编织带屏蔽 Z^i 的取值为 $10m\Omega/m$）；

f ——频率（Hz）；

$$l^e = \frac{\mu_0}{\pi}\ln\left(\frac{2h}{a}\right) \tag{12-4}$$

$$k = \frac{2\pi}{\lambda}$$

式中 μ_0 ——$4\pi \times 10^{-7}$（H/m）；

h ——电缆离开结构的高度（cm）。

表 12-5 在距离为 1m、2m、4m 和 8m 处实验所产生的 E 场

频率	在距离为 r 处的 E 场/（V/m）			
	1m	2m	4m	8m
100kHz ~ 6MHz	1000	125	16	2
10MHz	1000	125	79	39
15MHz	1000	125	79	39
30MHz	1000	158	79	39

对于 100kHz ~ 30MHz 范围内的频率而言，特性阻抗是一个频率的常数，但是它随电缆在结构体上部的高度以及电缆本身直径的变化而变化。为了方便计算起见，照射电缆的波被考虑为平面波，并且其入射平面与由电缆和结构体所形成的环平面相重合。使 $h = 10cm$，代入式（12-4）中，我们将有：

$$l^e = \frac{4\pi \times 10^{-7}}{\pi}\ln\left(\frac{2 \times 0.1}{0.005}\right) = 1.47 \times 10^{-6}$$

在 30MHz 时，$k = 6.28/10m = 0.628$。所以从等式（12-3）中，若 $h = 1cm$，则 $Z_c = 168\Omega$；若 $h = 10cm$，则 $Z_c = 441\Omega$。

12.3.3.1 屏蔽电流

在忽略导线结构二次辐射和谐振的情况下，由于存在入射波，在电缆屏蔽层中的电流由下式给出：

$$I = \frac{4E_0 h}{Z_c}$$

这里的 E_0 是平面波的幅值。

只要对电缆的整个长度的照射强度相等，则屏蔽电流与电缆长度无关。下面的例子是电缆高度为1cm和10cm，直径为0.5cm时，屏蔽电流的计算：

例12.9：在距天线为2m，电场值为125V/m的地方，
若取 $h = 1$cm

$$l = \frac{4 \times 125\text{V} \times 0.01}{168\Omega} = 30\text{mA}$$

若取 $h = 10$cm

$$l = \frac{4 \times 125\text{V} \times 0.1}{441\Omega} = 110\text{mA}$$

注：从前面的讨论可以清楚地了解到，当电缆靠近天线时，电缆应尽可能地靠近宇宙飞船结构。

12.3.3.2 共模干扰电压

由于屏蔽电流在屏蔽电缆的中心导体中感应的转移共模电压 V_t 是屏蔽电缆转移阻抗的函数。因此，它也就是频率的函数。我们对下列三种电缆进行了考虑：

1）标准编织带电缆，在100kHz时，呈现的转移阻抗为10mΩ/m；在30MHz时，则为100mΩ/m。

2）编织带多层金属箔电缆，在100kHz时呈现的转移阻抗为8mΩ/m；在30MHz时，则为10mΩ/m。

3）铜质实心壁导管电缆，在100kHz时呈现的转移阻抗为2mΩ/m，在30MHz时，则为10mΩ/m。

感应的共模电压是直接与电缆的长度成正比的。但是，所感生的屏蔽电流在电缆长度超过4m时开始下降。这是因为在离开源的这些距离上，场强开始下降所致。

对一个30mA的屏蔽电流而言，单位长度1m电缆上的 V_t 为

在100kHz时，等于 $30 \times 10^{-3}\text{A} \times 10 \times 10^{-3}\Omega/\text{m} = 0.3\text{mV/m}$

在30MHz时，等于 $30 \times 10^{-3}\text{A} \times 100 \times 10^{-3}\Omega/\text{m} = 3\text{mV/m}$

对一个110mA的屏蔽电流而言，单位长度1m电缆上的 V_t 为

在100kHz时，等于 1mV/m；

在30MHz时，等于 11mV/m。

12.3.3.3 电缆谐振的补偿

在特定频率上，由于传输线的短路特性，必须考虑终端电流的谐振。为了补偿电缆的谐振，在表12-6中所示的感应电压是计算值的4倍。

12.3.3.4 共模电压

在一个双绞线屏蔽层中生成的感应电压呈现为共模电压。因此，假如将这些共模电压施加到具有相当共模噪声抗扰度的平衡接收机的输入端时，噪声信号将被抵消。倘若电缆是一根同轴型电缆，那么感应的噪声电压将会出现在接收机的输入端。三同轴电缆将对其中心导线上感应到的噪声电压提供某种程度的衰减。

表12-6展示了当长度为1m、2m和4m，距离结构体高度1cm和10cm时，在100kHz和30MHz频率上，在距离天线1m、2m和4m的平行敷设的屏蔽电缆的中心导线上感应到的噪声电压。所示的为三种典型类型电缆的转移阻抗。

表 12-6　不同类型电缆和配置的干扰电压

离开天线的 距离 d/m	在结构上部 h/cm	电缆长度 L/m	电缆类型 1, V_t/mV	电缆类型 2, V_t/mV	电缆类型 3, V_t/mV	频率/kHz
1	1	1	9.6	7.6	1.9	100
1	1	1	96	0.96	Neg.	30000
1	10	1	36	28	7.2	100
1	10	1	360	3.6	Neg.	30
2	1	2	2.4	1.9	0.48	100
2	1	2	24	0.24	Neg.	30
2	10	2	8	6.2	1.6	100
2	10	2	88	0.8	Neg.	30
4	1	4	2.9	2.3	0.58	100
4	1	4	29	0.28	Neg.	30
4	10	4	12	9.2	2.3	100
4	10	4	120	1.2	Neg.	30

电缆类型	描述	转移阻抗	
		100kHz/（mΩ/m)	30MHz/（mΩ/m)
1	标准编织带	10	100
2	编织带多层箔	8	10
3	铜质完整导管	2	0

注：V_t 表示转移干扰电压；Neg. 表示忽略不计。

12.3.3.5　结论

表 12-6 中所列出的近似值可用于对任何可能出现的 EMI 问题进行评估。例如，在电缆屏蔽被正确端接于连接器的情况下，所有建议用于测试的数字接口电路对所研究的噪声源均具有足够的抗干扰能力。

假如需要获得更为精确的转移干扰电压 V_t 值和谐振频率，那么就要知道电缆布局的详细物理参数并使用计算机程序来分析电缆谐振的影响。

案例研究 12.4 局限于频率低于 30MHz 的情况。当频率高于 30MHz 的高强度场入射在一根柔性电缆上时，因为电缆的转移阻抗将随频率的增加而增加，所以电缆上感应到的干扰电压将会比表 12.2 所列的值要高。

12.3.4　案例分析 12.6：雷达对飞机着陆控制信号的耦合

举一个例子，在具有复合表面的航空器上使用的着陆控制的信号电缆被预测可能会暴露在频率范围 14kHz ~ 100MHz、场强为 200V/m，频率范围 100MHz ~ 2GHz、场强为 5100V/m 和频率范围 2 ~ 21GHz、场强为 31000V/m 的电场中。信号电缆之所以可能会暴露在这样高电平中的原因是因为航空器的复合表面几乎不能提供任何屏蔽，而且航空器可能会飞临高功率雷达附近。因此，实验人员决定把信号电缆穿在一个管壁厚度为 0.05cm 的实心壁铜管中。然后又根据该管壁的趋肤效应进行了进一步的计算，发现在频率范围为 2 ~ 21GHz 之间所预测的屏蔽效能有数千 dB。而要使这个计算值有效，应该将该导管用锡焊、电焊或铜（钎）焊焊到一个屏蔽罩壳上，而该罩壳的其他组成部分也都应使用类似的方法接合在一起。

在实际应用中，该铜管被焊接到一个连接器的 EMI 后壳上，该连接器又与安装在罩壳的插座相配接。正如在 7.15 节中所述，每个机械接口都会出现一个转移阻抗。而一个与地断开的电缆终端上的电流为零。由于问题电缆是与一个屏蔽罩相连接的，而且这个连接长度又比实验人员所关注的较高频率对应的波长长好几倍。所以，在一些关键频率上，通过该转移阻抗的电流最大。

在表 12-7 中所给出了，当该电缆布线位置与一个接地平面或一个接地导体的距离为 1m 或 1m 以上时，在控制信号电缆导线中感应到的电压近似值，它们取决于导管在低频时的趋肤效应以及接口间的转移阻抗。

表 12-7 由于导管在低频时的趋肤深度和连接的转移阻抗所造成的控制信号电缆中的感应电压

E 场/(V/m)	频率	干扰电压
200	14kHz	140mV
200	7.5MHz	2.7mV
5100	100MHz ~ 2GHz	10V
31000	2GHz ~ 21GHz	64V

该带有连接器导管的实际高频衰减为 54dB，并不像初始所预测的数千 dB！为了确保本案例符合的 EMC，还要在连接器上增设滤波器。

12.3.5 案例分析 12.7：AM 发射器对卫星通信系统的耦合

在这个案例中，由于存在高电磁环境，一个频率为 1.5GHz 卫星传输系统的地面接收系统中出现 EMI。这个卫星接收系统距离一个工作频率为 4.8MHz 或 2.2MHz 的 50kW 发射器 40m 远。由于接收信号和干扰信号之间的频率隔离，天线的带外响应欠佳，以及由于在天线和下行变换器之间包含有带通滤波器等因素，1.5GHz 的信号并未直接受到干扰。因为上述这些从表面上看来不会造成什么 EMI 问题的因素，所以才决定把该卫星接收系统建造在如此靠近一个发射器的地方。然而当接收系统使用了一个 10 ~ 14kHz 的时间编码接收机来获取跟踪卫星的精确时间时，就出现了 EMI。另外，加载在天线和中频接收机之间的屏蔽电缆上的天线控制信号和 10MHz 中频信号以及有关计算设备等对此也很敏感。

该接收系统的设备被安装在接收天线附近的一个建筑物中，天线座基和该建筑物之间的屏蔽电缆所携载的 IF 以及控制信号都处于 4.8MHz 或 2.2MHz 发射器所产生的辐照场中。该入射场在电缆屏蔽上感生了一个电流，而该电流又因电缆的转移阻抗和终端在电缆中心导线上生成了一个共模电压。

由于携载中频信号的同轴电缆以及在下行变换器的输出端上存在合成噪声电压电平，这就使得中频信号变差，以致接收到的信号都被淹没在噪声中了。另外，用于携载控制天线驱动信号的屏蔽电缆中所生成的噪声电压也很高，足以使天线的动作失灵。

由于在 Omega 时间编码天线上生成的 EMI 电压在连接到天线的前置放大器的高阻抗输入端上产生了压缩和幅度调制，这就破坏了时间编码信号的完整性。

在 EMI 造成接收系统无法工作的情况下，负责安装的工程师的第一反应是将整个系统迁移至具有较低电磁环境的另一个地点。

尽管有合适的替代地点和合适的建筑物，但是拆卸、搬运以及重新安装整套系统的花费估计就高达 100000 美元，其中还未考虑由此而造成系统的启用时间至少要延迟一个月。

我们说服了设备制造商，同意进行一个 EMI 研究。根据 EMI 的研究结果，我们适当做了一些修改，就使系统在一个星期之内开始了正常的工作。虽然为了解决时间编码接收机问题又多花费了两个星期的时间。

一个当地的无线电技师对由发射器所产生的场进行了测量，其场强大约为 4V/m。根据电流大小和所使用的电缆类型的转移阻抗对 V_t 的计算发现，所预测的电压远低于接口电路和信号的敏感限值。这也说明了进行一个简单 EMC 预测的重要性。假如预测结果表明不应存在 EMI 问题的话，那就说明实际安装条件必定与预测中所假设的条件有差异。在该安装中，虽然其并未在屏蔽电缆的转移阻抗上生成高转移电压，但在屏蔽不良的终端以及在电缆屏蔽对地连接不良的情况下，仍有生成高转移电压的可能。

从理解如何改善系统抗扰度中所获得的知识与解决 EMI 问题有着相同重要的价值。对该接收系统的修改如下。需要在时间编码接收器上安装一个简单的滤波器，如 5.3.9 节所述，并且应将该滤波器置于天线和前置放大器之间的一个小型屏蔽罩内。通过改进天线和建筑物的接地方案，改变屏蔽端接以及改善电缆屏蔽水平可以解决电缆的耦合 EMI 问题。

在正确地执行了所建议的修改方案以后（许多 EMI 改进方法，由于未被正确实施，而使效果大为下降），系统工作正常。该系统在安装后正常地工作了 10 年，未出现任何 EMI 问题。

从该 EMI 研究中吸取的许多经验被归纳总结成为下列的标准改进方案。

不论周围环境如何，所有生产设备应执行改进的接地方案和屏蔽端接方法。

应对所有建议安装的场地进行场地周围环境的研究。场地研究的测量要在频率范围为 10kHz ~ 18GHz 范围内进行。除了在这个案例中描述的低频类型问题外，还要对 1.5GHz 频率上的可能的带内 EMI、交叉调制、无源互调制（PIM）、邻近频道、谐波、IF 以及镜像干扰进行检测。假如场地环境研究结果显示，时间编码接收器存在一个 EMI 问题，那就应该安装天线滤波器。对于邻近频带内存在的 EMI 问题，则可以在 1.5GHz 天线和下行变换器之间插入窄带滤波器来解决。对由 PIM 所引起的带内 EMI，则应改变天线或邻近天线的导电结构体的部署地点。必要时可以使用全天候吸波泡棉或抗 PIM 涂层来解决。

当在所建议的场地上无法解决带内 EMI 问题时，应在安装前就另选替代场地。

场地研究是用来以降低设备和安装费用的，因为只有当电磁环境得以保证的情况下，才可能将滤波器、吸波泡棉、抗 PIM 涂层、电缆导管的焊接等技术结合到应用中去。另外，基于场地研究来估算的系统所需要的安装时间是相当精确的。

12.3.6　案例分析 12.8：发射器/接收器的寄生响应

发射器和接收器设备中所包括的开关电源噪声会导致 EMI。在发射期间，EMI 以寄生发射形式出现，开关电源频率以及谐波取代了载波。在最恶劣的情况下，寄生发射仅比载波低 6dB。在这个案例中，在合同中包括有延期交货赔款 700000 美元的条款，但出现的 EMI 问题仅在最后交货日期前两个星期才得以解决。

通常在所有 EMI 问题的解决方案中，可供选择的不外乎有降低源（发射）、减少耦合、增加接收器的抗扰度及以上几种方案的综合。

在这个案例中，EMI 的解决方案包括有设计和制造一个电源滤波器、消除共用接地通路以及减少在滤波电源线输出与非滤波线输出间的串扰。这些解决办法在 6 天之内全部被完成，使设备在合同规定的交货日期前通过了验收测试。

在例子中的发射器/接收机包含了一个开关电源。它为数字逻辑电路提供 +5V 电源，为 RF 和模拟电路提供 ±15V 电源，以及为 RF 电路和 RF 功率放大器提供 +28V 电源。

开关电源是享有恶名的高电平和宽频的噪声源。在这个案例中，由电源产生的辐射和传导噪声造成了 EMI。噪声的频谱范围从开关电源工作频率 70kHz 起一直延伸到高达 100MHz。

在原始设计中并未对电源加以屏蔽。在发现 EMI 问题是由电源所引起的以后，制造商为电源增添了一个原型屏蔽罩，该屏蔽罩改善 EMI 问题的程度非常有限。这个原型屏蔽罩由一个铝基平板和一个钢制盖构成。一个突出的条形连接器通过一个 0.105m 的开口镶入屏蔽罩的后部，屏蔽罩的宽度为 0.11m。在屏蔽罩背面部分的钢制盖的边缘与连接器非常靠近，并且用波普空心铆钉与其余的部分铆接在一起，如图 12-12 所示。用于测试的这个原型屏蔽罩表面未经钝化处理，而被建议采用具有相对高阻抗的重铬酸锌进行表面处理。辐射的潜在泄漏通道已被确认是用来拼接屏蔽罩的波普空心铆钉间的缝隙和一条 0.105m 的条形槽。在屏蔽罩内部的辐射源，如变压器和开关半导体器件，在开关电源频率上的场辐射发射为最高。由于频率较低且源又非常靠近屏蔽罩，所以入射到屏蔽罩内表面上的主要是磁场。

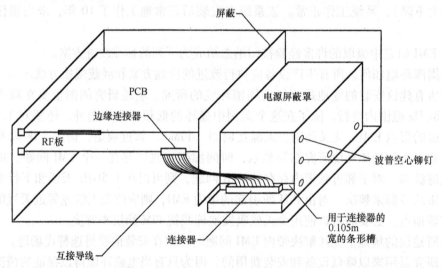

图 12-12 原设计电源和 RF 板的设置图

屏蔽罩的内部形成了一个宽环，其阻抗由环电感和在其中流动的电流频率所决定。电流是由入射场引起的。该电流其中的一部分会由于屏蔽罩材料的 AC 阻抗，而通过罩的材料本身进行扩散。正如所举的例子，当有缝隙存在时，电流也会通过缝隙的阻抗进行扩散。这个缝隙阻抗通常由直流电阻，接触阻抗以及缝隙电感组成。该扩散电流将在屏蔽罩外部表面形成的环中流动，并产生一个磁场。当存在一个孔洞时，内部磁场将会通过孔洞耦合，帮助形成外部场。在本书的 6.5.4 节中已对其形成机理进行了讨论。在这里将对三个不同设置的屏蔽罩的屏蔽效能进行比较。一个是将所有的缝隙焊死在一起的全密封型，它的几何尺寸为 0.13m×0.11m×0.24m，材料厚度为 5mm，相对磁导率为 485，相对电导率为 0.1。该全密封型屏蔽罩在 70kHz 时，所预测的屏蔽效能为 100dB。然后检测一个相同尺寸的屏蔽罩的屏蔽效能，屏蔽罩电流通道上有由两个空心铆钉铆接的缝隙，使用未经电镀或相对电阻较高的重铬酸锌处理后的金属材料，所预测的屏蔽效能下降到了 31dB。将此全密封罩切割开一个用于安装连接器的 0.105m 的条形槽，所预测的屏蔽效能下降到了 25dB。所以，在对屏蔽罩所建议的改进中，需要封堵安装连接器用的条形槽以及使用间距非常小的螺钉来紧固这些缝隙，同时还建议使用如锡、锌这类高导电率的表面处理来对材料表面进行钝化。经过这些改进后，可以将其屏蔽效能增加到 55dB。

在将屏蔽罩顶部去掉后，在距最大发射源的变压器顶部 2.4cm 处测量到的 70kHz 磁场强度为 6.5A/m。在靠近 0.105m 的条形槽和空心铆钉缝隙所测量到的磁场强度在 130～140mA/m。因此，所测量到的 33dB 的屏蔽效能与预测的 25～31dB 的值非常接近。我们已在若干个实验中观察到实测衰减值与简单分析方法得出的预测衰减值之间良好的相关性。由此可以推断，若源的幅值为已知，则对屏蔽罩后部场的预测将具有相当的精确度。但是在电源后部的场并不是直接的或唯一的 EMI 源。连接到 RF 板的互连电缆上的共模电流会在 RF 板上的敏感电路上生成一个磁场。这个共模电流有两个来源：一个是从电源屏蔽罩耦合到电源和 RF 板之间互连电缆上的泄漏场，第二个是由电源所产生的传导共模噪声电流。

在 RF 板的敏感部位上，分别所测量到的频率为 70kHz 时的磁场强度为 13mA/m 以及在 28MHz 时为 0.2mA/m。该 28MHz 是 70kHz 信号的重复频谱辐射发射，所以，它也是一个潜在的 70kHz 寄生发射 EMI 之一。在 70kHz 上，磁场电平在由 PCB 的印制线形成的一个 2cm×2cm 的环上感生了一个大约 30μA 的电流。而在 28MHz 上的磁场电平在相同的环中所感生的电流为 17μA。

在搜寻 EMI 源过程中，所使用的调查诊断方法之一是去掉电源屏蔽罩后部的互连电缆。这将降低互联线之间的耦合。RF 板上的磁场越小，寄生发射电平就越低。

我们对 RF 板边缘连接器边上的电源进行滤波，对板上的敏感区域局部进行屏蔽，且针对这两个方面施行了若干次尝试，结果两者的成效都不大。

在迅速找到一个高成功率解决方案的巨大压力下，实验人员决定从改进电源屏蔽罩的屏蔽效能入手，包括在电源中的 +5V，±15V 以及 +28V 电源线及其回路线上增设共模和差模滤波单元。通过选择谐振频率远低于 70kHz 的滤波器设计来排除插入增益。该种滤波器设计还有一个特点是它有能力在发射期间提供所要求的高峰值电流，而且在能够保持最小程度的输出电压下降的同时，又不会产生瞬态电压。表 12-8 中列出了测到的该滤波器的共模和差模噪声电压以及共模噪声电流的衰减。

表 12-8　滤波器性能

频率/kHz	衰减		
	共模电压/dB	差模电压/dB	共模电流/dB
0.07	50	50	37
3.01	40	50	22
6.02	63		
15.05		32	
17.99			22
21.00		50	
28.00		25	
29.96	45		

该滤波器元件被安装在一个 PCB 上，并被一个小型的辅助屏蔽罩封闭。如图 12-13 所示，这个小型辅助屏蔽罩又与电源屏蔽罩的内表面相连接。

由于使用了高导电表面处理（试用了锡和锌）以及在电源屏蔽罩的底部使用间距为 2in 的紧固件，使得它的缝隙造成的泄漏大大降低。由于这些改进降低了结合处的 AC 电阻和接触阻抗，所以获得了较高的屏蔽效能。因为将其缝隙焊死，从屏蔽罩后部靠近电源互连线的泄漏也有所下降。经过改进后的屏蔽罩如图 12-13 所示，用于内连到滤波器辅助屏蔽罩的 PCB 板载连接器被封闭，为该连接器而割开的 0.105m 的条形槽也被消除掉了。在滤波器辅助屏蔽罩上开了一个小孔来代替这个条形槽，使经过滤波的电源互连线能够从该辅助屏蔽罩中穿出。

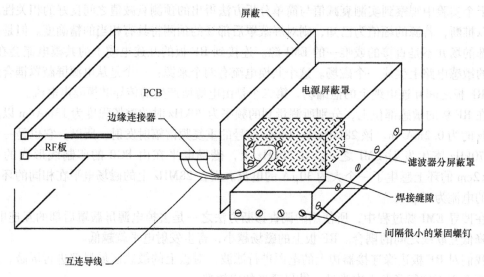

图 12-13 改进后的电源以及 RF 板的设置

在对原型屏蔽罩进行改进，并增设滤波器以后，在屏蔽罩后部所测量到的磁场在频率为 70kHz 时为 12mA/m。这表明与改进前采用空心铆钉和具有 0.105m 条形槽的屏蔽罩相比，其屏蔽效能有 21dB 的改善。此时的总屏蔽效能为 55dB，这个值与 55dB 的预测值非比寻常地相近！

12.4 EMC、计算电磁学建模以及场求解的计算机程序

参考文献 [1] 简明叙述了计算电磁学建模。计算机程序在预测 EMC 和在 EMI 调查中是非常有用的工具，这是因为它们能减少计算误差和加速计算进程。用计算机程序来辅助 EMC 分析，不仅可以节省大量的时间，恐怕还是唯一的可以用于处理大系统或复杂设备中潜在的多重 EMI 的实用方法。

然而，我们应树立一个观念，使用 EMC 程序会需要更多的而不是更少的工程判断。简单的测量可能可以用来验证程序并且增强使用它的信心。一些测量已经被实施，如 10.2.1 节中描述的那样，它比较了使用 FEKO 和 GEMACS 对天线和天线耦合的测量结果。

在使用计算电磁学建模（Computational Electromagnetic Modeling，CEM）以及电磁场求

解工具程序的另一个主要限制是进行全波仿真所要求的计算资源的数量，或者说是所要求的计算时间。这经常取决于被建模结构体的几何复杂程度，它的体积或离被建模结构体的距离。许多计算机编码要求将被研究物体的结构分解成许多小的单元，而单元尺寸只是波长的几分之一。该单元的几何上限很可能就取决于使用该软件所能执行的上限频率。下列是其中的一些使用准则。

假如该编码仅使用了传输线模型，那么它仅可以计算由差模电流所产生的场，而忽略共模电流源。

首先对一个潜在 EMI 问题区域的进行分析和预测，并对它所引起的问题的关键程度做出评估。只有当初步分析显示可能存在一个潜在 EMI 问题时，才使用数值建模方法。

要确保对设备或系统的测量提供的不是更快和更精确的结果。当系统非常大或非常复杂的情况下，考虑使用一个按比例缩小的铜质模型。

辐射源必须要尽可能地简单，但必须包括实际的接地回路通道。

使用一个具有等效表面阻抗电磁边界条件的机壳模型可能比使用一个 3D 模型更为有效。

PCB 的介电常数或电缆的绝缘对谐振频率、阻抗和场强的影响都应尽可能地考虑在建模过程中。

导电表面靠近以及非对称都能导致共模电流的流动，为了精确起见，可能需要使用一个 3D 模型。

在保证分析所要求的精确程度的前提下，为相关问题建立的几何模型应尽可能简单。

有许多场求解工具软件可用于对电路中以及在 PCB 上的信号完整性进行分析。它们被用于时域仿真中的延迟和近场耦合/串扰的计算。这些场求解工具往往都是准静态的，换句话讲，虽然结构体对信号的引导基本上是将波传播开去，但在互连模型中通常被建模为一个集成元件或传输线。这可以分别从一个产生静态电感和电容值的静电场求解工具所解得的电容值以及从一个静磁场求解工具解得的电感值所获得。因此，在分析来自一个电路的辐射以及信号质量时，可能会分别要求使用两个不同的仿真方法。

关于计算机建模有关信息资料和定期的新闻通信可以在参加美国应用计算电磁学协会（Applied Computational Electromagnetics Society，ACES）（www. aces – society. org）会员以后获得。

"EMC 分析方法和计算模型"一书由 John Wiley & Sons 公司出版，随书的光盘包含四个计算机程序。

这四个程序分别是：

1）NULINE：这个程序分析一个被瞬态或 CW 集总电压或电流源所激励的地面传输线。激励源既可以位于传输线上的任何部位，也可以是一个入射电磁场。

2）RISER：这个程序计算在地面传输线上激励场一端的负载中的电压和电流，该传输线端（竖壁）被建模为较小的垂直传输线。

3）LTLINE：这个程序计算被一个邻近的雷击所激励的一个地面传输线两个端头上的负载电压和电流。

4）TOTALFLD：这个程序对由一个入射电磁平面波所产生的在地面上和地面下的总的电场和磁场。它还提供了由若干个不同用户所定义的波形的 CW 和瞬态结果。

虽然本节中所描述的许多计算机程序也有能力对 PCB 辐射建模，但是 11.12 节和 11.3 节也讨论了特别是针对 PCB 辐射的预测的建模方法和计算机程序。

12.4.1 简单计算机程序

用 BASIC 语言编写的一些简单程序已被添加在本书的几个章节中，我们能看到它们对预测电缆发射、耦合和感性串扰问题非常有用。用 C +，C + +，Excel 或 BASIC 编写的这些程序可以从 EMC Consulting 公司免费获取。在本书中所包括的相当大数量的简单数学方程公式已被用于计算机程序。比如，用于预测带有孔洞和缝隙的屏蔽罩衰减的程序。可以从网站 www.emconsultinginc.com 在线获得第二章中的天线增益和天线系数公式式的程序。正如在 11 章 11.10 节中所讨论的，在选购计算机程序或在得到其输出数据前，关键是要把基准问题提交给商业的程序供应商。这个基准不仅应该在严格控制的条件下进行过测试，而且它所使用的方法也必须是可靠的和可重复的。并且还要将所测量到的数据与计算机程序所提供的数据进行比较。在某些情况下，工程判断和经验也可以被用来验证预测数据。

12.4.2 EMC 分析程序

这些程序用于辐射发射，传导发射，辐射敏感度和传导敏感度的预测，且比 12.4 节叙述的电磁分析程序更为简单。它们通常将测试结果与监管机构的强制要求，如军标 MIL -STD 或 DEF - STAN，商用航空器 DO - 160，汽车，FCC，和欧盟 EN 要求做比较。

其中的一些程序包含的设计导则基于工程经验和较为简单的公式，它们是"菜谱"类型的程序。但是它们受限于数据库的精确度。使用简单的近似估算来对复杂系统建模是很困难的。

一个类似的程序是 EMI Software 公司（以前的 Spectrasoft 公司）提供的 EMI Analyst™，7.4 节给出了它的例子。所有的四个应用综合使用了电路分析和传输线理论算法来预测每个节点的电流和电压，使用矩量法（Method of Moment，MOM）来计算来自导电缆线的辐射发射。它可以对八种电缆建模，但是现在还没有双层屏蔽电缆模型。它可以利用编织线和实心屏蔽的尺寸和屏蔽材料信息来计算屏蔽转移阻抗。

类似 7.7 节所述，辐射敏感度的应用程序使用传输线理论来研究场 - 线的耦合关系。

12.4.2.1 RS Analyst™ 是一个辐射敏感度程序

这个程序计算当有一个电磁场感应到连接到电路的导体时，电路感生的电压和电流。

它是一个判断是否符合监管机构的辐射敏感度强制要求的设计和分析工具。

它可以用来评估电路对电磁场产生干扰的容忍能力。

RS Analyst 是电磁干扰分析工具 EMI Analyst 套件的一个组成部分，所以当在 "EMI Analyst" 中执行其他类型的分析时，可以使用 RS Analyst 建立的分析模型。

12.4.2.2 CS Analyst 是一个传导敏感度程序

在向与电路相连的导线注入电压或电流波形时，可以使用这个程序来计算该电路上感生的电压和电流的幅度。

它是一个用来评判传导敏感度是否符合监管机构强制要求的设计和分析工具。

它可以用来评估电路对传导到互联电路导线上的干扰的承受能力。

EMI Software 公司也提供 CS Analyst 软件。

12.4.2.3　CE Analyst™是一个传导发射程序

这个程序计算 RF 电流幅度和传导到电线上电压的幅度。

它是一个用来判断传导发射是否符合监管机构的强制要求的设计和分析工具，或评估内部电路系统的兼容性。

可以在投产之前使用 EMI Software 公司的 CE Analyst 分析电路来确定是否满足传导发射要求。CE Analyst 是可以用来预测各种电路的传导发射的理想套件，这些电路包含下列电路：

开关电源转换器；

电力变频器和电动机控制器；

数字电路；

高速数据线；

接口滤波电路。

尽管软件会将时域信号转换为频域信号，但由于输入是时域的，所以当从频谱仪得到输入数据时，还是需要进行相应的转换。

另外，可以使用示波器重复这个测试。

时域波形作为输入时，可以使用 EMI Analyst 的线路图捕获程序对滤波器进行建模。

CE Analyst 是电磁干扰分析工具 EMI Analyst 套件的一个组成部分，所以 CE Analyst 建立的分析模型也可以被用在 "EMI Analyst" 中的其他分析中。

RE Analyst™是一个用来计算携载 RF 电流的导体的辐射电场幅度的辐射发射程序。

EMI Software 公司的 RE Analyst 被设计用来计算携载 RF 电流导体的辐射电场幅度：

它是 CE Analyst 的伴随程序，是电磁干扰分析工具 EMI Analyst 套件的一个组成部分。

RE Analyst 是一个判断是否符合监管机构的辐射发射强制要求和评估电路产生电场辐射水平的预测工具。

RE Analyst 使用 CE Analyst 产生的传导发射输出作为其输入。

辐射发射使用 MOM 方法计算辐射发射。

RE Analyst 集成了对滤波、屏蔽、接地平面邻近和负载各种效应的分析。

OPtEM 电缆设计器是一个有用的工具，它可以用来设计和仿真 DC～10GHz 频段上所有类型的铜缆，包括非屏蔽双绞线，四芯电缆，带状线和柔性电路。

该设计器生成电缆 3D 模型并对集总参数 L、R、C 和 G 实施电磁场分析。进一步的分析所输出的 S 参数可以被用来表征插入损耗，返回损耗，近端和远端交叉串扰。

该分析包括趋肤效应，导体邻近效应，屏蔽层涡流和绝缘体介电损耗以及生成 W 元SPICE 模型。

12.4.2.4　EMIT（一个天线对天线的耦合程序）

Delcross Technologies 公司的 EMIT 程序可以预测天线对天线耦合中的同址干扰。它可以用来预测复杂 RF 环境中的 EMI，包含多发射器和接收器以及 TX/RX 传输中的带内和带外干扰。

用户可以定制若干干扰阈值（以相关颜色显示）来显示 EMI 的余量水平。程序提供以下功能：在结果标绘图上的标记符号可以快速显示包含互调产物在内的干扰源。在信号通道的任何点标绘频谱信号，以供分析和排除复杂故障方案之用。根据干扰类型来过滤结果，仅显示特定类型的问题。它可以被用来阐释宽带 TX 和 RX 特性和离板元件性能，如滤波器（包括跟踪滤波器）、放大器、复用器、循环器、隔离器、电缆和功率分配器等。通过导入无线电性能数据，如发射器发射掩模和接收器选择性曲线等数据，使用 EMIT 内建的参数无线电模块对发射器和接收器建模。

EMIT 包含了一个通用 RF 系统模型库，包括 GPS、PCS、Blue Force Tracker、SINC-GARS、CDL、IFF，以及很多其他库。

同址干扰的电磁仿真工具，如 Delcross Savant、ANSYS HFSS、CST studio、FEKO、WIPL - D，以及其他的工具提供了兼容性。RF 系统，天线和离板元件定义可以被存储以供将来项目使用，也可以与其他用户分享。

标准的 1 对 1 和 N 对 1 分析模式可以预测多址发射器对选定接收器产生的效应，其中也包括发射器和接收器的互调产物。它也支持多核选择，即是用户可以指定用来计算的计算核数量。

第 11 章描述了为 PCB 结构建模而特别设计的其他程序。

12.4.3 MOM、MLFMM、FEM、FEM - MOM、GO、PO、UTD、GTD、FEM、BEM、FDTD、PTD、GMT、TLM FIT、CG - FFT、PEEC 分析方法

我们经常使用全波分析来描述软件。这样就可以不需要任何简化和假设来求解整套麦克斯韦尔方程。虽然对于准静场可以进行简化，但是通常被描述的场是时变的和频率依赖的，并且它还包括了位移电流生成的场。

近似和扩展的方法也常被用来渐进描述其他的程序，如物理光学（physical optics，PO），几何光学（geometrical optics，GO）和衍射统一理论（uniform theory of diffraction，UTD）。利用全波方法来计算散射和衍射场的计算强度很高，对于复杂设计通常操作性不强。如 12.6 节所示，独立的全波方法的精度不如包含了大型结构体的渐进分析方法的混合方法的精度高。渐进方法在求解短波长的散射场问题时可以提供合格的精度，然而对于尺寸接近波长的结构体，其精度就较差。渐进方法的好处是缩短了计算时间。

三维（3D）建模考虑了一个结构体的所有变化，而二维（2D）只考虑结构体的一个切片。三维（3D）建模需要更长的计算时间。

数值方法需要比简单方程和专家系统更强的计算能力。

最复杂的程序提供了与基准极好的相关性，但其相关性只能做到与输入数据一样好，10次有9次都是这样。如本书的若干例子所描述的，这个问题是输入数据的误差造成的。

这里重申 12.4 节的评注，共模电流是造成高电平辐射发射的原因，参见 7.13.3.1 节。在 21MHz 的频率上，15.7μA 的共模电流产生了与 1.26mA 差模电流幅度相同的辐射场。而预测差模（信号）电流比共模电流容易得多。为了预测共模电流，必须对系统的每一个细节，包括接地平面，电路到地的远近，电缆和外壳几何尺寸，以及机壳电缆和电路之间的共模电压等进行建模，而这对于现有软件来说很困难。建模需要使用若干方法，包括电路分析程序，如 SPICE，信号质量，串扰和电流和场的转换等。

如果可以使用屏蔽罩内的电路试验板或工程模型以及典型电缆和测试设施，那么对工程类型样品的辐射发射和辐射敏感度进行测试将会比使用电磁建模花费更少的时间。

12.4.3.1　FEM 方法

有限元法是求解部分积分或偏微分方程的一种方法，它是一种变分技术。它通过最小化或最大化一个已知表达式来固定相对真实解。一般来讲，FEM 技术是通过最小化一个能量函数来求解未知场量的。

FEM 技术使用一个称为节点的点系统。这个点系统由一个称之为网格的一个栅格构成。方法的起始点是把一个域（体积）分解成（离散化）为称之为元的小线度的子域。这个子域是网格之间的空间。虽然这些元并不需要是三角形的，但那些子域仍被称之为三角形。一个元由它的顶点以及每一条边上的一个点来描述。这些点都是节点，并且 FEM 网格是由节点和元构成。FEM 的一个很大优点是，域可以是导电的，也可以是一个电介质或具有自由空间性质。其缺点是整个体积都必须被网格化。这一点与 MOM 法正好相反。MOM 法只要求其表面被网格化。在时间依赖求解中，FEM 网格往往通过一个有限差分方法被延伸到所有时间水平。

FEM 的一个弱点是，它对开放结构体的建模要相对困难，也就是说，每一点上的场都是未知的。考虑吸收边界可以弥补这个缺陷。

12.4.3.2　FDTD 方法

有限差分时域（finite difference time domain，FDTD）方法是一个直接使用时域边界条件的麦克斯韦时间（偏微分）方程的解的全波方法，它将边界条件转化为有限差分方程。这些方程是时间步进的，交替计算 3D 网格的电场和磁场。计算一个网格内的磁场，下一个网格就计算电场。保持时间步进直到达到稳态或者得到想要的解。由于它是一个时域方法，单次仿真就可以获得很宽的频域范围的解。

由于基本元是立体的，散射的曲面必定是阶梯状的，对于尖角就需要有非常小的网格。所以非矩形元的 FDTD 方法被引入来解决这个问题。

网格的稠密度取决于最小建模对象的尺寸。通常，这需要远场条件。有一个方法将近场转化为远场，可以使用一个表面 S（S 是虚构的）来划定辐射源的边界，如果 S 上的切向场已知，那么这些场可以被表达为表面电流，且会在边界 S 外侧的任何地方辐射电场和磁场。

因为 FDTD 是一个时域技术，所以当使用一个时域脉冲（如高斯脉冲）时，只需进行一次仿真就能获得一个很宽频率范围的解。这一点在想要获得谐振频率或一个宽带结果时是非常有价值的。因此一个单次仿真就能决定在一个很宽范围频率的电流、电压或场。可以通过离散傅立叶变换将频域的结果转换到时域上获得结果。对任意信号波形的建模，可以在它们通过导体、电介质以及有耗非线性各向异性的材料构成的复杂结构体传播时完成。

FDTD 是一个极好的瞬态分析技术。通常在为无边界问题建模时要优于 FEM。所以在为无边界复杂非均匀几何体建模时通常会选用 FDTD 法。又因为 FDTD 是一个时域技术，它可以解出在空间中的任何位置上的场。当场在整个空间中移动时，它还能显示场的移动图像。

因为 FDTD 使用了一个计算域，它必须终止于某种条件，这就需要建立一个吸收边界，以仿真自由空间。还必须对该空间进行网格剖分，而且这些网格的线度不仅要比最小波长更小，并且也还要比要建模的最小功能部件要小。非常大的空间要求非常长的计算时间。对导线的建模就非常困难。因此，比如对具有长而细的功能部件的模型建模就会非常困难。这是因为被导线所占据的空间非常大的缘故。因为电场和磁场是在该空间中求解得到的，所以离开源非常远距离上的场就会要求非常大的空间以及很长的计算时间。FDTD 可以对远场进行延展，但要求进行某些后期处理。

因为网格可以用不同的导电率来表征，所以 FDTD 技术允许直接测定孔洞对屏蔽效能的影响，所以可以在有和没有孔缝情况下对一个边界建模。它还可以用来测定一个结构体的内部场和外部场。

FDTD 的唯一严重不足，实际上也是存在于大多数技术中的不足，是问题的几何尺寸以及网格精细程度对计算时间起着主导性的影响。而网格的精细程度又是由被所要建模的最小功能部件的尺寸所决定。因此，任何能为结构体提供各种不同的网格尺寸进行编码是该方法的一大优势。同时还必须覆盖包括大部分近场区域在内的整个物体。

12.4.3.3 FDFD 方法

虽然与 FEM 密切相关，但是有限差分频域（FDFD）方法与 FDTD 相类似。与 FDTD 一样，它是麦克斯韦方程的有限差分近似值的结果。虽然这样，它使用的还是时谐差分形式的方程。由于没有时间步进，它需要保持均匀的网格间距。

FDFD 和差分方程最适合用于解决内部问题。在 GEMACS 公式中，在对一个空腔建模时，需要用一个闭合表面完全包含整个空腔体。此表面可以是完全导体或有限导体。在这个封闭表面内，障碍物的存在可能使电磁建模变得相当复杂。全部或部分体积可能含有电介质，也可能含有细线。

12.4.3.4 MOM 或边界元法

MOM，也称为加权余量法，是最为常用的分析方法，大量的程序采用这种方法，后面会详述。边界元法也是一种加权余量法。它本质上也是 MOM 方法，只是仅在边界表面定义扩展和加权功能。大多数通用 MOM 电磁建模代码会使用 BEM。

MOM 和 BEM 是全波分析方法，通过将复杂的积分方程（IE）简化到更为简单的线性方程系统来进行求解。

MOM 特别适合于通过导线段和金属平面对耦合到一个结构体和来自一个结构体的辐射情况进行建模。它是一个预测单一频率的频域技术。尽管大多数这种软件程序也允许通过在不同的频率上作重复分析以在若干个频率上进行迭代，但是这样做的结果也会大大地增加计算时间。

假设一个场入射到一个理想电气导电（PEC）的物体。该入射场生成了一个电流并产生一个散射场，可以用微积分算子来表征。那么总场为入射场和散射场的叠加。在一个 PEC 体上，入射切线场必定为零。虽然也可以使用磁场积分方程（MFIE），但这里导出的还是电场积分方程（EFIE）。而上述两个方程都是从麦克斯韦方程导出的。可以将表面电流分割成更小的部分（元），而也就是将其离散化。这些部分之间的电流连续，在每个部分可以使用简单函数（扩展/基础）来对电流作近似化处理。

可以在每一对毗邻的三角形对上划定三角元并使用线性屋顶基函数。线段法用线性屋顶基函数整合每个线段部分，然后用这些函数加总后的总电流来给导线建模。这个总电流被转换为线性方程系统以求出每个网格三角形的电流矢量幅值。散射场由这些元上的电流产生。

根据 IE 使用的形式，MOM 也能用于均匀电介质或表面非理想导体。

MOM 使用余量方法，因此可以迭代，使用这种方法可以通过一个或多个可变参数建立一套试解方案。该余量方法会比较试解与真解之间的差异，并选择可变参数以找到最小余量值，从而得到试解函数的最佳解。

对于大型结构问题，得到最终解的时间可能非常长。多层快速多极方法（MLFMM）可以用来加速这个分析过程。

可以基于 Sommerfeld Integrals 公司提供的带有 Green 函数的混合电位 IE 程序来精确分析和计算高频印制板的电路辐射。

许多包含图形的 NEC 程序中的实物元可以是导线、补片、无限大接地平面、有限接地平面、Sommer Norton 地、表面网格、圆柱体、球体。

实现复杂结构体的可视化是很困难的，而已知航空器机翼具有不规则的角度，所以特别需要使用具有图形功能的程序来进行分析。

功能再强大的工具也可能有误差，12.6 节对其中一些进行了描述。

MOM 使用的是一个被称为加权余量法的方法。这个方法与 MOM 和 "表面积分技术" 的含意相同。一般地讲，MOM 技术极为适合分析无边界辐射问题以及分析电导率已知的良好导体或结构体。虽然它仍能用于只有均匀电介质或非常特殊的导体电介质几何体的情况，但它不太适合分析那些混合导电率和混合介电常数的结构体。MOM 技术可以被用来分析各种各样的 3D 电磁辐射问题。

MOM 技术要求将结构体分解成许多导线，然后再把每一根导线分隔成许多小段，通常这些小线段不应长于 $\lambda/10$。而金属平板则被划分成许多表面的补片。这些补片相对波长必须是很小的。对每一根导线以及每一小导线段上的电流都要进行计算，并加以显示。通过考虑到每根线段和小片所产生的作用，在空间中的任何一点上的复合电场都可以被计算出来。审视被建模结构体上的 RF 电流，以确保它们不会不切实际地过大或过小。例如，假定在一个封闭结构体的某些线段的位置上，电流从毫安突然增至安培级，然后又立即降到一个较低的值，那么几乎可以肯定地讲，这个结构体的建模非常不精确。通过简单地在任何给定线段上定义所希望的阻抗，MOM 方法还允许将分列元件加入到一个模型中去。因此，一个 50Ω 的负载可以被加入到一个偶极子天线的中心点。由于 MOM 方法假定了在导线的线段以及补片上的电流在整个导体上的趋肤深度都是相同的，所以使用 MOM 来确定一个孔洞对内外部场的影响都是很困难的，必须使用混合方法来解决。因为 MOM 分析是一个迭代过程，导线段和补片的数目越多，所需要的分析时间也就越长。随着使用运行频率在 GHz 以上的现代 PC 的普及，计算时间已经大为缩短。

使用 MOM 软件对具有精细部位或复杂材料的大型结构体建模是不切实际的，这时可能要使用 MOM 和混合方法，如 FEM/MOM。

12.4.3.5　MLFMM 法

MLFMM 是 MOM 的替代公式，适用于超大结构体，使大型电气尺寸结构体的全波电流解析成为可能。MOM 和 MLFMM 的相似之处是，在 FEKO 软件里，基函数以所有三角形之间的相互作用为模型。MLFMM 组合基函数并且计算这些组之间的相互作用。FEKO 使用一个装箱算法，它在最高一级封闭一个单盒内的整个计算空间，将其三维地分为 8 个最大的子立方体，然后迭代重复这个过程直到最低一级每个子立方体的边长大致等于 1/4 的波长。每一层只存储那些插入的立方体，形成一个树状数据结构。在 MOM 框架内，通过聚合、转移和解聚的过程执行 MLFMM。在源区域，三角形被聚合然后被转移到它们将被解聚的观测者区域。由于 MOM 独立处理每个基函数，这需要 N^2 规模的存储量，而 MLFMM 仅需要 $N *$ log (N) 规模的存储量，所以处理同样问题的效率更高。将此仿真计算分配到多处理器上可以提高并行 MLFMM 公式的处理效率。

这意味着与 MOM 比较，MLFMM 解析的要求可以减少几个数量级。

12.4.3.6 PEEC 方法

部分元等效电路（PEEC）法是一个整合电磁学和电路分析的 3D 全波方法。它适用的频率范围可以从直流一直到由网格决定的最大频率。它从几何体抽取出电阻，自感和互感来求出 3D 几何体的完整电路解。它对于壳体内的导体建模尤其理想且可以考虑趋肤和邻近效应。它是一个极具优点的低频分析工具。

12.4 节介绍了一个由 CEDRAT 提供的 InCa3D 程序。

12.4.3.7 GMT 方法

广义多极技术（GMT）是一个基于加权余量法（像 MOM 一样）的频域技术。这个方法不同的是，扩展函数是由距表面一定距离以外的源所产生的场的分析解，而表面的边界条件是被固定的。

扩展函数是多极源对应的球面波场的解而不是电荷或电流解。通过把这些源置于远离的边界，场解在边界上形成了一个平滑的扩展函数集，从而避免了在边界上的奇点。

与 MOM 类似，得到一套线性方程系统后求解，确定产生最好结果的扩展函数系数，就得到了场的解。

由于不用解积分方程，所以这减少了计算时间。而且它可以精确计算近场区域和边界区域的场。而需要的仅仅是将域的边界离散化。

12.4.3.8 CGM 方法

共轭梯度法（CGM）是另一种基于加权余量法的技术。它与 MOM 技术类似。但是它用不同的方式处理加权函数以及利用线性方程来求解。

CGM 方法最适合应用于大的稀疏矩阵。

12.4.3.9 GTD 方法

衍射几何理论（GTD）是一个高频射线光学方法，已被扩展包含了来自不连续表面的，如边和角，以及平滑表面周围的爬行波的衍射影响。能够被用在 GTD 结构中的基本几何体是那些存在着反射和衍射系数物体，因此就有可能对它们进行射线光学跟踪。

大多数软件只允许 GTD 和 UTD 用于最小边为波长量级的平面多边形或圆柱体，所以它不适合用于曲面分析。

因为有无数条射线可以穿过阴影区域，GTD 可以预测 Keller 圆锥体且考量衍射情况。

在入射和反射阴影边界，或其附近，它对 Keller 圆锥体的预测会得到错误结果。

12.4.3.10 UTD 方法

衍射的均匀理论（UTD）：是 GTD 的一个延伸。这两种技术都是高频方法。它们只有在被分析物体的几何尺寸相对远大于场波长才精确。通常，电磁激励源的波长趋近于零，才能利用几何光学加以确定。UTD 和 GTD 是包括衍射影响在内的几何光学的延伸。

UTD 对比 GTD 的优点是，通过修改衍射场，可以纠正边界上场的错误而得到正确结果。

12.4.3.11 PO 方法

物理光学（PO）方法用于对大型结构体建模。PO 是一个与 UTD 性质相同的渐进高频数值方法。

由于它在表面对场作近似化处理，所以它不是一个精确的公式。它沿表面对场积分并且由此计算发射场和散射场。

将该方法用在一个标准圆锥体的入射问题上，在该问题中，场入射到这个圆锥体的角度应确保整个圆锥体可以被场完全辐照，我们可以看到这个方法与一个精确的方法得出的结果有着合理的相关性。但是在阴影区仍然会有较大的误差。

12.4.3.12　GO 方法

几何光学（GO）方法与 PO 和 GTD 类似，是一个射线追踪方法。它适合于孔径尺寸远大于波长的情形。

12.4.3.13　PTD 方法

衍射物理理论（PTD）是另一个类似 PO 的射线追踪方法，但与 PO 不同，它考虑了结构体边上的奇点。

12.4.3.14　TLM 方法

传输线矩阵（TLM）方法是一个数值计算技术，它适用于解决涉及非线性，不同种类，各向异性的时间依赖材料特性以及任意几何形状物体的电磁问题。这个方法允许用户计算二维（2D - TLM）或三维（3D - TLM）的电磁结构在时间和空间中，对任何激励的时域响应。通过建立一个单一网格，并将这个网格的结点用虚拟传输线连接起来，以代替交替计算其电场和磁场。结点源上的激励，在每一个时间步长上，通过这些传输线传播到相邻近的结点。一个网格可以通过使用在网格中的每根（传输）线的单位长度上的电感和电容构成的集总元模型来近似得出。既然计算出了时间域响应，那么就能通过傅里叶（Fourier）变换解出频域特性。该方法可以用于对雷击、EMP，其他瞬变事件以及对入射到结构体上的连续波的峰值响应建模。

激励源既可以是一个任意函数，又可以是一个连续波。在网格的结点上很可能存在多于一个的激励源。传输线网格组成的并联 TLM 网络内波的传播可以由电压仿真的电场来表示，并以此计算出 E_y、H_x、H_z 的幅值。在一个串联连接 TLM 网格中，可以对用结点电流所仿真的磁场，计算出 H_y、E_x 和 E_z 场。沿着网格波传播的总的或部分的反射发生在代表该结构体的边界上。该边界可以是无损或有损均质材料，或者是有耗非均质材料。当一个外部源通过一个孔洞耦合到屏蔽罩的内部或者从一个内部源通过一个孔洞耦合到屏蔽罩的外部时，就可以使用这个技术建模。通过孔洞的耦合不论是电场还是磁场的都可以由此加以计算。复杂的非线性材料的建模并不困难，困难的是这需要一个精细网格，从而要花费掉大量的计算时间。

并联连接和串联连接网络类型的正交结合可以被用来计算三维场的问题。TLM 方法允许对场的幅度和波阻抗以及在一个结构体上的表面波建模。

早期的 TLM 方法的问题之一是在预测远场辐射时，需要一个吸波性网格边界以仿真自由空间。但这个问题似乎已被 TLM 软件的商品化版本所解决。但对所有的软件来讲，软件公司都应该先在他们的产品作一个基准预测以发现问题，比如对来自微带线结构的这类远场辐射的预测。这样，在用户使用或购买任何电磁软件以前，就可以将其与已知数据进行比较。

12.4.3.15　CG - FFT 法

共轭梯度快速傅立叶变换（CG - FFT）方法或高复杂度和高密度电磁界定方法，如 IC，大型面状电气结构体及若干快速算法已经被开发出来，共轭梯度快速傅立叶变换就是其中的一种。

12.4.3.16 MOM – FEM

MOM – FEM 混合描述了导体间的全耦合特性，如 MOM 区域内的导线和金属表面和 FEM 区域内的非均匀介质。MOM 的解提供了形成 FEM 区域内辐射边界的等效磁场和电流，且据此这个混合技术采用以下方式来利用 MOM 和 FEM 的长处：MOM 用在对开放边界辐射结构体的有效建模，且不需要对 3D 空间进行离散化处理。FEM 根据场分布对非均匀介质体进行有效建模。

12.4.3.17 有限元方法和 FEM/MOM 结合方法

FEM 的主要优点是，每个元的电性质和几何性质都可以被独立地加以定义。因此可以在几何体复杂的部位设置数量较多的小元；而可以将较少，较大的元设置在相对开放的区域。

一般地讲，FEM 擅长于对复杂非均匀结构体建模（由不同材料组成的元器件）。但在对无边界辐射问题建模方面不如 MOM 方法好。将两者相对照，矩量法不能有效地为由不同材料组成的元器件建模。而在要对一个电介质体积进行描述时，FEM 的优点是，它能与 MOM 结合起来对体积表面上的（或外部的）电流求解。

12.4.3.18 GMT

广义多极技术（GMT）采用的是一个用对偏微分方程求解的方法（加权余量法）。并且像 MOM 一样，它是一个频域方法。它的解是运用作为各自差分方程分析解的一个基函数集来近似得到的。但是这个方法的独到之处是，扩展函数是由距表面一定距离以外的源所产生的场的分析解，而表面的边界条件是强制的。矩量法一般采用扩展函数来代表诸如电荷和存在于边界表面的电流这样一些量。GMT 的扩展函数是球面波场的解。而且一般来讲，多倍量是最灵活和有效的扩展函数。通过把这些源置于远离的边界，场解在边界上形成了一个平滑的扩展函数集，而且还避开了在边界上的奇点。GMT 是一个频域方法，并且通过 GMT 能有效地建立静电或电磁散射求解程序。它还能与 MOM 结合来提供一个混合方法。

12.4.3.19 MMP

多重多极程序（MMP）由 Christian Hafner 于 1980 年提出。它是已被用于电磁场的一个数值场计算的半解析方法。它是一个用于求解电磁散射和导向波的编码。通过有效的、精确和健全的广义点匹配技术来计算基本场的幅值。MMP "知道" 许多套的基本场，但是被认为最为有用的仍是多极场。由于它与分析解的关系非常接近，所以，当需要得到精确和可靠的解时，MMP 是非常有用和有效的。

12.4.3.20 CGM

共轭梯度法（CGM）是另一种基于加权余量法的技术。在概念上，它与 MOM 技术类似。但是它用不同的方式处理加权函数以及利用线性方程来求解。区分它与 MOM 不同的两个特点是：它利用了加权函数以及对线性方程求解的方法。当将 CGM 应用到大的稀疏矩阵中时，迭代解过程最为便利。

12.4.4 计算机电磁代码

下列有关可用软件和软件供应商的信息在本书即将出版时是准确的。然而，软件开发者/供应商名字可能改变，或者被其他公司并购，或甚至软件名字也被改变。一些复杂软件的供应商从其他开发者买来软件包，然后将它们拼合并重新命名。互联网上有收费软件和免费软件，应查询找到这些软件或供应商网站的现行有效版本。

程序的适应性和性能基于供应商提供的信息。除了命令，FEKO 和 4NEC - 2 以外，其他程序都未经评估。

12.4.4.1　NEC

NEC 程序允许为电磁辐射，天线性能，具有精确场发射横截面的雷达以及场源计算进行建模。NEC 程序使用 MOM 方法为源或入射场在一个导电结构体上的感应电流的积分方程求得数值解。其输出不仅包括在导线、表面、天线间耦合的电流分布，而且还给出了近远场的幅值。这个程序至少有 4 个版本，由 Nittany Scientifc 公司编制，地址 1700 Airline Highway，Suite 361，Hollister，CA 95023 - 5621；电话 408 - 634 - 0573；电邮 sales@ nittany - scientifc. com。NEC - 2 版本的 NEC 形成于 1981 年；NEC - 4 版本出现于 1992 年。NEC - 2 编码是公开的最高版本。NEC - 2 是一个广泛使用的 3D 编码，它在多年前由 Livermore National Laboratory 开发出来。NEC - 2 不仅对分析导线网格模型特别有效，而且还有对一些表面补片建模的能力。NEC - 2 可以从 Ray Anderson 非正式 NEC 档案库中找到。目前，Lawrence Livermore National Laboratory 和 the University of California 仍然是 NEC - 4 的拥有者。它要求用户拥有单独的使用许可证，可以从 Nittany Scientifc 买到 32 位 Windows 版本，Roy Lewallen 制作的 EZNEC Pro 也有 NEC - 4 的一个选项。

该程序用于 Windows 操作系统的版本有 NEC - WinBASIC，Nec - WinPlus，Nec - WinPro，有超棒的图形功能的 4nec2，以及 GNEC。GNEC 版本只有 Nittany Scientifc 的许可用户才能使用！NEC - WinBASIC 是为初用者设计的。而其他的版本通过增加新的指令和几何图形显示等来增强它们的功能。所有这些版本相关功能的信息资料可以通过在线访问 http：//www. nittanyscientifc. com 网址与供应商取得联系。NEC - WinBASIC 有如下特点：

简易输入数据和配置的简单用户接口；

观察或打印显示天线表征图形；

绘制方位角和仰角曲线；

在 Windows 环境中使用多重任务的能力。

NEC - WinBASIC 把 NEC - 2 与 Microsoft Windows 进行了结合。它由三个部分组成：NEC - Vu、NEC - Plot 以及 NEC 几何图形。NEC 几何图形可以构建天线。它要求输入导线的坐标以及关于频率和接地参数的特定数据。除此，它还有下列特点：

传输线；

线性或倍增式频率扫描；

网络；

预定义或自定义导线的电导率和线规；

转化/旋转/增缩天线；

预定义或自定义接地常数；

串联/并联 *RLC* 或复杂负载；

索莫菲尔德（Sommerfeld）地；

电压/电流源；

线性/径向壁或径向金属网地；

电压驻波比（VSWR）和输入阻抗的数据表。

12.4.4.2 MININEC

编制 MININEC 的目的是为了使一些热心的业余无线电爱好者在没有条件使用可以运行 NEC 这类程序的大型计算机的情况下也可以设计天线。用 Windows 运行的 Expert 程序对初学者、学生或业余爱好者们来讲是最为理想不过了。在 Windows 上运行的 Expert MININEC Professional 程序适用于有经验的学生以及专业工程师。而同样对高年级学生和专业广播工程师来说，WindowsExpert MININEC Broadcast Professional 也是一个可供挑选的程序。Expert MININEC 系列程序可以从 EM Scientifc Inc. 获得。更多的资料可以查询网址 http：// www. emsci. com/mininec. htm。

Expert MININEC 系列计算机程序使用微软 Windows 来分析导线天线，也可以用兼容的 IBM 个人计算机（PC）来运行。该系列程序附带的文件提供了软件的描述，并且还通过附相关的例子和有效的数据来对有关的理论做出解释。可以在线获取 Windows 版本的 Expert MININEC 程序的全部附带文件。Expert MININEC 系列使用 MOM 和带有三角基函数的 Galerkin 步骤对电气细导线上电流感生电场公式进行求解。这个公式生成了特别紧凑和有效的计算机算法。从对电流的求解过程，我们还可以求得辐射图、近场、电荷分布、阻抗和其他一些有用参数。

Expert MININEC 的用户接口是通过微软 Windows 来完成的。输入数据窗口提供一个像电子数据表格那样的一个窗口。输出以表格和图像两种形式显示。Expert MININEC 系列的集成图像包括有：

3D 几何图形显示，并可以旋转、缩放以及鼠标支持；

3D 电流和电荷显示；

电流、耦合、近场、阻抗以及导纳的线性、半对数以及对数 – 对数曲线；

线性和极坐标图曲线。

为了提高速度和最大利用可用内存来建立矩阵，实际使用了 FORTRAN 语言的计算算法是来执行程序。所使用的公式也从早期的 MININEC 版本中的公式改用为三角基函数。这个改变大大地提高了计算精度。短线段的限值受限于机械精度。使用该程序来解析正方形环以及八木（Yagi）天线的可信度很高。另外，使用 Fresnel 反射系数的近似方法也改善了对邻近真实地面的电流的计算。

12.4.4.2.1 系统要求

为了运行 Expert MININEC 系列程序，对系统的几个最低要求是，计算机本身必须是 IBM – PC 或兼容机。

在显示设置中，建议使用较小的字型。

12.4.4.2.2 建模过程

Expert MININEC 系列程序的建模过程由五个主要步骤组成：

1）几何图形描述的定义；

2）电气描述的定义；

3）模型的有效性；

4）求解结果描述的定义；

5）输出显示。

　　一根导线被分隔成许多小的线段，以相邻线段结合点的中点为中心将每条线段中的电流扩展成三角形。一根导线的两端点上不存在三角形。假如有第二根导线被加到模型中去，和第一根导线一样，也将其分隔成小线段，并将电流扩展为三角形。如果将导线 2 接到导线 1，那么在所连接的端点上自动生成一个三角形。这个三角形的一半会延伸到导线 2 上，而另一半在导线 1 上。假定在导线 1 上的一半三角形与小线段的尺寸（导线 1 线段的长度和半径）相当，而在导线 2 上的三角形的另一半也与它的小线段尺寸相当，那么导线 2 和导线 1 相互重叠，在两根导线的连接点上存在一个电流三角形。其他导线也可以与导线 1 重叠。这个结果可以用下面的描述来表达：为了满足基尔霍夫（Kirchhoff）电流定律，对一个有 N 根导线的结点，仅要求有（$N-1$）个与电流有关的重叠。在 MININECProfessional 系列的应用惯例中，重叠总是发生在最先指定的导线连接点上。无论什么时候，当用户定义的一根导线的端点坐标与此之前所指定的一根导线的端点坐标相同时，我们就建立了导线的一个结点。

　　正像前面提到的，选择导线分段数目的多少是计算结果有效性的关键所在。所以，我们推荐采用的合理分段长度大约为 0.02 倍波长。

　　由于随着分段数目逐渐增加，电导和电纳值会收敛。对于一个给定的分段密度（即导线每波长中的未知分段数）下，可以使用收敛测试来确定预期精度。

Expert MININEC 的建模几何构造包括：

笛卡儿坐标（Cartesian）、圆柱体以及地理坐标系统；

米、厘米、英尺、英寸单位的选择；

直线、螺旋、弧形和环形导线；

导线网格；

自动规范结构建网（格）；

节点坐标步进；

对称选择；

旋转和线性变换；

数值格林（Green）函数；

自动收敛测试。

电气描述选项包括：

自由空间、理想地面和非理想地面环境；

频率步进间隔；

加载导线；

集总负载；

无源电路；

传输线；

电压和电流源；

平面波源激励。

求解描述选项包括：

近场；

辐射图；

两部分间的耦合；

介质波阵列合成。

以表格和图像两种形式显示输出结果。Expert MININEC 的集成图像包括有：

具有旋转、缩放以及鼠标支持功能的 3D 几何图像显示；

3D 电流、电荷以及辐射图显示；

电流、耦合、近场、阻抗以及导纳的线性、半对数、对数 – 对数曲线显示；

阻抗和导纳的史密斯圆图曲线显示；

线性和极坐标图曲线。

归纳以上对 Expert MININEC 程序的讨论，它可以用来解决下列问题：

导线上的电流和电荷（峰值或方均根值）；

阻抗、导纳、S11 和 S12；

有效高度和电流矩量；

功率和电压损耗；

多端口（天线 – 天线）耦合；

近电场和磁场；

辐射图（dBi 或电场，功率或方向增益）；

介质波阵列设计；

地面波的辅助计算，短线匹配和塔脚阻抗。

从选择的一些例子中可以显示 MININEC 可以给出的与 NEC 相比拟的结果。但这种比较并不是对这两种编码比较结果的完整描述，但它为读者提供了对预望结果的概况。对 MIN-INEC 的一个完整分析显示，与 NEC 相比，MININEC 也的确为用户就相当广泛的范围内的各类问题提供了一个可以与 NEC 相比拟的答案。

Windows ExpertMININEC：理想的使用对象为初学者、学生以及业余爱好者。

Windows ExpertMININEC Professional：适合于有经验的学生和业余爱好者以及专业工程师。

ExpertMININEC BroadcastProfessional：适用于高年级学生以及专业广播工程师。

Windows 下运行的 ExpertMININEC 程序包括有下列特点：

文件处理

打开、储存以及删除有问题的文件；

打印设置。

几何构造

用米、厘米、英尺、英寸或度来定义几何点；

几何点的迭代；

环境可选方案，包括自由空间、理想地面和实际地面的直导线。

电气构造

频率分度；

接地选项；

集总负载；

加载导线；

电压/电流源。

求解空间

电流、电荷；

阻抗/导纳；

近电场和磁场；

辐射图。

诊断

电流节点的罗列；

几何结构准则；

定义的评估和归纳；

在线与上下文关联的帮助；

在线教程。

运行选择

电流；

近场；

辐射图；

频率迭代。

显示类型

文字、并与大多数可用的总分析表程序接口；

3D 几何图像、3D 电流/电荷、3D 辐射图；

线性曲线；

极坐标辐射图；

史密斯圆图。

显示选项

导纳、阻抗、S11、S12；

有效高度和电流矩量；

功率和电压损耗；

导线上的电流/电荷（峰值或方均根值）；

近电场和磁场；

辐射图。

所解决的问题的限制：1250 个未知数和 500 根导线。

12.4.4.3 MMANA – GAL basic

MMANA – GAL basic 是一个基于 MOM 的天线分析工具，在 MININEC 第 3 版有介绍。计算引擎的 BASIC 源代码作为一个 PDS 被发布在 MININEC 中。这个程序使用了经 Alexandre Schewelew 修改过的 MININEC – 3 引擎，并用 C + + 改写。MMNA – GAL 是免费软件，由 Alexandre Schewelew，Igor Gontcharenko FL2KQ 和 Makoto Mori JE3HHT 共同编写，他们共同拥有版权。

12.4.4.4 4nec2

4nec2 程序由 Arie Voors 编写，网站上免费提供。它有一个 3D 观看器，用于提供本书数据的电磁仿真。

其几何形状包括导线、面补片、多重补片表面、圆柱体结构体、螺旋结构体、接地平面、理想地面和 Sommer Norton 导体地。其负载可以是最多任何两种空缺的串联 RLC，最多任何两种空缺的并联 RLC，单位长度的并联 RLC，包含电阻和电抗的阻抗（当使用电阻和电抗时，阻抗不会自动随频率缩放），以及导线电导率。

它可以生成史密斯圆图以及提供整体几何尺寸检查，还能在部分长度，部分半径，部分长度/半径，连接点半径，连接点长度和表面补片区域上进行个别检查。

12.4.4.5 GreenMentor Graphics（以前称为 Zeland Software），Wilsonville California

IE3D 是一个对电路和天线应用进行全波、MOM、3D 和面电磁仿真和优化的软件包。原程序已经被合并到 Mentor Graphics HyperLynx® 套件中，可以全面分析电磁细节。

12.4.4.6 用于大型复杂结构体的 GEMACS 的混合解法

GEMACS 允许为电磁辐射和散射、天线性能以及能为包括源、反射和散射在内的精确场预测的雷达横截面建模。其输出包括导线和表面上的电流分布、天线间耦合、近/远场、天线终端特性、导电表面的散射、空腔性能以及缝隙耦合。

GEMACS 程序使用的是矩量法（MOM）物理模型，并由 GTD 和 FEM 补充。虽然它仍然参考 GTD，但其公式比 UTD 要更精确。GEMACS 是通过结合 MOM/GTD/FEM 几种技术的混合使用来为复杂结构体建模。这三种技术在 GEMACS 中的执行方法如下。

GEMACS 的输入有两大类：命令语言被用来为程序的执行导向，以及几何语言被用来描述电场、电压或天线激励以及反射/散射电场）。入射场、散射场或总场既可以在一个球体、圆柱体，又可以在笛卡尔坐标系统中作为一个幅值在近场和远场两种条件下进行计算。两种类型的几何体结构被定义为：在 MOM 分析中所使用的细导线、导线网格或补片几何体，以及在 GTD 分析中使用的平板或圆柱形几何体。在 MOM/GTD 混合分析中允许上述项目的混合使用。在 MOM 分析中，被研究的结构体被分隔成一组小的导线段和/或表面补片。为了减小复杂的数值积分的计算负担，特别是在 GEMACSMOM 执行中，还要对这些线段和补片上的电流分布做出选择。此时，由于结构体上的任何部位都有电流存在，不仅使得对空间中任何一点上的场进行计算成为可能，并且还可以对来自结构体的各个部分通过叠加形成的总场进行计算。在结构体上的电流既可以是由平面波，又可以是由球面波所引起的。MOM 技术被使用于电气尺寸小的物体。因为导线分段中心之间的电流被近似为一个扩展（基）函数，并且考虑到计算精度起见，必须避免出现近谐振分段，所以要对分段长度以及网格面积的大小做出物理限制。一般这些限制为

网格的周长 $< 0.5\lambda$；

网格长度 $< 0.1\lambda$。虽然在长到 0.25λ 以及正方形网格长到 0.14λ 的情况下仍能获得很好的结果；

相邻的分段在长度上的差异不能大于系数 2；

分段间的角度不能小于 $20°$；

导线半径 $< 0.001 \times$ 分段长度。

在 MOM 几何体中使用的分段并不一定非要是良好导体，它既可以是被加载的一个固定阻抗（作为一个频率的函数），集总负载，也可以是串联或并联的 RLC，并具有限分段电导率。在一个导线网格中的孔洞之间会发生准孔洞耦合。补片的使用可以降低孔洞耦合以及仿真地平面，但补片只能被建模为导电表面。导线分段由定义它的一端的坐标（X_1, Y_1, Z_1）

以及定义它的另一端的坐标（X_2，Y_2，Z_2）所表征。导线分段在坐标中的位置允许由复杂结构体构成。作为高频射线的光学方法的衍射几何理论已被扩展，涵盖了由于表面不连续和平滑结构体周围的爬行波产生的衍射效应。能够被用在 GTD 结构中的基本几何体是那些存在着反射和衍射系数物体，因此就有可能采用光学方法对射线进行跟踪。GTD 的优点是尺寸等于或大于一个波长的物体可以以整块的方式建模，而不是像 MOM 方法要求使用导线网格。另外，在 GTD 方法中，散射场可以通过跟踪从源到场点的所有几何光学通道直接从源和几何体获得，而不用通过计算几何元电流来获得场辐射图数据（MOM 方法）。然后，这些波将沿着这些通道从表面、边缘以及元的角上被反射和衍射。

当元的详细结构并不重要，并且散射场是唯一想要得到的数量值的情况下，GTD 技术非常有用。从理论上讲，只要有足够的 GTD 元，它就有可能获得任何水平上的细节。但在实际应用中，用户被迫限制 GTD 元的数目或者所考量的物理上的相互作用数目。虽然可以对爬行波建模，但 GTD 分析并不包括表面波，一个大数目的散射机理是可能的，并且运用 GTD 时，这些多重散射影响必须被明确地包含在分析中。

在 MOM/GTD 混合使用的情况下，有可能将 MOM 和 GTD 各自的最好优点结合在一起形成一个混合分析方法。散射结构体由 MOM 和 GTD 两者兼有的几何体建模，这允许用户使用 MOM 几何体（在需要的地方）来规定细节，却并不要求对整个几何体建立网格结构。因此矩阵的尺寸和未知项被降至最低。通过使用由 GTD 和 MOM 组成的一个混合有限差分方法，彼此存在的内部和外部问题都可以得到解决。这就意味着，我们能够对这样的一个外部场进行计算，即它可以通过一个孔洞耦合来激励一个 MOM 或 GTD 结构，并通过该孔洞又反射到外部。

若复杂结构体，如航空器需要长时间的程序执行，那么可以使用一个很简单的结构体替代来建模，但它的分析精度会严重打折。当然最新的高速 PC 肯定会大大降低对计算时间的要求，但对一个复杂结构体建模恐怕仍需数天之久。不像最新的 Windows 版本，早期版本的 GEMACS 几乎不使用多少 RAM，并尽可能地延伸对硬盘的使用。在许多情况下，对于像舰船和飞行器这样的复杂结构体，一个铜质的带有完整的发射和接收天线的，按比例缩小的实际模型与计算机分析相比，却能提供更快的解决方案。

Applied Research Associates 提供最新版本 GEMACS7.2，利用 MPI（例如 Linux 用户集和办公室网络）可以使桌面 PC 共享计算机内存和分布式内存。最新版本 GEMACS 集成了新的功能，提升了支持工具，并有更高的稳定度。

由于出口限制，GEMACS 现在只能在美国和加拿大购买。对于为美国军方或 NASA 项目工作的加拿大公司，必须填写军事关键技术数据协议（Militarily Critical Technical Data Agreement）并呈交美国/加拿大联合认证办公室。

GEMACS 孔洞耦合需要使用 FD 混合运算获取；然而，从最早到最新的所有版本，当计算穿过口径的射到一个封闭壳体的场时，这个功能却一直不能取得成功。然而，当预测水平极化或垂直极化波耦合到圆柱体附近时，如 12.5 节所示，GEMACS 比 FEKO 的测量相关性更好。

对几何体做出规定以及对 GEMACS 的输出进行分析的任务绝非易事。

XGAUGE 可以用来，并为输入的几何体、输出场和电流提供像填色轮廓图形显示。该图形显示能力包括真实 3D 导线框架和 3D 实心壁的导线 – 补片 – 平板的转换。它还可以以

16 种颜色（EGA）扫视、缩放、旋转以及变换等方式进行显示。它还可以使用 GEMACS 几何体作为输入为结构体建模，并可以通过识别（ID），标志（TAG）分段将其进行彩色编码。XGAUGE 还能够使模型再现，并提供 GEMACS 可读输出。其输出显示包括有导线/表面电流的彩色映像、细节填色轮廓、极坐标图和矩形曲线图、重叠以及近场和远场辐射图以及将 GEMACS 输出转换为显示输出。

商用客户也可以收到 SmartView 的一个副本，一个增强 3D 几何可视器，表面/导线电流以及辐射图。

Ultra Corporation 在与空军研究实验室签订合同的条件下，编制开发了与 GEMACS 并行的运行版本软件包。该并行的版本结合了高性能计算的最新优势，能够加速配式处理器的可扩展运行时间。基本 GEMACS 编码是高度便携的 FORTRON 语言。该并行版本还使用了消息传递标准 MPI。因此，它可以在具有最广可能的并行计算机簇群上运行，从海量并行超级计算机到工作站网络或 PC。并行编码的修正是针对软件系统结构的，而不是针对物理层面的。低频域时，交互和 Green 函数矩阵被分发计算，而在高频情况下，则使用平行射线跟踪算法。而在混合的情况下，两种技术被同时采用。在保持原始编码精度的情况下，运行时间从数天降至只需几个小时。修正后的 GEMACS 编码现在能够解决更大，更复杂的问题，并能处理更高数量级的交互。

12.4.4.7　FEKO

FEKO 的数值方法有 UTD、MLFMM、MOM、FEM PO、FDTD、GO 和 RL – GO（射线发射 GO）。混合方法可能使用两种方法，它们包括 MOM/PO、MOM/UTD、MOM/GO、MLFMM/PO、MLFMM/GO、MLFMM/FEM 以及 MOM/FEM。这些混合方法可以用于几何尺寸复杂和电气尺寸较大的情况。由分析类型可以确定使用的公式。一个混合问题的例子是使用 MOM 对一个喇叭天线建模，以及使用 PO 对金属表面附近的天线建模。

表面可以是 PEC 或有限导体或电介质。

有限导电率表面可以是分立元件 R、L、C、Z 或分布负载 R、L、C、Z。

有很多方法对 FEKO 的电介质物体建模，其中三种是 MOM 表面等效原理，MOM 体积等效原理和 FEM。

也可以运用特殊方法来考量细电介质，电介质涂层，电介质半空间，球体和多层面基质。

FEKO 的一个特点是可以为风挡建模，该风挡可以是包含多种电介质层的任意形状的风挡。这种方法可以在不用大量增加计算资源的情况下为嵌入式或印刷玻璃天线求解。

外部天线通过孔洞向金属壳体内耦合的情况通常使用 FEM/UTD/PO 混合方法。美国 FEKO 的 Gobinath Gampala 和另一个来自南非 FEKO 的 Ulrich Jakobus 的一份私人通信解释了如何使用 FEKO 替代 MLFMM 为天线建模并计算了该壳体外表面的电流。内外部都使用表面等效原理去耦。这样就产生了各自分离的区域（壳体内外）且入射到其中一个的场不会在另一个场的公式中被表征，而仅仅是通过孔洞耦合表征。这个孔洞耦合分析方法与第 10 章的圆柱体上的孔洞的测量结果有很好的相关性。

下面是一些应用的场景：

导线天线；

微带天线；

口径天线；

反射器天线；

风挡天线；

共形天线；

宽带天线；

阵列天线；

透镜天线；

雷达天线罩；

天线布局（辐射图）；

天线布局（耦合）；

生物医学；

辐射危害（RADHAZ）区；

周期结构：频率选择表面（FSS），特异材料；

行波源散射；

局部源散射；

EMC/EMI 屏蔽和耦合；

传播环境；

电缆束耦合；

波导元件；

连接器；

微带电路。

几何尺寸由线段（长度较短导线），长方体，四面体，多边形，顶点，节点（两部分结合点），连接点（线段与三角形结合点），边，张角，圆柱体和圆锥体。FEKO 是第一个相对于导线包含网格化实体结构的商业程序。导体表面被细分为三角形，导线分成线段。对于 FEM，网格基于四面体元。电介质固体被分为三角形，电介质薄片被网格化为三角形，这些三角形位于沿薄片的中部。使用 UTD，金属表面不需要网格化。

GO 可以使用旋转，平移，镜像，对齐或缩放等方法来进行转移。

程序流程如下：

通常在 CADFEKO（用来创建和网格化几何体）中建模。EDITFEKO 用来构建高级模型。下一步用户运行 PREFEKO（处理模型和准备输入文件）。解析内核是 FEKO，POSTFE-KO 可以查看结果。

POSTFEKO 也用来启动可能的耗时 FEKO 解析之前，目视确定模型的正确性。它作为 3D 视窗（有或没有几何尺寸）内位置的函数或者在任意 2D 图形中用来显示 FEKO 仿真的结果。POSTFEKO 会实时更新，当有结果时，会显示这个更新后的结果。

单一 POSTFEKO 会话可以显示多个模型的几何尺寸和结果。

12. 4. 4. 8　MefistoTM

Faustus Scientific 公司提供电磁时域仿真器。MEFISTo – 3D ProTM 的特点是可以执行基于文本的导入和导出，多线程构架，SPICE 链接，SPICE TLM 协同仿真，全参数化用户界面（GUI），时域分割，运行中可视化，时间反转能力以及 32 位和 64 位版本的特异材料建模。

MEFISTo – 3D NovaTM 是一个简化版本的 3D – Pro。MEFISTO – 2D ClassicTM 是一个基本的 2D TLM 解析器。

12. 4. 4. 9　APLAC

APLAC 是一个用于电路、系统以及电磁 FDTD 仿真和设计的软件程序。它是由赫尔辛基理工大学（Helsinki University of Technology）的电路理论实验室，Aplac Solutions 公司，Nokia Research Center，和 Nokia Mobile Phones 联合研制开发的。它的主要分析模式是电路，但它也包含了用于独立地解决 3D 场问题或作为电路设计的一部分的电磁 FDTD 仿真程序。

12. 4. 4. 10　EZ – EMC

以下信息来自 EMS – PLUS，sales@ ems – plus. com。

EZ – EMC 是一个价格适中的基于 FDTD 方法的全波 3D 分析软件，它有一个 GUI。

时域或频域结果；

电场和磁场；

应用；

屏蔽；

衬垫性能；

空腔和屏蔽盒共振；

散热器发射分析；

接地分析；

电路板发射；

铁氧体滤波器分析；

天线应用；

试验场地分析（OATS，GTEM，暗室和更多）。

XFdtd 是一个 3D 全波有限差分时域（FDTD）软件。

XGtd 是一个基于等效电流和物理光学方法的雷达横截面（RCS）精确模型。

两个程序可从 REMCOM 获得。

XGtd 有下列特性：

软件有强大的 GDU；

RCS 射线路径的散射场幅度和到达剩余时间；

近场区输出类型：电场幅度和相位，复杂脉冲响应和波印廷（Poynting）矢量；

远场射线路径可视化；

计算时考虑作为部分曲面的边的可视化；

对包括涂层在内的有限传导材料修正的 UTD 的全 3D 射线跟踪；

针对阴影区场高保真计算的爬行波衍射的计算；

计算包含电气大尺寸物体散射效应的远区辐射场型图；

计算由于发射器或接收器运动引起的多普勒（Doppler）频移；

分析天线耦合和多频干扰；

从 Remcon XFdtd 或其他源导入复杂天线方向图；

宽带和窄带脉冲建模；

生成时域或频域输出；

暗室的传播分析；

点源，天线阵列，分布源和行波的建模；

3D 可视化；

创建多重材料标绘图，多重电介质层，薄涂层或辐射吸收材料。

12.4.4.11　Penn State FDTD 编码

这是一个由 R. Luebbers 和 K. Kunz 研究开发的公共域 FDTD 编码。在他们编写的书名为《电磁学的有限差分时域方法》(*The Finite Difference Time Domain Method for Electromagnetics*) 一书中对该 FDTD 进行了描述。该书由 CRC 出版公司出版。

12.4.4.12　EMAP5

EMAP5 是一个混合 FEM/MOM 编码，它主要是被设计用来仿真印制电路板级上的电磁干扰（EMI）源。EMAP5 是一个全波电磁场求解程序，将矩量法与一个矢量有限元法结合在一起。它采用 FEM 来分析三维体积，并使用 MOM 来分析这些体积表面上的电流分布。

两种方法通过场在电介质表面被结合在一起。EMAP5 能够为三个入射平面波，电压源（在矩量法区域中），以及外加电流源（在有限元区域中）建模。该编码的目标是要有效地为附在一个或多个导电体上的非均匀和任意形状的电介质体建模。这种结构体的一个典型的实例就是附带有长导线或电缆的一块印制电路板。

EMAP5 是一个由密苏里大学罗拉分校（University of Missouri，Rolla）研究开发的 3D 数值电磁建模编码。该编码可以从下列网址免费下载 http：//www. emclab. mst. edu/emap. html。

图 12-14 所示为参考文献［8］中列举的一个研究案例的结构体。它由一个电介质体积 V_2 构成。其电气性质由（ε_2，μ_2）表征。该电介质体积和导电体积受到入射 H^i 和 E^i 场的照射，或者受到外部源 J^{int} 和 M^{int} 的照射。一个导电体积 V_3 被一个导电表面 S_c 封闭。在 V_3 中的场值为零。V_1 代表 V_2 和 V_3 外部的体积，并假定为自由空间。因此它的电性质可以用（ε_0，μ_0），（ε_2，μ_2）来表征。（E_1，H_1）和（E_2，H_2）分别代表在 V_1 和 V_2 中的电场和磁场。S_2 和 S_c 的单位法线矢量被定义为方向向外。四面体被用来作为离散电介质体积 V_2 的元。通过 $\{E_d\}$ 和 $\{J_d\}$ 把 FEM 和 MOM 方程建为联立方程，并对它们求解。因此可以由此解得所有在 FEM 区域中的场以及表面等效电流。

EMAP5 软件包括有三个主要组成部分：SIFT5、EMAP5 以及 FAR。EMAP5 是为研究和教育应用研制开发的。它没有复杂的网格产生器或图形显示工具。SIFT5 能够为用户产生简单的网格。EMAP5 是 FEM/MOM 场求解程序。FAR 是远场计算程序。标准输入文件翻译程序版本 5（SIFT5）是设计用来为 EMAP5 产生输入文件的。SIFT5 将文字文件以 SIF5 格式读入。用户能够通过使用在 EMAP5 软件中讨论的 11 个关键词来描写所研究的结构体。

SIFT5 会检测出在输入场中不合理的输入参数，并自动提示用户对它们进行修改。EMAP5 阅读由 SIFT5 产生的文件。它将打印出由 sif 文件所规定的区域中的场的一个或多个输出文件。同时所有的等效表面电流 J 和 M 都会被打印出来。

FAR 是一个用来计算远场辐射图的程序。远场以及等效的表面电流 J 的计算需要两个输入文件。一个文件由 SIFT5 产生，另一个是由 EMAP5 产生的默认输出。FAR 程序将提示用户输入下列的参数：

离开被观察结构体的距离 R，R 以波长为单位，通常 R 的值应大于 20；

观察间隔 θ。在球面坐标中以度为单位；

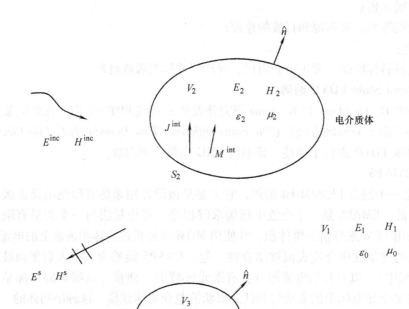

图 12-14 被 H^i 和 E^i 场或者外部源 J^{int} 和 M^{int} 照射的一个电介质体和一个导电体

(摘自于 Yun Ji, M. W. , Ali, T. H. , and Hubing, T. , EMC applications of the EMAP5 hybrid FEM/MOM code, IEEE, 1998 EMC Symposium Record, 1998. © 1998, IEEE)

观察间隔 ϕ。在球面坐标中以度为单位；

当执行 MOM 部分的编码时，EMAP5 必须知道三角形是如何连接的，另外对如何定义电流的方向要做出规定。

EMAP5 支持下列三类的源：

1）在金属补片上的电压源

2）平面波源

3）在 FEM 区域中的电流源

EMAP5 必须知道用户是否需要默认输出。另外，EMAP5 还必须知道用户想要多少个其他的输出文件。

有些结构体必须使用一个非均匀的网格来加以离散。例如，当印制线宽度与它的长度相比非常小的情况。

虽然 EMAP5 是一个 FEM/MOM 结合的编码，但它仍能为仅要求其中一个方法来分析的结构体建模。此时只采用 MOM 部分的编码。

作为一个例子，假定存在一个带有源的偶极子位于一个电介质源中，为它的电介质板设置的介电常数为 1.0，这个模型是一个在自由空间中的半波长偶极子。若将这个问题在一个 Sun Ultra 工作站上运行，则要求 80MB 的内存以及 20h 的运行时间。

12. 4. 4. 13　学生用的 QuickField

学生用的 QuickField™ 是求解电磁场，热和应力等耦合场的设计仿真用的 2D 有限元仿真软件包。

学生用的 QuickField 是全功能的免费的分析程序，但是它有网格节点限制。如果精度和复杂度超过学生版的限制，可以寻求专业版找到更强的功能。

12. 4. 4. 14　HFSS

ANSYS HFSS 是一个使用 FEM 工具对 3D 结构体进行电磁建模的完整解决方案。

根据几何尺寸，材料性质和频率范围，HFSS 自动生成最适合，最有效和最精确的网格来进行仿真。

在运行中，HFSS 分析引擎把任意形状的 3D 结构体划分成许多小的四面体形状的元。电场由在每个四面体内的较高阶的四面体边界用元基函数来表示。基函数间的相互作用是使用 Maxwell 方程的微分形式计算的。这些计算导出的线性方程可以用一个稀疏矩阵来表示。产生的解也就是场的近似解。

在场强为最大的地方为了增加解析能力和精度，电磁软件自动的减小有限元的尺寸。为了减少计算时间和更有效的使用内存，一个改进后的网格算法，它在使用内存和 CPU 资源时更趋实用化，从而也就避免了在以前版本中会出现的"内存不足"的情况。

为了设计一个结构体，操作员需要输入准备研究的几何体尺寸，并且为其配上输入和输出端口以及指配材料特性（如基板的介电常数）。这个软件采用的是自适应网格精细技术，从而解决了用户自定义精度水平的问题。所想要的精度是计算/求解时间的函数。要求的精度越高，所要求的 CPU 时间就越多。显示功能提供了电磁场、表面电流、天线极坐标辐射图、S 参数信息的史密斯圆图的动画图像以及列表显示结果。

该结构体可以是 Cadence，Mentor Graphics，Synopsis，Zken 或 Altium 设计软件里的布局设计或 ProE，STEP 或 IGES 里的结构件。它可以通过 AnsoftLinks 的程序输入到 ANSYS HFSS 中去。ANSYS HFSS 的 S，Y，Z 参数和场可以被送至 Ansoft Designer 软件。另一个输出可以被送至 SPICE 或 RF 工具。

IE 求解程序是一个研究大型良性导电结构体上的辐射和散射的有效加载求解程序。它使用了 MOM。使用 HFSS 接口，IE 可以和 HFSS 共享几何尺寸，材料特性以及某些关键求解程序技术。E 求解程序也允许创建 HFSS 模型，这个模型使用混合 FEM - IE 方法来解析大型结构体问题。

HFSS 可以用于连接器的信号完整性和电磁干扰的设计和评估。

HFSS 瞬变是一个基于不连续 Galerkin 时域方法的 3D 全波瞬变或时域电磁场的求解程序。

ANSYS 16 提供了一个称为 AIM 的集成和综合的多物理场仿真平台，这是可以进一步实现的 ANSYS 工作平台。

12. 4. 4. 15　3D MMP

3D MMP 是一个 FORTRAN 程序。由瑞士苏黎世的瑞士联邦理工学院（Swiss Federal Institute of Technology，ETHZ）的 Ch. Hafner 设计。

3D MMP 编码在 John Wiley & Sons 出版社出版的《电磁波仿真器》*Electromagnetic Wave Simulator*，作者 Christian Hafner 和 Lars Bomholt，书已经售罄）一书中有详细的描述。这个

版本并没有包括一个本征值求解程序（用于圆柱表面导向波）。它的应用仅限于电磁散射（包括波导非连续性和可以被归结为电磁散射的类似问题）以及天线设计。3D MMP 有一个用于 PC 的图像前端，它可以被用来作为执行和测试有限差分方案和其他迭代过程的一个平台。3D MMP 有用于计算光栅和双周期结构，多重激励，高级图像等功能。用于导向波和谐振器计算的一个本征值的求解程序仍然还被包含在里面。这个为 Windows NT（升级版 3）编制的可执行编码和文本文件在苏黎世 ETH Christian Hafner 的服务器上，可以免费下载。

12.4.4.16　InCa3D

CEDRAT 的 InCa3D 是一个导体阻抗和近场/磁场仿真软件。它使用 PEEC，基于低频公式抽取几何结构体的电气参数（电阻，电感，自感和互感）。它将 R，L 和 C 的值在矩阵内来解析 AC 或稳态基尔霍夫（Kirchoff）方程。它使用半解析运算高斯点并且用快速多极方法来加速。它考虑趋肤和邻近效应，用来给结构体内的每一种导体建模。

它评估影响系统性能的寄生现象且包含了共模电容和环路电感。

CAD 的输入可以是 CATIA，Pro/Engineer，IGES，STEP 或 Gerber 文件，输出到 Portunas，SABER，Modelica，SPICE，和 VHDL – AMS。输出数据是 RLC 参数，与电流仿真器的耦合，数字完整性和辐射，电流分布，磁流，拉普拉斯（Laplace）力和焦耳（Joule）损耗。

它使用 FFT 将时域分析转换到频域分析。

12.4.4.17　ELECTRO 2D/RS

Integrated Engineering Software 的 ELECTRO 2D/RS 结合了 BEM 和 FEM 场求解程序的优点。它能够计算电场强度，力，力矩，传输线参数和电容。它的应用如下：

变压器；

绝缘体，轴瓦，接地电极；

微机电系统；

高压屏蔽；

电力传输线；

通信电缆；

微带和集成电路；

高压开关设备；

静电印刷过程建模；

电场内的元部件和配件。

12.4.4.18　EMPIRE XPU

IMST 公司的 EMPIRE XPU 基于 FDTD 方法进行 3D 建模。这家公司称由于在运行中自适应性生成代码，这个软件有迄今已知最快的仿真引擎。

对结构体进行定义时，它包含一个 GUI 以及支持几种结构体导入导出格式。它包括以下应用：

面，多层和共形电路；

元件；

天线；

多引脚封装；

波导；

SI/EMC 问题。

仅仅一次仿真运行就可以在宽频域范围内产生时间信号，散射参数和场动画效果。

12. 4. 4. 19　AN - SOF

根据供应商 Golden Engineering，AN - SOF 是基于 MOM 改进版本的程序。它被设计用来仿真天线系统和一般辐射结构体并对它们建模。可以使用 AN - SOF - 特定 3D CAD 接口对结构体建立模型。

AN - XY 图表用来标绘两个相应的物理量，Y 和 X。

这些物理量包括频率依赖性电流，电压，阻抗，反射系数，VSWR，辐射功率，增益，辐射效率和雷达散射截面。金属表面的电流分布作为位置函数也可以被标绘出来。除此之外，作为角度和距离的函数，近场或远场也能用 2D 辐射图来表征。

AN - Smith 图表表征阻抗和导纳，还能显示反射系数和 VSWR。

AN - Polar 可以表征辐射和散射的相对方位角或高度角的方向图，且可以由此得到辐射瓣宽度和方向性比。被表征的场量包括功率密度，方向性，增益，归一化辐射图，总电场，场极化分量和 RCS。

AN - 3D 类型图——一个可以用全角度解析图表示结构体辐射和散射特性的完整的视图。可以使用 AN - 3D 实现辐射瓣网格和表面的彩色可视化。表征的物理量包括被表征的场量包括功率密度，归一化辐射图，方向性，增益，总电场，线性和圆极化场分量和 RCS。可以采用线性和对数坐标来表征。

12. 4. 4. 20　EMA3D

ElectroMagnetic Applications Inc. 为 EMC 研究提供了 EMA3D 软件。EMA 是 FDTD 求解程序，用来计算雷击，DO - 160，盒体缝隙的 EMI，场如何耦合到电缆以及盒体可以泄漏多少电磁干扰的问题。

12. 4. 4. 21　CST 设计器套件

CTS（Computer Simulation Technology）公司的 CST 设计器套件大量使用中央有限差分技术以及 CST，FDTD 或有限积分技术（FIT）。该程序可以仿真单个元件或全系统。

12. 4. 4. 22　CST 微波设计器（CST MWS）

CST 公司的 CST 微波设计器是一个用来评估高频元件，如天线、滤波器、耦合器、面和多层结构体，以及信号完整性和 EMC 效应的 3D 电磁工具。

除了旗舰模块外，CST 还提供了广泛的时域瞬变求解程序和频域求解程序。它提供特定 CAD 文件导入和 SPICE 参数抽取过滤器。另外 CST MWS 还可以通过 CST 用户接口嵌入到各种工业标准流程中。

12. 4. 4. 23　FEST3D

Aurora 软件公司提供的这个程序可以使用波导技术分析不同种类的无源 RF 结构体。本质上，FET3D 基于已被 MOM 有效解析了的 IE 技术。另外，边界积分谐振模式扩展方法被用来抽取任意截面的复杂波导模态表单。Aurora 软件公司称 FEST3D 可以在极短时间（几秒或几分钟量级）内仿真复杂无源设备，而通用软件（基于分段技术，如有限元或有限差分）进行同样的计算可能需要花上几个小时。

他们更进一步地称，与模态匹配技术不同，FEST3D 的电磁算法能够使相对收敛问题最小化，从而得到更可信的结果。

当元件的精确分析需要许多模态时，FEST3D 使用的技术在每个频点上可以实现更快的计算时间。

12.4.4.24　Wave3D

CEMWorks 公司的 Wave3D 是一个对面 – 体积分方程的 MOM 求解。Wave3D 对一般金属和电介质复合模型等复杂电磁问题求解。通过使用宽带快速多极方法来加速，这个公式可以对大尺寸天线，散射场和非均匀介质结构体的 EMC 问题求解。

Wave3D 提供的数值解法对金属表面使用三角网格，而对电介质表面使用四面体网格来实现离散化。

其应用如下：

天线分析和定位；

电介质材料的吸收；

高度不均匀生物组织的吸收；

复杂复合标的的散射；

电介质层，如雷达天线罩和共形天线设计的分析；

Wave3D 使用快速多极方法（FMM），此方法从 DC 到 X 及以上波段皆有效。

FMM 的扩展程序允许在低高频下对大尺寸模型进行有效的电磁分析。其激励源可以是偶极子，行波和内外端口驱动。

近场分析可以使用笛卡尔（Cartesian）、圆柱和球坐标。远场分析显示包括了散射场和RCS 的全 3D 可视化功能。

12.4.4.25　WIPL – D Pro

WIPL – D 应用基于四边形网格和高阶基函数的 MOM 方法。根据供应商所提供的资料，这些方法可以生成表面电流分布的高精度的结果，近场结果，远场辐射图和电路参数。

对于电气尺寸大的结构体，使用特殊技术来减少内存使用以及加速仿真计算过程。智能降低选项可以用来对天线部署进行设置。据供应商的说法，这能够减少多达 10 倍的内存使用。

减影技术可以让用户清晰地定义模型的部件并在该位置消除近似的阶，例如平台下的结构体和车辆和飞机的底部器件。其他的一些程序允许选择网格尺寸来得到近似的结果。

其他功能包括：

基于导入的所选择导线和平面的电流分布计算近场和/或辐射图。

扩展低频分析的限值以及处置和分析复杂结构体的微小细节和 1/1000000 波长尺寸的元器件。

改进多核 CPU 并行计算。

并行激励以及使用场生成器计算近场/远场，最多可用于 100000 个源。

直接场生成器阵列激励下的透明多层雷达天线罩的仿真。

对所选择的导线，平面和物体进行局部补片尺寸设置

改善分布负载技术参数：指配到物体（附加到导线和平板）以及有能力复制和重计已定义负载。

图形显示输出结果（网格图，电流以 dB 显示等）

通过整合 WIPL – D 时域求解程序计算特定的吸收。

12.4.4.26　WIPL - D 时域求解程序

时域求解程序是一个 WIPL - D Pro 3D 电磁求解程序。它用来对 3D 结构体作瞬变分析。它整合了 WIPL - D Pro 程序，基于 WIPL - D Pro 的频域仿真和傅里叶（Fourier）变换计算其时域响应。

时域激励由各种预定义波形所规定，如高斯波，单周期波，矩形波和指数脉冲，以及正弦波。另外，时域求解程序可以读取任何用户定义激励波形以及计算所需的瞬变响应。

可以在 WIP - D 环境内实现输出结果 2D 和 3D 图形可视化。

12.4.4.27　EMPro 3D 仿真软件

KEYSIGHT Technologies 公司提供的 EMPro 3D 仿真软件是一个电磁仿真的软件设计平台。它可以用来为元器件建模，如高速和 RF 集成电路封装，焊线、天线、晶片内和晶片外嵌入式被动元件以及 PCB 互连线。

它能使用 FEM 提供时域仿真或使用 FDTD 提供频域仿真。

它具有设计流程整合功能，可以创建 3D 元件。该元件可以利用 2D 电路布局和原理图经由电磁电路协同仿真程序和一个可以生成 3D 结构体的 GUI 来仿真。

12.4.4.28　Field Precision 公司的 LLC

Field Precision 公司提供一个使用有限元仿真的 2D 和 3D 软件包。

它有以下功能：

静电和高压工程，包括电极和电介质上场应力的计算，电力线，电容和静电力；

电子枪，喷射器，加速器和运输系统；

RF 和微波技术，包含谐振器设计，电磁散射，脉冲功率技术和微波设备；

3D 结构体的时域和频域分析；

电磁和永磁；磁场分布和磁场力；可能包括任何形状的驱动线圈的计算，铁的饱和效应，和多个永磁体；

X 射线显影和源设计，包括蒙特卡洛（Monte Carlo）电子仿真，0.25kV 到 1GeV 物质中质子和正电子相互作用，X 射线源的端对端设计；

固体和生物媒质内热传导。

12.4.4.29　波印廷（Poynting）MW

FUJITSU 公司提供波印廷（Poynting）微波分析软件。

它使用 FDTD 求解程序进行高频分析。

它具有电磁波分析性能，可以计算近场和电磁流。它也可以计算远场，包括辐射场和散射场。它可以计算频率特性，如电压和电流的时域波，S 参数和阻抗。

相关应用如下：

噪音对策评估（EMI 抑制）：对 4 层板的 PCB 在执行对策前后的 EMI 做出分析和比较，就能评估出此对策的效果。

对 PCB 产生的近场和远场的并行计算。

具有电磁带状缝隙结构体的电力地的噪声特性

具有负折射率的特异材料。这是对一个具有负折射率的三棱镜进行电磁仿真的例子，它对特异材料建立开口环和导线模型。新的第 3 版开始使用一个新的函数（数值波源）。

其他的应用有 ESD，车载移动电话，合成全波和使用 HCS 连接（电路分析连接）选项的 IBIS 模型，以及 Poynting/HCIS IBIS 选项。

FasterCap：FasterCap 是一个 2D 和 3D 多平台并行电容的场求解程序。

FastCap2：FastCap2 是 FastCap 的 Windows 移植版本。

FastHenry2：3D 电感/电阻场求解程序的 Windows 移植版本。

FastModel：快速模型是上述程序的 3D 查看器和文本编辑器。

上述这些模块可以从 fastfieldsolvers. com 网站上获得。

12. 4. 4. 30　PAM – CEM/FD

ESI 的 PAM – CEM/FD 是一个基于 FDTD 技术的 3D 麦克斯韦尔电磁求解程序。它使用"糖块"网格产生器将模型执行离散化。用户可以管理外部激励波与复杂结构体的相互作用，通过专用敏感度或辐射耦合程序来处理辐射导线天线或将这个 3D 分析与 CRIPTE 软件结合。除了糖块网格以外，标准吸收条件或完美匹配层的情况还可以使用 PAM – CEM/HF。

PAM – CEM/HF 是 ESI 的另一个产品，它依靠 PTD 来结合 PO 和等效边缘电流。应用的场景包括高频雷达散射。

12. 4. 4. 31　CRIPTE

ESI 的 CRIPTE 软件基于电磁拓扑，可以分析电缆网络上的所有传导特性。它包括了对上百根导线，拼接，子网络，屏蔽电缆，频率依赖性的有损介质涂层和埋设导线等各具特点的实际线束的管理。

12. 4. 4. 32　3D/MTL 耦合

ESI 的 3D/MTL 耦合软件提供了处理复杂电缆网络实际模型的能力。

12. 4. 4. 33　EM. TERRANO

EMAG Technologies 公司的 EM. TERRANO 软件是一个基于物理特性的，在特定场合的电磁波传播建模工具，它可以使工程师们确定无线电波如何在城市，自然界或混合环境中传播的。它使用了全 3D 的偏振和相干弹跳射线，可用来离散任意形状区块的参数的三角表面网格划分器，GTD/UTD，智能射线追踪，射线反射和边缘衍射等技术。它可以计算下列场景的传输情况：多层薄墙，同步发射器的叠加，超外差发射器和接收器通信连接分析，反映了区块和地形（从其他模块或外部文件导入）的反射和传输系数的用户定义宏模型，场景元素的参数分析，如建筑物性质，辐射体高度和旋转角度，超外差发射器和接收器的参数以及传播场景的统计分析。

12. 4. 4. 34　Efield®

Efield Solutions 公司的 Efield 软件提供了若干模块，它们包括：

Efield® FD：Efield FD 使用 MOM 且包括了并行频域仿真。它适合于并行处理工作站的中等大小的问题分析。

Efield® FD hybrid：Efield® FD hybrid 加载模块将其应用范围扩展至大型问题的分析，即是，对于标准 MOM 过于庞大的分析。这个模块包含 PO 和 MLFMM。

Efield® TD：Efield® TD 是使用 FDTD 求解程序的基本时域模块。

Efield® TDhybrid：在 Efield® TD hybrid 加载模块上为未构建网格增加了 FDTD – FEM 混合求解程序。产生混合网格是一个受 GUI 控制的自动过程。

Efield 套件包括了下列功能：

包含 GUI 的集成环境；

支持主要格式的 CAD 导入（CATIA, CADDS, Pro/E, IGES, STEP, Parasolid, ACIS, DXF/DWG, STL, VDA – FS, ANSYSY, Inventor, Solidworks, Unigraphics）；

复杂 CAD 模块的修复（缝隙，镀银面，反法向，重复对象）；

使用三角形元的面网格和使用笛卡尔（Cartesian）格线和四面体元的体网格；

包含全波解析的时域和频域求解程序技术（MOM, MLFMM, FDTD, FEM），近似技术（PO）以及新型混合技术。

12. 4. 4. 35　EMA3D

EMA 提供了 EMA3D 软件包用于 EMC 的仿真。

它传承了 EMC 和 EMI 验证的理念并有一个 CAE（Computer Aided Engineering）接口。

EMA3D 基于直角坐标 FDTD 方法，是麦克斯韦方程的一个 3D FDTD 求解程序。它有能力为小于计算网格尺寸的导线、细缝和薄表面建模。它允许使用具有频域依赖性和各向异性的电磁参数。它也有各种边界条件，源和可变网格尺寸可选。它有一个空气电导率模型，这个模型考虑了空气在强电场里的等离子流体特性。AMA3D 有一个用于工作站和计算机簇群的并行求解程序。

MHARNESS 是一个电缆配线电磁求解程序，它使用传输线求解程序来揭示接口引脚上的电磁瞬变传输到电子系统的现象。EMA3D 和 MHARNESS 可以协同执行一个自洽仿真。MHARNESS 可以仿真多个分支，多个导体和多个屏蔽的情况。

ITI Trancendata 公司的 CADfix 是 CADfix 软件包的定制版，它可以导入 CAD 所有的主流格式几何体的尺寸。CADfix 也允许对几何体进行修补和制备。

12. 4. 4. 36　RF MODULE

COMSOL 公司提供的 RF MODULE 基于带有数值稳定边缘元的 FEM，也称为矢量元。该 RF MODULE 与最先进的算法结合进行预处理并迭代求解最终稀疏方程系统。迭代求解程序和直接求解程序并行运行在多核计算机上。计算机簇群计算可以用来执行频率扫描，这个频率扫描在簇群内的多台计算机上按频率分配任务，以进行快速计算或使用分布内存（MPI）；或者与直接求解程序一起使用分布内存来求解大型模型。

这个 RF 模块对场进行 3D、2D 和 2D 轴对称仿真，也可以对 1D 的传输线等式和 SPICE 网络列表电路（无量纲）模型进行仿真。3D 公式基于矢量棱边元的全波麦克斯韦方程，并包含了对模型的绝缘介质，金属介质，分散介质，损耗介质，各向异性介质，旋波介质和混合介质材料特性的关系。2D 公式可以同时或分别求解面内场和面外场的极化。2D 轴对称公式可以同时或分别求解方位场和面内场，并且可以求解一个已知的方位角模数。

它有全波和背景波公式。当背景波公式采用一个来自外部源的已知背景场时 – 这是雷达散射截面和电磁散射的一个常见的方式，由于模型内包含了所有的源，于是全波公式就可以用来求解总场。

边界条件可用于 PEC，有限导电表面和薄的有损边界。

完美匹配层用来给边界到自由场区域建模。具有模型端口的各种激励边界条件，可用于端口的矩形，圆形，周期性，同轴的，近似集总的，用户定义的和精确数值计算的激励。你可以包含表征电缆终端以及集总电容，电感和电阻元件的边界条件。线电流和点状偶极子也可用于快速制作原型。

仿真可以被设置为本征的，频域的和瞬变的问题。本征问题可以发现一个结构体的共振

情况和 Q 值，也能探究波导的传播常数和损耗。

可以联立 COMSOL 多物理场的所有模式的方程，使得电磁场既影响其他物理场而又会被它们所影响。

这些结果可以被预定义的电场和磁场标绘图所表征。

12.4.4.37 FASANT

NewFasant 公司的 FASANT 软件是一个分析卫星搭载天线的 3D 程序。它使用了 GO、PO 和 UTD。这个编码有一个图形接口，这个接口允许用户构造几何体并以任何视点来展示它，设置天线位置，可视化射线轨迹，输入所有分析数据，查看可视化结果。FASANT 可以从 CAD 工具中，如 AutoCAD 和 Rhino 中输入几何尺寸。

考量直射波，反射波，边沿衍射波，斜边衍射波，角衍射波，爬行波以及任何这些波的组合，可以得到天线对之间的耦合，辐射图以及近场数值。

这些结果可以以图形来表征。射线轨迹，部分或其分量可以实现可视化并且其他的效应可以被分别计算。

12.4.5 集成工程软件

本节提供了除 12.5 节描述的低频/瞬变求解程序以外的附加程序。

12.4.5.1 SINGULA

SINGULA 是一个使用 MOM 和 FEM 的高频程序。开发者称 SINGULA 的优点是求解开放区域的问题以及建模边界条件必须精确的情况。

SINGULA 计算近场和远场结果，功率和方向性增益雷达散射截面，极化轴比，输入阻抗，导纳和散射参数。

其应用包括以下方面：

导线天线（单极子，偶极子，八木，立体螺旋，平面螺旋）；

面天线（平面带状，平面螺旋和反射器）；

无限/无限地平面上的介质天线（谐振和驻波）；

EMC/EMI 相互作用；

微波电路；

微带功率分配器和滤波器；

MRI RF 线圈；

电力母线结构；

雷达散射场截面；

波导滤波器和转换器；

介电体的电磁散射；

导体；

人体的电磁效应。

12.4.5.2 CHRONOS

Integrated Engineering Software 公司提供的 CHRONOS 是一个使用 FDTD，MOM 和 FEM 的编码。

CHRONOS 具有智能网格划分器编码，能够识别结构体细节而后根据算法的精度要求来确定如何分布网格。这里的结构体可以被手动划分或者由智能网格划分器来划分。它可以提供时域结果而且这些结果可以被变换以频域内的不同参数来显示。

其应用场合如下：

闪电袭击；

面场和微波以及天线结构；

导线天线；

电缆连接；

超宽带天线；

天线辐射特性；

微波电路，波导和同轴结构；

电磁兼容性和电磁干扰；

近场和远场动画模拟；

飞机和导弹的电磁仿真；

特异材料结构。

12.5　静电场、静磁场、低频和准静场分析

12.5.1　麦克斯韦 2D – 3D

ANSYS 提供了麦克斯韦 2D 和麦克斯韦 3D 程序。ANSYS Maxwell 使用有限元的方法来求解电场或磁场问题，如静电场，静磁场，涡流和求解麦克斯韦方程求解磁场瞬变。在麦克斯韦 3D，基本元是四面体。对每一种求解程序，都有一些基本定义方程，它提供了对被求解场的误差分析。麦克斯韦方程在每次求解结束后，都会报告一个误差能量数的百分比值，它被用来衡量自适应精细化网格所得到的解的收敛情况。Ansoft HFSS 编码在 12.4 节中有详细叙述。

12.5.2　ANSYS/EMAG

ANSYS/EMAG 程序由 Ansoft 和 ANSYS 共同开发。EMAG SO：ID236 和 SOLID237 可以对静磁场，准静时间谐波场和准静时间瞬变磁场建模。它使用一个基于棱边的磁场矢量电势公式对这两种元素进行公式化，这提高了低频电磁仿真的精确度。

其应用包括电动机，螺线管，电磁铁和发电机。

12.5.3　集成工程软件

集成工程软件提供下列的应用。

12.5.3.1　MAGNETO

这是一个含有 BEM 和 FEM 求解程序的 2D/RS 磁场求解程序。MAGNETO 可以计算力，力矩，磁链和电感。

其应用场景包括：

磁记录头；

电动机（AC/DC）；

磁场屏蔽；

螺线管和变压器；

充磁夹具；

断路器；

磁传感器和仪器。

12.5.3.2 ELECTRO 2D/RS

ELECTRO 2D/RS 静电场求解程序兼有 BEM 和 FEM 场求解程序的优点。

它可以计算电场强度，力，力矩，传输线参数和电容。

其应用场合包括：

变压器；

绝缘体，轴瓦，接地电极；

微机电系统；

高压屏蔽；

电力传输线；

通信电缆；

微带和集成电路；

高压开关设备；

电场里环境下的部件和组件。

12.5.3.3 COULOMB

3D 电场求解程序使用带有 FEM 求解程序的 BEM 方法。

Coulomb 计算电场强度，力，力矩和电容。

它的应用与 ELECTRO 2D/RS 一样，不同的是它有 3D 功能。

12.5.3.4 OERSTED

这是利用 BEM 和 FEM 求解程序的一个 2D/RS 时间谐波涡流场求解程序。

其计算包括磁场分析，力，力矩，感生电压，位移电压，磁链，感生电压，功率，阻抗和电流。

其应用包括：

MRI；

非破坏性试验系统；

汇流排，充电夹具；

感应加热线圈；

磁记录头；

磁场屏蔽；

线圈和变压器；

感应电动机；

它也适合于大型低温超导磁铁。

12.5.3.5 AMPERES

Amperes 是一个利用 BEM 和 FEM 求解程序的 3D 磁场求解程序。

它能计算力，磁链和感抗而且包括对线性，非线性和永磁材料的计算。

其功能有：

充磁夹具；

永磁组件；

断路器；

磁记录头和外壳；

电动机（AC/DC）；

磁场屏蔽；

回旋加速器，螺线管和变压器；

磁浮标和轴承系统；

传感器和磁法仪器。

12.5.3.6　FARADAY

这是一个基于 BEM 和 FEM 求解程序的时间谐波涡流分析程序。

FARADAY 可以计算力，力矩，位移电流，磁链，感应电压，功率和阻抗。

其应用如下：

MRI；

非破坏性试验系统；

汇流排，充电夹具；

感应加热线圈；

磁记录头；

磁场屏蔽；

线圈和变压器；

感应线圈。

12.5.3.7　INDUCTO

INDUCTO 是一个 2D/RS 程序，它提供耦合电磁场和热力场分析。OERSTED 涡流仿真能力和 KELVIN 的热力分析能力相链接来提供感应加热分析的完全解析。

INDUCT 可以执行瞬变和稳态仿真。另外，当不需要耦合仿真时，OERSTED 和 KELVIN 模块可以分开使用。

12.5.3.8　FLUX

CEDRAT 公司的 FLUX 软件。所有的 2D 和 3D 低频电场和磁场分析都使用 FEM 求解程序。

高级 CAD 导入和进行多参数研究 AC 磁场材料增强模型，稳态仿真，电场计算，包含非线性模型的电路耦合，表面阻抗公式对趋肤效应建模而不需要对导体的横截面进行网格划分和对列入复杂非线性模型的 Portunus 驱动的协同仿真。

其应用如下：

旋转机械；

线性执行器；

变压器；

感应加热设备；

传感器；

高压设备；

电缆；

非破坏性评估。

12.5.3.9 Infolytica

Infolytica 提供的一个软件套件，包括用于 SOLIDWORKS 的 ElecNet V7，MagNet V7 和 Magnet，它们是利用 FEM 的一个 2D/3D 全波电磁建模软件。

ElecNet V7 用来求解静态，AC 和瞬变电场和电流场问题。

它从 SAT，DXF，Pro，E，IGES，STEP，Inventor，和 CCATIA 导入数据并向 OptiNet 自动设计优化程序输出数据。

MagNet V7 可让你对任何电磁设备或机电设备进行建模。

输入数据源不仅与 ElecNet V7 相同，而且也被允许从 PSIM，Simulink® 和 VHDL – AMS 等系统仿真程序获得输入数据。

可用于 SOLIDWORKS 的 MagNet 是一个 3D 电磁场仿真程序，可以嵌入 SOLIDWORKS CAD 软件中。它可以进行电磁场仿真而且对几何体进行修改来检测对设计的影响，而不用考虑输出模型数据以及解决兼容性问题，参考文献［11］。

12.6　使用电磁分析程序的误差

众所周知，过度依赖于计算机程序是十分危险的，这不仅是因为很可能从一开始输入的原始数据本身就是无效的，而且所采用的建模技术可能不恰当，但是由于它们被嵌入到程序，用户就确信由计算机程序得出的结果必定是正确的。计算机建模方法通常主要受制于频率和被建模几何体，当计算机程序不能识别这些限制时，它给出的结果可能带有巨大的误差。在简单程序中使用计算机编码时要特别关注这些限制，而在使用较为复杂的程序前也会要求用户做出若干决定，这也可能会导致巨大的误差。如果一个简单的导电结构体携载一个已知的 RF 电流或被暴露在一个入射电场中，使用简单的天线理论就可以对它的辐射场或表面电流提供一个"完整性检查"。假如辐射场或感生电流高于预测值，那么就值得怀疑所建立计算机模型的正确性了。

对于来自天线的辐射，可以使用 FRIIS 公式和天线说明书推导出的近似天线增益来进行完整性检查。

举个例子，一个简单的菜单式的计算机程序询问在辐射源和接收体之间是否存在着一堵墙。若回答是，就应该插入一个固定衰减系数到耦合方程中。但墙本身所使用的材料类型，墙上的诸如门窗等的孔洞，以及辐射源和接收体之间距离几何都会对真实的衰减电平产生极大的影响。这个影响已在 6.11 节中有所讨论。在那个讨论中，可以看到在离开建筑物内墙 1m 远处测量到的场值与离开内墙 15m 的测量值比较，其衰减有高达 40dB 的差异。

考虑外墙的导电性和介电常数以及考虑孔洞和内墙等的影响，计算机程序会更复杂也会更强劲，也可以更精确地计算这个衰减。但是带来的问题是，随着程序的复杂程度的增加，精确输入结构体的几何参数和描述耦合路径并建模所要求的时间大大增加。于是在高频情况下，用于大型结构体进行计算所要求的时间成本十分昂贵。

　　不论使用什么类型的程序，必不可少的是要将计算结果与实际测量结果或根据工程经验得出的结果进行比较，以检查它们的一致性。在程序中使用的建模方法和所做的设定，对用户来讲都必须是有效的，只有这样才能正确判断所使用的方法对解决问题的适用性。一个程序的使用所获得结果的精确度应是已知的，以便在要求做最恶劣条件的分析时，可以加入一个安全系数。当预测精确度过低时，可能会进行过度设计，从而造成费用的增加。

　　电路中的差模电流典型地会在数量级上高于共模电流，并且要想了解这些共模电流的产生是极为困难的。但正如在第 11 章中对 PCB 辐射和 7.13 节对电缆和导线的讨论的，共模电流往往是辐射的主要源头，但是许多商用的 PCB 辐射计算程序却常常忽略了这个重要的源。

　　使用 MOM 对 MIL – STD RE102 的实验布置建模，即仿真在有限地平面上一根传输线的辐射敏感度试验，当传输线近端和远端接地（对称连接）时，预测所得的线上感应电流与实测值相差很大。然而当仅将传输线一端接地（非对称连接）时，预测值与实测值的相关性却非常好。当对谐振频率进行修正后，非对称连接可以用来推导对称连接情况下的电流。

　　MLFMM 技术是 MOM 技术的扩展，在第 10 章中，使用 MLFMM 技术预测的圆柱体上的单极子天线的输入阻抗为 198Ω，这与天线公式以及第二基于 MOM 的程序所预测的结果有非常大的不同。第二程序显示了与天线很好的相关性，其阻抗在 44.5 ~ 47.5Ω 之间。MLFMM 程序得到了相似的结果，但是没有解释产生这个差异的原因。

　　网络分析仪测得的金属壳体上的杆状天线的输入阻抗为 46.9Ω，而 MOM 程序预测的阻抗为几百欧姆。

　　两种不同的计算机程序被用来对一个圆柱体周围的爬行波建模，这些爬行波来自于一个附于圆柱体的单极天线和一个与圆柱体表面平行的偶极子天线。这些仿真结果与测量值进行比较。

　　一个程序使用 MOM 对天线建模，并使用 UTD 对圆柱体的周围的衍射建模。第二个程序使用 MLFMM 对单极子天线和偶极子天线[⊖]建模来预测圆柱体上的电流和圆柱体附近的场的幅度。

　　当电磁波垂直极化（单极子天线），MLFMM 的结果与测量值仅差 6dB，而 MOM/UTD 的结果仅差 2dB。然而当电磁波水平极化（偶极子天线），MLFMM 结果和测量值的差异为 21dB，而 MOM/UTD 与实测值的差异在 2dB 以内。

　　在参考文献 [11] 中，三个全波频域电磁建模编码被用来给三个经典的简单问题建模。一个编码使用 FEM 求解程序，另一个使用 BEM 求解程序，第三个使用 FEM/BEM 混合求解程序。其中一个问题是一对完美导电平面，其间充斥微损电介质。它模拟了一个印制电路板电源平面（或微带补片天线）。那一章的结论是这些编码相互可以生成合理精度的解（在 3 ~ 5dB 之间）；然而在这三个频率的误差高达 10dB。

　　每一种编码需要 29h 来运行 PCB 电源平面结构参数。

　　参考文献 [11] 提供了对这三种编码和结果的有趣评论。

　　⊖　原文此处丢失词语，根据上下文意思推断，此处应为偶极子天线。——译者注

参 考 文 献

1. Computational Electromagnetics, Wikipedia.
2. G. Dash and I. Strauss. Digital EMI testing: How bad is it? Studies document variances. *Newswatch EM Compliance Engineering*, Winter 1990, VII(2), 39.
3. S.T. Li, J.W. Rock way, J.C. Logan, and D.W.S. Tarn. *Microcomputer Tools for Communications Engineering.* Artech House Publications, Boston, MA, 1987.
4. R.E. Harrington. *Field Computation by Moment Methods.* Macmillan, New York, 1968.
5. T.E. Baldwin and G.T. Caprara. Intrasystem electromagnetic compatibility program (IEMCAP). *IEEE Transactions on Electromagnetic Compatibility*, 1980, EMC-21.
6. B.E. Keiser. *Principles of Electromagnetic Compatibility.* Artech House Publications, Boston, MA, 1987.
7. W.J.R. Hoefer. *Numerical Techniques for Microwave and Millimeter-Wave Passive Structures.* John Wiley & Sons, New York, 1989, Chapter 8.
8. A. Drozd, A. Pesta, D. Weiner, P. Varshney, and I. Demirkiran. Application and demonstration of a knowledge-based approach to interference rejection for EMC. *IEEE*, 1998 EMC Symposium record.
9. M.W. Yun Ji, T.H. Ali, and T. Hubing. EMC applications of the EMAP5 hybrid FEM/MOM code. *IEEE*, 1998 EMC Symposium Record.
10. T. Hubing. *Survey of Numerical Electromagnetic Modeling Techniques.* University of Missouri-Rolla, Electromagnetic Compatibility Laboratory, Rolla, MO, September 1, 1991.
11. C. Su, X. He, H. Zeng, H. Ke, and T. Hubing. Modeling experiences with full-wave frequency-domain modeling software. *Electromagnetic Compatibility*, 2008 IEEE EMC Symposium record.

附　　录

附录 A　导体、导线和电缆特性阻抗

单导线、近地

在 $d \ll h$ 时

$$Z_0 = \left(\frac{138}{\sqrt{\varepsilon_r}} \right) \log_{10} \left(\frac{4h}{d} \right)$$

非对称双导线（传输）线

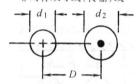

$$Z_0 = \left(\frac{277}{\sqrt{\varepsilon_r}} \right) \log_{10} \left(\frac{2D}{\sqrt{d_1 d_2}} \right)$$

双导线、差模、近地

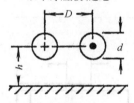

在 $d \ll D$、$d \ll h$ 时

$$Z_0 = \left(\frac{276}{\sqrt{\varepsilon_r}} \right) \log_{10} \left(\frac{2D}{d} \right) \left(\frac{1}{\sqrt{1 + (D/2h)^2}} \right)$$

对称双导线（传输）线

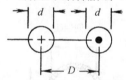

或双绞线

双导线、共模、近地

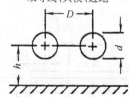

在 $d \ll D$、$d \ll h$ 时

$$Z_0 = \left(\frac{69}{\sqrt{\varepsilon_r}} \right) \log_{10} \left(\frac{4h}{d} \right) \sqrt{1 + (2h/2D)^2}$$

在 $D \gg d$ 时

$$Z_0 = \left(\frac{277}{\sqrt{\varepsilon_r}} \right) \log_{10} \left(\frac{2D}{d} \right)$$

（续）

接地平行板、地回路之间的单导线

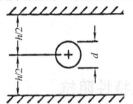

在 $d/h < 0.75$ 时

$$Z_0 = \left(\frac{138}{\sqrt{\varepsilon_r}}\right)\log_{10}\left(\frac{4h}{\pi d}\right)$$

屏蔽双导线，共模（外皮回路）

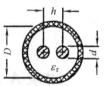

在 $d \ll D, d \ll h$ 时

$$Z_0 = \left(\frac{69}{\sqrt{\varepsilon_r}}\right)\log_{10}\left[\left(\frac{h}{2d(h/D)^2}\right)\left(1-\left(\frac{h}{D}\right)^4\right)\right]$$

接地平行板之间的平衡线

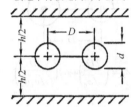

在 $d \ll D, d \ll h$ 时

$$Z_0 = \left(\frac{277}{\sqrt{\varepsilon_r}}\right)\log_{10}\left(\frac{4h\tanh(\pi D/2h)}{\pi d}\right)$$

屏蔽双导线，差模

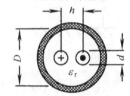

在 $D \gg d, h \gg d$ 时

$$Z_0 = \left(\frac{277}{\sqrt{\varepsilon_r}}\right)\left[\left(\frac{2h}{d}\right)\left(\frac{D^2-h^2}{D^2+h^2}\right)\right]$$

同轴线

$$Z_0 = \left(\frac{138}{\sqrt{\varepsilon_r}}\right)\log_{10}\left(\frac{D}{d}\right)$$

微带线

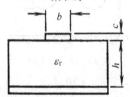

$$Z_0 = \left(\frac{201}{\sqrt{\varepsilon_r+1.41}}\right)\log_{10}\left(\frac{5.98h}{0.8b+c}\right)$$

（印制）线条-线条阻抗（无接地平面）

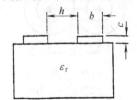

$$Z_0 = \left(\frac{277}{\sqrt{\varepsilon_r}}\right)\log_{10}\left(\frac{\pi h}{b+c}\right)$$

带状线

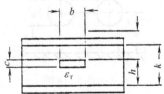

$$Z_0 = \left(\frac{138}{\sqrt{\varepsilon_r}}\right)\log_{10}\left[\frac{4k}{0.67\pi b(0.8+c/b)}\right]$$

（续）

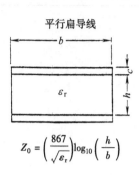

平行扁导线

$$Z_0 = \left(\frac{867}{\sqrt{\varepsilon_r}}\right)\log_{10}\left(\frac{h}{b}\right)$$

附录 B 单位和转换系数

物理量的名称	单位和单位间的换算关系
长度	$1\,\text{inch} = 2.54\,\text{cm} = 25.4\,\text{mm} = 1000\,\text{mil}$ $1\,\text{m} = 100\,\text{cm} = 39.37\,\text{inche}$ $1\,\text{Å} = 10^{-8}\,\text{cm}$ $1\,\text{mile} = 1.609\,\text{km}$ $1\,\mu\text{m} = 1 \times 10^{-6}\,\text{m} = 1 \times 10^4\,\text{Å}$
质量（kg）	$1\,\text{kg} = 1000\,\text{g} = 2.2\,\text{lb}$
面积（m^2）	$1\,\text{m}^2 = 10.76\,\text{ft}^2 = 1550\,\text{in}^2$
功,能量（W）	$1\,\text{J} = 0.738\,\text{ft} \cdot \text{lbf} = 0.947827 \times 10^{-3}\,\text{Btu}$ $\qquad = 10^7\,\text{erg} = 0.239\,\text{cal}$ $1\,\text{ft} \cdot \text{lbf} = 1.356 \times 10^7\,\text{erg}$ $1\,\text{Btu} = 1.055 \times 10^{10}\,\text{erg} = 252\,\text{cal}$
压力（N/m^2）	$1\,\text{N/m}^2 = 1\,\text{Pa} = 10\,\text{dyn/cm}^2$ $\text{lbf/in} = 6.8974 \times 10^4\,\text{dyn/cm}^2$ $\qquad = 0.068046\,\text{atm}$ $1\,\text{inHg} = 0.03342\,\text{atm}$ $1\,\text{bar} = 10^6\,\text{dyn/cm}^2$
力（N）	$1\,\text{N} = 0.225\,\text{lb} = 1 \times 10^5\,\text{dyn}$
温度	$0\,\text{℃} = 32\,\text{℉} = 273.16\,\text{K}$ Fahrenheit to Celsius conversion（华氏与摄氏的转换）: $\qquad T_C = (5/9)(T_F - 32)$ Celsius to Kelvin conversion（摄氏与绝对温标的转换）: $\qquad K = T_C + 273$
电阻率	$1\,\Omega/\text{cm}$ 或 $1\,\Omega/\text{cm}^3$

（续）

物理量的名称	单位和单位间的换算关系
自由空间介电常数（ε_0）	$\dfrac{1}{36\pi \times 10^9}$H/m = 8.8pF/m
速度（m/s）	1m/s = 3.28ft/s
磁通量 Φ（Wb）	1Wb = 10^8Mx = 10^8line 　　　　= 10^8Gs cm^2
磁通密度（B）	1T = 1Wb/m^2 = 10^4Gs 1Gs = 1line/cm^2 = 1Mx/cm^2 　　　　　= 7.936 × 10^5A/m
磁场强度（H）	1A/m = 0.0125Oe 1Oe = 79.6A/m
自由空间磁导率（μ_0）	μ_0 = 4π × 10^{-7}H/m = 1.256μH/m 这里 $\mu = B/H$
磁化强度（M）	1A/m
磁矩量/单位体积	1A/m
磁矩量	1A/m^2 = 1J/(Wb/m^2)
磁动势（F）	1A[匝] = 1.257Gb = 1.257Oe · cm
磁阻	1A[匝]/Wb

附录 C　电场强度对磁场以及功率密度的转换

远场条件

$Z_W = 377\Omega$，W/m^2 = E^2/Z_W，μ_0 = 4π × 10^{-7}H/m

1A/m	= 377	V/m
	= 171	dBμV/m
	= 120	dBμA/m
	= 25.8	dBW/m^2
	= 55.8	dBm/m^2
	= 37.7	mW/m^2
	= 1.26 × 10^{-6}	T
	= 1.26 × 10^3	nT
	= 0.0126	Ga
	= 0.0126	Oe
1V/m	= 2.65 × 10^{-3}	A/m
	= 120	dBμV/m
	= 68.5	dBμA/m
	= 2.65	mA/m
	= -25.7	dBW/m^2

	$=4.3$	dBm/m^2
	$=-5.73$	dBm/cm^2
	$=2.67\times10^{-4}$	mW/cm^2
	$=2.67\times10^{-3}$	W/m^2
	$=3.3\times10^{-5}$	Gs
	$=3.33\times10^{-9}$	T
	$=3.33$	nT
	$=3.33\times10^{-5}$	Oe
$1W/m^2$	$=19.4$	V/m
	$=5.15\times10^{-2}$	A/m
	$=0.1mW/cm^2$	
$1nT$	$=7.936\times10^{-4}$	A/m
	$=1\times10^{-5}$	Ga
$1pT$	$=7.936\times10^{-7}$	A/m
$1T$	$=1$	Wb/m^2
	$=10^4$	Gs
	$=7.936\times10^5$	A/m
$1Gs$	$=1$	Oe
	$=79.6$	A/m
	$=0.796$	A/cm
	$=1\times10^{-4}$	T
	$=0.1$	mT

附录 D　常用有关公式

电荷, coulombs（C）

$$Q = CV = It$$

电能, joules（J）

$$W = IVt = QC$$

功率密度, watts per square meter（W/m^2）

$$P_d = \frac{E^2}{Z_W} = EH$$

空气中的波速, meters per second（m/s）

$$V = \frac{1}{\sqrt{\mu_0 \varepsilon_0}} = 3\times10^8$$

介质中的波速, meters per second（m/s）

$$V = \frac{1}{\sqrt{\mu_r \mu_0 \varepsilon_r \varepsilon_0}}$$

特性阻抗, ohms（Ω）

$$Z_0 = \sqrt{\frac{L}{C}}$$

速度, meters per second (m/s)

$$V = \frac{1}{\sqrt{LC}}$$

电感, henrys (H)

$$L = \frac{Z_0}{V} = Z_0^2 C$$

电容, farads (F)

$$C = \frac{1}{V^2 L}$$

波长, meters (m)

$$\lambda = \frac{V}{f}$$

空气中的波长, meters (m)

这里 $V = c = 3 \times 10^8 \text{m/s}$

$$\lambda = \frac{3 \times 10^8}{f[\text{Hz}]} = \frac{300}{f[\text{Hz}]}$$

磁通密度, teslas (T)

$$B = \mu H$$

LC 电路的谐振频率, hertz (Hz)

$$f = \frac{1}{2\pi \sqrt{LC}}$$

电容的电抗, ohms (Ω)

$$X_C = \frac{1}{2\pi f C}$$

电感的感抗, ohms (Ω)

$$X_L = 2\pi f L$$

电阻和电感串联的电路阻抗, ohms (Ω)

$$Z = \sqrt{R^2 + (2\pi f L)^2}$$

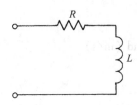

电阻和电容串联的电路阻抗, ohms (Ω)

$$Z = \sqrt{R^2 + \left(\frac{1}{2\pi f C}\right)^2}$$

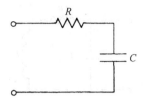

R、L、C 串联电路的阻抗和谐振频率，ohms、hertz（Ω、Hz）

$$Z = \sqrt{R^2 + \left(2\pi fL - \frac{1}{2\pi fC}\right)^2}$$

$$f = \frac{1}{2\pi\ \sqrt{LC}}$$

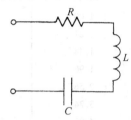

电阻和电感并联的阻抗，ohms（Ω）

$$Z = \frac{1}{\sqrt{\left(\dfrac{1}{R}\right)^2 + \left(\dfrac{1}{2\pi fL}\right)^2}}$$

电阻和电容并联的阻抗，ohms（Ω）

$$Z = \frac{1}{\sqrt{\left(\dfrac{1}{R}\right)^2 + (2\pi fC)^2}}$$

电阻和电感串联再与电容并联电路的阻抗和谐振频率，ohms、hertz（Ω、Hz）

$$Z = \frac{R/(2\pi fC)^2 + j\left[L/(2\pi fC)^2 - ((2\pi f)L^2)/C - R^2/(2\pi fC)\right]}{R^2 + \left[2\pi fL - 1/(2\pi fC)\right]^2}$$

$$f_r = \frac{1}{2\pi}\sqrt{\left(\frac{1}{LC}\right) - \left(\frac{R^2}{L^2}\right)}$$

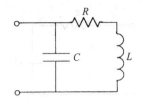

附录 E 铜实心裸导线的数据（线度、重量和电阻）

尺寸 AWG	标准直径/in[①]	密尔/mil	标准重量/(lb/mile)	20℃的最大阻值 （冷拔）/(Ω/1000ft)[②]
50	0.0010	1.00	0.00303	—
49	0.0011	1.21	0.00366	—
48	0.0012	1.44	0.00436	—
47	0.0014	1.96	0.00593	—
46	0.0016	2.56	0.00775	—
45	0.0018	3.24	0.00981	—
44	0.0020	4.00	0.0121	2.700
43	0.0022	4.84	0.0147	2.230
42	0.0025	6.25	0.0189	1.720
41	0.0028	7.84	0.0237	1.380
40	0.0031	9.61	0.0291	1.120
39	0.0035	12.2	0.0371	880
38	0.0040	16.0	0.0484	674
37	0.0045	20.2	0.0613	533
36	0.0050	25.0	0.0757	431
35	0.0056	31.4	0.0949	344
34	0.0063	39.7	0.120	272
33	0.0071	50.4	0.153	214
32	0.0080	64.0	0.194	168
31	0.0089	79.2	0.240	136
30	0.0100	100	0.303	108
29	0.0113	128	0.387	84.5
28	0.0126	159	0.481	67.9
27	0.0142	202	0.610	53.5
26	0.0159	253	0.765	42.7
25	0.0179	320	0.970	33.7
24	0.0201	4041	0.22	26.7
23	0.0226	5111	0.55	21.1
22	0.0253	6401	0.94	16.9
21	0.0285	8122	0.46	13.3
20	0.0320	10203	0.10	10.5
19	0.0359	12903	0.90	8.37
18	0.0403	1620	4.92	6.64

（续）

尺寸 AWG	标准直径/in①	密尔/mil	标准重量/(lb/mile)	20℃的最大阻值 （冷拔）/(Ω/1000ft)②
17	0.0453	2050	6.21	5.26
16	0.0508	2580	7.81	4.18
15	0.0571	3260	9.87	3.31
14	0.0641	4110	12.4	2.63
13	0.0720	5180	15.7	2.09
12	0.0808	6530	19.8	1.65
11	0.0907	8230	24.9	1.31
10	0.1019	10380	31.43	1.039
9	0.1144	13090	39.62	0.8241
8	0.1285	16510	49.96	0.6532
7	0.1443	20820	63.03	0.5180
6	0.1620	26240	79.44	0.4110
5	0.1819	33090	100.2	0.3260
4	0.2043	41740	126.3	0.2584
3	0.2294	52620	159.3	0.2050
2	0.2576	66360	200.9	0.1625
1	0.2893	83690	253.3	0.1289
1/0	0.3249	105600	319.5	0.1022
2/0	0.3648	133100	402.8	0.08021

① 为了转换成毫米，乘以25.4；
② 为了把英尺转换成米，乘以0.3048；把米转换成英尺，乘以3.28。

附录 F　材料的介电常数[⊖]

F.1　PCB 基底材料的介电常数

材料名称	介电常数 ε_r
Difunctional expoxy（FR4）	4.3~4.8（depending on manufacturer）approximately 4.6@10MHz，4.3@10GHz
GX（PTEE/woven glass）	2.4~2.6
BT = bismaleimide – triazine resin	3.7~3.9
Epoxy/PPO	3.95
BT/epoxy	4.0
Rogers RO3003 PTFE/ceramic	3.0
Rogers GETEK	3.8（50MHz~1GHz）
Rogers Polyflon	2.05±0.05
Rogers No Clad	2.55±0.05
Rogers Polyglide	2.32±0.005
Rogers RO40003C（hydrocarbon/woven glass）	3.38
Rogers RO4000	Selectable 2.55~6.15
Rogers RO3000	Selectable 3~10.2

⊖　因材料名称较难翻译准确，本附录保留英文名供读者查阅。——译者注

F. 2　一般材料的介电常数

材料名称	介电常数 ε_r
Cellophane	7.6（50Hz），6.7（1MHz）
Porcelain（HV electrical）	5.5（50Hz~1MHz）
Gallium arsenide	12（1kHz）
Mica	7（50Hz~100MHz）
Borosilicate glass	5.3（1kHz~1MHz）
Fused quartz	3.8（50Hz~100MHz）
Lead glass	6.9（1kHz~1MHz）
Soda glass	7.5（1MHz~100Mhz）
Kraft paper	1.8~3.0
Rag（cotton）paper	3.5~4.2
Fiber paper	4.5
Pressboard	3.2
Polyethylene plastic	2.3（50Hz~1GHz）
Polyisobutylene plastic	2.2（50Hz~3GHz）
Poly 4 – methylpentene（TPX）	2.1（100Hz~10kHz）
Polyphenylene oxide（PPO）	2.6（100Hz~1MHz）
Polypropylene	2.2（50Hz~1MHz）
Polystyrene	2.6（50Hz~1GHz）
Polytetrafluoroethylene（PTEE），Teflon	2.1（50Hz~3GHz）
Epoxy resin	3.6（1kHz），3.5（100MHz）
Melamine resin	4.7（3GHz）
Phenolic resin，fabric filled	5.5（1MHz）
Polyvinyl acetate（plasticized）	4（1~10MHz）
Polyvinyl chlooride	4（1~10MHz）
Natural crepe rubber	2.4（1~10MHz）
Bakelite	3.7
Kapton type 100	3.9
Kapton type 150	2.9
Mylar	3.2
Nylon	3.2~5
Lexan	3
Lucite	2.8
Butadiene/styrene rubber，unfilled or compounded	2.5（50Hz~100MHz）
Butyl rubber，unfilled	2.4（50Hz~100MHz）
Chloroprene（neoprene）rubber	6.5（1kHz），5.7（1MHz）

（续）

材料名称	介电常数 ε_r
Silicone rubber	3.2 (1kHz), 3.1 (100MHz)
Balsa wood, 0% relative humidity	1.4 (50Hz), 1.2 (3GHz)
Beech wood, 16% relative humidity	9.4 (1MH), 8.5 (100MHz)
Birch wood, 10% relative humidity	3.1 (1 ~ 100MHz)
Douglas fir, 11% relative humidity	3.2 (1 ~ 10MHz)
Scots pine, 15% relative humidity	8.2 (1MHz), 7.3 (100MHz)
Walnut, 0% relative humidity	2 (10MHz)
Walnut, 17% relative humidity	5 (10MHz)

缩 略 语 表

缩略语	英文全称	中文释义
74F	74 Fast Logic	74 快速逻辑
2D	Two Dimensions	二维
3D	Three Dimensions	三维
A/D	Analog – Digital	模拟–数字
A2LA	American Association For Laboratory Accreditation	美国实验室认可协会
AC	Alternating Current	交流（电）
ACES	Applied Computational Electromagnetics Society	应用计算电磁学学会
ACMA	Australian Communication And Media Authority	澳大利亚通信与媒体管理局
ACR	Adjacent Channel Rejection	邻道抑制
AE	Auxiliary Equipment	辅助设备
AF	Antenna Factor	天线系数
AGC	Automatic Gain Control	自动增益控制
AIS	Automatic Identification System	自动识别系统
ALS	Advanced Low – power Schottky Logic	高级低功率肖特基逻辑
AM	Amplitude Modulation	幅度调制
ANSI	American National Standards Institute	美国国家标准学会
ARD	Automatic Reclosing Device	自动重合设备
ARP	Aerospace Recommended Practice	航空航天推荐操作
AS	Advanced Schottky Logic	高级肖特基逻辑
ASTM	American Society for Testing Material	美国材料与试验协会
ATC	Air Traffic Control	航空交通管制
AUT	Antenna Under Test	受试天线
AVC	Automatic Voltage Control	自动电压控制
A – VDGS	Advanced Visual Docking Guidance Systems	先进视觉对接导向系统
AWG	American Wire Gauge	美国线规
BACS	Building Automation And Control Systems	建筑自动化和控制系统
BASIC	Beginners All – Purpose Symbolic Instruction Code	初学者的通用符号指令码（计算机的一种）会话语言
BB	Broadband	宽带

（续）

缩略语	英文全称	中文释义
BEM	Boundary Element Method	边界元法
BMR	Basal Metabolic Rate	基础代谢率
BNC	Bayonet Neill Concelman	标准同轴连接器
BTN	Broadband Transmitter Noise	宽带发射机噪声
BW	Bandwidth	带宽
C/M	Common – Mode	共模
CAD	Computer – Aided Design	计算机辅助设计
CAS	Canadian Space Agency	加拿大航空局
CB	Citizens Band	民用波段
CCC	China Compulsory Certification	中国强制认证
CCTV	Closed – circuit Television	闭路电视
CDEGS	Current Distribution, Electromagnetic Felds, Grounding And Soil Structure	电流分布，电磁场，接地和土壤结构
CDL	Common Data Link	通用数据链
CDMA	Code Division Multiple Access	码分多址
CDN	Coupling/decoupling Network	耦合/去耦网络
CE	European Conformity	欧盟认证
CEM	Computational Electromagnetic Modeling	计算电磁建模
CENELEC	Comite Europeen de Normalisatio（European Committee for Electrotechnical Standardization）	欧洲电工技术标准化委员会
CEU	Commission of the European Union	欧盟委员会
CF	Center Frequency	中央频率
CFR	Code of Federal Regulations	（美国）联邦规章法典
CG	Conjugate Gradient	共轭梯度
CG – FFT	Conjugate Gradient – Fast Fourier Transform	共轭梯度快速傅里叶变换
CGM	Conjugate Gradient Method	共轭梯度法
CISC	Complex Instruction Set Computing	复杂指令集计算
CISPR	Comite International Special des Perturbations Interference（法文），International Special Committee on Radio Interference（英文）	国际无线电干扰特别委员会
CMOS	Complementary Metal – Oxide Semiconductor（Transistor）	互补金属氧化物半导体管
CNCA	Certification And Accreditation Administration Of China	中国国家认证认可监督管理委员会
CPU	Central Processing Unit	中央处理单元

（续）

缩略语	英文全称	中文释义
CRC	Chemical Rubber Company	化学橡胶公司
CRT	Cathode Ray Tube	阴极射线管
CSA	Canadian Standards Association	加拿大标准协会
CT	Computed Tomography	计算机断层扫描
CUT	Cable Under Test	受试电缆
CW	Continuous Wave	连续波
D/M	Differential – Mode	差模
DAS	Dissipation Array System	泄放行列系统
DC	Direct Current	直流（电）
DCO	Digitally Controlled Oscillator	数控振荡器
DCR	Direct Current Resistivity	直流电阻率
DECT	Digital Enhanced Cordless Telecommunication (Telephone)	数字增强型无线通信（电话）
DEF STAN	Defense Standard	（英国国防部）防务标准
DIP	Dual In – Line Package	双列直插封装
DME	Distance Measuring Equipment	测距装置
DOC	Declaration of Conformity	合格声明
DOD	Department Of Defense	（美国）国防部
DRG	Double – Ridged Guide	双脊波导（天线）
DSP	Digital Signal Processing	数字信号处理
DVM	Direct Current Multimeter	直流万用表
DXF	Drawing Exchange Format	绘图交换文件
E3	Electromagnetic Environmental Effects	电磁环境影响
EBG	Electromagnetic Bandgap	电磁带隙
EC	European Commission	欧洲委员会
ECL	Emitter – Coupled Logic	发射极 – 耦合逻辑（电路）
ECN	Engineering Change Notice	工程变更通知
EFIE	Electric Field Integral Equation	电场积分公式
EFT	Electrical Fast Transient	电快速瞬变脉冲群
EGA	Enhanced Graphics Adapter	增强型图形适配器
EGSE	Electrical Ground Support Equipment	地面电气支持设备
EIA	Electronic Industries Association	电子工业协会
EIRP	Effective Isotropic Radiated Power	各向同性有效辐射功率

（续）

缩略语	英文全称	中文释义
ELT	Emergency Locator Transmitter	应急定位发射机
EM	Electromagnetic	电磁
EMC	Electromagnetic Compatibility	电磁兼容（性）
EMCAB	Electromagnetic Compatibility Advisory Board	电磁兼容咨询委员会
EMCON	Emission Control	发射控制
EMCP	Electromagnetic Compatibility Program	电磁兼容程序
EME	Electromagnetic Environment	电磁环境
EMF	Electric Magnetic Field	电磁场
EMI	Electromagnetic Interference	电磁干扰
EMITP	Electromagnetic Interference Test Procedure	电磁干扰测试流程
EMP	Electromagnetic Pulse	电磁脉冲
EN	European Norm	欧洲标准
ENV	European Norm Voluntary	欧洲自愿标准
EP	Electronic Protection	电子保护
ERP	Effective Radiated Power	有效辐射功率
ESA	European Space Agency	欧洲航天局
ESD	Electrostatic Discharge	静电放电
ESL	Equivalent Series Inductance	等效串联电感
ESR	Equivalent Series Resistance	等效串联电阻
ETSI	European Telecommunications Standards Institute	欧洲电信标准协会
ETW	Effective Transmission Width	有效传输宽度
EU	European Union （EU）	欧盟
EUT	Equipment Under Test	受试设备
FAA	Federal Aviation Administration	联邦航空局
FCC	Federal Communications Commission	联邦通信委员会
FD	Frequency Domain	频域
FDFD	Finite Difference Frequency Domain	频域有限差分法
FDTD	Finite – different Time – domain	时域有限差分法
FEKO	Feldberechnung bei Korpern mit beliebiger Oberflache （德语）	任意复杂电磁场计算
FEM	Finite Element Method （Modeling）	有限元法（有限元建模）
FET	Field Effect Transistor	场效应晶体管
FFID	Near – field/Far – field Interface Distance	近远场界面距离

（续）

缩略语	英文全称	中文释义
FFT	Fast Fourier Transform	快速傅里叶变换
FIT	Finite Integral Technique	有限积分方法
FM	Frequency Modulation	频率调制
FMM	Fast Multipole Method	快速多极方法
FORTRAN	Formula Translator	公式翻译程式语言
G/T	Gain/equivalent Noise Temperature	增益/等效噪声温度
GB	China National Standard	中国国家标准
GBW	Gain – bandwidth（product）	增益－带宽（乘积）
GEMACS	General Electromagnetic Model for the Analysis of Complex Systems	分析复杂系统的通用电磁模型
GMC	Ground Moved Closer	接地层更加靠近
GMRS	General Mobile Radio Service	通用移动无线电业务
GMT	Generalized Multi – pole Technique	广义多极法
GO	Geometrical Optics	几何光学
GP	Ground Plane	接地平面
GPIB	General – purpose Interface Bus	通用接口总线
GPS	Global Position System	全球定位系统
GS	Ground – Signal	接地（线）－信号（线）配置
GSE	Ground Support Equipment	地面支持设备
GSG	Ground – Signal – Ground	接地（线）－信号（线）－接地（线）配置
GSM	Global System for Mobile Communication	全球移动通信系统
GTD	Geometrical Theory of Diffraction	衍射几何理论
GTEM	Cell Gigahertz Transverse Electromagnetic cell	吉赫兹横电磁波传输室
GUI	Graphical User Interface	图形用户界面
HBES	Home And Building Electronic Systems	家用和建筑物用电子系统
HBM	ESD Human Body Model ESD	人体静电放电模式
HCP	Horizontal Coupling Plane	水平耦合平面
HCT	High – speed CMOS Logic	高速互补金属氧化物半导体逻辑
HDMI	High – Definition Multimedia Interface	高清晰度多媒体接口
HEMP	High Altitude Electromagnetic Pulse	高海拔电磁脉冲
HERF	Hazards Of Electromagnetic Radiation To Fuel	电磁辐射对燃料的危害
HERO	Hazards Of Electromagnetic Radiation To Ordnance	电磁辐射对军械的危害
HF	High Frequency	高频

（续）

缩略语	英文全称	中文释义
HFSS	High Frequency Structure Simulator	高频结构仿真器
HFSWR	High – frequency Surface Wave Radar	高频表面波雷达
Hi – Fi	High Fidelity	高保真
HP	Hewlett Packard	惠普
HPA	High – Power Amplifier	高功率放大器，大功率放大器
HSTL	High Speed Transceiver Logic	高速收发器逻辑
HV	High Voltage	高压
I/O	Input/output	输入/输出
IBIS	Input/output Buffer Information Specification	输入/输出缓冲信息规范
IC	Integrated Circuit	集成电路
ICNIRP	International Commission on Non – Ionizing Radiation	国际非电离辐射防护委员会
ID	Inside Diameter	内径
IE	Integral Equation	积分公式
IEEE	Institute of Electrical and Electronics Engineers	美国电气与电子工程师学会
IEF	Impedance Element Filter	阻抗元件过滤器
IF	Intermediate Frequency	中频
IFF	Identification Friend Or Foe	敌我识别系统
ILS	Instrument Landing System	仪表着陆系统
IMR	Intermodulation Rejection Ratio	互调抑制比
IRPA	International Radiation Protection Association	国际辐射防护协会
ISM	Industrial, Scientific and Medial	工业、科学和医疗
ISO	International Standardization Organization	国际标准化组织
ITE	Information Technology Equipment	信息技术设备
ITEM	Interference Technology Magazine	干扰技术杂志
ITU	International Telecommunication Union	国际电信联盟
JAB	Japan Accreditation Board	日本适应性认定协会
KC	Korea Compliance	韩国认证
LAN	Local Area Networks	局域网
LCD	Liquid Crystal Display	液晶显示屏
LCR	Inductance Capacitance Resistance	电感 电容 电阻
LED	Light Emitting Diode	发光二极管
LF	Low Frequency	低频

（续）

缩略语	英文全称	中文释义
LHCP	Left Hand Circular Polarization	左旋圆极化
LICA	Low – Inductance Chip Array	低电感阵列芯片
LISN	Line Impedance Stabilization Network	线路阻抗稳定网络
LNA	Low – noise Amplifier	低噪声放大器
LNC	Low – noise Downconverter	低噪声下变频器
LO	Local Oscillator	本振
LOC	Localizer	定位信标
LRM	Line Replaceable Modules	外场可更换模块
LS	Low – power Schottky Logic	低功率肖特基逻辑
LSB	Last Significant Bit	最低有效位
LSI	Large Scale Integrated（Circuit）	大规模集成（电路）
LTCC	Low Temperature Co – fired Ceramic	低温共烧陶瓷
LVCMOS	Low Voltage CMOS	低电压互补金属氧化物半导体
LVDS	Low Voltage Differential Signaling	低压差分信号
LVPECL	Low Voltage Positive Emitter – Couple Logic	低电压正射极耦合逻辑
LVTTL	Low Voltage Transistor – Transistor Logic	低电压晶体管 – 晶体管逻辑
LW	Length – Width（reverse）	长 – 宽（反比的）
MCM	Multichip Module	多芯片模块
MD	Measuring Distance	测量距离
MEP	Mobile Electric Power	移动电源
MF	Medium Frequency	中频
MFIE	Magnetic Field Integral Equation	磁场积分公式
MIL – STD	Military Standard	（美国）军用标准
MININEC	Mini Numerical Electromagnetic Codes	微型数值电磁代码
MLC	Multilayer Chip	多层芯片
MLCC	Multilayer Ceramic Capacitor	多层片状陶瓷电容器
MLFMM	Multilevel Fast Multipole Method	多层快速多极子方法
MM	Moment Method	矩量法
MMIC	Monolithic Microwave Integrated Circuit	单片式微波集成电路
MMP	Multiple Multipole Program	多重多级程序
MNFS	Maximum No – fire Stimulus	最大安全激励
MOM	Metal – Oxide – Metal	金属 – 氧化物 – 金属

（续）

缩略语	英文全称	中文释义
MOM	Method of Moment	矩量法
MOM EFIE	IE Method of Moment Electrical Field Integral Equation	矩量法电场积分方程
MOSFET	Metal Oxide Semiconductor Field Effect Transistor	金属氧化物半导体场效应晶体管
MOV	Metal Oxide Varistor	金属氧化物压敏电阻
MPE	Maximum Permissible Exposure	最大允许暴露（限值）
MPI	Message Passing Interface	消息传递接口
MPT	Ministry of Posts and Telecommunications	（日本）邮电省
MRA	Mutual Recognition Agreement	互认协议
MRI	Magnetic Resonance Imaging	核磁共振成像
MSZ	gyarSzabvany（匈牙利文）– Hungarian Standard	匈牙利标准
MW	Megawatts	兆瓦
MWS	Microwave Studio	微波工作室
NASA	National Aeronautics And Space Administration	（美国）国家航空航天局
NAV RECEIVER	Navigation Receiver	导航接收机
NB	Narrow – Band	窄带
NCAP	Nonlinear Circuit Analysis Program	非线性电路分析程序
NCRP	National Council on Radiation Protection and Measurements	（美国）国家辐射防护和测量委员会
ND	Noise + Distortion	噪声 + 失真
NDI	Non – developmental Item	非开发项目
NEC	Numerical Electromagnetics Codes	数值电磁代码（法）
NF	Noise Figure	噪声因素
NIST	National Institute Of Standards And Technology	（美国）国家标准技术研究所
NLS	Non – line – of – sight	非视距
Non – EU	Non – EU	非欧盟
NPT	National（American）Pipethread	（美国）国家螺纹管（标准）
NRPB	National Radiological Protection Board	（英国）国家辐射防护委员会
NRZ	Non – Return – to – Zero	不归零（制）
NSA	Normalized Site Attenuation	归一化场地衰减
NTIA	National Telecommunication & Information Administration	（美国）国家电信和信息管理局
NVLAP	National Voluntary Accreditation Program	（美国）国家实验室自愿认可程序
O/C	Open Circuit	开路
OATS	Open Area Test Site	开阔试验场

（续）

缩略语	英文全称	中文释义
OD	Outside Diameter	外径
OET	Office of Engineering and Technology	工程和技术办公室（属 FCC）
OJEU	Official Journal Of The European Union	欧盟官方公报
PC	Personal Computer	个人计算机
PCB	Printed Circuit Board	印制电路板
PCMCIA	Personal Computer Memory Card International Association	个人计算机存储卡国际协会
PCS	Personal Communication Service	个人通信装置（业务）
PEC	Perfectly Electrically Conducting	完美导电的
PEEC	Partial Element Equivalent Circuit	部分元等效电路
PI	Power Integrity	电源完整性
PIC	Programmable Interrupt Controller	可编程中断控制器
PIM	Passive Intermodulation Interference	无源互调干扰
PK	Peak	峰值
PO	Physical Optics	物理光学
POP	Power Frequency Overvoltage Protection	工频过电压保护
PRF	Pulse Repetition Frequency	脉冲重复率
PROM	Programmable Read – only Memory	可编程只读存储器
PRR	Pulse Repetition Rate	脉冲重复率
PS	Power Supply	电源
PSPICE	Personal Computer SPICE	个人计算机用通用模拟电路仿真器
P – STATIC	Precipitation Static	沉积物静电
PTD	Physical Diffraction Theory	物理绕射理论
PTFE	Poly Tetra Fluoroethylene	聚四氟乙烯
PVC	Polyvinyl Chloride	聚氯乙烯
PWM	Pulse Width Modulation	脉冲宽度调制
QA	Quality Assurance	质量保证
QMN	Quasi – minimum Noise	准最低噪声
QSF	Quasi – Static Fields	准静态场
R&D	Research And Development	研发
R&TTE	Radio & Telecommunication Terminal Equipment	无线和通信终端设备
RADALT	Radar Altimeter	雷达高度表
RADHAZ	Radiation Hazard	辐射危害

（续）

缩略语	英文全称	中文释义
RAM	Random Access Memory	随机存取存储器
RAS	Receiver Adjacent Signal	接收机相邻信号
RC	Radio Control	无线电控制
RCBO	Residual Current Operated Circuit – breaker With Integral Overcurrent Protection	漏电保护断路器
RCCB	Residual Current Operated Circuit – breaker	漏电开关
RCM	Regulatory Compliance Mark	法规符合性标志
RCS	Radar Cross Section	雷达截面
RE	Radiated Emissions	辐射发射
REF	Precipitation Static Discharger	沉降物静电放电器
RF	Radio Frequency	射频
RF ID	Radio Frequency Identification	射频身份识别
RFIC	Radio Frequency Integrated Circuit	射频集成电路
RHCP	Right Hand Circular Polarization	右旋圆极化
RISC	Reduced Instruction – set Computing	精简指令集计算
RL GO	Ray Launching Geometrical Optics	射线发射几何光学
RMS	Root Mean Square	方均根
RPM	Revolution Per Minute	转/分
RS 232	Recommended Standard 232	推荐标准232
RTCA	Radio Technical Commission For Aeronautics	（美国）航空无线电技术委员会
RTN	Return	返回回路
RX	Receiving	接收
S/A	Spectrum Analyzer	频谱分析仪
S/C	Short Circuit	短路
S/W	Shortwave	短波
SAE	Society of Automotive Engineers	（美国）汽车工程师学会
SAR	Specific Absorption Rate	比吸收率（特别吸收率）
SATCOM	Satellite Communications	卫星通信
SAW	Surface Acoustic Wave	表面声波
SCR	Semiconductor Control Rectifier （或 Silicon Controlled Rectifier）	半导体控制整流器，晶闸管整流器
SD	Specification Distance	规定距离
SE	Shielding Effectiveness	屏蔽效能
SF	Shading Function	阴影函数
SHF	Super High Frequency	超高频

（续）

缩略语	英文全称	中文释义
SIMOPS	Simultaneous Operation Of Systems	系统同时运行
SINAD	Signal + Noise + Distortion	信号 + 噪声 + 失真
SINCGARS	Single Channel Ground And Airborne Radio System	单通道地空无线电系统
SLAR	Side – looking Airborne Radar	侧视机载雷达
SLC	Single – Layer Capacitor	单层电容器
SM	Surface – Mount	表面贴装
SMA	Subminiature（A connector）	超小型螺纹插头插座连接器
SMPS	Switch – Mode Power Supply	开关电源
SPICE	Simulation Program with Integrated Circuits Emphasis	通用模拟电路仿真器
SRF	Self – Resonant Frequency	自谐振频率
SSI	Small Scale Integration（circuit）	小规模集成（电路）
STP	Shielded Twisted Pair	屏蔽双绞线
SVSWR	Site Voltage – standing Wave Ratio	场地电压驻波比
SWR	Standing Wave Ratio	驻波比
TCAS	Traffic Collision Avoidance System	空中防撞系统
TCB	Telecommunication Certification Body	通信认证机构
TD	Time Domain	时域
TE	Transverse Electric	横电（模）
TEM	Transverse Electromagnetic	横（向）电磁的
TETRA	Terrestrial Trunked Radio	地面集群无线电系统
TETRAPOL	Terrestrial Trunked Radio Police	地面集群无线电警务系统
TIA	Telecommunications Industry Association	通信工业协会
TLM	Transmission Line Matrix	传输线矩阵
TLP	Transmission Line Pulse	传输线脉冲（发生器）
TM	Transverse Magnetic	横磁（模）
TNC	Threaded Neill Concelman	螺纹连接器
TSPD	Thyristor Surge Protection De	晶闸管浪涌保护器
TTL	Transistor – Transistor logic	晶体管－晶体管逻辑（电路）
TTMRA	Trans – tasman Mutual Recognition Arrangement	跨塔斯曼海互认协议
TV	Tele vision	电视（机、节目等）
TVBD	Tele vision Band Devices	电视频段装置（业务）
TVS	Transient Voltage Suppressor	瞬态电压抑制二极管

（续）

缩略语	英文全称	中文释义
TWT	Travelling Wave Tube	行波管
TX	Transmitting	发射
UFA	Uniform Field Area	均匀场区域
UHF	Ultra – High Frequency	特高频
UM	Unique Requirement	独特要求
UPS	Uninterrupted Power Supply	不间断电源
USAF	United States Airforce	美国空军
USB	Universal Serial Bus	通用串行总线
UTD	Uniform Theory Of Diffraction	一致性绕射理论
UTP	Unshielded Twisted Pair	非屏蔽双绞线
VBW	Video Band Width	视频带宽
VCC	Voltage at the Common Collector	共集电极电压
VCCI	Voluntary Control Council For Interference	（日本）电磁干扰控制委员会
VCO	Voltage Controlled Oscillator	压控振荡器
VCP	Vertical Coupling Plane	垂直耦合平面
VDE	Verband Deutscher Elektrotechniker	德国电气工程师协会
VDT	Video Display Terminal	视频显示终端
VHF	Very High Frequency	甚高频
VLAC	Voluntary EMC Laboratory Accreditation Center	（日本）电磁兼容实验室认可中心
VLF	Very Low Frequency	甚低频
VLSI	IC Very Large Scale Integrated Circuit	超大规模集成电路
VMOSFET	Vertical MOSFET	垂直导电型功率场效应晶体管
VOR	Very – high – frequency Omnidirectional Range	甚高频全向信标
VSWR	Voltage Standing Wave Ratio	电压驻波比
WCDMA	Wideband Code Division Multiple Access	宽带码分多址
WHO	World Health Organization	世界卫生组织
Wi – Fi	Wireless Fidelity	无线保真（无线上网）
WINDII	Wind Imaging Interferometer	风成像干涉仪
WISP	Waves In Space Plasma	空间等离子体波
WLAN	Wireless Local Area Network	无线局域网
YIG	Yttrium Iron Garnet	钇铁石榴石材料

图书在版编目（CIP）数据

电磁兼容原理与应用：方法、分析、电路、测量：原书第 3 版/（加）大卫·A. 韦斯顿（David A. Weston）著；杨自佑等译 . —北京：机械工业出版社，2019.9（2024.10 重印）

书名原文：Electromagnetic Compatibility：Methods, Analysis, Circuits, and Measurement, Third Edition

ISBN 978-7-111-63499-7

Ⅰ.①电…　Ⅱ.①大…②杨…　Ⅲ.①电磁兼容性　Ⅳ.①TN03

中国版本图书馆 CIP 数据核字（2019）第 171885 号

机械工业出版社（北京市百万庄大街 22 号　邮政编码 100037）
策划编辑：罗　莉　责任编辑：罗　莉
责任校对：樊钟英　封面设计：马精明
责任印制：邓　博
北京盛通数码印刷有限公司印刷
2024 年 10 月第 1 版第 4 次印刷
184mm×260mm · 68.25 印张 · 4 插页 · 1702 千字
标准书号：ISBN 978 - 7 - 111 - 63499 - 7
定价：298.00 元

电话服务　　　　　　　　　　网络服务
客服电话：010-88361066　　机　工　官　网：www.cmpbook.com
　　　　　010-88379833　　机　工　官　博：weibo.com/cmp1952
　　　　　010-68326294　　金　　书　　网：www.golden-book.com
封底无防伪标均为盗版　　机工教育服务网：www.cmpedu.com